Einführung
in die Tektonik

2. Auflage

Gerhard H. Eisbacher

Einführung in die Tektonik

2., neu bearbeitete und erweiterte Auflage

329 Abbildungen

Ferdinand Enke Verlag Stuttgart 1996

Prof. Dr. Gerhard H. Eisbacher
Geologisches Institut der
Universität Karlsruhe
Kaiserstraße 12
D-76131 Karlsruhe

Die Deutsche Bibliothek – CIP Einheitsaufnahme

Eisbacher, Gerhard H.:
Einführung in die Tektonik / Gerhard H. Eisbacher.
– 2., neu bearb. u. erw. Aufl.
– Stuttgart: Enke, 1996
ISBN 3-432-99252-1

Satz und Druck: Druckerei Heinz Neubert GmbH, D-95444 Bayreuth
Schrift: 9/10 p Times, Quark XPress 5 4 3 2 1

Vorwort zur zweiten Auflage

Das vorliegende Lehrbuch der Tektonik entstand aus einem interdisziplinären Vorlesungszyklus ‚Tektonik und Geodynamik' für Erdwissenschaftler im fortgeschrittenen Stadium ihres Studiums. Ein Verständnis international interessanter regionalgeologischer Fragen ist heute nur über ein schnelles Aufarbeiten der meist voluminösen und fachübergreifenden Literatur in englischer Sprache zu erreichen. Aufgrund der Akzeptanz der ersten Auflage dieses Buchs wurde versucht, auch die zweite überarbeitete Auflage auf internationale Schwerpunkte zu orientieren.

Quantitative Arbeitsweisen der Tektonik, die aufgrund enger fachlicher Kontakte zur Petrologie, Geophysik und Felsmechanik unumgänglich sind, konnten nur ansatzweise behandelt werden, lassen sich aber in der zitierten Literatur weiterverfolgen. Ausgehend von der Dokumentation regionaler Krustenstrukturen in Form klarer Karten und Querschnitte geht es heute in der Tektonik meist um die direkte Anwendung räumlicher Datensätze auf Fragen zur regionalen Seismizität, zum Lagerstättenpotential, zur Grundwasserbewegung, zum Fluidhaushalt und zur technisch-umweltrelevanten Belastbarkeit der obersten Erdkruste. Die hier verwendete deutschsprachige Terminologie läßt sich leicht auf den international gängigen Sprachgebrauch beziehen. Vor allem meine Freunde und Kollegen in der Schweiz, die sich seit Jahren sprachlich zwanglos im internationalen geowissenschaftlichen Betrieb bemerkbar machen, waren in dieser Hinsicht eine wichtige Quelle der Anregung. Zahlreiche Kollegen haben auch durch Bereitstellung von Bildmaterial und Diskussion geholfen.

Das Manuskript wurde wieder von Frau M. Helfer mit viel Sachkenntnis in druckreife Form gebracht. Herr L. Schifano besorgte die Korrekturen und Reinzeichnung meiner eigenen alten und neuen Kunstwerke. Frau Dr. U. Henes-Klaiber möchte ich für eine Durchsicht danken.

Ein einführendes Lehrbuch kann natürlich nicht den Ansprüchen von Spezialisten gerecht werden, es vermag im günstigsten Fall aber interdisziplinären Gedankenaustausch anzuregen, verringert vielleicht den Terror des Jargons und sollte zum unumgänglichen Studium der Originalliteratur führen. Wenn die zweite Auflage dieses Buchs dahingehend einen Beitrag leisten könnte, so wären wir wieder ein gutes Stück weiter.

Karlsruhe, im Herbst 1993

G. H. Eisbacher

Inhalt

TEIL 1 Strukturgeologie

TEIL 2 Geodynamik

Teil 1 Strukturgeologie

1 Tektonik als Teil der Erdwissenschaften und Fachliteratur über Tektonik

Die meisten Forschungstätigkeiten in den Erdwissenschaften sind heute interdisziplinär. Sie zielen also einerseits auf die Erstellung fachübergreifender Modelle, erfordern aber andererseits auch einen hohen Grad an Spezialisierung bei der Erhebung der geowissenschaftlichen Datenbasis. Sowohl analytische Datenerhebung als auch Dokumentation dieser Daten setzen die Anwendung physikalisch-chemischer Arbeitsweisen voraus und sollten von einer bestimmten, fach- oder regionalspezifischen Fragestellung geleitet werden. Die **Tektonik** (tectonics) hat dabei auch eine verbindende Funktion zwischen den verschiedensten Bereichen der Erdwissenschaften, da sie versucht, aus der regionalen Verteilung der Gesteine und ihrer räumlichen Architektur Rückschlüsse auf unbekannte oder vermutete geometrische Beziehungen in noch nicht erforschten Zonen der Erde zu ziehen. Dabei interessieren auch kinematische Wechselwirkungen und dynamische Entstehungsbedingungen der Gesteinskomplexe. Alle praxisorientierten geotechnischen und hydrogeologischen Erkundungen erfolgen in einem regionalgeologisch spezifischen Rahmen, auch sie werden also von der tektonisch vorgegebenen Boden-, Sediment- und Gesteinsverteilung bestimmt.

Ausgangspunkt jeder tektonischen Arbeit ist die Erfassung und Darstellung der dreidimensionalen geometrischen Raumbeziehungen zwischen identifizierbaren Gesteinseinheiten und Flächensystemen durch Kartierung im Gelände, durch räumliche Aufarbeitung von Bohrlochdaten und durch geophysikalische Vermessungen. Die großen Impulse für die Tektonik kamen in den letzten zwanzig Jahren vor allem aus der Explorationstätigkeit nach Kohlenwasserstoffen und metallischen Rohstoffen, aber auch aus dem Tätigkeitsbereich der seismischen Risikoabschätzung und der ingenieurgeologischen Praxis. In allen Fällen ist Kenntnis von Gesteins- und Grenzflächengeometrien in direkt zugängigen Krustenbereichen ein Ausgangspunkt zur **Prognose** (prediction) der Verhältnisse in noch unbekannten Teilen der Kruste. Die systematische geologisch-geophysikalische Kartierung großer kontinentaler bzw. ozeanischer Krustenstreifen, gestützt auf plattentektonische Modelle, erbrachte außerdem ein neues, stark quantitativ orientiertes Bild der Erde. Mit den Daten der analytisch arbeitenden **Strukturgeologie** (structural geology) und aus den Vorstellungen der synthetisch ausgerichteten **Geodynamik** (geodynamics) lassen sich heute für die meisten Krustenbereiche **tektonische Modelle** (tectonic models) erstellen, die ständig verfeinert, getestet, aber auch grundlegend modifiziert werden können. Tektonische Modelle dienen zur Prognose der geologischen Raumbeziehungen in den nicht direkt zugänglichen Teilen der obersten Erde und liefern die Rahmenbedingungen für alle Fragen der Abschätzung natürlicher Rohstoffpotentiale und Risiken. Dieses Lehrbuch besteht somit auch aus zwei Teilen. Im ersten Teil werden analytische strukturgeologische Grundlagen der Tektonik vorgestellt, während im zweiten synthetische geodynamische Modelle diskutiert werden, die aus dem Studium moderner Großstrukturen resultieren.

Historisch gesehen gab es im deutschen Sprachraum bedeutende Beiträge zur tektonischen Forschung, wobei in der ersten Hälfte dieses Jahrhunderts vor allem die regionalen und allgemein orientierten Arbeiten von ALBERT HEIM, ALFRED WEGENER, WALTER SCHMIDT, BRUNO SANDER, HANS CLOOS, HANS STILLE und AUGUSTO GANSSER sehr einflußreich waren. Mit dem sprunghaften Zuwachs an geologischen Daten betreffend außereuropäische Gebiete verlagerte sich die tektonische Forschung aber auch auf völlig neue Fragen, zu deren Lösung unkonventionelle und fachübergreifende Wege eingeschlagen werden mußten.

Die wichtigsten Resultate tektonischer Forschung werden heute zum Zweck effizienter Kommunikation in englischer Sprache publiziert, vorgetragen und diskutiert. Bei der Zusammenstellung dieses einführenden Lehrbuchs lag mir deshalb auch daran, für jeden neu eingeführten deutschen Fachausdruck das international gebräuchliche Äquivalent in Klammern beizufügen. Dies sollte vor allem Studenten der Erdwissenschaften einen direkten Einstieg in die schnell wachsende Literatur erleichtern, bzw. es ihnen ermöglichen, aus dieser Literatur fachrelevante Information zu gewinnen. Eine Liste der wichtigen Lehrbücher und signifikanten Fachzeitschriften ist unten beigefügt. Mit Hilfe dieser Lehrbücher und Zeitschriften sollte es möglich sein, sich über den gegenwärtigen Stand und die aktuellen Richtungen der tektonischen Forschung zu orientieren. Denn nur ein Beherrschen der international relevanten Literatur kann Ausgangspunkt für originelle Forschung sein. Am Ende der meisten Kapitel folgt außerdem eine Liste ausgewählter Artikel und Bücher, in denen der behandelte Stoff vertieft dargestellt ist oder zu weiterer Literatur führt. Die Zitate selbst sind dem Literaturverzeichnis am Ende des Lehrbuchs zu entnehmen.

Einführende Lehrbücher

HOBBS et al., 1976; TURCOTTE & SCHUBERT, 1982; PARK, 1983; RAMSAY & HUBER, 1983; DAVIS, 1984; WINDLEY, 1984; LOWELL, 1985; RAGAN, 1985; SUPPE, 1985; MEISSNER, 1986; MCCLAY, 1987; RAMSAY & HUBER, 1987; PARK, 1988; FOWLER, 1990; PASSCHIER et al., 1990; SAWKINS, 1990; TWISS & MOORES, 1992.

Wichtige international orientierte tektonische Fachzeitschriften

Tectonics
Journal of Structural Geology
Tectonophysics
Geological Society of America Bulletin und Special Papers
Geology
Precambrian Research
Journal of Metamorphic Petrology
American Association of Petroleum Geologists Bulletin
Geodinamica Acta
Journal of Geophysical Research
Journal of the Geological Society London
Annual Review of Earth Sciences
Annalae Tectonicae
Geologische Rundschau

2 Tektonische Modelle

Tektonik befaßt sich mit der dreidimensionalen Form bzw. den Formveränderungen natürlicher Gesteine in den festen Teilen der Erde, also mit allen Aspekten globaler, regionaler und lokaler **Gesteinsdeformation** (rock deformation) innerhalb der Lithosphäre. Der heutige komplexe Bau der Erdkruste und des Mantels sind das Resultat gewaltiger Formveränderungen, welche einerseits im Laufe einer oft schon lange zurückliegenden geologischen Geschichte erfolgten, andererseits bis heute anhalten und somit die vielfältigen Geometrien der Gesteine bestimmen. Beschreibung und Interpretation dreidimensionaler Gesteinsstrukturen erfordern allerdings auch Daten aus Bereichen der Erde, die nicht an der Oberfläche aufgeschlossen und somit nicht direkt zugänglich sind. Deshalb wird das Datenmaterial, mit dem die Tektonik arbeitet, allgemein durch Datensätze ergänzt, welche von den erdwissenschaftlichen Arbeitsrichtungen der Petrologie, Geophysik, Sedimentologie, Isotopengeologie, Geochemie und Felsmechanik geliefert werden. Grundlage und Ausgangspunkt für alle Arbeiten auf dem Gebiet der Tektonik sind geologische und geophysikalische Karten bzw. Diagramme und Profilschnitte, die durch primäre Erhebung und Kompilation verschiedenster Datensätze entstehen. Zusätzlich braucht man zur Interpretation dieser Datensätze aber auch stratigraphisch-sedimentologisch und petrologisch-mineralogisch orientierte Daten, mit denen physikalische Bedingungen und zeitliche Abfolgen der Gesteinsbildung abgeleitet werden können. Ergänzt werden diese Datensätze durch experimentelle und theoretische Arbeitsweisen. Als Ergebnis liefert die Tektonik ihrerseits drei Arten quantitativer Modelle, die sich durch erdwissenschaftliche Methoden weiter testen und verfeinern lassen: Geometrische Modelle, kinematische Modelle und mechanisch-dynamische Modelle. Diesen Modelltypen entsprechend erfolgt auch die Analyse tektonischer Strukturen meist in drei Schritten.

Im ersten Schritt erstellt man aus vorhandenen Geländebeobachtungen, Oberflächenkartierungen, Bohrungen und geophysikalischen Sondierungen ein **geometrisches Modell** (oder Strukturmodell, geometric, structural model), in dem die Raumbeziehungen zwischen den Gesteinen einer Region bzw. einzelner Teile dieser Region dargestellt werden. Das geometrische Modell eines Gesteinsbereichs ist deshalb meist schon eine Synthese verschiedener Datensätze, die unterschiedliche Qualität besitzen, und es enthält vielfach auch Extrapolationen und Interpretationen für ungenau dokumentierte regionale Teilbereiche. Das geometrische Modell einer Region beschreibt also die dreidimensionale Form und Verteilung der Gesteine bzw. ihrer Grenzflächen und Kontakte, welche im allgemeinen als Karten, Diagramme und Querschnittsansichten (Profile) dargestellt werden.

Der zweite Schritt zum Verständnis tektonischer Strukturen ist die kinematische Analyse, durch welche versucht wird, das geometrische Modell eines bestimmten Gesteinsbereichs mit Hilfe eines **kinematischen Modells** (kinematic model) als Abfolge von Bewegungsschritten zu verstehen. Dabei wird die heute vorliegende räumliche Verteilung der Gesteine und Strukturen als Resultat einzelner **Deformationsereignisse** (deformation events) Schritt für Schritt rekonstruiert. Umgekehrt ergibt das kinematische Modell rückschreitend auch eine hypothetische Ausgangssituation der Gesteine vor ihrer Deformation. Den regionalen Ausgangszustand vor der Deformation größerer Gesteinsbereiche bezeichnet man als **palinspastische Rekonstruktion** (palinspastic reconstruction) oder als Rückformung (retrodeformation) regionaler tektonischer Strukturen (z.B. Abb. 10.2). Palinspastische Rekonstruktionen und kinematische Modelle sollten für alle Zwischenstadien der Deformation vernünftige paläogeographische bzw. geologische Situationen ergeben. Die kinematische Analyse ist deshalb auch ein wesentlicher Teilaspekt der geometrischen Tiefenextrapolation tektonischer Strukturen, da auch tiefere und nicht genau bekannte Gesteinseinheiten der Erdkruste bei ihrer Rückformung zusammen mit besser dokumentierten Einheiten nahe der Erdoberfläche geologisch vernünftige Ausgangs- und Zwischensituationen widerspiegeln sollten.

Erst in einem dritten Schritt können für geologische Strukturen gelegentlich auch **mechanisch-dynamische Modelle** (mechanical, dynamic models) erstellt werden. Im dynamischen Modell entwickelt man Vorstellungen über die Mechanik des Kraftansatzes, über die Gesteinsspannungen vor bzw. während der Deformation und über physikalisch-chemische Umfeldbedingungen, welche die einzelnen Ereignisse einer progressiven Deformation der Gesteine ermöglichten. Dabei ergänzt man quantitative Ansätze aus der Mechanik der Festkörper durch experimentelle Gesteinsdeformation und simuliert auf diese Weise die Entstehung natürlicher tektonischer Strukturen, was natürlich nur in grober Annäherung möglich ist. Um mechanisch-dynamische Modelle quantitativ zu formulieren, ist es deshalb vorerst notwendig, geometrische und kinematische Modelle für natürliche Strukturen so weit zu vereinfachen, daß sie mathematisch-physikalisch faßbar werden. Die Kunst des geodynamischen Modellierens liegt also im Erkennen wesentlicher geometrisch-kinematischer Elemente einer tektonischen Struktur und in der experimentell-theoretischen Reproduktion dieser Struktur.

Alle drei Formen tektonischer Modelle kann man auf den regionalen Makrobereich, auf lokale Strukturen des Aufschlußbereichs, aber auch auf Mikrostrukturen des Handstück- oder Dünnschliffbereichs anwenden. Tektonische Detailstrukturen, welche sich direkt auf ein bestimmtes großräumiges Modell beziehen lassen, bezeichnet man als **geometrische, kinematische** oder **dynamische Indikatoren** (geometric, kinematic, dynamic indicators). Tektonische Modelle und Indikatoren verschiedener Größenbereiche sollten sich im allgemeinen gegenseitig ergänzen, wobei aber das Datenmaterial jeweils auf seine Verläßlichkeit und Relevanz hin unterschiedlich gewertet werden muß. Tektonische Modelle sind deshalb eng verwandt mit petrologischen Modellen zur Gesteinsgenese metamorpher und magmatischer Gesteine (Petrotektonik), mit Modellen zur Entstehung und Entwicklung sedimentärer Becken (sedimentäre Tektonik) und mit geomorphologisch-geophysikalischen Modellen zur Entstehung junger Landformen bzw. zur Verteilung regionaler Seismizität (Neotektonik, Seismotektonik). Geometrisch-tektonische Modelle sind natürlich auch die Basis für alle ingenieurgeologisch-hydrogeologischen Vorhersagen im oberflächennahen Felsbereich.

Tektonische Modelle für bestimmte Regionen sind wiederum die Bausteine für synthetische Modelle größerer Areale der Erde, mit denen sich die **Geodynamik** (geodynamics) beschäftigt. Dabei wird versucht, den plattentektonischen Rahmen sowohl für moderne als auch vergangene Großstrukturen zu erstellen. Heute aktive, also **moderne Großstrukturen** (modern large scale structures) dienen dabei meist als Modelle zum Verständnis der Kinematik und Dynamik von Großstrukturen, die in der Lithosphäre „eingefroren“ sind. Solche geodynamischen Großstrukturen sind z.B. Rifts, passive Kontinentalränder, Subduktionszonen oder Kollisionszonen.

Aus der Geometrie unterschiedlicher lithologischer Assoziationen vor ihrer Deformation und dem materialspezifischen Verhalten der Gesteinssuiten während ihrer Deformation ergeben sich regional deutlich umrissene **tektonische Provinzen** (tectonic provinces), die jeweils durch einen ganz bestimmten **Strukturstil** (structural style) charakterisiert sind. Aus **Analogien** (analogies) zwischen geometrisch ähnlichen Strukturen unterschiedlichen Alters bzw. geographischer Lage ergibt sich die Möglichkeit auf grundsätzliche Ähnlichkeiten in der Kinematik oder Mechanik dieser Strukturen zu schließen. So lassen sich z.B. viele Sedimentbecken tektonisch als Salzstockprovinzen ansprechen oder es entstehen später aus ihnen ähnlich strukturierte Überschiebungsgürtel. Auch aus dem Vergleich tektonischer Provinzen, die durch einen ähnlichen Strukturstil charakterisiert sind, eröffnen sich so durch eine **vergleichende Tektonik** (comparative tectonics) Möglichkeiten zur Vorhersage noch unbekannter Tiefenstrukturen.

In der Erstellung tektonischer Modelle ergänzen sich also das historisch-rekonstruierende „Rückwärtsdenken", das regional-vergleichende „Analogiedenken" und das kinematisch-mechanische **Vorwärtsmodellieren** (forward modelling). Nichts kann aber die geologische, geophysikalische und petrologische Feld- bzw. Laborarbeit an reellen Strukturen ersetzen! Diese sich ständig integrierenden Betrachtungsweisen, aber auch die Ergänzung von Beobachtungen aus dem mikroskopischen Kleinbereich durch jene in Aufschlüssen, im geologischen Kartenbereich bzw. überregionale plattentektonische Vergleiche verlangen vom Tektoniker ein breites Spektrum an geophysikalischen, stratigraphisch-sedimentologischen, petrologischen und mechanischen Kenntnissen. In diesem einführenden Band wird deshalb versucht, sowohl die analytischen als auch die synthetischen Ansätze tektonischer Arbeitsweisen anzusprechen.

3 Kräfte und Spannungen

In der Erde erfolgen Relativbewegungen zwischen Gesteinseinheiten an diskreten tektonischen Flächensystemen oder innerhalb breiter Zonen mit raumgreifender Verformung. Die eigentlichen „Ursachen" für diese Relativbewegungen sind nur indirekt in Modellvorstellungen zu erfassen und liegen in großräumigen thermischen Instabilitäten und konvektiven Strömungen des Erdmantels, woraus komplexe kinematische Wechselwirkungen mit den relativ „starren" Gesteinseinheiten der obersten Erde resultieren. Viel wichtiger als die letzten Ursachen tektonischer Kraftansätze sind deshalb die Mechanismen, durch welche Kräfte innerhalb der festen Erde übertragen werden und eine Bewegung natürlicher Gesteinskomplexe gegeneinander überhaupt erst möglich wird.

Wirkt auf einen festen Bereich der Erde eine Kraft, so erfolgt normalerweise keine sofortige Beschleunigung dieses Bereichs, sondern es kommt zu einer Gegenwirkung in Form mechanischer Widerstände. Diese Widerstände, die aus der Korn- und Kristallstruktur der festen Körper resultieren und die eine Beschleunigung der einzelnen Teile unterbinden, faßt man unter dem Begriff **Spannung** (stress) zusammen. Aufbau von Spannung erfolgt, da innerhalb der Kristalle eines geologischen Körpers die Atome bzw. Atomgruppen systematisch im Raum angeordnet sind und ihre Abstände voneinander einen thermodynamischen Gleichgewichtszustand repräsentieren. Diese Abstände bestimmen die mineralspezifische dreidimensionale Struktur von Kristallgittern und ergeben sich aus dem Wechselspiel zwischen anziehenden und abstoßenden interatomaren Kräften (Abb. 3.1). Jeder Versuch, interatomare Abstände in einem Kristall zu vergrößern oder zu verkleinern, bewirkt kristallinterne Widerstände, also Spannungen. Ein von außen aufgebrachter Kraftansatz kann allerdings auch nur eine bestimmte Größe erreichen, d.h., die Spannung innerhalb der Kristalle bzw. Kristallaggregate kann einen bestimmten maximalen Grenzwert nicht überschreiten. Man bezeichnet und definiert diesen Grenzwert als **Festigkeit** (strength). Die gesteinsspezifische Festigkeit geologischer Körper ist abhängig von der vorherrschenden Temperatur, vom Umlagerungsdruck bzw. von der aufgezwungenen Verformungsrate. Bei Überschreiten seiner Festigkeit erfolgt im Gestein kein weiterer **Spannungsaufbau** (stress loading) und oft sogar ein **Spannungsabfall** (stress drop) bzw. ein **Spannungsabbau** (stress release), was dem mechanischen Versagen (failure) bzw. der irreversiblen, bleibenden Deformation (irreversible deformation) der kristallinen Materie entspricht. Die Deformation vollzieht sich dabei entweder langsam (durch „Kriechen") oder schnell (durch „Bruch"). Tektonische Strukturen sind deshalb das makroskopisch sichtbare Endergebnis unendlich vieler Kraftansätze, die wiederum ein wiederholtes Überschreiten der Festigkeit und ein Einsetzen entsprechender Deformationsprozesse innerhalb der Gesteine auslösten. Zur Betrachtung des Systems Kraft, Kraftansatz und Spannung in der Erde ist es wichtig, sich ihre Wirkung vor allem im Detail klar zu machen.

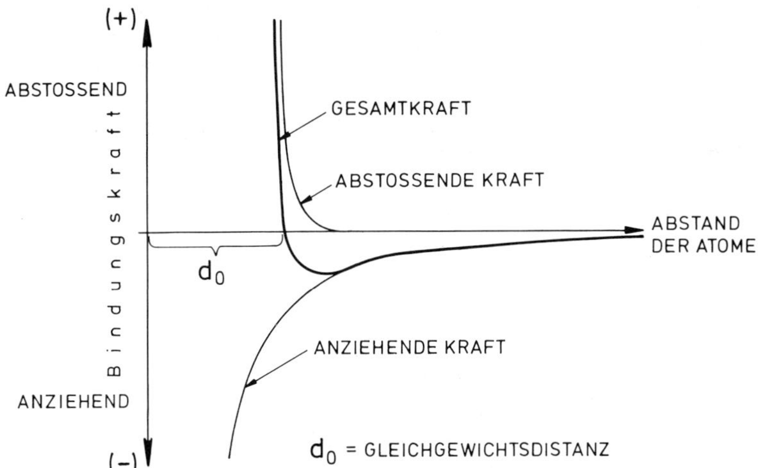

Abb. 3.1 Schematische Darstellung der zwischenatomaren Gleichgewichtsdistanzen, die sich aus der Wechselwirkung von abstoßenden und anziehenden Kräften zwischen den Atomen eines Festkörpers ergibt. Jede Veränderung dieser Distanzen erfordert den Ansatz von Kräften, die im Kristallgitter zu Spannungen führen.

Auf geologische Körper können zweierlei Kräfte wirken: Körperkräfte und Oberflächenkräfte. **Körperkräfte** (body forces) wirken über das gesamte Volumen eines Körpers und sind direkt abhängig von der Masse des Körpers. Die für die Tektonik wichtigste Körperkraft ist die Gewichtskraft, also einfach ausgedrückt, das **Gewicht** (weight) eines Körpers

G = m · g (Gewicht)
m = Masse (in kg)
g = Fall- oder Schwerebeschleunigung ($9{,}81 ms^{-2}$)

Wie alle Kräfte ist das Gewicht eines geologischen Körpers ein Vektor. Dabei unterscheidet man positive gravitative Körperkräfte, die zum Erdmittelpunkt gerichtet sind, und negative Körperkräfte, die in entgegengesetzte Richtung weisen. Körperkräfte in der Erde kommen vor allem bei starken horizontalen und vertikalen Gradienten in der Massenverteilung zur Geltung. Beispiele dafür sind ozeanische Spreizungszentren, in denen möglicherweise die relative Höhenlage der „heißen" Asthenosphäre gegenüber der angrenzenden „kalten" Lithosphäre einen seitlichen Druck verursacht und somit eine horizontale Bewegung von Lithosphärenplatten gegenüber ihrem Mantelsubstrat erzwingt (**Rückendruck**, ridge-push). Eine andere Variante einer tektonisch signifikanten Körperkraft wäre eine relativ kalte und somit schwere Lithosphärenplatte, welche entlang einer Subduktionszone aufgrund ihres Gewichts in den relativ heißen und somit leichteren Mantel zur Tiefe hin absinkt (**Plattenzug**, slab-pull). Auch das gravitative **Auseinanderfließen durch Extension** (extensional flow) relativ hochgelegener kontinentaler Plateaus über tiefer gelegene fließende Bereiche, wie man sie für Tibet oder das Altiplano der Anden annimmt, ist wahrscheinlich auf die Wirkung von Körperkräften zurückführen. Geotechnisch bedeutsame Gradienten der Massenverteilung, welche die Wirkung positiver gravitativer Körperkräfte auslösen, findet man an allen steilen Talflanken von Hochgebirgen und in besonders großem Stil an den Kontinentalhängen passiver und aktiver Kontinentalränder.

Negative Körperkräfte können in Form des **Auftriebs** (buoyancy) ebenfalls tektonisch wirksam sein. So erfolgen Hebungsbewegungen im Zentralbereich von Gebirgen, der Aufstieg von Salzdiapiren in sedimentäre Deckschichten oder die Intrusion von Tiefengesteinsplutonen in flachere Krustenbereiche als Folge des Auftriebs. Die Auftriebskraft (R), die an einem Körper mit geringerer Dichte (ρ_2) innerhalb eines Bereichs mit größerer Dichte (ρ_1) wirkt, ist vom Volumen des Körpers (V) und dem Dichtekontrast (ρ_2-ρ_1) zwischen dem Körper und dem umgebenden Bereich abhängig (Abb. 3.2).

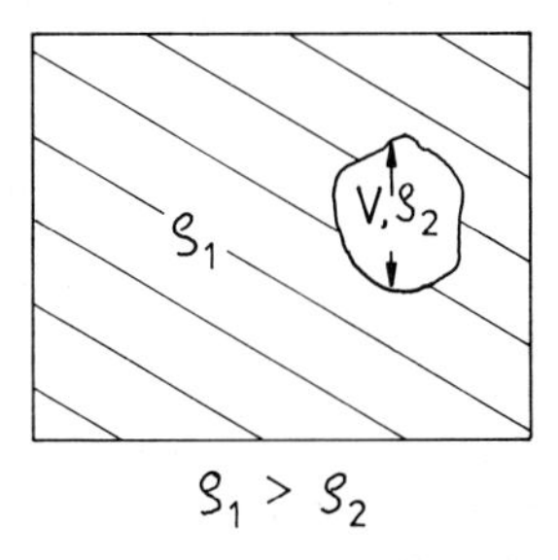

Abb. 3.2 Skizze zur Entstehung einer negativen Körperkraft, d.h. des Auftriebs eines Körperelements, welches in einem Material mit größerer Dichte eingebettet ist.

$R = V \cdot g \cdot (\rho_2 - \rho_1)$
V (in m^3), ρ (in $10^3 kg\, m^{-3}$), g (9,81 ms^{-2})

Im Gegensatz zu Körperkräften wirken **Oberflächenkräfte** (surface forces) als Vektoren auf spezifische Flächen eines geologischen Gesteinsverbandes. Der **Kraftansatz** (traction) an diesen Flächen kann nach Größe der Kraft, aber auch nach Areal und Orientierung der Fläche variieren. So kann man sich z.B. vorstellen, daß bei einem subhorizontalen „Strömen" im oberen Erdmantel **basale Scherung** (basal drag) als Kraftansatz entlang der Unterseite der Lithosphäre wirkt. In einem völlig anderen Maßstab, aber auf gleichen Überlegungen basierend, imitiert man im Labor natürliche Gesteinsdeformation, indem Oberflächenkräfte mit Hilfe mechanisch starrer Stempel an ebenen Begrenzungsflächen eines Probekörpers angesetzt werden. Im allgemeinen kann die Richtung einer Oberflächenkraft F_o jeden Winkel mit der Angriffsfläche einschließen und läßt sich deshalb durch zwei Vektorkomponenten ausdrücken: durch eine Normalkomponente (F_n) normal zur Angriffsfläche und eine Scherkomponente (F_s) parallel zur Angriffsfläche (Abb. 3.3). Auch die Wirkung einer Körperkraft kann in Form einer Oberflächenkraft ausgedrückt werden, indem z.B. die Wirkung des Gewichts eines Körpers auf eine spezifische Fläche im Körper bezogen wird. Der Widerstand gegen

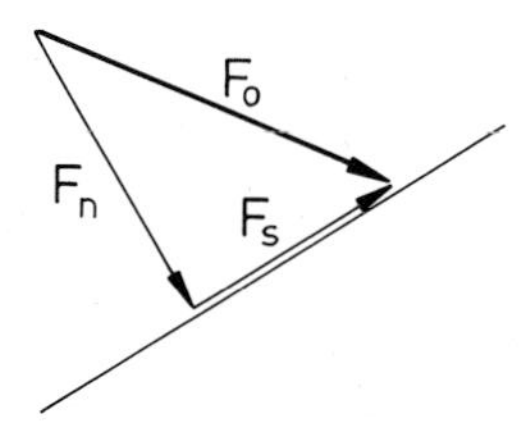

Abb. 3.3 Vektorielle Auflösung einer Oberflächenkraft in ihre Normal- und Scherkomponente (siehe Text).

den Kraftansatz entlang einer Fläche innerhalb oder am Rand eines Körpers ist die **Spannung** σ (stress) und hat den Wert einer Kraft pro Flächeneinheit.
Beim Kraftansatz an einer Fläche des Körpers wirken also zwei **Spannungskomponenten** (stress components) der Beschleunigung entgegen: die **Normalspannung** (σ_n, normal stress) normal zur Fläche und die **Scherspannung** (τ, shear stress) parallel zur Fläche. Normalspannungen können als positive **Druckspannungen** (compressive stresses) oder negative **Zugspannungen** (tensile stresses) auftreten, Scherspannungen werden hinsichtlich ihrer Richtung entweder als positiv oder negativ festgelegt. In den tieferen Teilen der Erde dominieren Druckspannungen, während Zugspannungen vor allem in Oberflächennähe und im mikroskopischen Bereich auftreten. Als Maßeinheit der Spannung dient das **Pascal** (Pa), **Kilopascal** (kPa), **Megapascal** (MPa) und **Gigapascal** (GPa).

1 Pa	=	1 N/m^2
1 kPa	=	10^3 Pa
1 MPa	=	10^6 Pa
1 GPa	=	10^9 Pa
10 bar	=	1 MPa
10^3 bar	=	1 kbar = 100 MPa

Um in der allgemeinen Betrachtung das Problem der Spannungsvariation entlang einer Fläche zu vermeiden, bezieht man die Spannungen auf unendlich kleine Flächenquerschnitte. Dazu läßt sich also folgende Beziehung anschreiben:

$$\sigma_n = \lim_{\Delta A \to 0} \frac{\Delta F_n}{\Delta A}$$

$$\tau = \lim_{\Delta A \to 0} \frac{\Delta F_s}{\Delta A}$$

Für jeden Punkt innerhalb eines Körpers kann man sich eine unendliche Zahl von Flächenlagen vorstellen. Bei einem Kraftansatz von außen wirken entlang jeder dieser Flächen Normal- und Scherspannungen. Die Gesamtheit der Normal- und Scherspannungen an einem Punkt bezeichnet man als den **Spannungszustand** (state of stress) an diesem Punkt. Es läßt sich zeigen, daß der Spannungszustand für ein infinitesimal kleines Körperelement in einem dreidimensionalen Koordinatensystem mit den Achsen x, y, z mathematisch als dreidimensionaler **Spannungstensor** (stress tensor) durch drei Normal- und sechs Scherspannungskomponenten dargestellt werden kann (Abb. 3.4a). Die Spannungskomponenten des Spannungstensors, eines Tensors zweiter Ordnung, stellt man in Form einer Matrix dar:

$$\begin{matrix} \sigma_x & \tau_{xy} & \tau_{xz} \\ \tau_{yx} & \sigma_y & \tau_{yz} \\ \tau_{zx} & \tau_{zy} & \sigma_z \end{matrix}$$

Dabei ist die Normalspannungskomponente σ_x normal zur yz-Ebene orientiert, während die Scherspannungskomponenten τ_{xz} bzw. τ_{xy} parallel zur

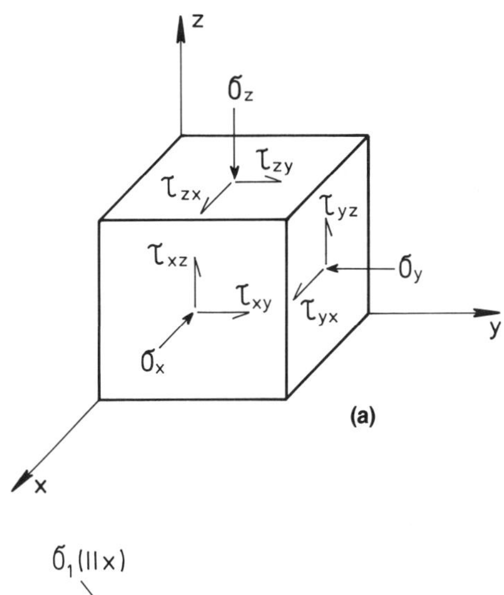

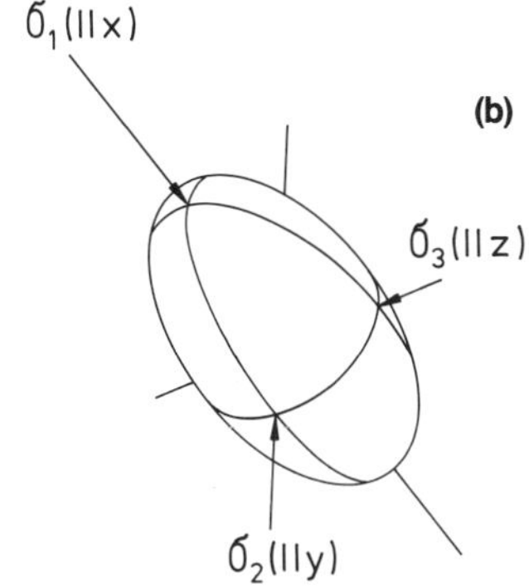

Abb. 3.4 (a) Der Spannungszustand in einem Körperelement, aufgelöst in die Normal- und Scherspannungskomponenten in einem beliebig orientierten Koordinatensystem mit den Achsen x, y und z. (b) Der Spannungszustand in einem Körperelement, dargestellt durch Orientierung und Größe der Hauptspannungen σ_1, σ_2 und σ_3 als Spannungsellipsoid.

yz-Ebene ausgerichtet sind. Da im Körperelement keine beschleunigende Bewegung, also auch keine Rotation erfolgen sollte, müssen sich die in einer Koordinatenebene gelegenen, aber entgegengerichteten Scherspannungskomponenten die Waage halten, d.h., sie müssen gleich groß sein. Demnach gilt:

$$\tau_{xz} = \tau_{zx}$$
$$\tau_{zy} = \tau_{yz}$$
$$\tau_{xy} = \tau_{yx}$$

Nun läßt sich mit Hilfe einer mathematischen Umformung zeigen, daß für eine einzige und ganz genau bestimmte räumliche Orientierung des Koordinatenkreuzes die Scherspannungen in den drei Achsenebenen gleich Null sind und der Spannungstensor allein durch die drei Normalspannungen parallel zu den drei Koordinatenachsen definiert werden kann. Man bezeichnet diese Normalspannungen als **Hauptnormalspannungen** (principal normal stresses) oder **Hauptspannungen** (principal stresses) und stellt sie in folgender Form dar:

$$\begin{matrix} \sigma_1 & 0 & 0 \\ 0 & \sigma_2 & 0 \\ 0 & 0 & \sigma_3 \end{matrix}$$

Der Spannungszustand in einem Punkt läßt sich deshalb einfach durch Größe **und** Orientierung der drei Hauptnormalspannungen σ_1, σ_2, σ_3 definieren, wovon in der Tektonik Gebrauch gemacht wird (Abb. 3.4b).

Die drei Hauptnormalspannungen werden als **größte Hauptnormalspannung** (σ_1, maximum principal stress), **mittlere Hauptnormalspannung** (σ_2, intermediate principal stress) und **kleinste Hauptnormalspannung** (σ_3, minimum principal stress) des Spannungstensors bezeichnet. Sie stehen senkrecht aufeinander und definieren die drei zueinander orthogonalen Hauptspannungsebenen $\sigma_1\sigma_2$, $\sigma_1\sigma_3$ und $\sigma_2\sigma_3$, an denen keine Scherspannungen auftreten. Graphisch wird der Spannungstensor als **Spannungsellipsoid** (stress ellipsoid) illustriert, also durch Größe und Orientierung der Ellipsoidachsen σ_1, σ_2 und σ_3 (Abb. 3.4b).

Die Hauptschnitte durch das Spannungsellipsoid sind **Spannungsellipsen** mit den Achsen σ_1, σ_2 oder σ_3. Die **durchschnittliche Spannung** S_d an einem Punkt berechnet sich aus

$$S_d = (\sigma_1 + \sigma_2 + \sigma_3) / 3$$

Diese durchschnittliche Spannung entspricht nur unter der Bedingung $\sigma_1 = \sigma_2 = \sigma_3$ allseitigem oder hydrostatischem Druck. Im allgemeinen gilt für Gesteine, daß $\sigma_1 > \sigma_2 > \sigma_3$. Der Spannungszustand kann auch als **Spannungsdeviator** (stress deviator) dargestellt werden:

$$\begin{matrix} \sigma_1 - S_d & 0 & 0 \\ 0 & \sigma_2 - S_d & 0 \\ 0 & 0 & \sigma_3 - S_d \end{matrix}$$

Die räumlichen Änderungen in der Orientierung bzw. in der Größe der Hauptspannungen werden durch dreidimensionale, zweidimensionale oder eindimensionale **Spannungsgradienten** (stress gradients) regionaler **Spannungsfelder** (stress fields) beschrieben. In Analogie zu anderen physikalischen Feldern erfaßt man das Spannungsfeld und den Spannungsgradienten durch Systeme zueinander orthogonaler Kurvenscharen, die Hauptspannungstrajektorien (principal stress trajectories). Dort, wo Spannungsgradienten auftreten, können sich also entlang der **Hauptspannungstrajektorien** nicht nur Richtung, sondern auch Größe der Hauptnormalspannungen ändern (Abb. 3.5). Spannungsfelder, die in der geologischen Vergangenheit existierten, bezeichnet man entsprechend als **Paläospannungsfelder** (paleostress fields).

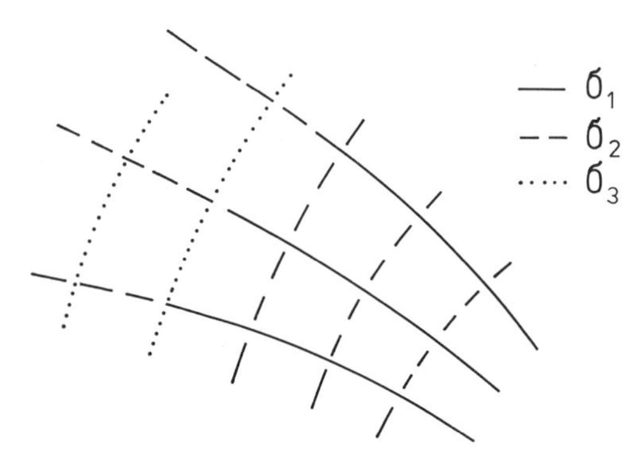

Abb. 3.5 Schematische Darstellung der Veränderung des Spannungszustandes in einem ebenen Spannungsfeld, in dem sich sowohl Größe wie Orientierung der Hauptspannungen entlang eines regionalen Spannungsgradienten verändern.

Da nach obiger Definition des Spannungsellipsoids an den Hauptspannungsebenen keine Scherspannungen auftreten, läßt sich argumentieren, daß an allen freien Oberflächen der Erde – an denen ja keine Scherspannungen wirken – zwei der drei Hauptnormalspannungen parallel zur Oberfläche orientiert sind und eine normal dazu ausgerichtet ist. Deshalb kommt es an stark gekrümmten freien Oberflächen, wie z.B. in Hohlräumen oder an topographischen Einsprüngen der festen Erdoberfläche, zu einem Zusammenrücken der Spannungstrajektorien, also zur **Spannungskonzentration** (stress concentration). So läßt sich nach der allgemein bekannten zweidimensionalen Betrachtung von INGLIS zeigen, daß z.B. an einem elliptischen Schlitz bei Ansatz einer reinen Zugspannung (σ_3) senkrecht zum Schlitz, es im Bereich der größten Krümmung durch Spannungskonzentration zur dramatischen Erhöhung der Zugspannungen kommt, und zwar nach folgender Beziehung (Abb. 3.6)

$$\sigma_k = \sigma_3 \, [1 + (2a/b)]$$

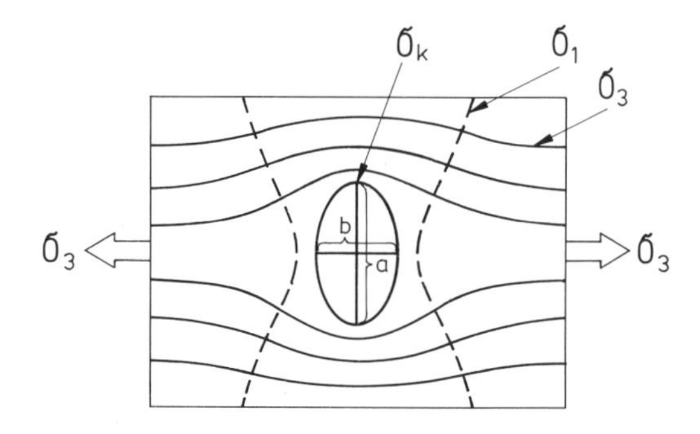

Abb. 3.6 Spannungskonzentration bzw. Konvergenz der Spannungstrajektorien am Rand eines elliptischen Hohlraums unter Ansatz einer Zugspannung normal zur größten Querschnittsachse des Hohlraums (zweidimensionale Betrachtung).

wobei σ_k die resultierende Spannung ist, b und a die lange bzw. kurze Achse des elliptischen Schlitzquerschnittes darstellen. Je größer das Achsenverhältnis des elliptischen Hohlraums ist, d.h. je größer die maximale Krümmung, desto größer ist auch die Spannungskonzentration am Ende des Hohlraums.

Zwischen dem Spannungszustand innerhalb eines Körpers, seiner Deformation und schließlich der Art seines Versagens existieren systematische geometrische Beziehungen. Bei den in der Erde vorherrschenden Druckspannungen (d.h. $\sigma_1 > \sigma_2 > \sigma_3 > 0$) erfolgt aber bereits vor dem Versagen der Gesteine eine Deformation, und zwar kommt es parallel zu σ_1 zur **Kontraktion** (contraction), parallel zu σ_3 zur **Extension** (extension), parallel zu σ_2 zur Kontraktion oder Extension. Bei Zugspannungen, also negativen Spannungen, erfolgt Extension parallel zu σ_3. Wichtig in diesem Zusammenhang ist also, daß Extension innerhalb geologischer Körperelemente nicht nur durch Zugspannungen erzeugt wird. Deshalb ist es unter bestimmten Bedingungen und bei geringer Deformation auch möglich, aus der Orientierung von Kontraktions- bzw. Extensionsrichtungen im Gestein semiquantitativ auf die Orientierung des Spannungsellipsoids bzw. auch auf die Richtung des Kraftansatzes zu schließen.

Es läßt sich ebenfalls zeigen, daß die Tendenzen zu Relativbewegungen innerhalb fester Körper vor allem von der Größe der auftretenden Scherspannungen an bestimmten Flächen und diese wiederum von der Größe der auftretenden **Differentialspannung** (differential stress) $\sigma_1 - \sigma_3$ abhängen. Bei der Erstellung von Modellen für die Beziehung zwischen dem räumlichen Spannungszustand und der

Deformation (= Kinematik) fester Körper betrachtet man deshalb den Spannungszustand meist vereinfacht in zweidimensionaler Form, d.h. in der Hauptebene $\sigma_1\sigma_3$ des Spannungsellipsoids. Diese Vereinfachung ist geologisch deshalb relevant, weil auch tektonische Strukturen meist als **zweidimensionale Modelle** (twodimensional models) in Form vertikaler **Profilschnitte** (sections) oder horizontal in Form **tektonischer Karten** (tectonic maps) dargestellt werden.

Tendenz zur Relativbewegung entlang einer bestimmten Fläche eines Körpers wird bei vorgegebenem räumlichen Spannungszustand durch das Verhältnis von Normalspannung zu Scherspannung an dieser Fläche bestimmt: Erhöhung der Normalspannung senkrecht zur Fläche verringert die Wahrscheinlichkeit einer Relativbewegung, Erhöhung der Scherspannung vergrößert die Wahrscheinlichkeit einer Relativbewegung. Um das Verhältnis von Normalspannung zu Scherspannung für bestimmte Flächenorientierungen zu ermitteln, benützt man die Methode des **Mohrschen Kreises** (Mohr circle analysis).

Zur Ableitung der quantitativen Beziehung zwischen Normal- und Scherspannungen wählt man eine zweidimensionale Betrachtung, wobei die Hauptachsen σ_1 und σ_3 der Spannungsellipse als Achsen des Koordinatensystems und eine beliebig orientierte Einheitsfläche senkrecht zur $\sigma_1\sigma_3$-Ebene festgelegt werden. Die Einheitsfläche schließt mit σ_3 den Winkel θ ein. Für die Einheitsfläche berechnet man nun die Normal- und Scherkomponenten des Kraftansatzes, der sich aus den beiden räumlich wirkenden Hauptnormalspannungen ergibt. Zu diesem Zweck müssen beide Hauptnormalspannungen des Spannungstensors zuerst in Vektoren rückgeführt werden (Abb. 3.7). Dies ist nur möglich, indem man die Hauptspannungen jeweils mit dem Flächenanteil der Einheitsfläche multipliziert, auf den sie einwirken. Die so gewonnenen Vektoren des Kraftansatzes entlang der Einheitsfläche lassen sich dann vektoriell als Normal- bzw. Scherkomponenten einer Oberflächenkraft darstellen. In Abb. 3.7 ist ersichtlich, wie diese Vektor-Summierung funktioniert. Dabei ergeben sich für die Normal- und Scherkomponenten des Kraftansatzes folgende Beziehungen:

$$\sigma_n = \sigma_1 \cdot \cos^2\theta + \sigma_3 \cdot \sin^2\theta$$

$$\tau = \sin\theta \cdot \cos\theta \cdot (\sigma_1 - \sigma_3)$$

$$\cos^2\theta = \frac{\cos 2\theta + 1}{2} \qquad (1)$$

$$\sin^2\theta = \frac{1 - \cos 2\theta}{2} \qquad (2)$$

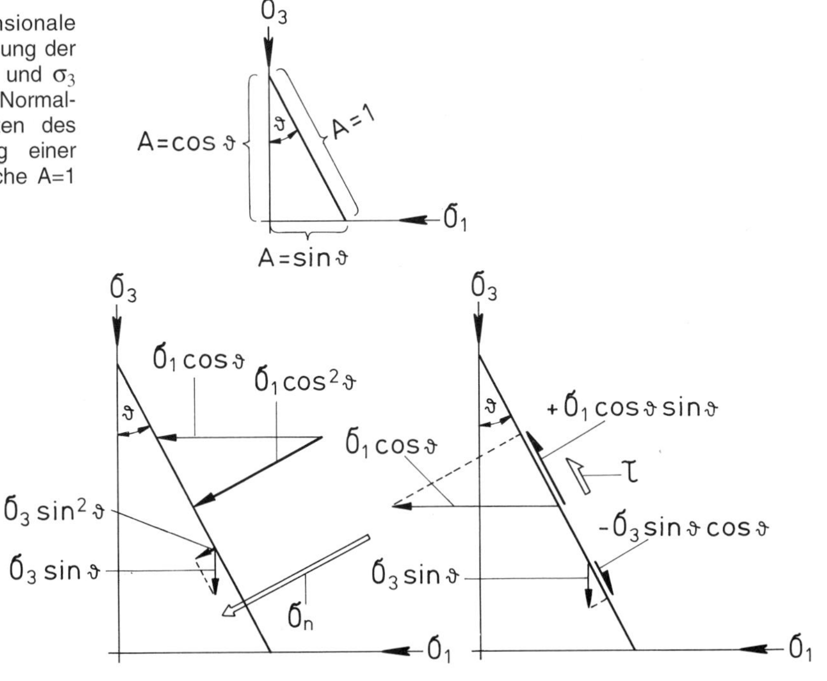

Abb. 3.7 Zweidimensionale Darstellung zur Auflösung der Hauptspannungen σ_1 und σ_3 in die vektoriellen Normal- und Scherkomponenten des Kraftansatzes entlang einer beliebigen Einheitsfläche A=1 (siehe Text).

$$\sin\theta \cdot \cos\theta = \frac{1}{2}\sin 2\theta \qquad (3)$$

Nach Einsetzen der Formeln (1 bis 3) gilt:

$$\sigma_n = \sigma_1 \cdot \left(\frac{\cos 2\theta + 1}{2}\right) + \sigma_3 \cdot \left(\frac{1 - \cos 2\theta}{2}\right)$$

$$\sigma_n = \frac{\sigma_1 + \sigma_3}{2} + \frac{\cos 2\theta \cdot (\sigma_1 - \sigma_3)}{2}$$

$$\tau = \frac{\sigma_1}{2} \cdot \sin 2\theta - \frac{\sigma_3}{2} \cdot \sin 2\theta$$

$$\tau = \frac{1}{2} \cdot \sin 2\theta \cdot (\sigma_1 - \sigma_3)$$

Durch Umordnung und Quadrierung der Gleichungen erhält man folgende Beziehungen:

$$\left(\sigma_n - \frac{\sigma_1 + \sigma_3}{2}\right)^2 = \cos^2 2\theta \cdot \left(\frac{\sigma_1 - \sigma_3}{2}\right)^2$$

$$\tau^2 = \sin^2 2\theta \cdot \left(\frac{\sigma_1 - \sigma_3}{2}\right)^2$$

$$\left(\sigma_n - \frac{\sigma_1 + \sigma_3}{2}\right)^2 + \tau^2 = \left(\frac{\sigma_1 - \sigma_3}{2}\right)^2$$

Die Addition der Gleichungen ergibt die Gleichung eines Kreises (Mohrscher Kreis) in einem Koordinatensystem mit den Achsen σ_n und τ. Normal- und Scherspannungen für eine beliebige Flächenorientierung (θ) lassen sich als Funktion von σ_1 und σ_3 graphisch bzw. rechnerisch ermitteln (Abb. 3.8). Der Mohrsche Kreis demonstriert, daß maximale Scherspannungen (τ_{max}) auf Ebenen mit dem Winkel $2\theta = 90°$ wirken. D.h., die zwei Ebenen, auf denen maximale Scherspannungen auftreten, sind 45° zu den Hauptnormalspannungen σ_1 und σ_3 geneigt. Die Größe der Scherspannungen ist abhängig vom Radius des Mohrschen Kreises, also von der Differentialspannung $\sigma_1 - \sigma_3$. Auch für den dreidimensionalen Fall beobachtet man also die für das Materialversagen wichtige maximale Scherspannung an jenen Ebenen, die mit σ_1 bzw. σ_3 einen Winkel von 45° einschließen und in der σ_2-Achse zum Schnitt kommen. Für den Extremfall $\sigma_1 = \sigma_3$ würde sich der Mohrsche Kreis auf einen Punkt reduzieren und damit einen scherspannungsfreien **hydrostatischen Spannungszustand** illustrieren. Die Frage, ob dieser Zustand auch außerhalb vollkommen aufgeschmolzener oder fluidgesättigter Gesteinszonen innerhalb der Erde realisiert ist, läßt sich nur schwer beantworten. Für den allgemeinen Fall eines Spannungszustands mit Differentialspannung $\sigma_1 - \sigma_3$ sollten aber in festen Gesteinen vor allem jene Flächensysteme, auf denen hohe Scherspannungen wirken, für tektonische Relativbewegungen prädestiniert sein. Mit Hilfe der experimentellen Gesteinsdeformation läßt sich demonstrieren, daß außer der Größe der Scherspannungen aber auch andere Materialparameter, wie z.B. präexistierende und neugebildete Mikrorisse, texturelle Anisotropien, Fluidgehalt, Fluidverteilung und mineralogische Heterogenitäten sowohl die Lage als auch die Orientierung potentieller tektonischer Bewegungsflächen in Gesteinen bestimmen.

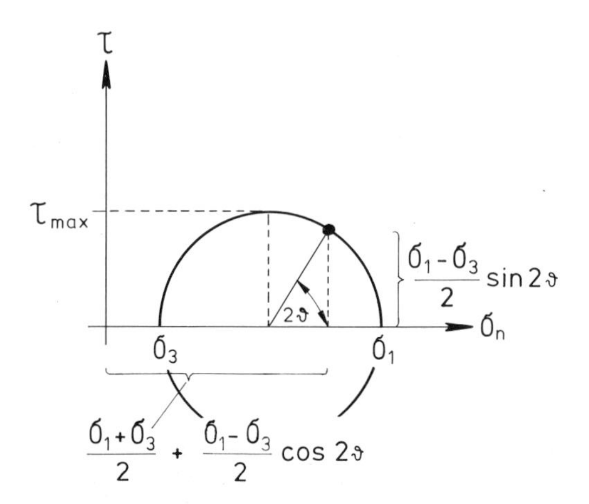

Abb. 3.8 Der Mohrsche Kreis als graphische Darstellung der Variation von Scher- und Normalspannungen auf beliebigen Flächen senkrecht zur Hauptebene $\sigma_1\sigma_3$.

Literatur

JAEGER, 1962; MEANS, 1976; JAEGER & COOK, 1979.

4 Experimentelle und theoretische Tektonik

Während der Geologe aus der Geometrie deformierter geologischer Vorzeichnungen in natürlichen Gesteinen Schritt für Schritt zuerst den Bewegungsablauf als kinematisches Modell und dann die mechanischen Bedingungen für diesen Bewegungsablauf zu verstehen sucht, geht man im tektonischen Experiment und bei theoretischen Modellrechnungen den Weg nach vorne. Man deformiert unter bekannten Kraftansätzen, Spannungsfeldern bzw. geologisch relevanten Randbedingungen (also Druck, Temperatur, Verformungsrate, Fluidgehalt) künstliche oder natürliche Materialien. Dabei entstehen Strukturen, welche möglicherweise denen in natürlich deformierten Gesteinen der Lithosphäre ähneln. Im **tektonischen Experiment** (tectonic experiment) unterscheidet man aber zwei völlig unterschiedliche Arbeitsweisen: Entweder man versucht, in kleinen **künstlichen**, aber geologisch „realistischen“ Modellkörpern durch einen äußeren Kraftansatz Relativbewegungen und somit tektonische Strukturen zu erzeugen oder man deformiert **natürliche** Gesteinsproben unter gut definierten physikalischen Randbedingungen.

Bei der Simulation natürlicher Strukturen in künstlich hergestellten Materialien benützt man „erdähnliche“ geschichtete Sande, Tonlagen, Plastilin oder hochviskose Flüssigkeiten mit einer geologisch relevanten Ausgangsgeometrie, wie z.B. einem horizontalen Lagenbau (Abb. 4.1). Die mechanischen Eigenschaften (Korngröße, Viskosität etc.) der Materialien müssen aber so gewählt werden, daß das Verhältnis zur Größe der experimentellen Anordnung bzw. den Strukturen ungefähr dem in der Natur entspricht. Durch einen relativ einfachen meist randlich wirkenden Kraftansatz wird ein gut definiertes internes Spannungsfeld erzeugt, welches zum Versagen des Materials an „tektonischen“ Strukturen führt. Zeigt die Geometrie der Strukturen in den simulierten Erdmaterialien Ähnlichkeit mit bekannten natürlichen Strukturen, so gibt das Experiment Hinweise auf die mögliche Kinematik und Dynamik, also auf die Mechanismen natürlicher Strukturen (Abb. 4.1). Körperkräfte wie die Schwerkraft lassen sich in Experimenten dieser Art z.B. in Zentrifugen erhöhen. Für vereinfachte mechanische Systeme, wie z.B. elastische Platten (Abb. 4.2) lassen sich Simulationen aber auch rein rechnerisch entwickeln. Dabei stellt man mit der Methode der **finiten Elemente** (finite elements) die Deformation komplexer geologischer Körper als Summe der Deformation kleinerer und einfacher Teilbereiche dar, indem man auf diese Kräfte einwirken läßt, deren Richtung und Größe bekannt sind. Für die mathematisch-theoretische Simulation tektonischer Strukturen müssen allerdings die mechanischen Parameter der simulierten Materialien vorher entweder theoretisch abgeschätzt oder durch Experimente an natürlichen Gesteinen gewonnen werden (siehe unten). Der Aussagewert der abgeleiteten Modelle bzw. Modellrechnungen erhöht sich mit dem Grad der Ähnlichkeit der gewählten Materialparameter, der geometrischen Außenform und der Art des Kraftansatzes mit natürlichen tektonischen Situationen. Aus diesem Grund lassen sich mit dieser Methode vor allem die Kinematik und Dynamik einfacher Strukturen, wie z.B. von Gräben, Flexuren, Diapiren und einfachen Falten verstehen.

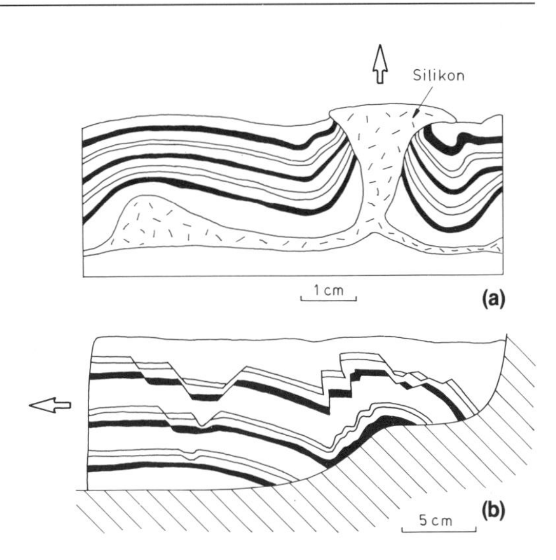

Abb. 4.1 Zwei Beispiele für tektonische Experimente mit simulierten „erdähnlichen“ Substanzen. (a) Modell eines Diapirs, simuliert durch eine Silikonlage, die in einer Zentrifuge zum Aufstieg durch eine Schichtfolge aus dichterem Ton und Glaserkitt gezwungen wurde (nach RAMBERG, 1981); (b) Modell zur Kinematik von Zweigabschiebungen im Hangenden einer gekrümmten Abschiebungsfläche, die verschieden gefärbte Sandlagen quert, wobei eine ebene Oberfläche durch („syntektonisches“) Nachfüllen von Sand erhalten wurde (nach MCCLAY, 1987).

Bei der zweiten wichtigen Methode der experimentellen Tektonik erzeugt man in cm- bis dm-großen zylindrischen Probekörpern natürlicher Gesteine durch einen longitudinal wirkenden Kraftansatz eine interne Differentialspannung ($\sigma_1 - \sigma_3$), wobei die Experimente bei verschiedenen Temperaturen, Verformungsraten und Drücken ($\sigma_2 = \sigma_3$) wiederholt werden können. Die **Verformung** (strain) im Probekörper wird im allgemeinen als relative Längenänderung $\varepsilon = (l_0 - l) / l_0$ gemessen und der Kraftansatz so lange aufrechterhalten, bis es zum **Versagen** (failure) des Gesteins kommt. Dabei beobachtet man, daß sich in verschiedenen

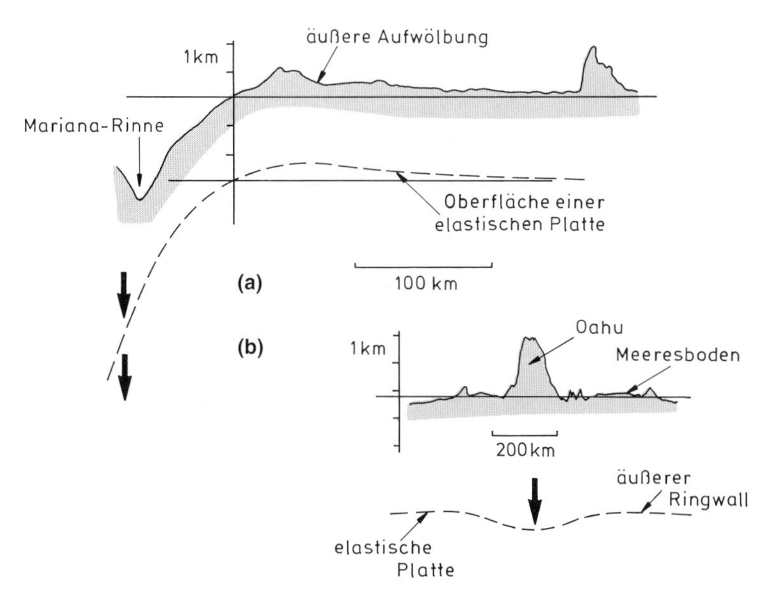

Abb. 4.2 Berechnete Modelle für die Verkrümmung elastischer Platten, die auf einem viskosen Substrat liegen, bei einem vorher festgelegten Kraftansatz (nach TURCOTTE & SCHUBERT, 1982). (a) Stark überhöht dargestellte Krümmung einer ozeanischen Platte, die durch ihr Gewicht zum Abfallen in eine Subduktionszone gezwungen wird; (b) Depression der ozeanischen Lithosphärenplatte aufgrund der Auflast einer großen vulkanischen ozeanischen Insel am Beispiel von Hawaii.

Gesteinen bzw. Mineralen bei sonst gleichen physikalischen Bedingungen ganz unterschiedliche Differentialspannungen aufbauen können und auch ganz unterschiedliche Arten von Mikrostrukturen entstehen. Dieses Deformationsverhalten der Gesteine, welches von Druck, Temperatur, Deformationsrate und Material abhängig ist, bezeichnet man als **rheologisches Verhalten** (rheological behaviour) der Gesteine.

Nach vollendetem tektonischem Experiment identifiziert man allgemein im deformierten Gestein die mikroskopisch oder makroskopisch sichtbaren Spuren der Deformation, aus welchen man die **Deformationsmechanismen** (deformation mechanisms) ableiten kann, welche zum Versagen führten. Über den Vergleich zwischen Deformationsstrukturen, die unter kontrollierten Bedingungen im Experiment erzeugt werden, und Deformationsstrukturen, die man aus natürlich deformierten Gesteinen kennt, läßt sich gelegentlich quantitativ oder semiquantitativ auf die geologischen Rahmenbedingungen während der Deformation natürlicher Gesteine schließen.

Im allgemeinen benützt man zur Bestimmung des rheologischen Verhaltens von Gesteinen axialsymmetrische zylindrische Proben und einen Kraftansatz parallel zur Längsachse, wodurch sich im Gestein eine **axiale Differentialspannung** $\sigma_1 - \sigma_3$ aufbaut (Abb. 4.3). Ein seitlich aufgebrachter **Manteldruck** (jacket pressure) $\sigma_2 = \sigma_3$ simuliert den **Umlagerungsdruck** (confining pressure) und σ_1 kann als Ausdruck einer beliebigen am Rand des Gesteins wirkenden kompressiven Oberflächenkraft betrachtet werden (**Kompressionsexperiment**, compression experiment). Umgekehrt kann man aber auch den Manteldruck auf den Wert $\sigma_1 = \sigma_2$ erhöhen, wobei dann der minimale Umlagerungsdruck σ_3 parallel zur Zylinderachse orientiert wäre (**Extensionsexperiment,** extension experiment). Man bezeichnet beide Arten des Experiments als **Triaxialversuche** (triaxial experiments), wobei Ungleichheit von σ_1, σ_2 und σ_3 experimentell allerdings kaum zu realisieren ist. Die allmähliche Zunahme von Druck und Temperatur mit zunehmender Erdtiefe wird durch graduelle Erhöhung der kleinsten Hauptspannung σ_3 und durch Erhöhung der Temperatur im Verlauf von Versuchsreihen mit Proben des gleichen Materials simuliert. Dazu variiert man im Probekörper auch den Porenfluiddruck und die Verformungsrate. Im konventionellen Triaxialversuch bleibt die Orientierung des Spannungstensors für die Dauer eines Experiments konstant, das Experiment verursacht also im Probekörper eine koaxiale Deformation. Durch Einlagerung dünner Gesteinsschichten im Winkel von 45° zu σ_1 zwischen zwei mechanisch steife Zylinderhälften kann auch das mechanische Verhalten von Gesteinen bei nicht-koaxialer scherender Deformation simuliert werden. In beiden Fällen sind die erreichten Verformungsbeträge (ε) im Vergleich zur Natur gering und gehen meist nicht über 10% hinaus.

Abb. 4.3 Schematischer Querschnitt durch die Versuchsanordnung bei der triaxialen kompressiven Deformation einer Gesteinsprobe (rechts); Schema des Spannungszustands innerhalb des zylindrischen Probekörpers (links).

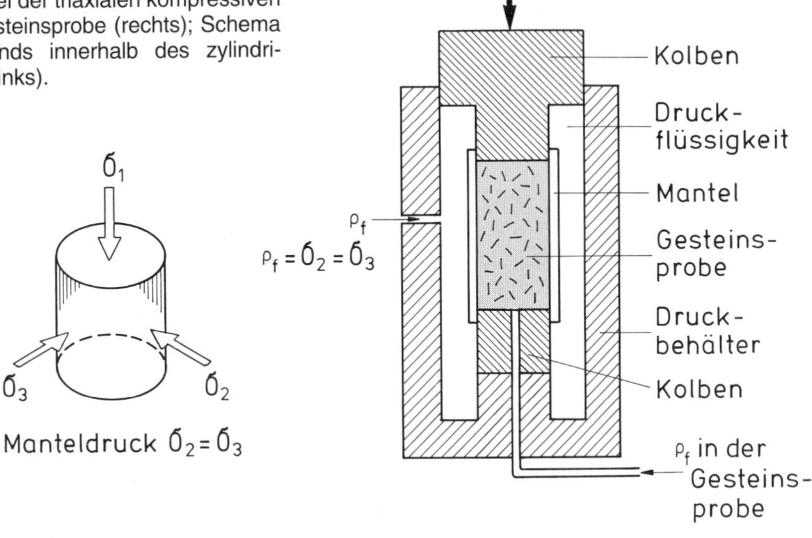

Von immer größerer Bedeutung werden heute auch seismisch-geodätische Deformationsmessungen, die vor, während und nach größeren Erdbeben entlang von bekannten seismisch aktiven Zonen gemacht werden. Sie liefern zumindest teilweise Anhaltspunkte für das Verhalten natürlicher Gesteine an ganz spezifischen geologischen Strukturen. Das Verständnis der Prozesse, durch welche Erdbeben ausgelöst werden, ist deshalb ein wichtiger Teilaspekt zum Verständnis tektonisch aktiver Strukturen. Die Bedeutung seismisch induzierter Vorgänge ergibt sich vor allem daraus, daß tektonische Experimente im Labor vier wichtigen Beschränkungen unterliegen: Im Vergleich zur Natur sind die geringsten im Experiment realisierbaren **Verformungsraten** (strain rates) allgemein um 6 bis 7 Größenordnungen größer als jene, die in der Natur auftreten; auch der Betrag longitudinaler oder scherender **Gesamtverformung** (longitudinal finite, shear strain) im Probekörper ist mit einigen wenigen Prozenten extrem gering; darüber hinaus ist die **Versuchsdauer** (duration) von einigen Stunden bis zu einigen Wochen verhältnismäßig kurz und auch die **Größe** (size) der Gesteinsproben nähert sich dem Größenbereich der kristallinen Einzelkörner. Deformationsexperimente reproduzieren deshalb nur in grober Annäherung jene Vorgänge, die sich bei der tektonischen Deformation der Gesteine in der Erde abspielen. Sie liefern aber in Form rheologischer Materialparameter die Grundlage für alle theoretischen bzw. dynamischen Modelle. Aufgrund zahlreicher Experimente weiß man deshalb heute auch, daß es in der relativ starren äußeren Schale der Erde, also in der Lithosphäre, zwei Grundformen des rheologischen Verhaltens der Gesteine gibt: Das **Sprödverhalten** (brittle behaviour), bei welchem ein Versagen durch Überschreiten der Bruchfestigkeit eintritt und das **duktile Verhalten** (ductile behaviour), bei welchem ein Versagen durch Überschreiten der Fließfestigkeit erreicht wird. In beiden Fällen tritt eine irreversible Deformation der Gesteine ein, d.h. es kommt zur Entwicklung tektonischer Strukturen. Es soll deshalb im folgenden zuerst das experimentell verursachte Sprödverhalten und der Bruch diskutiert, dann das Reibungsgleiten an bereits existierenden Diskontinuitäten in spröden Festkörpern erläutert, nachfolgend die Rolle von Anisotropien und Fluiden im deformierten Gestein diskutiert und schließlich der Übergang vom spröden zum makroskopisch plastischen bis raumgreifend duktilen Verhalten der Gesteine beschrieben werden.

Literatur

Ramberg, 1963 und 1981; Cloos, 1968; Heard et al., 1972; Paterson, 1978; Turcotte & Schubert, 1982; Hobbs & Heard, 1986; McClay, 1987.

5 Bruch, Reibungsgleiten, Knickung und plastisches Versagen im Experiment

5.1 Bruch

Das einfachste Experiment zum Verständnis des Sprödverhaltens bzw. der Bruchentwicklung in Gesteinen ist die Bestimmung ihrer **Zugfestigkeit** (tensile strength, S_T) bei Spannungszuständen, wie sie in der Natur allerdings nur in der Nähe der Erdoberfläche und im Mikrobereich realisiert sind. Beim Zugversuch wirkt ein Kraftansatz, welcher dem Spannungszustand bei reinem Zug entspricht. D. h. es gilt $\sigma_1 = \sigma_2 = 0$ bzw. $\sigma_3 < 0$, wobei im Probekörper parallel zu σ_3 Zugspannungen entstehen. Wird in einem Querschnitt des Probekörpers ein bestimmter Grenzwert von σ_3, die Zugfestigkeit, überschritten, so kommt es zum Versagen des Probekörpers durch **Extensionsbruch** (extension fracture). Die Deformation erfolgt dabei in zwei Stadien. Im ersten Stadium erfährt der Körper parallel zu σ_3 eine noch reversible (= elastische) Längung, die proportional zur aufgebrachten Zugspannung ist und wobei gilt, daß $-\sigma_3 = E \cdot \varepsilon$ ist. Die Proportionalitätskonstante E ist der **Elastizitätsmodul** (Young's modulus, E in Pa) des Gesteins und ε die relative Längung

$$\varepsilon = \frac{l - l_0}{l_0} = \frac{\Delta l}{l_0}$$

(l_0 = Ausgangslänge, l = erreichte Länge). Im zweiten Stadium kommt es zu einem verhältnismäßig abrupten und vollkommenen Abbau der Zugspannungen durch Ausbreitung von Bruchflächen, die mehr oder weniger senkrecht zur Zugspannung σ_3 orientiert sind (Abb. 5.1a). Die **Zugfestigkeit** (tensile strength) eines Gesteins ist deshalb jene Zugspannung (σ_3), bei welcher der Probekörper entlang einer Bruchfläche vollkommen durchreißt. Zahlreiche Experimente haben gezeigt, daß die Zugfestigkeit der meisten natürlichen Gesteine sehr gering ist und bei rund 1 bis 4 MPa liegt.

Die geringe Zugfestigkeit von Gesteinen erklärt sich vor allem aus der Wirkung von Spannungskonzentrationen an den zahlreichen Mikrodiskontinuitäten, die bereits vor der Extension in jedem Probekörper vorhanden sind. Dabei kann es sich um Abkühlungsrisse, Mineralspaltbarkeiten oder Korngrenzen handeln. Dazu kommen noch **Mikrorisse** (micro cracks), die entweder während der tektonischen Vorgeschichte des Gesteins oder im ersten Stadium der experimentellen Deformation entstanden sind. Bei Extension entwickeln sich vor allem am Ende jener Mikrodiskontinuitäten, die ungefähr senkrecht zur Zugspannung (σ_3) orientiert sind, Spannungen, welche auf ein Vielfaches der von außen wirkenden Zugkraft anwachsen können (siehe Kapitel 3). Erreichen diese Zugspannungen einen bestimmten kritischen Wert, so breiten sich Rißflächen seitlich aus, mehrere Risse wachsen zusammen und bewirken schnell das vollkommene Durchreißen des Probekörpers an einer makroskopisch sichtbaren und meist unebenen Bruchfläche.

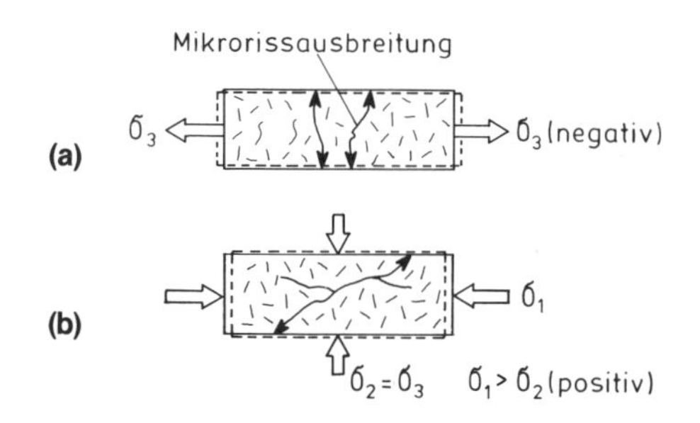

Abb. 5.1 (a) Extensionsbruch bei reinem Zug, wobei Versagen durch laterale Ausbreitung von Mikrorissen senkrecht zu der im Probekörper existierenden Zugspannung eingeleitet wird. (b) Bruchausbreitung bei Kompression; das Versagen wird durch ein Zusammenwachsen von Mikroextensionsrissen in größere Extensions- oder Scherbrüche ausgelöst. In beiden Skizzen deuten die gestrichelten Linien die Querschnittsform des Probekörpers nach seiner elastischen Längung bzw. Verkürzung an.

Die geringe Zugfestigkeit der Gesteine läßt sich theoretisch über das **Griffith-Kriterium** (Griffith criterium) verstehen, welches die Anwesenheit von Mikrodiskontinuitäten im Gestein berücksichtigt. Nach dem Griffith-Kriterium ist die für den Extensionsbruch notwendige kritische Zugspannung σ_c direkt abhängig von der Länge der präexistierenden Mikrorisse und vom Energieaufwand, der zur Schaffung jeder neuen Oberfläche bei der Rißausbreitung aufzubringen ist. Danach gilt:

$$\sigma_c > K \sqrt{\frac{\gamma}{L}}$$

γ = Energieaufwand/Flächeneinheit
L = halbe Rißlänge
K = Materialkonstante

Der Vorgang der Rißausbreitung, durch welchen der Parameter L schnell größer wird, wirkt also selbstverstärkend und verläuft im Endstadium explosionsartig. Die resultierende makroskopische Bruchfläche ist deshalb uneben, weil bei der Ausbreitung von Rissen Verzweigung und Überlappung zu erwarten sind. Reine Zugspannungen lassen sich aber, wie bereits gesagt, in der Natur nur in Gesteinen nahe der Erdoberfläche erwarten, also vor allem in Gebieten mit extremer Topographie oder in der Nähe künstlicher Eingriffe, wie z.B. im direkten Umfeld von Sprengungen oder beim Bau von Stollen und Kavernen etc. In der ingenieurgeologischen Praxis wird aufgrund der geringen Gesteinsfestigkeit bei Zug versucht, das Auftreten von Zugspannungen im Fels durch kontrollierten Abbau bzw. Vortrieb zu vermeiden. In größeren Erdtiefen überwiegen im allgemeinen Druckspannungen.

Im geologisch wesentlich relevanteren Experiment untersucht man deshalb das Bruchverhalten von Gesteinen bei Vorherrschen von Druckspannungen (Kompressionsversuch). Im Kompressionsversuch wird in einem zylindrischen Probekörper durch Ansatz einer longitudinal wirksamen Kraft eine Differentialspannung ($\sigma_1 - \sigma_3$) erzeugt und der Probekörper so lange verkürzt bis Versagen durch Bruch eintritt (Abb. 5.1b). Die **Druckfestigkeit** (compressive strength, Sc) eines trockenen Gesteins ist deshalb jene Differentialspannung $S_c = \sigma_1 - \sigma_3$, bei welcher der Probekörper entlang einer Bruchfläche völligen Kohäsionsverlust erleidet. Auch bei geringem Umlagerungdruck ($\sigma_1 = \sigma_3$) liegt die Druckfestigkeit von Krustengesteinen in der Größenordnung von 100 MPa, also um ein bis zwei Größenordnungen über der Zugfestigkeit der entsprechenden Gesteine. Die Druckfestigkeit nimmt aber mit zunehmendem Umlagerungdruck noch zu, d.h., die Druckfestigkeit ist keine auf das Material bezogene Konstante. Bedeutende Unterschiede zwischen Zug- und Druckfestigkeit natürlicher Gesteine resultieren auch aus der unterschiedlichen Rolle von Mikrodiskontinuitäten während der Deformation. Im Gegensatz zum reinen Zugversuch beobachtet man im Kompressionsversuch drei Deformationsstadien, die sich in der experimentellen **Spannungs-Deformations-Kurve** (stress-strain curve) ausdrücken (Abb. 5.2).

Im **Stadium I** werden vor allem jene präexistierenden Mikrodiskontinuitäten und Poren des Gesteins geschlossen, die senkrecht zur größten Druckspannung (σ_1) orientiert sind. Dieser Vorgang, der schon bei verhältnismäßig geringen Differentialspannungen vollendet ist, verursacht eine

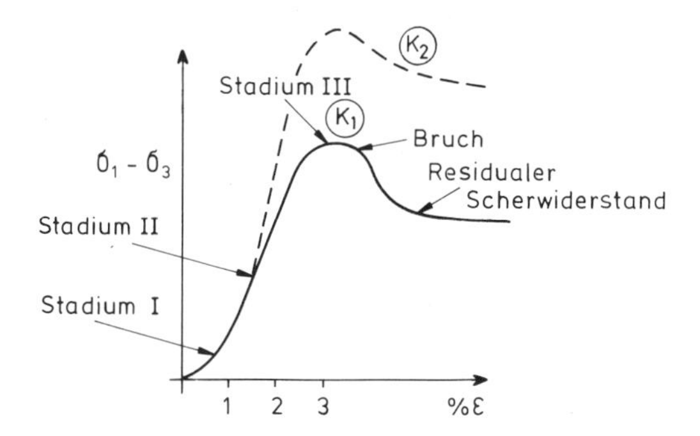

Abb. 5.2 Typische Form einer Spannungs-Deformationskurve beim Kompressionsversuch (siehe Text). K1 und K2 sind Spannungs-Deformationskurven bei unterschiedlichen Umlagerungsdrücken (= σ_3), wobei letztere im Experiment K2 größer sind als im Experiment K1.

geringfügige, aber meist irreversible Verkürzung des Probekörpers parallel zu σ_1.

Im **Stadium II** der Deformation zeigt sich, daß die relative Verkürzung $\varepsilon = \Delta l / l_0$ des Probekörpers linear mit der aufgebrachten Differentialspannung zunimmt, im allgemeinen aber reversibel ist. Wird der kompressive Kraftansatz im Stadium II auf Null reduziert, so sollte der verkürzte Probekörper deshalb mindestens die Ausgangslänge wiedererlangen, die er vor dem Stadium II hatte. Das Stadium II illustriert deshalb das Verhalten eines „linear-elastischen“ Körpers (**Hookescher Körper**). Auch dieser Zustand existiert meist nur bis zu einer relativen Verkürzung des Probekörpers von einigen wenigen Prozenten (1 – 2%) und es gilt für dieses Stadium das **Hookesche Gesetz** (Hooke's law):

$$\sigma = E \cdot \varepsilon$$

$\sigma = \sigma_1 - \sigma_3$ (**Differentialspannung**, differential stress in Pa)
E = **Elastizitätsmodul** (Young's modulus in Pa)
$\varepsilon = (l_0 - l) / l_0 = \Delta l / l_0$

Bei scherendem Kraftansatz ist die dem Elastizitätsmodul entsprechende Proportionalitätskonstante der **Schermodul** (shear modulus, G). Bei geringem **Umlagerungsdruck** (confining pressure), d.h. $\sigma_2 = \sigma_3 \rightarrow 0$, beträgt der Elastizitätsmodul (E) der meisten Krustengesteine rund 50 bis 100 GPa. Der Schermodul (G) liegt bei 30 bis 50 GPa.

Das **Stadium III** wird bereits durch die elastische Deformation des Körpers im Stadium II vorbereitet,

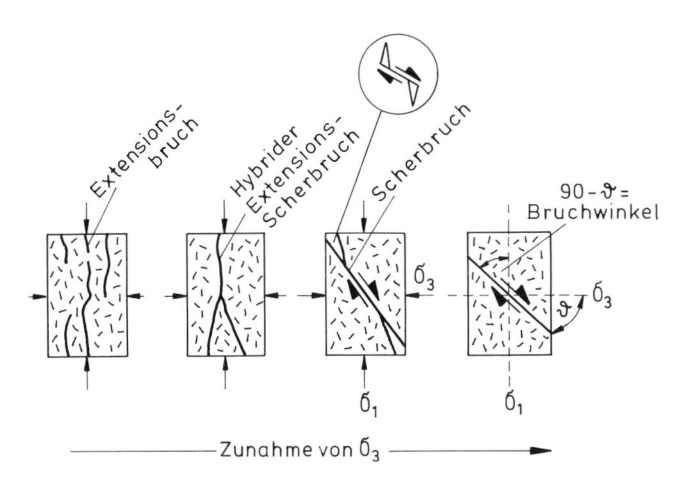

Abb. 5.3 Verschiedene Bruchformen und Bruchwinkel im Kompressionsversuch bei zunehmendem Umlagerungsdruck $\sigma_2 = \sigma_3$. Im Kreis schematisch dargestellt ist das zu erwartende Zusammenwachsen von Mikroextensionsrissen entlang verbindender Scherbrüche (nach Paterson, 1978).

da gleichzeitig mit der elastischen Kontraktion des Probekörpers parallel zu σ_1 eine elastische Extension (= Querdehnung) senkrecht dazu erfolgt. Diese elastische Querdehnung ist eine Materialkonstante, die Poissonzahl (ν). Man mißt sie unter der Bedingung $\sigma_1 > 0$ und $\sigma_2 = \sigma_3 = 0$ und beobachtet, daß ν für viele Gesteine um 0,2 bis 0,3 liegt, d.h. die Querdehnung eines elastischen Materials beträgt rund 20 bis 30 % der Verkürzung.

Im Stadium III der Deformation entwickeln sich nun infolge von Querdehnung innerhalb des elastisch deformierten Probekörpers Spannungskonzentrationen an Mikrorissen, die senkrecht zur Querdehnung orientiert sind, also senkrecht zu $\sigma_2 = \sigma_3$. Die Ausbreitung dieser Mikrorisse bewirkt im Mikrobereich eine irreversible **Dilatation** (dilatation) senkrecht zu σ_1 und verursacht somit eine Volumenvergrößerung des Probekörpers. Dabei ist anzunehmen, daß unter der experimentellen Bedingung $\sigma_2 = \sigma_3$ die neu entstehenden Mikro-Extensionsrisse radialsymmetrisch um die Achse der Kontraktion, d.h. um σ_1, orientiert sind. Für den allgemeineren Fall $\sigma_2 > \sigma_3$ konnte man aber auch zeigen, daß sich statistisch senkrecht zu σ_3 mehr Risse entwickeln bzw. ausbreiten als senkrecht zu σ_2. Wie im Zugversuch erfolgt auch im Kompressionsversuch die Ausbreitung der Mikrorisse zuerst langsam, dann durch den Selbstverstärkungseffekt des Parameters L (= Rißlänge) explosionsartig. Der Beginn der irreversiblen Öffnung und Ausbreitung von Mikrorissen im Stadium III ist durch ein Abweichen der Spannungs-Verformungs-Kurve von ihrem linearen Verlauf zu erkennen (Abb. 5.2). Diese Abweichung bedeutet beginnende mechanische **Instabilität** (instability) des Systems und leitet über zum Versagen durch Bruch.

Im Kompressionsversuch entwickeln sich aber je nach vorherrschendem Umlagerungsdruck verschiedene Bruchformen (Abb. 5.3): Bei geringem Umlagerungsdruck kommt es zu einem relativ reinen **Extensionsbruch** (extension fracture), wobei die Bruchflächen zumindest statistisch senkrecht zu σ_3 bzw. parallel zu σ_1 orientiert sind. Mit zunehmendem Umlagerungsdruck entstehen **hybride Extensions-Scherbrüche** (hybrid extension-shear fractures), die geringe Winkel mit σ_1 einschließen und unter der Bedingung $\sigma_2 > \sigma_3$ vor allem parallel zu σ_2 orientiert sein sollten. Die begleitende Dilatation im Gestein ermöglicht dabei anscheinend eine Verbindung einzelner Mikrorisse durch Scherung an schräg zu σ_1 orientierten Mikro- und Makrodiskontinuitäten. Bei noch höheren Umlagerungsdrücken erfolgt nach einer initialen Phase der diffusen Dilatation des Probekörpers ein Versagen entlang zusammengesetzter **Scherbrüche** (shear fractures), welche mit σ_1 Winkel zwischen 20° und 40° einschließen. Die **Bruchwinkel** (angle of fracture) zwischen den neugebildeten Bruchflächen und der Richtung von σ_1 werden also vor allem durch den Wert von σ_3, d.h. den „minimal wirksamen Umlagerungsdruck", bestimmt. Trotzdem wird auch bei größeren Werten von $\sigma_2 = \sigma_3$ das spröde Versagen durch Erweiterung und Verbindung von Extensionsrissen ausgelöst und es ist einsichtig, daß bei zunehmendem Umlagerungsdruck $\sigma_2 = \sigma_3$ die Ausbreitung und Öffnung von Mikrorissen immer schwieriger wird, somit also auch die Bruchfestigkeit der Gesteine ansteigt (Abb. 5.2). Die Bruchfestigkeit (auch **Scherfestigkeit**, shear strength) der Gesteine ist deshalb **drucksensitiv** (pressure sensitive) und auch bei hohem Umlagerungsdruck verhindert das Auftreten von Mikrorissen meist den idealen Scherbruch an Ebenen maximaler Scherspannung. Bruch erfolgt also an Flächen, die mit σ_1 meist Winkel von weniger als 45° einschließen und die als mechanischer Kompromiß zwischen Dilatation an Mikrorissen senkrecht zu σ_1 und scherenden Relativbewegungen an Flächen mit hohen Scherspannungen zu betrachten sind. Bei gleichem Umlagerungsdruck beobachtet man in extrem grobkörnigen Materialien, d.h.in Gesteinen mit zahlreichen Mikrorissen, wie z.B. in grobkörnigen Graniten, meist geringere Scherwinkel als in extrem feinkörnigen Gesteinen, wie z. B. in Tongesteinen. Nach der Entwicklung einer diskreten Bruchfläche wird Relativbewegung entlang der Bruchfläche durch den **residualen Scherwiderstand** (residual shear resistance) des Gesteins bestimmt. Dieser hängt von der Größe der Reibungswiderstände entlang dieser Fläche ab (Abb. 5.2). Scherwiderstände an Bruchflächen sind im allgemeinen geringer als die Bruchfestigkeit des intakten Gesteins. Bei extrem hohen Umlagerungsdrücken ist allerdings der Scherwiderstand an den präexistierenden Bruchflächen kaum geringer als die Bruchfestigkeit des intakten Gesteins und es entwickeln sich dabei wahrscheinlich auch neue Bruch- und Gleitflächen, die mit σ_1 Winkel um 45° einschließen.

Um die Abhängigkeit der Bruchfestigkeit vom Umlagerungsdruck (σ_3) für ein Gestein quantitativ zu bestimmen, werden für verschiedene Proben die experimentell festgestellten Bruchfestigkeiten $S_c = \sigma_1 - \sigma_3$ durch Mohrsche Kreise dargestellt. Die Mohrschen Kreise besitzen eine tangentielle Einhüllende, welche einen Bereich von Spannungszuständen mechanischer Stabilität von einem Bereich der Spannungszustände mechanischer Instabilität trennt. Mohrsche Kreise, die unter der einhüllenden Kurve liegen, bedeuten einen Zustand mechanischer Stabilität, während Mohrsche Kreise, welche die Kurve berühren oder schneiden, instabile Spannungszustände, d.h. Versagen des Gesteins beschreiben. Es zeigt sich, daß die einhüllende Kurve für eine Serie von Kompressionsversuchen angenähert eine Gerade ist (Abb. 5.4a), d.h. das Verhältnis von Normalspannung zu Scherspannung entlang der potentiellen Bruchfläche im Moment des Versagens der Gesteine ist eine Konstante. Das **Mohr-Coulomb-Kriterium** für Bruchversagen wird deshalb meist in folgender Form geschrieben:

$$\tau_{crit} = c + \mu\sigma_n$$

τ_{crit} ist die zum Bruch notwendige „kritische" Scherspannung, σ_n ist die Normalspannung auf der potentiellen Bruchfläche, c ist ein kritischer Scherwiderstand bei $\sigma_n = 0$, der als **Kohäsion** (cohesion) bezeichnet wird und für unverfestigtes granulares Material Null ist; der Parameter μ ist der **Reibungskoeffizient** (coefficient of friction), der durch arc tan α ausgedrückt auch als **interner Reibungswinkel** (internal angle of friction) bezeichnet

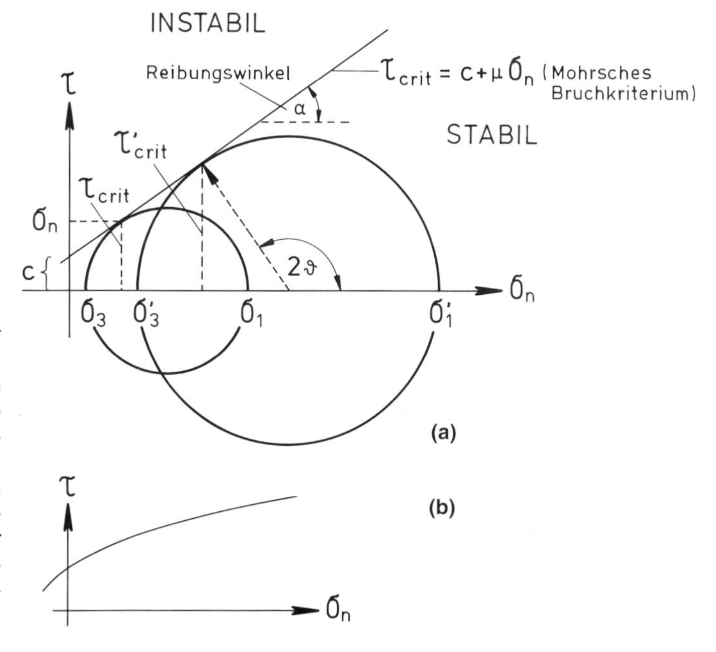

Abb. 5.4 (a) Mohrsche Kreise für die Spannungszustände, welche in Probekörpern im Moment des Bruchversagens existieren, und die Umhüllende der Mohrschen Kreise, welche als Mohrsches Kriterium einen Bereich stabiler von einem Bereich instabiler Spannungszustände trennt. (b) Schematischer Verlauf der Mohrschen Umhüllenden bei extrem hohen bzw. niedrigen Umlagerungsdrücken.

wird. Der Reibungskoeffizient μ besitzt für viele Gesteine Werte zwischen 0,55 bis 0,85, in tonigen Materialien allerdings Werte um 0,3 bis 0,4; dabei sind geringere Werte anscheinend auch für das Bruchversagen kristalliner Gesteine bei höherem Umlagerungsdruck charakteristisch.

Zwischen Reibungswinkel und Bruchwinkel besteht also ein Unterschied. Z.B. ergibt sich in Abb. 5.4a bei einem Reibungskoeffizienten von $\mu = 0{,}7$ ein **Reibungswinkel** (angle of friction) von $\arctan \mu = 35°$. Aus Abb. 5.4a geht aber auch hervor, daß $2\,\theta = 125°$, was heißt, daß der Winkel zwischen Bruchfläche und σ_3 demnach 62,5° ist. Der **Bruchwinkel** (fracture angle) zwischen σ_1 und der Bruchfläche ist deshalb 27,5°.

Bei geringem Umlagerungsdruck bzw. hohem Umlagerungsdruck beobachtet man, daß die Linie, welche das Mohr-Coulomb-Kriterium definiert, keine Gerade mehr ist, sondern die Form einer leicht nach oben konvexen Parabel annimmt (Abb. 5.4b). Dies unterstützt die bereits erwähnte Beobachtung, daß bei geringem Umlagerungsdruck der Bruch vor allem durch Ausbreitung von Extensionsrissen und Bildung hybrider Extensions-Scherrisse senkrecht zu σ_3 bewirkt wird. Dies bedeutet, daß die Bruchwinkel Werte von nur wenigen Graden haben. Bei hohem Umlagerungsdruck werden dagegen auch inter- und intragranulare Gleitmechanismen parallel zu den Ebenen maximaler Scherspannung aktiviert, die Bruchwinkel haben Werte bis 45° und es erfolgt schließlich ein dem plastischen Verhalten sehr ähnliches Versagen. Da höherer Umlagerungsdruck in der Natur aber meist auch mit höheren Temperaturen verbunden ist, kommt es bei diesen Formen des Versagens zu komplexen Wechselwirkungen von Bruch, Gleiten, Fließen und Phasenänderungen, wobei auch die begleitenden Fluidbewegungen eine signifikante Rolle spielen. Die Bruchfestigkeit natürlicher trockener Gesteine in der oberen Kruste beträgt im allgemeinen einige hundert Megapascal.

5.2 Bruchausbreitung und Reibungsgleiten

Im Experiment und in der Natur können Relativbewegungen zwischen den Einzelteilen spröd deformierter Körper erst nach einer bestimmten minimalen **Bruchausbreitung** (fracture propagation) einsetzen. Während der Bruchausbreitung kommt es entlang der **Bruchfront** (fracture front) wahrscheinlich zum subtilen Wechsel zwischen reiner Extension senkrecht zur Bruchfläche (Bruchmodus I) und zu scherenden Relativbewegungen parallel zur Bruchfläche (Bruchmodus II und III in Abb. 8.1). Schnelle Ausbreitung der Bruchfront bzw. Spannungskonzentrationen an Heterogenitäten des Materials führen aber auch zur **Verzweigung** (branching) der Bruchfläche oder zumindest zu einer abrupten Änderung ihrer lokalen Ausbreitungsrichtung. In Extensionsbrüchen erfolgt die Bruchausbreitung statistisch senkrecht zu σ_3 mit Geschwindigkeiten, die maximal jenen von Scherwellen entsprechen können, also bis rund 3 bis 4 km s^{-1} betragen. Im Experiment queren deshalb sowohl Extensionsbrüche als auch Scherbrüche den Probekörper innerhalb von Sekundenbruchteilen und

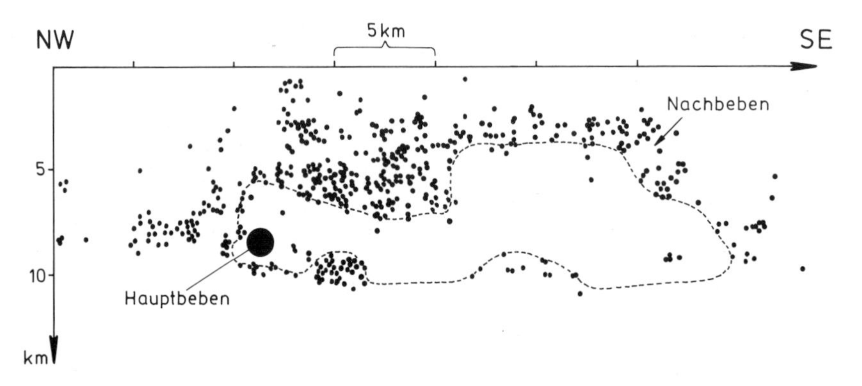

Abb. 5.5 Herd eines Hauptbebens im Jahr 1984 (schwarzer Kreis), Bewegungsfläche während des Hauptbebens (gestrichelte Linie) und Verteilung kleinerer Nachbeben (Punkte) im Umfeld einer subvertikalen Zweigstörung der San Andreas-Blattverschiebungszone (nach Cockerham & Eaton, 1987) illustrieren die Verlagerung der Relativbewegungen aus der Herdzone an die Peripherie der seismogenen Bewegungsfläche.

nachfolgender **Versatz** (displacement) bzw. **Spannungsabfall** (stress drop) ist sofort zu registrieren. In der Natur haben tektonische Bruchflächen dagegen eine wesentlich größere Ausdehnung und einzelne **Gleitereignisse** (slip events), wie z.B. während bedeutender Erdbeben, erfolgen innerhalb finiter Zeitspannen. Der Versatz an der Bruchfläche breitet sich also von einem Nukleationspunkt zur Peripherie der Fläche aus. Dies bedeutet, daß an den einzelnen Teilen einer Bruchfläche die Reibungswiderstände nicht zur gleichen Zeit überwunden werden und sich auch der Spannungsabbau entlang der Bewegungsfläche im Verlauf eines Gleitereignisses räumlich verlagert, bis der Versatz durch elastische Verformung und erneuten Spannungsaufbau im Umfeld der Bruch- und Bewegungsfläche absorbiert wird (Abb. 5.5).

Welche Flächen innerhalb eines Gesteinskörpers bei vorgegebenem Spannungszustand Relativbewegungen erfahren, hängt in erster Linie von den Scherwiderständen an den Flächen ab. Sind die Scherwiderstände gering, so erfolgt Versatz schon bei geringen Differentialspannungen. Da die meisten Gesteine neben den neugeschaffenen Bruchflächen durch zahlreiche präexistierende Diskontinuitäten charakterisiert sind, also z.B. ältere Bruchflächen, primäre Schichtflächen oder magmatische Kontakte, kommen auch diese Flächen als potentielle Bewegungsflächen in Frage. Um das Gleitverhalten an präexistierenden Flächen experimentell zu testen, benützt man schräg zur Achse durchsägte bzw. bereits durchscherte zylindrische Probekörper und erzeugt dann eine axiale Differentialspannung ($\sigma_1 - \sigma_3$) und einen bestimmten Manteldruck σ_3. Aufgrund dieser einfachen Versuchsanordnung sind den Verschiebungen während einzelner Gleitereignisse natürlich Grenzen gesetzt und sie übersteigen im allgemeinen nicht den Bereich von Millimetern.

Trotzdem zeigt sich aus vielen Versuchsreihen, die an verschiedenen Gesteinen gewonnen wurden, daß an trockenen Gleitflächen unterschiedlicher Orientierung die Größe der Scherspannung, die zur Auslösung bzw. zum Erhalt von Relativbewegungen notwendig ist, mit der Größe der Normalspannung auf der Fläche zunimmt. Man bezeichnet die lineare Beziehung zwischen den für **Reibungsgleiten** (frictional sliding) notwendigen Scher- und Normalkomponenten an vorgegebenen Flächen als **Byerleesches Gesetz** (Byerlee's law). Der Proportionalitätsfaktor ist der **Reibungskoeffizient** (coefficient of friction, μ), welcher praktisch materialunabhängig ist, aber von der Rauhigkeit der Oberfläche und geringfügig auch von der im Experiment erzwungenen Schergeschwindigkeit bestimmt wird. Für trockene Gesteine hat das Byerleesche Gesetz allgemein folgende zwei Formen:

Bei $\sigma_n > 200$ MPa gilt
$\tau_{crit} = 60\ (\pm 10) + 0{,}6\,\sigma_n$ (in MPa)

Bei $\sigma_n < 200$ MPa gilt
$\tau_{crit} = 0{,}85\,\sigma_n$ (in MPa)

Dies bedeutet, daß für trockene Gesteine unterschiedlichster Zusammensetzung die „Verankerung“ an Vorsprüngen und Unregelmäßigkeiten entlang der Bewegungsfläche bei geringem Umlagerungsdruck größere Bedeutung hat als bei höheren Drücken. Demnach variiert also der Reibungskoeffizient μ zwischen 0,6 bzw. 0,85 und Relativbewegungen sollten zuerst an jenen Flächensystemen auftreten, die mit der größten Hauptspannung σ_1 Winkel um 30° bis 40° einschließen.

Je nach lokaler Oberflächenmorphologie bzw. nach Art der Oberflächenkontakte erfolgt Reibungsgleiten anscheinend in zweierlei Weise, als **stabiles Gleiten** (stable sliding) oder als **ruckhaftes Gleiten** (stick-slip sliding). Bei ruckhaftem Gleiten werden einzelne Gleitereignisse von einem kurzzeitigen Spannungsabfall begleitet, der rund 10 % der Gesamtdifferentialspannung beträgt. Zu einem vollkommenen Abbau der Spannungen entlang der Gleitfläche kommt es zumindest beim experimentellen Reibungsgleiten aber nicht (Abb. 5.6). Erneuter Spannungsaufbau nach jedem Gleitereignis führt zu Mikrorißbildung im Umfeld der Bewegungsfläche, ein Vorgang, der sich auch in Form akustischer Emissionen äußert. Dabei werden anscheinend als Folge lokaler Spannungskonzentrationen die **Vorsprünge** oder **Rauhigkeiten** (asperities) auf der Fläche durchschert, was sich in mehr oder weniger regelmäßiger Abfolge an den verschiedenen Teilen eines Gleitflächensystems wiederholen kann. Beim stabilen Gleiten scheint sich dagegen die Relativbewegung an einzelne Flächen innerhalb mächtiger Zonen mit Reibungsdetritus zu halten, ohne daß es dabei zu größeren Schwankungen der Differentialspannungen kommt (Abb. 5.6b).

Einige Erdbebenzonen der kontinentalen Oberkruste, wie möglicherweise in Anatolien und sicherlich an der San Andreas-Blattverschiebung, illustrieren zumindest im Prinzip diese unterschiedlichen Formen des Reibungsgleitens, wobei allerdings Fluidbewegungen einen wesentlichen und noch kaum quantitativ erfaßten Parameter darstellen. Aseismische Segmente der Störungen entspre-

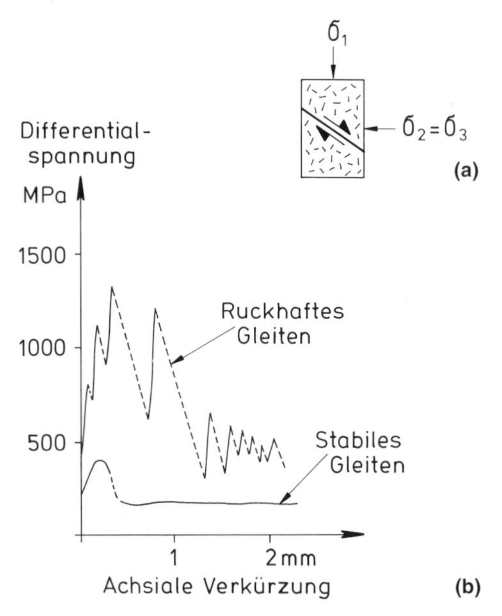

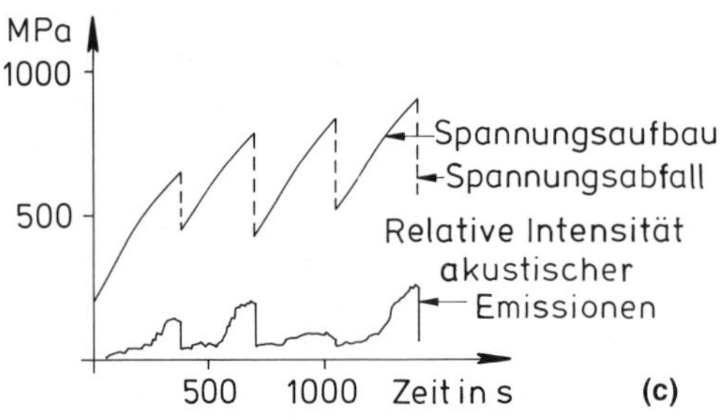

Abb. 5.6 (a) Versuchsanordnung zur Untersuchung des Reibungsgleitens an präexistierenden Flächen innerhalb zylindrischer Probekörper; (b) Beziehung zwischen der aufgebrachten Differentialspannung und der achsialen Verkürzung eines Probekörpers bei ruckhaftem und bei stabilem Gleiten; (c) Spannungsaufbau bzw. Spannungsabbau im Verlauf eines Gleitexperiments und relative Intensität der unmittelbar vor den Gleitereignissen registrierten akustischen Emissionen (aus PATERSON, 1978).

chen in diesen Fällen wahrscheinlich den Zonen mit stabilem Gleiten oder Zonen temporärer Blockierung, während Segmente mit zyklischer Erdbebentätigkeit jenen Bereichen entsprechen könnten, in denen ruckhaftes Gleiten erfolgt. Nach dieser Überlegung könnte man auch erwarten, daß größerer Spannungsaufbau entlang einer Gleitfläche nur an größeren Unregelmäßigkeiten oder in größeren Tiefen möglich ist, was beim Durchreißen solcher Bereiche wiederum größeren Versatz zur Folge haben sollte.

Aufgrund der Dilatation der Gesteine vor dem Bruch bzw. vor dem Durchreißen einzelner Vorsprünge an einer Gleitfläche sollten sich Zonen mit ruckhaftem Reibungsgleiten vor dem mechanischen Versagen durch kurzzeitig erhöhte Mikroseismizität, durch Zunahme der Dilatation (= Porosität) und möglicherweise auch durch Erhöhung der Permeabilität zu erkennen geben, was als **seismisches Pumpen** (seismic pumping) Bewegung von Fluiden verursachen sollte. Andererseits könnten Zonen mit stabilem Reibungsgleiten durch breite Bänder mit feinem Detritus und durch ein relativ stationäres hydrologisches Regime gekennzeichnet sein. Bruchporosität bzw. -permeabilität sind mechanisch besonders wichtig, da die Anwesenheit von Fluiden bzw. die Fluktuation des Fluiddrucks entlang einer Bewegungsbahn wesentliche Veränderungen des Scherwiderstands bewirken.

5.3 Die Rolle der Porenflüssigkeit bei Bruch und Reibungsgleiten

Sowohl Bewegungen an neugebildeten Brüchen als auch Relativbewegungen an präexistierenden Gleitflächen erfolgen in der oberen Erdkruste nicht nur unter den oben beschriebenen Bedingungen für trockene Gesteine. Im intergranularen Porenraum, entlang von Mikrorissen und innerhalb diffus aufreißender tektonischer Dilatationszonen sind in der oberen Kruste praktisch immer freie Fluide oder Gase anzutreffen. Die häufigste Porenflüssigkeit ist Wasser bzw. Wasser in Form salinarer Lösungen und Sole. In den obersten Teilen der meisten Sedimentbecken sind Erdöl und Erdgas weitere wesentliche Teile des mobilen intergranularen Phasengemischs. In tiefliegenden aufgeheizten Bereichen der Lithosphäre existieren außerdem hochmobile Schmelzbereiche, die in ihrem mechanischen Verhalten in etwa demjenigen viskoser Flüssigkeiten entsprechen.

In den obersten 5 bis 15 km der Erdkruste liegt der Gehalt an freien Porenfluiden im allgemeinen bei Werten um 5 % und überschreitet nur in flachen Teilen von Sedimentbecken und in offenen Bruchzonen und Zonen sekundärer Porosität Werte von 10 bis 15 %. Durch seine geringe Kompressibilität trägt das Wasser in Poren oder Bruchzonen einerseits als **Porendruck** (P_f, pore pressure) einen Teil der Normalspannungen (σ_n), die im Gestein wirken, besitzt andererseits aber praktisch keine Scher-

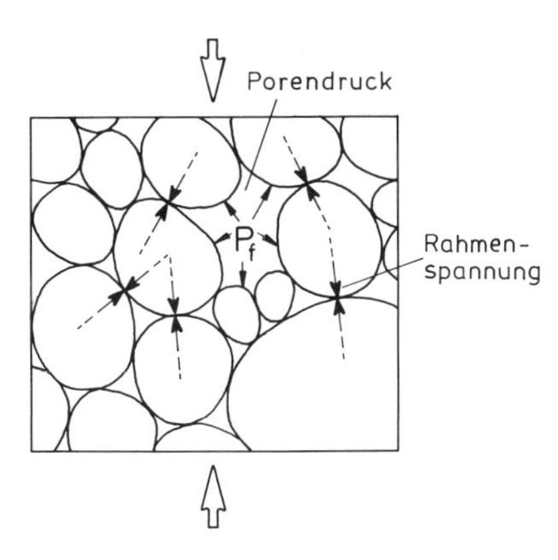

Abb. 5.7 Schematische Darstellung der Wirkung von Rahmenspannung und Porendruck auf die einzelnen Körner eines porös-permeablen Gesteinskörpers bei Einwirkung kompressiver Spannungen.

festigkeit. Da der im Porenraum existierende Porendruck in allen Richtungen wirksam ist, werden alle Normalspannungen (**Rahmenspannungen**, frame work stresses), die über den festen Rahmen des Gesteins wirken, um den Wert des Porendrucks auf die sogenannten **effektiven Normalspannungen** ($\sigma_n - P_f$) reduziert (Abb. 5.7). Der Reibungskoeffizient im festen Gesteinsrahmen verändert sich dabei aber nicht.

Diese Einsicht, deren eminente Bedeutung für alle praktischen Fragen der Boden- und Felsmechanik erstmals von TERZAGHI erkannt wurde, beeinflußt natürlich auch die Form des Mohr-Coulomb-Kriteriums und des Byerleeschen Gesetzes für fluidhaltige Gesteine. Beide nehmen deshalb folgende Form an:

$$\tau_{crit} = c + \mu\,(\sigma_n - P_f) \quad \text{bzw.} \quad \tau_{crit} = \mu_R\,(\sigma_n - P_f)$$

Bei einer gleichmäßigen Verteilung der Porenflüssigkeit im Gestein und bei einer ausreichenden bzw. gleichförmigen Permeabilität innerhalb eines bestimmten Volumens verringern sich also **alle** Normalspannungen um den Wert von P_f, auch jene, die auf potentielle Bruch- oder Gleitflächen wirken. Dies bedeutet, daß das Gestein um den Wert P_f „entspannt" wird. Reduktion der Normalspannungen um den Porendruck heißt aber, daß die zum Versagen notwendige kritische Scherspannung ebenfalls wesentlich geringer ist. Dem Mohrschen Spannungskreis für einen beliebigen stabilen Spannungszustand im trockenen Gestein entspricht deshalb bei Anwesenheit von Fluiden ein Spannungskreis, der als Ganzes um den Betrag von P_f nach links und näher an die Gerade des Mohrschen Kriteriums heranrückt (Abb. 5.8). In einem Gestein, in dem die **Fluide des Porenraums** (interstitial fluids) homogen verteilt sind, erfolgt Bruch und Gleiten aber trotzdem zuerst an Flächen, deren Winkel zu σ_1 durch den materialspezifischen Reibungskoeffizienten bestimmt werden. Sind allerdings die effektiven Normalspannungen extrem gering, ist es wahrscheinlich, daß Extensionsbruch auftritt. Für Gesteine, in denen hohe Porendrücke auf ganz bestimmte Zonen bzw. entlang vorgegebener **Fluidabteile** (fluid compartments) konzentriert sind, kann man annehmen, daß Versagen häufig zuerst innerhalb dieser Zonen erfolgt. Versagen entlang solcher Abteile mit hohem P_f kann deshalb bereits bei geringer Scherspannung einsetzen.

Unter normalen Bedingungen entweichen mit Zunahme einer von außen aufgebrachten Differen-

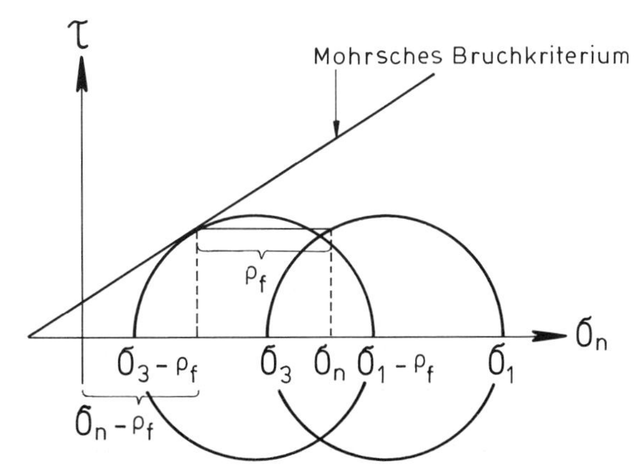

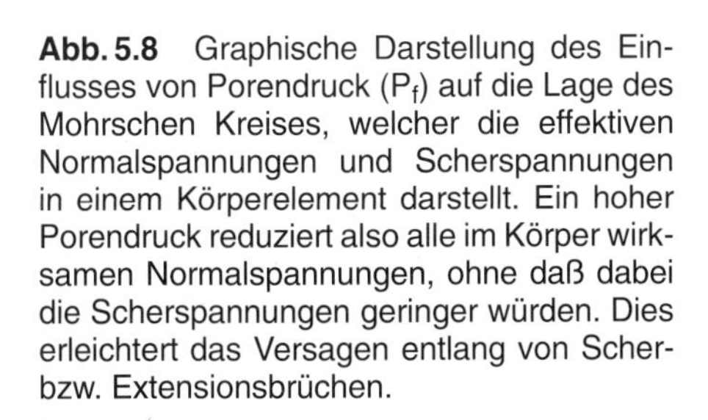
Abb. 5.8 Graphische Darstellung des Einflusses von Porendruck (P_f) auf die Lage des Mohrschen Kreises, welcher die effektiven Normalspannungen und Scherspannungen in einem Körperelement darstellt. Ein hoher Porendruck reduziert also alle im Körper wirksamen Normalspannungen, ohne daß dabei die Scherspannungen geringer würden. Dies erleichtert das Versagen entlang von Scher- bzw. Extensionsbrüchen.

tialspannung und einer progressiven Schließung von Poren und Mikrorissen durch Kompaktion des festen Rahmens die fluiden und gasförmigen Phasen aus dem Gestein. Porendruck wird aber tektonisch vor allem dort wirksam, wo freie Fluide nicht entweichen können. Dies erfolgt dann, wenn wasserführende Zonen nach oben, aber auch zur Seite durch relativ impermeable Gesteinslagen gut abgedichtet sind, wie z.B. durch Tone, Schiefer, Evaporite und Mineralneubildungen in diagenetischen oder hydrothermalen „Siegeln". Unter solchen Bedingungen kann der Porendruck sehr hohe Werte erreichen und die so bewirkte „Entspannung" des Gesteins hat zur Folge, daß bereits geringe Differentialspannungen in diesen Zonen ausreichen, um Dilatation bzw. Relativbewegung einzuleiten.

Fluide haben deshalb vom Stadium der frühen Kompaktion unverfestigter Sedimente bis zu den druck- bzw. thermisch induzierten Konvektionsprozessen bei der großräumigen Entwässerung metamorpher Gesteinskomplexe sowie bei allen tektonischen Scher- und Gleitprozessen eine überragende Bedeutung (siehe Kapitel 6 und 15). Die Anwesenheit von Fluiden ist allerdings meist transienter Natur. Die Auswirkung des Fluiddrucks auf die Entwicklung einer bestimmten Struktur kann deshalb meist nur über indirekte geochemisch-petrologisch orientierte Untersuchungen der Mineralneubildungen in diesen Zonen nachvollzogen werden.

5.4 Gesteinsanisotropie und Knickung

Neben den unregelmäßig im Gestein verteilten und regellos orientierten diskreten Trennflächen bestimmen auch systematisch angeordnete bzw. engständige **Anisotropien** (anisotropies) die Mechanik des Gesteinsversagens. Im Mikrobereich handelt es sich vor allem um straffe Ausrichtung von Mikrodiskontinuitäten, also z.B. um die Korngrenzen blättchenförmiger Minerale; im Makrobereich bedeutet eine gut ausgebildete Schichtung in Sedimentgesteinen dasselbe. Bereits geringste Zugspannungen oder Querdehnung senkrecht zu solchen Anisotropien fördern Versagen entlang der **Anisotropieebene** (plane of anisotropy).

Kompressionsversuche mit extrem anisotropen Gesteinen, wie z.B. mit Schiefern, erzeugen im Inneren von Gesteinskörpern einen anisotropen Spannungszustand, der sich meist nicht direkt auf die Geometrie des Kraftansatzes beziehen läßt. Das Versagen der Gesteine erfolgt dann häufig als **Knickung** (kinking) der Anisotropieebenen, bevor vollkommene Durchscherung des Probekörpers zu beobachten ist (Abb. 5.9). Dilatation und Rotation der Anisotropieebenen erfolgt innerhalb klar erkennbarer **Knickbänder** (kink bands), die bei Kraftansatz parallel zur Anisotropieebene mit letzterer Winkel um 40° bis 70° einschließen. Sind zwei Knickbänder gegenläufig bzw. symmetrisch zueinander orientiert, so spricht man von **konjugierten Knickbändern** (conjugate kink bands). Die Begrenzungsflächen von Knickbändern sind im allgemeinen relativ planar, können aber auch keilförmig aufeinander zulaufen (Abb. 5.9). Da auch bei der Knickung von Anisotropieebenen die Dilatation innerhalb der Knickbänder einen wesentlichen Anteil am Deformationsprozeß hat, ist die Knickfestigkeit ebenfalls drucksensitiv, d.h. sie wird mit zunehmendem Druck größer. Die Kontraktion eines anisotropen Probekörpers durch lokale Entwicklung von Knickbändern entspricht einer Relativbewegung zwischen den nicht geknickten Teilen dieses Körpers. Knickbänder gehen deshalb häufig in Scherbrüche über, was in der Natur im größeren Maßstab zu einer engen kinematischen Verknüpfung von Knickfalten in deformierten anisotropen Sedimentgesteinen und tiefer gelegenen Überschiebungen führt (siehe die Kapitel 10 und 16).

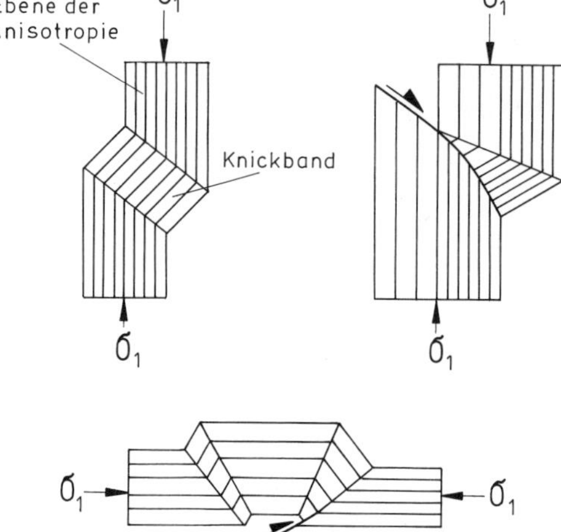

Abb. 5.9 Schema zum Versagen eines anisotropen Probekörpers durch Knickung (links) bzw. durch eine Kombination von Knickung und Scherbruch (rechts). Unten dargestellt sind konjugierte Knickbänder.

5.5 Gesteinsverhalten im spröd-plastischen Übergangsbereich

Versagen durch Überwindung der Bruchfestigkeit bzw. der Reibungswiderstände an diskreten Flächen erfolgt in den meisten Gesteinen der Kruste bei Temperaturen unter 300 °C bis 400 °C. Bei höheren Temperaturen gelten völlig andere Mechanismen, die sich aus der Plastizität der Minerale verstehen lassen. Mechanische Instabilitäten, die bei geringen Temperaturen durch Ausbreitung diskreter Mikrorisse und durch Abscherung von Vorsprüngen entlang präexistierender Flächen vorbereitet werden, entwickeln sich im allgemeinen bei höheren Temperaturen nicht mehr. Dort kommt es dagegen zu komplexen Wechselwirkungen zwischen Gleitvorgängen innerhalb und an den Grenzen plastischer Einzelkristalle. Die Eigenschaft der Kristalle unter Einwirkung von Scherspannungen entlang kristallographisch indizierbarer Flächensysteme intern zu zergleiten, wird als **Kristallplastizität** (crystal plasticity) bezeichnet. Da in verschiedenen Mineralen und Gesteinen der Übergang vom Reibungsgleiten an diskreten Bruchflächen zum raumgreifenden kristallplastischen Versagen bei unterschiedlichen Temperaturen erfolgt, umfaßt die spröd-plastische Übergangszone in polymineralischen Gesteinen wahrscheinlich ein relativ breites Temperaturfeld (siehe Kapitel 13). Theoretisch bedeutet plastisches Verhalten aber, daß nach einer geringfügigen reversiblen elastischen Deformation des Gesteins keine Mikrorisse, keine Dilatation und kein Kohäsionsverlust festzustellen sind, sondern daß das kristalline Material **ohne** vorhergehende Volumenzunahme irreversibel zergleitet. Die Festigkeit eines plastischen Gesteins (Plastizitätsgrenze) sollte also theoretisch **druckinsensitiv** (pressure insensitive) sein, was bedeuten würde, daß mechanische Instabilität allein durch eine kritische Scherspannung definiert sein sollte, wobei das plastische Gleiten in Gesteinen an makroskopisch sichtbaren **Scherzonen** (shear zones) erfolgen sollte.

Das einfachste Kriterium für plastisches Versagen, welches aus der Metallurgie bekannt ist, bezeichnet man als **Tresca-Kriterium**. Es gilt vor allem für ebene plastische Deformation, d.h. eine Deformation in der $\sigma_1\sigma_3$-Ebene, wobei die Deformation in Richtung von σ_2 zu vernachlässigen ist. Im Tresca-Kriterium wird das Überschreiten der Festigkeit bei plastischem Versagen durch die materialspezifische maximale auftretende Scherspannung beschrieben, demnach also durch den halben

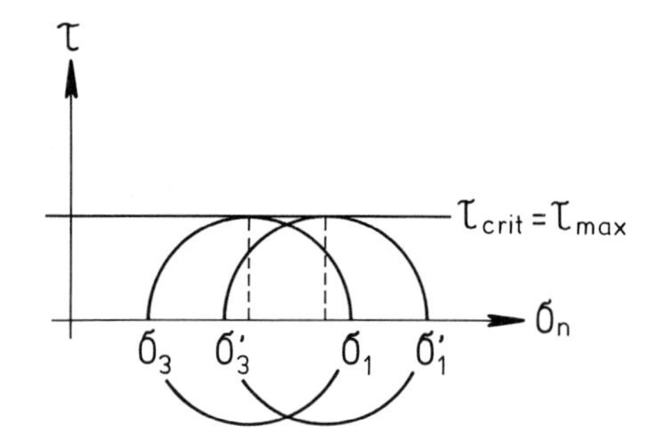

Abb. 5.10 Ideal plastisches Versagen, bei dem nach Erreichen eines kritischen Werts für die maximale Scherspannung jene Flächensysteme, die 45° zu σ_1 orientiert sind, als Gleitzonen dienen.

Wert der im Experiment aufgebrachten Differentialspannung (Abb. 5.10). Das Tresca-Kriterium hat folgende Form:

$$\tau_{crit} = \tau_{max} = \frac{1}{2}(\sigma_1 - \sigma_3)$$

Die Betrachtung der Mohrschen Kreise für kritische Spannungszustände an der Festigkeitsgrenze bei plastischem Versagen zeigt, daß die potentiellen plastischen **Gleitflächen** (slip surfaces) beim Versagen eines isotrop-homogenen Materials mit der Richtung von σ_1 Winkel von 45° einschließen (Abb. 5.10). Wie beim spröden Bruch und beim Reibungsgleiten wird auch bei plastischem Versagen der weitere Verlauf der Relativbewegungen durch die Scherwiderstände im Bereich der „plastischen" Gleitflächen bestimmt.

Nach dem oben Gesagten sollten in polymineralischen Gesteinen, die im Übergangsbereich von Bruch zu plastischem Verhalten deformiert werden, die Winkel zwischen den potentiellen Gleitflächen (bzw. Scherzonen) und der Richtung von σ_1 Werte um 45° einnehmen. Umgekehrt kann man annehmen, daß breite raumgreifende Scherzonen, deren Kinematik in größerer Tiefe durch plastisches Versagen bestimmt wird, in der Nähe der Erdoberfläche durch anders orientierte diskrete Flächensysteme und komplizierte Bruchzonen vertreten werden. Die allgemeine räumliche Anordnung dieser oberflächennahen Gleitflächen könnte aber trotzdem dem allgemeinen Verlauf tiefer gelegener Scherzonen entsprechen (siehe Kapitel 11).

Literatur

RIEDEL, 1929; JAEGER, 1962; BRACE & BYERLEE, 1966; PATERSON & WEISS, 1966; DONATH, 1969; BYERLEE, 1978 und 1993; PATERSON, 1978; RALEIGH et al., 1982; ATKINSON, 1987; COCKERHAM & EATON, 1987; PRICE, 1988; SIBSON, 1989; SCHOLZ, 1990; SHIMADA & CHO, 1990; WILLIAMS & PRICE, 1990.

6 Gesteinsspannungen und Porenwasserdruck in der Natur

6.1 Entwicklung natürlicher Spannungsfelder in Sedimenten und Gesteinen

Da an freien Oberflächen fester Körper keine Scherspannungen angreifen, ist auch die Oberfläche der Erde scherspannungsfrei. Dies bedeutet, daß eine Hauptebene des Spannungsellipsoids bzw. zwei der Hauptnormalspannungen parallel zur Erdoberfläche orientiert sind und eine der drei Hauptnormalspannungen senkrecht zur Erdoberfläche ausgerichtet ist. Man bezeichnet die beiden oberflächenparallelen Hauptnormalspannungen als die **größte** bzw. die **kleinste horizontale Hauptspannung** (greatest, least principal horizontal stress; S_H und S_h) und die senkrecht zur Oberfläche orientierte Hauptnormalspannung als **vertikale Hauptspannung** (vertical principal stress; S_V oder S_{ZZ}). Die vertikale Hauptspannung ist an der Erdoberfläche gleich Null und entspricht unter der Erdoberfläche dem **Überlagerungsdruck** (load), der auch **lithostatischer** oder **geostatischer Druck** (lithostatic, geostatic pressure) bezeichnet wird. Je nach tektonischem Rahmen kann aber jede der oberflächennahen Hauptnormalspannungen ihrer Größe nach dem Wert von σ_1, σ_2 oder σ_3 entsprechen. Für größere Tiefen und vor allem in tektonisch komplexen Situationen, wie z.B. in den tieferen Bereichen von Subduktionszonen, weichen die Hauptspannungsrichtungen aber im allgemeinen von der Horizontalebene bzw. von der Vertikalrichtung ab.

Die Entwicklung tektonischer Spannungsfelder in natürlichen Gesteinen läßt sich am besten in Form eines Gedankenmodells für die Sedimente bzw. Sedimentgesteine eines langsam absinkenden Beckens nachvollziehen. Diese geologische Situation existiert auch wirklich im Bereich passiver Kontinentalränder (siehe Kapitel 26). Für die obersten nicht verfestigten Partien eines absinkenden Beckens ist die vertikale Hauptspannung (S_V) direkt von der überlagernden Sedimentlast abhängig. Das Gesamtgewicht der Sedimente bzw. Sedimentgesteine über einem bestimmten Punkt berechnet sich als:

$$S_V = \rho_{Sed} \cdot g \cdot D$$

ρ_{Sed} = durchschnittliche Dichte der meist wassergesättigten Sedimente bzw. Gesteine (um 2,0 bis 2,4 · 10^3 kg m^{-3} in Sedimenten, um 2,4 bis 2,6 · 10^3 kg m^{-3} in verfestigten Gesteinen).
g = Schwerebeschleunigung (9,81 m s^{-2})
D = Tiefe (in m)

Der **hydrostatische Druck** (hydrostatic pressure) der Porenflüssigkeit (P_f) im Sedimentstapel beträgt bei offener Verbindung des Porenwassers zur Oberfläche

$$P_f = \rho_f \cdot g \cdot D$$

ρ_f = durchschnittliche Dichte salzhaltigen Wassers (um 1,07 · 10^3 kg m^{-3})

Die Reduktion der Rahmenspannung im Sedimentkörper durch Wirkung des Porendrucks ergibt einen effektiven vertikalen oder lithostatischen Druck von

$$S_{Ve} = S_V - P_f$$

oder

$$S_{Ve} = (\rho_{Sed} - \rho_f) \cdot g \cdot D$$

So existiert z.B. in einer Tiefe von 1 km ungefähr folgender effektiver lithostatischer Druck

$$\begin{aligned} S_{Ve}\text{ (in 1000 m)} &= (2{,}4 - 1{,}0) \cdot 10^3\,\text{kg m}^{-3} \cdot 10\,\text{m s}^{-2} \cdot 10^3\,\text{m} \\ &= 1{,}4 \cdot 10^7\,\text{kg m}^{-1}\,\text{s}^{-2} = 14 \cdot 10^6\,\text{Nm}^{-2} \\ &= 14\,\text{MPa} \end{aligned}$$

Der rein lithostatische Gradient in Gesteinen mit typischen Dichtewerten um 2,3 bis 2,6 · 10^3 kg m^{-3}

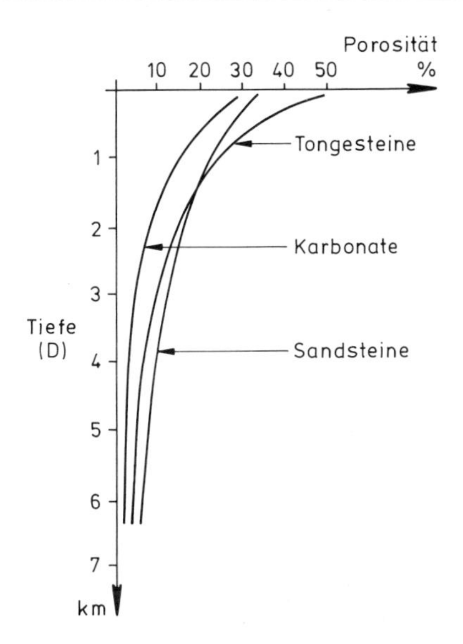

Abb. 6.1 Verallgemeinerte exponentielle Abnahme der Porosität mit der Tiefe für unterschiedliche sedimentäre Abfolgen in tektonisch ungestörten Becken.

ist angenähert 22,5 bis 25 $kPa\,m^{-1}$ (oder 25 $MPa\,km^{-1}$). Der Porendruckgradient in einer freien Wassersäule liegt je nach Lösungsgehalt zwischen 9,8 und 12,0 $kPa\,m^{-1}$, also bei rund 10 $kPa\,m^{-1}$ (oder 10 $MPa\,km^{-1}$).

Auch die Temperatur nimmt mit der Tiefe zu, wobei der Temperaturgradient je nach plattentektonischer Position eines Sedimentbeckens zwischen 20°C km^{-1} und mehr als 60°C km^{-1} variieren kann (siehe Kapitel 23). Extrem geringe Werte für den Temperaturanstieg beobachtet man vor allem in Becken, die sich auf alten Schilden oder über tektonischen Akkretionskeilen befinden; extrem hohe Werte mißt man dagegen in jungen krustalen Rift- und Extensionszonen bzw. in Randbecken, die sich direkt hinter magmatischen Bögen befinden. Werte von über 100°C km^{-1} treten in der Nähe hydrothermaler Konvektionssysteme bzw. über magmatischen Intrusivkörpern auf.

Aufgrund des Gewichts der überlagernden Sedimente und der Temperaturzunahme beginnt die allmähliche Umwandlung der Sedimente in Gesteine. Schon in den obersten Metern eines frisch abgelagerten Sediments stellt sich eine bedeutende Verringerung des Porenvolumens durch mechanische Kompaktion (compaction) ein. Die **Kompaktion** erfolgt in diesem Stadium durch Entwässerung und durch progressiv dichtere Packung der anisometrischen Sedimentkörner. Eine besonders starke initiale Kompaktion ist in tonigen Sedimenten und Karbonatschlämmen nachzuweisen. Die Initialporosität dieser Sedimente erniedrigt sich im allgemeinen in den ersten zehn bis hundert Metern von rund 50% des Gesamtvolumens auf Werte um 20 bis 30%. Im weiteren Verlauf der Kompaktion nimmt die Porosität entweder linear oder exponentiell ab, d.h., im letzteren Fall ist die Porositätsabnahme mit der Tiefe meist umgekehrt proportional zu der bereits erreichten Porosität (Abb. 6.1). Bei exponentieller Abnahme der Porosität mit der Tiefe gilt die **Regel von Athy** (Athy's law)

$$\Phi = \Phi_o \cdot e^{-aD}$$

D = Tiefe [in m]
Φ_o = Porosität an der Oberfläche [in %]
Φ = Porosität in der Tiefe D [in %]
a = Materialkonstante [3 bis 7 x $10^{-4}\,m^{-1}$]

Die Konstante „a" in dieser Beziehung variiert mit der Form, Größe und Zusammensetzung der Körner (Ton, Quarzsand oder Kalk) bzw. mit dem Alter der Sedimente und ihrer thermischen Geschichte. Bei idealem Kompaktionsverhalten sollten Porosität und Permeabilität eines Sedimentstapels mit der Tiefe relativ einförmig abnehmen und somit ein relativ gleichmäßiges Aufsteigen von Porenwasser aus dem kompaktierten Sediment zur Folge haben. Verallgemeinert läßt sich sagen, daß feinkörnige klastische Sedimente im Initialstadium schneller kompaktieren als grobkörnige, und daß bei gleicher Zusammensetzung ältere Sedimentgesteine eine geringere Porosität aufweisen als jüngere. In Bereichen bedeutender lateraler Gradienten der Sedimentationsraten, wie z.B. entlang breiter Deltakomplexe, läßt sich durch Messung der Schallgeschwindigkeiten in Bohrlöchern direkt auf die Porosität feinkörniger Sedimente rückschließen. Dabei zeigt sich, daß bei hoher Sedimentationsrate die Kompaktion, Entwässerung und Porositätsabnahme mit der Tiefe wesentlich geringer sind als bei kleineren Sedimentationsraten. D.h., die Entwässerung ist in Bereichen mit hohen Sedimentationsraten deutlich verzögert (Abb. 6.2). Neben der Kompaktion tragen auch andere Prozesse zur Porositätsverringerung der Sedimente bei. Dies liegt vor allem daran, daß mit zunehmender Tiefe und nach initialer Kompaktion vor allem geochemisch gesteuerte Vorgänge, wie **Drucklösung** (pressure solution), **Lösungstransport** (solution transport) und **Zementation** (cementation) einsetzen. Porositätsverlust durch Drucklösung und

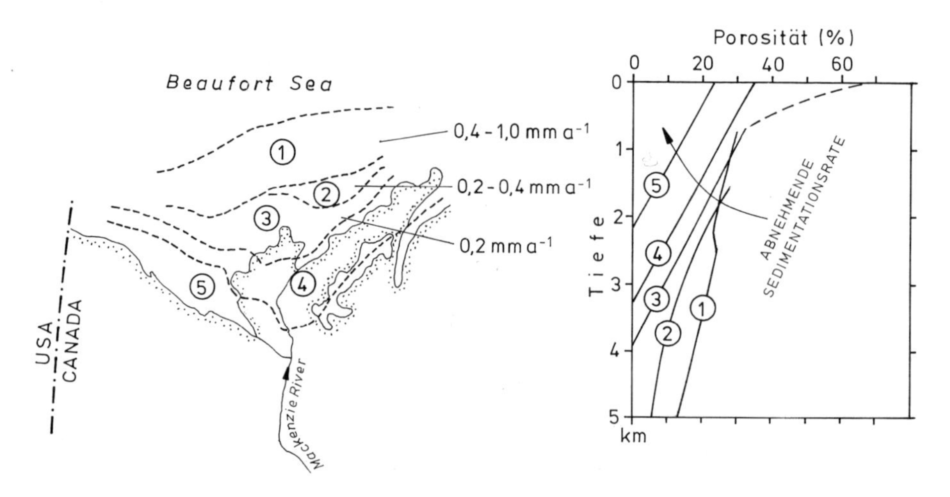

Abb. 6.2 Abhängigkeit der Porositätsabnahme zur Tiefe vom Grad der Kompaktion bei regional variablen Sedimentationsraten (in mm a^{-1}) toniger Deltaablagerungen im Mackenzie-Delta, Canada (nach ISSLER, 1992).

Zementation ist vor allem in Karbonatgesteinen und Evaporiten höchst effektiv, wobei das Porenvolumen unter günstigen Bedingungen schon in Tiefen von 100 bis 200 m auf Werte unter 10 % reduziert werden kann. Drucklösung erfolgt vor allem als Folge einer Erhöhung der effektiven Vertikalspannung mit zunehmender Kompaktion und durch Spannungskonzentration an den punktuellen Kontakten der Einzelkörner. Lösung von Mineralsubstanz erfolgt bei niedriger Temperatur vor allem an Karbonatkörnern, bei höherer Temperatur auch an Quarz und Silikaten. Dabei entstehen subhorizontale verzahnte Kontaktflächen (**Stylolithen**, stylolites) oder gewellte residuale Tonanreicherungen (**Lösungssäume**, solution seams). Die im Bereich der Kornkontakte gelösten Ionen bewegen sich entweder als fluide Teilphase des Gesamtgesteins im Verlauf der allgemeinen Beckenabsenkung in größere Tiefen oder sie migrieren als Teil eines intergranularen Fluidfilms aus tiefen Beckenzonen in seichtere Bereiche. Da z.B. die Löslichkeit von Karbonaten mit zunehmender Temperatur abnimmt, werden früh gelöste Karbonate bei Absenkung des Sedimentpakets meist wieder im Umfeld der Drucklösungszonen als Porenraumfüllung ausgefällt. Umgekehrt ist die Löslichkeit von SiO_2 mit zunehmender Temperatur größer, was in aufsteigenden und abkühlenden Fluiden eine Ausfällung von Quarz bewirkt. In klastischen Sedimenten beobachtet man bei Temperaturen um 90° bis 100°C und in Tiefen um 3 km außerdem erste bedeutende Umwandlungsreaktionen wasserreicher Tonminerale (Smektite) in solche mit geringerem Wassergehalt (Illite).

Durch diese und andere Vorgänge der Gesteinswerdung (**Diagenese**, diagenesis) werden sowohl Porosität als auch Permeabilität der Sedimentschichten erheblich reduziert, wobei die durchschnittliche Dichte der Sedimentschichten zunimmt, was sich auch in höheren seismischen Geschwindigkeiten ausdrückt (siehe Kapitel 22). Frei werdendes Wasser entweicht in größeren Tiefen allerdings nur noch sehr langsam (siehe Kapitel 31). Erdöl, das durch **Reifung** (maturation) des festen Kerogens bei Temperaturen zwischen 60° und 150°C im sogenannten **Erdölfenster** (oil window) entsteht, begleitet das freie Wasser entsprechend den lokalen Permeabilitätsverhältnissen und den regionalen hydraulischen Gradienten bei seiner langsamen Migration in höhere Niveaus sedimentärer Becken (Abb. 6.3). Mehr als 90 % der bekannten Erdölfelder auf der Erde befinden sich deshalb in Tiefen von weniger als 3 km, während man in Tiefen von mehr als 5 km im wesentlichen nur noch Erdgas antrifft. Parallel zur progressiven Entwässerung sedimentärer Gesteinsstapel kommt es durch Zunahme der Temperatur auch zur allmählichen Inkohlung und parallel dazu zum Austritt von Gas aus kohlig-pflanzlichen Überresten. In weiteren Stadien der Diagenese erfolgen dann bei Temperaturen um 200°C bereits erste Neubildungen silikatischer Mineralphasen. Dabei kristallisieren im Porenraum tonreicher Sedimentgesteine vor allem feinkörnige Phyllosilikate (z.B. Chlorit und Serizit)

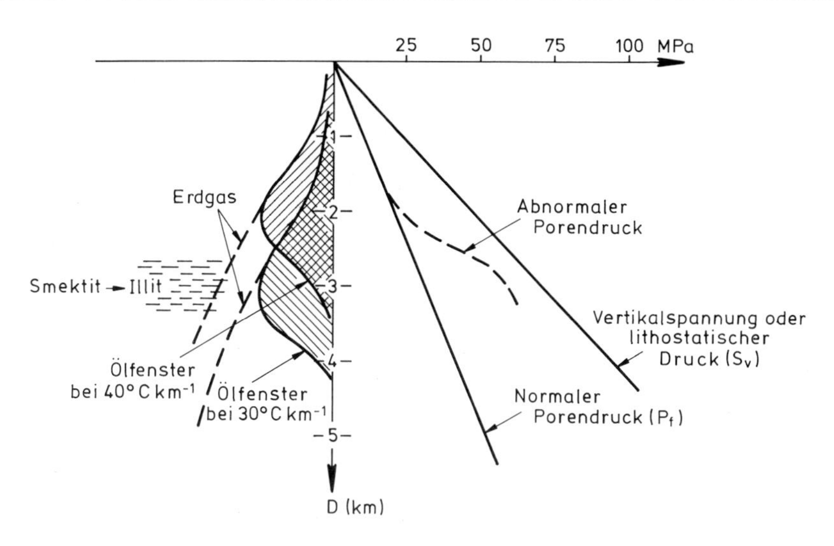

Abb. 6.3 Diagramm zur Veranschaulichung der Zunahme des lithostatischen Drucks, des „normalen" Porenwasserdrucks und der Entwicklung eines „abnormalen" Porendrucks in einem absinkenden Sedimentbecken (rechts). Links (ohne Maßstab!) angedeutet ist der Tiefenbereich, in dem sich die Umwandlung von Smektit zu Illit bzw. von Kerogen zu Erdöl (schraffiert) bzw. Erdgas (gestrichelt) einstellt. Bei verschiedenen geothermischen Gradienten (in °C km^{-1}) ist das Auftreten der kritischen Reaktionen in unterschiedlichen Tiefen zu erwarten.

und in vulkanischen Aschen Zeolithe. Dadurch wird der Porenraum der Sedimentgesteine auf nur wenige Prozente bzw. Bruchteile von Prozenten reduziert. Allerdings kann die Gesteinsporosität durch sekundäre Lösungsvorgänge und dilatative tektonische Bruchvorgänge entlang eng definierter Zonen wieder vergrößert werden (siehe unten). Die Versenkung von Sedimenten in Bereiche mit höheren Temperaturen und höheren Drücken, die allmähliche Entwässerung und vor allem die progressive Zementation des Kornverbands verändern auch die rheologischen Eigenschaften des Kornverbands. Aus dem granular-kohäsionslosen Sediment wird ein kohäsives Gestein, in dem sich auch tektonische Spannungen aufbauen können.

Bei normalen Subsidenzbedingungen und im Bereich durchschnittlicher Temperaturgradienten sind größere Horizontalspannungen in den obersten, locker gelagerten Sedimentschichten nicht zu erwarten. Aufgrund der zunehmenden Verfestigung der Sedimentgesteine in größerer Tiefe ist aber damit zu rechnen, daß diese schließlich auch entsprechend dem Hookeschen Gesetz elastisch-spröd reagieren. Ist dies der Fall, so läßt sich zeigen, daß schon allein durch Wirkung des effektiven Überlagerungsdrucks S_V kompressive horizontale Spannungen entstehen. Diese Horizontalspannungen ergeben sich aus der Tatsache, daß in den Gesteinen aufgrund des vertikal wirkenden lithostatischen Drucks eine horizontale Querdehnung auftreten sollte und außerdem eine temperaturbedingte allgemeine Volumenzunahme zu erwarten ist. Die Gesteine können sich aber seitlich nicht ausdehnen, da normalerweise kein Raum dazu vorhanden ist. Da also unter den in-situ Bedingungen tiefer Sedimentbecken eine elastische Querdehnung ($\varepsilon_H = \varepsilon_h = 0$) nicht erfolgen kann, entwickeln sich als mechanische Reaktion im Gestein horizontale Spannungen. Mit Hilfe elementarer Gleichungen aus der Elastizitätstheorie läßt sich zeigen, daß bei elastischem Materialverhalten unter Bedingungen $\varepsilon_H = \varepsilon_h = 0$ die Radialspannungen $S_H = S_h$ folgenden Wert annehmen

$$S_h = S_H = S_V \cdot [\nu / (1-\nu)] + [\alpha \cdot E \cdot \Delta T / (1-\nu)]$$

ν = Poissonverhältnis (0,2 bis 0,4)

α = thermischer Expansionskoeffizient (rund 10^{-6} / °C)

ΔT = Temperaturzunahme (in °C)

S_V = lithostatischer Druck, vertikale Hauptspannung (in MPa)

E = Elastizitätsmodul (rund 10^5 MPa)

Für $\nu = 0{,}25$ und bei Vernachlässigung des Temperatureffekts ergibt sich

$$S_H = S_h = S_V / 3 = 0{,}3\, S_V$$

Für $\nu = 0{,}4$

$$S_H = S_h = 0{,}65\, S_V$$

Wird also aus dem Sediment in größerer Tiefe ein angenähert elastisches Gestein, so erreichen bereits die radialen Horizontalspannungen, die aus dem Gewicht der überlagernden Sedimente bzw. Gesteine resultieren, signifikante Werte. Dies gilt auch bei Vernachlässigung der meist geringen termisch-elastischen Expansionskomponente. Bei horizontalem Lagenbau (z.B. Schichtung) können aufgrund der starken Anisotropie in der Horizontalebene noch größere Radialspannungen als die angegebenen auftreten. Den radialen Horizontalspannungen überlagert entwickeln sich als Folge lateraler tektonischer Kraftansätze regionale horizontale Differentialspannungen, deren mechanische Wirkung auf Sedimente bzw. Gesteine vor allem durch die Anwesenheit von Fluiden stark beeinflußt wird.

6.2 Natürlicher Porenwasserdruck

Wie bereits ausgeführt, ist der Widerstand gegen Bruchversagen und Reibungsgleiten bei allgemein sprödem Verhalten eines Gesteins abhängig von der Größe des Fluiddrucks, welcher in diesem Gestein vorherrscht. In natürlichen Sedimentabfolgen hat bereits der normale hydrostatische Porendruck eine signifikante mechanische Wirkung. Noch bedeutender für das mechanische Versagen ist aber ein **abnormaler Porendruck** (abnormal pore pressure), oder **Überdruck** (overpressure), dessen Entwicklung sich ebenfalls am besten an Hand der Bedingungen in einem absinkenden Sedimentbecken demonstrieren läßt.

Abnormaler Porenwasserdruck entsteht dann, wenn die Permeabilität einzelner Sedimentlagen in einem Sedimentstapel sehr gering ist, so daß während der Absenkung der Sedimente eine freie Bewegung der Fluide zur Seite, aber vor allem nach oben, erschwert wird. Auch der bereits angesprochene Effekt hoher Sedimentationsraten wirkt auf ähnliche Weise. Viele natürliche Sedimentbecken enthalten heterogen zusammengesetzte Abfolgen relativ permeabler und relativ impermeabler Einheiten. Relativ permeable Einheiten sind z.B. Sande, Sandsteine, Konglomerate oder poröse bzw. verkarstete Karbonate, die man als **Aquifere** bzw. **Reservoire** (aquifer, reservoir) bezeichnet. Relativ impermeable Schichtglieder agieren dagegen als **Aquitarde** oder **Siegel** (aquitards, seals) und bestehen aus mineralisierten Tonen, Evaporiten oder mergeligen bis verkieselten Kalken. Bei Wechsellagerung impermeabler und permeabler Schichtglieder und vor allem bei hohen Absenkungsraten verzögert sich die Entwässerung der Sedimente unter den impermeablen Lagen, was in ihnen eine abnormal geringe Kompaktion zur Folge hat.

Da gleichzeitig mit dem Stau des primären Porenwassers an Permeabilitätsgrenzen in Tiefen um 3km und bei Temperaturen um 100°C die bereits angedeuteten Entwässerungsreaktionen von Tonmineralen einsetzen und außerdem schon bei rund 60°C die Umwandlung des H_2O-haltigen Gips in Anhydrit stattfindet, gesellt sich zum primär vorhandenen Porenwasser sekundär erzeugtes Wasser, das in chemischen Reaktionen freigesetzt wird. Dazu kommen noch Erdöl und Erdgas. Das zusätzliche Volumen an Fluiden sowie die thermisch bedingte Expansion der Fluidphase bewirken eine Verstärkung des Porendrucks. Die Kombination von **Kompaktionsungleichgewichten** (compaction disequilibrium), **Tontransformation** (clay transformation) und **Aquathermaldruck** (aquathermal pressure) bewirkt einen Gesamtporendruck, der häufig das Gewicht der freien Wassersäule übersteigt. Man bezeichnet diese Art des Porendrucks deshalb als **abnormalen Porendruck** (abnormal pore pressure, geopressure), obwohl abnormal erhöhter Porendruck in allen relativ jungen Sedimentbecken anzutreffen ist. Im theoretisch möglichen Extremfall fluidgesättigter Sedimentpakete, die vertikal bzw. lateral von Permeabilitätsbarrieren begrenzt sind und außerdem durch schnelle Absenkung in größere Tiefen gelangen, kann sich der abnormale Porendruck sogar dem Wert des lithostatischen Druckes nähern. Da die vertikale Rahmenspannung S_V, sowie alle Normalspannungen im Sediment, um den Wert P_f reduziert werden, hat abnormaler Porendruck eine wesentliche Veränderung der mechanischen Eigenschaften der entsprechenden Gesteinsbereiche zur Folge. Man beschreibt deshalb den Zustand der reduzierten Rahmenspannungen in einem Sedimentgestein auch mit einem **Entspannungsfaktor** (geostatisches Verhältnis, geostatic ratio) $\lambda = P_f / S_V$. Für trockene Sedimente oder Gesteine gilt $\lambda = 0$; bei normalem hydrostatischem Druck gilt $\lambda = 0{,}45$.

Für den Fall, daß sich P_f dem Wert von S_V nähert, λ sich also dem Wert 1 nähert, „trägt" die Porenflüssigkeit gleichsam einen großen Teil der überla-

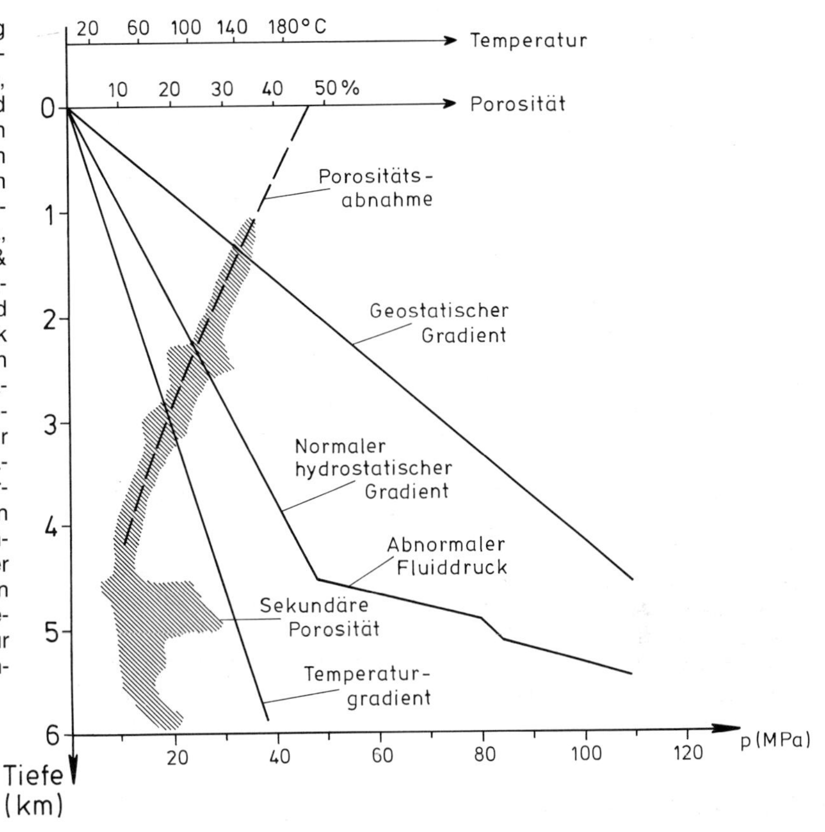

Abb. 6.4 Entwicklung geostatischer bzw. hydrostatischer Drücke, Temperaturverlauf und Porosität (schraffiert) in einer Tiefbohrung am klastisch dominierten passiven Kontinentalrand von Nova Scotia, Canada (nach JANSA & URREA, 1990). Sekundäre Porosität und abnormaler Porendruck in den Sandsteinen sind das Resultat diagenetischer Reaktionen, die gleichzeitig zur Versiegelung überlagernder Schichten führten. In einem solchen weitgehend entspannten Bereich abnormaler Porendrücke können bereits geringste Differentialspannungen zur Ausbreitung von Extensionsbrüchen führen.

gernden Schichten. In solchen weitgehend entspannten Zonen erreichen die hydrostatischen Gradienten Werte, die weit über $10\,kPa\,m^{-1}$ liegen, während der lithostatische Gradient stark reduziert wird. Man beobachtet dann häufig für entsprechende Tiefen zu geringe Kompaktionswerte (**Unterkompaktion**, undercompaction) der Sedimente. Aber auch die Bildung **sekundärer Porosität** (secondary porosity) durch Mineralreaktionen und Lösungstransfer in größeren Tiefen bewirkt gleichzeitige Verstärkung der Zementation im „Dach" von Zonen mit abnormalem Porendruck, die innerhalb eines Bereichs mit sekundärem Porenvolumen liegen können (Abb. 6.4). Sekundäre Porosität und Versiegelung des Dachs sind meist komplementärer Ausdruck vertikaler geochemischer Gradienten.

Es ist allerdings unwahrscheinlich, daß der Porendruck je größer wird als eine der Hauptnormalspannungen im Gestein, obwohl die effektiven Hauptnormalspannungen extrem reduziert werden können. Nach dem oben Gesagten gilt nämlich bei Abwesenheit tektonischer Horizontalspannungen für die effektiven radialen Horizontalspannungen (S_{he}) angenähert folgende Beziehung:

$$S_{he} = [\nu / (1-\nu)] \cdot (S_V - P_f)$$
$$= [\nu / (1-\nu)]\, S_V - [\nu / (1-\nu)]\, P_f$$

wobei

$$S_{he} = S_h - P_f$$

Daraus ergibt sich, daß

$$S_h = [\nu / (1-\nu)] \cdot S_v - [\nu / (1-\nu)] \cdot P_f + P_f$$

$$S_h = S_V \cdot [\nu / (1-\nu)] + P_f \cdot [1 - \nu / (1-\nu)]$$

bei $\nu = 0{,}25$

$$S_h = 0{,}3 \cdot S_V + 0{,}7 \cdot P_f$$

Dies bedeutet, daß die horizontale Hauptspannungskomponente S_h mit zunehmendem Porendruck ebenfalls zunimmt und für den Fall $S_V = P_f$ gilt $S_V = S_h$. Bei einem Porendruck, der sich dem lithostatischen Druck nähert, ist die Gesamtspannung also angenähert hydrostatisch. Geringste regionale Differentialspannungen können somit für die Ausbreitung von Extensionsbrüchen sorgen und zum „Ausbluten“ des Porendrucks Anlaß geben. In leicht geneigten Sedimentabfolgen, in denen λ größer als 0,8 ist, genügt deshalb auch meist schon die schichtparallele Scherspannungskomponente, welche durch das Gewicht der überlagerten Sedimente verursacht wird, um Gleitbewegungen einzuleiten. Zusätzliche geringfügige Differentialspannungen und Scherungen, wie sie z.B. bei der Ausbreitung von Erdbebenwellen auftreten, reichen oft schon aus, um bedeutende gravitative Massenbewegungen auszulösen.

Werden Zonen mit abnormalem Porendruck in Explorationsbohrungen angefahren, so versucht man den Fluiddruck in den entsprechenden Gesteinsformationen durch das Einführen von schwerer Bohrflüssigkeit zu kompensieren, um Verbruch, Verlust oder sogar ein explosives „Blowout“ des Bohrlochs zu verhindern. Zonen mit exzessivem Porendruck und abnormal hoher Porosität lassen sich aber durch geophysikalische Bohrlochmessungen meist rechtzeitig erkennen, da sich vor allem in Tongesteinen die Unterkompaktion durch eine für den betreffenden Tiefenbereich abnormal geringe Gesteinsdichte zu erkennen gibt. Exzessiver Porendruck in tiefer gelegenen Zonen mit sekundärer Porosität ist dagegen wesentlich schwieriger vorherzusagen.

Wasser hat im Vergleich zu Sedimentgesteinen eine rund fünfmal höhere Wärmekapazität, aber nur ein Fünftel der Wärmeleitfähigkeit. Zonen mit Unterkompaktion bzw. mit abnormal hohem Porenwasserdruck sind deshalb nicht selten auch Bereiche, in denen es zum Wärmestau kommt, d.h., der Temperaturgradient nimmt in diesen Zonen zu. Umgekehrt beobachtet man in ausgesprochen wärmeleitfähigen Lagen, wie z.B. in Evaporiten, eine Abnahme des Temperaturgradienten. In mächtigen und rasch sedimentierten Abfolgen, die durch variable Lithologien gekennzeichnet sind, kann man deshalb zur Tiefe hin und auch lateral variable Gesteinsdruck-, Porendruck- und Temperaturgradienten erwarten.

Bedeutende Zonen mit rezenten abnormalen Porendrücken finden sich praktisch an allen passiven Kontinentalrändern, wie z.B. im Golf von Mexiko, in den äußersten Bereichen von Akkretionskeilen und in klastischen Vorlandbecken, wie z.B. im Bereich der alpinen Molasse. Man kennt sie besonders aus Tiefen von mehr als 1000 bis 2000 m und bei Temperaturen von rund 100 bis 200 °C (siehe auch Kapitel 31).

Von geotechnisch-wirtschaftlicher Bedeutung ist der Geodruck deshalb, da in **Überdruckreservoiren** (geopressured reservoirs) Wärme, chemische Zusammensetzung der Porenraumlösungen und enthaltene Hydrokarbone (z.B. Methan) bedeutende Rohstoffreserven darstellen. Die lateralen Durchmesser und vertikale Ausdehnung der meist linsenförmigen **Schichtabteile** (stratal compartments) mit exzessivem Porendruck sind allerdings meist beschränkt. Erst in größeren Tiefen und bei relativ geringen Permeabilitäten erstrecken sich verhältnismäßig mächtige Überdruckzonen über mehrere Kilometer und können dort tektonische Bewegungen kontrollieren. Man nimmt heute an, daß auch relativ steil orientierte Bruchzonen als **Überdruckabteile** (overpressured compartments) wirken können und so ebenfalls eine wichtige tektonische Rolle spielen.

Ein signifikanter Gehalt an Fluiden und vor allem ein abnormal hoher Fluiddruck ist anscheinend für die Deformation vieler niedriggradig metamorpher und magmatischer Teile der Kruste bedeutsam, obwohl dort intergranulare Porosität und Permeabilität nur sehr geringe Werte erreichen. Jede dilatative Öffnung des Gesteins an Bruchflächen bewirkt aber lokal eine sekundäre oder tektonische Bruch-Permeabilität bzw. Porosität, die um Größenordnungen über der intergranularen Porosität liegen kann. Die Details des Fluidtransports in tiefkrustalen Gesteinen entlang dilatierender Bruchzonen sind allerdings quantitativ noch kaum erforscht. In jedem Fall erleichtert während der Metamorphose und auch während des späteren Aufstiegs kristalliner Gesteine an der Erdoberfläche sowohl ein normaler als auch ein exzessiver Porendruck alle Formen des spröden Gesteinsversagens. Dies ist von großer praktischer Bedeutung, da z.B. jede künstliche Reduktion der Normalspannungen durch Einpumpen von Fluiden in kristalline Gesteine ebenfalls ein Versagen dieser Gesteine durch Bruch und Reibungsgleiten erleichtert (siehe Kapitel 12).

Literatur

Gretener, 1979; Plumley, 1980; Bruce, 1984; Robert, 1985; Hanor, 1987; Füchtbauer, 1988; Jansa & Urrea, 1990; Issler, 1992.

7 Kinematik tektonischer Bewegungen

7.1 Tektonische Relativbewegungen

Jedes Überschreiten der Festigkeit eines Gesteins bedeutet seine **irreversible Deformation** (irreversible deformation), bei welcher es zu **Relativbewegungen** (relative displacements) zwischen einzelnen Teilen des Gesteins kommt. Quantitativ registriert der Geologe das Resultat tektonischer Relativbewegungen als **Translation** (translation), als **Rotation** (rotation) oder als **Verformung** (strain) von primären oder sekundären geologischen Vorzeichnungen (Abb. 7.1). Wichtige **geologische Vorzeichnungen** (geological markers) sind vor allem primär im Gestein vorhandene Flächen, wie z.B. Intrusionskontakte oder lithologisch definierte Schichtgrenzen. Bei der quantitativ-kinematischen Auflösung deformierter Krustenbereiche und bei der konstruktiven Rückformung benützt man deshalb meist geologische **Leiteinheiten** (marker units). Die Kinematik in Form von Translation, Rotation und Verformung von Gesteinseinheiten läßt sich entweder durch geographisch definierte Koordinatensysteme oder andere als stationär betrachtete geologische **Bezugseinheiten** (reference units) festlegen. So mißt man z.B. den Betrag der Überschiebungsweite am Rande von Kettengebirgen meist in Relation zu den geologisch stabilen Gesteinseinheiten im Vorland dieser Gebirge, obwohl sich während der Deformation auch die Kruste des stabilen Vorlandes in Richtung auf das Gebirge bewegen kann. Selbst bei der kinematischen Analyse von Plattengrenzen sind die Relativbewegungen an den Grenzzonen meist tektonisch signifikanter als die „absoluten" Bewegungen der einzelnen Platten in geographisch-astronomisch oder paläomagnetisch definierten Koordinatensystemen.

Während der Deformation größerer geologischer Körper erfolgen Translation, Rotation oder Verformung der Einzelteile häufig gleichzeitig und überlagern sich so zu einem komplexen **Bewegungsbild** (movement picture), welches in der heutigen Geometrie deformierter Krustenbereiche erhalten ist (Abb. 7.2 und 7.3). Wie bereits angedeutet, sind die als kinematische Modelle rekonstruierten Deformationspfade für Teilbereiche deformierter Gesteinskomplexe nur selten von großer Genauigkeit. Trotzdem läßt sich zeigen, daß während der Deformation vieler Gesteinskomplexe meist nur eine oder zwei der drei oben angeführten Grundformen tektonischer Relativbewegungen den überwiegenden Anteil an der Gesamtbewegung ausmachen. So dominiert an vielen tektonischen Brüchen Translation und in vielen Faltenstrukturen überlagern sich Rotation und Verformung. Bei der Analyse natürlicher Gesteine versucht der Geologe deshalb quantitativ vor allem jene Strukturen bzw. Bewegungsformen herauszuarbeiten, die einen dominierenden Anteil an der Gesamtkinematik dieser Gesteine hatten.

Ob man bei der tektonischen Analyse eines Gesteinsverbands die meßbaren Relativbewegungen als Translation an diskreten Bewegungs-

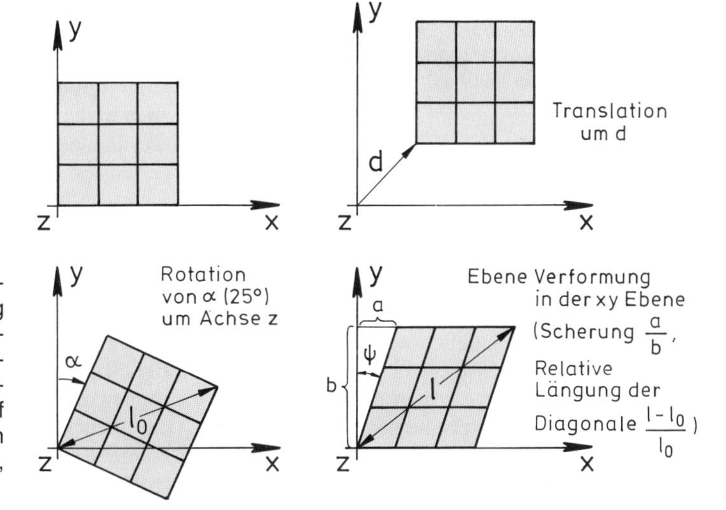

Abb. 7.1 Illustration von Translation, Rotation und Verformung eines Körperelements in vereinfachter zweidimensionaler (ebener) Betrachtungsweise. Die orthogonalen Koordinatenachsen, auf welche die Deformation bezogen wird, können z.B. geographisch (N, S, E, W) fixiert sein (siehe Text).

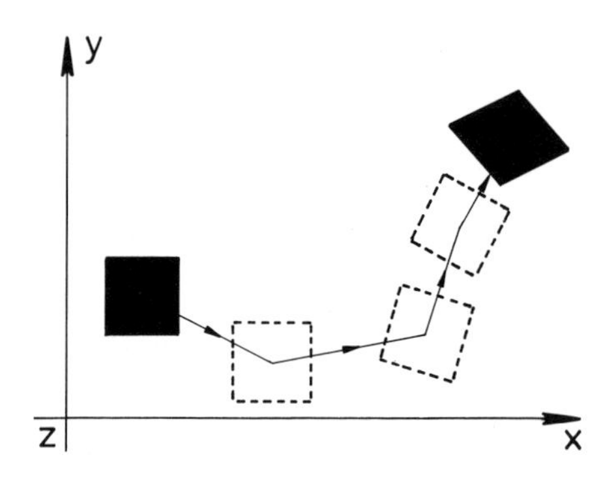

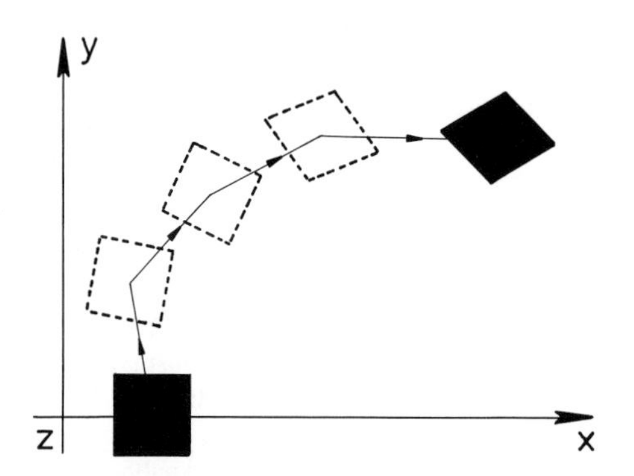

Abb. 7.2 Deformationspfad eines geologischen Körperelements in einer beliebigen Koordinatenebene xy. Die Abbildung soll zeigen, daß der Endzustand einer Deformationsabfolge, also eine heute beobachtete Geometrie deformierter geologischer Körper, meist als Kombination von Translation, Rotation und Verformung zu verstehen ist. Die durch tektonische Deformation bewirkte Geometrie eines geologischen Körperelements kann theoretisch über eine Vielzahl von möglichen Pfaden erreicht werden und von unterschiedlichsten Ausgangspositionen ausgehen. Der Geologe versucht deshalb nicht nur die heutige Geometrie der Gesteine, sondern auch Deformationspfade während und Ausgangspositionen vor ihrer Deformation zu rekonstruieren.

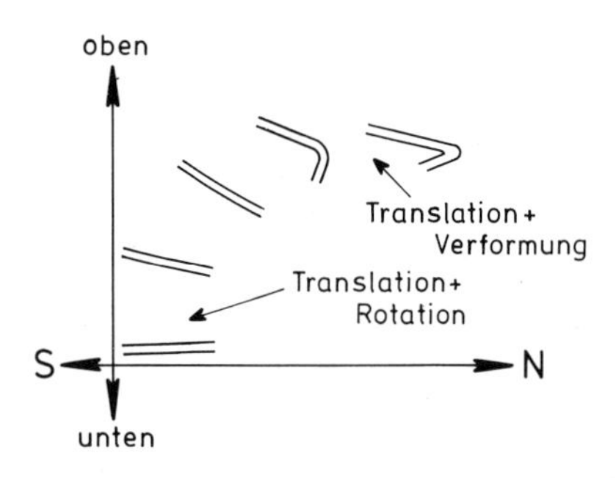

Abb. 7.3 Ein zweidimensional vereinfacht dargestellter Deformationspfad für eine gefaltete Schicht in einem geographischen Koordinatensystem. Die Deformation läßt sich als Abfolge bzw. Kombination von Translation, Rotation und Verformung verstehen.

flächen, als Rotation um vertikale oder horizontale Achsen oder als raumgreifende Verformung betrachtet, hängt aber häufig nur davon ab, wie groß der untersuchte geologische **Bereich** (domain) ist. So bedeutet z.B. der großräumig kartierte Versatz einer geologischen Vorzeichnung oft eine Translation, die erst dadurch möglich wurde, daß innerhalb einer relativ breiten Zone sowohl Rotation als auch Verformung kleinerer Gesteinseinheiten erfolgte (Abb. 7.4). Umgekehrt erscheinen manche Gesteine makroskopisch als raumgreifend verformt, obwohl sich im mikroskopischen Bereich deutlich rotierte Mineralkörner oder diskrete Bewegungsflächen mit geringem Versatz erkennen lassen. In jedem Fall sind die quantitative oder auch nur eine semiquantitative Bestimmung der relativen Translationsbeträge, der Rotationswinkel oder der Verformungsbeträge die wichtigsten Ausgangspunkte für ein tieferes kinematisches Verständnis tektonischer Strukturen und somit auch die Grundlage für alle geodynamisch-mechanischen Modellvorstellungen für die Entstehung tektonischer Strukturen. Translation, Rotation und Verformung sollen deshalb vorerst getrennt diskutiert werden, obwohl bei der Analyse natürlicher Strukturen diese Trennung nur selten möglich und dann meist auch nicht sinnvoll ist.

7.2 Translation

Analog zum experimentellen Bruchversagen bzw. zum Reibungsgleiten an diskreten Flächen wird auch in der Natur Kohäsionsverlust und Relativbewegung durch Öffnung von **Extensionsbrüchen** (extension fractures) bzw. durch progressive Entwicklung hybrider Extensions-Scherbrüche eingeleitet. Der Betrag der Relativbewegungen parallel zu hybriden Extensions- bzw. Scherbrüchen ist aber im allgemeinen gering. Erst das Zusammenwachsen komplexer Risse und Extensionsbrüche ermöglicht Bewegung an länger aushaltenden **spröden Bruchzonen** (brittle shear zones). Da die Scherfestigkeit von Bruchzonen allgemein geringer ist als die Bruchfestigkeit intakter Ausgangsgesteine, kommt es in der Natur meist zu einer **Gleitkonzentration** (slip concentration) an **Hauptgleitflächen**

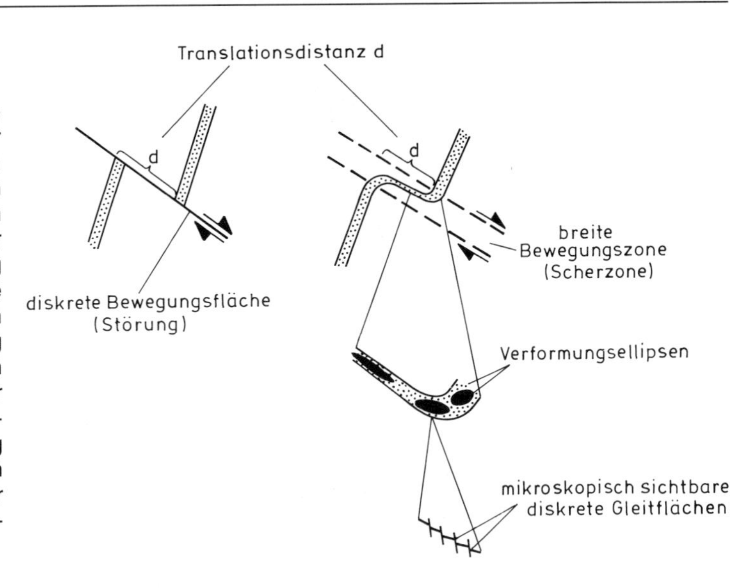

Abb. 7.4 Zweidimensionale Querschnittsgeometrie einer deformierten Sandsteinlage, in welcher Translation (d) durch Versatz an einer diskreten Bewegungsfläche (links) oder durch Verformung entlang einer breiten Scherzone (rechts) erfolgte. Im letzteren Fall läßt sich die Verformung aber wiederum als Summe von Teilversätzen innerhalb der Lage verstehen. Die Mikromechanismen der Verformung können in Form von diskreten Gleitvorgängen innerhalb oder zwischen den Kristallen erfolgen.

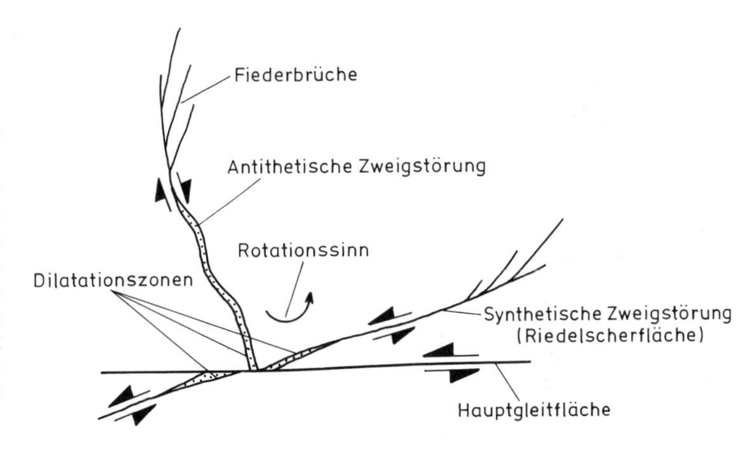

Abb. 7.5 Querschnittsansicht einer Hauptgleitfläche bzw. synthetischer und antithetischer Zweiggleitflächen, an deren Enden Fiederbrüche einsetzen. Die gepunkteten Bereiche sind synthetische und antithetische Brüche, an denen Dilatation und somit auch die angedeuteten Rotationsbewegungen erfolgen können.

(principal slip surfaces), die mit sekundären **Zweiggleitflächen** oder **Nebengleitflächen** (secondary slip surfaces) in komplexer Wechselwirkung stehen. Eine natürliche Gleitfläche, an der man tektonische Relativbewegungen festgestellen kann, bezeichnet man als **Störung** (oder **Verwerfung**, fault) oder **Störungsfläche** (fault surface).

Haupt- und **Zweigstörungen** (main, branch faults) innerhalb einer breiten Bruchzone können miteinander beliebige Winkel einschließen. Die Art der Relativbewegungen an den Zweigstörungen ist aber abhängig von der Orientierung der Zweigstörungen zur Hauptstörung. Je nach Orientierung und Sinn der Relativbewegung bezogen auf die Hauptstörung spricht man von **synthetischen** und **antithetischen Zweigstörungen** (synthetic, antithetic branch faults, Abb. 7.5). Synthetische Zweigstörungen, im Fall hybrider Extensionsscherbrüche auch synthetische **Riedel-Scherflächen** (Riedel shears) genannt, sind Flächen, die von der Hauptgleitfläche in meist geringen Winkeln abzweigen und eine mit der Hauptgleitfläche gleichsinnige Relativbewegung zeigen. Antithetische Zweiggleitflächen oder antithetische Riedel-Scherflächen schließen mit der Hauptgleitfläche große Winkel ein und zeigen meist gegensinnige Relativbewegungen. Zueinander subparallel orientierte Extensionsbrüche und hybride Extensionsscherbrüche, die vom Ende größerer Störungsflächen abzweigen, bezeichnet man als **Fieder-**

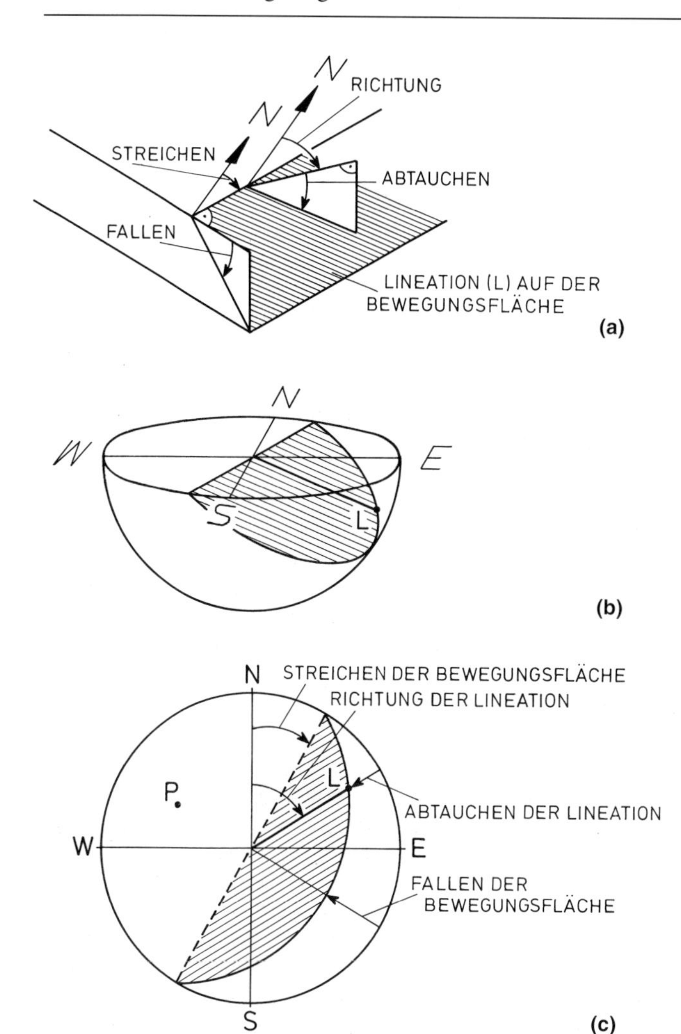

Abb. 7.6 Das Streichen und Fallen einer tektonischen Bewegungsfläche bzw. die Richtung und das Abtauchen linearer Bewegungsspuren im geographischen Koordinatensystem. Darstellung (a) im Blockbild, (b) in der unteren Halbkugel und (c) als Projektion im Stereonetz (P bedeutet Flächenpol; siehe Anhang A).

brüche (pinnate fractures, horsetails). Komplexe Interferenz synthetischer und antithetischer Bruchflächen sowie Neubildung von Extensionsbrüchen entlang größerer Störungen bewirken meist auch eine Rotation von Gesteinseinheiten um Achsen, die parallel zur Ebene der Hauptstörung orientiert sind (Abb. 7.5). Aufgrund der progressiven Entwicklung und lateralen Ausbreitung tektonischer **Störungszonen** (fault zones) während der regionalen Deformation und durch selbstverstärkende Ausbildung synthetischer Bruchflächen im Umfeld der Hauptgleitflächen können schließlich zwischen großen und intern kohärenten Gesteinsbereichen Relativbewegungen von vielen Kilometern erfolgen.

Die Schnittlinie einer Störung mit der Erdoberfläche ist ihr **Ausbiß, Ausstrich** oder ihre **Spur** (trace). In geologischen Karten werden die Spuren von Störungen als diskrete Linien dargestellt, obwohl es sich meist um breite Bruchzonen handelt, die im Gelände nur selten aufgeschlossen sind und meist nur aus dem geologisch ermittelten Versatz geologischer Vorzeichnungen lokalisiert werden können. Die **Orientierung** (attitude) einer Störungsfläche ist im geographischen Koordinatensystem durch ihr Streichen und Fallen definiert (Abb. 7.6). Das **Streichen** (strike) einer Fläche ist die Orientierung der einzig möglichen horizontalen Linie auf dieser Fläche und wird durch den geographischen Azimut dieser Linie (allgemein im Uhrzeigersinn) angegeben (z.B. N30E oder N030 oder 030). Das **Fallen** (dip) einer Fläche ist die Linie der größtmöglichen Neigung der Fläche, d.h. die Neigung der Fläche senkrecht zu ihrem Streichen; das

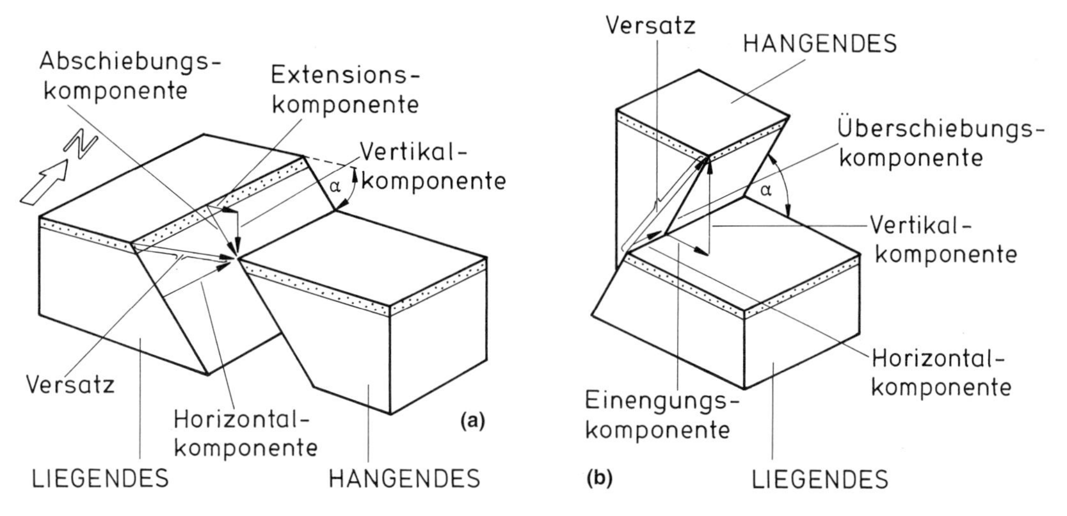

Abb. 7.7 Darstellung der verschiedenen Komponenten des Gleitvektors, welcher den Gesamtversatz einer horizontalen Schicht an einer tektonischen Bewegungsfläche im geographischen Koordinatensystem (Nord-Süd, Ost-West, Oben-Unten) festlegt. Die Bewegungsfläche (= Störung), die mit dem Winkel α einfällt, ist im Fall (a) eine Schrägabschiebung, im Fall (b) eine Schrägüberschiebung und trennt das Liegende vom Hangenden.

Fallen wird als Winkelwert von der Horizontalebene in Fallrichtung nach unten gemessen (z.B. 40SE). Die Orientierung einer Störung ist also z.B. N30E 40SE. Im Stereonetz (Schmidtsches Netz, Projektion in die untere Halbkugel) wird die Orientierung tektonischer Bewegungsflächen entweder als Verschnitt (= Großkreis) mit dem Netz oder als Durchstichpunkt der Flächennormale (= Polpunkt) dargestellt (Abb. 7.6). Der Gesteinsbereich, der sich räumlich über einer tektonischen Störung befindet, ist das **Hangende** (hangingwall), der Bereich unter der Störung das **Liegende** (footwall). Im primären ungestörten Verband geschichteter Gesteine spricht man dagegen von höheren bzw. tieferen Einheiten.

Der Betrag der Translation an einer Störung ist die Distanz zwischen den relativ verschobenen Teilen einer geologischen Vorzeichnung. Dieser Translationsbetrag ist der **Versatzvektor**, **Gesamtversatz** oder kurz **Versatz** (slip vector, net slip, net displacement) zwischen zwei **Abrißpunkten** (cut off points) innerhalb einer geologischen Vorzeichnung. Er entspricht also theoretisch jener Distanz zwischen zwei „Punkthälften", die sich vor der Bewegung an der Störung unmittelbar gegenüber lagen. Der Versatz läßt sich im geographischen Koordinatensystem als **Gleitvektor** (slip vector) festlegen, und zwar durch seine **Richtung** (trend) als Azimut der einzig möglichen Vertikalebene durch den Versatzvektor und sein **Abtauchen** (plunge) als Winkelwert von der Horizontalebene nach unten gemessen. Die Relativbewegung einer Gesteinseinheit gegenüber einer anderen wird dabei meist mit Bezug auf das Hangende durchgeführt. So erfolgte z.B. im Blockbild, das in Abb. 7.7a dargestellt ist, eine Bewegung des Hangenden um einen bestimmten Versatz (in m, km) schräg nach unten und nach NE („oblique north-eastside-down displacement"). In der Natur ist manchmal nur die Richtung der Relativbewegung und oft auch diese nur ungenau bekannt. In geologischen Karten, Profilen oder anderen ebenen Schnitten durch eine tektonische Struktur ist auch die Orientierung der Störungen oft nur als **scheinbares Streichen** oder **Fallen** (apparent strike, dip) erfaßbar und die Distanz zwischen versetzten Gesteinseinheiten ist dann im allgemeinen nur ein **scheinbarer Versatz** (apparent displacement). Der **scheinbare Streich- oder Fallversatz** (apparent strike separation, dip separation) ist in Schnitten oder Karten entlang der Ausbißlinie zu erkennen. Der scheinbare Versatz kann geringer oder größer sein als der kinematisch relevante Gesamtversatz (siehe z.B. Abb. 11.1).

Der Gesamtversatz an jeder tektonischen Bewegungsfläche läßt sich quantitativ aber auch in mehrere tektonisch signifikante vektorielle Komponenten auflösen. Die Komponente parallel zum Fallen

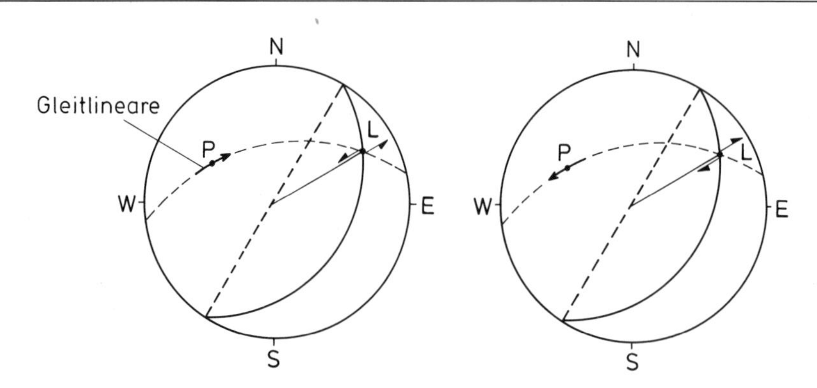

Abb. 7.8 Darstellung der Relativbewegung an einer Störung (N30/40SE) im Stereonetz bei bekannter Orientierung der Bewegungsrichtung bzw. bei bekanntem Sinn der Relativbewegung, abgeleitet aus linearen kinematischen Indikatoren (L), die auf der Bewegungsfläche beobachtet werden können (N60/20); links eine schräge Abschiebung, rechts eine schräge Überschiebung (siehe Anhang A).

der Bewegungsfläche ist entweder eine **Abschiebungskomponente** (normal oder dip-slip displacement) bei Bewegung des Hangenden nach unten oder eine **Überschiebungskomponente** (thrust oder reverse-slip displacement) bei Relativbewegung des Hangenden nach oben (Abb. 7.7a und b). Im Streichen der Fläche mißt man die **Seitenverschiebungs-** oder **Horizontalkomponente** (strike-slip displacement), die in vertikaler Schau von oben entweder als dextral (rechtsverschiebend, **dextral**, right-lateral) oder **sinistral** (linksverschiebend, sinistral, left-lateral) angegeben wird. In Abb. 7.7a ist die Horizontalkomponente sinistral, in Abb. 7.7b ist sie dextral. Relativ zu einer stationären vertikalen Bezugsebene läßt sich die Bewegung entlang der Störungsfläche entweder durch eine **Extension** bzw. **Dehnungskomponente** (heave, extension component) oder durch eine **Kontraktion**, **Verkürzung** bzw. **Einengungskomponente** (shortening, contraction component) festlegen (Abb. 7.7). Relativ zu einer stationären horizontalen Bezugsebene wird die Bewegung durch eine **Vertikalkomponente** (vertical component, throw) festgelegt und äußert sich entweder als **Hebung** (uplift) oder **Absenkung** (Subsidenz, subsidence) geologischer Einheiten.

Lineare **Bewegungsspuren** (= kinematische Indikatoren, kinematic indicators) auf Störungsflächen, wie Striemung oder Kristallfasern, sind oft Hinweise auf die statistische Orientierung des Gleitvektors, aber auch auf Änderungen des Gleitvektors während der Relativbewegung (siehe Kapitel 19). Sie werden als lineare geometrische Elemente durch ihre Richtung und ihr Abtauchen im Raum festgelegt (also z.B. N60/30 in Abb. 7.6). Im Stereonetz (Schmidtsches Netz) werden lineare Bewegungsspuren als Verbindungslinien zwischen dem Halbkugelzentrum und dem Durchstichpunkt mit dem Netz dargestellt. Eine Relativbewegung des Hangenden gegenüber dem Liegenden wird im Stereonetz entweder am **Durchstichpunkt** P (piercing point) angedeutet (Abb. 7.8) oder im Flächenpol der Gleitfläche als **Gleitlinear** (slip linear) in

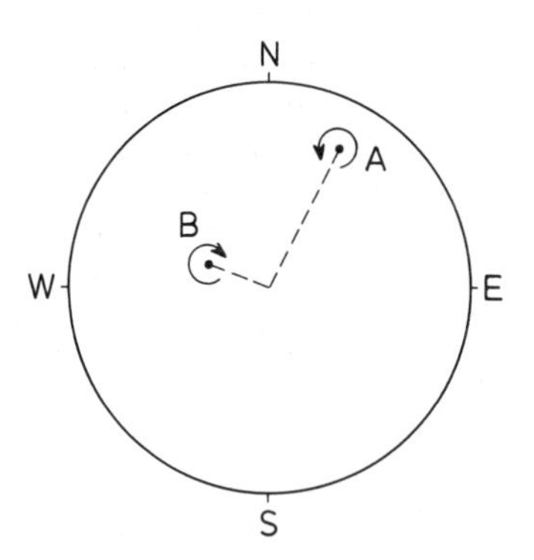

Abb. 7.9 Darstellung von Rotationsachsen im Stereonetz (siehe Anhang A). Im Fall A erfolgt die Rotation um eine nach Nordosten abtauchende Achse gegen den Uhrzeigersinn, im Fall B um eine steil nach West-Nordwest abtauchende Achse im Uhrzeigersinn.

Form eines Großkreissegments dargestellt, wobei der Großkreis durch Flächenpol und Durchstichpunkt definiert ist.

Im allgemeinen bestimmt man den durchschnittlichen Versatz an einer Bewegungsfläche aus dem Versatz mehrerer lithologischer **Vorzeichnungen** (markers), wie z.B. markanter Leitschichten oder Intrusivkörper. Die Orientierung des Versatzvektors läßt sich meist auch statistisch mit Hilfe kinematischer Indikatoren, die auf der Bewegungsfläche erhalten sind, bestimmen (siehe Kapitel 19). Es stellt sich heraus, daß in der Natur reine Abschiebungen, Überschiebungen oder Horizontalverschiebungen (= Blattverschiebungen) in geologischen Großbereichen zwar häufig sind, daß aber im Detail viele Bewegungen **schräg** (oblique) erfolgen. Im Verlauf länger anhaltender Relativbewegungen ändert sich meist auch die Orientierung der Gleitvektoren entlang der Hauptgleitflächen.

7.3 Rotation

Jede Deformation, bei welcher die Relativbewegungen zwischen Gesteinseinheiten an gekrümmten oder verschieden orientierten Gleitflächen erfolgen, bewirkt notwendigerweise auch eine Rotation derjenigen Gesteinsbereiche, welche von diesen Gleitflächen begrenzt werden (Abb. 7.5). Rotation geologischer Körper im Raum beschreibt man im allgemeinen durch Angabe einer **Rotationsachse** (rotational axis), um welche die Drehung der intern noch kohärenten Gesteinsbereiche erfolgt. Für viele tektonische Situationen ist die räumliche Orientierung der Rotationsachsen angenähert horizontal (z.B. an Abschiebungen, Überschiebungen, Falten) oder vertikal (z.B. an Blattverschiebungen). Die Rotationsachse als lineares geometrisches Element wird durch ihre Richtung und ihr Abtauchen angegeben; z.B. in Abb. 7.9, Fall A, ist die Richtung der Rotationsachse flach nach NNE, im Fall der Abb. 11.13 ist sie vertikal. **Rotationssinn** (sense of rotation) und **Rotationswinkel** (angle of rotation) werden in Blickrichtung des Abtauchens der Rotationsachse entweder als Rotation **im Uhrzeigersinn** (clockwise, dextral) oder als Rotation **gegen den Uhrzeigersinn** (counterclockwise, sinistral) mit Angabe des Rotationswinkels festgelegt (Abb. 7.1 links unten). Im Stereonetz werden Rotationsachsen meist als Durchstichpunkte dargestellt und der Rotationssinn durch einen gekrümmten Pfeil am Durchstichpunkt angedeutet (Abb. 7.9).

Auch die Bewegung relativ starrer Lithosphärenplatten über tiefere Bereiche des Erdmantels läßt sich quantitativ als Rotation von Schalensektoren um Achsen darstellen, die senkrecht zur Erdoberfläche orientiert sind. Man bezeichnet den Durchstichpunkt der Achsen an der Erdoberfläche als **Eulerpole**. Alle Punkte auf einer Lithosphärenplatte bewegen sich deshalb entlang von Kleinkreisen, deren Zentrum ein Eulerpol für die Bewegung dieser Platte darstellt (Abb. 21.6).

7.4 Verformung (Strain)

Verformung (strain) geologischer Körper bedeutet, daß alle Relativbewegungen innerhalb eines betrachteten Gesteinsbereichs **raumgreifend** bzw. **penetrativ** (penetrative) sind, d.h., sie erfolgen an mikroskopischen bzw. submikroskopischen Flächensystemen. Verformung setzt deshalb im allgemeinen intergranulare oder intragranular-plastische Deformationsmechanismen voraus, die sich makroskopisch im „Fließen" der Gesteine ausdrücken. Quantitativ erfaßt man Verformung durch dreierlei Veränderungen in der Geometrie geologischer Vorzeichnungen: Durch Volumenänderungen, durch Längenänderungen und durch Winkeländerungen.

Die **Volumenänderung** (volumetric strain) berechnet sich als relative Veränderung des Volumens geologischer Körper von einem bekannten Ausgangsvolumen V_0 in ein Volumen V als

$$\Delta V / V_0 = (V_0 - V) / V_0$$

Bei niedrigen Temperaturen und geringen Fluidbewegungen im Gestein können Volumenänderungen in der Tektonik aufgrund der allgemein geringen Kompressibilität natürlicher Minerale meist vernachlässigt werden. Wird die Verformung eines Gesteinsbereichs aber von bedeutenden Entwässerungsreaktionen bzw. von signifikantem Transport gelöster Gesteinssubstanz aus dem verformten Gestein heraus begleitet, so ist der Beitrag der Volumenänderung an der Gesamtverformung des Gesteins nicht zu vernachlässigen. Lösungstransport durch Fluidbewegung ist z.B. bei der prograden Metamorphose toniger Sedimentgesteine der Fall, er kann aber auch bei der Durchströmung kristalliner Gesteine während der retrograden Metamorphose wirksam werden.

Längenänderung (longitudinal strain) berechnet sich aus Dehnung (Extension) oder Verkürzung (Kontraktion) linearer geologischer Vorzeichnungen mit bekannter Ausgangslänge (z.B. Schichtmächtigkeiten, charakteristische Abmessungen von Fossilien oder Durchmesser von Geröllen). Längenänderungen geologischer Vorzeichnungen mit bekannter Ausgangsform werden als Differenzwerte, meist aber als relative Längenänderungen angegeben. Dabei ist l_0 eine bekannte Ausgangslänge und l die Endlänge nach der Verformung (Abb. 7.1). Den Differenzwert $\Delta l = l - l_0$ benützt man zur Berechnung der relativen Längenänderung (in %), die im allgemeinen als **longitudinale Verformung** (longitudinal strain) bezeichnet wird: $\varepsilon = (\Delta l / l_0) \cdot 100\%$. Bei konstantem Volumen eines Gesteins bedeutet eine Längenänderung in Form von **Dehnung** oder **Extension** (extension, mit positivem Vorzeichen bedacht) gleichzeitig **Verkürzung** oder **Kontraktion** (constriction, contraction, shortening, mit negativem Vorzeichen bedacht) in Richtung senkrecht dazu. Für regionale Betrachtungen benützt man statt Extension auch häufig den Parameter **Streckung** (stretching), der quantitativ als **Streckungsfaktor** (stretching factor $\beta = l / l_0$) definiert wird. Bei konstantem Volumen wird die komplementäre **Ausdünnung** (thinning) in Richtung senkrecht zur Streckung durch den Wert $1/\beta$ beschrieben.

Winkeländerung (angular strain) berechnet sich aus der Scherverformung (= Scherung) planarer und linearer Vorzeichnungen, wie z.B. aus einer Veränderung des primären Winkels zwischen einer Sedimentschicht und einem intrudierten magmatischen Gang. Der Wert der **Scherung** (shear strain) berechnet sich nach Abb. 7.1 (unten rechts) als

$$\gamma = \tan \psi = a/b$$

Alle Verformungsbeträge, sei es Volumenänderung, Längenänderung oder Winkeländerung, sind also dimensionslos. Entsprechend werden die **Verformungsraten** (strain rates) mit s^{-1} notiert. Die Summe aller infinitesimalen (= momentanen) Volumen-, Längen- bzw. Winkeländerungen in einem Punkt lassen sich als **Verformungstensor** (strain tensor) verstehen. Aus der kumulativen Überlagerung infinitesimaler Verformungstensoren resultiert die im Gestein registrierte dreidimensionale **Gesamtverformung** (total strain) eines Körperelements.

Um diese zu beschreiben, ist es am einfachsten sich vorzustellen, daß sich in einem kubischen Körperelement vor der Verformung eine Kugel befindet. Eine **homogene Verformung** (homogeneous deformation) des Körpers ohne Volumenänderung bedeutet, daß sich die einbeschriebene Kugel in ein dreiachsiges Ellipsoid, das **Verformungsellipsoid** (strain ellipsoid), verformt. Das Ausmaß der Gesamtverformung geologischer Körper wird deshalb meist semiquantitativ oder quantitativ durch Orientierung **und** Form des Verformungsellipsoids beschrieben, d.h. durch jenes Ellipsoid, welches Verformung einer Kugel mit Einheitsradius r = 1 des ursprünglich nicht verformten Gesteins nach der Verformung vorliegen würde (Abb. 7.10). Die Form des dreiachsigen Verformungsellipsoids wird durch die Länge der drei **Hauptachsen der Verformung** (principal strain axes) $X = 1 + \varepsilon_x$, $Y = 1 + \varepsilon_y$, $Z = 1 + \varepsilon_z$ bestimmt. Die Hauptachse X ist die größte, die Hauptachse Y die mittlere und die Hauptachse Z die kleinste Achse des Verformungsellipsoids.

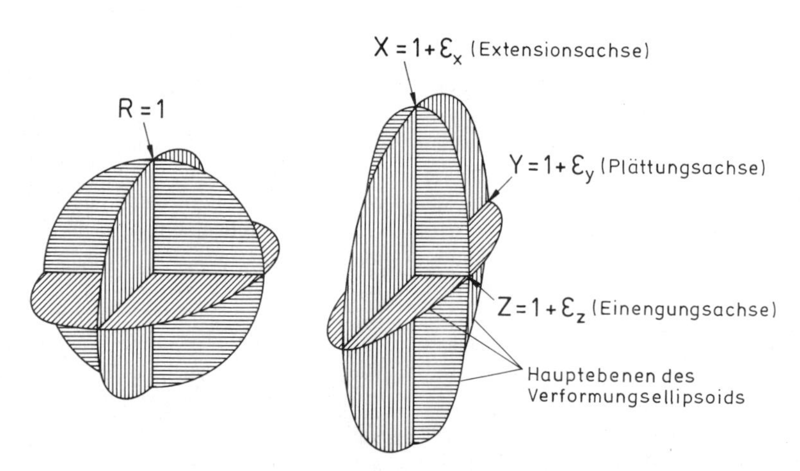

Abb. 7.10 Schema der Hauptebenen bzw. Hauptachsen eines Verformungsellipsoids, welches volumenkonstant durch Verformung aus einer Kugel mit dem Einheitsradius R=1 hervorgeht.

Bei volumenkonstanter Verformung ist X > 1 und Z < 1. Die Y-Achse hat dabei einen Wert, der zwischen den Werten von X und Z liegt. Man bezeichnet die X-Achse deshalb als **Extensionsachse** (stretch axis), die Y-Achse als **Plättungsachse** (flattening axis) und die Z-Achse als **Kontraktionsachse** (constriction, contraction axis). So bedeutet z.B. X = 2 eine Streckung des Einheitsradius in Richtung der X-Achse des Verformungsellipsoids auf das Doppelte. Die Hauptachsen des Verformungsellipsoids definieren dabei die Lage der **Hauptebenen des Verformungsellipsoids** (principal planes of the strain ellipsoid) XZ, XY und YZ. Die Lage des Verformungsellipsoids im Raum kann durch die Orientierung der Achsen bzw. Hauptachsenebenen angegeben werden.

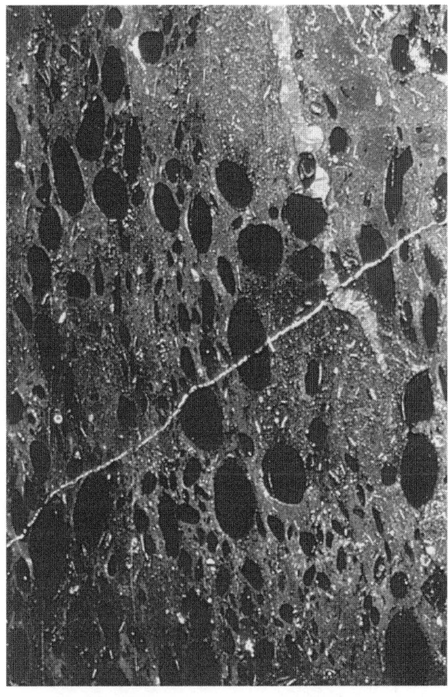

(a)

Bei homogener Verformung bekannter Objekte gibt es alle Varianten von Streckung in X, also z.B. im Idealfall ein zigarrenförmiges **prolates** (prolate) Deformationsellipsoid mit X > Y = Z, bis zum Überwiegen der Verkürzung in Z, also im Idealfall ein fladenförmiges **oblates** (oblate) Deformationsellipsoid mit Z < Y = X. Bei einem Überwiegen von Streckung zeigen die verformten Gesteine vor allem lineare, bei Überwiegen der Verkürzung vor allem planare Texturelemente (siehe Kapitel 17).

Da die Plättungsachse Y im allgemeinen in ihrer Länge am wenigsten vom ursprünglichen Kugel-Einheitsradius abweicht, beschreibt man die Verformung geologischer Objekte oft vereinfachend nur für die Hauptebene XZ und bezeichnet diese Hauptebene auch als **Deformations-** oder **Verformungsebene** (deformation plane, plane of strain). Man spricht im Fall einer Verformung, bei der gilt Y = 1, deshalb von einer ideal **ebenen Verformung** (plane strain) und beschränkt sich auf eine Bestimmung der Orientierung bzw. des Verhältnisses zwischen der längsten und kürzesten Achse des Verformungsellipsoids. Sofern im Gestein einfache geologische Vorzeichnungen vorhanden sind, erlaubt oft bereits eine angenäherte Bestimmung des Achsenverhältnisses (X : Z) und Angabe der Orientierung von X bzw. Z erste semiquantitative Aussagen über regionale Verformungsgradienten.

Zur Quantifizierung der Verformung von Gesteinen benützt man geologische Vorzeichnungen, deren dreidimensionale Geometrien auf bekannte

(b)

Abb. 7.11 (a) Dünnschliff-Photo tektonisch verformter ellipsoidischer Hämatit-Ooide aus dem Blegi-Oolith des Helvetikums der Schweiz; der Bildausschnitt ist einige Millimeter breit (Photo A. Pfiffner). (b) Verformtes Konglomerat im Querschnitt parallel zur XZ-Hauptebene des Verformungsellipsoids (Mesozoikum der nordamerikanischen Kordillere).

Ausgangsformen bezogen werden können. Dabei ermittelt man Länge und Orientierung der Hauptachsen des Verformungsellipsoids über eine statistische dreidimensionale Analyse der verformten Objekte in verschiedenen Schnittlagen. Besonders eignen sich dazu deformierte Fossilien, fossile Kriech- und Grabspuren in klastischen Sedimentgesteinen, sphärische Ooide in Karbonaten (Abb. 7.11), vulkanische Lapilli, konzentrische diagenetische Reduktionshöfe oder Gasblasen. Aber auch Gerölle in Konglomeraten, deutlich erhaltene Schichtstrukturen oder mafische Einschlüsse in felsischen magmatischen Gesteinen lassen sich zumindest zur semiquantitativen Abschätzung der Achsenverhältnisse X : Y : Z innerhalb eines homogen verformten Bereichs heranziehen. Aufgrund der meist schlecht gekannten Ausgangsgeometrien geologischer Objekte und wegen der oft beträchtlichen Relativbewegungen zwischen den verformten Objekten und der umgebenden Gesteinsmatrix sind sowohl das durchschnittliche Ausmaß der Verformung wie auch die allgemeine Orientierung der Hauptachsen für größere Gesteinsbereiche meist nur als grobe Abschätzungen zu erfassen. Die verschiedenen Methoden, mit denen man in natürlich verformten Gesteinen das Ausmaß der Verformung quantitativ abschätzen kann, werden im Lehrbuch von Ramsay & Huber (1983) ausführlich diskutiert; der Leser sollte dieses hübsch illustrierte Werk für Fragen der quantitativen Verformungsanalyse heranziehen.

Die Anwendung des Verformungsellipsoids zur quantitativen Beschreibung der Gesamtverformung innerhalb eines Gesteinsbereichs setzt voraus, daß letzterer eine **homogene Verformung** (homogeneous strain) erfuhr. Dies bedeutet, daß ein Verformungsellipsoid, welches durch mikroskopische Untersuchungen ermittelt wurde, für den gesamten verformten Raumanteil repräsentativ ist. Bei homogener Verformung sollten gerade Linien gerade und ebene Flächen zwar ihre Raumlage verändern, trotzdem aber gerade bzw. eben bleiben . In der Natur beobachtet man allerdings, daß der Grad der Verformung räumlich variiert. **Inhomogene** oder **heterogene Verformung** (inhomogeneous, heterogeneous strain) ist deshalb charakteristisch für die meisten duktilen Scherzonen und für praktisch alle Falten (siehe Kapitel 16 & 17). Jede inhomogene Verformung läßt sich aber durch eine Summierung homogener Verformungsanteile kleinerer Bereiche verstehen (Abb. 7.12). Verbindet man nach erfolgter Analyse die entsprechenden Verformungsachsen der einzelnen Verformungsellipsoide homogener Teilbereiche miteinander, so definieren die Verbindungslinien ein System von **Verformungstrajektorien** (strain trajectories) für den inhomogen verformten Gesteinsbereich (Abb. 7.12). Diese Trajektorien beschreiben lokale bzw. regionale **Verformungsgradienten** (strain gradients). Lokale Zonen mit extrem intensiver Verformung bezeichnet man auch als **Verformungsdiskontinuitäten** (strain discontinuities), in denen sich sogar mechanisch dis-

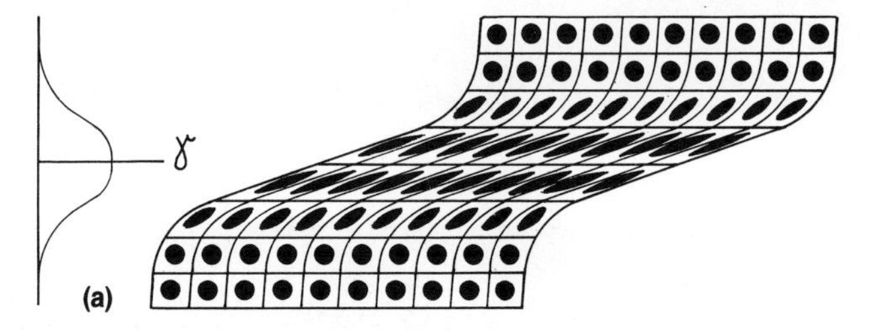

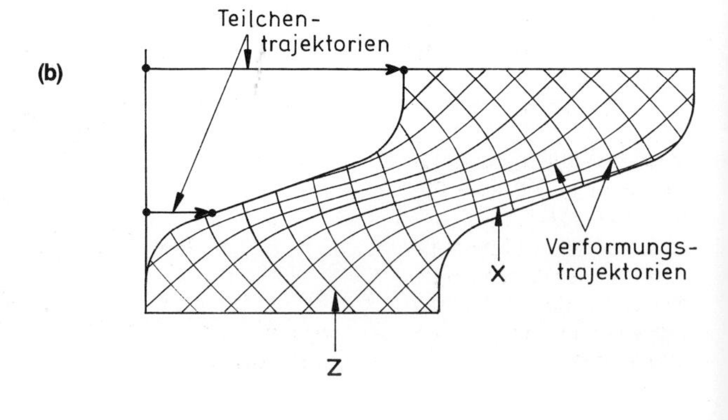

Abb. 7.12 (a) Schema der inhomogenen Verformung bei einfacher ebener Scherung. Die inhomogene Gesamtverformung setzt sich aus der Summe homoger Verformung in kleineren Teilbereichen zusammen, wobei die Scherung γ im Zentrum des betrachteten Bereichs ihr Maximum erreicht. Siehe Abb. 7.1. (b) Illustration des Unterschieds zwischen Teilchentrajektorien, also den Bewegungspfaden während der Deformation, und den Verformungstrajektorien, also den Endpositionen der Hauptachsen von Verformungsellipsoiden.

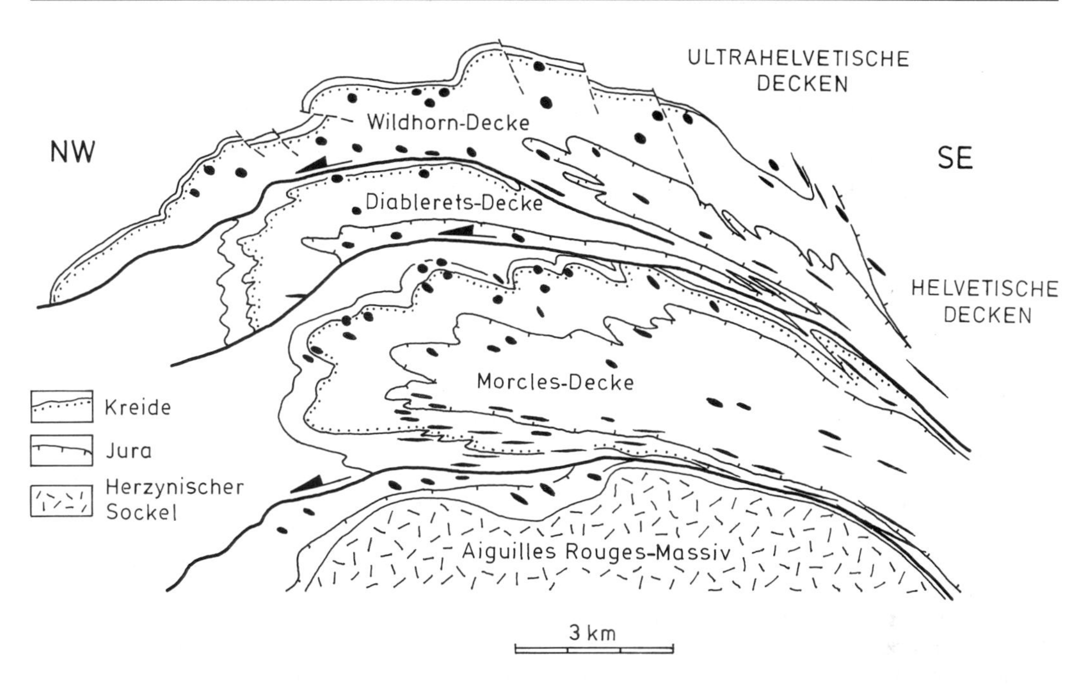

Abb. 7.13 Zusammengesetzter Profilschnitt durch einen Teil der Helvetischen Decken in der Westschweiz; die inhomogen verteilte Verformung läßt sich im unterschiedlichen Grad der Verformung von Ooiden erkennen und quantitativ kartieren. Verformungsdiskontinuitäten lassen sich so direkt auf die Großstrukturen beziehen. Die Verformung in einzelnen Punkten des Profilschnitts ist durch Verformungsellipsen für den Querschnitt XZ dargestellt (nach RAMSAY, 1985).

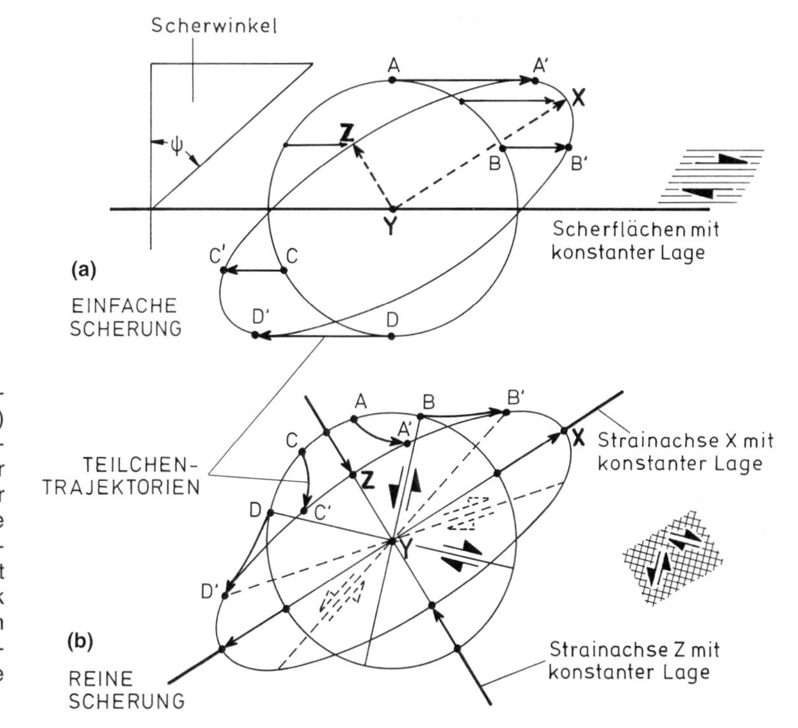

Abb. 7.14 Lage der Verformungsachsen (XYZ) und der Teilchentrajektorien (AA' etc.) bei einfacher Scherung (a) bzw. reiner Scherung (b). Obwohl die Verformung in beiden Fällen den gleichen Wert erreicht, ist die Kinematik der Relativbewegungen zwischen den Körperelementen eine völlig andere (siehe Text).

krete **Gleitflächen** (slip surfaces) entwickeln können (Abb. 7.13).

Die Verformung geologischer Einheiten erfolgt in Form eines progressiven **infinitesimalen** bzw. **finiten Verformungszuwachses** (infinitesimal, finite incremental strain). Dabei ist jedes Stadium der Verformung durch die **momentanen Verformungsachsen** (instantaneous axes of strain) charakterisiert und der kumulative Endzustand, also die im allgemeinen inhomogene **Gesamtverformung** (bulk finite strain), läßt sich in Form von **Gesamtverformungstrajektorien** (bulk finite strain trajectories) darstellen (Abb. 18.14).

Für kinematische Modelle verformter Körper sind aber nicht nur die finiten Verformungstrajektorien, sondern vor allem die **Teilchentrajektorien** (particle trajectories) des verformten Gesteins wichtig. Teilchentrajektorien beschreiben die Pfade, an denen Einzelteile in einem verformten Körper ihre Endposition erreichen. Abb. 7.12 illustriert den Unterschied zwischen Verformungstrajektorien und den Teilchentrajektorien in der Verformungsebene XZ bei ebener Verformung. Die Teilchentrajektorien beschreiben das **Verformungsregime** (strain regime), von dem ein Gestein erfaßt wurde. Die zwei tektonisch wichtigsten Grundformen von Verformungsregimen sind **koaxiale Verformung** (coaxial strain) und **nicht-koaxiale Verformung** (noncoaxial strain). In einem koaxialen Verformungsregime bleibt die Orientierung der Verformungsachsen XYZ im Raum während der Verformung konstant, während sich die Teilchentrajektorien während der progressiven Verformung gekrümmt-symmetrisch den Verformungsachsen nähern (Abb. 7.14). Im nicht-koaxialen Verformungsregime sind die Beziehungen zwischen Verformungsachsen XYZ und den Teilchentrajektorien komplex. Bei einer vereinfachten Betrachtung in der XZ-Ebene (= ebene Verformung) lassen sich allerdings wichtige Extremfälle der beiden Verformungsregime unterscheiden, und zwar die einfache Scherung und die reine Scherung.

Einfache Scherung (simple shear) als Extremfall der nicht-koaxialen Verformung bedeutet, daß die Teilchentrajektorien zueinander parallel sind und die Relativbewegungen innerhalb des verformten Körpers an engständigen und zueinander parallelen Scherflächen erfolgen; die Lage der Scherflächen bleibt während der Verformung des Körpers in ihrer Orientierung konstant (Abb. 7.14a), die Achsen X und Z des Strainellipsoids rotieren in Scherrichtung. Das Modell der einfachen Scherung läßt sich leicht mit einem Paket Spielkarten demonstrieren und viele natürliche Scherzonen lassen sich zumindest angenähert durch ein Modell einfacher Scherung beschreiben, wobei die Kinematik der Relativbewegungen häufig aus den Mikrotexturen des verformten Gesteins abgeleitet werden kann (siehe Kapitel 19).

Reine Scherung (pure shear) als Idealfall koaxialer Verformung bedeutet, daß die Teilchentrajektorien im Lauf der Verformung ihre Richtung ändern und sich symmetrisch den Hauptachsen des Verformungsellipsoids nähern. Die Hauptachsen des Verformungsellipsoids bleiben in ihrer Orientierung während der Verformung des Gesteins konstant. Die momentanen Relativbewegungen erfolgen also zu jedem Zeitpunkt entlang von zwei symmetrisch angeordneten und mechanisch gleichwertigen Scharen engständiger Scherflächen, die selbst in Richtung auf die XY-Ebene hin rotieren und ständig durch neue und ebenfalls gleichwertige Paare konjugierter Scherflächen abgelöst werden. Die Annahme einer vollkommenen mechanischen Gleichwertigkeit von zwei Scherflächenpaaren, ihre gleichförmige Rotation und ständige Substitution durch weitere konjugierte Scherflächenpaare ist für geologische Zeiträume unwahrscheinlich und wahrscheinlich nur bis zu einem geringen Ausmaß der finiten Verformung realisierbar. Bei größeren Verformungsbeträgen und bei einer Verformung, die über längere geologische Zeiträume andauert, ist Ungleichwertigkeit engständiger Scherflächen zu erwarten, weshalb raumgreifende Gesteinsgeometrien in der Natur häufig als nicht-koaxiale Gesamtverformung zu verstehen sind.

Literatur

Ramsay & Huber, 1983; Ragan, 1985; Borradaile, 1987; Ramsay & Huber, 1987.

8 Extensionsbrüche

8.1 Nichttektonische und tektonische Extensionsbrüche

In der Natur ist ein **Extensionsbruch** (extension fracture) analog zum Experiment durch zwei neue Oberflächen charakterisiert, an denen es zu einer geringfügigen Dilatation senkrecht zur Ausbreitungsrichtung des Bruches kommt, wobei Relativ-

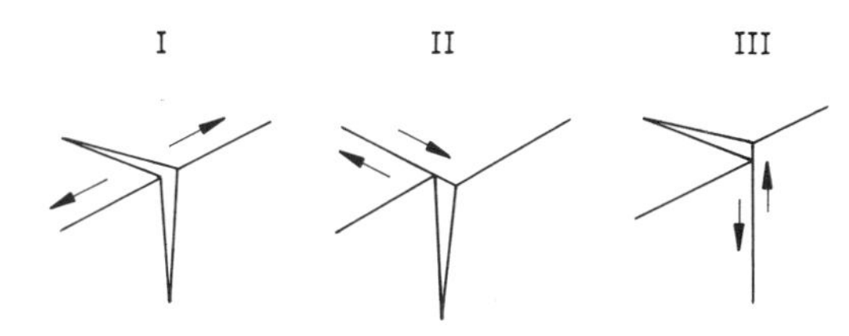

Abb. 8.1 Schema für Bruchmodus I, II und III.

bewegungen in Richtung parallel zu den Bruchflächen zu vernachlässigen sind. Recht unterschiedlich ist allerdings die Oberflächenmorphologie natürlicher Extensionsbrüche. Sie hängt vor allem von der Art der **Bruchausbreitung** (fracture propagation) im Gestein ab. Ausgangspunkte für Extensionsbrüche sind **Mikrorisse** (microcracks, cracks) und kurze **Rupturen** (ruptures), an deren Ende sich die **Bruchfront** (fracture front) ausbreiten kann. Im Bereich der Bruchfront kommt es wahrscheinlich zu einem subtilen Wechsel zwischen reiner Extension (Bruchmodus I) bzw. leicht scherenden Relativbewegungen (Bruchmodus II und III), wobei aber die Richtung der Ausbreitung des Extensionsbruchs zumindest statistisch senkrecht zur kleinsten Hauptnormalspannung σ_3 liegen sollte (Abb. 8.1). Eine schnelle Ausbreitung der Bruchfront, wie z.B. im direkten Umfeld von Felssprengungen, kann mit der Geschwindigkeit von Scherwellen erfolgen, wobei es im Umfeld lokaler Spannungskonzentrationen bzw. an Heterogenitäten innerhalb des Gesteins auch zur abrupten **Krümmung** (curvature) oder **Verzweigung** (branching) der Bruchfläche kommen kann.

Bei geologisch langsamer Ausbreitung der Bruchfront im Gestein entstehen dagegen relativ ebene und räumlich aushaltende Trennflächen, die man als **Klüfte** (joints) bezeichnet und welche regionale oder lokale tektonische Spannungsfelder widerspiegeln. In Gesteinsaufschlüssen, in Bohrkernen und an Bohrlochwänden lassen sich die Verschnitte von Extensionsbrüchen als **Kluftspuren** (joint traces) meist nur über kurze Distanzen verfolgen; die laterale Ausdehnung der einzelnen Bruchflächen bleibt deshalb meist unbekannt. Je nachdem, ob Extensionsbrüche rein lokaler oder regionaler Natur sind, bzw. auf nicht-tektonische oder tektonische Spannungsfelder zurückzuführen sind, spricht man von **nicht-tektonischen** oder **tektonischen Extensionsbrüchen** (non-tectonic, tectonic extension fractures). Nicht-tektonische Extensionsbrüche können künstlich induziert werden, durch natürliche Schockwellen hervorgerufen werden, durch thermische Differentialspannungen entstehen oder sich aufgrund erosiver Entlastung des Gesteins in Richtungen parallel zur Oberfläche der Erde entwickeln. Zu den tektonischen Extensionsbrüchen zählt man die in allen Gesteinen auftretenden tektonischen Kluftsysteme und Mineraladern. Zwischenformen sind vulkanoplutonische Mikrorisse und Extensionsbrüche sowie die damit zusammenhängenden magmatischen Spalten- und Gangsysteme.

8.2 Nicht-tektonische Extensionsbrüche

Beim **Einschlag** (impact) außerirdischer Himmelskörper auf der Erdoberfläche bilden sich im Umfeld der Einschlag-Krater durch Ausbreitung zentrifugaler Schockwellen **Stoßkegel** oder **Schockkegel** (shatter cones), welche die Form zusammengesetz-

Abb. 8.2 Stoßkegel, die nach Impaktereignissen bei der Ausbreitung von Stoßwellen im Umfeld eines Einschlag-Kraters entstanden sind. Die Kegelspitzen sind der Ausbreitungsrichtung der Schockwellen entgegengerichtet, deuten also auf den Einschlagspunkt hin. Das illustrierte Beispiel stammt aus der proterozoischen Sudbury-Struktur, Kanada (Bildausschnitt ungefähr 1 m breit).

ter konischer Extensionsbrüche besitzen (Abb. 8.2). Das Zeitintervall zwischen dem Einschlag eines Himmelskörpers (Meteorit, Asteroid) und der Ausbreitung von Schockwellen beträgt nur Sekundenbruchteile bzw. Sekunden. Die Bildung von Stoßkegeln ist deshalb nur ein Aspekt des Impaktereignisses, welches bis zur völligen Zertrümmerung der Gesteine im Krater führen kann (siehe Kapitel 21). Die Spitzen der Stoßkegel weisen in Richtung zum Ausgangspunkt der Stoßwelle hin.

Abkühlungsklüfte (cooling joints) entstehen aufgrund starker thermischer Gradienten in abkühlenden magmatischen Gesteinen, da Temperaturunterschiede zwischen der abkühlenden Oberfläche und dem noch heißen Inneren eines magmatischen Körpers zur räumlich differenzierten und nur allmählich fortschreitenden Volumenverkleinerung führen. Dabei entwickeln sich im erstarrenden bzw. bereits festen Gestein differentielle Zugspannungen. In der Nähe der Erdoberfläche sind Abkühlungsklüfte in Laven oder Spaltenfüllungen in der Regel senkrecht zu den oberflächenparallelen Isothermen des abkühlenden Magmas orientiert und viele Laven bzw. magmatische Lager zeigen deshalb eine aus vertikalen Extensionsbrüchen gebildete säulenförmige Zerlegung. Diese ist z.B. in **Säulenbasalten** (columnar basalts, Abb. 8.3) als **Säulenklüftung** (columnar jointing) zu erkennen. Im Falle einer komplexen Lavatopographie und gekrümmter Isothermen im Inneren der Laven kann auch senkrecht zu diesen Flächen eine entsprechend gekrümmte Säulenklüftung entstehen. Die Ausbreitung der einzelnen Bruchflächen, welche die Säulen begrenzen, erfolgt dabei Schritt für Schritt in Form von Bruchinkrementen, welche später als Stufen und Eindellungen an den Oberflächen der Säulen zu

(a)

(b)

Abb. 8.3 Abkühlungsklüfte in (a) geologisch quartären Basaltlaven (Garibaldi-Basalte, British Columbia, Kanada) und in (b) Trachyphonolithlaven (Lake Naivasha, Kenia). In beiden Fällen erkennt man die unregelmäßige Ausrichtung kurzer Risse in Oberflächennähe und darunter steile bzw. regelmäßig angeordnete Abkühlungsklüfte mit Bruchstufen im cm-Bereich, die auf eine gleichmäßige subhorizontale Orientierung der Isothermen, eine stetig nach innen fortschreitende Abkühlung des Lavastroms und auf die progressive Entstehung der säulenförmigen Gesteinskörper hindeuten.

von Bruchinkrementen, welche später als Stufen und Eindellungen an den Oberflächen der Säulen zu erkennen sind.

In den meisten magmatischen Gesteinen bewirken die zur Tiefe fortschreitenden differenzierten Abkühlungsvorgänge wahrscheinlich in erster Annäherung vor allem Zugspannungen. In den tiefer gelegenen Teilen krustaler Intrusivkörper können während der Erstarrung des Magmas die thermisch induzierten Spannungen aber auch von regionalen tektonischen Spannungsfeldern bzw. durch lokale Fluiddrücke überlagert werden. Beim Aufstieg erstarrender Plutone kommt es im Intrusivkörper und im Nebengestein zur Ausbreitung radialsymmetrischer, zentripetaler Extensionsrisse, vor allem dann, wenn im Zentrum des Körpers ein hoher Fluiddruck vorherrscht. In vielen Intrusivkörpern stellt sich schon kurz nach der Öffnung von kurzen Rissen und größeren Klüften bzw. kurz nach der Ausweitung signifikanter Dilatationszonen eine **Ausheilung** (healing) ein. Diese ist eine Folge von Ausfällung verschiedener Mineralsubstanzen aus den meist konvektiv zirkulierenden Fluiden, die auch das Nebengestein durchströmen. Solche Systeme systematisch angeordneter **Mineraladern** (veins) innerhalb und im Umfeld magmatischer Intrusivkomplexe spielen als Träger metallischer Lagerstätten eine bedeutende wirtschaftliche Rolle (Abb. 8.4).

Entlastungsklüfte (release joints) bilden sich im Verlauf einer anscheinend langsamen Bruchausbreitung als planare bis leicht gekrümmte Extensionsbrüche, die parallel zur Erdoberfläche orientiert sind. Man beobachtet Entlastungsklüfte vor allem in massigen magmatischen und metamorphen Gesteinen, wie z.B. in Graniten (Abb. 8.5), aber auch an steilen Wänden ungebankter Sandsteine. Entlastungsklüfte entstehen durch Hebung und Erosion seitlich eingespannter Gesteinskörper in Nähe der Erdoberfläche und lassen sich im allgemeinen nur bis in Tiefen von 10 bis 30 m nachweisen. Im Fall hoher Entlastungsraten und in unmittelbarer Nähe der Erdoberfläche entstehen relativ engständige, leicht gekrümmte und ineinander übergehende Bruchflächen. Der Abstand der Klüfte voneinander ist dabei rund 0,2 bis 0,5 m, aber schon wenige Meter unter der Oberfläche betragen die Abstände 1 bis 2 m. Oberflächenparallele Klüfte sind geotechnisch bedeutsam, da man sie einerseits meist

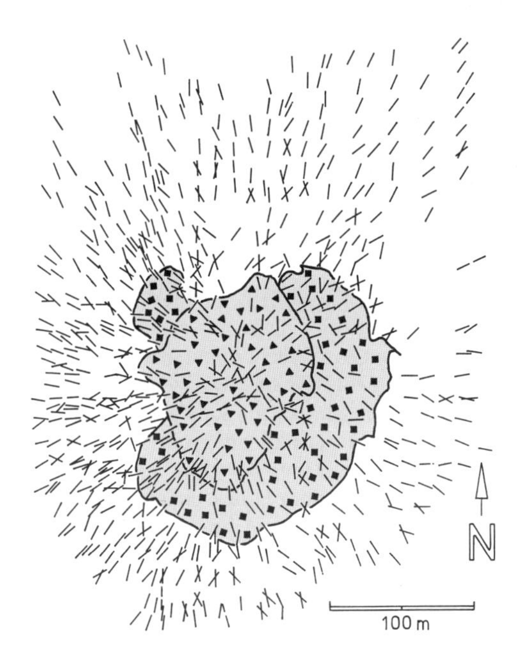

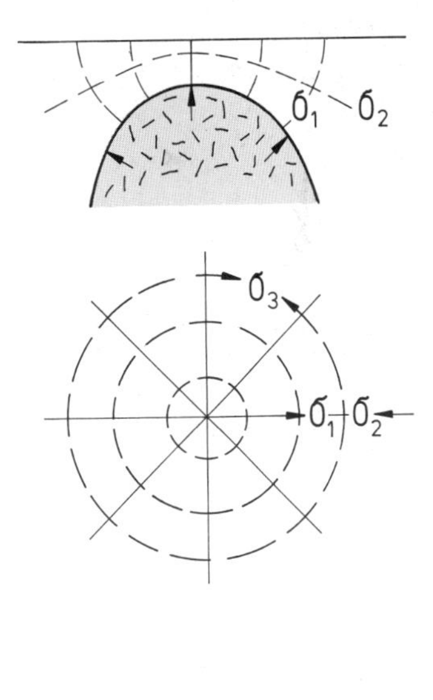

Abb. 8.4 Auf der linken Seite dargestellt ist die Verteilung und Orientierung radialer Quarz-Molybdänglanzadern in einem horizontalen Niveau der Henderson Mine, Colorado. Die Mineraladern füllten kurze Extensionsrisse bzw. längere Klüfte in einem radialsymmetrischen Spannungsfeld eines granitischen Intrusivkomplexes (Quadrate und Dreiecke), der vor rund 30 Ma intrudierte und dann abkühlte (nach GERAGHTY et al., 1988). Auf der rechten Bildseite ist ein hypothetisches Modell für das Spannungsfeld im Umfeld eines subvulkanischen Intrusivkörpers als Schnitt und Aufsicht dargestellt.

(a)

(b)

Abb. 8.5 Oberflächenparallele Entlastungsklüfte in einem massiven proterozoischen Granit am Pikes Peak, Colorado. Eine der Ansichten (a) zeigt den erosiven Anschnitt quer zu einer älteren Erosionsoberfläche, die andere (b) vermittelt den Eindruck einer scheinbar geringen Kluftdichte in einem oberflächenparallelen Aufschluß.

erst in künstlichen oder natürlichen Anschnitten quer zur Gesteinsoberfläche erkennt, sie aber andererseits eine bedeutende Entspannung und Lockerung von sonst massigen Gesteinen (z.B. Granit) verursachen und so auch deren Verwitterung erleichtern.

8.3 Tektonische Klüfte

Die häufigsten natürlichen Extensionsbrüche sind **Klüfte** (joints), also Extensionsbrüche, welche sich auf regionale tektonische Spannungsfelder beziehen lassen. Lokale Dilatation und Extension von Gesteinen ist oft am Ende bzw. im Umfeld größerer Bewegungsflächen zu beobachten, wo Gruppen von Extensionsbrüchen meist **staffelförmig** (en echelon) angeordnet sind. Solche Gruppen tektonischer Extensionsbrüche am Ende größerer Bewegungsflächen werden als **Fiederbrüche** oder **Fiederklüfte** (pinnate fractures, horsetails) bezeichnet. Ihre Bruchoberflächen sind meist rauh und nach der Öffnung der Brüche wird der Dilatationsbereich meist von Mineralsubstanz gefüllt und die resultierenden **Mineraladern** (veins) bestehen je nach Zusammensetzung der zirkulierenden Fluide, nach vorherrschendem Druck und nach der Temperatur aus Quarz, Kalzit, Albit, Epidot, Chlorit etc. Eng gestaffelte und relativ kurze Fiederbrüche zeigen häufig alle Übergänge zu hybriden Extensions-Scherbrüchen mit meist geringem Versatz (Abb. 8.9).

Die wichtigsten tektonischen Extensionsbrüche sind aber relativ ebene bzw. glatte Trennflächen, die sich im Gelände häufig als räumlich lang durchhaltende Diskontinuitäten erkennen lassen. Man bezeichnet diese Brüche als systematische oder **tektonische Klüfte** (systematic, tectonic joints,

Abb. 8.6). Die **Ausgangspunkte** (nucleation points) für Einzelklüfte sind wahrscheinlich mechanische Heterogenitäten im Gestein, wie z.B. härtere Körner, Hohlräume oder thermische Mikrorisse. Ihre **Ausbreitung** (propagation) wird gefördert durch regional einheitlich orientierte Differentialspannungen $S_H - S_h$ bzw. geringe effektive Normalspannungen und erfolgt senkrecht zu S_h.

Jede Trennung eines Gesteins entlang einer Kluft bewirkt Entspannung im unmittelbaren räumlichen Umfeld der Kluft. Die Ausbreitung tektonischer Klüfte erfolgt deshalb schrittweise aus Bereichen höherer Differentialspannungen mit initialer Kluftbildung in noch nicht geklüftete Gesteinsbereiche. Spuren der einzelnen Bruchausbreitungsereignisse sind auf den ebenen Trennflächen als strahlenförmig-radial angeordnete **Streifung** (hackles) oder als diskrete ringförmig-konzentrische **Stufen** (arrest lines, steps, Abb. 8.7) erhalten, wobei die Stufen wahrscheinlich auf zeitweise Unterbrechung der Bruchausbreitung hindeuten. Die schrittweise und relativ langsame Ausbreitung von Klüften im Gestein macht auch verständlich, daß die Bruchfront an ihrem Ende nicht ständig gekrümmt wird, sondern dabei eine allgemein ebene Fläche senkrecht zu σ_3 des vorherrschenden lokalen bzw. regionalen Spannungsfelds erzeugt. Aufgrund subtiler Überlappung von Scher- und Extensionsprozessen an der Bruchfront beobachtet man in vielen gebankten Sedimentgesteinen ein randliches Auffiedern der **Hauptkluftfläche** (master joint) in gestaffelte, kürzere **Randkluftflächen** (fringe joints), die aber in ihrer Orientierung meist nur geringfügig von der Hauptkluftfläche abweichen.

Tektonische Klüfte treten meist in Gruppen von subparallel orientierten Einzelklüften auf, die man als **Kluftscharen** (joint sets) bezeichnet. Kluftscharen lassen sich durch statistische Messung von Einzelklüften regional verfolgen und spiegeln die regionale Ausrichtung von σ_3 zur Zeit der Entstehung und der Ausbreitung der Klüfte wider (Abb. 8.8). Dabei beobachtet man, daß **Kluftabstände** (joint spacing) in dünnbankigen Sedimentgesteinen im allgemeinen geringer sind als in dickbankigen Sedimentgesteinen bzw. in massigen Intrusivgesteinen. Man spricht auch von geringer

(a)

(b)

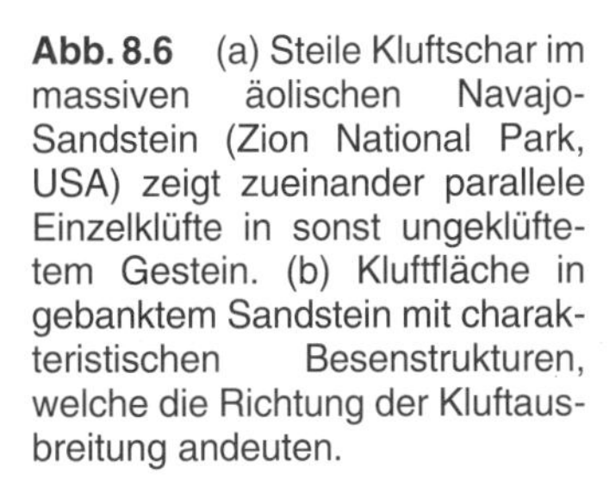

Abb. 8.6 (a) Steile Kluftschar im massiven äolischen Navajo-Sandstein (Zion National Park, USA) zeigt zueinander parallele Einzelklüfte in sonst ungeklüftetem Gestein. (b) Kluftfläche in gebanktem Sandstein mit charakteristischen Besenstrukturen, welche die Richtung der Kluftausbreitung andeuten.

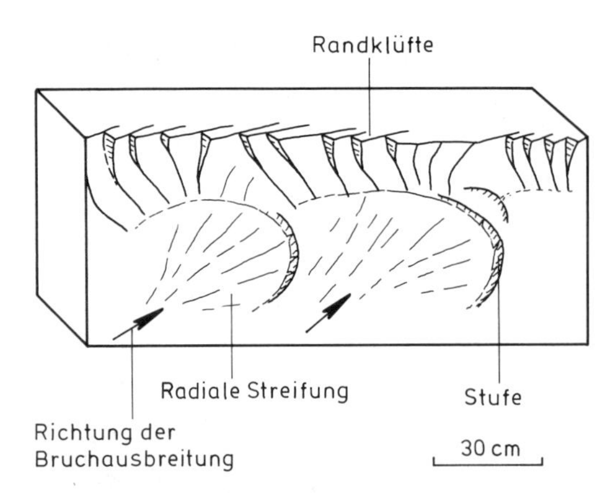

Abb. 8.7 Schematische Ansicht von Strukturdetails an den Oberflächen von Klüften; sie illustrieren v.a. Teilereignisse bei der Bruchausbreitung (siehe Text).

bzw. hoher **Kluftdichte** (degree of jointing, joint density), welche durch räumliche Vermessung quantifiziert werden kann.

Nun beobachtet man aber in einem Gesteinsbereich häufig mehrere unterschiedlich orientierte Kluftscharen, die dann ein sogenanntes **Kluftsystem** (joint system, joint pattern) bilden (Abb. 8.8). Da an tektonischen Klüften entsprechend ihrer Definition keine signifikanten Relativbewegungen festzustellen sein sollten, entspricht wahrscheinlich jeder Kluftschar eine bestimmte lokale Ausrichtung von σ_3. Überlagerte Scharen systematischer Klüfte in einem Kluftsystem reflektieren demnach höchstwahrscheinlich eine zeitliche Abfolge verschiedener Paläospannungsfelder. Kluftsysteme und andere Extensionsbrüche können deshalb nur dann geodynamisch interpretiert werden, wenn man auch ihre Altersabfolge und Alterseinordnung festlegen kann (Abb. 8.9). Dies ist allerdings nur selten möglich. Interessant für geodynamische Modelle sind deshalb vor allem jene Rupturen und Klüfte, die sich geologisch datieren lassen, und hier vor allem solche, in denen radiometrisch datierbare mineralisierte **Kluftfüllungen** (joint fillings) oder **Mineraladern** (veins) auskristallisierten.

Die dreidimensionale Form und Verbreitung tektonischer und nicht-tektonischer Extensionsbrüche, Risse, Klüfte, Kluftscharen und Kluftsysteme innerhalb der obersten Erdkruste sind von großer geotechnischer Bedeutung, da sie die regionale Permeabilität und die Anisotropie der Permeabilität in sonst nur kaum permeablen Krustengesteinen beeinflussen. Bezogen auf größere Strukturen, wie Falten und Störungen, spricht man von **Längsklüften** (longitudinal joints) bzw. **Querklüften** (trans-

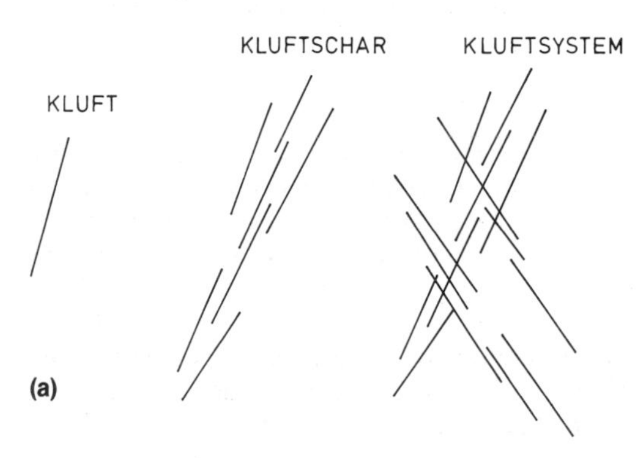

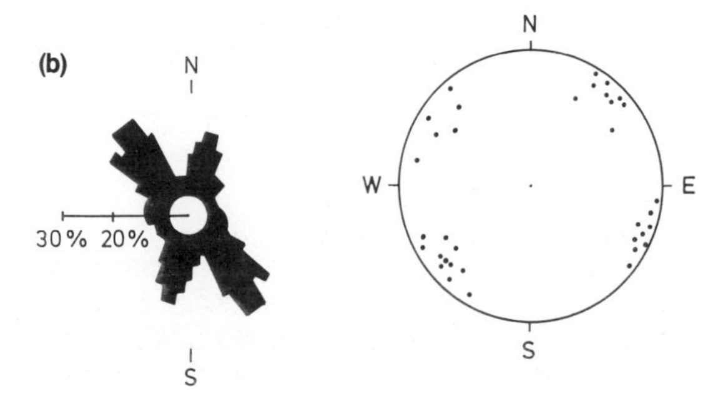

Abb. 8.8 (a) Kartenansicht, d.h. Verschnitt mit der Erdoberfläche, einer Kluft, einer Kluftschar und eines Kluftsystems; (b) Darstellung von Kluftsystemen in Form von Kluftrosen (links) bzw. als Flächenpole im Stereonetz (rechts).

verse joints) und charakterisiert diese dann nach ihren Kluftabständen, nach ihrer Füllung bzw. ihrer Öffnungsweite, um zu verallgemeinerten Aussagen über den Grad der Anisotropie regionaler Fluidbewegungen zu gelangen. Nahe der Oberfläche beobachtet man zwischen den Einzelklüften tektonischer Kluftscharen auch immer wieder kurze nichtsystematische Rupturen, die wahrscheinlich vor allem bei der Schaffung künstlicher Aufschlüsse durch Sprengungen entstehen. Diese Form von Extensionsbrüchen ist deshalb bei der Auswertung und Tiefenextrapolation tektonischer Extensionsbrüche zum Zweck geotechnischer Prognosen im natürlichen Fels gesondert zu berücksichtigen.

8.4 Gang- und Lagerintrusionen

Bereits in nicht verfestigten Sedimentabfolgen kann in Zonen mit abnormalem Porendruck eine Ausbreitung von Extensionsbrüchen und gleichzeitige Mobilisation fluidgesättigter granularer Sedimente eine Intrusion letzterer in höher gelegene Niveaus auslösen. Das Resultat solcher Prozesse sind **klastische Gänge** (clastic dikes), die allerdings eine Vertikalerstreckung von einigen Zehner Metern und eine Mächtigkeit von einigen Dezimetern im allgemeinen nicht überschreiten.

Relativ straff orientierte Extensionsbrüche bzw. eine Dilatation entlang präexistierender Bruchflächen beobachtet man aber vor allem dort, wo aus tiefen Schmelzbereichen oder sekundären Magmakammern relativ dünnflüssiges Magma in Form von **Spaltenintrusionen** (fissure intrusions) in höhere Niveaus bzw. an die Oberfläche der Erdkruste aufsteigt. Das erstarrte Resultat sind subvertikale **magmatische Gänge** (magmatic dikes), die allerdings mit subhorizontalen **magmatischen Lagern** (sills) in Verbindung stehen können. Man kann sich vorstellen, daß intrudierendes Magma sowohl durch Ausbreitung neuer Extensionsbrüche senkrecht zu σ_3 in das Nebengestein vordringt als auch durch Öffnung präexistierender Brüche senkrecht zu σ_3 neuen Intrusionsraum schafft. Dazu muß der begleitende Fluid- bzw. Magmendruck an der Intrusionsfront gleich oder größer als σ_3 sein und dabei auch die meist geringe Zugfestigkeit der Gesteine überwinden. Eine tektonische Differentialspannung $S_H - S_h$, die nahe an der Bruchfestigkeit der Gesteine liegt, ist diesem Prozeß natürlich förderlich; eine geringe Differentialspannung $S_H - S_h$ bzw. abnormal hoher Porendruck entlang subhorizontal orientierter Zonen ist dagegen wahrscheinlich für die Ausbreitung von Magma in horizontale Lager förderlich. Aufgrund von Spannungskonzentrationen entlang der Intrusionsfront erfordert eine Ausbreitung der Brüche im allgemeinen geringeren Magmendruck als die initiale Phase der Intrusion.

Abb. 8.9 Verschieden orientierte Systeme von Mineraladern (Kalzit), die sich teilweise als Fiederbrüche in der Nähe einer Scherfläche in mesozoischen Karbonatgesteinen öffneten (Photo R. STELLRECHT).

Gänge treten im allgemeinen als regionale **Gangscharen** oder **Gangschwärme** (dike swarms) auf, in denen zahlreiche zueinander parallele Gänge ein Abbild der Orientierung von σ_3 während der Intrusion darstellen (Abb. 8.10 und 8.11). Neben dem großregionalen Spannungsfeld verursacht aber auch der Kraftansatz des Magmas selbst ein lokales Spannungsfeld. Am Rand subvulkanischer Magmenkammern und in Kombination mit einer unregelmäßigen Oberflächenmorphologie vulkanischer Komplexe entstehen so meist komplizierte lokale Spannungsfelder, welche sich direkt in der Orientierung der vulkanischen Gang- und Spaltensysteme ausdrücken (Abb. 8.12). Direkt über krustalen Magmenkammern und rund um vulkanische Schlote entwickeln sich deshalb häufig **Radialgänge** (radial dikes) oder trichterförmige **Kegelgänge**

(a)

(b)

Abb. 8.10 Ansicht tief erodierter mafischer Gänge; (a) andesitischer Gang in granitoiden Gesteinen des kanadischen Küstenpluton-Komplexes; (b) präkambrische mafische Gangschar in Sinai (Photo R. STELLRECHT).

(cone sheets). Geringfügige Veränderungen in der Orientierung des lokalen Spannungsfelds während der Intrusion einer Gangschar äußern sich dabei häufig in hybriden Extensions-Scherbrüchen (Riedelscherflächen) und man beobachtet deshalb in oberflächennahen Zonen vulkanischer Komplexe Krümmung, Verzweigung und Staffelung kurzer Gangsegmente, die in ihrer Orientierung leicht von der durchschnittlichen Ausrichtung längerer Gangsysteme in größerer Tiefe abweichen (Abb. 8.14).

Systematisch orientierte Gangscharen mafischer Gesteine findet man in allen präkambrischen Schilden (Abb. 8.10 und 8.11), aber auch parallel bzw. schräg zu tektonisch angehobenen und deshalb tief erodierten Riftzonen. Sie sind auch Teil aller passiven Kontinentalränder, wie z.B. im Raum östlich des Roten Meers (Abb. 26.1) und rund um den zentralen Atlantik. An den mittelozeanischen Rücken treten mafische Gangschwärme als sogenannte **Gang-in-Gang Komplexe** (sheeted dikes) sogar krustenbildend auf (siehe Kapitel 27).

Die meisten der lang aushaltenden Gänge bzw. Gangschwärme in den Kontinenten bestehen aus basaltischen Gesteinen und lassen sich häufig aufgrund ihres Gehalts an Magnetit in Form linearer magnetischer Anomalien auch in schlecht aufgeschlossenen Zonen erkennen und auch unter Deckschichten hinein verfolgen. Die Intrusion basaltischer Gangschwärme erfolgt entweder lateral aus relativ seichten Magmenkammern, die sich in Kru-

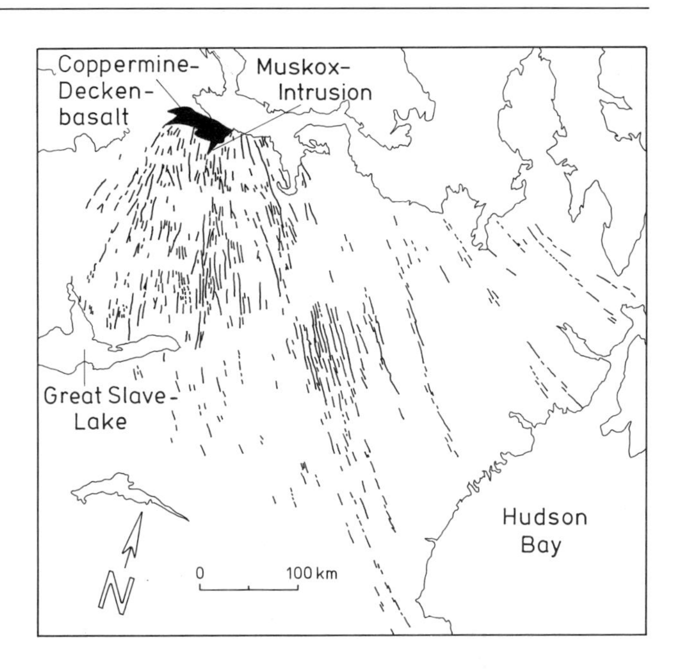

Abb. 8.11 Der Mackenzie-Gangschwarm (1267 Ma) des nordwestlichen kanadischen Schilds. Die Gänge zeigen eine leicht radiale Konvergenz in Richtung nach Nordwesten, wo sich der praktisch gleich alte ultramafisch-mafische Gesteinskomplex der Muskox-Intrusion und die Coppermine River-Deckenbasalte befinden. Beide stammen aus einem subkontinentalen Manteldiapir, wobei die gewaltige Horizontalerstreckung der Gänge aber auch auf bedeutende horizontale Komponenten der Intrusionsbewegungen hinweist (nach Halls & Fahrig, 1987).

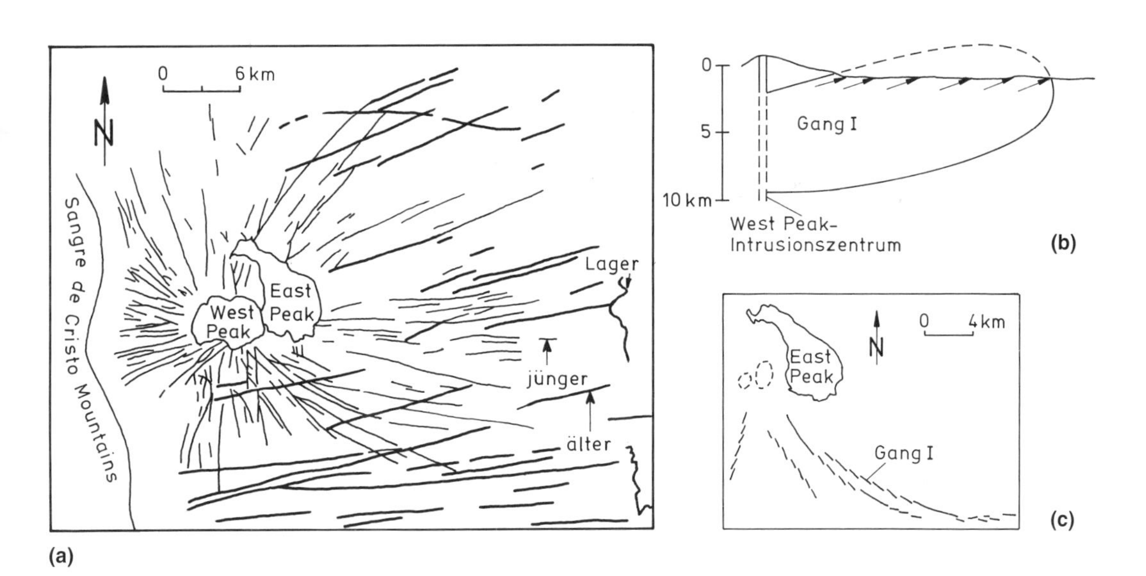

Abb. 8.12 (a) Skizze des zusammengesetzten Spanish Peaks-Gangschwarms in Colorado, USA (27 bis 20 Ma). Vor allem im jüngeren Schwarm macht sich der Einfluß des lokalen Spannungsfeldes im Bereich des vulkanischen Aufstiegszentrums durch radiale Anordnung der Gänge bemerkbar. Die Ost-West Ausrichtung der Gänge in größerer Entfernung vom Intrusionszentrum reflektiert dagegen die Orientierung des regionalen tektonischen Spannungsfeldes (nach Johnson, 1968). (b) Schematische Längsansicht eines der Spanish Peaks-Gänge und seiner Intrusionsrichtung, abgeleitet aus primären magmatischen Fließlinearen im intrudierten Ganggestein. (c) Aufsplitterung der Gänge in en-echelon Segmente nahe der Oberfläche (nach Smith, 1987).

Abb. 8.13 Ansicht eines der dazitischen Gänge der Spanish Peaks.

stentiefen von 2 bis 10 km befinden, oder vertikal aus entsprechend großen Magmenkammern in Tiefen zwischen 10 und 50 km. Auch mehrere linear angeordnete krustale oder subkrustale Magmenkammern können als Quellen für basaltische Gangschwärme dienen. Jedenfalls kennt man aus präkambrischen Schilden einzelne Gänge, die mehr als 500 km lang sind, individuell eine Breite bis 100 m erreichen und zur Tiefe hin breiter, aber auch schmäler sein können. Als Folge interner magmatischer Differentiation können die Gänge in unterschiedlichen Intrusionsniveaus auch unterschiedliche chemische Zusammensetzung haben. Vor allem zur Ausbreitung lateral intrudierender Magmen ist eine extrem geringe Viskosität des Magmas eine wesentliche Vorausbedingung. Man kennt lateral intrudierte moderne Spaltenfüllungen mit Längen von mehr als 100 km z.B. aus Island und Hawaii. Auch die schwach angedeutete radialsymmetrische Anordnung der Einzelgänge in Gangschwärmen und ihr **Verzweigen** bzw. **Aufspalten** (branching) in einzelne kürzere Gangsegmente (Abb. 8.12 und 8.14) deuten häufig auf zentrale Magmenquellen und laterale Intrusion hin. In der unmittelbaren Nähe krustaler Magmenkammern muß man aber auch mit schräg nach oben gerichteter Intrusionsbewegung rechnen. Intrusionsrichtung in vertikalen Spaltenfüllungen läßt sich mit Hilfe linearer Fließtexturen am Rand der Gänge nachweisen, wie z.B. in den intermediären Ganggesteinen der bekannten Spanish Peaks-Gänge in Colorado (Abb. 8.12 und 8.13).

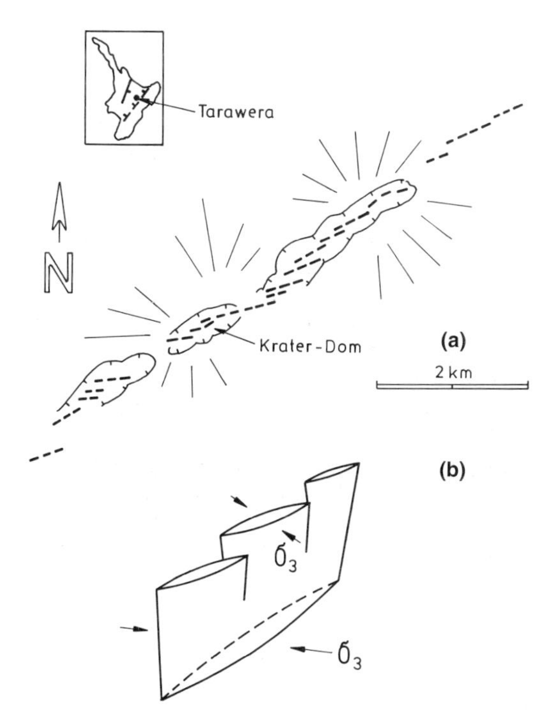

Abb. 8.14 (a) Kartenskizze basaltischer en echelon Gänge, die 1886 bei der Eruption des Tarawera-Vulkans (Taupo-Zone, Neuseeland) als Spaltenfüllungen entstanden sind (nach NAIRN & COLE, 1981). (b) Schema zur Entwicklung von Gangsegmenten bei Überlagerung einer leichten Scherkomponente bei allgemeiner Extension der Gesteine in einem seichten Krustenniveau.

Für viele mafische Gangschwärme, die innerhalb der Kontinente aufgeschlossen sind, kennt man die wahrscheinlich dazugehörigen extrudierten Deckenlaven nicht mehr, da letztere später meist erodiert wurden. Man kann aber davon ausgehen, daß es sich dabei um gering viskose Flutbasalte vom Typus der sibirischen Basaltdecken, der Dekkan-Traps (Indien) oder der Columbia River-Basalte (USA) handelte (siehe Kapitel 23). Andere Gangfüllungen mit höherer Viskosität kühlten wahrscheinlich bereits während ihrer Intrusion in die höhere Kruste ab, blieben stecken und es erfolgte keine massive Extrusion von Laven an der Erdoberfläche.

Wenn mafische Magmen als Spaltenfüllung in relativ heiße felsische Intrusivkörper intrudieren und kurz nach ihrer Intrusion selbst wieder thermisch überprägt bzw. verformt werden, spricht man von **synplutonischen Gängen** (synplutonic dikes). Synplutonische Gänge deuten an, daß sowohl die Ausbreitung der Bruchfront vor dem intrudierenden Magma als auch die Platznahme von Gangintrusionen relativ schnell erfolgen können und somit auch das heiße plutonische Nebengestein lokal spröd reagiert. Synplutonische mafische Gänge, gefördert aus großer Tiefe, kennt man aus vielen granitoiden Intrusivkomplexen, in denen sonst aber felsische Spaltenfüllungen, wie z.B. Aplite, überwiegen. Aus der Beziehung zwischen Gängen und größeren Intrusivkomplexen läßt sich häufig auch eine Chronologie magmatisch-metamorpher Ereignisse tiefer Krustenbereiche rekonstruieren (siehe Kapitel 18).

Gänge und Gangschwärme sind also wichtige dynamische Indikatoren für lokale und regionale Spannungsfelder, die vor, während und nach der Intrusion der Gänge zur regionalen Extension der Lithosphäre führen können. Die radiometrische Datierung von Gangsystemen erlaubt es, Paläospannungsfelder zeitlich einzuordnen und die Prozesse, die zu den Gangintrusionen führten, somit auf andere zeitgleiche geodynamische Ereignisse zu beziehen.

Literatur

Laubscher, 1961; Johnson, 1968; May, 1971; Nakamura, 1977; Engelder & Geiser, 1980; Nairn & Cole, 1981; Engelder, 1987; Halls & Fahrig, 1987; Smith, 1987; Geraghty et al., 1988; Pollard & Aydin, 1988; Meier & Kronberg, 1989; Dunne & North, 1990; Gudmundsson, 1990; Kulander et al., 1990; Einarsson, 1991; Lorenz et al., 1991.

9 Abschiebungen

9.1 Geometrie und Kinematik von Abschiebungen

Abschiebungen kennt man aus allen Riftzonen, beobachtet sie in den Sedimentserien passiver Kontinentalränder und ozeanisch-kontinentalen Randbecken, sie sind aber auch Teil der höchsten Niveaus komplexer Kollisionszonen. Der Versatz an einer **Abschiebung** (normal fault) bewirkt sowohl horizontale Extension als auch relative Vertikalbewegung in den betroffenen Gesteinseinheiten. Bei einem Überwiegen der Extensionskomponente spricht man von einer flachen Abschiebung (< 45°, low-angle normal fault), bei Überwiegen der Vertikalkomponente von einer steilen Abschiebung (> 45°, high-angle normal fault). Die vertikale Komponente von Abschiebungen in geschichteten Gesteinen nennt man **stratigraphischen Sprung** oder **Sprunghöhe** (stratigraphic separation). Bezogen auf geneigte Abschiebungsflächen bezeichnet man das relativ abgesunkene Hangende als **Graben** (graben) und das relativ gehobene Liegende als **Horst** (horst, Abb. 9.1a). Geologische Vorzeichnungen, wie z.B. horizontal gelagerte Leitschichten, die entlang einer relativ reinen Abschiebung versetzt werden, besitzen eine subhorizontale Abrißlinie sowohl im Liegenden (**Liegendabriß**, footwall cutoff) als auch im Hangenden (**Hangendabriß**, hangingwall cutoff, Abb. 9.1b). Die Distanz zwischen dem Liegend- und Hangendabriß einer Leitschicht in Profilschnitten senkrecht zur Abschiebungsfläche, gemessen im Fallen der Abschiebung, ist die **Abschiebungskomponente** (normal, dip-slip displacement). Die Distanz zwischen Liegend- und Hangendabriß, gemessen parallel zur Erdoberfläche, ist die Extensionskomponente des Gesamtversatzes (siehe Kapitel 7). Wie auch immer ein System von Abschiebungen im Detail strukturiert sein mag, so liegen an Abschiebungen immer ursprünglich höhere bzw. jüngere Gesteine auf ursprünglich tieferen bzw. älteren Gesteinen. Eine enge Staffelung krustaler Abschiebungen bewirkt deshalb eine regionale Streckung und Ausdünnung der entsprechenden Gesteinspakete bzw. des unterlagernden Krustenbereichs. Der Betrag der **Extension** (extension) an einer oder an mehreren Abschiebungen wird meist als metrischer Unterschied $\Delta l = (l - l_0)$ zwischen einer imaginären Linie vor der Extension (l_0) und nach der Extension (l) angegeben (Abb. 9.1d). Für eine oder mehrere

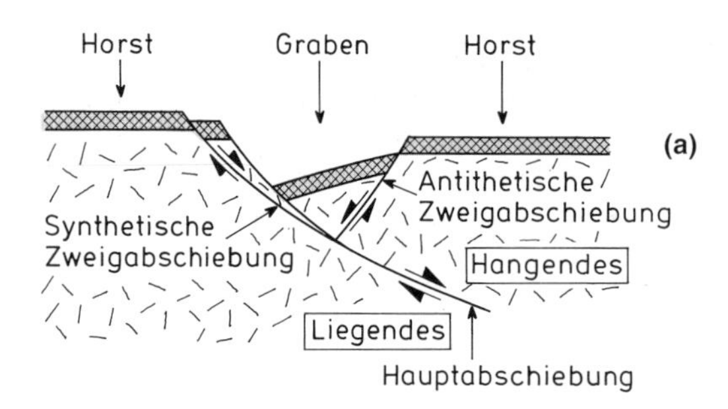

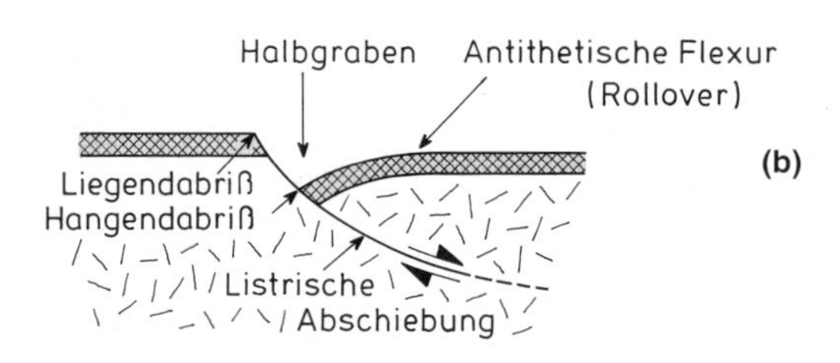

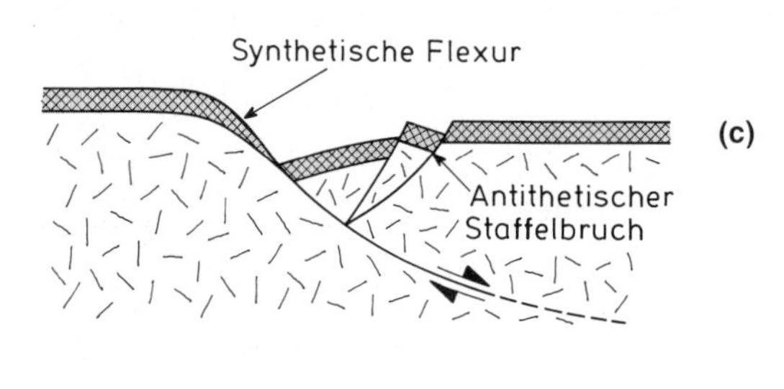

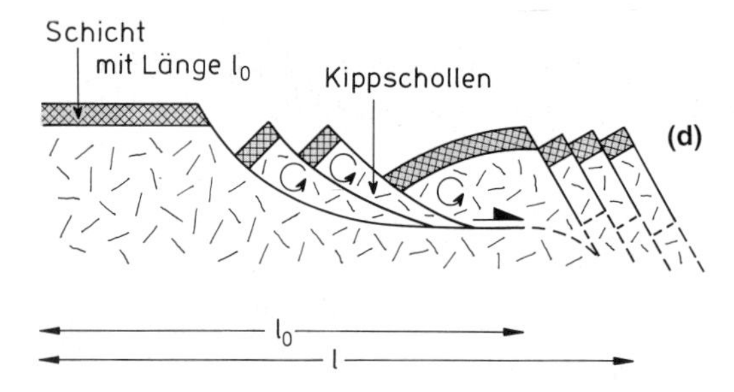

Abb. 9.1 Schematische Profilschnitte quer zu einer Leitschicht, die durch Abschiebungen versetzt wurde (zur Illustration der im Text erläuterten Begriffe): (a) Beziehung einer Hauptabschiebung zu synthetischen und antithetischen Zweigabschiebungen; (b) Versatz an einer listrischen Abschiebung mit der dadurch bedingten antithetischen Flexur des Hangenden; (c) synthetische Flexur des Liegenden bei gleichzeitiger Bildung eines antithetischen Staffelbruchs im Hangenden; (d) Hauptabschiebung an der Basis antithetisch rotierter Kippschollen mit einer Gesamtextension der Leitlage $\Delta l = l - l_0$.

gestaffelte Abschiebungen eines Profilschnitts berechnet man Extension aber auch integrativ als relative Verlängerung der imaginären horizontalen Linie, also z.B. einer Schicht, mit der ursprünglichen Länge l_0 auf eine Länge l. Relative Extension (e) berechnet sich dann als

$$e = (\Delta l / l_0) \cdot 100\,\%$$

Die relative Verlängerung einer subhorizontalen imaginären Linie im Profilschnitt wird manchmal auch durch den **Streckungsparameter** β (stretching parameter) definiert, und zwar in der Form $\beta = l / l_0$. Umgekehrt entspricht der Wert l_0 / l (= $1/\beta$) bei Flächenkonstanz der Vorzeichnungen im Profilquerschnitt einer durchschnittlichen **Ausdünnung** (thinning). Mehr oder weniger breite Krustenstreifen, die entlang von Abschiebungen bedeutende Ausdünnung erfuhren, bilden das Substrat aller passiven Kontinentalränder und vieler Randbecken.

Krustale Abschiebungen entwickeln sich infolge eines progressiven Zusammenwachsens von Extensionsbrüchen und Scherbrüchen und durch Gleitung an präexistierenden Diskontinuitäten innerhalb eines von Extension erfaßten Gesteins. Nahe der Erdoberfläche zeigen Abschiebungen im allgemeinen steiles Einfallen, zur Tiefe hin werden sie generell von flacheren Bewegungszonen abgelöst. Dadurch kommt es häufig zu einer durchschnittlich **listrischen** (listric), d.h. nach oben hin konkaven, Form der Abschiebungsflächen (Abb. 9.1). Dort, wo sich entlang von **Hauptabschiebungen** (main normal faults) aber das Einfallen ändert, entwickeln sich im Hangenden meist synthetische oder antithetische **Zweigabschiebungen** (secondary, branch faults). Grabenstrukturen, die an listrischen Abschiebungen entstehen, sind in der Natur deutlich **asymmetrisch**, d.h. im Hangenden einer Hauptabschiebung entwickelt sich meist ein **Halbgraben** (halfgraben, Abb. 9.1b). Wenn synthetische oder antithetische Zweigabschiebungen in eng gescharten Gruppen auftreten, spricht man von **Staffelbrüchen** oder **Abschiebungstreppen** (step faults, Abb. 9.1c). Anstelle von Staffelbrüchen, aber auch mit solchen verknüpft, beobachtet man breitgespannte synthetische oder antithetische **Flexuren** (flexures), die sich auch im Aufschlußbereich nachweisen lassen (Abb. 9.2). Besonders interessant in der Exploration nach Erdöl sind die **antithetischen Flexuren** (reverse drag structures, rollover anticlines), die sich am Rand von Sedimentbecken und im Hangenden evaporitischer oder fluidgesättigter Horizonte bilden. In der Natur ist allerdings eine stetige Krümmung listrischer

Abb. 9.2 Relativ flache nach rechts fallende Abschiebung mit synthetischer Flexur des Liegenden in grünschieferfaziellen Gesteinen, NW-Sardinien. Helle Bereiche sind Quarzadern, welche als Dilatationszonen im Umfeld der Abschiebung zu interpretieren sind.

Abb. 9.3 Abschiebung, die beim Pleasant Valley-Erdbeben (1915) in der Tobin Range, Nevada, als koseismischer Versatz bewegt wurde (Photo R. YEATS).

Abschiebungsflächen kaum zu erwarten. So wechseln steilere Segmente („Rampen“) in festeren Gesteinspartien mit flacheren Segmenten („Flachbahnen“) in mechanisch schwachen Zonen bzw. in Gesteinsbereichen, die aufgrund eines relativ hohen Fluiddrucks als mechanisch entspannt zu betrachten sind. Im Hangenden unregelmäßig gekrümmter Abschiebungsflächen sollten deshalb auch entsprechend komplex strukturierte und von Zweigstörungen gequerte Flexuren auftreten (siehe Abb. 4.1 und Abb. 26.10). Bei einer engen Staffelung synthetischer oder antithetischer Abschiebungen kommt es meist zur Rotation individueller **Kippschollen** (tilt blocks) im Hangenden der Hauptabschiebungen. Die systematische **Kippung** (tilting) der Blöcke an parallelen Flächensystemen ist häufig der Bewegung von parallel stehenden Dominosteinen oder Büchern auf einem Regal sehr ähnlich. Extension des Hangenden kann sich aber auch als Folge eines systematischen **Rotationsgleitens** (rotational slip) an zusammenlaufenden listrischen Bewegungsflächen ergeben (Abb. 9.1). Obwohl an der Oberfläche nicht zu erkennen (Abb. 9.3), gehen Kippung und Rotationsgleiten wahrscheinlich zur Tiefe hin ineinander über, denn man muß damit rechnen, daß alle Abschiebungsflächen irgendwo in gemeinsame und relativ flache **Abscherhorizonte** (detachments) einmünden. Die Position und Geometrie dieser Horizonte ist allerdings nur selten genau bekannt (siehe weiter unten).

In sedimentären Becken sind die vertikalen Relativbewegungen an Abschiebungen im kristallinen

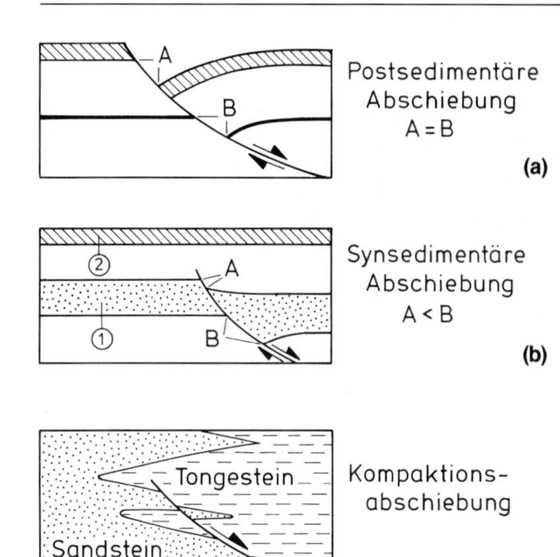

Abb. 9.4 Versatz an (a) postsedimentärer, (b) synsedimentärer Abschiebung und (c) Kompaktionsabschiebung.

Sockel dafür verantwortlich, daß Hebung und häufig Erosion im Liegenden (Horst) stattfindet bzw. gleichzeitige Absenkung zur Anlagerung des erodierten Sedimentmaterials im Hangenden (Graben) führt. **Synsedimentäre Abschiebungen** (synsedimentary normal faults, growth faults) zeichnen sich deshalb dadurch aus, daß an ihnen progressiv jüngere stratigraphische Einheiten einen geringeren Versatz dokumentieren als ältere, tiefer gelegene Schichten (Abb. 9.4b). Kommt es in der Nähe der regionalen Erosionsbasis auch zur Rotation des Hangenden, so äußern sich synsedimentäre Abschiebungsbewegungen auch dort durch Diskordanzen innerhalb der Schichtfolgen, an denen sich ein komplizierter Wechsel zwischen Erosion und Sedimentation ablesen läßt (siehe Kapitel 20). Eine Sonderform synsedimentärer Abschiebungen sind **Kompaktionsabschiebungen** (compaction faults), die an faziellen Übergangszonen zwischen Sand und Ton bzw. zwischen Karbonatplattformen und Tongesteinen auftreten. Da es innerhalb der Toneinheiten durch ihre relativ größere Kompaktion zu persistenten vertikalen Differentialbewegungen kommt, entwickeln sich Abschiebungen, die sich nur selten bis in größere Tiefen nachweisen lassen.

Für alle großen Abschiebungen, wie z.B. für die Sockel-Hauptabschiebungen am Rand kontinentaler Rifts oder für die Hauptabschiebungen in mächtigen Sedimentabfolgen passiver Kontinentalränder, muß man annehmen, daß sie zur Tiefe hin in relativ flache **Abscherhorizonte** (detachments) einmünden. Innerhalb sedimentärer Abfolgen können die Abscherungshorizonte mit Zonen abnormalen Porendrucks oder mit evaporitischen Einheiten zusammenfallen, innerhalb der kristallinen Lithosphäre scheinen jedoch vor allem der Temperaturverlauf und der Fluidhaushalt für die Tiefenlage der Abscherungshorizonte bestimmend zu sein. Wie jedoch der Übergang zwischen relativ steilen Abschiebungssegmenten und relativ flachen Abschiebungen erfolgt, ist im Detail noch weitgehend unbekannt.

Trotzdem ergibt sich aus diesen Überlegungen die Möglichkeit zu einer quantitativ nachvollziehbaren Tiefenextrapolation aus bekannten Profilschnitten in noch unzureichend bekannte Grabenstrukturen. Bei Annahme eines flachen Abscherhorizonts (Abb. 9.5) läßt sich nämlich der Betrag der Extension $\Delta l = (l - l_0)$ auf zweierlei Weise bestimmen. Einerseits ergibt sich $\Delta\ l_s$ aus einer genauen und direkten Abmessung der ursprünglichen Schichtlänge (l_0) in den einzelnen Grabensegmenten als Summe $l_a + l_b + l_c$. Andererseits läßt sich mit Hilfe von seismischen Daten und Bohrlochinformationen der Flächenquerschnitt der neugeschaffenen Hohlform innerhalb der Grabenstruktur ($\Delta\ F_p$) planimetrisch ermitteln. Läßt sich die Tiefe des Abscherhorizonts (z) abschätzen, so kann man den planimetrierten Flächenquerschnitt der Hohlform ($\Delta\ F_p$) gleichsetzen mit dem Flächenquerschnitt ($\Delta\ F_v$), welcher aus der Extensionsbewegung des Hangenden über der subhorizontalen Abscherzone resultiert und dem Produkt $\Delta\ F_v = \Delta\ l_v \cdot z$ entspricht. Da bei bekannter Struktur gilt, daß $\Delta\ l_v = \Delta\ l_s$ und $\Delta\ F_v = \Delta\ F_p$, läßt sich bei Kenntnis der Abschertiefe z der Wert für $\Delta\ l_v$ indirekt aus $\Delta\ l_v = \Delta\ F_p\ /\ z$ berechnen und umgekehrt läßt sich eine unbekannte Abschertiefe aus der meßbaren Beziehung $z = \Delta\ F_p\ /\ \Delta\ l_s$ berechnen. Datensätze unterschiedlicher Qualität lassen sich auf diese Weise gegeneinander ausgleichen und konsistent in einem ausgeglichenen Profil darstellen. Im Fall synsedimentärer Abschiebungen und Kompaktionsabschiebungen ist der Profilausgleich nur dann möglich, wenn sich der Sedimentationsablauf zeitlich gliedern läßt und die primären Mächtigkeitsschwankungen bzw. Schichtlängen für einzelne Schichtglieder getrennt aus seismischen Profilen bzw. Bohrungen abgeschätzt werden können.

Die Geometrien tiefliegender dominierender Hauptabschiebungsflächen lassen sich aber auch

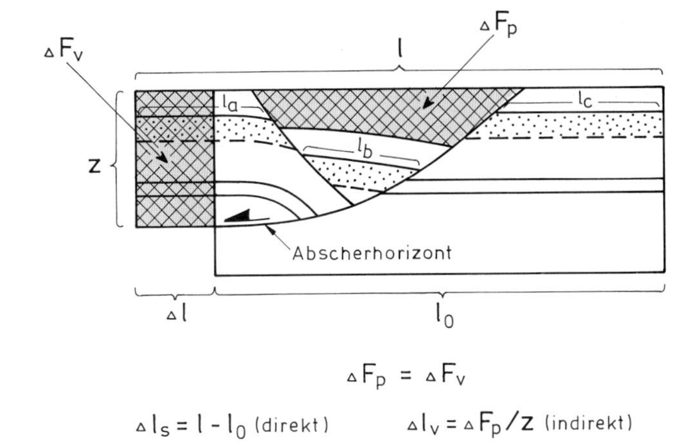

Abb. 9.5 Schematische Distanz- und Volumenbeziehungen zwischen Abscherbetrag, Abschertiefe und Hohlform in einem Profilschnitt relativ reiner Abschiebungen, an denen die geologisch bestimmbaren Kenngrößen gegeneinander quantitativ ausgeglichen werden können (siehe Text).

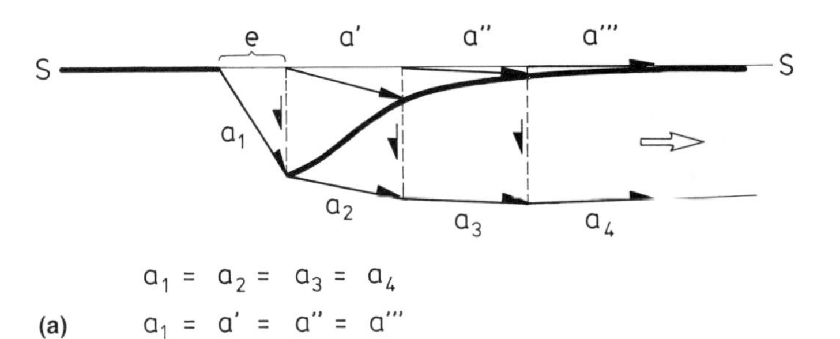

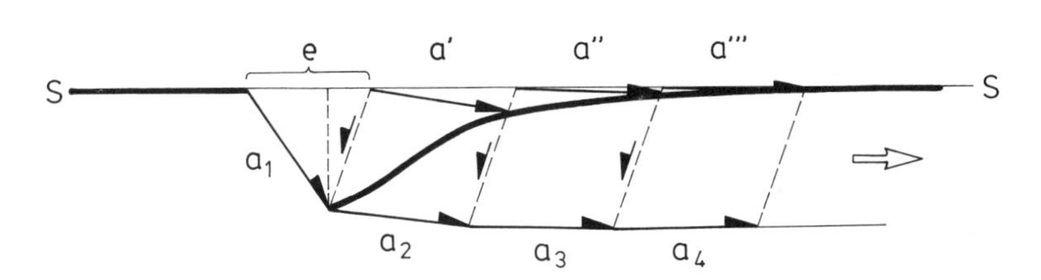

Abb. 9.6 Schema zur Konstruktion der Geometrie von Abschiebungen aus der Geometrie von Leitlagen im Hangenden der Abschiebungen bei Scherung des Hangenden an vertikalen (a) oder geneigten (b) Flächensystemen (nach DULA, 1991; siehe Text). Die scharfen Knickstellen der Hauptabschiebung sind natürlich nicht ganz realistisch, können aber mit Hilfe geologischer und reflexionsseismischer Hinweise korrigiert werden.

etwas einengen, indem man aus der Geometrie der Leitschichten des Hangenden auf die Neigung einer durchschnittlich listrisch angenommenen Abschiebung schließt. Quantitative Ansätze dazu wurden vor allem für Zwecke der Hydrokarbonexploration entwickelt und sind hier schematisch in zwei einfachen Beispielen dargestellt (Abb. 9.6). In Beispiel (a) wird angenommen, daß bei einer Extension (e) der Lage S die Größe der Abschiebungskomponente, gemessen als Distanz Liegendabriß-Hangendabriß a_1, in Fallrichtung der Abschiebung konstant bleibt und die Relativbewegungen innerhalb des Hangenden durch Scherung an vertikalen Ebenen erfolgen. Indem man die Distanz a_1 als a' an der Oberfläche direkt über dem Hangendabriß der Leitschicht S abträgt, ergibt sich die Neigung der Abschiebung für den Bereich a_2 usw. Im Beispiel (b) nimmt man ebenfalls Konstanz der Abschiebungskomponente a_1 an, aber Scherung des Hangenden an antithetischen geneigten Flächen. Die

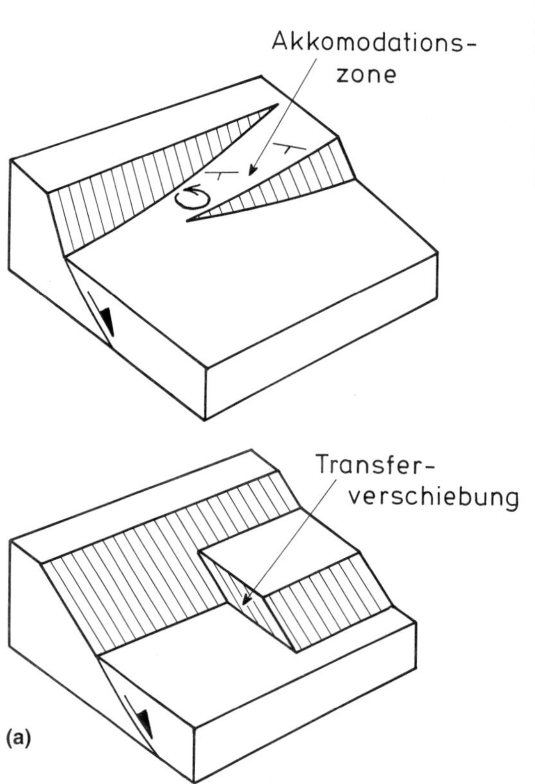

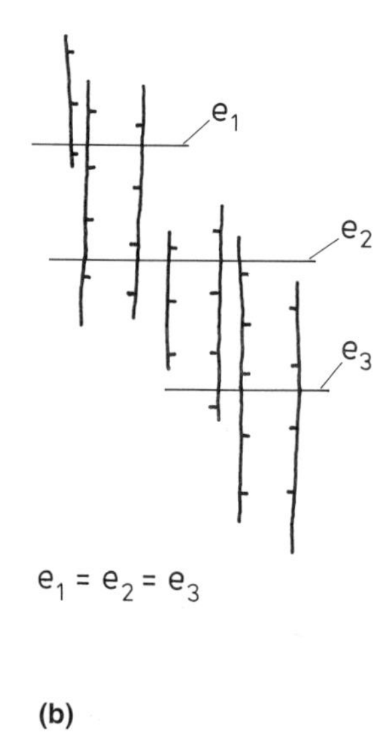

Abb. 9.7 (a) Blockdiagramm einer Akkomodationszone bzw. einer divergenten Transferstörung, an welcher Extension von einem Segment einer Abschiebungszone auf ein anderes transferiert wird; (b) Transfer der Extensionskomponente von einer Abschiebung auf eine andere entlang einer gestaffelten Grabenstruktur bei gleichbleibender regionaler Extension im Streichen der Großstruktur.

letztere Annahme ist geologisch realistischer, da auch Extension des Hangenden zu erwarten ist. Die aus der Konstruktion resultierenden Knickpunkte entlang der Abschiebung sind in der Natur wahrscheinlich durch komplexe Krümmungszonen und Einmündung antithetischer Abschiebungen charakterisiert.

Obwohl sich die Extension der oberen Kruste in erster Annäherung wohl an einzelne größere Hauptabschiebungen hält, beobachtet man im Streichen von Großstrukturen eine Verlagerung des Versatzes entlang von gestaffelt („en echelon") angeordneten Systemen synthetischer und antithetischer Abschiebungen. Für die meisten großen Grabenstrukturen kann man also davon ausgehen, daß sich der Betrag der Gesamtextension im Streichen nur allmählich verändert, aber auf verschiedene Abschiebungen verteilt ist. Deshalb ist es wahrscheinlich, daß mit dem Ausklingen des Versatzes an einer lokalen Zweigabschiebung der Versatz an einer anderen entsprechend zunimmt (Abb. 9.7). Diese Erkenntnis ist für die Konstruktion mehrerer zueinander paralleler Tiefenprofile quer zum Streichen segmentierter Grabenstrukturen wichtig, da der Übergang von einem Abschiebungssegment auf ein anderes wahrscheinlich an komplex strukturierten divergenten **Transfer-** oder **Akkomodationszonen** (transfer, accomodation zone, relay zone) erfolgt, die schräg oder senkrecht zum Streichen der Abschiebungszonen orientiert sind. In diesen Zonen beobachtet man neben kurzen gestaffelten (en echelon) Abschiebungen auch größere **schräge Transferverschiebungen** (oblique transfer faults) bzw. verbindende **Flexuren** (flexures), in denen auch Rotation von Blöcken um vertikale Achsen erfolgen kann (Abb. 9.7). Die tieferen krustalen oder lithosphärischen Bedingungen, welche Lage, Orientierung und Detailstruktur von Transferzonen bestimmen, sind allerdings in den meisten Fällen nur in Ansätzen bekannt (siehe Kapitel 24).

Besondere regionale Bedeutung haben flache Abscherhorizonte bei der großräumigen Verdünnung kontinentaler Krustenbereiche, vor allem in jenen Bereichen, in denen gleichzeitig auch tektonisch-isostatischer Aufstieg hochgradig metamorpher Gesteine an die Erdoberfläche erfolgt. Dies ist in vielen Kernzonen von Kollisionszonen der Fall. Streckung der Oberkruste bei gleichzeitigem Auf-

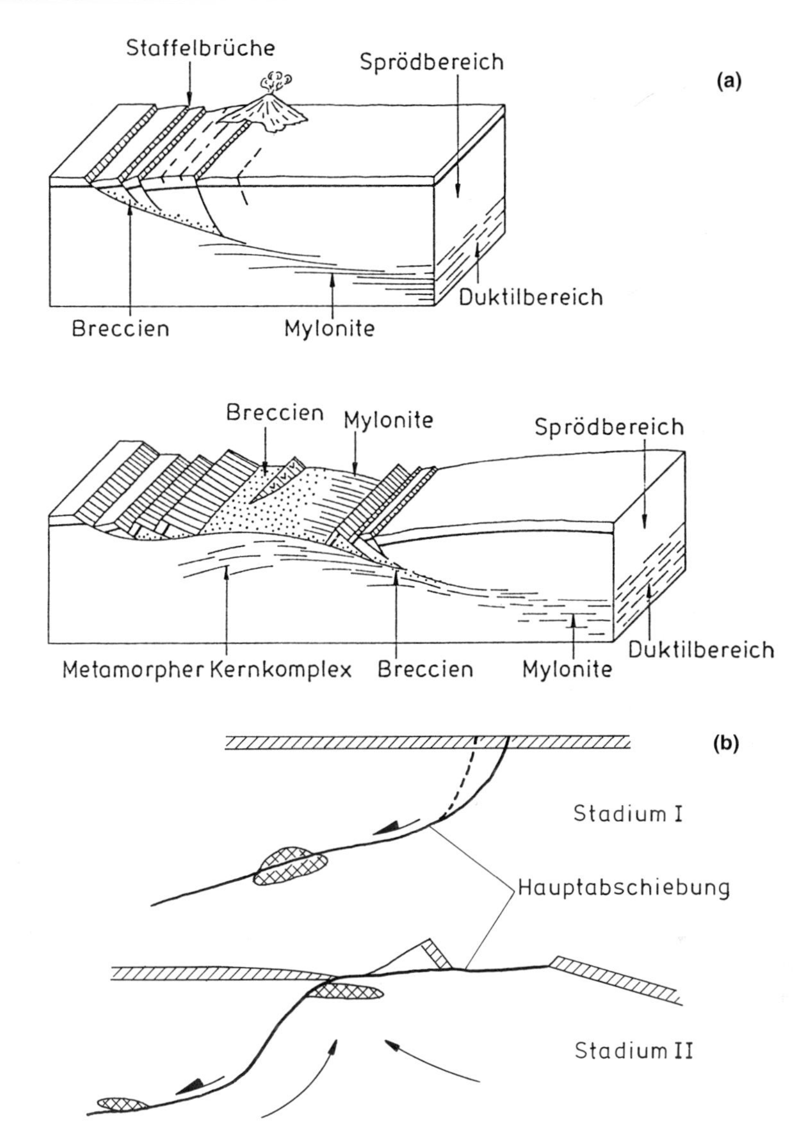

Abb. 9.8 (a) Schematisierte Blockansicht zur Kinematik des Aufstiegs und der tektonischen Denudation metamorpher Kernkomplexe entlang flacher krustaler Abschiebungen (nach Davis, 1988). Das untere Diagramm illustriert die Lage isolierter rotierter Schollen, die aus stratigraphisch höheren Bereichen des Hangenden direkt über die metamorphen mylonitischen Gesteine des tieferen Liegenden bewegt wurden. (b) Darstellung der möglichen Verkrümmung einer Abschiebungsfläche durch Materialzustrom im Liegenden bzw. durch isostatische Ausgleichsbewegungen.

stieg tiefkrustaler Gesteine im Liegenden flacher Abschiebungen wird als **tektonische Denudation** (tectonic denudation) bezeichnet und die entsprechend gehobenen tiefkrustalen Gesteine bilden **metamorphe Kernkomplexe** (metamorphic core complexes, Abb. 9.8). Die meist ovalen Kernkomplexe, die eine Längserstreckung in der Größenordnung von 100 km erreichen können, sind aus allen phanerozoischen Gebirgen bekannt, ihre Dokumentation und Geodynamik sind aber besonders gut für die westliche Kordillere Nordamerikas, für Teile der Kaledoniden Skandinaviens, für den variszischen Zentralgürtel und für die mediterran-südasiatische Kollisionszone dokumentiert. Auch die großen **Gneisdome** (gneiss domes) präkambrischer Krustenstreifen zeigen viele tektonische Charakteristika, die an phanerozoische Kernkomplexe erinnern.

Typisch für metamorphe Kernkomplexe ist eine dramatische Ausdünnung des Hangenden durch Extension und Rotation an zahlreichen Zweigabschiebungen, welche in eine flache Hauptabschiebungszone einmünden und für die sich Extensions- bzw. Gesamtabschiebungswerte bis zu 50 km nachweisen lassen. An den tieferen Teilen der Hauptabschiebungen grenzen meist Gesteine unterschiedlicher Krustenniveaus aneinander (Abb. 9.9). Für das meist hochgradig metamorphe Liegende muß man deshalb zumindest im aufgeschlossenen Bereich mit einer entsprechend bedeutenden isostatischen Aufdomung rechnen, wobei es wahrscheinlich zu einer nach oben gerichteten Verkrümmung der Abschiebungszone selbst kommt. Lokal entwickelten sich an den tektonischen Bewegungszonen wahrscheinlich Temperaturgradienten von mehr als 200°C km^{-1} und abnormal hohe Fluiddrücke. Die flachen Abschiebungen zwischen dem vormals duktil verformten Liegenden und dem spröd deformierten Hangenden sind meist durch das Auftreten von relativ schmalen Lagen tektonischer Breccien gekennzeichnet, deren Zementation häufig ebenfalls auf intensive Fluiddurchströmung hinweist. Auslösende Parameter für die Entwicklung metamorpher Kernkomplexe sind wahrscheinlich vorhergehende tektonische Verdickung und Intrusion von Magmen in die kontinentale Kruste bzw. eine

(a)

(b)

Abb. 9.9 (a) Isolierte Kippschollen von Vulkaniten (dunkel), die auf einer praktisch horizontalen Abschiebungsfläche eines metamorphen Kernkomplexes liegen (Clara Peak, Buckskin Mountains, Arizona, USA). Die Abschiebungsbewegung entlang der exhumierten Hangend-Liegend-Grenze erfolgte von rechts nach links. (b) Flache Abschiebung im Hangenden des Whipple Mountains-Kernkomplexes (Kalifornien). Niedriggradig metamorphe Gesteine überlagern hier mylonitische Gneise.

magmatisch gesteuerte Wärmeadvektion und mechanische Schwächung der tiefer gelegenen Krusten-Mantelbereiche.

9.2 Dynamische Abschiebungsmodelle

Relativ reine Abschiebungen entwickeln sich entsprechend dem experimentellen Befund dort, wo im Stadium des Versagens von Gesteinen die kleinste horizontale Hauptspannung S_h dem Wert der Hauptnormalspannung σ_3 und S_V dem Wert der Hauptnormalspannung σ_1 entspricht. Regionales Streichen der krustalen Abschiebungen wird deshalb von der Ausrichtung der beiden horizontalen Hauptspannungen S_H und S_h bestimmt. Die lokale Position und Neigung der Hauptgleitflächen wird aber wahrscheinlich auch durch Lage und Orientierung präexistierender mechanischer Schwächezonen, also durch Salzlagen, Schmelzbereiche oder Zonen mit hohem Porenwasserdruck beeinflußt. Da präexistierende mechanische Schwächezonen in ihrer allgemeinen Ausrichtung nicht der Richtung von S_H entsprechen müssen, können sich in ihrer Nähe kurze und segmentierte Abschiebungszonen parallel zu S_H entwickeln, wobei divergente Transferstörungen bzw. Akkomodationszonen als Verbindungsflächen auftreten. Der Einfallswinkel von Abschiebungen hängt vor allem von den mechanischen Eigenschaften der Gesteine entlang der Abschiebungsfläche ab. Bei geringerer Scherfestigkeit des Materials sind allgemein flache Abschiebungen zu erwarten, in festeren Gesteinen bzw. in der Nähe der Oberfläche sollten dagegen steilere Abschiebungen überwiegen. Herdflächenlösungen für größere Abschiebungsbeben in Krustentiefen um 10 bis 20 km zeigen, daß koseismische krustale Relativbewegungen vor allem an Flächen mit Neigungen um rund 45° auftreten.

Dynamische Modelle und Experimente zum Verständnis von Abschiebungen erstellt man im allgemeinen für ebene Profilschnitte senkrecht zu $\sigma_2 = S_H$, also in der $\sigma_1\sigma_3$-Ebene. Im zweidimensionalen Spannungsfeld sind die Spannungstrajektorien σ_1 und σ_3 zumindest nahe der Erdoberfläche so orientiert, daß σ_1 der lithostatischen Spannungskomponente S_V entspricht. Versagen des Materials im Modell läßt sich schließlich durch eine progressive Reduktion von $\sigma_3 = S_h$ unter den Wert der gravitativ induzierten kompressiven Radialspannung ($S_V/3$) erreichen (siehe Kapitel 6). Man diskutiert vor allem drei Modelle des Kraftansatzes: Aufdomung (doming) durch Kraftansatz von unten, symmetrische Streckung (symmetric stretching) einer Platte durch den Ansatz symmetrisch wirkender Scherkräfte an der Basis der Platte und asymmetrische Scherung (asymmetric shear) bzw. gravitatives Gleiten in rheologisch geschichteten Medien bei schrägem Kraftansatz bzw. durch die Wirkung von Körperkräften. Alle drei Modellmöglichkeiten können sich in natürlichen Abschiebungssystemen räumlich überlagern oder zeitlich ablösen.

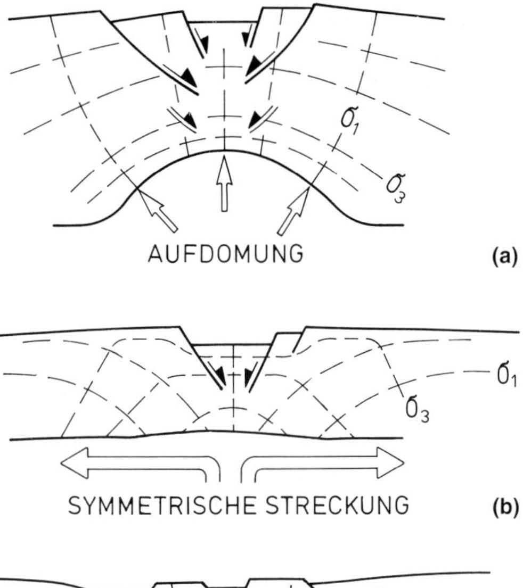

Abb. 9.10 Dynamische Modelle für mögliche Arten des Kraftansatzes während der Entwicklung von Abschiebungen: (a) Aufdomung, (b) symmetrische Streckung, (c) asymmetrische Scherung (siehe Text).

Aufdomung (doming) erfolgt bei punktförmigem bis linearem Kraftansatz von unten und wird durch Auftrieb bzw. aktive Hochbewegung tieferer Gesteinseinheiten (z.B. Asthenolithen, Salzstöcke, Plutone) eingeleitet (Abb. 9.10a). Bei einer Aufdomung werden in den höchsten Zonen S_H, aber vor allem S_h senkrecht zum regionalen Streichen, verringert. Dies führt zur Spannungskonzentration bzw. zu starken Spannungsgradienten im zentralen

Bereich der Aufdomung, weshalb dort auch die ersten Brüche entstehen sollten. Für viele natürliche Situationen, wie z.B. für den Fall großer Sedimentbecken, kann man sich vorstellen, daß durch punktuellen Auftrieb S_H und S_h auf den gleichen Wert reduziert werden. In solchen Zonen sollte demnach eine komplexe Überlagerung radialer Extensionsbrüche und konzentrischer Abschiebungen zu beobachten sein. In der Tat ist dies im Dach vieler aufdringender Salzstöcke (Abb. 18.5), im Umfeld magmatischer Intrusionskomplexe und an vulkanischen Kalderen der Fall. Dabei bleibt aber der Betrag der regionalen Extension gering.

Symmetrische Streckung (symmetric stretching) läßt sich im Modell am einfachsten als Trennung einer elastischen oder plastischen Platte in zwei Teile darstellen, wobei Extension durch Scherung im Kontakt zu einem symmetrisch-divergent strömenden Substrat unter der Platte erfolgt (Abb. 9.10b). Im Gegensatz zur Domung sind an der Peripherie des Extensionsbereichs hohe tektonische Horizontalspannungen zu erwarten und Verdünnung bzw. Eindellung der Platte („necking“) an Abschiebungen erfolgt in einem schmalen zentralen Streifen. Diese Art scherender Fließbewegungen könnte z.B. im peripheren Umfeld kontinentaler Rifts oder an ozeanischen Spreizungszonen wirksam sein.

Asymmetrische Scherung (asymmetric shear) wird durch einseitigen bzw. asymmetrischen Kraftansatz an einer Gesteinseinheit ausgelöst, aber auch durch Wirkung gravitativer Körperkräfte eingeleitet. Asymmetrische Scherung erfordert bedeutende rheologische Heterogenitäten bzw. flache, mechanisch entspannte Zonen innerhalb eines von Extension erfaßten Lithosphärenbereichs. In relativ breiten Extensionszonen des Hangenden beobachtet man oberflächennah steile Abschiebungen, die aber zur Tiefe hin von flachen Hauptgleitflächen bzw. -zonen abgelöst werden. An präexistierenden mechanischen Schwächezonen genügen bereits geringe Scherspannungen, wie z.B. die Scherkomponente des Hangendgewichts, um Materialversagen einzuleiten. Zonen mit hohem Porendruck, krustale oder subkrustale Schmelzbereiche bzw. Salzlagen spielen dabei eine bedeutende Rolle. Vor allem in Übergangsbereichen zwischen spröden Gesteinen der Oberkruste und duktilen Gesteinen der tieferen Kruste werden deshalb schmale Zonen asymmetrischer Scherung, aber auch penetrativ verformte Bereiche mit symmetrischer Streckung angenommen. Auch für die Sedimentabfolgen passiver Kontinentalränder ist die Situation asymmetrischer Scherung wahrscheinlich.

Literatur

Wernicke & Burchfiel, 1982; Gibbs, 1984; Harding, 1984; Shelton, 1984; Williams & Vann, 1987; Axen, 1988; Badley et al., 1988; Davis, 1988; Jackson et al., 1988; Ziegler, 1988; Faure & Chermette, 1989; Rowan & Kligfield, 1989; Seranne et al., 1989; Dula, 1991; Van den Driessche & Brun, 1991; Mancktelow, 1992; Gawthorpe & Hurst, 1993.

10 Überschiebungen

10.1 Geometrie und Kinematik von Überschiebungen

Überschiebungen findet man vor allem in ozeanisch-kontinentalen Akkretionskeilen und breiten intrakontinentalen Vorlandzonen, wie z.B. im Vorland der Kordilleren, in den Appalachen, entlang der mediterranen Kollisionszonen oder im westlichen Ural. Der Versatz an einer **Überschiebung** (reverse fault, thrust fault, contraction fault) bewirkt sowohl eine Einengung (= Kontraktion) als auch eine vertikale Relativbewegung (= Hebung bzw. Absenkung) der durchscherten Gesteinseinheiten. Je nach Neigung der Überschiebungsflächen zur Erdoberfläche unterscheidet man **flache Überschiebungen** (< 45°, thrust faults, thrusts) mit überwiegender Einengungskomponente und **steile Überschiebungen** bzw. **Aufschiebungen** (> 45°, high-angle reverse faults), an denen die Vertikalkomponente überwiegt. In geschichteten Gesteinen nennt man die Vertikalkomponente von Überschiebungen auch den **stratigraphischen Sprung** oder die **Sprunghöhe** (stratigraphic separation). An Überschiebungsflächen liegen im allgemeinen geologisch ältere bzw. ursprünglich tiefer gelegene Gesteinseinheiten auf jüngeren bzw. ursprünglich höheren Krustenbereichen. Das Hangende flacher Überschiebungen bezeichnet man als **Decke** (thrust sheet, nappe), **Allochthon** (allochthon) oder **Schubmasse** (thrust mass) während das Liegende entweder eine tiefere Decke, ein relativ geringfügig überschobenes **Parautochthon** oder das ungestörte **Autochthon** (autochthon) sein kann. Jede geologische Leiteinheit (z.B. eine bestimmte **Leitschicht**, marker bed), die an einer Überschiebung versetzt ist, besitzt im Liegenden wie im Hangenden eine Abrißlinie (**Liegendabriß** = footwall cutoff,

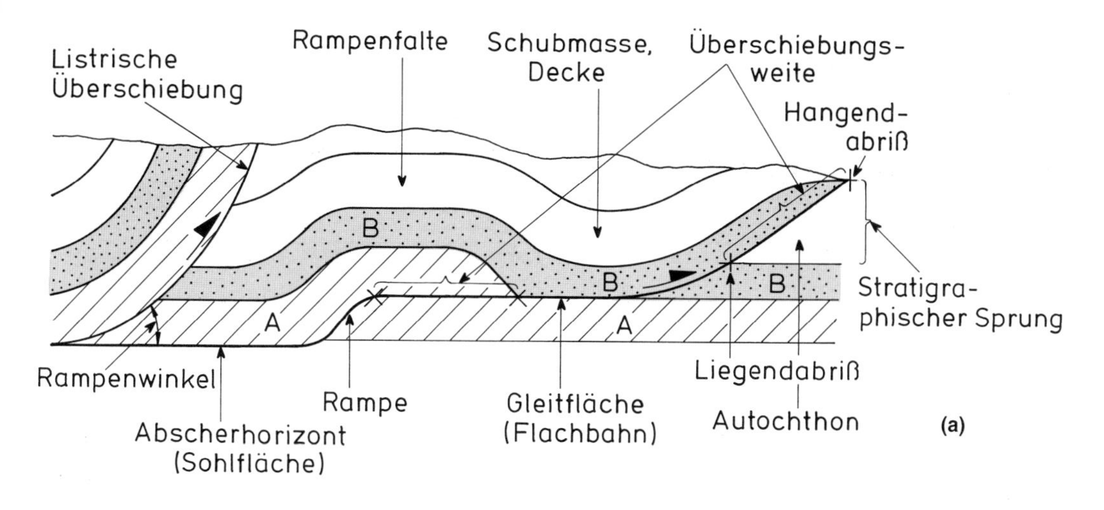

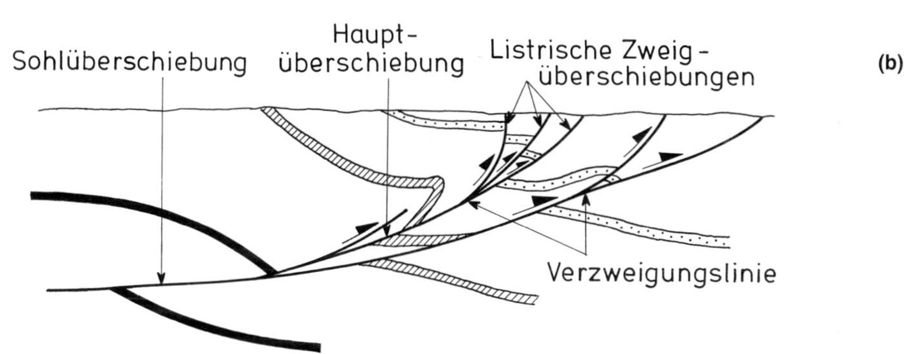

Abb. 10.1 (a) Profilschnitt einer Überschiebungszone parallel zur Bewegungsrichtung mit den im Text diskutierten Begriffen; (b) Schema zur Erläuterung des Zusammenlaufens und der Versatzsummierung von Zweigüberschiebungen in der Sohlüberschiebung.

Hangendabriß = hangingwall cutoff). Die Translationsdistanz (= Überschiebungskomponente) zwischen Liegend- und Hangendabriß ist die **Überschiebungsweite** oder **Schubweite** (thrust displacement) einer Decke. An reinen Überschiebungen läßt sich durch Bestimmung von Liegend- bzw. Hangendabriß bestimmter Leiteinheiten die Schubweite in Profilschnitten senkrecht zum Streichen der Überschiebungsflächen quantitativ ermitteln (Abb. 10.1).

Größere Überschiebungsflächen entwickeln sich als Folge der seitlichen Ausbreitung und des Zusammenwachsens **kontraktiver Störungen** (contraction faults) und präexistierender Gleitflächen. Synthetische oder antithetische **Zweigüberschiebungen** (branch thrusts, thrust splays) mit subparalleler bzw. gegenläufiger Bewegung zur **Hauptüberschiebung** (main, major thrusts) besitzen mit letzterer gemeinsame **Verzweigungslinien** (branch lines). Die Versatzbeträge an den Zweigüberschiebungen summieren sich zum Gesamtversatz an Hauptüberschiebungen und diese münden wiederum in tiefer liegende und meist subhorizontal orientierte **Sohlüberschiebungen** oder **Sohlflächen** (basal thrusts, decollements, detachments, sole thrusts, Abb. 10.1b) und in breite **krustale Abscherzonen** (crustal detachments). Nahe der Erdoberfläche repräsentieren Überschiebungen häufig nur kinematische Teilkomponenten breiter **Falten-** und **Überschiebungsgürtel** (fold-thrust belts), an denen Einengung auch durch Faltung bewirkt wird (siehe Kapitel 16). Deshalb entspricht die Gesamteinengung durch Faltung und Zweigüberschiebungen im Hangenden einer Hauptüberschiebung dem minimalen Versatz an dieser Überschiebung und die Schubweiten gemessen an meh-

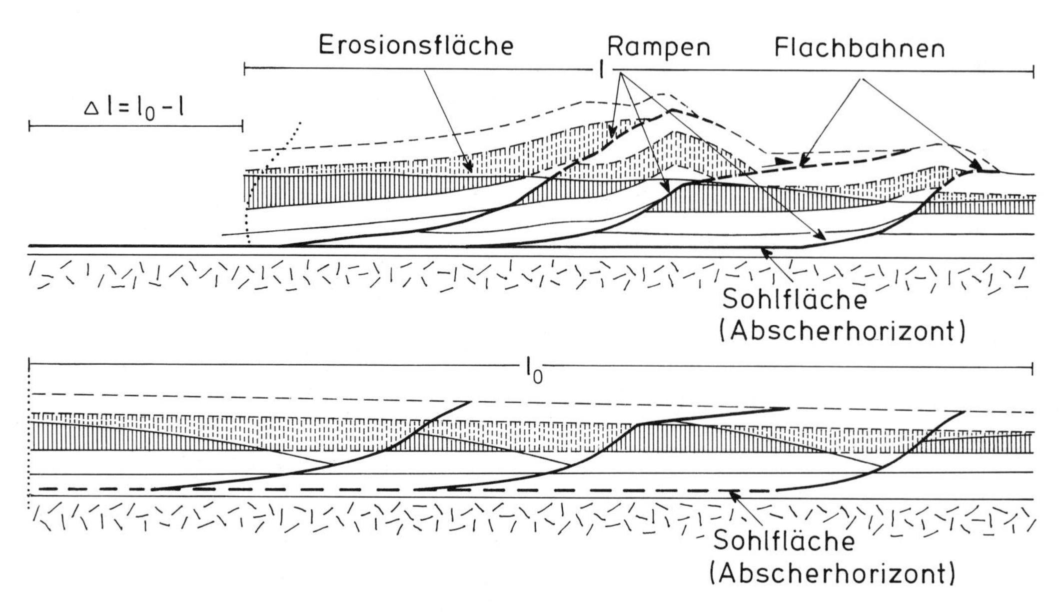

Abb. 10.2 Schema des konstruktiven Profilausgleichs (oben) bzw. der Rückformung (unten) an einfachen Überschiebungen, die sich aus Rampen und Flachbahnen zusammensetzen, wobei eine Einengung von $\Delta l = l_0 - l$ vorliegt (nach Woodward et al., 1985). Gestrichelt eingezeichnet sind die bereits erodierten und somit im Rückversatz interpretierten Teile der Decken.

reren Hauptüberschiebungen summieren sich wieder zur Gesamtschubweite entlang einer gemeinsamen Sohlfläche bzw. zum Gesamtbetrag der duktilen Verformung in tiefen Scherzonen, welche krustale Sockelgesteine bzw. den subkrustalen Mantel queren. Kenntnis der vertikalen **Bewegungsaufteilung** (displacement partitioning) in Profilen von Überschiebungsgürteln ermöglicht deshalb häufig einen geometrisch sinnvollen **Profilausgleich** (section balancing) und somit auch einen geologisch sinnvollen **Rückversatz** (retrodeformation) der überschobenen Gesteinspakete in eine konstruktiv ermittelte Ausgangssituation, wie sie vor der Einengung existiert haben könnte (Abb. 10.2).

Aufgrund der Vertikalkomponente von Überschiebungsbewegungen wird die Geometrie des Hangenden häufig bereits in frühen Stadien der Deformation durch Erosion modifiziert. Dies gilt vor allem für den vordersten Teil einer Decke, die sogenannte **Deckenstirn** (leading edge of a thrust sheet). Die initiale Deckenstirn ist deshalb meist nicht identisch mit der später durch Erosion zurückverlegten **Ausbißlinie** oder **Spur** (trace) der Überschiebungsfläche. Besonders dann, wenn eine Decke so stark erodiert wird, daß nicht nur entlang ihrer Stirn, sondern auch innerhalb der Decke ein rundum geschlossener Teil des Liegenden sichtbar wird, spricht man von einem tektonischen **Fenster** (window) innerhalb dieser Decke (Abb. 10.3). Weniger starke erosive **Einsprünge** (reentrants) entlang der frontalen Überschiebungsspur und **Halbfenster** (half windows) entlang der seitlichen Grenzlinie einer Decke illustrieren die Geometrie von meist flach gegen die Bewegungsrichtung einfallenden Sohlflächen. Wird der frontale Teil einer Decke durch Erosion vom eigentlichen Deckenkörper isoliert und ist er deshalb rundum von stratigraphisch jüngeren Gesteinen des Liegenden umgeben, so bezeichnet man diesen Deckenrest als tektonische **Klippe** (klippe). Fenster, Einsprünge, Halbfenster und Klippen ermöglichen oft die Konstruktion dreidimensionaler geometrischer Modelle für flache Überschiebungen, ohne daß Bohrlochdaten vorliegen müssen.

Die Geometrie vieler Überschiebungsflächen nahe der Erdoberfläche ist **listrisch**, d.h. die Bewegungsflächen sind nach oben konkav (Abb. 10.1). Im Detail überlappen sich Überschiebungsflächen allerdings auch in Form treppenförmig ansteigender Systeme; vor allem in stofflich heterogenen Sedimentfolgen sind die Schichtgrenzen zu mechanisch schwachen Lagen entweder subhorizontale **Gleitebenen** bzw. **Flachbahnen** (glide planes, flats) oder darüber liegende festere Gesteinskom-

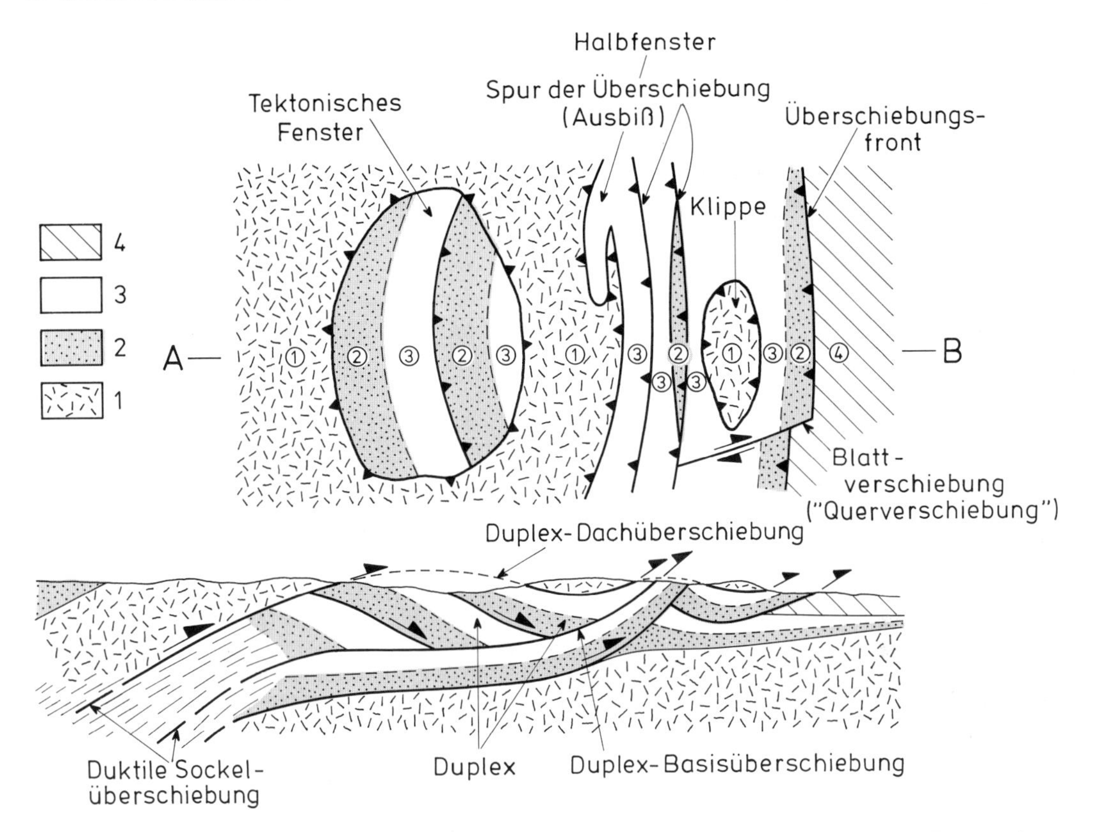

Abb. 10.3 Schematische Karten- und Profilansicht einer Duplexstruktur, eines tektonischen Fensters bzw. einer tektonischen Klippe im Bereich einer Kristallindecke (= Sockelüberschiebung), die von einer Querverschiebung versetzt wurde; 1 = Kristallingesteine des Sockels, 2 = klastische Sedimente, 3 = Tone und Karbonate, 4 = synorogene Klastika des Vorlands.

plexe werden an schichtquerenden **Rampen** (ramps) durchschert (Abb. 10.1 und 10.2). Der Winkel, mit dem eine Überschiebung ein Schichtpaket quert, wird als Rampenwinkel (ramp cut-off angle) bezeichnet.

Durch **Auffächerung** (fanning) und **Verzweigung** (branching) von Überschiebungen besteht sowohl das Hangende als auch das Liegende häufig aus **Schuppen** (imbricate thrust fans, imbricates, horses), wobei sich lithologisch bedingte und intern komplex strukturierte **Schuppenzonen** (multiple imbricates) entwickeln können. Schuppenzonen, die als ganzes sowohl an ihrer Basis als auch an ihrer Obergrenze von bedeutenden Überschiebungsflächen begrenzt werden, bezeichnet man als **Duplexstrukturen** (duplexes). Die tektonischen Begrenzungsflächen von Duplexstrukturen werden als **Basisüberschiebung** (floor thrust) bzw. **Dachüberschiebung** (roof thrust) bezeichnet (Abb. 10.3).

Extrem deformierte, vielfach durchscherte bzw. polylithologische Schuppenzonen sind **tektonische Melangezonen** (tectonic melange, Abb. 10.5c). Konvergente Plattenränder enthalten häufig Melangezonen, in denen nicht nur sedimentäre Einheiten, sondern auch kristalline Einheiten der ozeanischen Kruste bzw. Fragmente subozeanischer Ultramafite anzutreffen sind. Man bezeichnet diese Art von Melangezonen deshalb als **ophiolithische Melange** (ophiolithic melange). In tektonischen Melangezonen gehen meist die stratigraphischen Zusammenhänge zwischen den einzelnen Schichtgliedern verloren, da einzelne Lagen nicht nur von Einengung und Rotation, sondern bei ungünstiger Orientierung auch von Extension erfaßt werden können. Tektonische Melangezonen gleichen deshalb chaotisch gelagerten synsedimentären **Gleitmassen** (**Olistostromen**, olistostromes), besonders wenn letztere später tektonisch deformiert wurden. In tektonischen Melangezonen ist die quantitative

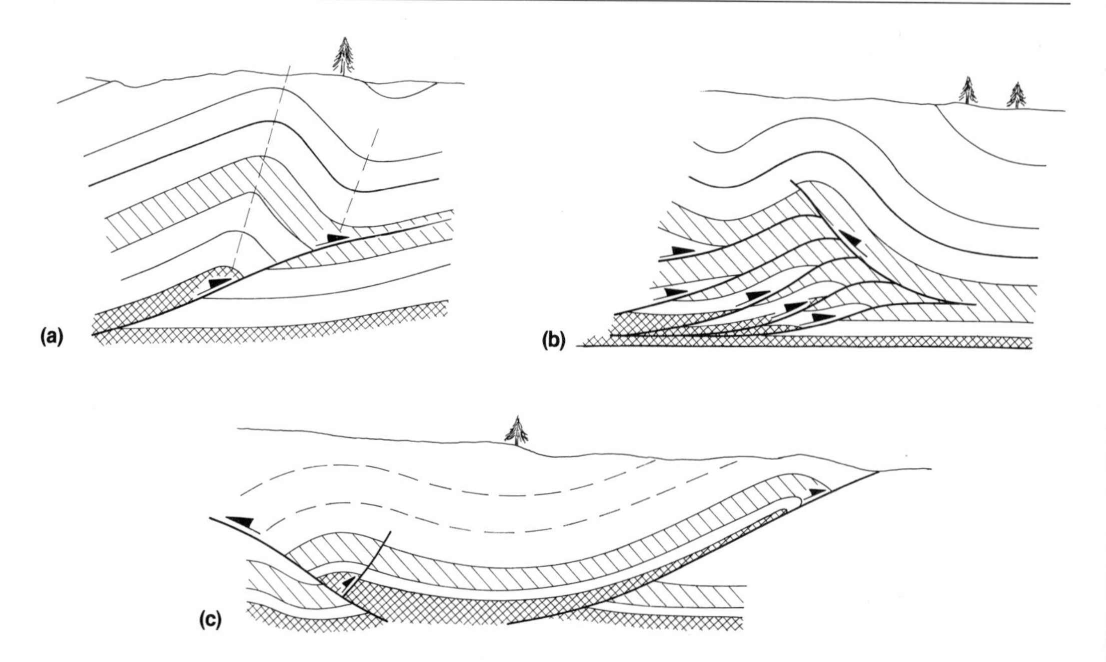

Abb. 10.4 Profilansichten (a) einer frontalen Flexur, (b) einer Verkeilung bzw. Dreieckstruktur und (c) einer symmetrischen Pop-up-Struktur über deutlich ausgebildeten Abscherhorizonten (kariert) innerhalb gut geschichteter sedimentärer Abfolgen (nach SUPPE, 1983; JONES, 1987; PENNOCK et al., 1989).

Bestimmung der Gesamteinengung bzw. der palinspastische Rückversatz von Leiteinheiten nur grob angenähert und meist nur mit Hilfe paläomagnetischer Untersuchungen in Größenordnungen möglich. Tektonische Melangezonen sind wesentliche Anteile aller Akkretionskeile und deshalb auch charakteristisch für den oberflächennahen Bereich aller **Geosuturen** (geosutures) innerhalb kontinentaler Kollisionszonen (siehe Kapitel 28).

Durchschlagen Überschiebungen sedimentäre Deckschichten, so spricht man von **Deckschicht-Überschiebungen** (cover detachment, thin-skinned thrusting). Letztere münden allerdings meist in größere **Sockelüberschiebungen** (basement thrusts) ein; der Übergang zwischen Deckschichtstrukturen und Sockelstrukturen ist komplex und häufig durch teilweise reaktivierte ältere Abschiebungen und schräg zur Einengung orientierte Bruchzonen charakterisiert. Wie bereits angedeutet, besteht in gut geschichteten Sedimentgesteinen eine meist innige kinematische Beziehung zwischen der Kinematik von Überschiebungen und der Entwicklung von Biegegleitfalten (siehe Kapitel 16). Bereits die listrische Form einer Überschiebungsfläche oder die Bewegung des Hangenden über lithologisch bedingte Rampen verursachen indirekt die Krümmung von Schichten im Hangenden (Abb. 10.1 und 10.3). Man bezeichnet diese Art der passiven Schichtkrümmung als **Rampenfaltung** (ramp folding, fault-bend folding). Auch bei der Ausbreitung von Überschiebungsflächen in Richtung der Relativbewegung des Hangenden über das Liegende wird häufig der Versatz entlang der Überschiebung nach vorne hin durch eine **frontale Knickung** (fault propagation folding) der Schichten absorbiert, weshalb die Überschiebung als **blinde Überschiebung** (blind thrust) innerhalb der Knickungszone endet. Dies bedeutet, daß entlang einer momentanen **Frontallinie** (tip line) der Versatz der Überschiebung auf den Wert Null abnimmt. Da sich blinde Überschiebungen meist synthetisch zur Bewegungsrichtung ausbreiten, werden die Knickungen meist durchschert und bilden dann im Hangenden deutlich asymmetrische Falten (siehe Kapitel 16). Die Asymmetrie (= Vergenz) markiert also die initiale Bewegungsrichtung vor der Durchscherung. Breitet sich die Überschiebungsfläche schließlich bis an die Oberfläche aus, so spricht man von **ausstreichenden Überschiebungen** (emergent thrusts). Neben den synthetischen Zweigüberschiebungen entwickeln sich auch antithetische **Rücküberschiebungen** (back

(a)

(b)

(c)

Abb. 10.5 (a) Rückschenkelüberschiebung in Sandsteinlagen mit Abscherung an einem mechanisch schwächeren Kohlehorizont (Rocky Mountains, Kanada); (b) Überschiebung von triassischen Karbonaten (links) über gefaltete synorogene Klastika der Oberkreide (Nördliche Kalkalpen, Tirol); (c) Detailansicht aus dem Melange-Komplex eines mesozoischen Akkretionskeils an der Westküste Nordamerikas, wo linsenförmig zerscherte Sandsteine mit Tonschichten wechsellagern (Bildbreite rund ein Meter).

thrusts), die meist im Hangenden keilförmiger und relativ starrer **Widerlager** (backstops) innerhalb eines Überschiebungssystems auftreten (Abb. 10.4). Man beobachtet deshalb Rücküberschiebungen vor allem in der Übergangszone zwischen Sedimenthülle und kristallinem Sockel breiter Akkretionskeile (Abb. 28.3).

In progressiv wachsenden Überschiebungsgürteln kommt es in geschichteten Gesteinen je nach regionaler Bedeutung des Abscherhorizonts, nach Geometrie des Hangenden und Festigkeit der Lagen neben **frontalen Knickungen** (fault propagation folds) auch zur **Verkeilung** (wedging) der Schichten oder zur Bildung komplexer **Dreieck-** und **Deltastrukturen** (triangle, delta structures, Abb. 10.4 und 10.6). Vor allem im Hangenden mechanisch schwacher Abscherhorizonte entwickeln sich symmetrische oder asymmetrische **Pop-up-Strukturen** (pop-up-structures, Abb. 10.4), in denen die Durchscherung stark geneigter Lagen oder Falten auch gleichzeitig in **Rückschenkelüberschiebungen** (backlimb thrusts, Abb. 10.5a) und **Vorderschenkelüberschiebungen** (forelimb thrusts) erfolgen kann. Überschiebungsgürtel besitzen häufig **frontale Flexuren** (frontal flexures), in denen die Einengung auf Null ausklingt (Abb. 10.4a und 10.7). Regionale frontale Flexuren sind, ähnlich wie Frontallinien, **Bezugslinien** (pin lines) für den konstruktiven Rückversatz bei der palinspastischen Rekonstruktion von Überschiebungsgürteln.

Durch die Bildung neuer Rampenfalten in progressiv tieferen stratigraphischen Niveaus werden die ursprünglich ebenen bzw. schichtparallelen Flachbahnen großer Überschiebungen selbst wieder gefaltet (Abb. 10.3 und 10.10). An stark **gefalteten Überschiebungen** (folded thrusts) kommt die synthetische Bewegung des Hangenden zum Erliegen und die Deformation verlagert sich auf Flachbahnen bzw. Rampen in tieferen und frontaleren Teilen des Schichtstapels bzw. in noch tiefer gelegene kristalline Krustenbereiche (Abb. 10.6).

Die „normale" Entwicklung eines Überschiebungsgürtels bei fortschreitender Einengung erfolgt also durch räumliches **Vorrücken des Überschiebungssystems** (thrust progradation), was bedeutet, daß im **Vorland** (foreland) des Gürtels ständig neue Zweigüberschiebungen entstehen, die zum **Hinterland** (hinterland) einfallen (hinterland-dipping thrusts) und dort in tiefer gelegene Hauptüberschiebungen, Sohlflächen und Abscherhorizonte ein-

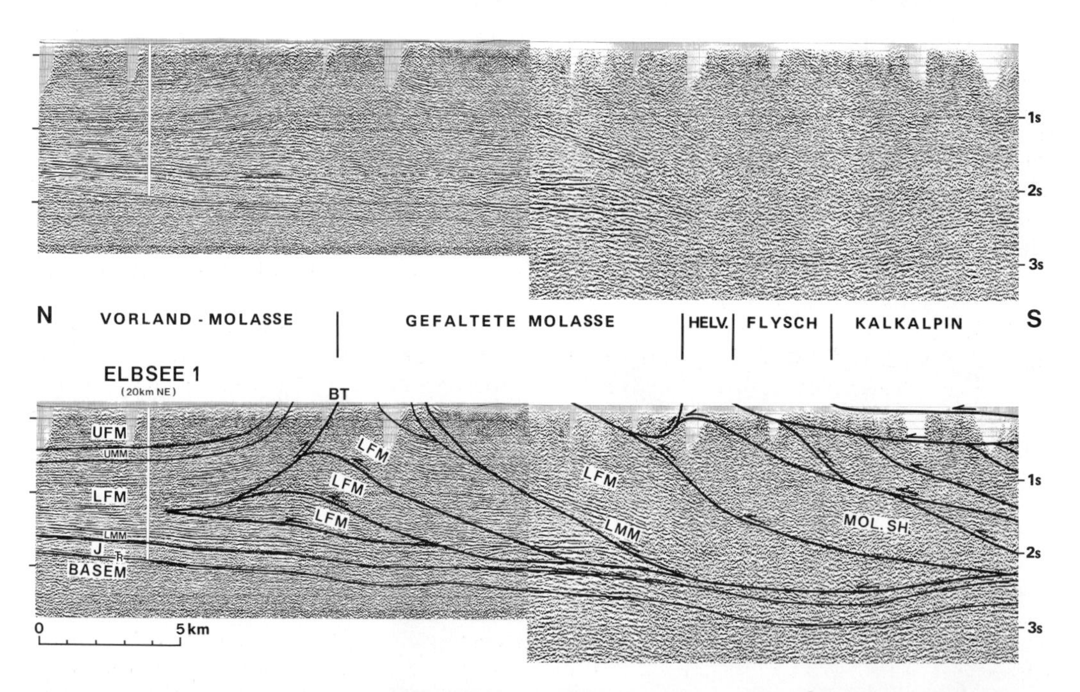

Abb. 10.6 Reflexionsseismisches Profil und geologische Interpretation einer frontalen Dreieckstruktur im Bereich der Molasse des Alpenvorlands in der Nähe von Hindelang aus Müller et al. (1988): BASEM = Kristallin-Basis der Plattformsedimente; TR, J = Trias, Jura; LMM, LFM, UMM, UFM = klastische Einheiten der tertiären Vorlandbeckenfüllung.

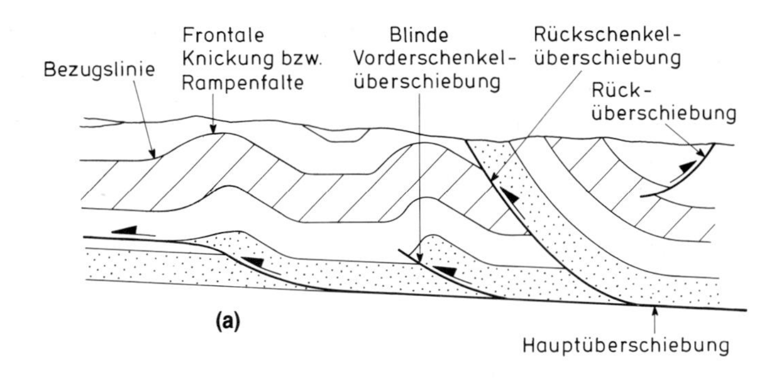

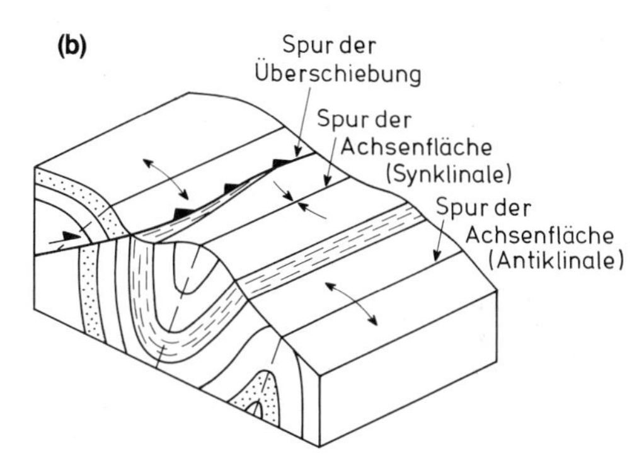

Abb. 10.7 Beziehung zwischen Überschiebungen und Falten in sedimentären Vorlandbecken dargestellt im Profil (a) und Blockbild (b). Siehe auch Kapitel 16.

münden (Abb. 10.9). Im weiter fortgeschrittenen Stadium der Einengung kommt es aber auch zur Neubildung und Reaktivierung von Überschiebungsflächen, die weit hinter der eigentlichen Überschiebungsfront liegen und dort auch ältere Bewegungsflächen queren. Solche **durchbrechenden Überschiebungen** (out-of-sequence thrusts) fallen nicht nur in Richtung zum **Hinterland** ein (hinterland-dipping), sondern auch in Richtung zum **Vorland** (foreland-dipping thrusts).

Die Profilgeometrie stark eingeengter Überschiebungsgürtel wird also sowohl durch vorrückende als auch durchbrechende Systeme synthetischer und antithetischer Überschiebungen bestimmt. Im einzelnen Fall wird die dreidimensionale Geometrie von Überschiebungs- und Knickungsstrukturen vor allem durch die Mächtigkeit, Lithologie und Geometrie der sedimentären Beckenfüllung bestimmt. So beobachtet man in relativ dünnen und stratigraphisch einförmigen Plattformsedimenten im allgemeinen auch einfache synthetische Überschiebungssysteme (Abb. 10.9) oder Sockelaufschiebungen. Heterogen zusammengesetzte Schichtfolgen, z.B. Serien mit mächtigen Ton- und Salzlagen bzw. Gesteinsverbände mit komplexen lateralem Fazieswechsel, zeigen entsprechend komplexe Abscherungs- und Faltenstrukturen (Abb. 10.10). Extrem komplexe Profilgeometrien resultieren bei Überlagerung von spröden und duktilen Einengungsstrukturen bzw. bei einer späteren regionalen Extension an Abschiebungen, welche teilweise älteren Überschiebungsstrukturen folgen Abb. 10.11).

Seitlich begrenzt werden Schubmassen entweder durch **laterale Rampen** (lateral, transverse ramps), an denen Überschiebungsflächen schräg zur Oberfläche aufsteigen (Abb. 10.12), oder durch steile **Querverschiebungen** (tear, cross faults), die sich häufig nur bis an die Basis der Decken verfolgen lassen (siehe Kapitel 16). Im Streichen eines Überschiebungsgürtels findet man deshalb zwischen deutlich abgesetzten Spuren frontaler Hauptüberschiebungen meist komplexe Verbindungs- und Übergangszonen, in denen schräg orientierte Falten, laterale Rampen und steile Blattverschiebungen die Gesamteinengung von einer Hauptüberschiebung auf eine andere übertragen. Man bezeichnet solche Zonen deshalb als konvergente **Transferzonen** (transfer zones), da an ihnen der Gesamteinengungsbetrag als Horizontalkomponente auftritt und somit die Einengung des Überschiebungsgürtels im Streichen erhalten bleibt. Transferzonen entwickeln sich häufig an präexistierenden Fazies- und Mächtigkeitssprüngen innerhalb von Sedimentabfolgen bzw. an Sockel-Störungen, die

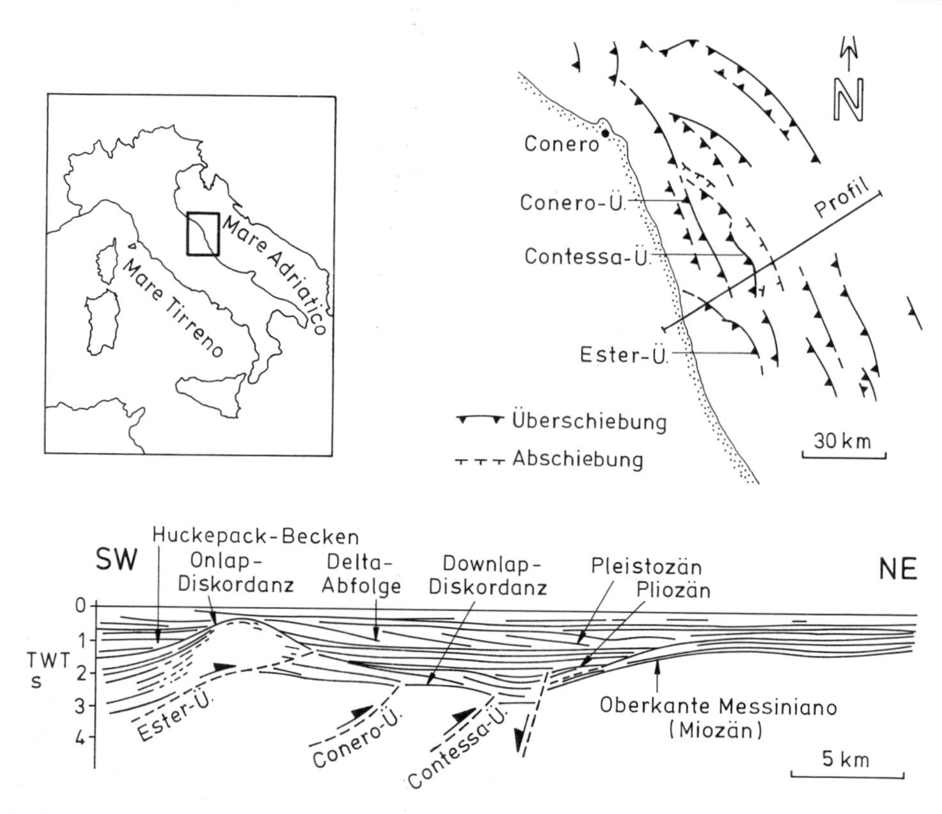

Abb. 10.8 Geometrie synsedimentärer Überschiebungen im modernen Vorland der Apenninen aus einer Interpretation reflexionsseismischer Daten (Tiefenlage in TWT = two-way-traveltime seismischer Wellen in Sekunden). Profil kaum überhöht. Bemerkenswert sind die zahlreichen Onlap- und Downlap-Diskordanzen der syntektonischen Einheiten im klastischen Keil vor den Überschiebungen und am Rande von Huckepack-Becken des Hangenden (nach Ori et al., 1986).

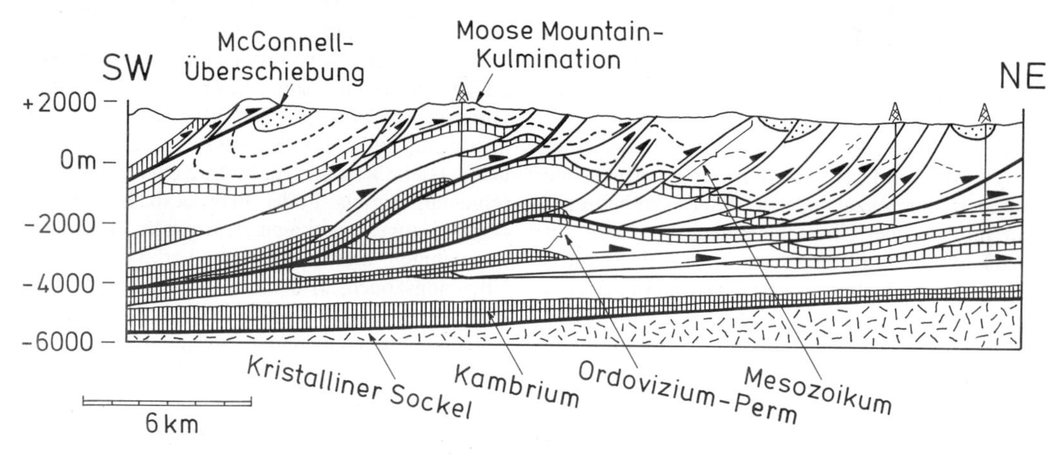

Abb. 10.9 Querschnitt durch den Überschiebungsgürtel der Vorberge der kanadischen Rocky Mountains (nach Geological Survey of Canada). Zahlreiche Zweigüberschiebungen in den tonig-sandigen mesozoischen Serien des Vorlands laufen in Hauptüberschiebungen bzw. Sohlflächen zusammen, die der Basis paläozoischer Karbonatkomplexe folgen. Konstruktion des Profils erfolgte mittels einer Synthese aus Oberflächengeologie, Bohrlochdaten, Reflexions- und Refraktionsseismik bzw. durch Profilausgleich (siehe Kapitel 16).

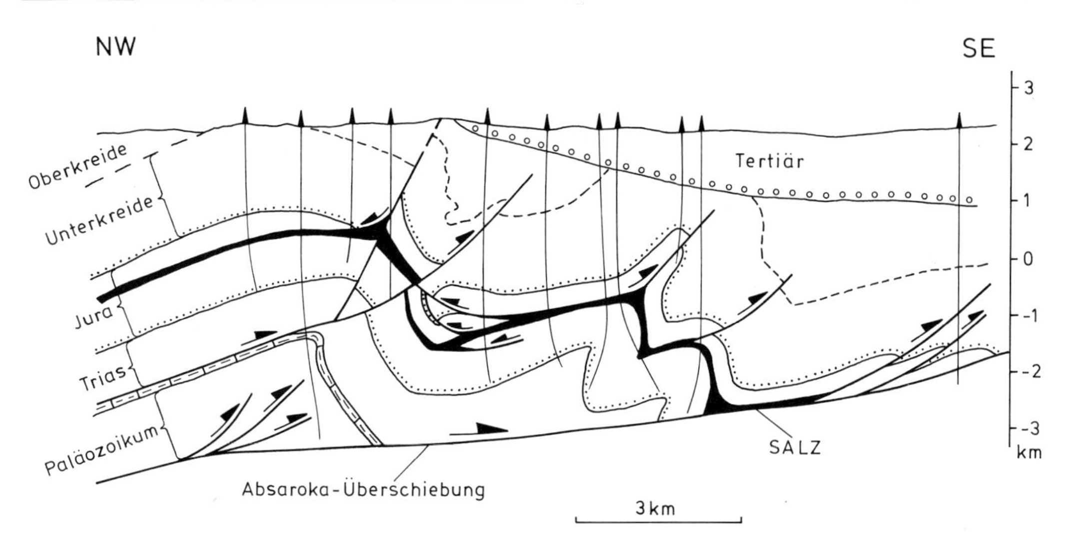

Abb. 10.10 Blinde Zweigüberschiebungen im Hangenden der Absaroka-Hauptüberschiebung und unter den diskordant aufliegenden paläogenen Klastika des Vorlands (Anschutz Ranch-Ölfeld im Wyoming-Überschiebungsgürtel der westlichen USA). Bemerkenswert ist das Auftreten komplexer Abscherungen (z.B. bivergente Pop-up Strukturen) in einem oberjurassischen Salzhorizont (schwarz) im Kern von Falten, die sich bei der spätkretazischen Deformation entwickelten. Angedeutet ist die Lage von Hydrokarbon-Explorationsbohrungen (nach West & Lewis, 1982).

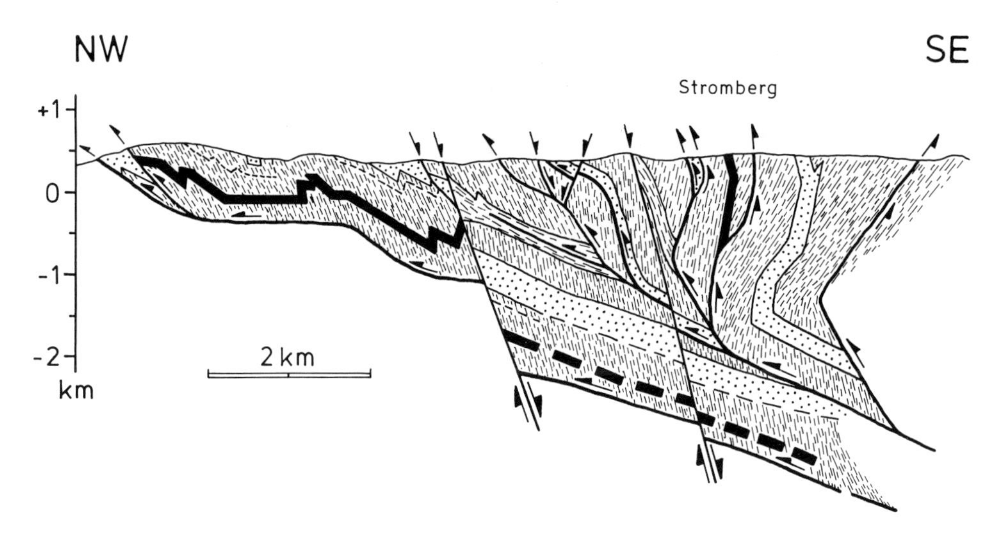

Abb. 10.11 Überschiebungsstrukturen in geschieferten Sedimentgesteinen am Südrand des Rheinischen Schiefergebirges (Rhenoherzynikum). Die teilweise stark rotierten Schieferungsflächen (gestrichelt) und Überschiebungen wurden später an Abschiebungen tektonisch überprägt und versetzt (nach Oncken, 1988).

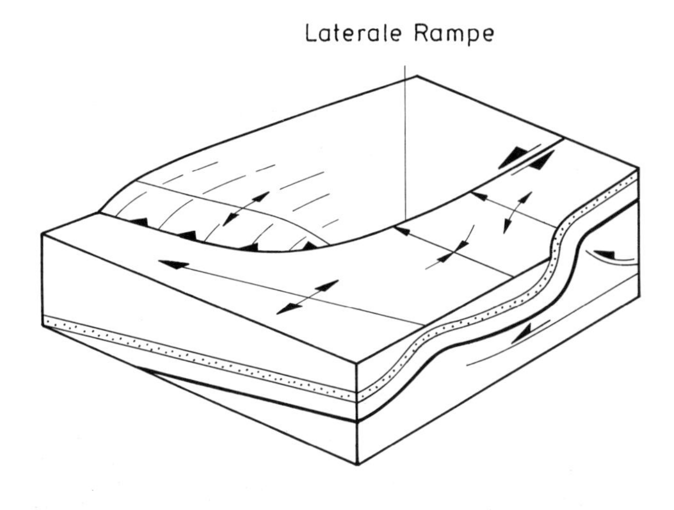

Abb. 10.12 Schematisches Blockbild einer einfach strukturierten lateralen Rampe bzw. Transferzone, an der sich aus zwei blinden Überschiebungen (rechts) eine ausstreichende Überschiebung mit größerem Versatz (links) entwickelte.

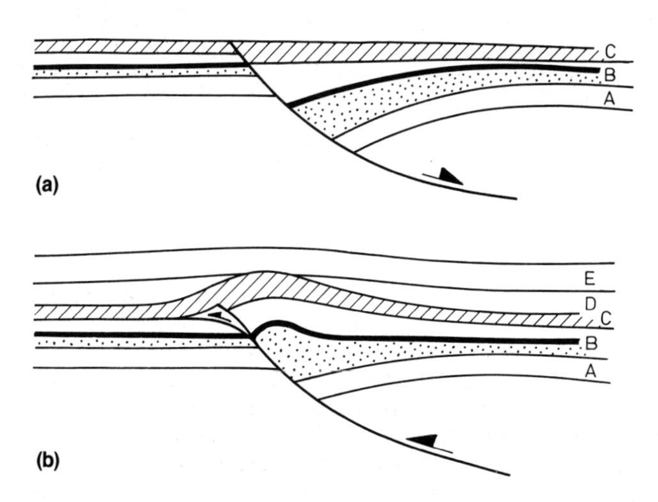

Abb. 10.13 Schema einer synsedimentären Abschiebung (a), an der es während und nach Ablagerung der Einheiten D und E zur synsedimentären Becken-Inversion kam (b).

bereits vor der Einengung existierten, also z.B. unterbrochene Riftstrukturen.

Synsedimentäre Überschiebungen (synsedimentary thrusts) zeigen vor allem in der Nähe der Überschiebungsfront deutliche Mächtigkeitsunterschiede und subtile Onlap- bzw. Downlap-Diskordanzen innerhalb der meist klastischen sedimentären Abfolgen (Abb. 10.8). Im Liegenden entstehen so **klastische Keile** (clastic wedges). Werden kleinere syntektonische Sedimentbecken durch Vorwärtsbewegung des Hangenden von Überschiebungen in Bewegungsrichtung verlagert, so bezeichnet man sie als **Huckepack-Becken** (piggyback basins, Abb. 10.8).

In vielen Sedimentbecken führt tektonische Einengung deshalb auch zur teilweisen Reaktivierung vormaliger synsedimentärer Abschiebungssysteme als Überschiebungen. Wenn Abschiebungen über größere Bereiche eines Sedimentbeckens hinweg in Form von Auf- und Überschiebungen reaktiviert werden, bezeichnet man die resultierenden Strukturen als **Inversionsstrukturen** (inversion structures) und den Einengungsvorgang selbst als **Beckeninversion** (basin inversion). Häufig erfolgt dabei nicht nur die anfängliche Beckenextension, sondern auch die spätere Beckeninversion synsedimentär, so daß an den lateral auskeilenden syntektonischen Schichteinheiten interessante

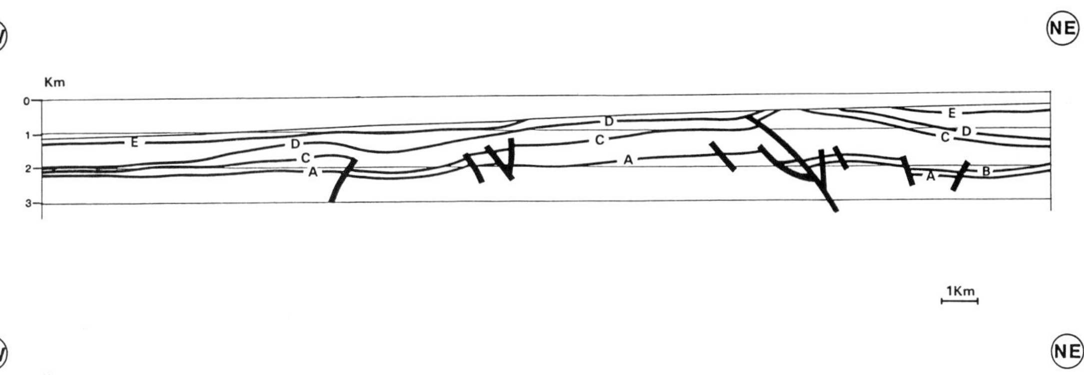

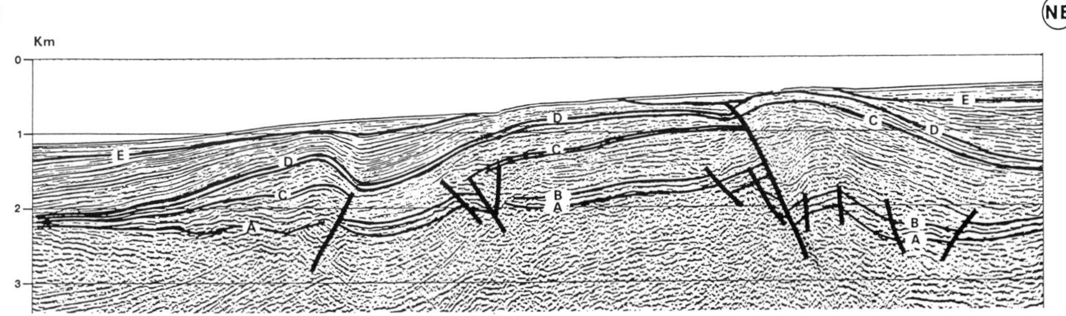

Abb. 10.14 Miozäne (B bis D) Grabenstruktur im östlichen Sunda-Schelfbereich (Indonesien), die anscheinend seit dem Pliozän invertiert wird. Unten dargestellt ist ein migriertes reflexionsseismisches Profil (überhöht!), das oben als nicht überhöhtes geologisches Profil interpretiert wurde (aus LETOUZEY et al., 1990).

Erdölfallen entstehen können (Abb. 10.13). Höchst instruktive Beispiele für Beckeninversion kennt man aus vielen Teilen des tieferen Nordseebeckens, wo die Inversion von Abschiebungen aufgrund einer deutlich erkennbaren Abscherung höherer mesozoischer Einheiten von den basalen permischen Evaporitserien besonders klar ist. Auch in vielen invertierten Vorland- und Randbecken lassen sich oberflächennahe Zweigüberschiebungen als Inversionsstrukturen interpretieren (Abb. 10.14).

10.2 Dynamische Modelle von Überschiebungen

Die mechanische Bedingung für die Entwicklung relativ reiner Überschiebungen nahe der Erdoberfläche ist ein Spannungszustand, für den gilt, daß $S_h = \sigma_2$, $S_v = \sigma_3$ und $S_H = \sigma_1$. Einfache zweidimensionale Überschiebungsmodelle basieren deshalb auf Profilschnitten S_v senkrecht zum tektonischen Streichen, d.h. normal zu $S_h = \sigma_2$. Aufgrund der progressiven Verbreiterung von Überschiebungsgürteln in Überschiebungsrichtung haben natürliche Überschiebungsgürtel im allgemeinen die Querschnittform flacher Keile. Im Verlauf der einengenden Bewegungen werden diese Keile nicht nur breiter, sondern auch mächtiger. Der Winkel an der **Keilspitze**, bzw. am **Fuß** oder an der **Zehe** (toe) solcher Keile wird als **Zuschnitt** (taper) bezeichnet. Je nach dem Verhältnis des Scherwiderstands an der Basis des Keils zu den Scherwiderständen im Inneren des Keils entwickelt sich ein stationärer Zuschnitt, der relativ steil oder flach sein kann. Bei geringem basalem Scherwiderstand und hohen internen Scherwiderständen bleibt der Zuschnitt von Anfang an gering und ein relativ dünner und breiter Keil entwickelt sich schnell in Richtung zur Keilspitze. Bei hoher basaler Scherfestigkeit wachsen Zuschnitt und Mächtigkeit des Keils, allerdings nur soweit bis gravitative Bewegungen bzw. Erosion an der Keiloberfläche eine Abnahme der durchschnittlichen Neigung bewirken. Subhorizontale Zonen mit abnormal hohem Porenwasserdruck oder ausgedehnte Evaporitlagen erniedrigen die inneren und basalen Scherwiderstände in den **Überschiebungskeilen** (thrust wedges) und ihr Verhalten steuert somit den Keilzuschnitt. In der Natur ist der

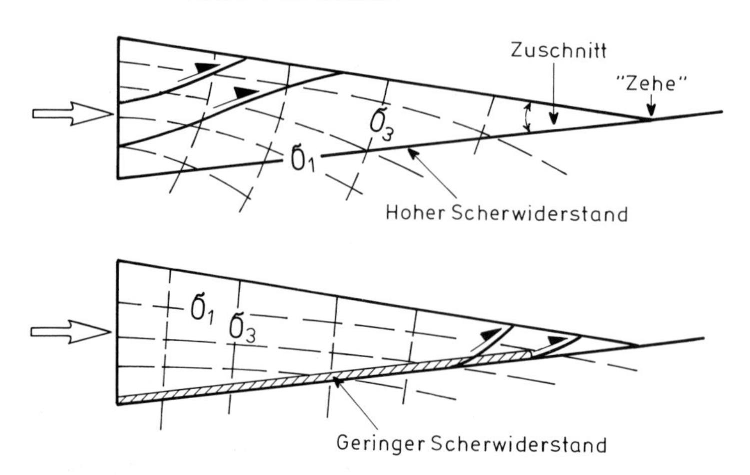

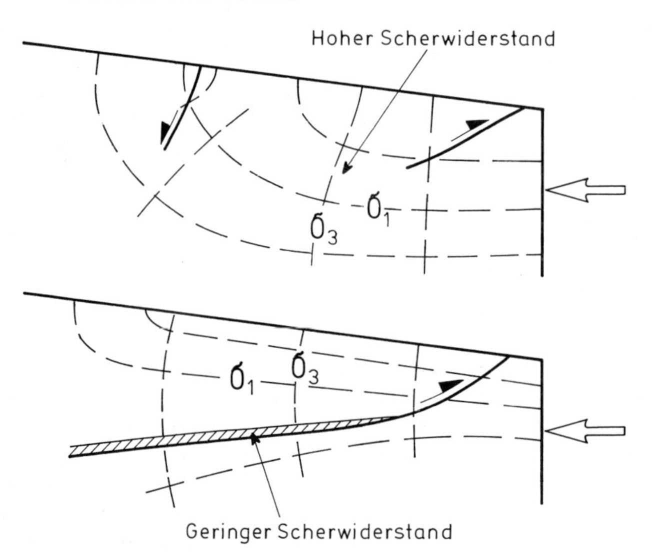

Abb. 10.15 Zweidimensionale Modelle für möglichen Kraftansatz und angenäherten Verlauf von Spannungstrajektorien in keilförmigen Überschiebungsgürteln bei (a) Kraftansatz von hinten und (b) Kraftansatz von vorne. Angedeutet ist der Abkoppelungseffekt, der über extrem schwachen Abscherhorizonten zu beobachten ist.

Zuschnitt nur selten größer als 10°. Als dynamische Grundmodelle für Überschiebungsbewegungen dienen zwei Formen des Kraftansatzes: a) Kraftansatz entlang einer hinteren Begrenzungsfläche des hangenden Keilbereichs und b) Kraftansatz im frontalen Liegenden des Keils (Abb. 10.15).

Kraftansatz von hinten („Bulldozer"-Modell) führt bei hohen internen Scherwiderständen zum Aufbau großer Horizontalspannungen im breiten hinteren Teil des Keils. Eine Divergenz der Spannungstrajektorien σ_1 läßt eine Abnahme der Spannungen in Richtung auf die Zehe erwarten. Mechanisches Versagen im Keil erfolgt deshalb wahrscheinlich zuerst in Form schmaler oberflächennaher Späne im Bereich des Kraftansatzes. Existieren durchhaltende Zonen mit geringem Scherwiderstand im tieferen Teil des Keils, so kann es allerdings zur teilweisen Abkoppelung der Spannungstrajektorien im Keil von denen im Substrat des Liegenden kommen. An der Zehe des Keils treten dann Spannungskonzentrationen auf und deshalb sind dort auch schon früh Überschiebungsbewegungen zu erwarten (Abb. 10.15a).

Kraftansatz von vorne äußert sich durch Spannungskonzentrationen in den frontalen Partien des Keils, wo auch erstes Versagen zu erwarten ist.

Dabei kann man sich vorstellen, daß bei großen basalen Scherwiderständen an der Basis des Keils eine Divergenz der Spannungstrajektorien bzw. auch starke regionale Spannungsgradienten auftreten und im hinteren Teil des Keils („Hinterland") die Trajektorien von $S_H = \sigma_1$ kontinuierlich in die Trajektorien von $S_V = \sigma_1$ übergehen können. Im aufsteigenden Hinterland eines mächtigen Überschiebungsgürtels könnte es deshalb zum Auftreten von Blattverschiebungen und Abschiebungen parallel zum Streichen kommen (Abb. 10.15b). Häufig entwickeln sich Überschiebungsgürtel allerdings zwischen relativ starren Vorländern und Hinterländern und allgemeine Konvergenz gibt Anlaß zu hohen Horizontalspannungen im gesamten Profil. Dabei brauchen weder im Vorland noch im Hinterland die Grenzflächen scharf definiert oder vertikal zu sein, weshalb auch komplexe Rücküberschiebungen bzw. durchbrechende Überschiebungen zu beobachten sind.

Das schwer verständliche mechanische Problem aller großen Überschiebungsflächen liegt darin, daß bei hohen vertikalen Normalspannungen, die durch das Gewicht der Decken verursacht werden, die Bewegung an subhorizontalen Gleitflächen anscheinend über lange Zeiträume erhalten bleibt. Eine solche Bewegung wird natürlich bei Existenz subhorizontaler Zonen mit extrem geringer Scherfestigkeit wesentlich erleichtert, also z.B. durch Entwicklung und zyklische Erneuerung schichtparalleler Bereiche mit hohem Fluiddruck oder durch Wechsellagerung relativ fester mit extrem duktilen Gesteinseinheiten, wie z.B. Salz. Auch die zeitlich finite Ausbreitungsgeschwindigkeit an überlappenden Bruch- und Gleitfronten erleichtert die kumulative Schritt-für-Schritt erfolgende Vorwärtsbewegung des Hangenden an flachen Überschiebungen.

Literatur

Hubbert & Rubey, 1959; Laubscher, 1965; Dahlstrom, 1969; McClay & Price, 1981; Boyer & Elliott, 1982; Butler, 1982; West & Lewis, 1982; Gries, 1983; Bally, 1984; Dahlen et al., 1984; Raymond, 1984; Woodward et al., 1985; Ori et al., 1986; Bernoulli & Weissert, 1987; Jones, 1987; Ziegler, 1987; Mitra & Wojtal, 1988; Müller et al., 1988; Oncken, 1988; Price, 1988; Schmidt & Perry, 1988; Cooper & Williams, 1989; Hinz et al., 1989; Pennock et al., 1989; Letouzey et al., 1990; McClay, 1992; Jordan et al., 1993.

11 Blattverschiebungen

11.1 Geometrie und Kinematik von Blattverschiebungen

Blattverschiebungen (Seitenverschiebungen bzw. Horizontalverschiebungen, strike-slip faults, wrench faults, transcurrent faults) sind in der Nähe der Erdoberfläche meist steil einfallende Bewegungsflächen, an denen Horizontalversatz (auch Seitenversatz oder Lateralversatz) überwiegt. **Reine Blattverschiebungen** (pure strike-slip faults) sind verhältnismäßig selten und in vielen **Blattverschiebungszonen** (strike-slip zones) setzt sich der Gesamtversatz nicht nur aus Horizontalkomponenten, sondern auch aus bedeutenden Extensions- bzw. Kontraktionskomponenten zusammen. Treten signifikante Extensionskomponenten auf, spricht man von **divergenten Blattverschiebungen** (divergent strike-slip faults), bei bedeutenden Einengungskomponenten von **konvergenten Blattverschiebungen** (convergent strike-slip faults). In seichten Krustenniveaus kommt es dabei allerdings meist zur regionalen **Deformationsaufteilung** (deformation partitioning), wodurch die Gesamtdeformation auf relativ reinen Blattverschiebungen, aber auch relativ reinen Abschiebungen bzw. Überschiebungen erfolgt. In größerer Tiefe und bei höheren Temperaturen nehmen wahrscheinlich duktile **schräge Scherzonen** (oblique shear zones) den entsprechenden regionalen Deformationsbetrag auf. Zur quantitativen Bestimmung der tektonischen Horizontalkomponenten an größeren Blattverschiebungszonen muß deshalb sorgfältig vorgegangen werden, da in geschichteten Einheiten auch begleitende Abschiebungen und Überschiebungen im geologischen Kartenbild **scheinbaren Seitenversatz** oder **Lateralversatz** (apparent horizontal separation) vortäuschen können (Abb. 11.1). Am besten geeignet für die Bestimmung des Horizontalversatzes an einer Blattverschiebung sind deshalb die **Abrißlinien** (cutoff lines) von planaren vertikalen Vorzeichnungen, wie z.B. magmatischen Gängen. Die **Abrißpunkte** (cuttoff points) solcher Vorzeichnungen zu beiden Seiten einer Blattverschiebung können kartographisch markiert werden. Aber auch lineare horizontal gelagerte Vorzeichnungen, wie z.B. sedimentäre Faziesgrenzen, metamorphe Gürtel, lineare gravimetrische oder magnetische Anomalien oder punktuell-konzentrische Körper, wie z.B. Plutone, erweisen sich in dieser Hinsicht als nütz-

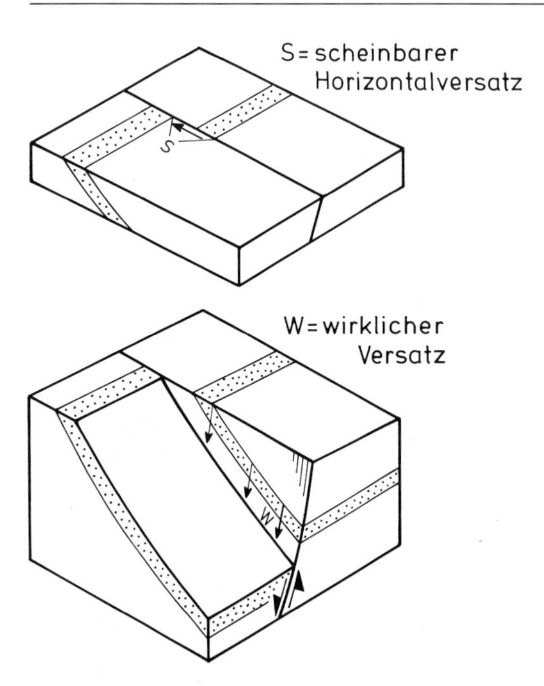

Abb. 11.1 Scheinbarer Horizontalversatz hervorgerufen durch eine primäre Neigung und Erosion der versetzten Schichten; wirklicher Versatz der Schichten erfolgte an einer Abschiebung.

lich zur Bestimmung des Versatzes an Blattverschiebungen. Der **Bewegungssinn** (sense of displacement) an Blattverschiebungen wird, von oben betrachtet, entweder als **dextral** (rechtsverschiebend, right-lateral) oder **sinistral** (linksverschiebend, left-lateral) angegeben. In Profilschnitten, die senkrecht zu einer Blattverschiebungsfläche orientiert sind, wird der Bewegungssinn durch Kreissymbole angedeutet, wobei ein Punkt im Kreis Bewegung zum Beobachter (Pfeilspitze!) bedeutet, ein Kreuz im Kreis (Pfeilende!) eine Bewegung vom Beobachter weg anzeigt (Abb. 11.11).

Die regionaltektonische Bedeutung von Blattverschiebungen erkannte man erstmals nach großen Erdbeben an modernen Blattverschiebungssystemen. Überzeugend war dabei der irreversible Versatz von Zäunen, Wegen und Kanälen um mehrere Meter, welche man nach zerstörenden Beben in der ersten Hälfte des 20. Jahrhunderts beobachtete, wie z.B. an der San Andreas Fault in Kalifornien beim großen Beben von 1906, an der Alpine Fault in Neuseeland und entlang der Nordanatolischen Blattverschiebung in der Türkei. Große moderne Blattverschiebungen besitzen relativ geradlinige Spuren, werden aber beiderseits von Zonen mit topographischen **Druckrücken** bzw. **Absenkungstümpeln** (pressure ridges, sag ponds etc.) flankiert und sind durch scharfe Knickstellen der transversalen Bach- und Flußsysteme gekennzeichnet (Abb. 11.3).

Die kinematische Entwicklung von Blattverschiebungen in drei Dimensionen ist ein außergewöhnlich komplizierter Vorgang. Blattverschiebungen haben ihre Ausgangspunkte meist in Zonen mit bedeutender regionaler Kontraktion oder Extension der Kruste. Sie sind deshalb in erster Linie **Verbindungsstrukturen** (linking structures) zwischen divergenten und konvergenten Plattengrenzen, bilden aber auch breite diffuse Verbindungsstrukturen innerhalb divergenter und konvergenter Intraplattenbereiche (Abb. 21.2). Die wichtigsten und geometrisch einfachsten Blattverschiebungen sind die Verbindungsstrukturen zwischen ozeanischen Spreizungszentren oder intraozeanischen Subduktionszonen bzw. zwischen ozeanischen Spreizungszentren und ozeanischen Subduktionszonen (siehe Kapitel 27). Man bezeichnet diese Blattverschiebungen als **ozeanische Transformverschiebungen**, **Transformstörungen** oder einfach **Transforms** (oceanic transform faults, transforms) und unterscheidet **Rücken-Rücken Transforms**, **Rinnen-Rinnen Transforms** und **Rücken-Rinnen Transforms** (ridge-ridge, trench-trench, ridge-trench transforms, Abb. 21.5). Queren Transformstörungen kontinentale Krustenbereiche, stellen sie also **kontinentale Transformstörungen** (continental transform faults) dar, so beobachtet man im Gegensatz zu ozeanischen Transforms meist erhebliche geometrisch-kinematische Wechselwirkungen und Überlappungen mit Abschiebungs- und Überschiebungssystemen. Dabei können sich im Streichen einer Störungszone divergente und konvergente Segmente ablösen. Die San Andreas-Blattverschiebung, die am besten studierte kontinentale Transformstörung, verbindet z.B. zwei Teilbereiche des ostpazifischen Rückensystems (Abb. 11.2 und 11.3) und entwickelte sich als Folge einer progressiven Annäherung des ostpazifischen Spreizungs-Transformsystems gegen die Westküste Nordamerikas. Die Alpine Fault in Neuseeland und die Philippinen-Blattverschiebung sind dagegen instruktive Beispiele für moderne kontinentale Rinnen-Rinnen Transformstörungen (siehe Kapitel 28).

Noch komplexere und breitere Systeme von Blattverschiebungen entwickeln sich aber aus intrakontinentalen Kollisions- oder Extensionszonen. Dort erfolgt allgemein ein seitliches Entweichen

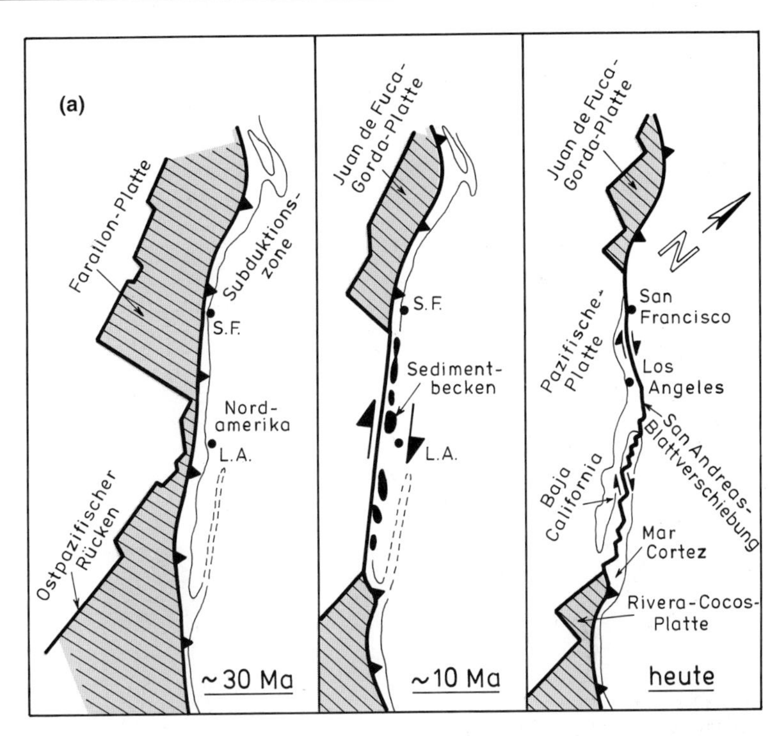

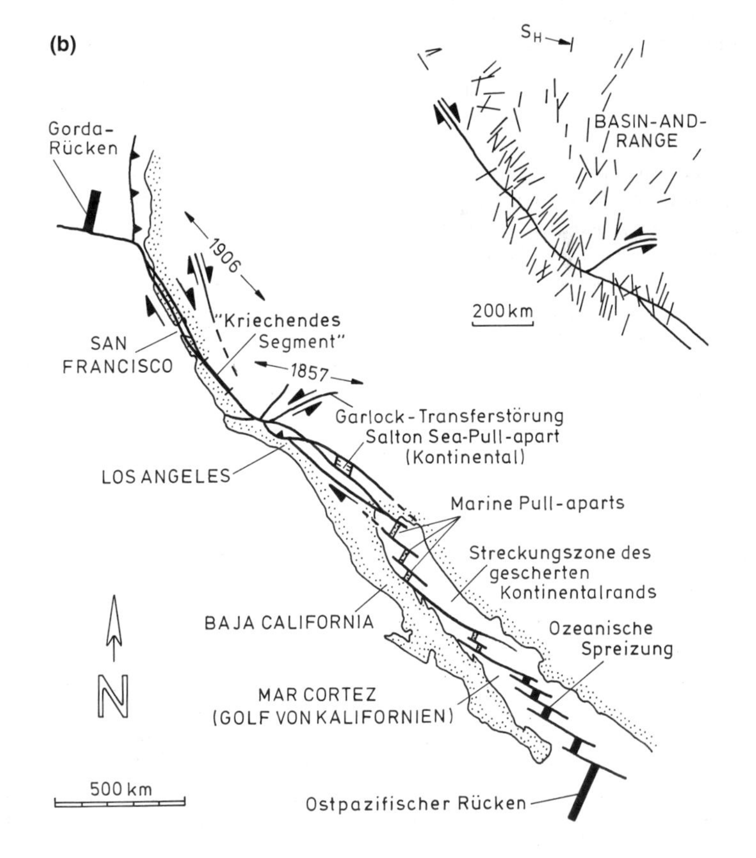

Abb. 11.2 (a) Entwicklung der San Andreas-Störung als kontinentale Transform-Zone in den letzten 30 Millionen Jahren durch progressive Subduktion der Farallon-Platte und allmähliche Annäherung des Ostpazifischen Spreizungszentrums an den Westrand des nordamerikanischen Kontinents. (b) Die San Andreas-Blattverschiebung als Verbindungsstruktur zwischen den Rückensegmenten des modernen Ostpazifischen Spreizungssystems. Teilweise ozeanische Pull-apart-Becken im Golf von Kalifornien und divergente Strukturen im Südosten des Störungssystems leiten über zu konvergenten Strukturen im Bereich der Transverse Ranges nördlich von Los Angeles und in das relativ reine und aseismisch 'kriechende' Blattverschiebungssegment südlich von San Francisco. Rechts oben dargestellt ist die Orientierung der größten horizontalen Hauptspannungen S_H (Striche) in der oberen Kruste, bestimmt durch verschiedene Methoden (nach ZOBACK et al., 1987). Bemerkenswert ist dabei der relativ große Winkel zwischen S_H und der Bewegungszone im Bereich des zentralen Segments, was auf einen relativ geringen durchschnittlichen Scherwiderstand entlang dieses Störungssegments schliessen läßt. Die Länge der bedeutenden seismischen Rupturen von 1906 und 1857 sind angedeutet.

(a)

(b)

Abb. 11.3 Zwei Ansichten der modernen Spur der San Andreas-Blattverschiebung entlang der Carizzo Plain, Kalifornien. (a) zeigt den Wechsel zwischen Druckrücken und angrenzenden Depressionen, (b) illustriert den dextralen Versatz eines Bachlaufs um rund 10 m (Photo K.E. Sieh).

von besonders verdickten oder ausgedünnten Krustenbereichen an seitlich begrenzenden und überlappenden Blattverschiebungssegmenten. Die resultierenden block- oder keilförmigen **Fluchtschollen** (excape blocks), in denen auch zahlreiche Überschiebungen oder Abschiebungen auftreten können, liegen dabei meist zwischen zwei dominierenden Blattverschiebungssystemen, die gleichen oder entgegengesetzten Bewegungssinn zeigen. Der Versatz an solchen Blattverschiebungen nimmt aber im allgemeinen in Fluchtrichtung zu. Die schönsten Beispiele für die Entwicklung moderner kontinentaler Fluchtschollen bietet die südeurasiatische Kollisionszone in der Türkei (Abb. 11.4) bzw. das Hochland von Tibet (Abb. 29.2). Auch der Südrand der kontinentalen Basin-and-Range-Extensionszone im westlichen Nordamerika ist in dieser Hinsicht sehr instruktiv (Abb. 25.1). Fluchtschollen, die seitlich von Blattverschiebungen begrenzt werden, müssen natürlich auch basale Abscherhorizonte besitzen. Diese flachen Abscherhorizonte liegen entweder im Mantel, können aber auch mit Schwächezonen innerhalb der Kruste zusammenfallen. Die Geometrie und Kinematik der Übergangsbereiche zwischen den flachen Abscherhorizonten und den steilen oberflächennahen Blattverschiebungssystemen sind erst in Ansätzen bekannt. Position und Orientierung der Übergangszonen werden wahrscheinlich in erster Linie von Temperatur- und Materialgradienten innerhalb der Lithosphäre bestimmt. In kleinerem Maßstab treten Blattverschiebungen als divergente und konvergen-

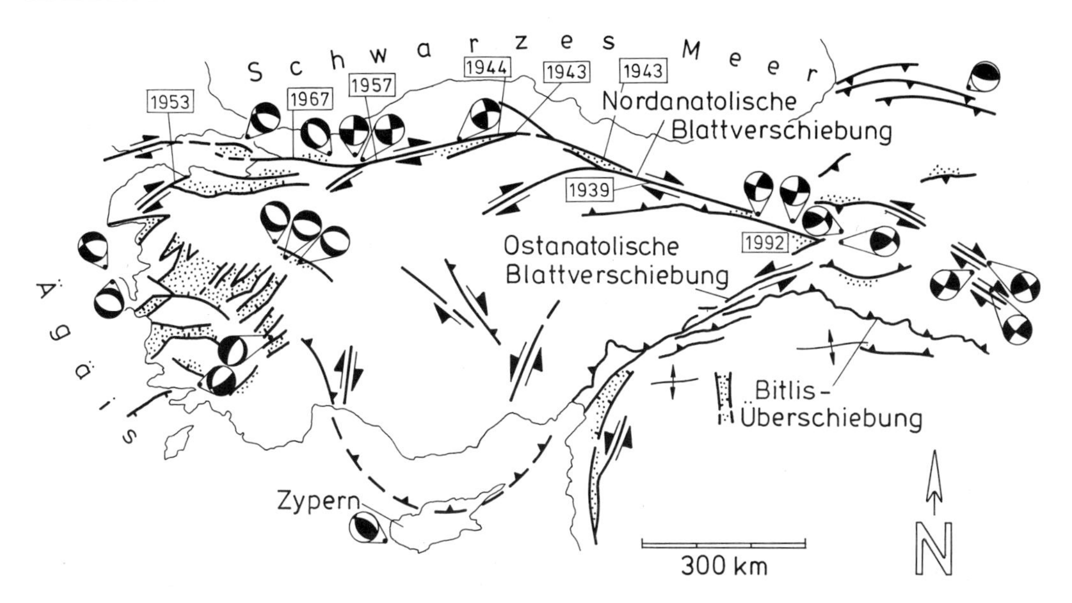

Abb. 11.4 Die anatolische Fluchtscholle, die im Norden von der dextralen Nordanatolischen und im Süden von der sinistralen Ostanatolischen Blattverschiebung begrenzt wird und sich anscheinend als ganzes nach Westen bewegt. Jüngste historische Erdbeben (mit Jahreszahlen) an der Nordanatolischen Blattverschiebung mit Magnituden um 7 bzw. Herdflächenlösungen (siehe Kapitel 12) deuten auf den subtilen regionalen Übergang zwischen überwiegend konvergenten Relativbewegungen im Westen des anatolischen Hochlands und überwiegend divergenten Relativbewegungen im Bereich des Ägäis-Randbeckens (nach SENGÖR et al., 1985).

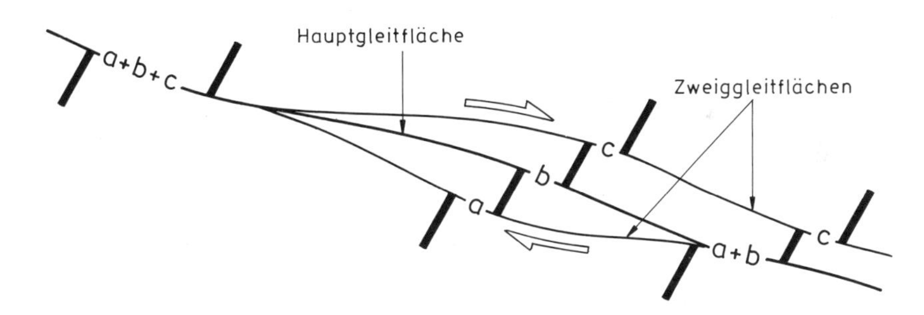

Abb. 11.5 Schema der Verzweigung einer Blattverschiebung und Wiedervereinigung der Zweige bei entsprechender Zunahme des Versatzes entlang einer dextralen Hauptverschiebung.

te **Transferstörungen** (transfer faults) am Ende von Abschiebungssegmenten bzw. Überschiebungssegmenten auf, wo sie Extensionskomponenten bzw. Kontraktionskomponenten von einer Struktur auf eine andere übertragen. In Falten- und Überschiebungsgürteln entwickeln sich Transferstörungen oft aus steilen **Querverschiebungen** (tear faults) (Abb. 10.12), die wiederum aus älteren reaktivierten Abschiebungen hervorgehen können.

Im Detail erfolgt die Ausbreitung von Blattverschiebungen durch Verbindung mehrerer **anastomosierender Zweige** oder **Segmente** (anastomosing strands, branches, segments), die von einer Hauptbewegungszone in spitzen Winkeln abzweigen und im Streichen wieder in andere Bewegungsflächen einmünden (Abb. 11.5). Der Gesamtversatz an einer Blattverschiebungszone kann sich deshalb über einen relativ breiten Krustenstreifen verteilen

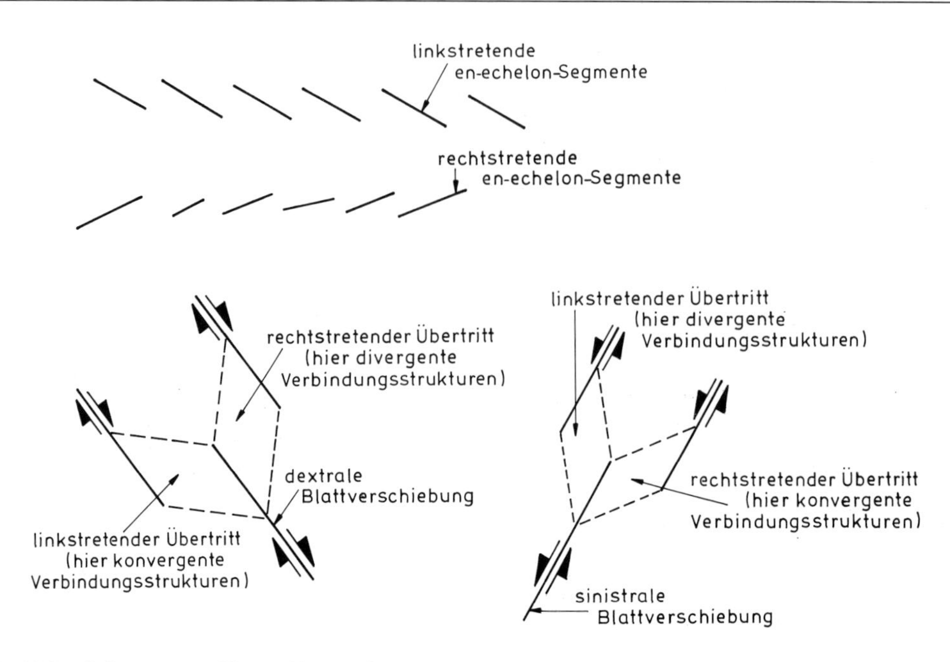

Abb. 11.6 Schema zur Nomenklatur divergenter und konvergenter Verbindungsstrukturen zwischen gestaffelt (en echelon) angeordneten rechts- und linkstretenden Blattverschiebungssegmenten.

und der Versatz an den einzelnen Hauptgleitflächen ist deshalb nur als **Minimalwert** (minimum displacement) für den Gesamtversatz entlang von Blattverschiebungszonen zu betrachten. Einzelne Störungssegmente sind häufig **gestaffelt** (en echelon) angeordnet (Abb. 11.6). Betrachtet man sie in ihrer Streichrichtung, so unterscheidet man je nach Lage der Verbindungsstrukturen am Ende eines Segments **rechtstretenden Übertritt** (right stepping overstep, stepover) oder **linkstretenden Übertritt** (left stepping overstep, stepover). Je nachdem, ob der allgemeine Bewegungssinn entlang der Hauptgleitfläche dextral oder sinistral ist, entstehen im Übertrittsbereich zwischen synthetischen Störungssegmenten **konvergente Verbindungsstrukturen** (convergent stepover, overlap) oder **divergente Verbindungsstrukturen** (divergent stepover, overlap). Im weiteren Verlauf der Horizontalbewegungen entwickeln sich so breite **Krümmungen** (bends) der Hauptgleitflächen, und zwar entweder **befreiende Krümmungen** (releasing bends) oder **blockierende Krümmungen** (restraining bends). Bei einem Vorherrschen befreiender Krümmungen entlang einer Blattverschiebungszone spricht man von einem Bereich der **Transtension**, beim Überwiegen blockierender Krümmungen von einem Bereich der **Transpression** (Abb. 11.7 und 11.9). Aufgrund ihres tektonischen Tiefgangs spielen sowohl divergente als auch konvergente Übertrittszonen für den Aufstieg von Gneisdomen und bei der Platznahme granitoider Plutone eine besondere kinematische Rolle.

Komplexe Wechselwirkung zwischen **synthetischen (RI)** und **antithetischen (RII) Riedelscherflächen** (Riedel shears, splays) ermöglicht nicht nur Dilatation, sondern schließlich auch **Rotation** (rotation) von Schollen um vertikale Achsen. Zur kinematischen Analyse von Blattverschiebungen sind deshalb paläomagnetische Daten aus dem Bereich von Blattverschiebungen von großer Bedeutung. Den Betrag der Rotation um vertikale Achsen ermittelt man quantitativ aus der Abweichung der **paläomagnetischen Deklination** (paleomagnetic declination) gegenüber einer paläomagnetischen Referenzdeklination, die an Gesteinen desselben Alters außerhalb der rotierten Blöcke festgestellt wurde. Dagegen können Abweichungen der **paläomagnetischen Inklination** (paleomagnetic inclination) entweder durch Rotation von Gesteinsblöcken um horizontale Achsen oder durch Translation parallel zur paläomagnetischen Nord-Süd-Richtung resultieren (Abb. 11.10).

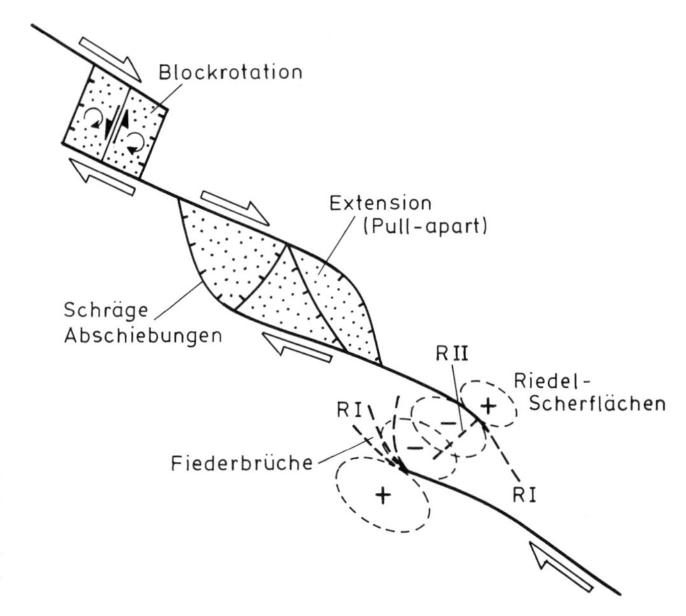

Abb. 11.7 Progressive Entwicklung (von rechts unten nach links oben) divergenter Verbindungsstrukturen in einem Bereich dextraler Transtension bei gleichzeitiger Rotation und Subsidenz von Krustenblöcken innerhalb von Extensionszonen, in denen sowohl synthetische als auch antithetische Bewegungsflächen neu entstehen können.

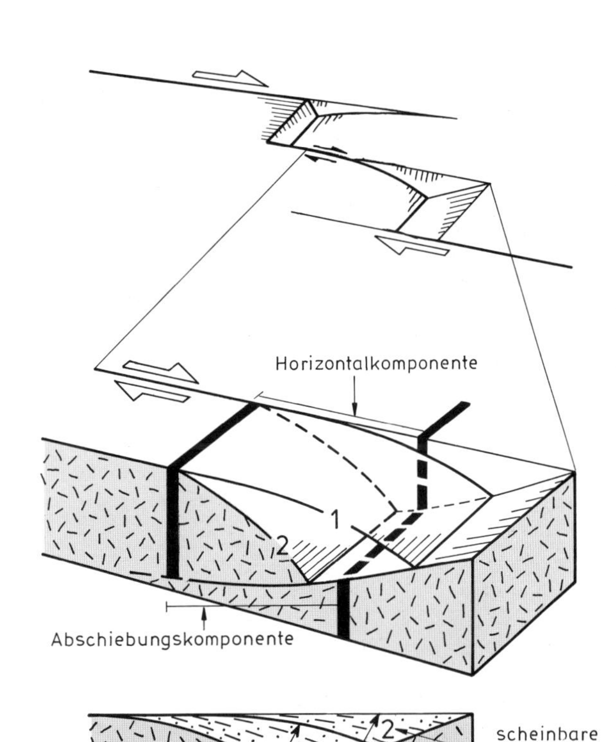

Abb. 11.8 Entwicklung eines sedimentären Beckens im Hangenden einer flachen Abschiebung mit Lage der begrenzenden steilen Blattverschiebungssegmente. Die dunkle Linie deutet den Versatz einer vertikalen geologischen Vorzeichnung an (z.B. einem mafischen Gang). Position des Hangenden bzw. Sedimentation nach Zeit 1 bzw. Zeit 2 zeigt die großen scheinbaren Schichtmächtigkeiten, die sich aus der synsedimentären antithetischen Rotation im Hangenden der Abschiebung ergeben.

Entlang divergenter Segmente von Blattverschiebungen entstehen aus synthetisch zusammenlaufenden **Fiederbrüchen** (horsetails) bei gleichzeitiger Rotation von Gesteinsblöcken um horizontale und vertikale Achsen im allgemeinen schmale und häufig auch tiefe Absenkungszonen, die parallel zu den Hauptstörungen orientiert sind. Man bezeichnet diese Zonen als **Rhombgräben** (rhomb grabens), **Keilgräben** (wedge grabens) oder **Pull-apart-Becken** (pull-apart basins, Abb. 11.7). Im Querschnitt beobachtet man häufig sogenannte **negative Blumenstrukturen** (negative flower structures, Abb. 11.11b). Synsedimentäre Rotationsbewegungen um horizontale Achsen im Hangenden krustaler Pull-apart-Becken führen zu enormen Scheinmächtigkeiten der sedimentären Ablagerungen im tektonisch neu geschaffenen Subsidenzbereich (Abb. 11.8 und 11.14). Verdünnung der Lithosphäre an divergenten Blattverschiebungen kann sogar soweit gehen, daß in größeren Pull-apart-Becken ozeanische Krustenbildung einsetzt bzw. es dort zur Intrusion voluminöser basaltischer Lager in die tie-

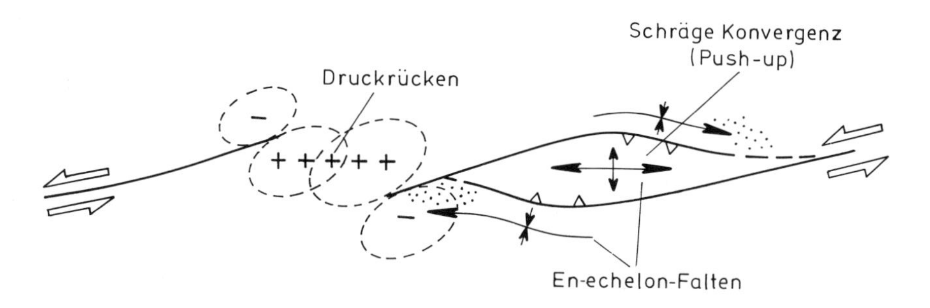

Abb. 11.9 Progressive Entwicklung (von links nach rechts) konvergenter sinistraler Verbindungsstrukturen aus Druckrücken in Falten und schräge Überschiebungen mit syntektonischer Sedimentation in den entsprechenden Synklinal-Strukturen.

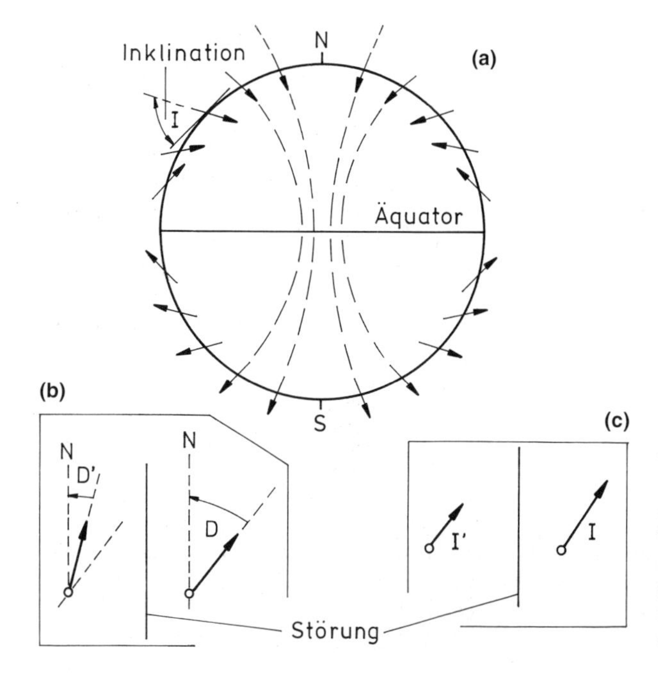

Abb. 11.10 Paläomagnetische Deklination und Inklination als Hinweis auf Rotationen und Translationen entlang von Störungssystemen mit signifikanten Blattverschiebungskomponenten. (a) Geomagnetische Feldlinien mit einer bestimmten Inklination (I) und Deklination (D) zur Nordrichtung. (b) Im Gestein links der Störung illustriert die Deklination D' eine Rotation von D-D' um eine vertikale Achse gegen den Uhrzeigersinn relativ zu den ungestörten Gesteinen mit der Deklination D rechts. (c) Im Gestein links illustriert die steilere paläomagnetische Inklination entweder eine Rotation I'-I um eine horizontale Achse oder eine relative Nordbewegung gegenüber dem relativ ungestörten Gestein rechts (siehe Abb. 11.13 als Beispiel).

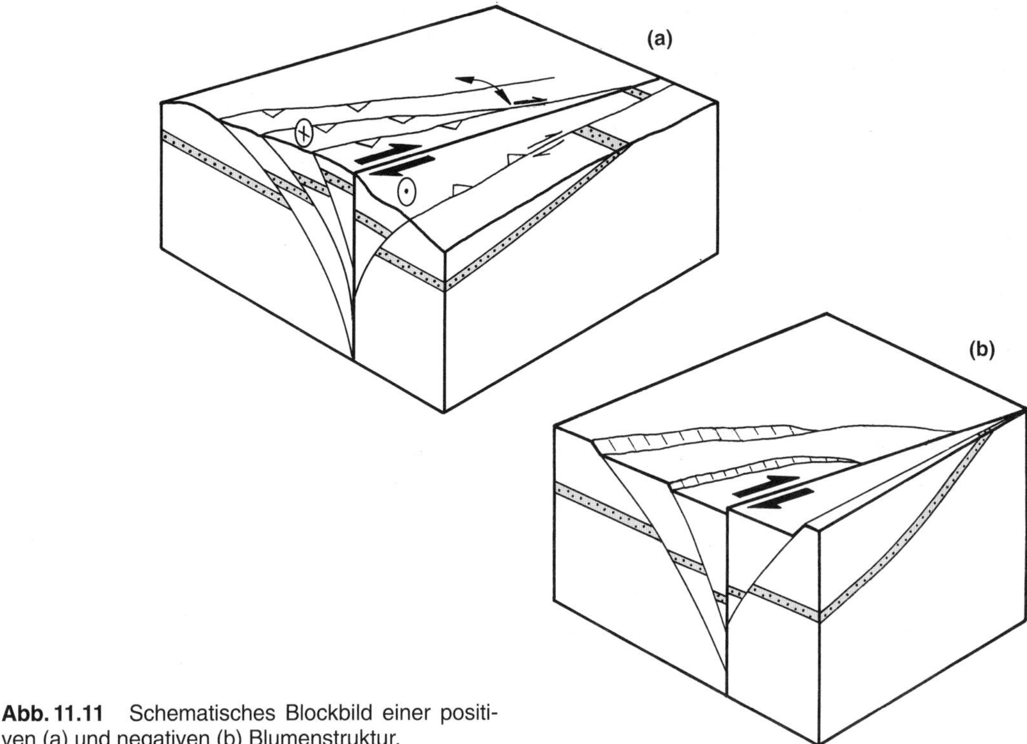

Abb. 11.11 Schematisches Blockbild einer positiven (a) und negativen (b) Blumenstruktur.

fere kontinentale Kruste kommt. Dies beobachtet man z.B. im Golf von Kalifornien an der Westküste Nordamerikas (Mar Cortez, Abb. 11.2) und im nördlichen Roten Meer bzw. am Toten Meer (Abb. 26.1). Aus solchen Zonen können sich im weiteren Verlauf divergenter Relativbewegungen gescherte Kontinentalränder entwickeln, an denen der Übergang zwischen kontinentaler und ozeanischer Kruste relativ abrupt erfolgt.

An konvergenten Segmenten von Blattverschiebungen entwickeln sich häufig zuerst topographisch sichtbare **Druckrücken** (pressure ridges) und am Ende sich ausbreitender Blattverschiebungssegmente entstehen so progressiv überlappende Falten- und Überschiebungsstrukturen (Abb. 11.9). Die im Profilschnitt typisch bivergenten Überschiebungen und Falten (**Pop-ups, Pushups**) zeigen stark variables Einfallen und die allgemeine Ausrichtung sowohl von Überschiebungen als auch von Falten variiert entsprechend der Richtung der regionalen Kontraktion. Bei geringem Schwerwiderstand weichen Faltenachsen oft nur geringfügig vom Streichen der Hauptgleitflächen ab. Die Winkelbeziehungen zwischen Hauptgleitflächen, Zweigverschiebungen und Falten variieren aber im Detail mit lokalen Spannungsgradienten und abrupten Änderungen des Reibungswiderstandes an den potentiellen Bewegungsflächen. In Profilschnitten senkrecht zu größeren Blattverschiebungen beobachtet man deshalb meist flache bis steile Überschiebungsstrukturen, die zur Tiefe hin mit der Hauptgleitfläche in Verbindung stehen und die man deshalb vereinfacht als **positive Blumenstrukturen** (positive flower structures) bezeichnet (Abb. 11.11a). Konvergente Blattverschiebungen zeigen aber auch alle Übergänge in breite Falten- und Überschiebungsgürtel (Abb. 11.12, 11.13 und 11.14), in denen sie dann die Rolle lateraler Rampen bzw. Transferzonen zwischen kinematisch bedeutenden Überschiebungsflächen übernehmen. Früh entstandene Faltenzüge werden dann häufig von Blattverschiebungen gequert und versetzt (Abb. 11.12).

Zwischen divergenten und konvergenten Blatt-

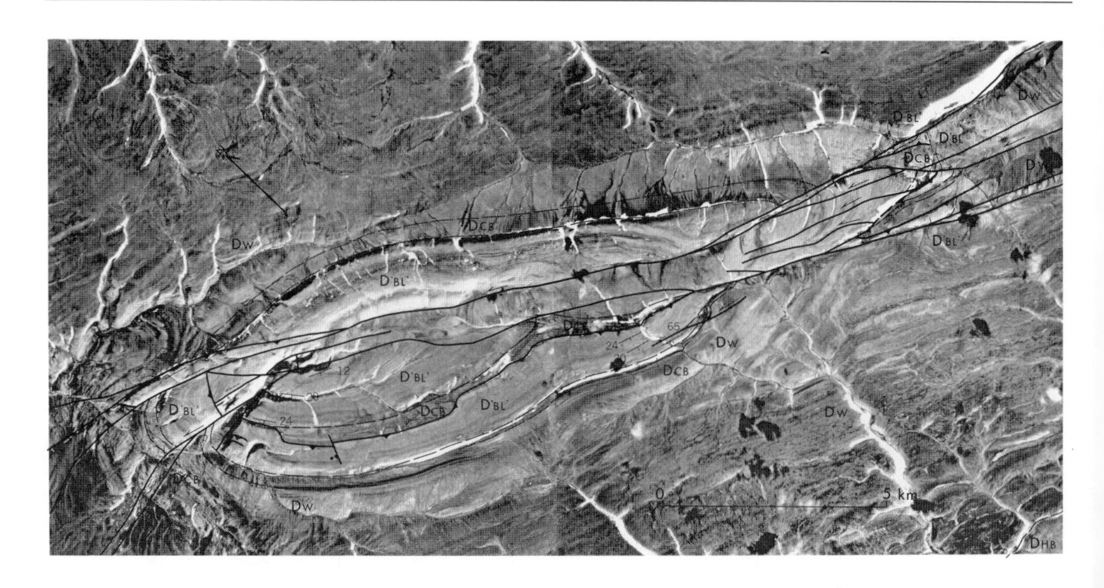

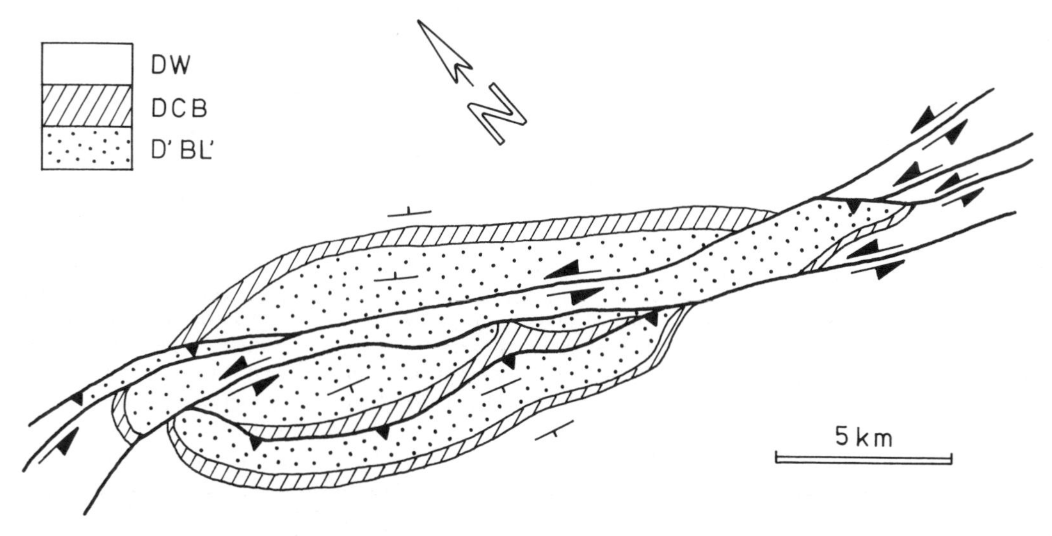

Abb. 11.12 Komplexe Überlagerung von Falten und Seitenverschiebungen an einer blockierenden sinistralen Blattverschiebung, die sich im Kern einer Antiklinale devonischer Sedimentgesteine (DW, DCB etc.) des paläozoischen Ellesmere-Gürtels in der kanadischen Arktis entwickelte (Interpretation und Verifizierung des Luftbilds durch A.V.Okulitch).

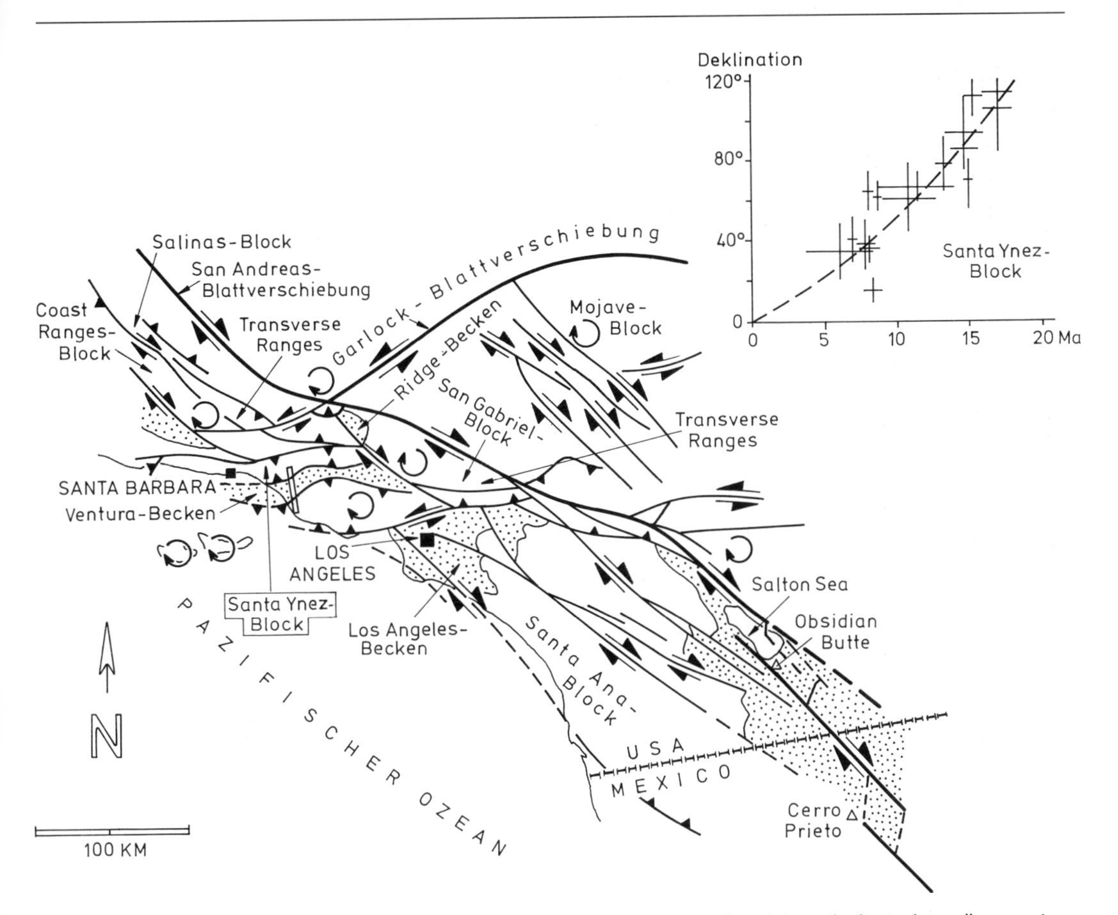

Abb. 11.13 Das breite San Andreas-Blattverschiebungssystem im Bereich zwischen dem divergenten Pull-apart-Becken unter der Salton Sea und den konvergenten Strukturen der Transverse Ranges nördlich von Los Angeles. Gezirkelte Pfeile bedeuten geologisch nachgewiesene Rotationen einzelner Krustenblöcke um vertikale Achsen (nach SYLVESTER, 1988). Rechts oben angedeutet ist die chronostratigraphisch nachgewiesene Zunahme der Rotationswerte (d.h. Deklination) mit zunehmendem Alter der paläomagnetisch analysierten Gesteine im Santa Ynez-Block (nach LUYENDYK, 1990).

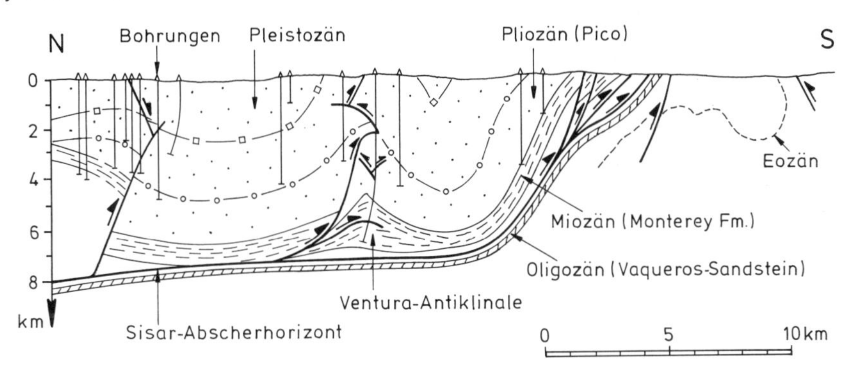

Abb. 11.14 Pleistozäne Aufschiebungs- und Faltenstrukturen im Bereich der konvergenten Transverse Ranges, westlich der San Andreas Fault (siehe Abb. 11.13 zur Lage des nicht überhöhten Profils). Die Ventura Antiklinale wächst mit einer Rate von rund 9 mma^{-1}; dies führt zu komplexen Verkeilungs- und Abscherungsbewegungen in den tonigen Einheiten des Antiklinalkerns. Angedeutet sind Lage und erreichte Tiefe von Erdölbohrungen im Bereich des Profils (nach YEATS et al., 1988).

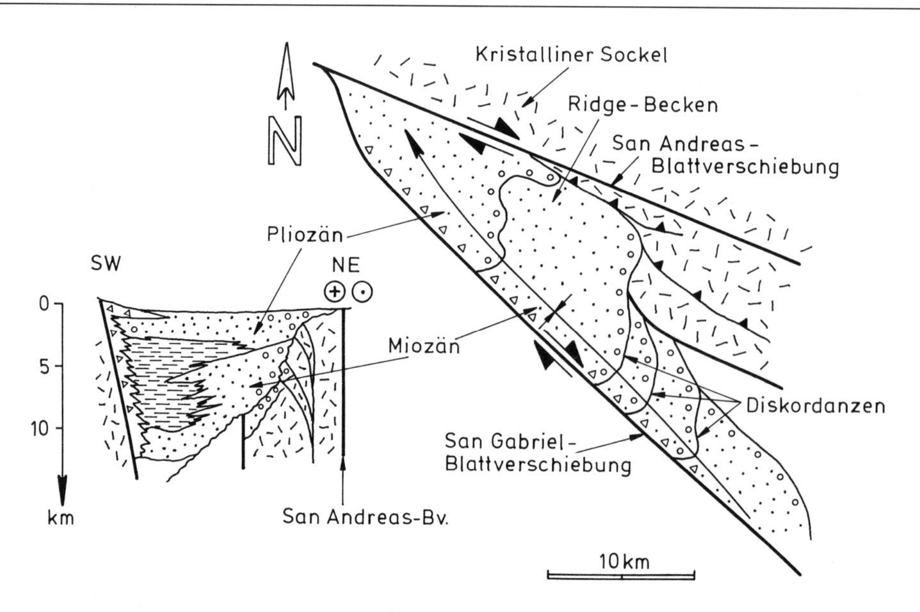

Abb. 11.15 Ein gut dokumentiertes Pull-apart-Becken (Ridge-Becken) entlang der südlichen San Andreas-Blattverschiebung (Lage siehe Abb. 11.13). Synsedimentäre Bewegung des Sockels läßt sich durch randliche Diskordanzen und durch progressive Verlagerung der Ablagerungszentren der klastischen Einheiten belegen (nach Crowell & Link, 1982).

verschiebungen existieren subtile Übergänge. Solche lassen sich besonders gut am südlichen San Andreas-System demonstrieren (Abb. 11.13, 11.14 und 11.15). Hier wechseln im Streichen tiefe sedimentäre und teilweise vulkanische Pull-apart-Becken (Salton Sea, Ridge-Becken) mit erdölführenden synsedimentären Falten- und Überschiebungsgürteln (Ventura-Becken, Los Angeles-Becken). Die synthetische Rotation einzelner Schollen um vertikale Achsen erreicht Werte bis 120° im Uhrzeigersinn und es läßt sich paläomagnetisch nachweisen, daß in älteren Gesteinen der Rotationsbetrag größer ist als in jüngeren (Abb. 11.13). Diese Rotationen überlagern also die Kinematik konvergenter und divergenter Beckenentwicklung.

11.2 Dynamische Modelle für Blattverschiebungen

Da reine Blattverschiebungen in der Nähe der Erdoberfläche in erster Annäherung vertikal orientiert sind, entwickelt man zweidimensionale mechanische Modelle für den möglichen Kraftansatz bei Blattverschiebungen unter der Annahme, daß die Hauptspannung σ_2 vertikal orientiert ist, ihrem Wert nach also S_V entspricht. Die Relativbewegungen sollten demnach im wesentlichen oberflächenparallel und der Kraftansatz in der horizontalen $\sigma_1\sigma_2$-Ebene erfolgen. Wie in der Natur können sich auch im Modell vertikale Blattverschiebungen nicht unendlich weit in die Tiefe fortsetzen und man nimmt deshalb an, daß Lithosphärenplatten oder krustale Fluchtschollen, die seitlich von Blattverschiebungen begrenzt werden, an basalen Abscherhorizonten von den tieferen Bereichen der Erde weitgehend mechanisch entkoppelt sind. Als Abscherhorizonte kommen im Mantel die Asthenosphäre in Frage, in der Kruste subhorizontale Zonen mit geringerer Fließfestigkeit. Im Modell nimmt man an, daß die Abscherhorizonte an der Basis von plattenförmigen Modellen relativ schmal sind. Man versucht in Modellen vor allem zwei Aspekte der Mechanik von Blattverschiebungen aufzuklären: erstens die Beziehung zwischen der Geometrie von Blattverschiebungszonen und dem regionalen Kraftansatz; zweitens die Dynamik, welche zwischen den Zweigen eines Blattverschiebungssystems zur Entwicklung sekundärer Verbindungsstrukturen und zur Rotation dazwischenliegender Blöcke führt. Bei der zweidimensionalen Analyse beider Fragen kann der randliche Kraftansatz sowohl an elastischen als auch an plastischen Platten erfolgen.

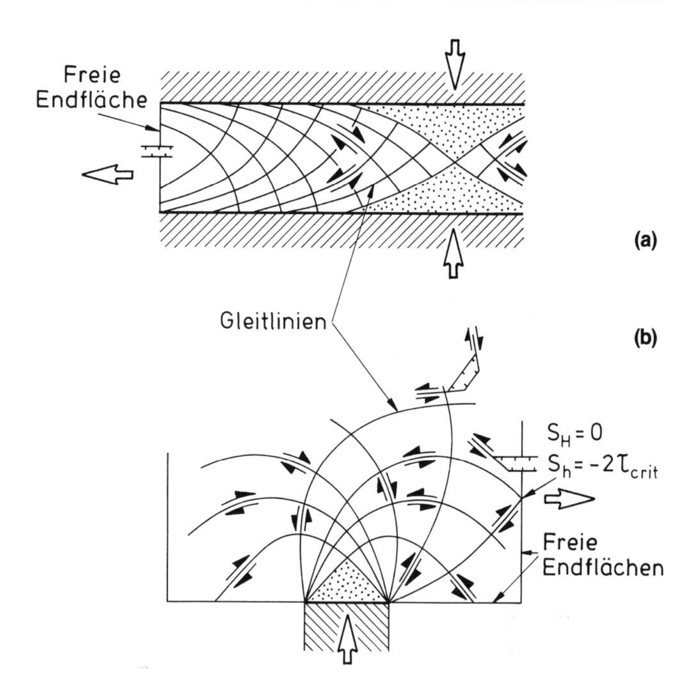

Abb. 11.16 Zweidimensionales plastisches Modellversagen an zwei aufeinander senkrecht orientierten Scharen potentieller Gleitlinien, die vor allem zum Verständnis regionaler Blattverschiebungssysteme im Intraplattenbereich dienen; (a) Prandtl-Zelle, in der durch horizontalen Kraftansatz eine laterale Extrusion des plastischen Materials (= Fluchtschollenbildung) an konjugierten Gleitflächen einsetzt (nach JAEGER, 1962); an den freien Endflächen erfolgt Extension senkrecht zur Bewegungsrichtung (siehe den Analogiefall von Anatolien in Abb. 11.4); (b) Stempeldruck am Rande einer plastischen Platte nach TAPPONNIER & MOLNAR (1976); dieses Modell wurde für die Kinematik der indisch-eurasischen Kollisionszone entwickelt (siehe Abb. 29.2). In beiden Beispielen deuten die punktierten Flächenanteile auf „tote" oder überwiegend konvergente Bereiche ohne größere Blattverschiebungen.

Für den Fall eines linearen Kraftansatzes durch einen steifen Stempel am Rande eines **elastischen Halbraums** (elastic half-space) resultiert im zweidimensionalen Modell je nach Länge der Kontaktlinie eine mehr oder weniger radiale Anordnung der Spannungstrajektorien von $\sigma_1 = S_H$ (Abb. 11.17). Direkt im Bereich des angreifenden Stempels sind Spannungskonzentrationen zu erwarten und von dort sollten sich auch die ersten Bruchflächen ausbreiten. Bewegung an bereits existierenden vertikalen Bruchflächen wird vor allem dort eintreten, wo diese mit S_H Winkel von rund 20° bis 40° einschließen. Das elastische Modell eignet sich z.B. zur Vertiefung des Verständnisses vieler Transferstörungen und Querverschiebungen, die sich schräg zum Streichen von Überschiebungsgürteln entwickeln (z.B. die Blattverschiebungen im Schweizer Jura).

Den Fall **plastischer Platten** (plastic plates) modelliert man nach den Ansätzen von PRANDTL bzw. TAPPONNIER-MOLNAR (Abb. 11.16). Auch hier erfolgt ein horizontaler Kraftansatz über einen Stempel oder Balken am Rand einer plastischen Platte. Beim Versagen der Platte erfolgt seitliches Ausweichen von Teilen der Platte entlang vertikaler Gleitflächen und man spricht deshalb von **Extrusions-** (extrusion) bzw. **Stempeldruck-** (indenter) Modellen. Bei Betrachtung des plastischen Materialversagens in der $\sigma_1\sigma_3$-Ebene (S_HS_h-Ebene) muß man nach dem Tresca-Kriterium annehmen, daß entlang einer bestimmten Gleitfläche, d.h. in zwei Dimensionen entlang einer **Gleitlinie** (slip line), der Wert der kritischen Scherspannung konstant und gleich der „plastischen" Materialfestigkeit ist. D.h., $\tau_{crit} = (\sigma_1 - \sigma_3) / 2 = (S_H - S_h) / 2 = \text{const.}$ Dabei existieren für jeden Punkt der Platte zwei potentielle Gleitflächen, bei ebener Betrachtung also zwei Gleitlinien, die sich im Winkel von 90° kreuzen und die von den σ_1-Trajektorien halbiert werden. Gleiches gilt auch für die freien Randzonen der Platte.

Je nach Geometrie des Kraftansatzes bzw. entsprechend der Geometrie der freien Plattenränder läßt sich aus der zweidimensionalen **Feldtheorie der Gleitlinien** (slip-line field theory) angenähert der Verlauf potentieller Gleitlinien innerhalb der Platte ableiten. Ausgangspunkt für die Berechnung ist die Grenzbedingung $S_H (= \sigma_1) = 0$ an den freien Randzonen der Platte. Da der Wert $\tau_{crit} = (S_H - S_h)/2$ aber auch am Plattenrand konstant bleibt, wird S_h negativ. Dies bedeutet, daß in der freien Randzone der plastischen Platten wahrscheinlich auch Zugspannungskomponenten parallel zum Plattenrand auftreten. Dabei läßt sich zeigen, daß die Abnahme der durchschnittlichen Spannung $S_d = (S_H + S_h) / 2$ entlang einer Gleitlinie proportional zur Krümmung der Gleitlinie ist, also $\Delta S_d = 2\ \tau_{crit}\ \Delta\Phi$. Qualitativ erkennt man aus dem Modellansatz deshalb einen allmählichen Übergang aus einem kinematisch zentralgelegenen Kontraktionsfeld (Transpression) im Bereich des Kraftansatzes in ein Extensionsfeld (Transtension) in der Nähe der freien Plattenränder. Dem entspräche in der Lithosphäre ein Übergang aus einem Bereich mit überwiegend konvergenten in überwiegend divergente Blattverschiebungen. Die Richtung des maximalen Spannungsgradienten parallel zu den S_H-Trajektorien entspricht dabei der momentanen Bewegungsrichtung der Fluchtschollen aus dem Kontraktionsfeld in das Extensionsfeld.

In der Natur werden von der unendlichen Zahl möglicher Gleitflächensysteme wahrscheinlich vor allem jene aktiviert, an denen der kritische Wert der Scherspannung (τ_{crit}) zuerst erreicht wird. Dies sind möglicherweise Zonen mit höherem Wärmefluß, also geringerer Gesteinsfestigkeit, Zonen, in denen Bruch- und Schervorgänge mit bedeutenden Fluidbewegungen assoziiert sind oder Zonen mit lithologischen Gradienten. Bekannte Beispiele für Fluchtschollenbildung finden sich an der Nord- und Ostanatolischen Blattverschiebung in der Türkei (Abb. 11.4) und an den großen Blattverschiebungssystemen nördlich der indoasiatischen Kollisionszone (Abb. 29.2). In beiden Gebieten beobachtet man die erwähnten lateralen Übergänge aus Bereichen mit überwiegend konvergenten Blattverschiebungen in Bereiche mit überwiegend divergenten Blattverschiebungen.

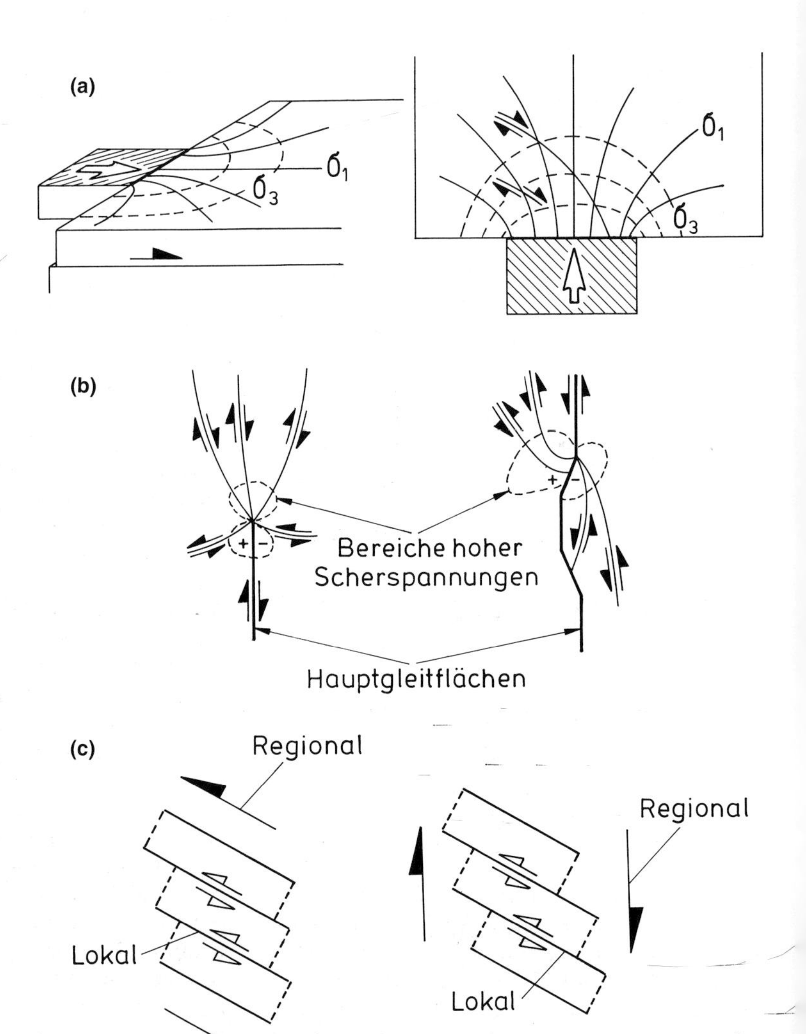

Abb. 11.17 Elastische Modelle zum dynamischen Verständnis von Verbindungsstrukturen an Blattverschiebungen; (a) divergente Spannungstrajektorien bei Kraftansatz am Rande einer elastischen Platte (nach Jaeger, 1962); (b) Verzweigung von Blattverschiebungen durch Spannungskonzentration an Krümmungen bzw. am Ende von Bruchflächen; die Zeichen (+) und (–) bedeuten Kontraktion bzw. Extension in der Horizontalebene (nach Freund, 1974); (c) Zwei Möglichkeiten regionaler Scherung durch Aufteilung der Deformation auf sinistrale Zweigstörungen.

Zum vertieften Verständnis von Verbindungsstrukturen, die zwischen längeren bzw. kinematisch bedeutenden Segmenten eines Blattverschiebungssystems liegen, benützt man vor allem elastische Modelle (Abb. 11.17). Es zeigt sich nämlich, daß Spannungskonzentrationen am Ende singulärer Extensions- und Scherbrüche eine Vielzahl von Ausbreitungsmöglichkeiten für neue Bruchsysteme schaffen. Es ist also durchaus einsichtig, daß es aufgrund lithologischer Heterogenitäten in der Kruste zuerst zur Ausbreitung subparalleler **Fiederbrüche** (splays) kommt. Die Relativbewegungen, die dann an eng gescharten sekundären Brüchen einsetzen, sind aber abhängig von ihrer Orientierung zur Richtung der regionalen Scherung (Abb. 11.17c). Im Fall eng gescharter synthetischer Bruchzonen kommt es nur zur Aufteilung des Gesamtversatzes auf mehrere Störungen, im Fall eng gescharter antithetischer Brüche erfolgt auch Rotation von Gesteinsblöcken um vertikale Achsen im Stile von Dominosteinen oder Büchern auf einem Regal („book-shelf" faulting).

Literatur

FREUND, 1974; TAPPONNIER & MOLNAR, 1976; RYNN & SCHOLZ, 1978; CROWELL, 1979; CROWELL & LINK, 1982; RALEIGH et al., 1982; BIDDLE & CHRISTIE-BLICK, 1985; LUYENDYK et al., 1985; SENGÖR et al., 1985; ZOBACK et al., 1987; GATES et al., 1988; SYLVESTER, 1988; YEATS et al., 1988; TENBRINK & BEN-AVRAHAM, 1989; LUYENDYK, 1990; VAUCHEZ & NICOLAS, 1991; MOUNT & SUPPE, 1992; POLINSKI & EISBACHER, 1992.

12 Seismotektonik

12.1 Regionale Seismizität und seismogene Störungen

Aus zahlreichen Geländebeobachtungen und instrumentellen Vermessungen nach bedeutenden seismischen Ereignissen weiß man seit etwa hundert Jahren, daß **Erdbeben** (earthquakes) durch den ruckartigen Versatz an diskreten **seismogenen Störungsflächen** (seismogenic fault planes) verursacht werden. Auch die größten Erdbeben, die an seismogenen Störungen auftreten, sind aber meist nur Teilereignisse einer langfristig lokalisierbaren **regionalen Seismizität** (regional seismicity), welche man entsprechend dem tektonischen Rahmen als **Plattenrand-** (plate boundary) oder als **Intraplatten-Seismizität** (intraplate seismicity) kennzeichnen kann. Der Ausgangspunkt eines **seismischen Ereignisses** (seismic event) ist der **Herd** (focus) des Erdbebens. Der Herd ist jenes Flächenelement, von dem aus sich der Versatz entlang einer **Herdfläche** (focal plane) oder **Rupturfläche** (rupture surface) mit maximalen Geschwindigkeiten von Scherwellen (um 3 bis 4 km s^{-1}) ausbreitet. Seismogene Rupturen erfolgen sowohl an präexistierenden Störungen als auch an neugebildeten Bruchflächen. Der **koseismische Versatz** (coseismic displacement) an diesen Flächen und der begleitende **Spannungsabbau** (stress drop) in den Gesteinen des unmittelbaren Umfelds nehmen dabei aber entlang der Bruch- oder Gleitfront mit zunehmender Distanz vom Herd allmählich ab. Der koseismische Versatz ist deshalb im Streichen bzw. Fallen einer Rupturfläche nur soweit zu verfolgen bis sich die Deformation entlang von Krümmungen und Übertritten der Störung verliert. An der Peripherie erfolgt also Aufsplitterung oder elastische Absorption der Relativbewegungen, wobei es dort sogar zur Erhöhung der Differentialspannungen kommen kann. Bei größeren seismischen Ereignissen in den spröden Anteilen der oberen Lithosphäre breitet sich koseismischer Versatz häufig bis an die Erdoberfläche aus und läßt sich deshalb dort auch messen. Der ruckartige koseismische Versatz entlang der Herdfläche erzeugt kräftige elastische Schwingungen oder **seismische Wellen** (seismic waves), welche sich in Form von Longitudinalwellen, Scherwellen und Oberflächenwellen durch das Gestein ausbreiten. Beschleunigung des Materials nahe der Erdoberfläche bei der Ausbreitung der Wellen ist die eigentliche Ursache für die zerstörenden Kräfte seismischer Ereignisse. Die Raumlage eines Erdbebenherdes, sein **Hypozentrum** (hypocentre), bestimmt man aus den unterschiedlichen Ankunfts- bzw. Laufzeiten der seismischen Wellen an integrierten seismographischen Beobachtungsnetzen, da Laufzeitgeschwindigkeiten von Longitudinalwellen (P-Wellen) und Scherwellen (S-Wellen) in den Gesteinen zwischen dem Erdbebenherd und den Stationen im allgemeinen bekannt sind. Das **Epizentrum** (epicentre) ist eine vertikal an die Erdoberfläche projezierte Position des Hypozentrums. Koseismischer Versatz während eines **Hauptbebens** (mainshock) wird meist von weniger bedeutendem Versatz bei **Vorbeben** (foreshocks) und vor allem bei **Nachbeben** (aftershocks) begleitet, da es unmittelbar nach dem Hauptbeben in der

Peripherie der Hauptbeben-Herdfläche zum dynamisch bedingten Spannungsaufbau kommt (Abb. 5.5). Neben größeren Erdbeben an Störungen gibt es auch zeitlich und räumlich begrenzte **Erdbebenschwärme** (earthquake swarms), die vor allem in Bereichen mit vulkanischer Tätigkeit oder in Zonen mit intensiver Fluidbewegung beobachtet werden. Ist entlang einer bedeutenden Störung geologisch junger Versatz nur geodätisch nachzuweisen, finden an ihr aber keine Erdbeben statt, so deuten doch häufig engbegrenzte Bereiche mit **Mikrobeben** (microearthquakes) auf ein weitgehend **aseismisches Gleiten** oder **Kriechen** (aseismic slip, creep) an dieser Störung.

Regionale Seismizität läßt sich entsprechend den bereits diskutierten Prototypen tektonischer Störungen durch ein Überwiegen von **Abschiebungsbeben**, **Überschiebungsbeben** oder **Blattverschiebungsbeben** (normal, thrust, strike-slip earthquakes) charakterisieren (Abb. 12.1). Nach experimentellem Befund (ANDERSON-Theorie) gilt demnach für Abschiebungen ganz allgemein, daß S_V $(=\sigma_1) > S_H (=\sigma_2) > S_h (=\sigma_3)$, für Überschiebungen, daß $S_H (=\sigma_1) > S_h (=\sigma_2) > S_V (=\sigma_3)$ und für Blattverschiebungen, daß $S_H (=\sigma_1) > S_V (=\sigma_2) > S_h$ $(=\sigma_3)$. Dies bedeutet zweierlei. Erstens kann man annehmen, daß in einer Region, in der Abschiebungen zusammen mit Blattverschiebungen auftreten, S_V und S_H ungefähr gleich groß sind. Treten Überschiebungen zusammen mit Blattverschiebungen auf, so sollten S_V und S_h annähernd gleich groß sein. Zweitens sollten bei einem mechanischen Ver-

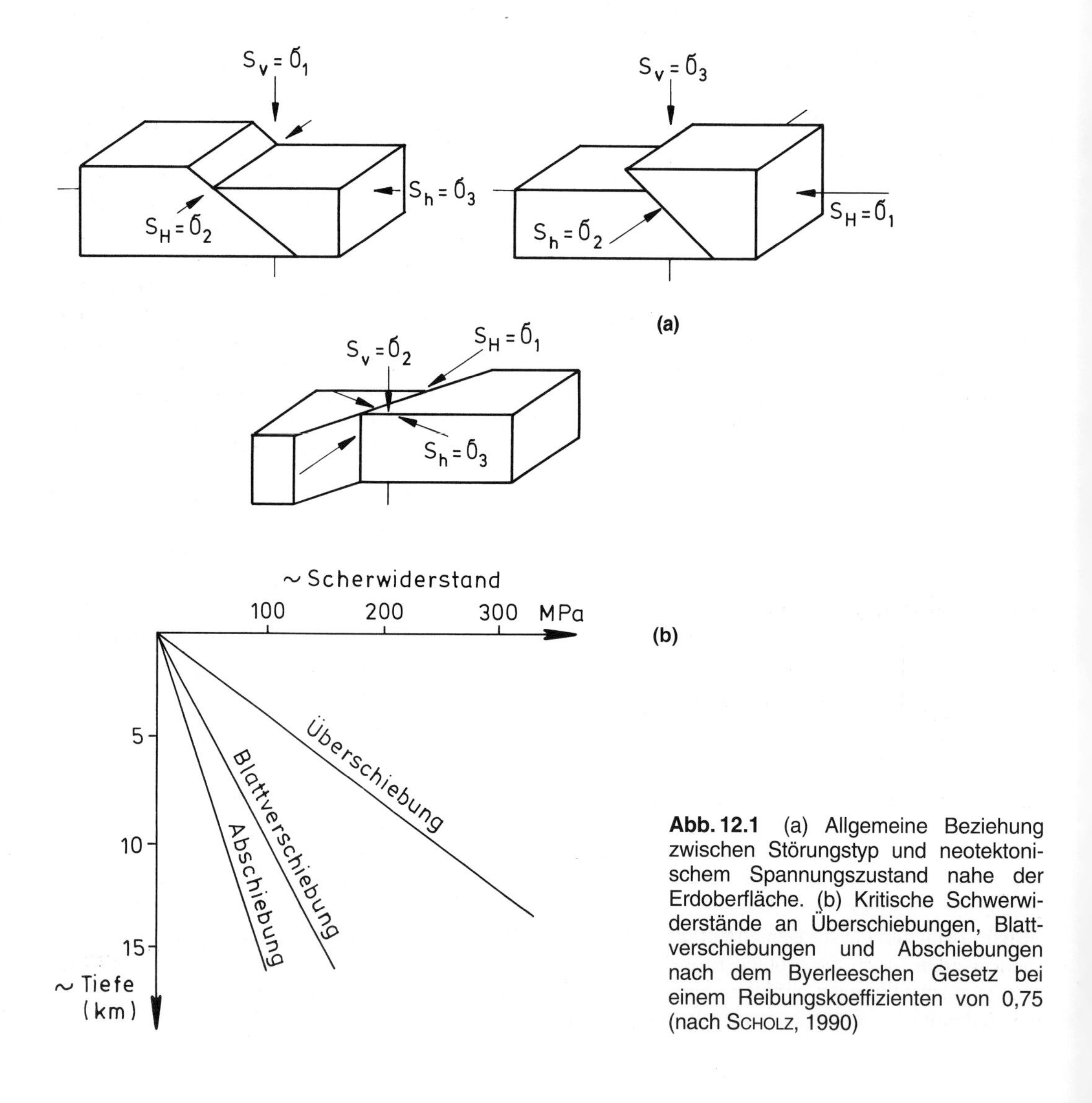

Abb. 12.1 (a) Allgemeine Beziehung zwischen Störungstyp und neotektonischem Spannungszustand nahe der Erdoberfläche. (b) Kritische Schwerwiderstände an Überschiebungen, Blattverschiebungen und Abschiebungen nach dem Byerleeschen Gesetz bei einem Reibungskoeffizienten von 0,75 (nach SCHOLZ, 1990)

halten der Gesteine entsprechend dem Mohr-Coulomb-Kriterium bzw. dem Byerleeschen Gesetz die Differentialspannungen im Fall von Abschiebungen im Durchschnitt geringer sein als im Fall von Blattverschiebungen und die Differentialspannungen an Blattverschiebungen sollten deshalb geringer sein als jene bei Überschiebungen (Abb. 12.1). Die Winkel zwischen den regionalen Hauptnormalspannungen und den seismogenen Störungsflächen bzw. die absolute Festigkeit der Gesteine sind allerdings weitgehend davon abhängig, wie groß die Scherspannungen sind, die sich im ungestörten Gestein und an präexistierenden Bruchzonen überhaupt entwickeln können. Bei hohen Fluiddrücken bzw. Temperaturen sind im allgemeinen nur geringe Differential- bzw. Scherspannungen zu erwarten.

Für ein tieferes Verständnis der regionalen Seismizität eines Krustenbereichs und zur Abschätzung des Erdbebenrisikos entlang seismisch aktiver Störungen ist es aber nicht nur wichtig aus dem allgemeinen regionalen Spannungszustand bzw. aufgrund der bereits historisch registrierten Seismizität den Charakter des Versatzes an potentiellen Störungszonen zu erfassen, sondern man versucht vor allem über das Studium der **Neotektonik** (neotectonics) die langfristige Verteilung, die charakteristische Größe und die mögliche Wiederkehr potentiell gefährlicher Erdbeben quantitativ festzulegen. Das regionale Spannungsfeld, die Quantifizierung von Erdbeben und die Wiederkehr potentiell zerstörender Beben sind deshalb die wichtigsten Indizien zur Abschätzung der notwendigen Baumaßnahmen in seismisch aktiven Gebieten.

12.2 Regionale Spannungsfelder

Der Charakter der Relativbewegungen an seismogenen Störungen hängt vom Spannungszustand im Herdbereich der Beben ab. Zur Bestimmung des rezenten Spannungszustands in der Lithosphäre benützt man vor allem Bohrloch-Randausbrüche, induzierten hydraulischen Bruch in Bohrlöchern, Überbohrverfahren in oberflächennahen Gesteinen und Herdflächenlösungen bzw. Versatz bei Erdbeben.

Bohrloch-Randausbrüche (borehole break-out analysis) an den Wänden von Erdöl-Explorationsbohrungen wurden erstmals von GOUGH & BELL gegen Ende der siebziger Jahre im westlichen Kanada zur Bestimmung der Orientierung von S_H und S_h herangezogen. Die Bell-Gough-Methode ist billig und ermöglicht eine verhältnismäßig genaue Bestimmung der Richtungen von S_H und S_h, allerdings nur bis in Krustentiefen, in die man heute mit Explorationsbohrungen vordringt. Die Methode hat sich deshalb vor allem zur Bestimmung des Spannungszustands in Sedimentbecken bewährt. Es läßt sich nämlich zeigen, daß die horizontale Differentialspannung ($S_H - S_h$) regionaler Spannungsfelder in der Wand eines vertikalen Bohrlochs Spannungskonzentrationen hervorruft, die nach einer bestimmten Standzeit zu Wandausbrüchen führen können (Abb. 12.2). Im Detail entstehen die Wandausbrüche aus dem Zusammenwachsen hybrider Extensions- und Scherbrüche subparallel zu S_H und senkrecht zu S_h, wobei sich der Bohrlochdurchmes-

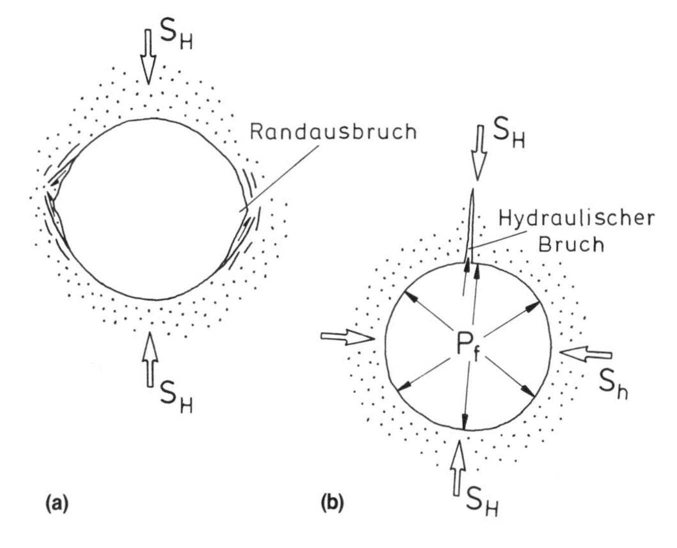

Abb. 12.2 (a) Bohrlochrandausbrüche in vertikalen Explorationsbohrungen, hervorgerufen durch Versagen der Bohrlochwand an Extensions- und hybriden Extensions-Scherbrüchen beim Einwirken horizontaler Differentialspannungen; (b) Entstehung und Ausbreitung hydraulischer Risse senkrecht zu S_h (= σ_3) durch Erhöhung des Fluiddrucks innerhalb eines Bohrloch-Intervalls.

ser in Richtung von S_h verbreitert. In relativ isotropen Gesteinen spiegeln die Wandausbrüche in vertikalen Bohrlöchern deshalb statistisch die Richtung von S_H und S_h wider. Eine Vermessung des Bohrlochquerschnitts mit Hilfe von Vierarmkalipern ermöglicht so eine Ermittlung der statistischen Ausrichtung von S_H bzw. S_h für jenen Tiefenbereich, der im Bohrloch erschlossen ist. Die relativen und absoluten Werte für S_H und S_h lassen sich unter günstigen Bedingungen zwar abschätzen, bleiben im allgemeinen aber unbekannt. Bei starker Anisotropie des durchbohrten Gesteins können Wandausbrüche von der regionalen S_h-Richtung in die Ebene der Anisotropie bzw. in die Ebene senkrecht dazu abgelenkt werden.

Hydraulischer Bruch (hydrofracturing) wird in Bohrlöchern dadurch erzeugt, daß man in einem nach oben und unten durch Packer abgedichteten Tiefenintervall Flüssigkeit unter Druck ins umliegende Gestein einpumpt und dort den hydraulischen Druck so lange erhöht, bis das Gestein an einem Extensionsbruch senkrecht zu σ_3 aufreißt und Flüssigkeit in die offenen Risse eindringt (Abb. 12.2). In isotropen Gesteinen erfolgt Ausbreitung der Extensionsbrüche senkrecht zur Richtung von σ_3 und der für die Bruchausbreitung notwendige Druck („formation breakdown pressure") gibt quantitative bis semiquantitative Hinweise auf die Größe der effektiven Differentialspannungen innerhalb des untersuchten Gesteinsbereichs. Dieses sogenannte Hydrofrac-Verfahren wird häufig zur sekundären Stimulierung von Erdölfeldern angewandt, ist aber teuer und zerstört einen Teil des Bohrlochs. Man benützt das Verfahren auch, um toxische Fluide oder Erdgas zum Zweck temporärer und dauernder Speicherung in tiefliegende Gesteinsformationen abzupumpen. Dabei wird natürlich der bereits existierende Porendruck im Gestein rund um das Bohrloch erhöht, was wiederum zur Reduktion aller effektiven Rahmenspannungen im Porenraum und aller Normalspannungen an präexistierenden Diskontinuitäten führt. Für den Fall, daß die im Gestein vorhandenen tektonischen Differentialspannungen und somit auch die Scherspannungen knapp unter den für Scherbruch oder Reibungsgleiten kritischen Spannungen liegen, kann ein künstlich induzierter Porendruck dazu führen, daß seismisch registrierbare Relativbewegungen und damit auch Erdbeben ausgelöst werden (siehe weiter unten).

Überbohrverfahren (overcoring) lassen sich wirtschaftlich nur bis in geringe Tiefen (im allgemeinen einige Zehner Meter) und in relativ feinkörnigen, isotropen und homogenen Gesteinen anwenden. Bei dieser Methode werden am flachen Ende oder an den Wänden eines Bohrlochs **Deformationszellen** (strain cells) befestigt, die dann durch eine weitere Bohrung mit größerem Durchmesser überbohrt werden (Abb. 12.3). Durch den Vergleich der Meßwerte in den Strainzellen vor und nach ihrer Überbohrung und nach Bestimmung der elastischen Materialparameter für das entsprechende Gestein läßt sich der Spannungszustand über einfache Formeln der Elastizitätstheorie berechnen. Die Methode hat den deutlichen Nachteil, daß topographische, klimatische und andere oberflächennahe Effekte die Meßwerte stark beeinflussen und daß die Methode auch relativ teuer ist. Sie wird deshalb vor allem im Rahmen felsmechanischer Erkundungen im Berg-, Tunnel- und Talsperrenbau angewandt.

Auch die Bildung von Zugrissen beim Bohrvortrieb und die elastische Expansion von Bohrkernen nach ihrer Entfernung aus dem Bohrloch können Hinweise auf den regionalen Spannungszustand liefern. So deutet das Aufsplittern des Kerns in dünne Scheiben („disking") auf hohe lokale Differentialspannungen hin, longitudinale Extensionsbrüche in homogen-isotropen Gesteinen entwickeln sich dagegen senkrecht zu S_H. Einsattelungen bzw. die Streifung auf Brüchen senkrecht zur Achse der

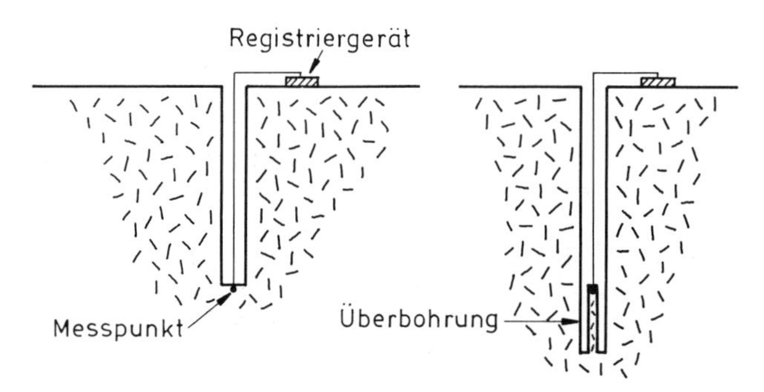

Abb. 12.3 Querschnittskizze einer Anordnung zur Spannungsmessung durch Überbohrung einer Deformationsmeßzelle, die am Ende eines Bohrlochs angebracht ist.

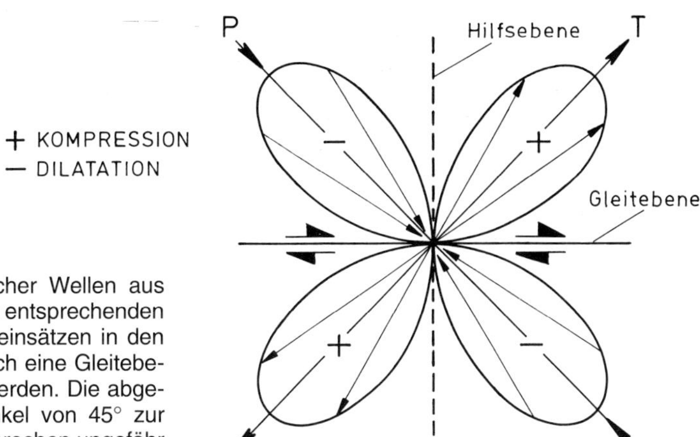

Abb. 12.4 Ausstrahlung seismischer Wellen aus dem Herd eines Erdbebens mit den entsprechenden kompressiven und dilatativen Ersteinsätzen in den vier Raumquadranten, welche durch eine Gleitebene und eine Hilfsebene definiert werden. Die abgeleiteten P- und T-Achsen im Winkel von 45° zur Gleitfläche bzw. Gleitrichtung entsprechen ungefähr der Orientierung von σ_1 und σ_3.

Bohrkerne geben ebenfalls Hinweise auf die Orientierung von S_H.

Mit Hilfe der dreidimensionalen Abstrahlungscharakteristik seismischer Wellen aus dem Herd eines Bebens lassen sich sogenannte **Herdflächenlösungen** (focal plane solutions) gewinnen, die ebenfalls zur Interpretation des regionalen Spannungszustandes benützt werden können. Da Erdbeben diskrete Gleitereignisse entlang einer Herdfläche darstellen, ist die Richtung der initialen elastischen Impulse aus dem Herd direkt abhängig von der Orientierung der Herdfläche und von der Relativbewegung entlang der Herdfläche. Rund um den Herd existieren zwei Raumquadranten, in denen die ersten aus dem Herd ausgestrahlten P-Wellen-Impulse kompressiv sind und zwei Raumquadranten, in denen die ersten Impulse dilatativ sind (Abb. 12.4). Um die Orientierung der Herdfläche zu bestimmen, werden an verschiedenen Stationen eines seismographischen Beobachtungsnetzes rund um den Bebenherd die Richtungen der Erstausschläge bei der Ankunft von P-Wellen registriert und als kompressiv oder dilatativ festgelegt. Außerdem werden die Amplituden seismisch induzierter Oberflächenwellen in Abhängigkeit von ihrer Ausstrahlrichtung analysiert. Mit Hilfe weltweiter Stationsnetze ist es heute möglich, aus der Verteilung dilatativer und kompressiver Ersteinsätze für alle größeren Erdbeben die räumliche Orientierung der vier Quadranten im Bebenherd zu bestimmen. Diese Raumquadranten kompressiver bzw. dilatativer Wellenausstrahlung lassen sich graphisch-dreidimensional im Stereonetz darstellen (Projektion in die untere Hemisphäre), wobei der Herd im Netz zu liegen kommt. Die Raumquadranten definieren die Orientierung des **Spannungsabfall-Tensors** (stress drop tensor) im Bebenherd und werden von zwei Knotenebenen, der eigentlichen seismischen **Gleitebene** (seismic slip plane) und einer dazu senkrecht orientierten **Hilfsebene** (auxiliary plane), begrenzt. Welche der zwei Knotenebenen in der Natur der seismischen Gleitebene (= Herdfläche) entspricht, ergibt sich meist aus der räumlichen Anordnung der Herde für die unmittelbar nachfolgenden Nachbeben bzw. aus der Relativbewegung und Orientierung von koseismischen Gleitebenen, die an der Erdoberfläche ausstreichen. Nimmt man an, daß σ_1 rund 45° zur Gleitfläche orientiert ist und daß die Orientierung von σ_3 durch die Schnittlinie der zwei Knotenebenen definiert wird, so ergibt sich für den Bebenherd eine statistische Orientierung für σ_1, die als „P-Achse", und σ_3, die als „T-Achse" bezeichnet wird (Abb. 12.5). Der Winkel zwischen σ_1 und der tektonischen Bewegungsfläche kann allerdings größer oder kleiner als 45° sein. Trotzdem resultieren aus Herdflächenanalysen oft erstaunlich konsistente regionale Orientierungen für P- und T-Richtungen, was auch hinsichtlich des Erdbebenmechanismus in einer Region interessant sein kann (z.B. Abb. 11.4 und Abb. 28.22). Die Werte für σ_1 und σ_3 bleiben bei dieser Methode aber meist unbestimmt.

Im allgemeinen ermittelt man regionale und lokale Spannungsfelder durch eine Kombination mehrerer Meßmethoden bzw. aus dem Charakter neotektonisch aktiver Störungsflächen. Abb. 11.2 zeigt z.B. in Übersicht die Trajektorien von S_H im Umfeld der San Andreas-Blattverschiebung. Zur Erstellung dieser und ähnlicher Karten benützt man meist verschiedene Methoden, vor allem aber Bohr-

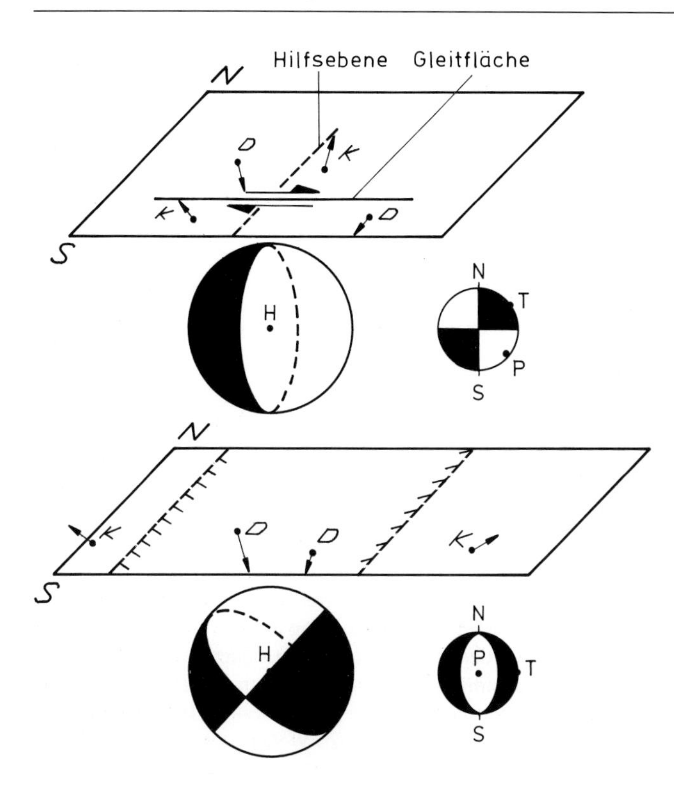

Abb. 12.5 Dilatative (D) und kompressive (K) Ersteinsätze seismischer Wellen, die aus dem Erdbebenherd (H) bei einem Blattverschiebungsbeben (oben) und einem Abschiebungsbeben (unten) abgestrahlt wurden. Die Darstellung der abgeleiteten P- und T-Achsen für die Herdfläche erfolgt in der unteren Hemisphäre einer Halbkugel, in den Diagrammen als Schrägansicht und als Projektion (Stereonetz, rechts unten) dargestellt.

loch-Randausbrüche und neotektonisch nachgewiesene koseismische Relativbewegungen an aktiven Störungsflächen. Solche Karten gibt es heute vor allem für dicht besiedelte bzw. durch Bohrungen erschlossene Teile der Erde.

12.3 Quantifizierung von Erdbeben

Die Quantifizierung von Erdbeben erfolgt auf zweierlei Weise: (1) nach dem Grad der Erschütterung, die an der Erdoberfläche festzustellen ist (Intensität des Erdbebens), und (2) nach der Energie, die beim Erdbeben freigesetzt und in Form elastischer Wellen bzw. als Versatz registriert wird (Magnitude bzw. Moment des Erdbebens).

Intensität (intensity) von Erdbeben wird in der zwölfteiligen modifizierten Mercalli-Skala erfaßt, wobei an verschiedenen Punkten der Erdoberfläche rund um das Epizentrum das Ausmaß des Schadens bzw. die Art der geomorphologischen Veränderungen kartiert und mit zunehmendem Schaden den Stufen einer Intensitätsskala von 1 bis 12 zugeordnet werden. Die Intensität eines Bebens für einen Punkt der Erdoberfläche hängt dabei nicht nur von der aus dem Herd abgestrahlten Wellenenergie, sondern auch von der mechanischen Resonanz des Bodens auf Scher- und Oberflächenwellen ab, d.h., Schäden treten vor allem beim Versagen des Bodens durch Hangrutschungen oder Liquefaktion auf.

Die **Magnitude** (magnitude, M) eines Erdbebens berechnet sich aus den Amplituden seismischer Wellen mit bestimmter Frequenz, welche aus Seismogrammen geeichter Seismographen abgelesen und entsprechend der Distanz vom Herd korrigiert werden können. Für unterschiedliche Herdtiefen und Magnituden zieht man aber zur Quantifizierung von Beben unterschiedliche Wellentypen heran. Man spricht deshalb von Lokalmagnituden (M_L), die sich aus Wellen mit Perioden von 0,1 bis 2,0 s berechnen, von Körperwellen-Magnituden (M_B), die aus Wellen mit Perioden von 0,1 bis 3,0 s berechnet werden, von Oberflächenwellen-Magnituden (M_S), für Perioden um 20 s und bei Beben mit $M > 6$, und schließlich von einer Moment-Magnitude (M_W), die aus der gesamten Wellenform berechnet und vor allem für sehr große Erdbeben benützt wird. Die Magnituden-Skala ist logarithmisch und deshalb nach unten und oben hin offen; das bedeutet, daß eine Magnitudeneinheit grob einer zehnfachen Zunahme der gemessenen Wellenamplitude und einer fast 30fachen Zunahme der Energieabstrahlung entspricht. Historische Beben mit Magnituden $M_S > 10$ kennt man nicht. Beben mit zerstörender Gewalt haben allgemein Magnituden, die größer als 6 bis 7 sind.

Ein weiteres Maß der Erdbebengröße ist das **seismische Moment** (seismic moment, M_0), das sich als Produkt aus dem elastischen Schermodul der Gesteine (G in Nm^{-2}), dem Gleitbetrag (Versatz, u = slip vector in m) und dem Areal (A in m^2) der Rupturfläche berechnet.

$$M_0 = G \cdot u \cdot A \text{ (in Nm)}$$

Die seismischen Momente von Erdbeben mit Magnituden $M_S = 6$ bis 8 liegen bei $M_0 = 10^{18}$ bis 10^{22} Nm. Magnitude und Moment von Erdbeben lassen sich über Wellen-Ausstrahlungsspektren theoretisch miteinander in Beziehung setzen, woraus sich die Momentmagnitude M_w ergibt, und zwar nach der Beziehung $M_w = (\log M_0 - 16{,}1) / 1{,}5$. Auch Abschätzungen des **Spannungsabfalls** (stress drop) während der Beben sind durch Analyse der abgestrahlten Wellenspektren möglich. Der bei Erdbeben bestimmte Spannungsabfall scheint allgemein zwischen 1 und 10 MPa zu liegen. Eine globale Auswertung von instrumentell beobachteten Erdbeben zeigt, daß rund 85 % der historischen seismischen Momente auf Überschiebungsbeben an Subduktionszonen entfallen. Ein Viertel davon geht alleine auf das Konto des großen Chile-Bebens von 1960, bei dem seismische Ruptur an einer Fläche mit einer Längserstreckung von fast 800 km erfolgte.

12.4 Wiederkehr potentiell zerstörender Erdbeben

Besonders wichtig zum Verständnis des Erdbebenrisikos einer Region ist neben der Verteilung der allgemeinen Seismizität vor allem die zu erwartende **Wiederkehr** (recurrence) zerstörender Erdbebenereignisse an historisch aktiven oder neotektonisch identifizierten seismogenen Störungen. Die neotektonische Analyse seismisch aktiver Störungen beruht auf Erkenntnissen, die man durch detaillierte Beobachtungen der geomorphologischen Veränderungen der Erdoberfläche nach größeren Erdbeben gewinnen kann. Mit Hilfe paläoseismologisch orientierter **Grabungen** (trenching) an seismogenen Störungen lassen sich größere seismische Ereignisse mikrostratigraphisch als Diskontinuitäten im Lockermaterial erkennen und durch Datierung einzelner Schichten (z.B. ^{14}C) auch zeitlich festlegen. So kann man für bedeutende seismogene Störungen eine Chronologie der Erdbebentätigkeit bis weit in prähistorische Zeiträume zurückverfolgen.

Ausstreichende seismogene Störungen bzw. koseismischer Versatz äußern sich meist in scharf definierten **Störungsstufen** oder **Scarps** (fault scarps), die einige Meter Höhe erreichen können. Solche Geländestufen sind meist Ausdruck der Vertikalkomponente koseismischer Bewegungen (Abb. 12.6). Ihre Geometrie läßt sich nicht selten auf geodätisch ermittelte Bereiche mit Hebungen und Senkungen entlang der Störungsspur beziehen. Die Gesamthöhe von Störungsstufen ist aber meist das Ergebnis mehrerer Gleitereignisse. Im direkten Umfeld der Störungsspuren beobachtet man über den jüngsten Scarps meist deutlich **facettierte Rücken** (facetted ridges) und **versetzte Abflußrinnen** (displaced, dislodged drainage). Die Spur selbst wird meist durch **lineare Rücken** (linear ridges) oder sogar ganze **Verschlußrücken** (shutter ridges) markiert (Abb. 12.6). In topographisch höher gelegenem Gelände beobachtet man deutliche **Kerben** (notches), in tieferem dagegen **Sackungstümpel** (sag ponds). In breiten Flußebenen können sich auf diese Weise seismogene Terrassenfluchten entwickeln. Auch stufenförmig gehobene Strandterrassen können das Resultat diskreter seismischer Ereignisse sein. Die Mikrostratigraphie von Rinnenfüllungen und Sackungstümpeln bzw. die in ihnen enthaltenen seismogenen Diskordanzen und das Alter gehobener Terrassen lassen sich vor allem durch Datierung organischer Lagen mittels der ^{14}C-Methode datieren und tragen somit zum Verständnis der Wiederkehr einzelner seismischer Gleitereignisse bei.

Wie detaillierte paläoseismologische Untersuchungen insbesondere in den westlichen USA, in Japan und Neuseeland zeigen, bestehen die meisten seismogenen Störungen aus einzelnen **Segmenten** (fault segments), an denen seismogene Gleitereignisse mit charakteristischem Moment und charakteristischer Wiederkehrszeit auftreten. Die lateralen **Barrieren** (barriers) an den Enden der Segmente sind meist geologisch identifizierbare **Einsprünge** (reentrants) und **Vorsprünge** (salients), **Übertritte** (stepovers) und **Verzweigungen** (branching) der allgemeinen Störungsspur (Abb. 12.7). Sie repräsentieren häufig **Transferstörungen** (transfer faults) oder diffuse Querstrukturen, an denen der Versatz charakteristischer Erdbeben lateral absor-

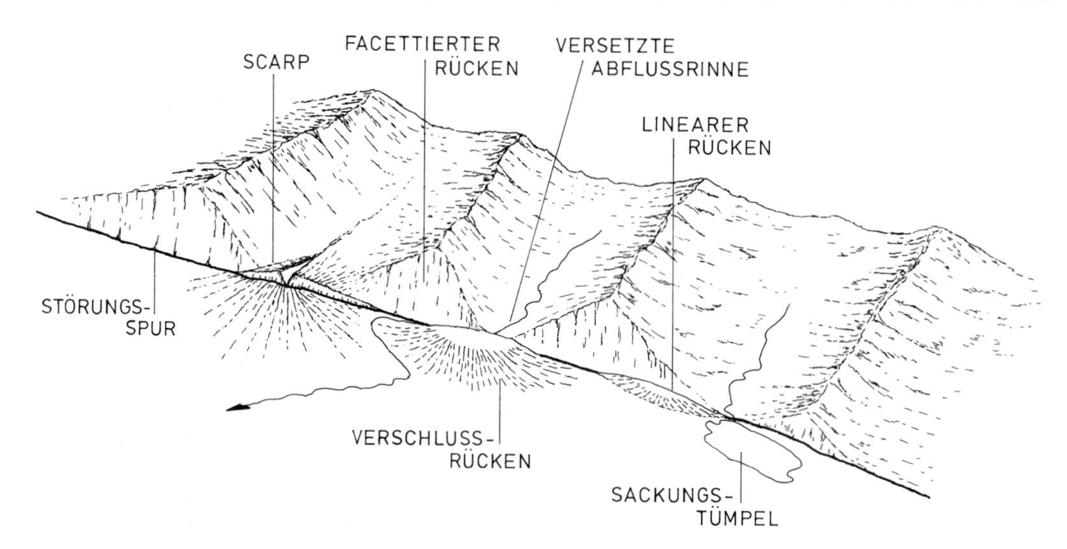

Abb. 12.6 Geomorphologische Charakteristika einer seismogenen Störungsspur, entlang welcher bedeutender Seiten- und Vertikalversatz wahrscheinlich ist (siehe Text).

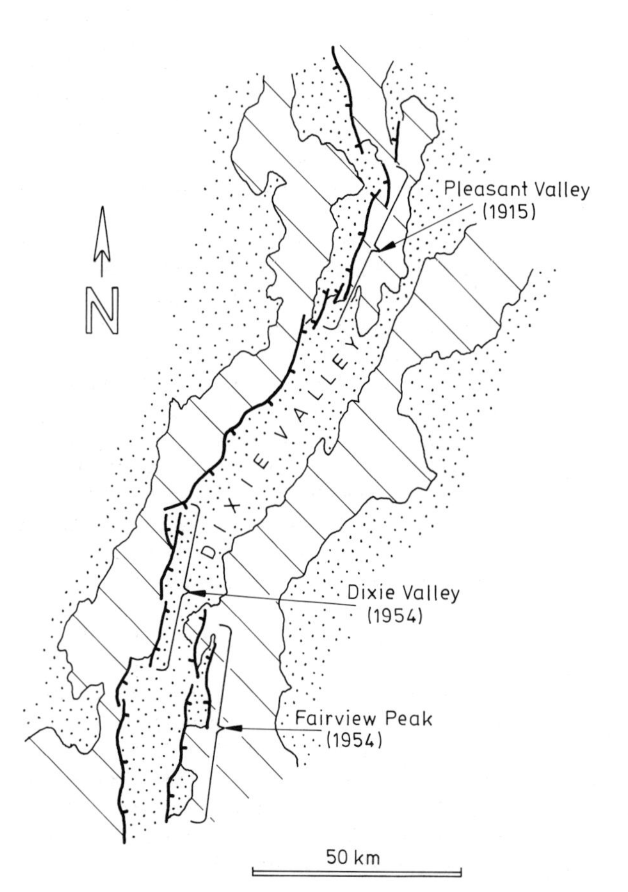

Abb. 12.7 Segmentierte seismogene Abschiebungszone in der Basin-and-Range-Provinz der westlichen USA (siehe auch Abb. 9.3). Ein Erdbeben am Fairview Peak-Segment (M_S 7,2) im Jahr 1954 löste wahrscheinlich am gleichen Tag das Beben am Dixie Valley-Segment (M_S 6,8) aus (nach ZHANG et al., 1991).

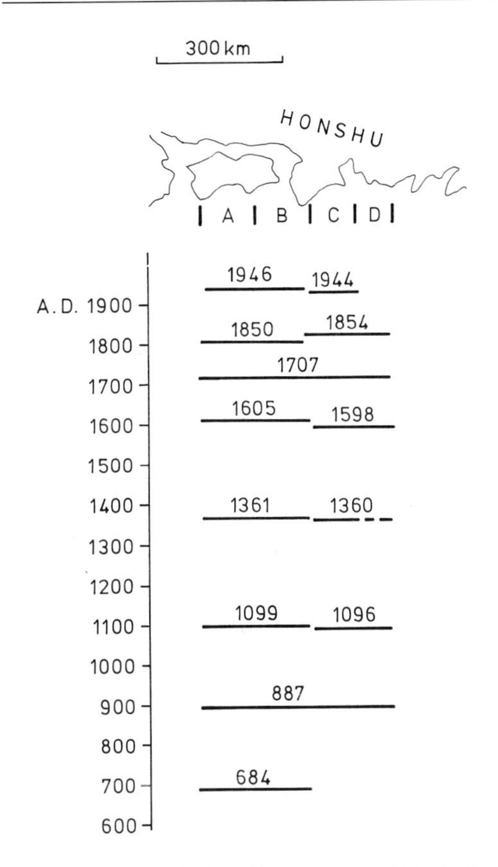

Abb. 12.8 Herdflächenlängen von historischen Erdbeben entlang einer deutlich segmentierten seismogenen Überschiebungszone, die innerhalb der oberen Platte des Nankai-Subduktionssystems, SW-Japan, liegt (nach Ando, 1975). Lage siehe Abb. 28.7.

biert wird und somit als elastische Verformung auf benachbarte Segmente transferiert wird. Dabei können Spannungen im angrenzenden Segment entweder durch Nachbeben teilweise abgebaut oder auch stetig erhöht werden, bis es während eines weiteren Gleitereignisses im gesamten nächsten Segment zum Versatz kommt. So kann durch ein charakteristisches Erdbeben auch ein weiteres im näheren Umfeld ausgelöst werden (Abb. 12.8). Kenntnis von Lage, Versatz, Moment und Wiederkehr charakteristischer Erdbeben entlang seismogener Störungen sind deshalb die Basis zur semiquantitativen Abschätzung des regionalen Erdbebenrisikos. Segmente einer seismogenen Störung, an denen über bestimmte Zeiträume keine Erdbeben stattgefunden haben, während in angrenzenden Segmenten Gleitereignisse auftraten, bezeichnet man als **seismische Lücken** (seismic gaps). Seismische Lücken sind für ein Beben sozusagen „überreif". Gleitereignisse an solchen Lücken können auch die lateralen Segment-Barrieren durchbrechen, so daß es dann zu uncharakteristisch großen Erdbeben kommt (siehe Ereignisse 887 und 1707 in Abb. 12.8).

12.5 Induzierte Seismizität

Neben der regionalen Seismizität, die aus dem Bruch- und Gleitversagen der Gesteine in natürlichen Spannungsfeldern resultiert, können in den höchsten Bereichen der Kruste auch geotechnische Aktivitäten seismische Gleit- und Bruchvorgänge auslösen. Werden Erdbeben durch technische Aktivitäten ausgelöst, so spricht man von **induzierter Seismizität** (induced seismicity). Die in dieser Hinsicht vielleicht interessanteste Situation, die bereits oben angedeutet wurde, kommt dadurch zustande, daß bei Injektion von Flüssigkeiten in tektonisch gespannte Gesteinsbereiche der Porendruck lokal erhöht und die effektiven Normalspannungen reduziert werden. Andere Möglichkeiten induzierter Seismizität ergeben sich als Folge lokaler Spannungskonzentrationen beim Aushub von Hohlräumen im Fels, bei zusätzlicher Auflast von Stauseen und durch Lockerung der Gesteine im Verlauf von Großsprengungen.

Fluidinjektion (fluid injection) als Auslöser seismischer Ereignisse wurde erstmals eindrucksvoll in der Nähe von Denver, Colorado, demonstriert und dann experimentell im Rangely-Ölfeld, im westlichen Colorado, nachvollzogen. In Denver wurden beginnend 1962 toxische Abwässer in Tiefen von rund 3,5 km in kristallines Gestein abgepumpt. In den darauf folgenden Jahren registrierte man in Denver eine Serie von Erdbeben mit Magnituden von 3 bis 4, die in Tiefen um 7 bis 8 km auftraten. Um 1966 konnte der Geologe David Evans erstmals eine Korrelation zwischen den zeitlich variablen Pumpraten, also den im Gestein vorhandenen erhöhten Porendrücken, und der Häufigkeit von Erdbeben demonstrieren (Abb. 12.9). Als Experiment unter kontrollierten Bedingungen wurde dann die Beziehung zwischen dem Fluiddruck im Gestein und dem seismischen Spannungsabbau im Rangely-Ölfeld getestet. Dort hatten Wasserinjektionen zur Stimulierung der Erdölproduktion in einer Tiefe von 2 km bereits eine Serie von Mikroerdbeben ausgelöst. Zwischen 1971 und 1973 wurde dann durch kontrolliertes Abpumpen von Wasser

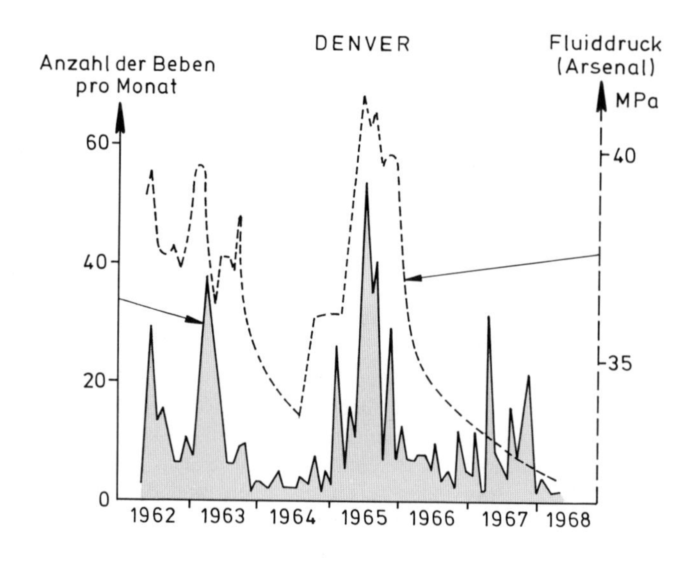

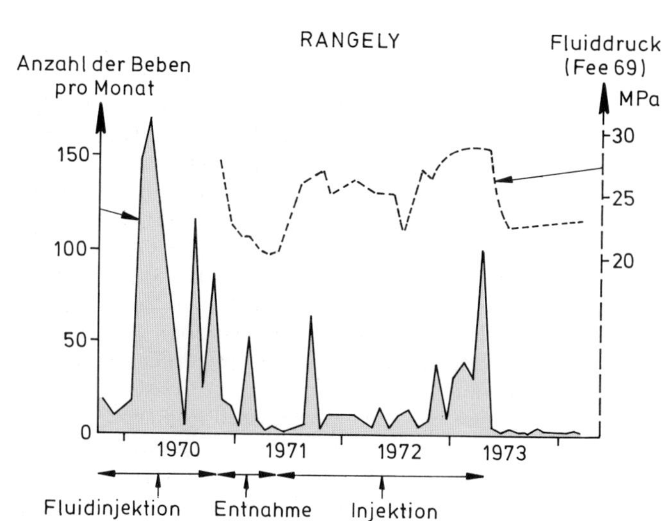

Abb. 12.9 Beziehung zwischen dem durch Injektionen künstlich erhöhten Fluiddruck (gestrichelt) und der Anzahl der registrierten Beben (darunter) nahe Denver und in Rangely, Colorado (siehe Text).

die Mikrobebentätigkeit zuerst reduziert und durch neuerliche Injektion wieder erhöht (Abb. 12.9). Sowohl in Denver als auch in Rangely erfolgte seismisches Gleiten an präexistierenden steilstehenden Blattverschiebungen, da S_H (= σ_1) des regionalen Spannungsfeldes in Colorado ungefähr E–W orientiert ist und S_h dem Wert von σ_3 zu entsprechen scheint. Wichtig für das Auftreten von Erdbeben war in beiden Fällen, daß die Scherspannungen an den präexistierenden Bruchflächen anscheinend schon vor der Fluidinjektion knapp unter den kritischen Werten für ruckhaftes Reibungsgleiten lagen.

Ähnliche Erfahrungen wie im Rangely-Ölfeld machte man seitdem auch in künstlich stimulierten russischen und französischen Erdgasfeldern. Dabei zeigte sich, daß mit allmählicher Ausbeutung der Felder und mit Abnahme des Porendrucks in den Feldern die Zahl der Erdbeben abnahm; dafür waren aber die einzelnen seismischen Ereignisse wesentlich stärker als zuvor. Dies bedeutet, daß im Feld die effektiven Normalspannungen im Durchschnitt zunahmen.

Da Wasserinjektion bzw. Wasserentnahme auch wesentliche Teilprozesse bei der geothermalen Energiegewinnung sind und die meisten geothermisch interessanten Zonen der Erde an tektonisch aktive Großstrukturen, also Riftgürtel oder magmatische Bögen gebunden sind, beobachtet man auch dort häufig Erdbebenschwärme, die sich direkt auf Fluidbewegungen im seichten Untergrund beziehen lassen. Im allgemeinen wird durch künstliche Eingriffe aber die Intensität der tektonisch induzierten Mikroseismizität nur leicht erhöht, wie z.B. im Geysir-Feld des nördlichen Kalifornien.

Künstliche **Stauseen** (reservoirs) beeinflussen den natürlichen Spannungszustand in der Kruste dahingehend, daß die zusätzliche Last durch den Aufstau hinter einem Damm den Wert von S_V erhöht. Befindet sich der Stausee in einer Zone, in der sich die natürliche regionale Seismizität in Form von Abschiebungsbeben äußert, so kann die zusätzliche Auflast von Stauseen zur Auslösung solcher Erdbeben führen. Bekannte Fälle starker Erdbeben, die beim Aufstau von Reservoirs registriert wurden, sind das Gebiet um das Nurek-Reservoir in Tadschikistan und der Koyna-Damm in Indien.

Der **Aushub** (excavation) von Felskavernen, Tunnels und tiefen Schächten verursacht im allgemeinen Spannungskonzentrationen im direkten Umfeld der Vortriebsarbeiten. Dies geschieht vor allem dann, wenn durch den Vortrieb scharfe Wandeinsprünge geschaffen werden oder intaktes Gestein in der Nähe präexistierender Diskontinuitäten durch Sprengungen aufgelockert wird. Im Fall solcher lokalen Spannungskonzentrationen kommt es zu den gefürchteten **Bergschlägen** (rock bursts), denen häufig Erdbeben-Magnituden von 3 bis 4 zuzuordnen sind. Auch aus tiefen Steinbrüchen ist plötzliches Versagen von hochelastischem Fels bekannt. Vor allem in Gebieten mit einer regionalen Überschiebungsseismizität kann durch Felsaushub der Wert von S_V lokal reduziert und somit die Differentialspannung ($S_H - S_V$) so weit erhöht werden, daß vor allem geschichtete Gesteine in Form plötzlicher Sohlhebungen und symmetrischer Schichtknickungen (pop-ups) versagen.

Zusammenfassend läßt sich also feststellen, daß induzierte Seismizität im wesentlichen sowohl die experimentellen als auch die theoretischen Vorstellungen über die Dynamik der Krustenseismizität erhärtet. Die Vorgänge, die zur induzierten Seismizität führen, sind dabei allerdings nur **Auslöser** (trigger) seismischer Ereignisse, die früher oder später auch im Rahmen der normalen regionalen Seismizität eingetreten wären. Die natürliche Seismizität wird allerdings kurzzeitig um einige Prozente erhöht und das Verhältnis Häufigkeit/Magnitude der Beben dadurch leicht modifiziert.

Literatur

HEALY et al., 1968; ANDO, 1975; RALEIGH et al., 1976; GOUGH & BELL, 1981; KANAMORI, 1983 und 1986; VITA-FINZI, 1986; ERVINE & BELL, 1987; SCHOLZ, 1990; ZHANG et al., 1991; GRASSO et al., 1992; ZOBACK, 1992.

13 Duktiles Verhalten und Fließgesetze

Wie bereits in vorhergegangenen Kapiteln angedeutet wurde, erfolgen tektonische Relativbewegungen in größeren Erdtiefen meist nicht mehr an diskreten Flächen, sondern entlang breiter Zonen, in denen es zu raumgreifender Verformung kommt. Diese Art der Deformation setzt ein allgemein **duktiles** bzw. **kristallplastisches Verhalten** (ductile, crystal-plastic behaviour), **Fließen** (flow) oder **Kriechen** (creep) der Gesteine voraus. Dies bedeutet, daß die irreversible Verformung im allgemeinen ohne Kohäsionsverlust abläuft und daß an die Stelle von Translation bzw. Rotation größerer Gesteinseinheiten inter- und intrakristalline Relativbewegungen im submikroskopischen Bereich treten. Die wichtigsten Formen dieser Art von Relativbewegungen sind **Dislokationsgleiten** (dislocation glide) und **Diffusionsfließen** (diffusion creep) (siehe Kapitel 19).

Das duktile bzw. kristallplastische Verhalten von Gesteinen bedeutet, daß raumgreifende Verformung mit einer bestimmten finiten Verformungsrate ($\dot{\varepsilon}$) bei einer bestimmten internen Scherspannung (τ) bzw. Differentialspannung ($\sigma_1 - \sigma_3$) erfolgt. Materialversagen durch raumgreifendes Fließen unterscheidet sich demnach vom Bruchversagen, bei dem der Versatz entlang einer diskreten Fläche meist auch von einem signifikanten Abfall der Spannungen im Umfeld dieser Bewegungsfläche begleitet wird. Die **Fließfestigkeit** (S_f, flow strength) eines Gesteins ist deshalb jene Differentialspannung, bei der raumgreifendes Fließen mit gleichbleibender, d.h. **stationärer Verformungsrate** (steady state strain rate), festzustellen ist. Da während einer ideal duktilen Verformung eines Gesteins keine Dilatation an Mikrorissen auftreten sollte, ist die Fließfestigkeit im Idealfall auch unabhängig vom Umlagerungsdruck, d.h. sie ist **druckinsensitiv** (pressure insensitive). Im allgemeinen nimmt die Fließfestigkeit der Gesteine mit höheren Temperaturen ab und nähert sich bei Temperaturen knapp unter dem Schmelzpunkt (T_m) extrem niedrigen Werten. Die Fließfestigkeit ist aber auch bei geringeren Verformungsraten niedriger als bei hohen Verformungsraten. Der quantitative Zusammenhang zwischen Fließfestigkeit, Temperatur und Verformungsrate läßt sich mit Hilfe theoretischer Überlegungen aus der Physik der Einzelkristalle bzw. über den Weg der experimentellen Verformung von mono- und polykristallinen Mineralaggregaten ermitteln. Man stellt diese Abhängigkeiten in Form von **Fließgesetzen** (flow laws) dar und unterscheidet dabei im allgemeinen zwischen linearen und nichtlinearen Fließgesetzen.

Lineare Fließgesetze (linear flow laws) gelten für alle herkömmlichen Flüssigkeiten (Newtonsche Flüssigkeiten) und haben die Form

$$\dot{\varepsilon} = \sigma / \eta \, (T)$$

$\dot{\varepsilon}$ = stationäre Fließrate (= Verformungsrate, in s^{-1})
η = Viskosität (temperaturabhängig, in Pa s)
σ = Differentialspannung ($\sigma_1 - \sigma_3$, in Pa)

Lineares Fließverhalten eines Materials bedeutet also, daß die stationäre Verformungsrate linear mit der Differentialspannung zunimmt. Der materialspezifische Widerstand gegen die raumgreifende Verformung ist definiert durch die **Viskosität** (viscosity), welche bei höheren Temperaturen im allgemeinen abnimmt. Obwohl für die meisten Fälle des natürlichen duktilen Gesteinsverhaltens Modelle des linearen Fließverhaltens nur eine sehr grobe Näherung darstellen, gelten lineare Gesetze z.B. für **korngrößenabhängiges Fließen** (grain size dependent flow), welches durch intrakristalline Diffusion gesteuert wird. Dabei gilt folgende Beziehung:

$$\dot{\varepsilon} = \frac{\sigma \, c_0(T) \cdot D}{d^n}$$

σ = Differentialspannung ($\sigma_1 - \sigma_3$)
D = effektiver Diffusionskoeffizient
d = Korngrößenparameter
n = 2 bis 3
$c_0 (T)$ = temperaturabhängige Konstante

Zur rechnerischen Bearbeitung dynamischer Modelle für tektonische Großstrukturen, wie z.B. für Fließprozesse, welche bei der isostatischen Hebung und Senkung der Lithosphäre im tieferen Mantel vorherrschen, für Vorgänge, die im Initialstadium der Faltung geschichteter Gesteine auftreten, oder für den Aufstieg von Salzdomen in sedimentären Deckschichten verwendet man meist lineare Fließgesetze, weil sonst der mathematische Aufwand unverhältnismäßig groß wäre. Allerdings erhält man aus dynamischen Modellansätzen für langfristig anhaltende und großräumige Bewegungen in der obersten Lithosphäre Modellviskositäten (η), die z.B. für Salz in der Größenordnung von 10^{16} Pa s liegen und für den oberen Mantel 10^{21} bis 10^{22} Pa s (= 10^{23} Poise) betragen. Die Modellviskositäten für die Asthenosphäre in Tiefen von rund 75 bis 100 km können allerdings bis auf 10^{19} Pa s abfallen, heiße granitoide Intrusiva haben Modellviskositäten um 10^{10} Pa s, die Viskositäten extrudierender rhyolitischer Schmelzen liegen bei 10^7 Pa s, die von basaltischen Laven bei Werten um 10 bis 10^2 Pa s und Wasser hat eine Viskosität um 10^{-3} Pa s.

Nichtlineare Fließgesetze (non-linear flow laws) sind für das Fließverhalten polykristalliner Körper realistischer als lineare Fließgesetze und gelten im allgemeinen für korngrößenunabhängiges Fließen, welches durch intrakristalline Gleitvorgänge gesteuert wird und als Dislokations- oder Versetzungsgleiten bzw. Kristallplastizität bezeichnet wird. Nichtlineare Fließgesetze gelten für das Verformungsverhalten der meisten Metalle, für die Bewegung von Gletschereis und für das Verhalten von Gesteinen bei höheren Temperaturen. Sie sind auch für Aufstiegs- und Intrusionsvorgänge in abkühlenden Gesteinsschmelzen relevant. Nichtlineares Fließverhalten wird häufig mit Hilfe eines **Potentialgesetzes** (power law) ausgedrückt, und zwar in folgender Form:

$$\dot{\varepsilon} = A \cdot \sigma^n \cdot \exp(-H/RT)$$

oder

$$\sigma = (\dot{\varepsilon} / A)^{1/n} \cdot \exp(H / n\,RT)$$

σ = Differentialspannung $\sigma_1 - \sigma_3$
$\dot{\varepsilon}$ = stationäre Fließrate (= Verformungsgeschwindigkeit, in s^{-1})
H = Kriechaktivierungsenergie
R = Gaskonstante
A, n = Materialkonstanten
T = absolute Temperatur (K)

Die Konstanten A und n werden experimentell für bestimmte Mineralaggregate bzw. natürliche Gesteine ermittelt. Auch der Wert für H variiert.

Die meisten tektonischen Relativbewegungen in der Lithosphäre verlaufen mit Geschwindigkeiten, die eine Größenordnung von 1 bis 10 cm a^{-1} haben. Verteilen sich die Relativbewegungen auf mehr oder weniger breite Zonen, so liegen die Verformungsraten im Bereich dieser Zonen in der Größenordnung von 10^{-13} bis 10^{-16} s^{-1}. Derart geringe Verformungsraten lassen sich experimentell nicht realisieren. Aber auch Experimente mit Raten bis rund 10^{-7} s^{-1} bedürfen sorgfältigster Handhabung des instrumentellen Systems und dauern oft mehrere Wochen bis Monate, wobei vor allem die mechanische Stabilität der experimentellen Anordnung gewährleistet sein muß. Außerdem läßt sich für die meisten Mineralaggregate, vor allem für gesteinsbildende Karbonate und Silikate, stationäres Fließen bei den noch realisierbaren Verformungsraten um 10^{-7} s^{-1} auch nur bei relativ hohen Temperaturen erreichen. Einige wenige gesteinsbildende Minerale, wie z.B. Halit, Gips und Anhydrit, lassen sich dagegen bereits bei relativ geringen Temperaturen zum Fließen bringen. Die meisten Experimente müssen bereits nach Erreichen einer longitudinalen Verformung von 10% abgebrochen werden.

Es gibt zwei Haupttypen von Experimenten, mit denen man aus den Beziehungen zwischen Verformungsrate, Differentialspannung und Temperatur die relevanten Materialkonstanten für die Fließgesetze bestimmt: das Experiment bei **konstanter Verformungsrate** (constant strain rate experiment) und das Experiment bei **konstanter Differentialspannung** (constant stress experiment, creep test).

Im Experiment bei **konstanter Verformungsrate** (constant strain rate) wird die Differentialspannung so lange erhöht bis sich im Probekörper stationäres Fließen einstellt (Abb. 13.1a). Dabei ist allerdings möglich, daß die Fließfestigkeit durch eine Veränderung der Interntexturen des Gesteins mit zunehmendem Grad der Verformung ansteigt (**Verformungshärtung**, strain hardening) oder auch daß die Fließfestigkeit mit zunehmender Verformung abnimmt (**Verformungsschwächung**, strain softening). Um sicher zu sein, daß im Experiment der Zustand des stationären Fließens erreicht wurde, werden Verformungsexperimente minde-

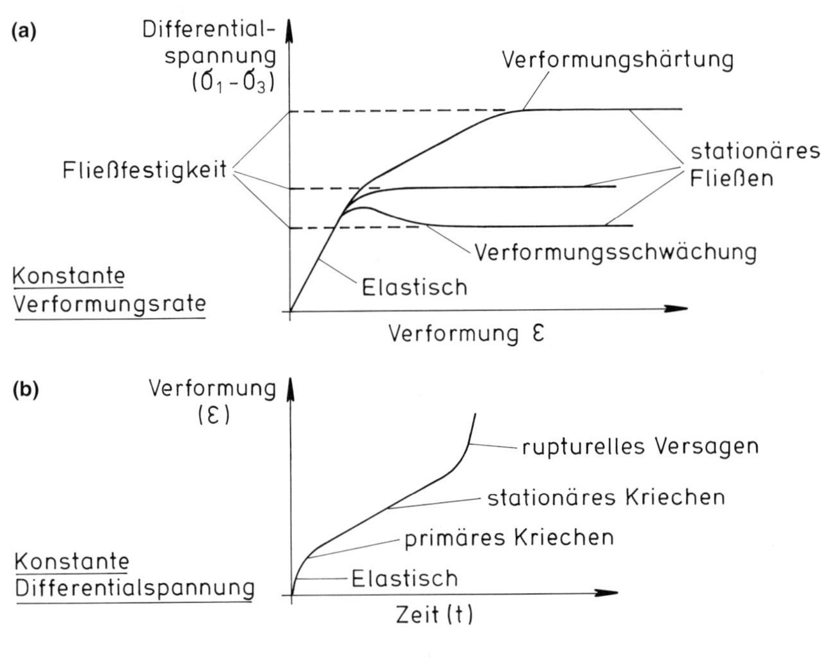

(c)

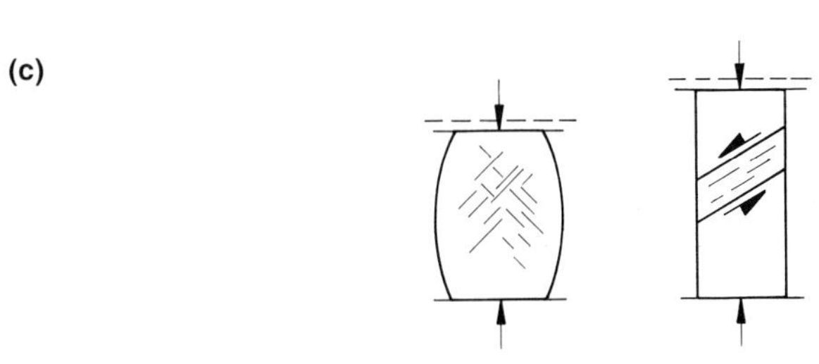

Abb. 13.1 Die allgemeine Form experimenteller Verformungskurven zur Bestimmung der Fließfestigkeit bei (a) konstanter Verformungsrate mit Auftreten einer materialspezifischen Verformungshärtung bzw. Verformungsschwächung und (b) konstanter Differentialspannung (siehe Text). (c) Verformung von Gesteinsproben während des Experiments.

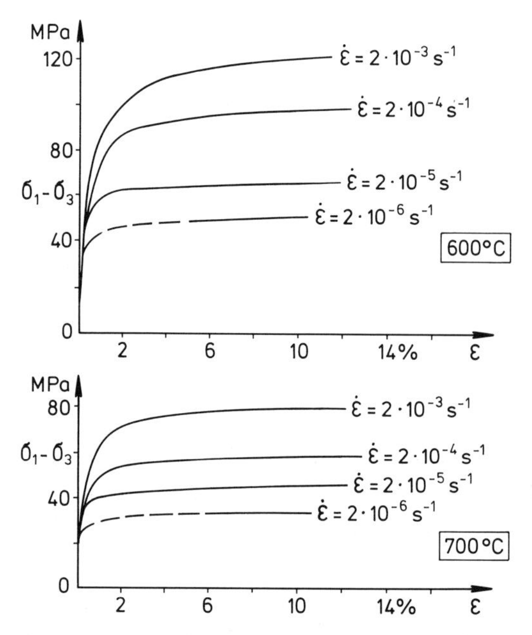

Abb. 13.2 Fließfestigkeit von Marmor (in MPa) in Abhängigkeit von der Verformungsrate (nach HEARD & RALEIGH, 1972) für zwei verschiedene Temperaturbereiche. Z.B. liegt die Fließfestigkeit des Gesteins bei einer Verformungsrate von $\dot{\varepsilon} = 2 \cdot 10^{-5}\,s^{-1}$ und einer Temperatur von 600 °C bei 60 MPa.

stens bis zu einer Verkürzung von rund 10 % durchgeführt. Um den Einfluß der Temperatur zu bestimmen, variiert man letztere für einzelne Versuchsserien an einem bestimmten Mineralaggregat von Experiment zu Experiment (Abb. 13.2).

Im Experiment unter Bedingungen einer **konstanten Differentialspannung** (constant stress) verfolgt man die Verformung des Probekörpers als Funktion der Zeit (Abb. 13.1b). Dabei beobachtet man nach einer initialen elastischen Deformation, die sich sofort einstellt, einen Übergang zum Kriechen (**primäres Kriechen**, transient creep). Dann folgt die Phase des stationären Fließens (**sekundäres Kriechen**, **Fließen**, stationary creep) mit konstanter Verformungsrate und schließlich erfolgt aufgrund der Entwicklung von Instabilitäten im Probekörper Beschleunigung der Verformungsrate und **rupturelles Versagen** (tertiary creep). Auch diese Art des Experiments läßt sich bei verschiedenen Temperaturen wiederholen.

Im Verlauf beider Experimente erhält man für jede beliebige Kombination von Temperatur und stationärer (konstanter) Verformungsrate eine bestimmte Differentialspannung, also die Fließfestigkeit des entsprechenden Materials. Aus systematischen Reihen von Experimenten ergeben sich so für bestimmte Mineralaggregate die Fließfestig-

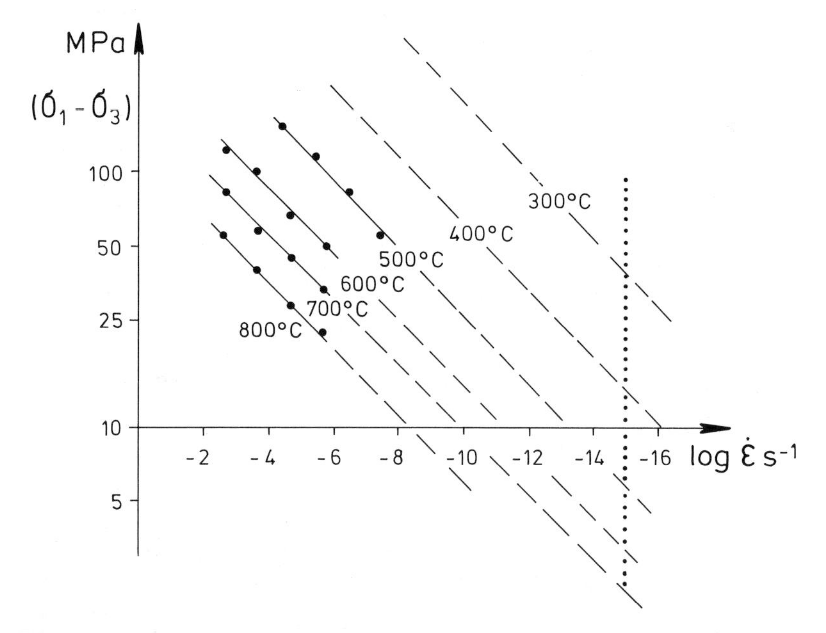

Abb. 13.3 Festigkeit von Marmor in Abhängigkeit von der Verformungsrate für Versuche, die bei verschiedenen Temperaturen durchgeführt werden (nach HEARD & RALEIGH, 1972). Durchgezogene Linien stellen den experimentell realisierten Verformungsbereich dar, während die gestrichelten Linien theoretisch extrapolierte Kurvensegmente für den Bereich geologisch realistischer Verformungsraten darstellen.

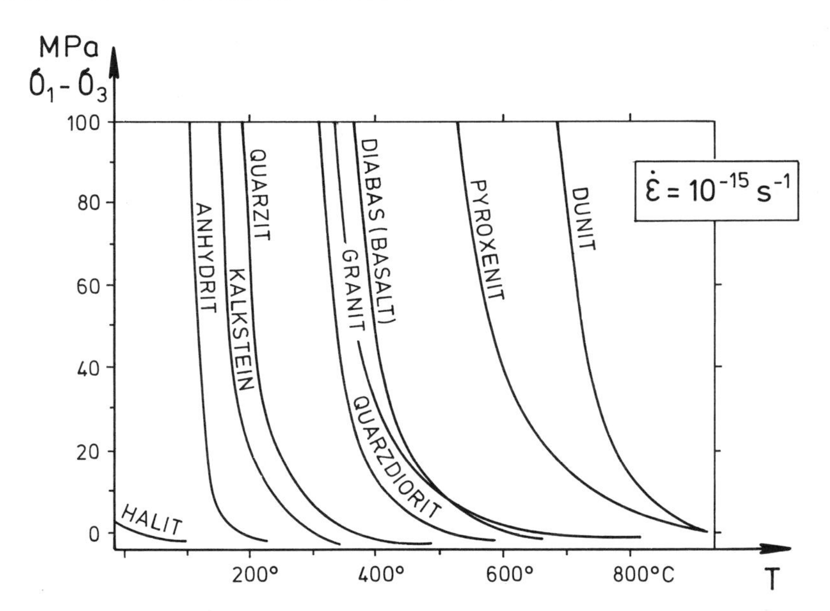

Abb. 13.4 Abnahme der Fließfestigkeit von Mineralen und Gesteinen mit zunehmender Temperatur unter den Bedingungen realistischer Verformungsraten in der Größenordnung von 10^{-15} s^{-1} (nach CARTER & TSENN, 1987; KIRBY, 1985).

keiten ($\sigma_1 - \sigma_3$) bei bestimmten Temperaturen (T) und bestimmten stationären Verformungsraten $\dot{\varepsilon}$. Die Serien der resultierenden Meßwerte werden in einem doppelt logarithmischen Koordinatensystem aufgetragen und zu Linien verbunden (Abb. 13.3).

Da natürliche Verformungsraten um $\dot{\varepsilon} = 10^{-15}$ bis 10^{-14} s^{-1} experimentell nicht erreicht werden können, extrapoliert man die experimentell gewonnenen Kurven aus dem Bereich um $\dot{\varepsilon} = 10^{-6}$ bis 10^{-7} s^{-1} in geologisch realistische Bereiche von $\dot{\varepsilon} = 10^{-15}$ bis 10^{-14} s^{-1}. Die Kurven lassen sich als Fließgesetze für ein bestimmtes Material zusammenfassen.

Dabei zeigt sich, daß bei Verformungsraten und Temperaturen, wie sie in der Natur zu erwarten sind, bestimmte **kritische Temperaturen** (critical temperatures) existieren, bei denen die mineral- und gesteinsspezifische Fließfestigkeit rapide abnimmt und über denen die Kinematik tektonischer Deformationsprozesse einen grundlegend anderen Verlauf nehmen als beim Bruch.

Abb. 13.4 demonstriert, daß bei geologisch realistischen Verformungsraten um 10^{-15} s^{-1} dieser kritische Temperaturbereich für Steinsalz bereits unter 100 °C, für Anhydrit zwischen 80 und 150 °C, für Kalk und Quarzgesteine um 300 bis 400°C, für die meisten silikathaltigen Gesteine bei 500 bis 600 °C und für ultramafische Gesteine bei 700 bis 900 °C liegt. Auch der Gehalt an Kristallwasser verschiebt den für die Festigkeitsabnahme kritischen Temperaturbereich in praktisch allen gesteinsbildenden Mineralen zu geringeren Temperaturen hin. Umgekehrt liegen natürlich bei höheren Verformungsraten die kritischen Temperaturen entsprechend höher.

Zur Illustration des allgemeinen Festigkeitsverhaltens natürlicher Gesteine in der kontinentalen Kruste kann man sich z.B. ein granitisches Gestein vorstellen, in dem Quarz das Festigkeitsverhalten bestimmt und in dem ein normaler Temperaturgradient (um 30 °C km^{-1}) vorherrscht. Abb. 13.5 zeigt schematisch, wie bei als realistisch anzunehmenden Verformungsraten in der Nähe der Erdoberfläche die drucksensitive Bruchfestigkeit entsprechend dem Mohr-Coulomb-Kriterium in einem Überschiebungsregime vorerst mit der Tiefe auf beträchtliche Werte anwächst. Dann läßt aber ein progressiv stärkerer Einfluß der Temperatur die Fließfestigkeit relativ abrupt auf wesentlich geringere Werte abfallen. Die maximale Festigkeit eines Gesteins sollte deshalb direkt im Übergangsbereich zwischen Sprödverhalten und Duktilverhalten erreicht werden. Für verschiedene Gesteine und Bereiche der Erde liegt dieser Übergangsbereich natürlich je nach der stofflichen Zusammensetzung, der Verformungsrate und dem Temperaturgradienten in unterschiedlichen Krustentiefen. Obwohl die-

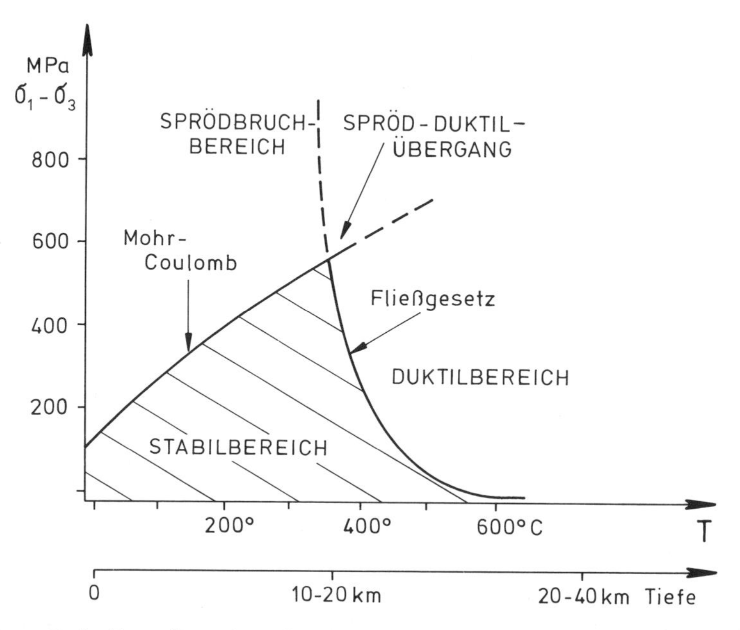

Abb. 13.5 Schematische Darstellung der anfänglichen Zunahme der Festigkeit eines „trockenen" Gesteins bei zunehmendem Druck, d.h. zunehmender Tiefe, und die in tieferen Zonen der Kruste zu erwartende relativ abrupte Abnahme der Fließfestigkeit mit Zunahme der Temperatur und Übergang ins duktile Verformungsregime. Die Festigkeitswerte sind Maximalwerte für die Differentialspannungen, welche zu Überschiebungen führen würden. An Abschiebungen bzw. in Anwesenheit von Fluiden und besonders bei abnormalem Porendruck sind im Gestein wesentlich geringere maximale Differentialspannungen zu erwarten.

se Art quantitativer Überlegungen auch nur als Ansatz zu verstehen ist, erweist sich der Ansatz grundlegend zum Verständnis der Erdbebenverteilung bzw. zur Analyse der großräumigen Abscherungsprozesse innerhalb und an der Basis der kontinentalen Kruste. Solche Prozesse sollten z.B. bei der Denudation metamorpher Kernkomplexe durch Extension, bei Relativbewegungen an den Sohlflächen krustaler Überschiebungen und an intrakontinentalen Blattverschiebungen auftreten. Daß es auch bei höheren Temperaturen und bei allgemein duktiler Verformung in Gesteinen zur Rißbildung kommt und an schmalen Zonen Gleitvorgänge einsetzen, liegt wahrscheinlich daran, daß lokal höhere Verformungsraten und Fluiddrücke auftreten, wodurch lokal ein rupturelles Versagen gefördert wird. Die räumliche Ausbreitung von Rissen ist bei einer kristallplastisch-duktilen Verformung allerdings beschränkt und in den Rupturen kommt es bald wieder zur Verfüllung mit sekundärer Mineralsubstanz in Form von Mineraladern. Im weiteren Verlauf der Deformation erfolgt auch eine penetrative Verformung solch verheilter Risse und eine Öffnung meist anders orientierter Riß-Systeme.

Literatur

Heard et al., 1972; Heard & Raleigh, 1972; Nicolas & Poirier, 1976; Pfiffner & Ramsay, 1982; Kirby, 1985; Carter & Tsenn, 1987; Handy, 1990.

14 Festigkeitsmodelle für kontinentale und ozeanische Bereiche der Lithosphäre

Die bereits erwähnten experimentellen Verfahren zur Bestimmung von Bruchfestigkeit bei unterschiedlichem Umlagerungsdruck und von Fließfestigkeit bei unterschiedlichen Verformungsraten bzw. Temperaturen deuten darauf hin, daß in größeren Tiefen die Verformung natürlicher Gesteine bei einer bestimmten Geschwindigkeit der Relativbewegungen vom Mineralbestand, von den vorherrschenden Temperaturen und vom Fluiddruck abhängt. Für großregionale Modellbetrachtungen der Krustendeformation muß man deshalb vereinfachte Annahmen für die durchschnittliche mineralogische Zusammensetzung, den Temperaturverlauf, die Verformungsrate und den Fluidhaushalt treffen. Mit solchen petrologisch-geophysikalischen „Durchschnittsmodellen" für die kontinentale und ozeanische Lithosphäre läßt sich zeigen, daß die obere kontinentale Kruste, die im wesentlichen aus felsischen Gesteinen besteht, die untere kontinentale Kruste, die auch höhere Anteile an mafischen Gesteinen enthält, und die ozeanische Kruste, die vor allem aus Basalt besteht, unterschiedliches mechanisches Verhalten zeigen. Der obere Erdmantel besteht unter Kontinenten und Ozeanen zu überwiegenden Anteilen aus Peridotit, ist also in wesentlichen Anteilen aus dem Mg-Fe-Silikat Olivin aufgebaut (siehe Kapitel 23 und 27). Nun zeigen die bereits diskutierten Experimente, daß Quarz und Olivin im Verhältnis zu den sie begleitenden Mineralphasen der Kruste bzw. des Mantels eine relativ geringere Fließfestigkeit besitzen. Als quantitativ dominierende Phasen bestimmen deshalb vor allem Quarz das rheologische Verhalten der kontinentalen Kruste und Olivin das Verhalten des subkontinentalen Mantels. Die Krustenphasen Pyroxen und Feldspat dominieren das Verhalten der ozeanischen Kruste und die Mantelphase Olivin bestimmt das Verhalten des subozeanischen Mantels (Abb. 14.1). Anwesenheit von intrakristallinem Wasser bedingt in allen Fällen eine Reduktion der Fließfestigkeit einzelner Mineralphasen und freies intergranulares Wasser bewirkt vor allem in vielen Bereichen der obersten Lithosphäre eine Reduktion der Gleit- und Bruchfestigkeit.

Aus der experimentell bestimmten Festigkeit von Granit oder Gneis bei Temperaturen bis 300°C kann man schließen, daß in den obersten Kilometern der kontinentalen Kruste zunächst die Bruchfestigkeit der Gesteine zur Tiefe hin zunimmt. Wo mächtige sedimentäre Abfolgen den kristallinen Sockel der Kontinente bedecken, muß man allerdings mit stark variablen Festigkeitsgradienten und lokal auch extrem geringen Gesteinsfestigkeiten rechnen, vor allem in evaporitischen Abfolgen oder in Zonen, in denen ein abnormal hoher Porendruck vorherrscht. Bei Temperaturen um 300°C bis 400°C beginnt aber in den meisten Gesteinen die Temperatur das

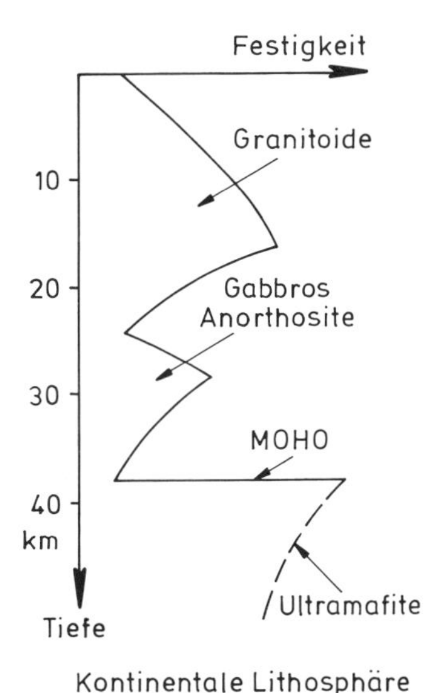

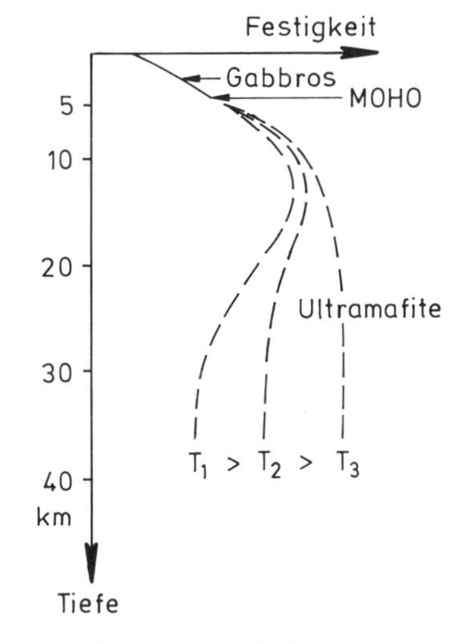

Abb. 14.1 Schematische Kurven zur Variabilität der Gesteinsfestigkeit in der obersten kontinentalen bzw. ozeanischen Lithosphäre. Diese Art von Kurven stützt sich auf experimentelle Daten zum Festigkeitsverhalten der Gesteine und auf einen in die Tiefe extrapolierten Temperaturgradienten. T1, T2 und T3 sind Kurven für verschiedene Temperaturgradienten in einer sich abkühlenden ozeanischen Lithosphäre.

Festigkeitsverhalten kritisch zu beeinflussen. Im Bereich des spröd-duktilen Übergangsbereichs erreichen sowohl Bruchfestigkeit als auch Fließfestigkeit der Krustengesteine ein Maximum, in größerer Tiefe dominiert dann die temperatursensitive geringere Fließfestigkeit den Charakter der Deformation. Unter der spröd-duktilen Übergangszone nimmt deshalb auch die seismische Aktivität in allen kontinentalen Krustenbereichen ab (Abb. 14.2). Aseismische Deformation kann allerdings auch in Zonen mit höherem Fluiddruck schon weit über der spröd-duktilen Übergangszone auftreten. Da bei durchschnittlich zunehmender Temperatur die Fließfestigkeit quarzreicher Kristallingesteine stark abnehmen sollte, nimmt man an, daß in der tieferen kontinentalen Kruste vor allem quarzreiche Zonen als krustale Abscherhorizonte in Frage kommen, während mafische bzw. feldspatreiche Einlagerungen in der Unterkruste, wie z.B. Gabbros oder Anorthosite, wahrscheinlich lokale linsenförmige Bereiche mit höherer Fließfestigkeit darstellen. In kontinentalen Krustenbereichen, in denen sich aufgrund tektonischer Verdickung oder Verdünnung abnormal hohe Temperaturen einstellen bzw. bedeutende Fluidgehalte zu erwarten sind und auch partielle Schmelzen gebildet werden, sollten noch dramatischere Festigkeitsgradienten auftreten und sich entsprechende Abscherhorizonte entwickeln.

Die in Abb. 14.1 angedeuteten schematischen Kurven für das „durchschnittliche" Festigkeitsverhalten kontinentaler oder ozeanischer Bereiche gelten also nur als erste qualitative Annäherungen an wirkliche Festigkeiten, da meist weder genaue Abfolge, Lagerung und Störungsgeometrien noch Fluidhaushalt oder Temperaturgradienten bekannt sind (siehe Kapitel 23).

In der krustalen Grenzzone zum subkontinentalen Mantel treten gelegentlich anstelle quarzreicher granulitischer Gneise auch subhorizontale Intrusiva mafischer Zusammensetzung und linsenförmige Körper olivinreicher Peridotite auf, wie z.B. Dunit oder Harzburgit. Da aus zahlreichen Experimenten zur Fließfestigkeit bekannt ist, daß Olivin und Pyroxen bei „normalen" basalen Krustentemperaturen um 500 °C bis 700 °C eine noch verhältnismäßig hohe Festigkeit besitzen, sind auch die Übergangsbereiche von der oberen quarzhaltigen Kruste in die tiefere mafische Kruste bzw. in den subkontinentalen peridotitischen Mantel mechanisch signifikante Zonen, an denen es zu tektonisch bedeutsamen Verformungsdiskontinuitäten kommen kann.

Aus der allgemeinen Abnahme der Fließfestigkeit kontinentaler Krustengesteine mit zunehmender Temperatur läßt sich aber verstehen, warum in kontinentalen Intraplattenbereichen Erdbebentätigkeit im wesentlichen auf die obersten 10 bis 20 km

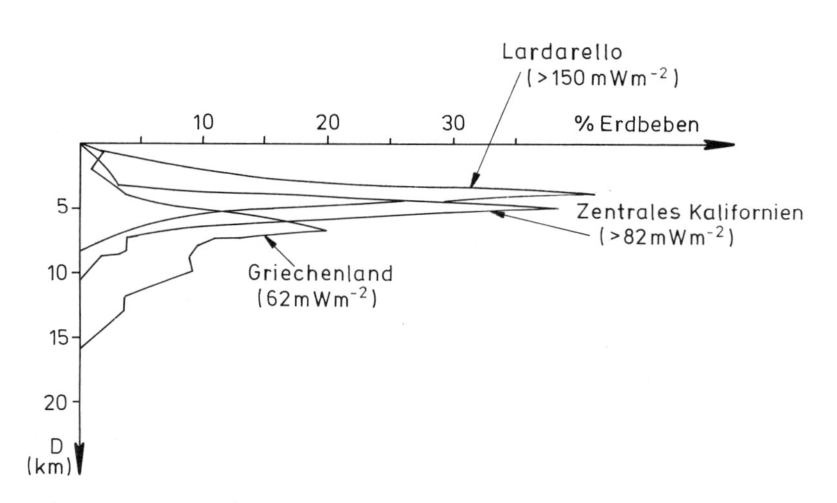

Abb. 14.2 Tiefenverteilung krustaler Erdbeben für drei Krustenbereiche mit unterschiedlichem Wärmefluß, in Prozent der Gesamtzahl (nach MEISSNER, 1986 und CAMELI et al., 1993). Das Diagramm illustriert einen größeren Tiefgang der seismogenen Oberkruste bei geringerem regionalem Wärmefluß. Die extrem flache Seismizität in Lardarello, Italien, ist typisch für geothermisch aktive Krustenzonen.

beschränkt ist und in der Kruste darunter aseismisches Verhalten zu erwarten ist (Abb. 14.2). Die Beben mit der größten Magnitude treten knapp über dem spröd-duktilen Übergangsbereich auf, also dort, wo die höchsten Differentialspannungen zu erwarten sind. Nur in Bereichen mit besonders hohen Krustentemperaturen, Schmelzanteilen und Fluidgehalten, wie z.B. über Hotspots, unter kontinentalen Rifts oder in vulkanischen Bögen ist auch für relativ flache Krustenbereiche mit aseismischem Gleiten bzw. duktiler Verformung der Gesteine zu rechnen. Für heterogen zusammengesetzte Bereiche der mittleren Kruste muß man je nach dem thermischen Regime mit komplexen zeitlichen bzw. räumlichen Überlagerungen spröder Bruchvorgänge, aseismischer Gleitprozesse und duktiler Verformung rechnen.

Innerhalb der ozeanischen Lithosphäre ist eine Festigkeits-Diskontinuität zwischen der dünnen basaltischen Kruste und dem peridotitischen Mantel tektonisch wesentlich insignifikanter als im kontinentalen Bereich. Im Gegensatz zu kontinentalen Lithosphärenbereichen reagieren deshalb ozeanische Lithosphärenplatten in erster Annäherung als relativ einförmige und starre Einheiten. Die Mächtigkeit der „starren Platten" ist allerdings von ihrer Temperatur, d.h. ihrem Alter, abhängig. An Subduktionszonen kommt es deshalb in den ozeanischen Platten bis in Tiefen von rund 60 km zu besonders starken Erdbeben und auch in größeren Tiefen scheint die ozeanische Lithosphäre noch beträchtliche Spannungen aufzunehmen, was durch das Auftreten von Erdbeben bis in Tiefen von 670 km in den subduzierenden Platten belegt wird. Relativ wasserreiche Sedimentpakete, die an der Oberfläche ozeanischer Platten mitgeführt werden, werden dagegen oft entlang flacher, fluidführender Zonen aseismisch abgeschert und verbleiben zumindest zeitweise im Bereich der oberen Kruste. Man bezeichnet diesen Prozeß der mechanischen Entkoppelung bzw. der Abscherung und Anlagerung von Gesteins- oder Sedimentmaterial im äußeren Bereich konvergenter Plattengrenzen als **tektonische Akkretion** (tectonic accretion), ein Vorgang, der wiederum mechanische Heterogenität innerhalb der neugebildeten Kruste der oberen Platte erzeugt.

Literatur

Meissner & Strehlau, 1982; Chen & Molnar, 1983; Meissner, 1986; Byrne et al., 1988; Scholz, 1988.

15 Metamorphose, Mineraladern und relative Kompetenz in duktilen Gesteinen

15.1 Regionale Metamorphose

Die vertikale Komponente tektonischer Relativbewegungen verursacht entweder Absenkung von Gesteinen in größere Tiefe oder Hebung aus größerer Tiefe in die Nähe der Erdoberfläche. Absenkung bedeutet eine Zunahme und Hebung eine Abnahme der Drücke bzw. der Temperaturen. Bei Absenkung kommt es aber nicht nur zu dem bereits diskutierten Übergang vom Bruchversagen zum Fließen der Gesteine, sondern auch zur raumgreifenden Veränderung in der Zusammensetzung der Mineralphasen. Die Prozesse, welche diese Veränderungen begleiten, faßt man unter dem Begriff der regionalen Metamorphose (regional metamorphism) zusammen. Da sich **regionale Metamorphose** im allgemeinen an krustale Zonen mit bedeutender Extension oder Kontraktion hält, bilden metamorphe Gesteine (**Metamorphite**, metamorphics) deutlich lineare bis unregelmäßig gelängte **metamorphe Gürtel** oder **Komplexe** (metamorphic belts, complexes), für welche sich meist auch charakteristische tektonische Relativbewegungen und geothermische Gradienten nachweisen lassen.

Bei einer Absenkung von Sediment- und Gesteinsmaterial im Liegenden großer Überschiebungen oder im Hangenden großer Abschiebungen erfahren die entsprechenden Einheiten eine aufsteigende oder **prograde Metamorphose** (prograde metamorphism). Umgekehrt durchlaufen sie bei ihrem Aufstieg im Hangenden großer Überschiebungen bzw. im Liegenden großer Abschiebungen eine absteigende oder **retrograde Metamorphose** (retrograde metamorphism). Da geologische Körper und die sie aufbauenden Minerale während der regionalen Metamorphose teilweise offene, teilweise relativ geschlossene thermodynamische Systeme darstellen, in ihnen meist aber auch bedeutende Fluidbewegungen stattfinden, erfolgen die Anpassungen der neugebildeten Phasen an die Bedingungen der regionalen Metamorphose oft nur teilweise oder zeitlich stark verzögert. Der **Mineralbestand** (oder die **Mineralparagenese**, mineral assemblage) in einem metamorphen Gestein ist abhängig von Druck, Temperatur und Fluidaktivität (PTX-Bedingungen; X = Gesteinschemismus inklusive mobile Fluide), welche im unmittelbaren geologischen Umfeld vorherrschen. Bei tektonisch relativ stationären Bedingungen können sich deshalb auch innerhalb eines größeren Krustenvolumens **Gleichgewichtsparagenesen** (equilibrium assemblages) bilden. Findet man solche in natürlichen Gesteinen, so läßt sich über eine experimentelle Gesteinsmetamorphose im Labor und aus theoretisch-thermodynamischen Betrachtungen für die meisten metamorphen Gesteine mit bestimmter Zusammensetzung auf die PT-Bedingungen schließen, unter denen sich die natürlichen Mineralparagenesen entwickelten.

Viele Phasentransformationen verlaufen bei prograder oder retrograder Metamorphose zumindest in erster Annäherung **isochemisch** (isochemical), d.h. ohne großräumige Zufuhr und Abfuhr der chemischen Komponenten, welche den Charakter der Gesteine und Minerale bestimmen. Häufig wird die Metamorphose aber auch von irreversiblen Bewegungen fluider Phasen (v.a. H_2O und CO_2) begleitet, wobei in den Fluiden gelöste Ionen oder Komplexe, wie z.B. der Elemente Ca, K, Na oder Si, passiv über weite Distanzen transportiert werden können. Wege und Geschwindigkeiten der Fluidbewegungen variieren im wesentlichen mit der primären Permeabilität des Porenraums, der in metamorphen Gesteinen kaum 0,1 % des Gesamtvolumens übersteigt, v.a. aber mit der räumlichen Verteilung tektonisch induzierter Risse und Dilatationszonen. Bilanzierungen von Stoffumsatz durch Fluidbewegungen in metamorphen Gesteinen deuten an, daß während der Metamorphose das Volumen der durchströmenden Fluide lokal mehr als zwei Größenordnungen über dem des durchströmten Gesteinsvolumens liegen kann. Dieses **Fluid-Gesteinsverhältnis** (fluid-rock ratio) ist besonders hoch, wenn die Fluidbewegung entlang tektonischer Bewegungszonen und durch offene Extensionsrisse erfolgt.

Man beschreibt metamorphe Gesteine am einfachsten mit Hilfe wesentlicher Mineralphasen, also z.B. als Quarz-Sillimanit-Biotit-Plagioklas-Gneise oder Granat-Glimmerschiefer. Lassen sich im Gestein deutliche Hinweise auf das **Ausgangsgestein** (**Protolith**, protolith) erkennen, so bezeichnet man metamorphe Gesteine sedimentärer Herkunft als Paragesteine (z.B. Paragneis). Diese zeichnen sich meist durch einen hohen Anteil Al_2O_3-führender Phasen, durch Einlagerungen von Marmoren und Linsen von Kalksilikaten aus. Bei Metamorphiten magmatischer Herkunft spricht man von felsischen oder mafischen Orthogesteinen, wobei vor allem reliktische Texturen auf den intrusiven oder vulkanischen Ursprung hinweisen können. Zum Zweck der regionalen Kartierung metamorpher Gürtel lassen sich häufig protolithologische Assoziationen, wie z.B. Metagrauwacken oder Metarhyolithe zusammenfassen.

Hinsichtlich ihres Chemismus unterscheidet man als grobe Gruppierungen **Metapelite** (metapelites), welche in ihrer allgemein felsischen Zusammensetzung den weitverbreiteten Tongesteinen bzw. Grauwacken entsprechen, **Metabasite** (metabasites), welche mafischen Gesteinen unterschiedlicher Herkunft entsprechen können. **Metaultramafite** (metaultramafites) und **Kalksilikate** (calcsilicates) bilden meist nur relativ kleine Anteile regionalmetamorpher Komplexe. Welche Art von geometrischen Vorzeichnungen (Lagen, Lithologien, Kontakte) man bei der lokalen Unterscheidung und regionalen Kartierung metamorpher Komplexe heranzieht, hängt in erster Linie vom betrachteten Maßstab und von dem zu lösenden Problem ab. Metamorphe Gesteinseinheiten sollten aber bereits im Gelände in Aufschlüssen und Handstücken reproduzierbar sein, wobei eine Übersophistizierung in Hinsicht auf die angewandte Nomenklatur sich nur selten von Nutzen erweist!

Während der regionalen Metamorphose sind Gesteine mit unterschiedlichem Chemismus auch unterschiedlich reaktionsfreudig. Vor allem Mg-reiche Metamorphite und Kalksilikatgesteine sind sehr empfindlich auf subtile Veränderungen im Druck, in der Temperatur und im Chemismus der intergranularen Fluidphase. Geringfügige Änderungen dieser Parameter können bereits zu signifikanten Veränderungen in der Zusammensetzung **koexistierender Mineralphasen** (coexisting minerals) und **Mischkristallphasen** (mixed phases) führen. Ganz allgemein gilt aber sowohl für pelitische als auch für mafische Metamorphite, daß bei höherer Temperatur und höherem Druck Minerale entstehen, die sich durch einen geringeren Gehalt an Wasser auszeichnen als chemisch ähnliche, die bei niedrigeren Temperaturen bzw. Drücken stabil sind (z.B. Biotit gegenüber Chlorit). Dies bedeutet, daß während der Metamorphose eine systematische Bewegung fluider Phasen entlang regionaler PT-Gradienten erfolgt. So entwickelt sich aus einem pelitischen Ausgangsgestein bei prograder Metamorphose zunächst Tonschiefer, dann Phyllit, Glimmerschiefer und schließlich Gneis, wobei aus den H_2O-reichen Tonmineralen Kaolinit, Illit und Chlorit die progressiv H_2O-ärmeren Glimmer (Muskovit, Biotit) hervorgehen. Bei basischem Stoffbestand werden aus basaltischen Vulkaniten Grünschiefer, Amphibolite und Eklogite, wobei das Mineral Chlorit allmählich von den H_2O-ärmeren Phasen

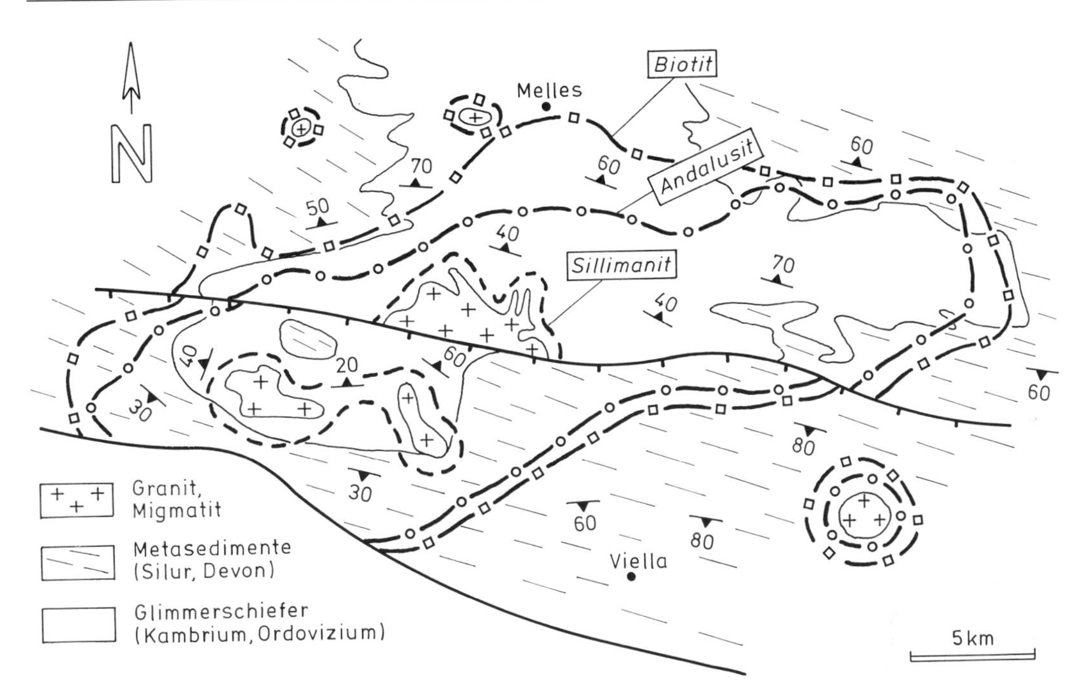

Abb. 15.1 Metamorphe Isograde für einen paläozoischen metamorphen Gürtel in den zentralen Pyrenäen. Die Isograden für die Index-Minerale Biotit, Andalusit, Sillimanit in den metasedimentären Hüllgesteinen sind räumlich um eine anatektisch-granitoide Domstruktur angeordnet (nach POUGET, 1991). Angedeutet sind auch die Orientierungen der Schieferung bzw. Foliation.

Aktinolith und Hornblende verdrängt wird und letztere schließlich durch Pyroxene ersetzt werden.

Es ist einsichtig, daß die raumgreifende Entwässerung feinkörniger sedimentärer Ausgangsgesteine bei prograder Metamorphose gleichmäßiger und vollkommener abläuft als die sekundäre Zufuhr von Wasser beim retrograden Aufstieg der allgemein grobkörnig-massigen Kristallinkomplexe metamorpher Gürtel. Wegen des geringen Porenraums von rund 0,1 % beschränkt sich retrograde Metamorphose auch vor allem auf tektonisch stark überprägte Gesteinszonen, an denen durch Kornverkleinerung und Dilatation eine ausreichende sekundäre Permeabilität geschaffen wird und wo Zufuhr von H_2O oder CO_2 auch die notwendigen Reaktionen im Gestein ermöglicht. Sowohl bei der prograden als auch bei der retrograden Metamorphose entwickeln sich **Metamorphosefronten** (metamorphic fronts), deren Position weitgehend durch Fluidbewegungen im PT-Feld gesteuert werden. In relativ homogenen Ausgangsgesteinen lassen sich deshalb Zonen mit ganz bestimmten metamorphen **Index-Mineralen** (index minerals) kartieren, wie z.B. in pelitischen Metamorphiten die Minerale Chlorit, Biotit, Granat, Staurolith, Andalusit, Sillimanit, Disthen und Kalifeldspat. Das erste Auftreten solcher Index-Minerale in einem regionalmetamorphen Gesteinskomplex kann deshalb als Flächenspur in Form einer **Isograde** (isograd) kartographisch dargestellt werden (Abb. 15.1).

Neben den Index-Mineralen beobachtet man in metamorphen Gesteinen immer wieder ähnliche Paragenesen, die wahrscheinlich unter gleichen oder zumindest sehr ähnlichen PTX-Bedingungen entstanden sind. Man faßt deshalb metamorphe Gesteine, deren Paragenesen ähnliche PTX-Bedingungen widerspiegeln, als **metamorphe Fazies** (metamorphic facies) zusammen. Da sich vor allem mafische Paragenesen im Experiment und in der Natur gut auf prograde Veränderungen der PT-Bedingungen einstellen, benennt man die metamorphen Faziesgruppen nach den charakteristischen Metabasiten bzw. deren Mineralassoziationen. So unterscheidet man folgende Faziesbereiche: Zeolithfazies, Prehnit-Pumpellyit-Fazies, Grünschieferfazies, Glaukophanschieferfazies oder Blau-

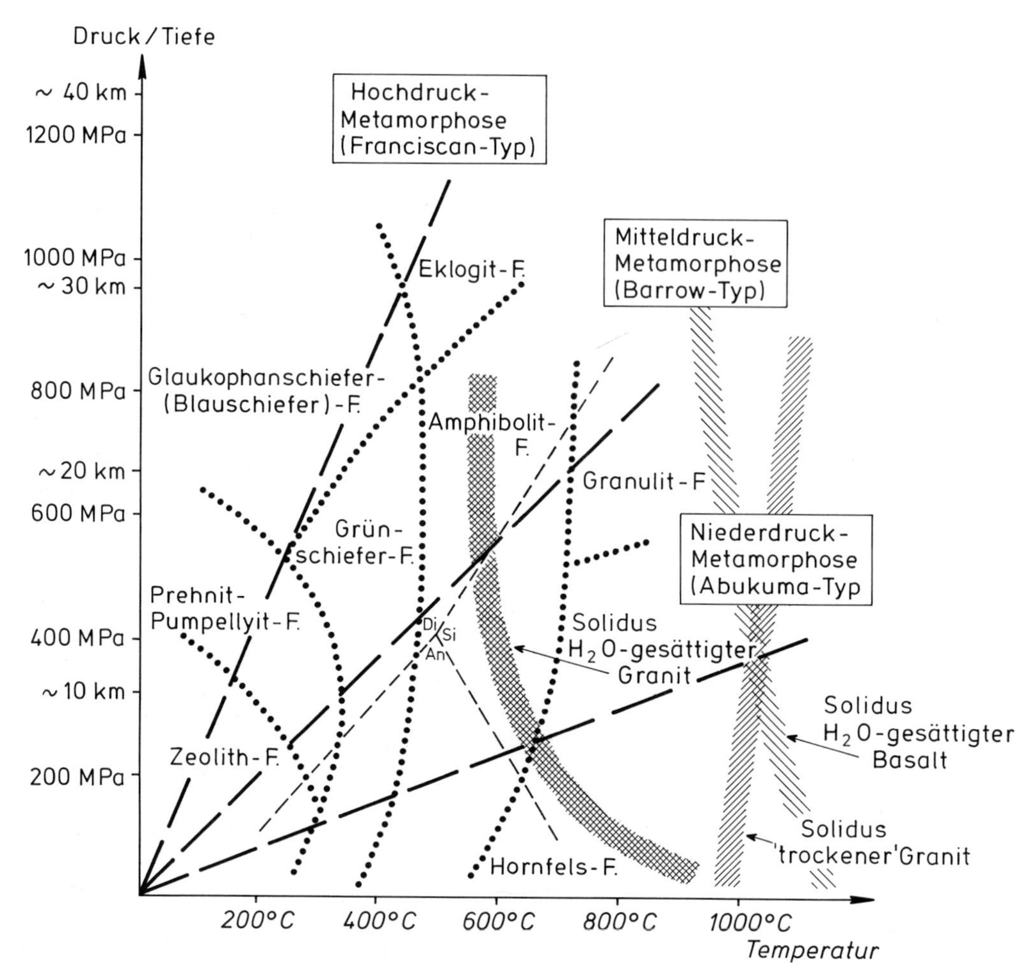

Abb. 15.2 Vereinfachte Skizze der PT-Felder (gepunktete Grenzen) für die metamorphen Faziesbereiche in der oberen Lithosphäre; angedeutete Lage des Tripelpunkts für die Al_2SiO_5-Phasen Disthen, Sillimanit und Andalusit bzw. Lage der Soliduskurven (Einsetzen partieller Schmelzbildung) für granitoide und basaltische Gesteine (siehe Text).

schieferfazies, Hornfelsfazies, Amphibolitfazies, Granulitfazies und Eklogitfazies (Abb. 15.2). Zur Charakterisierung dieser metamorphen Faziesbereiche benützt man kritische, typische oder dominierende Minerale und zur weiteren Gliederung zieht man entsprechende Phasengruppen heran.

Da unterschiedliche geodynamische Rahmenbedingungen auch unterschiedliche geothermische Gradienten zur Folge haben, entwickeln sich in bestimmten Zonen charakteristische **metamorphe Faziesserien** (metamorphic facies series), bei denen man drei Grundtypen unterscheidet. Ein hoher Temperaturgradient (über 50 bis 60 °C km^{-1}) erzeugt Mineralabfolgen der Niedrigdruck-Hochtemperatur-Metamorphose (LP / HT-Metamorphose oder „Abukuma-Typ"), ein mittlerer Temperaturgradient (um 30 bis 40 °C km^{-1}) bewirkt Abfolgen der Mitteldruck-Mitteltemperatur-Metamorphose (MP / MT-Metamorphose oder „Barrow-Typ") und ein geringer Temperaturgradient (< 20 °C km^{-1}) führt zur Hochdruck-Niedrigtemperatur-Metamorphose (HP / LT-Metamorphose oder „Franciscan-Typ").

Zahlreiche Felduntersuchungen metamorpher Faziesserien haben gezeigt, daß der Übergang von der **Diagenese** (diagenesis) sedimentärer Abfolgen in den Wirkungsbereich einer regionalen Metamorphose über einem Temperaturbereich um rund 200 °C erfolgt. Dabei spielen vielfach Lösungs- und Ausfällungsreaktionen eine bedeutende Rolle. Zur

Gliederung dieses Bereichs benützt man vor allem Vitrinitreflektivität von organischem Material und die systematische Verfärbung von Conodonten. Bei Temperaturen zwischen 200 °C und 300 °C und in Tiefen von 4 bis 10 km beobachtet man aber auch signifikante Veränderungen in der Kristallstruktur von Tonmineralen und benützt deshalb vor allem den zunehmenden Grad der Kristallinität des Tonminerals Illit dazu, um eine sogenannte **Anchizone** (anchizone) der regionalen Metamorphose vom Bereich der Diagenese abzugrenzen. Neben Illit zeigen auch Chlorit und Kaolinit entsprechende prograde Veränderungen ihres Gitterbaus und bei Temperaturen um 250 °C entwickelt sich durch Reaktion zwischen Kaolinit und Quarz das Mineral Pyrophyllit. In feinkörnigen mafischen Gesteinen entstehen im gleichen Temperaturfeld die charakteristischen Phasen der **Zeolithfazies** (zeolite facies), wobei neben den Zeolithen Heulandit und Laumontit auch Neubildungen von Quarz, Chlorit und Albit weitverbreitet sind. Bei höheren Temperaturen tritt die kritische Paragenese Prehnit bzw. Pumpellyit der **Prehnit-Pumpellyit-Fazies** (prehnite-pumpellyite facies) auf. In Faziesserien, die sich bei geringerem Temperaturgradienten entwickeln, bilden sich erst in Tiefen um 10 km und bei Temperaturen um 200 °C bis 300 °C die druckbetonten Phasen Lawsonit, Na-Amphibol (Glaukophan, Crossit) neben Chlorit. Diese Phasen fallen somit in die **Lawsonit-Blauschieferfazies** bzw. in die **Glaukophanschiefer-Fazies** (blueschist facies). Bis in diese PT-Bereiche äußert sich das Abwandern freier und bei Reaktionen freigesetzter Fluidphasen in der Zusammensetzung primärer Fluideinschlüsse neugebildeter Minerale. So beobachtet man in Quarz unter 200 °C noch komplexe Hydrokarbone, bei Temperaturen über rund 200 °C Methan (CH_4) und vor allem Wasser (H_2O). Aus festem Kerogen, das in organisch-tonigen Gesteinsschichten auftritt, entsteht im Temperaturbereich zwischen rund 70 °C und 150 °C Erdöl und „nasses" Erdgas, darüber bis rund 300 °C nur noch relativ „trockenes" Erdgas (siehe Abb. 6.3). Kohlige Substanzen verlieren mit zunehmender Temperatur ebenfalls ihren Gehalt an Gas, was sich in der systematischen Erhöhung der bereits angesprochenen optisch meßbaren Vitrinitreflektivität kohliger Partikel äußert; schließlich erfolgt aber im Temperaturbereich zwischen 200 °C und 300 °C ein Übergang von einer bereits relativ gasarmen Kohle in Anthrazit.

Bei Temperaturen zwischen 300 °C und 500 °C und bei mittleren bis hohen Temperaturgradienten bilden sich im Bereich der **Grünschieferfazies** (greenschist facies) in mafischen Gesteinen charakteristische Paragenesen, in denen Albit, Epidot, Aktinolith und Chlorit dominieren; in pelitischen Gesteinen entstehen Paragenesen mit Serizit bzw. Muskovit, Chlorit, Biotit, Pyrophyllit und gelegentlich Chloritoid. Bei relativ geringen Temperaturgradienten und höheren Drücken entwickeln sich dagegen vor allem Epidot bzw. das Amphibolmineral Glaukophan: In der eigentlichen druckbetonten **Glaukophanschieferfazies** (blueschist facies) tritt auch der Klinopyroxen Jadeit auf. In der Grünschieferfazies bestehen die Fluideinschlüsse neugebildeter Quarzkristalle aufgrund der kräftigen Entwässerung bzw. als Folge der Dissoziation von Karbonaten vor allem aus H_2O bzw. CO_2. Im Bereich der Grünschieferfazies wird Anthrazit durch die kristalline Kohlenstoffphase Graphit verdrängt.

Überhaupt spielen Bewegung von Wasser und Lösungstransport im Temperaturbereich um 300 °C bis 400°C wichtige Rollen bei der strukturellen und texturellen Entwicklung der Gesteine. Erstens enthalten viele Kristalle (z.B. Quarz) in ihrem Gitter mehr oder weniger regelmäßig verteilte (OH)-Gruppen, was ihre Fließfestigkeit reduziert (**hydrolytische Schwächung**, hydrolytic weakening). Noch wichtiger ist aber das freie Wasser, welches zusammen mit anderen volatilen Phasen und gelösten Stoffen zur Öffnung bzw. Füllung von Mineraladern beiträgt (siehe weiter unten).

Bei Temperaturen über 500°C vollzieht sich der größte Teil metamorpher Phasenveränderungen in Form von Festkörperreaktionen und es kristallisieren die meist grobkörnigen Mineralphasen der **Amphibolitfazies** (amphibolite facies) aus. In Gesteinen der Amphibolitfazies wechseln helle Lagen aus Quarz und Plagioklas mit dunklen Lagen, in denen Biotit, Hornblende, Granat und Staurolith dominieren; dazu gesellen sich v.a. in pelitischen Gesteinen Muskovit, Cordierit oder Sillimanit. In metamorphen Karbonaten erfolgt ein allmählicher Übergang in grobkörnige Dolomit- bzw. Kalkmarmore, in denen auch Kalksilikate (z.B. Wollastonit) auftreten. Auch in der Amphibolitfazies sind die Fluideinschlüsse in neugebildeten Mineralphasen im allgemeinen noch reich an H_2O.

Die Abfuhr von Wasser aus den metamorphen Gesteinen der Amphibolitfazies erfolgt aber nicht mehr nur in Form diffuser intergranularer Fluidmigration, sondern auch als wichtiger Teil partieller Schmelzen. Granitische Schmelzen können sich bei Anwesenheit von nur wenigen Prozenten Wasser in pelitisch zusammengesetzten Gesteinen schon im Temperaturbereich von 650 °C bis 750 °C bilden. Man bezeichnet lokale oder regionale partielle Schmelzbildung, die im Rahmen einer regionalen

Metamorphose erfolgt, als **Anatexis** (anatexis) und die resultierenden Produkte als **Migmatite** (migmatites), **Diatexite** (diatexites) etc. Dabei kommt es natürlich zu einer dramatischen Verringerung der durchschnittlichen Fließfestigkeit innerhalb der aufgeschmolzenen Zonen, was sich meist in turbulenten Verformungsstrukturen äußert. Größere Schmelzbereiche können durch Wirkung des Auftriebs als nicht-linear viskose **Plutone** (plutons) oder auch als Teil breitgespannter Gneisdome in höhere Krustenniveaus aufsteigen, wo sie durch Aufheizung des Nebengesteins eine lokale Kontaktmetamorphose der **Hornfelsfazies** (hornfels facies) mit dem charakteristischen Mineral Andalusit verursachen können. Die zurückgebliebenen und an mafischen Anteilen reicheren metamorphen Gesteinsbereiche bezeichnet man als **Restite** (restites).

Bei Temperaturen zwischen rund 700 °C und 900 °C und im Druckbereich von rund 600 bis 800 MPa entwickeln sich in den nun weitgehend H_2O-freien Gesteinszonen Metamorphite der **Granulitfazies** (granulite facies) mit Quarz, Feldspat (auch Kalifeldspat), Granat, Pyroxen, Sillimanit oder Disthen. Fluideinschlüsse sind in der Regel arm an H_2O, aber reich an CO_2, welches entweder aus dem obersten Mantel in die untere Kruste diffundiert oder durch Dissoziation von Karbonaten entsteht. Tektonische Dilatation und Fluiddurchströmung bei hohen Verformungsraten führen gelegentlich zur diffusen Homogenisierung granulitfazieller Quarz-Feldspat-Pyroxen-Gesteine, die man als **Charnockite** (charnockites) bezeichnet, und die man vor allem aus präkambrischen Unterkrustengesteinen kennt.

Bei Drücken von 800 bis mehr als 1000 MPa und Temperaturen um 500 °C bis 800 °C entwickeln sich die Paragenesen der **Eklogitfazies** (eclogite facies) mit dem Na-reichen Klinopyroxen Omphazit, Granat und Disthen. Sogar unter diesen Bedingungen spielt anscheinend die Bewegung von Fluiden noch eine wichtige Rolle, da sich in der Natur z.B. Übergangszonen zwischen H_2O-armen Feldspat-Pyroxen-Granat-Gesteinen der Granulitfazies und H_2O-führenden Omphazit-Granat-Klinozoisit-Paragonit-Ca-Amphibol-Paragenesen der Eklogitfazies beobachten lassen. Ausgesprochen mafische Eklogitgesteine können Dichtewerte bis um $3{,}6 \cdot 10^3\,kg\,m^{-3}$ besitzen und sind auch schwerer als „normale“ peridotitische Gesteine des Oberen Erdmantels ($3{,}2$ bis $3{,}3 \cdot 10^3\,kg\,m^{-3}$). Eklogite sinken deshalb möglicherweise spontan in das peridotische Substrat, wenn auch andere mechanische Bedingungen, wie ausreichendes Volumen und Fließfähigkeit des umgebenden Gesteins erfüllt sind.

Natürlich ist mit der Granulit- bzw. mit der Eklogitfazies noch nicht die mögliche Obergrenze der prograden Metamorphose krustaler Gesteine erreicht. Viele Gesteine, die in der geologischen Vergangenheit noch extremere PT-Bedingungen erfuhren, wurden allerdings bei ihrem retrograden Aufstieg zur Erdoberfläche so stark umgewandelt, daß meist nur vereinzelte Relikte von Hochdruck- und Hochtemperaturphasen erhalten sind, wie z.B. die SiO_2-Hochdruckphase Coesit oder die Hochdruckphase des Kohlenstoffs, der Diamant. Diese Relikte zeigen aber an, daß metamorphe Gesteinskomplexe aus Tiefen von mehr als 100 km durch tektonische Relativbewegungen wieder an die Erdoberfläche zurücktransportiert werden können.

15.2 Mineraladern

Für Gesteine, die nahe der Erdoberfläche deformiert werden, bedeutet die Anwesenheit von **Mineraladern** (mineral veins) eine vorhergegangene Dilatation des Gesteins, d.h. ein lokales Versagen durch Bruch. Mineraladern sind in Metamorphiten aller Faziesbereiche verbreitet, besonders aber in Gesteinen der Grünschieferfazies. Dort deuten regionale Strukturen oft darauf hin, daß die assoziierten Mineraladern bei Temperaturen des spröd-duktilen Übergangsbereichs entstanden sind. Da die Füllungen von Mineraladern häufig die Metamorphosebedingungen des Nebengesteins reflektieren, die Verformung des Nebengesteins aber weitgehend duktil verlief, ist das Auftreten von Mineraladern in regionalmetamorphen Gesteinen anscheinend paradox. Die Bildung von Mineraladern läßt sich aber aus zwei Gründen als ein wichtiger Teilaspekt der duktilen Verformung betrachten: Erstens ist anzunehmen, daß trotz durchschnittlich geringer Verformungsraten in hochtemperierten Gesteinen die Verformungsraten entlang schmaler Scherzonen relativ hoch sind und an diesen Zonen deshalb eine lokale **Versprödung** (embrittlement) bzw. ein Aufreißen von Extensionsbrüchen zu erwarten ist. Zweitens bewirkt die Anwesenheit freier Fluide im Gestein eine Reduktion der effektiven Normalspannungen, was ebenfalls eine relative Versprödung zur Folge haben sollte. Sowohl während der prograden Entwässerung als auch bei retrograder Wasserzufuhr sollten sich beide Effekte überlagern. In höher temperierten Gesteinen können partielle Schmelzen die mechanische Rolle der freien Fluide übernehmen, was ebenfalls zu typischen Bruchstrukturen Anlaß geben kann. Da bei prograden Entwässerungsreaktionen das Gesamtvolumen der neugebildeten Mineralphasen und der freigesetzten Fluide größer ist als das Volumen der ursprünglich wasserhaltigen Minerale, kann man mit lokalen Fluiddrücken rechnen, die sich dem lithostatischen Druck nähern und zur völligen mechanischen Entspannung des Gesteins führen sollten. Unter solchen Bedingungen genügen schon geringste tektonische Differentialspannungen, um Dilatation des Gesteins und das Zuströmen freier Fluide in den neugeschaffenen Raum einzuleiten.

Wie in spröd deformierten Gesteinen sollte auch in duktil verformten Metamorphiten die Ausbreitung von Extensionsrissen vor allem in Richtung senkrecht zur Orientierung von σ_3 bzw. senkrecht zur momentanen X-Achse des Verformungsellipsoids erfolgen. Je nach ihrer Form und Ausrichtung zu angrenzenden Scher- bzw. Bruchzonen spricht man aber von **Scheradern** (shear veins), die subparallel zu größeren Scherzonen orientiert sind, von **en echelon-Adern** und **Extensionsadern** (en echelon, extension veins), die meist schräg gestaffelt zu Hauptscherzonen orientiert sind und von **Sigmoidaladern**, die selbst wieder von der duktilen Verformung innerhalb von Scherzonen erfaßt wurden (Abb. 15.4).

Bei wiederholten Zyklen metamorpher Reaktionen, lokal erhöhter Verformungsraten und des Zustroms gesättigter Lösungen können sich die Vorgänge von Rißausbreitung und Ausfällung von Mineralsubstanz im Raum vielfach überlagern. Dies gilt vor allem für die oft wirtschaftlich wichtigen Systeme von **Quarzadern** (quartz veins), die bei tektonischer Hebung, Temperaturabnahme und gleichzeitiger Deformation in vielen Gesteinen entstehen und in denen begleitende Paragenesen auf Bildungstemperaturen um 300 °C bis 350 °C hindeuten (Abb. 15.3 und 15.4). In den Adern finden sich gelegentlich bedeutende Anreicherungen von Gold, Silber, Blei und Zink. Bei höheren Temperaturen gesellen sich als dominierende Füllungsparagenesen zum Quarz auch Albit, schließlich Plagioklas und Orthoklas. In Bereichen der regionalen Anatexis werden Extensionsrisse auch von partiellen Schmelzen bzw. pegmatitischen Segregationen durchströmt, wobei es auch hier durch Anreicherung zur Bildung wirtschaftlich wichtiger Minerallagerstätten kommen kann.

15.3 Relative Kompetenz

Sowohl prograde als auch retrograde Metamorphose können als Folge von Translation größerer Gesteinsbereiche aus höheren in tiefere bzw. aus tieferen in höhere krustale Niveaus verstanden werden. Deshalb ist es auch einsichtig, daß in den meisten metamorphen Gesteinen Strukturen erhalten sind, welche sich direkt auf großräumige duktile Bewegungen zurückführen lassen. Aufgrund der verschiedenen Fließfestigkeiten unterschiedlich zusammengesetzter Gesteine beobachtet man aber an den Grenzflächen zwischen einzelnen Einheiten, die eine voneinander abweichende mineralogische Zusammensetzung haben, **Verformungsgradienten** (strain gradients) oder ausgesprochene **Verformungsdiskontinuitäten** (strain discontinuities). In Aufschlüssen äußern sich unterschiedliche Modellviskositäten bzw. Fließfestigkeiten als relative **Kompetenz** (competency) der Gesteine bzw. als **Kompetenzkontrast** (competency contrast) zwischen Gesteinseinheiten unterschiedlicher Zusammensetzung.

Abb. 15.3 Quarzadern, die sich in Extensionsrissen bei retrogradem Aufstieg von bereits duktil gefalteten grünschieferfaziell metamorphen Gesteinen bildeten (Paläozoikum von NW-Sardinien).

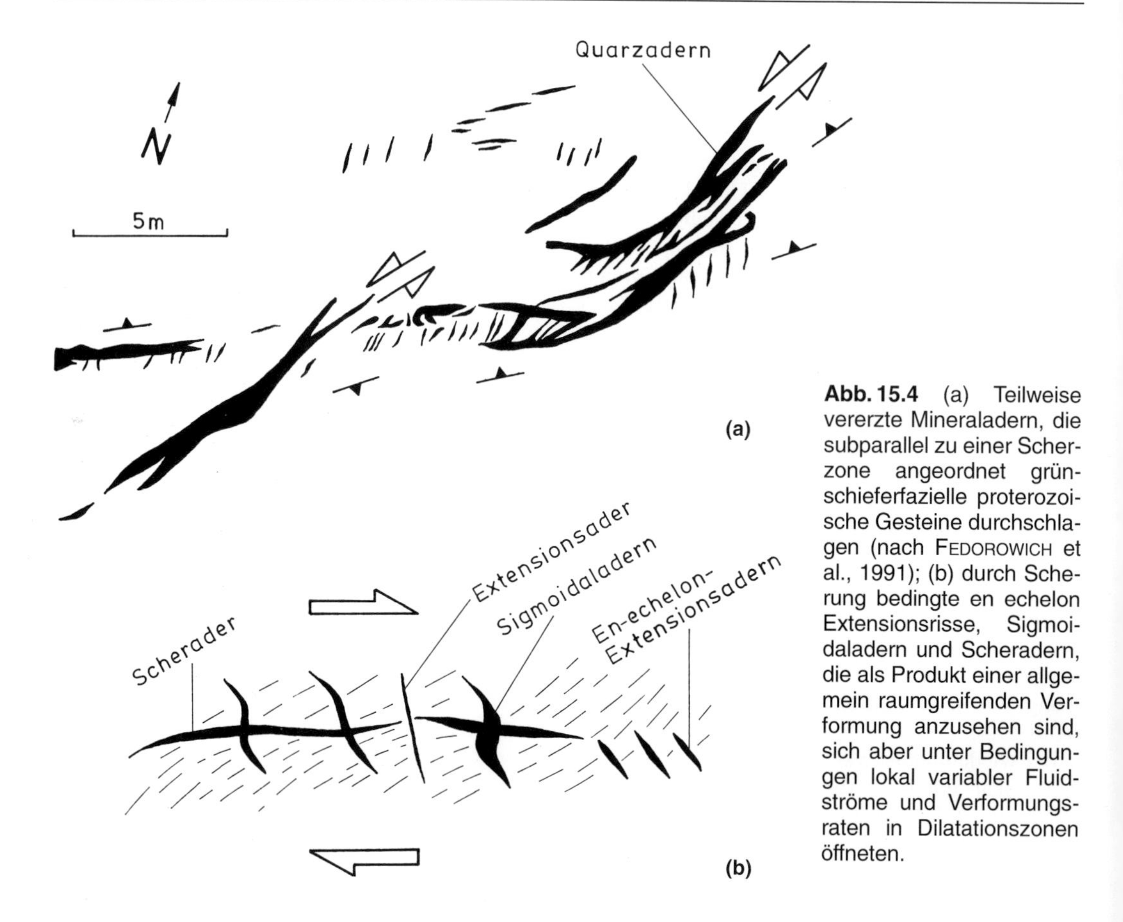

Abb. 15.4 (a) Teilweise vererzte Mineraladern, die subparallel zu einer Scherzone angeordnet grünschieferfazielle proterozoische Gesteine durchschlagen (nach FEDOROWICH et al., 1991); (b) durch Scherung bedingte en echelon Extensionsrisse, Sigmoidaladern und Scheradern, die als Produkt einer allgemein raumgreifenden Verformung anzusehen sind, sich aber unter Bedingungen lokal variabler Fluidströme und Verformungsraten in Dilatationszonen öffneten.

Die besten Beispiele für Kompetenzkontrast finden sich in penetrativ verformten Metakonglomeraten, in denen stofflich unterschiedliche Komponenten auftreten. Bei gleicher Makroverformung zeigen die verschiedenen Komponenten häufig verschiedene Grade der Längung, Plättung und Verkürzung (Abb. 15.5), wobei Kompetenzkontraste und Verformungsgradienten vor allem im Kontaktbereich zwischen Gesteinskomponenten zu beobachten sind. Bei Extension entwickelt sich im Kontaktbereich zwischen unterschiedlich zusammengesetzten Lagen **Boudinage** (boudinage), also eine linsenförmige Zerteilung relativ kompetenter Lagen mit gleichzeitigem Umfließen der resultierenden Linsen durch relativ inkompetente Nachbargesteine (Abb. 15.6). Bei Kontraktion kompetenter Lagen bilden diese entweder disharmonische Falten (siehe Kapitel 16) oder es entstehen im Bereich der Grenzflächen **Mullionsstrukturen**, d.h. konvexe Aufbeulungen kompetenter Gesteinslagen in die umgebende inkompetente Matrix (Abb. 15.4, 15.6, 15.7 und 16.29).

Aus zahlreichen Geländebeobachtungen an verformten Konglomeraten und durch detaillierte geometrische Analyse von Einzellagen in lithologisch heterogenen Wechselfolgen ergeben sich semiquantitative Hinweise auf die relativen Festigkeiten verformter Gesteine in den verschiedenen Faziesbereichen der regionalen Metamorphose. Die Gesteine lassen sich dementsprechend in Form von **Kompetenzreihen** (competence ranks) darstellen. Bei relativ niedrigen Temperaturen (also unter rund 300 °C bis 400 °C) sind Dolomit- und Kristallingesteine im allgemeinen **kompetent** (competent); Quarzsandsteine, vulkanische Gesteine, Grauwacken, Kalke und Tongesteine besitzen eine zunehmend geringere Kompetenz; Anhydrit, Gips und schließlich das extrem duktile Steinsalz sind mechanisch **inkompetente** (incompetent) Endglieder. Bei höheren Temperaturen (über 300 °C bis 400 °C) reicht die Reihenfolge abnehmender Kompetenz von Metabasiten und Metaultrabasiten über Gneis, Dolomit, Quarzit, Glimmerschiefer bis zu den extrem duktilen Kalkmarmoren (Abb. 15.8 und

Abb. 15.5 Polymiktisches Konglomerat, das in Grünschieferfazies als Teil des archaischen Wawa Grünstein-Gürtels, Kanada, verformt wurde. Verformungsdiskontinuitäten im Kontaktbereich der kaum gelängten granitoiden Komponenten (hell) und der stark gelängten vulkanisch-sedimentären Komponenten (dunkel) sind Hinweise auf den Kompetenzkontrast zwischen diesen beiden Lithologien.

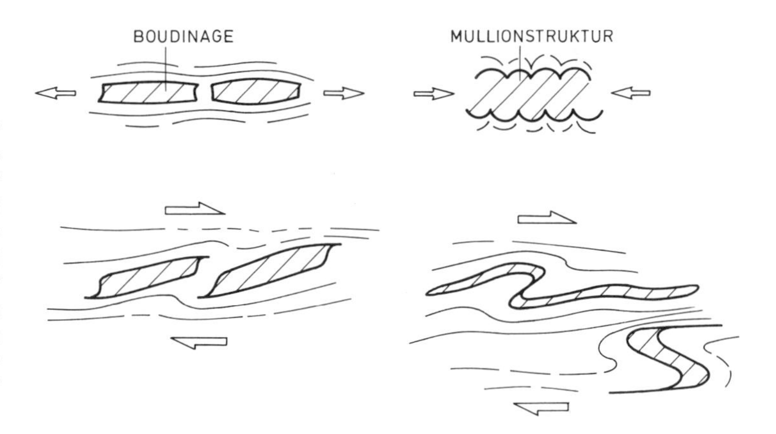

Abb. 15.6 Oben: Schema für das Verhalten von kompetenten Lagen, die in einer weniger kompetenten Matrix liegen, bei Extension (Boudinage) des Gesteinsbereichs bzw. bei Kontraktion (Mullions) der Lagen. Unten: Fließverhalten kompetenter Gesteinslagen und -linsen bei der penetrativen Scherung der weniger kompetenten Matrix.

Abb. 15.7 Mullion-Struktur im Kontaktbereich zwischen einem kompetenten Granat-Glimmerschiefer (unten) und inkompetenten Marmor (Schneeberger Zug, Ötztaler Alpen, Tirol).

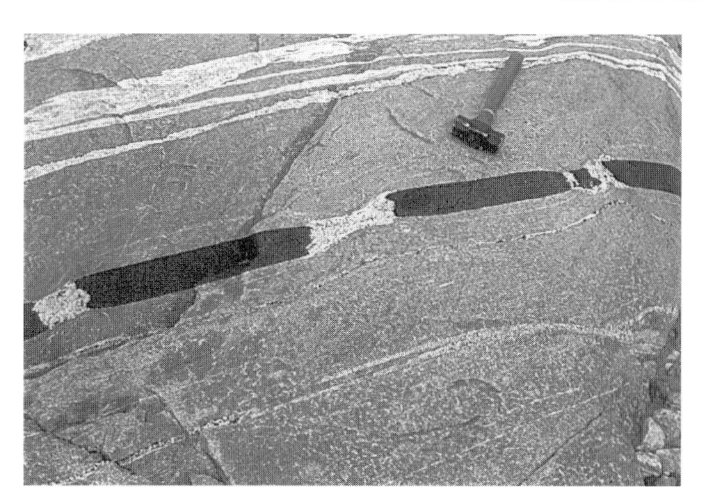

(a)

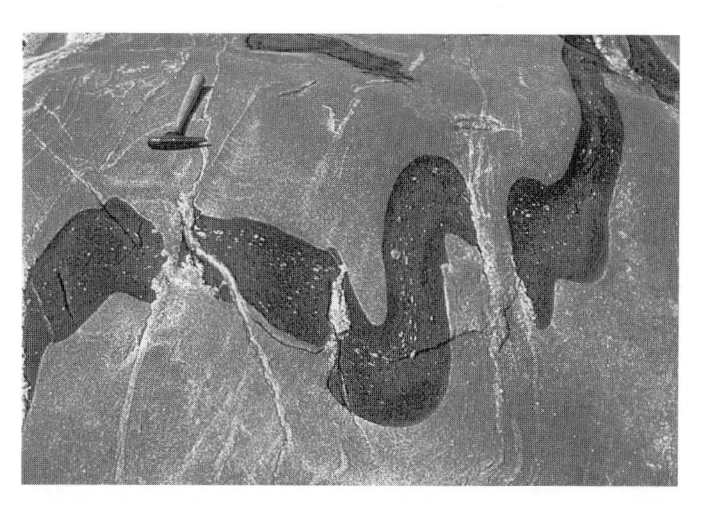

(b)

Abb. 15.8 Archaische Tholeiit-Gänge, die zusammen mit einer tonalitischen Gneis-Matrix unter den Bedingungen der Amphibolitfazies stark verformt wurden (Maggo-Gneis, 3,3 bis 3,0 Ga, Nain Provinz, Kanada); (a) Boudinage eines relativ kompetenten mafischen Gangs mit granitoider Zwickelfüllung in Extensionsbereichen innerhalb der Lage; (b) Verkrümmung (= Faltung) eines mafischen Gangs durch inhomogene Verformung innerhalb der relativ inkompetenten Gneis-Matrix (Photos I. ERMANOVIC).

Abb. 15.9 Gabbroide Boudins in einer extrem fließfähigen Gneis-Matrix aus dem archaischen Maggo-Gneis, Nain-Provinz, Kanada (Photo I. ERMANOVIC).

Abb. 15.10 Schema für die Kombination geologisch realistischer Anisotropien und Inhomogenitäten. (a) Starke Anisotropie bei stofflicher Homogenität, (b) Anisotropie und stoffliche Inhomogenität und (c) stoffliche Inhomogenität bei geringer Anisotropie.

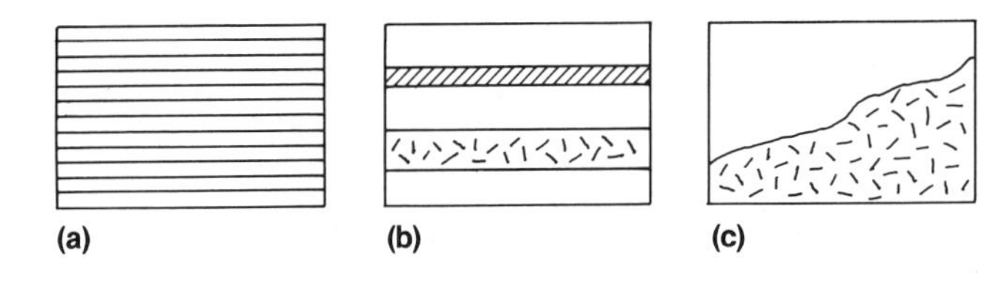

15.9). Relative Kompetenz von nebeneinander vorkommenden Gesteinen wird aber nicht nur vom Mineralbestand, sondern auch von der Korngröße der Minerale bestimmt, wobei sich vor allem in Bereichen mit höheren Temperaturen zeigt, daß bei gleicher mineralogischer Zusammensetzung grobkörnige Partien eines Gesteins meist kompetenter sind als feinkörnige.

Die Kinematik inhomogen-duktil verformter Gesteine wird vor allem durch die Art von Relativbewegungen an primär vorgegebenen stofflichen Grenzflächen oder an sekundär entstandenen mechanischen Inhomogenitäten bzw. Anisotropien bestimmt (Abb. 15.10). **Inhomogenität** (inhomogeneity, heterogeneity) in Hinsicht auf mechanisches Verhalten bedeutet, daß bei einem von außen wirkenden Kraftansatz das Gestein in seinen verschiedenen Teilbereichen unterschiedlich reagiert. Mechanische Inhomogenitäten sind vor allem stofflich bedingt, sie können aber auch als Bruch-Diskontinuitäten oder als Zonen mit abnormalem Fluiddruck wirksam sein. **Anisotropie** (anisotropy) in Hinsicht auf mechanisches Verhalten bedeutet, daß ein geologisch definierter Teilbereich je nach Richtung des Kraftansatzes unterschiedlich reagiert. Anisotropie resultiert vor allem aus einer straffen Anordnung planarer Diskontinuitäten bzw. lithologischer Kontakte. In natürlichen Gesteinen überlagern sich Heterogenität und Anisotropie in verschiedenen Größenordnungen und vielfältiger Form. Dies bedingt den Reiz der geometrischen Vielfalt geologischer Strukturen in duktil verformten Gesteinsbereichen. Die häufigste Form geologischer Heterogenitäten bzw. Anisotropien ergibt sich aus der sedimentären Schichtung und aus dem metamorphen Lagenbau. Beide bedingen häufig eine deutliche Variation in der stofflichen Zusammensetzung und lokal auch im Fluidhaushalt der Gesteine in vertikaler Richtung. Man charakterisiert deshalb größere Gesteinspakete hinsichtlich ihrer **mechanischen Stratigraphie** (mechanical stratigraphy), d.h. entsprechend der räumlichen Verteilung von relativ kompetenten und inkompetenten Einheiten. Der geometrisch-kinematische Stil von Falten, Scherzonen und Diapiren wird deshalb bereits von der räumlichen Verteilung unterschiedlich zusammengesetzter Gesteine vor der Verformung wesentlich beeinflußt.

Literatur

Miyashiro, 1978; Turner, 1981; Robert, 1985; Frey, 1987; Oxburgh et al., 1987; Ernst, 1988 und 1990; Daly et al., 1989; Harley, 1989; Fedorowich et al., 1991; Pouget, 1991.

16 Falten

16.1 Lagenbau und geologische Grenzflächen

Im Idealfall einer homogenen duktilen Verformung sollte die Verformung jedes beliebigen Kleinbereichs einer geologischen Einheit auch repräsentativ sein für die Gesamtverformung dieser Einheit. In der Natur ist homogene Verformung größerer Gesteinsbereiche aber kaum zu erwarten, da die meisten geologischen Körper bereits vor ihrer Verformung entweder intern anisotrop und/oder stofflich inhomogen sind bzw. eine komplexe Außenform besitzen (siehe Abb. 15.10). Diese Umstände machen vielfach schon den Aufbau homogener Spannungsfelder im Kleinbereich unwahrscheinlich und man kann deshalb auch erwarten, daß die Verformung im Großbereich natürlicher Gesteinseinheiten inhomogen ist.

Die wichtigsten stofflichen Anisotropien und Inhomogenitäten ergeben sich aus dem internen **Lagenbau** (layering) und der **anisometrischen Außenform** (shape) geologischer Körper. Dabei unterscheidet man **Einzellagen** (single layers) und **Lagenstapel** (multilayers). In Sedimentgesteinen äußert sich Lagenbau besonders deutlich als **Schichtung** oder **Bankung** (bedding). Aber auch in Metamorphiten beobachtet man meist eine mechanisch wirksame stoffliche Bänderung (compositional banding) oder zumindest eine mikroskopisch erfaßbare Anisotropie, die sich als **Paralleltextur** (parallel texture), **Schieferung** (schistosity) oder **Foliation** (foliation) der Gesteine äußert. Magmatische Gesteine sind zwar stofflich meist relativ homogen, aber sowohl Laven wie auch Intrusivkomplexe besitzen häufig deutlich anisometrische Außenformen, d.h., sie bilden Lager oder Gänge mit relativ ebenen oder sogar mechanisch wirksamen **Grenzflächen** (borders) und **Kontakten** (contacts). In allen sedimentären, magmatischen oder metamorphen Komplexen bezeichnet man besonders hervorstechende Einzellagen oder Kontakte, an denen sich die Geometrie verformter Gesteinsbereiche gut verfolgen läßt, als **Schlüssel-** oder **Leitflächen** bzw. **Leitschichten** oder **Leiteinheiten** (marker beds, key beds, marker units, marker surfaces).

Jede inhomogene Verformung von relativ ebenen Lagen oder Grenzflächen führt zu ihrer **Verbiegung** (flexure) oder **Krümmung** (bending). Tektonische Strukturen, welche als Resultat einer Krümmung geologischer Flächensysteme zu betrachten sind, bezeichnet man als **Falten** (folds). Der Vorgang der **Faltung** (folding) kann dabei einzelne Grenzflächen, isolierte Lagen oder Gänge, aber auch ganze Lagenstapel und Krusteneinheiten erfassen.

Die dreidimensionale Geometrie von Falten ermittelt man auf dem Wege einer räumlichen Kartierung lithologisch markanter Grenzflächen, charakteristischer Schichtglieder oder Lagen. Die Orientierung von Grenzen, Schichten und Lagen wird dabei an den einzelnen Punkten des kartierten Raumes, also z.B. an Aufschlüssen der Erdoberfläche, durch das **Streichen** (strike) und **Fallen** (dip) dieser Flächen festgelegt. Das Symbol für Streichen und Fallen wird für den Meßpunkt in der geologischen Karte eingezeichnet (siehe Anhang A). Dabei ist es wichtig, das **scheinbare Einfallen** (apparent dip) von Flächen in vertikalen ebenen Querschnitten vom **wirklichen Einfallen** (real dip) zu unterscheiden (Abb. 16.1). Die **geologische Karte** (geological map) ist eine ebene Darstellung von Schnittlinien (Spuren, Verschnitte, Ausbisse, traces) geologisch identifizierbarer Flächen mit der Erdoberfläche. Die meist gekrümmten Spuren von Leitflächen ergeben sich aus der erosiv bedingten

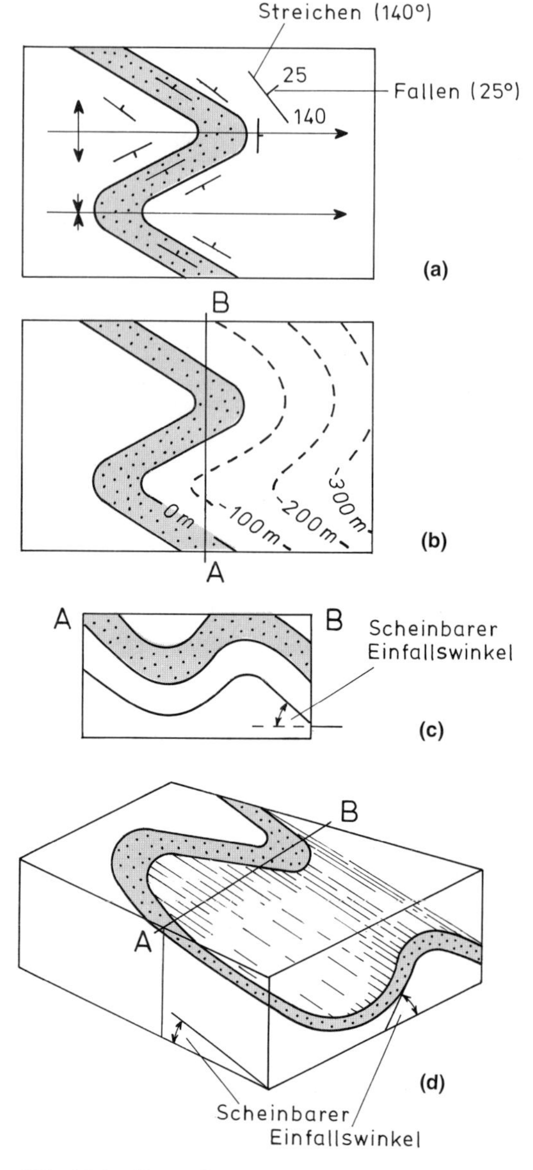

Abb. 16.1 Darstellung einer gefalteten Lage (gepunktet) (a) in einer geologischen Karte durch Angabe des Streichens und Fallens von Schichten bzw. Schichtgrenzen an ihrem Ausbiß entlang der Erdoberfläche; dazu Verschnitt der Achsenfläche mit der Kartenebene; (b) als Konturkarte durch Angabe der Position der Oberseite einer Leitlage in Form von Höhenschichtlinien; (c) als Profilschnitt AB in einer Ebene, die allgemein senkrecht zum Streichen der Achsenflächen gewählt wird; (d) in Form einer dreidimensionalen Ansicht als Blockdiagramm; die scheinbaren Einfallswinkel der gefalteten Lage in gewählten Schnittebenen sind angedeutet.

Topographie im Bereich von komplexen Bruch- und Faltenstrukturen. Zur Darstellung gefalteter Lagen im Raum ergänzt man die geologische Karte deshalb durch zusätzliche geologische oder geophysikalische Daten, die in Form von Konturkarten, Profilschnitten und Blockdiagrammen dargestellt werden (Abb. 16.1). In der tektonischen **Konturkarte** (contour map) wird das strukturell bedingte Relief geologischer Leitflächen mit Hilfe von Höhenlinien räumlich erfaßt; **Profilschnitte** (section, fold profile) sind zweidimensionale Queransichten von ebenen Schnitten, die im allgemeinen senkrecht zum regionalen Streichen der gefalteten Lagen orientiert sind; **Blockdiagramme** (block diagram) sind dreidimensionale Schrägansichten von komplexen Krustenstrukturen, für welche einzelne Profilschnitte kaum die repräsentative Geometrie der Lagen illustrieren können.

16.2 Geometrie von Falten

Die bereits angesprochene Heterogenität bzw. die Kompetenzunterschiede zwischen stofflich unterschiedlichen Einheiten eines Lagenstapels, sowie die Anisotropie innerhalb eines stofflich homogenen Lagenstapels bedingen in ihrer Kombination die geometrische Vielfalt natürlicher Faltenformen. So ergeben sich auch zahlreiche Möglichkeiten, natürliche Falten entsprechend ihrer Geometrie in Profilschnitten oder im Blockdiagramm morphologisch zu klassifizieren. In der Vergangenheit führte dies häufig zum Exzeß und hat dann kaum zu einem tieferen Verständnis der Kinematik und Dynamik gefalteter Gesteinsbereiche beigetragen. Gleichzeitig hat aber die Geländeaufnahme gefalteter Gesteinseinheiten in vielen Teilen der Welt gezeigt, daß sich in den meisten Faltenstrukturen bestimmte geometrische Elemente identifizieren und kartieren lassen, was wiederum zur räumlich quantitativen Charakterisierung deformierter Krustenbereiche beiträgt.

Im einfachsten Fall einer tektonisch gekippten Lage spricht man von einer **Homoklinale** (homocline). Homoklinalen findet man vor allem am Rand breitgespannter **Aufwölbungen** (arches) und **Senken** (downwarps, depressions) sedimentärer Schichten, die meist nur wenige Grade geneigt sind.

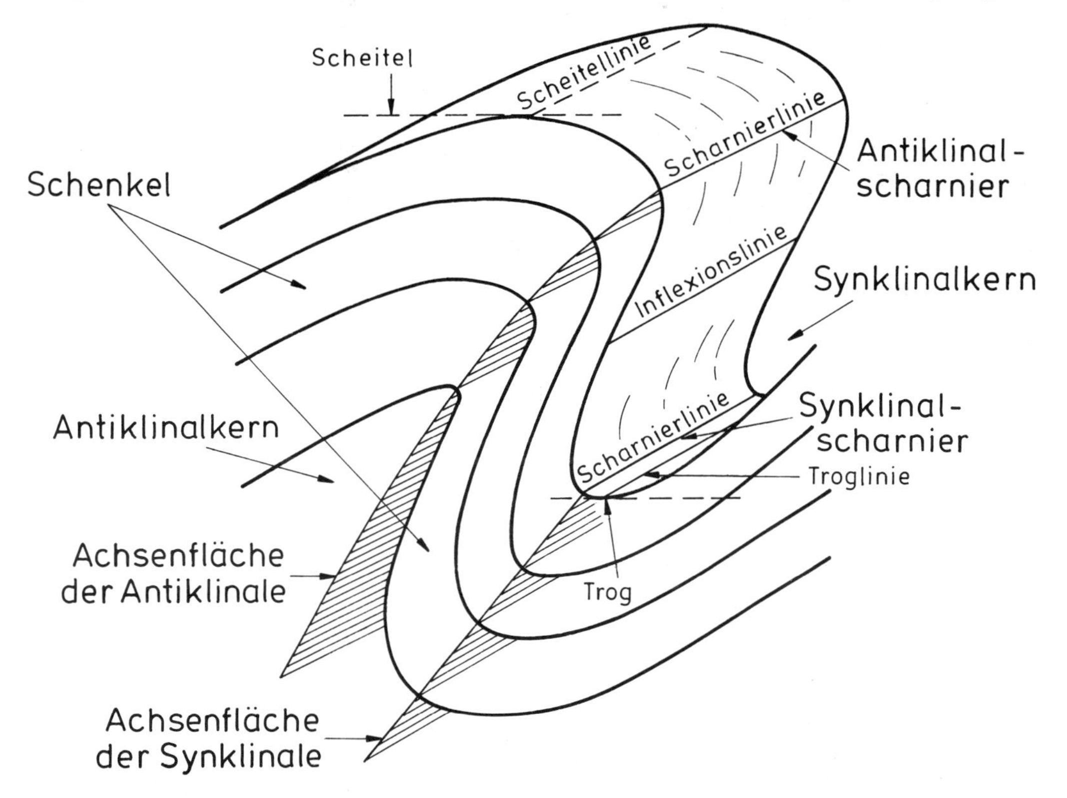

Abb. 16.2 Skizze zur Definition der Faltenelemente Scharnierlinie, Inflexionslinie, Troglinie, Achsenfläche und Faltenkern eines Antiklinal-Synklinalpaares in einem gefalteten Lagenstapel.

Ein stärker akzentuiertes Einfallen von Schichten beobachtet man an **Flexuren** (flexures) bzw. **Monoklinalen** (monoclines), an denen flach bis horizontal gelagerte Schichten miteinander in Verbindung stehen (Abb. 16.5). Horizontale Segmente regionaler Monoklinalen bezeichnet man dagegen als **strukturelle Terrassen** (structural terraces).

Stärkere inhomogene Verformung von Gesteinen mit deutlichem Lagenbau bewirkt im allgemeinen aber die Entwicklung von mehr oder weniger rhythmisch gewellten **Falten** (folds), die sich vor allem in Profilschnitten aus der Form von Leitlagen bzw. Grenzflächen gut erkennen und quantitativ beschreiben lassen. Kennt man in einem Lagenstapel die stratigraphische Altersabfolge der Schichten, läßt sich also das ursprüngliche stratigraphische „Oben" und „Unten" einer gefalteten Schichtfolge ermitteln, so bezeichnet man den relativ aufgewölbten bzw. nach oben geschlossenen Teil einer Falte als **Antiklinale** (anticline) und den relativ abgesunkenen bzw. nach unten geschlossenen Bereich als **Synklinale** (syncline). Ist die stratigraphische Abfolge in einem stofflich heterogenen Stapel von Lagen aber unbekannt, was vor allem für viele gebänderte Metamorphite oder gefaltete magmatische Kontakte gilt, so bezeichnet man den aufgewölbten und nach oben geschlossenen Teil einer Faltenstruktur als **Antiform** (antiform) und den abgesunkenen und nach unten geschlossenen Teil als **Synform** (synform). Die Linien bzw. Zonen, an denen die gefalteten Lagen ihre maximale Krümmung erreichen, bezeichnet man als **Scharnierlinien** (hinge lines), **Scharnierzonen** (hinge zones) oder einfach **Scharniere** (hinges) (Abb. 16.2). Man unterscheidet also **Antiklinalscharniere** (anticlinal hinges) bzw. **Antiformscharniere** (antiformal hinges) von **Synklinalscharnieren** (synclinal hinges) bzw. **Synformscharnieren** (synformal hinges). Als **Faltenachse** (fold axis) bezeichnet man die durchschnittliche räumliche Orientierung von Scharnieren verschiedener Lagen innerhalb einer Falte. Die **Achsenfläche** (axial surface) einer Falte ist jene Fläche, welche die Scharnierlinien in verschiedenen übereinanderliegenden Lagen innerhalb einer Antiklinale (oder eines Antiforms) bzw. Synklinale (oder eines Synforms) verbindet (Abb. 16.2). Im besonderen Fall, daß sich die Scharnierlinien zu einer ebenen Achsenfläche verbinden lassen, spricht man von **Achsenebene** (axial plane). Der Schnitt der Achsenfläche mit der Erdoberfläche läßt sich als **Spur der Achsenfläche** (trace of the axial surface) kartieren (Abb. 16.7, 16.8, 16.9). Zu beiden Seiten der Scharnierlinien einer Falte befinden sich ihre **Schenkel** (limbs), auf denen sich die Linien geringster Krümmung, die **Inflexionslinien** (inflection lines), befinden. Auch die Verbindungsflächen von Inflexionslinien, die **Inflexionsflächen** (inflection surfaces), werden gelegentlich kartiert.

Die topographisch höchste Linie einer gefalteten Lage ist der **Scheitel** oder die **Kammlinie** (crest) einer Falte, die tiefste Linie ihre **Troglinie** (trough). Der innere Bereich einer Antiklinale ist der **Antiklinalkern** (core of the anticline), der innere Teil einer Synklinale der **Synklinalkern** (core of the syncline, Abb. 16.2). Analog dazu gibt es Antiform- und Synformkerne. Als **Faltenschluß** (closure)

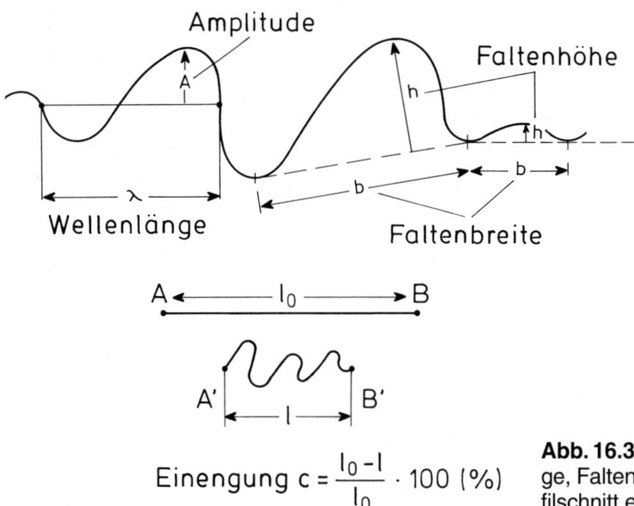

Abb. 16.3 Darstellung von Amplitude, Wellenlänge, Faltenhöhe, Faltenbreite und Einengung im Profilschnitt einer gefalteten Lage.

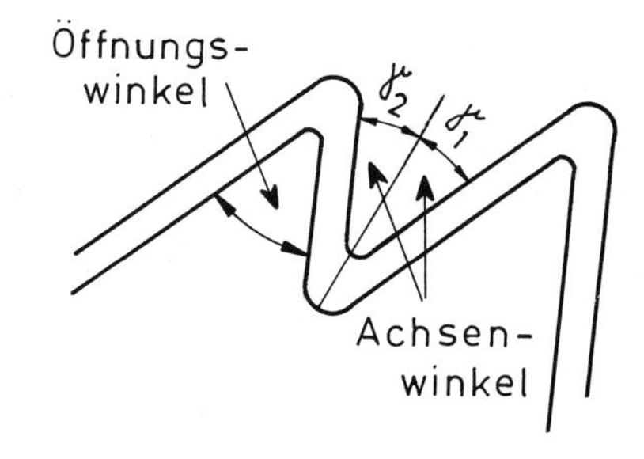

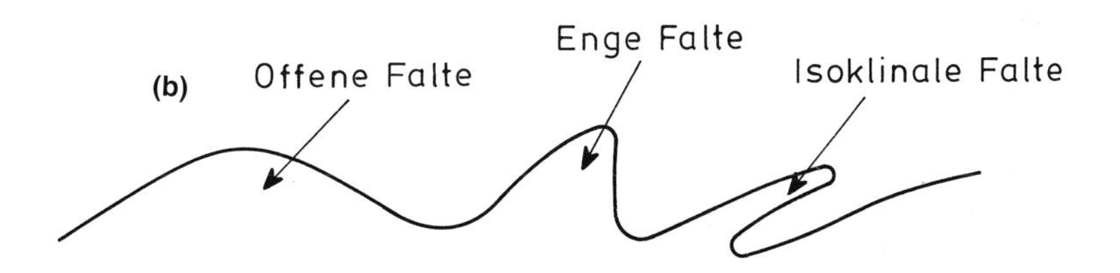

Abb. 16.4 (a) Definition des Öffnungswinkels bzw. Achsenwinkels und (b) Profilschnitt einer offenen, engen bzw. isoklinal gefalteten Lage.

bezeichnet man jenes erdölgeologisch wichtige Antiklinalvolumen, welches über der tiefsten geschlossenen Konturlinie einer Antiklinale liegt.

In Analogie zu Sinuswellen ist die Distanz zwischen den Scharnier- oder Inflexionslinien eines Antiklinal-Synklinal Paares die **Wellenlänge** (wavelength) eines Faltenpaares, wobei häufig auch Durchschnittswerte für mehrere Faltenpaare angegeben werden (Abb. 16.3). Die **Amplitude** (amplitude) einer Falte ist die halbe Distanz zwischen den beiden Tangentialflächen, die für benachbarte Antiklinal- bzw. Synklinalpaare für eine gefaltete Lage konstruiert werden können. **Faltenhöhe** (height of fold) ist die Distanz zwischen Trog- und Scheitellinien benachbarter Antiklinalen und Synklinalen, während die **Faltenbreite** (width of fold) die Distanz zwischen Trog- oder Scheitelflächen ist, gemessen entlang einhüllender Tangentialflächen (Abb. 16.3). Im **Profilschnitt** (profile, section) durch eine Falte illustriert man im allgemeinen jenen Querschnitt, der senkrecht zur Achsenfläche orientiert ist. Die **Einengung** oder **Kontraktion** (shortening, contraction) einer Lage oder eines Schichtpakets durch Faltung berechnet sich im Profilschnitt aus der Verkürzung (in m, km) zwischen zwei Punkten, deren Distanz vor der Faltung (l_0) war und nach der Faltung (l) ist. Die Einengung ist also $\Delta l = l_0 - l$, wird aber auch in Prozent als relative Einengung $c = [(l_0 - l) / l_0] \cdot 100\%$ angegeben (Abb. 16.3).

Der durchschnittliche Winkel zwischen den Schenkeln einer Falte ist ihr **Öffnungswinkel** (interlimb angle). Der Winkel zwischen Achsenfläche und einem der Schenkel ist der **Achsenwinkel** (axial angle) und etwa halb so groß wie der Öffnungswinkel. Der Öffnungswinkel wird zur semiquantitativen Charakterisierung von Falten herangezogen (Abb. 16.4), wobei man **offene Falten** (open folds, gently folded; Öffnungswinkel von 180° bis 90°), **enge Falten** (close, tight folds; Öffnungswinkel um 45°) und **isoklinale Falten** (isoclinal folds; Öffnungswinkel gegen 0°) unterscheidet.

Je nach Neigung der Achsenfläche relativ zur Erdoberfläche ergeben sich **aufrecht-symmetrische Falten** (upright-symmetric folds) bei vertikaler Achsenfläche, **asymmetrische Falten** (asymmetric folds) bei geneigter Achsenfläche und **liegende Falten** (recumbent folds) bei stark geneigter bis subhorizontaler Achsenfläche. Von **Tauchfalten** (diving folds) spricht man dann, wenn die Achsenfläche mehr als 90° aus der Vertikalen gekippt ist (Abb. 16.5). Alle asymmetrischen und liegenden Falten (Antiklinalen, Antiforme, Synklinalen, Synforme) besitzen eine **Vergenz** (vergence, facing direction). Diese wird durch den Kippungswinkel der Achsenfläche aus der Vertikale und durch die Kippungsrichtung im geographischen Koordinatensystem quantifiziert. So ist z.B. eine Falte mit nördlich streichender Achsenfläche stark **ostvergent** (east-verging), wenn die Achsenfläche aus der Vertikalen um einen bestimmten Winkel nach Osten gekippt ist. Die Vergenz einer Falte läßt sich im Stereonetz durch eine Rotationsachse darstellen, also durch einen Pfeil am Durchstichpunkt der Fal-

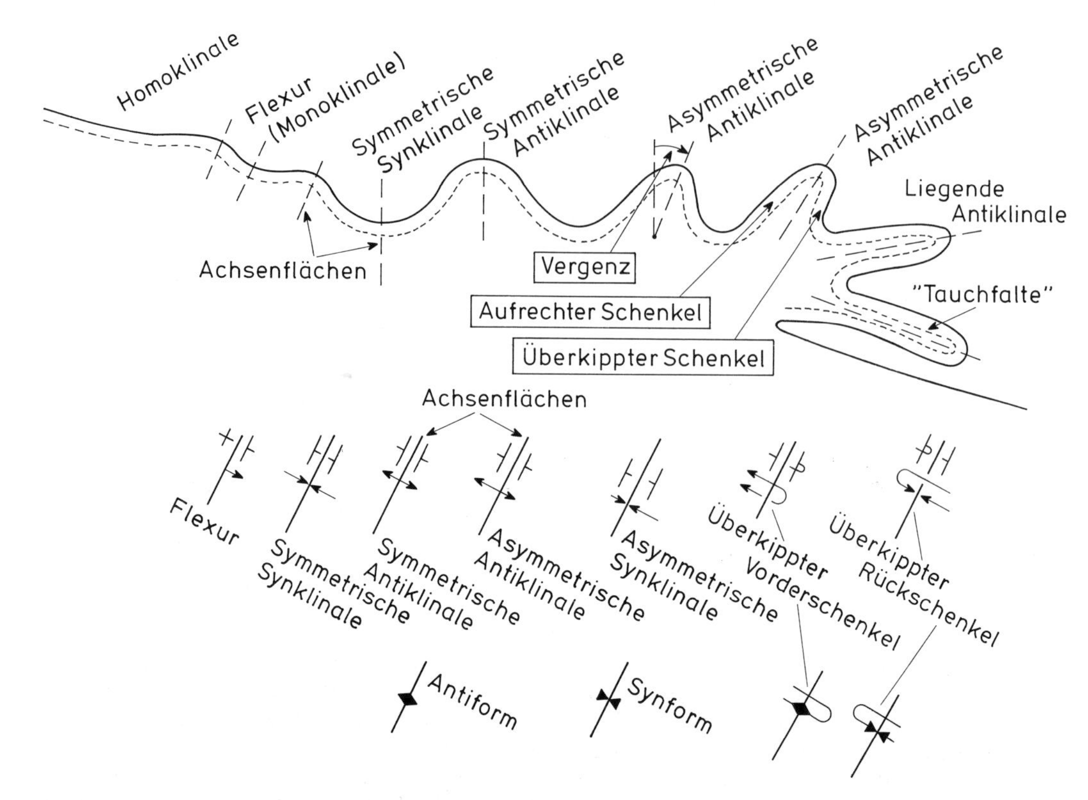

Abb. 16.5 Profilschnitt (oben) und Darstellung der Achsenflächen auf der geologischen Karte von Falten mit unterschiedlichem Öffnungswinkel bzw. unterschiedlicher Vergenz (unten). Im Kartenbild können Faltenschenkel als flach (lange Pfeile), steil (kurze Pfeile) und überkippt (gekrümmte Pfeile) zusammen mit den Spuren der Achsenflächen von Antiklinalen und Synklinalen dargestellt werden.

tenachse (Abb. 16.10). Alle asymmetrischen Falten mit deutlicher Vergenz besitzen gegenüber der Achsenfläche einen flacher einfallenden **Rückschenkel** (backlimb) und einen steiler einfallenden **Vorderschenkel** (forelimb). Der Vorderschenkel asymmetrischer Antiklinalen kann aber trotz deutlicher Vergenz der Achsenfläche **aufrecht** (right-side-up, upright) sein. In stark asymmetrischen bis liegenden Falten ist der Vorderschenkel allerdings häufig **überkippt** (invers, upside-down, overturned).

Zusammengesetzte **Faltenzüge** (fold trains) und breite **Faltengürtel** (fold belts) zeigen häufig eine Überlagerung von Falten mit verschiedenen Wellenlängen und Amplituden (Abb. 16.6). Zusammengesetzte Faltenstrukturen, deren Wellenlängen eine Größenordnung von 10 bis 50 km erreichen, bezeichnet man deshalb als **Antiklinorien** (anticlinoria) bzw. **Synklinorien** (synclinoria). Falten niedriger Ordnung, deren Wellenlängen im Bereich von 100 m bis 10 km liegen, werden meist von Falten höherer Ordnung mit geringeren Wellenlängen bzw. Amplituden überlagert. Man bezeichnet diese Falten als **Kleinfalten** (high order folds, subsidiary folds, small scale folds, parasitic folds), mit Wellenlängen im cm-, m- oder 10 m-Bereich (Abb. 16.6). Bei Falten noch höherer Ordnung, mit Wellenlängen im mm-Bereich, und bei Fältelung, die nur mikroskopisch sichtbar ist, spricht man von **Runzelung** (Krenulation, crenulation). Die Faltenform, die sich als einhüllende Tangentialfläche einer Lage mit Kleinfaltung konstruieren läßt, ergibt den **Faltenspiegel** (enveloping fold surface, Abb. 16.6).

Achsenflächen von Falten sind in ihrer Lage durch den Verschnitt mit der Erdoberfläche und in ihrer Orientierung durch ihr Streichen und Fallen definiert. Vergenz läßt sich durch längere und kürzere Pfeile für flache bzw. steile Schenkel entlang der Achsenfläche graphisch darstellen (Abb. 16.5). Die Orientierung von Scharnierlinien bzw. Faltenachsen als lineare geometrische Strukturelemente eines gefalteten Lagenstapels können durch **Richtung** (trend, bearing) und **Abtauchen** (plunge)

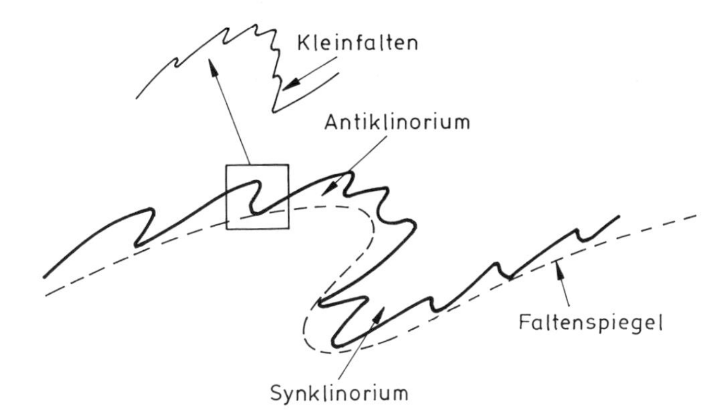

Abb. 16.6 Überlagerung von Falten verschiedener Ordnung im Profilschnitt quer zu einer gefalteten Lage und der Faltenspiegel einer Leiteinheit.

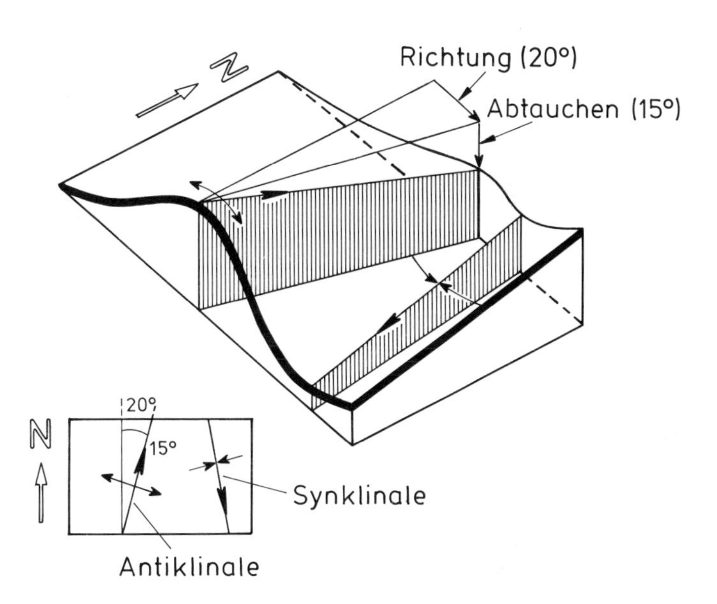

Abb. 16.7 Skizze zur Definition von Richtung und Abtauchen von Faltenachsen (= Faltenscharnier), in diesem Fall einer Antiklinale mit einer Orientierung N20E15.

definiert werden. Die Richtung einer Scharnierlinie (Faltenachse) ist der Azimut der einzig möglichen Vertikalebene durch die Scharnierlinie, gemessen im Abtauchen (in Abb. 16.7 also 020° E), das Abtauchen selbst ist der Winkel zwischen Horizontalebene und Scharnierlinie, nach unten in der vertikalen Richtungsebene gemessen (also in Abb. 16.7 der Wert von 15°). Richtung und Abtauchen von Falten (= Faltenachsen bzw. Scharnierlinien) werden deshalb in der geologischen Karte als Richtungspfeil mit dem gemessenen Betrag des Abtauchens (020/15) festgelegt, wobei der Meßpunkt im Gelände dem hinteren Ende des Pfeils entspricht (Abb. 16.7 und 16.8). Die lokale Richtung der Faltenachse ist im allgemeinen Fall geneigter Achsenflächen nicht identisch mit der Spur der Achsenfläche (Abb. 16.8). Man unterscheidet deshalb oft lokales Abtauchen von regionalem Abtauchen und registriert vereinfachend das **regionale Abtauchen** (regional plunge) einer Falte durch eine Pfeilsignatur in der Spur der Achsenfläche (Abb. 16.7 und 16.8). Dieses regionale Abtauchen einer Falte läßt sich durch direkte Messung von Scharnieren, aber auch statistisch im Stereonetz bestimmen, und zwar als Normallineare (π-Pol) zu einem Großkreis, dem π-Kreis, der aus den Schichtpolen der gefalteten Lagen resultiert (Abb. 16.10). Die Länge einer Falte in Richtung parallel zum Streichen ihrer Achsenfläche charakterisiert man als **Streichlänge** (strike length, Abb. 16.9). Das Auslaufen am **Ende** (termination) einer Antiklinale fällt meist mit dem Auslaufen einer nahegelegenen Synklinale zusammen. Ihre Enden lassen sich im Kartenbild deshalb oft verbinden (Abb. 16.9). Wenn Falten in zwei

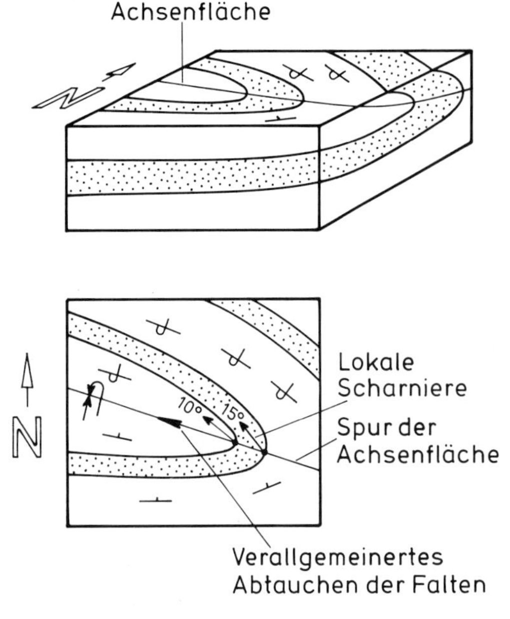

Abb. 16.8 Faltengeometrie und Lage der Achsenfläche in einer SSW-vergenten Synklinale, dargestellt als Blockbild (oben) einer Lage und als Spur dieser Lage in der geologischen Karte (unten). Das Abtauchen der Scharniere (= lokale Faltenachse) ist verallgemeinert durch den Richtungspfeil entlang der Spur der Achsenfläche angedeutet; exakt registriert man das Abtauchen der Scharnierlinien allerdings durch einen Pfeil mit Abtauchwerten am Meßpunkt.

Richtungen abtauchen, sind sie **doppelt-abtauchend** (doubly plunging), überlagern aber oft ein regional dominierendes **einfaches Abtauchen** (uniform plunge) innerhalb zusammengesetzter Faltenzüge.

Durch allmähliche Änderung des Betrages und der Richtung des Abtauchens von Faltenachsen im Streichen von Großfaltenstrukturen entwickeln sich in längeren Faltengürteln **Achsendepressionen** (axial depressions) und **Achsenkulminationen** (axial culminations). In den Achsendepressionen erreichen die gefalteten Leitflächen ihre topographisch tiefsten Positionen, in den Achsenkulminationen dagegen ihre höchsten (Abb. 16.9). Falten, deren Scharniere im Streichen eine nur geringe Änderung von Richtung bzw. Abtauchen zeigen, nennt man **zylindrische Falten** (cylindrical folds), wogegen man Falten, die sich im Streichen stark verändern, als **konische Falten** (conical folds) bezeichnet. Im Stereonetz liegen die Schichtflächenpole zylindrischer Falten auf Großkreisen, die senkrecht zum Durchstichpunkt der regionalen oder lokalen Faltenachse orientiert sind (Abb. 16.10); für konische Falten ergeben die Flächenpole Kleinkreise, wobei die Faltenachsen im Zentrum der Kleinkreise zu liegen kommen.

In extrem duktil verformten Gesteinen, also vor allem in hochgradig metamorphen Krustenbereichen, entstehen im Verlauf progressiver Deformation und durch Falteninterferenz **polyphase Faltenstrukturen** (polyphase fold structures). Für den Fall, daß überlagerte Faltenachsen bzw. Achsenflächen polyphaser Faltenstrukturen zueinander parallel sind, spricht man von **homoaxialen polyphasen Falten** (homoaxial polyphase folds). Für den allgemeineren Fall, daß die Achsen der interferierenden Falten nicht parallel sind, spricht man von

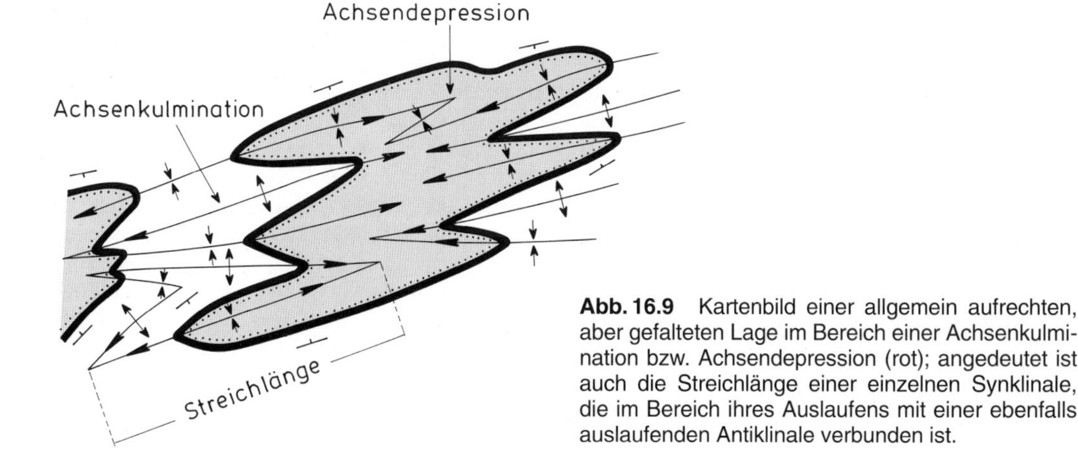

Abb. 16.9 Kartenbild einer allgemein aufrechten, aber gefalteten Lage im Bereich einer Achsenkulmination bzw. Achsendepression (rot); angedeutet ist auch die Streichlänge einer einzelnen Synklinale, die im Bereich ihres Auslaufens mit einer ebenfalls auslaufenden Antiklinale verbunden ist.

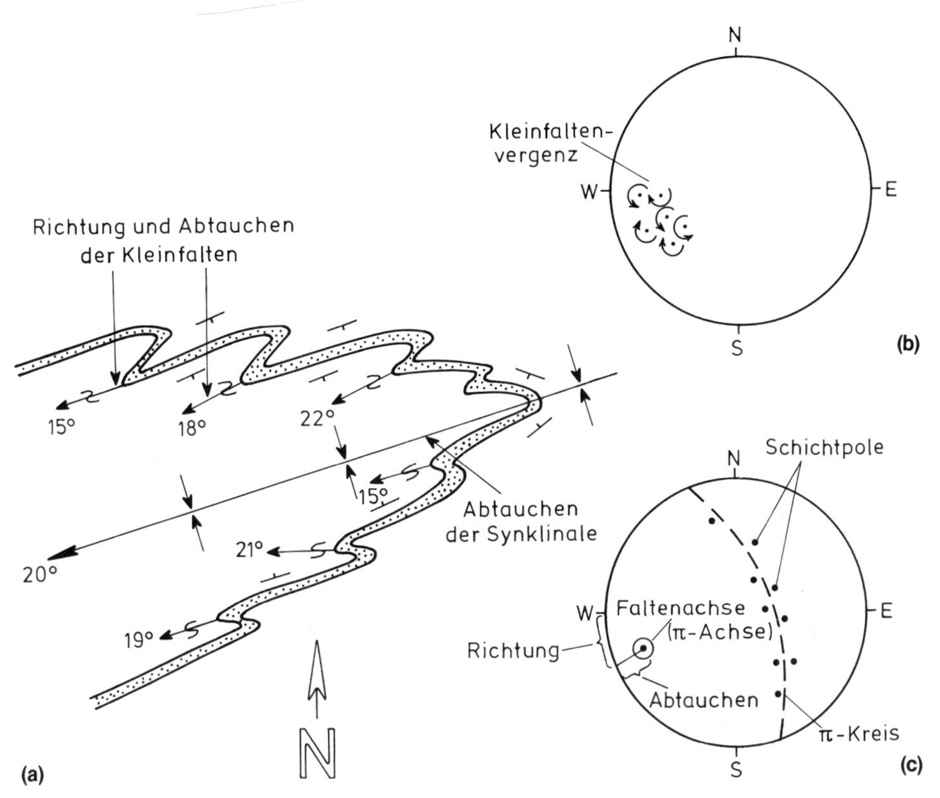

Abb. 16.10 (a) Kartenbild einer gefalteten Sandsteinlage, in welcher das Abtauchen von Falten verschiedener Ordnung das allgemeine WSW-Abtauchen der zusammengesetzten Faltenstruktur andeutet; (b) lokale Faltenvergenz, dargestellt in Form von Rotationsachsen im Stereonetz; (c) allgemeines Abtauchen einer Faltenstruktur, ermittelt aus einer statistischen Orientierung der Schichtflächenpole innerhalb dieser Struktur (π-Kreis, π-Achse).

heteroaxialen Falten (heteroaxial folds). Polyphase heteroaxiale Faltung resultiert im allgemeinen in regionalen Faltenstrukturen, die durch stark abtauchende Faltenscharniere (Abb. 16.11), komplexe Achsenkulminationen und tiefe Achsendepressionen (Abb. 16.11) charakterisiert sind. Letztere Strukturtypen bezeichnet man auch als **strukturelle Dome** (structural domes) bzw. **strukturelle Becken** (structural basins) (Abb. 16.12 und 16.13), wobei in Domen allseitig divergierend abtauchende Scharnierlinien, in Becken allseitig konvergierend aufeinander zulaufende Scharnierlinien zu beobachten sind (siehe auch Abb. 18.14 und 30.2). Um in komplexen Dom- und Becken-Strukturen die dreidimensionale Geometrie der Leitschichten und -lagen in den einzelnen Antiklinalen und Synklinalen bzw. Antiformen und Synformen aufzulösen, ist es vor allem wichtig, die räumliche Kontinuität der lithologisch-stratigraphischen Serien und Leitlagen durch detaillierte Kartierung räumlich zu verfolgen und, wo immer möglich, das stratigraphische **Oben** (top) und **Unten** (bottom) der Lagen unzweideutig zu bestimmen. Aus dieser Arbeitsweise ergeben sich meist auch erste Anhaltspunkte für ein kinematisches Verständnis der polyphasen Faltung. Allerdings entwickeln sich zusammen mit den Falten meist auch bedeutende prograde und retrograde metamorphe Fronten, Störungen oder Scherzonen, die subparallel oder schräg zu den Achsenflächen der Falten orientiert sein können. Sowohl die zeitliche Überlagerung duktiler Scherzonen (S_1, S_2, S_3 etc.) als auch das radiometrische Alter dieser Strukturelemente müssen zum Verständnis der polyphasen Faltenkinematik herangezogen werden (siehe Kapitel 18 und 19).

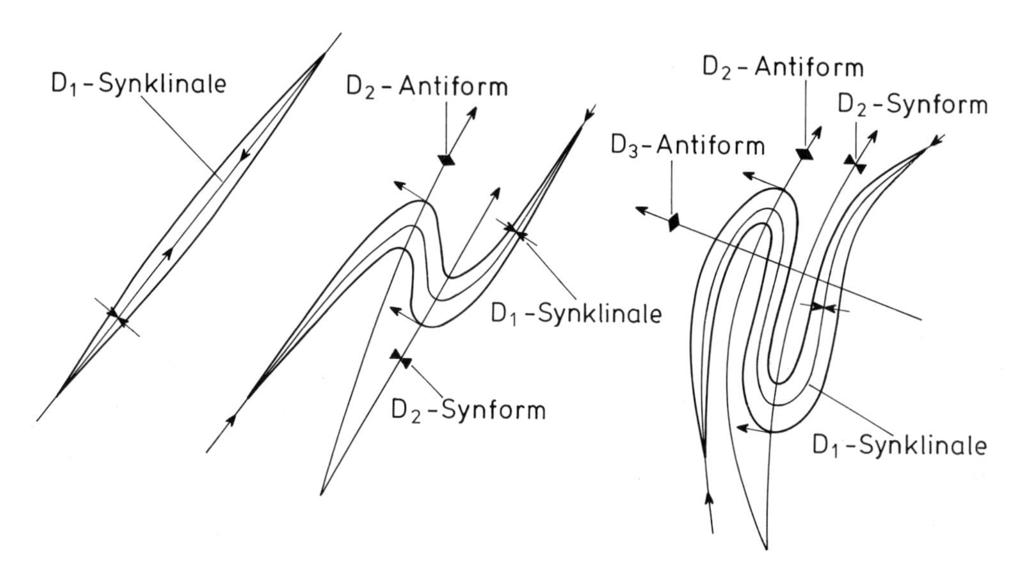

Abb. 16.11 Mögliche Abfolge von Deformationsereignissen bei heteroaxialer polyphaser Faltung einer Lage und das schließlich resultierende Kartenbild mit den verschiedenen Strukturen, die hier mit D_1, D_2, D_3 gekennzeichnet sind. In solchen Strukturen zeigt die Richtung der lokalen Scharniere meist starke Abweichungen von den Spuren der Achsenflächen.

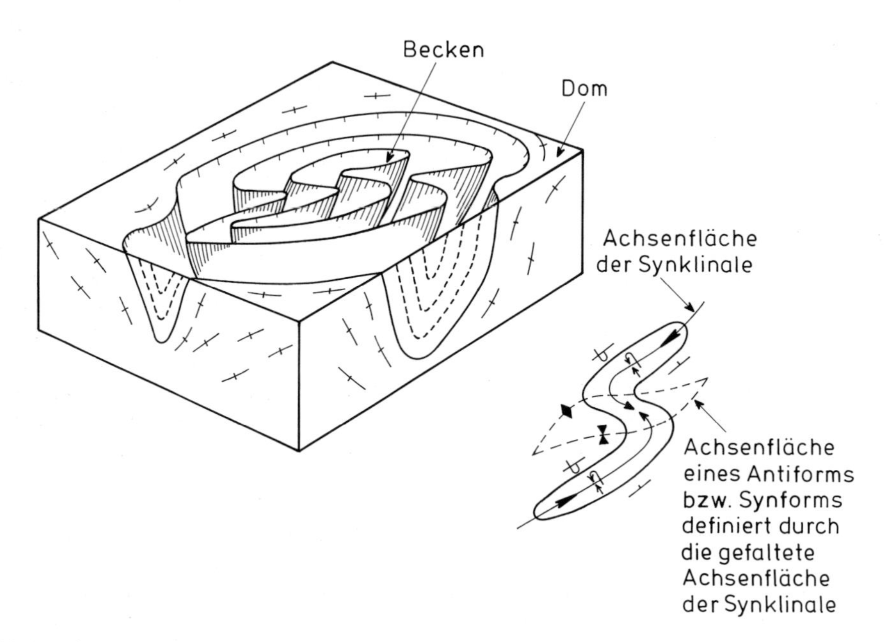

Abb. 16.12 Schematisches Blockbild, Profilschnitte und Kartendarstellung gefalteter Lagen innerhalb einer polyphasen Dom-und-Becken-Struktur.

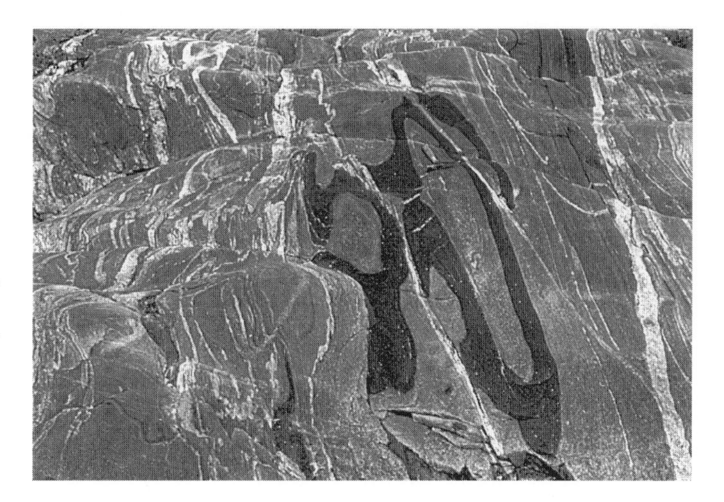

Abb. 16.13 Becken-und-Dom-Struktur im Meterbereich. Gefalteter mafischer Gang deutet auf Transposition und Scherung bei gleichzeitiger Bildung granitoider Leukosome innerhalb eines amphibolitfaziell verformten Gneiskomplexes (Maggo-Gneis, Nain-Provinz, Kanada; Photo I. ERMANOVIC).

16.3 Kinematik der Falten

Wie im vorigen Kapitel bereits angedeutet wurde, ist die lokalspezifische Geometrie gefalteter Lagen immer das kinematische Ergebnis einer progressiven inhomogenen Verformung krustaler Gesteinseinheiten. Die Kombination der Relativbewegungen, welche den charakteristischen **Faltenstil** (style of folding) bestimmt, ist abhängig a) vom Grad der mechanischen Anisotropie des Lagenbaus, b) von der Festigkeit (= Kompetenz) der Gesteine und c) vom Kompetenzkontrast zwischen einzelnen Lagen bzw. lithologischen Einheiten eines Lagenstapels. Dabei überwiegt bei niedrigen Temperaturen im allgemeinen die Rolle der mechanischen Anisotropie, bei höheren Temperaturen die Rolle der durchschnittlichen Fließfestigkeit und des Kompetenzkontrasts zwischen Lagen unterschiedlicher Lithologie. Geometrischer Faltenstil und Kinematik der Faltung variieren also deutlich mit dem Grad der regionalen Metamorphose und der primären Heterogenität in der Gesteinszusammensetzung. Zum Zweck eines tieferen kinematischen Verständnisses unterscheidet man deshalb zwei theoretisch mögliche Extremsituationen der Faltung: Im einen Fall erfolgen Relativbewegungen vor allem durch Gleiten parallel zum stark anisotropen Lagenbau, im anderen überwiegt raumgreifendes Fließen mit Scherung quer zum Lagenbau. Dazu kommen aber Übergangsformen, bei denen ein hoher Kompetenzkontrast zwischen einzelnen Lagen eines Lagenstapels und Variabilität im Grad der Anisotropie sowohl Gleiten parallel als auch Scherung quer zu den Lagen eine allgemein inhomogene Verformung der Gesteine bewirkt.

Im Extremfall mechanischer Anisotropie entstehen **Biegegleitfalten** (flexural-slip folds), in denen die Grenzflächen der Einzellagen bedeutende mechanische Verformungsdiskontinuitäten darstellen, wobei aber der Kompetenzkontrast zwischen den einzelnen Lagen relativ gering sein kann. Während der Biegegleitfaltung bleibt also die mechanische Identität von Einzellagen weitgehend erhalten. Die Kinematik von Biegegleitfalten versteht man deshalb vor allem als Kombination von Translation zwischen den Lagen und Rotation des Lagenstapels bei einer gleichzeitigen geringen raumgreifenden Krümmung der Einzellagen. Die Rotationsachsen entsprechen dabei den Faltenachsen (Abb. 16.14) und Translation der Lagen erfolgt parallel zur Ebene der Einengung.

In der Extremsituation einer allgemein geringen Fließfestigkeit der Lagen entstehen **Scherfalten** (shear, passive folds), in denen Grenzflächen zwischen den einzelnen Lagen mechanisch zwar insignifikante aber trotzdem geometrisch wichtige und kartierbare Vorzeichnungen darstellen. Die inhomogene Verformung erfolgt als raumgreifende Scherung meist quer zum Lagenbau und die Form der Falten demonstriert sowohl Art als auch Ausmaß einer Verformung, welche sich vor allem in neugebildeten penetrativen Scherflächen ausdrückt. Die Kinematik der Scherfalten läßt sich deshalb nur über eine Analyse des penetrativen Scherflächensystems (Foliation, Schieferung) ableiten (Abb. 16.24).

Die in der Natur häufigsten Falten sind aber **Biegescherfalten** (flexural-flow folds), in denen

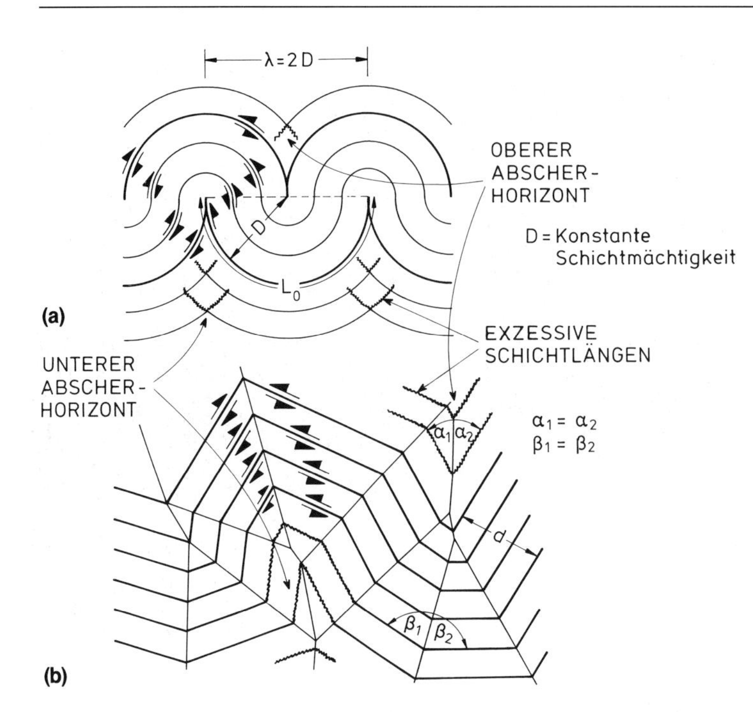

Abb. 16.14 Schematischer Profilschnitt von Biegegleitfalten nach dem Modell konzentrischer Faltung (a) und Knickfaltung (b). Durchscherung der gefalteten Lagen mit exzessiven Schichtlängen an Überschiebungen in den Faltenkernen führt zur progressiven Entwicklung unterer und oberer Abscherhorizonte.

Relativbewegungen sowohl als Gleiten zwischen den einzelnen Lagen eines stofflich heterogen zusammengesetzten Lagenstapels als auch durch penetrative Scherung quer zu ihnen erfolgen.

16.4 Biegegleitfalten

In **Biegegleitfalten** (flexural-slip folds) spielen die diskreten Grenzflächen zwischen Einzellagen bzw. zwischen intern homogenen Lagenstapeln eine aktive kinematisch-mechanische Rolle: Dies bedeutet, daß eine oft geringfügige duktile Krümmung der Lagen von bedeutenden Gleitbewegungen an diesen Grenzflächen (z.B. Schichtung, Bankung) begleitet wird und im gefalteten Schichtstapel alle Einzellagen bzw. lithologische Einheiten angenähert die gleiche Einengung erfahren. Einzellagen bewahren so einen gewissen Grad an kinematischer Identität und ihre Grenzflächen lassen sich auch nach der Faltung klar als solche identifizieren. Geometrisch sind Biegegleitfalten **Parallelfalten** (parallel folds), d.h. die Mächtigkeit der Lagen gemessen in Richtung senkrecht auf ihre Grenzflächen bleibt während der Faltung konstant, Rotation der Lagen erfolgt um Faltenachsen, die annähernd senkrecht zur lokalen Einengungsrichtung orientiert sind und der resultierende Profilschnitt hängt vom Grad der Anisotropie des Lagenbaus ab. Man unterscheidet zwei Hauptformen von Biegegleitfalten, konzentrische Biegegleitfalten und Knickfalten. In beiden überwiegen Reibungsgleiten, Bruch und Knickung gegenüber der duktilen Krümmung.

Konzentrische Falten (concentric folds), die man vor allem in gebankten bis massigen Sedimentgesteinen beobachtet, sind durch gleichförmig gekrümmte Scharniere charakterisiert. In Modellprofilschnitten konzentrischer Falten lassen sich deshalb Schenkel und Scharniere als Segmente konzentrischer Kreise verstehen (Abb. 16.14 und 16.15), wobei die Zentren der Kreise in den Faltenkernen liegen. Aufgrund der gleichmäßigen Krümmung der Lagen lassen sich die genaue räumliche Lage und Orientierung der Achsenflächen nicht festlegen. Die Inflexionslinien sind dagegen meist besser zu definieren. Es läßt sich leicht zeigen, daß nach einer gewissen Einengung eines konzentrisch gefalteten Lagenstapels in den Faltenkernen exzessive Schichtlängen auftreten (Abb. 16.14). Ein intern homogener Lagenstapel mit einer Mächtigkeit D kann deshalb theoretisch durch konzentri-

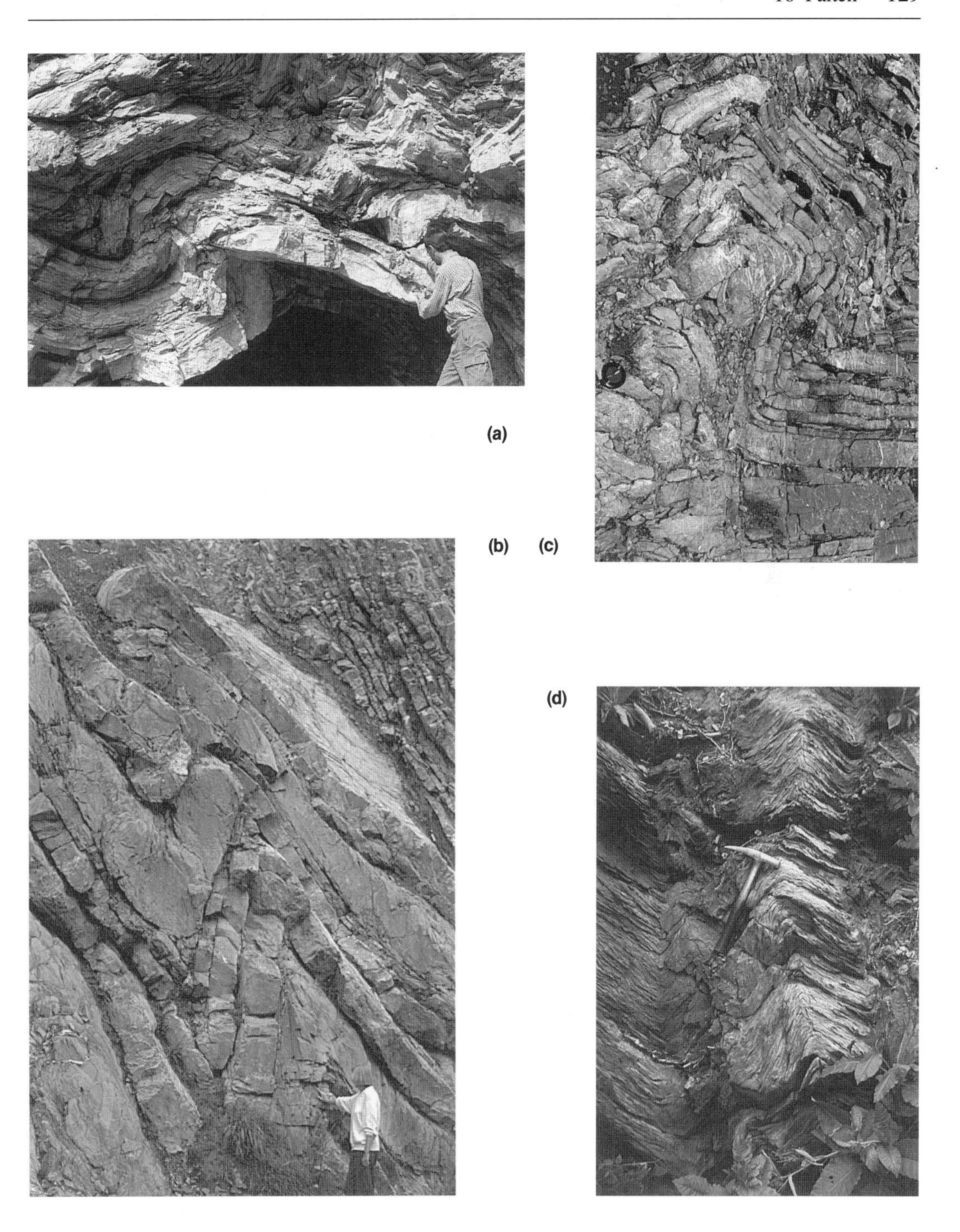

Abb. 16.15 Biegegleitfalten in gut geschichteten Kalken der Nördlichen Kalkalpen, Tirol; (a) konzentrische Falte mit deutlicher Vergenz nach links, Beginn der Abscherung im Faltenkern der Antiklinale; (b) Knickfalten, leicht asymmetrisch, Ansatz eines oberen Abscherhorizonts über dem Scheitel der Antiklinale; (c) Kofferfalte mit komplexer Abscherzone im Kern der Antiklinale; (d) deutlich asymmetrische Knickfalte in geschieferten, niedriggradigen Metamorphiten (Paläozoikum, Maryland, USA).

Abb. 16.16 Biegegleitfalte in Karbonat-Tongestein-Abfolgen der nördlichen Rocky Mountains von Kanada (Palliser Formation, Blick nach Norden, Photo R. I. THOMPSON). Das Photo macht deutlich, wie im Verschnittbereich verschiedener Achsenflächen es im Kern der Antiklinale zur Abscherung des gesamten gefalteten Schichtstapels kommen kann. Bemerkenswert ist dabei die nach Westen gerichtete Überschiebung, die sich direkt aus einer Knickungszone entwickelte.

sche Biegegleitung nur soweit eingeengt werden, bis im Kern der Falte der Krümmungsradius der Einzellagen Null wird. Wie aus Abb. 16.14 ersichtlich ist, besitzt in diesem Stadium die Wellenlänge (λ) der Falte den Wert der doppelten Schichtmächtigkeit ($\lambda = 2\,D$) und die ursprüngliche Schichtlänge läßt sich als $L_0 = 2\,D\pi\,/\,2 = D\pi$ ausdrücken. Die maximale Einengung ist demnach $e_{max} = (L_0 - L)\,/\,L_0 = (D\pi - 2D)\,/\,D\pi = 0{,}3$. Dies bedeutet, daß bei einer Einengung von mehr als 30 % im Kern konzentrischer Falten Überschiebungen entstehen sollten, an denen die weitere Einengung des Lagenstapels erfolgen kann.

Knickfalten (kink folds, angular folds, chevron folds), die sich vor allem in Gesteinen mit relativ dünnen Lagen entwickeln, zeigen scharf geknickte Scharniere und deshalb auch gut definierte Achsenflächen (Abb. 16.14 und 16.15). Dagegen sind ihre Inflexionslinien nicht leicht festzulegen. Im Idealfall schließen in Knickfalten die aneinandergrenzenden ebenen Lagensegmente mit der gemeinsamen Achsenfläche nahezu konstante Achsenwinkel ein. Aber auch breitgekrümmte Lagen in Antiklinalen und Synklinalen lassen sich nach diesem Modell in einzelne ebenflächige Lagensegmente bzw. Achsenflächen auflösen, wobei in den Schnittlinien von zwei konvergierenden Achsenflächen meist eine neue gemeinsame Achsenfläche einsetzt, bis schließlich im Faltenkern enge bis isoklinale Falten durch eine einzige Achsenfläche definiert sind (Abb. 16.14). Auch in Knickfalten bewirkt also progressive Einengung schließlich die Ausbreitung kontraktiver Bruchflächen, welche im Kern der Falten einsetzt. Eine in der Natur häufige Form zusammengesetzter Knickfalten beobachtet man in **Kofferfalten** (box folds), in denen sich zwei oder mehrere konvergierende Achsenflächen in Verschnittlinien treffen, die dann meist knapp über einer Scherfläche oder einem lithologisch bedingten Abscherhorizont liegen (Abb. 16.15 und 16.16).

Es zeigt sich also, daß sowohl in konzentrischen Falten als auch in Knickfalten der Erhalt der Lagenmächtigkeit bei fortschreitender Einengung Überschiebungsbewegungen quer zu den bereits gekrümmten Lagen erzwingt und daß Falten dann passiv als Teil des Hangenden oder Liegenden von ihrem ursprünglichen Entstehungsort wegtransportiert werden. In den Antiklinalkernen entwickeln sich so **blinde Überschiebungen** (blind thrusts), die in **untere Abscherhorizonte** (lower detachments, decollements) einmünden, während es in den Kernen von Synklinalen zu **Synklinalauspres-**

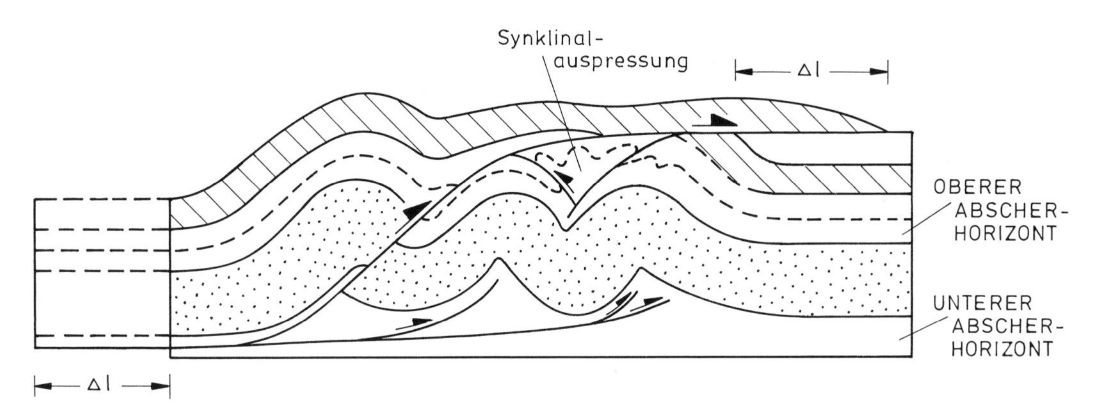

Abb. 16.17 Überschiebungen und progressive Biegegleitfaltung in einem Lagenstapel, in dem vertikaler Einengungstransfer mit dem Betrag Δl erfolgte.

sungen (out-of-the-syncline thrusts) kommt, die in **obere Abscherhorizonte** (upper detachments) einmünden (Abb. 16.17). Bei weiterer Ausbreitung der Überschiebungsflächen durch die Kerne von Antiklinalen und Synklinalen resultieren je nach Orientierung der Bewegungsflächen **Vorderschenkel-** oder **Rückschenkelüberschiebungen** (forelimb, backlimb thrusts). Dabei kommt es zu einem oft lithologisch kontrollierten **vertikalen Einengungstransfer** (vertical transfer of shortening) an komplexen Duplex-Strukturen, was bedeutet, daß trotz eines unterschiedlichen Deformationsstils in verschiedenen Einheiten die Gesamteinengung eines Lagenstapels mehr oder weniger konstant bleibt. Diese Diskussion zeigt, daß zwischen den hier diskutierten Modellen für Biegegleitfalten und den für Überschiebungen typischen Rampenfalten bzw. frontalen Knickungen kaum Unterschiede bestehen und ausgesprochen passiv entstandene Rampenfalten sich oft nur durch ihre größeren Öffnungswinkel erkennen lassen.

Die engen kinematischen Beziehungen zwischen Biegegleitfalten und Überschiebungen benützt man beim quantitativen **Ausgleich von Profilen** (Bilanzierung von Profilen, balancing of cross sections), also bei der geometrischen Extrapolation von Falten- und Überschiebungsstrukturen aus bekannten in unbekannte Bereiche eines Profilschnitts von Faltenzügen. Ein wichtiges Nebenprodukt des quantitativen Profilausgleichs ist die **palinspastische Rekonstruktion** (Abwicklung, Rückformung, palinspastic reconstruction) bzw. der **Rückversatz** (constructive retrodeformation) stark eingeengter Überschiebungs- und Faltengürtel. Denn nur ein Profil, das nach seiner Rückformung eine geologisch vernünftige Ausgangsgeometrie des Lagenstapels ergibt, läßt sich als sinnvoll und damit als **ausgeglichen** (balanced) bezeichnen. Jede Bilanzierung ist aber nur als eine von mehreren Möglichkeiten zu betrachten, wobei vor allem der Ausgleich tiefer gelegener Profilanteile progressiv unsicherer wird. Zum semiquantitativen Tiefenausgleich von Profilen in Falten- und Überschiebungsgürteln gibt es einige einfache Extrapolationsregeln, in denen sowohl die Kinematik von Überschiebungsbewegungen als auch die Kinematik der Biegegleitung parallel zur Richtung der Einengung berücksichtigt werden. Fünf Regeln, die sich bei der Erforschung tiefreichender Falten-Überschiebungsstrukturen bewährt haben, sollen hier kurz diskutiert werden: die Regel des Abtauchens von Falten (Mackin-Regel), die Regel der konzentrischen Kreise (Busk-Regel), die Regel der Achsenwinkel (Faill-Suppe-Regel), die Regel vom Erhalt der Schichtlänge und des Volumens (Goguel-Regel) und die Regel der konstanten Einengung (Laubscher-Dahlstrom-Regel). Diese und verwandte Regeln stützen sich auf vereinfachende Annahmen betreffend die Ausgangsgeometrien der deformierten Einheiten und auf eine enge Beziehung zwischen der Kinematik von Biegegleitfalten und jener von Überschiebungen. Solche Annahmen lassen sich in wirklichen Situationen natürlich nie ganz bestätigen, erlauben es aber, erste und quantitativ testbare und somit rationale geometrische Modelle zu erstellen. Der Profilausgleich erfolgt in Profilschnitten, die senkrecht zur Richtung der Falten niedriger Ordnung bzw. parallel zu tektonischen

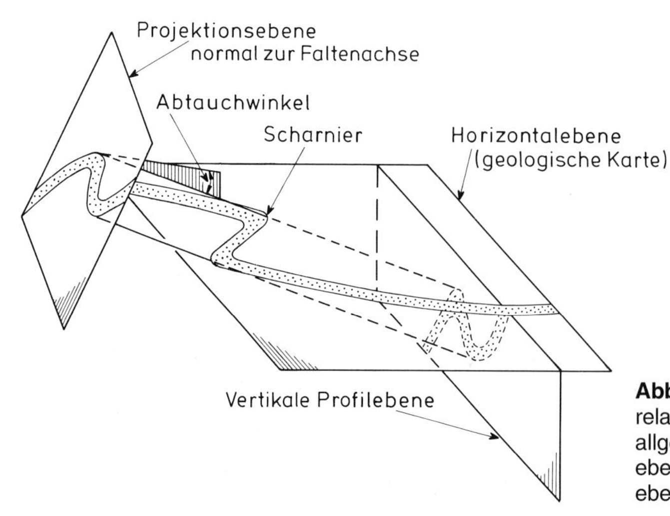

Abb. 16.18 Extrapolation der Geometrie relativ zylindrischer Falten in Richtung ihres allgemeinen Abtauchens aus der Kartenebene in gewählte Projektions- bzw. Profilebenen.

Relativbewegungen an bedeutenden Überschiebungen orientiert sind. Der geometrisch-kinematische Tiefenausgleich von Profilen wird zunehmend schwierig, wenn z.B. die primären Mächtigkeiten oder Lithologien der gefalteten Schichtglieder sehr variabel sind, Biegegleitfalten durch größere Querverschiebungen versetzt wurden oder penetrative Verformungsvorgänge während der Einengung eine bedeutende Rolle spielten. Profilausgleich resultiert häufig in semiquantitativen Vorhersagen der Position und Orientierung von Leitlagen und Strukturen, die sich durch weitere Geländedaten, Bohrungen oder reflexionsseismische Untersuchungen überprüfen lassen.

Die **Regel des Abtauchens von Falten (Mackin-Regel)** gilt vor allem für zylindrische Biegegleitfalten, aber auch für Scherfalten, in denen Achsenflächen bzw. Scharniere im Streichen nur geringfügig gekrümmt sind. Diese Regel wurde in vielen klassischen Profilen von Vorlandgürteln angewandt und beruht darauf, daß die meisten Falten im Streichen der Achsenflächen deutlich abtauchen. Durch Projektion eines aufgeschlossenen Faltenprofils auf eine vertikale Ebene bzw. auf eine Ebene senkrecht zu den abtauchenden Scharnierlinien läßt sich ein Profil aus einer Achsenkulmination in eine benachbarte Achsendepression extrapolieren (Abb. 16.18). Man bestimmt den durchschnittlichen Abtauchwinkel angenähert zylindrischer Falten entweder durch statistische Messung von Schichtflächen der Falte und der Auswertung im Stereonetz (Abb. 16.10) oder durch eine direkte Messung des Abtauchens von Scharnierlinien in sekundären Kleinfalten. Da viele abtauchende Falten aber konische Geometrie besitzen und somit ein allmähliches Abklingen bekannter Faltenstrukturen in Richtung des Abtauchens anzunehmen ist, wird die Extrapolation von Profilschnitten mit zunehmender Tiefe immer ungenauer. Außerdem wird die Regel fast unbrauchbar, wenn Falten von größeren Querstörungen versetzt werden.

Die **Regel der konzentrischen Kreise (Busk-Regel)** dient vor allem zur Tiefenextrapolation in Modell-Profilschnitten für konzentrisch-zylindrische Falten. Aus der Orientierung gefalteter Lagen an der Oberfläche, in Bohrlöchern oder entlang seismischer Profile extrapoliert man den Verlauf von Schichten in der Tiefe eines Profils, indem man parallel-konzentrische Kreissegmente für bestimmte Leitlagen aneinanderreiht (Abb. 16.19). Im Profilschnitt nimmt der Radius der einzelnen Kreissegmente in einer Falte in Richtung zum Kern hin ab und einzelne Kreissegmente für eine Lage werden von den meist gut definierten Inflexionslinien begrenzt. Die Zentren der Kreissegmente von Synklinalen liegen über dem Profil einer Lage, die Zentren von Antiklinalen unter dem Profil und entsprechen oft dem Einsetzen von oberen oder unteren Abscherhorizonten. Form und Orientierung der Überschiebungen ist aber durch die Konstruktionsmethode selbst nicht weiter bestimmt, obwohl man annehmen könnte, daß vor allem mächtige bzw. kompetente Schichtglieder von Flachbahnen unterlagert werden, und letztere wiederum in inkompetenten Gesteinslagen verlaufen.

Die **Regel der Achsenwinkel (Faill-Suppe-Regel)** gilt vor allem für die Extrapolation geometrischer Modellprofile von Knickfalten, also

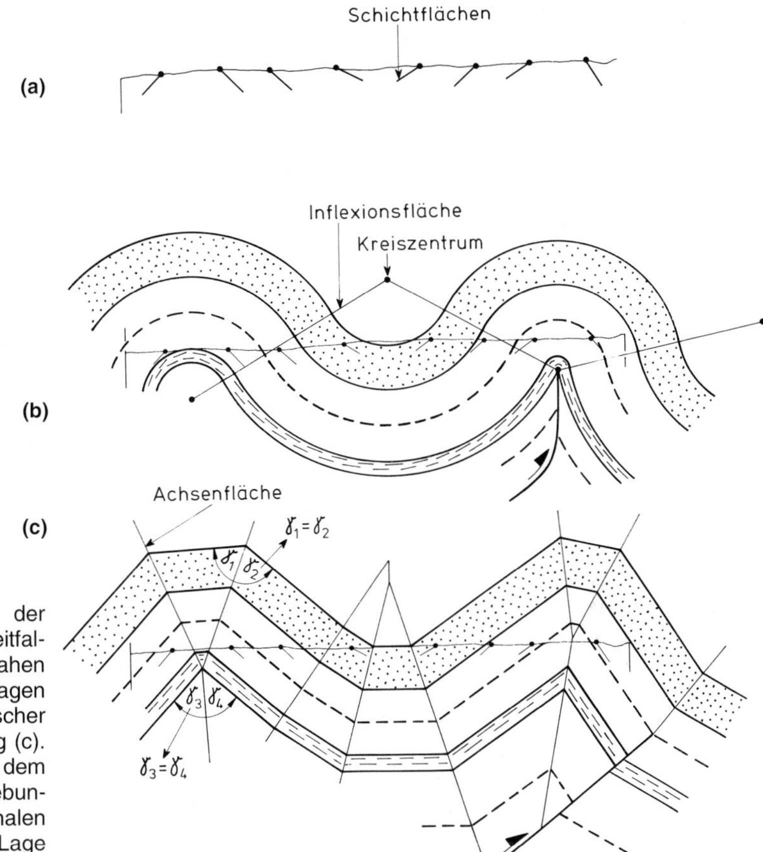

Abb. 16.19 Extrapolation der Tiefenstruktur von Biegegleitfalten aus der oberflächennahen Profilgeometrie gefalteter Lagen (a) für Modelle konzentrischer Faltung (b) und Knickfaltung (c). In beiden Fällen muß mit dem Einsatz blinder Überschiebungen im Kern der Antiklinalen gerechnet werden, deren Lage allerdings bestimmt werden muß.

für Falten mit gut definierten Achsenflächen. Man nimmt dabei an, daß in Knickfalten die zwei benachbarten Achsenwinkel einer gut definierten Scharnierzone ungefähr gleich groß sind (Abb. 16.19). Im Modell eines Profilschnitts werden also Öffnungswinkel zwischen Schenkeln und Schenkelsegmenten von den Achsenflächen halbiert. In den Schnittlinien von zwei Achsenflächen setzt eine neue Achsenfläche mit geringerem Achsenwinkel ein. In Richtung zum Faltenkern kommt es so zu einer progressiven Eliminierung von Achsenebenen, bis die Achsenwinkel so gering werden bzw. die Schichtverkürzung so stark zunimmt, daß ein Erhalt der ursprünglichen Schichtlängen im Profil nur mehr durch Abscherung bzw. durch diskreten Versatz an Überschiebungen quer zu den Schichten erreicht werden kann. Vor allem der Kern **frontaler Knickungen** (fault-propagation folds) ist deshalb durch auslaufende Zweige blinder Überschiebungen charakterisiert, wobei das Hangende sowohl durch synthetische Rotation des Vorderschenkels wie auch durch Gleitung an der Überschiebung nach vorne bewegt wird, wo es schließlich zur Durchscherung des Vorderschenkels kommen kann (Abb. 10.4). Auch die Regel der Achsenwinkel gibt nur andeutungsweise Auskunft über die Lage und Orientierung der Abscherhorizonte unter dem Faltenkern, obwohl anzunehmen ist, daß auch hier inkompetente Schichteinheiten als Abscherhorizonte dienen und die Achsenflächen der Knickfalten selbst potentielle mechanische Schwächezonen, also potentielle Rampen darstellen.

Die **Regel vom Erhalt der Schichtlänge und des Volumens (Goguel-Regel)** setzt bereits die Existenz subhorizontaler Abscherhorizonte unter größeren Antiklinalstrukturen voraus. Die Tiefenlage potentieller Abscherhorizonte läßt sich meist aus

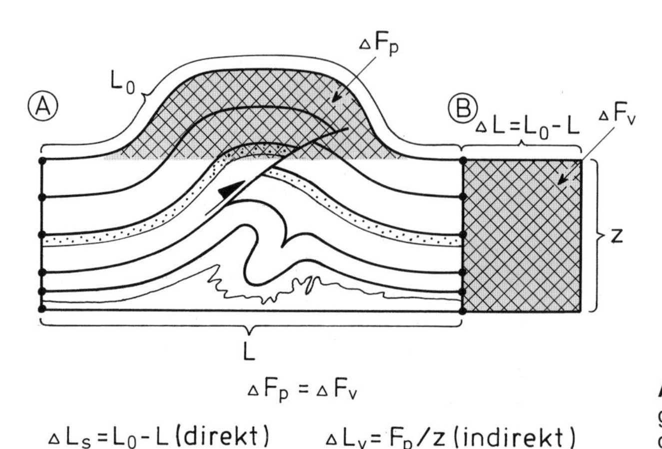

Abb. 16.20 Profilausgleich nach der Regel des Erhalts von Schichtlängen und des Volumens (siehe Text).

der regionalen Stratigraphie der gefalteten Gesteine ableiten, besonders wenn sich die Position inkompetenter Schichtglieder aufgrund intensiver Verformung des Hangenden direkt aus Bohrlochdaten oder reflexionsseismischen Korrelationen erahnen läßt. Die Konstruktionsmethode selbst basiert auf der Überlegung, daß durch Einengung eines Schichtstapels in Biegegleitfalten und an Überschiebungen sowohl die Schichtlängen als auch der Flächenquerschnitt der einzelnen Gesteinseinheiten in der Ebene des Profils konstant bleiben. Eine bestimmte Einheit wird im Querschnitt also verformt bzw. versetzt, ohne daß sich der Flächeninhalt des Querschnitts oder die Länge der begrenzenden Schichten verändern.

Beim Ausgleich eines konstruierten Tiefenprofils versucht man deshalb in vier Größen zu ermitteln (Abb. 16.20). Erstens versucht man die ursprünglichen **Schichtlängen** (original layer length, L_0) an einzelnen markanten **Leitschichten** (key beds) des Schichtstapels, gemessen als Distanz zwischen zwei gewählten Fixpunkten (A, B) eines Profils zu ermitteln. Zweitens mißt man den **verkürzten heutigen Abstand** (shortened layer length, L) zwischen A und B, woraus sich die **Verkürzung** (contraction, shortening) durch Faltung oder Überschiebung (L_0 – L) berechnen läßt. Drittens bestimmt man die bekannte oder abgeschätzte **Tiefenlage** (z) des subhorizontalen Abscherhorizonts (depth to decollement) unter den Biegegleitfalten bzw. geneigten Überschiebungen. Viertens summiert man den planimetrischen **Flächeninhalt des Überschiebungs- und Faltenquerschnitts** (cross section area, ΔF_p) einer Leitschicht über der basalen Einhüllenden ihrer Troglinien. Die Werte dieser Parameter sind voneinander abhängig, weshalb man sie durch Messungen im Profil geometrisch überbestimmen kann. Dies bedeutet, daß im Fall diskrepanter Messungen durch Veränderung der Profilgeometrie die Werte gegeneinander ausgeglichen werden können. Diese Regel läßt sich am einfachsten am Beispiel einer einzelnen Lage bzw. Falte illustrieren, sie kann aber auch auf ganze Faltenzüge angewandt werden. Allerdings muß man sich sicher sein oder zumindest annehmen, daß der Profilschnitt nicht von größeren Blattverschiebungen gequert wird.

Der Vorgang des Profil-Ausgleichs ist folgender (Abb. 16.20): Bei Annahme konstant bleibender Schichtlängen während der Faltung bestimmt man den Verkürzungsbetrag ($\Delta L_s = L_0 - L$) durch direkte Messung der Längen einzelner Leitschichten im Profil. Bei Annahme eines konstanten Volumens entspricht aber auch das angehobene Faltenvolumen über den Faltentrögen der einzelnen Lagen (ΔF_p) jenem Volumen, das durch horizontale Bewegung der Lagen über dem Abscherhorizont verloren geht (ΔF_v); es gilt also $\Delta F_p = \Delta F_v$. Ebenfalls gilt $\Delta F_v = z \cdot (L_0 - L)$. Der Verkürzungsbetrag kann deshalb außer durch direkte Messung der ursprünglichen und der verkürzten Schichtlänge auch indirekt bestimmt werden als $\Delta L_v = F_p / z$.

Aus den Unterschieden, die sich zwischen ΔL_v und ΔL_s ergeben, lassen sich alle oder einzelne der vier gemessenen Werte so verändern, daß schließlich gilt $\Delta L_v = \Delta L_s$. Der im Profil am schlechtesten kontrollierte Parameter sollte dabei die stärkste Korrektur erfahren. Eines der zahlreichen von Laubscher im Schweizer Jura analysierten Beispiele (Fig. 16.21) zeigt, wie im ursprünglichen

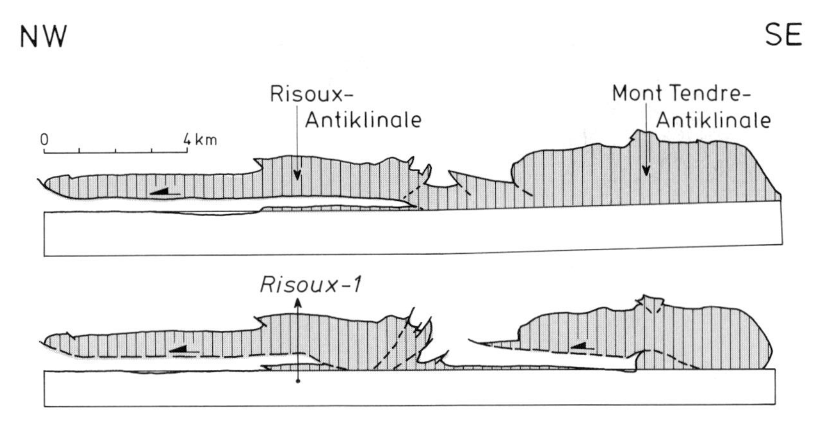

Abb. 16.21 Beispiel eines Profilausgleichs durch Anpassung der Schichtlänge an das gegebene Faltenvolumen in einem Teilquerschnitt des Schweizer Juras (siehe Text). Der gefaltete Bezugshorizont ist der jurassische Hauptrogenstein, Abscherung erfolgte an triassischen Evaporiten (aus Laubscher, 1965).

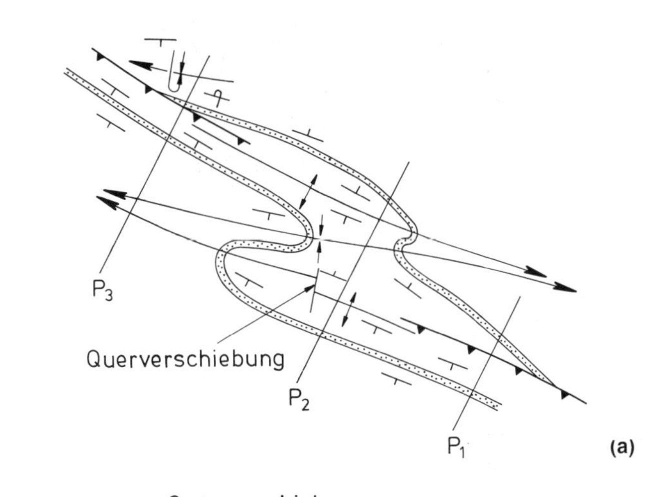

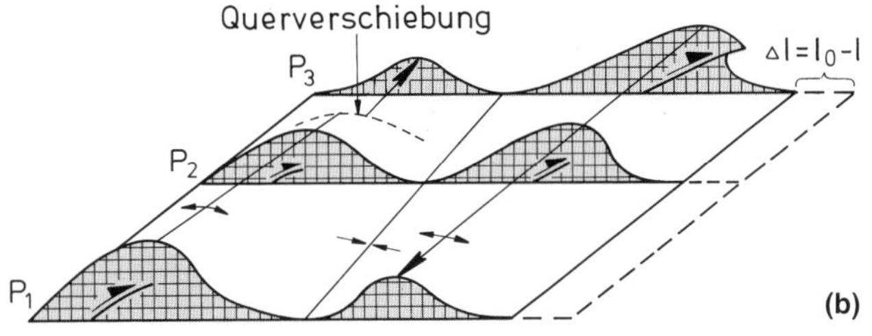

Abb. 16.22 Einengungstransfer in einem Teil eines Überschiebungsgürtels, dargestellt als Kartenansicht (a) und in Profilschnitten (b). Gesamteinengung bleibt im Streichen zwar konstant, verlagert sich aber allmählich von einer Struktur auf eine andere.

Profil die Inkonsistenz zwischen den Verkürzungswerten ΔL_V und ΔL_S durch eine größere Verkürzung einer Leitschicht mittels einer Überschiebung ausgeglichen werden konnte. Bei Annahme von Biegegleitfaltung und Abscherung an einem Evaporithorizont in bekannter Tiefe ist das neue geometrische Modellprofil (b) demnach wahrscheinlich rationaler als der erste Zeichenversuch (a).

Die **Regel der konstanten Einengung (Laubscher-Dahlstrom-Regel)** gilt für Faltengürtel, in denen die einzelnen Synklinalen, Antiklinalen und Überschiebungen im Streichen an Einengung einbüßen, diese Einengung aber durch andere Strukturen wieder ausgeglichen wird. Für die meisten Falten-Überschiebungsgürtel läßt sich in erster Annäherung annehmen, daß die Gesamteinengung

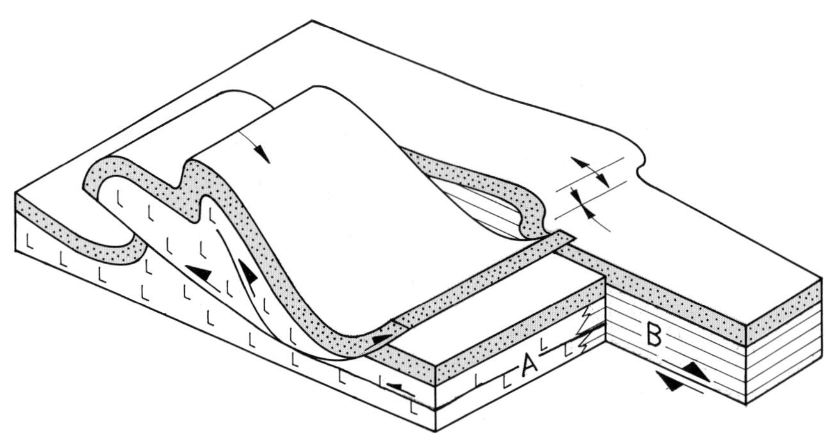

Abb. 16.23 Schema einer steilen Querstörung, die sich gleichzeitig mit der Faltung entlang einer Faziesgrenze ausbreitet und an der Einengung von einer Faltenüberschiebungsstruktur auf eine andere übertragen werden kann.

des Faltengürtels im Streichen konstant bleibt bzw. daß sich dieser Betrag parallel zum Streichen nur allmählich verändert. Wenn also die Einengung an einer einzelnen Falte oder Überschiebung im Streichen ausklingt, so nimmt sie wahrscheinlich an anderen Strukturen entsprechend zu (Abb. 16.22). Bei konstanter Gesamteinengung des Faltengürtels wird also Einengung von einer Struktur auf eine andere übertragen und man spricht von **lateralem Einengungstransfer** (lateral transfer of shortening). In den Zonen eines Faltengürtels, in denen ein besonders starker und lokal konzentrierter Bewegungstransfer stattfindet, bilden sich meist **konvergente Transferstörungen** (convergent transfer faults), an denen man starkes Abtauchen der lokalen Faltenscharniere, die Entwicklung **lateraler Rampen** (lateral ramps) und steile Querverschiebungen (transverse, cross, tear faults) beobachtet. Das Prinzip eines kontinuierlichen Einengungstransfers ist in Abb. 16.22b schematisch für eine Leitschicht in drei Profilschnitten eines Faltengürtels dargestellt. Nimmt man deshalb an, daß die Gesamteinengung Δ l im Streichen konstant bleibt, so lassen sich die Meßwerte für Δ l aus gut dokumentierten Profilen durch Ausgleich der Schichtlängen l_0 in weniger gut studierte Profile hinein übertragen. **Querverschiebungen** (cross faults) mit größerem Versatz, vor allem in der Nähe krustaler Blattverschiebungen, können allerdings auch Bereiche mit größerer Einengung von Bereichen mit geringerer Einengung trennen. An solchen Querverschiebungen beobachtet man dann häufig bedeutende Änderungen in der Vergenz und im Stil der Falten. Querverschiebungen sind auch häufig dort anzutreffen, wo mechanisch besonders schwache Abscherhorizonte, wie z.B. Evaporite oder Tongesteine, im Streichen des Faltengürtels primär auskeilen (Abb. 16.23) oder dort, wo sich ältere Störungen befinden.

Wesentlich schwieriger und oft unmöglich ist die Tiefenextrapolation, der Ausgleich von Profilen und die palinspastische Rekonstruktion von Einzellagen bzw. Schichtpaketen in Scherfalten.

16.5 Scherfalten

In **Scherfalten** (shear folds, passive folds) spielen stoffliche Inhomogenitäten und Anisotropien des Lagenbaus eine nur untergeordnete mechanische Rolle und der kartierbare Lagenbau ist in erster Linie als passive geometrische Vorzeichnung zu betrachten. Relativbewegungen erfolgen zum überwiegenden Anteil an sekundären engständigen bis penetrativen Scherflächen und die Form der gefalteten Lagen selbst gibt nur hin und wieder direkte Hinweise auf den Sinn der Relativbewegungen bzw. auf die Größe der Gesamtverformung (siehe auch Kapitel 17).

In idealen Scherfalten sind die Achsenflächen parallel zu den penetrativen Scherflächen ausgerichtet (Abb. 16.24) und in Profilschnitten normal zur Achsenfläche zeigen die gefalteten Lagen geometrische Kongruenz, d. h., man kann einzelne stoffliche Grenzflächen durch geometrische Verschiebung parallel zu den Achsenflächen (= Scherflächen) miteinander zur Deckung bringen. Scherfalten werden deshalb geometrisch als **kongruente** oder **ähnliche Falten** (similar folds) klassifiziert und die Mächtigkeit einzelner Lagen parallel zur Achsenfläche (= parallel zu den Scherflächen) ist konstant (Abb. 16.24). Daraus resultiert die in Scherfalten beobachtete scheinbare „Verdickung"

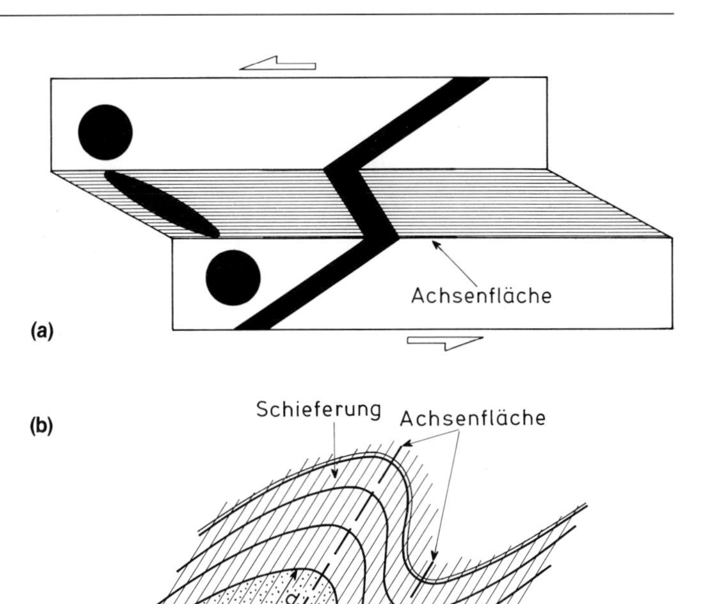

Abb. 16.24 (a) Schema zur Entwicklung von Scherfalten bei einfacher Scherung; (b) Profilschnitt durch eine ideale Scherfalte, deren Kinematik im Detail allerdings nur durch eine kinematische Analyse der Scherflächensysteme verständlich wird.

der Lagen im Bereich der Scharniere und die scheinbare „Verdünnung" der Schenkel.

Die Kinematik von Scherfalten ist in der Natur allerdings wesentlich komplexer als im hier vorgestellten Idealmodell und ergibt sich meist nur aus dem integrierten Studium der Metamorphose, des Verformungsregimes und der Mikromechanismen, welche die raumgreifende Verformung der Lagen entlang engständiger Scherflächen ermöglichten. Viele Scherfalten in natürlichen Gesteinen begannen ihre Entwicklung wahrscheinlich bereits in relativ seichten Krustenniveaus als Biegegleitfalten, wurden dann aber durch tektonische Versenkung von penetrativer Verformung an engständigen Scherflächen bzw. penetrativen Scherzonen erfaßt. Andere entstanden wahrscheinlich erst während der duktilen Verformung hochgradig metamorpher Gesteine in tieferen Krustenniveaus. Die Relativbewegungen an diskreten, diffusen oder penetrativen Scherflächen quer zum Lagenbau bewirken im allgemeinen planare Gesteinstexturen, die man als **Schieferung** (cleavage, schistosity) oder **Foliation** (foliation) bezeichnet (siehe Kapitel 17 und 19). Die Verschnittlinien zwischen ursprünglicher Schichtung und den neu angelegten Scherflächen bezeichnet man als **Verschnittlineare** (intersection lineations) oder als **Schicht-Schieferungsverschnitt** (cleavage-bedding intersection).

In polyphasen Scherfalten beobachtet man im allgemeinen auch mehrere Schieferungen, Foliationen oder Lineare von unterschiedlichem Alter, unterschiedlicher Orientierung und unterschiedlicher kinematischer Bedeutung. Zur Auflösung der Kinematik polyphaser Scherfalten müssen deshalb vor allem jene Deformationsmechanismen ermittelt werden, die zur Entstehung der dominierenden Scherflächen, Scherzonen oder Schieferungen beitrugen (siehe Kapitel 19). Nur in relativ einfachen Scherfalten niedrig metamorpher Gesteine lassen sich bei Nachweis einer vorwiegend ebenen Verformung auch relativ einfache Beziehungen zwischen Schichtung, Schieferung und Verschnittlinearen feststellen; diese sind dann auch zur geometrisch-kinematischen Analyse des Faltenbaus nützlich (Abb. 16.25). Es zeigt sich nämlich, daß in einfachen asymmetrischen Scherfalten mit gut erhaltenem Lagenbau die Schieferung an den aufrechten Schenkeln steiler einfällt als die Schichtung, während sie in den überkippten Schenkeln flacher einfällt als die Schichtung (Abb. 16.25 und

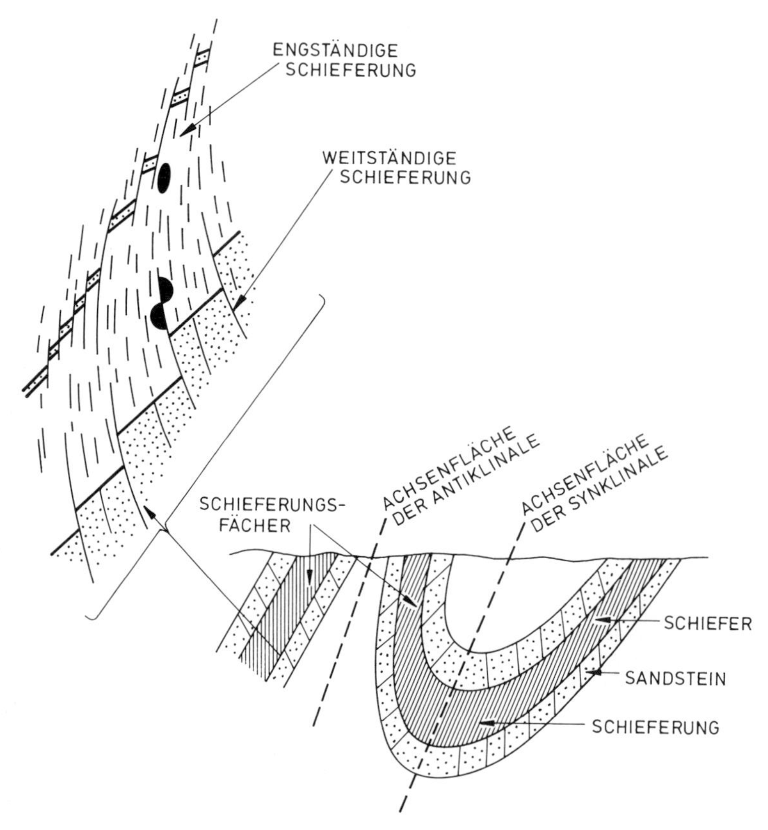

Abb. 16.25 Schematisches Profil durch eine asymmetrische Scherfalte mit tektonischen Schieferungsflächen schräg zur Schichtung. Links oben angedeutet ist der Übergang von diskreten in penetrative Scherflächen und der Grad der Verformung ursprünglich runder geologischer Objekte.

Abb. 16.26 Synklinalkern einer Scherfalte in paläozoischen Sandsteinen von Sardinien; die Falte ist leicht nach Süden (rechts) vergent.

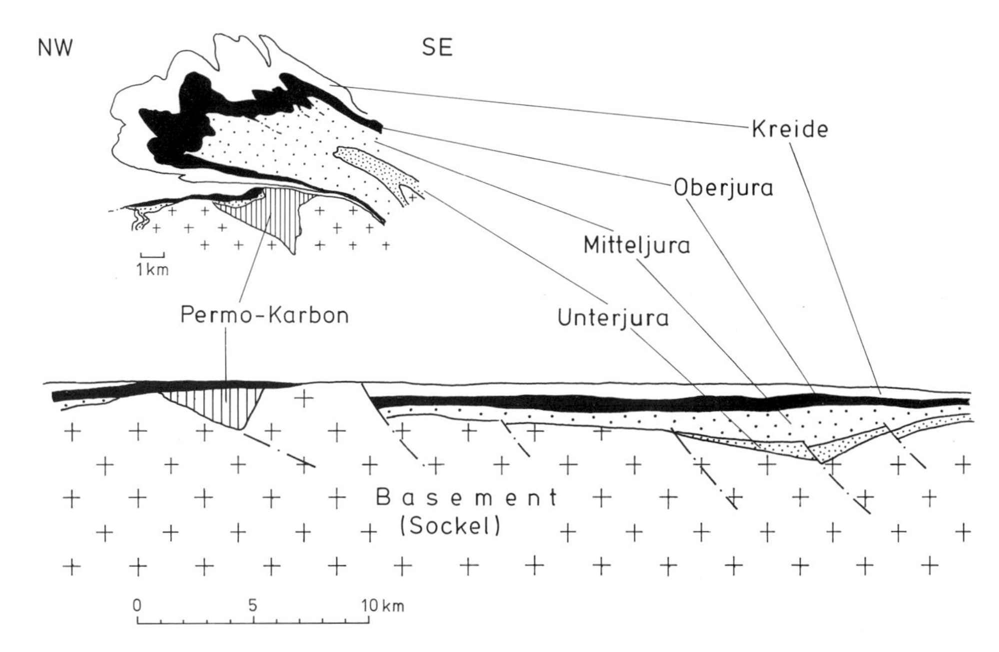

Abb. 16.27 Verallgemeinerter Profilschnitt durch eine stark NW-vergente Falte im helvetischen Deckenstapel der Schweizer Alpen. Aufgrund der Kenntnis der Verformung in den einzelnen Bereichen dieser Struktur (siehe Kapitel 7) konnte sie über einen Volumenausgleich auch angenähert palinspastisch rekonstruiert werden (aus HUGGENBERGER, 1985).

16.26). Verschnittlineare sind dabei zumindest angenähert parallel zu den Faltenscharnieren. Bei einer späteren passiven Rotation des Lagenstapels um Faltenscharniere niedriger Ordnung können sich aus anfänglich parallelen Schieferungsflächen auch konvergierende und divergierende **Schieferungsfächer** (cleavage fans) entwickeln, wobei letztere häufig homoaxial zu den gekrümmten Lagen bzw. zu älteren oder jüngeren Überschiebungen orientiert sind. Noch häufiger ist allerdings eine spätere Durchscherung der Schenkel und Entwicklung **wurzelloser Falten** oder **Intrafolialfalten** (rootless, intrafolial folds) (siehe Kapitel 19).

Nur für relativ einfache Scherfalten und bei bekannter Kinematik der Schieferung ist es möglich, eine angenäherte palinspastische Rekonstruktion oder einen semiquantitativen Profilausgleich durchzuführen. Dazu muß man allerdings die Mechanismen, den Sinn und die Beträge der Relativbewegungen bzw. Verformungsgradienten in den verschiedenen Teilen der Falten kennen und mit der regionalmetamorphen Geschichte der Gesteine in Beziehung setzen (Abb. 16.27). In geschieferten Gesteinen ist auch immer mit signifikantem Verlust an Gesteinsvolumen durch Drucklösung zu rechnen, weshalb sich aus der Geometrie der gefalteten Lagen im Profilschnitt oft nur Minimalwerte für die mit der Faltung verbundenen Einengung ergeben. Scherfalten sind generell wesentliche Bestandteile großräumiger duktiler Scherzonen in hochgradig metamorphen Gesteinen (z.B. Abb. 16.28), sie entwickeln sich aber auch im Inneren aufsteigender Diapire, in denen ein primärer oder sekundärer Lagenbau vorhanden ist (siehe Kapitel 17 und 18).

16.6 Biegescherfalten

Wie bereits angedeutet, sind sowohl reine Biegegleitfalten als auch reine Scherfalten nur kinematische Extremfälle, für die ein einheitliches Festigkeitsverhalten der Einzellagen innerhalb des gefalteten Lagenstapels angenommen werden muß. Die Voraussetzung eines stofflich und deshalb auch mechanisch homogenen Lagenbaus ist für natürliche Schichtfolgen und in metamorph gebänderten Gesteinen aber nur selten erfüllt. Bei Einengung oder Scherung lithologisch heterogener Gesteinsstapel entwickeln sich deshalb meist **Biegescherfalten** (flexural-flow, flexural-shear folds), deren Kinematik sowohl durch Biegegleitung entlang primärer Grenzflächen als auch durch penetrative

Abb. 16.28 Mafische und felsische Gesteinslagen unbekannter Ausgangsform in einer Scherfalte bzw. Zone extrem penetrativer Verformung (archaischer Maggo-Gneis, Nain-Provinz, Kanada; Photo I. ERMANOVIC).

Abb. 16.29 Stark nach rechts vergente Biegescherfalten in einer Sandstein-Schiefer-Abfolge der westlichen kanadischen Kordillere (British Columbia). Bemerkenswert sind die Mullionstrukturen in den relativ kompetenten Sandsteinlagen, welche sich im frühen Stadium der Einengung und wahrscheinlich noch vor der Faltung bildeten.

Scherung quer zum Lagenbau bestimmt wird (Abb. 16.29). Unterschiede in der Anisotropie und Kompetenz der verschiedenen Gesteinseinheiten innerhalb eines inhomogen verformten Gesteins sind deshalb Ursache für Gleit- und Schervorgänge, die geometrisch in **disharmonischen** oder **polyharmonischen Falten** (disharmonic, polyharmonic folds) resultieren. Im Kontaktbereich von Lagen mit verschiedener Kompetenz beobachtet man meist starke Verformungsgradienten und eine Kontaktverformung, die sich geometrisch in Form von asymmetrischen Kleinfalten, Mullions, Scherzonen, Boudinage und Mineraladern äußert (Abb. 16.30).

In vielen disharmonischen Falten sind sowohl Achsenflächen als auch Scharniere stark und unregelmäßig gekrümmt, weshalb eine Extrapolation des Strukturstils im Streichen bzw. in tiefer liegende Bereiche des gefalteten Lagenstapels meist nur sehr begrenzt möglich ist. Ein deutliches Abheben der Scharnierzonen kompetenter Lagen von Faltenkernen, die aus inkompetenten Lagen bestehen, bewirkt häufig eine deutliche „Lang-Kurz“ Beziehung zwischen Rück- und Vorderschenkeln asymmetrischer Falten. Dabei entstehen auch Dilatationszonen, die mit Mineralsubstanz gefüllt sind (Abb. 16.31) und bivergente polyharmonische Großfalten mit komplex verformten Faltenkernen, in denen Einengung durch Drucklösung oder Relativbewegungen entlang von Scherzonen akkommodiert wird.

Sind die Achsenflächen disharmonischer Kleinfalten in inkompetenten Lagen stark zum allgemei-

(a)

(b)

Abb. 16.30 Disharmonisch gefalteter (a) mafischer Gang in einer weniger kompetenten Matrix aus tonalitischen Gneisen (Archaikum, Nain Provinz, Kanada, Photo I. ERMANOVIC) und (b) gefalteter felsischer Gang in einer Matrix von Tonschiefern (St. Elias Range, Kanada).

nen Faltenspiegel geneigt, so läßt sich die lokale Vergenz der Achsenflächen sogar als kinematischer Indikator für den Sinn der Relativbewegungen zwischen benachbarten kompetenten und inkompetenten Einheiten verwenden. Man bestimmt dazu zunächst die Orientierung der Scharnierlinien von Kleinfalten durch Festlegung ihrer Richtung und ihres Abtauchens und dann den Rotationssinn (= Vergenz) der Achsenflächen relativ zur Fläche des Faltenspiegels oder zur Kontaktfläche mit über- und unterlagernden Einheiten (Abb. 16.32). Die räumliche Orientierung der Scharnierlinien in einer disharmonisch gefalteten Zone und der systematische Rotationssinn der Achsenflächen aus der Vertikalen werden für einzelne Falten im Stereonetz eingetragen und aus der statistischen Verteilung der so gewonnenen Rotationsachsen ein Winkelbereich definiert, in dem sich gegensinnige Rotationsachsen entweder überlappen oder durch den sie getrennt werden. Die Richtung dieses **Trennungswinkels** (separation angle) entspricht der allgemeinen Richtung der Relativbewegungen innerhalb des untersuchten Lagenstapels. Wichtige Sonderformen disharmonischer Falten sind synsedimentäre Gleitfalten und ptygmatische Falten.

Synsedimentäre **Gleitfalten** (Rutschfalten, slump folds) entwickeln sich meist im m-Bereich leicht geneigter und geringfügig verfestigter Sedimentlagen durch gravitativ ausgelöste Kriechbewegungen (Abb. 16.33a). Bei vollkommener Ablösung

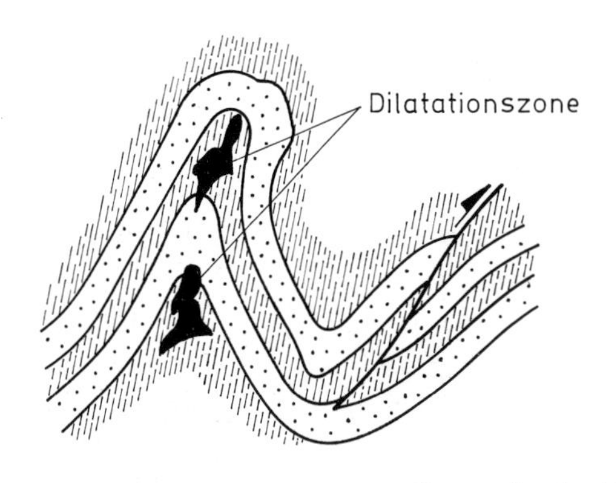

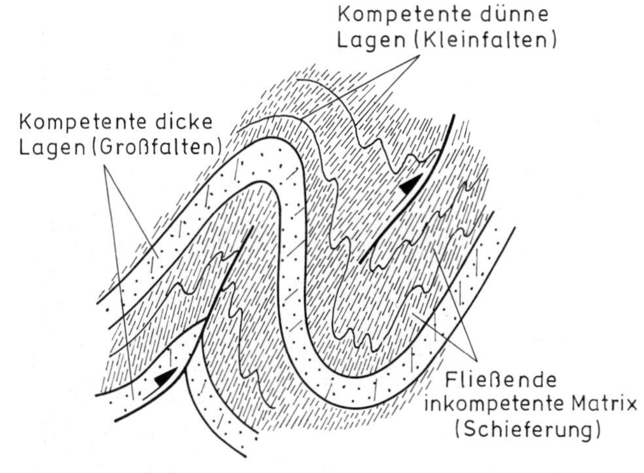

Abb. 16.31 Schematisches Profil von Biegescherfalten in Lagen unterschiedlicher Mächtigkeit bzw. Kompetenz; deutliche Asymmetrie der Kleinfalten, Neigung der Schieferung zur Schichtung, diskrete Überschiebungsflächen als Teilaspekte synklinaler Auspressungen bzw. lokale Dilatationszonen überlagern sich gegenseitig bei zunehmender Einengung bzw. regionaler Metamorphose.

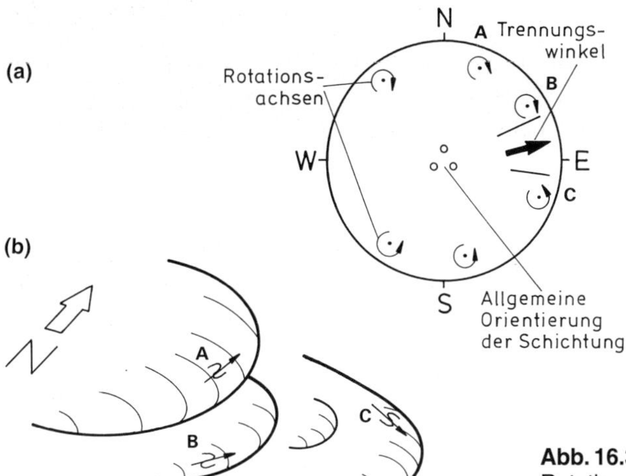

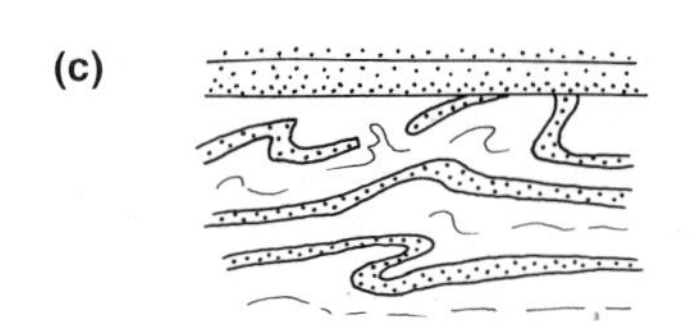

Abb. 16.32 Stark disharmonische Falten (a) und Rotationsachsen (b), die sich aus der Orientierung lokaler Scharniere und der Vergenz der Achsenflächen ergeben. Aus der durchschnittlichen Ausrichtung des Trennungswinkels zwischen Rotationsachsen mit unterschiedlichem Rotationssinn ergibt sich z.B. die angenäherte Richtung der Relativbewegungen bzw. Gleitrichtung von Rutschmassen. (c) Skizze typischer synsedimentärer Rutschfalten im Profilschnitt.

(a)

(b)

Abb. 16.33 (a) Synsedimentäre Gleitfalten in turbiditischen Sandsteinen der Nördlichen Kalkalpen, Tirol; (b) Ptygmatische Falten in pegmatitischen Lagen hochmetamorpher bis migmatitischer Gneise des Himalaya, Tibet.

der oft wassergesättigten Sedimentpakete werden die gefalteten Lagen häufig ein Teil chaotischer **Gleitmassen** (slide masses, olistostromes). In Gleitfalten sind die Scharniere meist stark gekrümmt, die Achsenflächen stark in Richtung der Gleitbewegung vergent, die Schenkel isoklinal bis unregelmäßig verdünnt und lokal in Fragmentzüge aufgelöst. Einzelne besser verfestigte Lagen werden gelegentlich von fluidisierten Sandpartien bzw. plastischen Tonen intrudiert. Aus der Orientierung der Scharnierlinien und aus der Vergenz der Achsenebenen von Gleitfalten läßt sich nach dem oben diskutierten Schema die Paläohangrichtung am Rand sedimentärer Becken bestimmen (Abb. 16.32). Im Hangenden werden synsedimentäre Gleitfalten oft durch Erosionsdiskordanzen gequert und von Olistostromen mit exotischen Komponenten überlagert. In später verfestigten Gleitfalten liegen die tektonischen Schieferungen oft schräg zu den früh angelegten Achsenflächen und auch Mineraladern späterer Deformationsstadien zeigen keine systematischen Winkelbeziehungen zu den früh gebildeten Achsenflächen oder Scharnieren. Auf diese Weise lassen sich in Aufschlüssen auch synsedimentäre Gleitfalten von polyharmonischen Kleinfalten regionaltektonischer Faltenstrukturen unterscheiden.

Ptygmatische Falten (ptygmatic folds) sind disharmonische Falten in hochgradig metamorphen Gesteinseinheiten, in denen die Einzellagen, die häufig als Gänge entstanden sind, deutliche Kompetenzunterschiede zum Nebengestein aufweisen

(Abb. 16.33b). Die Geometrie ptygmatischer Falten ist gekennzeichnet durch isoklinale Schenkel, unregelmäßige Wellenlängen, starke Krümmung der Scharnierlinien und kaum extrapolierbare gekrümmte Achsenflächen. Ptygmatische Falten finden sich häufig in migmatitischen bzw. anatektischen Gneisen, deren Deformation bei Temperaturen knapp unter dem Schmelzpunkt der Gesteine erfolgte. In solchen Gesteinen sind somit meist auch erste Produkte partieller Schmelzbildung vorhanden, die selbst wieder als gefaltete Gänge auftreten können (siehe Kapitel 18).

16.7 Dynamische Faltungsmodelle

Mechanisch-dynamische Modelle für den Prozeß der Faltung lassen sich sowohl durch experimentelle Untersuchungen als auch über theoretische Ansätze erstellen. Dynamische Theorien des Faltungsprozesses, wie sie von BIOT und RAMBERG entwickelt wurden, lassen sich vor allem für das Initialstadium der Verformung relativ kompetenter Lagen in disharmonischen Falten anwenden. In seichten Krustenniveaus führt die progressive inhomogene Verformung von Lagen nämlich sehr schnell zu komplexen Wechselwirkungen duktiler und spröder Deformationsmechanismen, weshalb die weiteren Stadien der Faltung bzw. der Entwicklung von Überschiebungen sowohl rechnerisch als auch experimentell kaum zu erfassen sind.

Die theoretisch-experimentelle Basis für dynamische Faltenmodelle ist mechanische Instabilität. Sie tritt bei äußerem Kraftansatz als progressive

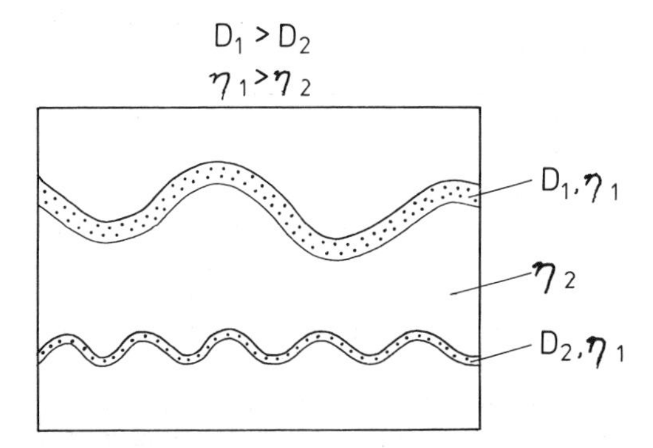

Abb. 16.34 Theoretischer Ansatz zur Modellierung disharmonischer Faltung bei Einengung parallel zum Lagenbau (nach BIOT, 1961).

Krümmung (Biegung, Knickung, Stauchung, buckling) von Lagen auf. Diese Art der **Stauchfaltung** (buckle folding) erzeugt man experimentell durch einen Kraftansatz am Rand einzelner oder mehrerer elastischer Platten bzw. viskoser Lagen, die in einem Medium mit geringerer Festigkeit bzw. Viskosität eingebettet sind. Ein natürliches Analog dieses Modells wären z.B. Sandsteinschichten innerhalb mächtiger Abfolgen von Tongesteinen. Bei der Deformation ist im wesentlichen eine Kinematik disharmonischer Biegescherfaltung zu erwarten.

Für den einfachsten Modellfall stellt man sich vor, daß Platten oder Lagen mit einer bestimmten Mächtigkeit D und einer linearen Modellviskosität (η_1) in ein Medium mit geringerer Viskosität (η_2) eingebettet sind (Abb. 16.34). Lage und Einbettungsmedium werden dann in Richtung parallel zu den Platten verkürzt bis sich Krümmung einstellt. Mechanische Instabilität durch systematische Faltung tritt anscheinend aber nur dann auf, wenn der Viskositätsunterschied zwischen der eingebetteten Lage und dem umgebenden Einbettungsmedium mindestens zwei Größenordnungen ($\eta_1 > 100\eta_2$) beträgt. Ist der Viskositätsunterschied geringer, so kommt es zu einer relativ homogenen Verformung, d.h. reine Scherung bewirkt entweder eine relativ gleichförmige Verdickung der Platte oder Mullionbildung senkrecht zum Kraftansatz.

Dem Viskositätskontrast der Theorie bzw. des Experiments entspricht in der Natur eine unterschiedliche Kompetenz der verschiedenen Gesteinslagen eines Schichtstapels. Theorie und Experiment machen dabei deutlich, daß sich in der eingebetteten Lage anfangs Undulationen mit variablen Wellenlängen ausbilden, dann aber nur Falten mit einer ganz bestimmten Wellenlänge an Amplitude zunehmen. Man bezeichnet diese Wellenlänge als **dominante Wellenlänge** (W_d, dominant wavelength); ihr Wert hängt von zwei mechanischen Parametern ab: Vom Viskositätskontrast zwischen Lage und Einbettungsmaterial und von der Mächtigkeit der Lage. Dabei gilt für das Initialstadium der Faltung angenähert folgende Beziehung:

$$W_d = 2\pi D\,(\eta_1/6\eta_2)^{\frac{1}{3}}$$

Für jede Kombination von Lagenmächtigkeit (D) und Viskositätskontrast (η_1/η_2) werden die Falten mit zu kleinen und zu großen Wellenlängen nicht verstärkt, während die Amplituden der Falten mit dominanter Wellenlänge verstärkt werden. Das

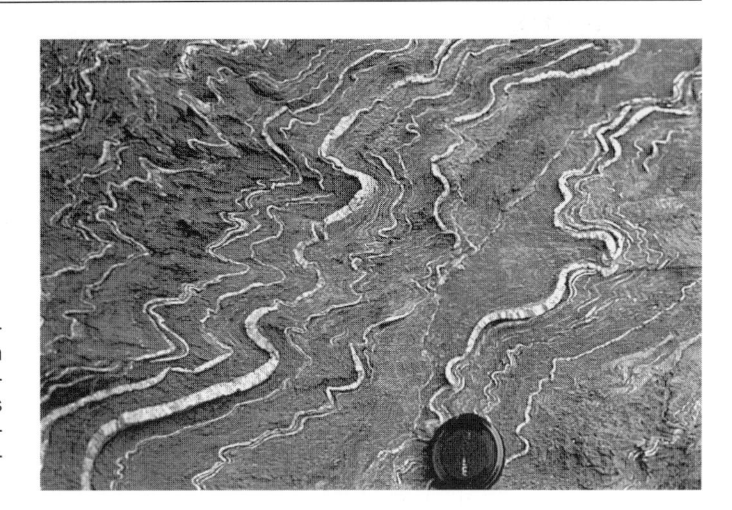

Abb. 16.35 Unterschiedlich mächtige, gefaltete Quarzadern, die im Verlauf einer Verformung des niedriggradig metamorphen Gesteins verschiedene dominante Wellenlängen entwickelten (NW-Sardinien).

Wachstum der Falten erfolgt wahrscheinlich ähnlich wie in anderen Fällen mechanischer Instabilität: Anfangs nehmen die Amplituden langsam zu, dann zeigen die Wachstumsraten eine exponentielle Beschleunigung und schließlich kommt es zur Stagnation des Wachstums als Folge innerer Scherwiderstände im Kern der Falten bzw. in Antiklinalen durch die Wirkung der Schwerkraft. Dieser Sachverhalt macht verständlich, warum in der Natur fortgeschrittene Stadien der Faltung je nach Grad der Metamorphose durch spröde Deformationsmechanismen bzw. durch raumgreifende Scherung quer zum Lagenbau abgelöst werden. Man kann in Modellrechnungen versuchen, die einzelnen isolierten Lagen auch durch Lagenstapel mit mehreren Lagen zu ersetzen, was in einer Reduktion der dominanten Wellenlängen resultiert.

Die hier kurz diskutierten experimentell-theoretischen Ansätze zum Verständnis des Faltungsprozesses können natürlich nur als semiquantitative Anregungen zur Analyse natürlicher Faltensysteme betrachtet werden. Nichtsdestoweniger zeigen viele polyharmonische Falten auch in der Natur geometrische Regelmäßigkeiten, die sich direkt auf Lagenmächtigkeiten bzw. Kompetenzkontraste zwischen verschiedenen lithologischen Einheiten beziehen lassen. Einige der interessantesten geometrischen Beziehungen zwischen unterschiedlich zusammengesetzten Lagen polyharmonischer Falten sollen hier kurz erwähnt werden.

In stofflich relativ homogenen Lagenstapeln, die aber durch einen Wechsel von dünnen zu dicken Lagen gekennzeichnet sind, beobachtet man häufig, daß polyharmonische Faltung in den dicken Lagen größere Wellenlängen als in den dünnen erzeugt (Abb. 16.35). Dies bedeutet, daß zwischen dünngeschichteten und massigen Einheiten während der progressiven Einengung häufig Dilatationszonen bzw. Abscherhorizonte entstehen. Aus letzteren entwickeln sich oft Sohlüberschiebungen oder blinde Zweigüberschiebungen. In stofflich heterogenen Abfolgen wird der Kompetenzunterschied außerdem dahingehend wirksam, daß kompetente Einheiten, wie z.B. quarzreiche Sandsteine, gefaltet sind, während zwischengelagerte inkompetente Einheiten, wie z.B. Tongesteine, von penetrativer Scherung erfaßt werden und nur Schieferung bzw. Mikrokrenulation zeigen. Im Verlauf der Faltung stofflich heterogener Abfolgen werden die Amplituden früh gebildeter Falten mit geringen Wellenlängen (= Kleinfalten) meist nicht über ein gewisses Maß verstärkt. Aufgrund der irreversiblen Verformung, werden Kleinfalten dünner oder inkompetenter Lagen deshalb auch nur passiv weiter verformt. An den Faltenschenkeln der mechanisch dominierenden Schichtglieder kommt es so oft zur Verformungskonzentration und synthetischen Rotation der Achsenflächen „parasitischer" Kleinfalten, was sich in einer systematischen Asymmetrie gegenüber den Schenkeln der Großfalten ausdrückt (Abb. 16.31).

In vielen nicht-metamorphen Falten-Überschiebungsgürteln zeigen kompetente Einheiten mit Mächtigkeiten um 1 bis 2 km dominierende Wellenlängen, die in der Größenordnung von 5 bis 10 km liegen. Allerdings kann man auch häufig beobachten, daß besonders mächtige und kompetente Schichtglieder, wie z.B. massige Karbonateinheiten, bei der regionalen Einengung bereits von ersten Überschiebungen durchschert werden, bevor es in ihnen überhaupt zur Entwicklung größerer Faltenzüge mit entsprechenden charakteristischen Wellenlängen bzw. Amplituden kommt. Vor allem die Hebung von Antiklinalen gegen die Wirkung der Schwerkraft erfordert Spannungen, bei denen meist bald Durchscherung quer zum Lagenbau erfolgt. An Überschiebungen entwickeln sich aber trotzdem durch passive Rotation der Lagen die bereits diskutierten Rampenfalten. Dünnere Lagen des Schichtstapels enthalten dagegen meist Kleinfalten, deren Vergenz die Richtung der Überschiebungsbewegung andeutet. Diese intensiv gefalteten Lagen sind oft auch identisch mit den Nukleationszonen sekundärer unterer oder oberer Abscherhorizonte. Die Ausbildung sehr großer und sehr kleiner dominierender Wellenlängen wird auf diese Weise durch vorzeitige Ausbildung spröder Scher- und Gleitflächen schräg zum Lagenbau unterbunden. Dies bedeutet auch, daß sich in praktisch allen Falten polyharmonische Stauchung, Bruch und penetrative Scherung überlagern. Welche quantitative Bedeutung Stauchung bzw. Scherung in der Gesamtdeformation haben, hängt von der Anisotropie, vom Kompetenzkontrast und von der allgemeinen Fließfestigkeit (d.h. von der Temperatur bei der Deformation) ab. Unterschiedliche Formen der Verformungskonzentration an Scherflächen oder Scherzonen reflektieren deshalb häufig nur unterschiedliches Festigkeitsverhalten einzelner Zonen innerhalb eines Lagenstapels bei ein und derselben regionalen Kinematik. Die Festigkeitskontraste verringern sich meist bei weiterer penetrativer Scherung und vor allem bei höheren Temperaturen, also bei Vorgängen, die zu einer großräumigen Transposition von Lagen führen.

Literatur

Busk, 1929; Mackin, 1950; Biot, 1961; Ramberg, 1963; Donath & Parker, 1964; Goguel, 1965; Laubscher, 1965; Tobisch, 1966; Faill, 1973; Smith, 1977; Cobbold & Quinquis, 1980; Ramsay et al., 1983; Suppe, 1983; Huggenberger, 1985; Ramsay & Huber, Bd. II, 1987.

17 Transposition und duktile Scherzonen

Erreicht in natürlichen Gesteinen der Betrag der Verformung hohe Werte und ist der Kompetenzkontrast zwischen den unterschiedlichen Lithologien über weite Bereiche verhältnismäßig gering, so dominiert häufig eine Kinematik bzw. es resultiert ein Strukturstil, den man als **Transposition** (transposition) bezeichnet. Transposition ist der wesentliche Aspekt bei der progressiven geometrischen Veränderung planarer und linearer Vorzeichnungen in **duktilen Scherzonen** (ductile shear zones), welche als Verlängerungen oberflächennaher Störungen in tiefere krustale Bereiche zu betrachten sind. Transposition bedeutet, daß sich bei progressiver Verformung eines Gesteins alle im Gestein vorhandenen planaren Elemente asymptotisch der XY-Ebene des finiten Verformungsellipsoids nähern und die linearen Elemente in der Nähe der X-Achse zu liegen kommen. In duktilen Scherzonen, wie z.B. am Rand vieler Gneisdome, beobachtet man deshalb zueinander weitgehend parallel orientierte planare Strukturelemente, wie Foliationen, Schieferungen, Lagenbau, Achsenflächen von Falten, Gänge, Adern, aber auch konsistent orientierte lineare Elemente, wie Scharnierlinien von Falten und Streckungstexturen. Aufgrund dieser Parallelität spricht man bei den häufig isoklinalen und schenkellosen Scherfalten, die innerhalb einer weitgehend inhomogen verformten Matrix auftreten, von **Intrafolialfalten** (intrafolial folds). In vielen Metamorphiten entstehen Intrafolialfalten aus stofflich differenzierten Mineraladern, aus partiellen leukokraten (hellen) Aufschmelzungsprodukten oder aus Lagen, die bei einer metamorphen Differentiation entstanden sind.

Da Verformung innerhalb duktiler Scherzonen inhomogen erfolgt, kann man annehmen, daß auch der Stil der Transposition quer zu duktilen Scherzonen stark variiert. Da man aber inhomogene Verformung als Summe der Verformung homogen verformter Teilbereiche verstehen kann, läßt sich der Vorgang der Transposition am besten für den Fall der progressiven **einfachen Scherung** (progressive simple shear) in der XY-Ebene darstellen. Bei homogener Verformung gilt, daß alle ebenen und geraden Vorzeichnungen während der Verformung eben bzw. gerade bleiben. Stofflich identifizierbare Lagen und blättchenförmige Minerale, wie z.B. Phyllosilikate, rotieren also mit der XY-Ebene des Strainellipsoids und entsprechend nähern sich

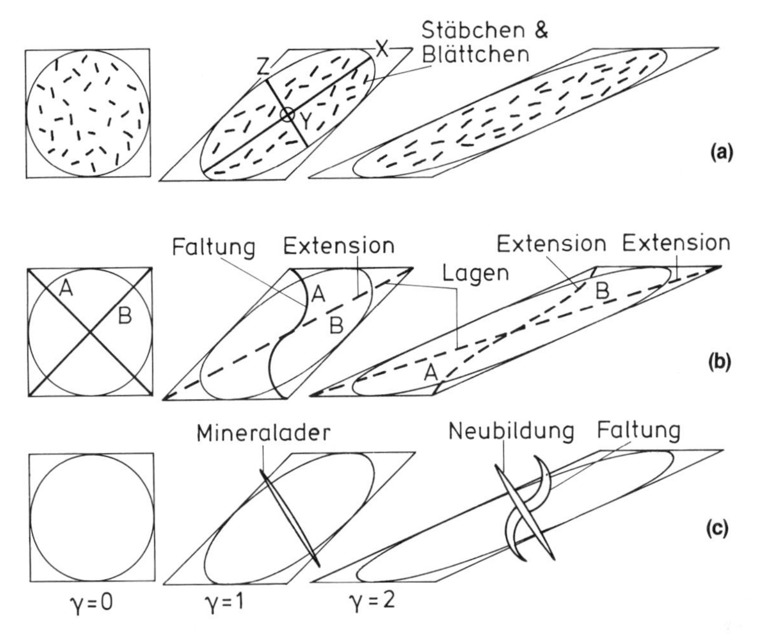

Abb. 17.1 Schematische Darstellung der Transposition planarer Elemente in die Verformungsebene XZ bei homogener einfacher Scherung; (a) Verhalten von Stäbchen und Blättchen, die in einer duktilen Matrix eingebettet sind; (b) Verhalten relativ kompetenter Lagen, welche je nach Orientierung zu den Scherflächen Extension (= Boudinage) oder Kontraktion (= Stauchung, Faltung) erfahren können; (c) Neubildung von Extensionsrissen und nachfolgende Rotation der mit Mineralsubstanz gefüllten Adern. Alle drei Vorgänge überlagern sich bei der Bildung von Transpositionsfoliation in heterogen zusammengesetzten Gesteinen.

lineare Vorzeichnungen, wie z.B. frühgebildete Scharnierlinien, Verschnittlineare von Scherfalten, und stäbchenförmige Minerale der X-Achse des Verformungsellipsoids (Abb. 17.1). Mathematisch wird dreidimensionale progressive Transposition von planaren und linearen Elementen als **March-Sander-Regel** folgendermaßen formuliert:

$$T_1 : T_2 : T_3 = X^3 : Y^3 : Z^3$$

T_1, T_2, T_3 sind die Werte, welche den Grad der bevorzugten Anordnung linearer Elemente in einem gegebenen Raumsegment des Verformungsellipsoids beschreiben, und zwar im Vergleich zur Anordnung im entsprechenden Raumsegment der Ausgangskugel mit einer regellosen Orientierung der linearen Elemente. Ähnliches gilt für die Konzentrationen $N_1 : N_2 : N_3$ der Normalen zu den planaren Elementen.

$$N_1 : N_2 : N_3 = Z^3 : Y^3 : X^3$$

Diese Beziehungen besagen also, daß die bevorzugte Orientierung (**Formregelung**, shape orientation) planarer und linearer Elemente mit der dritten Potenz der Achsenlänge des Verformungsellipsoids zunimmt. Die finite penetrative Verformung geologischer Körper bewirkt also eine bevorzugte Orientierung sowohl der **passiven Vorzeichnungen** (passive strain markers) wie auch der **formanisometrischen Partikel** (platelets, rods) parallel zur X-Achse bzw. zur XY-Ebene (Abb. 17.2). Natürlich kann die Ausrichtung von Blättchen und Stäbchen in einer duktilen Matrix niemals so straff sein wie diejenige passiver Vorzeichnungen, da rotierende anisometrische Körper ab einem bestimmten Grad der Verformung an Kontaktpunkten miteinander mechanisch interferieren. Auch geringe Unterschiede in der Fließfestigkeit passiver geologischer Vorzeichnungen, wie z.B. lithologisch variabler Lagen, können zur Stauchung bzw. Boudinage der etwas festeren Einheiten führen. Trotzdem illustriert die Theorie, wie sich bereits bei relativ geringer penetrativer Verformung eines Gesteins ein hoher Grad von Formregelung planarer und linearer Vorzeichnungen einstellen kann. Theoretisch könnte z.B. bei einer ebenen Verformung, die durch ein Achsenverhältnis $X : Y : Z = 3 : 1 : 0{,}33$ (also

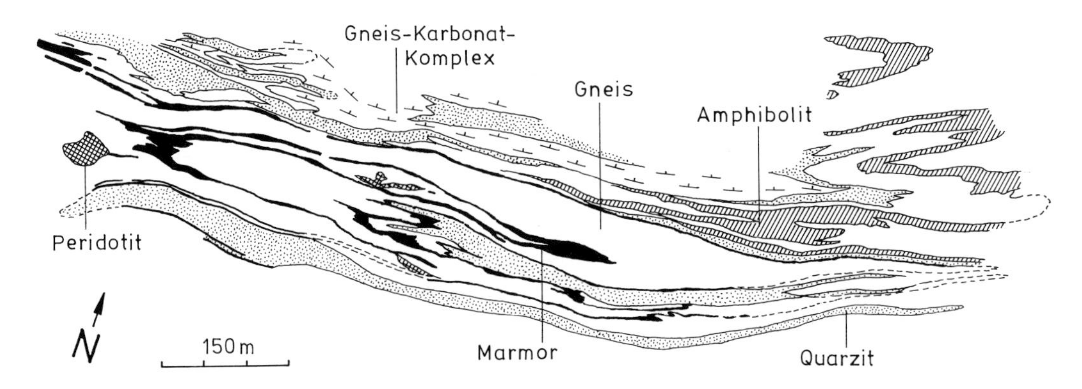

Abb. 17.2 Geologische Kartenskizze einer heterogen zusammengesetzten Gesteinsabfolge aus Gneisen mit Einlagerungen von Amphibolit, Marmor, Quarzit und Peridotit, welche eine starke Transposition erfuhren und deshalb isoklinale Falten mit stark abtauchenden Faltenachsen beinhalten. Die Achsenflächen der Syn- und Antiforme sind subparallel zur raumgreifenden Foliation orientiert (nach WILLIAMS, 1983).

X : Z = 10 : 1) charakterisiert ist, die Konzentration linearer Elemente im Raumsegment um X auf das 27fache einer regellosen Ausgangssituation ansteigen.

Das geologische Resultat von Transposition in relativ raumgreifend verformten Gesteinen sind regional dominierende Planartexturen, die man als **Transpositionsfoliation** (transposition foliation) bezeichnet und konsistente Lineartexturen, die man **Streckungslineare** (stretching lineation) nennt. **Transpositionsfoliation** (transposition foliation) bedeutet im wesentlichen Parallelität primärer planarer Vorzeichnungen (z.B. stofflicher Lagenbau), sekundärer Neubildungen (z.B. Mineraladern) und anisometrischer Minerale. **Streckungslineare** (stretching lineation) ergeben sich aus der Parallelität linearer Vorzeichnungen (z.B. Faltenscharnieren) und gelängter Minerale. Beginnende Transposition von Schichten, Gängen, Faltenelementen oder Mineraladern läßt sich vor allem im Bereich schmaler duktiler Scherzonen erkennen (siehe auch Kapitel 19.4). Aber auch ganze inkompetente Gesteinseinheiten können durch Transposition geprägt sein, wie z.B. quarzreiche Phyllite, für welche dann die geologischen Ausgangsformen und Schichtmächtigkeiten vor der Deformation meist nur schwer zu rekonstruieren sind. Kommt es durch Transposition innerhalb einer sehr duktilen Matrix zur mechanischen Interferenz zwischen neu kristallisierenden und größeren bereits rotierenden Mineralen, wie dies z.B. in rasch aufsteigenden und abkühlenden Magmen der Fall ist, so ist die Entwicklung einer straffen planaren Textur nicht möglich.

Wichtig zum Verständnis regionaler Transpositionsstrukturen ist ein meist nur geringfügiger aber trotzdem signifikanter Kompetenzkontrast zwischen den verschiedenen Gesteinen und Mineralen eines penetrativ verformten Gesteins. Je höher der Kompetenzkontrast ist, desto inhomogener sind auch die resultierenden Strukturbilder (Biege-Scherfalten, Boudinage), wobei kompetente Lagen bereits zu Anfang der Verformung durchschert werden und isolierte Schollen kompetenter Einheiten in Scherrichtung rotieren (Abb. 15.4). Beispiele sind kompetente Amphibolitschollen in einer Matrix von weniger kompetentem Gneis (Abb. 18.14) oder tektonische Linsen von Sandstein in einer geschieferten tonigen Matrix (Abb. 19.10). Kompetente heterometrische Gesteinslinsen und Schollen werden anscheinend nur so lange rotiert, bis sie sich quasi-stabil in einer gegen die Scherrichtung leicht gekippten Position anordnen. Sie lassen sich deshalb auch als **kinematische Indikatoren** (kinematic indicators) zur Bestimmung des Verformungsregimes und des Sinns von Relativbewegungen während der Transposition verwenden (Abb. 15.6). In Schnitten parallel zur Verformungsebene (XZ-Schnitt) läßt sich an isolierten Schollen außerdem häufig eine asymmetrische sigmoidale Schleppung und Längung der Randzonen von Schollen erkennen.

Wie bereits angedeutet, verändert sich vor allem die Form von Scherfalten bei weiterer Transposition dahingehend, daß sich erstens ihr Öffnungswinkel progressiv verkleinert, ihre Schenkel verdünnt werden und die Scharnierzonen häufig eine

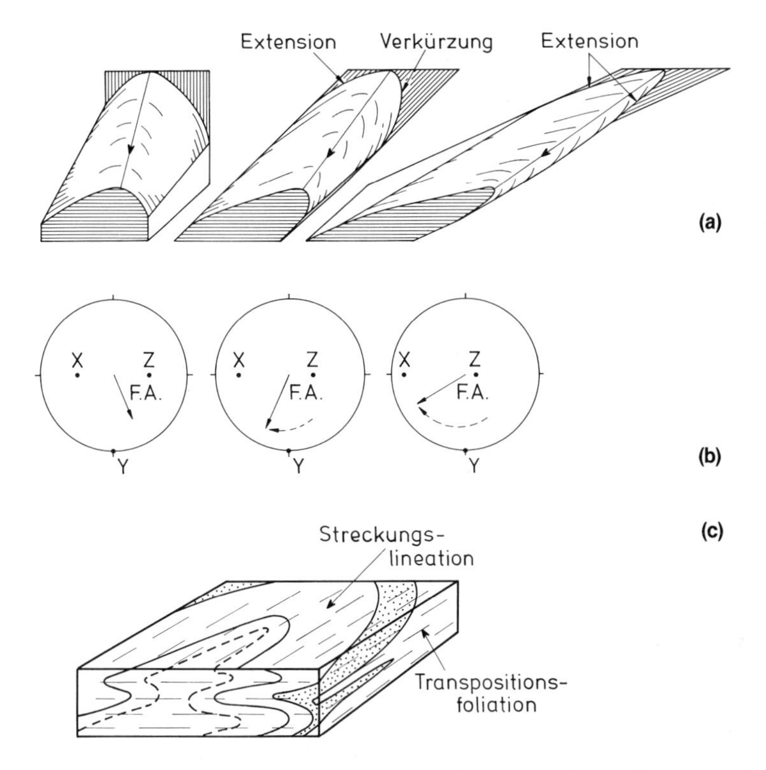

Abb. 17.3 Transposition von Falten bei extrem raumgreifender einfacher Scherung; (a) Rotation der Scharnierlinien in Richtung der längsten Achse des Verformungsellipsoids; (b) das gleiche ist angedeutet bei Darstellung des Vorgangs im Stereonetz; (c) Blockdiagramm einer transponierten Taschenfalte mit gleichzeitig entstehender Streckungslineation, die sich aus der Anordnung von gelängten Körnern bzw. Kornfragmentzügen ergibt.

Abb. 17.4 Scharnier einer Taschenfalte innerhalb einer duktilen Abschiebungszone in den Kaledoniden Norwegens (Photo A.Chauvez).

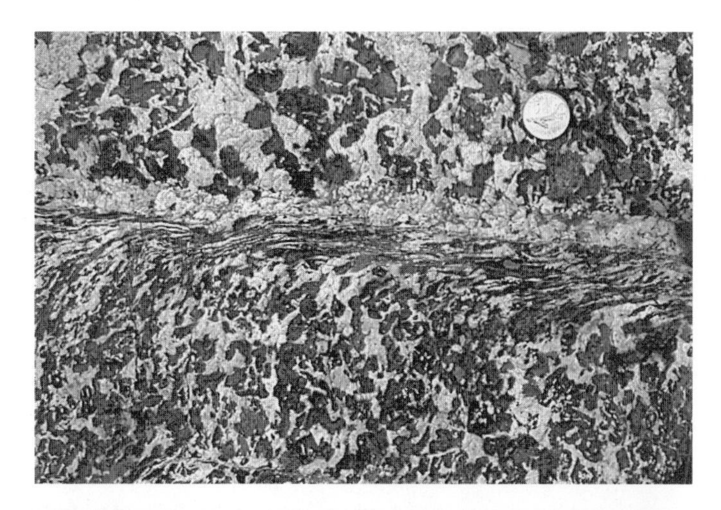

Abb. 17.5 Progressive Entwicklung einer Transpositionsfoliation in einem relativ homogenen Gabbro mit nachträglicher Verformungskonzentration entlang der vorher gebildeten duktilen Scherzone (Variszischer Sockel der französischen Alpen).

Abb. 17.6 Steil einfallende Transpositionsfoliation in einer tiefkrustalen sinistralen Scherzone, in welcher archaische tonalitische Gneise mit syntektonisch intrudierten Pegmatiten wechsellagern (Nain Provinz, Kanada; Photo I.Ermanovic).

taschenähnliche Geometrie annehmen (Abb. 17.3). Achsenflächen als passive Vorzeichnungen werden in Richtung der XY-Ebene des Verformungsellipsoids rotiert und Scharnierlinien in Richtung der größten Längung (X-Achse) ausgerichtet (Abb. 17.3). Aufgrund ihrer meist stark gekrümmten Scharnierlinien bezeichnet man solche Falten deshalb als isoklinale **Taschenfalten** oder **Futteralfalten** (sheath folds), wobei alle Übergänge zu den schenkellosen Intrafolialfalten existieren (Abb. 17.4). Transposition ist ein wesentlicher Teil der selbstverstärkenden **Verformungskonzentration** (flow concentration, strain partitioning) in Scherzonen, da Scherung stark gestreckter bzw. geplätteter Gesteinsbereiche meist geringere Scherspannungen erfordert als die Bildung völlig neuer Scherzonen (Abb. 17.5 und 17.6).

Literatur

Sander, 1948 und 1950; Ramsay & Graham, 1970; Cobbold & Quinquis, 1980; Williams, 1983; Kröner & Greiling, 1984; Passchier et al., 1990.

18 Diapire

18.1 Geologische Voraussetzungen zur Bildung von Diapiren

Ein **Diapir** (diapir) ist das Produkt einer extrem disharmonischen Faltung, bei welcher meist Vertikalbewegungen überwiegen und ein massiver Aufstieg duktiler Gesteinseinheiten aus tieferen in höhere Krustenniveaus erfolgt. Die mechanischen Voraussetzungen für die Entwicklung von Diapiren in natürlichen Gesteinsabfolgen sind dreierlei. Erstens sollte bei der allgemeinen Dichtezunahme der Gesteine mit zunehmender Tiefe ein signifikantes Gesteinsvolumen mit negativer Dichteabweichung auftreten, d.h. es sind geologische Bedingungen erforderlich, die als **Dichteinversion** (density inversion) bezeichnet werden. Zweitens sollte neben einem Minimalvolumen auch die räumliche Kontinuität dieser Bereiche einen bestimmten Wert überschreiten, so daß das Produkt aus geschlossenem Volumen und Dichteabweichung eine ausreichende negative Körperkraft hervorruft, also signifikanten **Auftrieb** (buoyancy) hervorruft. Drittens sollte innerhalb des Diapirs die Fließfestigkeit bzw. die Modell-Viskosität des Gesteinskörpers so gering sein, daß Auftrieb auch in vertikale Relativbewegung des Körpers gegenüber seinen **Nebengesteinen** (country rocks) umgesetzt werden kann. Die meisten Diapire bestehen deshalb aus einem kinematisch relativ kohärenten **Kern** (core) und einer stark gescherten Randzone oder **Rand** (margin), wobei die vertikale Transposition präexistierender Lagen und Linearstrukturen innerhalb der Diapire überwiegend steil einfallende planare bzw. steil abtauchende lineare Strukturen erzeugt.

Diapire entwickeln sich unter vielfältigen geologischen Bedingungen und in unterschiedlichen Größenordnungen. Schon knapp unter der Sedimentationsfläche beobachtet man sowohl an passiven als auch an aktiven Kontinentalrändern bei den dort vorherrschenden hohen Sedimentationsraten extrem unterkompaktierte Schichtintervalle aus tonigem Material, in dem ein abnormal hoher Gehalt an Porenwasser oder Gas eine relativ geringe Dichte und somit den Aufstieg von **Tondiapiren** (shale, clay, mud diapirs) bewirken kann. Bei einem Durchbruch von Tondiapiren zur Sedimentoberfläche resultieren **Schlammvulkane** (mud volcanoes). In den tieferen Zonen sedimentärer Becken sind **Salzdiapire** (salt domes) die bedeutendsten Formen disharmonischer Faltung bzw. intrusiver Gesteinskinematik und gehen im allgemeinen auf eine relativ zum Nebengestein geringere Dichte und Fließfestigkeit des Salzes zurück. In tieferen Bereichen der tektonisch oder magmatisch verdickten kontinentalen Kruste kommt es durch prograde Aufheizung und partielle Schmelzbildung felsischer Zonen zur Entwicklung komplexer Dichteinversionen, aus denen sich ein Spektrum hochgradig metamorpher **Gneisdome** (gneiss domes) oder auch vollkommen aufgeschmolzener **Plutone** (plutons) mit variabler Fließfestigkeit bzw. Viskosität entwickeln können. Teile solcher Zonen steigen entweder in seichtere Niveaus der Kruste auf oder gelangen infolge tektonischer Denudation sogar bis an die Erdoberfläche.

Auch ultramafische Gesteine des obersten Erdmantels können bei Zutritt von Wasser entlang ozeanischer Bruchzonen Diapire bilden. Unter Rifts, an Spreizungszentren, innerhalb ozeanischer Bruchzonen und direkt über steilen Subduktionszonen kommt es nämlich bei Temperaturen um 400 bis 500°C häufig zur **Serpentinisierung** (serpentinisation). Serpentinminerale mit der Zusammensetzung $(Mg, Fe)_3Si_2O_5(OH)_4$ besitzen eine wesentlich geringere Dichte ($2{,}4$ bis $2{,}5 \cdot 10^3\,kg\,m^{-3}$) als das nicht veränderte peridotitische Ausgangsgestein ($3{,}2 \cdot 10^3\,kg\,m^{-3}$), was zum Aufstieg größerer Serpentinitkörper entlang tiefreichender Störungszonen führen kann. Auch in extrem tief gelegenen Bereichen des Erdmantels entwickeln sich aus stark überhitzten Zonen bzw. aus Zonen mit sekundärer Anreicherung von Fluiden, inkompatiblen Elementen und Schmelznestern sogenannte **Manteldiapire** (mantle plumes), deren adiabatischer Aufstieg weitere Schmelzbildung fördert und somit den initialen Auftrieb verstärkt. Solche Manteldiapire, die 100 bis 200 km breite Zonen bilden, sind die magmatisch aktiven Wurzeln subkontinentaler oder subozeanischer **Hotspots** und machen sich an der Erdoberfläche als episodische vulkanische Tätigkeit bemerkbar. Obwohl die Kinematik aller Diapire primär durch die Wirkung des Auftriebs gesteuert wird, erfolgt ihre **Platznahme** (emplacement) in den höchsten Zonen der Erde meist als Teilereignis einer regionaltektonisch gesteuerten Krustenkinematik, bei der sowohl Extension als auch Kontraktion der Lithosphäre vorherrschen können. Lokal hat dies entsprechend komplexe Interferenzstrukturen zur Folge.

18.2 Salzstöcke

Salzstöcke (salt domes, salt stocks) sind als Rohstoffquelle aber auch als potentielle Endlager für toxische Rückstände industrieller Verarbeitungsprozesse von außerordentlicher praktischer Bedeutung. Räumlich mit Salzstöcken eng verknüpft sind häufig auch Lagerstätten von Erdöl, Erdgas und Schwefel. Salzstöcke finden sich in vielen intrakontinentalen Becken, in praktisch allen stratigraphisch tieferen Bereichen passiver Kontinentalränder und in vielen orogenen Vorländern. Bedeutende Salzstockprovinzen sind der Golf von Mexiko (Abb. 18.1), das südliche Nordseebecken (Abb. 18.2), das nördliche Kaspische Meer, das Zagrosvorland um den Persischen Golf, die Südpyrenäen, das Sverdrup Becken in der kanadischen Arktis und praktisch alle passiven Kontinentalränder, die im Mesozoikum in niedrigen Breiten aus Riftgürteln hervorgegangen sind.

Salzstöcke entwickeln sich aufgrund der relativ geringen Dichte und Fließfestigkeit von Steinsalz (NaCl), das als wesentlicher Teil der meisten evaporitischen Sedimentabfolgen auch in mächtigen Lagen auftritt. Die eigenständige vertikale Bewegung von Salz, auch als **Halokinese** (halokinesis) bezeichnet, setzt aber eine progressive Kompaktion und Zementation der überlagernden Sand-, Ton- und Kalkschichten voraus, bis deren Dichte im Lauf der Beckensubsidenz gleich groß oder größer wird als diejenige der Steinsalzlagen. Die Dichte klastischer bzw. karbonatischer Sedimentgesteine variiert von Ausgangswerten um $1{,}9 \cdot 10^3\,kg\,m^{-3}$ nahe der Erdoberfläche bis zu Werten um 2,4 bis $2{,}6 \cdot 10^3\,kg\,m^{-3}$ in Tiefen um 5 bis 6 km (Abb. 18.3). Salz (Halit), als kristallines Gestein mit geringer Initialporosität, verändert dagegen seine primäre Dichte von etwa $2{,}2 \cdot 10^3\,kg\,m^{-3}$ während der Absenkung in größere Tiefen kaum. Auch Gips ($CaSO_4 \cdot 2H_2O$), in evaporitischen Serien oft mit Halit assoziiert, hat eine verhältnismäßig geringe Durchschnittsdichte von rund $2{,}3 \cdot 10^3\,kg\,m^{-3}$. Gips verwandelt sich aber unter Verlust von Wasser bei Temperaturen um 70 bis 100°C in Anhydrit, ein Mineral, dessen Dichte bei $2{,}8 \cdot 10^3\,kg\,m^{-3}$ liegt. Obwohl Anhydritlagen, wie Salzlagen, eine relativ

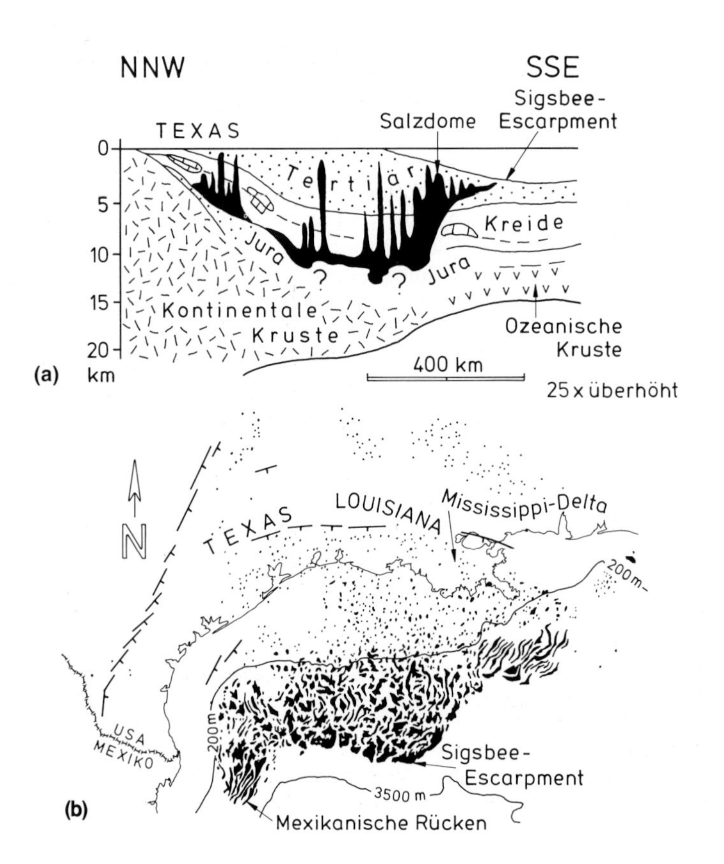

Abb. 18.1 Die Salzprovinz des Golfs von Mexiko, wo oberjurassisches Salz (schwarz), das hier während der Krustenextension im Zeitraum vor der Öffnung des Atlantischen Ozeans abgelagert wurde, in Form zahlreicher Dome und Rücken in die darüber liegenden klastischen Abfolgen und Karbonate aufsteigt. (a) Das verallgemeinerte und stark überhöhte Profil, das auf geophysikalischen Daten und Bohrungen beruht, zeigt die flache deckenartige Überschiebung der basalen Salzeinheiten (Louann-Salz) auf die jüngsten klastischen Ablagerungen im zentralen Teil des Golfs. (b) Die Bewegung entlang dieser Überschiebung hängt kinematisch mit einem System flacher Abschiebungen zusammen, deren Spuren in den höchsten Teilen der Küstenebene von Texas und Louisiana zu beobachten sind (nach WORALL & SNELSON, 1989).

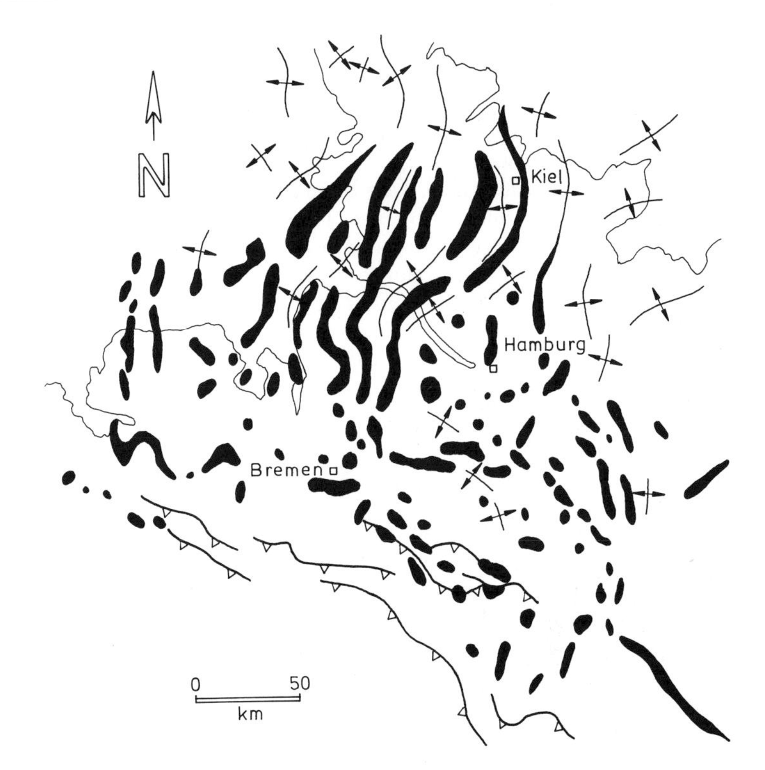

Abb. 18.2 Die Salzprovinz des intrakontinentalen Norddeutschen Beckens (siehe Abb. 26.12), in dem permische Salzeinheiten (Zechstein) in Form großer Wälle und einzelner Dome (schwarz) in der Nähe NNE-orientierter permotriassischer Sockelstrukturen aufsteigen. Weiter im Süden interferieren v.a. kretazische Inversionsstrukturen mit den halokinetischen Salzdomen, die bis in die jüngsten mesozoischen Schichtfolgen des Beckens aufstiegen.

geringe Fließfestigkeit besitzen, sind sie schwerer als die umlagernden Sedimentgesteine und werden deshalb bei der gravitativ ausgelösten Aufstiegsbewegung evaporitischer Gesteine nur passiv nach oben transportiert.

Bei einer normal verlaufenden Kompaktion tonreicher Sedimentabfolgen, in denen Evaporite enthalten sind, stellt sich **Dichteinversion** (density inversion) also in Tiefen von rund 600 bis 800 m ein (Abb. 18.3). Zur Entwicklung eines mechanisch signifikanten Dichtekontrasts zwischen Salz und Nebengestein ($\Delta\rho = 0{,}2$ bis $0{,}3 \cdot 10^3\,\mathrm{kg\,m^{-3}}$) kommt es allerdings erst bei einer Sedimentüberlagerung von 3 bis 5 km, wobei die allgemeine Zunahme der Temperatur mit der Tiefe auch zu einer meist signifikanten Reduktion der Fließfestigkeit von Salz führt. Damit aber in einer **Salzlage** (Salzlager, source layer) bedeutender Auftrieb erfolgt und somit auch die Bedingungen für einen massiven Aufstieg erfüllt sind, sollte die Mächtigkeit der Salzeinheit Minimalwerte von 200 bis 300 m überschreiten.

Lokale Hochbewegung des Salzes beginnt vor allem dort, wo bereits über und innerhalb der Salzlage deutliche horizontale Gradienten des lithostatischen Drucks auftreten, wo also ein **Differentialdruck** (ΔS_V, differential loading) geringfügige horizontale Fließbewegungen auslösen kann. Hori-

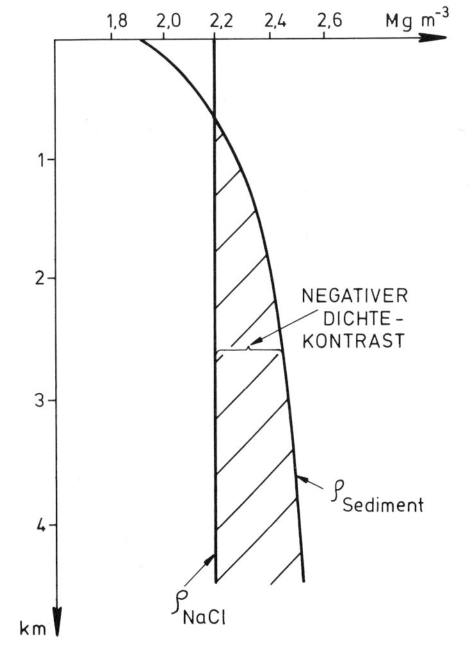

Abb. 18.3 Durchschnittliche Zunahme der Dichte feinkörniger Sedimente durch Kompaktion, dargestellt im Vergleich zur relativ konstanten Dichte des kristallinen Steinsalzes bei Absenkung der entsprechenden Einheiten in tiefere Beckenbereiche.

zontale regionale Gradienten des lithostatischen Drucks existieren z.B. als Folge der Bathymetrie an den Rändern mariner Becken, wie z.B. in den Übergangszonen zwischen Schelf und Kontinentalhang, sie können sich aber auch in der Nähe tektonischer Bewegungsflächen entwickeln, wie z.B. im Umfeld synsedimentä er Abschiebungen oder Überschiebungen (Abb. 18.4). Dichteinversion, Abnahme der Fließfestigkeit und Differentialdruck wirken somit zusammen, um innerhalb einer ausreichend voluminösen Salzlage den Prozeß der Halokinese einzuleiten. Die lokale Hochbewegung von Salzeinheiten in die überlagernden Schichten führt dabei meist auch zu selbstverstärkenden Relativbewegungen entlang von synsedimentären Störungen, die über dem Salz liegen. Letztere können aber wieder durch die Bewegungen im Salzkörper verkrümmt und sogar versetzt werden. Präexistierende tektonische Strukturen im Untergrund sind aber keine notwendige Voraussetzung für den Aufstieg von Salzstöcken, obwohl sie als synsedimentäre Störungen indirekt die regionale Verteilung der Mächtigkeiten und Fazies sedimentärer Einheiten bestimmen und somit die regionale Ausrichtung gelängter Diapire kontrollieren können. Der Aufstieg von Salzmassen erfolgt grob in drei Stadien (Abb. 18.5).

Im **ersten Stadium** bilden sich rundliche bis leicht gelängte Aufwölbungen der Salzoberfläche und man unterscheidet der Form nach isometrische **Salzpolster** (salt pillows), symmetrisch gelängte **Salzrücken** oder **Salzschwellen** bis **Salzantiklinalen** (salt ridges, swells, anticlines) und deutlich asymmetrische **Salzwalzen** (rollers). Das Relief an der Oberkante der Salzlagen erreicht in diesem Frühstadium aber höchstens einige Zehner Meter, wobei die horizontale Zuwanderung von Salz aus dem Salzlager aber entlang der bereits erwähnten **synsedimentären Abschiebungen** (growth faults) in den überlagernden Sedimentabfolgen erfolgt. Die Abschiebungen münden meist selbst in die duktile Salzlage und verstärken somit die Wirkung des bereits existierenden Differentialdrucks, was wiederum eine Erhöhung der Aufstiegsrate des Salzdiapirs verursacht.

Im **zweiten Stadium** entstehen durch Zunahme der vertikalen Bewegungsrate aus den initialen Wachstumszonen individualisierte **Salzdome** (salt domes) oder **Salzstöcke** (salt stocks) bzw. deutlich gelängte **Salzwälle** (salt walls) mit steilen **Wänden** (walls), an denen überlagernde Schichteinheiten nicht nur angehoben, sondern auch gestört und durchbrochen werden. Bei der zuerst vor allem horizontal, dann schräg und schließlich überwiegend vertikal erfolgenden Bewegung des Salzes entwickelt sich unter dem eigentlichen Salzdom ein meist zylindrischer **Stamm** oder **Stiel** (trunk), welcher von einem ringförmigen Absenkungsbereich, der **Randsynklinale** (rim syncline), umgeben ist. Abwandern von Salz aus der Randsynklinale und entsprechendes Nachsacken der Deckschichten schafft somit in den höheren Bereichen der sedimentären Beckenfüllung auch Raum für die Ablagerung klastischer Sedimente und für eine seitliche Expansion des aufsteigenden Salzstocks, welche bei abnehmendem Dichtekontrast einsetzen sollte.

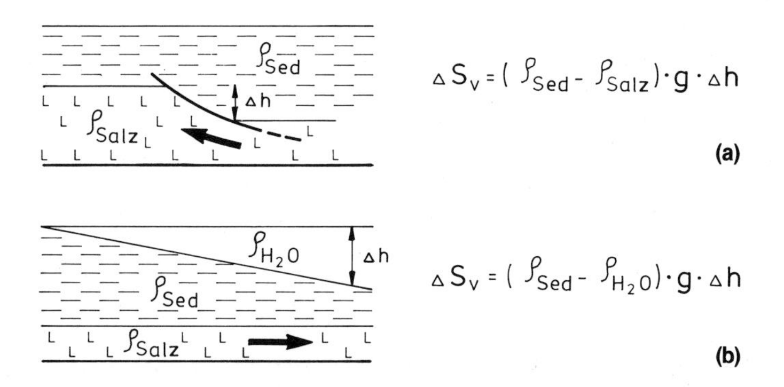

Abb. 18.4 Entwicklung vertikaler Differentialdrücke in einer duktilen Salzlage, bedingt durch (a) synsedimentäre Abschiebungsbewegungen und (b) submarine Topographie. Pfeile deuten in Richtung der initialen Bewegungen im Salz (nach SUPPE, 1985).

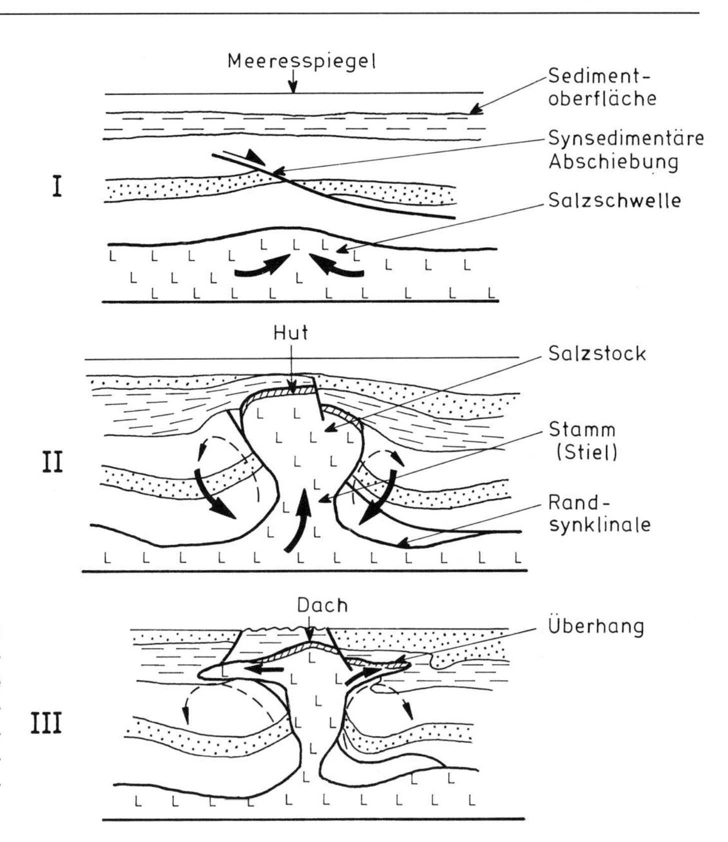

Abb. 18.5 Die drei Stadien während des Aufstiegs von Salzstöcken (siehe Text). Schwarze Pfeile deuten auf Bewegungstendenz der Sedimente, dünne gebrochene Pfeile auf mögliche begleitende thermohaline Zirkulationssysteme von Sole.

So entwickeln sich in den höheren Partien von Salzstöcken charakteristische birnenförmige Querschnittsgeometrien. Falls der Sedimentstapel in diesem Stadium keine tektonisch induzierte Einengung erfährt, gibt es beim Salzaufstieg deshalb kaum „Raumprobleme". Da sich Salzstöcke vor allem in Sedimentbecken entwickeln, in denen gleichzeitig regionale Abschiebungssysteme auftreten, kann synsedimentäre Tektonik den Aufstieg sogar fördern. Im unmittelbaren **Dach** (roof) der Salzstöcke beobachtet man dann neben radialen oder konzentrisch-ringförmigen halokinetischen Abschiebungen, welche direkt auf den Aufstieg und die laterale Expansion des Salzstockes zurückzuführen sind, auch regionale Störungen, welche vor allem die Struktur der Schichten im Umfeld des Salzkörpers beeinflussen können (Abb. 18.6). In den Sedimentabfolgen rund um die Salzstöcke beobachtet man deshalb synhalokinetische Diskordanzen und bedeutende Schwankungen der Schichtmächtigkeiten, aus denen sich chronologische Daten für die Kinematik des Salzaufstiegs ableiten lassen (Abb. 18.7). Bei hohen Deformationsraten im Dach der Salzstöcke werden die höchsten Salzlagen nicht nur duktil verformt, sondern gelegentlich auch an Bruchzonen versetzt.

Im **dritten Stadium** der Halokinese breitet sich der Salzdiapir in einem hohen Niveau der Schichtfolge seitlich aus und nimmt somit eine für das **Reifestadium** (mature stage) charakteristische pilzförmige Querschnittsgeometrie an. Die laterale Ausbreitung des Salzes erfolgt dabei auch in Form von relativ dünnen **Zungen** (tongues), wobei die Dichte des von den Zungen intrudierten Nebengesteins bzw. Sediments ungefähr jener des Salzes entspricht. Besonders fördernd für eine seitliche Ausbreitung keilförmiger Salzzungen sind subhorizontale Bereiche mit abnormal hohem Porenwasserdruck, einer damit verbundenen Unterkompaktion und einer geringeren Dichte der entsprechenden feinkörnigen klastischen Sedimente. Der Nachschub von Salz im Stamm von Salzdiapiren, die das Reifestadium erreicht haben, führt meist zu einer Schleppung und Krümmung an den äußeren Rän-

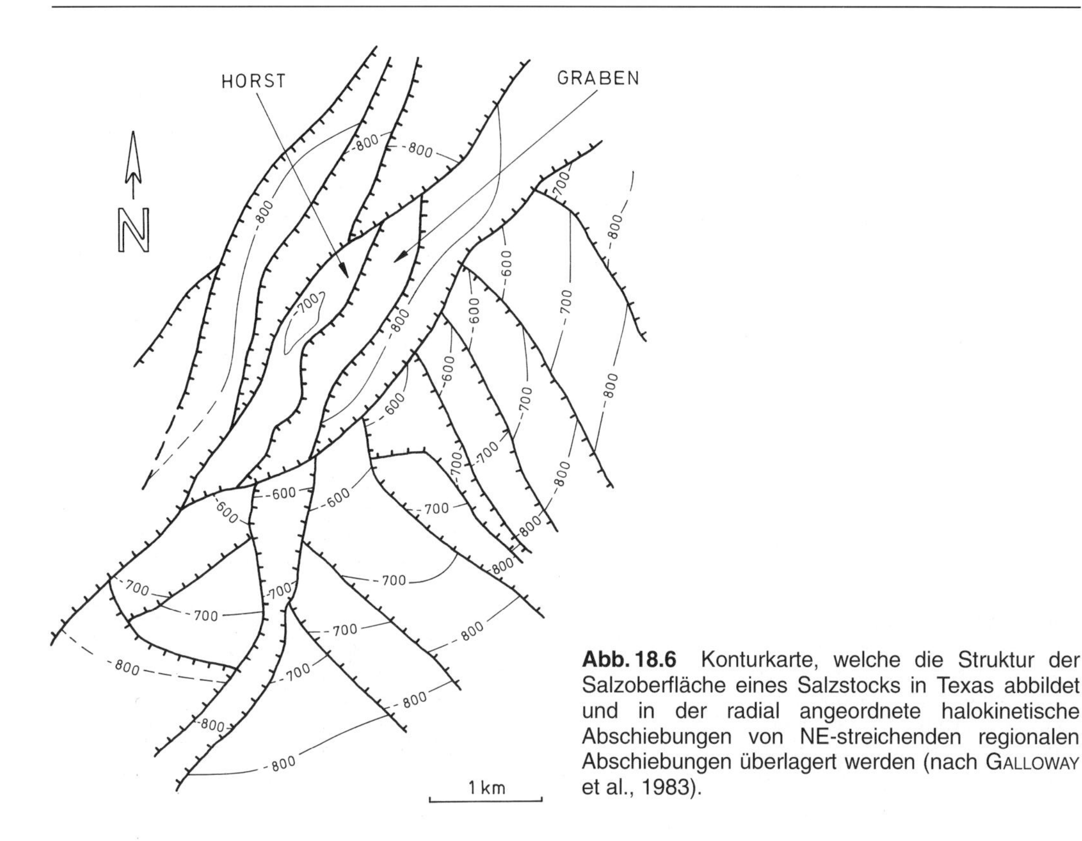

Abb. 18.6 Konturkarte, welche die Struktur der Salzoberfläche eines Salzstocks in Texas abbildet und in der radial angeordnete halokinetische Abschiebungen von NE-streichenden regionalen Abschiebungen überlagert werden (nach GALLOWAY et al., 1983).

dern der Salzzungen, wodurch es zur Entwicklung keilförmig abtauchender **Salzüberhänge** (overhangs) und komplex gefalteter Lappen kommt (Abb. 18.8). Im Reifestadium verdünnt sich der zentrale Salzstamm gelegentlich so stark, daß sich die höchsten Bereiche eines Salzstocks vollkommen von den tiefliegenden Salzlagen ablösen und der Salzstock somit wurzellos ist. Wachsen die einzelnen Zungen eines Salzstockniveaus zusammen, so spricht man von einem **Salzschirm** (salt canopy). Über reifen Salzstöcken und Salzschirmen entsteht als Folge von Grundwasserbewegungen und durch Lösung der Steinsalzkomponente meist ein **Hut** (caprock) aus unlöslichen Tonen und gering löslichen evaporitischen Rückständen des Salzstocks.

Kinematische Modelle für den Aufstieg einzelner großer Dome in verschiedenen Salzstockprovinzen (Golf von Mexiko, Norddeutschland, Iran etc.) zeigen, daß sich initiale Salzpolster in Zeiträumen von rund 10 bis 30 Ma entwickeln. Bei beschleunigter Bewegung individualisierter Salzstöcke dauert es aber anscheinend weitere 40 bis 60 Ma bis sie aus Tiefen von 5 bis 10 km in Tiefenbereiche von 1 bis 2 km unter der Erdoberfläche aufsteigen und dort ihr Reifestadium erlangen. Maximale Raten der Vertikalbewegung von Salzstöcken liegen wahrscheinlich nur selten über 0,3 mm a^{-1}. Dominierende Wellenlängen der initialen Instabilitäten in der Salzlage, die sich später in den durchschnittlichen Abständen zwischen Salzstöcken oder Salzwällen äußern, liegen für „normale“ Mächtigkeiten von Salzlagen von einigen hundert Metern in Größenordnungen von 10 bis 20 km. Diese Abstände sind anscheinend mit zunehmender Mächtigkeit der ursprünglichen Salzlagen geringer.

Im Inneren der Salzstöcke wird die meist schwach ausgebildete Schichtung bei ihrer Hochbewegung von extremer Transposition erfaßt. Früh entstandene Faltenscharniere rotieren im Stamm deshalb meist in die vertikale Bewegungsrichtung. In Untertageaufschlüssen, wie z.B. in Bergwerken, beobachtet man häufig enge bis isoklinale Scherfalten, in denen der schwach ausgebildete Lagenbau steil abtauchende Scharniere und stark gekrümmte Achsenflächen definiert. Überlagern sich dem halokinetischen Salzaufstieg konvergente tektonische Bewegungen, so wirken intensiv gefaltete Salz-

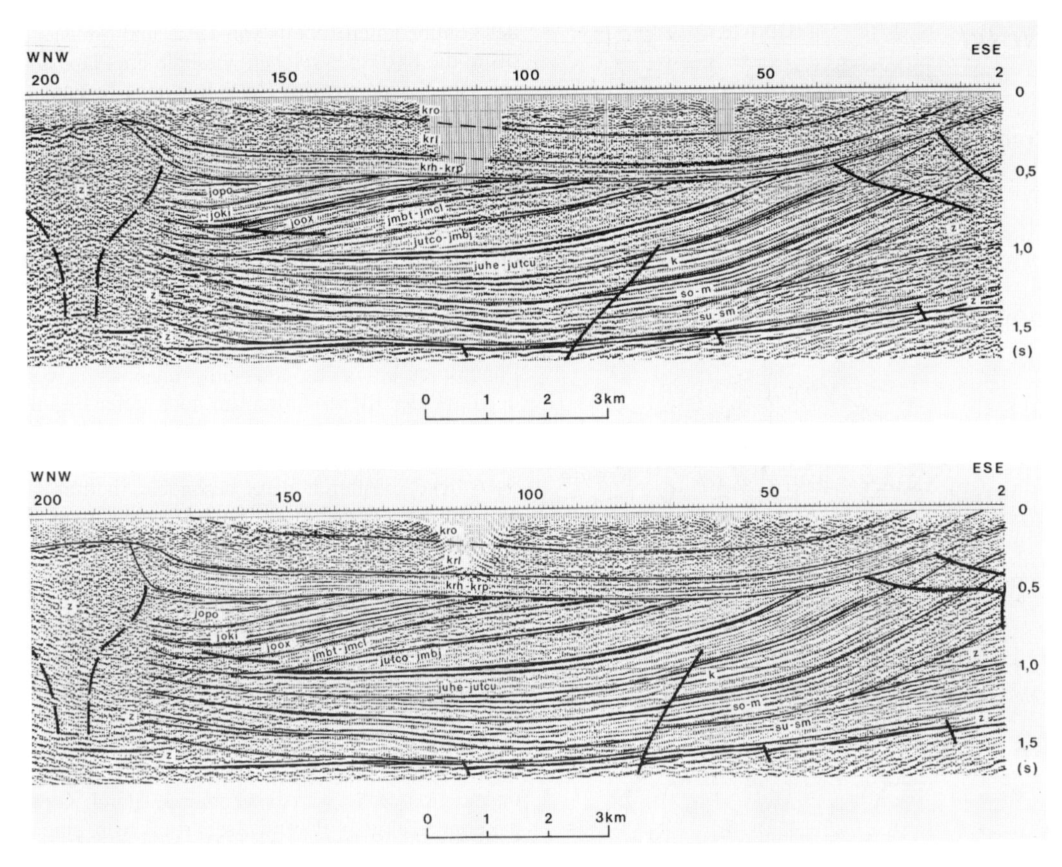

Abb. 18.7 Reflexionsseismisches Profil durch einen Salzstock Norddeutschlands. Im Umfeld des Salzstocks erkennt man Randsynklinalen und synsedimentäre Diskordanzen, die mit der progressiven Platznahme des Diapirs zusammenhängen (aus JARITZ, 1986).

lagen im allgemeinen als effiziente Abscherhorizonte für Überschiebungen und für Faltenstrukturen im Hangenden von Überschiebungen. Im Hangenden von Überschiebungen erreichen die Evaporite dann gelegentlich auch die Oberfläche der Erde (Abb. 18.9). Bei einer weitgehenden Erosion der Deckschichten über den Salzstöcken kann man unter günstigen klimatischen Bedingungen sogar ein duktiles Ausfließen von Salz in Form von „Salzgletschern" beobachten, wie z.B. im Zagros-Gebirge.

Da die Obergrenze von Salzlagen, Salzdomen und Salzschirmen meist durch eine abrupte Änderung der seismischen Wellengeschwindigkeit und der Dichte charakterisiert ist (V_P von Salz = 4,7 km s^{-1}), lassen sich Salzdome reflexionsseismisch recht gut erkennen. Andererseits ist die hohe Reflektivität der Salzoberflächen ein Hindernis bei der Erkundung der Strukturen direkt unter den Überhängen und des tieferen Untergrunds von Salzprovinzen (Abb. 18.7). Trotz dieser technischen Schwierigkeiten hat die reflexionsseismische Erkundung und gravimetrische Modellierung von Salzvorkommen, vor allem im Golf von Mexiko und in Norddeutschland, gezeigt, daß die tiefsten Salzlagen auch bedeutende Horizontalbewegungen erfahren können. So scheinen z.B. die Salzmassen des tiefen Golfs von Mexiko (Sigsbee Escarpment, Abb. 18.1) während des Tertiärs als breite allochthone **Salzdecken** (salt sheets, nappes) mehr als 80 bis 100 km flach bis schräg aufwärts durch mächtige Serien von Karbonaten, Tongesteinen und vorgelagerte klastische Sedimente gewandert zu sein. Die dadurch produzierte zusätzliche Verdickung der ursprünglich 1 bis 3 km mächtigen jurassischen Louann-Salzeinheit auf eine heute lokal bis 8 km

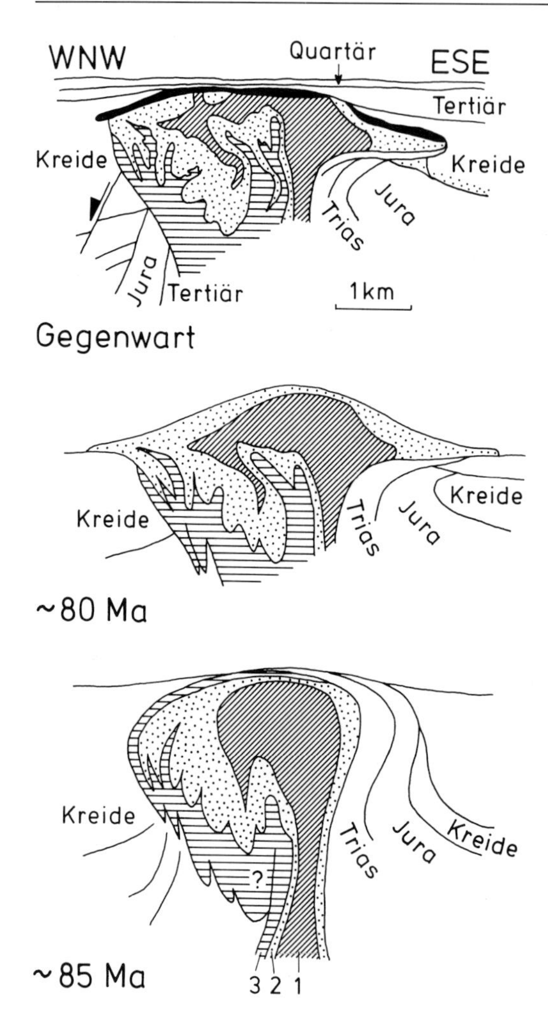

Abb. 18.8 Schematisches Entwicklungsschema für einen Salzdiapir im Reifestadium (Hänigsen-Dom, Norddeutschland). Die Hut-Zone unter der Erosionsdiskordanz ist als schwarzer Streifen angedeutet. Bemerkenswert ist das Nachdrängen des Salzstiels im frühen Reifestadium und die damit zusammenhängende Entwicklung eines lappenförmigen Salzüberhangs noch vor dem Beginn der Erosion und der nachfolgenden sedimentären Wiederbedeckung des Salzstocks mit jüngeren Schichten (nach TALBOT & JACKSON, 1987).

mächtige Zone allochthoner Salzdecken und Salzstöcke steht wahrscheinlich in direktem Zusammenhang mit der Subsidenz und sedimentären Füllung von Halbgräben im Schelf- und Küstenbereich. Diese Halbgräben halten sich an große flache Abschiebungssysteme, die aus den höheren Teilen des kontinentalen Schelfs von Texas und Louisiana bis in die Salzlagen reichen, weshalb die Platznahme von Salzdecken im Hang-Becken-Übergangsbereich wahrscheinlich nur einen kinematischen Teilaspekt der großregionalen gravitativen Bewegung von Schelfsedimenten in Richtung auf den tiefen Golf darstellt. Dabei können sich kompetente Einheiten innerhalb der Deckschichten in einzelne diskrete Schollen auflösen. Der Verlauf von Abschiebungen in den klastischen Einheiten und die Position von Salzdecken im tieferen Becken sind meist eng an Zonen mit abnormal hohem Porendruck gebunden und völlig unabhängig von der Lage der Riftstrukturen im noch tiefer liegenden kristallinen Untergrund.

Rund um die für Fluide relativ impermeablen Salzstöcke existieren ganz besondere thermisch-hydraulische Verhältnisse. So beobachtet man in der Regel direkt neben den Salzdomen das Aufsteigen relativ warmer **Sole** (brine) aus tiefer gelegenen Zonen, in denen meist ein abnormal hoher Fluiddruck vorherrscht. Durch Lösung von Salz aus den Randbereichen der Salzdome und durch die Abkühlung der Sole während des Aufstiegs wird letztere progressiv schwerer und kann auch wieder zur Seite hin absinken. So ist es wahrscheinlich, daß in der unmittelbaren Umgebung von Salzstöcken die normale regionale Aufwärtsbewegung des durch Kompaktion erzeugten Porenwasserstroms von einem „thermohalinen" Konvektionssystem überlagert wird (Abb. 18.5), was sich auch im Temperaturverlauf rund um den Salzstock äußern kann. Neben der thermohalinen Konvektion beeinflußt aber auch die zwei- bis dreimal höhere Wärmeleitfähigkeit von Salz gegenüber den meisten sedimentären Nebengesteinen den Verlauf regionaler Isothermen: Über den Salzstöcken können deshalb Gesteinstemperaturen bis mehr als 20°C höher sein als im gleichen Niveau innerhalb der Nebengesteine des weiteren Umfelds.

18.3 Gneisdome und Plutone

Breit aufgewölbte hochgradig metamorphe **Gneisdome** (gneiss domes) und intrudierte **Plutone** (plutons) mit einer allgemein granitoiden Zusammensetzung bilden einen wesentlichen Anteil am Aufbau der kontinentalen Kruste und entstehen an konvergenten Plattengrenzen, innerhalb breiter Kollisionszonen bzw. in divergenten Intraplattenbereichen. Obwohl einige Teilphasen bei der Platznahme von Plutonen diapirisch erfolgen, bringt die Beteili-

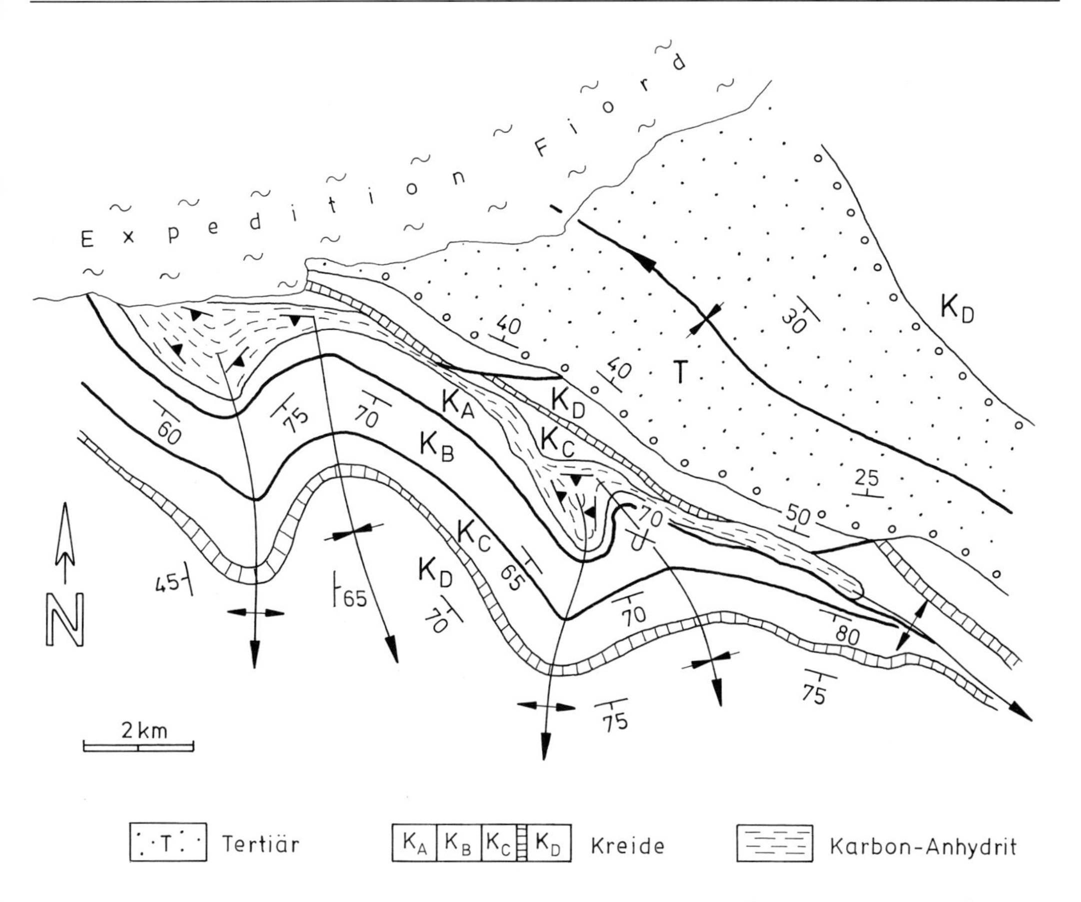

Abb. 18.9 Kartenskizze einer durch regionale Einengung modifizierten Salzstruktur aus dem Sverdrup-Becken, kanadische Arktis. Der im Kern der Struktur aufgeschlossene Anhydrithut karbonischen Alters intrudierte in kretazische klastische Serien in NNE-streichenden Strukturen, welche später durch NE-SW-Einengung gekippt und diskordant von paläogenen Sandsteinen überlagert wurden. Dadurch tauchen die früher gebildeten und teilweise halokinetischen Faltenstrukturen heute relativ steil nach Süden ab (nach SCHWERDTNER et al., 1989).

gung von Schmelzen mit teilweise geringer Viskosität auch mechanische Aspekte der Platznahme ins Spiel, welche wesentlich höhere Mobilitäten anzeigen als man sie von kohärenten Diapiren erwarten kann. In ihrer Zusammensetzung variieren Gneisdome und Plutone von anorthositisch-gabbroid über quarzdioritisch-granodioritisch zu granitisch-monzonitisch (siehe Abb. 28.11). Ihre dreidimensionalen Geometrien in oberflächennah aufgeschlossenen Bereichen lassen sich je nach Dichtekontrast zwischen den Gesteinen der Intrusionen und den Nebengesteinen durch gravimetrisches Modellieren meist nur bis in einige wenige Kilometer Tiefe erfassen. Aufgrund begleitender polyphaser Verformung des Nebengesteins und einer meist auch zeitlich gegliederten Intrusionsgeschichte ist die Extrapolation der in Oberflächennähe ermittelten Beziehungen zwischen den intrudierten Gesteinsserien und intrudierenden Plutonen in tiefere Bereiche der Kruste kaum möglich. Größere und komplex aufgebaute lineare Gürtel mit Plutonen bezeichnet man häufig als **Batholithen** (batholiths) und nimmt an, daß sie den intrusiven Unterbau vulkanischer Bögen darstellen (siehe Kapitel 28). Anders als bei Salzdiapiren ist auch die Geometrie der ursprünglichen magmatischen **Sammelzonen** (source layers, collection zones) bzw. der partiell bis vollkommen aufgeschmolzenen tieferen Krustenlagen unter plutonischen Gürteln meist unbekannt. Nur an modernen konvergenten Plattenrändern lassen sich Zonen mit anscheinend **partieller Aufschmelzung** (partial melting) innerhalb der

Kruste aufgrund eines erhöhten Wärmestroms an der Erdoberfläche und stark reduzierter Scherwellengeschwindigkeiten in der mittleren bis unteren Kruste direkt mit dem felsisch-intermediären Vulkanismus in Verbindung bringen.

Dichteinversion als Resultat partieller Aufschmelzung von felsischen bis mafischen Gesteinen erfolgt sowohl über den Weg einer prograden regionalen Metamorphose während tektonischer Krustenverdickung, wie auch durch massive Intrusion von stark überhitzten mafischen Magmen aus dem Mantel in die tiefere kontinentale Kruste. Aus experimentell erstellten Datensätzen weiß man, daß bei Anwesenheit von nur wenigen Prozenten Wasser, welche durch den Abbau OH-führender metamorpher Mineralphasen freigesetzt werden, granitoide Teilschmelzen bereits bei Temperaturen zwischen rund 650 und 750°C entstehen können. In vielen regionalmetamorphen Gneiskomplexen mit überwiegend pelitischer Zusammensetzung beobachtet man deshalb einen sekundären Lagenbau, der sich aus hellen, möglicherweise partiell aufgeschmolzenen Quarz-Feldspat-Lagen (felsische Leukosome) und dunklen, möglicherweise restitischen Biotit-Hornblende-Lagen (mafische Melanosome) ergibt. Häufig ist es aber nicht möglich, in diesen Lagen eine durch Fluidbewegungen gesteuerte hochgradig metamorphe „Differentiation" im „festen" Gestein von lokaler Schmelzbildung zu unterscheiden. Mit einer Zunahme der Anteile von sekundär abgesonderten hellen Partien innerhalb gebänderter Biotit-Plagioklas-Quarz-Gneise spricht man bei lagigem Bau von **Metatexiten** (metatexites) und beim Auftreten deutlich nestförmiger Segregationen von **Diatexiten** (diatexites). Die meist tektonisch induzierte Transpositionsfoliation in diesen Gesteinen zeigt in größeren **Schmelznestern** (melt nests) vielfach turbulent gefaltete bis ptygmatische Strukturen im dm- und m-Bereich. Noch größere Zonen, in denen sich aus Diatexiten auch homogene Schmelzbereiche entwickeln, bezeichnet man als **Anatexite** (anatexites). Regional verfolgbare Mischzonen, die aus aufgeschmolzenen granitoiden Anteilen und relativ starren mafischen Einheiten bestehen, werden dagegen als **Migmatite** (migmatites) bezeichnet und auch als solche kartiert.

Bei der lokalen Betrachtung von Diatexiten, Anatexiten und Migmatiten stellt sich die Frage, ob und wie es in diesen Gesteinskörpern zur räumlichen Abtrennung größerer partiell bis vollkommen geschmolzener Bereiche kommt, und bei welchem Volumen bzw. bei welchem Dichtekontrast gegenüber den Nebengesteinen der eigentliche **Aufstieg** (ascent) des Krustenmaterials bzw. seine **Intrusion** (intrusion) in seichteren Krustenbereichen möglich wird. Es ist wahrscheinlich, daß für den effektiven Aufstieg granitoider Plutone ein relativ großer partiell aufgeschmolzener Krustenbereich vorliegen muß, da die Dichte von Schmelzen nur 5 bis 10% geringer ist als die Dichte des entsprechenden Festgesteins. Dabei kann es natürlich bei regionaler tektonischer Hebung eines aufgeheizten Bereichs im Liegenden krustaler Abschiebungszonen oder im Hangenden von Überschiebungszonen durch nahezu isothermale Druckentlastung dazu kommen, daß die Schmelzbildung verstärkt wird, was wiederum eine Erhöhung des Auftriebs bewirkt. Da gleichzeitig Extension im Hangenden oder im Liegenden krustaler Scherzonen Raum für die Platznahme par-

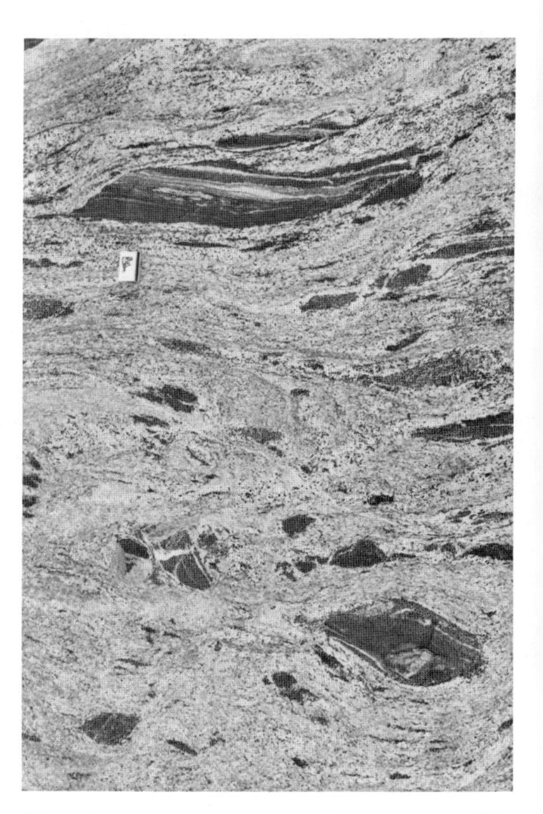

(a)

Abb. 18.10 (a) Anisometrische mafische Einschlüsse und Schlieren in einem tonalitischen Intrusivkomplex (Archaikum der Nain Provinz, Kanada, Photo I. ERMANOVIC); (b) Mischungszone unterschiedlicher Magmen und (c) Fließflächen in einem heterogen zusammengesetzten Pluton (Swift Creek Pluton, Australien, Photos G. EBERZ).

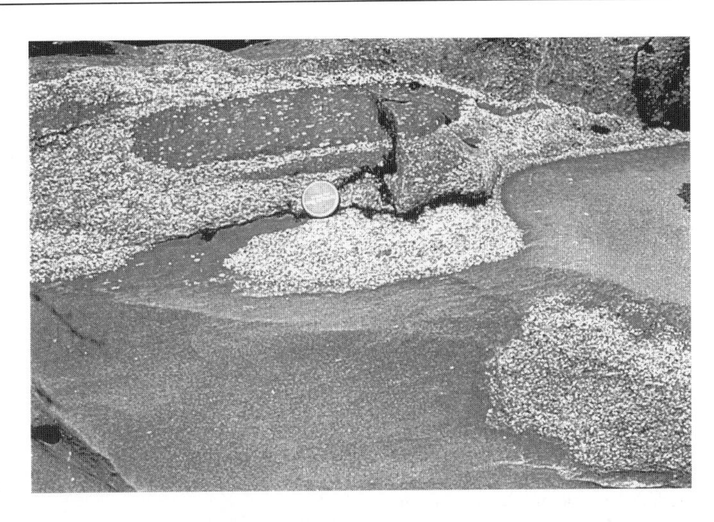

18.10 b

18.10 c

tiell oder komplett aufgeschmolzener Gesteinskörper schafft, können überhitzte und gasreiche Schmelzen auch als gering viskose Spaltenfüllungen in einzelnen Schüben nach oben intrudieren und dort als **Gänge** (dikes) erstarren.

Im Falle weitgehender Aufschmelzung kann es innerhalb des Plutons bzw. in hochgelegenen sekundären Magmenkammern zur intensiven **Konvektion** (convection) und stofflichen **Differentiation** (differentiation) der Schmelze, aber auch zur **Assimilation** (assimilation) von festem Nebengestein und zur **Mischung** (mixing) mit anders zusammengesetzten Magmen kommen. Die Kinematik der Aufstiegsbewegung ist in jedem Fall abhängig vom jeweiligen Anteil an festen **Nebengesteinseinschlüssen** (enclaves, inclusions, xenoliths), die aus dem Dach oder aus dem seitlichen Kontaktbereich der Intrusivmasse stammen, und vom Anteil an festen **Kristallen** (crystals), die sich bei Abkühlung des Plutons abscheiden. Erreicht der Anteil an relativ festen Anteilen einen Wert von rund 50 bis 60 %, so ist im Pluton mit einem deutlich nicht-linearen Fließverhalten und dem Auftreten signifikanter Scherspannungen zu rechnen. Im **Kristallbrei** (crystal mush) des Plutons setzt also während der Intrusion und Abkühlung eine progressive „Versteifung" vom Rand her ein und gegenüber dem Fließen im Inneren sind die Relativbewegungen am Rand der aufsteigenden Masse dem duktilen Verhalten metamorpher Gesteine sehr ähnlich. Bei der eigentlichen **Platznahme** (emplacement) des erstarrenden Körpers entwickeln sich

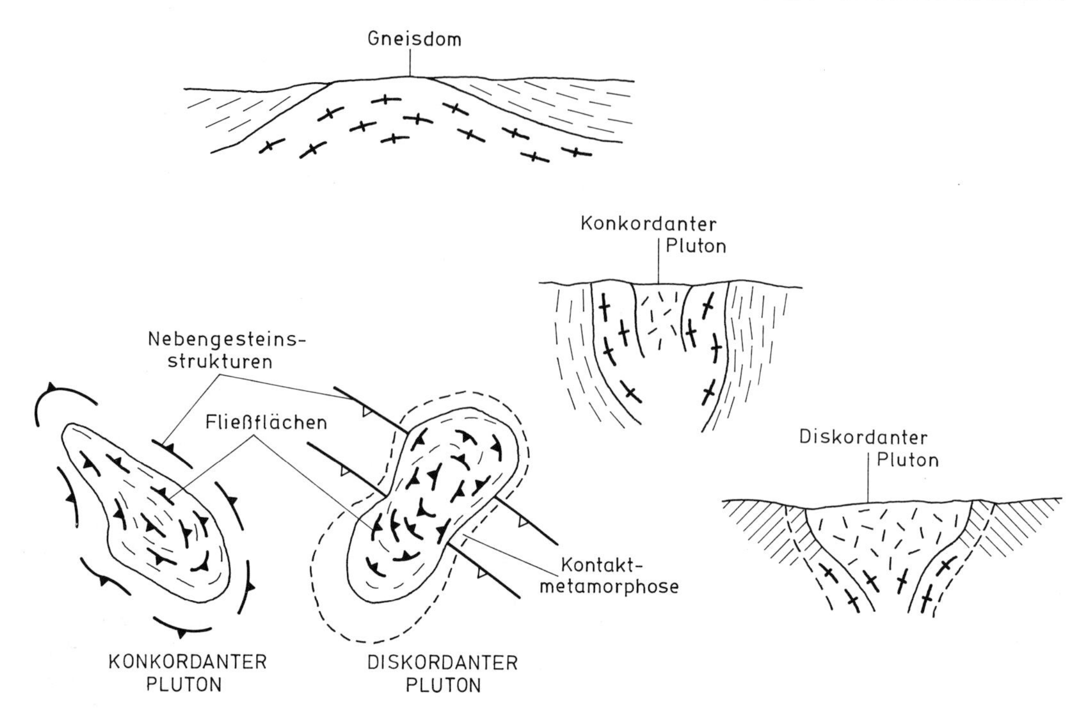

Abb. 18.11 Schematisierte Querschnitte und geologische Kartenskizzen von Gneisdomen und diskordanten bzw. konkordanten Plutonen.

als Folge penetrativer Scherbewegungen vor allem in den Randzonen planare und lineare Transpositionsstrukturen, welche die Orientierung penetrativer Scherflächen (= Fließflächen) bzw. Scherrichtungen (= Fließrichtung) andeuten. Daneben breiten sich aber auch Extensionsrisse aus, welche wiederum von Restschmelzen intrudiert und von hydrothermalen Fluiden durchströmt werden können. Diese Fließ- und Bruchstrukturen werden meist im Verlauf der endgültigen **Erstarrung** (solidification) der granitoiden Masse in dieser „eingefroren“ und bleiben so im Gestein erhalten.

Fließflächen (flow planes) ergeben sich angenähert aus der Orientierung von Schlieren, aus der Form und Aneinanderreihung mafischer Einschlüsse und schließlich aus der räumlichen Anordnung größerer heterometrischer Einzelkristalle von Biotit, Feldspat oder Hornblende. Dabei bezeichnet man als **Schlieren** (schlieren) kürzere und randlich unscharf begrenzte mafische Zonen in der helleren felsisch zusammengesetzten Matrix eines granitoiden Intrusionskörpers. **Einschlüsse** (xenoliths, enclaves, inclusions) sind dagegen relativ gut definierte runde, ellipsoidische, gelängte, geplättete oder kantige Gesteinsfragmente bzw. isolierte Magmareste von meist mafischer Zusammensetzung, deren äußere Formen entweder auf eine allgemein höhere Kompetenz oder auf geringere Reaktionsfähigkeit gegenüber der granitoiden Matrix schließen lassen (Abb. 18.10). Stäbchen- und blättchenförmige **Einzelkristalle** zeigen in der Regel eine schwache aber doch systematische Anordnung entsprechend ihrem heterometrischen Habitus (Formregelung, shape preferred orientation).

Die lokale **Fließrichtung** (flow direction) erstarrender Magmen und der Sinn der Relativbewegungen an den Fließflächen ergibt sich vor allem aus der statistischen räumlichen Anordnung linearer Strukturelemente im Inneren bzw. in den Randzonen granitoider Intrusionskörper. Dazu gehören vor allem Scharniere „wurzelloser“ Intrafolialfalten von Schlieren, gestreckte Einschlüsse und stäbchenförmige Minerale. Bei extremer Streckung ($X > Y = Z$) kommt die Fließrichtung als relativ straffe Ausrichtung der stäbchenförmigen Minerale zum Ausdruck. Am Rande von Plutonen erfolgt aber häufig auch Plättung parallel zum Intrusionskontakt ($X < Y = Z$).

Im letzten Stadium der Platznahme von Plutonen führen sowohl regionale Spannungen im Umfeld

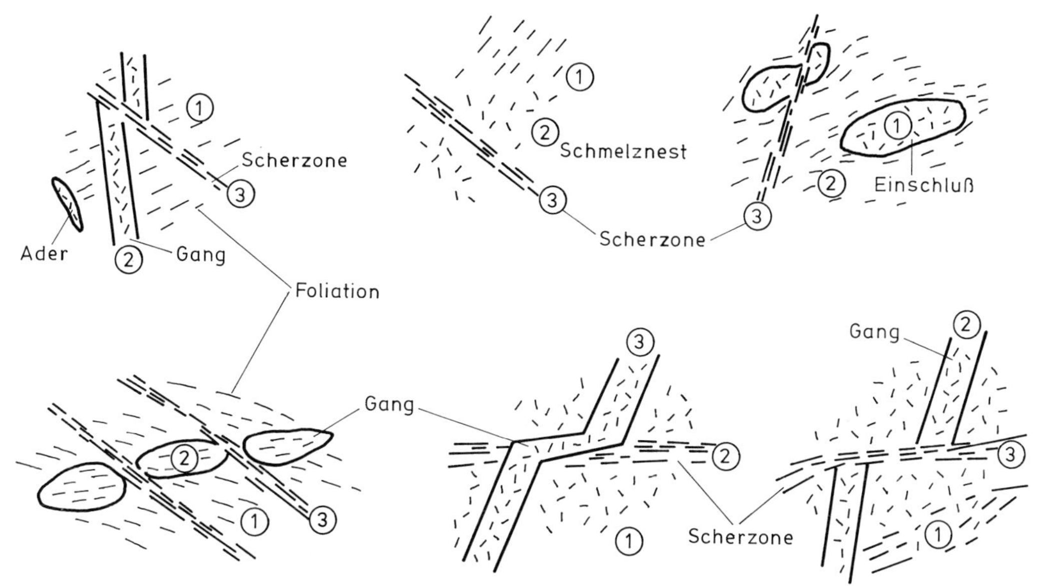

Abb. 18.12 Einige schematische Aufschlußbeispiele für die relativen Altersbeziehungen zwischen massigen granitoiden Gesteinen, Einschlüssen in diesen Gesteinen, Gängen, sekundären Transpositionsfoliationen und späten retrograden Scherzonen. Die Zahlen 1 bis 3 deuten auf eine Altersabfolge von alt nach jung.

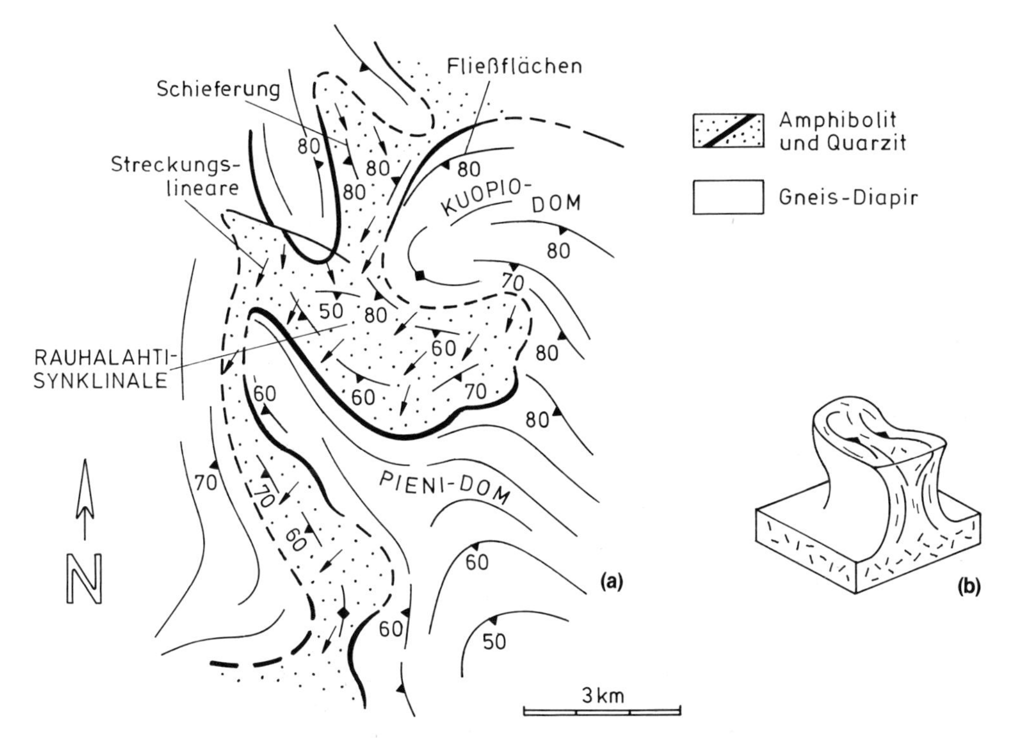

Abb. 18.13 Kartenskizze (a) für die Randzone des zusammengesetzten archaischen Kuopio-Gneisdoms in Finnland, der in Form eines Diapirs in hochgradig metamorphe und duktile Hüllgesteine aufstieg. Hüllgesteinsfoliation, Transpositionsfoliation im Gneis und Streckungslineare lassen auf Orientierung der Fließflächen bzw. Fließrichtung schließen und gehen in das geometrische Modell (b) für die nicht aufgeschlossenen Bereiche des Gneisdoms ein (nach Brun et al., 1981).

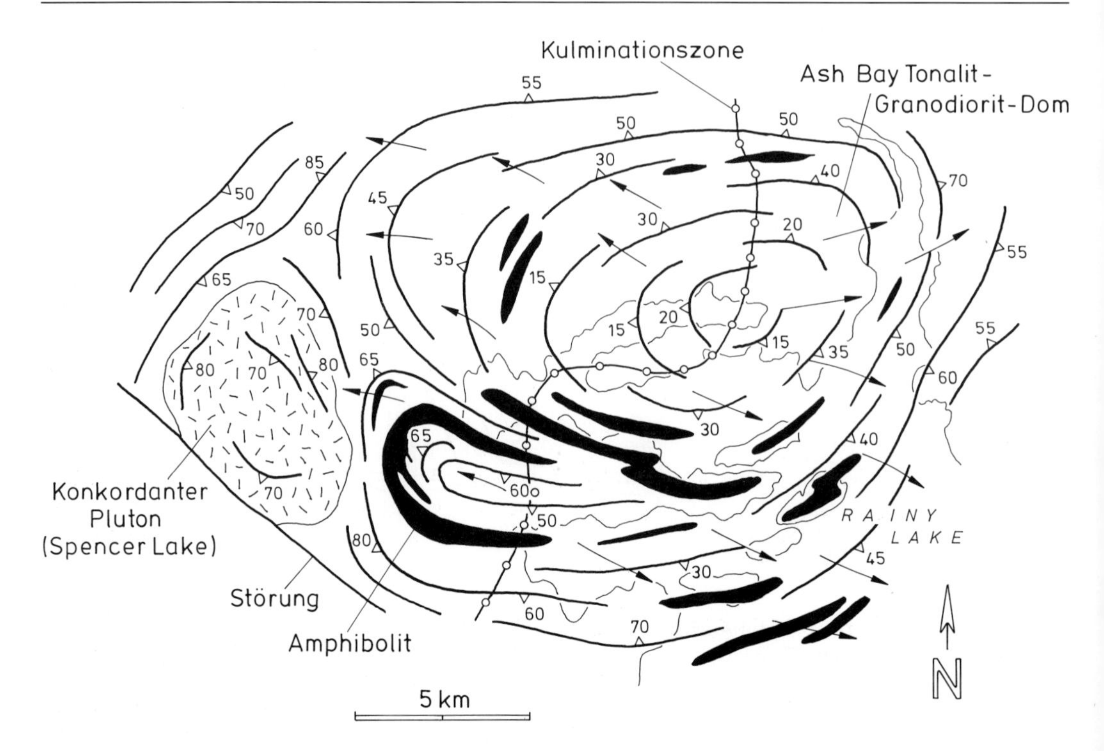

Abb. 18.14 Tektonische Kartenskizze des archaischen Ash Bay Gneisdoms (Tonalit-Granodioritgneise) im südlichen kanadischen Schild und ein konkordanter syenitisch-dioritischer Pluton im äußeren Dombereich. Amphibolitische Einschlüsse, Foliation bzw. Lineationen illustrieren die Orientierung der Gesamtverformungstrajektorien und deuten auf eine schwache regionale N-S-orientierte Einengung, welche sich der allgemeinen Aufstiegskinematik des Gneisdoms überlagerte (nach SCHWERDTNER, 1990).

als auch exzessiver Gas- bzw. Fluiddruck im Pluton selbst zur diffusen Ausbreitung von Extensionsbrüchen und zur lokalen Entwicklung brecciöser Dilatationszonen. Letztere beschränken sich meist nicht nur auf den granitoiden Intrusionskörper, sondern reichen auch weit ins Nebengestein hinein. Diese Dilatationszonen werden nachträglich häufig von aplitischen Restschmelzen, von Pegmatiten, mafischen Gängen oder zumindest von hydrothermalen Ausfällungen gefüllt (Abb. 8.4). Bei besonders starker Aufheizung der Fluidphasen und bei Wechselwirkung von Magma mit Grundwasser im Nebengestein kann es auch zu explosivem Aufstieg heterolithischer Breccien kommen, die als schlotförmige **Diatreme** (diatremes) erhalten bleiben.

Da die Kontaktstrukturen granitoider Gneise, Diapire und Plutone vor allem das letzte Stadium ihrer Platznahme widerspiegeln, sollten zum Verständnis der Aufstiegs- bzw. Intrusionskinematik auch die regionalen **Kontaktbeziehungen** (contact relationships) zum Nebengestein genau dokumentiert werden. Je nach den Kontaktbeziehungen unterscheidet man drei Gruppen granitoider Gesteinskomplexe: umhüllte Gneisdome, konkordante Plutone und diskordante Plutone (Abb. 18.11). Im Bereich dieser Komplexe überlagern sich meist mehrere Aufstiegsphasen bzw. diskrete Abfolgen unterschiedlichster Intrusions- und Deformationsereignisse. Die Kinematik granitoider Komplexe läßt sich deshalb nur über ein genaues Verständnis der relativen Altersbeziehungen zwischen den meist polyphasen Strukturen durch radiometrische Datierung der kritischen Kontaktbeziehungen und durch Dokumentation der **Querungsverhältnisse** (crosscutting relationships) intrusiver Phasen im Gelände interpretieren (Abb. 18.12).

Gneisdome (gneiss domes, mantled gneiss domes, metamorphic core complexes) haben horizontale Durchmesser in der Größenordnung von 10 bis 100 km und bestehen aus aufgewölbten **Kernen** (cores), in denen relativ homogene Gneise und Amphibolitlagen überwiegen. Die Kerne lassen sich von den häufig heterogen zusammengesetzten und geringer metamorphen Gesteinen der Hüllen (cover rocks) deutlich abgrenzen (Abb. 18.13). Die durchschnittliche Dichte der Hüllgesteine ist dabei oft größer als jene der Gneiskerne. Obwohl Gneisdome im wesentlichen aufgrund von Auftriebskräften zur Erdoberfläche gelangen, läßt sich oftmals zeigen, daß die Vertikalbewegung wahrscheinlich nur die isostatische Komponente einer sonst plattentektonisch gesteuerten konvergenten oder divergenten Krustenkinematik darstellt. Man kennt Gneisdome vor allem aus tektonisch und erosiv denudierten Zonen im Bereich archaischer Grünsteingürtel und aus den Zentralgürteln vieler proterozoischer und phanerozoischer Kollisionszonen. Die Kernzone eines Gneisdoms läßt sich meist als strukturelle **Kulminationszone** (culmination zone) durch umlaufende Orientierung der Foliationen und zentrifugal abtauchende Linearstrukturen kartographisch definieren (Abb. 18.14).

An den Grenzen zwischen Kernen und Hüllgesteinen typischer Gneisdome beobachtet man meist bedeutende metamorphe Gradienten, die als Folge von Relativbewegungen an duktilen Scherzonen bzw. diskreten Störungen noch verstärkt werden. In jedem Fall sind aber Transpositionsfoliationen und lineare Strukturen sowohl im Kern als auch in den unmittelbar darüberliegenden Hüllgesteinen subparallel zur lithologisch-metamorphen Übergangszone orientiert. In den tieferen Bereichen von Gneisdomen beobachtet man häufig ein Verformungsregime, in dem reine Scherung überwiegt, während in den höheren Bereichen meist einfache Scherung mit Abschiebungscharakter dominiert. In der Hülle finden sich allerdings auch reliktische Strukturen, welche in ihrer Anlage auf wesentlich ältere Ereignisse zurückgehen als jene, welche mit der Aufstiegskinematik der Gneisdome selbst zusammenhängen.

Der Auftrieb von Gneisdomen wird häufig durch die Anwesenheit partieller Schmelzen erhöht und die metamorphen bis nichtmetamorphen Hüllgesteine werden selbst oft von kleineren konkordanten bis diskordanten Intrusivkörpern durchschlagen. Letztere können hinsichtlich der regionalen Deformation in der Hülle wiederum als prä-, syn- oder postkinematisch eingeordnet werden (siehe Kapitel 19).

Konkordante Plutone (concordant plutons) besitzen in Horizontalschnitten nahe der Erdoberfläche elliptisch-ovale Umrißformen mit meist stark gescherten Grenzzonen im Kontaktbereich Pluton-Nebengestein. Interne Fließebenen und tektonische Foliationen sind meist parallel zueinander, was auf subtile Gradienten von Temperatur bzw. Duktilität zwischen den aufsteigenden Intrusivmassen und den intrudierten Nebengesteinen hindeutet. Häufig besitzen konkordante Plutone auch einen konzentrischen Bau hinsichtlich ihrer Zusammensetzung, wobei sich von außen nach innen Schalen mit progressiv felsischeren Phasen und undeutlicheren Internstruktur auskartieren lassen (Abb. 18.15). Häufig resultieren die einzelnen Intrusionsphasen aus Schmelz-, Assimilations- und Mischungsvorgängen mafischer Lagerintrusionen in tieferen Bereichen felsisch-intermediärer Kruste. Das kinematische **Aufblasen** (ballooning) konkordant-zonierter Plutone, welche aus tieferen Schmelzbereichen hervorgehen, erfolgt anscheinend durch Zufuhr von Material entlang von Spaltensystemen bei allgemein divergenter Krustenkinematik, aber auch in den divergenten Übertrittsbereichen von allgemein konvergenten Scherzonen. Konkordante Plutone illustrieren im wesentlichen eine syntektonische Erstarrung von partiell geschmolzenem Material, das sich aus Zonen krustaler Dichteinstabilität abgelöst hat und heiße tektonische Scherzonen als Aufstiegswege benützt.

Diskordante Plutone (discordant plutons) besitzen meist unregelmäßig gekrümmte Kontakte, an denen das vorher bereits strukturierte Nebengestein häufig von einer thermisch induzierten Kontaktme-

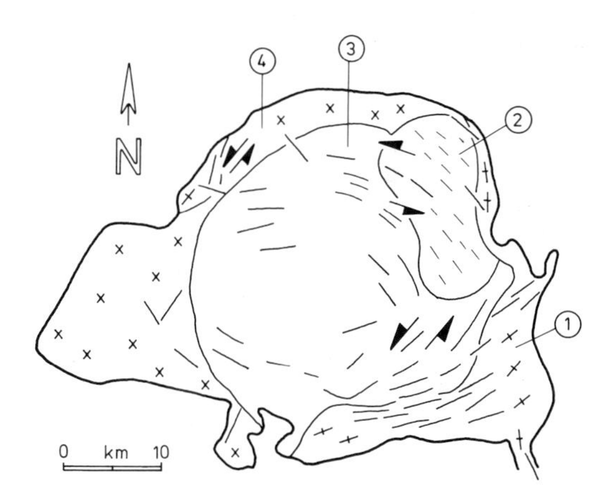

Abb. 18.15 Zonierter Pluton aus dem archaischen Zimbabwe-Kraton. Die Abfolge magmatischer Schübe von Tonalit (1), Granodiorit (2), Adamellit (3) und granitischem Adamellit (4) sowie die erhaltenen Fließstrukturen (kurze Linien) deuten auf ein progressives 'Aufblasen' der äußeren Plutonbereiche durch zentrale Magmenschübe (vereinfacht nach RAMSAY, 1989). Die kurzen Linien deuten die lokale Orientierung von XY-Ebenen des Verformungsellipsoids an, die schwarzen Pfeile den Sinn der Relativbewegungen im erstarrenden Pluton.

tamorphose (contact metamorphism) erfaßt wurde (Abb. 18.11). Diese **Kontaktmetamorphose** ist mit intensiven Fluidbewegungen assoziiert. Diskordante Plutone sind oft nur die strukturell höheren bzw. posttektonischen Niveaus tiefer gelegener Migmatit-, Gneis- oder Intrusivkomplexe. Nicht selten zeigen sie eine deutliche räumliche Assoziation mit steilen Störungszonen, können aber auch von solchen wieder versetzt und darüber hinaus von zahlreichen aplitisch-pegmatitischen und mafischen Spaltenfüllungen gequert werden. Die Platznahme diskordanter Plutone bedeutet einen hohen Schmelzanteil bzw. eine im Durchschnitt relativ geringe Viskosität. Sie stellen also im wesentlichen die erstarrten Reste flach-krustaler Magmenkammern dar. Dies äußert sich häufig in einer noch später erhaltenen und vollkommenen Mischung unterschiedlich zusammengesetzter Magmen, konvektiv-gravitativer Differentiation und in der Aufnahme größerer **Einschlüsse** (enclaves, roof pendants) aus dem Dach und aus seitlichen Kontaktbereichen. Die **Erstarrung** (solidification) diskordant intrudierter Magmen in höheren Krustenbereichen resultiert meist in einer Volumenabnahme, weshalb es in diskordanten Plutonen auch zur Ausbreitung von Kontraktionsrissen kommen kann. Breccienbildung und Fluidzirkulation rufen auch bedeutende sekundäre Veränderungen der stofflichen Zusammensetzung in den höchsten Zonen der Plutone hervor. Vor allem konvektive Fluidbewegungen von meteorischem Wasser lassen sich als systematisch zonierte **Alterationshalos** (alteration halos) innerhalb und in den oft vulkanischen Kontaktbereichen von seicht intrudierten Plutonen nachweisen. Im Umfeld voluminöser Intrusionen wird möglicherweise auch Absenkung und starke prograde Metamorphose der Kontaktbereiche durch das Gewicht des intrudierten Materials hervorgerufen. Laterale und vertikale Schmelzbewegungen sind deshalb ein wesentlicher Teilprozeß isostatischer Ausgleichsvorgänge bei der Krustenverdickung in Kollisionszonen und an aktiven Kontinentalrändern.

Literatur

Cloos, 1936; Pitcher & Bussell, 1977; Pitcher, 1979; Hargraves, 1980; Brun & Pons, 1981; Brun et al., 1981; Galloway et al., 1983; Jaritz, 1986; Castro, 1987; Courrioux, 1987; Lerche & O' Brien, 1987; Talbot & Jackson, 1987; Wickham, 1987; Ramsay, 1989; Schwerdtner et al., 1989; West, 1989; Worall & Snelson, 1989; Brown, 1990; Schwerdtner, 1990; van den Driessche & Brun, 1991; Brown & Walker, 1993; Cobbold, 1993; Pitcher, 1993.

19 Deformationsmechanismen und Gesteinstexturen

19.1 Tektonite und Metamorphose

Tektonisches Versagen und progressive Entwicklung regionaler Strukturen hinterlassen auch im **Kornverband** (Korngefüge, fabric) der Gesteine irreversible Spuren, die vor allem als deutlich erkennbare **Texturen** (textures) erhalten sind. Wenn die tektonisch induzierten Texturen eines Gesteins bestimmend für seinen Gesamtcharakter sind, so bezeichnet man dieses Gestein als **Tektonit** (tectonite). Tektonite finden sich vor allem an Störungszonen und in duktilen Scherzonen, sind aber auch Bestandteil aller raumgreifend gefalteten Krustenbereiche und der penetrativ verformten Regionen des oberen Erdmantels. Die Texturen der Tektonite geben wichtige Hinweise auf Mikrokinematik und physikalisch-chemische Bedingungen während der Deformation eines Gesteins. Ganz allgemein versteht man unter **Deformationsmechanismen** (deformation mechanisms) deshalb alle jene Prozesse, welche Relativbewegungen zwischen den kleinsten identifizierbaren Einheiten eines Gesteinsverbandes ermöglichen und begleiten.

Relativbewegungen zwischen den einzelnen Teilen des spröden oder duktilen Kornverbandes erfolgen entweder **transgranular**, d.h. durch Mikrobruchvorgänge quer zu den Grenzflächen der Einzelkörner, **intergranular**, d.h. durch Relativbewegungen oder Lösungstransport zwischen den Einzelkörnern, oder **intragranular**, d.h. durch kristallplastisches Gleiten bzw. atomare Diffusion innerhalb der Einzelkörner. In vielen natürlichen Tektoniten beobachtet man Spuren sowohl transgranularer als auch intergranularer und intragranularer Relativbewegungen. Dies ist verständlich, wenn man berücksichtigt, daß die meisten Gesteine eine polymineralische Zusammensetzung haben und daß verschiedene Minerale auch bei identischer makroskopischer Verformung des Gesteins ein unterschiedliches rheologisches Verhalten haben können. Außerdem können die einzelnen Mineralphasen im Laufe ihrer meist längeren Verformungsgeschichte variablen Temperaturregimen und Verformungsraten ausgesetzt sein und so auch von völlig unterschiedlichen Deformationsmechanismen geprägt werden. Ein tieferes Verständnis für den quantitativen Beitrag einzelner Deformationsmechanismen zur Gesamttextur eines Tektonits wird dadurch erleichtert, daß das mechanische Versagen eines Gesteins meist durch Deformation einer **dominierenden Mineralphase** (dominating phase) bei Vorherrschen eines **dominierenden Mechanismus** (dominating mechanism) bestimmt wird. Dies führt wiederum zu einer **dominierenden Textur** (dominating texture) des entsprechenden Tektonits. Die mechanisch dominierende Mineralphase ist dabei häufig jenes Mineral, welches die geringste Fließ- bzw. Bruchfestigkeit besitzt, dabei aber auch einen Volumenanteil von mindestens 20 bis 40 % des Gesamtgesteins ausmachen sollte und relativ zusammenhängende Lagen bildet. Ein dynamischer Selektionsprozeß während der Deformation, oft gesteuert durch Fluidbewegungen und Grenzflächenreaktionen zwischen den dominierenden Mineralphasen, führt deshalb häufig zur inhomogenen Verformung des Gesteins. Makroskopisch ist inhomogene Verformung als **Verformungsaufteilung** (strain partitioning) und **Verformungskonzentration** (strain concentration) zu erkennen. Beide äußern sich als natürliche **Scherzonen** (shear zones).

Die Deformationsmechanismen variieren vor allem mit der Temperatur und dem Umlagerungsdruck, aber auch mit der Verformungsrate bzw. der Differentialspannung, die im Gestein vorherrschen. Über die experimentelle Verformung von Gesteinen lassen sich deshalb zumindest semiquantitativ auch natürliche Texturen auf die physikalisch-chemischen Bedingungen während der Deformation beziehen, wobei man die im Gestein beobachteten metamorphen Paragenesen zur Ableitung der natürlichen PTX-Bedingungen heranzieht.

Das Studium natürlicher Texturen erlaubt aber auch wichtige Schlüsse auf die Art der Scherbewegungen und auf die Richtungen der Relativbewegungen, die zur Entwicklung von Großstrukturen beitrugen. Texturelle Hinweise auf Richtung und Sinn von Relativbewegungen, den sogenannten **Schersinn** (sense of shear), bezeichnet man als **mikrokinematische Indikatoren** (microkinematic indicators). Bei geringen Relativbewegungen, wie z.B. für den Fall der Öffnung von Mikroextensionsrissen oder bei der Bildung druckinduzierter Zwillingslamellen, lassen sich gelegentlich durch statistische Untersuchungen Hinweise auf die Orientierung regionaler Paläospannungsfelder ableiten. Diese Art der Texturen bezeichnet man als **dynamische Indikatoren** (dynamic indicators).

Viele Tektonite durchwandern während ihrer Deformation Bereiche, in denen sie hohen Temperaturen bzw. Umlagerungsdrücken ausgesetzt sind, d.h. sie werden im Verlauf einer regionalen **Metamorphose** (metamorphism) deformiert. Wie sich die einzelnen Mineralphasen während der Metamorphose und Verformung verhalten, ist vor allem abhängig von den Raten der **Keimbildung** (nucleation rate) neuer Kristalle und vom **Wachstum** (growth rate) bereits existierender Kristalle innerhalb des Kornverbands. Beide Prozesse sind abhängig von der **Diffusionsrate** (rate of diffusion) der Atome durch den Kornverband. Gefördert wird die atomare Diffusionsrate im Gestein durch starke Verformung, hohe Temperaturen und intergranulare Bewegung fluider Phasen im primären oder sekundär-tektonischen Porenraum.

Im Verlauf einer meist **polyphasen** (polyphase) Deformationsgeschichte bzw. **polymetamorphen** (polymetamorphic) Kristallisationsgeschichte durchwandern metamorphe Tektonite deshalb ganz bestimmte Pfade, die man als **PTt-Pfade** (Druck-Temperatur-Zeit-Pfade, PTt-paths) bezeichnet (Abb. 19.1). Der PTt-Pfad für einen metamorphen Tektonit kann höchst komplex sein und häufig lassen sich nur die letzten PT-Stadien vor dem tektonischen Aufstieg des Gesteins an die Erdoberfläche dokumentieren (Abb. 19.2). Im einfachsten Fall durchwandert aber jedes metamorphe Gestein mindestens eine **prograde** (prograde) und eine **retro-**

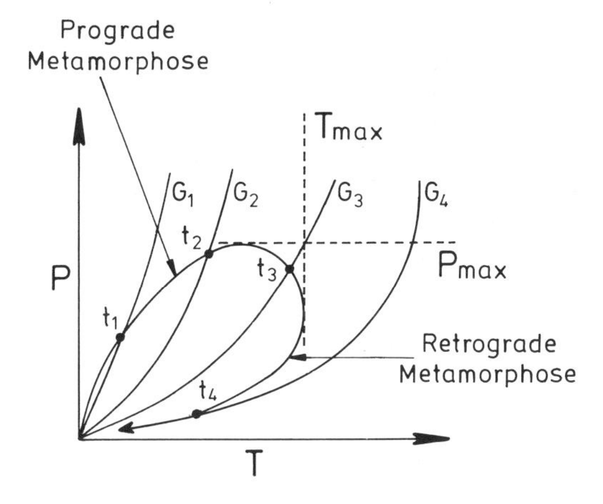

Abb. 19.1 Druck(P)-Temperatur(T)-Zeit(t)-Pfad für ein Gestein, welches eine einfache prograde und retrograde Metamorphose durchläuft, wobei sich der geothermische Gradient (G) im Lauf der Zeit verändert. Die „Höhepunkte" der Metamorphose lassen sich als jene Teile des PTt-Pfads verstehen, in denen die höchsten Temperaturen (T_{max}) oder maximalen Drücke (P_{max}) erreicht werden.

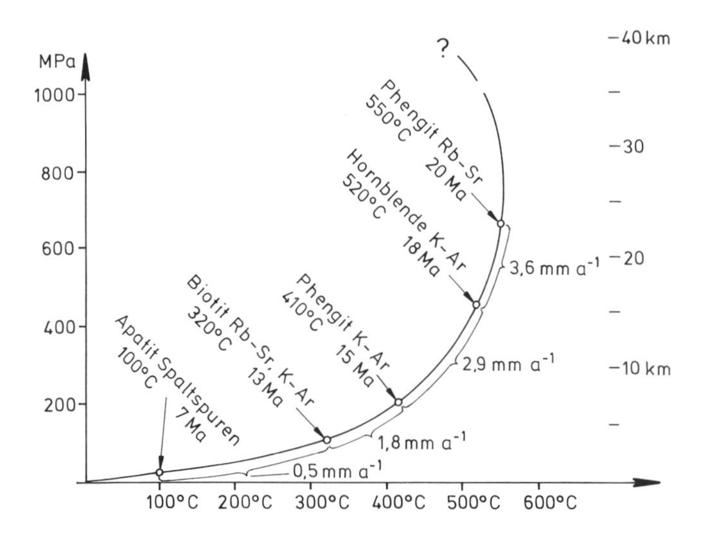

Abb. 19.2 Beispiel für den außergewöhnlich gut dokumentierten retrograden Teil eines PTt-Pfads, der für metamorphe Gesteine aus dem westlichen Teil des Tauern-Fensters im Zentralgürtel der Ostalpen bestimmt wurde. Mit der Annahme eines vernünftigen paläogeothermischen Gradienten und mit Hilfe von Bestimmungen der Abkühlungsalter metamorpher Phasen lassen sich aus dem PTt-Pfad auch Hebungsraten für diesen Teil der Alpen ableiten (nach v. BLANCKENBURG et al., 1989).

grade (retrograde) Metamorphose (Abb. 19.1). Schon die Betrachtung dieses relativ einfachen Falles zeigt, daß sich der **Höhepunkt der Metamorphose** (peak metamorphism) sowohl auf den Punkt der maximal erreichten Temperatur (T_{max}) als auch auf den des maximal erreichten Drucks (P_{max}) beziehen kann. Wenn sich während der Deformation metamorpher Gesteine außerdem die geothermischen Gradienten in einer Region verändern können (z.B. Geotherme 1 zur Zeit t_1, Geotherme 2 zur Zeit t_2 etc. in Abb. 19.1), kommt es auch dazu, daß sich Phasenabfolgen verschiedener metamorpher Faziesserien zeitlich überlagern. In welchem Stadium des PTt-Pfades nun eine dominierende tektonische Textur entstanden ist, läßt sich über detaillierte mikroskopische Dünnschliffanalysen aus der relativen **Abfolge** (sequence) und gegenseitigen **Überprägung** (overprinting) metamorpher Gleichgewichtsparagenesen ableiten. Bezogen auf das dominierende Texturbildungsereignis für ein Gestein können metamorphe Mineralparagenesen vor, während oder nach der Deformation entstanden sein. Man unterscheidet dementsprechend **präkinematische**, **synkinematische** und **postkinematische** Metamorphoseereignisse (pre-, syn-, postkinematic metamorphism). Komplementär dazu spricht man von prämetamorpher, synmetamorpher oder postmetamorpher Verformung bzw. Texturbildung. Durch geochronometrische Datierung bestimmter Minerale mit Hilfe radiogener Isotopen ist es gelegentlich sogar möglich, einzelne Stadien der Verformung innerhalb des PTt-Pfads zeitlich festzulegen. Die meisten geochronometrischen Daten für metamorphe Tektonite beziehen sich auf syn- oder postkinematische Minerale, d.h. auf weitgehend rekristallisierte Mineralphasen, die am retrograden Zweig des PTt-Pfads abgekühlt wurden. Das Alter des Minerals zeigt an, zu welchem Zeitpunkt es die **Schließungstemperatur** (blocking temperature) für ein bestimmtes Isotopensystem durchlief. Die Schließungstemperaturen für verschiedene Isotopensysteme in petrologisch signifikanten Mineralphasen sind in Tabelle I aufgelistet. Nur wenn sich ein geochronometrisch datiertes metamorphes Mineral als post-, syn-, präkinematisch einordnen läßt, kann man aus dem Alter des Minerals auch auf das Alter der Texturprägung schließen. Die tektonische Texturbildung verläuft allerdings bei prograder und retrograder Metamorphose recht unterschiedlich. Abb. 19.4 illustriert schematisch zwei PT-Pfade für Gesteine, die sich im Hangenden einer krustalen Abschiebung bzw. aus dem Liegenden in das Hangende einer Überschiebung bewegen und dabei sowohl

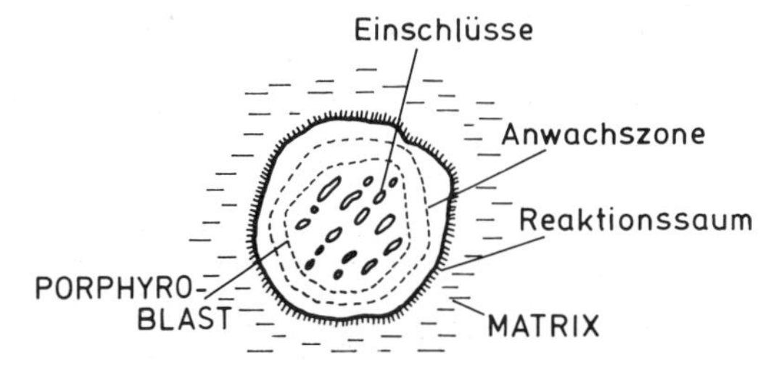

Abb. 19.3 Schematische Skizze für mögliche Beziehungen zwischen einem wachsenden Porphyroblasten und der umgebenden feinkörnigen Matrix eines metamorphen Tektonits (siehe Text).

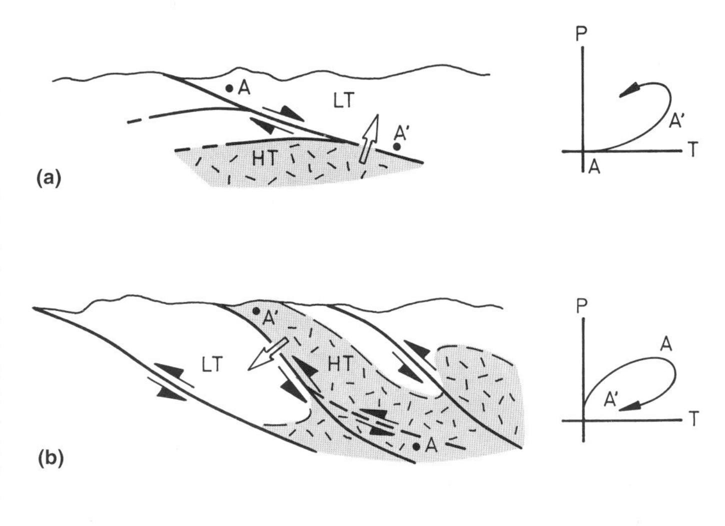

Abb. 19.4 Diagrammatische Darstellung der Relativbewegungen und der entsprechenden PT-Pfade für einen Punkt mit der ursprünglichen Position A nach A' im (a) Hangenden einer Abschiebung bei Wärmeabgabe (offener Pfeil) aus Intrusionen und Metamorphiten aus dem aufsteigenden Liegenden an das Hangende und im (b) Liegenden einer Überschiebung, welche von einer weiteren Überschiebung unterfahren wird, wobei kräftige Abkühlung des Hangenden durch Wärmeabgabe aus dem Hangenden an das Liegende erfolgt. Der Wärmetransport wird im Detail stark von Fluidbewegungen beeinflußt (LT = niedrige Temperatur, HT = hohe Temperatur).

Tabelle I Schließungstemperaturen einiger Isotopensysteme in verschiedenen Mineralien

K – Ar		
	Hornblende	530 ± 40°C
	Biotit	280 ± 40°C
	Muskovit	~ 350°C
	Phengit	~ 410°C
Rb – Sr		
	Biotit	~ 320°C
	Muskovit	> 500°C
	Apatit, Feldspat	~ 350°C
	Phengit	~ 550°C
U – Pb		
	Zirkon	> 750°C
	Monazit	> 650°C
	Titanit	> 600°C
	Allanit	> 600°C
	Apatit	~ 350°C
Spaltspuren		
	Zirkon	175 bis 225°C
	Titanit	290 ± 40°C
	Apatit	105 ± 10°C

prograde als auch retrograde Metamorphose erfahren. Oft läßt sich allerdings nur jener Teil des PT-Pfads bestimmen, der direkt zur **Exhumierung** (exhumation) der metamorphen Gesteine führte.

Prograde Metamorphose (prograde metamorphism) fördert im allgemeinen eine Zunahme der Mobilität von Atomen und deshalb **Keimbildung** (nucleation) neuer Phasen sowie **Rekristallisation** (recrystallisation) bereits existierender Mineralparagenesen. Dabei kommt es zur **Ausheilung** (annealing) elastisch verformter Korngrenzbereiche und zum **Kornwachstum** (grain growth) durch **Migration der Korngrenzen** (grain boundary migration). Bei punktuell konzentrierter Keimbildung und hoher Kornwachstumsrate entsteht bei hohen Temperaturen ein meist **granoblastischer Kornverband** (granoblastic fabric) mit polygonalebenen Korngrenzen, wobei einzelne Mineralphasen auch größere **Porphyroblasten** (porphyroblasts) bilden, welche andere benachbarte Minerale oder Fluidfilme überwachsen. So entstehen die mineralischen oder fluiden **Einschlüsse** (inclusions), die später als **Relikte** (relicts) älterer Metamorphosestadien aufschlußreiche Hinweise auf weiter zurückliegende Texturbildungen geben können (Abb. 19.3). Nicht nur die Größe, sondern auch die chemische Zusammensetzung von Porphyroblasten kann sich im Lauf ihres Wachstums verändern, was sich in stofflich konzentrischen **Anwachszonen** (overgrowths) bzw. **Zonarbau** (compositional zoning) äußert. Anwachszonen und Zonarbau in metamorphen Phasen, wie z.B. in Granaten, sind deutliche Hinweise auf meist tektonisch induzierte Veränderungen im chemisch-physikalischen Umfeld während einer prograden bzw. retrograden Wachstumsphase. Im allgemeinen erfolgt die Texturprägung während der prograden Metamorphose in relativ breiten Zonen penetrativer Deformation, wobei **isometrische** (isometric) Minerale, wie z.B. Granat, Feldspat und Cordierit, eine Rotation innerhalb der fließenden Matrix erfahren, ohne daß dadurch deutliche Texturen geschaffen würden. Rotation **heterometrischer** (anisometric) Minerale, wie z.B. Glimmer, Amphibole und Sillimanit, führen dagegen zur Bildung von Paralleltexturen. Frühgebildete Porphyroblasten können auch wieder instabil werden und an ihren Rändern entstehen dann **Reaktionssäume** (reaction rims), es kommt zur **Coronabildung** (corona development) von neuen Mineralphasen und schließlich entwickeln sich **Pseudomorphosen** (pseudomorphs), d.h., es kristallisieren neue stabile Minerale oder Mineralgruppen in den Umrißgeometrien der verdrängten Porphyroblasten.

Retrograde Metamorphose (retrograde metamorphism) bei allgemeiner Abnahme der Temperatur im Gestein ist durch eine dramatische Reduktion der atomaren Diffusionsraten und somit einer Abnahme der Reaktionsfähigkeit zwischen den Mineralphasen charakterisiert. Deshalb sind auch die **Relikte** (relicts) höhergradiger Metamorphose nahe der Erdoberfläche nicht nur als einzelne Körner erhalten, sondern bilden ganze Gesteinseinheiten. Nur so läßt sich verstehen, daß metamorphe Komplexe, in denen Mineralparagenesen der Granulit-, Amphibolit- oder Eklogitfazies dominieren und die an retrograden Scherzonen aus großen Tiefen tektonisch zur Erdoberfläche transportiert werden, dabei nur teilweise ihre charakteristischen Strukturen und Texturen verlieren. Retrograde Texturen bzw. retrograde mineralogische Transformationen halten sich bevorzugt an schmale Scherzonen, in denen sekundäre Fluidzufuhr stattfindet und durch mechanische Fragmentierung auch Keimbildung neuer Phasen möglich ist. Die Kristallisation retrograder synkinematisch-metamorpher Phasen, wie z.B. H_2O-führender Amphibole oder Phyllosilikate, ist texturell selbstverstärkend, da neugebildete Lagen von Phyllosilikaten wiederum eine mechanische Verformungskonzentration fördern. Zutritt von Wasser und Abnahme der Temperatur führen gleichzeitig zur Versprödung, zur Bildung von Mineraladern an Extensionsrissen und zur Entwicklung von Dilatationsbereichen. Reliktische **Porphyroklasten** (porphyroclasts) erfahren passive **Rotation** (rotation), **Zerscherung** (fragmentation), **Knickung** (kinking) oder **Krümmung** (bending).

Auch die mit vielen metamorphen Gesteinen assoziierten Adern, Pegmatitgänge und größeren magmatischen Intrusionen lassen sich in bezug auf die Texturbildung in den umliegenden Gesteinen als prä-, syn- oder postkinematisch bezeichnen. Je nachdem ob Adern oder Gänge von der Verformung vollständig erfaßt wurden, größere tektonische Strukturen noch teilweise unverformt durchqueren oder überhaupt nicht verformt sind, lassen sich durch geochronometrische Altersdatierungen auch auf diese Weise die Alter penetrativer Verformungsereignisse festlegen. Aus den vielen Kombinationsmöglichkeiten extureller und mineralogischer Charakteristika resultieren drei große Gruppen von Tektoniten: Kataklasite, Schiefer und Mylonite.

19.2 Kataklasite

Kataklasite (cataclasites) bestehen zum überwiegenden Anteil aus Mineral- oder Gesteinsfragmenten, die allseitig von Bruchflächen begrenzt werden. Kataklasite entstehen im direkten Umfeld spröder Bewegungszonen durch schrittweise Ausbreitung transgranularer Extensionsrisse und Scherbrüche, was Fragmentierung der Körner und Kohäsionsverlust im Kornverband verursacht. Dilatation und Kohäsionsverlust in Kataklasezonen ermöglichen wiederum Relativbewegung durch Gleiten an neugeschaffenen Grenzflächen oder Rotation einzelner Fragmente gegeneinander, wobei Kataklase meist auch den Zutritt von Fluiden in das Gestein fördert. Das Verhalten von kataklastischem Material in breiten Bewegungszonen bezeichnet man auch als **kataklastisches Fließen** (cataclastic flow). Je nach Größe der Fragmente unterscheidet man drei Formen von Kataklasiten. Im Makrobereich spricht man von **Störungs-** oder **Verwerfungsbreccien** (fault breccias), im Mikrobereich von **Mikrobreccien** (microbreccias) und im submikroskopischen Bereich von **Pseudotachyliten** (pseudotachylites). Nach der mineralogischen Zusammensetzung der Ausgangsgesteine und nach der Größe der Fragmente lassen sich so z.B. karbonatische Überschiebungsbreccien, granitische Mikrobreccien etc. unterscheiden. Je nach Form und Ausrichtung der einzelnen Fragmente resultieren im Extremfall entweder **massig-richtungslose Kataklasite** (massive cataclasites) oder leicht **planar-texturierte Kataklasite** (foliated cataclasites); alle Formen von Kataklasiten können im Lauf der Zeit durch Zementation des sekundären Porenraums zwischen den einzelnen Fragmenten wieder zu Gesteinen werden. Da Kataklase im allgemeinen bei relativ niedrigen Temperaturen erfolgt, entsprechen die neugebildeten feinkörnigen Minerale im Zement der Kataklasite meist den PT-Bedingungen der Diagenese, der Zeolith- oder der unteren Grünschieferfazies. Zahlreiche Minerale, wie z.B. Feldspäte, zerbrechen aber auch noch bei den Temperaturen der oberen Grünschieferfazies.

Ausgangspunkt zonarer oder raumgreifender Kataklase sind transgranulare **Mikrorisse** (microcracks) oder **Mikrobrüche** (microfractures), welche sowohl Einzelminerale als auch polymineralische Aggregate queren können. Entsprechend den experimentellen Befunden sollte sich ein Großteil der Mikroextensionsbrüche senkrecht zur kleinsten Hauptspannungsrichtung σ_3 und parallel zur größten Hauptspannungsrichtung σ_1 öffnen. Sehr schön läßt sich dies z.B. anhand geringfügig deformierter Konglomerate und in schwach zementierten Sandsteinen demonstrieren. Dort kommt es bei enger Packung aufgrund der tektonischen Rahmenspannungen vor allem im Kontaktbereich zwischen gerundeten Komponenten bzw. Körnern zur Ausbreitung von Rissen aus den Kontaktpunkten in das Innere der Komponenten. Transgranulare Risse und hybride Scher-Extensionsbrüche zeigen deshalb häufig eine regional konsistente Orientierung und bieten sich als dynamische Indikatoren an, da sie statistisch die Orientierung von σ_1 bzw. σ_3 des regionalen Paläospannungsfelds widerspiegeln (Abb. 19.5 und 19.6).

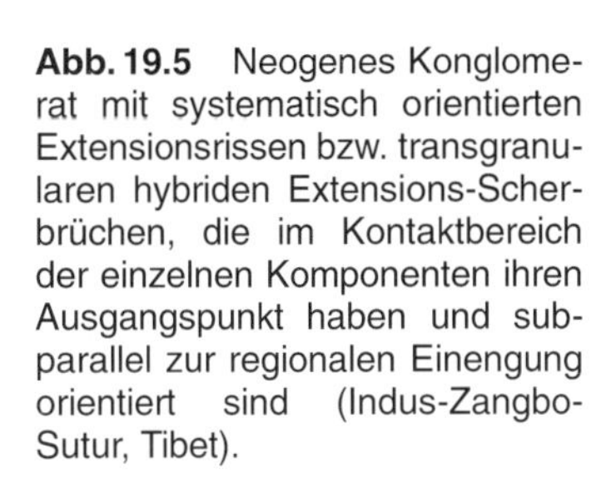

Abb. 19.5 Neogenes Konglomerat mit systematisch orientierten Extensionsrissen bzw. transgranularen hybriden Extensions-Scherbrüchen, die im Kontaktbereich der einzelnen Komponenten ihren Ausgangspunkt haben und subparallel zur regionalen Einengung orientiert sind (Indus-Zangbo-Sutur, Tibet).

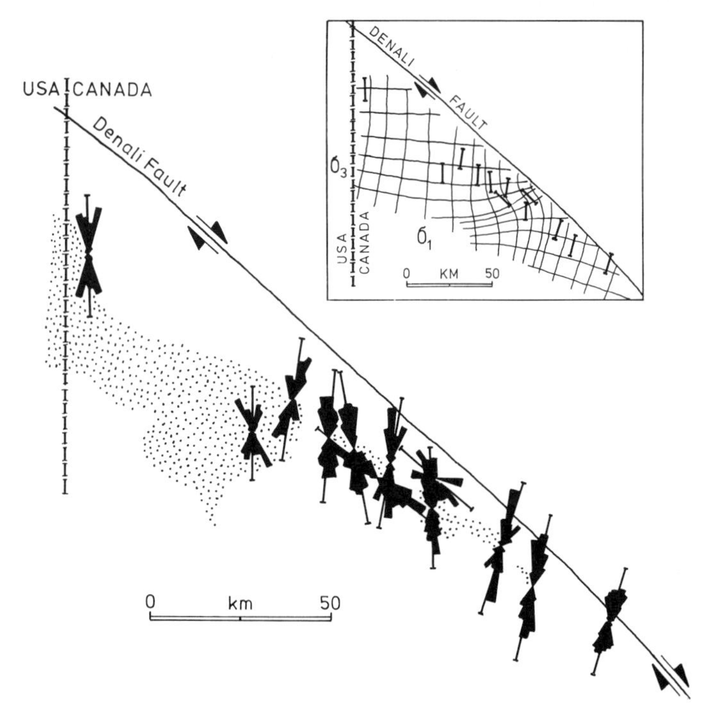

Abb. 19.6 Statistisch ausgewertete Messungen der Orientierung transgranularer Extensions-Scherbrüche in Komponenten schwach deformierter tertiärer Konglomerate und die daraus abgeleiteten Paläospannungstrajektorien entlang der Denali-Blattverschiebung, NW-Kanada (Lage siehe Kapitel 28).

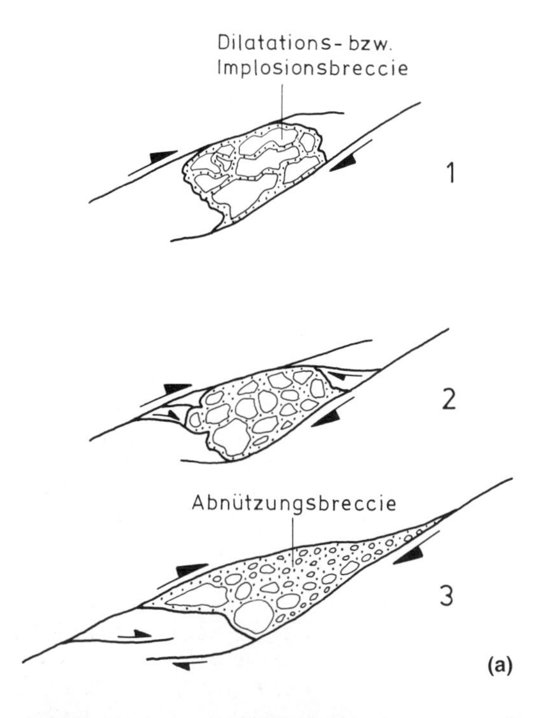

chen einer bestimmten minimalen Bruchdichte und Bruchlänge kann es an den Bruchflächen zu signifikanten Relativbewegungen und Rotationen der Fragmente kommen. Aus der Wechselwirkung zwischen Dilatation an Extensionsbrüchen und Gleitbewegungen an Störungen entwickeln sich **Kataklasezonen** (cataclastic zones), in denen hoher Porenwasserdruck, Drucklösung oder relativ geringere Reibungskoeffizienten selbstverstärkendes Gleiten ermöglichen.

Kataklasite, die durch Ausbreitung, Verzweigung und Zusammenwachsen verhältnismäßig reiner Extensionsbrüche entstehen, bezeichnet man als tektonische **Dilatationsbreccien** (dilatational breccias) (Abb. 19.7). Da in fluidgesättigten Gesteinsbereichen im unmittelbaren Umfeld einer Bruchzone der Fluiddruck anscheinend kurzzeitig auch höher sein kann als in der Bruchzone selbst, kann sich zwischen Nebengestein und Bruchzone ein Porendruckgradient entwickeln. Ist dieser größer als die Zugfestigkeit des Gesteins, so kann man erwarten, daß es zur Extension und zum implosionsartigen Zerbrechen des Wandgesteins kommt. Auf diese Weise entstehen wahrscheinlich **Implosionsbreccien** (implosion breccias), in denen die eigentliche Fragmentierung des Gesteins also nur indirekt durch tektonische Relativbewegungen ausgelöst wird. In den Breccien selbst sind die Korngrenzen der Fragmente deshalb in ihrer Form meist scharfkantig bzw. zueinander kongruent. Der neugeschaffene Raum zwischen den Fragmenten wird

(b)

Abb. 19.7 (a) Drei Stadien bei der Entstehung einer Dilatationsbreccie im Übertrittsbereich zwischen zwei Scherflächen, wobei durch Fortsetzung der Bewegung und Ausbreitung der Scherflächen die ursprünglich kantigen Komponenten zu gerundeten Komponenten einer Abnützungsbreccie werden; (b) Beispiel einer Gneis-Breccie mit dichter kataklastisch-chloritischer Matrix.

Das progressive Zusammenwachsen von Mikrorissen erzeugt ein verzweigtes Netzwerk von hybriden Extensions-Scherbrüchen, an denen **Fragmentierung** (fragmentation) des Gesteins bzw. **Kornverkleinerung** (fragmentation, grain size reduction) der Minerale erfolgen. Hohe Ausbreitungsgeschwindigkeit bei der Entwicklung individueller Risse fördern deren Verzweigung und somit die Entstehung scharfkantiger Fragmente. Bei Errei-

entweder durch feinkörniges kataklastisches Material oder später auch von Kristallen gefüllt, die durch Ausfällung aus übersättigten Lösungen wachsen. Bei lokalem Unterdruck innerhalb einer Dilatationszone kann aber auch bereits vorhandener feinstkörniger Kataklasit in Form von anastomosierenden Gängen in das Nebengestein eingesaugt werden. Dieser Prozeß verursacht in größerem Maßstab **Intrusionsbreccien** (intrusive breccias), die aus Fluid-Überdruckbereichen in Unterdruckbereiche eindringen.

Pseudotachylite (pseudotachylites) treten ebenfalls in Form schmaler Gänge und als Füllung verzweigter Dilatationszonen auf (Abb. 19.8). Sie bestehen aus submikroskopisch-dichtem Material und lassen sich deshalb als Endprodukt einer Intrusion von feinstem Gesteinsstaub bzw. von aufgeschmolzenem Material („Hyalomylonit") verstehen. Es ist anscheinend möglich, daß bei hohen Bewegungsraten aufgrund der Reibung an Scherflächen zumindest lokal Temperaturen von über 1000°C auftreten. Dabei entstehen anscheinend Schmelzen, in denen vor allem wasserhaltige Minerale (z.B. Biotit) aufgeschmolzen werden und die die Schmelze dann als Glas erstarrt. Pseudotachylitbildung könnte also die Bedingungen widerspiegeln, die im Herdbereich von Erdbeben existieren. Man betrachtet Pseudotachylite deshalb auch als Spuren „fossiler Erdbeben".

Je länger eine scherende Bewegung an größeren Bewegungszonen mit Dilatationsbreccien anhält, desto eher erfolgt eine progressive **Abnützung** (attrition, wear) und **Rundung** (rounding) der Fragmente und damit auch ihre weitere Entwicklung zu **Abnützungsbreccien** (attrition breccias). Der entstehende Reibungsdetritus poliert dabei auch die begrenzenden Bruch- und Gleitflächen, die man als **Spiegelharnische** (slickensides, polished fault surfaces) bezeichnet. Rillenförmige Spuren nennt man **tektonische Striemungen** (tectonic striae, grooves, slickenlines) (Abb. 19.9). Ihre Orientierung kann als Hinweis auf die Richtung der Relativbewegungen an den Gleitflächen gewertet werden. Entfernt man im Aufschluß an Spiegelharnischen einen der bewegten Blöcke, so erkennt man neben der Striemung meist auch das Ausstreichen synthetischer Zweiggleitflächen oder **Riedelscherflächen** (Riedel shears), die von der Hauptscherfläche mit Winkeln um 10° bis 20° abzweigen (Abb. 19.10) und die im Streichen meist leicht gekrümmt sind. Aufgrund ihrer parabelförmigen Spuren bezeichnet man diese sekundären hybriden Scher- bzw. Extensionsbrüche auch als **Parabelrisse** (crescentic grooves); die Enden der Rißspuren zeigen dabei im allgemeinen in die Richtung der Relativbewegung des entfernten Blocks (Abb. 19.9). Parabelrisse und Striemung sind somit wichtige kinematische Indikatoren für Richtung und Sinn von Relativbewegungen an diskreten Bewegungsflächen. Auf den Flächen selbst findet man häufig indirekte Hinweise auf hohe Scherraten (Risse, Kornfragmente), aber auch Produkte langsamer Deformation (Drucklösung, Kristallfasern). Sie entsprechen wahrscheinlich verschiedenen Phasen von seismischem bzw. aseismischem Versagen.

Vollkommener Durchriß von Parabelrissen verursacht Extension von Lagen und schließlich auch ein **Abheben** (plucking) von **Scherkörpern** (**Phakoide**, phacoids) (Abb. 19.10). Weitere Relativbewegungen verursachen eine relativ „stabile" Ein-

Abb. 19.8 Dunkle Pseudotachylitgänge in amphibolitfaziellen Tektoniten eines metamorphen Kernkomplexes (Whipple Mountains Core Complex, westliche USA).

dal bending) der ausdünnenden Enden entsprechend dem Sinn der Relativbewegung. Stapelung und sigmoidale Krümmung von Scherkörpern dienen deshalb als kinematische Indikatoren in spröden Bewegungszonen, welche überwiegend anisotrope Gesteine queren. Bei besonders engständiger Scharung solcher **synthetischer Scherbänder** (synthetic shear bands) entstehen in anisotropen Gesteinen Strukturen, die man als **Extensions-Krenulation** (extensional crenulation) bezeichnet. Aus den komplexen Wechselwirkungen zwischen Dilatation an Übertrittszonen, dem Abheben einzelner Scherkörper und Gleitereignissen an größeren Störungen läßt sich erwarten, daß das Gesamtvolumen chaotisch strukturierter Zonen und Störungsbreccien mit zunehmendem Versatz an einer Störung größer wird, daß andererseits aber auch das Areal diskreter synthetischer Störungssegmente zunimmt. Unter solchen Bedingungen entwickeln sich auch relativ heterogene Bereiche, die man als **tektonische Melange** (tectonic melange oder melange) bezeichnet und die als solche kartiert werden können. Allerdings muß man auch primär abgelagerte **Bergstürze** (rock avalanches), sedimentäre **Gleitmassen** (olistostrome) oder extrudierte Produkte von **Schlammvulkanen** (mud volcanoes) als Ausgangsmaterial für Melangen in Betracht ziehen. Die Frage der Detailmechanismen bei der Bildung von Melangezonen stellt sich vor allem bei der Analyse sowohl moderner als auch geologisch erhaltener Akkretionskeile. Durch Absenkung, pro-

Abb. 19.9 Zwei Beispiele von Spiegelharnischen und synthetischen Parabelrissen in Kalkgesteinen an (a) einer Schrägabschiebung mit Bewegung des Hangenden nach rechts unten und (b) einer Blattverschiebung mit dextraler Relativbewegung.

lagerung der Scherkörper als dachziegelartige Schuppenstapel („Duplexe“) innerhalb spröd-duktiler Bewegungszonen. Die **Stapelung** (imbrication) bewirkt ein Einfallen der Scherkörper gegen die allgemeine Bewegung des Hangenden über das Liegende innerhalb einer Scherzone; Schnitte senkrecht zu den linsenförmigen Scherkörpern zeigen meist auch eine **sigmoidale Krümmung** (sigmoi-

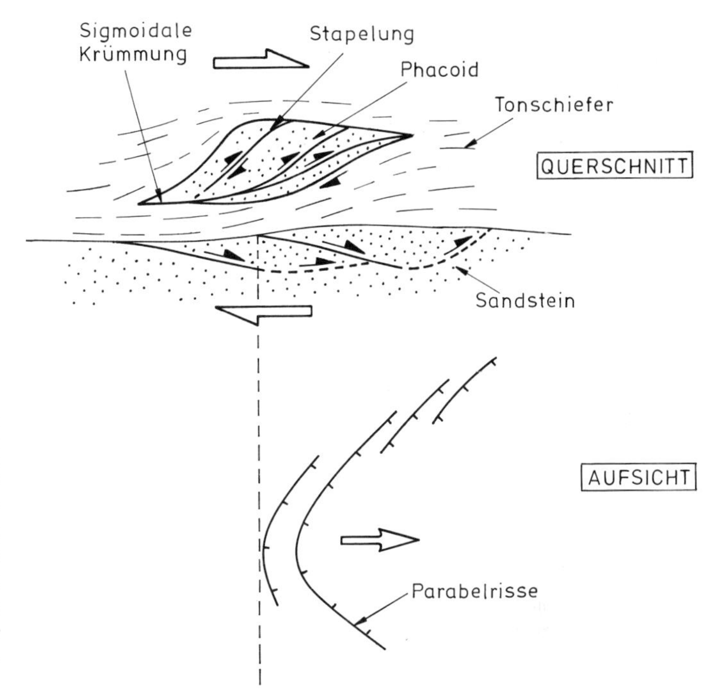

Abb. 19.10 Schema in Profil und Aufsicht für die Entwicklung sekundärer Parabelrisse und das Abheben relativ kompetenter Scherkörper bzw. deren Einbau in weniger kompetente Tongesteine entlang einer spröd-duktilen Scherzone. Angedeutet ist die asymmetrische Schleppung der verjüngten Enden der Scherkörper.

grade Metamorphose und vor allem im Verlauf einer späteren plastisch-duktilen Überprägung von Olistostromen und Melangezonen werden ursprünglich kataklastische Texturen, Zementationsparagenesen und Mineraladern allerdings meist so stark verändert, daß die primären Mechanismen der Melange-Entstehung nur in Ansätzen nachzuweisen sind. Bunt gemischte Lithologien und die dadurch bedingten stratigraphischen Kontakt-Anomalien geben allerdings häufig direkte Hinweise auf einen oberflächennahen oder tektonischen Ursprung der Gesteinsfragmentierung.

19.3 Schiefer

Schiefer (slates, schists) sind Tektonite mit deutlichen planaren Paralleltexturen, welche vor allem durch intergranulare Lösungsvorgänge, bevorzugte Ausrichtung anisometrischer Körner und Neubildung von anisometrischen Korngrenzen erzeugt werden. Die **Schieferung** (cleavage, schistosity) als charakteristische Gesteinstextur vieler Tektonite ist aber auch das Resultat komplexer Relativbewegungen, die Neukristallisation, Rekristallisation und Rotation metamorpher Mineralkörner begleiten. Dabei kommt es vor allem zu einer Anpassung (= Regelung) der blättchenförmigen Phyllosilikate an die Mikrokinematik der Deformation. Man unterscheidet Schiefer deshalb nach den texturprägenden Mineralen bzw. nach dem Grad der Metamorphose, bei dem die Schieferung entstand: so spricht man z.B. von Tonschiefer (slate), Serizit-Chloritschiefer (sericite-chlorite schist), Glimmerschiefer (mica schist) und Glaukophanschiefer (blue schist).

Schieferung entsteht in einem breiten Druck- und Temperaturfeld. Schon bei relativ geringen Differentialspannungen, Temperaturen und Verformungsraten kommt es aufgrund der effektiven Rahmenspannungen an punktuellen Korngrenzen zwischen Phyllosilikaten und anderen Phasen eines Gesteins zur **Drucklösung** (pressure solution) und zu einem Materialtransport der gelösten Substanzen in intragranularen Fluidfilmen. Bei höheren Temperaturen bedingt **Diffusion** (diffusion), also atomarer Materialtransport innerhalb der Körner, ebenfalls die Ausbildung anisometrischer Kornformen. Wie bereits diskutiert, setzt Drucklösung in der Horizontalebene schon während der Kompaktion tonreicher-kalkiger Sedimente ein, wobei eine Reduktion der ursprünglichen Schichtmächtigkeiten um 20% bis 30% erfolgen kann. Tektonische Drucklösung bei Einwirkung von Differentialspannungen an vertikalen Ebenen in Tongesteinen, tonreichen Karbonaten und Quarzsandsteinen ist dann wirksam, wenn ein Volumenanteil von mindestens 10% phyllosilikatischer Matrix (z.B. Illit, Muskovit, Chlorit) vorhanden ist. Dabei kann tektonisch induzierte Drucklösung zu Volumenverlusten bis zu 50% führen. Aus experimentellen und theoretischen Daten läßt sich schließen, daß Drucklösung bei normalerweise geringen regionalen Differentialspannungen innerhalb eines breiten Temperaturfelds zwischen 150°C und 500°C wirksam ist. Für kalkige Gesteine gelten allerdings tiefere Temperaturbereiche als für silikatreiche Sandsteine und Tone. Die Tonmineralsubstanz scheint in vielen Fällen der Drucklösung die Rolle eines geochemischen Katalysators zu spielen.

Drucklösung setzt wahrscheinlich zuerst dort ein, wo Spannungskonzentrationen Verzerrung der Kristallgitter und somit eine erhöhte Löslichkeit der entsprechenden Mineralkörner bewirken (Abb. 19.11). Der Prozeß beginnt somit statistisch betrachtet an Flächen, die senkrecht zur größten tektonischen Hauptspannung orientiert sind und an denen eine progressive koaxiale Verkürzung der Gesteine in Richtung parallel zu σ_1 erfolgt. Die gelöste Mineralsubstanz in der fluiden Phase des Porenraums bewegt sich entlang von lokalen oder regionalen hydraulischen Gradienten. Die dazu notwendige Gesteinspermeabilität muß nicht unbedingt intergranular sein, sondern kann auch als temporäre Bruch-Permeabilität wirksam werden. Lokaler hoher Fluiddruck wirkt in diesen Situationen selbstverstärkend und kann zur Ausbreitung von Extensionsbrüchen senkrecht zur minimalen Hauptnormalspannung beitragen. Auf diese Weise ist es möglich, daß Drucklösungsprozesse, Kataklase und Dilatation auf engstem Raum miteinander in Wechselwirkung treten.

Das Material (z.B. Kalzit, Quarz), das unter Druck gelöst wird, kann also schon im **Druckschatten** (pressure shadow) relativ starrer Körner, aber auch in größeren **Mineraladern** (veins) in unmittelbarer Nähe zum Lösungsherd zur Ausfällung kommen (Abb. 19.11). Bei vielfacher Überlagerung und Wiederholung von Drucklösung, Rißbildung und Ausfällung von Mineralsubstanz in Form gelängter **Kristallfasern** (fibres) wird ein Mechanismus der Deformation eingeleitet, bei dem sich das Gestein makroskopisch verändert, obwohl im mikroskopischen Bereich Lösung und Wiederausfällung dominieren. Man bezeichnet diesen Vorgang als **Riß-Siegelbildung** (crack-seal). An diskreten Gleitflächen entstehen auf diese Weise **Faserharnische** (slickensides) mit gelängten **Kristallfaserlinearen** (slickenfibres), aus deren Abbruchform der Sinn von Relativbewegungen abgelesen werden kann (Abb. 19.12 und 19.13). Verläßt gelöste Materialsubstanz den betrachteten Gesteinsbereich, so kann es in diesem zu bedeutendem Volumenverlust kommen. Die Bildung von Kristallfasern, die als Adern, Druckschattenfüllun-

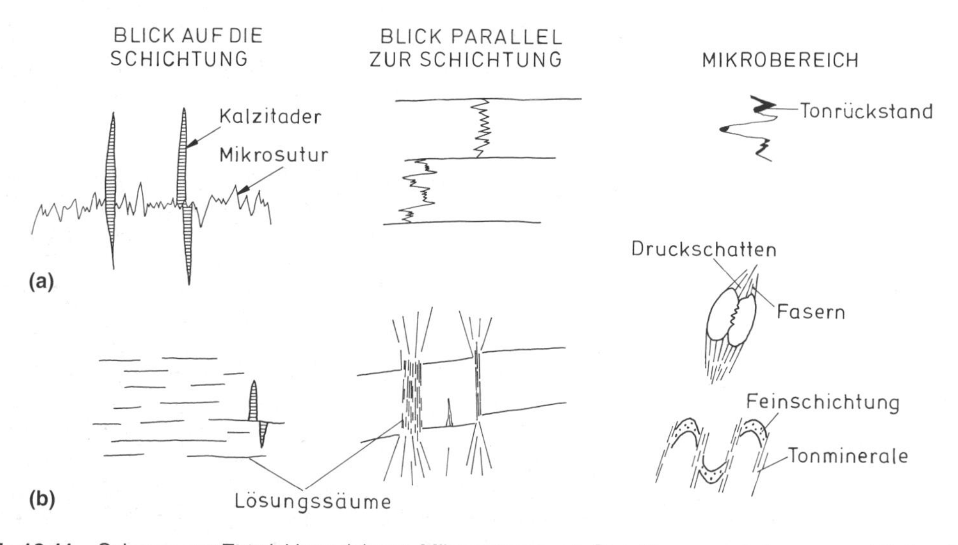

Abb. 19.11 Schema zur Entwicklung (a) von Mikrosuturen mit Stylolithen parallel zu σ_1 und Extensionsrissen senkrecht zu σ_3 bzw. (b) von Lösungssäumen, die in tonreichen Gesteinen zur Entstehung weitständiger bzw. engständiger Schieferung führen können.

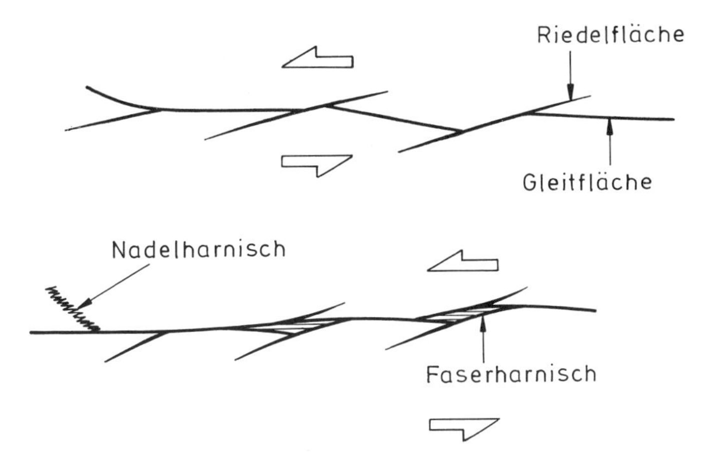

Abb. 19.12 Schema zur Entstehung von Faserharnischen und Nadelharnischen in einem Bereich mit intensiven Fluidbewegungen und begleitendem Lösungstransport; Ansicht parallel zur Richtung der Relativbewegung.

(a)

(b)

Abb. 19.13 (a) Faserharnisch, als Resultat des Faserwachstums von Kalzit in dextraler Riß-Siegel-Öffnung; (b) komplex gescherte Schieferungslamellen in mergeligen Kalken mit Schleppung an den Enden der Kalklinsen im Sinn der Relativbewegung innerhalb der illustrierten Scherzone (Hangendes wurde nach links bewegt).

gen oder Faserharnische auftreten, ist deshalb meist nur ein Teilaspekt komplex überlagerter Fluidbewegungen und Deformationsereignisse. Die mineralogische Zusammensetzung der Fasern reflektiert allerdings häufig die PTX-Bedingungen der Diagenese bzw. der regionalen Metamorphose im umliegenden Gestein. Direkt durch Drucklösung entstehen auch die zwei wichtigsten tektonischen Vorläufer raumgreifender Schieferung, die Mikrosuturen und Lösungssäume.

Mikrosuturen (microsutures) sind unregelmäßige Lösungsflächen, die im Detail aus ineinandergreifenden kegelförmigen Zapfen oder **Stylolithen** (stylolites) bestehen (Abb. 19.11). An Mikrosuturen erfolgt Lösung bzw. Abfuhr der gelösten Mineralsubstanz (z.B. Quarz, Kalzit) und eine komplementäre Anreicherung der schwerlöslichen silikatischen bzw. organischen Rückstände (vor allem Tonminerale). Stylolithen sind überwiegend parallel zur Richtung der lokalen Einengung ausgerichtet, statistisch betrachtet also subparallel zur Z-Achse eines koaxialen Verformungsellipsoids. Sie dienen deshalb als dynamische Indikatoren für die Paläohauptspannungsrichtung σ_1. Die Mikrosuturflächen selbst können aber sowohl schräg als auch senkrecht zur Einengungsrichtung orientiert sein und gehen meist aus präexistierenden planaren Nukleationszonen hervor. Mikrosuturen an schräg zur Einengung orientierten tektonischen Flächen bezeichnet man auch als **Nadelharnische** (slickolites).

(a)

(b)

Abb. 19.14 (a) Weitständige Schieferung bzw. Lösungssäume in karbonatreichen Peliten (Rocky Mountains, Kanada); (b) Engständige Schieferung und Schieferungsrefraktion an der Grenze zwischen einer kompetenten Gesteinslage und Tongesteinen in eng gefalteten klastischen Abfolgen des Rheinischen Schiefergebirges.

Unregelmäßige Mikrosuturflächen sind als Ausgangszonen für raumgreifende Schieferung wahrscheinlich weniger signifikant als planare **Lösungssäume** (solution seams). Letztere bilden isolierte oder komplex verzweigte Flächensysteme in Sedimentgesteinen, die einen Tongehalt von mehr als 10 bis 20% haben und in Richtung parallel zur primären Schichtung eingeengt wurden (Abb. 19.11 und 19.14a). Analog zur mechanisch-chemischen Kompaktion senkrecht zur Schichtung tonreicher Kalke, in denen schließlich parallel zur Schichtung **Pseudoschichtung**, **Flaserung** oder **Knollenstruktur** (pseudobedding, flaser structure, nodular structure) entstehen können, entwickeln sich bei tektonischer Einengung aus Lösungssäumen makroskopisch sichtbare **Querplattung** (cleavage domains), **Schieferungslamellen** (cleavage lamellae) und schließlich **engständige Schieferung** (closely spaces cleavage) senkrecht zur Schichtung. Die laterale Ausbreitung von Lösungssäumen durch Drucklösung des Nebengesteins ist wahrscheinlich ein selbstverstärkender Prozeß, da es nach Abfuhr gelöster Mineralsubstanz am Ende der Lösungssäume zu verstärkter Konvergenz und so zu lokaler Spannungskonzentration kommt. Spannungskonzentration an solchen **„Anti-Rissen"** (anti-cracks) und Ausbreitung von Lösungssäumen führt zur Entwicklung einer makroskopisch sichtbaren **weitständigen** (widely spaced) Schieferung (Abb. 19.14a) und erst im weiteren Verlauf von Lösungsprozessen, verknüpft mit Neukristallisation von Tonmineralen, entsteht eine **engständig-verzweigte Schieferung** (closely spaced-branched cleavage) und schließlich eine **raumgreifende Schieferung** (penetrative cleavage). Formveränderung nicht-phyllosilikatischer Körner durch Drucklösung (Quarz oder Kalzit) bzw. Rotation von Tonmineralen verursacht eine Straffung der Schieferung, die im Frühstadium der Verformung aber annähernd der XY-Ebene eines oblaten Verformungsellipsoids (X = Y) entspricht und meist von einer Volumenverkleinerung begleitet wird (Abb. 19.15).

In verhältnismäßig reinen Tongesteinen verläuft das initiale Stadium des Schieferungsprozesses etwas anders als in tonreichen Kalken oder Sandsteinen, da es in den meist feingeschichteten Tonen während der Einengung parallel zur Schichtung zuerst zur **Mikrofältelung** (microcrenulation) durch Biegegleitung zwischen einzelnen Tonminerallagen kommt. Die Wellenlängen dieser Mikrofältelung liegen dabei in der Größenordnung von 10 bis 100 μ. Progressive Einengung in Temperaturbereichen um 150 bis 200 °C fördert aber Drucklö-

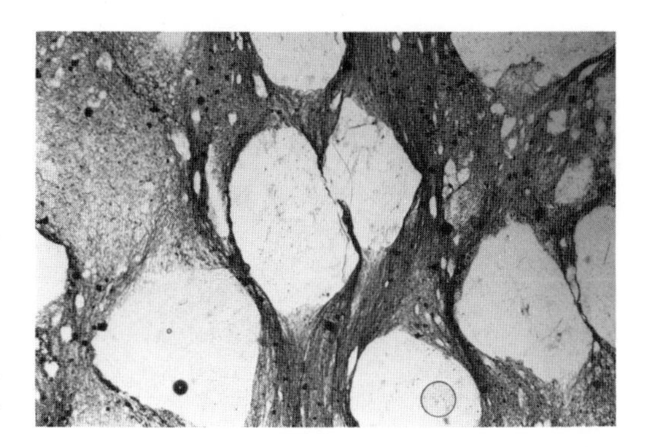

Abb. 19.15 Dünnschliffphoto (Breite des Ausschnitts 4mm) eines stark geschieferten sandigen Tongesteins (Rheinisches Schiefergebirge). Drucklösung an Kontakten von Quarzkörnern und innerhalb der tonigen Matrix erzeugt deutliche Schieferungslamellen (Photo W. Fielitz).

sung am Rand sperrig gelagerter Tonminerale, die sich in den Faltenscharnieren befinden. Weitere Rekristallisation und bevorzugtes Wachstum von Tonmineralen parallel zu den Achsenebenen der Mikrofalten führen schließlich ebenfalls zur Entwicklung engständiger Schieferung parallel zur XY-Ebene des Strainellipsoids. Auch hier bewirken weitere Rotation und Neukristallisation von Illit- und Chloritkristallen progressive Straffung der tektonischen Planartextur (Abb. 19.16).

Da sich Relativbewegungen in bereits geschieferten Gesteinen häufig auf Bereiche mit besonders gut entwickelter Schieferung konzentrieren, kommt es in solchen Tektoniten meist zur **Verformungsaufteilung** (strain partitioning). Ein Ausdruck von Verformungsaufteilung in tonreichen und heterogen zusammengesetzten Schichtabfolgen ist z.B. die **Brechung der Schieferung** (cleavage refraction, siehe Kapitel 16). Die Brechung zeigt, daß in kompetenten tonarmen Gesteinslagen mit weitständigen Lösungssäumen, die einen relativ hohen Winkel der Schichtung einschließen, eine geringere Verformung vorherrscht als in inkompetenten tonreichen Lagen, in denen die engständigen Lösungssäume bald rotiert wurden und heute deshalb geringere Winkel mit der Schichtung einschließen. Durch Transposition gelängter Körner in Richtung der Relativbewegung entstehen auf den Schieferungsflächen dabei gelegentlich schwache Lineationen, die sich zusammen mit rotierten Mineraladern und treppenförmigen Abrissen an Faserhar-

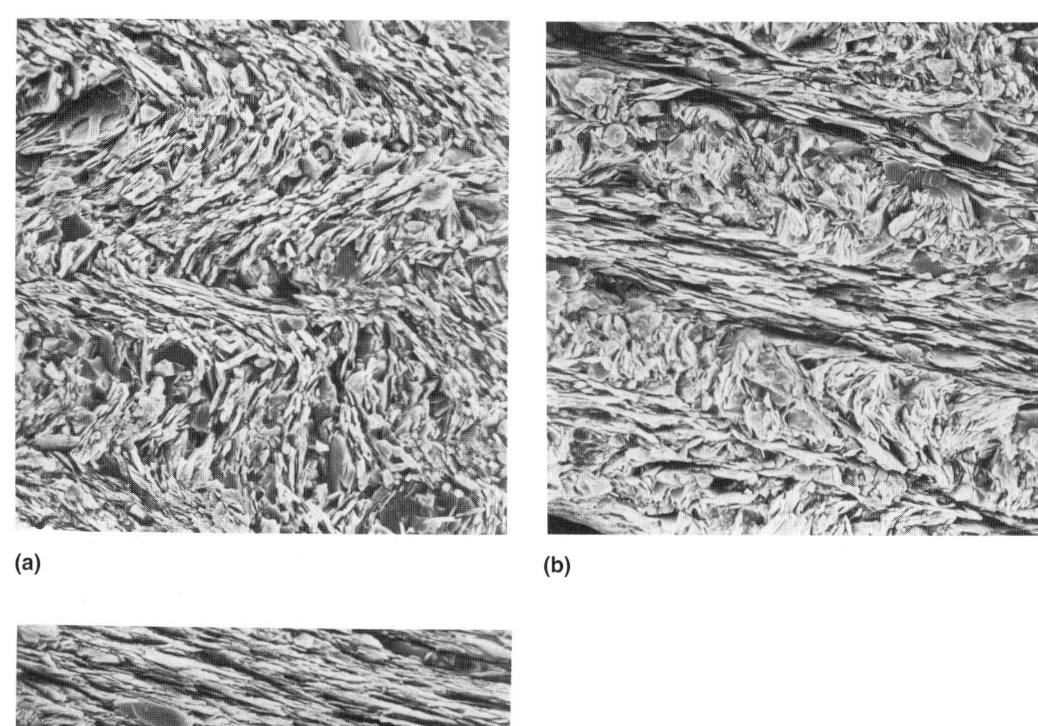

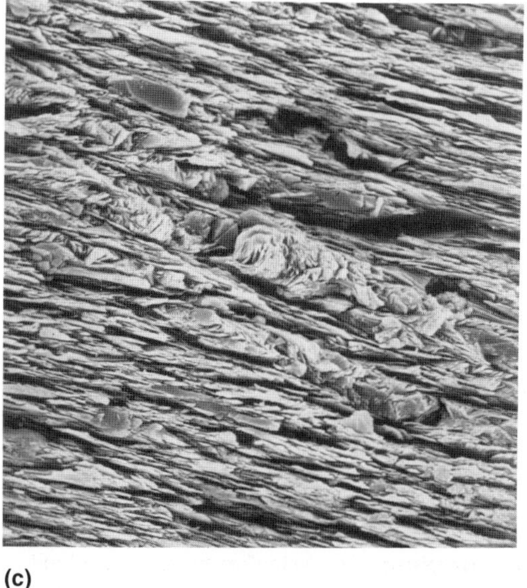

Abb. 19.16 Rasterelektronenmikroskopische Aufnahmen unterschiedlich stark geschieferter Tongesteine aus dem Rheinischen Schiefergebirge (Breite des Ausschnitts 20 µ); (a) zeigt Krenulation von Feinschichtung, (b) Entwicklung von Schieferungslamellen und (c) raumgreifende Schieferung mit lokalen Relikten einer ursprünglichen Feinschichtung in den Illit-Chlorit-Aggregaten (Photos W. Fielitz).

nischen als kinematische Indikatoren benützen lassen.

Viele penetrativ geschieferte Gesteine enthalten verformte geologische Objekte von annähernd bekannter Ausgangsform, wie z.B. Ooide, Reduktionshöfe, Fossilien, Sedimentstrukturen oder Mineraladern. Dabei zeigt sich, daß penetrative Schieferungsflächen in ihrer Orientierung zumindest in erster Annäherung den XY-Ebenen jener Verformungsellipsoide entsprechen, die sich auch aus der Form tektonisch deformierter geologischer Vorzeichnungen ableiten lassen. Verformte Vorzeichnungen deuten auf lokale schichtparallele Volumenverluste bis 50 %, wobei diese Werte durch Einengung meist noch vor Ausbildung größerer Falten und Scherflächen erreicht wurden. Daraus ergibt sich auch die bereits diskutierte geometrische Beziehung zwischen Schichtung und Schieferung in einfachen Scherfalten, da im Bereich subhorizontaler Scharnierzonen jene Schieferungen, die schon früh parallel zu den Achsenflächen von Falten entstanden waren, ihre vertikale Orientierung beibehalten, während sie im Bereich der Schenkel rotiert werden (Abb. 16.25). Bei weiterer Einengung der Falten entstehen divergierende bzw. konvergierende Schieferungsflächen, welche in Form von **Schieferungsfächern** (cleavage fans) symmetrisch um die Achsenflächen zusammengesetzter Faltenzüge angeordnet sind.

Bildung von Schieferung ist in jedem Fall ein progressiv fortschreitender Vorgang, der mit Drucklösung und Lösungstransport von Mineralsubstanz beginnt, durch intergranulare Rotation und Rekristallisation blättchenförmiger Tonminerale verstärkt wird und als Scherung entlang bereits existierender Schieferungslamellen zum Abschluß kommt. Aufgrund der begleitenden Entwässerungsreaktionen entwickelt sich Schieferung bei relativ geringen effektiven Normalspannungen. Bei Anlage neuer Systeme von Schieferungen und Scherflächen lassen sich im Gestein die verschiedenen Generationen von Schieferungsflächen durch Überprägungsbeziehungen erkennen. In geschieferten Gesteinen ist deshalb der relative Anteil der einzelnen Teilprozesse bei der Entstehung der dominierenden Paralleltextur für jeden Tektonit gesondert abzuschätzen. In vielen geschieferten Tektoniten sind deshalb früh entstandene Stylolithen, Lösungssäume oder Mineraladern nicht mehr erhalten und im weiteren Verlauf einer prograden Metamorphose, Faltung oder Transposition werden meist sowohl der ursprüngliche sedimentäre Lagenbau als auch die neugeschaffenen planaren Texturen bis zur völligen Unkenntlichkeit verformt.

19.4 Mylonite

Mylonite (mylonites) sind synkinematisch rekristallisierte Tektonite, die durch penetrative Paralleltexturen (S-Flächen, Foliation, Schieferung) und entsprechende Lineartexturen (Streckungslineationen) gekennzeichnet sind. Während der **Mylonitisierung** (mylonitisation) erfolgt die intragranulare **kristallplastische Verformung** (crystal-plastic strain) von volumetrisch dominierenden Matrixmineralen häufig Hand in Hand mit der kataklastischen **Zerscherung** (fragmentation) oder **Rotation** (rotation) nicht-plastischer **Porphyroklasten** (porphyroclasts) oder **Porphyroblasten** (porphyroblasts). Aufgrund synkinematischer Rekristallisation der kristallplastisch verformten Matrixminerale bleibt die Kohäsion des Gesteins während seiner Verformung aber erhalten. Mylonite entstehen vor allem in duktilen Scherzonen bei Temperaturen über 350 °C, wobei häufig die Minerale Quarz und Kalzit die dominierenden kristallplastischen Matrixminerale darstellen. Gesteinsbildende Silikate wie Feldspat, Glimmer oder Granat etc. verhalten sich bei den geringen Temperaturen der Grünschieferfazies meist als fragmentierte Porphyroklasten, bei höheren Temperaturen der Amphibolitfazies aber ebenfalls als Anteile der synkinematisch rekristallisierten Matrix. In Bereichen der oberen Amphibolitfazies und der granulitfaziellen Metamorphose verhält sich Feldspat meist plastisch. Im oberen Erdmantel ist der Olivin die dominierende kristallplastische Mineralphase.

Da intragranulare Gleit- und Rekristallisationsprozesse in verschiedenen dominierenden Mineralphasen bei verschiedenen Temperaturen einsetzen, spricht man je nach den vorherrschenden Temperaturen während der Mylonitisierung von Hochtemperaturmyloniten (z.B. Amphibolitmyloniten), Mitteltemperaturmyloniten und Tieftemperaturmyloniten (z.B. Grünschiefermyloniten). Das Temperaturregime während der mylonitischen Verformung ergibt sich zumindest angenähert aus den synkinematisch rekristallisierten metamorphen Mineralparagenesen. Je nach Mineralogie der dominierenden Matrixminerale spricht man von Quarz-Mylonit, Kalk-Mylonit, Feldspat-Mylonit etc. (Abb. 19.17).

Entsprechend dem Anteil an Porphyroklasten bzw. Porphyroblasten einerseits und rekristallisierten Matrixmineralen (**Neoblasten**, neoblasts) andererseits unterscheidet man heterogene und meist grobkörnige **Protomylonite** (protomylonites, mit mehr als 50 % Porphyroklasten) von „normalen" **Myloniten** (mylonites, mit 50 bis 10 % Porphyroklasten) und homogenen, feinkörnigen **Ultramyloniten** (ultramylonites, mit weniger als 10 % Porphyroklasten). In vielen natürlichen Myloniten wurden die tektonisch induzierten Texturen wie auch die planaren bzw. linearen Strukturen weitgehend durch postkinematisches Mineralwachstum modifiziert. Viele Metamorphite sind deshalb kaum mehr als Mylonite zu identifizieren und in den meisten postkinematisch rekristallisierten Gneisen und Glimmerschiefern beobachtet man nur undeutlich gewellte Bänderungen und schwach ausgebildete Streckungslineare, die kaum auf den ursprünglichen mylonitischen Charakter der Gesteine hinweisen. Für Mylonite, deren Matrix durch starke Sprossung von Porphyroblasten bzw. Neoblasten charakterisiert ist, gebrauchte man früher deshalb häufig

Abb. 19.17 Dünnschliffansicht normal zur Foliation eines feldspatreichen Mylonits bis Ultramylonits, der bei relativ hohen Temperaturen (um 500 bis 550°C) gebildet wurde (Ausschnitt rund 5mm, Photo A. KROHE).

den Ausdruck **Blastomylonite** (blastomylonite). Da aber die Bildung von Porphyroblasten und Neoblasten ein normaler Prozeß ist, der die prograde metamorphe Mylonitisierung begleitet, läßt sich dieser Begriff nur schlecht definieren und ist eigentlich überflüssig.

Das intragranulare Zergleiten und die gleichzeitige Rekristallisation von Mineralen in tektonischen Spannungsfeldern bei höheren Temperaturen und Drücken läßt sich vor allem aus der natürlichen Unordnung in der Verteilung der Atome in den Kristallgittern aller **Realkristalle** verstehen. Die **Gitterfehler** (Gitterstörungen, Gitterdefekte, lattice defects) treten dabei entweder punktförmig, linear oder flächenhaft auf. **Punktdefekte** (point defects) sind z.B. atomare Leerstellen, Fehlordnungen, Verunreinigungen oder Mischkristallbildungen. **Liniendefekte** oder **Versetzungen** (line dislocations) können als Stufenversetzungen oder Schraubenversetzungen auftreten, während **Flächendefekte** (planar defects) sich in Form von Zwillingsgrenzen, Stapelfehlern, Lamellen oder Subkorngrenzen äußern. Die kristallplastische Verformung dominierender Matrixminerale in Myloniten entspricht im wesentlichen einer durch intrakristalline Scherspannungen induzierten Bewegung von Gitterfehlern aus dem Inneren der Kristallkörner an ihre Korngrenzen (Abb. 19.18). Da die Dichte von Gitterfehlern in Kristallen mit der Temperatur zunimmt, sind bei höheren Temperaturen auch die Scherspannungen geringer, bei denen ein Kristall plastisch verformbar ist.

Das **Versetzungsgleiten** (dislocation glide) bedeutet also eine Bewegung von Gitterfehlern um diskrete Beträge (Burgers-Vektoren) entlang kristallographisch indizierbarer **Gleitebenen** (slip planes) in ebenfalls kristallographisch indizierbaren **Gleitrichtungen** (slip directions). Dabei ist es wahrscheinlich, daß in einem Kristall bei verschiedenen Temperaturen oder Verformungsraten auch das Versetzungsgleiten an unterschiedlichen Gleitebenen bzw. in verschiedenen Gleitrichtungen erfolgen kann. Kommt es während der Bewegung von Gitterfehlern bei niedrigen Temperaturen im Umfeld der Kristalle zu keiner synkinematischen Rekristallisation, so kann die Dichte von Gitterfehlern im Randbereich des Kristalls so groß werden, daß sie mikroskopisch als Lamellen zu erkennen sind. Randliche Ansammlungen von Versetzungen interferieren bei niedrigen Temperaturen auch miteinander, führen zu einer teilweisen Blockierung weiterer Bewegungen und bewirken auf diese Weise eine signifikante Erhöhung der Festigkeit, die sich als **Verformungshärtung** (strain hardening) des Kristallaggregats bei zunehmender Verformung nachweisen läßt.

Bei Temperaturen von mehr als 350 bis 400 °C kommt es allerdings meistens zu einer **dynamisch-synkinematischen Rekristallisation** (dynamic, synkinematic recrystallisation) der kristallplastisch deformierten Körner (z.B. Quarz). Dabei nähern sich die Gleitebenen bzw. Gleitrichtungen der Einzelkristalle statistisch den kristallexternen Scherflächen bzw. Scherrichtungen (Abb. 19.19). Dies erfolgt in der Weise, daß sich die Größe, Form und Gitterorientierung der einzelnen Kristalle durch **Polygonisierung** (polygonisation) und **Subkornrotation** (subgrain rotation) bzw. schließlich bei höheren Temperaturen durch **Korngrenzwandern** (grain boundary migration) so verändern, daß Kri-

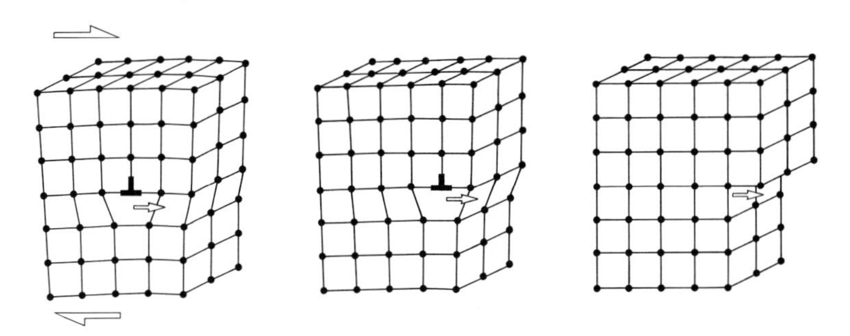

Abb. 19.18 Deformation eines kubischen Kristallgitters durch Bewegung einer Linienversetzung aus dem Inneren an den Rand des Kristalls.

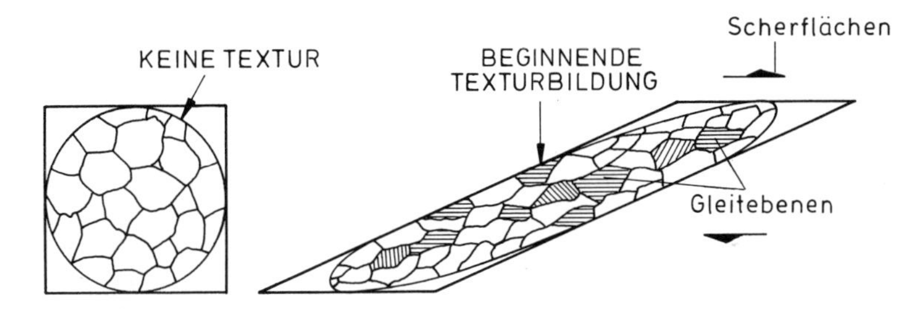

Abb. 19.19 Schematische Illustration einer ebenen einfachen Scherung und progressiven Texturbildung durch Entwicklung von Formanisotropie der Einzelkörner und Gitterregelung im kristallplastischen Kornverband, wobei intragranulares Gleiten, Rekristallisation und Korngrenzwandern wesentlichen Anteil haben.

stalle mit relativ ungünstiger Orientierung der internen Gleitsysteme statistisch allmählich durch Kristalle mit einer günstigen Orientierung der internen Gleitsysteme verdrängt werden. Progressive Verformung der mylonitischen Matrix führt also zu einer statistisch signifikanten Ausrichtung (**Regelung**, preferred orientation) der Kristallgitter in den Matrixmineralen. Man bezeichnet diesen Vorgang im Gegensatz zur **Rotation** oder **Formregelung** (rotation, preferred shape orientation) anisometrischer Körner als **Gitterregelung** (preferred lattice orientation) der Minerale. Der Grad der Regelung kristallplastisch verformter Matrixkristalle in Myloniten läßt sich durch statistische mikroskopische Messung der kristallographischen Elemente von Einzelkörnern in Dünnschliffpräparaten des Gesteins nachweisen. So zeigt sich, daß z.B. im Quarz die kristallographische a-Achse (Abb. 19.20) eine bedeutende Gleitrichtung ist, was sich bei statistischer Messung der Orientierung von Quarz-c-Achsen und Darstellung im Stereonetz durch eine Großkreisbesetzung der c-Achsen um die externe Scherrichtung äußert (Abb. 19.21 und 19.22). Die Scherrichtung ergibt sich meist auch aus anderen makroskopischen und mikroskopischen kinematischen Indikatoren. Der Olivin, als dominierendes Mineral des Oberen Mantels, besitzt bei höheren Temperaturen ebenfalls eine bevorzugte Gleitrichtung parallel zur a-Achse [100] und eine Gleitfläche parallel zur kristallographischen Ebene (010). Dieser Sachverhalt geht aus zahlreichen Texturanalysen an xenolithischen Mantelgesteinsfragmenten und allochthonen Mantelschuppen hervor, in denen die Regelung von Olivin untersucht wurde.

Bei Temperaturen nahe dem Schmelzpunkt gesellt sich zum Wandern von Versetzungen in Kristallen die intragranulare Diffusion von Atomen oder von Atomgruppen, was in Form des **Diffusionsfließens** (diffusion creep) zur makroskopisch sichtbaren Verformung Anlaß gibt. Dabei bewegen sich kristallographische Leerstellen im Kristallgitter bevorzugt in Richtung der größten momenta-

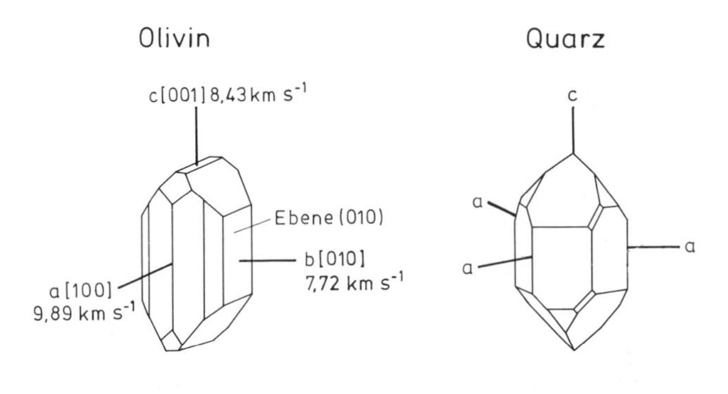

Abb. 19.20 Die kristallographischen Achsen und Ebenen von Olivin und Quarz, welche für ihr plastisches Verhalten signifikant sind (siehe Text).

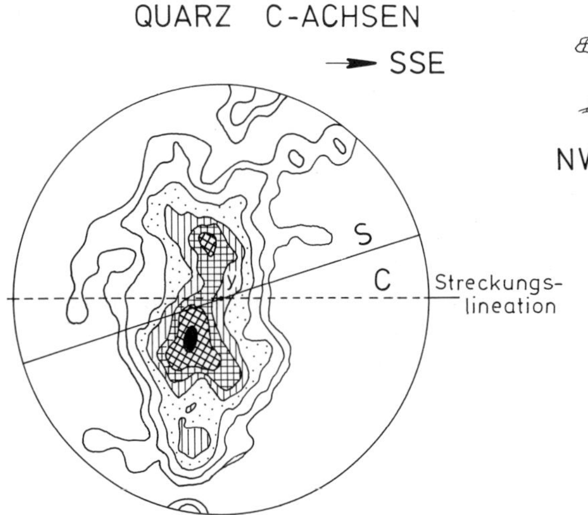

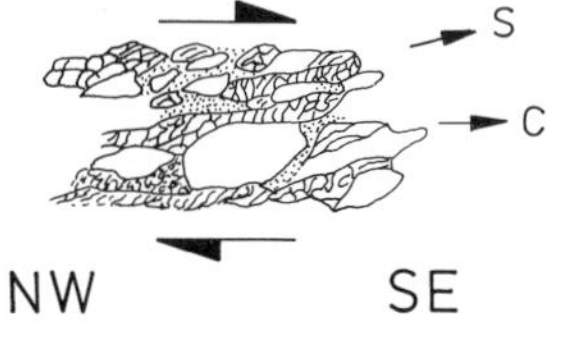

Abb. 19.21 Statistische Ausrichtung der kristallographischen Quarz-c-Achsen in einem quarzreichen Granit-Mylonit, welcher sich an einer retrograden Überschiebungszone des Schwarzwalds, SW-Deutschland, bildete. Regelung ist dargestellt als statistisch ausgezählte Raumverteilung der c-Achsen im Stereonetz. Links oben ein Querschnitt durch den Kornverband parallel zur makroskopischen Streckungslineare (= Scherrichtung) und normal zur Foliation (Messung und Auszählung A. KROHE).

nen Verkürzung. D.h., die Kristalle erscheinen senkrecht zur momentanen Z-Achse geplättet. Dieser Vorgang hat texturell den gleichen Effekt wie Drucklösung und äußert sich mikroskopisch in Schnitten parallel zum makroskopischen Streckungslinear als bevorzugte Längung der Körner.

Neben dem Versetzungsgleiten und Diffusionsfließen kann es vor allem im Kornverband feinkörniger Kristallaggregate durch konzentrierte Ansammlung von Versetzungen am Rande der Kristalle zu einem plötzlichen Gleiten an günstig orientierten Korngrenzen kommen (**Korngrenzgleiten**, grain boundary sliding). Man bezeichnet diese Art des Versagens als **Superplastizität** (superplasticity). Sie läßt sich gelegentlich in feinkörnigen mylonitischen Mineralaggregaten durch Abwesenheit jeglicher kristallographischer Regelung nachweisen. Korngrenzgleiten erfolgt wahrscheinlich auch bei „implosiv" ablaufenden Phasenveränderungen in der unteren ozeanischen Platte während tiefer Erdbeben an steilen Subduktionszonen.

Der Verformungsbetrag, der im Verlauf einer Mylonitisierung in einem Gestein erreicht wird, ist quantitativ nur schwer zu erfassen, da die Mylonitisierung meist von einer extremen Transposition des Lagenbaus begleitet wird und sich dessen ursprüngliche Form kaum rekonstruieren läßt. Nur an den Rändern mylonitisch-duktiler Scherzonen läßt sich gelegentlich die graduelle Entwicklung einer mylonitischen Foliation aus dem unverformten Nebengestein in die eigentliche duktile Scherzone hinein verfolgen. Die sichtbare **mylonitische Foliation** (mylonitic foliation) entsteht a) durch progressive Rotation blättchenförmiger Porphyroklasten (Glimmer) in die XY-Ebene des finiten Verformungsellipsoids, b) durch Drucklösung oder Diffusion mit

(a)

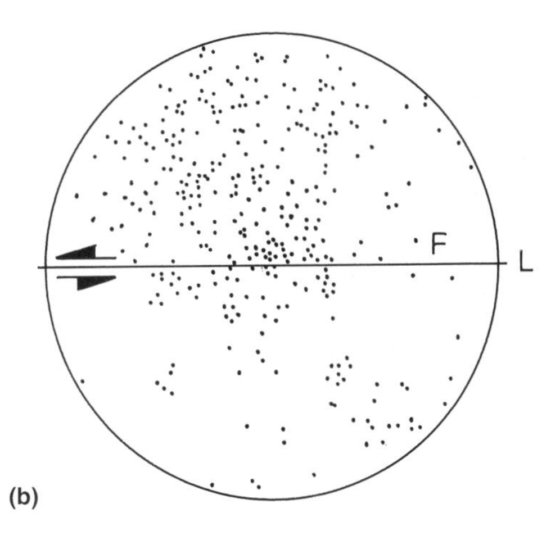

(b)

Abb. 19.22 Quarztextur im Dünnschliff eines Granit-Mylonits aus dem Odenwald (Bildweite rund 3 mm); (a) die Asymmetrie der Korngrenzen zu der von Glimmern gebildeten Scherfläche deutet auf sinistralen Schersinn; (b) Regelung der c-Achsen von Quarz ist relativ schwach (Messung und Photo A. KROHE).

Anpassung der Kornform an das momentane finite Verformungsellipsoid, c) durch Überlagerung relativ diskreter Scherflächen über die planaren Texturen des penetrativ verformten Kornverbands und d) durch Rekristallisation und Neubildung blättchenförmiger Minerale (Glimmer) parallel zu tektonisch neugebildeten Flächensystemen. Die Gitterregelung kristallplastischer Matrixminerale muß dabei nicht direkt mit der Entwicklung makroskopisch sichtbarer Texturen zusammenhängen. Die makroskopisch sichtbare **Streckungslineation** oder das **Streckungslinear** (stretching lineation) ist vor allem das Resultat a) einer Rotation stäbchenförmiger Minerale (Hornblende, Sillimanit) in Richtung der X-Achse des finiten Strainellipsoids, b) einer Rekristallisation stäbchenförmiger Minerale (Hornblenden, Sillimanit) und c) einer Dispersion fragmentierter Porphyroklasten in Richtung der Scherung. Nimmt man an, daß der Verformungsbetrag in den meisten Myloniten bedeutend ist, so folgt, daß die Streckungslineation in der X-Achse des finiten Verformungsellipsoids mit der Scherrichtung praktisch identisch ist (Abb. 19.23). Bei makroskopisch dominierender Lineation bzw. Foliation spricht man von L-Myloniten, S-Myloniten oder L-S-Myloniten (Abb. 19.24).

Während der progressiven Entwicklung von Tektoniten in mylonitisch-duktilen Scherzonen kommt es im Mikrobereich zur intensiven Wechselwirkung zwischen der kristallplastisch-rekristallisierenden Matrix auf der einen Seite und neu wachsenden Porphyroblasten bzw. instabilen reliktischen Porphyroklasten auf der anderen Seite. Da die penetrative mylonitische Foliation meist das Resultat eines

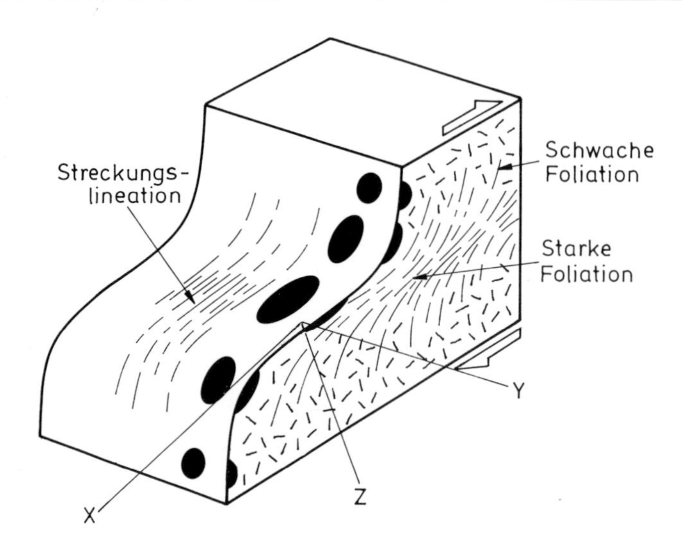

Abb. 19.23 Beziehung zwischen Intensität der inhomogenen Verformung, dargestellt durch Verformungsellipsoide, und Entwicklung einer penetrativen Foliation bzw. Streckungslineation innerhalb mylonitisch verformter Scherzonen.

(a)

(b)

Abb. 19.24 Blick (a) auf die Foliationsebene und Streckungslineation, (b) quer zur Foliation eines L-S-Mylonits (Whipple Mountains Kernkomplex, westliche USA), in dem Porphyroklasten als deutlich asymmetrische Fragmentzüge mikrokinematische Indikatoren bilden.

ebenen nonkoaxialen Verformungsregimes ist und in erster Annäherung bei einfacher Scherung entsteht (Abb. 19.23), resultieren in relativ homogenen Ausgangsgesteinen, wie z.B. in Granitoiden, bei relativ homogener Verformung konsistente mikrokinematische Indikatoren für den Sinn der internen Rotationen (oder **Vortizität**, vorticity). Typischerweise entwickeln sich **mikrokinematische Indikatoren** (microkinematic indicators) in Myloniten im unmittelbaren Kontaktbereich zwischen den rotierenden Porphyroblasten bzw. zerbrechenden Porphyroklasten und den rekristallisierenden Mineralen der umgebenden Matrix. In Dünnschliffen und Anschliffen, die senkrecht zur Foliation und parallel zur Streckungslineare orientiert sind, läßt sich aus den kinematischen Indikatoren vor allem der dominierende Schersinn bei penetrativer einfacher Scherung ablesen, gelegentlich kann aber auch der relative Beitrag von einfacher und reiner Scherung zur Gesamtverformung erfaßt werden.

Beispiele für mikrokinematische Indikatoren, wie sie in Dünnschliffen parallel zur Streckungslineation zu erkennen sind, zeigt Abb. 19.25. Phyllosilikatische Porphyroklasten sind dabei häufig durch **sigmoidale Schleppung** (sigmoidal drag, mica fish, Abb. 19.25a) charakterisiert, isometrische Feldspat- und Granat-Porphyroklasten bilden dagegen häufig asymmetrische **Fragmentzüge** (fragment tails, Abb. 19.25b und 19.27). Im Lee rotierender Porphyroklasten oder Porphyroblasten öffnen sich **asymmetrische Druckschatten** (pressure shadows, Abb. 19.25c), in denen metamorphe

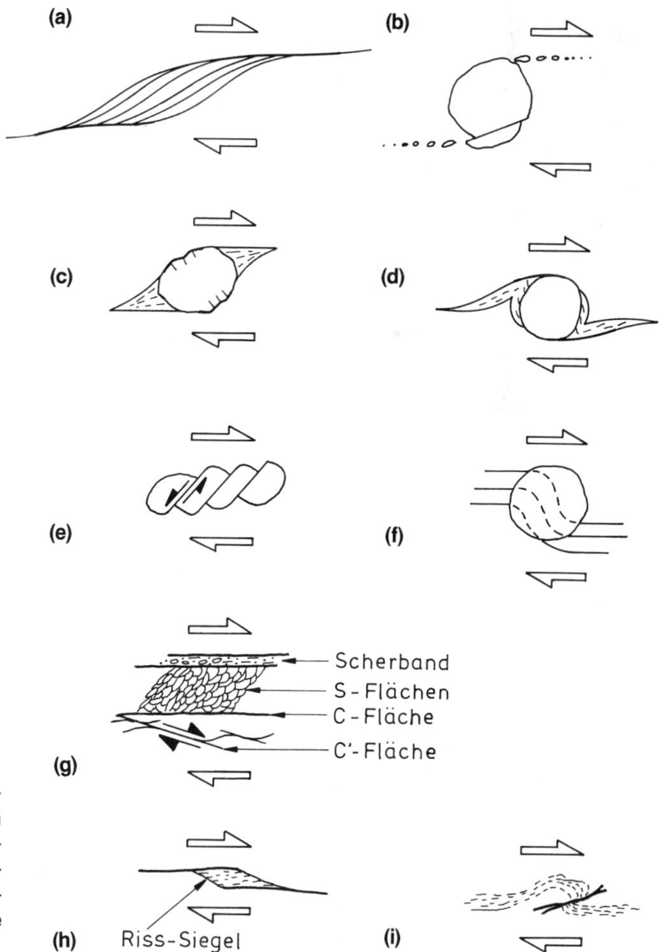

Abb. 19.25 Beispiele für mikrokinematische Indikatoren, die sich in Schnitten parallel zur Streckungslineation bei der Bestimmung des Schersinns in penetrativ deformierten Myloniten als nützlich erweisen (siehe Text).

Mineralneubildung erfolgt, während an der Stoßseite asymmetrische Druckspuren (Risse oder Stylolithen) auftreten. Sowohl Fragmentzüge wie auch Druckschattenfasern entwickeln sich bei weiterer Rotation des gesamten Kontaktbereichs häufig zu asymmetrischen **Delta-Strukturen** (delta structures, rolling structures, Abb. 19.25d und Abb. 19.26). Porphyroklasten werden oft durch antithetische **transgranulare Mikrobrüche** (micro cracks) in Richtung der Extension gelängt (Abb. 19.25e). Kommt es während des Wachsens von Porphyroblasten zu ihrer Rotation, so entstehen **Schneeballporphyroblasten** (v.a. im Granat), die gelegentlich eine deutliche vom Porphyroblasten überwachsene und mit dem Porphyroblasten rotierte interne Foliation zeigen (Abb. 19.25f).

In retrograden Myloniten entwickeln sich bei zunehmender Verformungskonzentration häufig synthetische und antithetische **Scherbänder** (shear bands) und sogar diskrete **Scherflächen** (C-Flächen, C-surfaces). Die Entwicklung dieser Texturen wird vor allem durch retrograde Fluidzufuhr und Neukristallisation von Glimmern gefördert (Abb. 19.28). Scherbänder und Scherflächen (C-Flächen) queren dabei häufig die mylonitische **Schieferung** (S-Flächen), wobei es zur Längung der Matrixkörner in Richtung der momentanen Streckungsachse kommt (Abb. 19.25g). Der spitze Winkel zwischen der penetrativen Schieferung (S) und den synthetischen Scherflächen (C) deutet den allgemeinen Sinn der Relativbewegung an. In retrograden Myloniten können solche **C-S-Texturen** (C-

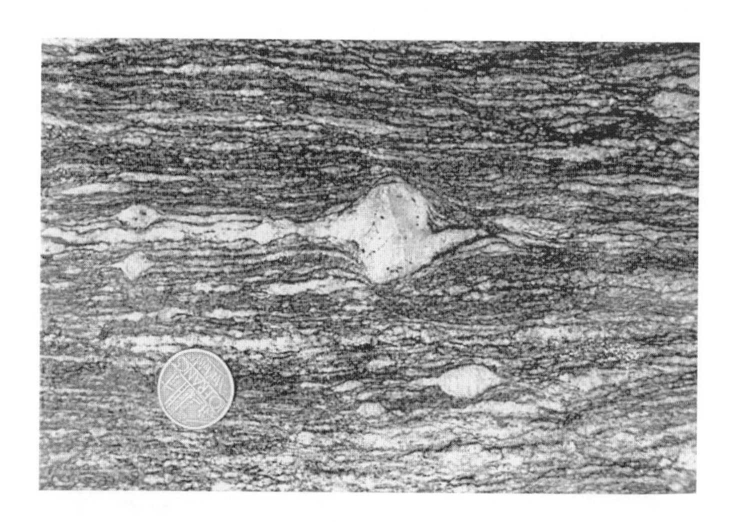

Abb. 19.26 Delta-Strukturen an Feldspatporphyroklasten (Aufschluß parallel zur Streckungslineare); das Hangende der duktilen Scherzone bewegte sich nach rechts (Photo A. Chauvez).

Abb. 19.27 Protomylonit mit Fragmentzügen an Feldspatporphyroklasten, die sich entlang synthetischer Scherbänder entwickelten; das Hangende bewegte sich nach links bzw. links unten (Photo H. Echtler).

(a)

(b)

Abb. 19.28 Synthetisch-dilatative Scheradern in einer aus klastischen Sedimenten zusammengesetzten Transpositionszone. (a) Ansicht senkrecht zur Foliation mit Relativbewegung des Hangenden nach links (Bildbreite 20 cm); (b) Dünnschliffbild einer Scherader des Beispiels (a) aus Kalzit mit Ausrichtung der Kristallfasern parallel zur Bewegungsrichtung (Photo H. ECHTLER).

Abb. 19.29 Asymmetrische Stauchung relativ kompetenter Lagen in einer duktilen Scherzone bei Bewegung des Hangenden nach links (Photo A. CHAUVEZ).

S fabrics) auch durch weitere Generationen **synthetischer Mikroriedelflächen** (C'-Flächen) modifiziert werden. Treten gleichzeitig auch antithetische Gleitflächen und Scherbänder auf, so ist die Bestimmung der makroskopisch dominierenden Relativbewegung schwierig.

Entlang von relativ diskreten, unebenen Scherflächen bilden sich in linsenförmigen Hohlräumen durch Kristallisation von Mineralsubstanz **Riß-Siegel** (crack-seal) Texturen oder **Scheradern** (shear veins), in denen gelängte **Kristallfasern** (fibres) den Sinn der Relativbewegungen andeuten (Abb. 19.25h). Bei stark retrograder Mylonitisierung kommt es gelegentlich zur **asymmetrischen Knickfaltung** (kinking) oder **Stauchung** (buckling) feinkörniger phyllosilikatischer Lagen, wobei Disharmonie und Vergenz der Mikrokrenulation ebenfalls Schlüsse auf den Sinn der Relativbewegungen im Gestein erlauben (Abb. 19.25i und 19.29). Im allgemeinen sollte man zur Bestimmung des Verformungsregimes und zur Festlegung des Sinns von Relativbewegungen in Myloniten sowohl makroskopische Strukturen als auch mikrokinematische Indikatoren benützen. In Tektoniten, die bei hohen Temperaturen entstanden sind, polyphase Verformung erfahren haben und aus stark anisotropem Ausgangsmaterial bestehen, lassen sich allerdings Relativbewegungen, angedeutet durch kinematische Indikatoren, nur mit größter Sorgfalt vom Kleinbereich auf regionale Großstrukturen extrapolieren.

19.5 Tektonische Texturen und seismische Wellen

Ausbreitungsgeschwindigkeit und Polarisation seismischer Wellen in der Erde sind vor allem abhängig von der Dichte und von der Anisotropie der elastischen Eigenschaften der Gesteine. Die Anisotropie eines geologischen Körpers spiegelt sich entweder als stofflicher Lagenbau oder als Textur wider.

Seismische Anisotropie (seismic anisotropy), die in situ für große Teile des Oberen Mantels demonstriert werden kann, scheint vor allem durch weitverbreitete mylonitische Texturen ultramafischer Tektonite bedingt zu sein. Sowohl die Ausbreitung von Longitudinal- (P) und Scher- (S) Wellen als auch das Verhalten unterschiedlich polarisierter Oberflächenwellen zeigen, daß der Erdmantel bis in Tiefen von mindestens 450 km texturelle Anisotropien besitzt. Recht klare Hinweise auf eine Anisotropie hinsichtlich der P-Wellen gibt es vor allem für den obersten subozeanischen Mantel, wo die Geschwindigkeiten parallel zu ozeanischen Bruchzonen bis zu 5% höher sind als senkrecht dazu. Die petrotektonische Analyse von Mantelgesteinsproben aus Ophiolithen zeigt, daß in Olivin-Pyroxen-Tektoniten der volumetrisch dominierende Olivin eine deutliche Gitterregelung besitzt. Experimentelle Untersuchungen des Fließverhaltens von Olivin zeigen außerdem, daß bei hohen Temperaturen die Ebene (010) des Olivins eine häufige Gleitebene und die a-Achse [100] eine dominierende Gleitrichtung darstellt (Abb. 19.20). Da die kristallographische a-Achse des Olivins aber auch die Richtung mit der größten Wellengeschwindigkeit im elastisch anisotropen Olivin ist, kann man annehmen, daß im Oberen Mantel die Richtungen hoher P-Wellengeschwindigkeiten mit den statistischen Gleitrichtungen der geregelten Olivinkristalle zusammenfallen. D.h., es erfolgt im Oberen Mantel der ozeanischen Lithosphäre Fließen parallel zu den Bruchzonen und mehr oder weniger senkrecht zu den Spreizungszentren. Die Dispersionscharakteristik polarisierter Oberflächenwellen deutet außerdem an, daß Texturen ultramafischer Manteltektonite sowohl „eingefrorene" Scherungsvorgänge der geologischen Vergangenheit abbilden als auch direkt mit der modernen Dynamik der Mantelbewegungen in Verbindung stehen können (siehe Kapitel 22).

Die experimentelle Durchschallung von mylonitischen Gesteinsproben deutet ebenfalls an, daß eine statistische Ausrichtung von Kristallgittern und Mikrorissen eine Anisotropie und somit auch Polarisation seismischer Wellen erzeugen kann (Abb. 19.30). Allerdings sind für in-situ Krustengesteine neben der Anisotropie auch stoffliche Heterogenitäten zu erwarten, so daß der seismische Feldnachweis regionaler Anisotropien in Krustengesteinen nicht einfach ist.

Als **seismische Reflektoren** (seismic reflectors) in der Erdkruste kommen jene geologischen Grenzflächen in Frage, an denen ein hoher Kontrast der **seismischen Impedanz** (seismic impedance) auftritt. Die seismische Impedanz ist das Produkt aus seismischer Wellengeschwindigkeit und Dichte des Gesteins ($v \cdot \rho$). Die **Reflektivität** (reflectivity) bei vertikalem Einfallswinkel der Wellen wird durch den **Reflexionskoeffizienten** $(v_2\rho_2 - v_1\rho_1) / (v_2\rho_2 + v_1\rho_1)$ für die Grenzfläche zwischen Schicht 1 und Schicht 2 definiert. Allgemein registriert man in der Kruste also dort Reflexionen, wo Gesteine mit verschiedener Impedanz aneinandergrenzen, wie z.B. an stofflich bedingten Grenzflächen innerhalb sedi-

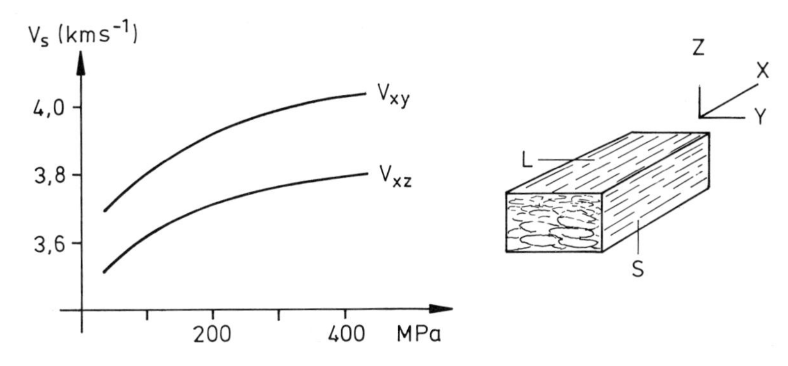

Abb. 19.30 Experimentell ermittelte Geschwindigkeiten polarisierter Scherwellen in der XY- bzw. XZ-Ebene eines mylonitischen Amphibolits in Abhängigkeit vom Überlagerungsdruck. Das Experiment belegt die Abhängigkeit der seismischen Anisotropie von der Orientierung der Korngrenzen und Mikrorisse bei niedrigen Drücken und von der Regelung bzw. Textur bei höheren Drücken. Die größeren Geschwindigkeiten werden bei Schwingungen in der XY-Ebene registriert (nach SIEGESMUND & VOLLBRECHT, 1991).

mentärer Abfolgen. Innerhalb der kristallinen Kruste können so nicht nur mafische Lager, sondern auch transponierte Karbonat- und Kalksilikatlagen in Gneisen oder Intrusivkontakte linsenförmiger granitoider Gneiskörper mit Glimmerschiefern als deutliche Reflektoren zu erkennen sein. Allerdings können an breiten Scherzonen innerhalb kristalliner Gesteinskomplexe bei sekundärer Texturprägung und Wasserzutritt retrograde Mineralreaktionen häufig so bedeutend sein, daß die Impedanzunterschiede gegenüber den tektonisch nicht überprägten aber stofflich ähnlichen Nebengesteinen ausreichen um Reflexionen zu produzieren.

Seismische Reflektoren werden im allgemeinen in Form migrierter seismischer Abspielungen dargestellt und als reflexionszeitlich korrigierte („invertierte“) **Linienzeichnungen** (line drawings) geologisch interpretiert. Die Interpretation eines jeden seismischen Profils kann aber nicht viel besser sein als das geometrisch-kinematische Modell, welches aus dem geologischen Datenmaterial oberflächennaher Aufschlüsse bzw. aus Bohrungen erstellt wird. Man muß sich nämlich in jeder Situation entscheiden, ob es sich bei den in Profilschnitten dargestellten Reflektoren um tektonisch bedeutende Zonen der Relativbewegung oder um Grenzflächen zwischen stofflich unterschiedlichen Gesteinseinheiten bzw. um beides gleichzeitig handelt (Abb. 23.2). Im Fall extremer Transposition oder bei einem Vorliegen zahlreicher flacher Intrusionskörper, wie sie z.B. für Bereiche der kontinentalen Unterkruste zu erwarten sind, kann man mit einer vielfachen Überlagerung textureller Anisotropien bzw. stofflicher Heterogenitäten rechnen. Die tektonische Interpretation reflektierender Grenzflächen muß deshalb immer modellbezogen bleiben und basiert zu wesentlichen Anteilen auf regionalgeologischer Erfahrung.

Literatur

EISBACHER, 1970; RAMSAY & GRAHAM, 1970; ENGELDER, 1974; BERTHE et al., 1979; WHITE et al., 1980; WEBER, 1981; BORRADAILE et al., 1982; HOUSE & GRAY, 1982; BOUCHEZ et al., 1983; SIMPSON & SCHMID, 1983; WHITE & WHITE, 1983; LISTER & SNOKE, 1984; WENK, 1985; HOBBS & HEARD, 1986; SCHMID & CASEY, 1986; SIBSON, 1986; SIMPSON, 1986; VAUCHEZ, 1987; GROSHONG, 1988; SWANSON, 1988; DALY et al., 1989; MAINPRICE & NICOLAS, 1989; VON BLANCKENBURG et al., 1989; HANDY, 1990; JI & MAINPRICE, 1990; SIEGESMUND & VOLLBRECHT, 1991; CAMELI et al., 1993.

20 Tektonik, Sedimentation und relativer Meeresspiegel

Die Vertikalkomponente tektonischer Relativbewegungen verursacht im allgemeinen ein topographisches **Relief** (relief), welches auf indirektem Weg erosive bzw. sedimentäre Prozesse an der Erdoberfläche auslöst und steuert. Erosion hochgelegener Gebirgsrücken, gefolgt von fluviatilem Transport des erodierten Materials entlang topographisch-tektonischer Gradienten und Sedimentation dieses Materials in tektonisch kontrollierten Absenkungsbereichen sind deshalb wesentliche Teilaspekte der tektonischen Entwicklung aller größeren Krustenbereiche. Die Beziehung zwischen tektonisch gehobenen **Abtragungsgebieten** (source areas) und abgesenkten **Sedimentbecken** (sedimentary basins) läßt sich in verschiedenen Größenordnungen untersuchen.

In überregionalen Größenordnungen unterscheidet man die sedimentären-vulkanischen Füllungen kontinentaler Rifts (3 bis 7 km mächtig), die Abfolgen passiver Kontinentalränder und Aulakogene (bis maximal rund 18 km mächtig), die Becken- und Schwellenfazies intrakontinentaler Plattformen (1 bis 6 km mächtig), die Sedimentbedeckung isolierter intraozeanischer Plateaus (um 2 bis 5 km mächtig), die klastischen und chemischen Sedimente der Tiefseeböden (bis rund 3 km mächtig), die stark deformierten Akkretionskeile bzw. die weniger stark deformierten Ablagerungen in Forearc-Becken konvergenter Plattenränder (10 bis 20 km mächtig), die extrem variablen Füllungen ozeanischer Randbecken (bis 15 km mächtig), die Überlappungsfolgen in Nachfolgebecken im Bereich der Grenzzonen akkretionierter Terrane (bis 8 km mächtig) und schließlich die asymmetrischen Füllungen der Vorlandbecken, die sich hinter magmatischen Bögen und an der kontinentalen Seite von Kollisionszonen bilden (2 bis 7 km mächtig).

Im Bereich dieser plattentektonischen Großstrukturen unterscheidet man im regionalen Maßstab je nach dem Überwiegen bestimmter tektonischer Begrenzungsflächen drei Haupttypen sedimentärer Becken. **Extensionsbecken** (extensional basins) werden von Abschiebungen begrenzt und stellen meist komplexe Halbgräben dar. **Blattverschiebungsbecken** (strike-slip basins) entwickeln sich entlang von Übertritten zwischen divergenten oder konvergenten Segmenten größerer Blattverschiebungssysteme. Asymmetrische **klastische Keile** (clastic wedges) und **Huckepack-Becken** (piggyback basins) bilden sich dagegen im Liegenden bzw. Hangenden bedeutender Überschiebungen, wobei die Becken meist im Kern asymmetrischer Synklinalen liegen.

Wesentlich für die Art der sedimentären Füllung **syntektonischer Becken** (syntectonic basins) sind vor allem Distanz und topographischer Gradient zwischen den Bereichen, in denen tektonische **Hebung** (uplift) über das Niveau der lokalen bzw. regionalen Erosionsbasis stattfindet, und jenen Bereichen, in denen tektonische **Subsidenz** (subsidence) unter das Erosionsniveau vorherrscht. Aus dem Produkt von erodierter Fläche und der tektonischen Hebungsrate bzw. der davon abhängigen Erosionsrate resultiert die relative Bedeutung unterschiedlicher sedimentärer **Einzugsgebiete** (sedimentary source areas). Maximale Sedimentzufuhr ist bei hoher Hebungsrate bzw. hoher Erosionsrate über einem großen Areal zu erwarten, wie z.B. heute in Südostasien. Der **Sedimenttransport** (sedimentary transport) erfolgt vor allem in fluviatilen, deltaischen oder submarinen Rinnensystemen und endet schließlich in sedimentären Fächersystemen, die sich in den Randbereichen tektonisch subsidierender **Ablagerungsgebiete** (accumulation areas) bzw. **Becken** (basins) entwickeln. Transport des klastischen Materials erfolgt dabei häufig entlang ebenfalls tektonisch kontrollierter Querstrukturen, welche senkrecht bis schräg zum allgemeinen Streichen bedeutender Abschiebungen oder Überschiebungen orientiert sind.

Da die Dynamik sedimentärer Systeme zwischen Einzugsgebieten und Ablagerungsgebieten oft zeitlich hinter dem tektonischen System Hebung-Subsidenz nachhinkt, erfolgt ein völliger Reliefausgleich meist erst lang nach dem Abklingen tektonischer Relativbewegungen. Im Einzugsgebiet äußert sich der Reliefausgleich durch Erosionsphasen, die später als **Schichtlücken**, **Diskordanzen** bzw. **Nichtablagerung** (disconformities, unconformities, nondeposition) in sedimentären Abfolgen zu erkennen sind. Bei größeren Diskordanzflächen zwischen kristallinen Sockelgesteinen und Sedimentgesteinen spricht man von **nichtkonformer Lagerung** (nonconformity), bei starker Neigung tieferer Schichten gegenüber höheren Schichten von **Winkeldiskordanzen** (angular unconformities) und bei Parallelität von tieferen und höheren Schichten an der Diskordanzfläche von **Paralleldiskordanz** (parallel unconformity).

Die Ablagerung von Sedimenten innerhalb tektonisch abgesenkter Bereiche wird begleitet von der Entwicklung kleinräumiger Diskordanzen, welche als **Offlap**, **Downlap**, **Onlap** und **Toplap** vor allem auch reflexionsseismisch identifiziert werden können (Abb. 20.1). Außer durch Reflexionsseismik erschließt man die Lage synsedimentärer Bewegungsflächen innerhalb eines Beckens und die detaillierte Geometrie der Beckenfüllung vor allem aus **Isopachenkarten** (isopach maps), welche für einzelne Einheiten unter der Annahme erstellt werden, daß **Isopachen** (= Linien gleicher Sedimentmächtigkeit einer sedimentären Einheit, isopachs) vor allem in der Nähe von Störungen relativ eng

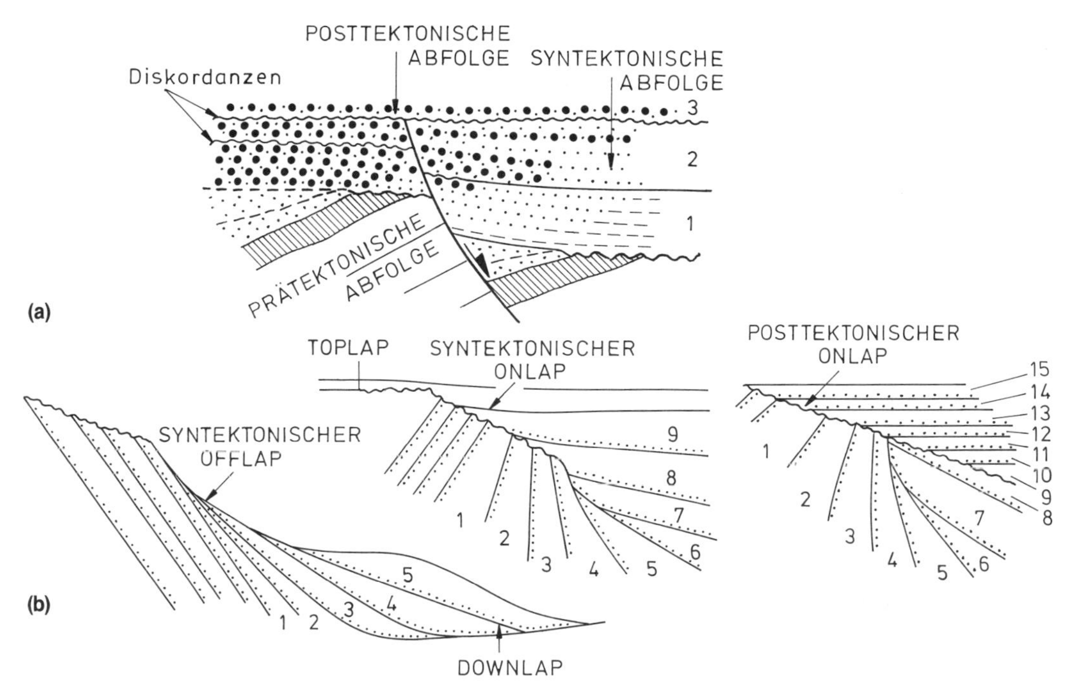

Abb. 20.1 (a) Winkeldiskordanzen zwischen prä- und syntektonischen Abfolgen bzw. posttektonische Paralleldiskordanz in grobkörnigen klastischen Sedimenten im Bereich einer Abschiebung; (b) Winkeldiskordanzen mit Offlap, Downlap, Onlap und Toplap der stratigraphisch höheren Einheiten auf tieferen Einheiten entlang synsedimentärer Faltenstrukturen. Beide Diagramme mit starker vertikaler Überhöhung.

geschart auftreten (Abb. 20.2). Auch **Isoplethen** (= Linien gleicher Korngröße) können zur Lokalisierung von Zonen mit kräftigen synsedimentären Bewegungen herangezogen werden. Da sich synsedimentäre tektonische Bewegungszonen meist auch indirekt als lithologische Übergangszonen bzw. als scharfe **Faziesgrenzen** (facies boundaries) ausdrücken, wird der Charakter sedimentärer Einheiten und ihres lateralen Wechsels kartographisch durch **Isolithen** (= Linien gleicher Zusammensetzung, isoliths) dargestellt (Abb. 20.2). So erkennt man topographisch-tektonische Gradienten häufig durch das lokalisierte Auftreten von grobkörnigen **Schuttfächern** (alluvial fans), chaotischen **Gleitmassen** (olistostrome) oder typischen **Hangablagerungen** (slope deposits), die möglicherweise indirekt auf nicht aufgeschlossene synsedimentäre Strukturen im tieferen Untergrund des Beckens zurückzuführen sind.

Die kinematische Entwicklung einer synsedimentären Struktur ist zeitlich am progressiven **Vorrücken** (progradation) grobkörniger klastischer Fazies über feinkörnige Ablagerungen in Richtung zur Beckenachse (Abb. 20.3) und im allmählichen **Ausflachen** (upward-shoaling) des von Wasser bedeckten Ablagerungsraumes durch Zunahme der Korngrößen im Profil nach oben zu erkennen. Einebnung des Reliefs im Einzugsgebiet, aber auch Zunahme der Subsidenzrate im Ablagerungsraum, sind dagegen durch eine **Retrogradation** (retrogradation) der grobklastischen Fazies aus dem Zentrum des Beckens an seine Ränder hin charakterisiert.

Bei allen Analysen regionaler oder lokaler Relativbewegungen aus dem Studium syntektonischer Ablagerungen ist es wichtig, daß man auch mögliche Auswirkungen weltweit gesteuerter glazialeustatischer Meeresspiegelschwankungen berücksichtigt (Abb. 20.4). **Eustatische Meeresspiegelabsenkung** bzw. relativer **Meeresspiegelanstieg** (eustatic sea level lowering, sea level rise) äußern sich nämlich ebenfalls als progradierende **Klinoforme** (clinoforms), die von Offlap-, Onlap-, Downlap- und Toplapflächen begrenzt werden. Solche internen Grenzflächen und Diskordanzen können allerdings nur dann entstehen, wenn das

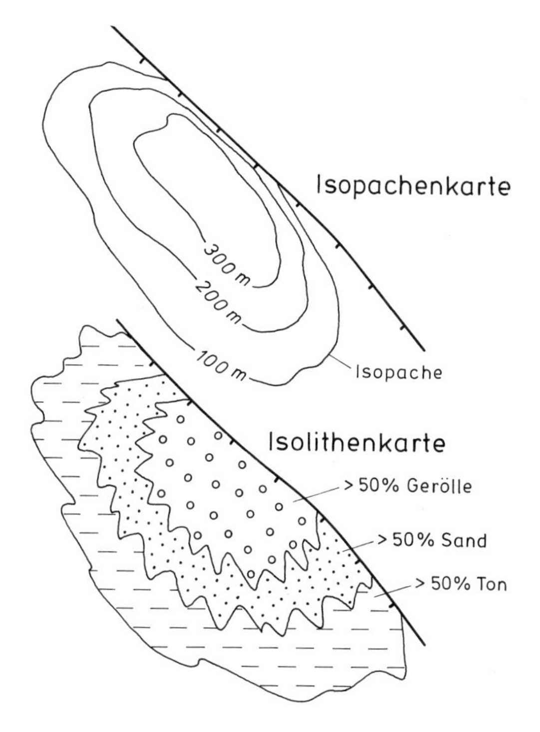

Abb. 20.2 Schematische Skizze von Isopachen bzw. Isolithen einer klastischen Einheit, welche in der Nähe einer synsedimentären Abschiebung abgelagert wurde.

Becken ein randliches Relief besitzt. Nur bei einer solchen Konfiguration kann es zum primären **Auskeilen** (pinchout) der abgelagerten Einheiten kommen. Die Diskordanzen müssen sorgfältig auf ihr chronostratigraphisches Alter hin untersucht werden. Erst bei Kenntnis des genauen Alters und der regionalen Verbreitung der begrenzenden Diskordanzen bzw. der dazwischen liegenden sedimentären **Sequenzen** (sequences) lassen sich auch Schlüsse auf den weltweit eustatischen, regional plattentektonischen oder lokal strukturellen Ursprung einer relativen Meeresspiegelschwankung ziehen.

Wie hier nur angedeutet werden konnte, ist die tektonische Analyse synsedimentärer Bewegungsvorgänge immer ein integrativer Vorgang, bei dem neben der dreidimensionalen Geometrie von Beckenfüllungen auch das chrono- bzw. biostratigraphische Alter von Schichten und Schichtfugen belegt werden muß. Dazu bedarf es meist größerer Aufschlüsse oder dichter Netze von Bohrungen und reflexionsseismischer Profile. Diese Art der tektonisch-stratigraphischen Analyse ist für Karbonatgesteine im allgemeinen schwieriger durchzuführen als für klastische Abfolgen, da bei der Entwicklung von Karbonatplattformen die tektonisch-eustatischen Steuerungsmechanismen meist von komplexen regionalen biologischen, chemischen und klimatischen Prozessen überlagert werden. Außerdem

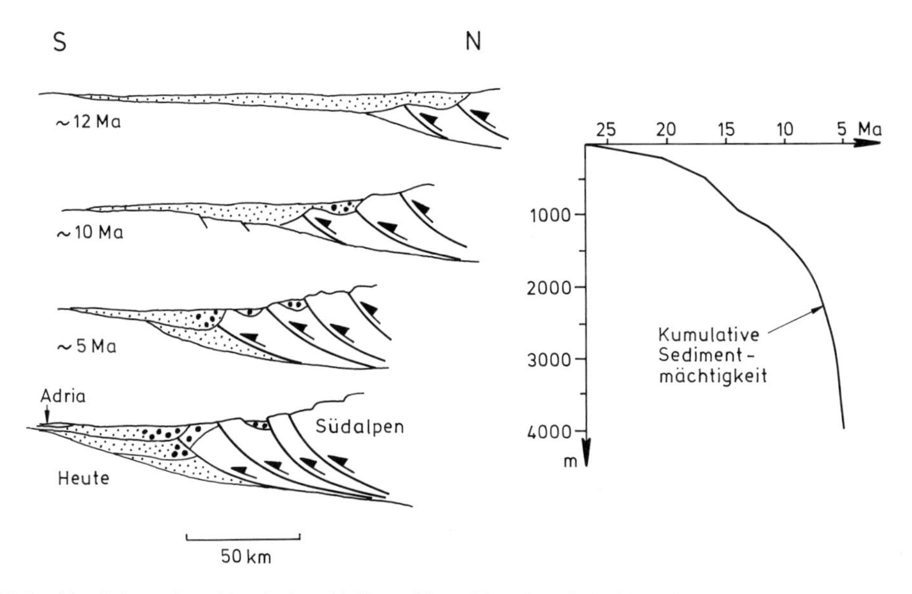

Abb. 20.3 Vorrücken eines klastischen Keils und beschleunigte Subsidenz im venetischen Vorlandbecken der Südalpen zwischen 12 Ma und heute (nach Massari et al., 1986); Profile schematisiert und stark überhöht.

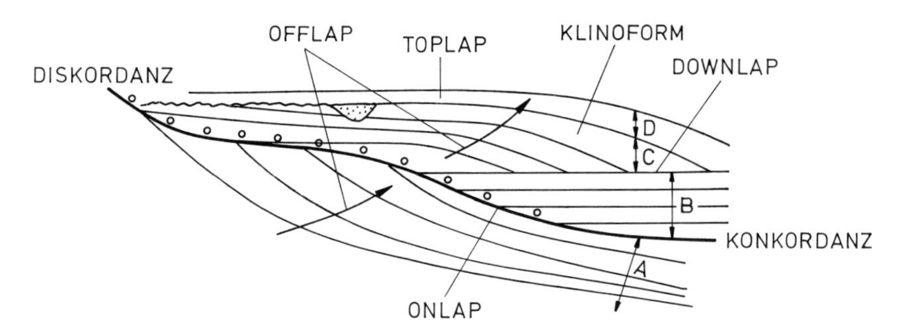

Abb. 20.4 Progradation einer klastischen Abfolge (A) bei relativem Meeres-Hochstand (Highstand) gefolgt von sedimentärem Offlap mit Erosion der höchsten Einheiten und Onlap (B) im tieferen Becken bei relativem Meerestiefstand (Lowstand). Erneute Meeresspiegelanhebung bewirkt Progradation einer weiteren Einheit mit Downlap (C), wird unterbrochen von einer kurzen Erosionsphase und durch nachfolgendes Toplap (D) ausgeglichen. Erosion und Ablagerung von Sedimenten, illustriert durch dieses Schema, könnten bei nachweisbarer chronostratigraphischer Gleichzeitigkeit der einzelnen Diskordanzen über weite Teile eines Beckens oder in verschiedenen Teilen der Welt auf weltweite eustatische Meeresspiegelschwankungen zurückgehen. Sie könnten regional aber auch durch tektonische Hebung und Senkung entlang größerer Strukturen beeinflußt worden sein.

ist die Zusammensetzung klastischer Ablagerungen oft ein direkter Hinweis auf die erodierten Gesteine in den tektonisch relativ angehobenen Herkunftsgebieten, während in Karbonaten solche Hinweise weitgehend fehlen.

Literatur

Miall, 1984; Allen & Homewood, 1986; Massari et al., 1986; Beaumont & Tankard, 1987; Allen & Allen, 1990; Jordan et al., 1993.

Teil 2 Geodynamik

21 Plattentektonik und Lithosphäre

21.1 Geodynamik und nicht-tektonische Großstrukturen

Die Theorie der **Plattentektonik** (plate tectonics) liefert heute den besten Rahmen, um Relativbewegungen in den obersten Bereichen der Erde mit der Geodynamik des tieferen Erdinneren in Beziehung zu setzen. Aus dem heutigen plattentektonischen Rahmen, der für die Verteilung von Vulkanismus, regionaler Seismizität und geodätisch meßbaren Relativbewegungen verantwortlich ist, lassen sich nicht nur moderne tektonische Prozesse, sondern über Analogien auch ältere in der kontinentalen Kruste „eingefrorene" Strukturen geodynamisch interpretieren. Die wesentlichen kinematischen Elemente der Plattentektonik sind großräumige horizontale Relativbewegungen in der Größenordnung von maximal 10 bis 200 mm a^{-1}, denen im allgemeinen Vertikalbewegungen in der Größenordnung von 0,1 bis 10 mm a^{-1} gegenüberstehen. Aber nicht alle geodätisch-geologisch nachweisbaren Relativbewegungen und auch nicht alle geophysikalischen Anomalien oder geologischen Strukturen sind Ausdruck einer direkt plattentektonisch gesteuerten Geodynamik. Die wichtigsten Deformationen innerhalb der Lithosphäre, die sich nicht auf den plattentektonischen Rahmen beziehen lassen, sind Hebungs- und Senkungsprozesse, die mit dem Abschmelzen bzw. Aufbau großer kontinentaler Eisschilde zusammenhängen und Kraterstrukturen, die nicht vulkanischen Ursprungs sind, sondern beim Einschlag von Himmelskörpern an der Erdoberfläche entstanden sind.

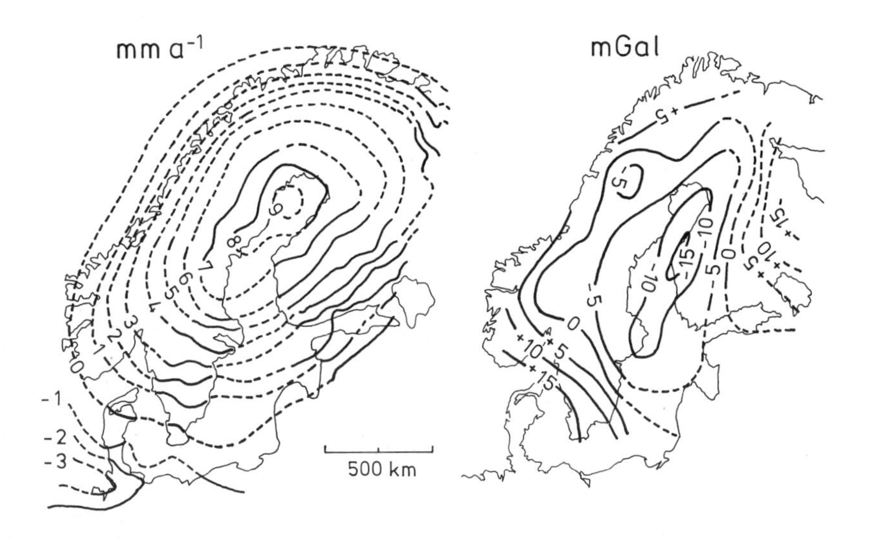

Abb. 21.1 Hebungsraten an der Oberfläche des fennoskandischen Schilds, bestimmt aus langfristig wiederholten Vermessungsreihen (in mm a^{-1}), und residuale (isostatische) Schwereanomalien (in mGal), die aus gravimetrischen Messungen und Modellrechnungen gewonnen wurden. Die gravimetrischen Anomalien deuten darauf hin, daß in den rund 10.000 Jahren nach dem Verschwinden des quartären Eispanzers das präglaziale Gleichgewichtsniveau der Erdoberfläche noch nicht erreicht ist. Bemerkenswert ist eine anscheinend ausgleichende Absenkung der Erdoberfläche in einer Zone außerhalb des Hebungsbereichs (nach BALLING, 1980 und SHARMA, 1984).

So sind **glaziale Ausgleichsbewegungen** (glacial rebound), die bis heute andauern, vor allem auf das Abschmelzen der 2 bis 4 km mächtigen Inland-Eisschilde im Bereich von Skandinavien und im nördlichen Nordamerika seit der letzten Eiszeit zurückzuführen. Diese sogenannten glazialisostatischen Ausgleichsbewegungen, die in beiden Regionen heute mit maximalen vertikalen Bewegungsraten von rund 9 mm a^{-1} (Skandinavien) und 12 mm a^{-1} (Kanada) erfolgen, sind mit entsprechenden residualen Schweredefiziten von rund 15mGal (Skandinavien) und 30mGal (Kanada) assoziiert. Die Schweredefizite lassen sich über Modellrechnungen auf einen bis heute noch nicht vollendeten Zustrom von Mantelmaterial mit Viskositäten um 10^{20}Pa s beziehen und die laterale Ausdehnung der gravimetrischen Anomalien ist direkt mit der maximalen Verbreitung der Eismassen am Ende der letzten Eiszeit um rund 15 bis 10 ka zu vergleichen (Abb. 21.1). Die Analyse des Alters gehobener mariner Strandterrassen im Bereich der Ausgleichsbewegungen (Abb. 21.2) zeigt, daß die maximalen Hebungsraten kurz nach Beginn des spätglazialen Abschmelzvorgangs sogar um eine Größenordnung höher waren als die heute gemessenen. Da die glazialisostatischen Hebungen der Kruste aber in Gebieten erfolgen, in denen auch plattentektonisch induzierte Spannungsfelder existieren, kam es am Ende der Eiszeit dort anscheinend zu gewaltigen Erdbeben, wobei quartäre Landoberflächen entlang von steilen diskreten Störungen um einige Meter versetzt wurden. Die regionale moderne Intraplattenseismizität in Skandinavien und Kanada hält sich auch heute noch an den Perimeter der ursprünglichen Vereisungen, also an Bereiche, in denen der horizontale Gradient der Vertikalbewegungen relativ hoch ist.

Impakt- oder **Einschlagkrater** (impact craters), die durch den Zusammenstoß von Himmelskörpern (Asteroiden, Meteoriten, Kometen) mit der Erde entstehen, sind wichtige Strukturen, welche wahrscheinlich vor allem in der frühen Geschichte der Erde die Dynamik der Erdoberfläche bestimmten, aber auch später punktuell gewaltige Veränderungen des Klimas verursachten. Einzelne dieser Ereignisse waren durch ein Massensterben von Organismen markiert. Die heutige Oberfläche des Mondes zeigt, daß vor mehr als 3,8 Ga das gesamte System Erde-Mond durch gewaltige Einschläge von Asteroiden und Meteoriten geprägt wurde. Im Gegensatz zu den höheren Bereichen der Mondoberfläche, die durch spätere geologische Prozesse kaum modifiziert wurden, sind die Spuren der frühen Einschlagstätigkeit auf der Erde aufgrund der plattentektonischen Neubildung bzw. Zerstörung von Oberflächenstrukturen nicht mehr erhalten. Trotzdem kennt man heute auf der Erde rund 140 Einschlagskrater, deren Alter aber meist geringer als 600 Ma ist. Die Asteroiden, Meteoriten oder Kometen, welche diese Krater verursachten, näherten sich der Erde mit Geschwindigkeiten um 20 km s^{-1} und obwohl ihre Geschwindigkeit beim Eintritt in die Atmosphäre stark gebremst wurde, lagen die Drücke und Temperaturen bei ihrem Aufprall an der Erdoberfläche um Größenordnungen über denen, die bei normalen vulkanischen bzw. tektonischen Prozessen zu erwarten sind (Abb. 21.3). Je nach Volumen und Einschlagsgeschwindigkeit der Objekte entstehen schüsselförmige Impaktkrater, deren Ränder und Zentralbereiche

Abb. 21.2 Glazialisostatisch gehobene Strandterrassen (Devon Island, kanadische Arktis), die mit zunehmender Höhe über dem heutigen Meeresspiegel zunehmendes Alter besitzen und deren Datierung somit eine Chronologie für die Hebung der Terrassenfluchten ermöglicht.

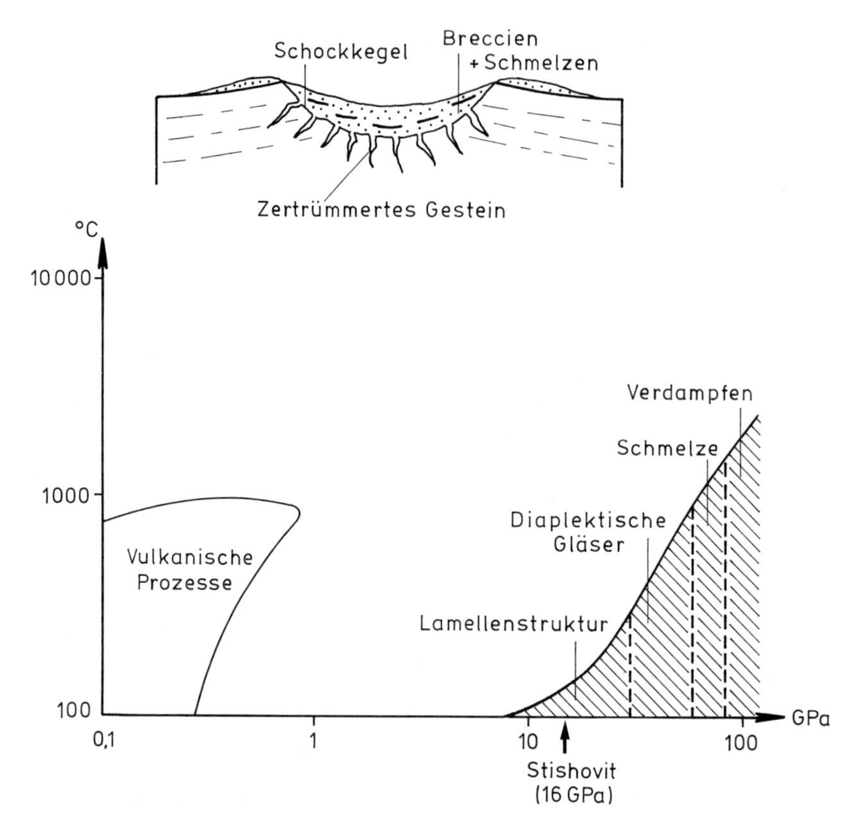

Abb. 21.3 Schematischer Querschnitt durch einen einfachen Einschlagskrater (oben) und die Temperatur- bzw. Druckbereiche der Schockmetamorphose (nach GRIEVE & PESONEN, 1992).

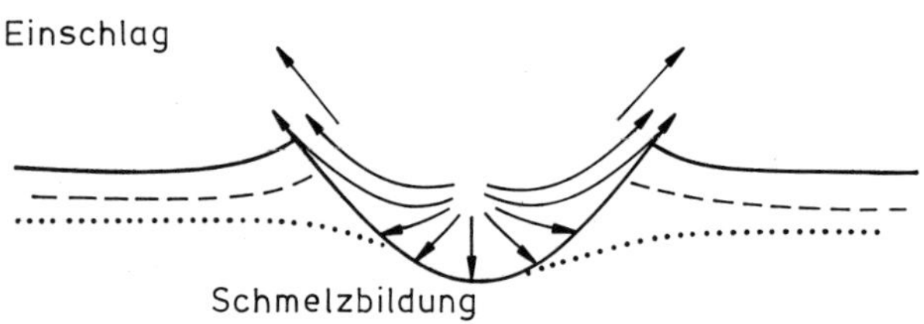

Abb. 21.4 Schema der Abfolge Einschlag – Schockwelle – Auswurf, Entlastungswelle – zentrale Hebung – Rückfall und Einsturz für größere komplexe Impaktkrater (nach GRIEVE & PESONEN, 1992).

meist stark angehoben sind. Durch Ausbreitung einer **Stoßwelle** (shock wave) unmittelbar nach dem Einschlag kommt es zur Zertrümmerung der Gesteine im direkten Umfeld des Kraters und Spuren der Stoßwellenausbreitung sind konisch-konzentrische **Stoßkegel** oder **Schockkegel** (shatter cones, Abb. 8.1) und Breccien mit chaotischer Struktur. Die Schockmetamorphose verursacht außerdem in Quarz- bzw. Feldspatkristallen engständige Lamellen oder es erfolgt Neubildung der Minerale Coesit und Stishovit als Hochdruckmodifikation von Quarz. Auch Diamant als Hochdruckmodifikation von Kohlenstoff kann entstehen. Außerdem kommt es zur Festkörper-Isotropisierung von Kristallen in Form diaplektischer Gläser und bei den größten Ereignissen bilden sich Schmelzen, die in das zerrüttete Umfeld der Krater eindringen (Abb. 21.3). Die Impakt-Schmelzen intrudieren sowohl als Spaltenfüllungen wie auch als Lagen das zu Breccien zertrümmerte Gesteinssubstrat der Krater. In größeren Impaktkratern, in denen sich als Folge der sekundären Entlastungswelle auch eine zentrale Erhebung bildet, erreicht das zertrümmerte Material Mächtigkeiten von 1 bis 2 Kilometern. Signifikante Anteile der Breccien und Gläser – in Form sogenannter **Tektite** (tectites) – werden bei der Entlastung aber auch aus dem Krater geschleudert. In der letzten Phase des Einschlagereignisses entwickeln sich rund um die zentrale Erhebung und am Rand des Kraters konzentrische Rückfall- und Einsturzstrukturen mit Abschiebungscharakter (Abb. 21.4).

Aufgrund der Zerrüttung des Krateruntergrunds erkennt man Impaktkrater meist durch zentral gelegene negative gravimetrische Anomalien, deren konzentrische Formen sich oft recht deutlich von regional-tektonischen linearen Anomalien abheben. Das erdgeschichtlich wichtigste **Einschlagereignis** (impact event) fand um 65 Ma in der Karibik statt. Dieses Ereignis ist weltweit durch eine Anomalie des siderophilen Elements Iridium in Sedimentschichten belegt und die klimatischen Auswirkungen dieses Ereignisses hatten wahrscheinlich ein weltweites Massensterben vieler Arten und Gattungen zur Folge und bewirkten z.B. das Ende der Saurier- und Ammonitenentwicklung. Obwohl Impaktereignisse wichtige Elemente der frühen Evolution der Erdoberfläche darstellten, ist der größte Teil heute sichtbarer Krustenstrukturen an der Erdoberfläche auf wesentlich langsamer erfolgende plattentektonische Relativbewegungen zurückzuführen.

21.2 Globale Tektonik der Lithosphärenplatten

Historisch war der Ansatzpunkt für die Theorie der globalen Plattentektonik der Nachweis bedeutender horizontaler Relativbewegungen in den modernen zentralen Bereichen der Ozeane und im Bereich der randlichen Inselbögen. Die Erkenntnis, daß anhaltende oberflächennahe Relativbewegungen der „festen“ Erde nur durch ein entsprechend hohes Maß an Beweglichkeit oder **Mobilität** (mobility) in den tieferen Zonen möglich sind, machte auch klar, daß sich die Erde in dieser Hinsicht von den erdähnlichen Planeten Merkur und Mars, die tektonisch „tot“ sind, grundlegend unterscheidet, daß sie aber der Venus recht ähnlich ist.

Erste „mobilistische“ Gedankenmodelle für die Entstehung der großen linear angeordneten Kettengebirge bzw. für die Absenkung der Tiefseeböden gab es schon zu Beginn des 20. Jahrhunderts, als zum Verständnis des Deckenbaus der Alpen und der tektonischen Kontraktion zentralasiatischer Hochgebirge von den Geologen O. AMPFERER und E. ARGAND die „Verschluckung“ vormals oberflächennaher krustaler Gesteinsmassen postuliert wurde. Ungefähr zur gleichen Zeit brachte die bekannte physiographische Konstellation der südatlantischen Kontinentalränder den Geophysiker A. WEGENER auf die Idee, daß ein Großteil der modernen Kontinente in der geologischen Vergangenheit wahrscheinlich eine Einheit bildeten, einzelne Teile dieser Einheit sich dann aber durch **Kontinentaldrift** (continental drift) voneinander trennten. Nach WEGENER sollten deshalb vor allem an der Vorderseite der auseinanderdriftenden Kontinente konvergente, an der Hinterseite divergente Relativbewegungen anzutreffen sein. Da WEGENER aber annahm, daß die Kontinente über und durch die Ozeanböden drifteten, kann die Hypothese der Kontinentaldrift nicht als direkter Vorläufer der modernen Theorie der Plattentektonik betrachtet werden.

In beiden Gedankengängen erkennt man trotzdem erste qualitative Vorläufer zu global-dynamischen Betrachtungsweisen, durch welche konvergente und divergente Bewegungen innerhalb des tieferen Erdkörpers miteinander in Beziehung gesetzt wurden. Um aus solchen Vorstellungen aber global konsistente und interdisziplinär befruchtende Modelle zu entwickeln, fehlte es vor allem an geologischen Daten über Struktur und Zusammensetzung der Ozeanböden bzw. an quantitativ-geophysikalischen Belegen für das mechanische Verhalten natürlicher Gesteine in der Kruste bzw. in den darunter liegenden und damals noch völlig unbekannten Regionen des Erdmantels. Erst mit Hilfe dieses Datenmaterials wäre es möglich gewesen, den geologisch formulierten dynamischen Modellen gegenüber der kritischen naturwissenschaftlichen Gemeinde zu physikalischer Glaubwürdigkeit zu verhelfen. So verblieben mobilistische globale Modelle für die physikalisch scheinbar

„feste“ Erde für viele Jahre im Bereich spekulativer „Geopoesie“' und wurden entweder übereifrig verteidigt oder milde belächelt. Trotzdem waren geodynamische Vorstellungen wie jene von AMPFERER und WEGENER für den Fortschritt der Geowissenschaften wichtige Interpretationshilfen, da sie zur intellektuellen Sortierung schnell wachsender erdwissenschaftlicher Faktensammlungen beitrugen.

Der Durchbruch zum Verständnis globaler geodynamischer Zusammenhänge kam erst mit einer Ausdehnung der systematischen geologisch-geophysikalischen Untersuchungen auf die Schelfregionen und auf die großen Tiefseebereiche der Erde. Diese Forschungen waren nur durch die Entwicklung völlig neuer geophysikalischer Methoden und mit Verbesserung der marinen Beprobungsbzw. Bohrtechniken nach dem Zweiten Weltkrieg möglich. Dazu brachte die theoretisch-petrologisch formulierte Hypothese für die Entstehung der Ozeanböden durch **Spreizung** (seafloor-spreading) an den mittelozeanischen Rücken den Ball erst richtig ins Rollen. Die Hypothese der ozeanischen Spreizung wurde um 1960 als „Geopoesie“ von H. HESS formuliert, dann durch genaue Vermessungen der magnetischen Anomalien und Interpretation des symmetrischen geomagnetischen Streifenmusters an den mittelozeanischen Rücken von amerikanischen und britischen Forschergruppen getestet bzw. bestätigt. Die neuentdeckten magnetischen Anomaliestreifen dienten bald als quantitative geodynamische Marken, mit welchen eine relativ genaue Vorhersage des Alters vieler sonst noch unbekannter ozeanischer Krustenteile möglich wurde. Parallel zur Entwicklung des dynamischen Modells für die Entstehung der modernen ozeanischen Kruste durch Spreizung wurde im pazifischen Raum die Hypothese der **Subduktion** (subduction) ozeanischer Kruste entlang seismisch aktiver WADADI-BENIOFF-Zonen mit neuen seismologischen Datensätzen erhärtet. Erst die Kombination beider hypothetischen Ansätze führte zur Formulierung einer dynamischen globalen Theorie der „festen“ Erde unter dem Namen **Plattentektonik** (plate tectonics). Diese Theorie gab Anstoß zu intensiven und fruchtbaren Wechselwirkungen zwischen den verschiedensten Zweigen der Erdwissenschaften. Eine besondere Rolle spielten dabei auch weiterhin die quantitativen Untersuchungsmethoden der Paläomagnetik, der Isotopengeologie und der seismischen Tiefenerkundung. Gleichzeitig zwangen die Arbeitsweisen der Geophysik und Geochemie auch zu neuen quantitativ-kinematischen Arbeitsweisen und Prognosen in der geologischen Erkundung krustaler Strukturen.

Grundlegend gilt für plattentektonische Modelle, daß alle tektonischen Relativbewegungen an der Erdoberfläche auf Bewegungen der **Lithosphäre** (lithosphere) zurückzuführen sind, wobei die Lithosphäre die äußerste, relativ starre Schale der Erde darstellt, in der sich hohe Spannungen aufbauen können und in der Materialversagen durch geologisch, geodätisch oder seismisch meßbare Verschiebungen präexistierender geologischer Vorzeichnungen nachzuweisen ist. Die Lithosphäre ist aber keine erdumspannende Schale, sondern besteht aus einzelnen unterschiedlich großen **Platten** (plates), deren Mächtigkeit zwischen 50 km und 350 km variiert. Die Lithosphärenplatten liegen über einer definitionsgemäß mechanisch schwächeren Zone des Erdmantels, der **Asthenosphäre** (asthenosphere). Jede Lithosphärenplatte besteht aus einem oberen Anteil, der **Kruste** (crust, 5 bis 70 km mächtig), und einem unteren Anteil, dem **lithosphärischen Mantelanteil** (lithospheric mantle). Im Verhältnis zum Erdradius von 6370 km stellen also sowohl Krustenanteile (0,3%) als auch Lithosphärenplatten (2%) extrem dünne Deckschalen dar. Die Grenzfläche zwischen Kruste und Mantel wird als **Mohorovičić-Diskontinuität** oder kurz **Moho** (Moho discontinuity) bezeichnet. Da die **Lithosphärenplatten** (lithospheric plates) im allgemeinen sowohl ozeanische als auch kontinentale Bereiche umfassen, gibt es keine „Drift“ von Kontinenten über ein ozeanisches Substrat, sondern nur Relativverschiebungen zwischen Lithosphärenplatten, auf denen sich Bereiche kontinentaler **und** ozeanischer Kruste mitbewegen. Tektonische Relativbewegungen erfolgen deshalb vor allem an **Plattengrenzen** (plate boundaries) und nur untergeordnet innerhalb der Platten. Man unterscheidet demnach geodynamische **Plattenrand-Prozesse** (plate boundary processes) und **Intraplatten-Prozesse** (intraplate processes). Die Bewegungen an den Grenzen und innerhalb der Platten können **divergent** (divergent, auseinanderstrebend), **transform** (transform, aneinander vorbei gleitend) oder **konvergent** (convergent, zueinanderstrebend) sein. Unter der Annahme, daß sich das Gesamtareal der Erdoberfläche im Verlauf der Erdgeschichte nicht wesentlich verändert hat bzw. auch weiterhin nur unwesentlich verändert, erfolgt Neubildung von Lithosphäre aus dem sublithosphärischen Mantel an **divergenten** oder **konstruktiven Plattengrenzen** (divergent, constructive plate boundaries) und eine äquivalente Rückfuhr von Lithosphäre in den Mantel an **konvergenten** oder **destruktiven Plattengrenzen** (convergent, destructive plate boundaries). Dazu kommt noch punktuell aufdringendes

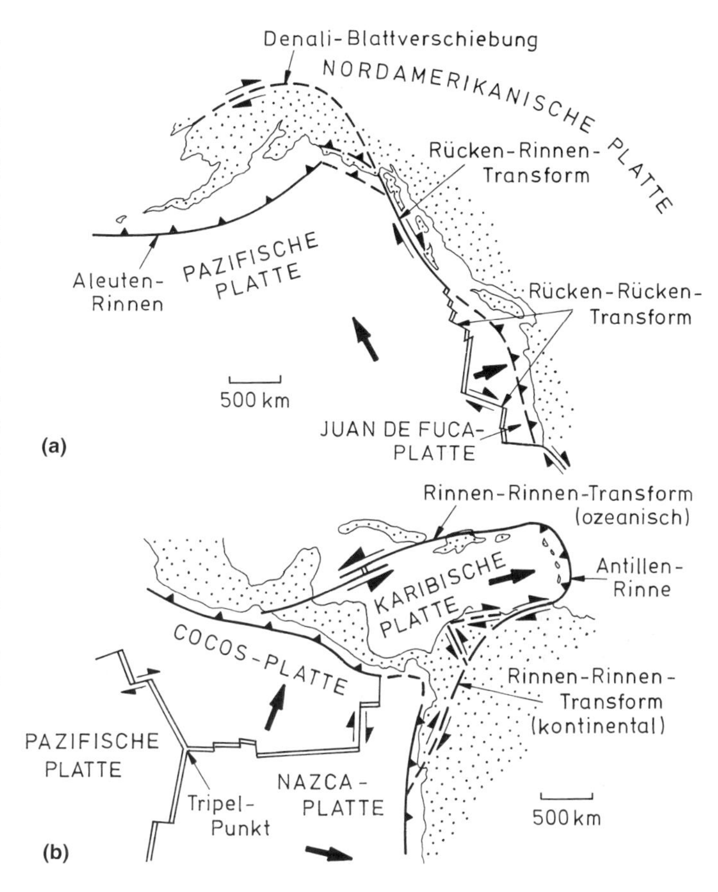

Abb. 21.5 Beispiele für Plattengrenzen in ozeanischer bzw. kontinentaler Lithosphäre. (a) Aus der gut definierten, divergenten und transformen intraozeanischen Grenze zwischen Pazifischer und Nordamerikanischer Platte entwickelt sich im Norden ein fast 1000 km breiter intrakontinentaler Konvergenzstreifen zwischen der Aleuten-Rinne und der konvergenten Denali-Blattverschiebung, in dem ein gewaltiges Relief zu verzeichnen ist; (b) die relativ schmalen intraozeanischen Plattengrenzen, die in der Nähe eines ozeanischen Tripelpunkts im östlichen Pazifik (siehe auch Abb. 27.5) zusammenlaufen und der divergente bis konvergente Nordrand der Karibischen Platte demonstrieren den Kontrast zu den breiten und komplex strukturierten Plattenrandzonen im Bereich der kontinentalen Transformstörung südlich der Karibischen Platte.

Material in Form von **Manteldiapiren** (mantle plumes), deren magmatische Differentiate die Platten durchschlagen und auf den Platten zum Erguß von Flutbasalten führen. Im ozeanischen Bereich sind die oberflächennahen Spuren der Plattengrenzen im allgemeinen relativ deutlich als mittelozeanische Rücken, ozeanische Transforms und Tiefseerinnen zu erkennen und somit auch klar tektonisch zu definieren. In kontinentalen Bereichen sind Plattengrenzen dagegen meist breite Bewegungszonen, in denen entsprechend komplexe Systeme von Abschiebungen, transferierende Verbindungsstrukturen und Überschiebungsgürtel vorherrschen (Abb. 21.5). Die Theorie der Plattentektonik wurde deshalb auch zuerst im Verlauf von Untersuchungen der modernen ozeanischen Plattengrenzen entwickelt. Die tektonischen Vertikalkomponenten an den Plattengrenzen und im Intraplattenbereich äußern sich entweder als Subsidenz, d.h. **Beckenbildung** (basin formation), bei überwiegend diver-

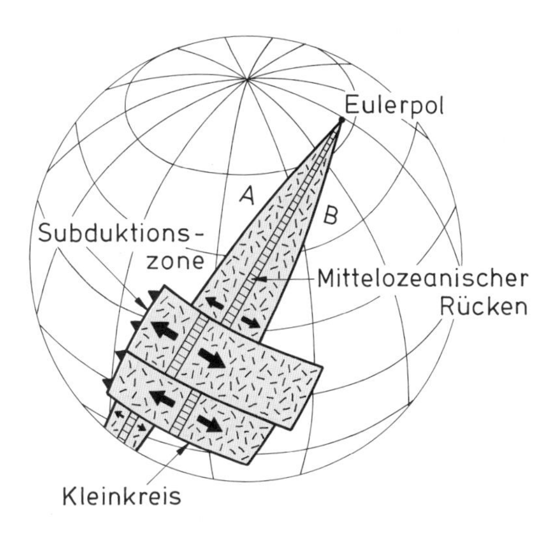

Abb. 21.6 Schematische Darstellung von Plattenbewegungen um den Eulerpol.

genten Bewegungen oder als Hebung, d.h. **Orogenese** (orogenesis), bei überwiegend konvergenten Bewegungen. Breite und langsam erfolgende tektonische Hebungen im Intraplattenbereich werden auch als **Epirogenese** (epeirogenesis) bezeichnet.

Stellt man sich jede Platte als Segment einer Kugelschale vor, so sollten sich alle Punkte an der Oberfläche der Platten entlang konzentrischer Kleinkreise bewegen. Das gemeinsame Zentrum der Kleinkreise für eine Platte liegt dabei irgendwo an der Erdoberfläche. Man bezeichnet die gemeinsamen Rotationszentren für die dreidimensionale Plattenbewegung an der Kugeloberfläche als **Eulerpole** (Euler poles, Abb. 21.6). Die Position der Eulerpole, die Orientierung der Plattenbewegungstrajektorien und die Geometrie der Plattengrenzen sind aber aufgrund der tektonischen Wechselwirkungen an den Plattenrändern einer stetigen Veränderung unterworfen. Die moderne Plattenrandgeometrie ist deshalb nur eine Momentaufnahme in einem bereits lang andauernden Geschehen und beinhaltet sicherlich nicht alle möglichen Varianten der Plattenrand- und Intraplattendynamik!

Die untere Grenze der Lithosphärenplatten ist eine mechanisch schwächere Zone des Mantels, die sogenannte **Asthenosphäre** (asthenosphere). Ihre Anwesenheit äußert sich geophysikalisch vor allem in der Abnahme von Phasen- und Gruppengeschwindigkeiten langperiodischer seismischer Oberflächenwellen, was auf eine Annäherung der Gesteinstemperaturen an den Schmelzpunkt (Solidus) bzw. auf lokale Absonderung von einigen Volumenprozenten partieller basaltischer Gesteinsschmelzen aus dem ultramafischen Gesteinssubstrat hindeutet. Die Asthenosphäre setzt unter den Ozeanen in rund 50 bis 100 km Tiefe ein, unter den Kontinenten liegt sie meist tiefer als 100 bis 150 km und unter geologisch alten Kontinenten fehlt sie bisweilen auch ganz. Die Untergrenze der Asthenosphäre ist noch unschärfer definiert als ihre Obergrenze, was sich aus der begrenzten Auflösungskraft seismischer Methoden, aber auch aus der noch kaum verstandenen stofflich-texturellen Heterogenität des oberen Erdmantels ergibt. Im allgemeinen scheint die Asthenosphäre aber bis in Tiefen von rund 200 bis 300 km zu reichen.

Ein Teil der modernen kontinentalen Lithosphäre entstand wahrscheinlich bereits im Archaikum in Verlauf einer intensiven Differentiation des Erdmantels, der ursprünglich wahrscheinlich seiner Zusammensetzung nach chondritischen Meteoriten entsprach. Chondritische Meteoriten bestehen vor allem aus Olivin und Pyroxen, besitzen aber auch geringe Anteile von Nickel-Eisenlegierungen. Sie haben ein Alter von 4,56 Ga, welches dem Ursprungsalter des Sonnensystems entspricht. Bei der anfänglichen Aufheizung des akkretionierenden Erdkörpers, dem nachfolgenden Absinken der schwereren „siderophilen" Nickel-Eisen-Legierungen in den Kern und dem Aufstieg partieller Schmelzen, in denen leichtere „lithophile" Elemente dominierten, entwickelten sich wahrscheinlich sowohl der primordiale ultramafische Mantel als auch die ersten Formen oberflächennaher Lithosphärenplatten und Krusten unterschiedlicher Zusammensetzung. Man muß annehmen, daß in Analogie mit den Ereignissen an der Mondoberfläche im frühesten Archaikum (4,56 bis 4,0 Ga) zahlreiche Einschläge von Himmelskörpern auch die Erdoberfläche verunstalteten und daß die noch vorherrschenden höheren Temperaturen im Mantel eine Entwicklung großer, kohärenter Platten bzw. Plattengrenzen wahrscheinlich verhinderten. Es ist anzunehmen, daß auch noch viel später (bis rund 2,6 Ga) aufgrund starker konvektiver Vertikalströmungen im Mantel die Bewegung von Platten im Archaikum anders verlief als dies heute der Fall ist, wobei vor allem die Raten der Plattenbewegungen im Vergleich zu den heutigen wahrscheinlich größer waren. Trotzdem lassen sich schon für die ältesten erhaltenen Gesteinsassoziationen der Erdkruste (3,5 bis 3,96 Ga) geodynamische Modelle im Sinne einer plattentektonisch gesteuerten Kinematik der Krustengesteine erstellen (siehe Kapitel 30) und auch für die Gegenwart läßt sich die Plattenbewegung als Ausdruck einer progressiven globalen Wärmeabgabe aus dem Erdinneren an die Erdoberfläche verstehen.

Primäre mafische Differentiate aus dem Mantel bilden deshalb auch heute noch den überwiegenden Anteil der neugebildeten ozeanischen Kruste an divergenten Plattengrenzen, während sich kontinentale Krustenstreifen anscheinend erst in wiederholten Zyklen von partieller Aufschmelzung, Abtrennung, Intrusion, Metamorphose und Erosion der mafischen bis felsischen Krustenanteile an den Plattengrenzen zu ihrer heutigen Zusammensetzung und Internstruktur entwickelt haben. Aufgrund dieser fundamentalen geochemischen Trennungsvorgänge, durch welche die höchsten Bereiche der Erde progressiv reicher an SiO_2 und ärmer an MgO wurden, resultierten vier dominierende Gruppen magmatischer Gesteine, die auch repräsentativ sind für die vier großen Domänen der Lithosphäre: **Ultramafische** (peridotitische) Gesteine ($SiO_2 < 45$ Gew.-%) dominieren den Mantel. **Mafische** (basaltisch-gabbroide) Gesteine ($SiO_2 = 45$ bis 52 Gew.-%) scheiden sich vor allem an divergenten ozeanischen Plattenrändern als neugebildete Kruste ab, extrudieren aber auch als voluminöse Flutbasalte im Intraplattenbereich. **Intermediäre** (andesitisch-granodioritische) Gesteine ($SiO_2 = 52$ bis 63 Gew.-%) entstehen vor allem in den magmatischen Bögen konvergenter Plattenränder. **Felsische** (rhyolitisch-granitische) Gesteine ($SiO_2 > 63$ Gew.-%) entwickeln sich vor allem in den konvergenten Plattenrandbereichen mit kontinentaler Lithosphäre.

Der ultramafische Mantelanteil und die mafische ozeanische Kruste, welche die ozeanische Lithosphäre aufbauen, werden zum größten Teil wieder subduziert, während die leichteren kontinentalen Krustenanteile durch mechanische **Akkretion** (accretion) oder als **partielle Schmelzen** (partial melts) mafischer und intermediärer Gesteine das Gesamtareal der Kontinente vergrößern. Das heutige Verhältnis von kontinentaler Kruste zur ozeanischen Kruste ist rund 1 : 2.

Dem Wachstum einer einzelnen Kontinentalmasse ist aber auch eine Grenze gesetzt. Bei einem bestimmten Maximalareal, wenn also der größte Teil der gesamten kontinentalen Kruste der Erde innerhalb einer Platte vereint ist und man von einem **Superkontinent** (supercontinent) sprechen kann, der von einem entsprechenden **Superozean** (superocean) mit zahlreichen Platten aus ozeanischer Lithosphäre umgeben ist, scheinen sich thermisch-mechanische Instabilitäten auszubilden. Diese Situation existierte möglicherweise im späten Archaikum (2,7 bis 2,5 Ga), wahrscheinlich im späten Proterozoikum (1000 bis 750 Ma) und sicherlich im späten Paläozoikum (280 bis 260 Ma). Von den ozeanischen Platten, die sich im Bereich der entsprechenden Paläosuperozeane befanden, weiß man praktisch nichts, da alle diese Platten bis auf kleine Reste vollkommen subduziert wurden. Die progressive Entwicklung der Superkontinente führte anscheinend zu einer thermischen Isolation der darunter liegenden Mantelbereiche, wobei es durch den Aufstieg von **Manteldiapiren** (mantle plumes) an die Unterseite der Superkontinente schließlich zur erneuten Dispersion von kontinentalen Fragmenten in neuen Platten kam.

Die moderne Erdoberfläche besteht aus acht bis zehn großen Lithosphärenplatten, aus kleineren ozeanischen **Mikroplatten** (microplates) und kon-

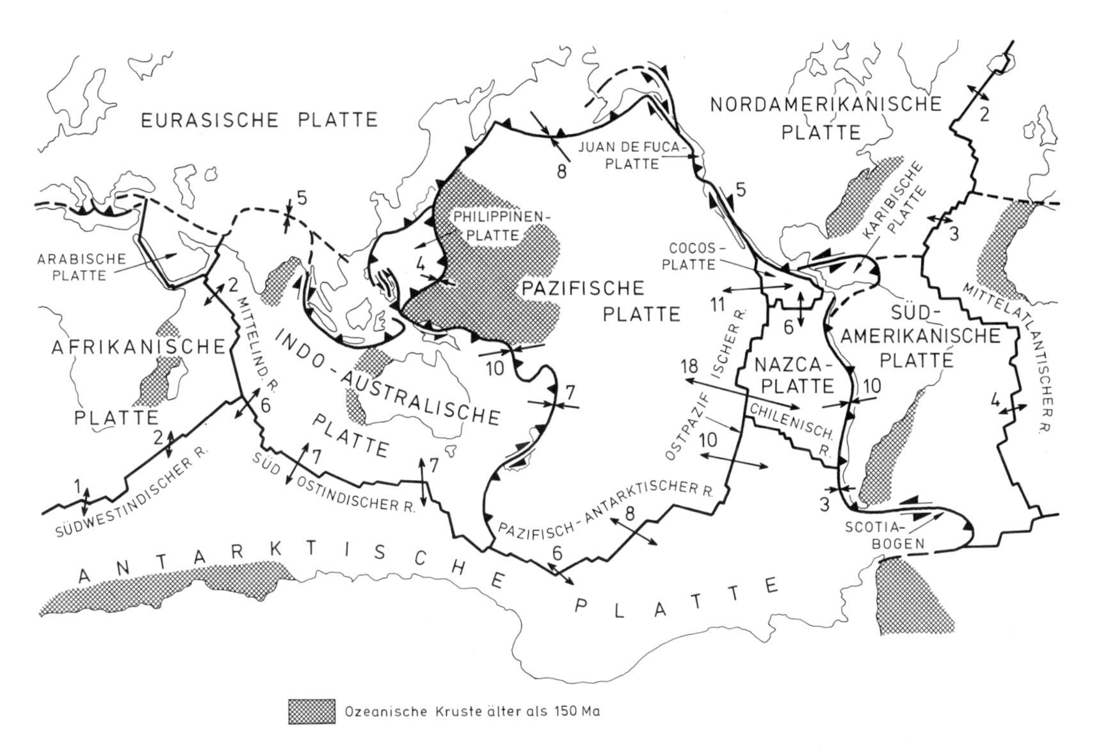

Abb. 21.7 Die modernen Großplatten der Erde und angenäherte Werte für die divergenten, konvergenten und transformen Bewegungsraten an den Plattengrenzen in cm a^{-1} (nach MINSTER & JORDAN, 1978). Ozeanische Kruste mit einem Alter größer als 150 Ma ist durch Rasterung gekennzeichnet.

tinentalen Blöcken bzw. Schollen, die sich im Bereich breiter Plattengrenzzonen zwischen Platten als größere tektonische Einheiten erkennen lassen. Die größten Platten sind die Eurasische Platte, die Afrikanische Platte, die Indoaustralische Platte, die Pazifische Platte, die Nazca-Platte, die Antarktische Platte und die Nordamerikanisch-Südamerikanische Platteneinheit (Abb. 21.7). Mikroplatten, Blöcke und Schollen finden sich vor allem in einem breiten Streifen, der sich aus dem westlichen Mittelmeer ostwärts bis ins indochinesische Archipel verfolgen läßt. Die heutige Plattenkonfiguration der Erde ist vor allem als Produkt einer progressiven Dispersion des spätpaläozoischen Superkontinents **Pangäa** zu betrachten (Abb. 21.8). Diese **Plattendispersion** (plate dispersion) durch Neubildung divergenter Plattengrenzen wurde durch gleichzeitige **Subduktion** (subduction) an den peripheren konvergenten Plattengrenzen des verschwindenden Superozeans im pazifischen Raum kompensiert. Die Dispersion setzte vor rund 260 Ma ein und erzeugte im mittleren Mesozoikum (160 bis 170 Ma) neben dem Zentralatlantik auch den annähernd Ost-West orientierten **Tethys**-Ozean (Tethys) und im weiteren Verlauf durch Öffnung des Indischen Ozeans auch andere Plattenfragmente, die bald wieder in konvergenten Bewegungen am Nordrand der Tethys eine **Kollision** (collision) mit dem Südrand der Eurasischen Platte erfuhren. Die Reste des Tethysozeans und der zugehörigen Randbecken sind heute nur mehr vereinzelt erhalten, wie z.B. im südöstlichen Mittelmeer oder im Golf von Oman. Gesteine aus dem Krustensubstrat des Tethysozeans finden sich aber noch als tektonisch angehobene Schuppen reliktischer Plattengrenzen, die man als **Geosuturen** (geosutures)

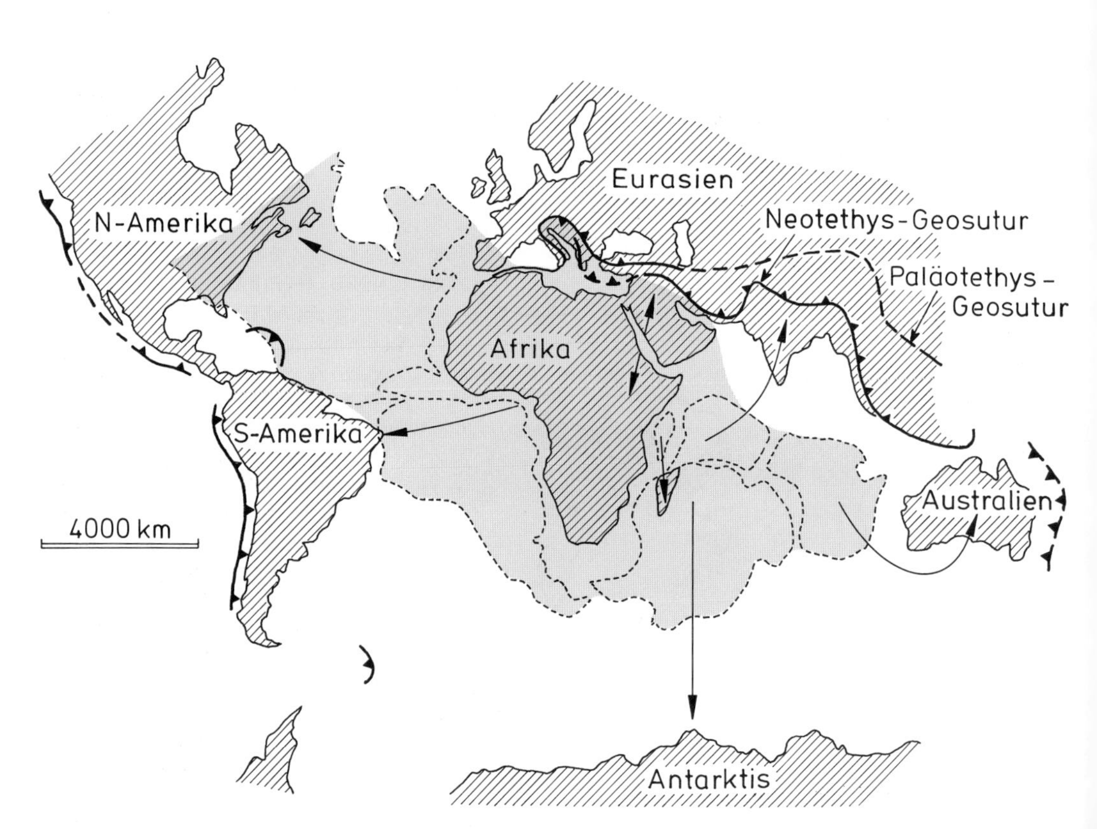

Abb. 21.8 Dispersion des südlichen Pangäa-Superkontinents (rot) als Folge von Riftbildung und ozeanischer Krustenspreizung während des Mesozoikums und Tertiärs. Die beiden Geosuturen, an welchen der frühmesozoische Paläotethys-Ozean und der spätmesozoische Neotethys-Ozean geschlossen wurden, und die Subduktionszonen rund um den Pazifik deuten auf gleichzeitig erfolgende Dispersion kontinentaler Lithosphäre im Süden und Subduktion ozeanischer Lithosphäre im Norden. Das jüngste Dispersionsstadium im Bereich von Pangäa ist die Riftentwicklung in Ostafrika und die beginnende ozeanische Spreizung im zentralen Roten Meer.

bezeichnet und die sich aus dem Mittelmeerraum bis in die südostasiatischen Inselbögen hinein verfolgen lassen (Abb. 21.8). Im eurasischen Plattenbereich könnte also bereits ein neuer Superkontinent entstehen. Das jüngste Stadium des Pangäa-Dispersionszyklus beobachtet man heute im afroarabischen Riftsystem, an dem sich seit rund 10 Ma entlang der noch schmalen Spreizungszone des südlichen Roten Meers ein neuer Zweig des Welt-Ozeans entwickelt.

Die Dispersion des Pangäa-Superkontinents durch intrakontinentale Riftbildung und nachfolgende ozeanische Spreizung führte auch dazu, daß einige moderne Großplatten zu einem großen Teil aus kontinentaler Lithosphäre des Pangäa-Kontinents bestehen (z.B. die Afrikanische Platte oder die Eurasische Platte). Daneben gibt es aber auch Platten, die zum größten Teil aus ozeanischer Lithosphäre bestehen (z.B. Pazifische Platte, Nazca-Platte) und die möglicherweise als direkte Nachfolger der ozeanischen Platten des spätpaläozoischen „Superozeans" zu betrachten sind. Es ist nur andeutungsweise bekannt, aus wievielen Platten dieser Superozean bestand. Reste dieser Platten sind aber im ozeanischen Teil konvergenter Plattenränder als Relikte erhalten, wie z.B. die Reste der großen mesozoischen Kula Platte im Nordpazifik; kleinere ozeanische Plattenfragmente wurden dagegen als **akkretionierte Terrane** (accreted terranes) zu einem Teil des krustalen Substrats aktiver Kontinentalränder. Da ozeanische und kontinentale Lithosphäre im allgemeinen in ein und derselben Platte anzutreffen sind, muß man die Antriebsmechanismen, welche zu divergenten und konvergenten Bewegungen der Platten führen, in den sublithosphärischen Bereichen des Mantels suchen.

Literatur

Minster & Jordan, 1978; Balling, 1980; Bird, 1980; Irving, 1983; Sharma, 1984; Bischoff, 1985; Cox & Hart, 1986; Moores & Vine, 1988; Sengör, 1990; Grieve & Pesonen, 1992.

22 Manteldynamik

Die globalen thermisch-mechanischen Instabilitäten, welche die Bewegungen der Lithosphärenplatten über der Asthenosphäre steuern, lassen sich vor allem mit Hilfe seismologischer Untersuchungen und durch geochemisch-petrologische Modelle für Struktur und Zusammensetzung des Mantels erhellen. Aus dem Vergleich zwischen den experimentell ermittelten seismischen Wellengeschwindigkeiten für gesteinsbildende Silikate und den direkt gemessenen Laufzeiten seismischer Wellen durch die tieferen Regionen des Mantels läßt sich schließen, daß dieser zumindest bis in Tiefen von rund 400 km aus ultramafischen Gesteinen mit den dominierenden Mineralphasen Olivin und Pyroxen besteht (Abb. 22.1 und 22.2). Die **Moho** (Moho) ist für weite Teile der Erde eine relativ gut definierte chemisch-mineralogische Grenzfläche bzw. Diskontinuität, gelegentlich aber auch eine Übergangszone zwischen Kruste und Mantel, unter der die gemessenen Longitudinalwellengeschwindigkeiten (V_P) im Normalfall größer als 8,1 km s^{-1} sind, die Geschwindigkeiten der Scherwellen (V_S) über 4,7 km s^{-1} liegen und die berechneten Dichtewerte auf über $3{,}2 \cdot 10^3$ kg m^{-3} ansteigen. Die Beziehungen zwischen experimentell ermittelten Wellengeschwindigkeiten und Gesteinsdichten bzw. zwischen Wellengeschwindigkeiten und mineralogisch-petrographischer Zusammensetzung natürlicher Gesteine sind in Abb. 22.2 dargestellt.

Subkontinentale Mantelgesteine kennt man direkt in Form von Gesteinsfragmenten, die in kimberlitischen Schlotbreccien oder als Teil alkalibasaltischer Laven als exotische **Einschlüsse** (xenoliths, Xenolithe) bis an die Erdoberfläche gefördert wurden. Subozeanische Mantelgesteine sind direkt auch in Form tektonischer **Schuppen** (slivers) entlang von Geosuturen zwischen kollidierten Lithosphärenfragmenten, besonders aber an den Grenzen akkretionierter ozeanischer Terrane erhalten. Aus den gemessenen Wellengeschwindigkeiten, aus berechneten Durchschnittsdichten und aus der direkten petrologischen Untersuchung von Xenolithen und Mantel-Schuppen läßt sich mit ziemlicher Sicherheit schließen, daß der oberste Mantel zu überwiegenden Teilen aus Peridotit mit Mg-reichem Olivin (90 Mol.-% Forsterit), Orthopyroxen (Enstatit) und Klinopyroxen (Diopsid) sowie variablen Anteilen Al-reicher Minerale wie Granat, Spinell oder Plagioklas besteht. Dabei können die relativen Anteile von Olivin, Orthopyroxen und Klinopyroxen sowohl im Großbereich als auch im Kleinbereich variieren, weshalb petrologische Modellvorstellungen für die Gesteinszusammensetzung der Mantel-Lithosphäre von Dunit (Olivin) über Harzburgit (Olivin, Orthopyroxen) zu Lherzolit (Olivin, Orthopyroxen, Klinopyroxen) reichen. Die allgemein übliche und hier benützte Nomenklatur

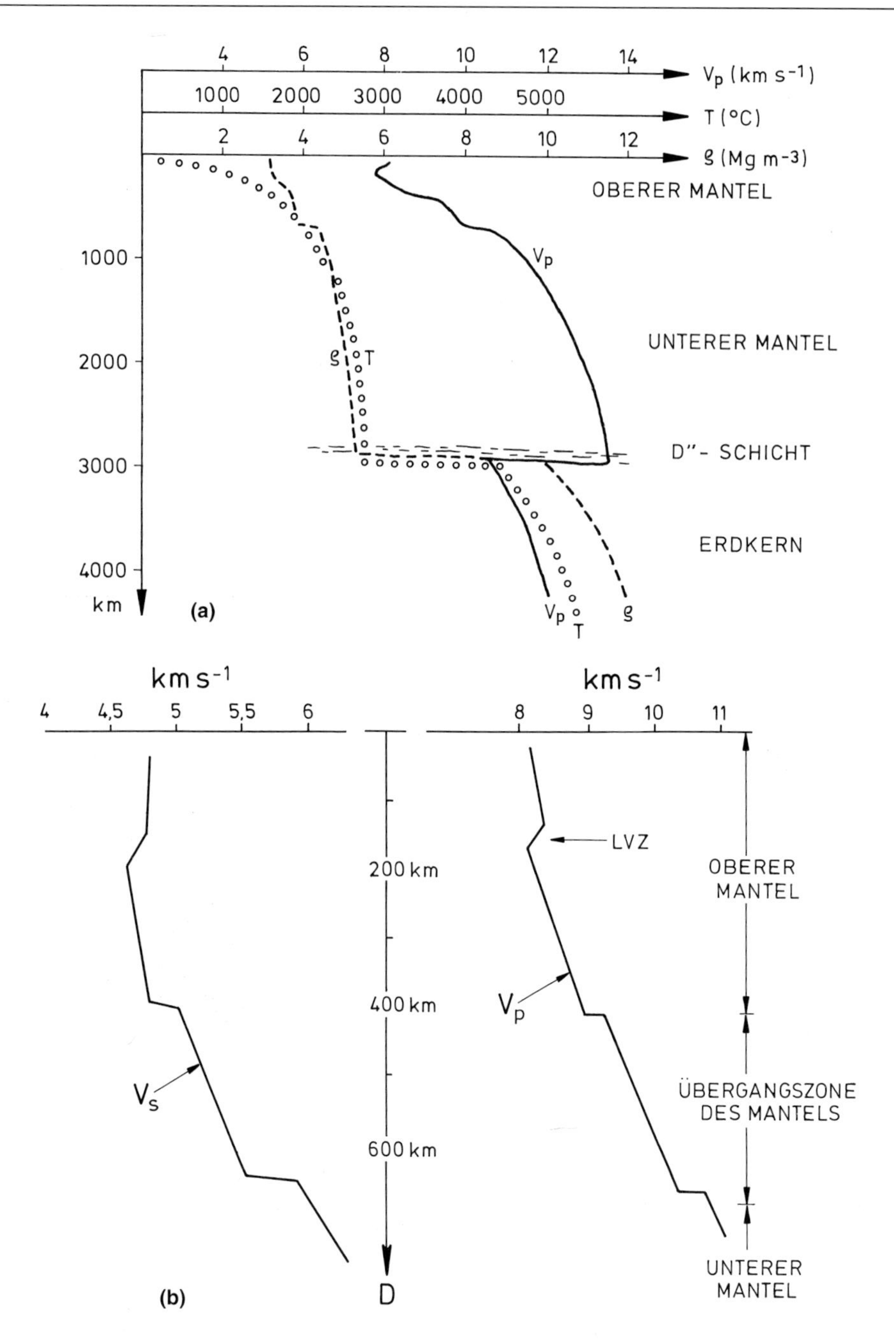

Abb. 22.1 a) Zunahme der V_P-Wellengeschwindigkeit, Temperatur und Dichte im Mantel mit Lage der Grenzzone D" im Übergangsbereich Mantel-Kern. b) Zunahme der seismischen V_P- und V_S-Geschwindigkeiten im oberen Mantelbereich mit Position der Zone relativ niedriger Geschwindigkeiten, der Asthenosphäre (nach ANDERSON, 1984).

für ultramafische Gesteine ist in Abb. 22.3 dargestellt. Welche der angeführten Al-führenden Phasen in den peridotitischen Mantelgesteinen vorhanden sind, hängt in erster Linie vom vorherrschenden Druck bei der Kristallisation der Minerale ab, d.h. im Fall von Xenolithen von jenem Tiefenbereich,

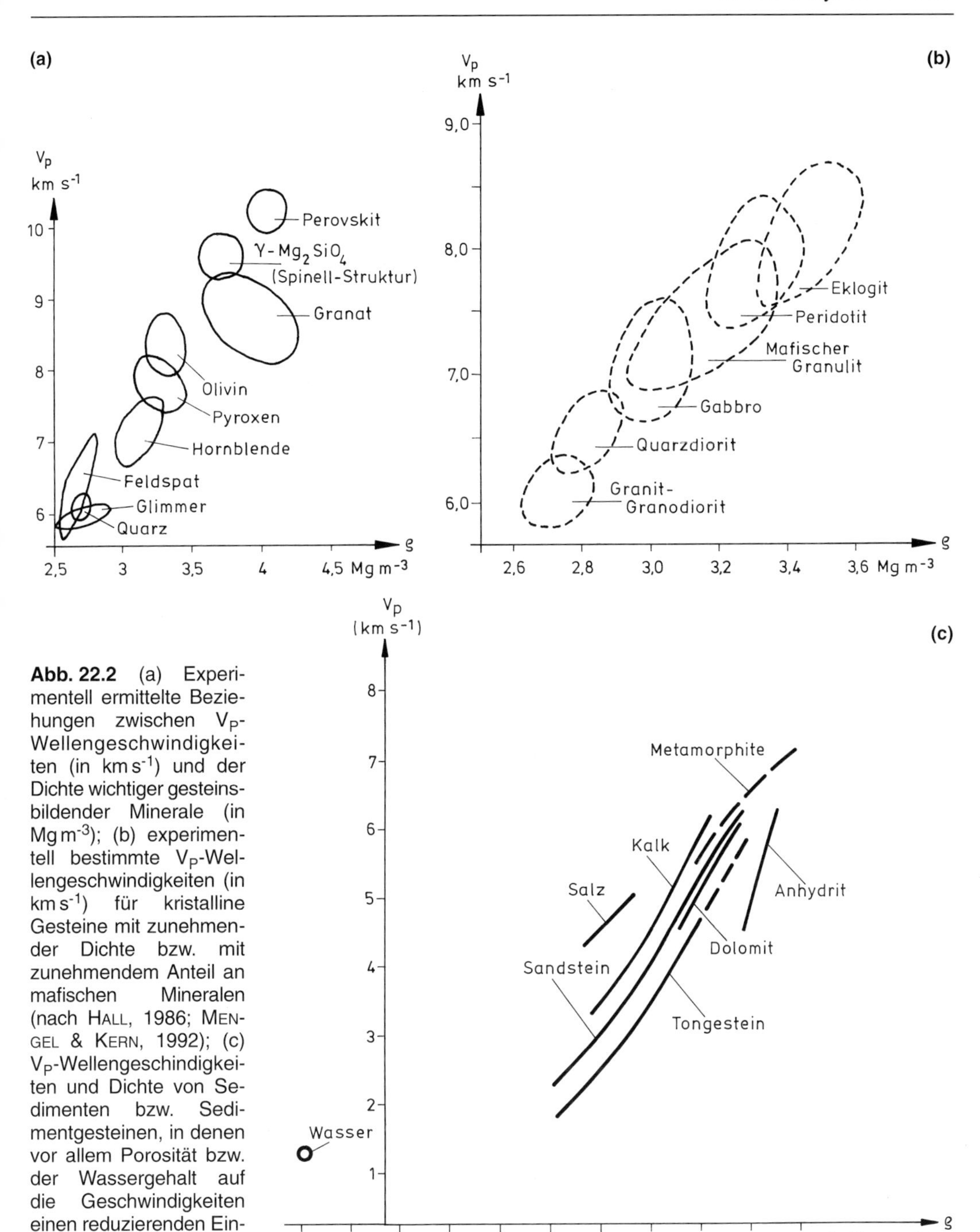

Abb. 22.2 (a) Experimentell ermittelte Beziehungen zwischen V_P-Wellengeschwindigkeiten (in km s^{-1}) und der Dichte wichtiger gesteinsbildender Minerale (in Mg m^{-3}); (b) experimentell bestimmte V_P-Wellengeschwindigkeiten (in km s^{-1}) für kristalline Gesteine mit zunehmender Dichte bzw. mit zunehmendem Anteil an mafischen Mineralen (nach HALL, 1986; MENGEL & KERN, 1992); (c) V_P-Wellengeschindigkeiten und Dichte von Sedimenten bzw. Sedimentgesteinen, in denen vor allem Porosität bzw. der Wassergehalt auf die Geschwindigkeiten einen reduzierenden Einfluß haben.

aus dem das Gestein relativ schnell und intakt zur Erdoberfläche transportiert wurde. Oberhalb von 25 bis 30 km Tiefe kristallisiert im allgemeinen Plagioklas, unterhalb von 30 km Cr-Al-Spinell und in Tiefen von mehr als 60 bis 80 km dominiert wahrscheinlich Granat.

Im Tiefenbereich zwischen 50 und 200 km beobachtet man im Mantel eine weiträumig verfolgbare

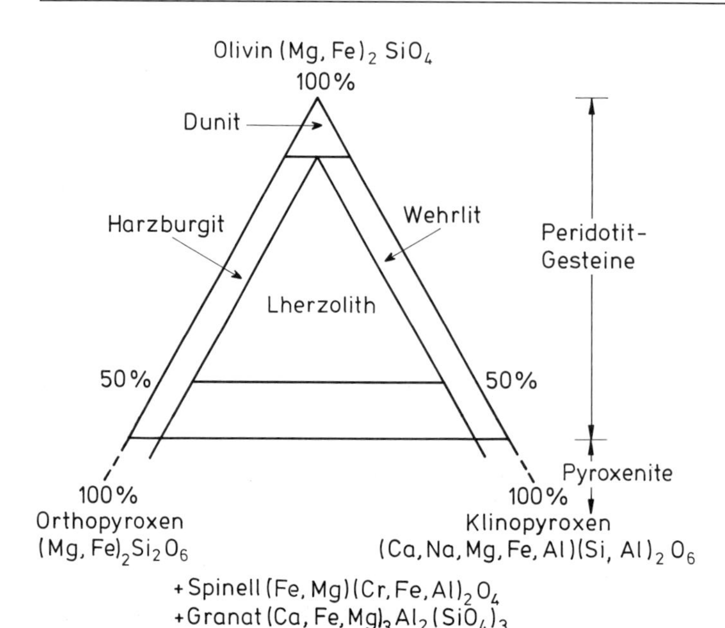

Abb. 22.3 Klassifikationsschema für ultramafische Gesteine (nach BEST, 1982).

Niedriggeschwindigkeitszone (low velocity zone, LVZ), in der V_P- und V_S-Wellengeschwindigkeiten um rund 5% abnehmen. Diese Zone entspricht vermutlich der sonst nur ungenau definierten Obergrenze der **Asthenosphäre** (asthenosphere, Abb. 22.1b). Experimentelle Schmelzversuche an peridotitischen Ausgangsgesteinen unter den Temperatur- und Druckbedingungen des oberen Mantels (Abb. 23.8) und ein theoretisch extrapolierter Temperaturverlauf für den Mantel führen zur Annahme, daß in der LVZ wahrscheinlich lokale Abtrennung partieller basaltischer Schmelzen erfolgt.

Unter der LVZ nehmen in Tiefen von 200 bis 220 km die seismischen Wellengeschwindigkeiten allmählich wieder zu und erst in 400 km bzw. 670 km Tiefe beobachtet man zwei weitere seismisch gut definierte Grenzzonen bzw. Diskontinuitäten, an denen die Wellengeschwindigkeiten abrupt ansteigen (Abb. 22.1). Die gesamte Mantelschale zwischen der Moho und der 400 km-Grenzzone bezeichnet man deshalb als **Oberen Mantel** (upper mantle) und nimmt an, daß hier die Temperaturen bis auf mehr als 1400°C ansteigen. An der 400 km-Diskontinuität steigen die V_P-Geschwindigkeiten auf Werte um 9,2 km s^{-1} bzw. die V_S-Geschwindigkeiten auf Werte um 5 km s^{-1}. Der darunter liegende Bereich zwischen 400 und rund 670 km wird als **Übergangszone des Mantels** (transition zone) bezeichnet, wobei an der 670 km-Diskontinuität die V_P-Geschwindigkeiten auf Werte um 10,5 km s^{-1}, die V_S-Geschwindigkeiten auf 6,0 km s^{-1} und die Temperaturen wahrscheinlich auf mehr als 1500 bis 1600°C ansteigen (Abb. 22.1). Der Mantelbereich zwischen der 670 km-Diskontinuität und dem Erdkern, der in einer Tiefe von rund 2890 km beginnt, ist der **Untere Mantel** (lower mantle). Die unterste Mantelschale, die eine Mächtigkeit von 200 bis 300 km besitzt, ist die sogenannte D"-Grenzschicht, innerhalb welcher die Temperaturen wahrscheinlich von rund 2500°C auf mehr als 4000°C ansteigen. Darunter befindet sich der **Erdkern** (core), der einen Radius von 3480 km hat. Die Eisen-Nickel-Legierungen, welche einen Großteil des Erdkerns aufbauen, sind im äußeren Kernbereich flüssig und im inneren Kern fest. Konvektive Strömungen im äußeren Kern sind höchstwahrscheinlich für das Magnetfeld der Erde verantwortlich. Stoffliche Austauschprozesse zwischen dem Unteren Mantel und äußerem Kern, vor allem aber thermisch induzierte Instabilitäten innerhalb der komplex zusammengesetzten D"-Schicht, könnten deshalb für bedeutende Veränderungen im Charakter des Magnetfelds, v.a. seiner Polarität, verantwortlich sein (siehe Kapitel 27).

Die angenähert konzentrischen Grenzzonen im Mantel, an denen man relativ abrupte Zunahmen der seismischen Wellengeschwindigkeiten registriert, umschließen deshalb entweder Schalen mit unterschiedlicher chemischer Zusammensetzung oder sie definieren Bereiche, in denen ein chemisch mehr oder weniger homogener Mantel durch unterschiedliche Mineralphasen charakterisiert ist. So zeigen zum Beispiel Experimente, daß bei den Drücken, die in Tiefen von mehr als 400 km zu erwarten sind, der im Oberen Mantel dominierende orthorhombische Olivin $(Mg, Fe)_2SiO_4$ in dichter gepackte β- und γ-Phasen mit kubischer Spinell-Struktur umgewandelt wird. Die γ-Phase wird wahrscheinlich in rund 670 km Tiefe durch die noch dichtere Silikat-Phase Perovskit ($MgSiO_3$) und die Oxide Periklas (MgO) und Wüstit (FeO) bzw. die (Mg, Fe)O-Mischkristallphase Magnesiowüstit ersetzt. Für die im Mantel eingebauten Pyroxene ist zu erwarten, daß sie in Tiefen von mehr als 400 km in Form von Granat-Pyroxen-Mischkristallen (Majorit) auftreten. Um die Schalenstruktur des Mantels verständlich zu machen, gibt es aber auch Modelle, in denen man eine Variabilität bezüglich der primären oder tektonisch induzierten mineralogisch-chemischen Zusammensetzung der Schalen annimmt. So sollen z.B. nach dem Modell von Anderson und Bass (1986) die ultramafischen Olivin-Pyroxen Gesteine (Lherzolithe) des Oberen Mantels in einer Tiefe um 400 km durch ähnliche Gesteine mit höherem SiO_2- und FeO-Gehalt, also mit signifikanten Anteilen an „metamorphen" Klinopyroxen-Granat-Gesteinen (Eklogiten), abgelöst werden. Ein geschichteter Oberer Mantel, in dem leichterer Peridotit über schwereren Pyroxen-Granat-Gesteinen liegt, würde aber in jedem Fall bedeuten, daß die gravitativen Ungleichgewichte, die einen vertikalen Aufstieg von heißem Gesteinsmaterial und so indirekt horizontale Bewegungen der Lithosphärenplatten verursachen, in noch tiefer gelegenen Mantelschalen, möglicherweise sogar an der Mantel-Kern-Grenze, zu suchen sind. Es ist aber nach wie vor problematisch, wie durchlässig die Übergangszone des Mantels zwischen 400 und 670 km für relativ kalte subduzierte **Plattenfragmente** (slabs) von oben bzw. für heiße aufsteigende **Manteldiapire** (mantle plumes) von unten ist. In den absinkenden Plattenfragmenten verursachen niedrigere Temperaturen wahrscheinlich eine Verzögerung der Phasenänderungen, welche dann aber implosiv-seismisch erfolgen könnten. Die 670 km-Diskontinuität ist höchstwahrscheinlich auch ein Übergang von Gesteinen mit etwas geringerer in Gesteine mit etwas höherer Fließfestigkeit. Dieser Sachverhalt leitet sich aus Staucheffekten ab, die sich als räumliche Ausweitung der Seismizität in tief subduzierten Plattenfragmenten äußern. Wie sich abgesunkene Plattenfragmente unter der 670 km-Diskontinuität verhalten, ist weitgehend unbekannt, es ist aber einsichtig, daß nur größere Ansammlungen von subduziertem Material als stark verformte Einheiten in noch größere Tiefen des Unteren Mantels absinken können.

Geophysikalisch-experimentelle Modelle führen also zur paradoxen Erkenntnis, daß vor allem der Obere Mantel einerseits eine seismisch nachweisbare konzentrische Struktur besitzt, daß aber andererseits großräumige Material- und Wärmetransporte durch die konzentrischen Grenzflächen erfolgen müssen. Dieses Paradoxon läßt sich auf zweierlei Weise auflösen: Entweder gibt es im Mantel verschiedene und voneinander abgekoppelte Systeme von Konvektionszellen, wobei die Unter- bzw. Obergrenzen der Zellen mit den Hauptdiskontinuitäten zusammenfallen, oder die Mantelkonvektion erfolgt in so großen Zellen und so langsam, daß Phasenübergänge im allgemeinen an räumlich stationären Grenzflächen erfolgen und nur lokal (z.B. in subduzierten Plattenfragmenten) unregelmäßige Grenzgeometrien auftreten.

Fundamental zur Ableitung aller dynamischen Modelle für den Mantel sind deshalb die Petrologie und Geochemie der basaltischen Magmen, welche sich in Tiefen von 50 bis 60 km vom ultramafischen Muttergestein absondern und schließlich an der Oberfläche der Erde austreten. Basaltische partielle Schmelzen sammeln sich dabei häufig in höher gelegenen Magmenkammern des Mantels und erreichen die Erdoberfläche deshalb auch relativ unkontaminiert. Sie liefern somit indirekte Hinweise auf die Zusammensetzung des ultramafischen Substrats, aus dem sie stammen. Man unterscheidet bei den basaltischen Magmen drei große chemische Gruppen: Im Intraplattenbereich beobachtet man vor allem Alkalibasalte, an divergenten Plattengrenzen subalkalische tholeiitische Basalte und im Bereich konvergenter Plattengrenzen die Gruppe kalkalkalischer Basalte. In Abb. 22.4 sind die drei Basaltypen als Teil differenzierter **Magmenserien** (magma series) dargestellt. Der Anteil alkalischer Basalte am Gesamtvolumen der basaltischen Vulkanite auf der Erde ist ein bis zwei Größenordnungen geringer als der Anteil tholeiitischer Basalte. Die Mantelquellen alkalischer Basalte sind demnach als „abnormal" zu bezeichnen, während die tholeiitischen Basalte, welche auch den überwiegenden Teil der ozeanischen Kruste aufbauen, wahrscheinlich aus großen „typischen" Mantelreservoiren stammen. Kalkalkali-Basalte entstehen im Mantelkeil über Subduktionszonen und werden bei ihrem Aufstieg meist durch Krustenmaterial „kontaminiert". Die chemischen Elemente in

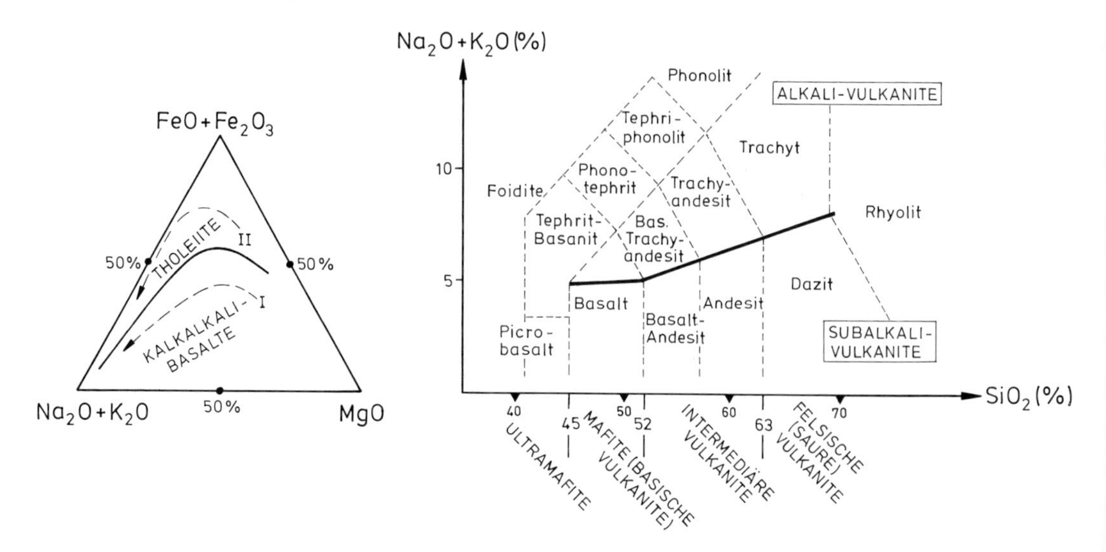

Abb. 22.4 Unterteilung vulkanischer Gesteinssuiten in alkalische bzw. subalkalische Gruppen nach LeBas und Streckeisen, 1991, (rechts) und Differentiationstrends der Hauptelemente in kalkalkalischen bzw. tholeiitischen Basalten im AFM-Diagramm (links).

Basalten charakterisiert man als **kompatibel** (compatible) oder **inkompatibel** (incompatible), je nachdem ob sie leicht oder nur schwer in die dominierenden Mineralphasen des Mantels eingebaut werden können. Als Bezugssystem benützt man eine primordiale Mantelzusammensetzung, welche man mit der Zusammensetzung chondritischer Steinmeteoriten gleichsetzt. In diesen Meteoriten entspricht das Gewichtsverhältnis der Elemente zueinander und auch ihr Alter von rund 4,56 Ga im wesentlichen den Elementverhältnissen und dem Alter des Sonnensystems.

Tholeiitische Mittelozeanische Rückenbasalte (MORBs) sind im allgemeinen durch einen geringen Gehalt an inkompatiblen Elementen charakterisiert. Sie sind demnach **verarmt** (depleted) an Elementen, die ein sehr niedriges oder sehr hohes Verhältnis von Ladung zu Ionenradius besitzen, wie z.B. Kalium, Rubidium, Barium, Uran, Thorium, Strontium, leichte Seltene Erden, Niobium, Zirkonium, Titan, Phosphor. In Alkalibasalten sind diese Elemente, die sich auch in der kontinentalen Kruste finden, dagegen **angereichert** (enriched). Isotopengeologische Untersuchungen junger MORBs deuten außerdem darauf hin, daß erstens ihre ultramafischen Mantelquellen ein Alter von mehr als 1 Ga haben, zweitens wahrscheinlich einen relativ großen Volumenanteil des Mantels darstellen (30 bis 50%) und drittens in ihrer chemischen Zusammensetzung relativ homogen sind. Daneben muß es im Mantel aber auch Magmenreservoire geben, in denen inkompatible Elemente relativ angereichert sind und aus denen deshalb angereicherte bis alkalisch zusammengesetzte ozeanische Insel-Basalte (OIBs) und kontinentale Alkalibasalte (KABs) gefördert werden. Diese Anreicherung erfolgt entweder durch Hochbewegung von Material aus dem noch nicht verarmten Unteren Mantel in Form gewaltiger **Manteldiapire** (mantle plumes) oder durch Konzentration subduzierter Sedimente bzw. kontinentaler Krustenfragmente an einzelnen **Hotspots** des Mantels. Ein weiterer Mechanismus zur Entstehung relativ angereicherter Alkalibasalte ist ein initiales Stadium partieller Aufschmelzung von weniger als 2% des Volumens eines durchschnittlich verarmten Mantelperidotits. Zwischentypen basaltischer Gesteine findet man vor allem in jenen Bereichen der Ozeane, in denen sich Aufstiegswege von Manteldiapiren mit angereicherten OIBs und ozeanischen Spreizungszonen mit verarmten MORBs überlagern. Diese Situation resultiert meist in einem abnormal großen Volumen der zur Oberfläche geförderten Laven, wie z.B. auf Island (siehe Kapitel 27).

Zur Klärung der Verbreitung und Ausdehnung großer geochemisch-thermischer Anomalien und ihrer Rolle als plattentektonische Antriebssysteme sollte man deshalb immer im Auge behalten, daß

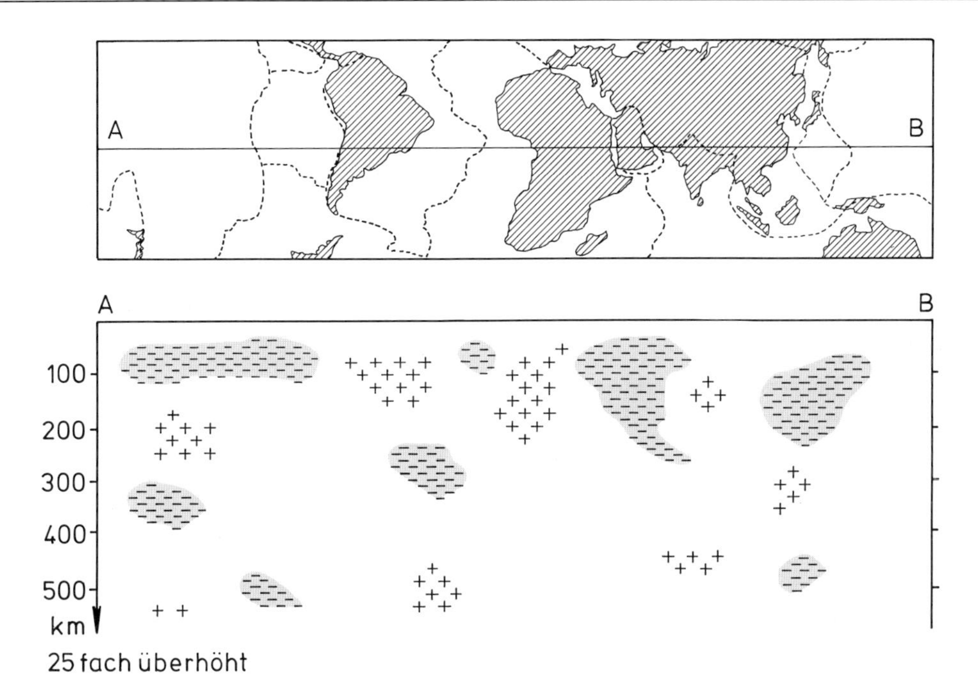

Abb. 22.5 Seismisch-tomographische Anomalien in einem Ost-West-Schnitt durch den Oberen Erdmantel. Die negativen Laufzeitanomalien (–) im Ostpazifik, Atlantik und Roten Meer werden anscheinend durch aufsteigendes heißes Mantelmaterial hervorgerufen. Auch die seichte negative Anomalie im Westpazifik liegt im Bereich von aufsteigendem Mantelmaterial unter neugebildeten ozeanischen Randbecken. Positive Laufzeitanomalien (+) findet man unter geologisch alten Kratonen bzw. in Zonen mit subduzierter kalter Lithosphäre (nach ANDERSON, 1987).

die verschiedenen an der Erdoberfläche anzutreffenden basaltischen Vulkanite unterschiedliche Aufschmelzungsgrade bzw. unterschiedliche Stadien einer Differentiation relativ homogener Mantelbereiche darstellen können, aber auch partielle Schmelzen aus den verschiedenen Teilen eines stofflich geschichteten bzw. räumlich inhomogenen Mantels repräsentieren können. Die Tiefenlage und Struktur jener Mantelbereiche, aus denen sich die modernen basaltischen Magmenreservoire für MORBs bzw. OIBs und KABs entwickeln, lassen sich heute vor allem mit Hilfe der Methoden der **seismischen Tomographie** (seismic tomography) genauer lokalisieren.

Die seismische Tomographie des Erdmantels beruht darauf, daß man Laufzeiten polarisierter seismischer Oberflächenwellen (Rayleigh- und Lovewellen) einer räumlichen Analyse unterzieht und aus der Verteilung der Laufzeitanomalien auf die Geometrie durchlaufener Zonen mit abnormal hohen und niedrigen Laufzeiten schließt. Die Ausbreitungsgeschwindigkeiten von Oberflächenwellen entsprechen grob denen von Scherwellen. Oberflächenwellen mit großer Wellenlänge bzw. Amplitude tauchen aber tief in den Mantel ein und ihre Laufzeiten sind deshalb direkt vom Schermodul der durchlaufenen Mantelbereiche abhängig. Der Schermodul ist aber wiederum temperaturabhängig, d.h. bei konstanter mineralogischer Zusammensetzung erniedrigt sich die Scherwellengeschwindigkeit in relativ heißen Zonen, vor allem aber in jenen Zonen, in denen auch partielle Gesteinsschmelzen auftreten. Aus der räumlichen Verteilung positiver und negativer Laufzeitanomalien ergeben sich deshalb wichtige Schlußfolgerungen für die räumliche Verteilung von relativ heißem und relativ kaltem Gesteinsmaterial. Indirekt läßt sich aus dieser Verteilung der positiven und negativen Laufzeit-Anomalien deshalb auch auf thermische Instabilitäten bzw. auf Zonen mit tektonischen Auftriebsbewegungen schließen. Geodynamische Modelle resultieren vor allem aus dreierlei Sätzen von Beobachtungsdaten.

Erstens besitzt der obere Mantel gut definierbare Regionen positiver und negativer **Laufzeitanomalien** (velocity anomalies), wobei sich größere

Anomalien lateral über mehrere hundert Kilometer erstrecken können und die gemessenen Laufzeiten von den erwarteten „normalen“ Laufzeiten maximal 5 bis 10% abweichen. Positive Anomalien (= kalter Mantel) beobachtet man vor allem im Oberen Mantel unter geologisch „alten“ Kontinenten und in der Tiefen-Verlängerung moderner Subduktionszonen. Negative Anomalien (= heißer Mantel) findet man vor allem direkt unter den modernen divergenten Plattengrenzen der mittelozeanischen Rücken bis in Tiefen von 600 km, im Mantel unter kontinentalen Rifts bis in Tiefen von 100 bis 300 km, aber auch bis in Tiefen von rund 200 km unter neugebildeten ozeanischen Randbecken (Abb. 22.5).

Zweitens zeigt sich, daß die Ausbreitungsgeschwindigkeiten seismischer Wellen im Mantel auch richtungsabhängig sind, d.h. der Mantel ist elastisch **anisotrop** (anisotropic). Da in den obersten 400 km des Mantels die Silikatminerale Olivin und Pyroxen vorherrschen und diese in ihrer Kristallstruktur ebenfalls deutlich anisotrop sind, kann man annehmen, daß die seismische Anisotropie wahrscheinlich vor allem durch eine bevorzugte kristallographische Ausrichtung (= Regelung) der kristallplastischen Olivinkörner bewirkt wird (siehe Kapitel 19). Großräumige Regelung von Olivin bedeutet aber großräumig kristall-plastisches Fließen der Mantelperidotite. Diese Annahme wird unterstützt durch zahlreiche Untersuchungen der Gitterregelung von Olivin in ultramafischen Xenolithen und in tektonisch überschobenen Mantelfragmenten. Deshalb läßt sich auch aus der regionalen Ausrichtung seismischer Geschwindigkeitsanisotropien eine angenäherte Orientierung der Fließflächen bestimmen. Diese Beobachtungen legen nahe, daß Regelung durch penetrative Verformung des Mantels an großräumigen vertikalen, geneigten oder horizontalen Scherzonensystemen hervorgerufen wird, die zu den Bereichen der Laufzeitanomalien einen systematischen Raumbezug haben.

Drittens demonstriert die seismische Tomographie, daß im Mantel abnormale **Temperaturgradienten** (temperature gradients) existieren, d.h., heiße und kalte Bereiche liegen räumlich nicht nur nebeneinander, sondern auch übereinander, wie z.B. unter ozeanischen Randbecken. In anderen Teilen des Mantels erstrecken sich die Anomalien von der Moho bis in Tiefen von mehr als 400 km, wie z.B. die negativen „heißen“ Anomalien unter dem Roten Meer oder die positiven Anomalien an den modernen steilen Subduktionszonen des Westpazifiks, wo sich relativ „kaltes“ Material bis in 680 km Tiefe nachweisen läßt. Andeutungsweise sind diese „kalten“ Anomaliezonen auch bis in den Unteren Mantel hinein zu verfolgen, die regionalen Unterschiede zwischen den Wellengeschwindigkeiten bzw. die daraus abgeleiteten Temperaturabweichungen vom „Normalzustand“ sind im Unteren Mantel aber wesentlich geringer als im Oberen Mantel. Wie bereits angedeutet, könnte man sich vorstellen, daß hier tief subduzierte Lithosphärenfragmente mit einem geringen Anteil von Krustenmaterial kumulativ zu signifikanten geochemisch-gravitativen Instabilitäten Anlaß geben könnten.

Die Kombination von Temperaturverlauf und stofflicher Zusammensetzung bewirken im Mantel räumliche Dichte- und Duktilitätsunterschiede, die wahrscheinlich in der Größenordnung von Bruchteilen von Prozenten liegen, aber anscheinend aus-

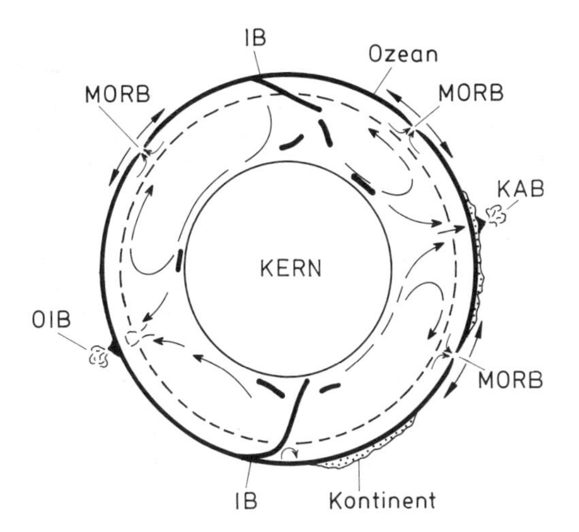

Abb. 22.6 Hypothetische „Stromlinien“ für thermisch-geochemisch gesteuerte gravitative Ausgleichsbewegungen im Erdmantel. Größere Manteldiapire bzw. Hotspots befinden sich unter Eruptionszentren ozeanischer Inselbasalte (OIBs) und kontinentaler Alkalibasalte (KAB), vereinzelt aber auch hinter vulkanischen Inselbögen (IB). In Tiefen unter 670 km bestehen die teilweise vom Oberen Mantel entkoppelten Konvektionssysteme wahrscheinlich sowohl aus absinkenden Lithosphärenfragmenten (schwarz) wie auch aus aufsteigendem Material, das aus gravitativ instabilen Bereichen des untersten Mantels stammt (nach SILVER et al., 1988).

reichen, um über lange Zeiträume hinweg den Auftrieb von **Manteldiapiren** (mantle plumes) zu erhalten. Letztere äußern sich an der Oberfläche dann als langlebige vulkanische Zentren, wenn in Folge adiabatischer Druckentlastung partielle Schmelzen abgeschieden werden und letztere aufgrund der nun noch größeren Auftriebskräfte zur Oberfläche der Erde gelangen. Dies kann bei Manteltemperaturen von mehr als 1300°C erfolgen, wobei in größeren Kammern mit mafischem Magma auch lokale Konvektionssysteme in Gang gebracht werden können.

Gegenwärtig versteht man sowohl den Tiefgang subduzierter Plattenfragmente als auch die Herkunft größerer Manteldiapire nur in semiquantitativen Näherungsmodellen. Es ist also wahrscheinlich, daß regionale Konvektionssysteme häufig die Dynamik globaler Plattenbewegungen überlagern und modifizieren. Bildhaft kann man sich die räumlichen Beziehungen durch einfache Skizzen plausibel machen (z.B. Abb. 22.6). Von einer befriedigenden Integration der existierenden geophysikalischen, petrologischen und geochemischen Modelle dieser Art ist man aber noch weit entfernt. Da vor allem unter den Kontinenten thermisch-gravitative Instabilitäten und geochemische Anomalien neue dynamische Prozesse einleiten können und schließlich auch zur Dispersion einzelner Teile von Superkontinenten überleiten, ist es nützlich, die kontinentale Lithosphäre vorerst modellhaft in einem relativ ungestörten Ausgangszustand zu betrachten.

Literatur

Best, 1982; Anderson, 1984; Anderson & Bass, 1986; Hall, 1986; Allegre, 1987; Anderson, 1987; Hofmann, 1988; Silver et al., 1988; Olsen et al., 1990; LeBas & Streckeisen, 1991; Agee, 1993.

23 Stoffliche Grenzen, Temperaturverteilung und Magmatismus kontinentaler Intraplattenbereiche

Der Einsatz divergenter Bewegungen in kontinentalen Intraplattenbereichen und die Entwicklung neuer Plattengrenzen durch progressive Dispersion der Lithosphäre von Superkontinenten in neuen Platten bedeutet im allgemeinen eine Zunahme des Temperaturgradienten und das Aufdringen ultramafischer Diapire in den obersten Mantel, was zur Intrusion partieller mafischer Schmelzen in eine vorher „intakte" kontinentale Kruste führt. Um zu einem Verständnis der thermisch-magmatischen Instabilitäten innerhalb der kontinentalen Lithosphäre zu kommen, ist es deshalb nützlich, von einem Modell für die „Normalstruktur" bzw. von einer durchschnittlichen Zusammensetzung für die kontinentale Kruste und den unmittelbar darunter liegenden Mantel auszugehen. Wie bereits angedeutet, ist die kontinentale Kruste meist das komplexe Produkt einer langen geochemisch-thermisch gesteuerten **magmatischen Differentiation** (magmatic differentiation) aus ursprünglich mafischeren Ausgangsgesteinen, einer **Mischung** (mixing) differenzierter mafischer Magmen mit den bereits vorhandenen felsischen Gesteinen der kontinentalen Kruste und einer Abfolge von tektonischer **Abscherung, Wiederanlagerung** und **Metamorphose** (detachment, accretion, metamorphism) einzelner Krustenfragmente und ihrer Lithosphärensubstrate. Diese Prozesse, deren Spuren in Form großräumiger tektonischer Strukturen und magmatischer Gürtel in der kontinentalen Kruste erhalten sind, versucht man heute räumlich und zeitlich vor allem mit Hilfe von radiogenen bzw. stabilen Isotopen quantitativ-dynamisch aufzulösen. Dazu sind aber auch palinspastische Rekonstruktionen deformierter Krustenstreifen und ein Verständnis der Varianten plattentektonischer Vorgänge in der geologischen Vergangenheit von kritischer Bedeutung. Aufgrund der Differentiationsprozesse und dem Zerfall radioaktiver Isotope ist anzunehmen, daß dabei der Wärmetransport zur Erdoberfläche und die Intensität plattentektonischer Prozesse im Laufe der Zeit abnahmen (Abb. 23.1).

Die kontinentale Normalkruste ist heute im Durchschnitt rund 35 bis 40 km mächtig und ihre Oberfläche liegt rund 100 bis 300 m über dem Meeresspiegel. Sie enthält neben Si die typisch „lithophilen" Elemente wie Al, Na, K, Ca, U, Th, deren räumliche Verteilung aber recht unregelmäßig ist. Die kontinentale Kruste besteht nämlich aus deutlich **linearen magmatischen, tektonischen** oder ganz allgemein aus vormals **mobilen Gürteln** (linear magmatic, tectonic, mobile belts), die in ihrer heutigen räumlichen Anordnung und Zusammensetzung sowohl divergente als auch konvergente Plattenbewegungen widerspiegeln. Bereits die ältesten Kernbereiche der Kontinente, die sogenannten **Kratone** (cratons), bestehen aus

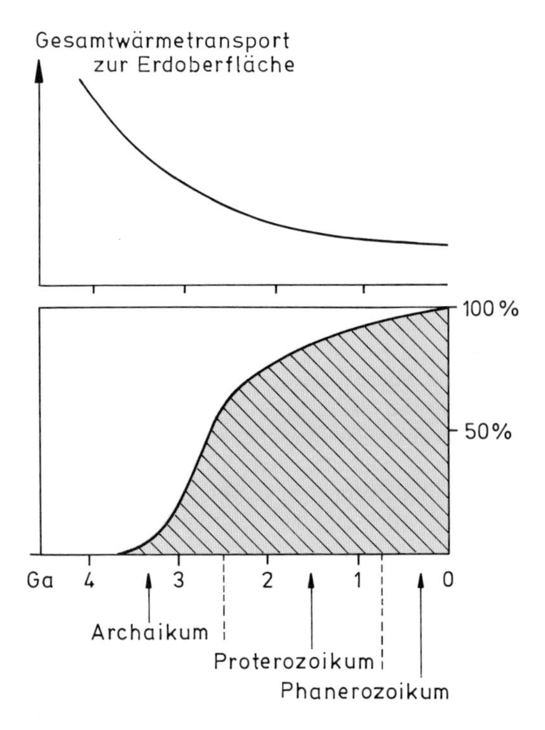

Abb. 23.1 Schematische Modelle für die relative Abnahme des Gesamtwärmetransports zur Erdoberfläche (oben) und für den kumulativen Zuwachs des Gesamtvolumens der kontinentalen Kruste (unten). Diese Veränderungen waren anscheinend im Archaikum und frühen Paläoproterozoikum bedeutender als in der jüngsten geologischen Vergangenheit.

Gesteinsgürteln, deren Anlagerung, magmatisch-metamorphe Verschweißung und Konsolidierung zu kontinentaler Lithosphäre vielfach bereits im Archaikum, also vor mehr als 2,5 Ga, erfolgte (Abb. 23.1). Aber auch die heutigen Randzonen der meisten Kontinente und vor allem jene Bereiche, die sich bis weit unter jüngere sedimentäre Deckschichten erstrecken, bestehen aus kristallinen Gesteinen, die nicht erst im Proterozoikum oder Phanerozoikum entstanden sind, sondern meist krustale Elemente mit wesentlich älteren Gesteinsprägungen enthalten. Aus diesem Grund setzt man auch das „Alter" bestimmter kontinentaler Krustenstreifen mit dem Alter der letzten gesteinsprägenden Deformation, hochgradigen Metamorphose bzw. einer dominierenden Intrusionsphase gleich. In dieser Hinsicht sind die Kontinente also sehr heterogen.

Die kontinentale **Oberkruste** (upper crust) ist vor allem durch geologische Kartierungen und geophysikalische Vermessungen relativ gut erforscht, ihre tieferen Bereiche sind allerdings noch weitgehend unbekannt. Im allgemeinen überwiegen in der obersten kontinentalen Kruste felsische und intermediäre kristalline Gesteine (mit rund 40% Feldspat und 20% Quarz) und Sedimentgesteine (Tongesteine, Sandsteine und Karbonate), die in sedimentären Becken mit einem Tiefgang von maximal 10 bis 20 km abgelagert wurden. Hinweise auf die Zusammensetzung der nicht direkt zugänglichen kontinentalen **Unterkruste** (lower crust) gewinnt man auf dreierlei Weise. Erstens vergleicht man die in-situ gemessenen Laufzeiten seismischer Wellen in der Unterkruste mit den Geschwindigkeiten von Longitudinalwellen (V_P) und Scherwellen (V_S), welche experimentell an Mineralaggregaten bzw. natürlichen Gesteinsproben unter entsprechend simulierten Umlagerungsdrücken bestimmt werden. Zweitens studiert man tektonisch gehobene Teile der unteren Kruste in Aufschlüssen tief erodierter präkambrischer Schilde oder junger Hochgebirge. Drittens analysiert man Xenolithe, die bei der Förderung basaltischer Magmen von der Unterkruste abgerissen und dann zusammen mit den vulkanischen Förderprodukten zur Erdoberfläche transportiert wurden.

Refraktionsseismische Untersuchungen der kontinentalen Kruste demonstrieren eine allgemeine Zunahme der V_P- und V_S-Wellengeschwindigkeiten mit der Tiefe. In mächtigen Sedimentserien mißt man V_P-Geschwindigkeiten von rund 2 bis 5 km s^{-1}, in der kristallinen Oberkruste bis in Tiefen von 15 bis 20 km überwiegen Geschwindigkeiten um rund 6 km s^{-1} und lassen sich mit den experimentell gemessenen Geschwindigkeiten für kristalline Schiefer, Gneise, Migmatite und felsische Intrusivgesteine mit Dichten um 2,7 bis $2{,}9 \cdot 10^3$ kg m^{-3} vergleichen (siehe Abb. 22.2). Niedrigere Werte sind charakteristisch für Zonen mit retrograder Metamorphose, abnormaler Porosität und hohem Fluidgehalt, höhere Werte vor allem für mafische und intermediäre Einschaltungen. In der Unteren Kruste überwiegen V_P-Geschwindigkeiten zwischen 6,3 und 7,3 km s^{-1}. Diese Geschwindigkeiten sind charakteristisch für mafische Intrusiva und deren hochmetamorphe Äquivalente (Amphibolite), aber auch für mafische oder felsische Metamorphite der Granulitfazies. Die seismischen Wellengeschwindigkeiten, die in der unteren Kruste gemessen werden, belegen also wahrscheinlich einen Gesteinsbestand, in dem die Mineralphasen Granat und Pyroxen an die Stelle der H_2O-reichen Ca-Al-Silikate (z.B. Amphibol, Biotit) treten (siehe Kapitel 15). Bei Abwesenheit freier Fluidphasen (z.B. H_2O, CO_2) und bei Temperaturen, die unter den kritischen Werten für partielle Schmelzbildung liegen, deuten deshalb die höheren Wellengeschwindigkeiten auf Gesteine mit größerer Dichte (Regel von BIRCH). Man kann demnach annehmen, daß die Unterkruste wahrscheinlich aus metamorphen Gesteinen der Granulitfazies bzw. aus metamorphosierten mafischen Intrusivkomplexen mit Dichten um 2,9 bis $3{,}0 \cdot 10^3\,kg\,m^{-3}$ besteht.

Vielfach zeigen die refraktionsseismischen Untersuchungen kontinentaler Krustenbereiche, daß sich typische Unterkrustengeschwindigkeiten

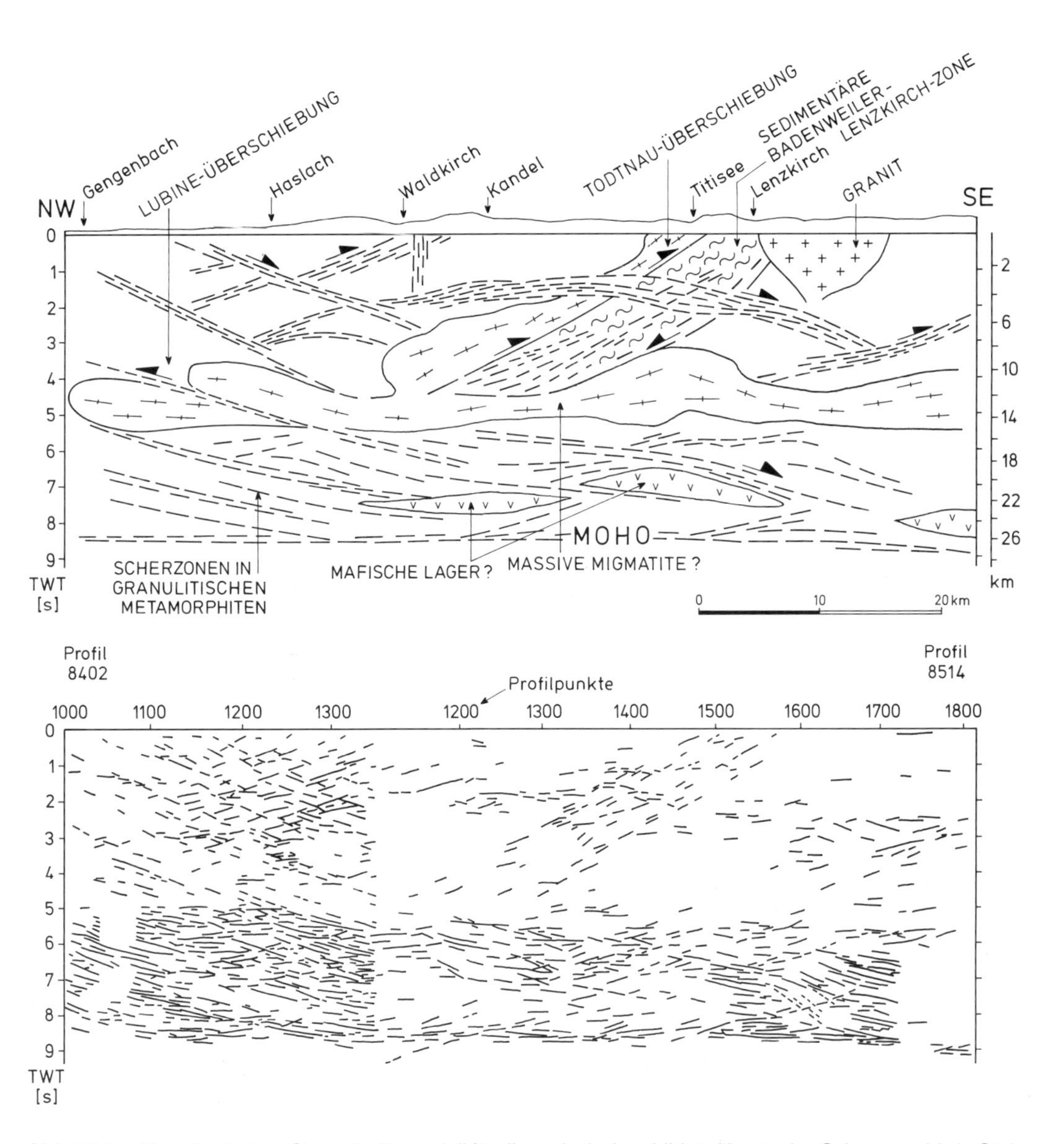

Abb. 23.2 Hypothetisches Querschnittsmodell für die variszisch gebildete Kruste des Schwarzwalds in Südwestdeutschland entlang eines NW-SE Profils, welches aus Oberflächengeologie, Refraktions- und Reflexionsseismik abgeleitet wurde. Die untere Abbildung ist eine Strichzeichnung der seismischen Reflektoren, die als Überschiebungen oder als Abschiebungen mit mylonitischen bzw. kataklastischen Scherzonen, aber auch als lithologische Heterogenitäten gedeutet werden könnten. Tiefe Abscherhorizonte lagen möglicherweise in den seismisch transparenten Migmatitzonen der mittleren Kruste oder in der extrem strukturierten Unterkruste, in der sich möglicherweise auch intrudierte mafische Lager befinden (nach EISBACHER et al., 1989).

von 6,5 bis 6,7 km s^{-1} relativ abrupt einstellen und man spricht deshalb auch von einer intrakrustalen **Conrad-Diskontinuität** zwischen Ober- und Unterkruste. Allerdings scheint weder die Tiefenlage dieser Übergangszone (bei 15 bis 20 km) konstant, noch ihre Verbreitung über größere horizontale Distanzen gesichert zu sein. Auch die Mächtigkeit der seismisch definierten kontinentalen Unterkruste scheint stark zu variieren. Reflexionsseismische Untersuchungen deuten auf einen weiteren interessanten Aspekt der Unterkruste hin: Ist die gesamte Kruste verhältnismäßig geringmächtig (< 35 km), so ist die Unterkruste meist durch relativ geringere Durchschnittsgeschwindigkeiten und hohe Reflektivität charakterisiert, d.h., sie zeigt häufig einen „reflexionsseismischen" subhorizontalen Lagenbau mit vertikalen Abständen der Lagen im 100m- bis 1000m-Bereich. Außerdem deuten telluromagnetische Messungen auf erhöhte elektrische Leitfähigkeiten hin, was auf planare Zonen mit Graphitanreicherungen schließen läßt. In mächtigeren Krustenbereichen, wie man sie z.B. aus älteren Kratonen kennt, ist die Unterkruste dagegen häufig durch relativ höhere Geschwindigkeiten ausgezeichnet und erscheint seismisch transparent. Seismischer Lagenbau der Unterkruste in phanerozoisch deformierten Krustenstreifen wird auf flachliegende Transpositionsstrukturen, breite Scherzonen oder mafische Lagerintrusionen zurückgeführt. Ihr Ursprung steht wahrscheinlich mit einer regionalen Extension der Gesamtkruste im Zusammenhang (Abb. 23.2).

Direkt zugängliche Aufschlüsse der tieferen kontinentalen Oberkruste bzw. Unterkruste im Hangenden großer intrakontinentaler Überschiebungen bzw. im Liegenden bedeutender Abschiebungen kennt man aus den präkambrischen Schilden von Kanada, Australien, Neuseeland, Indien-Sri Lanka, China und Skandinavien, aber auch aus jungen Kollisionszonen, wie in Kohistan im westlichen Hima-

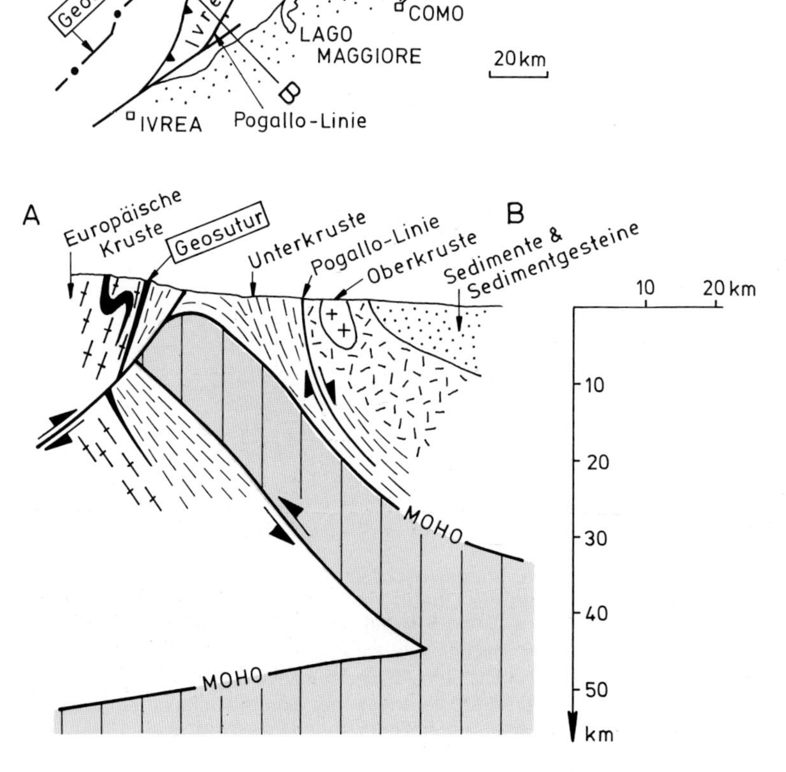

Abb. 23.3 Geologische Situation der Ivrea-Zone in den Westalpen und ein geophysikalisch ermittelter schematischer Querschnitt durch den überschobenen Unterkrusten- und Mantelbereich innerhalb der Lithosphäre, die sich südlich der Europäisch-Afrikanischen Geosutur befindet. Der überschobene obere Lithosphärenstreifen enthält auch eine bedeutende reliktische Abschiebung jurassischen Alters (Pogallo-Linie). Die Tiefengeometrie der Moho wurde aus refraktionsseismischen Messungen und gravimetrischen Modellrechnungen abgeleitet (nach SCHMID et al., 1987; HANDY, 1987).

laya-Hindukusch und in den Westalpen. Ein bekanntes und gut studiertes Beispiel einer Überschiebungszone mit aufgeschlossenen tiefkrustalen Gesteinseinheiten ist die Ivrea-Zone in den Westalpen (Abb. 23.3). Entsprechende Einheiten gibt es auch im jungen Deckenstapel von Kalabrien in Süditalien. Seismische, petrologische und strukturelle Geländebefunde aus diesen Krustenkomplexen und anderen, wie z.B. der Kapuskasing-Struktur des Kanadischen Schilds (Abb. 23.4), in Südindien-Sri Lanka, in Teilen der Fraser und Musgrave Ranges von Australien, in Lappland etc. zeigen, daß die Conrad-Diskontinuität vor allem als Übergang zwischen den suprakrustalen vulkanosedimentären Abfolgen bzw. Intrusivkomplexen und den hochgradig metamorphen Gesteinen der Amphibolitfa-

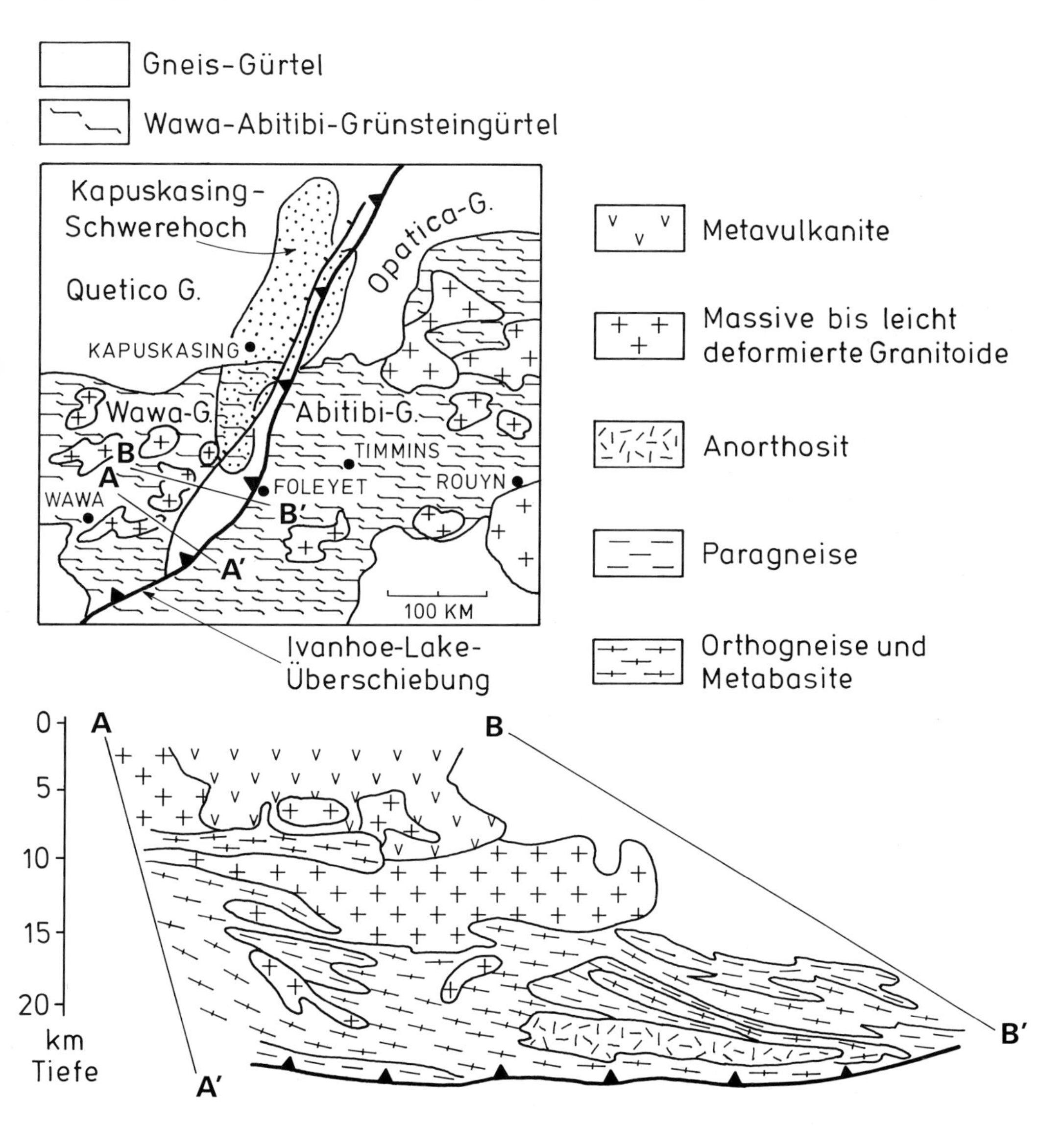

Abb. 23.4 Geologische Skizze und schematische vertikale Gesteinsverteilung entlang der Krustenprofile AA' und BB' im Hangenden einer intrakontinentalen Sockelüberschiebung, welche als Kapuskasing-Struktur (Superior Provinz, Kanada) bekannt ist. In den oberen Partien der spätarchaisch gebildeten Kruste dominieren polyphase Strukturen und granitoide Intrusiva, wie sie für Grünsteingürtel typisch sind, während im tieferen Krustenniveau stark transponierte Gneise und Metabasite der Amphibolit- und Granulitfazies überwiegen (nach Percival & McGrath, 1986). Zur Lage dieser Struktur siehe Abb. 30.1.

zies bzw. Granulitfazies zu deuten ist. Die stoffliche Zusammensetzung der tiefsten Krustenanteile variiert allerdings von Lokalität zu Lokalität und umfaßt ein breites Spektrum mafischer und felsischer Gesteinssuiten. Raumgreifende Transpositionsfoliation und sekundärer Lagenbau finden sich sowohl in metasedimentären als auch in primär magmatischen Gesteinen, was auf extreme Werte duktiler tektonischer Verformung hindeutet (Abb. 23.5). In den tiefsten Teilen aufgeschlossener Unterkrustenkomplexe findet man auch tektonisch stark überprägte Anorthositkörper, mafische Lager und ultramafische Linsen mit V_P-Wellengeschwindigkeiten um 7,1 km s^{-1}. Die Fortsetzung solcher magmatischer Körper aus den oft schmalen Aufschlüssen in größere Tiefen läßt sich meist aufgrund von kräftigen positiven Schwereanomalien vermuten bzw. modellieren (Abb. 23.4).

Aus dem Studium aufgeschlossener Streifen von Unterkrusten und aus der petrographischen Bearbeitung vieler Xenolithe nimmt man deshalb an, daß sich „normale" Unterkruste während einer prograden granulitischen Metamorphose bei Umwandlung H_2O-führender Minerale in H_2O-freie Paragenesen bildete. Dazu erfolgte aber auch Intrusion mafischer bis ultramafischer Lager. In granulitfaziellen Metabasiten der Unterkruste überwiegen Plagioklas, Kalifeldspat und Klinopyroxen, in den

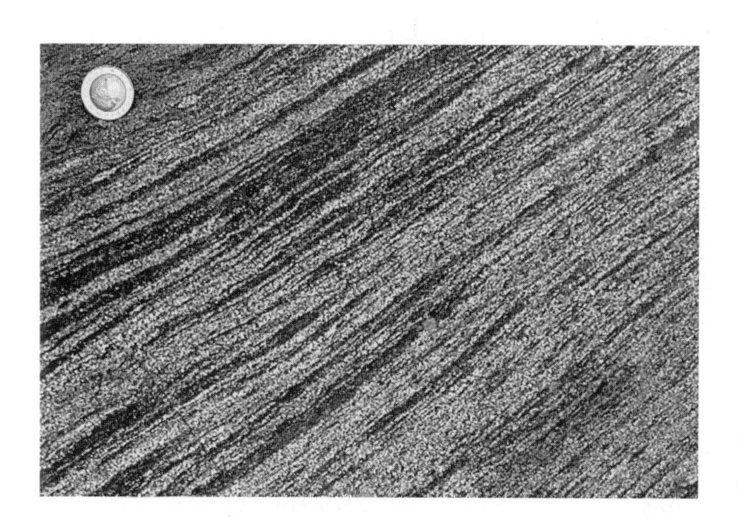

Abb. 23.5 Granulitische Unterkrustengesteine aus der Dent Blanche-Decke (Westalpen), in denen felsische bzw. mafische Minerale extrem straffe Transpositionsfoliation zeigen.

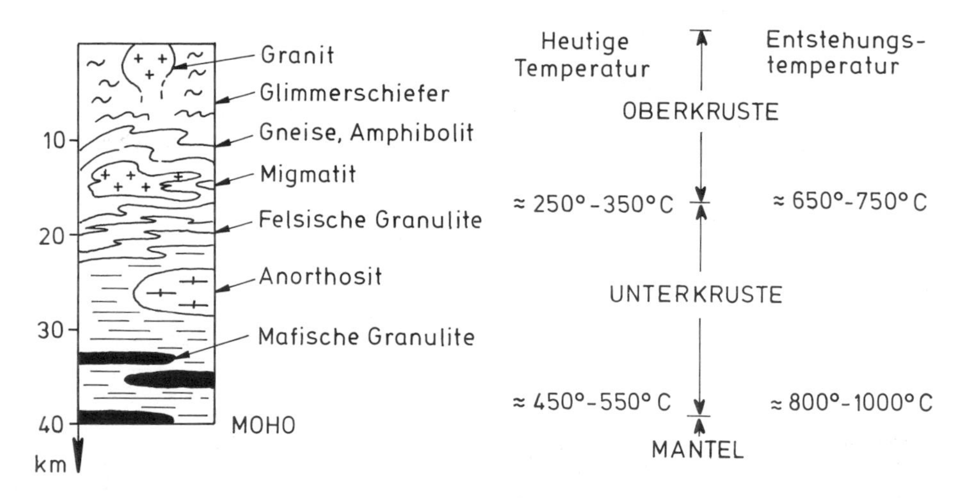

Abb. 23.6 Verallgemeinertes Profil durch eine kontinentale Normalkruste mit den angenäherten Temperaturbereichen bei der Gesteinsbildung bzw. den heute vorherrschenden Temperaturen (nach DAWSON et al., 1986).

metasedimentären und felsisch-magmatischen Bereichen Plagioklas, Quarz, Orthopyroxen, Kalifeldspat, Granat und Disthen-Sillimanit. Mit Hilfe einer experimentell geeichten Geobarometrie und Geothermometrie für Gleichgewichtsparagenesen in Granuliten läßt sich abschätzen, daß diese Metamorphite der Unterkruste bei Temperaturen zwischen 650 und 900°C bzw. im Druckbereich zwischen 600 MPa und 900 MPa kristallisierten. Gleichzeitig mit der metamorphen Dehydrierung der Unterkruste erfolgte tektonisch-stoffliche Homogenisierung, partielle Schmelzbildung (Migmatisierung) der darüberliegenden mittleren Kruste und ein Aufstieg von Plutonen in die Oberkruste. Als Folge des Aufstiegs granitoider Plutone aus der mittleren in die obere Kruste kam es dort zur Anreicherung wärmeproduzierender lithophiler Elemente wie Uran, Thorium und Kalium. Einfache Modellrechnungen für den heutigen Temperaturverlauf zeigen, daß die normale Zusammensetzung und Struktur der kontinentalen Kruste also ein tektonisch-metamorphes Relikt vergangener geodynamischer Prozesse ist und daß die gegenwärtigen Temperaturen in der Unterkruste wahrscheinlich weit unter denen liegen, die während der Gesteinsbildung vorherrschten (Abb. 23.6).

Die Untergrenze der normalen kontinentalen Kruste ist die **Moho** (Moho), welche eine seismische Diskontinuität erster Ordnung darstellt. An ihr registriert man eine Zunahme der V_P-Geschwindigkeiten auf mehr als 8,1 km s^{-1} und nimmt deshalb für den obersten Mantel eine ultramafische Zusammensetzung (Olivin, Pyroxen) und eine Dichte von mehr als $3{,}2 \cdot 10^3$ kg m^{-3} an. Die V_P-Geschwindigkeiten in der tieferen Lithosphäre präkambrischer Kratone scheinen dabei etwas höher zu sein (8,2 bis 8,4 km s^{-1}) als diejenigen, die direkt unter phanerozoischen Gürteln registriert werden (8,0 bis 8,1 km s^{-1}). Zusammen mit höheren V_P-Geschwindigkeiten deutet auch eine gelegentlich erkennbare seismische Anisotropie unter Kratonen auf die mögliche Existenz „eingefrorener" Mantelstrukturen und auf Linsen eklogitischer (Pyroxen-Granat) Gesteine. Ähnlich wie die meisten Bereiche der Unterkruste sind deshalb wahrscheinlich auch große Teile des obersten „Normalmantels" als tektonische Relikte einer vergangenen Plattendynamik anzusehen.

Petrographische Analysen von Mantelxenolithen, die bei der Förderung kontinentaler Alkalibasalte zur Erdoberfläche mittransportiert werden, verstärken den Eindruck, den man aus geophysikalischen Daten gewinnt. Aus diesen unterschiedlichen Hinweisen kann man annehmen, daß im obersten Mantel einer Normallithosphäre das Gestein Peridotit dominiert, daneben wahrscheinlich aber auch Zonen mit Eklogiteinschaltungen existieren, wobei letztere wohl metamorphe Überreste subduzierter basaltischer Gesteine darstellen. Da sich die gravitativen Ungleichgewichte, die schließlich zu divergierenden Intraplattenbewegungen überleiten, an der Erdoberfläche zuerst nur als lokale thermisch-vulkanische Anomalien äußern, ist es wichtig, sich auch über die Temperaturverteilung bzw. den Wärmetransport innerhalb der kontinentalen Normallithosphäre vor ihrer Modifikation durch sublithosphärische Relativbewegungen Gedanken zu machen.

Sowohl in der Normallithosphäre wie auch in thermisch gestörten Lithosphärenbereichen der Erde erfolgt der ausgleichende Wärmetransport zur Erdoberfläche entweder durch Wärmeleitung im festen Gestein (**konduktiver Wärmetransport**, conductive heat transport), durch oberflächennahe Zirkulation fluider Phasen im Porenraum bzw. an Klüften des Gesteins (**konvektiver Wärmetransport**, convective heat transport) oder durch den Aufstieg heißer Intrusivkörper bzw. magmatisch aufgeheizter Fluide in neugeschaffene Dilatationszonen der Lithosphäre (**advektiver Wärmetransport**, advective heat transport). Ähnlich wie die stoffliche Zusammensetzung ist auch das jeweils gemessene oder extrapolierte Temperaturfeld in der kontinentalen Lithosphäre nur teilweise auf moderne dynamische Prozesse zurückzuführen und ein guter Teil sicherlich als Produkt vergangener Stofftransporte zu betrachten. Der gesamte Wärmetransport zur Erdoberfläche wird als Wärmefluß oder Wärmestromdichte gemessen, wobei es nicht immer leicht ist, die drei erwähnten Komponenten voneinander zu trennen.

Der **Wärmefluß** (heat flow, oder die **Wärmestromdichte**, heat flow density) an der Erdoberfläche berechnet sich aus der Beziehung

$$q = -k \cdot dT/dz$$

q = Wärmefluß (mW m^{-2})
k = Wärmeleitfähigkeit (mW m^{-1} °C^{-1})
dT/dz = Temperaturgradient (°C m^{-1})

Der vertikale Temperaturgradient wird im Gestein in Bohrlöchern bzw. in rezenten See- oder Meeressedimenten mit Hilfe kurzer Sonden gemessen. Die Wärmeleitfähigkeiten der entsprechenden Gesteins- oder Sedimentkerne werden im Labor bestimmt. Es zeigt sich, daß der kontinentale Wärmefluß innerhalb einer Region stark vom Krustenalter bzw. von der geologischen Geschichte dieser Region abhängt. Der Wärmefluß beträgt für tektonisch inaktive, also „normale" kontinentale Krustenbereiche im Durchschnitt rund 60 mW m^{-2}, die Werte in archaisch konsolidierten Schilden liegen aber bei 40 mW m^{-2}, in proterozoisch bis paläozoisch konsolidierten Krustenzonen bei rund 50 mW m^{-2} und in mesozoisch neu gebildeten Krustenstreifen bei ungefähr 70 mW m^{-2}. Diese Beziehung ist nicht erstaunlich, denn man weiß heute, daß ein wesentlicher Teil des kontinentalen Wärmeflusses aus der Wärmeproduktion beim Zerfall der radioaktiven Elemente Kalium, Thorium und Uran zu verstehen ist und daß diese Elemente vor allem in granitoiden Gesteinen der kontinentalen Oberkruste angereichert sind. Chemische Analysen zeigen deutlich, daß der Gehalt an Kalium, Uran und Thorium in magmatischen Gesteinen mit zunehmendem Gehalt an SiO_2 ansteigt. Aus diesen Gehalten berechnet sich eine durchschnittliche Wärmeproduktion der Granite von etwa 2 bis $6 \cdot 10^{-3}$ mW m^{-3}, der mafischen magmatischen Gesteine von rund $0{,}3 \cdot 10^{-3}$ mW m^{-3} und der Peridotite von ungefähr $0{,}01 \cdot 10^{-3}$ mW m^{-3}. In geologisch alten kontinentalen Oberkrusten ist wegen der oft tiefen Erosion und wegen des bereits lang andauernden Zerfalls radiogener Isotope die durchschnittliche Wärmeproduktion der Krustengesteine geringer als in tektonisch verdickten und magmatisch verjüngten Krustenbereichen. Für tektonisch homogene Kristallingebiete, in denen zahlreiche granitische Intrusivkomplexe auftreten und in denen sich konvektive oder advektive Wärmezufuhr nahe der Oberfläche weitgehend ausschließen lassen, kann man zeigen, daß der gemessene Wärmefluß direkt von der Wärmeproduktion der an der Oberfläche aufgeschlossenen magmatischen Gesteine abhängt. Man erhält dabei häufig lineare statistische Beziehungen, die sich in folgender Form ausdrücken lassen:

$$q_o = q_r + D\,A_o$$

q_o = gemessener Wärmefluß (mW m^{-2})
q_r = reduzierter Wärmefluß (mW m^{-2})
D = Proportionalitätsfaktor („charakteristische Tiefe") mit der Dimension einer Länge (m)
A_o = Wärmeproduktion der oberflächennahen Gesteine am Meßpunkt (mW m^{-3})

Die Wärmeproduktion A_o ist der Wert, welcher im Labor über Bestimmung des Gehalts an K, U und Th in den kristallinen Gesteinsproben der entsprechenden Meßstelle berechnet wird. Die Werte für q_r und D variieren von Region zu Region und definieren sogenannte **Wärmeflußprovinzen** (heat flow provinces) innerhalb kontinentaler Krustenbereiche (Abb. 23.7). Der **reduzierte Wärmefluß** (reduced heat flow) q_r ist jener Anteil des Wärmeflusses, welcher aus den tieferen Bereichen der Kruste bzw. aus dem Mantel stammt; der Wert für die charakteristische Tiefe D liegt in der Größenordnung von 10.000 m, variiert aber von 5000 bis 15.000 m. Zahlreiche Wärmeflußmessungen in Regionen mit plutonischen Oberkrustengesteinen zeigen, daß mit dem Alter der Kruste die Wärmeproduktion A_o abnimmt, der Parameter D dagegen

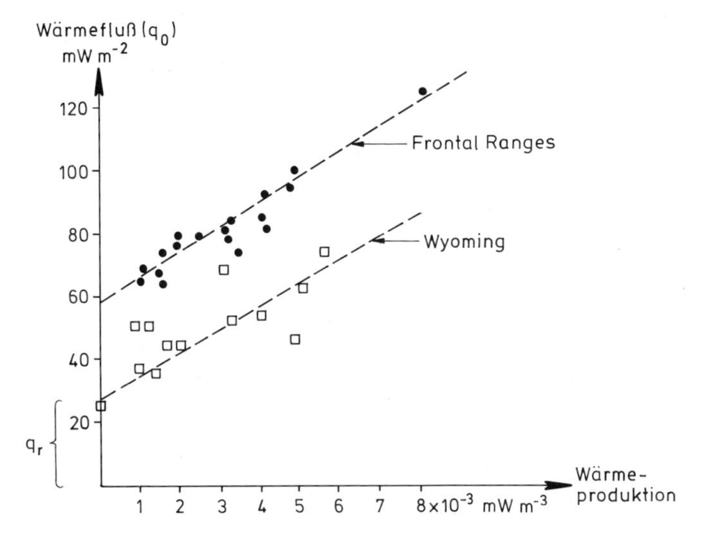

Abb. 23.7 Beziehung zwischen Wärmefluß und Wärmeproduktion in zwei benachbarten Wärmeflußprovinzen der östlichen Kordillere Nordamerikas. In diesem Fall besteht die Wyoming-Wärmeflußprovinz aus präkambrischer Kruste und die Frontal-Ranges-Provinz aus mesozoisch-tertiär intrudierten Graniten und älteren Gneisen. Der große Unterschied im Wert des reduzierten Wärmeflusses q_r geht auf unterschiedliche Oberkrustendicke (Wyoming 7 km, Frontal Ranges 20 km) bzw. auf Unterschiede in den tiefer gelegenen Wärmequellen zurück (nach DECKER et al., 1988).

zunimmt. Der reduzierte Wärmefluß beträgt im allgemeinen rund 50 bis 60% des gemessenen Wärmeflusses.

Der „normale" kontinentale Wärmefluß wird also zu einem großen Teil vom Gehalt an radioaktiven Elementen in den granitoiden Gesteine der Oberkruste bestimmt. Diese Beziehung wird auch durch eine gelegentlich feststellbare positive Korrelation zwischen dem Wärmefluß und den residual-isostatischen negativen gravimetrischen Anomalien (= hoher Gehalt der Kruste an granitoiden Gesteinen) untermauert. Bei der Bewertung lokaler Temperaturgradienten muß man aber immer berücksichtigen, daß in den meisten geodynamisch aktiven Bereichen der kontinentalen und ozeanischen Lithosphäre oberflächennahe erzwungene oder freie Konvektion von Fluiden und direkte Wärmeadvektion aus abkühlenden Intrusionen zu berücksichtigen sind. Beide Prozesse können also einen „normalen" Temperaturgradienten lokal stark modifizieren. Trotz dieser Einschränkungen ist es möglich, auch für tiefere Teile der ungestörten kontinentalen Lithosphäre einen durchschnittlichen Temperaturverlauf mit Hilfe grober Annäherungsrechnungen zu extrapolieren. Man bezeichnet den gegenwärtigen Temperaturverlauf in der Lithosphäre (und darunter) als **Geotherme** (geotherm) und den entsprechenden Temperaturverlauf für eine bestimmte Zeit in der geologischen Vergangenheit als **Paläogeotherme** (paleogeotherm).

Um Geothermen in größere Tiefen zu extrapolieren, muß man vor allem Annahmen über die Tiefenverteilung von Wärmeproduktion und Wärmeleitfähigkeit der Gesteine machen. Obwohl die Wärmeproduktion typischer Gesteine der Unterkruste und des oberen Mantels um ein bis zwei Größenordnungen geringer zu sein scheint als die Wärmeproduktion granitoider Gesteine der Oberkruste (siehe oben), hängt die Abnahme der Wärmeproduktion mit der Tiefe im Detail von der tektonisch-geochemischen Struktur des jeweiligen Lithosphärenbereichs ab und sie kann stufenweise, linear oder exponentiell erfolgen. Aufgrund zahlreicher Modellrechnungen ist zu erwarten, daß in größerer Tiefe der Temperaturgradient entlang einer Geotherme angenähert adiabatisch ist und mit der Tiefe abnimmt. In einer tektonisch inaktiven Normalkruste mit oberflächennahen Temperaturgradienten von rund 20 bis 30°C km^{-1} erreichen die Temperaturen an der Moho deshalb wahrscheinlich nur Werte um 400 bis 600°C. Der weitere Verlauf der Geotherme im „normalen" subkontinentalen Mantel ist noch unsicherer. Aus der Analyse seismischer Oberflächenwellen weiß man aber, daß sich in Tiefen von 100 bis 200 km eine Niedriggeschwindigkeitszone befindet, in der sich die Geotherme wahrscheinlich dem Schmelzpunkt der Mantelgesteine nähert. Unter geologisch alten Kratonen ist diese Zone allerdings nur schwach ausgeprägt oder überhaupt nicht vorhanden, was auf relativ niedrige Manteltemperaturen hinweist. Die Frage inwieweit relativ höhere Temperaturen in einzelnen Bereichen der Asthenosphäre bereits als Anomalien oder noch als normal zu bezeichnen sind, ist deshalb nur schwer zu beantworten. Ganz allgemein kann man aber annehmen, daß normalerweise in Tiefen um 100 bis 200 km kaum Temperaturen von mehr als 1300°C zu erwarten sind (Abb. 23.8). Thermisch bzw. chemisch abnormal sind aber anscheinend jene punktförmigen Bereiche des subkontinentalen Mantels alter Kratone, aus denen Kimberlite, Karbonatite, Nephelinite und sogar Alkalibasalte an die Erdoberfläche gefördert werden.

Kimberlite (kimberlites) sind relativ schnell bis explosiv an die Erdoberfläche transportierte Schlotbreccien, die zum überwiegenden Teil aus Mineral- und Gesteinsfragmenten, aber auch aus geschmolzenen Teilen des Mantels bestehen. Berühmt und wirtschaftlich bedeutend sind Kimberlitschlote aufgrund der in ihnen oft anzutreffenden Diamanten. Die aus Experimenten bekannten Stabilitätsbedingungen für die Mineralparagenesen, welche in kimberlitischen Gesteinsfragmenten erhalten sind, bzw. für die Kohlenstoffmodifikationen Graphit und Diamant deuten darauf hin, daß Kimberlite bei Drücken von mehr als 5000 MPa entstehen, also aus Tiefen von 150 bis 200 km stammen und bei Temperaturen von weniger als 1200°C kristallisierten. Aufgrund der Stabilitätsbedingungen für Diamant tritt dieser nur dann in Kimberliten auf, wenn letztere aus alten, relativ kalten und deshalb tief reichenden Lithosphärenbereichen stammen, d.h. vor allem aus den Mantelbereichen von archaisch bzw. frühproterozoisch konsolidierten Kratonen. Rezent konnte man die Eruption von Kimberlit-Breccien noch nicht beobachten, Kimberlit-Schlote treten aber vor allem dort auf, wo sich geologisch alte Kerne von Superkontinenten im Initialstadium einer Riftbildung bzw. im Zustand breiter Hebung befinden, wie dies z.B. im südlichen Afrika, Südamerika, im nördlichen Kanada und in Ostasien während des späten Mesozoikums der Fall war.

In ihrer Zusammensetzung bestehen die Komponenten der Kimberlite hauptsächlich aus feinkörnigen peridotitischen Gesteinen, vor allem Granat-Lherzolith und Granat-Harzburgit. Daneben finden sich Eklogit-Xenolithe und Einzelkristalle von Oli-

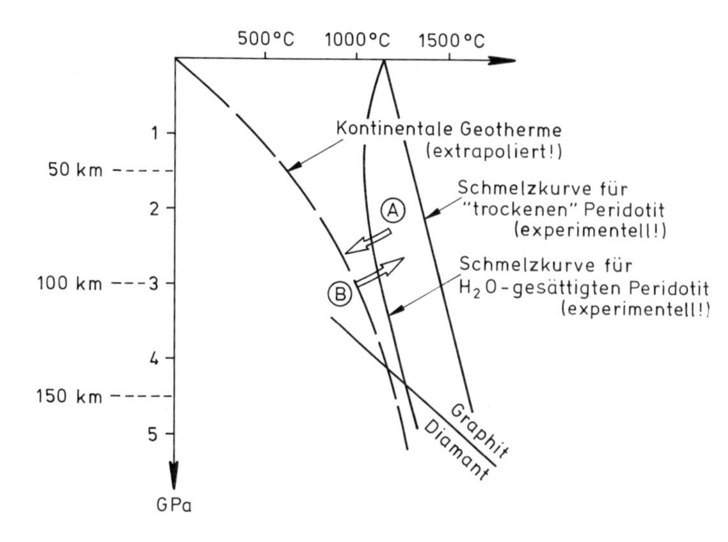

Abb. 23.8 Hypothetischer Verlauf einer extrapolierten kontinentalen Geotherme, die auf der wahrscheinlichen Tiefenverteilung wärmeproduzierender Elemente basiert. Experimentell ermittelte Kurven für den Beginn partieller Schmelzbildung („Solidus") für trockenen bzw. H_2O-gesättigten Peridotit und Stabilitätsgrenze Graphit-Diamant sind ebenfalls eingezeichnet. Annäherung der Schmelzkurve an die Geotherme erfolgt im Fall A durch Zufuhr von Fluiden („Mantelmetasomatose") oder B durch thermische Isolation („Wärmestau"). Fluidzufuhr, Temperaturerhöhung bzw. Druckabnahme können zusammenwirken und verstärkend zur Entwicklung partieller Schmelzen beitragen (nach Best, 1982).

vin und Pyroxen. Chemisch sind Kimberlite verhältnismäßig reich an inkompatiblen Elementen (K, Rb, C, Ba, Fe, Ti etc.) und enthalten H_2O- bzw. CO_2-führende Minerale (z.B. Phlogopit). Die chemisch-mineralogische Zusammensetzung der Kimberlite ist sicherlich nicht repräsentativ für den Oberen Mantel, vor allem was die Anreicherung an inkompatiblen Elementen und die Anwesenheit von H_2O bzw. CO_2 betrifft. Kimberlite stammen deshalb, ähnlich wie die geochemisch ebenfalls stark angereicherten eruptiven **Karbonatite** (carbonatites), **Nephelinite** (nephelinites) und ein Großteil der **kontinentalen Alkalibasalte** (continental alkalibasalts), aus Mantelbereichen, in denen die „normale" Lithosphäre bzw. Asthenosphäre bereits durch geochemische Anreicherungsprozesse modifiziert wurde. Man bezeichnet diese Anreicherungsvorgänge als **Mantelmetasomatose** (mantle metasomatism) und bezieht sie sowohl auf diffuse Fluidbewegungen als auch auf adiabatische Schmelzvorgänge in Teilbereichen langsam aufsteigender Manteldiapire. Für die durchschnittlichen Verhältnisse im Oberen Mantel nimmt man an, daß solche Schmelzprozesse dann einsetzen, wenn die Manteladiabate einen Wert von rund 0,5°C km^{-1} erreicht oder diesen übersteigt; der weitere Aufstieg der partiellen Schmelzen erfolgt wahrscheinlich entlang einer Adiabate von ungefähr 1°C km^{-1}.

Wie im Mantel Migration und Konzentration von Fluiden erfolgt, ist erst in Ansätzen bekannt. Die Quelle von SiO_2, Al_2O_3, TiO_2, K_2O, Na_2O, H_2O und CO_2, die in Mantelxenolithen vor allem in den Mineralen Spinell, Granat, Phlogopit, Amphibol und Ilmenit anzutreffen sind, ist wahrscheinlich subduzierte Lithosphäre mit geringen Anteilen von Sedimentgesteinen. Dort, wo heute die Anwesenheit von Fluiden bzw. eine relativ kräftige Vertikalbewegung dazu führen, daß sich 1 bis 2% partielle basaltische Schmelze absondert, beobachtet man neben seismisch ermittelten Niedriggeschwindigkeitsanomalien im Mantel auch häufig alkalibasaltischen Vulkanismus an der Erdoberfläche, wie z.B. in der Westeifel des Rheinischen Plateaus, in Südsibirien, im Colorado-Plateau, in Afrika, auf der Arabischen Halbinsel und in anderen Intraplattenbereichen der Welt.

Bei einer Überhitzung des Oberen Mantels, wie z.B. bei advektiver Wärmezufuhr im höchsten Bereich aufsteigender **Manteldiapire** (mantle plumes, hotspots), können sich allerdings auch größere Volumina basaltischer Schmelzen bilden. Breite Diapire, in deren Kern die Temperaturen um mehr als 200°C höher liegen als im umgebenden Mantel, bewirken eine dynamische Hebung der Lithosphärenoberfläche und erweitern sich anscheinend entlang der Lithosphärenbasis über mehrere hundert Kilometer. Breitgespannte Aufwölbung der Isothermen im Mantel, Abnahme der Durchschnittsdichten in der darüberliegenden Lithosphäre, Hebung der Landoberfläche und intensiver Vulkanismus sind dann das Resultat, wie z.B. heute im Bereich des Yellowstone Hotspots (siehe Kapitel 25). Im Extremfall kommt es zur massiven Extrusion tholeiitischer **Deckenbasalte** (Flutbasalte, flood basalts). Diese Form des kurzlebigen Magmatismus produzierte z.B. in den spätpermischen nordsibirischen Basaltabfolgen ein Volumen extrudierter Laven von 1.500.000 km^3, in den spätkretazischen indischen Deccan-Basalten rund 500.000 km^3 und in den miozänen Columbia-Basalten der westlichen USA ungefähr 200.000 km^3. Manteldiapire, die sich entlang der Basis und innerhalb der unteren Lithosphäre ausbreiten, sind möglicherweise die wichtigsten Wurzeln von Schwächezonen, an denen im weiteren Verlauf von Massenverlagerungen divergente Intraplattenbewegung und Riftbildung einsetzen. Viele Deckenbasalte markieren deshalb später in Form leicht geneigter seismischer Reflektoren ein überwiegend vulkanisches Substrat unter passiven Kontinentalrändern, wie z.B. in großen Teilen des Nordatlantiks und Südatlantiks (siehe Kapitel 26 und 27).

Literatur

BIRCH, 1961; CHRISTENSEN & FOUNTAIN, 1975; NEWTON et al., 1980; RYBACH & MUFFLER, 1981; BLACK & BRAILE, 1982; ZINGG, 1983; RODEN & MURTHY, 1985; TAYLOR & MCLENNAN, 1985; DAWSON et al., 1986; FOUNTAIN, 1986; MULLEN MORRIS & PASTERIS, 1987; PERCIVAL & BERRY, 1987; SCHMID et al., 1987; DECKER et al., 1988; KERN & SCHENK, 1988; MENZIES & COX, 1988; SALISBURY & FOUNTAIN, 1988; VIGNERESSE, 1988; EISBACHER et al., 1989; MC KENZIE, 1989; MENGEL & KERN, 1992.

24 Rifts

Rifts sind langgestreckte und schmale Depressionen der Erdoberfläche, unter denen sich Extension der Kruste bzw. Ausdünnung der Lithosphäre nachweisen läßt. In der tektonischen Fachliteratur unterscheidet man gelegentlich kontinentale und ozeanische Riftstrukturen, je nachdem ob die Extension in kontinentaler oder ozeanischer Kruste erfolgte. „Ozeanische Rifts" sind meist identisch mit den Medianen Gräben mittelozeanischer Spreizungszentren und sollen deshalb erst im Zusammenhang mit der Neubildung der ozeanischen Kruste diskutiert werden (siehe Kapitel 27). **Kontinentale Rifts** (continental rifts) sind tektonisch, petrologisch und geophysikalisch gut definierte Intraplattenstrukturen, wobei man aber zwischen modernen Rifts und Paläorifts unterscheidet. **Moderne Rifts** (modern rifts) sind langgestreckte divergente Großstrukturen der kontinentalen Lithosphäre, an denen diffuse seismische Tätigkeit, relative Absenkung und Hebung von Krustenblöcken an bedeutenden randlichen Abschiebungen und ein bis in die jüngste geologische Vergangenheit anhaltender Vulkanismus nachzuweisen ist. Bekannte Beispiele für moderne Rifts sind das Ostafrikanische Riftsystem (Äthiopien, Kenia, Tansania), das Rio Grande-Rift (Colorado, New Mexico), das Rheingraben - Bresse-Graben - Limagne-Graben-System (Westeuropa), das Baikal-Rift (südöstliches Sibirien) und das Shanxi-Rift-System (China). **Paläorifts** (paleorifts), an denen Extension der Kruste durch Grabenbildung nicht mehr stattfindet und der Vulkanismus bereits zum Erliegen kam, findet man unter allen passiven Kontinentalrändern, wie z.B. an beiden Seiten des Atlantischen Ozeans, am Rande des Indischen Ozeans, rund um Australien und in Teilen des ostantarktischen Schelfs. Aber auch große intrakontinentale Sedimentbecken und epikontinentale sedimentäre Plattformen werden häufig von tiefgreifenden Riftstrukturen unterlagert, wie z.B. Teile des proterozoischen Midcontinent-(Keweenawan-) Rifts unter der paläozoischen nordamerikanischen Plattform (Abb. 24.1) oder die spätpaläozoischen-mesozoischen Rifts des Nordseebeckens und die tiefen präkambrischen bis frühpaläozoischen Gräben unter der ostrussischen und triassische Gräben unter der westsibirischen Plattform (Abb. 24.5 und 26.14).

Ein und derselbe Intraplattenbereich kann zu verschiedenen Zeiten Riftbildung in unterschiedlicher Richtung und mit unterschiedlicher Extension, aber auch mit unterschiedlicher Intensität und variablem Charakter des Vulkanismus, erfahren. Dies läßt sich z.B. für die jungen komplex strukturierten Randbereiche des südwestlichen Mittelmeers, aber auch für große Teile der afrikanischen Platte nachweisen. In Afrika queren die modernen Riftgürtel mit ihren voluminösen Vulkaniten die spätmesozoisch sedimentär dominierten Paläorifts in hohem Winkel (Abb. 24.2). Da in vielen Riftgürteln aber eine signifikante Krustenstreckung zu verzeichnen ist, betrachtet man die Entwicklung kontinentaler Rifts auch als ein erstes Stadium jener geodynamischen Prozesse, die schließlich zur Streckung und Subsidenz passiver Kontinentalränder bzw. zur Spreizung und Neubildung von ozeanischer Lithosphäre überleiten können. Es ist aber wichtig klarzustellen,

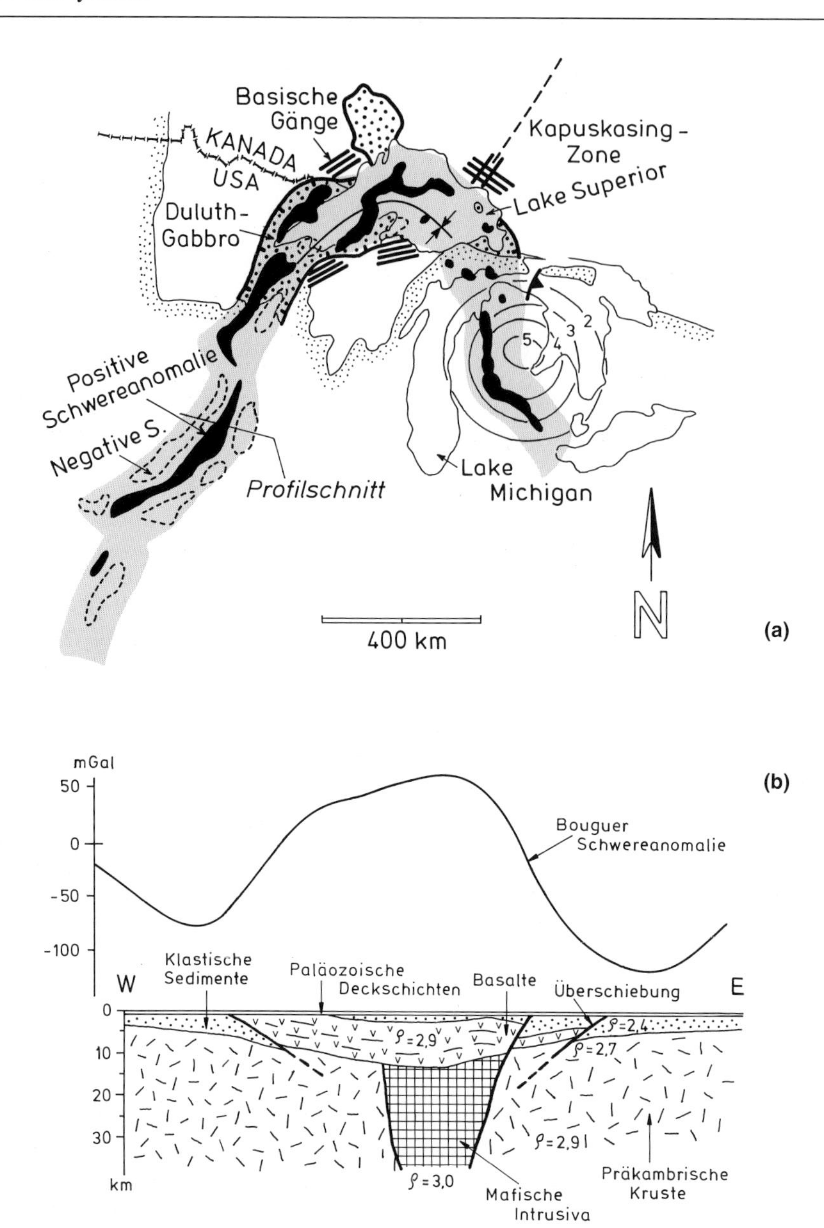

Abb. 24.1 Lageskizze (a) und nicht überhöhter interpretierter Querschnitt durch den südlichen Arm (b) des mittelproterozoischen (1140 bis 1120 Ma) Midcontinent- (oder Keweenawan-) Rifts im mittleren Westen von Nordamerika. Mächtige zentrale Gabbro-Basaltabfolgen, die lokal 20 bis 30 km mächtig sind, bzw. mafische Intrusivkörper in der tieferen Kruste im Zentrum und randliche klastische Ablagerungen lassen sich aus den nördlichen, heute aufgeschlossenen Teilen des Rifts mit Hilfe positiv-negativer Schwereanomaliestreifen bis weit nach Südwesten und Südosten unter die Sedimentbedeckung der paläozoischen Plattform verfolgen. Im Querschnitt deuten spätere Überschiebungen mit geringem Versatz darauf hin, daß regionale konvergente Intraplattenbewegungen zur Unterbrechung der Riftbildung führten. Isopachen (in km) des paläozoischen Michigan-Beckens östlich des Lake Michigan deuten auf einen möglichen Einfluß der Lithosphärenstruktur unter dem unterbrochenen Rift auf die nachfolgende Subsidenz des Beckens hin (nach VAN SCHMUS & HINZE, 1985; CHANDLER et al., 1989).

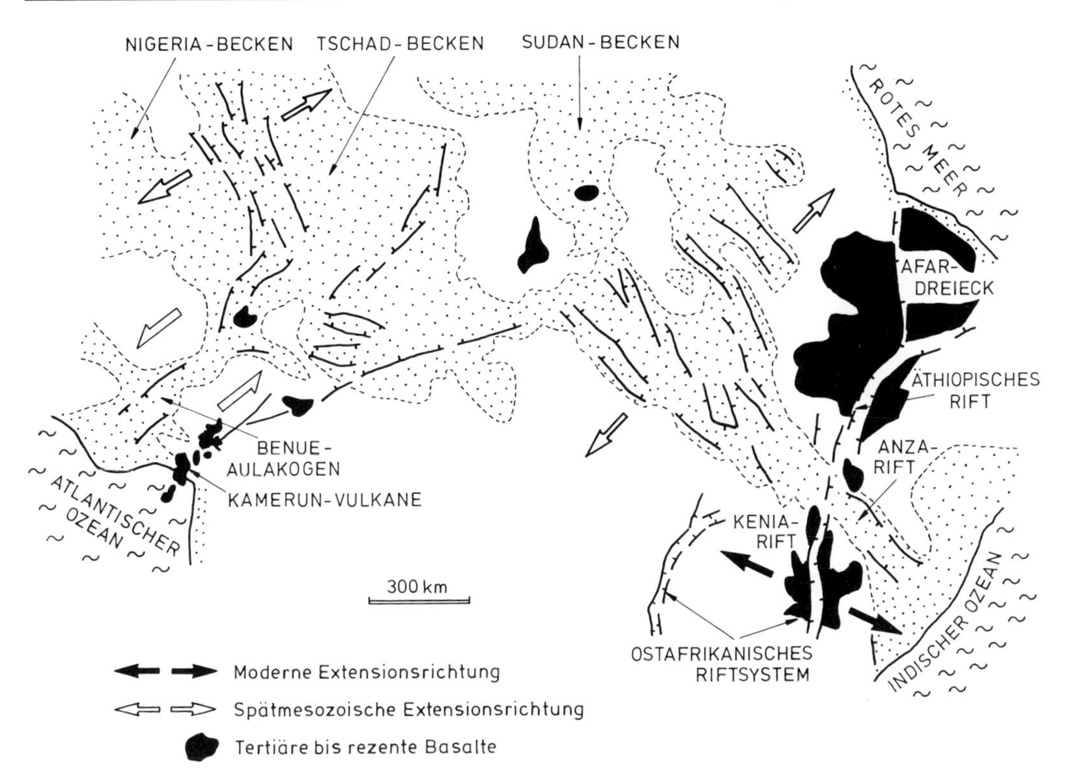

Abb. 24.2 Überlagerung der spätmesozoischen Riftstrukturen und intrakontinentalen Becken durch tertiäre Rifts in Ostafrika. Das lokale Auftreten tertiärer Alkalibasalte und Hebungszonen weit von den jungen ostafrikanischen Riftzonen und breite negative Schwereanomalien deuten auf tiefliegende Aufstiegszonen unter fast der gesamten afrikanischen Lithosphäre. Bemerkenswert ist auch die Exzentrizität des jungen Kamerun-Vulkangürtels relativ zur Position des spätmesozoischen Benue-Aulakogens (nach Fairhead, 1988).

daß nicht jedes Rift zu einer Teilung kontinentaler Lithosphäre und somit zur Bildung einer neuen Plattengrenze führen muß. Hört Extension der kontinentalen Lithosphäre auf und läßt die Zufuhr magmatischer Produkte im Rift nach, so entsteht ein **unterbrochenes Rift** (aborted rift), welches dann im allgemeinen als Paläorift von jüngeren Sedimentschichten kontinentaler Plattformen bedeckt wird und so zu großen Teilen zwar nicht mehr direkt zugängig ist, aber doch in seiner Struktur erhalten bleibt (Abb. 24.1).

Im Detail bestehen kontinentale Rifts aus komplex abgesetzten bzw. segmentierten Abschiebungszonen. Diese Abschiebungen trennen größere **Gräben** oder **Halbgräben** (graben, halfgraben) von meist kräftig angehobenen **Schultern** (shoulders), d.h. asymmetrischen Horststrukturen. Die einzelnen **Riftsegmente** (rift segments) sind dabei normalerweise 30 bis 60 km breit, rund 50 bis 200 km lang und an **Transfer-** oder **Akkomodationszonen** (transfer, accomodation zones) miteinander verbunden (Abb. 24.3). Unterschiedlich orientierte **Arme** (branches) eines Rifts treffen sich gelegentlich in divergenten kontinentalen **Tripeljunctions**, an denen meist auch eine punktuell konzentrierte Extrusion vulkanischer Produkte erfolgt. Sonst hält sich magmatische Tätigkeit aber sowohl an die zentralen Absenkungszonen der Rifts als auch an tiefe lithosphärische Querstörungen und Hebungszonen, die weit über die Schultern des Rifts hinausreichen können. Die tektonisch deutlich begrenzten Riftsegmente und magmatischen Förderzonen sind deshalb wiederum nur oberflächennahe Teilaspekte breit angelegter **Riftgürtel** (rift belts), die sich oft über mehr als 1000km im Streichen verfolgen lassen.

Initiale Riftbildung (initial rifting) wird vor allem durch zwei Antriebsmechanismen gesteuert: Zum einen Teil erfolgt unter allen Riftstrukturen ein Aufstieg von partiell geschmolzenem Gesteinsma-

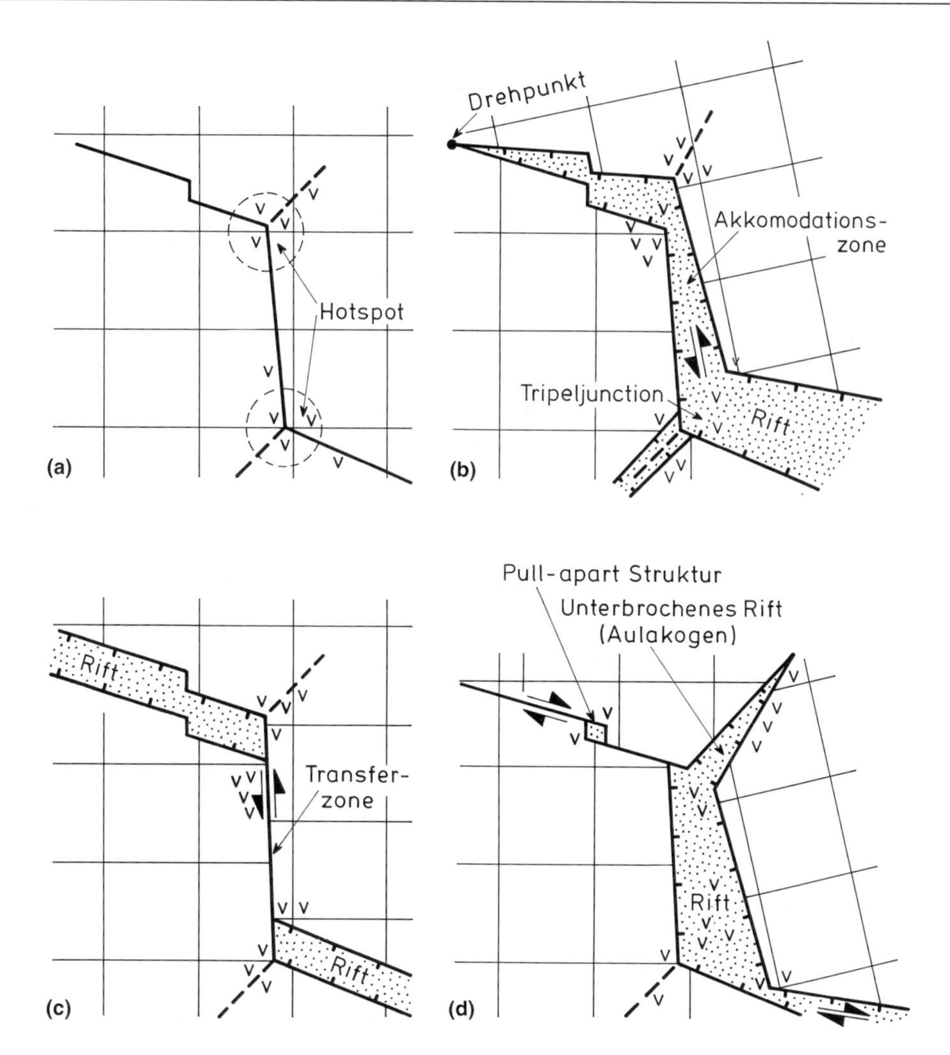

Abb. 24.3 Hypothetische Modelle zur Kinematik der Riftausbreitung, welche sich ganz allgemein als progressive Verbindung punktueller oder linearer thermischer Schwächezonen verstehen läßt, wobei die auftretenden Strukturen von regionalen Spannungsfeldern bestimmt werden. V-Signatur deutet auf mögliche Positionen vulkanischer Zentren.

terial aus tieferen Bereichen des oberen Mantels in die Lithosphäre, wobei aus dem obersten Mantel wiederum advektiver, konvektiver und konduktiver Wärmetransport in die Kruste erfolgt und diese dadurch mechanisch geschwächt wird. Zum anderen Teil machen nur entsprechend orientierte tektonische Spannungsfelder eine signifikante Extension der Lithosphäre an Systemen längerer und konsistent orientierter Abschiebungen möglich. Thermische Schwächung der Lithosphäre durch aktiven Aufstieg von Asthenosphäre und passive Extension als Folge **regionaler Spannungsfelder** (farfield stresses) können sich gegenseitig verstärkend beeinflussen. Ihr relativer Einfluß auf die Riftbildung kann im einzelnen Fall aber sowohl zeitlich als auch räumlich variieren. Man spricht so von einem **aktiven Riftstadium** (active rifting), wenn regionale Hebung, Wärmezufuhr und Magmenaufstieg bei Ausdünnung der Mantellithosphäre überwiegen, von einem **passiven Riftstadium** (passive rifting) dann, wenn spannungsgesteuerte regionale Extension der Lithosphäre an großen Abschiebungszonen bzw. Rotation von kleineren Lithosphärenfragmenten um **Drehpunkte** (pivot points) überwiegt. Der relative Anteil aktiver Vertikalkomponenten und passiver Extensionskomponenten während der Riftbildung variiert von Rift zu Rift und ihre Wechselwirkung ist im einzelnen komplex (Abb. 24.4). So belegt z.B. die intensive magmatische Tätigkeit im modernen östlichen Zweig des Ostafrikanischen Rifts (Kenia Rift) deutlich aktiven Aufstieg und Intrusion von Mantelmaterial aus dem sublithosphärischen Bereich entlang relativ steiler lithosphärischer Bruchsysteme; im westlichen Zweig des Riftgürtels (Zaïre, Uganda) überwiegen Abschiebungsbewegungen in der Kruste, möglicherweise ausgelöst durch regionale Differentialspannungen und durch eine Extension, die schräg zu reaktivierten krustalen Störungen erfolgt und nur lokal von magmatischer Tätigkeit begleitet ist. Im Baikalrift und im Rheingraben wurde die Ausbreitung der Riftgürtel ebenfalls durch tektonische Spannungsfelder dominiert, wobei regionale Spannungsgradienten wahrscheinlich durch Plattenranddynamik bzw. Kollisionsvorgänge bestimmt wurden (Himalaya-Ostchina bzw. Alpen-Nordatlantik). Die detaillierte Geometrie von Rifts wird aber vermutlich vor allem durch mechanische Schwächezonen bzw. Anisotropien innerhalb der präexistierenden Normal-Lithosphäre beeinflußt; krustale Bewegungsflächen mit besonders geringen Scherwiderständen können dabei sogar eine lokale Umorientierung des regionalen Spannungsfeldes hervorrufen. So verlaufen z.B. ein Großteil der periatlantischen mesozoischen Riftstrukturen parallel zu präkambrischen bzw. frühpaläozoischen Geosuturen innerhalb der angrenzenden kontinentalen Kruste.

Für den sublithosphärischen Bereich moderner Rifts deuten meist breit gespannte negative Bouguer-Schwereanomalien auf relativ weit verbreitetes leichtes Mantelmaterial, somit auf erhöhte Manteltemperaturen und auf Anwesenheit partieller Schmelzen. Um die in Riftgürteln beobachteten negativen Bouguer-Anomalien bis rund 100 mGal zu erzeugen, genügen wahrscheinlich durchschnittliche Dichteabweichungen im Mantel von $0{,}1 \times 10^3\,kg\,m^{-3}$ gegenüber dem „normalen" Mantel mit Dichten um $3{,}3 \times 10^3\,kg\,m^{-3}$. Diese breiten regionalen negativen Anomalien sind im aktiven Riftstadium aber meist durch scharf akzentuierte positive gravimetrische Anomalien überlagert, die sich wahrscheinlich auf mafische Intrusivkomplexe in der Kruste oder auf Lavaergüsse an der Erdoberfläche beziehen lassen. Im passiven Riftstadium kann Hebung der Mantelobergrenze (Moho) durch Ausdünnung der Lithosphäre im gravimetrischen Profil ebenfalls positive Randanomalien hervorrufen, wobei Beitrag der Sedimentfüllung der abgesunkenen Gräben in lokalen negativen Anomalien seinen Ausdruck findet (Abb. 24.4).

Der Aufstieg relativ heißer und leichter Asthenosphäre in die Lithosphäre bzw. die regionale Aufheizung der Lithosphäre bewirken, daß es über große Areale zur ausgleichenden großregionalen **Aufwölbung** (arching) der Erdoberfläche kommt. Elliptische **Riftdome** (rift domes), aus denen sich Riftgürtel entwickeln, können mehr als 1000 km lang, 200 bis 300 km breit und 1 bis 3 km hoch sein. Durch Druckabnahme in den aufsteigenden **Asthenolithen** (plumes) bilden sich bereits in Tiefen von rund 100 km einige Prozente alkalibasaltischer Teilschmelzen, was gleichbedeutend ist mit einer Ausdünnung der mechanisch, rheologisch oder seismisch definierten Lithosphäre. Durch Ausdünnung der Lithosphäre auf Werte von weniger als 70 bis 50 km und bei weitergehender Differentiation wandern partielle Teilschmelzen auch in größere Magmenkammern tholeiitischer Basalte unter die Rifts. Die detaillierten Mechanismen, die von der initialen Lithosphärenausdünnung bis zur Entwicklung der ersten tholeiitischen Magmenkammern im obersten Mantel bzw. in der Kruste führen, sind aber noch kaum erforscht. Sie scheinen häufig mit einer im Profilschnitt deutlich asymmetrischen Querschnittsgeometrie des initialen Rifts zusammenzuhängen, wodurch gleichzeitig mit der Extension und Ausdünnung der Lithosphäre auch die Mächtigkeit der Kruste auf Werte von weniger als 30 km reduziert wird. Die Krusten-Mantelgrenze und die Kruste selbst erfahren als Folge magmatischer Intrusionsvorgänge und diffuser vertikaler Fluidbewegungen starke lokale Modifikationen. Entlang der Moho beobachtet man so unter magmatisch aktiven modernen Rifts eine deutliche Reduktion der V_P-Wellengeschwindigkeiten von $8{,}1\,km\,s^{-1}$ auf Werte von weniger als $7{,}8\,km\,s^{-1}$. In tieferen Krustenbereichen unter Rifts registriert man dagegen auch relativ hohe Wellengeschwindigkeiten um $7{,}2\,km\,s^{-1}$, die sich wahrscheinlich auf erstarrte Intrusivkörper basaltischer Zusammensetzung und auf ultramafische Kumulate zurückführen lassen. Zonen mit abnormal niedrigen Geschwindigkeiten in der Kruste moderner Rifts weisen dagegen auf die Existenz heißer Magmenkammern oder auf fluidgesättigte kataklastische Gesteinszonen hin. Der regionale Wärmefluß an der Oberfläche moderner Riftgürtel liegt bei Werten um 80 bis $100\,mW\,m^{-2}$. Regional ist es allerdings meist schwierig, die konduktiven Komponenten des Wärmeflusses von jenen Komponenten zu trennen, die durch lokale konvektive Fluidbewegungen oder

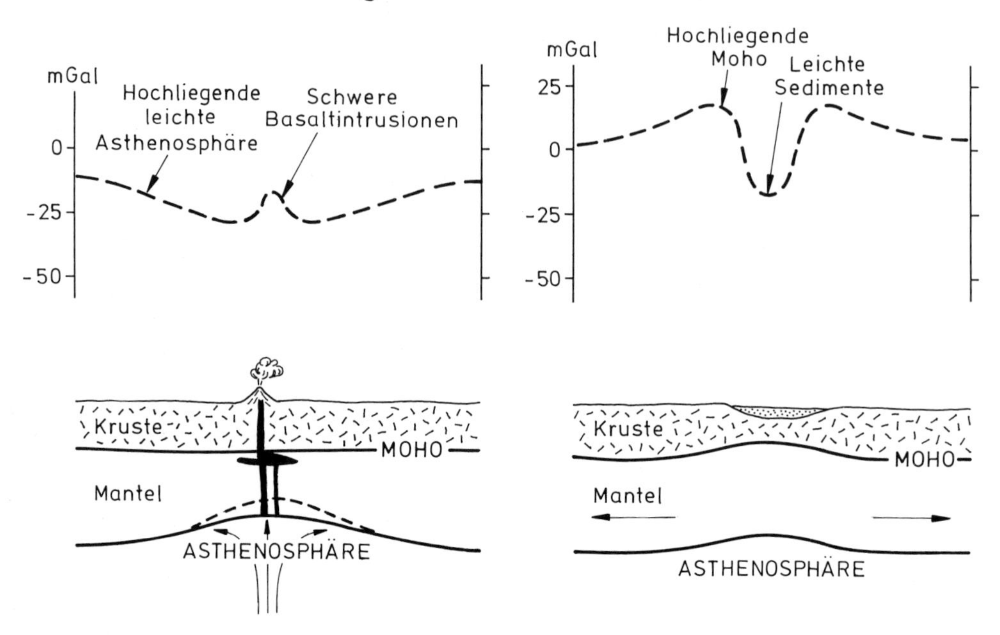

Abb. 24.4 Krustale Querschnitte durch die Extremformen aktiver (links) und passiver (rechts) Riftstadien und die dabei zu erwartenden Bouguer-Schwereanomalien; Beispiele für das aktive Riftstadium sind das Kenia-Rift oder das Rio Grande-Rift; für das passive Stadium das Benue-Rift oder der Rheingraben.

durch advektive Wärmezufuhr in Form von Magmen verursacht werden. Lokale erzwungene oder freie Konvektion von Fluiden äußert sich an der Erdoberfläche direkt durch das Auftreten heißer Quellen entlang von Störungszonen.

Die magmatischen Gesteine in Rifts bilden in der Oberkruste meist mafische Spaltenintrusionen (**Gänge**, dikes), die grob parallel zum Streichen der Riftstrukturen orientiert sind. Gelegentlich kommt es auch zu großräumigem Ausfluß von **Deckenbasalten** (flood basalts), wie z.B. in Dekkan, Äthiopien oder Paraná. In größerer Tiefe und an der Grenze zwischen Kruste und Mantel intrudieren flachliegende intrakrustale mafische **Lager** (sills). Auch **Aschen-Vulkankegel** (cinder cones) in den meisten modernen Riftgürteln zeigen eine lineare Anordnung parallel zum generellen Streichen der Riftsegmente, obwohl auch schräg zum Rift verlaufende präexistierende Schwächezonen die Verteilung vulkanischer Fördersysteme beeinflussen können. Gelegentlich beobachtet man in Rifts eine systematische zeitliche Abfolge von relativ früh extrudierten Alkalibasalten oder Phonolithen, die entweder auf geringe Aufschmelzungsgrade in tieferen Bereichen des oberen Mantels hindeuten oder als Reste eines nicht in die Lithosphäre durchgebrochenen Manteldiapirs gedeutet werden können. Petrologische Daten erlauben den Schluß, daß sich alkalische Partialschmelzen (bis 2% des Volumens) wahrscheinlich schon in Tiefen um 100 bis 200 km bei Temperaturen um 1300 bis 1400°C vom peridotitischen Muttergestein absondern. Später extrudierte tholeiitische Basalte deuten dagegen auf Abscheidung größerer Schmelzmengen (10 bis 20%) innerhalb der adiabatisch aufsteigenden Manteldiapire in Tiefen von 100 bis 40 km. Trachytisch-rhyolitische Vulkanite, die in Riftgürteln Volumenanteile von meist weniger als 15% der gesamten geförderten Magmen ausmachen, bilden sich vermutlich erst im Umfeld besonders strukturierter intrakrustaler mafischer Magmenkammern durch eine teilweise Aufschmelzung der umliegenden felsischen Krustengesteine bzw. besonders tief abgesunkener mafischer Riftfüllungen. Aufgrund der dualen Zusammensetzung und Herkunft der Magmen bezeichnet man den typischen Riftmagmatismus als **bimodal** (bimodal). Parallel zu den oben diskutierten zeitlichen Veränderungen im Chemismus basaltischer Gesteine beobachtet man häufig auch eine progressive Verlagerung der vulkanischen Aktivität aus diffus verteilten und weit über die Schultern hinaus gelegenen magmatischen Zentren in axiale Tiefzonen (z.B. im Kenia Rift von Ostafrika). Allerdings bewirkt die asymmetrische Querschnittsgeometrie der Rifts auch einen asymmetrischen Rahmen für den Aufstieg der Manteldiapire und somit eine entsprechende asymmetrische vulkanische Tätigkeit (z.B. im frühen Roten Meer).

Als Folge der thermisch induzierten mechanischen Schwächung der oberen Kruste erreichen Erdbeben in modernen Rifts nur relativ geringe Magnituden und treten meist in Tiefen von weniger als 10 bis 15 km auf. Wesentlich größere Magnituden und Tiefen beobachtet man aber an seismisch reaktivierten Flächen im Bereich unterbrochener Paläorifts. Die Erdbebenverteilung in modernen Riftgürteln deutet im allgemeinen auf ein weitgehend aseismisches Gleiten bzw. duktiles Verhalten in den tieferen Zonen der Rift-Kruste. Die räumlichen Verteilungsmuster und Herdflächenlösungen für Erdbeben demonstrieren eine diffuse Extension der Oberkruste an zahlreichen Abschiebungen und breiten Transferzonen. Die asymmetrische Querschnittsgeometrie vieler Riftsegmente deutet aber auch darauf hin, daß größere randliche Hauptabschiebungsflächen während der Extension eine dominierende Rolle spielen, wobei sich zur Tiefe hin kumulative Versatzbeträge auf Werte von mindestens 5 bis 10 km summieren. Diese **Rift-Asymmetrie** (rift asymmetry), auch als **Riftpolarität** (rift polarity) bezeichnet, kann im Streichen längerer Riftgürtel variieren, so daß die dominierenden Hauptabschiebungen am Ende von Riftsegmenten von einer Seite der Riftstruktur auf die andere wechseln. Der Polaritätswechsel erfolgt dabei häufig an präexistierenden Heterogenitäten der Lithosphäre, wie z.B. an steilen krustalen Scherzonen oder Geosuturen.

Während der Riftbildung kommt es meist zur Erosion der gehobenen Schultern und zur Sedimentation des erodierten Materials in den relativ abgesenkten Grabenbereichen, weshalb sich schmale randliche Faziesgürtel mit grobkörnigen klastischen Ablagerungen und breite zentrale Faziesbereiche mit feinkörnigen fluviatilen, lakustrinen oder marinen Sedimenten entwickeln. Besonders pelitische Seesedimente enthalten manchmal auch Lagen, die reich an organischem Material sind und somit auch potentielle Erdölmuttergesteine darstellen. Das Erdölpotential von Rifts variiert aber mit der Qualität gleichzeitig und später abgelagerter poröser Speichergesteine. Die Bewegung heißer Fluide aus tiefen magmatisch modifizierten Krustenniveaus und basaltischen Abfolgen in seichte klastische Beckenfüllungen führt gelegentlich zur Bildung bedeutender metallischer Lagerstätten, wie z.B. jener von Kupfer, die in vielen proterozoischen Paläorifts anzutreffen sind.

Wichtig zum Verständnis der detaillierten Kinematik größerer Riftstrukturen ist vor allem der Mechanismus der **Riftausbreitung** (rift propagation). Man kann sich leicht vorstellen, daß lineare oder punktuelle Zonen, in die aus abnormal heißen sublithosphärischen Manteldiapiren Magmen aufsteigen, durch Wärmeabgabe nach oben auch relativ eng begrenzte thermisch-mechanische Schwächezonen innerhalb der Lithosphäre erzeugen. Solche Zonen dienen wahrscheinlich als frühe Nukleationszentren der Extension und sind durch Systeme überlappender Abschiebungen bzw. durch Ketten alkalibasaltischer Vulkankegel gekennzeichnet (Abb. 24.3). Stark überhitzte und regional breite Mantelquellen produzieren wahrscheinlich auch bedeutende Spaltensysteme. Je nach Orientierung des regionalen Spannungsfeldes können sich regional begrenzte oder breite thermisch-magmatische Anomalien sowohl durch Ausbreitung von Gangscharen als auch durch Entwicklung von Abschiebungen mit breiten Transferzonen lateral ausdehnen und miteinander in Wechselwirkung treten.

Schon bei einer geringen Änderung in der Orientierung des regionalen Spannungsfeldes kann die Bewegung an einzelnen Armen eines Riftgürtels auch unterbrochen oder sogar gegenläufig reaktiviert werden. Sonderformen unterbrochener Riftarme, die aus kontinentalen divergenten Triplejunctions hervorgehen, bezeichnet man als **Aulakogene** (aulacogens, failed arms). Sie reflektieren in ihrer weiteren sedimentären Subsidenzgeschichte bzw. in ihrer tektonisch-magmatischen Entwicklung häufig Ereignisse im angrenzenden Riftgürtel und in den daraus entstehenden passiven Kontinentalrändern (z.B. Benue-Aulakogen in Westafrika, Abb. 24.2). Obwohl die Subsidenz in Aulakogenen meist ohne weitere Neuentstehung von Grabensystemen erfolgt, kommt es dort häufig zur Ablagerung von Sedimentabfolgen, deren Mächtigkeiten denen passiver Kontinentalränder entsprechen (z.B. Dnjepr-Donez-Aulakogen in der UdSSR, Abb. 24.5). In späteren Stadien der Subsidenz und bei folgender Einengung (**Inversion**, inversion) werden unterbrochene Rifts meist von komplex überlagerten Überschiebungen und Blattverschiebungen geprägt. Beispiele sind die zahlreichen Überschiebungen entlang vormaliger Abschiebungen im 20 km tiefen paläozoischen Donez-Aulakogen der

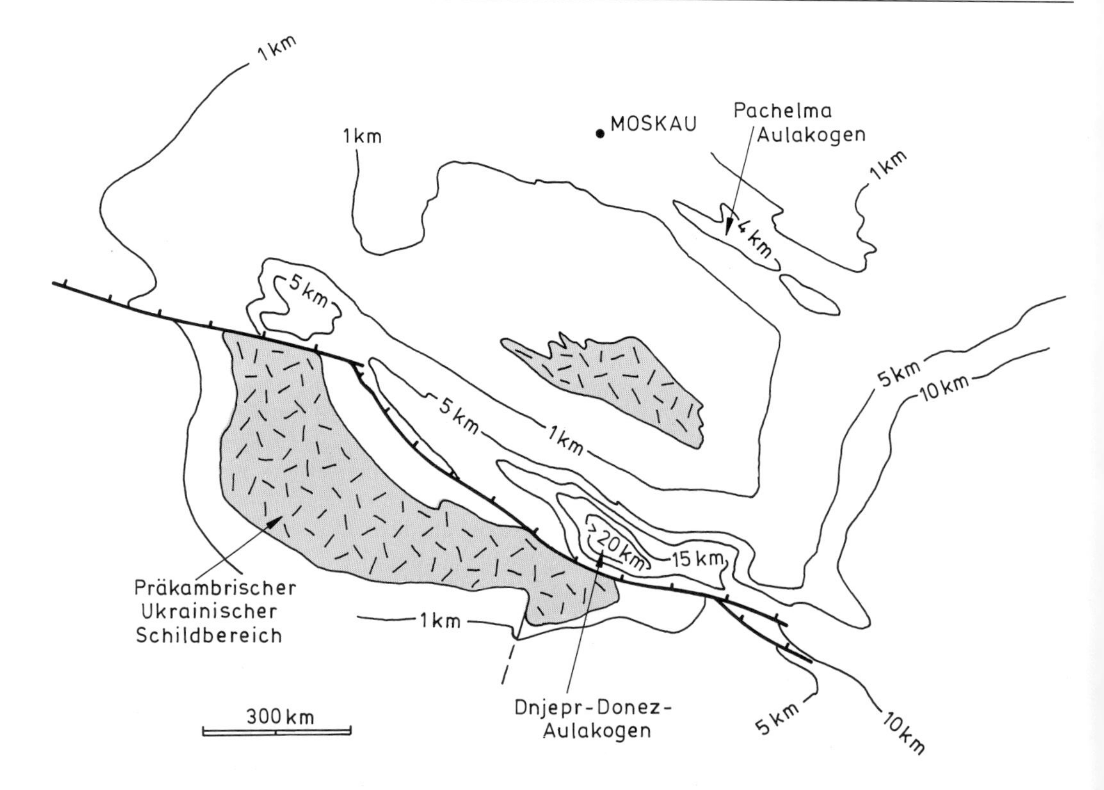

Abb. 24.5 Zwei große spätproterozoisch-paläozoische Aulakogene innerhalb der Russischen Plattform, in denen Subsidenz im Bereich der Riftarme und Hebung angrenzender Schildbereiche zur Entwicklung bedeutender intrakontinentaler Sedimentbecken Anlaß gab. Isopachen (Linien gleicher Sedimentmächtigkeit) verlaufen deshalb teilweise parallel zu langzeitig wirksamen Abschiebungssystemen. Das Donez-Aulakogen wurde außerdem im Spätpaläozoikum eingeengt und invertiert.

Ukraine oder die bedeutenden Blattverschiebungen und Überschiebungen an ehemaligen Abschiebungen im 15 km tiefen paläozoischen Anadarko-Aulakogen der südwestlichen USA.

Räumlich begrenzte Sonderformen von Rifts sind **Pull-apart-Strukturen** (pull-apart structures) an divergenten Übertritten von Blattverschiebungen (siehe Kapitel 11). Extension an kurzen Pull-apart-Strukturen kann sogar direkt zu ozeanischer Krustenbildung überleiten, wobei tiefere Krustenbereiche aus komplexen Wechselfolgen von mächtigen klastischen Sedimentserien und basaltischen Lagern bestehen, die durch advektive Fluidbewegungen mineralogisch meist stark verändert werden. Dies gilt z.B. für den Golf von Kalifornien im nordwestlichen Mexico oder den Golf von Akaba bzw. den anschließenden Bereich des nördlichen Roten Meeres.

Im allgemeinen ist ein längeres Andauern der Riftbildung bzw. Riftausbreitung nur dann möglich, wenn der regionale Spannungszustand in der oberen Lithosphäre regionale Extension und Aufstieg von Magmen erlaubt bzw. fördert. Erlahmt der Nachschub von heißem Mantelmaterial unter einem Rift oder verhindert eine Umorientierung des regionalen Spannungsfeldes die weitere Extension der Lithosphäre, so bewirkt allmähliche Abkühlung des Mantels unter dem Riftgürtel eine Erhöhung seiner Dichte und führt zur Absenkung der Erdoberfläche. Regionale Sedimentation überlappt dann häufig die ursprünglichen Schulterzonen des unterbrochenen Riftgürtels (z.B. in der Nordsee) und das Rift selbst wird zum tiefsten Teil eines **intrakontinentalen Beckens** (intracontinental basin), dessen Geometrie sich in der Tiefe nur durch geophysikalische Erkundungen bzw. Tiefbohrungen genauer erschließen läßt (z.B. Abb. 24.1). Vier moderne Rifts sollen deshalb als gut studierte Beispiele für die laterale und zeitliche Variabilität moderner kontinentaler Rifts dienen.

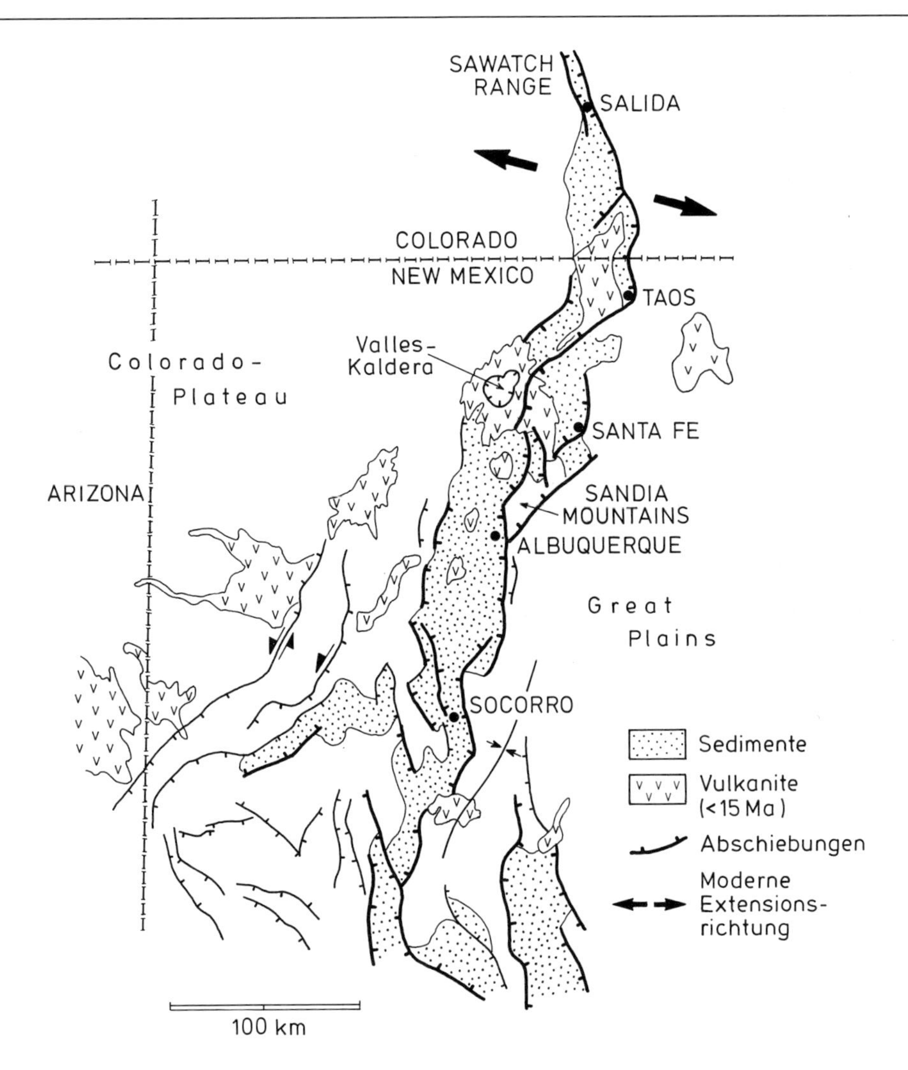

Abb. 24.6 Skizze des tektonischen Rahmens des Rio Grande-Rifts nach Olsen et al. (1987) und die Verteilung junger Vulkankomplexe entlang des NE-streichenden Jemez-Lineaments.

Das **Rio Grande-Rift** in den westlichen USA ist Teil eines modernen Riftgürtels, der in Nord-Süd-Richtung von Colorado über New Mexico nach Texas verläuft und eine Längserstreckung von gut 1000 km besitzt (Abb. 24.6). Im Norden beginnt dieser Gürtel als ein nur 10 km breiter und gut definierter Graben (Abb. 24.7), erreicht im eigentlichen zentralen Riftgürtel von New Mexico eine Breite von 50 bis 100 km und zerfiedert im Süden in zahlreiche kürzere und gestaffelt angeordnete Extensionszonen. Im Zentralbereich werden die Schultern vom 2000 m hohen Colorado-Plateau im Westen und von der auf rund 500 bis 1000 m angehobenen nordamerikanischen Plattform im Osten gebildet. Das Rift setzt sich aus einzelnen gestaffelt angeordneten Segmenten zusammen und zeigt eine deutliche Asymmetrie, welche sich vor allem am Ostrand durch Abschiebungsbeträge bzw. Riftfüllungen von 5 bis 7km zu erkennen gibt. Während der Extension der Kruste wurden anscheinend auch präexistierende Bewegungsflächen reaktiviert, die im Frühtertiär als Einengungsstrukturen angelegt worden waren. Der zentrale Riftbereich wird von einer SW-NE-streichenden Kette junger Vulkankomplexe schräg gequert (Abb. 24.6).

Die Mächtigkeit der Kruste im Zentralbereich des Rio Grande-Rifts wurde durch Extension von rund 50 km auf rund 33 km reduziert (Abb. 24.8).

(a)

(b)

Abb. 24.7 (a) Blick quer über das schmale nördliche Segment des Rio Grande-Rifts auf die Sawatch Range, an deren Front heiße Quellen und junge bzw. seismisch aktive Abschiebungen vorkommen. (b) Blick nach Süden auf den östlichen Rand des Rio Grande-Rifts im Bereich der Sandia Mountains, wo junge Hebung das erosive Rückschreiten der Grabenschultern eingeleitet hat.

Unter dem Rift sind Geschwindigkeiten der seismischen Wellen an der Moho im Gegensatz zu den angrenzenden Bereichen wesentlich geringer (V_P=7,7 km s^{-1} gegenüber 8,2 km s^{-1}), regional beobachtet man eine breitgespannte negative Bouguer-Schwereanomalie von -40 mGal und einen erhöhten Wärmefluß um 80 mW m^{-2}. Eine deutliche positive elektrische Leitfähigkeitsanomalie und ein krustaler Reflektor deuten auf einen noch nicht erstarrten flachen Magmenkörper in einer Krustentiefe von 15 bis 25 km hin. Eine regionale Seismizität mit Beben geringer Magnitude beschränkt sich auf die obersten 10 bis 20 km der Kruste und Herdflächenlösungen demonstrieren Extension an Abschiebungen bzw. deuten auf diffus verteilte Bewegungen an divergenten Transferstörungen, wobei die Verteilung historischer Erdbeben kaum eine Beziehung zu den Hauptabschiebungen des Rifts zeigt. Dies könnte mit intensiven Fluidbewegungen entlang der Hauptbewegungsflächen zusammenhängen.

Die Entwicklung des Rio Grande-Rifts begann vor 30 bis 20 Ma entlang relativ flacher Abschiebungen, die vor allem eine WSW-ENE-Extension in vulkanotektonischen Depressionen mit kalkalkalischen Vulkaniten belegen. Extension dieser abnormal heißen aber schmalen Krustenbereiche erreichte lokal 100%. Nach einer längeren magmatisch-tektonischen Ruhepause begann vor rund 15 bis 10 Ma eine zweite Riftphase, in der die älteren Abschiebungen und vulkanisch-sedimentären Beckenfüllungen an neuen steileren Abschiebungen versetzt wurden. Die Geometrie der jüngeren Abschiebungen deutet auf eine WNW-ESE orientierte Extension von rund 10% an langen und asymmetrischen Grabensystemen, in denen 2 bis 5 km mäch-

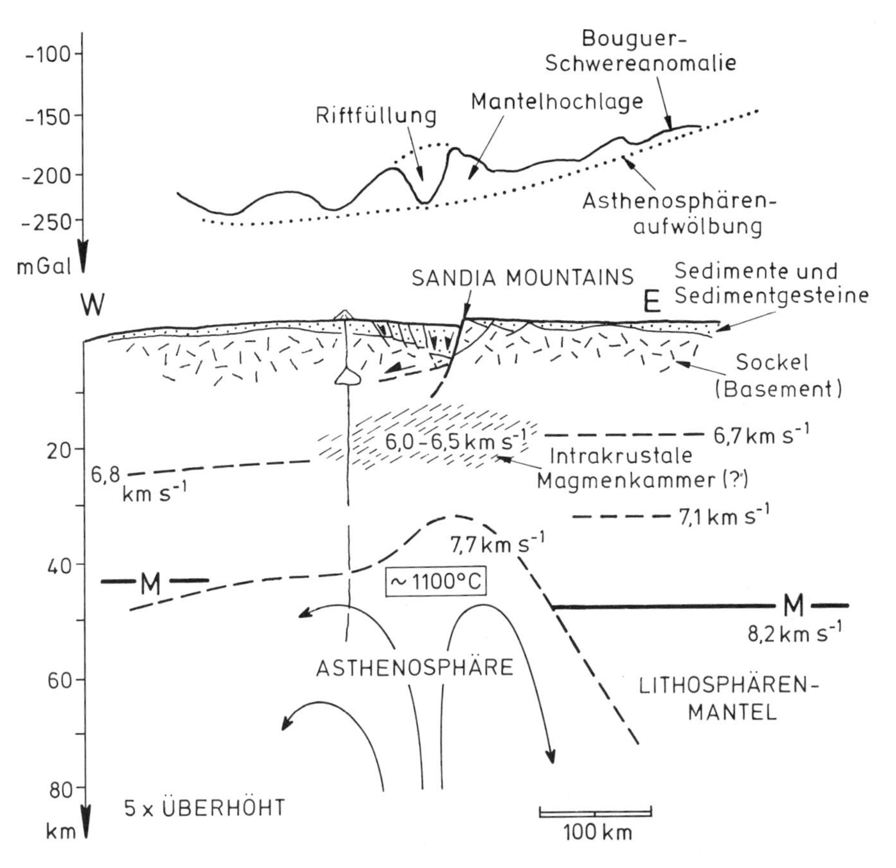

Abb. 24.8 Stark überhöhter Querschnitt durch das zentrale Rio Grande-Rift mit den geophysikalischen Anomalien, welche die wichtigsten Hinweise auf die gegenwärtige Dynamik der Riftentwicklung geben (siehe Text).

tige klastische Sedimentserien und geringe Anteile an intermediären Laven abgelagert wurden. In den letzten 5 Ma kam es zur Eruption alkalibasaltischer bis tholeiitischer und rhyolitischer Laven, wobei der Vulkanismus vor allem an das steile sinistrale Jemez-Lineament gebunden ist, welches das eigentliche Riftsystem schräg quert. Dieser Vulkanismus setzte gleichzeitig mit dem Beginn einer weitgespannten Aufdomung des gesamten Riftgürtels ein.

Das **Kenia-Rift** (Abb. 24.9a) befindet sich im zentralen Teil des gepaarten ostafrikanischen Riftgürtels, der vom Afar-Hotspot am südlichen Roten Meer bis nach Malawi zieht. Das zentrale Kenia-Rift-Segment ist der Prototyp eines aktiven Riftstadiums mit intensiver vulkanischer Tätigkeit. Das Volumen der bisher extrudierten Vulkanite beträgt mehr als 200.000 km^3 und eine deutliche zentrale positive gravimetrische Anomalie deutet auf die Existenz massiver mafischer Gang- und Lagerintrusionen in der Kruste hin. Das Rift besteht aus einem System von Gräben, deren Hauptabschiebungen sich als topographische **Escarpments** erkennen lassen (Abb. 24.10), welche im Streichen in einer zentralen kontinentalen Tripeljunction zusammenlaufen. Die bedeutendsten Escarpments sind die NNW-streichenden Aberdare- und Mau-Escarpments im Süden und das NNE-streichende Elgeyo-Escarpment im Norden. Dazwischen liegt das WSW-streichende und etwas weniger ausgeprägte Kavirondo-Rift. Zwischen den Hauptabschiebungen befinden sich komplexe Akkomodationszonen, die zumindest teilweise präexistierende Querstrukturen im präkambrischen kristallinen Sockel bzw. NW-streichende reaktivierte spätmesozoische Riftstrukturen nachbilden. Regionale negative Bouguer-Schwereanomalien und teleseismische Untersuchungen legen nahe, daß direkt unter

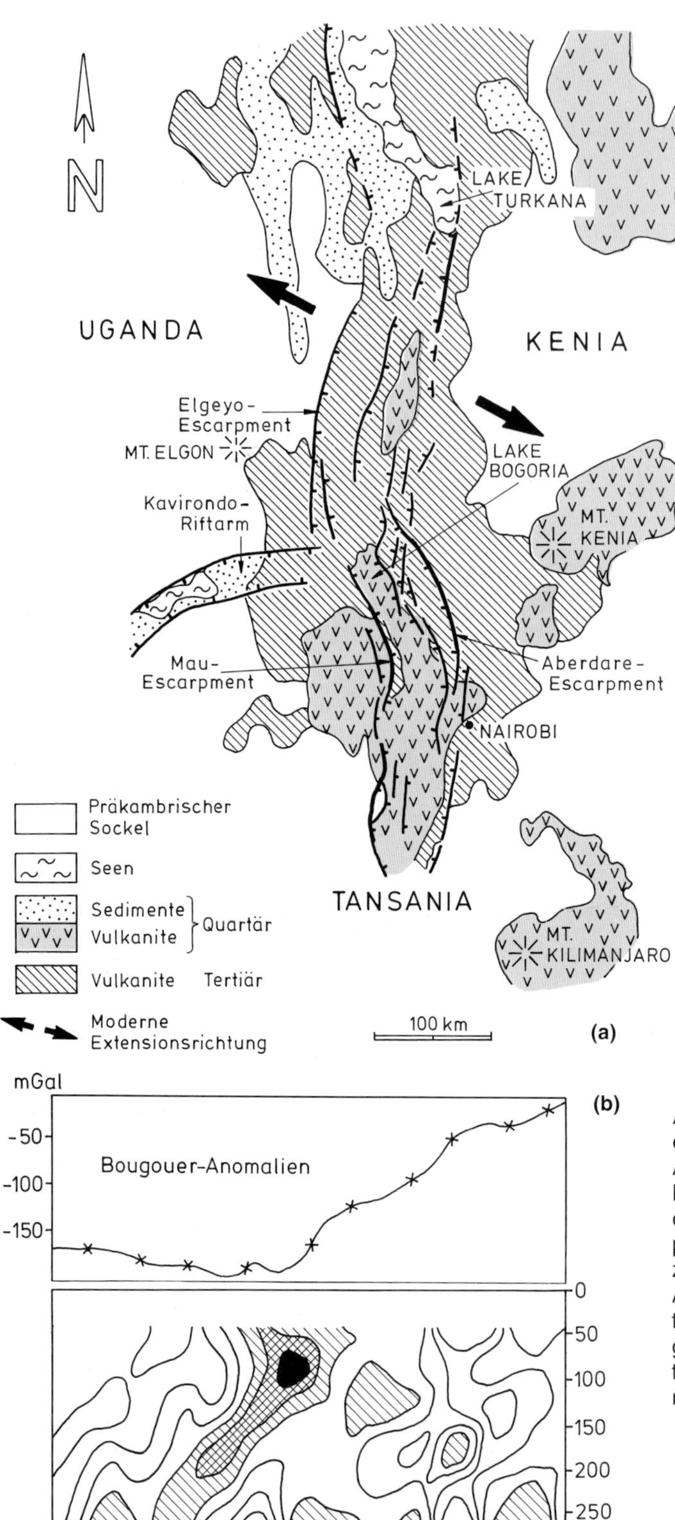

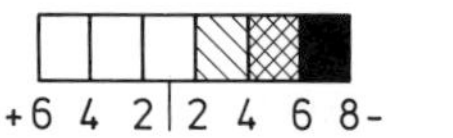

Abb. 24.9 (a) Verteilung tertiärer-quartärer Vulkanite und der größeren Abschiebungen im Bereich des Kenia-Rifts mit Lage der bedeutenden Abschiebungszonen. (b) Geophysikalischer Querschnitt durch das zentrale Kenia-Rift mit Bouguer-Anomalien und teleseismisch ermittelten Abweichungen der V_P-Wellengeschwindigkeiten im obersten Mantel bezogen auf den zentralen Riftbereich (nach DAHLHEIM et al., 1989).

(a)

(b)

Abb. 24.10 (a) Das östliche Abschiebungssystem des Kenia-Rifts am Lake Bogoria (siehe Abb. 24.9), das sich hier in einer topographischen Steilstufe von rund 400m Höhe, in einer Kette junger rhyolitischer Dome und in zahlreichen heißen Quellen (im Vordergrund) äußert. (b) Nord-Süd-streichende Abschiebungen in spätquartären lakustrinen Pyroklastika und Diatomiten (helle Lage) des zentralen Kenia-Rifts.

dem modernen zentralen Rift, aber auch unter Teilen der östlichen und westlichen Schulter, größere Bereiche des Mantels partielle Schmelzen enthalten (24.9b). Die kontinentale Kruste entlang des Riftgürtels ist rund 35 km mächtig, wobei man in Krustentiefen um 20 bis 25 km auch abnormal hohe V_P-Wellengeschwindigkeiten von 7,1 km s^{-1} registriert, welche auf mafische Lager in der Kruste hinweisen.

Die magmatische Entwicklung im Bereich des Kenia-Rifts begann bereits vor 40 bis 30 Ma mit der Extrusion vereinzelter alkalischer Basaltdecken auf einer mesozoisch eingeebneten Oberfläche, die nur wenig über dem Meeresspiegel lag. Im Zeitraum von 32 bis 15 Ma erfolgte Eruption von Alkalibasalten an Spaltensystemen einer breiten krustalen Depression. Um 7 Ma begannen bedeutende Bewegungen an diskreten Abschiebungen, Bildung zusammenhängender Grabensysteme und regionale Hebung der Schultern großer Rift-Täler bis auf 2 bis 3 km über den Meeresspiegel. Die Extensionsrichtung war anfangs ENE-WSW orientiert und Extension der Lithosphäre erfolgte überwiegend an ostfallenden Abschiebungen. Letztere wurden aber bald durch westfallende antithetische Abschiebungen komplementiert bzw. ersetzt. Im Quartär (vor rund 1 bis 2 Ma) drehte sich die Extensionsrichtung, welche bis heute WNW-ESE orientiert ist. In größeren Teilbecken entstanden lakustrine Sedimentationsräume, in denen auch überwiegend trachyphonolitische Stratovulkane und basaltische Deckenergüsse bzw. rhyolitische Dome anzutreffen sind. Junger Vulkanismus ist außerdem in den großen

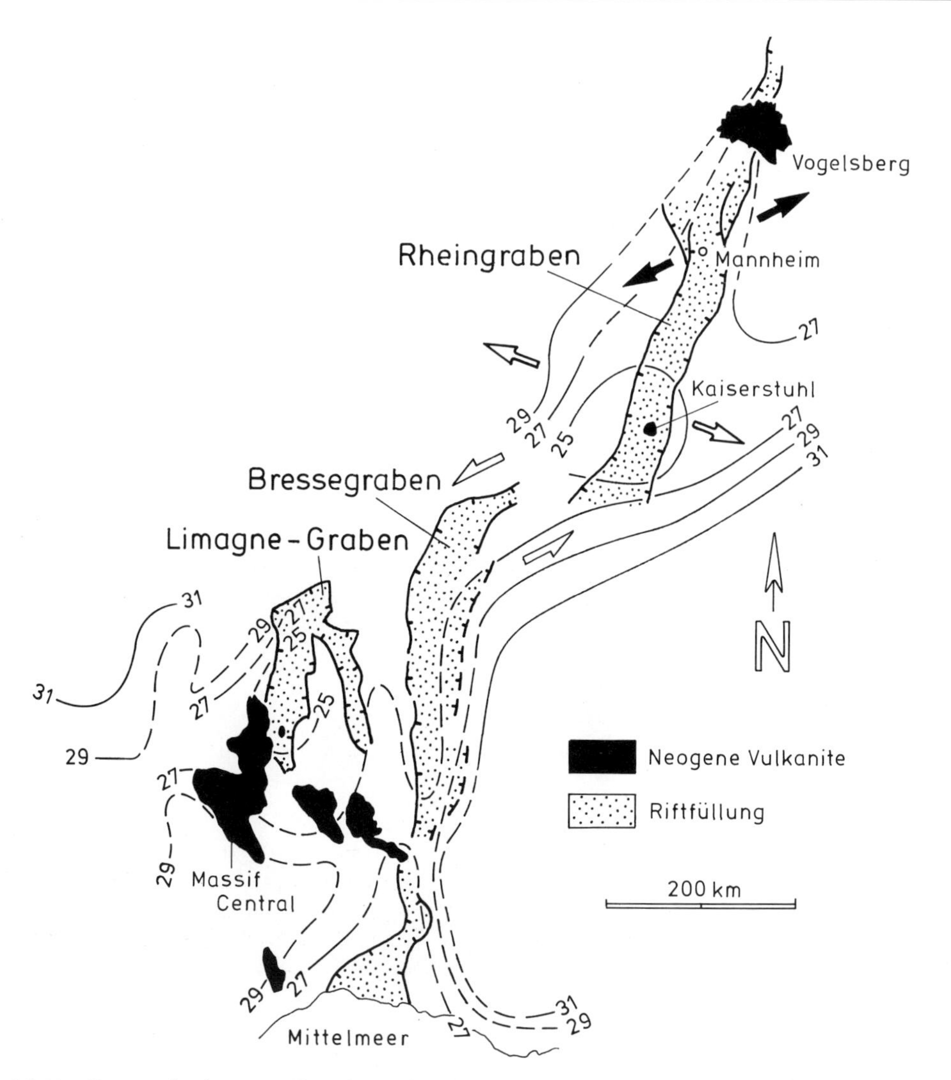

Abb. 24.11 Geometrie des zum überwiegenden Teil unterbrochenen westeuropäischen Riftgürtels, die Verteilung der größeren neogenen Vulkankomplexe und die Tiefenlage der Moho (Kompilation von PRODEHL). Offene Pfeile bedeuten die paläogene Extensionsrichtung, schwarze Pfeile die neogene Extensionsrichtung im Rheingraben.

Stratovulkanen des Mt. Kenya und Mt. Kilimanjaro, in vulkanischen Feldern der Ostschulter und am Mt. Elgon auf der Westschulter lokalisiert. Seismische Tätigkeit hält sich anscheinend an die größeren Riftarme und äußert sich gelegentlich in abnormal starken Beben, wie z.B. im Fall einer Schrägabschiebung im Jahre 1928.

Der **Rheingraben** ist Teil eines bereits weitgehend unterbrochenen Riftgürtels, welcher sich aus dem westlichen Mittelmeer bis nach Norddeutschland erstreckt (Abb. 24.11). Auf dem europäischen Kontinent läßt sich im Bereich dieses Riftgürtels eine relative Anhebung der Moho von Tiefen um rund 30 km auf Tiefen bis 25 km feststellen (Abb. 24.11). Das südliche Ende des Rheingrabens scheint durch eine diffuse sinistrale Akkomodationszone mit dem Bresse-Graben und mit dem Limagne-Graben im nördlichen Massif Central verbunden zu sein.

Absenkung im Rheingraben begann vor rund 40 bis 35 Ma infolge einer WNW-ESE-orientierten Extension der Kruste, die an deutlich asymmetri-

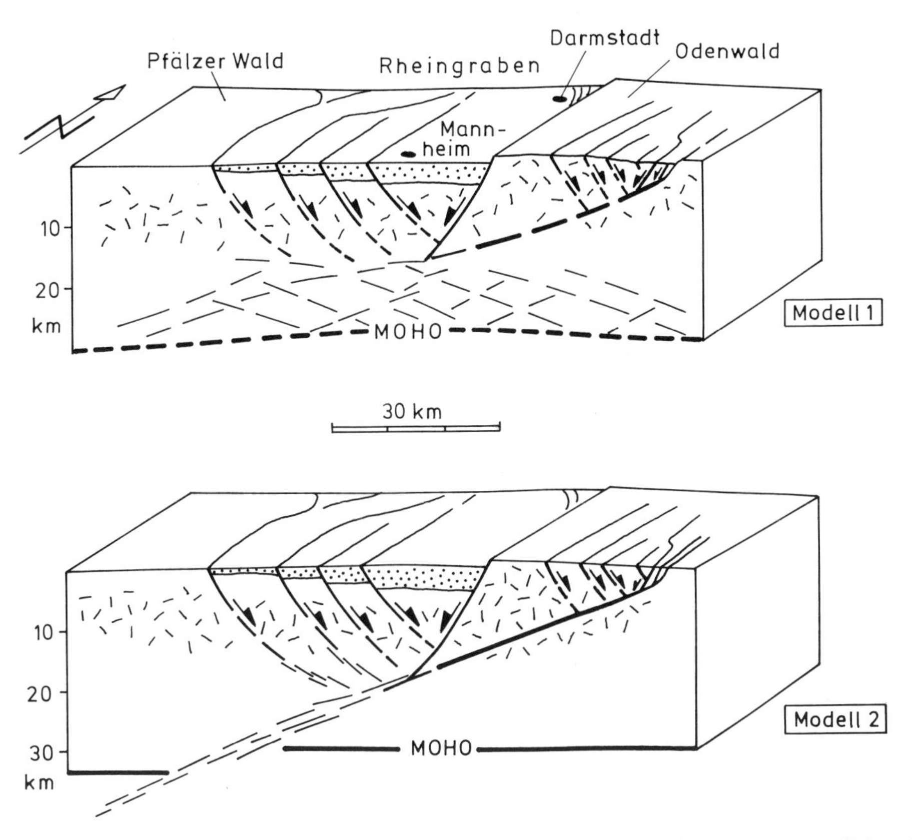

Abb. 24.12 Zwei Modelle für die tiefere Krustenstruktur des deutlich asymmetrischen nördlichen Rheingrabens (nach MEIER & EISBACHER, 1991). In Modell 1 wird die asymmetrische Extension der Oberkruste durch diffuse („reine") Scherung der duktilen Unterkruste erwirkt. Im Modell 2 erfolgt Extension als Folge einer asymmetrischen Scherung der Lithosphäre. Reflexionsseismische Daten scheinen das Modell 2 zu bestätigen.

schen Hauptabschiebungen erfolgte, deren Position im Streichen variiert. Im nördlichen Rheingraben entwickelten sich ostfallende Zweigabschiebungen im Hangenden der westfallenden Hauptabschiebung wahrscheinlich erst ab rund 30 Ma. Zwischen 25 und 18 Ma kam es zu einer weitgehenden Unterbrechung der Krustenextension bzw. auch zu lokaler Einengung im südlich-zentralen Riftgürtel und nur im nördlichen Rheingraben ging Subsidenz weiter, allerdings in einem Spannungsfeld, welches zu einer NE-SW-orientierten Extension der Kruste führte. Diese Umorientierungsphase des Spannungsfelds wurde durch aktive regionale Aufwölbung des Mantels und von alkalibasaltischem Vulkanismus begleitet (Rheinischer Schild, Vogelsberg, Kaiserstuhl, Massif Central etc.). Die meist feinkörnige klastische Füllung der Riftbecken erreichte Gesamtmächtigkeiten um 3 bis 4 km und randlich abgelagerte, grobkörnige Klastika lassen auf relativ geringfügige synsedimentäre Reliefunterschiede zwischen dem Zentrum und den Schultern des Grabensystems schließen.

Moderne Subsidenz des Rheingrabens beschränkt sich auf einen kleinen Bereich um Mannheim; diffuse Seismizität innerhalb und im Umfeld des Rifts läßt sich bis in Krustentiefen um 15 bis 20 km beobachten. Herdflächenlösungen demonstrieren eine NE-SW-Extension der Kruste, die an Abschiebungen und divergenten Blattverschiebungen erfolgt. Auch die Isolinien rezenter Hebung bzw. Senkung im Umfeld des Rheingrabens haben eine bevorzugte NW-SE-Ausrichtung. Positive thermische Anomalien im westlichen Graben und im östlichen Schulterbereich gehen wahrscheinlich auf Zellen aufsteigender krustaler Fluide regionaler Konvektionssysteme zurück. Detaillierte Analyse synsedimentärer Abschiebungssysteme, ausgeglichene Profile und reflexionsseismische Untersuchungen legen nahe, daß die Extension des nördlichen Rheingrabens vor allem durch Relativbewegungen innerhalb einer flach nach Westen einfallenden lithosphärischen Scherzone ermöglicht wurde (Abb. 24.12).

Der tertiäre bis rezente **Baikal-Riftgürtel** ist mehr als 2000 km lang und liegt innerhalb eines NE-orientierten Rift-Doms, dessen Zentrum am Südrand der Sibirischen Plattform bis in Höhen von mehr als 1500 m aufragt (Abb. 24.13). In einer relativ schmalen Zentralzone fällt das Rift mit dem Baikal-See zusammen, der 600 km lang, 50 km breit, 1600 m tief und somit der größte Süßwassersee der Erde ist. Das Einfallen der gestaffelt abgesetzten Hauptabschiebungen in diesem Zentralstreifen ist überwiegend nach Südosten und die Gräben enthalten eine rund 4 bis 7 km mächtige Sedimentfüllung. An dem gegen Nordosten und nach Südwesten auffächernden Störungssystemen beobachtet man bedeutende Seismizität. Vulkanische Gesteine befinden sich vor allem südöstlich des Riftgürtels. Auch die Extension der Lithosphäre erfaßte vor allem den Bereich südöstlich des Riftgürtels und erfolgte anscheinend in zwei Stadien. In einem frühen Stadium (Oligozän-Miozän) entstanden erste NE-ausgerichtete und kettenförmig aneinandergereihte Sedimentbecken, während südöstlich davon alkalibasaltische Laven als Spaltenergüsse extrudierten. Erst später (Pliozän-Rezent) kam es zu einer starken topographischen Akzentuierung der Becken- und Schulterzonen an syn- und antithetischen Abschiebungen bzw. an komplexen Akkomodationszonen, wobei vereinzelt auch basaltisch bis trachytisch zusammengesetzte Laven extrudierten. Das jüngere Riftstadium hängt offensichtlich mit gewaltigen Relativbewegungen zusammen, welche zu dieser Zeit im gesamten zentralasiatischen Bereich hinter der breiten Kollisionszone des Himalaya-Systems einsetzten.

Literatur

Brouguleev, 1975; Ramberg & Neumann, 1978; Riecker, 1979; Palmason, 1982; Ziegler, 1982; Fitton, 1983; Van Schmus & Hinze, 1985; Froidevaux & Kie, 1987; Olsen et al., 1987; Rosendahl, 1987; Badley et al., 1988; Fairhead, 1988; Voogd et al., 1988; Ziegler, 1988; Chandler et al., 1989; Dahlheim et al., 1989; Meier & Eisbacher, 1991; Hutchinson et al., 1992; Ziegler, 1992.

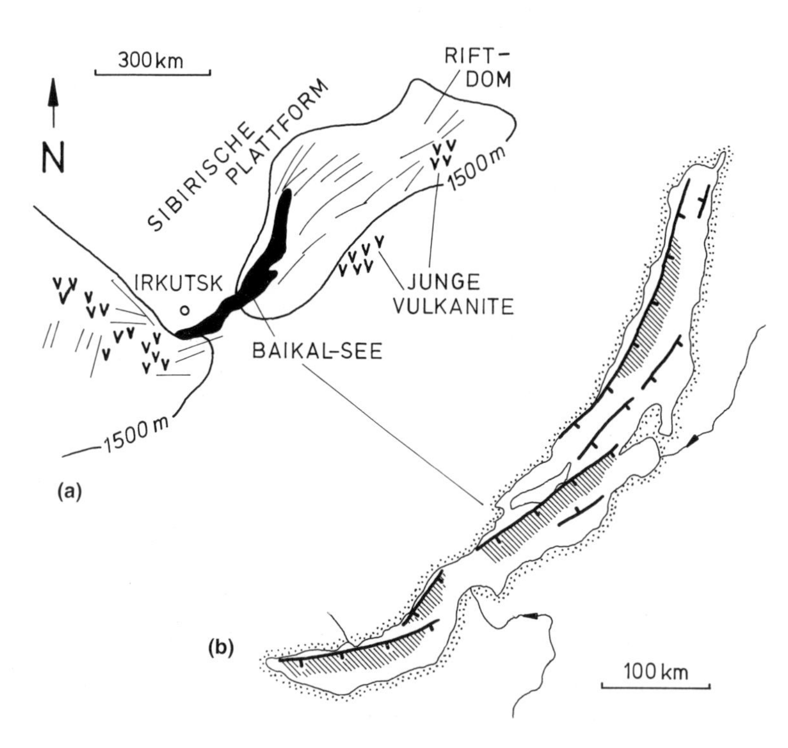

Abb. 24.13 Der regionale Rahmen (a) des Baikal Rift-Doms mit einer zentralen Erhebung von mehr als 1500 m und Verteilung der jungen Vulkanite am Südostrand der Sibirischen Plattform; (b) Lage der Hauptabschiebungen und besonders mächtiger Sedimentablagerungen (schraffiert) im Baikal See (nach Hutchinson et al., 1992).

25 Basin-and-Range-Extension

Die Basin-and-Range-Provinz im westlichen Nordamerika ist der Prototyp einer im Vergleich zu intrakontinentalen Riftstrukturen wesentlich großräumigeren Extension kontinentaler Lithosphäre. Die Krustenextension innerhalb der Basin-and-Range-Provinz ist wahrscheinlich der oberflächennahe Ausdruck bedeutender horizontaler Ausgleichsbewegungen in einem relativ heißen Oberen Mantel und lassen sich als Endstadium einer vorhergegan-

Abb. 25.1 Tektonische Skizze der Basin-and-Range-Provinz im westlichen Nordamerika. Die im allgemeinen WNW-ESE orientierte Extension der Kruste innerhalb der Provinz erfolgt an einem komplexen System von Abschiebungen und Transferstörungen, an denen gekippte Horste und Gräben (punktiert) entstehen. Im Norden der Provinz liegt die kontinentale Yellowstone-Snake River Hotspot-Spur, die hier durch junge vulkanische Abfolgen (v-Signatur) und rhyolithische Eruptionszentren (Sternsignatur mit Alter in Ma) markiert ist und von einer parabelförmigen Zone seismischer Tätigkeit begleitet wird. Bemerkenswert ist die nach Westen gerichtete Verkrümmung der dextralen San Andreas-Blattverschiebung an der Einmündung der sinistralen Garlock-Transferstörung (nach Eaton, 1982; Anders et al., 1989).

genen krustalen Einengung bzw. einer relativ flachen Subduktion von abnormal heißer Lithosphäre betrachten. Ein Äquivalent der modernen Basin-and-Range-Entwicklung im westlichen Nordamerika ist möglicherweise jene breitgespannte Extensionskinematik, die im späten Paläozoikum zur Bildung permischer Becken innerhalb der „Rotliegend-Provinz" der vorher stark eingeengten variszischen Kruste von Westeuropa führte. Der tektonische Stil der modernen Basin-and-Range-Provinz ist in vieler Hinsicht demjenigen „normaler" Riftgürtel verwandt, nur die regionale Verteilung von Extension und die großregionale Variation des Magmatismus ist ungewöhnlich. Die moderne Basin-and-Range-Provinz ist rund 500 km breit, läßt sich im Streichen über eine Distanz von rund 1200 km verfolgen und besitzt eine unregelmäßige Landoberfläche, die sich heute in Höhen von 1000 bis 2000 m befindet. Die modernen Abschiebungssysteme überlagern zum großen Teil mesozoische Einengungsstrukturen der westlichen Kordillere (Abb. 25.1).

Das Oberflächenrelief zwischen den **Gebirgsrücken** (ranges) und den komplementären **Becken** (basins) erreicht Werte um rund 1000 m. Individuelle Rücken und Becken sind N-S ausgerichtet, 20 bis 40 km breit und 100 bis 200 km lang. Tektonisch sind die Rücken bis zu 30° asymmetrisch gekippte Horste, die Becken zum überwiegenden Teil tektonische Halbgräben (Abb. 25.2). Die krustalen Abschiebungen zwischen den Horsten und Halbgräben sind nahe der Oberfläche steil und im Streichen durch komplexe Schrägabschiebungen oder divergente Transferstörungen miteinander verbunden. Letztere übertragen anscheinend den Gesamtbetrag der regionalen Extension von einem Graben auf den anderen, erfüllen in Randzonen der Provinz aber auch die Rolle diskreter Grenzen gegenüber

(a)

(b)

Abb. 25.2 (a) Luftaufnahme der südwestlichen Basin-and-Range-Provinz mit den von Schuttfächern gefüllten Becken und tief erodierten Rücken; (b) Ansicht der etwa 400 Jahre alten „scarp"-Fläche entlang der Wasatch-Abschiebung, nahe von Salt Lake City, Utah. Die junge Abschiebung versetzt eine spätpleistozäne Randmoräne um einige Meter. Im Hintergrund die gehobene Wasatch Range.

benachbarten, nicht-gestreckten Krustenbereichen. An diesen Transferstörungen sind Rotationen einzelner Krustenblöcke um vertikale Achsen bis zu 10° nachzuweisen. Für viele der größeren Abschiebungen und Transferzonen lassen sich koseismische Relativbewegungen bis in die jüngste geologische Vergangenheit dokumentieren.

Die sublithosphärischen und lithosphärischen thermischen Anomalien, welche die regionale Extension der Basin-and-Range-Provinz auslösten, entwickelten sich wahrscheinlich bereits zwischen rund 50 Ma und 25 Ma. In den letzten Stadien der konvergenten Bewegungen am westlichen aktiven Kontinentalrand Nordamerikas kam es durch flache Subduktion heißer ozeanischer Lithosphäre unmittelbar östlich des Ostpazifischen Rückens zur intensiven Aufheizung einer bereits vorher von Intrusionen durchsetzten und an Überschiebungen verdickten Kruste. Dabei entstand ein breiter Gürtel intermediärer bis felsischer Vulkane, der sich allmählich von Norden nach Süden verlagerte und lokal mit tektonischem Aufstieg tiefkrustaler metamorpher Kernkomplexe an relativ flachen Abschiebungen in Verbindung stand. Durch progressive Verlagerung des ostpazifischen Spreizungszentrums in den vormals aktiven Kontinentalrand änderte sich aber vor rund 20 bis 15 Ma der tektonische Stil innerhalb der gesamten Provinz. Von nun an dominierte breitgespannte Extension der Kruste an zahlreichen Abschiebungen, der begleitende Vulkanismus wurde bimodal basaltisch-rhyolithisch und es begann eine regionale Hebung der gesamten Landoberfläche um 1 bis 3 km. Differentialbewegungen an diskreten Abschiebungen in der Größenordnung von 2 bis 6 km begleiteten Hebung und Erosion von **Rücken** (ranges) und Absenkung bzw. Ablagerung von Erosionsprodukten in **Becken** (basins). Der Betrag der bis heute anhaltenden Extension der Kruste innerhalb der Basin-and-Range-Provinz variiert von Region zu Region, nimmt aber im allgemeinen vom Rand zum Zentrum hin zu und erreicht in den südwestlichen zentralen Bereichen Werte von mehr als 100%. Das Areal der Basin-and-Range-Provinz vergrößerte sich dort also auf fast das Doppelte, die Mächtigkeit der Kruste nahm komplementär auf fast die Hälfte ab. Lokale Intrusion mafischer Lager innerhalb der Unterkruste wirkte dem Ausdünnungsprozeß allerdings entgegen. Die Mächtigkeit der modernen Kruste, die man mit Hilfe von Refraktions- und Reflexionsseismik bestimmt hat, ist in der Basin-and-Range-Provinz im Durchschnitt rund 30 km, sie variiert aber von 20 bis 35 km. Die nicht ausgedünnte Kruste der Kordillere östlich der Basin-and-Range-Provinz zeigt Mächtigkeiten von 40 bis 50 km. Die Moho ist relativ eben, was sowohl auf tektonische als auch magmatische Ausgleichsbewegungen an der Grenze zwischen Kruste und Mantel hinweist.

Es ist noch nicht geklärt, ob die Verteilung der diskreten Abschiebungen und Blattverschiebungen in der Oberkruste eine statistisch bedingte Reaktion der Kruste auf penetrative Dehnung (= reine Scherung) der gesamten Lithosphäre ist oder ob sie sich im Hangenden einzelner geneigter Scherzonen (= einfache Scherung) in der duktilen unteren Kruste und im obersten Mantel entwickelten. Man kann auf jeden Fall annehmen, daß die oberflächennahen steilen Hauptabschiebungen in Tiefen von 5 bis 10 km durch wesentlich flachere Störungen und Scherzonen abgelöst werden. Wie dieser Übergang mit Temperaturzunahme und Fluidbewegungen gesteuert wird, ist allerdings noch nicht klar. Erdbeben, die im wesentlichen auf die obersten 10 bis 15 km der Kruste beschränkt sind, und auch zahlreiche krustale thermische Anomalien deuten auf eine extrem hohe Duktilität der tieferen Kruste; an der Moho sind Temperaturen von rund 800°C zu erwarten.

Besonders interessant für den Deformationsplan der Basin-and-Range-Provinz sind ihre seitlichen Begrenzungszonen zu den kühleren Normalkrusten des Umfelds (Abb. 25.1). Da die Extensionsrichtung innerhalb der Provinz angenähert WNW-ESE ist, befinden sich am Nord-, West- und Südrand komplexe und überlappende divergente Transferstörungen. Den Ostrand bildet die Wasatch-Hurricane-Abschiebung, die wahrscheinlich als oberflächennahe Spur einer breiten und nach Westen einfallenden **Abscherzone** (detachment) zu betrachten ist. An ihr löst sich der gesamte Extensionsbereich von der im Osten angehobenen Kruste des nordamerikanischen Kontinents ab und die Wasatch-Abschiebungszone zeigt deshalb abnormales Lokalrelief von 2000 bis 3000 m bzw. eine diffuse flach-krustale Seismizität (Abb. 25.2). Im Bereich der südlichen Transferzone befindet sich die sinistrale Garlock-Blattverschiebung, deren Versatz entsprechend der kumulativen Dehnung in der Basin-and-Range-Provinz in dieser Region von Null an ihrem Ostende bis auf 60 km in ihrem westlichen Segment zunimmt. Diese steile Störung scheint nach reflexionsseismischen Befunden aber nur die obere Kruste zu erfassen. Aufgrund der Extension werden krustale Blöcke der Basin-and-Range-Provinz und der westlich anschließende Gebirgszug der Sierra Nevada an der Garlock Fault geradezu in die dextrale San Andreas-Transform-Störung hineingeschoben (Abb. 25.1), wodurch die

San Andreas-Störung in den Transverse Ranges nördlich von Los Angeles außergewöhnlich stark gegen Westen gekrümmt wird (Abb. 11.13). Auch der breite Übergangsbereich zwischen San Andreas-Störung und der Basin-and-Range-Provinz wird in Form komplizierter dextraler Pull-apart-Strukturen, wie z.B. dem Death Valley, deformiert. Hier läßt sich sowohl Subsidenz von Rhomb-Gräben als auch bedeutende Rotation der begrenzenden Krustenblöcke um vertikale Achsen nachweisen. Im allgemeinen ist die südliche Grenze der Provinz aber ein breites Band dextraler und sinistraler Blattverschiebungen, wie z.B. im Bereich der Las Vegas-Zone. Die nördliche Grenze der Region besteht aus dextralen Blattverschiebungen, die sich gegen Nordwesten in den jungen basaltischen Lavadecken des Columbia-Plateaus und der Yellowstone-Snake River Hotspot-Spur verlieren.

Der Wärmefluß im Bereich der Basin-and-Range-Provinz ist im Durchschnitt $90\,mW\,m^{-2}$ und somit um 30% höher als in den umliegenden Gebieten der westlichen USA. Im obersten Erdmantel unter der Basin-and-Range-Provinz deutet eine Verringerung der Geschwindigkeiten seismischer V_P-Wellen auf Werte um $7{,}8\,km\,s^{-1}$ auf die Existenz partieller basaltischer Schmelzen. Die V_P-Geschwindigkeiten zeigen auch eine deutliche Anisotropie, wobei die höchsten Werte in WNW-ESE-Richtung, also parallel zur Richtung der allgemeinen Extension, gemessen werden. Dies deutet wahrscheinlich auf eine Regelung von Olivin als Folge tektonischer Fließ- bzw. Scherbewegungen im obersten Mantel hin. Ähnliche Anisotropien zeichnen sich auch für V_P-Wellengeschwindigkeiten in Teilen der untersten Kruste ab. Reflexionsseismische Erkundungen zeigen, daß die Unterkruste zahlreiche Reflektoren enthält, die man als tektonische Transpositionsstrukturen, aber vor allem als subhorizontale Lager mafischer Magmenkörper interpretiert. Im Gegensatz zum initialen Stadium der Extension spielte der Vulkanismus in der Basin-and-Range-Provinz während der letzten 15 Ma volumetrisch nur eine untergeordnete Rolle. Der Aufstieg von Basalten aus Bereichen partieller Schmelzbildung im obersten Erdmantel, die Intrusion mafischer Magmen in die untere Kruste und die sekundäre Entwicklung rhyolithischer Dome aus anatektisch aufgeschmolzenen Bereichen der Kruste ist vor allem in den Randzonen der Provinz nachzuweisen. Es ist anzunehmen, daß auch anderswo mafische Intrusionstätigkeit in der Nähe der Kruste-Mantel-Grenze (Moho) bereits zahlreiche basaltische Lager produziert hat und daß diese Art der **magmatischen Unterplattung** (magmatic underplating) auch heute weitergeht.

Einen besonderen magmatischen Akzent erhält die regionale Extension im Bereich des Yellowstone-Nationalparks durch die Aktivität eines sublithosphärischen Hotspots, der sich erstmals um 17 bis 16 Ma am Westrand der nordamerikanischen Kruste in der Eruption der großen Columbia Deckenbasalte äußerte. WSW-ENE-ausgerichtete Relativbewegung zwischen Hotspot im Mantel und Lithosphäre mit einer Rate von rund $3{,}5\,cm\,a^{-1}$ erzeugte eine vulkanische Spur, die heute in rhyolithischen Eruptionszentren und Basaltdecken der 600 km langen und 100 km breiten Snake River Plain zu erkennen ist (Abb. 25.1). Die basaltischen Snake-River-Laven überlappen sowohl die initialen Rhyolithkomplexe wie auch Abschiebungszonen der Basin-and-Range-Provinz. Deutliche thermische und seismische Anomalien lassen vermuten, daß über der heutigen Position des Yellowstone-Hotspots in Tiefen von nur wenigen Kilometern Teile der Kruste aufgeschmolzen sind und in Intervallen von Hunderttausenden von Jahren gigantische Explosionen an rhyolithischen Kalderen stattfinden, aus denen sowohl Laven als auch glühende Aschen gefördert werden. Die jüngste der Yellowstone-Kalderen entstand vor 600.000 Jahren und förderte noch vor 60.000 Jahren rhyolithisches Eruptionsmaterial. Mit einer relativen Verschiebung der obersten Hotspot-Asthenosphäre bei allgemeiner Südwestbewegung der Lithosphäre scheint auch eine parabelförmige symmetrische Anordnung seismisch aktiver Abschiebungen um das Hotspot-Zentrum zusammenzuhängen (Abb. 25.1). Der absinkende Krustenbereich innerhalb der Parabelzone mit seinen basaltischen Deckenlaven und Lagern wird anscheinend relativ gegen Südwesten verschoben, während sich die aktiven Hebungs-, Abschiebungs- und Krustenaufschmelzungszonen relativ gegen Nordosten verlagern.

Obwohl die tektonische Entwicklung der Basin-and-Range-Provinz im Gegensatz zu typischen Rifts nicht auf eine langzeitige thermische Isolation des tieferen Mantels zurückgeht, sondern auf thermische Instabilitäten im Gefolge tektonischer Verdickung der Kruste und Subduktion relativ heißer ozeanischer Lithosphäre, so zeigen auch hier die komplexen Wechselbeziehungen zwischen tektonischen und magmatischen Prozessen, daß sie offensichtlich in verschiedenen Niveaus unterschiedliche Wirkung haben. Ein ähnliches Bild ergibt sich auch für neugebildete ozeanische Randbecken, die hinter steilen Subduktionszonen anzutreffen sind (siehe Kapitel 28). Analog zu unterbrochenen Rifts kann man sicherlich auch für Basin-and-Range-Provinzen und Randbecken annehmen, daß eine spätere Abkühlung der Lithosphäre zur allgemeinen Absenkung der Erdoberfläche und so zur großräumigen intrakontinentalen Beckenbildung überleiten kann.

Literatur

EATON, 1982; EATON, 1984; LORENZ & NICHOLLS, 1984; WERNICKE et al., 1988; ANDERS et al., 1989; GANS et al., 1989.

26 Passive Kontinentalränder und intrakontinentale Becken

Die Extension der kontinentalen Lithosphäre unter Riftgürteln, die Extrusion von Flutbasalten und die weiträumige Streckung von Basin-and-Range-Provinzen führt nur dann zur Entwicklung **passiver Kontinentalränder** (passive continental margins), wenn der massive Aufstieg heißer Asthenosphäre unter den langgestreckten Bruchzonen und die voluminöse Extrusion bzw. Intrusion basaltischer Teilschmelzen auch zur tektonisch-magmatischen Neubildung divergenter Plattengrenzen überleitet. Eine tektonisch unterbrochene Entwicklung intrakontinentaler Riftarme, Aulakogene oder Basin-and-Range-Bereiche führt dagegen meist zur Absenkung breitgespannter **intrakontinentaler Becken** (intracontinental basins).

Das beste Beispiel für ein modernes Übergangsstadium zwischen Riftbildung und Subsidenz eines passiven Kontinentalrands stellt das **Rote Meer** (Red Sea) dar. Dort trennt sich die Arabische Platte von der Afrikanischen Platte entlang eines zwar schmalen, aber doch klar als ozeanisch identifizierbaren Krustenstreifens. Seitlich begrenzt wird die Arabische Platte dabei im Nordwesten von der NNE-streichenden sinistralen Akaba-Levante-Blattverschiebung und im Südosten von dem sich progressiv ausweitenden ozeanischen Golf von Aden (Abb. 26.1). Das Rote Meer begann seine Entwicklung zwischen 30 und 20 Ma als relativ schmaler Riftgürtel, der sich zwischen einer Hotspotzone im Bereich von Afar im Südosten bis an den Golf von Suez im Nordwesten erstreckte. Basaltische Gangschwärme mit radiometrischen Altern von 25 bis 18 Ma intrudierten vor allem in die Ostschulter des Rifts und die früh entstandenen Hauptabschiebungen fallen ebenfalls überwiegend nach Nordosten ein. Nur im Golf von Suez variiert die Einfallsrichtung der Hauptabschiebungen im Streichen des Rifts. Die basale Riftfüllung besteht aus klastischen Rotschichten, bimodalen Vulkaniten und gabbroiden Intrusivkomplexen. Aufgrund der Asymmetrie des Rifts nimmt man mit dem Wernicke-Modell an, daß die Verdünnung der Lithosphäre und der asymmetrisch verteilte frühe Basaltvulkanismus durch Abschiebungsbewegungen an einer flach nach Nordosten einfallenden lithosphärischen Abscherzone ausgelöst wurden. Entlang dieser Zone gelangten im weiteren Verlauf der Extension anscheinend sogar ultramafische Mantelbereiche des Liegenden bis nahe an die Erdoberfläche (Abb. 26.2). Ein Teil des tektonisch so denudierten Mantels ist heute in Verlängerung einer jungen transversalen Bruchzone auf der Insel Zabargat im westlichen Roten Meer aufgeschlossen und äußert sich dort auch in Form kräftiger positiver magnetischer und gravimetrischer Anomalien. In seiner Zusammensetzung handelt es sich bei dem Mantelgestein um einen Spinell-Plagioklas-Lherzolithkörper, der als heißer Keil in eine bereits von mafischen Lagern durchzogene und tektonisch ausgedünnte Unterkruste aufstieg und um 23 Ma abkühlte.

Erst zwischen 15 und 7 Ma entwickelten sich sowohl das ozeanische dextrale Transformsystem im Golf von Aden und die kontinentale sinistrale Akaba-Levante Blattverschiebung, an der bis heute ein Versatz von rund 110 km erfolgte. Dieser Betrag ist auch ein Maß für die NNE-SSW-orientierte Extension der Lithosphäre, wobei rund 3 km mächtige marine Tone, Karbonate und Evaporite in einem seichten Meeresarm über den kontinentalen Riftablagerungen abgelagert wurden. Ozeanische Spreizung im Roten Meer setzte erst um 7 bis 5 Ma im Bereich der N-S-orientierten Achse des breitgespannten Afro-Arabischen Doms ein. Dabei wurde die umgebende Landfläche bis um 2000 m angehoben und es erfolgte Extrusion alkalischer Deckenbasalte („Harrats"). Seismisch-tomographisch ist die zentrale Aufstiegszone des ozeanischen Spreizungsbereichs bis in Tiefen von 600 km als thermische Anomalie nachzuweisen, wobei ultramafisches Asthenosphärenmaterial mit Temperaturen um 1300°C bis 1400°C bereits Tiefen von rund 75 km unter der Achsialzone des Doms erreicht zu haben scheint. Im 50 bis 70 km breiten ozeanischen Krustenstreifen beobachtet man einen Wärmefluß von mehr als 200 mW m^{-2} und lokal konzentrierten

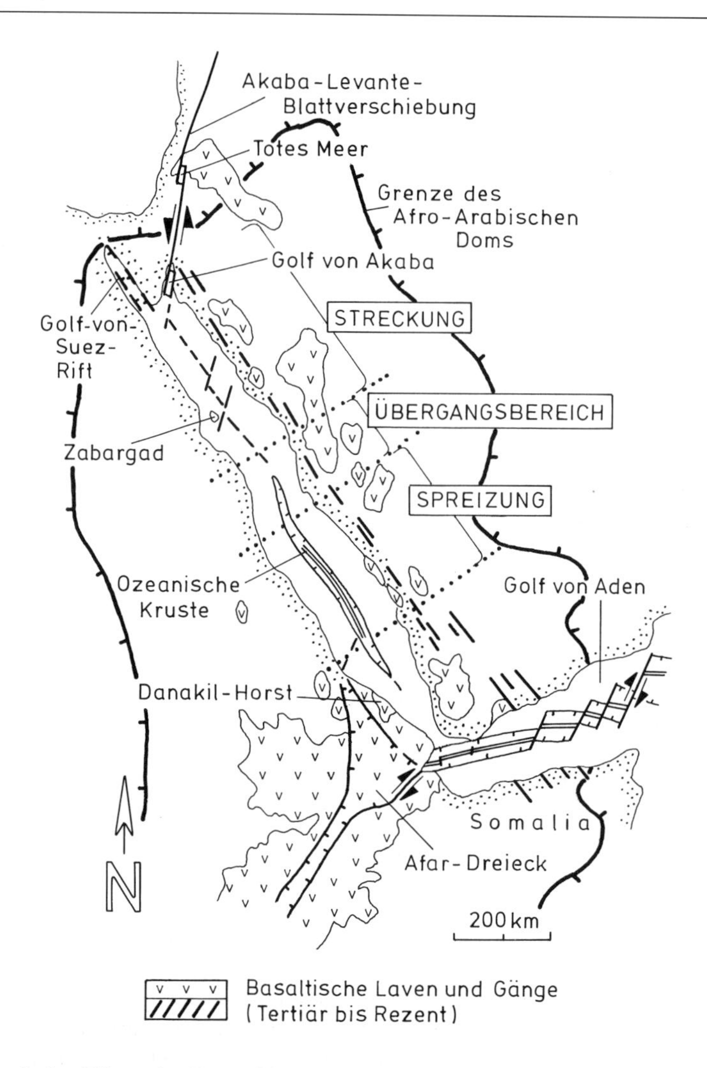

Abb. 26.1 Tektonische Skizze des Roten Meers. Klar erkennbar ist die asymmetrische Verteilung junger Basaltdecken und Gangschwärme in bezug auf das ursprüngliche Rift, aber zentral in bezug auf die Achse des Afro-Arabischen Doms, dessen äußere Grenze durch eine dicke Linie angedeutet ist. Im Streichen ist der allmähliche Übergang zwischen der modernen Zone ozeanischer Krustenbildung, dem Bereich der diffusen Streckung kontinentaler Kruste und dem unterbrochenen Riftarm im Golf von Suez zu erkennen. Im Süden liegt das von einem Hotspot unterlagerte Afar-Dreieck, in dem sich die ozeanische Spreizungsachse des Golfs von Aden in einer Tripeljunction mit den anderen Riftarmen trifft und wo es zur bedeutenden Rotation der Übergangskruste des Danakil-Horsts gekommen ist.

Austritt metallreicher Cu-, Fe-Sole, was auf intensive Konvektionsvorgänge innerhalb der neugebildeten ozeanischen, aber auch in der randlich gestreckten kontinentalen Kruste hindeutet.

Obwohl durch Streckung und komplementäre Ausdünnung die Mächtigkeit der randlichen kontinentalen Krustenstreifen von ursprünglich rund 40 km bis auf heutige Werte von 10 bis 20 km reduziert wurde und dabei auch eine signifikante Absenkung der Streckungsbereiche erfolgte, wird die eigentlich **Subsidenz** (Absenkung, subsidence) der beiden passiven Kontinentalränder noch durch die gewaltige Aufheizung des obersten Mantels im gesamten Afro-Arabischen Dom verzögert. Erst eine allmähliche regionale Abkühlung der Lithosphäre würde auch die aufgrund der Krustenverdünnung zu erwartende isostatisch-tektonische Subsidenz ermöglichen. Thermisch-tektonische Hebung

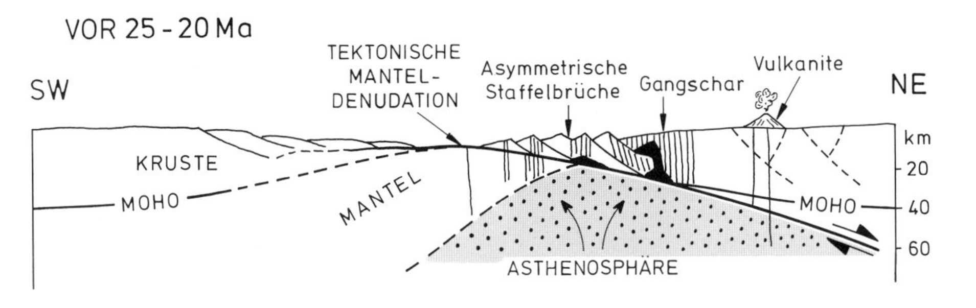

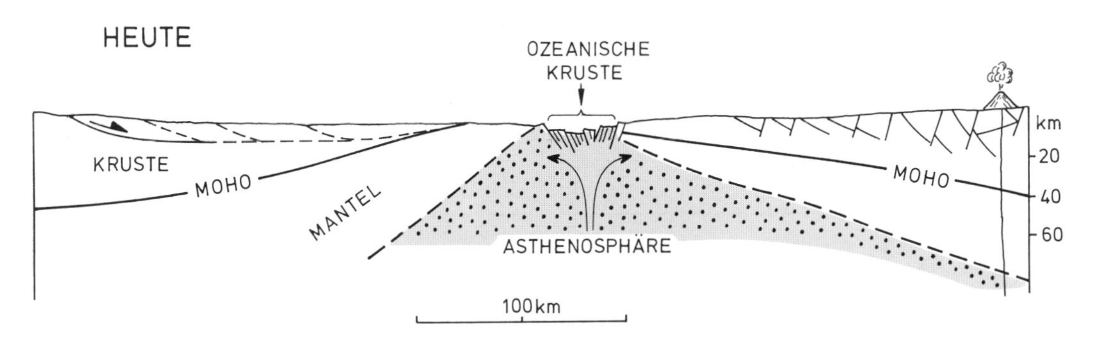

Abb. 26.2 Schematisches Evolutionsmodell für das zentrale Rote Meer (nach WERNICKE, 1985; VOGGENREITER et al., 1988). Nach einer asymmetrischen Durchscherung der kontinentalen Lithosphäre an überwiegend nach Osten einfallenden Abschiebungen kam es im Verlauf der weiteren Hochbewegung des partiell geschmolzenen Mantels zur ozeanischen Spreizung im Zentrum des Afro-Arabischen Doms.

bzw. Subsidenz sind Ausdruck eines isostatischen Gleichgewichts, welche durch Massenverlagerungen im Mantel gesteuert werden.

Isostasie (isostasy) bedeutet, daß unter einem bestimmten Niveau innerhalb der langfristig fließfähigen Asthenosphäre das Gesamtgewicht (= S_v) der darüber liegenden Lithosphäre konstant ist. Man bezeichnet dieses Niveau als **Ausgleichsniveau** oder **isostatische Kompensationstiefe** (depth of isostatic compensation). Einzelne nebeneinander liegende „Lithosphärensäulen" befinden sich also in einem langfristigen Schwimmgleichgewicht, welches man als Airy-Kompensation bezeichnet. Jede Zufuhr von Material in die obere Lithosphäre, wie z.B. durch den Aufbau von Eisschilden an der Erdoberfläche, sollte demnach eine Abfuhr von fließfähigem Mantelsubstrat zur Folge haben. Umgekehrt sollte jede Entfernung von Material in der obersten Lithosphäre, wie z.B. durch Erosion, einen Zustrom von Mantelmaterial im Ausgleichsniveau bewirken. Da Extension der Kruste Ausdünnung, also Entfernung von Krustenmaterial aus einer bestimmten Lithosphärensäule bedeutet, muß ein entsprechender Zustrom von Mantelmaterial erfolgen, damit in der Kompensationstiefe das Gesamtgewicht erhalten bleibt (Abb. 26.3a). Da Mantelmaterial aber eine größere Dichte besitzt als ausgedünntes Krustenmaterial, bewirkt der Mantelzustrom zwar eine Anhebung der Moho, kann aber die Absenkung der Erdoberfläche nur teilweise kompensieren. Somit entsteht eine Hohlform an der Erdoberfläche, die von Wasser bzw. Sediment gefüllt werden kann. Andererseits verursacht auch jede Verringerung der Dichte im obersten Mantel, wie z.B. eine regionale Aufheizung über Manteldiapiren, eine Anhebung der Moho. Setzt man für die Tiefe des Ausgleichsniveaus und für die Dichte von Mantel, Kruste und Wasser realistische Werte ein (Abb. 26.3b), so läßt sich für eine bestimmte Krustenausdünnung (K_1-K_2) die Tiefe (x_2) eines mit Wasser gefüllten Beckens ohne regionale Aufheizung des Mantels und die Tiefe (x_3) bei Krustenausdünnung mit regionaler Aufheizung des Mantels berechnen. Das Gesamtgewicht der Einheitssäulen 1, 2 und 3 für die angenommene Kompensationstiefe ist das gleiche. Setzt man in Abb. 26.3b das Gesamtgewicht der Säule 1 mit dem Gewicht der Säule 2 gleich und dividiert vorher durch die

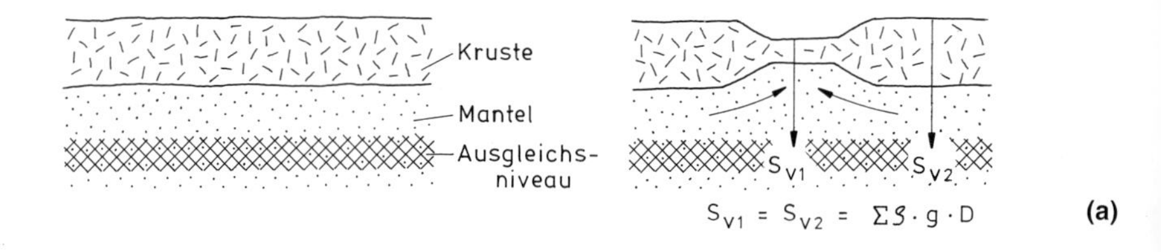

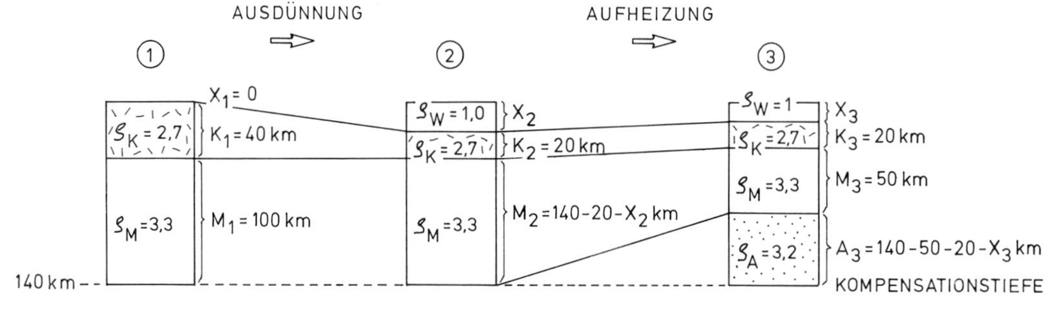

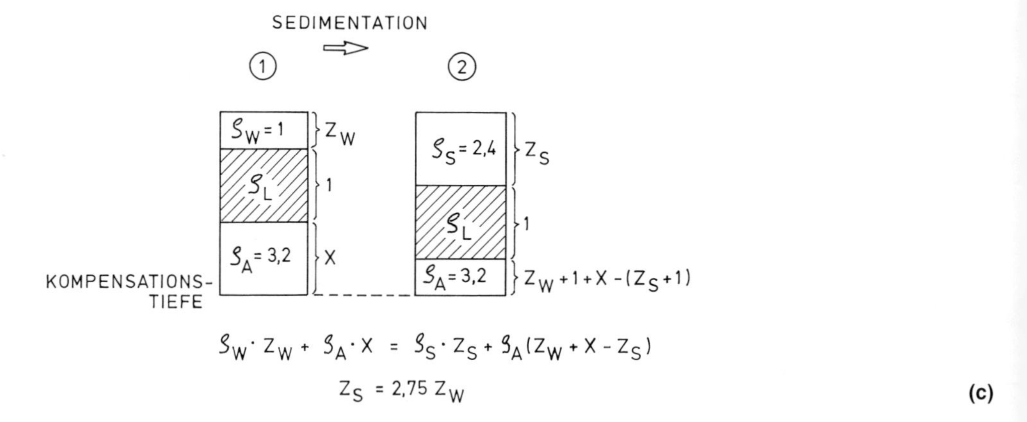

Abb. 26.3 (a) Schema für die isostatischen Ausgleichsbewegungen bei Ausdünnung der Kruste bzw. Lithosphäre durch seitlichen Zustrom von Mantelmaterial. Quantitativer Ansatz zur Berechnung von Wassertiefe (b) und Sedimentbedeckung (c) an tektonisch gestreckten Kontinentalrändern. ρ = Dichte in 10^3kg m^3, Tiefen- bzw. Mächtigkeitswerte von K (Kruste), M (Mantel), W (Wasser) und A (Asthenosphäre) in 10^3m, g bereits aus allen Gleichungen gekürzt.

Schwerebeschleunigung g, so berechnet sich eine Wassertiefe von $x_2 = 5{,}2$ km. Setzt man das Gewicht der Säule 1 mit dem Gewicht der Säule 3 gleich, berechnet sich eine wesentlich geringere Wassertiefe von $x_3 = 2{,}3$ km.

An den meisten passiven Kontinentalrändern und in intrakontinentalen Becken wird die Wassersäule ständig durch Anlagerung von Sedimentmaterial ersetzt. Da Sedimente schwerer sind als Wasser, wirken sie als zusätzliche Auflast, weshalb die Lithosphäre weiter absinkt und Mantelmaterial im Ausgleichsniveau abströmt. Der zusätzliche Betrag der Subsidenz, welcher sich aus der Sedimentation ergibt, läßt sich wieder durch ein Gleichsetzen des

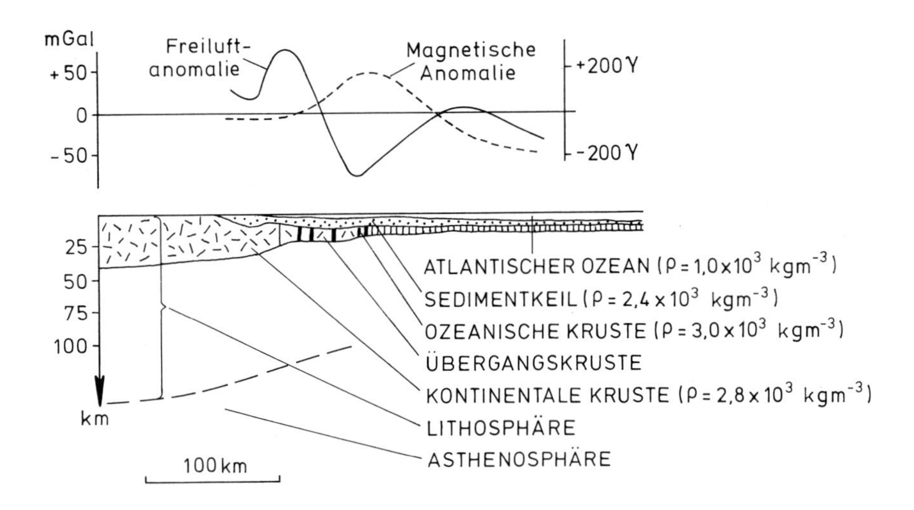

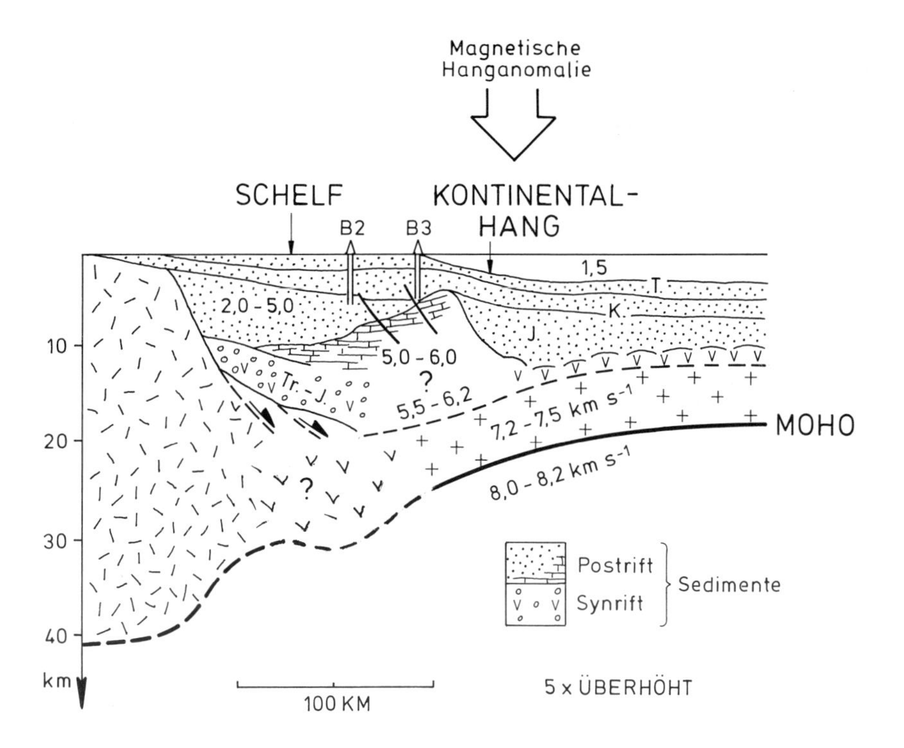

Abb. 26.4 Nicht überhöhtes Profil quer zum Übergangsbereich zwischen kontinentaler und ozeanischer Lithosphäre am Ostrand von Nordamerika und die damit assoziierten gravimetrischen und magnetischen Anomalien (oben). Überhöhtes Profil durch den mit mächtigen Sedimentabfolgen bedeckten passiven Kontinentalrand von Nordamerika im Bereich von Baltimore, Tr-J. = Trias-Jura, K = Kreide, T = Tertiär (unten). B2 und B3 markieren die Lage von Tiefbohrungen. Angegeben sind V_P-Geschwindigkeiten in km s^{-1}. Deutlich erkennbar ist das Zusammenfallen einer relativ scharfen Faziesgrenze in den Sedimentgesteinen mit der positiven magnetischen Hanganomalie, die im allgemeinen als Randeffekt der mafischen ozeanischen Kruste interpretiert wird (nach Sheridan & Grow, 1988).

Gewichts (dividiert durch die Schwerebeschleunigung g) zweier Einheitssäulen der Lithosphäre verstehen (Abb. 26.3c). Realistische Annahmen über die Dichten von Wasser, Sediment und Asthenosphäre zeigen, daß nach Ablagerung von Sedimenten in einem Becken mit der Wassertiefe von einem Kilometer der Beckenuntergrund in eine Tiefe von 2,75 km, also um weitere 1,75 km absinken würde.

Streckung (stretching) und komplementäre **Ausdünnung** (thinning) der Kruste in Riftgürteln sollte deshalb eigentlich ihr sofortiges Absinken bewirken. Trotz **initialer Subsidenz** in lokalen Grabenstrukturen kann aber eine großregionale Hochlage der Asthenosphäre und breitgespannte magmatische Intrusionstätigkeit im Grenzbereich Kruste-Mantel sogar zur aktiven Hebung des Riftgürtels führen und die zu erwartende regionale Subsidenz somit überkompensieren. Erst mit einer allmählichen Abkühlung und Verdichtung der obersten Mantellithosphäre kann Ausdünnung, Intrusionstätigkeit und Sedimentlast in isostatischer Subsidenz des lithosphärischen Beckensubstrats wirksam werden. Deshalb ist auch zu erwarten, daß thermische Mantelanomalien mit großer Horizontalausbreitung bei ihrem Abklingen eine entsprechend breitgespannte **tektonisch-thermische Subsidenz** (tectonic-thermal subsidence) zur Folge haben und letztere bis weit über den ursprünglichen Riftgürtel hinaus zur Beckenentwicklung führt.

Gut dokumentierte passive Kontinentalränder findet man zu beiden Seiten des Atlantischen Ozeans (Abb. 26.4), wo ozeanische Spreizung zuerst einen zentralen Bereich zwischen Nordamerika und Afrika erfaßte, dann weiter im Osten zur Öffnung des Tethys-Meeres führte und erst später zur Entwicklung des Süd- und Nordatlantiks überleitete. Auch im indo-australischen bzw. ostafrikanischen Plattenbereich existieren breite passive Kontinentalränder. In den meisten Profilen quer zu diesen passiven Kontinentalrändern zeigt sich, daß eine normale kontinentale Kruste mit einer Mächtigkeit von rund 40 km durch Extension und Intrusion in eine **Übergangskruste** (transitional crust) mit einer Mächtigkeit von 10 bis 20 km umgewandelt wurde. Dabei kam es an einzelnen Riftsegmenten auch zur voluminösen Extrusion basaltischer Magmen. Die keilförmigen und asymmetrisch rotierten Blöcke dieser Übergangskruste besitzen eine Gesamtbreite von 200 bis 700 km, sind aber wegen der meist mächtigen Sedimentablagerungen bzw. der hohen Reflektivität zwischengelagerter Salzschichten noch kaum erforscht. Wo aus lokal bedingten Ursachen, wie z.B. als Folge topographisch niedriger sedimentärer Einzugsgebiete oder einer besonderen Küstenmorphologie, kaum Sedimente abgelagert wurden und die Schichtfolgen deshalb verhältnismäßig geringmächtig sind, läßt sich der Stil der Krustenextension und magmatischen Intrusionen mit Hilfe reflexionsseismischer Profile auch direkt dokumentieren. Dies ist z.B. im Golf von Biscaya vor der französischen Küste der Fall, wo der Übergangsbereich zwischen ozeanischer und kontinentaler Kruste aus extrem stark rotierten Blöcken kontinentaler Kruste besteht (Abb. 26.5). Die Krustenstreifen werden von diskreten Abschiebungsflächen begrenzt, wobei strukturierte Sedimentgesteine und kristalline Oberkruste (V_P um 3,5 bis 6 km s^{-1}) eine anscheinend raumgreifend ausgedünnte Unterkruste überlagern. In den unteren 5 bis 10 km der Kruste deuten Geschwindigkeiten von $V_P = 7{,}2$ bis 7,4 km s^{-1} vielfach darauf hin, daß die Internstruktur aber vor der Subsidenz des Kontinentalrands vielfach durch Aufstieg bzw. Intrusion mafischer bis ultramafischer Gang- und Lagersysteme modifiziert wurde, wie z.B. im Nordatlantik. Direkte Beprobung im äußersten Bereich des franko-iberischen Kontinentalrands zeigt auch, daß gestreckte kontinentale Kruste teilweise von serpentinisiertem Mantel unterlagert sein kann, weshalb die V_P-Geschwindigkeiten im obersten Mantel denen der normalen Unterkruste sehr ähnlich sein können.

Der Übergang zwischen gestreckter kontinentaler und neugebildeter ozeanischer Kruste ist außerdem meist durch lineare positiv-negative Paare von gravimetrischen Anomalien und durch positive magnetische **Hanganomalien** (slope anomalies) gekennzeichnet. Aufgrund der Sedimentmächtigkeiten läßt sich aber nur selten eindeutig nachweisen, inwieweit es sich bei den Anomalien um reliktische Gradienten innerhalb der kontinentalen Kruste oder um Randeffekte der neugebildeten ozeanischen Lithosphäre handelt (Abb. 26.4). Besonders scharf und abrupt ist der Übergang Ozean-Kontinent dort, wo er sich entlang von divergenten Transferstörungen innerhalb stark segmentierter Riftgürtel entwickelt. Beispiele für solche **Transform-Ränder** (transform margins) oder **gescherte passive Kontinentalränder** (sheared passive margins) finden sich südlich von Newfoundland im Nordatlantik und zwischen Südafrika und dem Falkland-Plateau im Südatlantik. Im Golf von Kalifornien entsteht seit etwa 5 Ma ein moderner Transform-Rand, der bereits an einige submarine Pull-apart-Strukturen mit basaltisch intrudierter Übergangskruste grenzt (siehe Kapitel 11). Im Gegensatz dazu führt abnormal starke magmatische Tätigkeit im Bereich bedeutender Hotspots dazu, daß dort die

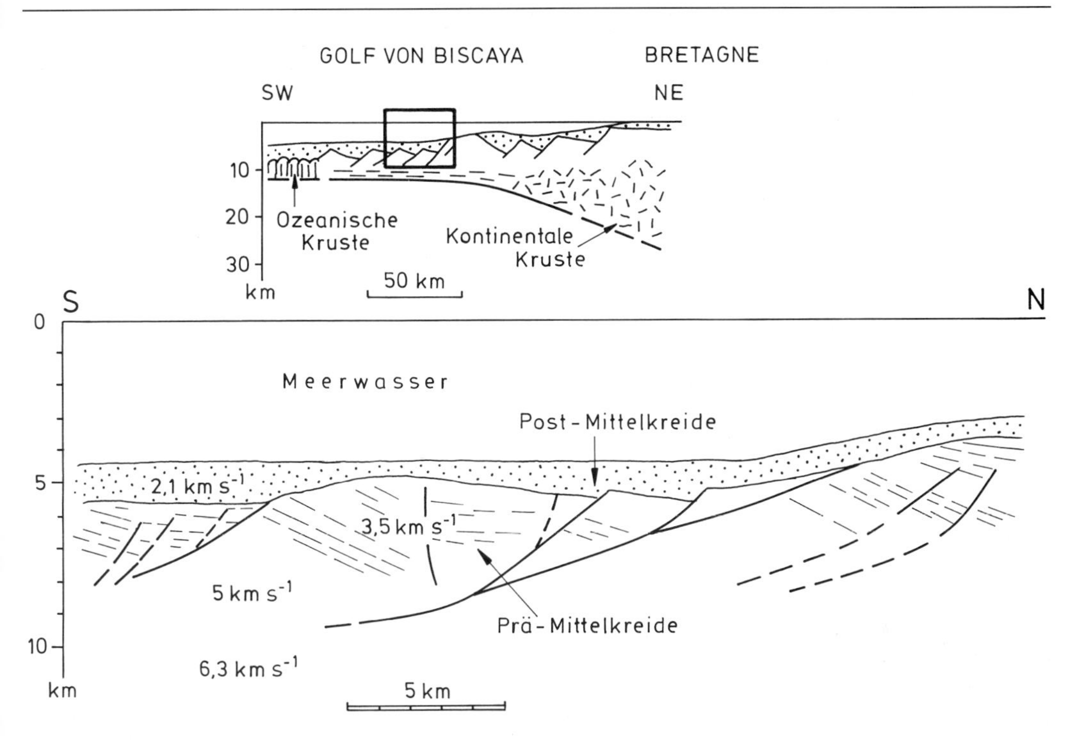

Abb. 26.5 Verallgemeinertes Krustenprofil quer zum nördlichen Kontinentalrand im Golf von Biskaya (oben in doppelter Überhöhung, unten nicht überhöht). Der vergrößerte Ausschnitt zeigt den aus refraktions- bzw. reflexionsseismischen Interpretationen gewonnenen Querschnitt durch eine Abfolge verhältnismäßig dünner post-Rift Sedimente, die nach der mittleren Kreide über antithetisch rotierten Krustenstreifen abgelagert wurden (nach MONTADERT et al., 1979). Schnelle Zunahme der V_P-Wellengeschwindigkeiten zur Tiefe (in km s^{-1}) deutet auf mafische Intrusionskörper innerhalb der Kruste. Die äußersten Teile des gestreckten Kontinentalrands werden wahrscheinlich von stark serpentinisiertem Mantelmaterial unterlagert.

Übergangszonen zwischen Kontinent und Ozean breit und meist nur schwer zu definieren sind (siehe Kapitel 27).

Im land- und seewärts ausdünnenden Sedimentkeil der passiven Kontinentalränder ist der **Schelf-Hang-Knick** (shelf-slope break) meist eine wichtige lithologische Faziesgrenze, die mit der Zone maximaler Sedimentmächtigkeiten und ungefähr auch mit der Übergangszone zwischen kontinentalem und ozeanischem Krustensubstrat zusammenfällt. Häufig ist dabei der stratigraphische Kontakt zwischen den in Gräben abgelagerten syn-Rift- und den überlappenden post-Rift-Sedimenten durch eine weit verfolgbare **Breakup-Diskordanz** (breakup-unconformity) charakterisiert (Abb. 26.6 und 26.7). Da während der Subsidenz von passiven Kontinentalrändern im allgemeinen eine Progradation des Schelf-Hang-Knicks in Richtung ozeanische Kruste erfolgt, entwickeln sich je nach klimatischer Position der kontinentalen Randbereiche progradierende **Karbonat-Ränder** (carbonate margins) oder **klastische Ränder** (clastic margins) mit einer jeweils typischen räumlichen Verteilung sedimentärer **Faziesgürtel** (facies belts) (Abb. 26.8). Bei Anwesenheit ausgedehnter Evaporite beobachtet man häufig, daß in ihnen synsedimentäre Abschiebungen aus den darüber liegenden Sedimentpaketen einmünden, was eine komplette Abkoppelung dieser Strukturen von den Riftstrukturen des tieferen Untergrunds bewirkt. Aufgrund der longitudinalen Segmentierung passiver Kontinentalränder an tiefreichenden Querstrukturen beobachtet man außerdem, daß sich im Streichen der Ränder **Becken** (basins) mit größeren Sedimentmächtigkeiten und **Plattformen** (platforms) mit geringeren Sedimentmächtigkeiten ablösen. Demnach variiert auch die durchschnittliche Subsidenzrate für die verschiedenen Segmente eines passiven Kontinentalrands.

Als **Subsidenzrate** (= Absenkungsrate, subsidence rate) bezeichnet man die Geschwindigkeit der nach unten gerichteten Vertikalbewegung eines

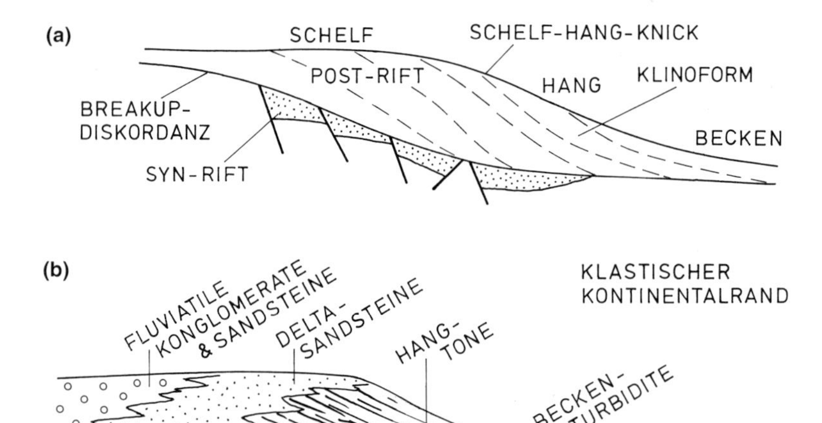

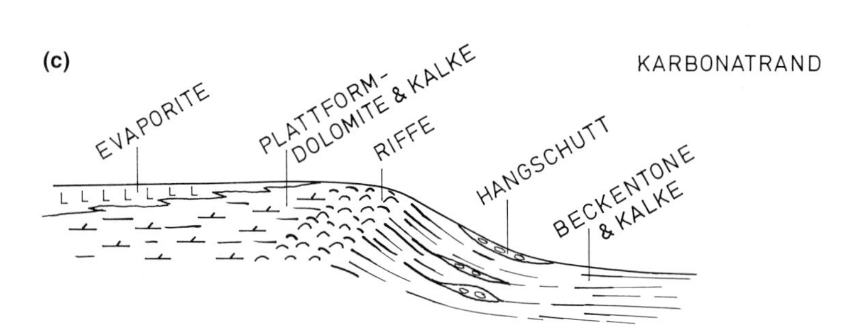

Abb. 26.6 (a) Stark überhöhter schematischer Querschnitt der topographischen Elemente eines progradierenden Sedimentkeils an einem passiven Kontinentalrand und die typischen Faziesgürtel bei überwiegend klastischer (b) und überwiegend karbonatischer (c) Sedimentation.

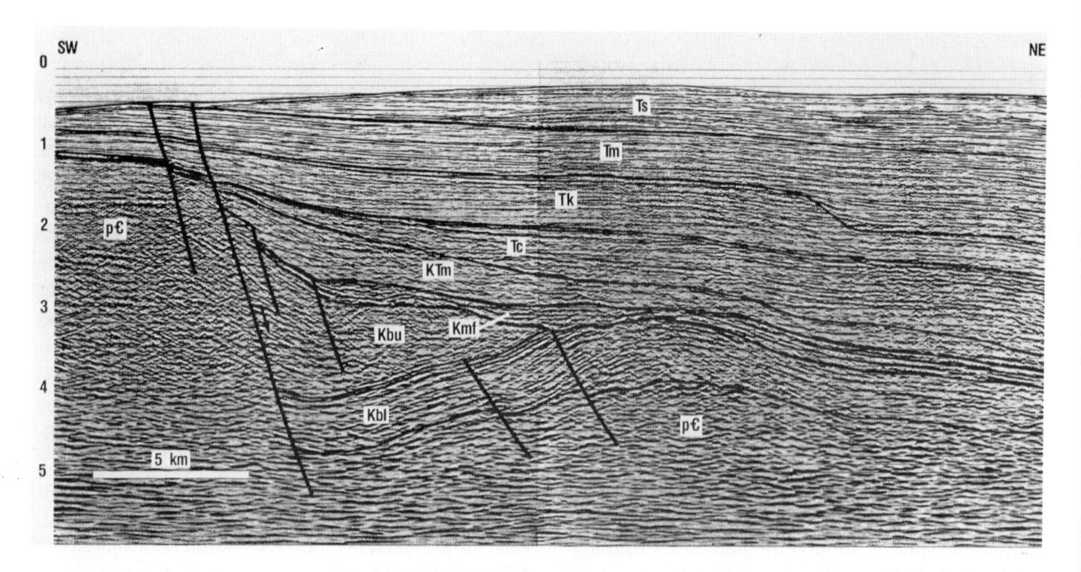

Abb. 26.7 Reflexionsseismisches Profil quer zum westlichen Kontinentalrand der Labrador Sea, Kanada (siehe Abb. 26.9) aus BALKWILL (1987). Vertikaler Maßstab ausgedrückt in Sekunden Reflexionszeit. pЄ = präkambrischer kristalliner Sockel, Kbl, Kbu = kretazische syn-Rift-Sedimente; über der Breakup-Diskordanz liegen oberkretazische und tertiäre post-Rift-Sedimente.

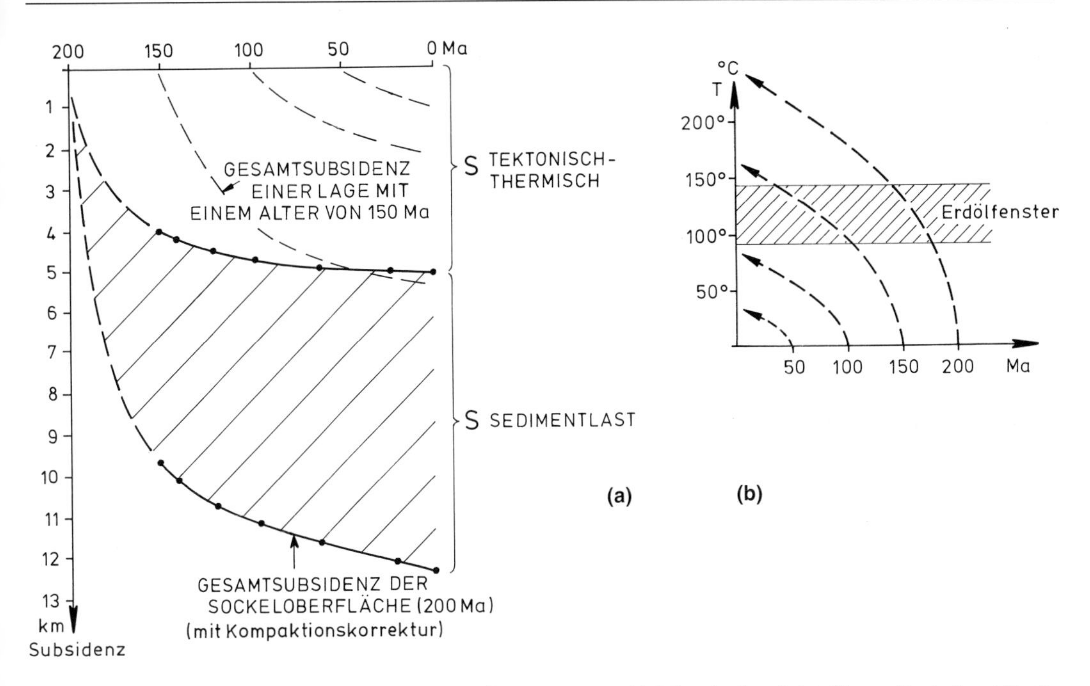

Abb. 26.8 (a) Subsidenzkurven für die Fläche (ausgezogene Linie) zwischen kristallinem Sockel und Sedimentbedeckung und für andere jüngere Lagen am passiven Scotia-Schelf entlang der Ostküste von Kanada bzw. berechnete tektonisch-thermische Subsidenz der Sockeloberfläche, abgeleitet aus Bohrungen und seismischen Untersuchungen. (b) Entsprechende Erwärmung der Sedimentlagen bei ihrer Subsidenz entlang einer Geotherme. Sedimente mit einem Alter von 200 Ma durchschritten dabei das „Erdölfenster" zwischen 170 und 150 Ma, während Sedimente mit einem Alter von 100 Ma das Erdölfenster nicht erreichten.

Punktes innerhalb eines Sedimentpakets. Um die Subsidenzrate zu bestimmen, ermittelt man aus Bohrprofilen bzw. durch seismische Erkundungen die Tiefenlage und Mächtigkeit chronostratigraphisch datierbarer Schichtintervalle. Die Schichtmächtigkeit, die pro Zeiteinheit an einem Punkt abgelagert wurde, ergibt die Subsidenzrate der Basis jener Schichteinheit für das Zeitintervall, in dem Ablagerung erfolgte. Auf diese Weise läßt sich z.B. die Bewegung eines Punktes an der Basis einer Sedimentabfolge bis in seine heutige Position als **Absenkungs-** oder **Subsidenzkurve** (subsidence curve, geohistory plot) des Beckenuntergrunds verfolgen (Abb. 26.8a und 26.9). Aber auch für alle anderen Punkte bzw. Lagen innerhalb einer sedimentären Abfolge lassen sich so Subsidenzkurven erstellen. Korrekturen der Subsidenzkurve für die zeitlich verzögerte Kompaktion der Sedimente und für variable Wassertiefen während der Ablagerung der Sedimente verändern die Absenkungskurve im allgemeinen nur unwesentlich. Durch **thermisches Modellieren** (thermal modelling) mit angenommenen bzw. rück-extrapolierten paläogeothermischen Gradienten läßt sich aus der Subsidenzgeschichte eines Punktes auch seine progressive Erwärmung abschätzen, was besonders wichtig ist für die Frage, ob und wann in einem potentiellen Erdöl-Muttergestein als Teil einer Sedimentabfolge das vor der Reifung feste Kerogen zu Erdöl oder Erdgas maturiert (Abb. 26.8b).

Zieht man den Betrag der Subsidenz, der aufgrund der Isostasie durch Auflast der Sedimente hervorgerufen wird und rund 60 bis 65% der Gesamtsubsidenz beträgt, von der Gesamtsubsidenz-Kurve ab, so verbleibt eine Kurve, welche die tektonisch-thermische Subsidenz bei Wasserbedeckung beschreibt. Es zeigt sich, daß im allgemeinen die tektonische Subsidenz im Frühstadium passiver Kontinentalränder mit hohen Raten erfolgt, in späteren Stadien mit relativ geringen Raten. Für die Basis der einfachsten passiven Kontinentalränder, an denen der Subsidenzablauf durch keine größeren tektonischen Ereignisse unterbrochen wurde, wie z.B. am Scotia-Schelf des Atlantischen Ozeans oder in der Labrador Sea (Abb. 26.9 und 26.10), kann man zeigen, daß die tektonisch-thermische Subsi-

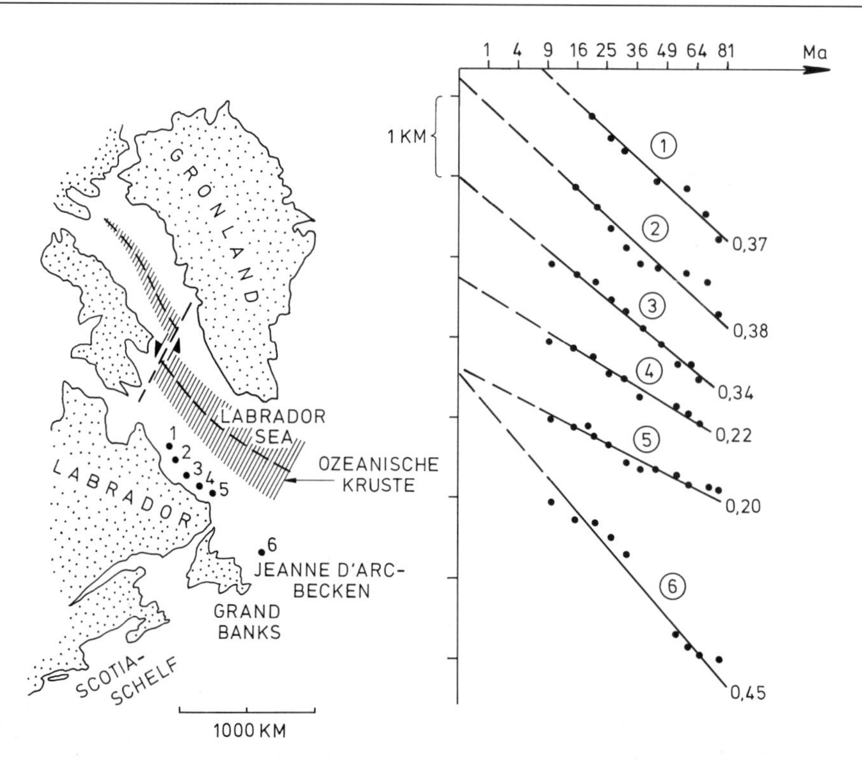

Abb. 26.9 Geologische Situation (links) und thermisch-tektonische Subsidenz (rechts) des kristallinen Sockels an der Basis des passiven Kontinentalrands der Labrador Sea, welche sich scherenförmig zwischen Grönland und Nordamerika öffnete und in der sich zwischen rund 80 und 40 Ma auch ein Streifen ozeanischer Kruste bildete, bevor ozeanische Spreizung in den Atlantik übersprang und Spreizung in der Labrador Sea erlosch. Die Werte neben den Subsidenzkurven geben den Wert von k für die Subsidenz-Altersbeziehung in den einzelnen Bohrungen an (nach KEEN, 1979).

denz S_T (= Tiefenlage in km) des kristallinen Sockels unter dem passiven Kontinentalrand zumindest für die ersten 60 Ma angenähert einer relativ einfachen Beziehung folgt, und zwar

$$S_T = k \cdot t^{1/2}$$

Dabei ist t die Zeit in Ma seit Beginn der Subsidenz und k ein Parameter, der für das Beispiel in Abb. 26.10 zwischen den Werten von 0,2 bis 0,45 km schwankt. Die Wurzelabhängigkeit der Subsidenz von der Zeit deutet darauf hin, daß die Subsidenz passiver Kontinentalränder vor allem durch eine diffuse Wärmeabgabe der Lithosphäre an die Erdoberfläche gesteuert wird. Durchschnittliche Sedimentations- und Gesamtsubsidenzraten im syn-Rift-Stadium liegen dabei in der Größenordnung von 0,1 mm a^{-1}, fallen aber im späteren post-Rift-Stadium auf Werte unter 0,05 mm a^{-1} ab. Den Sedimentationsraten entsprechend sind die basalen Sedimentabfolgen in der Regel grobkörnige fluviatile klastisch-vulkanische Serien, höhere Abfolgen meist evaporitisch, feinkörnig klastisch oder karbonatisch ausgebildet.

Ein Subsidenzverhalten, das den passiven Kontinentalrändern sehr ähnlich ist, beobachtet man in **intrakontinentalen** oder **epikontinentalen Becken** (intracontinental, epicontinental basins), die meist nur einen Teil breitgespannter kontinentaler **Plattformen** (platforms) darstellen. So zeigen z.B. große Teile des Nordseebeckens am Ostrand des Nordatlantiks im Tertiär eine überwiegend breite thermisch-tektonische Subsidenz, obwohl auch hier bedeutende tiefer gelegene mesozoische Riftstrukturen und lokale Inversionsstrukturen sowohl die Verteilung der Sedimentmächtigkeiten als auch die detaillierte Geometrie von Erdölfallen beeinflussen (Abb. 26.11). In diesem Zusammenhang kann man sich fragen, wie mächtig sedimentäre Ablagerungen in intrakontinentalen und epikontinentalen Becken bzw. an passiven Kontinentalrändern überhaupt werden können. Je nach Litho-

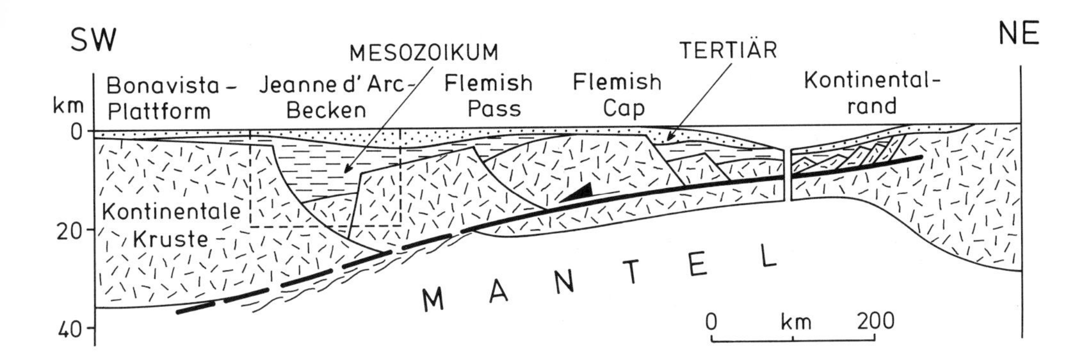

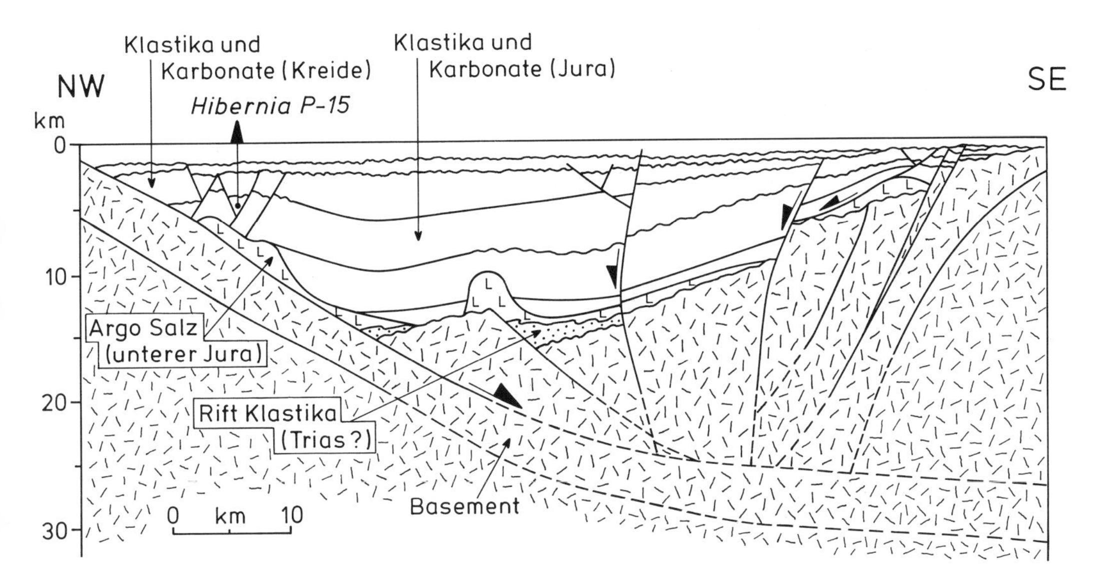

Abb. 26.10 Schematisches Profil quer zum Jeanne d'Arc-Becken am nordöstlichen passiven Kontinentalrand von Nordamerika als Beispiel eines ungleichförmig und wahrscheinlich asymmetrisch gestreckten Krustenbereichs, der von mächtigen, teilweise evaporitischen und erdölführenden Sedimentschichten überlagert wird (nach TANKARD & WELSINK, 1987).

sphärensubstrat sind maximale Mächtigkeiten von rund 15 bis 20 km durch seismische Tiefenerkundungen aus dem Übergangsbereich von kontinentaler in ozeanische Kruste belegt, wie z.B. in den ältesten Teilen des Atlantischen Ozeans im Golf von Mexico und vor der Ostküste Nordamerikas. In einzelnen paläozoischen intrakontinentalen Becken, wie in den Aulakogenen am Rande der Russischen Plattform (z.B. Dnjepr-Donez-Becken) oder innerhalb der nordamerikanischen Plattform (z.B. Anadarko-Becken in Oklahoma) bzw. in tief subsidierten kontinental-ozeanischen Randbecken (z.B. Kaspisches Meer) scheinen aber auch maximale Sedimentmächtigkeiten um 20 km aufzutreten. Diese abnormalen Sedimentmächtigkeiten entwickeln sich wahrscheinlich nur bei entsprechend abnormal hohen Dichten der darunter liegenden Lithosphärengesteine und bei starker tektonisch gesteuerter Zufuhr von klastischem Sedimentmaterial.

Mit zunehmender Abkühlung, Verdickung und Versteifung der Mantellithosphäre im späteren Reifestadium der meisten passiven Kontinentalränder und intrakontinentalen Becken nimmt nicht nur die Subsidenzrate ab, sondern es kann erneut zum Aufbau tektonischer Horizontalspannungen kommen, was zur **Biegung** (flexure), **Inversion** (inversion)

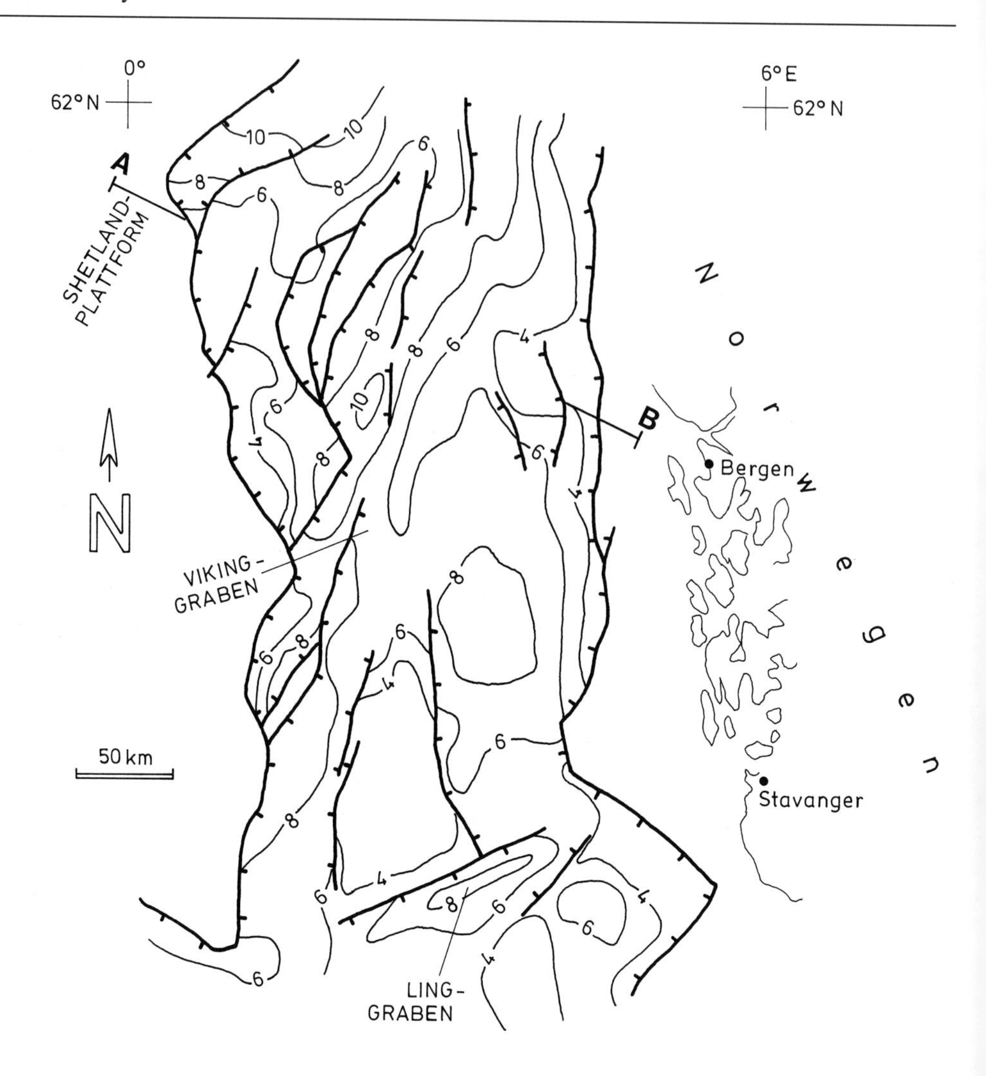

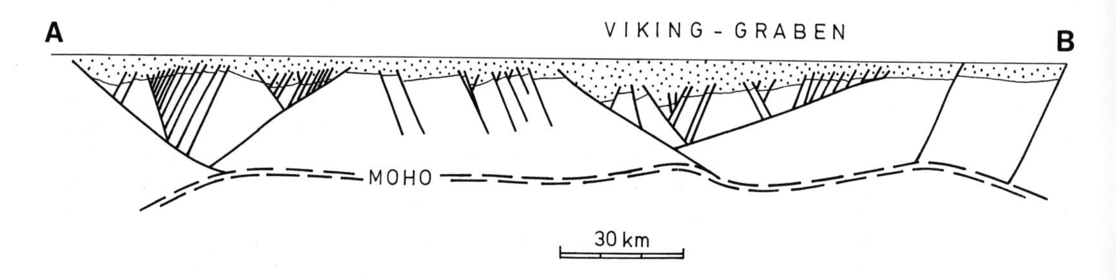

Abb. 26.11 Isopachenkarte (in km) der syn- und post-Rift-Sedimente im erdölreichen mesozoischen Viking-Graben westlich von Norwegen. Angedeutet im Profil ist das Ausklingen der synsedimentären Abschiebungssysteme in den obersten tertiären post-Rift-Ablagerungen dieses epikontinentalen Beckens, in dem klastische Faziesgürtel überwiegen (nach Hospers & Ediriweera, 1991; Iliffe et al., 1991).

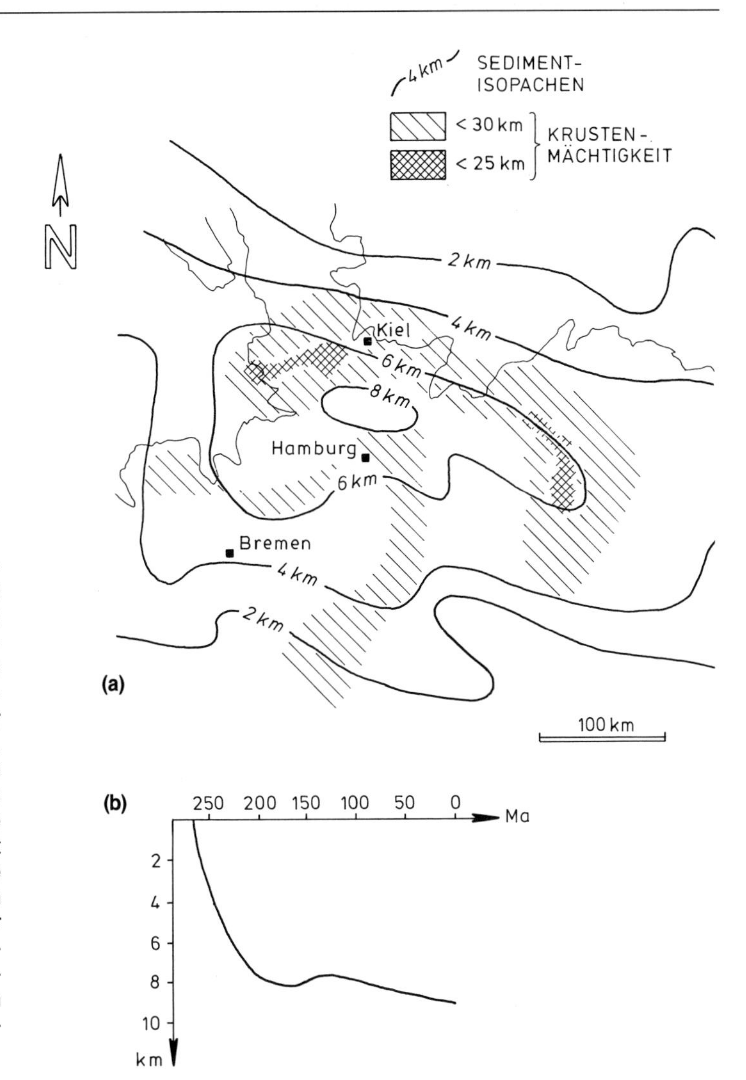

Abb. 26.12 (a) Isopachenkarte für das intrakontinentale Norddeutsche Becken, in dem es über einer stark ausgedünnten Basin-and-Range-Kruste permischen Alters und einzelnen jüngeren Riftsegmenten zur regionalen Subsidenz kam. Typisch ist die breitgespannte Überlappung des Beckenrandes durch seitlich auskeilende Beckenabfolgen (nach DOHR et al., 1989); (b) Subsidenzkurve für die Basis des zentralen Norddeutschen Beckens; in der Kurve zeichnen sich die allmähliche Versteifung der Lithosphäre und ein Inversionsereignis im späteren Stadium der Subsidenz ab.

und **Einengung** (shortening) des Sockels und seiner Sedimentbedeckung führen kann. In den jüngeren Abfolgen passiver Kontinentalränder und intrakontinentaler Becken beobachtet man deshalb häufig Erosionsdiskordanzen, die auf Hebung einzelner Teile der Becken hindeuten (Abb. 26.12). Aufgrund der allgemein geringen durchschnittlichen Sedimentationsraten im Reifestadium vieler Becken kann es in den Flachwasserbereichen allerdings auch durch glazial induzierte **Meeresspiegelschwankungen** (eustatic sea level changes) zur Entwicklung weitreichender Diskordanzen kommen. Globale Meeresspiegelschwankungen resultieren aber nicht nur aus dem Aufbau und Abbau glazialer Eismassen (**glazial-eustatisch**, glacioeustatic), sondern möglicherweise auch durch abnormal hohe Raten ozeanischer Spreizung und einer begleitenden Hebung der mittelozeanischen Rücken. Die Unterscheidung zwischen Diskordanzen, die auf globale Absenkung des relativen Meeresspiegels zurückgehen, und denen, die durch regional-tektonisch induzierte Hebungen hervorgerufen wurden, ist für die Korrelation reflexionsseismisch definierter Schichtgrenzen bei der Kohlenwasserstoffexploration von großer Bedeutung.

Viele passive Kontinentalränder der geologischen Vergangenheit wurden im Verlauf späterer konvergenter Plattenbewegungen durch Überschie-

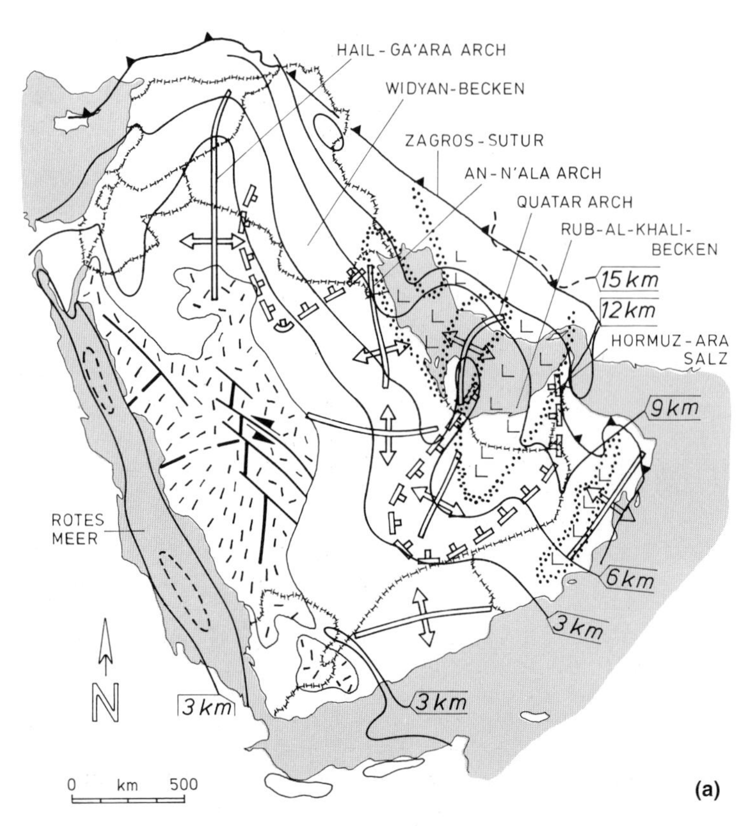

Abb. 26.13 (a) Isopachen (in km), welche die Gesamtmächtigkeit der Sedimentbedeckung der Arabischen Plattform zeigen, mit Verteilung der basalen Hormuz-Ara-Evaporite. Angedeutet sind größere Beckeneinheiten und breite tektonische Aufwölbungen zwischen dem Roten Meer und dem gefalteten Vorland des Zagros-Gebirges. (b) Schema der Verteilung klastischer und karbonatischer Speichergesteine bzw. pelitischer Erdöl-Muttergesteine in einem stratigraphischen WSW-ENE-Schnitt entlang des Persischen Golfs. Deutlich zu erkennen ist die ungewöhnlich reiche Erdölzone im Grenzbereich Irak-Kuwait-Saudi-Arabien (nach Beydoun, 1990).

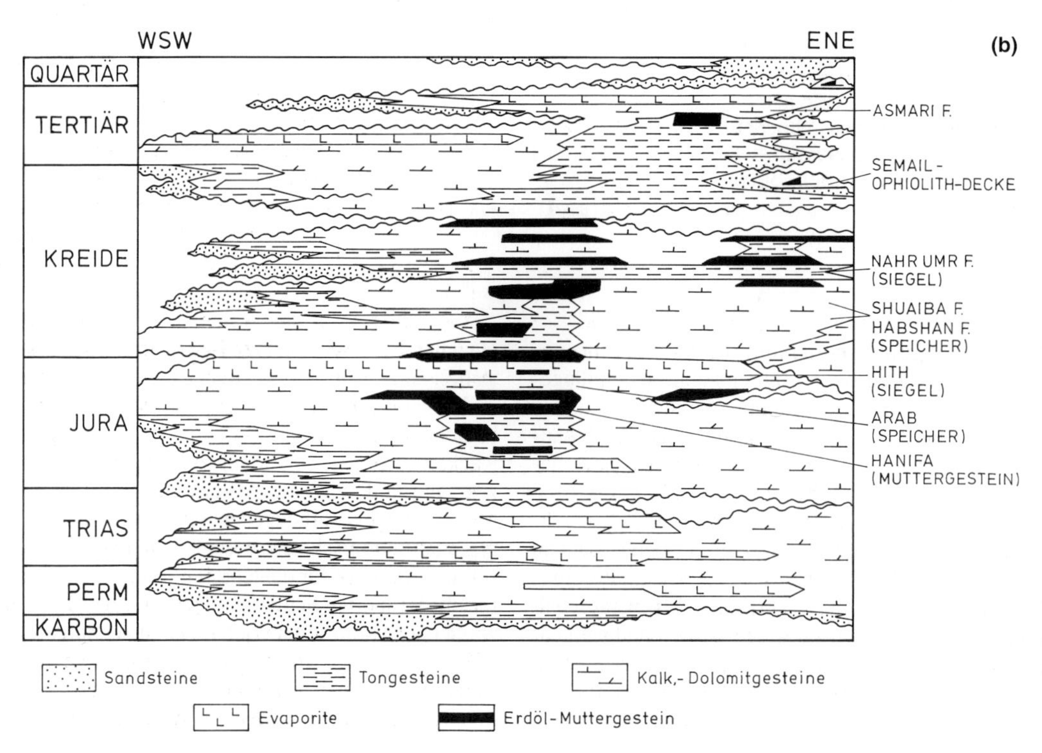

bung von ozeanischen Krustenfragmenten bzw. durch Einengung innerhalb breiter Kollisionszonen stark deformiert und metamorphosiert, so daß heute nur mehr Teile der ursprünglichen Randabfolgen in relativ ungestörten Abfolgen erhalten sind. Die ältesten Ablagerungen, die sich klar als passive Kontinentalrandbildungen identifizieren lassen, stammen aus dem frühesten Proterozoikum und keilen meist in Richtung auf noch ältere archaische Kratone aus. Gewaltige passive Kontinentalränder und intrakontinentale Becken entwickelten sich auch im Neoproterozoikum und im frühen Paläozoikum in Nordamerika, in Australien, in Osteuropa und Sibirien. Große mesozoische Plattformen und Becken entstanden zu beiden Seiten des Tethys-Meeres und in Westsibirien. Becken und Plattformen des Tethys-Schelfs werden allerdings seit der mittleren Kreidezeit in gewaltigen Konvergenzzonen zu den Gebirgsketten des Mediterran-Himalaya-Systems aufgefaltet und überschoben. Andere mesozoische Abfolgen finden sich nach wie vor in relativ ungestörten Becken, wie z.B. in der Arabischen Plattform oder im Westsibirischen Becken, die wegen ihrer immensen wirtschaftlichen Bedeutung hier als Beispiele diskutiert werden sollen.

Die **Arabische Plattform** (Arabian Platform) enthält wahrscheinlich mehr als 60% der Weltreserven an Erdöl und mindestens 30% der Reserven an Erdgas. Die außergewöhnliche Konzentration dieser weltweit wichtigsten Energierohstoffe in den Plattformsedimenten des Persischen Golfs resultierte aus dem Zusammenspiel von tektonischer Subsidenz, relativen Meeresspiegelschwankungen, klimatischen Faktoren, thermischer Reifung der Hydrokarbone und aus einer nur geringfügigen Deformation der Plattform, die heute im Vorland der jungen Zagros-Kollisionszone liegt (Abb. 26.13a). Zur Ablagerung der bis 13 km mächtigen sedimentären Abfolge kam es zuerst im Paläozoikum über thermisch konsolidierten Kristallingesteinen des spätproterozoischen Panafrikanischen Sockels, in dem allerdings Bruchstrukturen die initiale Beckenform, Mächtigkeit und Fazies der infrakambrischen Klastika (Huqf-Gruppe) bzw. der Hormuz-Ara-Evaporite bestimmten. Nach einer Phase der Erosion wurde über einer bedeutenden Diskordanz die permo-mesozoische Plattformabfolge des südlichen Tethysrandes sedimentiert.

Die gesamten paläozoisch-mesozoischen Schelfablagerungen sind heute leicht nach Nordosten gekippt, lassen sich mehrere tausend Kilometer im Streichen verfolgen und stellten mit ursprünglich rund 2000 km Breite auch einen abnormal weitgespannten passiven Kontinentalrand dar. Klimatisch begünstigt war die Arabische Plattform dadurch, daß sie sich im Mesozoikum als Teil der Afrikanischen Platte noch in äquatorialen Breiten befand, was eine hohe organische Produktivität in den faziell stark differenzierten Becken- oder Schwellengürteln des Karbonatrandes zur Folge hatte. In der sedimentären Abfolge sind progradierte sandig-karbonatische Zyklen bedeutende **Speicher** (reservoirs), während transgressive euxinische Tonabfolgen die **Muttergesteine** (source rocks) der Hydrokarbonlagerstätten darstellen. Evaporite bzw. mergelige Tone bilden weiträumig verbreitete **Siegel** (seals), welche eine Abdichtung der Speicher nach oben, aber auch bedeutende Horizontalmigration des gereiften Erdöls ermöglichen (Abb. 26.13b). Breite NNE-ausgerichtete tektonische **Aufwölbungen** (arches), die sich im späten Mesozoikum entwickelten, bzw. eine nach Süden gerichtete Überschiebung von Ophiolith-Decken (z.B. Sumail-Ophiolith) in der späten Kreide wurden schließlich im Neogen durch Entwicklung NW-ausgerichteter offener Falten im Vorland des Zagros-Gebirges überlagert. Aufwölbungen und Falten hatten als tektonisch-stratigraphische **Fallen** (traps) bei der Entstehung der vertikal gestaffelten Reservoire einen wesentlichen Einfluß. Die Fallenstrukturen wurden zwar lokal durch den Aufstieg von Salzdiapiren modifiziert, sie sind aber kaum durch größere Brüche gestört, was den Erhalt übereinandergelagerter Speicher in karbonatischen Biostromen, Oolithbänken und regressiven Sanden förderte. Multiple Migrationsphasen von Erdöl und Erdgas über mehrere Stadien der Zwischenspeicherung waren Teil außergewöhnlicher Anreicherungsvorgänge, die in ähnlichen Dimensionen nur aus dem ebenfalls mesozoischen aber durch klastische Ablagerungen charakterisierten Westsibirischen Becken bekannt sind.

Das **Westsibirische Becken** ist das größte intrakontinentale Becken der Welt und befindet sich zwischen der spätpaläozoischen Ural-Kollisionszone im Osten und dem Sibirischen Kraton im Westen. Das Becken ist rund 2500 km lang und 1000 km breit (Abb. 26.14). Im Beckenuntergrund werden deformierte und niedriggradig metamorphe Gesteinsserien eines komplexen präkambrisch-paläozoischen Sockels von gewaltigen N-S-orientierten Segmenten eines triassischen Rift- oder Basin-and-Range-Systems durchschlagen. Im zentralen Koltogur-Urengoy-Graben und in anderen Strukturen kamen dabei 3 bis 6 km mächtige Serien kontinentaler Klastika und basaltischer Laven zur Ablagerung, wurden aber von weiteren 3 bis 4 km mächtigen mesozoischen post-Rift-Sedimentserien überlagert, die weit über die Schultern der Gräben hinausreichen und von Süden nach Norden an Mächtigkeit zunehmen (Abb. 26.14). Dabei entwickelte sich im späten Jura im westlich-zentralen Beckenanteil eine weitverbreitete bituminöse Tiefwasserfazies, welche das wichtigste Erdöl- und Erdgas-Muttergestein der Beckenfüllung darstellt. Während der Kreide progradierten von Osten nach Westen breite sandige Deltasysteme, die später die wichtigsten Kohlenwasserstoffreservoire darstellten, da sie durch zahlreiche Onlap-Diskordanzen vertikal gegliedert sind und beckenweit von oberkretazischen verkieselten Tongesteinen abgesiegelt wurden. NNW-orientierte Antiklinalen und isometrische Aufwölbungen bilden die Fallen für die gigantischen Gasfelder im Norden und die eindrucksvollen Ölfelder im Süden des Beckens.

Literatur

KEEN, 1979; MONTADERT et al., 1979; MURRIS, 1980; BALLY et al., 1981; SCRUTTON, 1981; KARNER & WATTS, 1982; WATKINS & DRAKE, 1983; WERNICKE, 1985; EINSELE, 1986; BALKWILL, 1987; BEAUMONT & TANKARD, 1987; TANKARD & WELSINK, 1987; BONATTI, 1988; BOND & KOMINZ, 1988; COLEMAN & MCGUIRE, 1988; SHERIDAN & GROW, 1988; VOGGENREITER et al., 1988; WATTS, 1988; DOHR et al., 1989; LEIGHTON et al., 1990; BEYDOUN, 1991; HOSPERS & EDIRIWEERA, 1991; ILIFFE et al., 1991; KLEMME & ULMISHEK, 1991; MAKRIS et al., 1991; PETERSON & CLARKE, 1991.

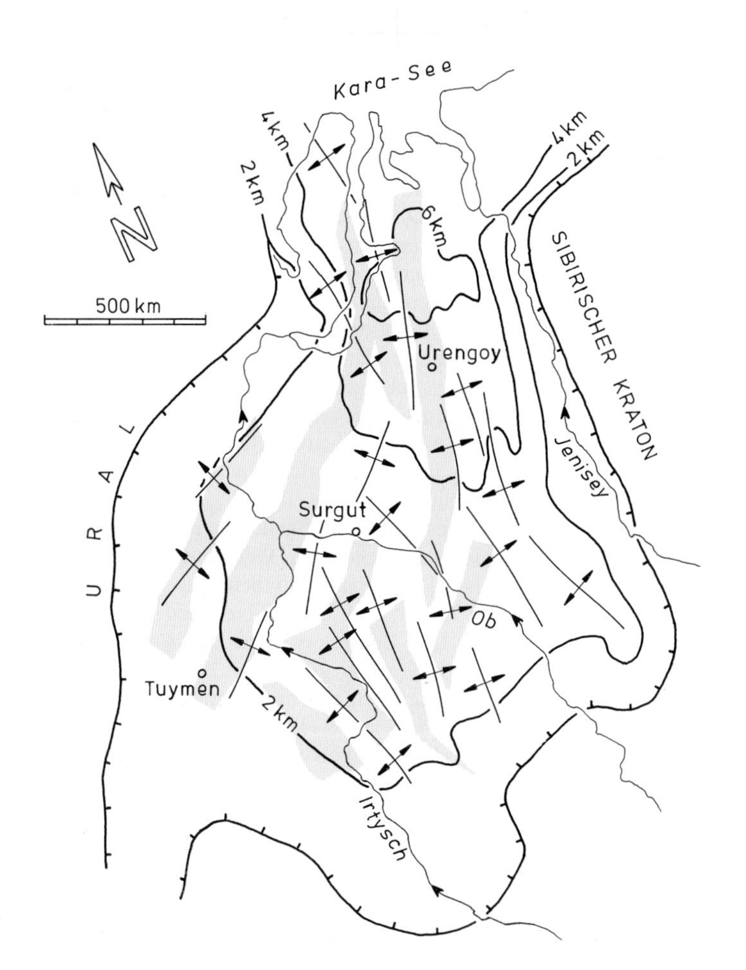

Abb. 26.14 Das Westsibirische Becken mit den wichtigsten Gräben des triassischen Riftgürtels (rot), den Isopachen für die klastischen nachtriassischen mesozoisch-paläogenen Sedimentserien und die bedeutenden Antiklinalstrukturen (nach PETERSEN & CLARKE, 1991).

27 Ozeanische Kruste

27.1 Mittelozeanische Rücken und Rückenachsen-Diskontinuitäten

Die modernen **Tiefseeböden** (abyssal plains), die mehr als die Hälfte der festen Erdoberfläche ausmachen, liegen rund 4000 bis 5000 m Tiefe unter dem Meeresspiegel, wo dünne Abfolgen pelagischer Sedimente, wie z.B. Tiefseetone, Diatomeen- und Kalkschlämme etc., die kristallinen Gesteine der eigentlichen ozeanischen Kruste überdecken. Nur in der Nähe passiver Kontinentalränder bzw. in den Akkretionskeilen entlang konvergenter Plattengrenzen sind terrigene Sedimente mehr als 10 bis 15 km mächtig. Ausgehend von der Annahme eines großräumig isostatischen Gleichgewichts für die Lithosphäre unter den Ozeanen vermutete man deshalb schon lange, daß die kristallinen Gesteine der Tiefseekruste im Vergleich zu den Gesteinen der kontinentalen Kruste relativ schwerer sein sollten und schloß deshalb auf eine überwiegend mafische Zusammensetzung der subozeanischen Kruste. Auch intraozeanische Vulkane und vulkanische Inselgruppen, die bis über die Meeresoberfläche aufragen, bestehen aus überwiegend basaltischen Gesteinen. Die Sedimentbedeckung der Tiefseekruste machte es aber lange unmöglich, die kristalline Kruste unter den Tiefseeböden direkt zu beproben oder auch Schlüsse auf ihre interne Struktur zu ziehen.

Der Durchbruch in der Erforschung der ozeanischen Kruste bzw. Lithosphäre gelang deshalb erst mit der systematischen Kartierung der Tiefseetopographie, mit der geophysikalischen Tiefenerkundung einzelner Profilschnitte und mit einer direkten petrologischen Beprobung der weitgehend sedimentfreien **Mittelozeanischen Rücken** oder **MOR**s (mid-oceanic ridges), die sich in den zentralen Bereichen der Ozeane befinden. Später folgten auch wissenschaftlich orientierte Tiefseebohrungen, in denen die Sedimentbedeckung und einige hundert Meter der ozeanischen Kruste durchfahren wurden. Die am besten bekannten Teile des mittelozeanischen Rücken-Systems, welches insgesamt 60.000 bis 80.000 km lang ist, sind der Mittelatlantische Rücken, der Ostpazifische Rücken und der Indische Rücken (siehe Abb. 21.7). Der **Kamm** (crest) des mittelozeanischen Rückensystems befindet sich in durchschnittlichen Wassertiefen von rund 2500 bis 2700 m. In magmatisch abnormal produktiven Segmenten des Rückensystems ragen aber vulkanische Inseln sogar bis über den Meeresspiegel auf, wie z.B. auf den Galapagos Inseln oder in Island (siehe Kapitel 27.3). Die **Rückenflanken** (flanks) fallen symmetrisch zu beiden Seiten des Kamms allmählich zu den Tiefseeböden hin ab. Wegen ihrer auffallenden topographischen Symmetrie bezeichnet man die zentralen Rückenbereiche als **Rückenachsen** (ridge axes) und versteht damit jene Zonen, die entweder durch einen **Medianen Graben** bzw. ein **Rifttal** (median rift valley) oder durch ein **zentrales Hoch** (central high) gekennzeichnet sind. Die mittelozeanischen Rücken sind im Streichen deutlich segmentiert, wobei die einzelnen **Rückensegmente** (ridge segments) an sogenannten **Rückenachsen-Diskontinuitäten** (ridge-axis discontinuities) abgesetzt sind (siehe weiter unten).

Petrologisch orientierte Beprobung der Axialzonen mit Hilfe von Schleppnetzen, Greifapparaten und durch Bohrungen haben gezeigt, daß die Rücken aus erst jüngst extrudierten basaltischen Laven zusammengesetzt sind, die aber auch mehr oder weniger metamorph überprägt sein können. Ihrer primären Zusammensetzung nach handelt es sich bei den submarinen Laven der Rücken im allgemeinen um Basalte mit tholeiitischen Differentiationstrends. Die sogenannten **Mittelozeanischen Rückenbasalte** (mid-oceanic ridge basalts, MORBs) sind also im Vergleich zu den kontinentalen Alkalibasalten primär an SiO_2 gesättigt und an K und Na verarmt. Bezogen auf die Zusammensetzung eines „Urmantels" der Erde, aber auch gegenüber der durchschnittlichen Zusammensetzung der kontinentalen Kruste sind die MORBs auch **verarmt** (depleted) an leichten seltenen Erden (LREE, light rare earch elements) bzw. an den Elementen P, Cs, Ti, Rb, Ba, Zr, Nb, Sm und an den wichtigen wärmeproduzierenden lithophilen Elementen K, U und Th. Abnormal hohe Gehalte an Na_2O in ozeanischen Basalten sind meist auf Infiltration von Meerwasser und sekundäre Alteration („Spilitisierung") der tholeiitischen Basalte zurückzuführen. Außer den „normal" zusammengesetzten MORBs (N-MORBs) gibt es aber auch Rückenzonen mit primär etwas mehr **angereicherten** (enriched, plume) MORBs (E-MORBs bzw. P-MORBs).

Es stellte sich sehr bald heraus, daß den großräumigen topographischen Symmetrien der Rücken auch Symmetrien in der Form gravimetrischer Profile, der seismischen Wellengeschwindigkeiten im Mantel, des Wärmeflusses, der Seismizität und der magnetischen Anomalien entsprechen. Die Symmetrie der Tiefseeböden um die Rückenachsen mußte also fundamental mit der Entstehung und weiteren Entwicklung der ozeanischen Lithosphäre zusammenhängen.

Zahlreiche **gravimetrische Profile** (gravimetric profiles) zeigen über den Rücken breite negative Bouguer-Anomalien, welche darauf hindeuten, daß die MORs und ihre Flanken regional betrachtet tatsächlich im isostatischen Gleichgewicht sind und die topographische Aufwölbung von mehr als 2000 bis 3000 m gegenüber dem Tiefseeboden durch einen darunter liegenden Mantelbereich mit entsprechend geringerer Dichte kompensiert wird. Schon erste angenäherte Modellrechnungen zeigen, daß je nach der angenommenen Querschnittsgeometrie der relativ leichteren Mantelbereiche unter den Rücken negative Dichteabweichungen von 0,05 bis 0,1 · 10^3 kg m^{-3} von den „normalen" Manteldichten, die bei 3,3 bis 3,2 · 10^3 kg m^{-3} liegen, ausreichen würden, um die Erhebung der Rücken isostatisch auszugleichen.

Verminderte Geschwindigkeiten von **P- und S-Wellen** (P-, S-waves) direkt unter den Rückenachsen und eine entsprechende Dispersionscharakteristik der Oberflächenwellen im weiteren Umfeld der Rücken belegen, daß die Rücken unmittelbar von abnormal heißer Asthenosphäre unterlagert werden und daß letztere in nur 20 bis 30 km Tiefe unter der eigentlichen Axialzone anzutreffen ist. Andererseits läßt sich abnormal heißer Mantel unter den Rücken aber auch bis in Tiefen von mindestens 200 km vermuten und unter besonders aktiven Teilen des Rückensystems ist er seismotomographisch bis in Tiefen von 600 km nachzuweisen. Die größten negativen Abweichungen seismischer Geschwindigkeiten im subozeanischen Mantel, die bis zu 10% ausmachen, treten unter den Rückenachsen im Tiefenbereich zwischen 50 und 100 km auf. Der abnormal „heiße" Mantel zeigt ein lateral keilförmiges Ausklingen unter beiden Rückenflanken. Refraktionsseismische Messungen belegen, daß die Mächtigkeit der ozeanischen Kruste selbst von den Rücken in Richtung Tiefsee dagegen kaum variiert und sehr einheitlich 5 bis 7 km beträgt. Die abnormal heiße und leichtere Mantelzone ist im Zentralteil der Rücken wahrscheinlich durch eine dynamische Aufwärtsbewegung charakterisiert und aufgrund einer anzunehmenden adiabatischen Dekompression der Mantelperidotite kommt es dabei zur Absonderung der partiellen basaltischen Schmelzen, welche das Schwerefeld bzw. die Laufzeitanomalien beeinflussen.

Unterstützt wird dieses Modell durch direkte Beobachtung submariner vulkanischer Tätigkeit im Bereich der Rückenachsen und durch einen **ozeanischen Wärmefluß** (oceanic heat flow), der vor allem in der Nähe hydrothermaler Austrittspunkte größer als 500 mW m^{-2} sein kann, jedoch an den Flanken der Rücken symmetrisch bis auf normale Tiefseewerte von 50 mW m^{-2} abnimmt. Das bedeutet, daß wahrscheinlich auch die vertikale subkrustale Temperaturverteilung in der ozeanischen Lithosphäre, d.h. die Form der ozeanischen Geotherme, weitgehend axialsymmetrisch ist. Im Axialbereich der MORs zeigt der Wärmefluß außerdem extrem starke Streuung, was auf Fluidzirkulation, hohe tektonische Topographie, unregelmäßige Verteilung aktiver Vulkane und Spalten, wie auch auf variable Sedimentbedeckung zurückzuführen ist. Hohe Temperaturen im zentralen Teil und Abkühlung bzw. Temperaturausgleich im peripheren Rückenbereich werden also anscheinend nicht nur durch direkte magmatische Advektion und Wärmeleitung in Krusten- und Mantelgesteinen, sondern auch durch vertikale und laterale Bewegung von Fluiden gesteuert.

Seismische Aktivität (seismicity) in der Nähe der Rücken beschränkt sich auf den krustalen Tiefenbereich von 5 bis 10 km und hält sich im allgemeinen an die Ränder der medianen Gräben und an verbindende Transformstörungen, wobei die Magnituden der Erdbeben in der Regel geringer als $M_S = 6$ sind. Außerdem treten Erdbebenschwärme auf, welche direkt mit dem Aufstieg von Magma bzw. mit intensiven Fluidbewegungen in der Axialzone zusammenhängen. Herdflächenlösungen für Erdbeben an linearen Rückensegmenten deuten auf Abschiebungsbewegungen hin, während die verbindenden Transforms durch Blattverschiebungsbeben charakterisiert sind. Außerhalb der Axialzonen und über die aktiv verbindenden Transforms hinaus treten Erdbeben in der ozeanischen Lithosphäre nur sehr selten auf, obwohl sich die aseismischen Verlängerungen der Transforms als ozeanische **Bruchzonen** (fracture zones) aufgrund ihrer gewaltigen Topographie oft tausende von Kilometer im Streichen verfolgen lassen. Abschiebungen im Axialbereich und Blattverschiebungen an Transforms sind deshalb als kinematische Teilaspekte einer durch Magmenzufuhr gesteuerten **Spreizung** (seafloor spreading) der ozeanischen Lithosphäre zu betrachten. Man bezeichnet die aktiven **Spreizungszentren** (spreading centres) an den mittelozeanischen Rücken deshalb auch als **konstruktive Plattengrenzen** (constructive plate boundaries) (Abb. 27.1).

Quantitativ-dynamische Aussagen über die Raten, mit denen die ozeanische Spreizung erfolgt, wurden aufgrund der erfolgreichen Interpretation

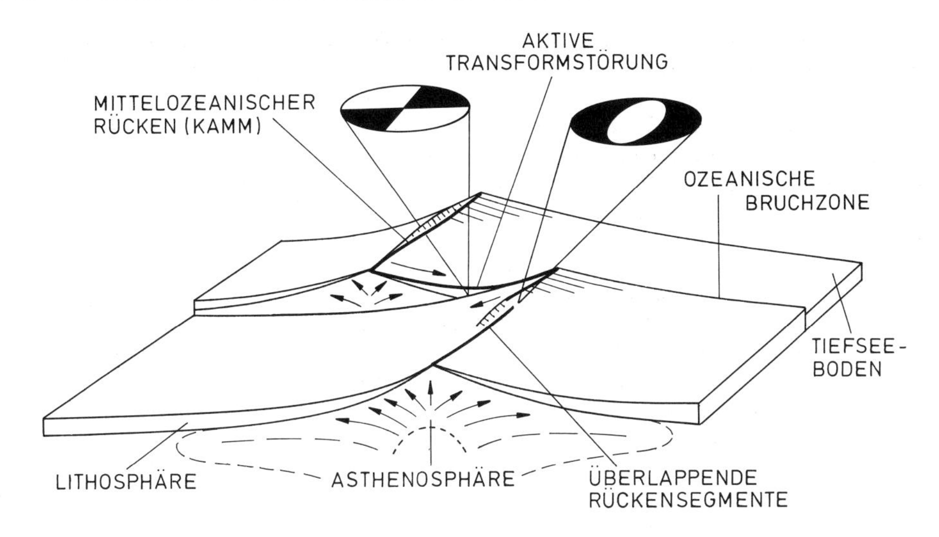

Abb. 27.1 Stark überhöhte Skizze, welche die Beziehung zwischen linearen Mittelozeanischen Rückensegmenten bzw. überlappenden Rückensegmenten, aktiven Transformstörungen (in diesem Fall dextral), ozeanischen Bruchzonen und den angenommenen Bewegungen in der obersten Asthenosphäre darstellt. Die für Rücken- und Transformbeben charakteristischen Herdflächenlösungen sind schematisch angedeutet.

magnetischer Anomalien (magnetic anomalies) in der Nähe ozeanischer Rücken möglich. Die ersten geophysikalischen Karten, in denen marine magnetische Anomalien in regionalem Maßstab dargestellt wurden, stammten vom Juan de Fuca-Rücken im nordöstlichen Pazifik. Sie zeigten überraschend einheitlich ausgerichtete Gürtel bzw. Streifen positiver und negativer Anomalien parallel zur Rückenachse. Positive magnetische Anomalien bedeuten dabei eine Verstärkung des modernen Erdmagnetfeldes, negative Anomalien dessen Schwächung (Abb. 27.2). Die **magnetische Streifung** (magnetic striping) der Ozeanböden fand sich bald nicht nur in der Nähe anderer mittelozeanischer Rücken, sondern auch in rückenfernen Tiefseebereichen. Die Symmetrie des magnetischen Streifenmusters war besonders klar am Rejkjanes-Rückensegment des Mittelatlantischen Rückens südlich von Island zu erkennen. Es ging nun darum, dieses Muster an Hand dessen zu verstehen, was man bereits über die magnetischen Eigenschaften ozeanischer Krustengesteine und das Magnetfeld der Erde wußte bzw. in Erfahrung bringen konnte.

Das magnetische Feld der Erde wird höchstwahrscheinlich durch konvektive Strömungen im metallischen äußeren Erdkern verursacht und läßt sich durch einen Dipol, also durch einen magnetischen Nordpol und einen Südpol, definieren. Die Ausrichtung beider Pole entspricht zwar nicht ganz, aber doch angenähert (um 10°) der Rotationsachse der Erde. Da man bereits aus petrologischen Beprobungen der Rücken wußte, daß die ozeanische Kruste aus Basalt besteht, konnte man annehmen, daß die magnetischen Anomalien im wesentlichen durch eine Magnetisierung ozeanischer Basalte oder intrusiver Gabbrokomplexe hervorgerufen wurden. Alle basaltischen Gesteine enthalten nämlich mit Magnetit (Fe_3O_4) ein wichtiges ferromagnetisches Mineral und daneben auch andere magnetisch suszeptible Phasen. Es ist bekannt, daß ein im Basalt auskristallisierter Magnetit bei allgemeiner Abkühlung des erstarrten Gesteins unter 580 bis 560°C (**Curie-Temperatur**) das äußere Magnetfeld der Erde in diskreten kristallinen Domänen seines Gitters aufnimmt und daß es bei weiterer Abkühlung deshalb zum „Einfrieren" des Magnetfelds in den Magnetit-Kristallen kommt. Das basaltische Gestein registriert also in seinen magnetisch suszeptiblen Mineralen die Richtung des **Paläomagnetfeldes** (paleomagnetic field), welches zur Zeit der Abkühlung des Gesteins unter die Curie-Temperatur existierte. Aufgrund der magnetischen **Thermoremanenz** (thermoremanence) basaltischer Gesteine konnte man deshalb schließen, daß positive magnetische Anomaliestreifen im unmittelbaren Rückenbereich von Basalten stammen, welche bei Temperaturen um rund 1100°C im heutigen Magnetfeld am Meeresboden extrudieren, bei rund 900°C erstarren, dann bei Abkühlung unter 580°C das ambiente Magnetfeld aufnehmen und dieses in Form der Anomalien verstärken. Unklar blieb allerdings vorerst der Wechsel von positiven zu negativen Anomaliestreifen. Bei der Suche nach einer Lösung dieses Problems führten paläomagnetische Untersuchungen an jungen und geochronologisch gut datierten Lavadecken und Sedimenten an Land zu einer der wichtigsten Entdeckungen der modernen Erdwissenschaften.

Gelände- und Laborarbeiten an gut datierten kontinentalen Basaltabfolgen machten es wahrscheinlich, daß sich das Magnetfeld der Erde im Lauf der jüngsten, aber auch in der früheren Erdgeschichte häufig umgepolt hatte. Im Verlauf dieser Umpolungen wurde der magnetische Nordpol zum magnetischen Südpol und entsprechend der Südpol zum Nordpol. Die letzte magnetische **Umkehr** (reversal) erfolgte vor rund 700.000 Jahren. Mit den Überlegungen von VINE, MATHEWS, LAROCHELLE und MORLEY wurde deutlich, daß die negativen Anomaliestreifen des ozeanischen magnetischen Musters möglicherweise in jenen Zeiten entstanden waren, als das Magnetfeld antiparallel zum heutigen orientiert war. Die Dauer normaler und umgekehrter **geomagnetischer Intervalle** (magnetic reversals) bestimmte man durch radiometrische Datierung der entsprechend magnetisierten vulkanischen Abfolgen an Land. Daraus entwickelte sich eine Methode, mit der man die symmetrisch angeordneten Anomaliestreifen am Ozeanboden als geologischen Kalender für den ozeanischen Spreizungsvorgang benützen konnte. Da die ozeanische Kruste bzw. ihr Mantelsubstrat durch Aufstieg von heißem Mantelmaterial und Abtrennung von basaltischem Magma am Rücken ständig neu gebildet und hernach zur Seite geschoben werden, sollten im zentralen, vulkanisch aktiven Bereich die magnetischen Anomalien das heute vorherrschende Magnetfeld widerspiegeln. Deshalb zeigen die Gesteine, die seit 700.000 Jahren abkühlten, auch die moderne „normale" Polarität des Magnetfelds an. Im weiteren Umfeld der Spreizungsachsen am Ozeanboden existiert also ein geomagnetisch quantifizierbares Streifenmuster, das mit Hilfe der zeitlichen **Umkehr-Skala** (reversal scale) eine Spreizungschronologie der modernen Ozeane von rund 170 Ma dokumentiert.

Zum Zweck der Korrelation bestimmter Streifen bzw. Streifengruppen aus verschiedenen Ozeanbereichen unterscheidet man als chronologische Einheiten die **Polaritätschronen** (polarity chrons). Sie werden mit Namen bzw. Nummern gekennzeichnet (Abb. 27.2 und 27.5) und umfassen Zeiträume in der Größenordnung von 0,1 bis 2 Ma. Diese Chronen bestehen wiederum aus kürzeren Intervallen (Subchronen) mit normaler und umgekehrter Polarität, während längere geomagnetische Zeitintervalle zu Superchronen zusammengefaßt werden.

Die strömungsdynamischen Mechanismen, welche im Erdkern die Umkehr des Erdmagnetfelds auslösen, lassen sich allerdings erst in Ansätzen theoretisch erfassen. Auch die Lokalisierung der remanent magnetisierten basaltisch-gabbroiden Gesteinsbereiche innerhalb der ozeanischen Kruste ist durch Tiefseebohrungen noch nicht befriedigend geklärt, doch scheinen vor allem die höchsten Zonen der Kruste einen dominierenden Anteil der magnetischen Signatur zu tragen. Trotz dieser theoretisch-experimentellen Unsicherheiten wurde der magnetische Kalender unumstritten zum wichtigsten Hilfsmittel bei der Analyse von Bewegungsvorgängen zwischen den ozeanischen Teilen der Lithosphärenplatten. Eine direkte Bestätigung der magnetisch belegbaren Spreizungschronologie erfolgte im Rahmen des weltweiten Tiefseebohrprogramms (Deep Sea Drilling Project und Ocean Deep Drilling Project), als man wiederholt die ozeanische Sedimentbedeckung durchbohrte und die Basalte der geomagnetisch datierten Krustenstreifen erstmals auch einer direkten Isotopendatierung unterziehen konnte bzw. die ältesten überlagernden Sedimente mit Hilfe von Mikrofossilien ihrem Alter nach paläontologisch einordnen konnte. Die Basalte wie auch die überlagernden Sedimente zeigen dabei eine breite Alterskonkordanz mit den Altern, die bereits aus der geomagnetischen Korrelation der Streifenmuster extrapoliert worden waren. Die magnetische Polaritätsskala umfaßt drei Zeiträume. In der sogenannten M-Serie (M 29 bis M 0) von 160 bis 118 Ma gab es zahlreiche Umkehrungen des Magnetfelds. Dann folgte ein langes normal polares **magnetisches Ruheintervall** (magnetic quiet interval) von 118 bis 84 Ma, welches wahrscheinlich auf geringere Konvektion im äußeren Erdkern, auf stoffliche Wechselwirkungen zwischen Erdkern und Erdmantel und auf nachfolgenden Manteldiapirismus aus der D"-Zone über der Grenze Erdkern-Erdmantel zurückzuführen ist. Schließlich kamen die am besten erforschten wechselnden Polaritäten der Heirzler-Serie mit den Intervallen 34 bis 1, welche vor 84 Ma einsetzten und bis heute registriert werden.

Die Anwendung des geomagnetischen Kalenders auf die geodynamische Analyse der großen Tiefseeböden zeigt deutlich, daß die Meerestiefe, also die **Subsidenz** (Absenkung, subsidence) des Meeresbodens, direkt vom Alter der darunter liegenden ozeanischen Lithosphäre abhängt. Für Krustenan-

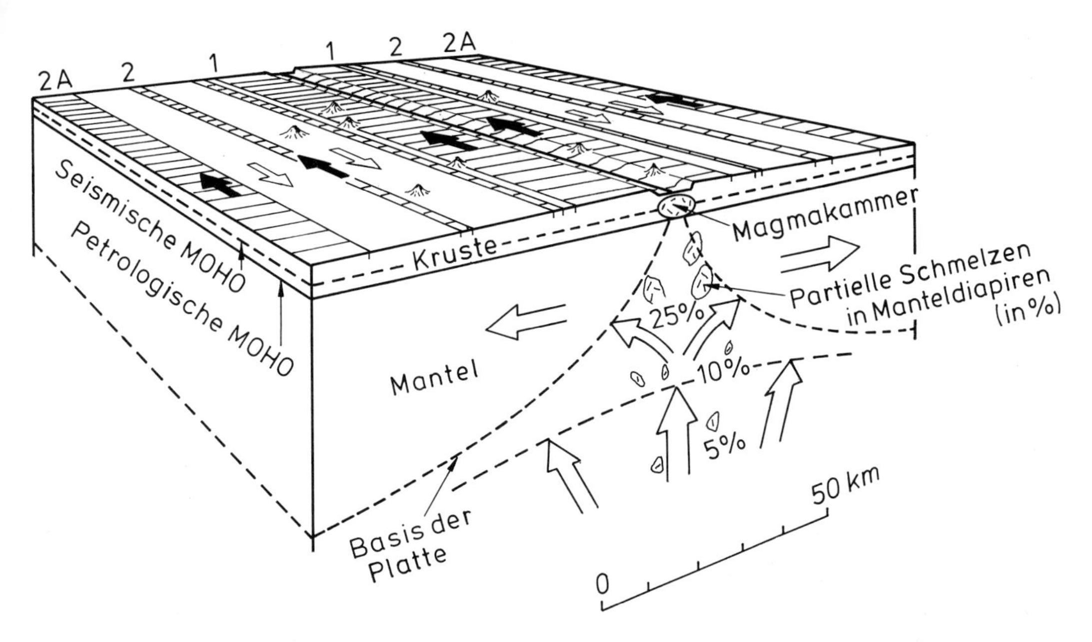

Abb. 27.2 Schema für das Streifenmuster positiver (Raster) und negativer (weiß) magnetischer Anomalien in der Nähe Mittelozeanischer Rücken. Die Nummern bedeuten Polaritätschronen. Angedeutet ist auch die oberste Zone des aufsteigenden Asthenosphärenmaterials mit den daraus abgesonderten partiellen Schmelzbereichen (in % des Gesamtvolumens), aus denen sich in Magmenkammern wiederum basaltisch-gabbroide Kruste und ultramafische Kumulate (= seismische Moho) differenzieren. Die ultramafischen Tektonite des residualen Mantels bilden die Obergrenze der petrologischen Moho. Offene Pfeile im Mantel deuten Relativbewegungen an.

teile, die jünger als 80 Ma sind, gilt als statistische Annäherungsformel, daß

$$D = 2500 + 350\, t^{1/2}$$

(D ist die Meerestiefe in m; t ist das Krustenalter in Ma)

Der Wert 2500 m entspricht einem tradionellen Durchschnittswert für die Meerestiefe der Axialzonen von MORs. Neuere statistische Auswertungen bathymetrischer Vermessungen, vor allem im Bereich schnell spreizender und ausbreitender Rückensegmente, deuten allerdings auf größere durchschnittliche Ausgangstiefen von rund 2700 m. Allerdings sind bei größerer initialer Tiefenlage der Rückenachsen die anfänglichen Absenkungsraten systematisch geringer als in der oben angegebenen statistischen Formel, so daß die resultierenden Unterschiede in der Gesamtsubsidenz nicht bedeutend sind.

Erwartungsgemäß hängt auch der **ozeanische Wärmefluß** (oceanic heat flow) systematisch vom Alter der Lithosphäre ab. Wie man aus dem geringen Gehalt an radioaktiven Elementen für basaltische und ultramafische Gesteine vermuten könnte, resultiert der Wärmefluß durch die dünne ozeanische Kruste nicht so sehr aus dem Zerfall radioaktiver Elemente in der obersten Lithosphäre, sondern vor allem aus der Wärmeabgabe bei der allmählichen Abkühlung der vormals heißen und hochgelegenen subozeanischen Asthenosphäre. Der ozeanische Wärmefluß unterscheidet sich deshalb grundsätzlich vom kontinentalen Wärmefluß. Läßt man die bereits angesprochenen hohen, aber extrem variablen Meßwerte in den zentralen Rückenbereichen außer acht, so ergibt sich eine Abnahme des Wärmeflusses mit zunehmendem Alter der Kruste angenähert aus der Beziehung

$$q = 500 \cdot t^{-1/2}$$

(q in $mW\,m^{-2}$; t ist das Krustenalter in Ma)

Relativ stationäre Geothermen sind erst in den älteren, tiefer abgesunkenen und von Sedimenten bedeckten Teilen der ozeanischen Lithosphäre zu erwarten. Da mit Abkühlung der Lithosphäre auch ihre Mächtigkeit zunimmt, gilt eine entsprechende Abhängigkeit von $t^{1/2}$ angenähert für die Tiefenlage der Übergangszone Lithosphäre/Asthenosphäre, an der Temperaturen von 1200 bis 1350°C anzunehmen sind. Aus petrologischen und geophysikalischen Modellen ergeben sich dafür Grenzwerte, die zwischen 10 bis 30 km unter den Rückenachsen und rund 80 bis 100 km unter den Tiefseeböden variieren. Modellrechnungen zeigen auch, daß sich die ozeanische Lithosphäre bei Belastung durch ozeanische Inseln nicht vollkommen im isostatischen Gleichgewicht befindet. Progressive Abkühlung verursacht wahrscheinlich eine gewisse elastische Versteifung, wobei die „elastische" Modellmächtigkeit der Lithosphäre ungefähr mit der Tiefenlage der Isotherme von 450°C zusammenfällt. Die Untergrenze ozeanischer Intraplatten-Erdbeben scheint außerdem ungefähr mit der Modellage einer Isotherme von 600°C zu korrelieren. Die Variation der Tiefenlage (Z in km) dieser verschiedenen mechanisch bedeutsamen Isothermen innerhalb der ozeanischen Lithosphäre in Abhängigkeit von ihrem Alter (t in Ma) wird angenähert durch die Beziehung $Z = K \cdot t^{1/2}$ (Z = Tiefe in km, t = Alter in Ma) ausgedrückt. Für die Mächtigkeit der „elastischen Platte" gilt K=3 bis 4 km, für die Untergrenze von Intraplatten-Erdbeben gilt K=5 km, für die Lage der isostatischen Kompensationstiefe gilt K=7 km, für die Untergrenze der Lithosphäre gilt K=10 km (Abb. 27.3). Analog zur thermisch-tektonisch gesteuerten Subsidenz passiver Kontinentalränder und intrakontinentaler Becken illustrieren die $t^{1/2}$-Beziehungen also auch für die ozeanische Lithosphäre großräumige Abkühlung und Verdichtung der Lithosphäre durch Wärmeabgabe zur Oberfläche der festen Erde. Systematische Abkühlung, Verdichtung und Subsidenz werden bei einer erneuten Aufheizung der ozeanischen Lithosphäre, also bei ihrer magmatischen **Verjüngung** (rejuvenation) durch Extrusions- und Intrusionsprozesse, wie sie z.B. über Hotspots stattfinden, stark modifiziert. Daraus resultiert auch eine statistische Wahrscheinlichkeit, daß vor allem in den ältesten Teilen der ozeanischen Lithosphäre, wie z.B. im westpazifischen Bereich der Pazifischen Platte, signifikante Abweichungen von den oben diskutierten thermisch-mechanischen Verhältnissen festzustellen sind.

Primäre topographisch-tektonische Unterschiede im Bereich der ozeanischen Spreizungsachsen resultieren allerdings zu überwiegenden Teilen aus den variablen **Spreizungsraten** (spreading rates), welche an verschiedenen Segmenten des mittelozeanischen Rückensystems vorherrschen. Die lokale Spreizungsrate wird vor allem durch die Intensität tief und breitangelegter Aufstiegsbewegungen im Mantel unter den Rücken gesteuert und drückt sich in der Form der vulkanischen Tätigkeit aus. **Schnell spreizende** (fast spreading) Rückensegmente mit Spreizungsraten bis zu rund 16 cm a^{-1} sind vom Ostpazifischen Rücken bekannt. Dort beobachtet man 5 bis 10 km breite lineare Zentralzonen mit einem vulkanischen **zentralen Hoch** (central high), dessen Relief meist weniger als 500 bis 1000 m beträgt (Abb. 27.6c). An **langsam spreizenden Rückensegmenten** (slow spreading ridge segments), wie z.B. am Mittelatlantischen Rücken, wo maximale Spreizungsraten bei 4 bis 5 cm a^{-1} liegen, treten dagegen neovulkanische achsiale Riftzonen auf, die rund 20 km breit sind und deren Boden sowohl von überlappenden Spaltenergüssen als auch von flachen Schildvulkanen gebil-

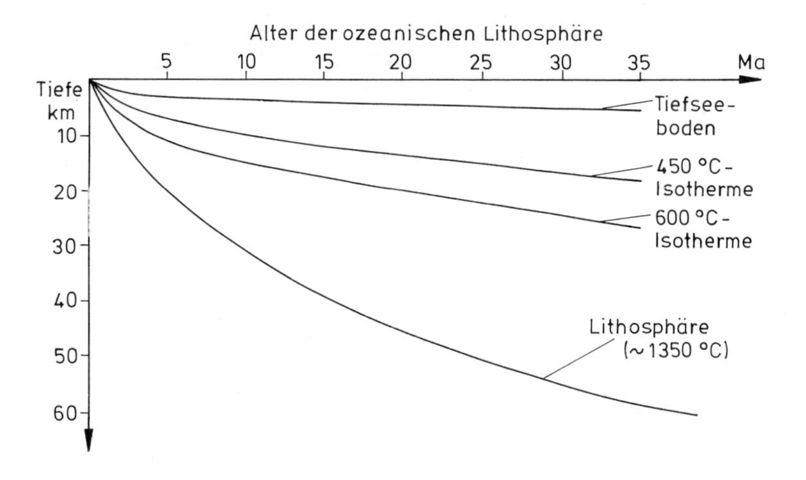

Abb. 27.3 Theoretisch abgeleitete Tiefenlagen tektonisch signifikanter Isothermen für die Tiefseelithosphärenbereiche unterschiedlichen Alters.

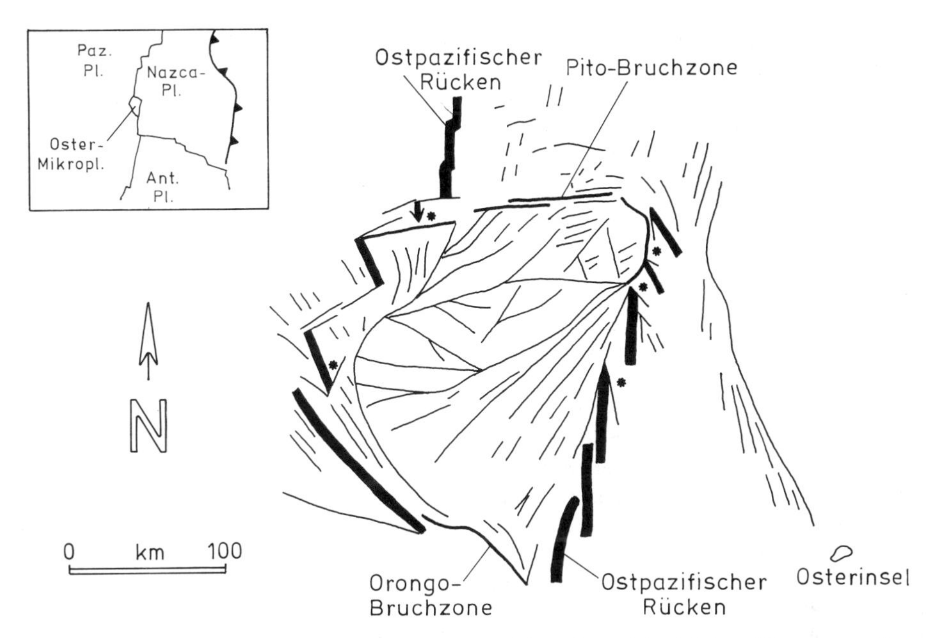

Abb. 27.4 Kartenskizze der Oster-Mikroplatte, welche sich während der letzten 3 Ma an der divergenten Plattengrenze zwischen der Nazca-Platte und der Ostpazifischen Platte entwickelt hat. Detaillierte Untersuchungen zeigen ein System überlappender bzw. sich ausbreitender Spreizungssegmente (Stern-Signatur), krustaler Abschiebungen und kurzer Transformstörungen mit wechselndem Sinn der Relativbewegungen. Interferenz der Strukturen führt zur Rotation der Mikroplatte im Uhrzeigersinn.

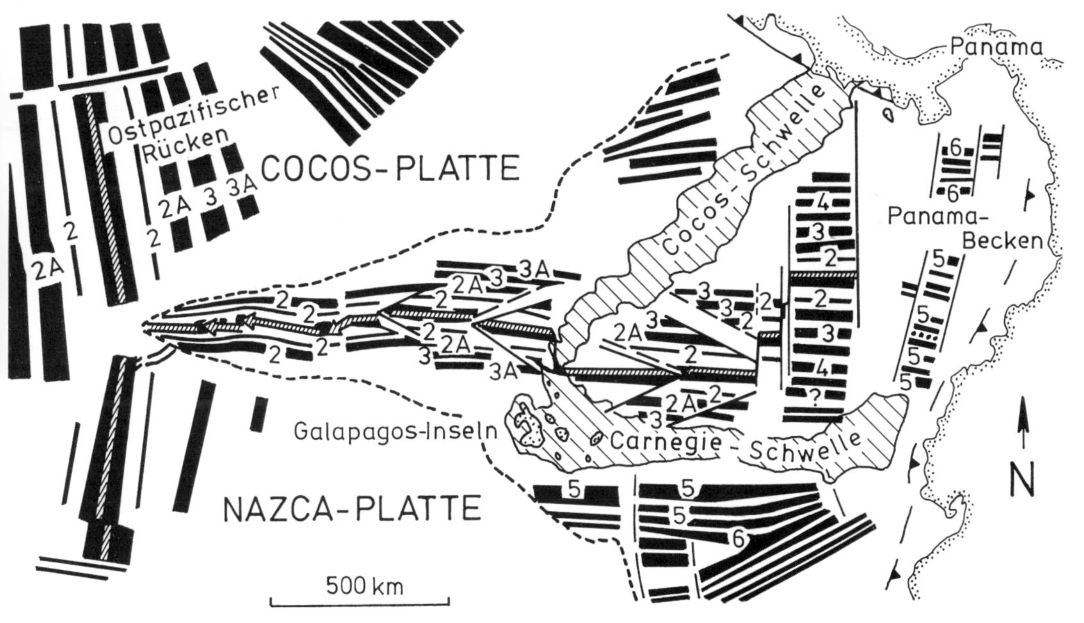

Abb. 27.5 Beziehung der ostpazifischen Tripeljunction zur jungen Costa Rica-Spreizungszone, die sich nach Westen und Nordosten ausbreitet und somit bereits eine neue divergente Plattengrenze zwischen der Cocos- und der Nazca-Platte erzeugt hat. Die aseismischen Schwellen (Cocos, Carnegie) sind Spuren des Galapagos-Hotspots, der möglicherweise Ausgangspunkt für die neue Spreizungsachse war. Dem Alter der magnetischen Anomalien (Streifenmuster) entsprechend begann die Ausbreitung des Costa Rica-Spreizungszentrums vor rund 10 Ma (nach ATWATER & SEVERINGHAUS, 1989).

det wird. Randliche Abschiebungstreppen erzeugen hier ein Relief von mehr als 1000 m Höhe (Abb. 27.6d). Man schätzt, daß der globale Zuwachs ozeanischer Kruste an den Spreizungszentren rund 20 km^3 pro Jahr beträgt. Wenn mehrere Spreizungszentren, vor allem schnell spreizende Rücken, miteinander in Wechselwirkung treten bzw. interferieren, beobachtet man meist die Entwicklung **ozeanischer Mikroplatten** (oceanic microplates), wie z.B. die Oster-Mikroplatte (Abb. 27.4) im Ostpazifik. Durch **Ausbreitung** (propagation) neuer Spreizungszentren in bereits existierende ozeanische Krustenbereiche entstehen auch neue Plattengrenzen bzw. ozeanische **Tripeljunctions**, die natürlich in ihrer Lage extrem instabil sind und durch Rotationen und kurzzeitige Änderungen der bevorzugten Spreizungsrichtungen gekennzeichnet sind. Das beste Beispiel für eine moderne ozeanische Tripeljunction ist der gemeinsame Grenzbereich von Nazca-, Pazifischer und Cocos-Platte (Abb. 27.5); eine weitere Tripeljunction befindet sich im südlichen Indischen Ozean.

Aus der regionalen Vermessung geomagnetischer Anomalien, durch bathymetrische Auslotungen mit Sea Beam, Sea Marc und anderen Verfahren, sowie durch Tauchfahrten entlang zentraler Rückensegmente kennt man heute bereits viele topographische Details, welche sich direkt auf magmatisch-tektonischen Prozesse an den Spreizungszentren und Rückenachsen-Diskontinuitäten beziehen lassen. So beobachtet man, daß die Kinematik der Rückenausbreitung und die Rolle der Rückendiskontinuitäten bei der longitudinalen Segmentierung weitgehend vom Charakter des Magmenaufstiegs abhängen. Die krustalen **Magmenkammern** (magma chambers), die sich reflexionsseismisch in einer Tiefe von 1 bis 2km unter dem Meeresboden nachweisen lassen, speisen vor allem die höchsten Erhebungen der Rückensegmente über Systeme vertikaler Spalten. Bei einer lateralen Ausbreitung besonders aktiver Rückensegmente entstehen deshalb **überlappende Spreizungszentren** (overlapping spreading centres, OSCs), wobei sich die Enden progressiv **aufgegebener Rückensegmente** (aban-

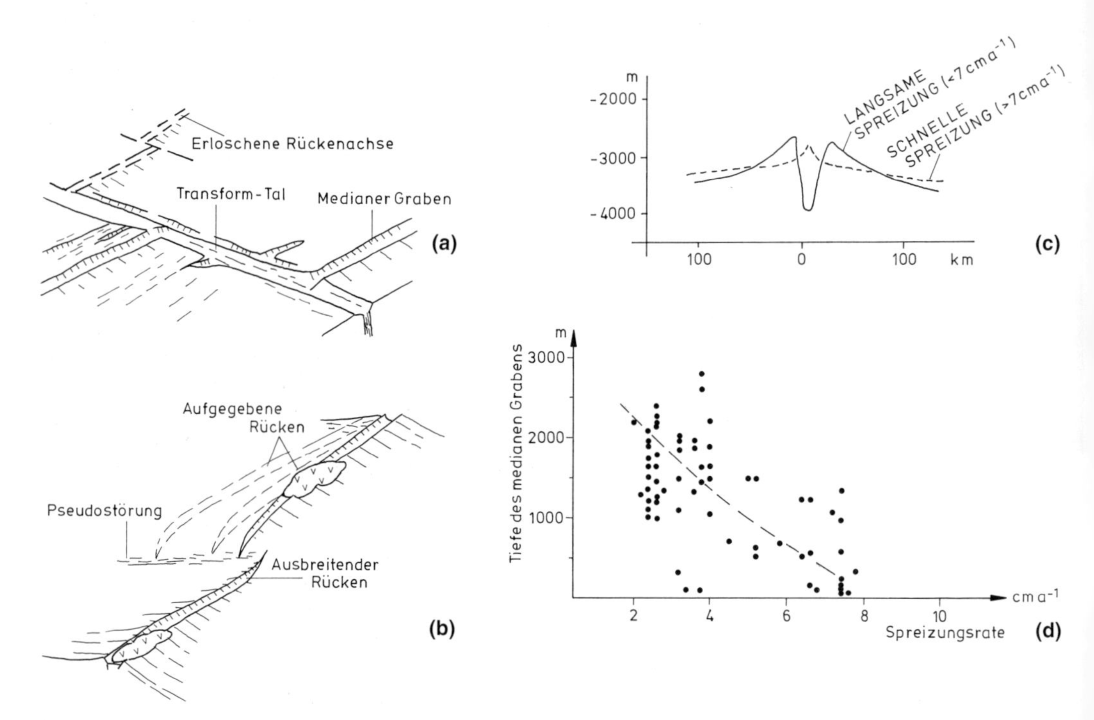

Abb. 27.6 Schema für die zwei Haupttypen von Rückenachsen-Diskontinuitäten, welche als (a) Transformstörungen oder (b) als Überlappungen bzw. Pseudostörungen auftreten können. In (c) ist das achsiale Relief bei schneller und langsamer Spreizung dargestellt (nach Malinverno, 1993) und in (d) die gemessene Beziehung zwischen Relief und Spreizungsrate in Spreizungszentren mit deutlich ausgeprägten medianen Gräben (nach Macdonald et al., 1988).

doned ridge segments) als V-förmige topographisch-magnetische **Pseudostörungen** (pseudofaults) schräg zum allgemeinen Verlauf der Rücken erkennen lassen (Abb. 27.5 und 27.6b).

Sind die aktiven magmatischen Nachschubsysteme dagegen lateral stark abgesetzt, so entstehen seismisch, topographisch und magnetisch gut definierte **Transform-Störungen** (transform faults) parallel zu Kleinkreisen, die senkrecht zum Streichen der Rücken orientiert sind (Abb. 27.6a). In 10 bis 20 km breiten **Transform-Tälern** (transform valleys) sind abnormale Temperaturgradienten, stark deformierte Gesteinspartien, Massenbewegungen und intrusive bzw. extrusive Serpentinit-Diapire zu beobachten. Große Transformtäler mit einem Relief von mehreren Kilometern finden sich z.B. entlang der Romanche-Bruchzone im zentralen Atlantik (Abb. 27.13). Hohe topographische Gradienten und gravitative Massenbewegungen sind nicht nur typisch für Transform-Täler, sondern auch für die **Bruchzonen** (fracture zones), welche als aseismische Verlängerungen der Transform-Störungszonen zu betrachten sind. Erfolgt eine laterale Ausbreitung von Rückensegmenten quer über Bruchzonen und Transforms hinweg, so spricht man von einem **Springen der Rückenachse** (ridge axis jumping). Dabei kommt es zur Unterbrechung der Spreizung an den **erloschenen Rückenachsen** (extinct ridge axis) und somit zu einer Veränderung in der Lage der Plattengrenze.

27.2 Interne Struktur und Metamorphose der ozeanischen Kruste

Wie im vorhergehenden Kapitel versucht wurde zu zeigen, erlauben geophysikalische Vermessungen, topographische Auslotungen und petrologische Beprobungen der Oberfläche mittelozeanischer Rücken die Erstellung recht plausibler Modelle sowohl für die regionale Kinematik als auch für lokale Teilmechanismen, welche zur Bildung der Rücken führen. Viele geologisch-vulkanologisch interessante Details der in-situ Tiefseekruste sind allerdings nach wie vor unklar, da die ozeanische Lithosphäre nach Abscheidung der basaltischen Kruste entlang der Rückenachse zuerst in Form randlicher Abschiebungstreppen stark angehoben wird, sich dann aber allmählich abkühlt und verdichtet, absinkt und schließlich von pelagischen Tiefseesedimenten völlig überdeckt wird. Es ist deshalb anzunehmen, daß im Lauf der Erdgeschichte auf diese Weise riesige Volumina an ozeanischer Lithosphäre neu gebildet wurden, daß aber auch der überwiegende Teil wieder durch Subduktion im Mantel verschwand. Nur kleine Fragmente der ozeanischen Kruste und dazugehörige Mantelgesteine wurden gelegentlich an konvergenten Plattengrenzen von ihrem Mantelsubstrat abgeschert und blieben so als Teil kontinentaler Kruste erhalten. Nach groben Schätzungen ist der erhaltene Anteil phanerozoischer Ozeankruste innerhalb der Kontinente aber wahrscheinlich um fünf Größenordnungen (10^5!) geringer als das ozeanische Krustenvolumen, welches im gleichen Zeitraum wieder in den Mantel subduziert wurde. Für präkambrische „ozeanische" Bereiche sind solche Abschätzungen völlig unsicher, vor allem deshalb, weil sich erstens archaische und frühproterozoische ozeanische Krusten bei höheren Manteltemperaturen entwickelten und deshalb in ihrer Zusammensetzung nicht ganz dem Charakter phanerozoischer ozeanischer Kruste entsprechen. Zweitens sind Vorkommen präkambrischer ozeanischer Gesteinssuiten noch seltener sind als jene phanerozoischen Alters.

Die außergewöhnlichen Umstände, die zur Überschiebung und zum Erhalt ozeanischer Krustenfragmente entlang kontinentaler Randzonen führen, faßt man heute unter dem Begriff **Obduktion** (obduction) zusammen (Abb. 27.7 und 27.9). Obduzierte lithologische Assoziationen ozeanischer Herkunft, die an Land anzutreffen sind, kennt man schon lange unter dem Sammelbegriff **Ophiolithe** (ophiolites). Der Geologe G. Steinmann wies schon früh darauf hin, daß in den Zentralzonen vieler Gebirge tektonisch allochthone Ophiolithe als Assoziationen von Tiefseesedimenten, marinen Basalten (**Kissenbasalten**, pillow lavas) und Ultrabasiten anzutreffen sind. Man bezeichnet diese charakteristische lithologische Dreiheit deshalb heute als **Steinmann-Trinität** (Steinmann trinity). Die regionale Verteilung von ophiolithischer Melange an tektonischen Kontaktzonen am Rand des ursprünglichen Tethysraumes wurde dann besonders von A. Gansser dokumentiert und regte zu verschiedensten geodynamischen Gedankenmodellen für den Mechanismus der Platznahme dieser Gesteinssuiten an. Die Publikation der ersten geophysikalischen Modelle für den Aufbau der modernen ozeanischen Kruste legte dann aber nahe, daß die tektonisch verfrachteten Ophiolithabfolgen wahrscheinlich Fragmente der obersten ozeanischen Lithosphäre darstellen. Refraktionsseismische Untersuchungen in den Ozeanen zeigten nämlich, daß die 5 bis 7 km mächtige ozeanische Kruste

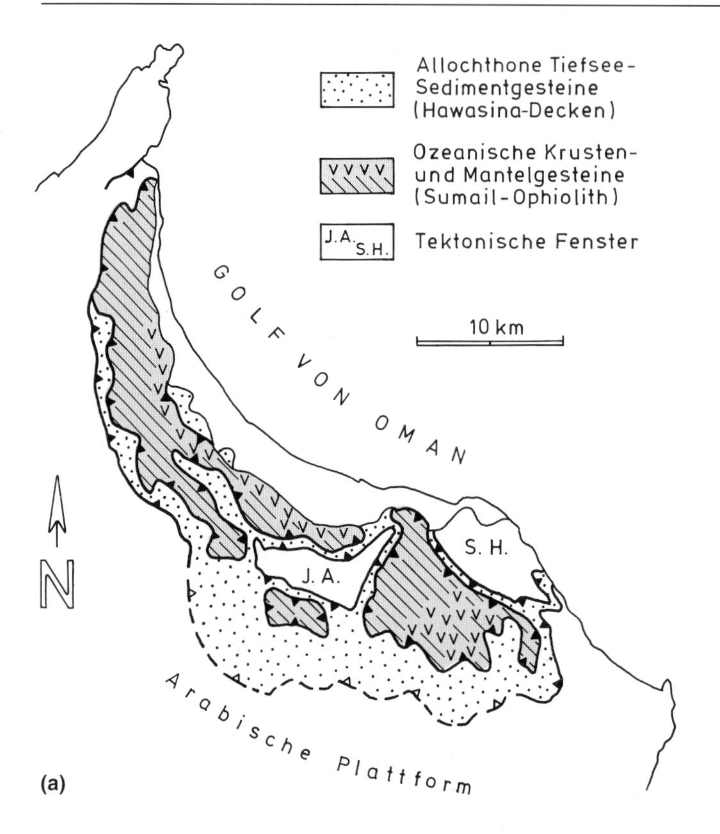

Abb. 27.7 Kartenskizze (a) und kinematisch-palinspastisches Entwicklungsdiagramm (b) der Sumail-Ophiolith-Decken, Oman (nach Boudier & Nicolas, 1988). Während einer NE-SW orientierten Konvergenz wurden in der späten Kreide Tiefseesedimente (Hawasina-Decken) und Krusten- und Mantelmaterial (Sumail-Ophiolith) des Tethys-Ozeans auf die autochthonen Sedimentserien der Arabischen Plattform überschoben; letztere sind auch in tektonischen Fenstern des Deckenstapels aufgeschlossen. Die Geometrie der erosiven Klippen und Fenster ist vor allem ein Resultat fortschreitender Rampenüberschiebungen in den parautochthonen Sedimentgesteinen des Vorlands (nach Bernoulli & Weissert, 1987).

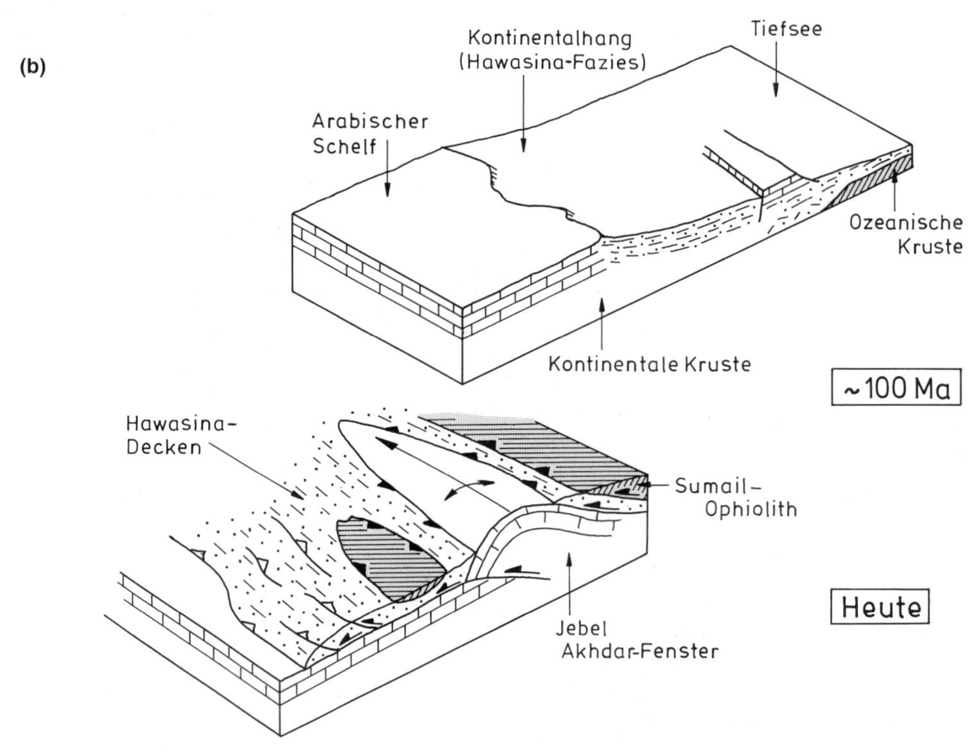

einen weit durchhaltenden Lagenbau besitzt, wobei sich von oben nach unten die Lagen L_1, L_2 und L_3 unterscheiden lassen. Die in-situ gemessenen Geschwindigkeiten seismischer Wellen können wiederum mit jenen Geschwindigkeiten korreliert werden, die im Labor für Gesteine der Ophiolithkomplexe bestimmt wurden. Die oberste Lage L_1 besteht aus Lockersedimenten mit V_P-Werten um $2\,km\,s^{-1}$ und ihre Mächtigkeit in der Nähe der Rückenachse beträgt nur wenige Zehner von Metern, unter den Tiefseeböden aber einige hundert Meter. Die Lage L_2 zeigt durchschnittliche V_P-Werte von 3,5 bis $6\,km\,s^{-1}$, ist durch einen starken vertikalen Gradienten der seismischen Geschwindigkeit charakterisiert (1 bis $2\,km\,s^{-1}\,km^{-1}$) und besitzt eine variable Mächtigkeit von 1 bis 3 km. Die Lage L_3 zeigt relativ konstante V_P-Geschwindigkeiten um 6,7 bis $7{,}3\,km\,s^{-1}$, hat eine Mächtigkeit um 2 bis 4 km und wird anscheinend von ultramafischen Gesteinen mit V_P um $8{,}1\,km\,s^{-1}$ unterlagert, wobei im Zentralbereich moderner Rücken die Wellengeschwindigkeiten im obersten Mantel allerdings wesentlich geringer sind. V_P-Geschwindigkeiten in der achsialen Kruste, die in Richtung senkrecht zu den Rücken höher sind als in Richtung parallel zu den Rücken, deuten auf Magmenkammern direkt unter dem Kamm hin. Ähnliche seismische Anisotropien im Mantel belegen Gitterregelung des Mantelminerals Olivin in den zur Seite bewegten und plastisch verformten Peridotiten. Aktive Magmenkammern unter den Rücken, die nach reflexionsseismischen Messungen in einer Tiefe von 1 bis 3 km anzutreffen sind und anscheinend variable Durchmesser von 1 bis 10 km besitzen, zeigen, daß vertikale Abstände zwischen den lithologischen Grenzflächen in der in-situ Kruste und die entsprechenden Abmessungen in den tektonisch verfrachteten Ophiolithen zumindest von der gleichen Größenordnung sind.

Die am besten erhaltenen **Ophiolithkomplexe** (ophiolite complexes) der Erde bilden größere bzw. intern relativ kohärente Decken und liegen entweder auf ebenfalls allochthonen Sedimentabfolgen oder auf autochthonen Deckschichten passiver Kontinentalränder und ozeanischer Plateaus, wie z.B. im Bay of Islands-Komplex in Neufundland, im Sumail-Ophiolith in Oman (siehe Abb. 27.7), in Zypern, an der Indus-Zangbo-Sutur, im Vourinous-Komplex in Griechenland, in Neukaledonien etc. Aus diesen tektonisch zerscherten und überschobenen Einheiten, die teilweise den Charakter von Melangekomplexen haben, rekonstruierte man genetische Modelle sowohl für die vertikale Abfolge der Gesteine wie auch für ihre Internstruktur vor der Überschiebung. Die Lagen entsprechen in groben Zügen den drei seismischen Lagen der ozeanischen Kruste und setzen sich im Idealfall aus sechs deutlich strukturierten Einheiten zusammen (Abb. 27.8). Von unten nach oben beobachtet man lokal serpentinisierte **ultramafische Tektonite** (ultramafic tectonites) aus Dunit-Harzburgit oder Lherzolit, in denen das Mineral Olivin eine meist gute Rege-

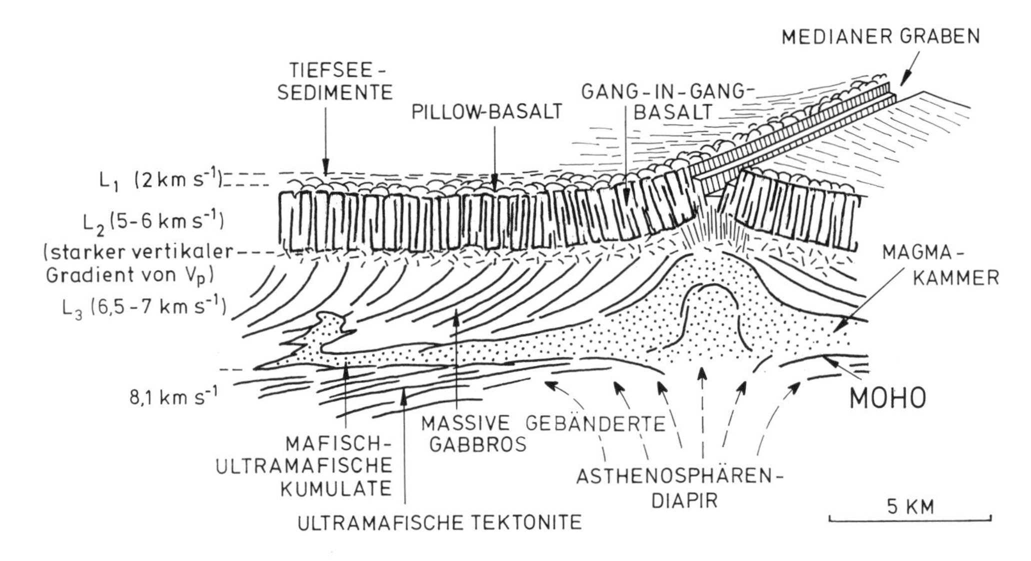

Abb. 27.8 Nicht überhöhtes synthetisches Modell für die mittelozeanische Mantel- und Krustenstruktur, welche sich aus geophysikalischen in-situ Untersuchungen und geologisch-petrologischen Kartierungen von Ophiolith-Komplexen ableiten läßt (nach Boudier & Nicolas, 1988).

lung zeigt. Darüber befinden sich häufig 0,5 bis 2 km mächtige **gebänderte Ultramafitkumulate** (layered, banded ultramafics), bestehend aus Olivin, Pyroxen und Chromit. Darüber folgen 0,1 bis 4 km mächtige **massive** und **gebänderte Gabbros** (massive, banded gabbros) mit den dominierenden Mineralen Pyroxen – Plagioklas und kleinere Na-reiche felsische Intrusiva („Plagiogranite") bzw. diskordante Wehrlitkörper aus Olivin – Klinopyroxen. Eine intrusive basaltische **Gang-in-Gang-Formation** (sheeted dikes), die 0,5 bis 5 km mächtig sein kann, mündet nach oben hin in 0,5 bis 5 km mächtige extrusive **Kissenlaven** (pillow lavas) aus blasenreichen tholeiitischen Basalten. Diese werden schließlich je nach Alter und paläogeographischer Position des Beckens von unterschiedlich mächtigen und variabel zusammengesetzten **Tiefseesedimenten** (deep sea sediments), also Radiolariten, pelagischen Kalken, Tiefseetonen oder Fe- und Mn-reichen Erzschlämmen überdeckt.

Die Zuordnung einzelner Glieder in aufgeschlossenen Ophiolithabfolgen zu den seismisch definierten Lagen der ozeanischen in-situ Kruste ist aber trotzdem nicht immer unproblematisch. Als gut fundierte Arbeitshypothese kann man annehmen, daß unter der sedimentären Lage L_1 die seismische Lage L_2 im allgemeinen eine Kombination aus mehr oder weniger alterierten basaltischen Kissenlaven, Gang-in-Gang-Gesteinen bzw. mafischen Sills (Lagern) darstellt, während L_3 wahrscheinlich der massiven bis gebänderten Gabbroeinheit der Ophiolithabfolge entspricht (Abb. 27.8). Meist ist aber unklar, ob die Moho (V_P größer als 8,1 km s^{-1}) den Harzburgittektoniten des obersten Mantels entspricht („petrologische Moho") oder den gebänderten Ultramafitkumulaten an der Basis der basaltischen Magmenkammern („seismische Moho") gleichzusetzen ist. Varianten in bezug auf Zusammensetzung, Mächtigkeit und Struktur der Ophiolithe gegenüber „durchschnittlicher" ozeanischer Kruste sind im allgemeinen besonderen tektonischen Umständen vor und während der Ophiolith-Obduktion zuzuschreiben. Obduktion erfolgt wahrscheinlich vor allem an bedeutenden Transform-Störungen, an erloschenen Rücken oder entlang initialer Subduktionszonen (Abb. 27.9). Es ist anzu-

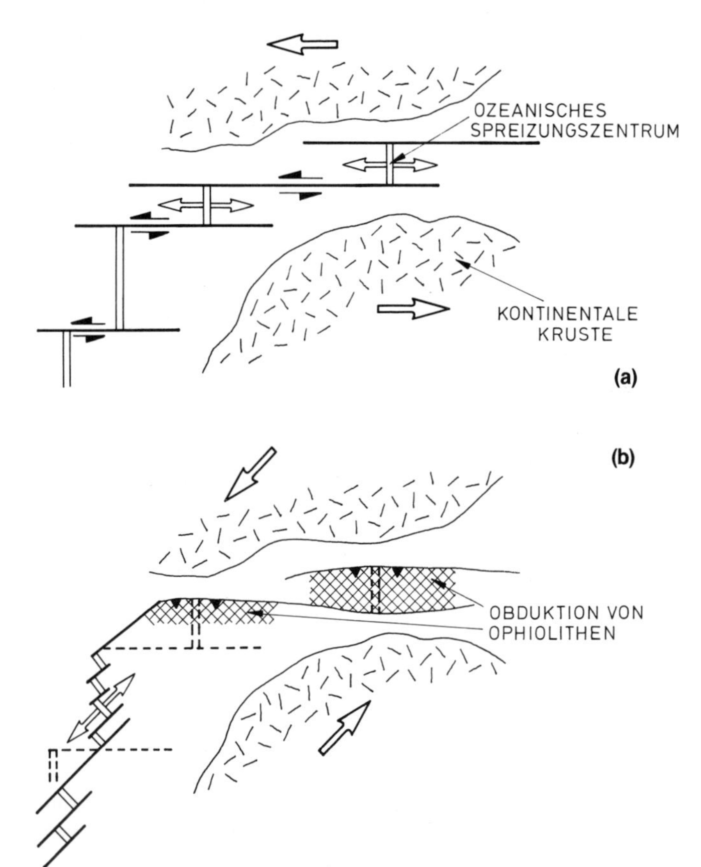

Abb. 27.9 Eines von vielen möglichen Szenarios für die Entstehung (a) und Obduktion (b) relativ kurzer ozeanischer Rückensegmente an einem gescherten passiven Kontinentalrand durch Änderung der allgemeinen Spreizungsrichtung und Plattenrandbewegungen.

nehmen, daß an diesen Strukturen besonders die ultramafischen Mantelanteile und die untere Kruste sehr variabel sind. Gelegentlich erkennt man in Ophiolithen sogar diskrete Lherzolith-Diapire, die mit Temperaturen von mehr als 1000°C an schmalen Extensionszonen aufstiegen und kurz danach durch konvergente Bewegungen bis in die Nähe der Erdoberfläche gelangten (z.B. in der Nähe von Lherz in den Pyrenäen oder in den Ligurischen Alpen). Häufig fehlt auch die Gang-in-Gang-Formation. Weitere signifikante Varianten der obersten ozeanischen Lithosphäre werden durch sekundäre Zufuhr von Wasser und nachfolgende Serpentinisierung der Mantelgesteine hervorgerufen.

Hydrothermale Fluidzirkulation als freie Konvektion bewirkt vor allem im Zentralteil der Rücken eine charakteristische **Metamorphose der ozeanischen Kruste** (sea floor oder ridge metamorphism), wobei die Formen der Konvektionszellen einerseits durch den hydrostatischen Druck am Meeresboden, andererseits durch konzentrierte Wärmeabgabe aus den abkühlenden Magmenkammern von unten gesteuert werden. So infiltriert relativ dichtes, kaltes, alkalisch-oxydierendes Meerwasser weiträumig an diffus verteilten Rissen und Hohlräumen in die obere Kruste der sedimentfreien Rückenflanken. Bohrungen haben gezeigt, daß dort in der Tat der Fluiddruck (pH_2O) in der L_2-Lage mit der Tiefe abnimmt. Der Zutritt von Na und Mg, die im Wasser mittransportiert werden, verursacht oberflächennahe Alteration basaltischer Gesteine („Spilitisierung"). Dort, wo das Wasser entlang von Transform-Störungen auch die ultramafischen Gesteine des Mantels erreicht, erfolgt Serpentisierung, was wiederum Schwächung der Störungen und Aufstieg von Diapiren auslösen kann. Beim Eindringen in die Kruste der Rückenachsen werden wäßrige Lösungen zunehmend saurer und wärmer. Es kommt zum Lösungsumsatz, wobei im Gestein Minerale der Zeolithfazies und Grünschieferfazies entstehen. Die vertikale Metamorphose-Zonierung akzentuiert so die lithologisch bedingten Gradienten in den V_P-Wellengeschwindigkeiten (Abb. 27.10). Erst direkt über den Magmenkammern werden die frei zirkulierenden Fluide auf rund 350 bis 400°C aufgeheizt. Da sie nun aus dem basaltischen Gestein gelöste Komplexverbindungen von Cu, Fe, Zn und Pb enthalten, erfolgt nach Aufstieg der Fluide entlang tiefgreifender Brüche der medianen Gräben ihr **Austritt** (venting) bei Temperaturen um 350°C. Dabei entstehen **Schwarze Schlote** (black smokers) aus Fe-, Cu- und Zn-Sulfiden, Anhydrit, Barit und Kalzit. Bei geringeren Temperaturen kommt es in tektonischen Depressionen zur Sedimentation von Erzschlämmen, die reich an Fe, Mn, Ag, Pb und Zn sind. Mit zunehmender Entfernung vom Rücken und bei zunehmender Sedimentbedeckung zirkulieren Fluide wahrscheinlich auch in Form flacher und niedrig temperierter Konvektionszellen innerhalb der ober-

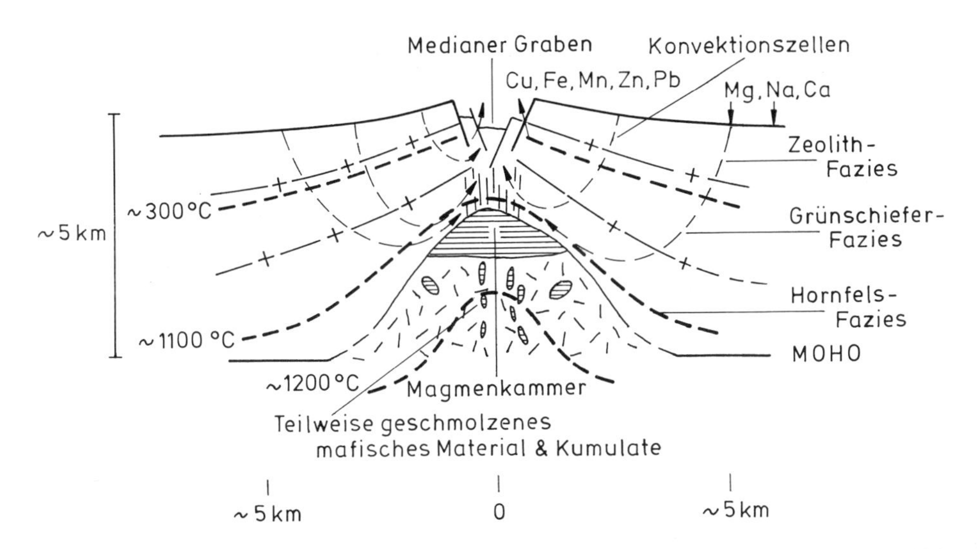

Abb. 27.10 Modell der ozeanischen Metamorphose durch freie konvektive Fluidströme, die als Folge von Aufheizung im Bereich des Rückens aufrecht erhalten werden und auch zum Transport bzw. zur Konzentration von Metallen Anlaß geben. Lage der Isothermen ist schematisch.

sten Kruste. Gut ein Drittel der gesamten Tiefseekruste scheint von mehr oder weniger intensiven Fluidbewegungen betroffen zu sein, und es läßt sich nachweisen, daß diese Bewegungen einen wichtigen Mechanismus der Wärmeabgabe aus der Lithosphäre zum Meeresboden darstellen. Man nimmt an, daß ein Volumen, das dem der gesamten Weltmeere entspricht, innerhalb von 10 bis 20 Millionen Jahren einmal durch die mittelozeanischen Rücken der Erde zirkuliert.

Zusammenfassend ergibt sich also ein Modell der ozeanischen Lithosphärenneubildung, für das man Hochbewegung an einer Kette von Manteldiapiren aus Tiefen von mehr als 400 km annehmen kann. In Tiefen um 30 bis 20 km und bei Temperaturen um 1300°C kommt es durch Entlastung und Scherung zur Abtrennung tholeiitischer Schmelzen, die entlang relativ schmaler Zonen schließlich flachkrustale Magmenkammern füllen. Die restlichen 85 bis 90% der gelängt-zylindrischen Manteldiapire bewegen sich in Form penetrativ-duktil verformter Harzburgit-Tektonite zuerst vertikal und dann knapp unter der Moho horizontal vom Spreizungszentrum weg und bilden so den neugebildeten Mantelanteil der obersten ozeanischen Lithosphäre. Dabei stellen die transformierenden Rückendiskontinuitäten sowohl thermisch als auch mechanisch abnormale Bereiche der ozeanischen Lithosphäre dar und bleiben als solche auch bei der allgemeinen Abkühlung mit zunehmendem Alter erhalten.

27.3 Ozeanische Inseln, aseismische Rücken und ozeanische Plateaus

Die geophysikalische und topographische Vermessung der Tiefseeböden, vor allem jener der westpazifischen ozeanischen Tiefsee-Ebenen, hat in den letzten Jahren gezeigt, daß neben großen Bruchzonen, die senkrecht zu mittelozeanischen Rücken verlaufen, auch zahlreiche andere unregelmäßige Erhebungen, Plateaus und lineare Schwellen weit über das Niveau der zu erwartenden Subsidenztiefe für „normale“ ozeanische Kruste aufragen. Diese intraozeanischen Erhebungen unterscheiden sich meist in ihrer geophysikalischen Signatur und der Feinstruktur ihres Gesteinssubstrats von normaler Ozeankruste. Sie lassen sich grob in drei Gruppen gliedern: (1) relativ gut definierte lineare ozeanische Inselketten, (2) relativ breite und lineare aseismische Schwellen und (3) unregelmäßig verteilte ozeanische Plateaus bzw. Tiefseeschwellen. Die Topographie und eine meist noch kaum erforschte Krustenstruktur deuten an, daß sich die meisten intraozeanischen Erhebungen primär auf breite abnormale Bereiche in der Asthenosphäre bzw. auf gut lokalisierbare Hotspots beziehen lassen. Außer einem Intraplattenvulkanismus erfolgt in ihnen auch eine sekundäre thermisch-magmatische **Verjüngung** (rejuvenation) der gesamten ozeanischen Intraplattenlithosphäre.

Hotspots (heiße Flecken) sind punktuelle thermisch-magmatische Anomalien in Tiefenbereichen von 200 bis 400 km, in denen sich anscheinend relativ heißes Material aufsteigender **Manteldiapire** (mantle plumes) befindet. Ihre mechanisch-petrologische Identität weist auf Temperaturen hin, die bis rund 200°C höher sein sollten als jene in den umliegenden peridotitischen Mantelgesteinen. Seismisch-tomographische Untersuchungen und Modellrechnungen zeigen, daß sich der thermische Kontrast zwischen Manteldiapiren und dem Nebengestein beim Aufstieg der Diapire vergrößert und daß in den pilzförmigen höchsten Mantelbereichen, die mehr als 100 bis 200 km breit sein können, schließlich Absonderung voluminöser basaltischer Schmelzen erfolgen kann. Im Vergleich zu den mittelozeanischen Spreizungszentren scheinen sich die maximalen negativen Abweichungen der Scherwellengeschwindigkeiten im Bereich von Hotspots in größeren Tiefen (100 bis 250 km) einzustellen. Aus sekundären Magmenkammern in der obersten Lithosphäre werden zyklische Intrusionsprozesse bzw. der ozeanische Intraplatten-Vulkanismus gesteuert. Hebungen der submarinen Erdoberfläche, ausgelöst durch überregionale Schweredefizite, haben im allgemeinen Durchmesser von 10^2 bis 10^3 km. Kontinuierliche Bewegung der ozeanischen Lithosphäre über einen sublithosphärischen Hotspot hinweg verfrachtet natürlich auch die bereits innerhalb der Lithosphäre an der Erdoberfläche extrudierten und in der Lithosphäre erstarrten partiellen Schmelzprodukte. Eine relativ gleichmäßige Zufuhr von Magmen aus einem quasi-stationären Hotspot, der unter der Lithosphäre liegt, erzeugt auf diese Weise an der Oberfläche der Lithosphärenplatte eine kontinuierliche vulkanische **Hotspot-Spur** (hotspot trace), die parallel zur Bewegungsrichtung der Platte ausgerichtet ist (z.B. Hawaii-Emperor Inselkette). Bei abnormal mächtiger und relativ langsam bewegter ozeanischer Lithosphäre beobachtet man dagegen eher große, fleckenhafte und voneinander getrennte Vulkankomplexe (z.B. Azoren). Bei massiver und relativ kurzlebiger Hotspot-Tätigkeit entstehen breite, aber relativ kurze Spuren mit Plateaucharakter (siehe weiter unten). Die Lithosphäre selbst verbleibt aufgrund der langsamen Abkühlung der Intrusionsprodukte über längere Zeit thermisch abnormal. Im allgemeinen sind die **Hotspot-Spuren** (hotspot tracks) auf der ozeanischen Lithosphäre besser entwickelt als auf den Kontinenten, weil die thermisch definierte Untergrenze der Lithosphäre im ozeanischen Bereich wahrscheinlich schärfer ausgeprägt ist als unter Kontinenten. Außerdem ist auf den Kontinenten auch die Wechselwirkung zwischen den aufsteigenden Schmelzen und der heterogen zusammengesetzten Kruste entsprechend komplex (siehe Kapitel 24).

Auf „normaler" ozeanischer Lithosphäre mit einer Mächtigkeit um 100 km äußern sich Hotspot-Spuren als deutlich ausgerichtete **ozeanische Inselketten** (ocean island chains), deren ältere Teile submarine **Seamount-Ketten** (seamount chains) bilden, also vormalige vulkanische Inseln, die im Lauf der Zeit durch Abkühlung ihres lithosphärischen Substrats unter den Meeresspiegel absanken. Gelegentlich handelt es sich aber auch um submarine Schildvulkane, die nie über dem Meeresspiegel aufragten. Man vermutet heute, daß sich auf den modernen Ozeanböden insgesamt weit mehr als 100.000 größere Vulkane befinden, die mehr oder weniger deutlich ausgerichteten Insel- oder Seamount-Ketten zuzuordnen sind. Man kann annehmen, daß die globale Position einer sublithosphärischen Aufstiegszone eines Manteldiapirs gegenüber den Lithosphärenplatten relativ stationär bleibt und die Ausrichtung der modernen Inselketten deshalb recht genau der relativen Bewegungsrichtung der Lithosphärenplatten gegenüber dem sublithosphärischen Mantel entspricht. Die systematische regionale Altersabfolge vulkanischer Produkte in ozeanischen Inselketten ist neben dem magnetischen Streifenmuster der ozeanischen Kruste ein wichtiger quantitativer Hinweis zur Festlegung der Richtungen und Raten von Plattenbewegungen. Von „absoluten" Plattenbewegungen in einem global integrierten Rahmen kann man aber trotzdem nur in erster Annäherung sprechen, da sich wahrscheinlich auch tiefere Teile des Mantels und ihre Plumes mit Geschwindigkeiten von einigen Millimetern (bis Zentimetern?) pro Jahr lateral bewegen.

Die am besten bekannten ozeanischen Hotspot-Spuren befinden sich auf der Pazifischen Platte und entsprechend der gegenwärtigen Bewegungsrichtung dieser Platte sind viele vulkanische Inseln und Seamounts in WNW-orientierten Ketten aneinandergereiht (Abb. 27.11). Andere aktive Hotspots des Pazifiks liegen in der Nähe von Pitcairn, MacDonald und Tahiti, weitere Inselketten befinden sich am Tuamotu- und Marcus-Rücken bzw. in den Line Islands. Die längste und am besten dokumentierte Inselkette des Pazifiks hat ihren gegenwärtigen Endpunkt in der Inselgruppe von Hawaii. Diese Inselkette soll deshalb stellvertretend für den pazifischen Raum diskutiert werden.

Die **Hawaii-Inseln** (Hawaii Islands) als jüngster Teil der Hawaii-Emperor-Kette sind das vulkanische Produkt einer anscheinend langlebigen Magmenproduktion, die seit mindestens 80 Ma ein Volumen von mehr als 10^6 km^3 basaltischer Magmen erzeugt hat. Die Hawaii-Emperor-Kette ist ungefähr 6000 km lang und zeigt eine deutliche Knickstelle zwischen der jüngeren WNW-streichenden Hawaii-Kette und der älteren NNW-streichenden Emperor-Kette (Abb. 27.11). An ihrem distalen Ende verschwindet die Emperor-Seamount-Kette in einem scharfen Einsprung der Aleuten- bzw. Kamtschatka-Subduktionszone, wo die ältesten, im Ausgangsstadium des Hotspot-Vulkanismus extrudierten submarinen Flutlaven und Schildvulkane wahrscheinlich bereits teilweise subduziert wurden. Es ist auch wahrscheinlich, daß abnormale Eigenschaften der subduzierenden Lithosphäre im Bereich der Emperor-Seamount-Kette wesentlich zu dieser gewaltigen Einbuchtung des nordwestpazifischen Inselbogens beigetragen haben. Seit wann aber der Hawaii-Hotspot aktiv ist, läßt sich genau nicht feststellen und das minimale Alter von angenähert 70 bis 80 Ma ist nur das Alter der nördlichsten Seamounts der Emperor-Kette. Aus der Altersabfolge der nach Süden hin jüngeren Vulkane läßt sich eine durchschnittliche Bewegungsrate der Pazifischen Platte über den Hawaii-Hotspot von rund 9 cm a^{-1} berechnen. Das Alter der Knickstelle zwischen dem Hawaii-Segment und dem Emperor-Segment ist rund 43 Ma und weist auf eine bedeutende Änderung der Bewegungsrichtung der pazifischen Platte von NNW nach WNW zu dieser Zeit. Eine weitere, wesentlich geringere Änderung der Bewegungsrichtung erfolgte anscheinend um rund 23 Ma. Beide Ereignisse sind zeitgleich mit bedeutenden Reorganisationen in der Plattenranddynamik des gesamten indo-pazifischen Raums (siehe Kapitel 29.2).

Die ozeanische Kruste rund um Hawaii ist ungefähr 90 Ma alt. Aufgrund der vulkanischen Tätigkeit im Bereich des Hotspots erlangte sie aber im Umkreis von 200 km eine abnormale Mächtigkeit von 10 bis 20 km. Durch verschiedene seismotomographische Untersuchungen läßt sich der thermisch abnormale sublithosphärische Mantelbereich unter Hawaii bis in Tiefen von mehr als 350 km verfolgen und über seinem Zentrum beobachtet man eine

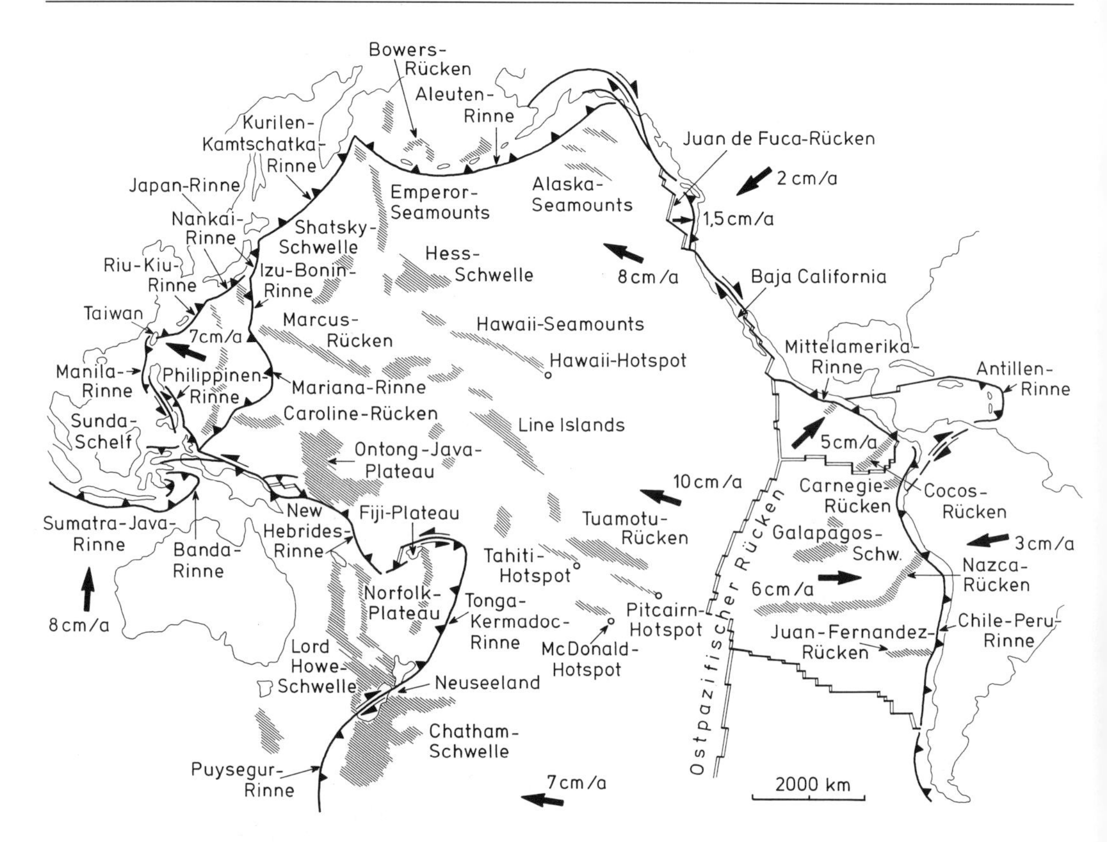

Abb. 27.11 Tektonische Skizze des Pazifischen Ozeans mit Raten der „absoluten" Plattenbewegungen. Bemerkenswert sind die WNW-ausgerichteten Inselketten und aseismischen Rücken bzw. die großen ozeanischen Plateaus (schraffiert). Hohe Konvergenzraten der Platten dominieren im Ostpazifik (6+3 = 9 cm a^{-1}), geringere im Westpazifik (10–7 = 3 cm a^{-1}).

großregionale Aufdomung der gesamten Lithosphäre um rund einen Kilometer. Diese Aufdomung des normalerweise 5 km tief gelegenen Meeresbodens wird überlagert durch eine kleinräumigere elastische Eindellung rund um Hawaii, welche als Hawaii-Trog (**Ringtrog**, Hawaii-trough) bezeichnet wird. Dazu kommt eine komplementäre äußere Aufwölbung (**Ringwall**, outer rise, Abb. 27.12b). Beide entstanden aufgrund der teilweise elastisch kompensierten Auflast des bis 10 km mächtigen magmatischen Komplexes auf der Lithosphäre von Hawaii gegenüber dem tiefer gelegenen „viskosen" Mantelsubstrat (Abb. 4.2).

Die Schmelzen, die am Aufbau der vulkanischen Inseln beteiligt sind, beginnen anscheinend bereits in einer Tiefe von mehr als 80 km und bei Temperaturen über 1300°C sich vom peridotitischen Mantelsubstrat abzutrennen und sammeln sich dann in sekundären Magmenkammern der höheren Lithosphäre in einer Tiefe von weniger als 40 km. Von dort bis zur Erdoberfläche äußern sich die Magmenbewegungen durch diffuse Seismizität. Aufgrund der advektiven Aufheizung der Lithosphäre ist im weiteren Umkreis der Hawaii-Kette der Wärmefluß um rund 25% höher als am „normalen" Tiefseeboden dieser Region. Der eigentliche Aufstieg der Magmen entlang krustaler Spalten verrät sich in Erdbebenschwärmen, die in Tiefen von 5 bis 15 km direkt unter den aktiven Vulkanen besonders intensiv sind. Typische **ozeanische Inselbasalte** (OIBs, oceanic island basalts) treten als lineare Lavafontänen und in Lavaseen an größeren Kalderen (Mauna Loa, Kilauea) aus, haben Temperaturen zwischen 1100° und 1200°C und sind durch ihre relativ geringe Viskosität gekennzeichnet. Die Laven bilden deshalb im Lauf von 1 bis 2 Ma breite und flache Schildvulkane. Auch in das Vulkangebäude selbst dringt Magma in größeren Volumina ein und bildet in Tiefen von rund 5 km Magmenkammern, über denen es zu zyklischen Hebungen und Senkungen der Erdoberfläche kommt. Laterale Gangintrusionen lösen ebenfalls bedeutende oberflächennahe Seismizität aus, bewirken krustale Abschiebungen und gewaltige gravitative Gleitungen im Bereich der „Riftzonen“ am Südrand der Insel Hawaii. Die Orientierung tiefgreifender sekundärer Brüche wird wahrscheinlich auch durch reliktische ENE-streichende ozeanische Bruchzonen im präexistierenden Lithosphärensubstrat bestimmt.

Chemisch sind die OIBs von Hawaii im allgemeinen leicht angereicherte tholeiitische Basalte, die rund 95% des Volumens der Schildvulkane ausmachen, im einzelnen aber auf recht inhomogen zusammengesetzte Mantelquellen hindeuten. Magmen mit alkalischer Tendenz (also mit geringerem Aufschmelzungsgrad im Bereich der Magmenquelle) extrudieren sowohl in den initialen als auch in den späten Phasen des magmatischen Zyklus einer einzelnen Vulkangruppe, also dann, wenn auf dem dynamisch oder isostatisch angehobenen Ozeanboden eine neue Inselgruppe entsteht und auch dann, wenn diese bei ihrer Bewegung über den äußeren Ringwall nochmals leicht angehoben wird. Erst danach beginnt die lange nicht-magmatische Subsidenzgeschichte des Vulkangebäudes. Alkalische Vulkanite sind heute in der Hawaii-Kette in Form einer jungen (< 1 Ma) Gangschar auf der Insel Oahu zu beobachten; letztere hat sich bereits über den äußeren Ringwall bewegt (Abb. 27.12).

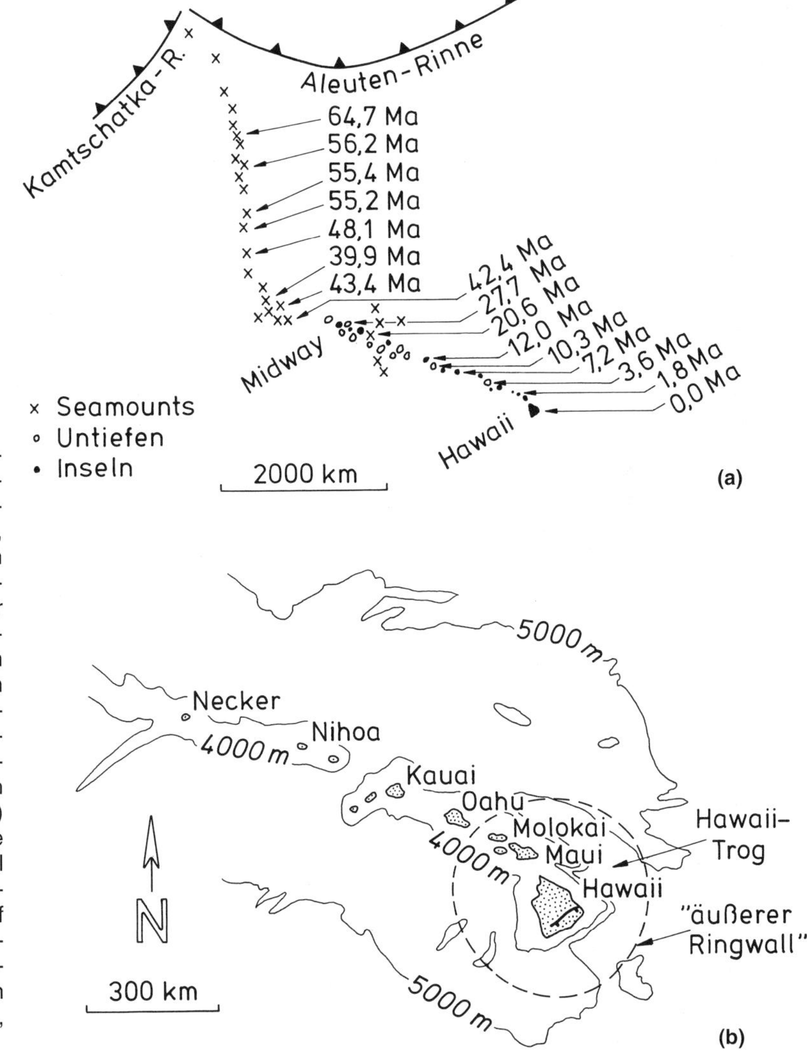

Abb. 27.12 Die ozeanische Hawaii-Emperor-Kette (a), entlang welcher vulkanische Inseln, Untiefen und schließlich Seamounts die progressive Subsidenz der abkühlenden Hotspot-Lithosphäre illustrieren und an deren distalem Ende der scharfe Einsprung des Aleuten-Kamtschatka-Bogensystems liegt. Im Bereich der Hawaii-Inseln (b) läßt sich der äußere „elastische“ Ringwall und der Einfluß krustaler Heterogenitäten auf die großräumige Struktur rund um die vulkanischen Inseln erkennen (siehe WINTERER et al., 1989).

Als Folge der Subsidenz älterer Teile ozeanischer Inselketten entstehen kegelförmige **Seamounts**, deren primäre Oberflächenmorphologie sowohl durch Riffwachstum als auch durch Erosion modifiziert werden, bevor sie in größere Meerestiefen absinken. Ob die Vulkane einer Inselkette bei einer späteren Subduktion der umgebenden ozeanischen Lithosphäre von ihrem Krustensubstrat abgeschert werden oder nicht, ist abhängig von den subtilen mechanischen Eigenschaften des subvulkanischen Internbaus, also vor allem von der Dichte der Basalte, vom basalen Lagenbau, vom Gehalt an Fluiden etc., aber auch von der Art der Subduktion (siehe Kapitel 28). Die meisten vulkanischen Inseln werden anscheinend zusammen mit ihrem ozeanischen Lithosphärensubstrat subduziert.

Aseismische Schwellen und **Rücken** (aseismic rises, ridges) sind im Gegensatz zu den ozeanischen Inselketten weniger durch individuelle Vulkangebäude als durch langgestreckte und relativ breite (200 bis 500 km) topographische Erhebungen des Ozeanbodens charakterisiert. In einzelnen Fällen sind aseismische Schwellen der Tiefsee auch als Relikte nicht mehr aktiver mittelozeanischer Rückensegmente oder aseismischer Bruchzonen zu identifizieren und sind dann relativ schmal (10 bis 50 km). Die meisten aseismischen Schwellen lassen sich auf abnormal intensive mittelozeanische Spreizungsvorgänge beziehen und besitzen ein symmetrisches topographisches Querschnittsprofil. Sie sind meist symmetrisch gepaart und schräg bis senkrecht zu mittelozeanischen Rücken angeord-

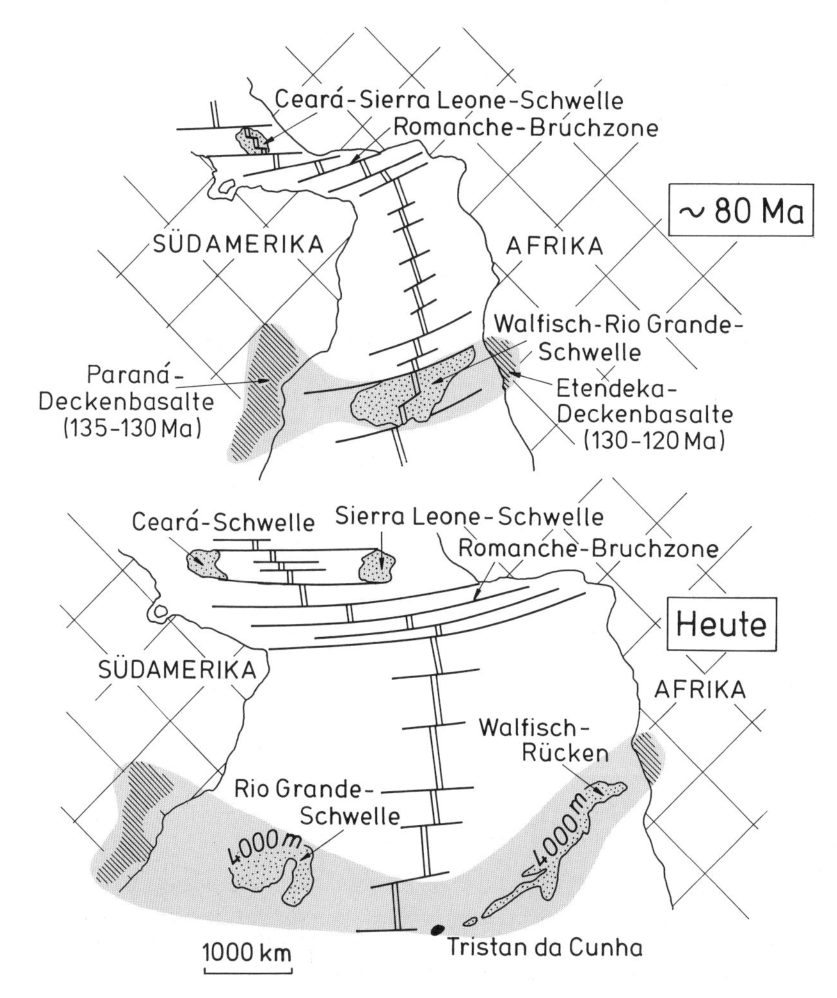

Abb. 27.13 Die gepaarten aseismischen Schwellen und Rücken, die als magmatische Produkte eines abnormalen Manteldiapirs im Bereich des Mittelatlantischen Spreizungszentrums entstanden sind (nach KUMAR, 1979). Ceará-Sierra Leone und Rio Grande-Walfisch-Rücken illustrieren die tektonische Trennung kontinentaler Deckenbasalte bzw. aseismischer Schwellen durch ozeanische Spreizung, welche durch Plume-Aktivität verstärkt wird.

net. Bekannte aseismische Rücken sind z.B. die Walfisch-Rio Grande- und die Ceará-Sierra Leone-Schwellensysteme im Atlantik und das Cocos-Carnegie-Schwellensystem im Pazifik (Abb. 27.5 und 27.13).

Aseismische Rücken entstehen dort, wo Aufstiegszonen von Manteldiapiren mit „normalen" Aufstiegszonen im Bereich der MORs zusammenfallen. Dadurch erhöht sich das Volumen der geförderten basaltischen Lager, Gänge und Laven. Verringerung der Dichte durch advektive Aufheizung des subkrustalen Mantels führt zur topographischen Erhebung der entsprechenden MOR-Segmente bis weit über die normale Tiefenlage mittelozeanischer Rücken und es entwickeln sich auf diese Weise mittelozeanische Inselgruppen, die mehr oder weniger kontinuierlich durch den ozeanischen Spreizungsvorgang seitlich auseinandergetrieben werden (Abb. 27.13). Die abnormale Lithosphäre unter den aseismischen Rücken kühlt bei der lateralen Bewegung der Platten allmählich ab und ihre Oberfläche erreicht schließlich eine entsprechende isostatische Ausgleichstiefe, die aber weit über den normalen Tiefseeböden liegt. Die durchschnittliche Orientierung aseismischer Schwellen dient ebenso wie die Orientierung der bereits diskutierten Inselketten zur Bestimmung der langzeitigen Bewegungsrichtungen von Platten relativ zum sublithosphärischen Mantel. Im Gegensatz zu den ozeanischen Inselketten ist aber die laterale Altersabfolge der vulkani-

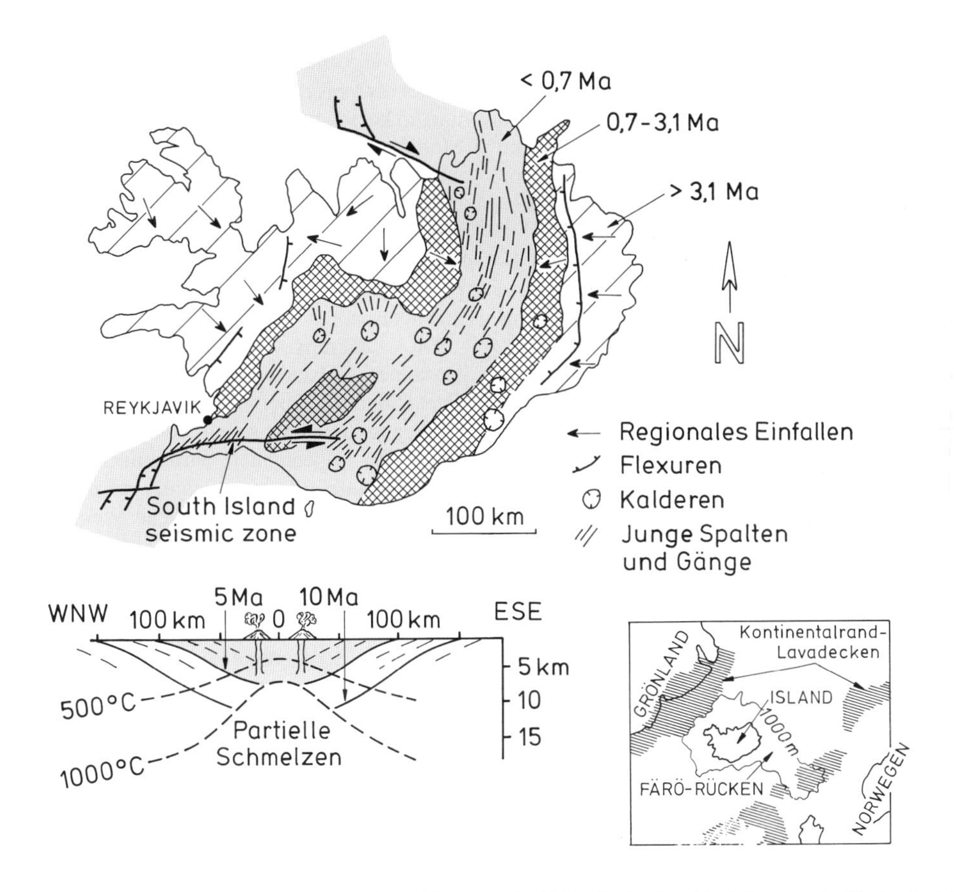

Abb. 27.14 Stark vereinfachte tektonische Skizze und E-W-orientierter Modellquerschnitt durch Island (nach PALMASON, 1986). Die durch eine breitgespannte Einmuldung und Extension geprägte moderne vulkanische Achse des Mittelatlantischen Rückens (rot) wird in Island lateral durch zwei Transformzonen begrenzt. Extrapolierte Modellisothermen deuten auf eine zentrale Hochlage der Asthenosphäre hin. Das Alter der extrudierten Laven ist in Millionen Jahren angegeben. Die Indexkarte rechts unten zeigt die Verbreitung der nordatlantischen Deckenbasalte, die vor rund 60 Ma innerhalb eines Zeitintervalls von 2 Ma in einem Gesamtvolumen von mehr als $2 \cdot 10^6 km^3$ über ein gewaltiges Areal ausflossen.

schen Komplexe und ihre thermische Geschichte schwieriger zu erfassen, da tiefliegende ältere Teile aseismischer Schwellen meist durch mächtige vulkanische und vulkanoklastische Abfolgen verdeckt sind. Im weiteren Verlauf der Entwicklung aseismischer Rücken ist es auch möglich, daß sie durch die Ausbreitung eines mittelozeanischen Rückens von letzterem gequert und geteilt werden (Abb. 27.17). Dies deutet auf eine gewisse mechanische Entkoppelung der Spreizungsdynamik von der Hotspot-Dynamik im höheren Mantel hin.

Das beste Beispiel für den Entstehungsmechanismus aseismischer Schwellen an einem modernen mittelozeanischen Rücken ist die Insel Island (Abb. 27.14). **Island** liegt im zentralen Bereich des aseismischen Island-Färö-Rückens, welcher zu den Kontinentalrändern hin in einen riesigen Komplex basaltischer Deckenlaven übergeht. Der abnormal große und überhitzte Island-Manteldiapir erreichte die Untergrenze der kontinentalen Lithosphäre vor ungefähr 60 Ma, entwickelte sich aber erst vor rund 40 bis 30 Ma zu einem Teil des Mittelatlantischen Spreizungszentrums, welches heute südlich von Island den modellhaft symmetrischen submarinen Reykjanes-Rücken bildet. Island ragt 1 bis 2 km über den Meeresspiegel heraus und hat einen NS- bzw. EW-Durchmesser von knapp 400 km. Das Reykjanes-Spreizungszentrum ist durch eine 10 bis 15 km breite, sinistrale und E-W-streichende Transformstörung, die South Iceland Seismic Zone, mit der 50 bis 100 km breiten und vulkanisch aktiven Riftzone an Land verbunden. Diese besteht im Südteil der Insel aus zwei Extensionsbereichen, die sich gegen Norden zu einer einzigen Extensionszone vereinen und dann über eine komplexe dextrale Transformzone mit der Fortsetzung des mittelatlantischen Rückens in Verbindung stehen. Die Zentralzone besteht aus mächtigen jungpleistozänen bis rezenten tholeiitischen Basaltlaven (< 0,7 Ma), die an inkompatiblen Elementen leicht angereichert sind. In größeren Kalderen bzw. an zahlreichen 1 bis 5 m breiten spaltenfüllenden Gängen sowie entlang von steilen Abschiebungen läßt sich eine regionale Extension der Zentralzone von rund 2 cm a^{-1} demonstrieren. Die räumliche Verteilung der flachkrustalen Seismizität bis in rund 10 km Tiefe belegt ebenfalls den geodätisch-neotektonisch nachgewiesenen Extensionsprozeß. Der Wärmefluß beträgt in der Zentralzone rund 300 mW m^{-2}, fällt aber an den Flanken der Insel bis auf Werte um 100 mW m^{-2} ab. Die hohen geothermischen Gradienten, die aufgrund bedeutender lokaler Fluidbewegungen und der unregelmäßigen Verteilung von Vulkanen stark variieren, werden bekannterweise zur geothermalen Energiegewinnung genutzt. Die Zentralzone wird seitlich von plio-pleistozänen Lavaserien (0,7 bis 3 Ma) unterlagert, welche anscheinend bis unter das zentrale Rift einfallen, aber von noch älteren Laven (3 bis 15 Ma) unterlagert werden. Die ältesten Lavaabfolgen streichen im Osten und Westen der Insel aus, sind dort bis zu 10° in Richtung der Zentralzone gekippt und an Flexuren verkrümmt. Im kontinuierlich absackenden zentralen Krustensubstrat wurden ältere Laven deshalb anscheinend wieder durch eine hochgradige ozeanische Metamorphose überprägt und dabei auch partiell aufgeschmolzen. Seismische Untersuchungen und Bohrungen zeigen, daß geringfügig oder nicht metamorphe Laven und Aschenserien der Riftzone insgesamt mindestens 5 km mächtig sind und direkt von metamorphen bzw. intrudierten Gesteinsserien mit seismischen Geschwindigkeiten von V_P=6,5 km s^{-1} unterlagert werden. Für Tiefen größer als 6 bis 8 km deuten V_P-Geschwindigkeiten um 7,5 km s^{-1}, hohe elektrische Leitfähigkeiten und Modellextrapolationen des Temperaturverlaufs darauf hin, daß der angehobene abnormal heiße Mantel direkt von größeren Schmelzbereichen überlagert wird. Die sublithosphärische thermische Mantelanomalie unter Island läßt sich seismotomographisch bis in Tiefen von mindestens 250 bis 300 km nachweisen.

Die Lagerungsverhältnisse der vulkanischen Gesteine auf Island dienen auch als Modell zum Verständnis von überwiegend vulkanisch geprägten Übergangszonen zwischen Kontinenten und Ozeanen, also sogenannten **vulkanischen passiven Kontinentalrändern** (volcanic passive margins). Es ist nämlich durchaus wahrscheinlich, daß mächtige Abfolgen gekippter Laven einen wesentlichen Anteil der obersten 10 bis 20 Kilometer vor allem dort bilden, wo auch am Festland noch Reste kontinentaler Deckenbasalte anzutreffen sind. Für solche Randzonen der Kontinente ist zu erwarten, daß die Temperaturen im Dach von Manteldiapiren Werte um 1400°C erreichten, was eine Ansammlung von 10 bis 20% partieller Schmelzen ermöglichte und kurzfristig zur Effusion gewaltiger **Flut-** oder **Deckenbasalte** (flood basalts) führte. Thermische Schwächung hatte nachfolgende Extension der Kruste zur Folge. Die Subsidenz der Kontinentalränder, die von mächtigen Lavadecken überlagert werden, ist also nicht allein durch tektonische Streckung und durch die Auflast der Sedimente bedingt, sondern vor allem durch das Gewicht der Lavadecken. Deutlich **seewärts geneigte Reflektoren** (seaward dipping reflectors, Abb. 27.15), wie man sie z.B. im Untergrund der passiven Kontinentalränder des Südatlantiks, Grönlands und Norwegens nachweisen kann, deuten also auf einen Mechanismus, bei dem direkt nach Ablagerung der Flutbasalte ozeanische Spreizung einsetzte. Der Färö-Rücken und Island stellen demnach spätere Produkte dieses krustenbildenden Mechanismus dar.

Neben aseismischen Rücken sind auch **intraozeanische Plateaus** (oceanic plateaus) Produkte einer ungewöhnlichen basaltischen Magmenförderung. Ozeanische Plateaus zeigen meist unregelmäßige Umrißformen und sind durch ein submarines Relief von 1 bis 4 km charakterisiert. Geophysi-

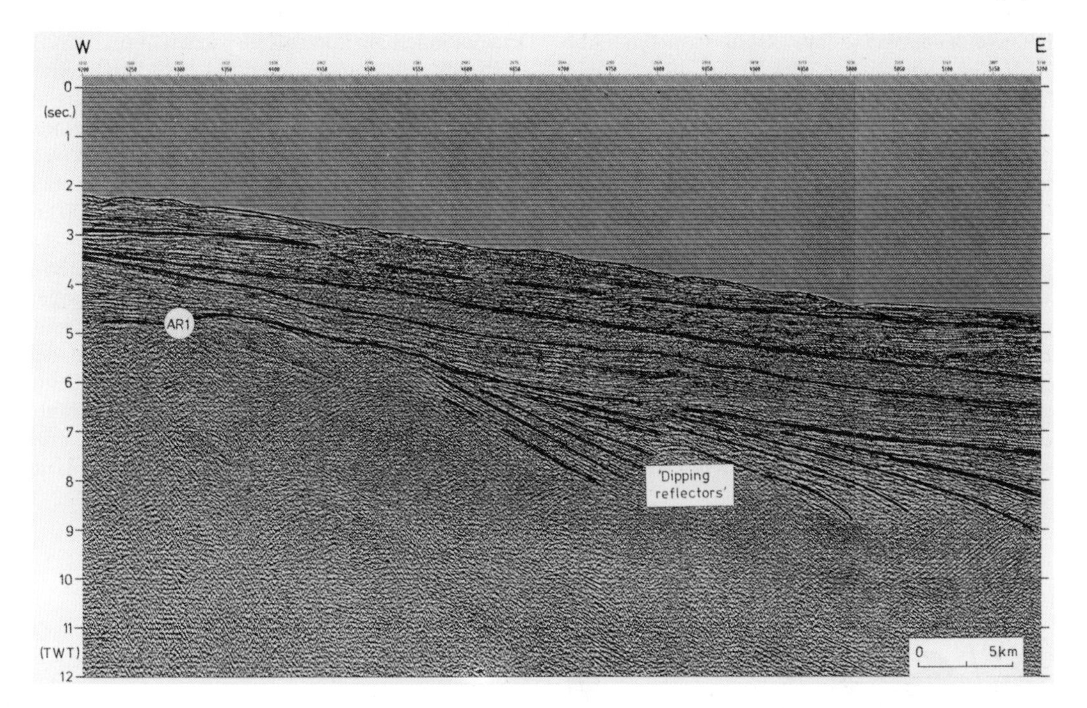

Abb. 27.15 Typische seewärts fallende Reflektoren unter dem passiven Kontinentalrand von Argentinien, wo die Reflektoren wahrscheinlich einer bis zu 7 km mächtigen Serie basaltischer Laven entsprechen (BGR-Profil 86-01 von Beiersdorf, Hinz & von Stackelberg).

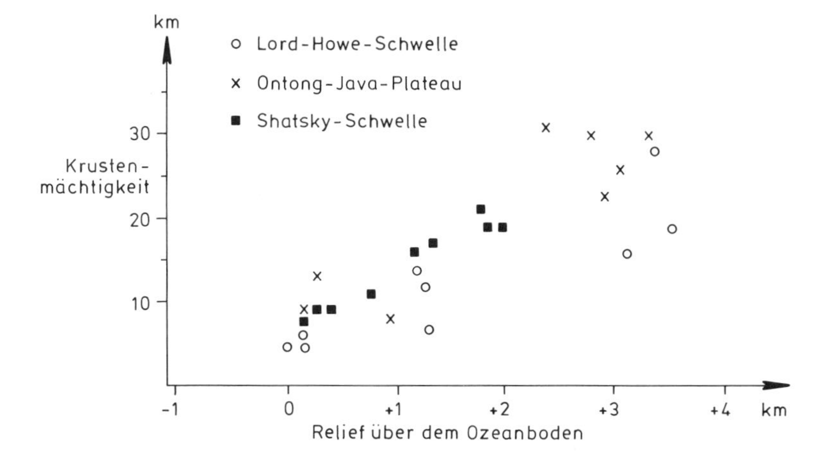

Abb. 27.16 Beziehung zwischen der topographischen Erhebung ozeanischer Plateaus über dem Tiefseeboden und der entsprechenden Krustenmächtigkeit für Bereiche des westlichen pazifischen Ozeans (geographische Lage siehe Abb. 27.11, nach Schubert & Sandwell, 1989).

kalische Anomalien sind an ozeanischen Plateaus nur schwach ausgeprägt und allgemein unregelmäßig verteilt. Die Plateaus befinden sich in der Regel im isostatischen Gleichgewicht, was sich in einer linearen Beziehung zwischen der Erhebung der Plateaus über dem Meeresboden und der in ihnen gemessenen Krustenmächtigkeit ausdrückt. Letztere kann von 7 bis 30 km variieren (Abb. 27.16) und seismische Geschwindigkeiten innerhalb der Kruste zwischen V_P=6,0 und 6,3 km s^{-1} deuten auf einen mächtigen basaltischen Unterbau der Plateaus hin. Große moderne ozeanische Plateaus und etwas tiefer gelegene **Tiefseeschwellen** (rises) kennt man vor allem aus dem westpazifischen Raum, wo ihr Alter im allgemeinen demjenigen der umliegenden ozeanischen Krustenbereiche von rund 110 bis 70 Ma entspricht (Abb. 21.4). Das gewaltige Ontong-Java-Plateau (rund 36 · $10^6 km^3$ Basalt), das Manihiki-Plateau, die Hess- und Schatsky-Schwellen bestehen nach Tiefseebohrungen bzw. seismischen Erkundungen zu beträchtlichen Anteilen aus weit durchhaltenden Lavadecken mit Mächtigkeiten von einigen Kilometern. Man muß annehmen, daß diese basaltischen Laven bei ihrer Extrusion stark überhitzt, extrem gasreich und deshalb sehr dünnflüssig waren. Die **ozeanischen Flut-** oder **Deckenbasalte** (oceanic flood basalts) sind also wahrscheinlich in mancher Hinsicht den kontinentalen Deckenbasalten sehr ähnlich. Beide haben anomal große Volumina ($10^6 km^3$) und extrudierten innerhalb kurzer Zeitspannen (1 bis 10Ma).

Es läßt sich argumentieren, daß bei Ankunft eines abnormal breiten „Kopfes" eines Manteldiapirs an der Basis der Lithosphäre auch entsprechend abnormale Mengen partieller Schmelzen freigesetzt werden. Der Herkunftsbereich solcher anomal großen Diapire ist möglicherweise die 200 bis 300 km mächtige und heterogene D"-Übergangszone des untersten Mantels. Durch Wärmestau an der Grenzzone zwischen den gut wärmeleitfähigen flüssigen Eisenlegierungen des äußeren Kerns und den weniger gut leitfähigen Silikat- und Oxidphasen des untersten Mantels könnte es zur episodischen Instabilität und zur nachfolgenden vertikalen Abfuhr von gewaltigen Mengen an überhitztem Material nach oben kommen. Nach der Hypothese von LAR-

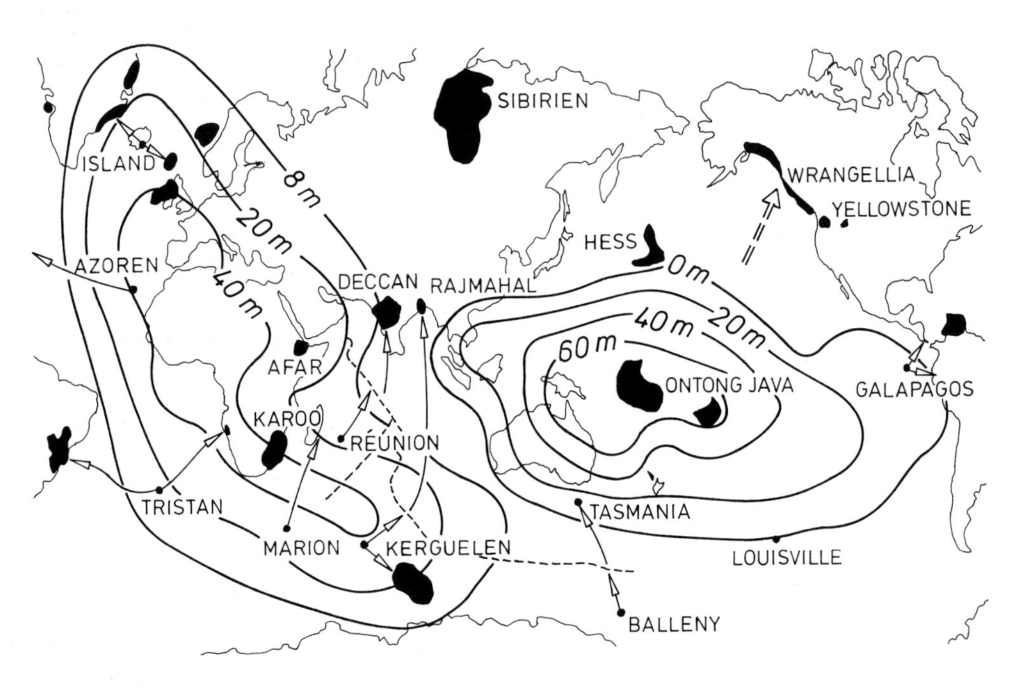

Abb. 27.17 Verteilung bekannter großer Deckenlaven (schwarz) und positiver residualer Anomalien des Geoids (in m), die sich nach Abzug des Effektes subduzierter Platten ergeben. Die Pfeile deuten auf die Relativbewegung bereits extrudierter Deckenbasalte, bezogen auf ihre noch heute tätigen Hotspot-Quellen (nach RICHARDS et al., 1989). Angedeutet ist die Trennung der bedeutenden Réunion- bzw. Kerguelen-Hotspotspur als Folge der Ausbreitung des mittelozeanischen Südostindischen Rückens (gestrichelt).

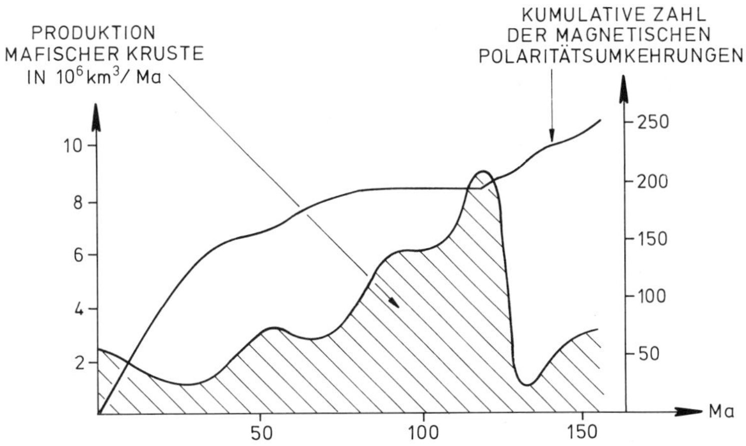

Abb. 27.18 Volumetrische Abschätzung des mafischen Krustenmaterials, das seit rund 150 Ma neu gebildet wurde, und die kumulative Zahl der magnetischen Polaritätsumkehrungen, welche in den letzten 40 Ma systematisch an Häufigkeit zunahmen (nach LARSON & OLSON, 1991, siehe Text).

SON und OLSEN könnte man sich vorstellen, daß z.B. im langen normal-polaren magnetischen Ruheintervall zwischen 118 und 84 Ma, in dem eine kräftige Produktion von ozeanischen Krustenstreifen, Plateaus und Tiefseeschwellen erfolgte, es auch zu intensiven stofflichen Wechselwirkungen zwischen Kern und Mantel kam, aufgrund welcher auch das Magnetfeld der Erde lange stabil blieb. Die seither registrierte Zunahme in der Zahl magnetischer Polaritätsumkehrungen könnte einer zunehmenden thermischen Isolation und somit auch einer zunehmend intensiveren Konvektion im äußeren Erdkern entsprechen (Abb. 27.18). Die Periode mit außergewöhnlicher Produktion an basaltischen Magmen in den Ozeanen, die um rund 100 Ma erfolgte, war möglicherweise auch Ursache eines weltweiten Anstiegs des Meeresspiegels. Es fällt auf, daß der Aufstiegsbereich jener spätmesozoischen **Superplumes** im Westpazifik noch heute durch positive residuale Geoidhöhen und durch anomal geringe seismische Wellengeschwindigkeiten im untersten Mantel charakterisiert ist (Abb. 27.17).

Ozeanische Plateaus sind wahrscheinlich neben kleinen kontinentalen Plattenfragmenten (**Mikrokontinenten**, microcontinents), wie z.B. Madagaskar, und reliktischen Inselbögen die wichtigsten Ausgangsformen von Terranen, die später an konvergenten Plattenrändern teilweise von ihrem Substrat abgeschert und somit an anderen Platten akkretioniert wurden.

Literatur

NAIRN & STEHLI, 1973 bis 1988; COLEMAN, 1977; WATTS, 1978; KUMAR, 1979; SCLATER et al., 1980; HINZ, 1981; SCLATER et al., 1981; GLEN, 1982; MOORES, 1982; MUTTER et al., 1982; MACDONALD, 1983; FOX & GALLO, 1984; GASS et al., 1984; BOUDIER & NICOLAS, 1985; CRANE, 1985; PALMASON, 1986; VOGT & TUCHOLKE, 1986; BERNOULLI & WEISSERT, 1987; DECKER et al., 1987; KEATING et al., 1987; BOUDIER & NICOLAS, 1988; MACDONALD et al., 1988; ATWATER & SEVERINGHAUS, 1989; MARTY & CAZENAVE, 1989; RICHARDS et al., 1989; SCHUBERT & SANDWELL, 1989; WINTERER et al., 1989; O'CONNOR & DUNCAN, 1990; ZEHNDER et al., 1990; LARSON & OLSON, 1991; ROYER et al., 1991.

28 Subduktionszonen, magmatische Bögen, Randbecken und akkretionierte Terrane

28.1 Allgemeiner Profilschnitt

Die oberflächennahe Geometrie, krustale Kinematik und tiefreichende Geodynamik konvergenter Plattengrenzen lassen sich vor allem aus der systematischen Anordnung von Erdbeben erschließen. Die aus der Verteilung von Erdbebenherden abgeleiteten Bewegungszonen bezeichnet man nach zwei Pionieren der Seismologie als **Wadati-Benioff-Zonen** (Wadati-Benioff-zones). Eine Wadati-Benioff-Zone ist demnach jener seismisch aktive Bereich der **subduzierenden** oder **unteren Platte** (subducting, lower plate), der im allgemeinen aus ozeanischer Lithosphäre besteht und mit

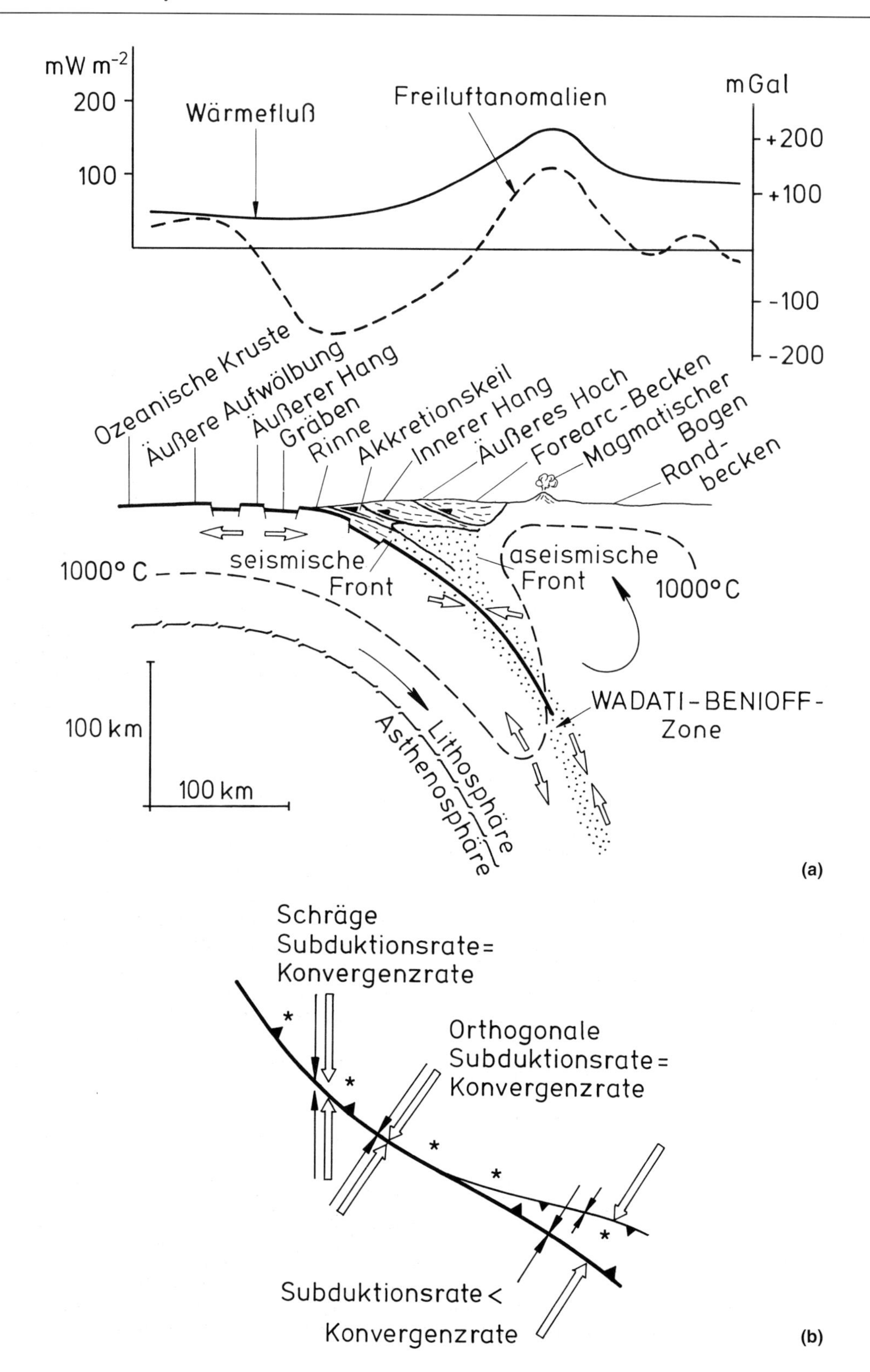

mW m-2
200
100
Wärmefluß
Freiluftanomalien
mGal
+200
+100
-100
-200
Ozeanische Kruste
Äußere Aufwölbung
Äußerer Hang
Gräben
Rinne
Akkretionskeil
Innerer Hang
Äußeres Hoch
Forearc-Becken
Magmatischer Bogen
Randbecken
seismische Front
aseismische Front
1000° C
1000°C
100 km
100 km
Lithosphäre
Asthenosphäre
WADATI-BENIOFF-Zone
(a)
Schräge Subduktionsrate= Konvergenzrate
Orthogonale Subduktionsrate= Konvergenzrate
Subduktionsrate< Konvergenzrate
(b)

der **überfahrenden** oder **oberen Platte** (overriding, upper plate) aus ozeanischer oder kontinentaler Lithosphäre im Kontakt ist (Abb. 28.1a). Konvergente Plattengrenzen sind an der Erdoberfläche als **Tiefsee-Rinnen** (deep sea trenches) zu erkennen. Der keilförmige Bereich zwischen Wadati-Benioff-Zone und Erdoberfläche wird als **Subduktionszone** (subduction zone) bezeichnet. Liegt diese am Rand eines Kontinents, so spricht man von einem **aktiven Kontinentalrand** (active continental margin), liegt sie im ozeanischen Bereich, so bezeichnet man sie als **intraozeanische** oder **ozeanische Subduktionszone** (intraoceanic, oceanic subduction zone). Aus zahlreichen Herdflächenlösungen und Bestimmung der seismischen Momente von Erdbeben weiß man, daß an den Wadati-Benioff-Zonen relativ hohe Spannungen abgebaut werden und daß subduzierte ozeanische Lithosphärenfragmente als Einheiten tief in den Mantel eindringen. Dort, wo die Wadati-Benioff-Zonen eine Tiefe von 100 km hinter der Rinne erreichen, tritt an der Erdoberfläche ein **magmatischer Bogen** (magmatic arc) auf. Die bedeutendsten modernen Subduktionszonen bzw. magmatischen Bögen findet man in Indonesien und rund um den Pazifischen Ozean. Sehr interessante Subduktionszonen existieren aber auch im Scotia-Bogen des Südatlantiks, in der Karibik des Zentralatlantiks und im kalabrischen bzw. hellenischen Bogen des zentralen Mittelmeers. Subduktion bewirkt eine deutliche topographisch-strukturelle Asymmetrie, die man als **Subduktions-** oder **Bogen-Polarität** (facing, subduction zone polarity, arc polarity) bezeichnet. Die Polarität der Subduktionszone entspricht einer Asymmetrie des Rinnenquerschnitts bzw. der Bewegungsrichtung im Hangenden krustaler Überschiebungen in der oberen Platte. So spricht man z.B. von einer südgerichteten Bogen-Polarität, wenn die Subduktionszone nach Norden einfällt.

Richtung und Geschwindigkeit der Relativbewegungen zwischen oberer und unterer Platte entlang einer Subduktionszone werden durch **Subduktionsrichtung** (direction of subduction) bzw. **Subduktionsrate** (subduction rate) beschrieben, wobei Subduktion **schräg** oder **orthogonal** (oblique, orthogonal) erfolgen kann. Kommt es dabei zur Kontraktion der oberen Platte, so ist die Subduktionsrate allerdings geringer als die **Konvergenzrate** (rate of convergence) zwischen den Platten (Abb. 28.1b). Bei Extension der oberen Platte ist die Subduktionsrate größer als die Konvergenzrate. Auch an der Grenze zwischen zwei Platten mit gleicher „absoluter" Bewegungsrichtung aber unterschiedlicher Geschwindigkeit kommt es deshalb zur Subduktion, wie z.B. an der Plattengrenze zwischen der Pazifischen und der Philippinen-Platte (Abb. 27.11). Wichtig für die tektonisch-magmatischen Auswirkungen der Plattenkonvergenz sind Variationen in der Richtung und im Betrag der Relativbewegungen (= Konvergenzrate) entlang von Subduktionszonen (Abb. 28.1b). Diese Variationsbreite äußert sich in der Geometrie der Rinnen, der Position magmatischer Bögen und assoziierter Krustenstrukturen (Abb. 28.2).

Moderne **Rinnen** (trenches) als Spuren der Wadati-Benioff-Zonen sind bis zu 11 km tief, 100 km breit und 1000 km lang. Die Rinnen sind in Richtung der Bogen-Polarität konvex und häufig durch Querstrukturen oder durch starke Einsprünge der Subduktionszone segmentiert. Diese Einsprünge entsprechen meist Bereichen, in denen abnormal mächtige, thermisch verjüngte oder relativ leichte Lithosphäre subduziert wird, wie z.B. die Lithosphäre ozeanischer Inselketten, aseismischer Rücken, ozeanischer Plateaus oder kontinentaler Krustenfragmente. An den **Bogen-Einsprüngen** (arc reentrants) wird die allgemeine Plattenkonvergenz meistens durch bedeutende Blattverschiebungsbewegungen modifiziert, wobei häufig auch **amagmatische Bögen** (amagmatic arcs) auftreten. Dies bedeutet, daß die sonst zu beobachtende magmatische Aktivität auf der oberen Platte gestört ist, aber auch die durchschnittliche Tiefenverteilung der seismischen Aktivität und die Topographie der Rinne eine abnormale Konfiguration zeigen.

Bevor Gesteine und Sedimente der unteren Platte

Abb. 28.1 (a) Verallgemeinertes, nicht überhöhtes Profil quer zu einer Subduktionszone mit der deutlich polaren Querschnittsgeometrie charakteristischer Oberflächenformen und den begleitenden geophysikalischen Anomalien. Volle Pfeile bedeuten großräumige Bewegung des duktilen bis partiell geschmolzenen Mantelmaterials, offene Pfeile die aus Erdbeben-Herdflächenlösungen abgeleiteten Relativbewegungen, die gebrochene Linie deutet den Verlauf einer aus Modellrechnungen abgeleiteten 1000°C Isotherme an. Der punktierte Bereich verdeutlicht die Verteilung der Seismizität in der subduzierenden Platte bzw. im äußeren Mantelkeil zwischen der seismischen und der aseismischen Front. (b) Schematische Darstellung von Subduktionsrate (schmaler Pfeil) und Konvergenzrate (offene Pfeile), mit Lage des Bogens (Sterne).

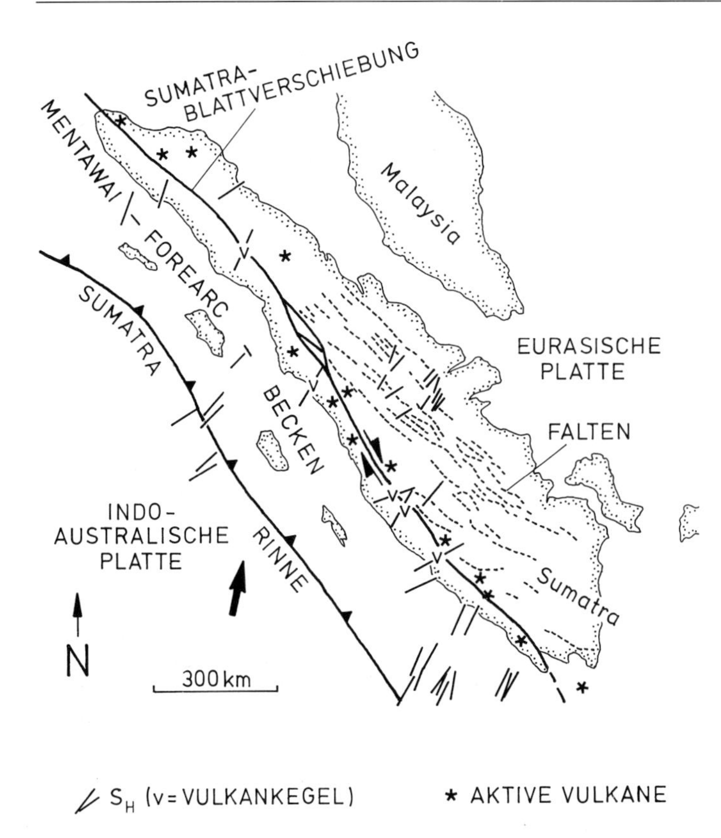

Abb. 28.2 Schräge Konvergenz am aktiven eurasischen Kontinentalrand im Bereich von Sumatra. Schräge Konvergenz erfolgt durch Deformationsaufteilung in Komponenten parallel zum Bogen (Sumatra Blattverschiebung) und senkrecht zum Bogen. Orientierung von S_H (aus verschiedenen Datensätzen) und neogene Faltenstrukturen hinter dem Bogen belegen die orthogonale Konvergenzkomponente (MOUNT & SUPPE, 1992).

mit dem frontalen Bereich der oberen Platte in Wechselwirkung treten, bildet sich in der unteren Platte meist eine lineare **äußere Aufwölbung** (Randwall, outer bulge, swell), die 100 bis 400 m über dem normalen Niveau des Tiefseebodens aufragt. Diese Aufwölbung läßt sich als elastische Krümmung der Lithosphäre vor Erreichen der Subduktionszone verstehen. In der äußeren Aufwölbung entwickeln sich gelegentlich sogar spröde Extensionsstrukturen, wie Gräben und Halbgräben. Vereinzelt werden hier auch noch nicht völlig erstarrte subozeanische Magmenkammern im tiefen Teil der Platte angehoben und äußern sich in Form kurzlebiger vulkanischer Tätigkeit. Auch Seamounts tauchen so gelegentlich über dem Meeresspiegel auf und können somit unter erneuten Einfluß subaerischer Erosion gelangen, wie z.B. in der Samoa-Inselkette entlang der äußeren nördlichen Tonga-Rinne des Westpazifiks.

Die leichte Krümmung der unteren Platte an der äußeren Aufwölbung ist auch für eine Neigung von 2 bis 3% am **äußeren Hang** (outer slope) der Tiefseerinne verantwortlich. Der äußere Hang wird im allgemeinen von einigen hundert Metern ungestörter Tiefseesedimente und einer normalen ozeanischen Kruste unterlagert. Der **innere Hang** (inner slope) ist dagegen bei einer Neigung von rund 10 bis 20% relativ steil, zeigt ein leicht konvexes Profil und besteht überwiegend aus Sedimentmaterial bzw. aus Schuppen kristalliner Gesteine, welche bereits von der unteren Platte tektonisch abgeschert wurden und so an der oberen Platte zuwuchsen. Der innere Hang der Tiefseerinnen ist also meist identisch mit dem frontalen Teil des tektonischen **Akkretionskeils** (Zuwachskeil, accretionary wedge, accretionary prism), der zum magmatischen Bogen hin über einen **Hang-Schelf-Knick** (shelf-slope-break) oder ein **äußeres Hoch** (outer high) in das **Forearc-Becken** übergeht (Abb. 28.1 und 28.3). Die Breite von Akkretionskeilen, inklusive Forearc-Becken, schwankt je nach Sedimentanfall und Subduktionsdynamik zwischen 50 und 300 km. Direkt hinter den Akkretionskeilen bzw. Forearc-Becken befindet sich die **vulkanische Achse** oder **Front** (volcanic axis, front) der magmatischen Bögen, ein nur rund 20 km breites Band von Vulkanen, die im Durchschnitt 100 km über der Wadati-Benioff-Zone liegen. Je nach Einfallswinkel der Subduktionszone variiert deshalb der Abstand zwischen Rinne und vulkanischer Achse von weniger

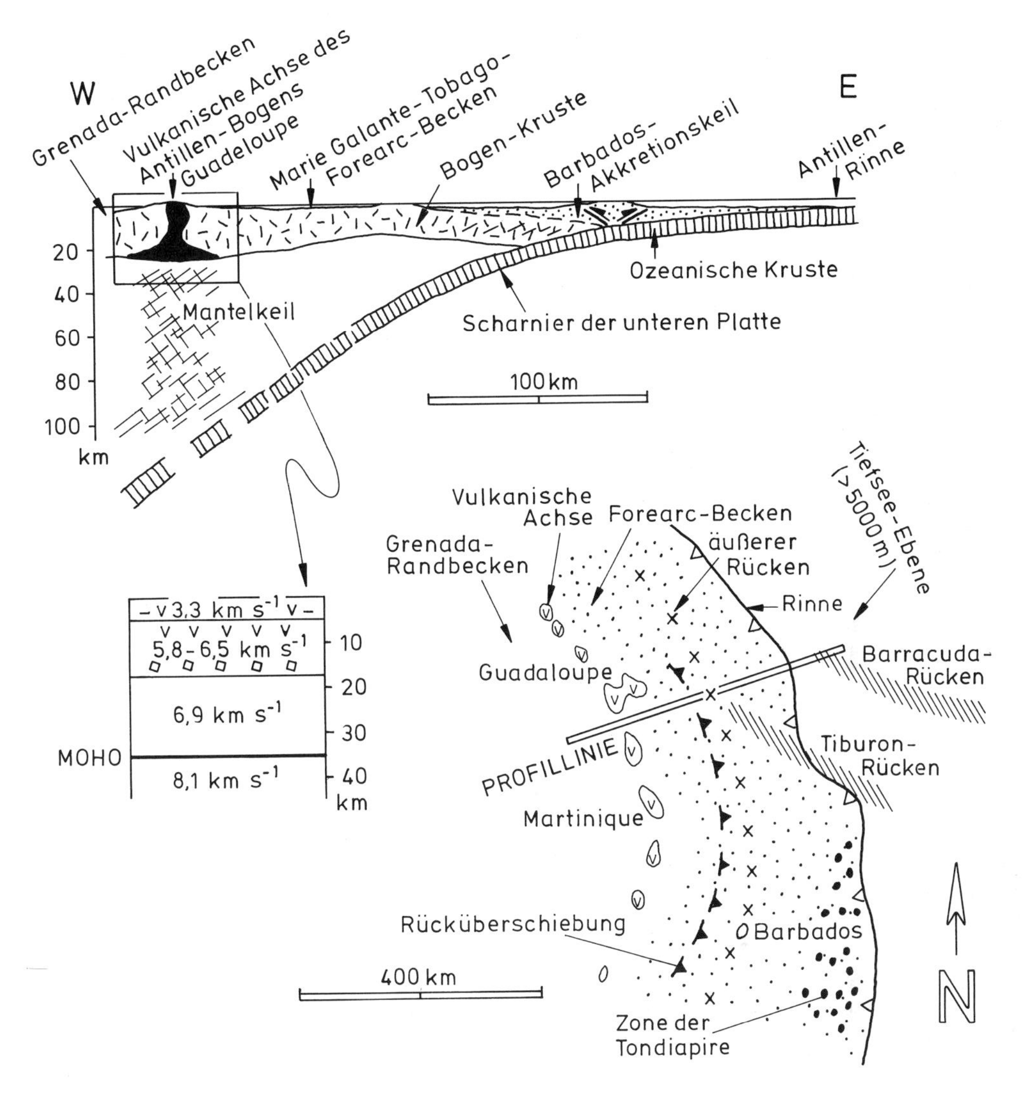

Abb. 28.3 Nicht überhöhter verallgemeinerter Schnitt quer zur orthogonalen Antillen-Subduktionszone in der östlichen Karibik mit dem breiten Barbados-Akkretionskeil, seinen Querstrukturen und Rücküberschiebungen (nach Westbrook et al., 1984). Rechts unten schematische Darstellung der seismischen V_P-Wellengeschwindigkeiten im Bereich der Bogenkruste (nach Boynton et al., 1979).

als 100 km bis mehr als 400 km. Hinter dem magmatischen Bogen erstreckt sich ein meist breiter **Backarc-Bereich**, in dem entweder ausgleichende magmatische Aufstiegsbewegungen im **Mantelkeil** (mantle wedge) zur Extension und Neubildung von Randbecken führen oder konvergente Intraplattenbewegungen zur Entwicklung eines Falten-Überschiebungsgürtels Anlaß geben (Abb. 28.2).

Seismische Aktivität und Herdflächenlösungen belegen nur für den Bereich der äußeren Aufwölbung und innerhalb neugebildeter Randbecken die Existenz von Abschiebungsbewegungen. In der Subduktionszone selbst hängt der überwiegende Teil der Seismizität mit Bewegungen an Überschiebungen zusammen. In Zonen magmatischer Tätigkeit reduziert sich die Seismizität. Die Abwesenheit bedeutender Seismizität auch direkt unter dem frontalen Akkretionskeil deutet darauf hin, daß hier Überschiebungen in Form aseismischer Gleitvorgänge in wasserhaltigen Sedimenten zwischen der steifen unteren Platte und dem bereits existierenden Akkretionskeil erfolgen. Bezüglich der Seismizität unterscheidet man deshalb zwei Fronten: Eine **seismische Front** (seismic front) am äußersten Akkretionskeil und eine **aseismische Front** (aseismic front) am vorderen Rand des magmatischen Bogens. Der Bogen selbst und Teile des Backarc-Beckens sind thermisch oft so geschwächt, daß sich Seismizität auf die oberste Kruste beschränkt, dort aber an größere Abschiebungen, Überschiebungen oder Blattverschiebungen gebunden sein kann.

Die tektonische Polarität des Subduktionssystems läßt sich im Profil an Hand der asymmetrischen geophysikalischen Anomalien näher beleuchten. Gravimetrische Anomalien (Freiluftanomalien) sind über der äußeren Aufwölbung des Ozeanbodens in der Regel schwach positiv (um +50 mGal); in der Zone Rinne – Akkretionskeil, die mit Wasser bzw. Sedimenten gefüllt ist, sind die Anomalien stark negativ (um –200 mGal); im vulkanisch-magmatischen Bogen sind sie positiv (um +100 bis 200 mGal) und im Backarc-Bereich variabel bis ausgeglichen. Wo allerdings hinter dem Bogen eine starke Einengung kontinentaler Kruste auftritt, sind negative Bouguer-Anomalien zu erwarten. Der Wärmefluß ist im Rinnen- und Forearc-Bereich relativ gering (rund 30 mW m^{-2}), im Bogenbereich relativ hoch (um 120 mW m^{-2}) und im Backarc-Bereich nur dann abnormal hoch, wenn dort Krustenausdünnung und aktiver Magmenaufstieg nachzuweisen ist. Nach Modellrechnungen bedeutet diese Art der Wärmeflußverteilung vor allem eine Depression der Isothermen entlang der absinkenden kalten unteren Platte vor dem Bogen und eine Kulmination der Isothermen im Bereich der magmatischen Bögen bzw. auch dahinter (Abb. 28.1).

Die Geometrie tieferer Anteile von Subduktionszonen ergibt sich vor allem aus der Form der Wadati-Benioff-Zonen. Diese fallen nahe der Oberfläche mit rund 20° ein, knicken dann aber in einer Distanz von mehr als 100 km hinter der Rinne an **Scharnieren** (hinges) mit unterschiedlichen Durchschnittswinkeln in die Tiefe ab (Abb. 28.3). Charakteristische Einfallswinkel der subduzierenden Platten (**Subduktionswinkel**, angle of subduction) variieren von wenigen Graden bis zu 90° (Abb. 28.4). Herdflächenlösungen und genaue Herdlokationen zeigen, daß seismisches Versagen tief subduzierter Platten im allgemeinen durch Kontraktion in Richtung parallel zum Einfallen der Platte erfolgt. Sehr steil abfallende Platten versagen aber auch durch Extension parallel zu ihrem Einfallen. Die Mehrzahl der Subduktionsbeben tritt in „intermediären" Tiefen bis rund 300 km auf und die seismische Aktivität nimmt exponentiell mit der Tiefe ab. Allerdings beobachtet man in Tiefen um rund 100 km meist eine Reduktion der Erdbebentätigkeit, was wahrscheinlich auf partielle Schmelzbildung innerhalb dieser Zone zurückzuführen ist. Knapp vor dem Eindringen der Platte in den Unteren Mantel kommt es in Tiefen um 500 bis 700 km andererseits nochmals als Folge einer „Stauchung" zu einer Zunahme der Seismizität. Der Mechanismus dieser extrem tiefen Subduktionsbeben ist aber noch kaum geklärt. Man nimmt an, daß explosionsartig verlau-

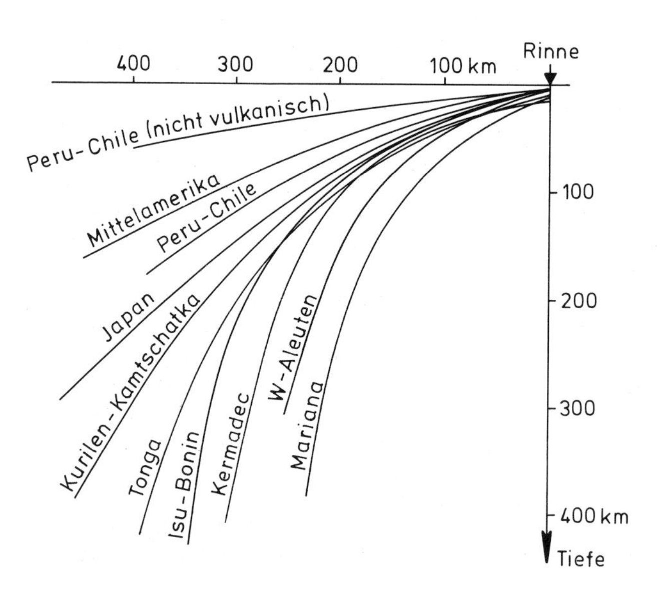

Abb. 28.4 Einfallswinkel (= Subduktionswinkel) an einigen modernen Wadati-Benioff-Zonen (siehe Text).

fende Volumenverringerungen bei Phasenänderungen bzw. bei der Entwässerung von Serpentin dabei eine bedeutende Rolle spielen könnten. Auch für den Bereich, unter dem „tiefe“ Beben noch registriert werden, lassen sich Teile der subduzierten Platten gegenüber ihrem Umfeld zumindest seismotomographisch durch die in ihnen registrierten höheren Wellengeschwindigkeiten (= geringere Temperatur) recht deutlich erkennen. Allerdings verändert sich unter der Manteldiskontinuität bei 670 km die Geometrie des subduzierten Plattenmaterials. Eine Zunahme der „Viskosität“ im umliegenden Mantel führt bei weiterem Eintauchen wahrscheinlich zu einer faltenden Stauchung der Platte. In noch größeren Tiefen verlieren die subduzierten Platten und Plattenfragmente als Folge von Phasenveränderungen und Aufheizung progressiv ihre mechanische Identität gegenüber dem umgebenden Mantel. Man spekuliert allerdings, daß einzelne subduzierte Plattenfragmente bis an die Grenze des äußeren Kerns absinken und dort zur komplexen Struktur der D”-Schicht beitragen.

Von überragender Bedeutung für die magmatischen und tektonischen Prozesse in der oberen Platte sind aber vor allem die Wechselwirkungen zwischen den Platten, welche sich bis in den Tiefenbereich von 100 bis 200 km nachweisen lassen. Diese Wechselwirkungen hängen von der mechanischen Koppelung an der Untergrenze des **Mantelkeils** (mantle wedge) ab und lassen sich anhand von zwei Extremtypen illustrieren.

28.2 Zwei Extremtypen von Subduktionszonen

Polarität, Segmentierung, Tiefenerstreckung und Einfallswinkel von Subduktionszonen ergeben sich sowohl aus den thermisch-mechanischen Eigenschaften der beiden Platten als auch aus ihrer Konvergenzrate. Bereits im initialen Stadium einer Subduktionszone wird ihre Polarität vorausbestimmt. **Beginnende Subduktion** (incipient subduction) setzt wahrscheinlich vor allem dort ein, wo ozeanische Lithosphäre oder ein ozeanisches Spreizungszentrum, das aus relativ jungem, heißem und deshalb leichterem Material besteht, entlang einer bedeutenden Bruchzone an eine ältere, relativ kältere und deshalb schwerere ozeanische Lithosphäre grenzt. Möglicherweise kann es bei einer solchen Geometrie spontan oder durch regionale bzw. globale Veränderungen der Plattenbewegungen zum Absinken der relativ schwereren Platte kommen. Dabei würde die neu entstehende konvergente Plattengrenze vorerst die Geometrie der präexistierenden Bruchzone nachbilden. So entstand wahrscheinlich die intraozeanische konvergente Plattengrenze zwischen der Philippinen-Platte und der Pazifischen Platte aus einer ursprünglich Nord-Süd-orientierten Bruchzone innerhalb der westlichen Pazifischen Platte. Auch die dynamische Situation, in welcher junge ozeanische Kruste und Teile des oberen Mantels entlang neuer Plattengrenzen als ophiolithische Decken und Melange-Zonen über angrenzende Tiefseeböden oder passive Kontinentalränder überschoben werden, geht wahrscheinlich auf eine veränderte Kinematik entlang bedeutender Bruchzonen zurück (siehe Kapitel 27). Liegt also kalte bzw. schwere Lithosphäre einer heißen, jungen und leichten Lithosphäre gegenüber, so leitet möglicherweise eine gravitative Eigendynamik in Form des **Plattenzugs** (slab-pull) den Prozeß der Subduktion ein. Die weitere Entwicklung von Subduktionszonen ist vor allem abhängig von den orthogonalen Konvergenzraten zwischen den Platten, von der thermischen Struktur der subduzierenden Platte, von globalen Mantelströmungen und großräumigen Heterogenitäten innerhalb der oberen Platte. Beide Platten beeinflussen also entscheidend die Kontaktgeometrie in den obersten Bereichen von Subduktionszonen und damit auch die geometrische Variabilität der Subduktionszonen im Streichen.

Nach Uyeda-Kanamori unterscheidet man entsprechend der **seismischen Koppelung** (seismic coupling) im Kontaktbereich zwischen oberer und unterer Platte zwei Extremtypen von modernen Subduktionszonen. Bei schwacher Koppelung überwiegt steile Subduktion und der Bogen bewegt sich relativ zum tieferen Mantel in Richtung der bereits vorgegebenen Polarität (Abb. 28.5). Bei starker Koppelung überwiegt flache Subduktion und der Bogen wird gegen die Richtung der Polarität verschoben, wobei frontale Akkretion ozeanischer Plateaus, tektonische Unterplattung bzw. Kollision mit kontinentalen Krustenfragmenten an progressiv breiter werdenden konvergenten Plattengrenzen erfolgen kann. Obwohl es viele Übergangsformen zwischen sogenannten Low-stress- und High-stress-Subduktionssystemen gibt, ist die Betrachtungsweise von Uyeda-Kanamori sehr anregend zum tieferen Verständnis der Wechselwirkungen, welche sich in den tektonischen, petrologischen und sedimentären Teilvorgängen der Subduktion äußern.

Low-stress oder **steile Subduktionszonen** (low stress, high-angle, steep subduction) mit relativ

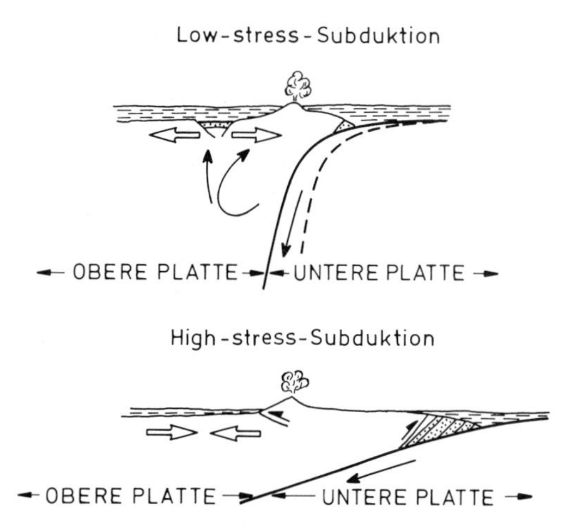

Abb. 28.5 Schematische Darstellung der zwei Extremtypen mechanischer Koppelung an Subduktionszonen: oben angedeutet ist das Abrollen der unteren Platte an einer steilen bzw. Low-stress-Subduktionszone mit Extension des Randbeckenbereichs, unten dargestellt ist allgemeine Konvergenz an einer flachen bzw. High-stress-Subduktionszone.

schwacher seismischer Koppelung sind z.B. die intraozeanischen Mariana- oder Tonga-Subduktionskomplexe des westlichen Pazifik (Abb. 28.6). Die Konvergenzraten an Low-stress-Subduktionszonen sind im allgemeinen geringer als 7 cm a^{-1}, die Einfallswinkel der Wadati-Benioff-Zonen meist größer als 45° und die größten Erdbeben erreichen kaum Magnituden von $M_S = 8$. Praktisch alle oberflächennahen Strukturen der Lithosphäre, vor allem jene hinter dem Bogen, sind durch Extension geprägt, was zu einem **Vordringen** (advance) der Bögen in Richtung der Bogen-Polarität bei gleichzeitigem **Abrollen** (rollback) der unteren Platte führt. An der äußeren Aufwölbung der abrollenden unteren Platte entwickeln sich dabei häufig 5 bis 10 km breite und einige hundert Meter tiefe Gräben parallel zum Streichen der Rinne. In den bis 11 km tiefen Rinnen und am inneren Hang, wo häufig ebenfalls steile Abschiebungen auftreten, beobachtet man meist nur geringfügige tektonische Stapelung von ozeanischen Sedimenten. Dafür kennt man aber tektonisch kontrolliertes Aufdringen von serpentinisierten Ultramafitkörpern, die kegelför-

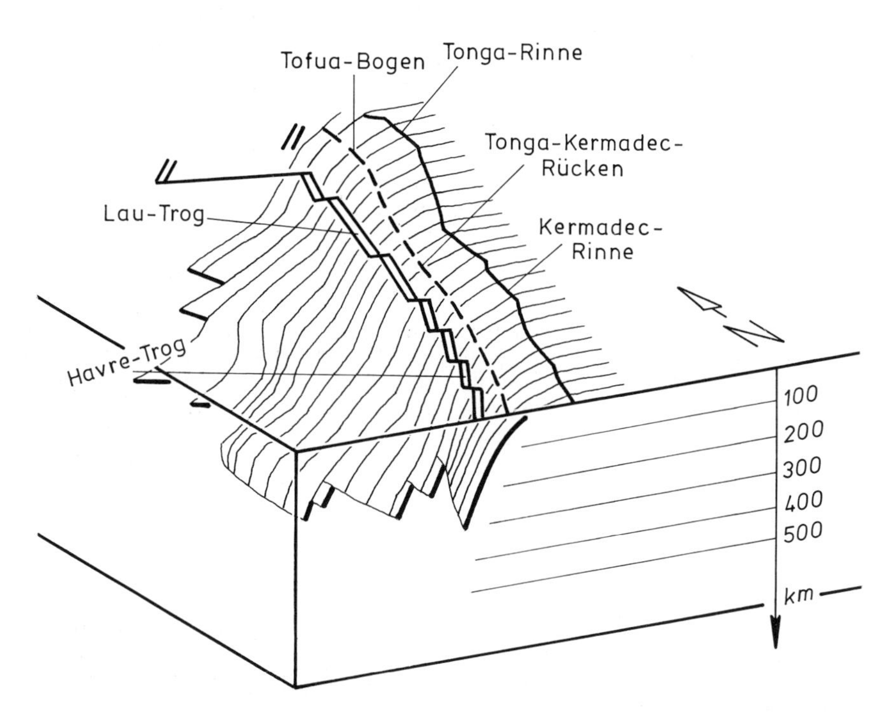

Abb. 28.6 Geometrie der steilen Tonga-Subduktionszone im westlichen Pazifik mit der Position der Kermadec-Rinne, des Bogens (Tofua, Tonga) und des Lau-Havre-Trogs im neugebildeten Randbecken (nach Deep Sea Drilling Project).

mig zwischen Schollen aus ozeanischen Basalten aufragen und auch Fragmente bereits subduzierter Gesteine mitführen können. Innerhalb der eigentlichen vulkanischen Achse des magmatischen Bogens überwiegen tholeiitische Basalte, welche in Form flacher Vulkankegel und Lavaströme entlang überlappender Spaltensysteme extrudieren. Die Gangschwärme sind meist parallel zum Bogen orientiert und greifen häufig in den Randbeckenbereich über. Eine relativ geringe tektonische Hebung der meist submarinen vulkanischen Bögen hat entsprechend geringe Erosionsraten zur Folge, was wiederum einen nur geringen Sedimentanfall zur Folge hat. Die sedimentäre Füllung der Rinne ist deshalb nur dann gewährleistet, wenn Materialzufuhr longitudinal von außerhalb des Bogensystems erfolgt. Massive Sulfidlagerstätten entstehen über Zellen heißer Fluidzirkulation in der Nähe des Bogens und im angrenzenden Randbeckenbereich.

High-stress oder **flache Subduktionszonen** (high-stress, low-angle subduction) mit starker seismischer Koppelung sind typisch für die aktiven

Abb. 28.7 Verteilung moderner Subduktionszonen und neugebildeter Randbecken im Konvergenzbereich von Sundaland, der Indoaustralischen Platte, der Pazifischen Platte und der Philippinen-Platte. Offene Pfeile bedeuten Extensionsrichtung in reliktischen neugebildeten Randbecken, schwarze Pfeile zeigen die moderne Extensionsrichtung in aktiven neugebildeten Randbecken. Kreuze sind vulkanische Bögen. Bemerkenswert sind die komplexen Verhältnisse an der beidseitig abfallenden Molucca-Mikroplatte (M) und an der Solomon-Platte. Der Andaman-Trog ist ein Randbecken, welches den Akkretionskeil überlappt und großregional als Pull-apart-Struktur interpretiert werden kann (nach Hamilton, 1979).

Kontinentalränder von Chile – Peru oder Mexiko. Die Konvergenzraten in High-stress-Subduktionszonen sind meist größer als 7 cm a^{-1}, die Einfallswinkel der Wadati-Benioff-Zonen erreichen in der Regel nur Werte von weniger als 45° und maximale Erdbebenmagnituden haben Werte, welche größer als $M_S = 8$ erreichen können. Die starke mechanische Koppelung zwischen den Platten verursacht Kontraktion der oberen Platte, was sich vor allem in krustalen Überschiebungs- bzw. Blattverschiebungsbeben hinter dem Bogen äußert, dort zur Entwicklung von Überschiebungsgürteln bzw. Vorlandbecken führt und in einer **Rückverlagerung** (retreat) des magmatischen Bogens resultiert. Die Rinnen sind bis zu 9 km tief und ein deutlicher Akkretionskeil unter dem inneren Hang zeigt tektonische Stapelung sedimentärer, metamorpher oder ozeanisch-vulkanischer Einheiten. In den allgemein gut entwickelten magmatischen Bögen, die sich häufig innerhalb akkretionierter und überschobener Krustenfragmente entwickeln, dominieren intermediäre bis saure Intrusiva bzw. Vulkanite, wobei diskordante magmatische Gangschwärme meist senkrecht zum Bogen orientiert sind. Die Erdoberfläche im Bereich der magmatischen Bögen ist meist durch eine beträchtliche isostatisch-tektonische Hebung charakterisiert und läßt sich teils als Ausdruck tektonischer Stapelung, aber auch als Folge einer magmatischen **Unterplattung** (underplating) verstehen. Der Sedimentanfall aus den subaerisch erodierten vulkanischen Bögen ist deshalb im allgemeinen beträchtlich. In den magmatischen Abfolgen und ihrem unmittelbaren Umfeld beobachtet man häufig das Auftreten komplexer metallischer Porphyr- und Ganglagerstätten.

Die zwei diskutierten Grundtypen von Subduktionssystemen lassen sich sowohl in Form räumlicher Übergänge im Streichen moderner Subduktionzonen als auch als zeitliche Abfolgen in Querschnitten konvergenter Plattengrenzen beobachten (Abb. 28.7). Wie in Abb. 28.8 schematisch gezeigt wird, kann sich z.B. hinter einer steilen Subduktionszone ein ozeanisches Randbecken neu öffnen, dann möglicherweise durch eine allmähliche Veränderung in

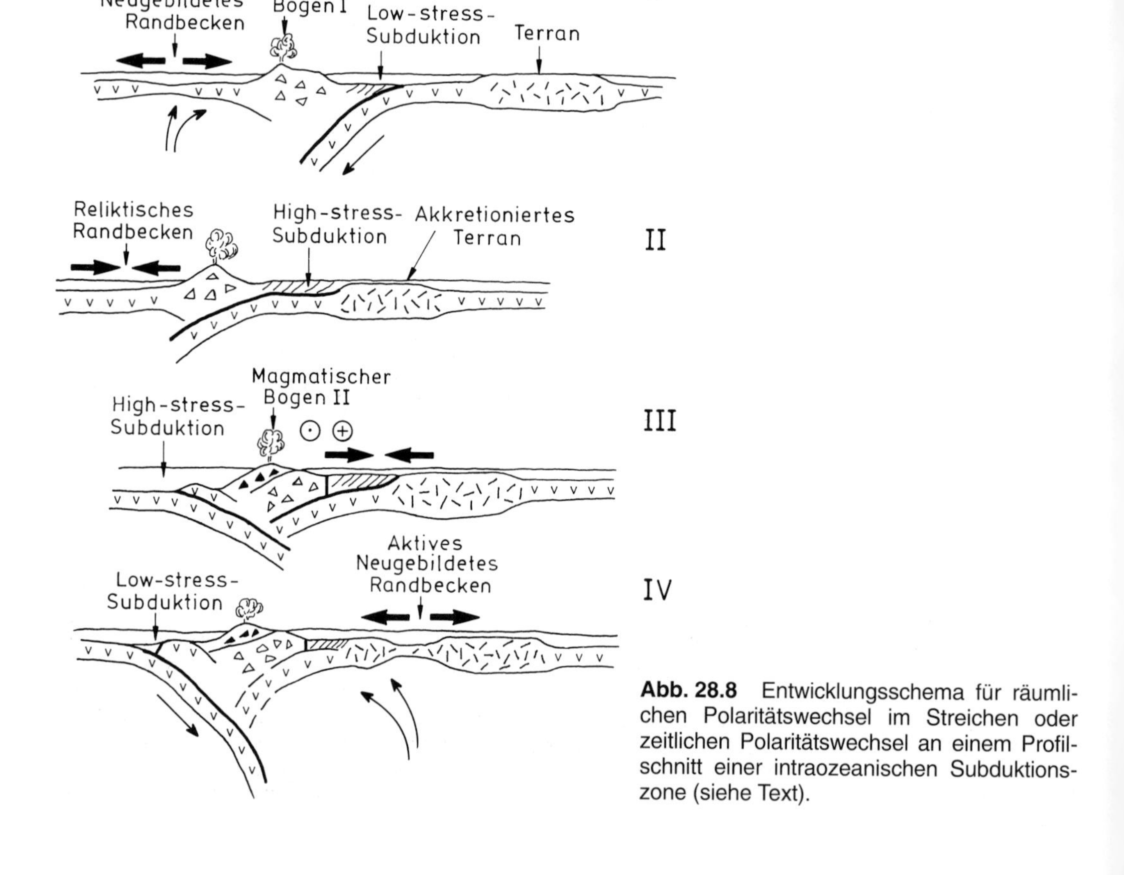

Abb. 28.8 Entwicklungsschema für räumlichen Polaritätswechsel im Streichen oder zeitlichen Polaritätswechsel an einem Profilschnitt einer intraozeanischen Subduktionszone (siehe Text).

der Zusammensetzung der subduzierenden Lithosphärenplatte als Teil einer breiten High-stress-Subduktionszone wieder geschlossen werden. Bei einem Polaritätswechsel können dabei ursprüngliche Randbecken später sogar teilweise subduziert werden und Randbecken neu entstehen. Unterschiedliche Subduktionstypen und abrupter Polaritätswechsel im Streichen moderner Subduktionszonen lassen sich räumlich innerhalb kurzer Distanzen (100 bis 200 km), aber auch zeitlich in kurzfristigen Abfolgen (10 Ma) vor allem im Westpazifik beobachten. Das beste moderne Beispiel für einen räumlichen Polaritätswechsel im Streichen eines konvergenten Plattenrandes ist die Situation im Phil-

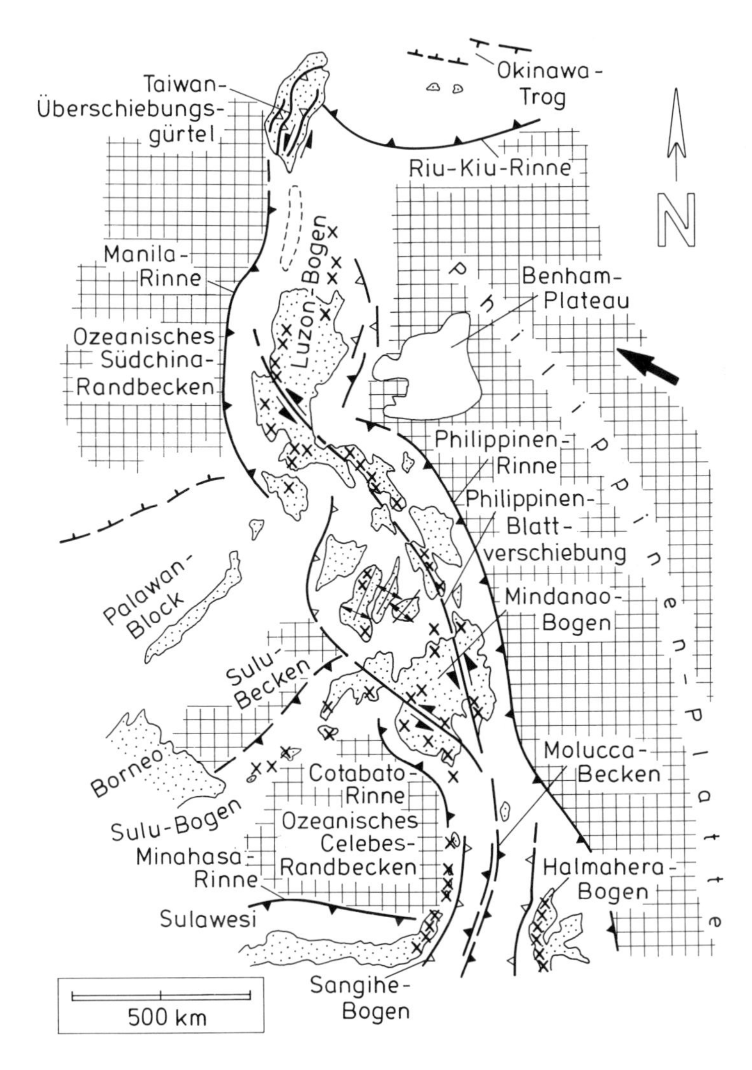

Abb. 28.9 Der moderne Philippinen-Bogen als Beispiel für einen räumlich-zeitlichen Polaritätswechsel (kariertes Muster = ozeanische Kruste; weiß = ozeanische Plateaus, kontinentale Krustenfragmente und reliktische Inselbögen; Kreuze = Vulkane). Im Norden verursacht Akkretion des Benham-Plateaus Verkrümmung der Philippinen-Rinne und am nördlichsten Luzon-Bogen kommt es zur schrägen Überschiebung des reliktischen Luzon-Bogens in Richtung auf Taiwan. Weiter im Süden erfolgt Akkretion des Palawan-Blocks und des Sulu-Bogens, was zur Ausweitung und zum Polaritätswechsel der Subduktionszone führt. Die Philippinen-Blattverschiebung dient als Rinnen-Rinnen-Verbindungsstruktur und verliert sich nach Süden in der Konvergenzzone der entgegengesetzt polaren Halmahera- und Sangihe-Bögen. Offene Dreiecke deuten auf Rücküberschiebungen von Akkretionskeilen über die Bögen (nach Karig, 1975 und 1983; Hall et al., 1988).

lippinen-Bogen (Abb. 28.9). Auch das moderne Randmeer der Ägäis im östlichen Mittelmeer entwickelte sich erst vor 10 bis 15 Ma durch Extension einer verdickten kontinentalen Lithosphäre hinter dem heute als Low-stress-Subduktionszone wirkenden Konvergenzbereichs im Hellenischen Bogen (Abb. 28.10), nachdem hier noch vor 20 Ma flache Subduktion bzw. Kollision von Krustenfragmenten dominierte.

Umgekehrt ist bei der Subduktion junger ozeanischer Lithosphäre, magmatisch verjüngter ozeanischer Plateaus oder gestreckter kontinentaler Kruste also im allgemeinen eine Verflachung der Subduktionszone zu erwarten. Aber auch andere relativ unbedeutende Heterogenitäten in der oberen oder unteren Platte können zur starken Verkrümmung des Bogens im Streichen bzw. zur Entwicklung von Rinnen-Rinnen-Transform-Störungen Anlaß geben. Eindrucksvolle moderne Beispiele für die Segmentierung von Bögen in Zonen abnormaler Lithosphäre sind z.B. das Nordende der Hawaii-Emperor-Inselkette im Einsprung zwischen Aleuten- und Kamtschatka-Bogen (siehe Kapitel 27.3) oder der Bereich vor Taiwan, wo das bereits inaktive Nordende des Manila-Luzon-Bogens einen ebenfalls scharfen Einsprung und einen Polaritätswechsel des Subduktionssystems verursacht (Abb. 28.9). Auch das riesige Ontong-Java-Plateau im

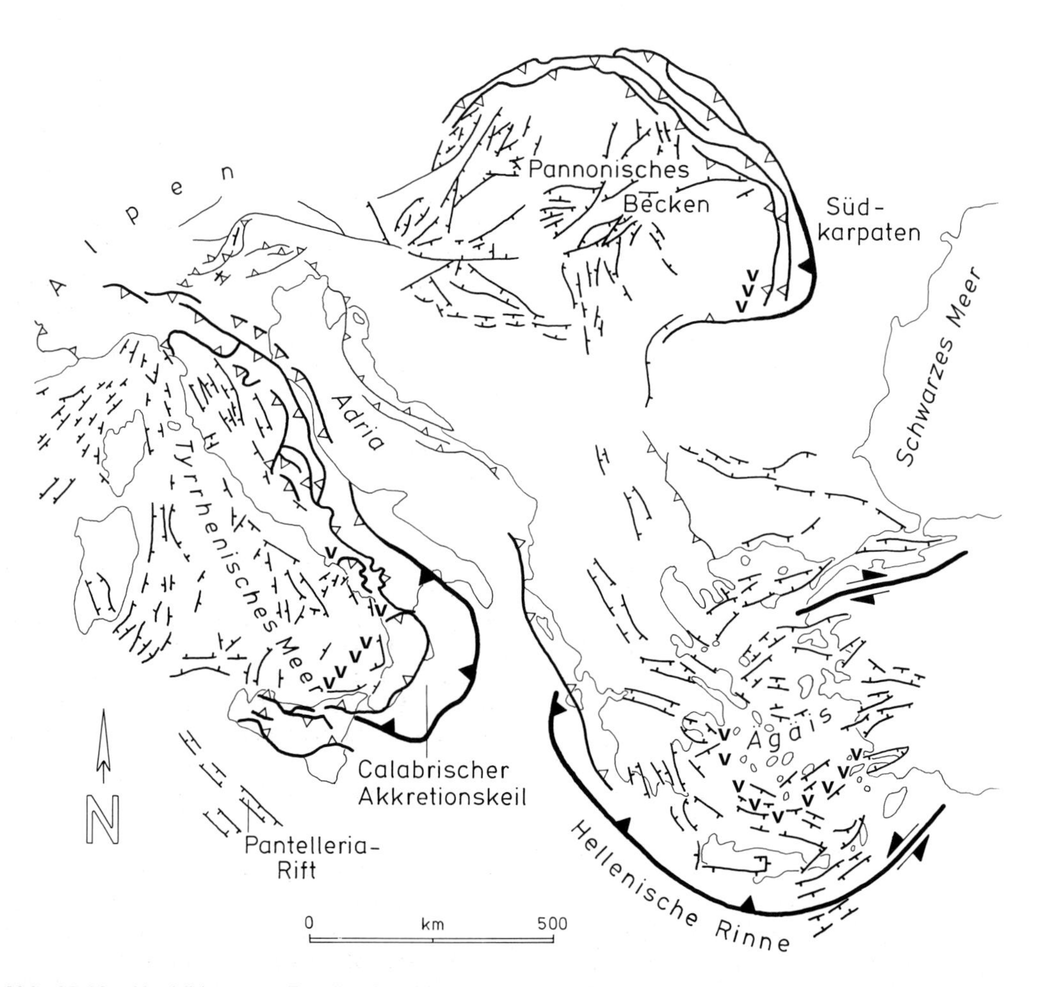

Abb. 28.10 Neubildung von Randbecken hinter den steilen Subduktionszonen (starke Linien) der Südkarpaten, der hellenischen Rinne und des kalabrischen Bogens. Ägäis und pannonisches Becken werden von verdünnter kontinentaler Kruste unterlagert, das südliche Tyrrhenische Meer von ozeanischer Kruste. v-Signatur gibt die Lage der magmatischen Bögen an (nach Royden & Horvath, 1988).

westlichen Pazifik ist durch die Bewegung der Pazifischen Platte bereits sehr weit nach Westen gelangt, ohne dabei selbst subduziert zu werden, wogegen nördlich und südlich des Plateaus die Pazifische Platte an ausgesprochenen Low-stress-Subduktionszonen nach Westen abfällt (siehe Kapitel 27.3).

Es ist also einsichtig, daß die räumliche Orientierung von Subduktionszonen, die Umrißformen der Randbecken, die Position vulkanischer Achsen und die Breite von Akkretionskeilen einer ständigen dynamischen Entwicklung unterworfen sind. Die Geschichte konvergenter Plattenränder läßt sich deshalb für Paläosubduktionszonen meist nur mehr fragmentarisch rekonstruieren. Die einzelnen geodynamisch-paläogeographisch wichtigen Elemente von Subduktionssystemen lassen sich aber auch dort noch erkennen und sollen deshalb etwas näher diskutiert werden.

28.3 Randbecken

Randbecken (Randtröge, back-arc basins, marginal basins, marginal troughs) liegen, bezogen auf die Polaritätsrichtung, hinter den Subduktionszonen, überlappen aber häufig den Bereich der magmatischen Bögen. Gelegentlich grenzen sie auch direkt an die sedimentären Abfolgen bzw. Strukturen der Akkretionskeile und man bezeichnet sie dann als **Intraarc-Becken** (intraarc basins). Moderne Randbecken mit unterschiedlicher Größe und variablem Krustensubstrat kennt man vor allem aus dem Westpazifik und aus dem indonesischen Archipel. Hier umfassen Randbecken sowohl Bereiche mit ozeanischer als auch kontinentaler Kruste und machen einen großen Prozentsatz der heutigen submarinen Lithosphäre aus (Abb. 28.7). Man unterscheidet zwei große Gruppen von Randbecken: eingefangene und neugebildete Randbecken.

Eingefangene Randbecken (trapped marginal basins) zeigen variable Umrißgeometrien und besitzen Krustensubstrate, in denen alle Übergangsformen von rein ozeanischen Krusten, sekundär verjüngten ozeanischen Plateaus, reliktischen Inselbögen bis zu verdünnten Kontinentalrandkrusten beobachtet werden können. Eingefangene Randbecken entstehen dann, wenn sich am Rand eines präexistierenden ozeanischen Krustenbereichs oder in der Nähe eines Streifens verdünnter kontinentaler Kruste ein neuer magmatischer Bogen mit seewärts gerichteter Polarität entwickelt, womit Bereiche hinter dem Bogen automatisch zu einem Teil der überfahrenden Platte werden. Diese Situation ergibt sich auch dann, wenn ein nicht subduzierbares ozeanisches Lithosphärenfragment („Terran") an einem aktiven Kontinentalrand anlegt und sich die Rinne an den distalen Rand dieses Krustenfragments verlagert, wodurch das Terran zum Substrat eines neuen Bogens bzw. Randbeckens wird (Abb. 28.8, Stadium III). Randbecken entstehen häufig bei beginnender intraozeanischer Subduktion, welche meist an präexistierenden ozeanischen Bruchzonen einsetzt, wobei ein Teil der Platte zu einem Randbecken, der andere zur subduzierenden Platte wird. Auch Polaritätswechsel entlang einer bereits bestehenden Subduktionszone bewirkt den gleichen geometrischen Effekt. Vielfach bleiben eingefangene ozeanische Platten auch lange nach Aufhören der Subduktion als Subsidenzbereiche erhalten, wie z.B. das Kaspische Meer und andere tiefe spätpaläozoisch-mesozoische Becken in Zentralasien (Tarim, Yuggar, Turpan Becken). Diese Bereiche bezeichnet man deshalb als **Restozeane** (remnant ocean basins) oder als **Nachfolgebecken** (successor basins), wenn ihre sedimentären Abfolgen auch ursprüngliche Plattengrenzen überlagern.

Die Krustenstrukturen und sedimentären Abfolgen in eingefangenen Randbecken spiegeln jeweils ihre tektonische Vorgeschichte wider. So illustrieren die basalen Sedimentabfolgen und Vulkanite meist eine Subsidenzgeschichte oder Plattenrandkinematik vor der Entstehung eines Bogens, wie z.B. als klastisch-karbonatische Abfolgen passiver Kontinentalränder oder als mächtige Lagen ozeanischer Basalte. Höhere Abfolgen dagegen spiegeln die Relativbewegungen am Rande der Becken und magmatische Prozesse im frontalen Bogen wider, wie z.B. als vulkanische Aschen und grobkörnige vulkanoklastische Sedimente. Typische eingefangene Randbecken finden sich in der Karibik, hinter dem Kamtschatka- und Aleutenbogen des Nordpazifiks und hinter dem Sunda-Java-Bogen (Banda-Becken) im Indonesischen Archipel (Sundaland, Abb. 28.7).

Neugebildete Randbecken (extending backarc basins, backarc troughs) entstehen durch aktiven Aufstieg von Mantelmaterial, Extension bzw. Neubildung von Kruste hinter bzw. über steilen Subduktionszonen. Initiale Subsidenz tiefgreifender Grabenstrukturen in neugebildeten Randbecken erfolgt innerhalb breiter Krustenstreifen, wie z.B. in der Ägäis im östlichen Mittelmeerraum (Abb. 28.10). Dabei entstehen aber einzelne gut definierte und 10 bis 30 km breite Axialdepressionen, die man als die eigentlichen **Randbecken-Tröge** (backarc troughs) identifizieren kann. Sie sind in der Regel parallel zu den entsprechenden magmatischen Bögen ausgerichtet und durch abnormal große Meerestiefen von 1000 bis 3000 m charakterisiert. In neugebildeten Randbecken kann die ursprüngliche Ausgangskruste sowohl ozeanischen als auch kontinentalen Charakter gehabt haben. Auch kontinentale Kruste wird aber in den axialen Trögen neugebildeter Randbecken relativ schnell bis auf Mächtigkeiten von 10 bis 15 km verdünnt und durch zahlreiche basaltische Gang- und Lagerintrusionen modifiziert. In den Trögen, die deutlich ozeanischen Charakter haben, deuten zwar nur schwach ausgeprägte, gelegentlich symmetrische magnetische Anomalien an, daß die Kinematik der Extension im Extremfall wahrscheinlich der Kinematik bei ozeanischer Spreizung recht ähnlich sein kann. Auch die Zusammensetzung der **Randbecken-Basalte** (backarc basalts, BABs) ähnelt der Zusammensetzung von MORBs. Im Bereich der vulkanischen Zonen innerhalb der Tröge treten hydrothermale Lösungen aus, die im Vergleich zu den Fluidaustritten an mittelozeanischen Rücken aber im allgemeinen saurer sind und höhere Gehalte an Ba, Mn, Zn, Pb, As und Cd zeigen.

Viele moderne neugebildete Randbecken bestehen sowohl aus den noch **aktiven Trögen** (active back-arc basins, active troughs) mit Extension der Randbeckenkruste, als auch aus **reliktischen Trögen** (relict back-arc basins, relict troughs), in denen thermisch-tektonische Subsidenz vorherrscht. In den aktiven Trögen ist der Wärmefluß meist größer als 100 mW m^{-2} und deutet direkt auf subkrustalen Aufstieg von partiell geschmolzenem Mantelmaterial und submarine vulkanische Tätigkeit hin. Dementsprechend zeigt die seismische Tomographie des Mantels für aktive Bereiche neugebildeter Randbecken stark reduzierte Wellengeschwindigkeiten. In den reliktischen Trögen nimmt der Wärmefluß systematisch mit dem Alter der vulkanischen Krustenanteile ab, wobei Subsidenz durch das Gewicht der Sedimente, die vor allem aus Tonen und vulkanogenen Turbiditen bestehen, verstärkt wird. Moderne aktive Tröge sind meist in einzelne größere Segmente gegliedert, die an transformierenden Blattverschiebungen miteinander in Verbindung stehen, wie z.B. die zusammengesetzten Tröge des Okinawa-Randbeckens hinter dem Riu-Kiu-Bogen des Nordwestpazifiks oder des Lau-Trogs hinter dem Tofua-Bogen (Abb. 28.6). Werden magmatische Bögen selbst von Extensionsstrukturen erfaßt bzw. von divergenten Blattverschiebungen gequert, so zeigt die Zusammensetzung der Randbecken-Basalte breite Übergänge zu den Basalten kontinentaler Rifts bzw. zu den MORBs mittelozeanischer Rücken oder zu typischen Inselbogen-Tholeiiten, wie z.B. in Neuseeland.

Die subkrustalen Mechanismen, welche hinter den magmatischen Bögen zur Extension führen, sind noch kaum geklärt. Primär ermöglicht das **Abrollen** (roll back) der subduzierenden Platten ein entsprechendes **Vorrücken** (advance) der magmatischen Bögen an allen steilen Subduktionszonen. Im Gegensatz zu kontinentalen Riftzonen verlagert sich die Extension linearer Tröge sprunghaft in Richtung der Bogen-Polarität.

Vor allem im Westpazifik beobachtet man eine interessante und teilweise nur schwer entwirrbare Konstellation aktiver und reliktischer Randbecken, die sowohl von neugebildeter als auch eingefangener Kruste unterlagert werden. Die verschiedenen Randbecken stehen hier vielfach an konvergenten und divergenten Verbindungsstrukturen miteinander in Verbindung (Abb. 28.7 und 28.9). Dabei entwickeln sich einige der neugebildeten Randbecken als Pull-apart-Strukturen zwischen großen Blattverschiebungen, wie z.B. im Fall des Andaman-Trogs nordwestlich von Sumatra. Andere werden bereits kurz nach ihrem aktiven Stadium wieder von konvergenten Bewegungen erfaßt, wie z.B. die ozeanischen Randtröge westlich von Japan, in denen vor 8 bis 10 Ma Extension aufhörte und Kontraktion der neugebildeten Beckenränder einsetzte.

Viele konvergente Plattengrenzen, aus denen sich im Lauf der tektonischen Geschichte neue kontinentale Kruste entwickelte, wie z.B. das Variszisch-Herzynische Orogen von Europa, enthalten stark eingeengte, metamorph überprägte bzw. intrudierte Randbeckenreste und entsprechend komplex verschuppte Sockelgesteine. Reste tiefer reliktischer Becken mit ozeanischem bis kontinentalem Substrat, die sich vom Schwarzen Meer über die Kaspische See bis nach China hinein verfolgen lassen, entstanden ursprünglich wahrscheinlich als eingefangene oder neugebildete Randbecken während einer nach Norden gerichteten Akkretion und Subduktion ozeanischer Lithosphäre am Nordrand der mesozoischen Paläo-Tethys.

28.4 Magmatische Bögen

Die vulkanischen Achsen moderner magmatischer Bögen liegen generell rund 100 km über den entsprechenden seismischen Wadati-Benioff-Zonen. In dieser Tiefe erreicht die subduzierte ozeanische Kruste anscheinend die ungefähre Obergrenze der

Asthenosphäre der oberen Platte, an der aufgrund der mitgeführten H_2O-reichen Phasen partielle Schmelzbildung ausgelöst wird. Bei der prograden Phasenneubildung innerhalb der subduzierten ozeanischen Lithosphäre bewegen sich nämlich H_2O und CO_2 aus den sekundär gebildeten Mineralen Prehnit, Chlorit, Epidot, Hornblende und Serpentin bzw. den Mineralen der Blauschieferfazies der unteren Platte nicht nur durch den Akkretionskeil nach oben, sondern dringen auch in den peridotitischen Mantelkeil der oberen Platte ein. Da in Tiefen um 100 km die Temperaturen im Mantel nur wenig unter dem Schmelzpunkt der ultramafischen Gesteine liegen, kann dieser Vorgang vor allem dort konzentriert einsetzen, wo ozeanische Kruste bzw. Sedimente mit 2 bis 3% H_2O aus der Blauschieferfazies in die Eklogitfazies übergehen und gleichzeitig Zutritt von Wasser eine Erniedrigung der Solidustemperaturen im peridotitischen Mantelkeil bewirkt, was direkt zur Abtrennung partieller basaltischer Schmelzen führt. In der weiter absinkenden unteren Platte bleiben die ozeanischen Basalte als Eklogit erhalten. Taucht dagegen die untere Platte aufgrund extrem flacher Subduktion nicht tief genug in den Mantel ein, so kann die „normale" magmatische Tätigkeit über der Subduktionszone auch aussetzen. Im Detail sind die Reaktionen, die zu Abscheidung, Konzentration und Aufstieg der Magmen beitragen bzw. umgekehrt zur Unterbrechung des Magmatismus führen, noch kaum bekannt. Die eigentlichen Magmenkammern, welche die Vulkane der magmatischen Bögen speisen, befinden sich nämlich meist wesentlich höher in der Bogenkruste oder entlang der Krusten-Mantel-Grenze, wo es zu komplexen Wechselwirkungen zwischen den oft überhitzten partiellen Basaltschmelzen aus dem Mantel und dem intermediären bis felsischen Unterbau der Bögen kommt.

Magmatische Bögen (magmatic arcs) können sich auf ozeanischer, kontinentaler oder ozeanisch-kontinentaler Übergangslithosphäre bilden. Im ersten Fall entstehen intraozeanische Bögen, deren Magmen man im allgemeinen als **primitive Magmen** (primitive magmas) bezeichnet, weil sie in ihrer basaltischen Zusammensetzung meist den noch relativ einfachen Differentiationsprozeß mafischer Teilschmelzen im ultramafischen Mantelsubstrat widerspiegeln und eine nur geringe sekundäre Kontamination durch Aufnahme felsischer Krustenanteile erfahren. Für magmatische Bögen, die auf komplex gebauten Krustensubstraten, akkretionierten Terranen oder an tektonisch verdickten aktiven Kontinentalrändern entstehen, kann man annehmen, daß das aufsteigende Magma in sekundären krustalen Magmenkammern sowohl durch magmatische Differentiation als auch durch Kontamination mit Nebengesteinsanteilen weitgehend verändert wird. Je länger die Aufstiegswege der Magmen durch die Kruste sind und je langsamer sie sich nach oben bewegen, desto größer ist die Wahrscheinlichkeit, daß sich Magmenschübe aus verschiedenen Niveaus des Mantels bzw. der Kruste mischen. Die Magmensuiten komplexer Insel- oder Kontinentalrandbögen enthalten deshalb sowohl typische kalkalkalische Differentiationsreihen als auch sekundär aufgeschmolzene rein krustale Komponenten bzw. aus großer Tiefe geförderte Basalte. Da auch gemischte Magmen weitere Differentiation zeigen, spricht man bei diesen Magmen im Gegensatz zu den primitiven intraozeanischen basaltischen Magmen von **entwickelten Magmen** (evolved magmas).

In Bögen mit primitiver Magmenförderung besteht der Oberbau aus überwiegend kalkalkalischen bis tholeiitischen Basalten und Andesiten, während im tieferen Unterbau neben Gabbros auch ultramafische Kumulate und serpentinisierte Ultramafitkomplexe anzutreffen sind. In entwickelten Bögen beobachtet man im vulkanischen Oberbau kalkalkalische Basalt-Andesit-Dazit-Rhyolit-Reihen und im intrusiven Unterbau granitoide Batholithen, in denen Quarzdiorit, Tonalit und Granodiorit vorherrschen (Abb. 28.11). Damit lassen sich auch die seismischen V_P-Wellengeschwindigkeiten um 6,0 km s^{-1} in der Oberkruste vulkanischer Bögen verstehen, während die tiefere Unterkruste vieler Bögen (V_P=6,9 km s^{-1}) wahrscheinlich aus mafischen bis ultramafischen Lagern bzw. aus den entsprechenden metamorphen Äquivalenten zusammengesetzt ist (Abb. 28.3). Im allgemeinen sind die Vulkanite eines Bogens etwas mafischer als die gleichzeitig aufsteigenden Plutone. Dies ergibt sich aus dem durchschnittlich längeren **Verbleib** (residence) und der daraus resultierenden stärkeren **Kontamination** (contamination) im Randbereich intrudierender Plutone. Deutet die Geochemie der Intrusivkomplexe auf einen hohen Anteil von partiellen Mantelschmelzen am Gesamtgestein, wie z.B. durch Vorherrschen relativ niedriger $^{87}Sr/^{86}Sr$ Verhältnisse, so spricht man von **I-Typ Granitoiden** (I-type granitoids). Bei einem hohen Anteil an wiederaufgeschmolzenem Krustengesteinsmaterial bzw. bei Anatexis toniger Sedimentgesteine oder felsischer Kruste resultieren dagegen Intrusivtypen, die durch ein relativ hohes $^{87}Sr/^{86}Sr$ Verhältnis gekennzeichnet sind und die man deshalb häufig als **S-Typ Granitoide** (S-type granitoids) bezeichnet.

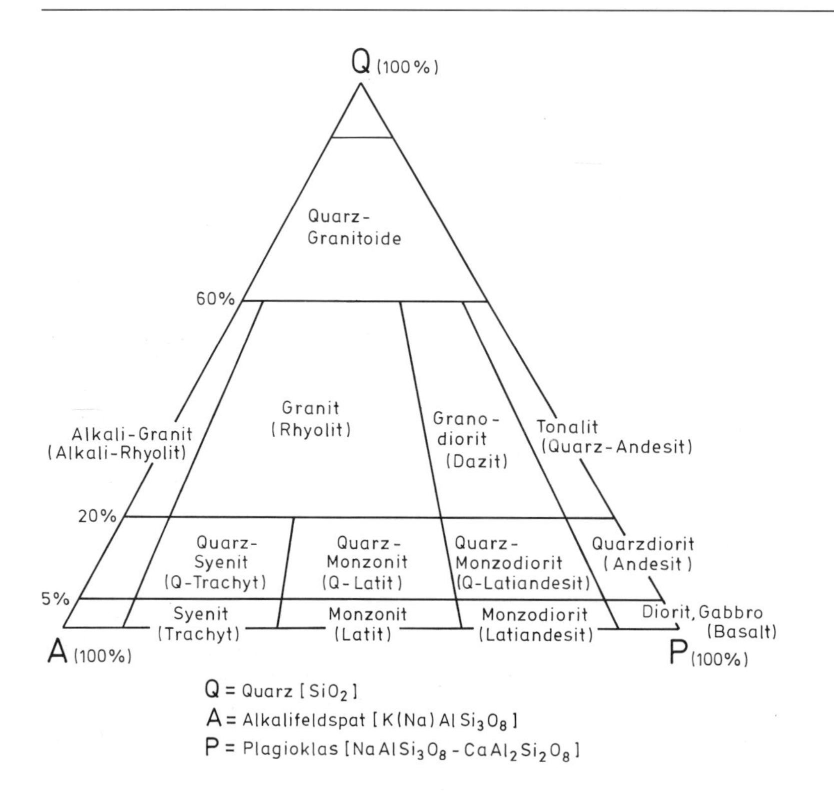

Abb. 28.11 Allgemein gebräuchliche Nomenklatur (IUGS) für plutonische und vulkanische Gesteine nach den Hauptkomponenten Quarz, Alkalifeldspat und Plagioklas.

Für moderne Bögen, aber auch für Paläobögen läßt sich demonstrieren, daß die chemische Zusammensetzung der geförderten Magmen sowohl senkrecht als auch parallel zum tektonischen Streichen des Bogens variiert. Dies reflektiert die Art der primären Magmenförderung aus dem Mantelkeil wie auch unterschiedliche Aufschmelzprozesse im Krustensubstrat der Bögen. So findet man I-Typ-Granitoide häufig näher an der Subduktionszone, wo die vertikalen Transportwege direkter sind, während S-Typ-Granitoide oft weit im tektonisch verdickten Hinterland magmatischer Bögen anzutreffen sind. Auch der K_2O-Gehalt von Vulkaniten nimmt systematisch mit der Distanz der Vulkane von der Rinne zu. Die Polarität eines magmatischen Bogens äußert sich deshalb nicht nur in tektonischen Großstrukturen, sondern auch recht deutlich im Charakter der geförderten Magmen.

Da subvulkanische Intrusivkomplexe (Plutone, Batholithen, Stöcke, Gänge) innerhalb der Kruste immer eine bedeutende advektive Wärmequelle darstellen, ist der oberflächennah gemessene geothermische Gradient im Bereich magmatischer Bögen beträchtlich höher als im Bereich des Akkretionskeils. Daraus resultiert gelegentlich ein zeitlich-räumliches Nebeneinander von HP/LT- und LP/HT-Metamorphose, welches mit dem Begriff des **gepaarten metamorphen Gürtels** (paired metamorphic belt) beschrieben wird. In den unmittelbaren Nebengesteinen magmatischer Komplexe kommt es außerdem zu einer kräftigen sekundären Zirkulation hydrothermaler Fluide. Reaktion der Fluide mit den Mineralen der meist sehr permeablen vulkanischen Eruptionsprodukte, intrusiven Breccien und submarinen Laven kann zur intensiven sekundären Alteration der Gesteine führen. Geochemisch äußert sich letztere vor allem durch relative Anreicherung von Natrium und Verarmung an Kalzium. Auf diese Weise entstehen aus Basalten „Spilite“, aus Andesiten „Keratophyre“ etc. In den höheren erstarrten Teilen von Plutonen kommt es durch Öffnung von Extensionsrissen und Durchströmung mit aufsteigenden Fluiden zu „Kupfer-Porphyr-Systemen“, welche zur diffusen Anreicherung von Kupfer-Molybdänsulfiden und Gold führen. Daneben entstehen in den Lagern bzw. Gängen des magmatischen Oberbaus und in sedimentären Randzonen ebenfalls polymetallische Lagerstätten von Gold, Silber, Blei, Zink, Zinn und Wolfram.

28.5 Akkretionskeil

Akkretionskeile (Anwachskeile, Zuwachskeile, accretionary wedges, accretionary prisms) bilden sich direkt über dem Konvergenzbereich zweier Platten als Folge tektonischer Stapelung des überwiegend sedimentären Materials, welches von der unteren Platte abgeschert wird und an der Vorderseite oder Basis der oberen Platte zuwächst. Das Volumen des Keils vergrößert sich außerdem durch sedimentäre Anlagerung von klastischem Material, welches entweder durch longitudinal transportierte Turbiditströme entlang der Rinnenachse oder transversal aus dem vulkanischen Bogen zugeführt wird (Abb. 28.12). Die Entwicklung eines Akkretionskeils wird deshalb vor allem über drei variable Parameter gesteuert: Erstens über die mechanische Koppelung zwischen den Platten, welche die Abscherungskinematik bestimmt, zweitens über das Volumen der tektonisch herangeführten Tiefseesedimente und das Volumen turbiditischer Sedimente, welche aus dem Inselbogen bzw. nahegelegenen Kontinenten herantransportiert werden und drittens über Abscherung von kristallinem Substrat (ozeanische Inseln etc.). Zur normalen Sedimentation und teilweisen Abscherung sedimentärer Einheiten am äußeren Rand des Akkretionskeils gesellt sich deshalb sporadisch die Akkretion mafischer oder ultramafischer Gesteinseinheiten in Form von Blöcken, gelegentlich aber auch ganzer ozeanischer Plateaus oder kontinentaler Krustenfragmente („Terrane"). Im Bereich der **Tiefseerinnen** (trenches) existiert also im allgemeinen ein dynamisches Ungleichgewicht zwischen den aufbauenden Prozessen (Sedimentation bzw. tektonische Akkretion) und den abbauenden Prozessen (Subduktion bzw. tektonische Erosion). Dies bedeutet, daß Akkretionskeile durch tektonisch-sedimentären Zuwachs entweder an Volumen zunehmen oder durch Subduktion kleiner werden. Nur selten ist über längere Zeiträume hinweg ein Gleichgewichtszustand zwischen Akkretion und Sedimentation auf der einen Seite und Subduktion auf der anderen zu erwarten.

Moderne Akkretionskeile sind bis 350 km breit und erreichen in ihren inneren Zonen Mächtigkeiten von mehr als 20 km. Während die oberflächennahen Anteile von Akkretionskeilen vielfach durch reflexionsseismische Untersuchungen und vereinzelt auch durch Tiefseebohrungen in ersten Ansätzen erforscht sind, ist die Struktur der tieferen

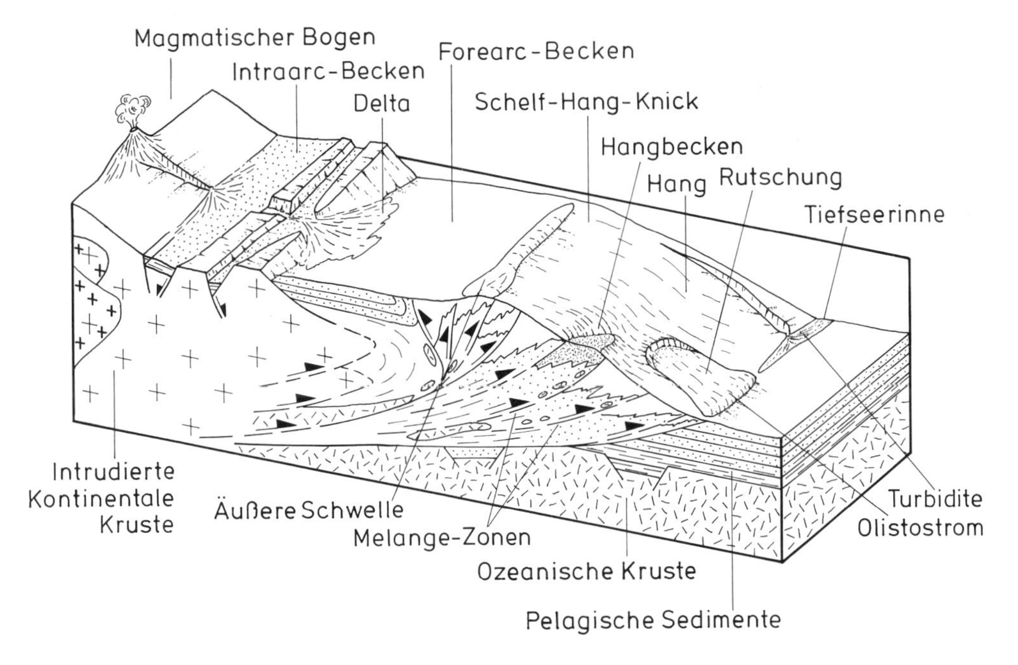

Abb. 28.12 Überhöhtes und verallgemeinertes Blockbild eines Kontinentalrandbogens und seines Akkretionskeils mit den zu erwartenden sedimentär-tektonischen Wechselwirkungen, vor allem mit der Entwicklung eines Forearc-Beckens durch tektonische Stapelung, Rotation und Rücküberschiebungen innerhalb der akkretionierten Sediment- und Krustenteile.

Bereiche weitgehend unbekannt. Reflexionsseismische Profile deuten an, daß vor dem **Fuß** oder der **Zehe** (toe) eines Akkretionskeils im allgemeinen ungestörte und subhorizontal gelagerte Sedimentpakete liegen, die mehrere hundert Meter bis einige Kilometer mächtig sind. Diese Sedimente lassen sich häufig als ungestörte Reflektoren bis weit unter den eigentlichen Akkretionskeil verfolgen (Abb. 28.13). Besonders auf Platten, in denen sich entlang der äußeren Aufwölbung kleinere Grabenstrukturen entwickeln, wird das pelagische Sedimentmaterial vor einer sofortigen Abscherung geschützt und deshalb wahrscheinlich direkt subduziert. Dort, wo Akkretion der Sedimente erfolgt, sind die im Hangenden als seismische Reflektoren identifizierbaren Überschiebungsflächen meist **landeinwärts** geneigt (landward-dipping reflectors), können in Richtung auf den Bogen hin aber auch **meerwärts** geneigt sein (seaward-dipping reflectors). Der gesamte innere Hang der Tiefseerinnen ist durch stufenförmige Ausstrichzonen größerer Überschiebungen gegliedert und enthält auch topographische

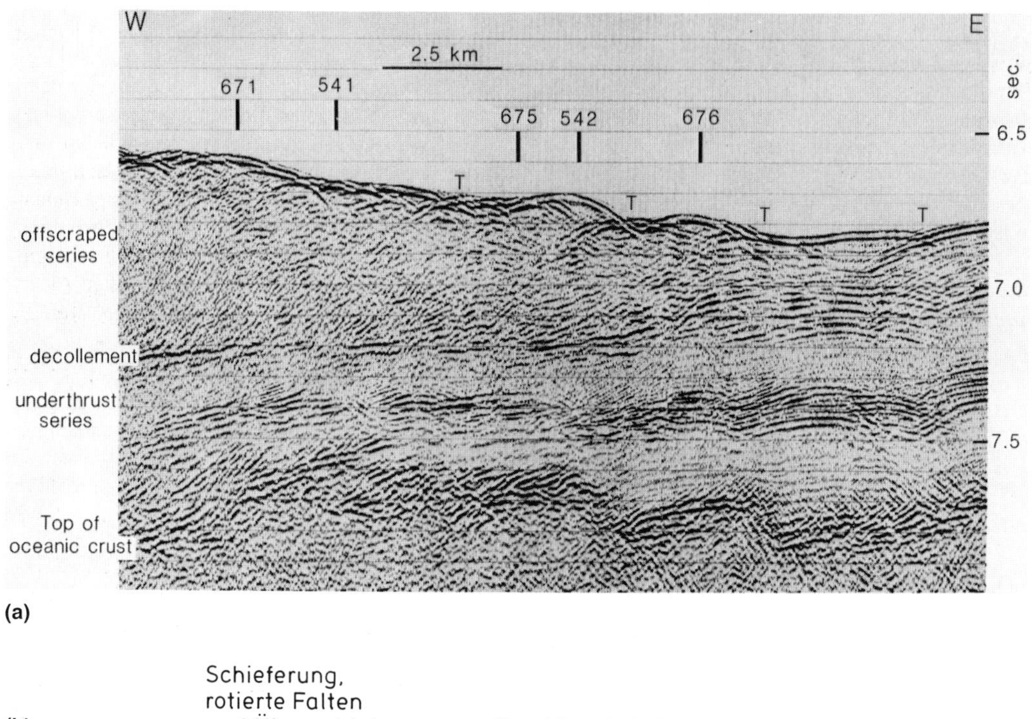

(a)

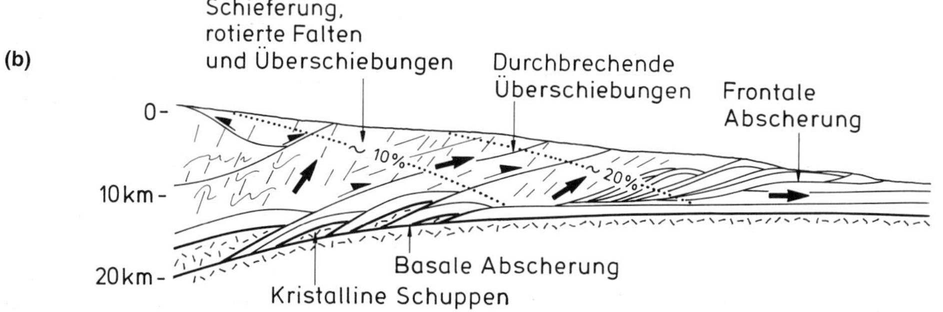

(b)

Abb. 28.13 (a) Reflexionsseismisches Profil durch den äußeren Barbados-Akkretionskeil des Antillen-Subduktionskomplexes; bemerkenswert sind die bis weit unter den Keil zu verfolgenden flachen Sedimentlagen (nach BEHRMANN et al., 1988). (b) Schematischer Querschnitt durch einen Akkretionskeil mit der anzunehmenden Richtung der Fluidbewegungen (schwarze Pfeile) und der daraus resultierenden Porositätsabnahme (Porosität in %) bei gleichzeitiger Entwicklung tektonischer Strukturen und Texturen (nach KARIG, 1983; MOORE, 1989).

Depressionen, die man als **Hangbecken** (slope basins) oder **Terrassen** (terraces) bezeichnet. Die Form solcher Hangbecken wird sowohl durch die Art der lokalen Auflast überschobener Sedimentpakete als auch durch das gravitative Abgleiten von Sedimentmassen an übersteilen Hangsegmenten bestimmt (Abb. 28.12). Die tektonische Übersteilung eines Keils im Hangenden von Überschiebungen und der resultierende gravitative Massentransport trägt in Form von Turbiditen oder Gleitmassen (**Olistostrome**, olistostromes) selbst zur sedimentären Füllung der Rinne bei. Im Inneren der Keile findet man deshalb häufig chaotisch strukturierte Zonen, die bereits vor der tektonischen Stapelung am inneren Hang oder entlang der Rinne als Gleitmassen abgelagert wurden. Ihre weitere tektonische Verschuppung mit tektonisch abgescherten Spänen ozeanischer Sedimente oder Krustengesteine resultiert in linsenförmigen **Melangezonen** (melange zones), die einen extrem komplexen Internbau aufweisen können.

Das Volumen von Akkretionskeilen nimmt auf zweierlei Weise zu. Einmal verbreitern sich die Keile nach vorne durch **frontale Abscherung** (offscraping) bzw. Sedimentation in der Rinne, wobei relativ hohe Porenwasserdrücke und geringere Scherfestigkeiten im frisch akkretionierten Material wesentlich beitragen. Zum anderen wächst der Akkretionskeil durch Duplexbildung in bereits tief unterschobenem Material und kristallinen Spänen der unteren Platte, also durch **akkretionäre Unterplattung** (accretionary underplating) des Keils. Bei relativ höheren Gesteinsfestigkeiten bzw. Differentialspannungen im Inneren des Keils nimmt nicht nur seine Mächtigkeit von unten zu, sondern es erhöht sich auch der frontale Zuschnittswinkel. Die Detailmechanismen, welche bei der Anschuppung spröder Krustenspäne von unten wirksam sind, kennt man noch nicht. Es ist aber wahrscheinlich, daß sie bis zu Überlagerungsmächtigkeiten von mehr als 20 km wirksam sind, und daß es bei besonders starker Koppelung zwischen unterer und oberer Platte zur tektonischen Krustenverdickung bis weit unter den magmatischen Bogen kommen kann. In den bereits akkretionierten Sedimentlagen erfolgt eine allmähliche Rotation und Versteilung der hangenden Schichtpakete bzw. der Überschiebungsflächen in Richtung zum Bogen (Abb. 28.12). Dies hat die Ausbildung neuer flacher Überschiebungen und schichtquerender Scherflächen zur Folge, wobei diese sowohl landwärts als auch seewärts einfallen können. Rotation und Steilstellung frontaler Teile des Keils, akkretionäre Unterplattung und antithetische Rücküberschiebungen produzieren zusammen ein morphologisch erkennbares **äußeres Hoch** (äußere Schwelle, outer high), welches meist den direkten Sedimenttransport zwischen Inselbogen und Tiefseerinne unterbindet. Steigt das äußere Hoch über den Meeresspiegel auf, kann es selbst wieder erodiert werden und so ein weiteres Herkunftsgebiet für Rinnensedimente darstellen. Sedimentmaterial aus dem Bogen füllt im allgemeinen das zwischen äußerem Hoch und Bogen gelegene **Forearc-Becken** (Abb. 28.12). Die Sedimente des Forearc-Beckens haben deshalb ein ähnliches Alter wie die des Akkretionskeils und bestehen ebenfalls zum großen Teil aus turbiditischen Abfolgen, deren Mächtigkeit mehr als 10 km erreichen kann. Da die Sedimente in den Forearc-Becken vor direkter frontaler Abscherung weitgehend geschützt sind, zeigen sie deutlich geringere Deformation als die Sedimente des eigentlichen Akkretionskeils. Unter günstigen Umständen, wie z.B. bei quarzreichem Einzugsgebiet, bei Ablagerung mächtiger Sandsteinlagen und bei organischer Produktivität im Becken, können sie sogar Erdöl führen, wie z.B. im Cook Inlet, Alaska, und in einzelnen Teilen des Indonesischen Archipels. Der tiefere Kontaktbereich zwischen Akkretionskeil und Forearc-Becken ist eine noch kaum erforschte Übergangszone, in welcher Krustengesteine der ozeanischen Lithosphäre an den lithologisch komplexen Unterbau des magmatischen Bogens grenzen (Abb. 28.3 und 28.12).

Ganz wesentlich für den Ablauf der tektonischen und metamorphen Prozesse in wachsenden Akkretionskeilen ist die räumliche Verteilung und Bewegung der Fluide bzw. der Temperaturverlauf im Inneren der Keile. Im allgemeinen sind die vertikalen Temperaturgradienten in Akkretionskeilen gering, da in den frontalen Bereichen normalerweise relativ kalte Sedimente, Kruste und Mantelgesteine unter den wachsenden Keil geschoben werden. Tektonische Überlagerung der an der Basis akkretionierten Sedimente und ihre Kompaktion setzen eine Bewegung von Porenwasser in Gang (Abb. 28.13). Letztere erfolgt schräg nach oben, und zwar sowohl entlang sandiger Einheiten mit primärer Permeabilität als auch entlang von Bruchzonen mit sekundärer tektonischer Dilatationsporosität. Größere **Austritte** (vents) von H_2O und CH_4 an der Oberfläche der Keile sind gelegentlich durch Karbonatschlote charakterisiert, wie z.B. am Cascaden-Keil vor Oregon und im Nankei-Keil vor Japan. Die Temperaturen der austretenden Fluide sind normalerweise wenige Grade höher als das Meerwasser, im Extremfall erreichen sie aber Werte bis 100°C. Dies bedeutet, daß trotz allgemein geringer Temperaturgradienten Fluidbewegungen entlang permeabler Zonen lokale abnormale Temperaturverteilungen erzeugen können. Auch das Auftreten von Tondiapiren bzw. Schlammvulkanen am Fuß von Akkretionskeilen legt nahe, daß dort nur wenige Meter unter der Sedimentoberfläche bereits abnormal hohe Porenwasserdrücke existieren. Diese ermöglichen anscheinend auch die mechanische Entkoppelung der flachliegenden, neu zugeführten Sedimentschichten von hangenden und bereits verschuppten Einheiten des frontalen Keils. Auch innerhalb des Keils sind als Folge progressiver Entwässerung der Tonminerale diskrete Zonen mit abnormalen Porendruckverhältnissen zu erwarten. Bei den in der obersten Zone des frontalen Keils existierenden durchschnittlichen Temperaturen und Drücken (15 bis 25°C, 10 bis 60 MPa in 1000 bis 4000 m Meerestiefe) können dort frühdiagenetisch freigesetzte Gasmoleküle (CH_4, CO_2, H_2S) in Form kristalliner Gashydrate in rund 300 m Tiefe unter dem Meeresboden eine scharf definierte Grenzfläche bilden. Diese ist dann als **bodensimulierender Reflektor** (bottom simulating reflector, BSR) reflexionsseismisch zu erkennen.

Es ist zu erwarten, daß im Inneren der Keile früh einsetzende Deformationsmechanismen, wie z.B. Kataklase, im weiteren Verlauf der progressiven Entwässerung und der Bildung tektonischer Schieferungsflächen durch Drucklösung schließlich auch von Mylonitisierung abgelöst werden. Da die subduzierende ozeanische Lithosphäre im Vergleich zur überfahrenden Lithosphäre relativ kalt ist und auch der darüber gelegene Akkretionskeil verhältnismäßig mächtig werden kann, muß man für die tieferen Teile der Akkretionskeile vor allem mit metamorphen Mineralparagenesen der HP/LT Faziesserie rechnen. Man kennt diese Art der Metamorphose auch aus Gesteinen, die in fossilen Subduktionszonen auftreten, wie z.B. in der mesozoischen Franciscan Melange am Westrand Nordamerikas. Kommt es dagegen zur Subduktion abnormal heißer ozeanischer Lithosphäre, wie z.B. eines relativ jungen ozeanischen Rückensegments, so kann es in den tieferen Teilen der Akkretionskeile auch zur HT-Metamorphose und sogar zur Anatexis H_2O-reicher klastischer Sedimente kommen.

An vielen Paläo-Akkretionskeilen beobachtet man, daß die innersten Zonen als Folge multipler tektonischer Stapelung auch die am höchstgradig metamorphosierten Einheiten enthalten. Dies bedeutet, daß metamorphe Gesteinseinheiten, die bereits tiefe Subduktion erfuhren, an synthetisch-durchbrechenden Hauptüberschiebungen, antithetischen Rücküberschiebungen, Abschiebungen oder entlang von schrägen Blattverschiebungen wieder an die Oberfläche gelangen können. Eine Kombination solcher Bewegungen ermöglicht somit die komplexe Verschuppung ozeanischer Basalte, serpentinisierter Ultramafite bzw. eklogitischer Fragmente aus der unteren Platte mit den sedimentären Einheiten und Melangezonen des eigentlichen Akkretionskeils.

Es gibt heute zahlreiche geochemische, petrologische und geophysikalische Hinweise dafür, daß Sedimente und Gesteinsfragmente der unteren Platte und die in ihnen enthaltenen Fluide (v.a. H_2O und CO_2) an Subduktionszonen bis in Tiefen von mehr als 100 km abgeführt werden können, bevor sie entweder an komplexen Aufschmelzvorgängen teilnehmen oder in Form metamorpher Gesteine wieder zur Erdoberfläche zurückkehren. Es ist sogar wahrscheinlich, daß geochemisch abnormale Bereiche des Erdmantels, wie z.B. ozeanische Hotspots, zumindest teilweise auf tief subduziertes Sedimentmaterial zurückzuführen sind. Es ist allerdings unklar, ob dieses Material an steilen Subduktionszonen als Teil der unteren Platte direkt in den Mantel absinkt oder ob es erst als Teil des Akkretionskeils in Form größerer Einheiten durch **tektonische Erosion** (tectonic erosion) abgeschert wird und dann in tiefere Bereiche des Mantels gelangt. Ozeanische Inseln, die der unteren Platte aufsitzen, werden normalerweise subduziert, verursachen dabei aber lokal abnormale Geometrien innerhalb der frontalen Akkretionskeile und bewirken auch meist eine Verschleppung des inneren Rinnenhangs an konvergenten Blattverschiebungen. Werden größere intraozeanische Plateaus als Ganzes am Vorderrand eines Akkretionskeils abgeschert und neben diesem angelagert, so kommt es meist zu einer entsprechend dramatischen Veränderung in der Lage der Rinne, möglicherweise sogar zur Verlagerung, also zu einem „Springen" der Subduktionszone. Dieser Vorgang wird als **Terran-Akkretion** (terrane accretion) bezeichnet und leitet über zu krustalen Abscherungsprozessen, die auch bei der Kollision kontinentaler Krustenfragmente wirksam sind.

28.6 Akkretion von Terranen

An allen Subduktionszonen werden neben der ozeanischen Sedimentbedeckung anscheinend auch größere kristalline Gesteinskomplexe von der unteren Platte tektonisch abgeschert und als **Terrane** (terranes) an der Vorderseite der oberen Platte akkretioniert. Weshalb einzelne „abnormale" Bereiche der unteren Platte als Ganzes subduziert, andere aber zumindest teilweise akkretioniert werden, ist noch nicht geklärt. Ähnlich wie bei der Obduktion ozeanischer Krustenfragmente auf sedimentäre Einheiten passiver Kontinentalränder muß man auch für die Akkretion von Terranen annehmen, daß vor allem abnormal heiße ozeanische Lithosphäre oder relativ felsisch zusammengesetzte kontinentale Krustenbereiche mit Minimalmächtigkeiten von 10 bis 20 km zur Abscherung prädestiniert sind. Zu solchen Krustenbereichen gehören z.B. inaktive und reliktische magmatische Bögen, ozeanische Plateaus, aseismische Rücken, Mikrokontinente und abnormal strukturierte Teile ozeanischer Inselketten. Damit es zur Akkretion eines Lithosphärenfragments kommt, muß im allgemeinen eine Verlagerung der Subduktionszone in Richtung der Polarität oder ein Polaritätswechsel erfolgen. Die Subduktion geht dann mit gleicher oder veränderter Polarität bzw. Richtung weiter und der Unterbau des neuen Bogens ist dann häufig ein unmittelbar vorher akkretionierter Krustenstreifen. Je nach Richtung der Plattenkonvergenz kann Akkretion orthogonal oder schräg zur Plattengrenze einsetzen, die akkretionierten Lithosphärenspäne stellen aber immer paläogeographische Fremdkörper gegenüber den bereits vorhandenen Krustenstreifen dar.

Ein akkretioniertes **Terran** (terrane) erkennt man deshalb aufgrund einer besonderen lithologisch-biostratigraphischen Abfolge und einer tektonischen Vorgeschichte, welche sich von den Abfolgen bzw. der Geschichte des geologischen Rahmens unterscheiden. Die Kinematik eines jeden Terrans beginnt mit **Terran-Dispersion** (terrane dispersion), ausgehend von einer großtektonischen Einheit, durch ozeanische Spreizung oder durch Randbeckenextension, und endet mit der **Terran-Akkretion** (terrane accretion) an einem konvergenten Plattenrand. Die Lage des ursprünglichen gemeinsamen Dispersionszentrums mehrerer Terrane läßt sich durch detaillierte stratigraphische, paläontologische, paläoökologische und paläomagnetische Vergleichsuntersuchungen im globalen Rahmen gelegentlich grob rekonstruieren (siehe z.B. Abb. 28.14). Die tektonischen Grenzzonen zwischen Terranen sind meist Überschiebungen oder konvergente Blattverschiebungen, im Idealfall handelt es sich um Zonen mit ophiolithischer Melange. Für den Fall, daß paläogeographische Herkunft, Dispersionszentrum und kinematische

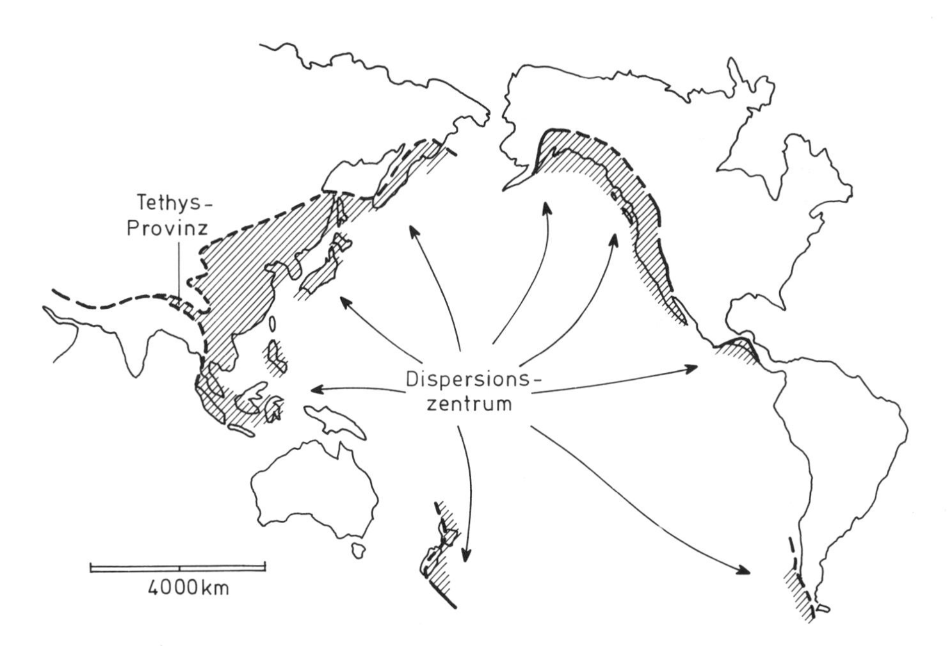

Abb. 28.14 Hypothetische Lage des kretazischen mittelpazifischen Dispersionszentrums spätpaläozoisch-frühmesozoischer zirkumpazifischer Terrane, die als Folge ozeanischer Spreizung an die aktiven Kontinentalränder des Pazifiks verfrachtet wurden und sich dort durch ihre Tethys-Faunen bzw. paläomagnetischen Signaturen als exotische Einheiten erkennen lassen.

Geschichte eines Terrans völlig unklar sind, spricht man von einem **exotischen Terran** (exotic terrane). Zeigen die Gesteinsabfolgen eines Terrans gewisse stratigraphisch-tektonische Gemeinsamkeiten mit denen einer angrenzenden Großplatte, so bezeichnet man das Terran als **proximales Terran** (proximal terrane). Kommt es zur **Verschweißung** (amalgamation) von zwei oder mehreren Terranen, bevor diese gemeinsam an einer weiteren konvergenten Plattengrenze akkretioniert werden, so bilden sie ein **zusammengesetztes Terran** (composite terrane, superterrane). Wird ein Terran bei seiner Akkretion stark deformiert und kommt es zur Vermischung seiner Gesteine mit denen eines benachbarten Terrans, so spricht man von einem **zerscherten Terran** (disrupted terrane). Bei sukzessiver Akkretion mehrerer Terrane an einem aktiven Kontinentalrand und der weiteren Zerscherung bzw. metamorph-magmatischen Überprägung resultiert eine **Terran-Kollage** (terrane collage).

Zeigen z.B. paläomagnetische Untersuchungen in den verschiedenen Terranen einer Terrankollage stark voneinander abweichende Inklinationswerte und läßt sich spätere Kippung der Gesteine um horizontale Achsen ausschließen, so ist es wahrscheinlich, daß die Dispersionszentren dieser Terrane ursprünglich in unterschiedlichen paläogeographischen Breiten lagen. Ähnlich können in Terranen auch unterschiedliche Fossilassoziationen gleichen Alters auf unterschiedliche Faunenprovinzen, also möglicherweise auch auf klimatisch unterschiedliche Dispersionszentren der Terrane, hindeuten. So zeigen z.B. die frühpaläozoischen Fossilassoziationen in den Terranen der südöstlichen Appalachen eine ursprüngliche Zugehörigkeit zur „europäischen“ Faunenprovinz, während in den nordwestli-

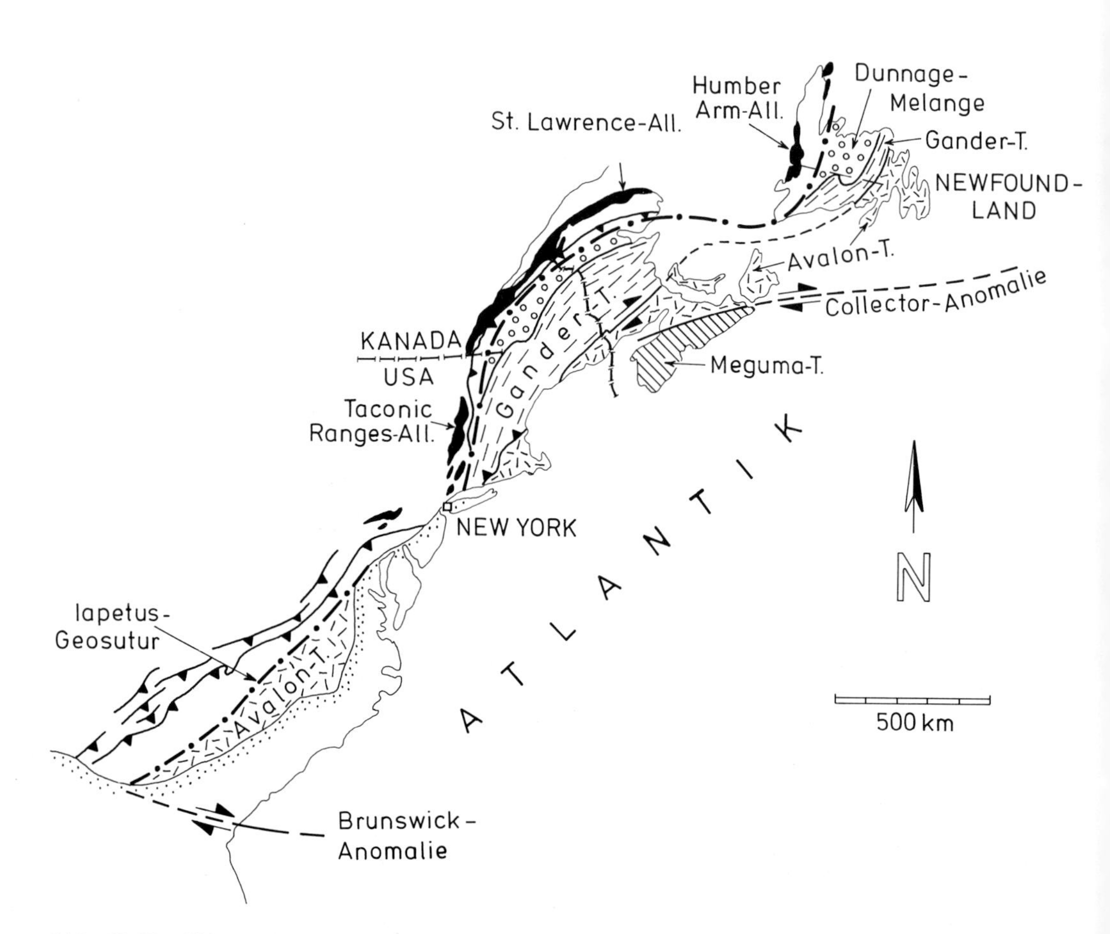

Abb. 28.15 Akkretionierte Terrane südöstlich der ozeanischen Iapetus-Geosutur in den Appalachen, in denen „europäische“ frühpaläozoische Faunen anzutreffen sind (nach Williams & Hatcher, 1983).

chen Appalachen „nordamerikanische Affinität“ vorherrscht. Dies bedeutet, daß im Verlauf der Subduktion des paläozoischen Iapetus-Ozeans während des Ordoviziums Terrane mit europäischen Faunen am nordamerikanischen Kontinentalrand akkretioniert wurden. Die mesozoische Spreizung des modernen Atlantiks folgte dann aber nicht genau der ursprünglichen Iapetus Geosutur und so verblieb ein Teil der „europäischen“ Terrane in Nordamerika (Abb. 28.15).

Das minimale Alter für das **Anlegen** (docking) eines Terrans bestimmt man durch Datierung von Plutonen, welche die tektonische Grenze zwischen dem Terran und seinem Umfeld diskordant durchschlagen (**Nahtplutone**, stitching plutons). Auch sedimentäre Abfolgen, welche nach erfolgter Akkretion über den Grenzen zwischen zwei Terranen zur Ablagerung kommen und somit beide überlappen (**Überlappungsabfolgen** oder **Nachfolgebecken**, overlap sequences, successor basins) lassen sich zur Datierung der Akkretionsbewegungen heranziehen. Das maximale Alter für das Anlegen eines Terrans wird durch die jüngsten auf das Terran beschränkten Sedimentgesteine oder Vulkanite

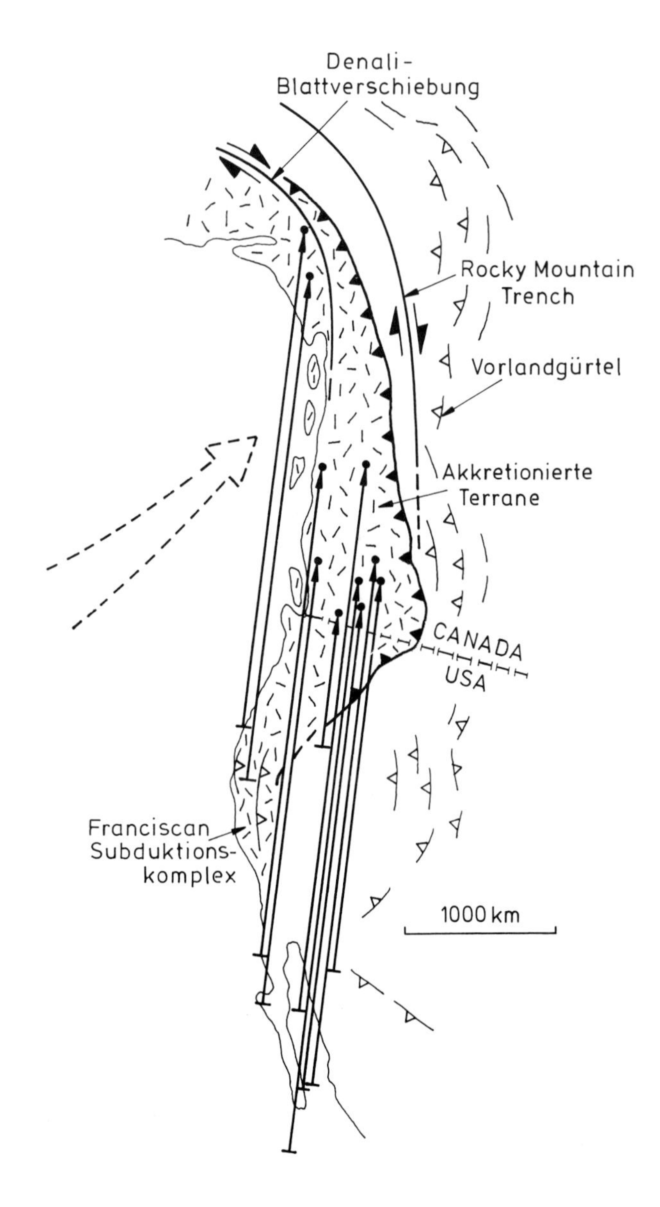

Abb. 28.16 Skizze des im Westen Nordamerikas akkretionierten Krustenkomplexes, der sich aus magmatisch intrudierten Terranen, Akkretionskeilen bzw. Gürteln mit ophiolithischer Melange zusammensetzt. Die schräge Konvergenz ozeanischer Platten relativ zu Nordamerika besaß eine paläomagnetisch in den Terranen nachweisbare Nordkomponente. Während und nach der Akkretion kam es zur Entwicklung konvergenter Blattverschiebungen und eines breiten Überschiebungsgürtels in den ursprünglichen passiven Kontinentalrandablagerungen der westlichen nordamerikanischen Kruste (nach MONGER, 1984; IRVING et al., 1985; IRVING & WYNNE, 1991).

definiert. Da Terrangrenzen häufig an jüngeren Störungen versetzt sind, bedarf die Analyse der tektonischen Beziehungen innerhalb komplexer Terrankollagen in jedem Fall einer genauen stratigraphisch-geochronologischen Überprüfung.

Am besten dokumentiert sind phanerozoische Terran-Kollagen in den marinen und teilweise vulkanisch geprägten Abfolgen der westlichen **nordamerikanischen Kordillere** (North American Cordillera). Hier zeigen z.B. die permomesozoischen Faunen deutliche Affinitäten zur Tethys-Provinz des Westpazifiks, wo anscheinend schon im frühen Mesozoikum ozeanische Spreizungsvorgänge die Dispersion größerer intraozeanischer Plateaus einleiteten (Abb. 28.14). Paläomagnetische Untersuchungen an Gesteinen der westlichen Kordillere demonstrieren zumindest semiquantitativ, daß die Bewegungen von teilweise bereits früh verschweißten zusammengesetzten Terranen relativ zur Westküste Nordamerikas dabei Nordkomponenten in der Größenordnung von 1000 km besaßen (Abb. 28.16). Die schräge Akkretion am Westrand der Amerika-Platte wurde durch eine langlebige ostgerichtete Subduktion möglich, bei der von der unteren Platte abgescherte Terrane am Rand der nordamerikanischen Lithosphäre akkretionierten, aber auch von zahlreichen dextralen Blattverschiebungen versetzt wurden. Exotische und proximale Terranfragmente bilden deshalb heute einen breiten Streifen, welcher durch voluminöses Aufdringen spätmesozoischer Plutone und eine gelegentlich gemeinsame regionale Metamorphose mit dem angrenzenden Kontinent verschweißt wurde. Spätmesozoische klastische Sedimentabfolgen in Nachfolgebecken illustrieren sowohl die progressive Annäherung als auch die longitudinale Zerscherung der akkretionierten Terrane. Auch die Entwicklung eines gewaltigen Überschiebungsgürtels in den Sedimentserien des passiven Kontinentalrands von Amerika im östlichen Vorland (Rocky Mountains) ist ein Teilaspekt dieser konvergenten Bewegungen.

Geometrie und Zusammensetzung konvergenter Plattenränder hängen also weitgehend von der Struktur, Temperaturverteilung und Bewegungsrichtung der unteren Platte, aber auch von Heterogenitäten in der oberen Platte ab. Zwei Beispiele moderner Akkretions- bzw. Subduktionszonen aus den Randbereichen des Pazifischen Ozeans sollen die Dynamik der oben diskutierten Wechselwirkungen näher illustrieren.

28.7 Neuseeland und Anden als Beispiele für konvergente Plattenränder

Neuseeland (New Zealand) begann seine geologische Entwicklung als Teil des aktiven östlichen Kontinentalrands des Pangäa-Superkontinents, dessen Reste zwischen dem Fiordland-Komplex und Torlesse-Akkretionskeil auf der Südinsel, aber auch submarin in der Lord-Howe-Schwelle erhalten sind (Abb. 28.17). Vom Perm bis ins späte Mesozoikum (zwischen rund 270 und 120 Ma) wurde ozeanische Lithosphäre des Pazifischen „Superozeans" entlang der australisch-neuseeländischen Ostküste an einer nach Westen einfallenden Subduktionszone zur Tiefe abgeführt. Die Reste des entsprechenden magmatischen Bogens sind in Neuseeland als andesitische Vulkanite und kalkalkalische Intrusivgesteine im Brook Street-Terran erhalten, welches an tektonisch denudierte kristalline Tiefkrustengesteine des Fiordland-Komplexes grenzt. Nordöstlich der reliktischen Bogenkomplexe liegt das permische bis spätjurassische vulkanoklastische Murihiku-Matai-Terran, das aus einer 10 bis 20 km mächtigen Forearc-Becken-Abfolge besteht und nur geringfügige Deformation bzw. Metamorphose erlitten hat (Abb. 28.17). Diese Abfolge wird von ozeanischen Krusten-Mantelgesteinen des Dun-Mountain-Ophiolith-Terrans unterlagert, wobei der Kontakt mit dem Murihiku-Terran allerdings durch spätere konvergente Bewegungen steil gestellt wurde. Aufgrund einer breiten linearen magnetischen Anomalie, die sich an Land mit dem ophiolithischen Dun Mountain-Komplex korrelieren läßt, kann man annehmen, daß sich ähnliche Strukturen auch nach Osten in das submarine Campbell-Plateau erstrecken und auch nach Norden weiter zu verfolgen sind. Östlich des Dun Mountain-Ophioliths befinden sich stark verschuppte, klastische Tiefseeablagerungen (Caples-Terran), die sich wiederum in tektonischem Kontakt zu einem riesigen metamorphen Komplex, dem Haast Schist-Terran befinden. Das Haast Schist-Terran zeigt einen allmählichen Übergang in nur geringfügig metamorphe Quarz-Feldspat-Turbidite, Kieselgesteine, spilitisierte Basalte und Karbonatblöcke (z.B. Eskhead-Melange), welche den mesozoischen Torlesse-Akkretionskeil aufbauen. Dieser ist gegen Nordosten hin systematisch jünger und seine überwiegend klastischen Anteile wurden ursprünglich auf großen submarinen Fächern bzw. als Rinnenfüllungen abgelagert. Vor rund 120 bis 90 Ma wurde der gesamte Komplex tektonisch angehoben und tief denudiert.

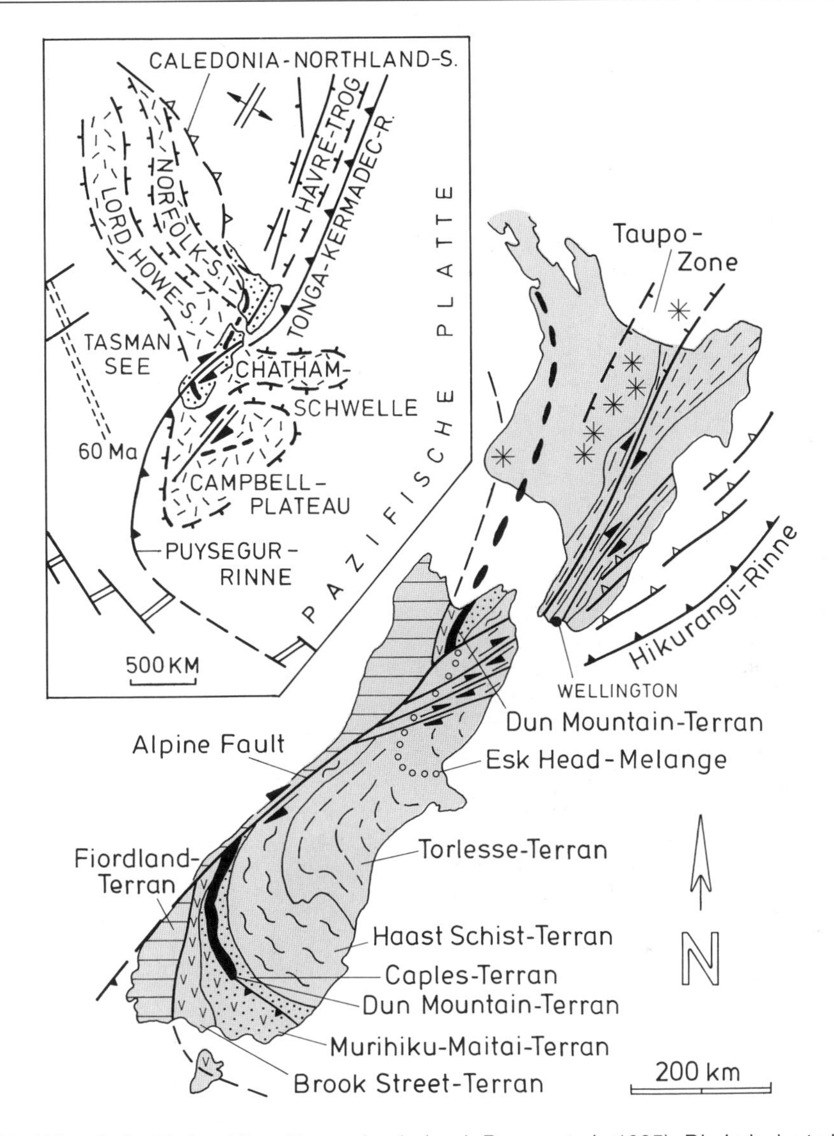

Abb. 28.17 Tektonische Kartenskizze Neuseelands (nach Bishop et al., 1985). Die Indexkarte links oben zeigt den Umriß des intraozeanischen Lord Howe-Norfolk-Campbell-Plateaus, das aus akkretionierten Terranen besteht und durch ozeanische Spreizung in der Tasman-See von Australien abgetrennt wurde. Deutlich erkennbar ist die Verkrümmung und der dextrale Versatz des Dun Mountain Ophiolith-Terrans entlang der neogenen Alpine Fault.

Im Zeitraum von 80 bis 70 Ma kam es im Verlauf einer regionalen Krustenextension und Riftbildung zur kompletten Umgestaltung des australischen Paläokontinentalrands. Diese Entwicklung wurde durch das Aufdringen mafischer Gänge und durch die Subsidenz kontinentaler Gräben über den akkretionierten Krustenfragmenten eingeleitet und bis vor rund 60Ma durch ozeanische Spreizung innerhalb der Tasman-See und nachfolgende thermisch-tektonische Subsidenz der nun getrennten passiven Ränder Neuseelands und Australiens verstärkt. Auch andere verdünnte Krustenstreifen im Bereich der Lord Howe-, Norfolk-, Chatham-Schwellen und des Campbell-Plateaus subsidierten dadurch unter das Niveau des Meeresspiegels. Ob die Tasman-See als ozeanisches Randbecken **hinter** einem

(a)

(b)

Abb. 28.18 (a) Blick quer zu den konvergenten Blattverschiebungen, welche das Torlesse-Terran nahe Wellington, Neuseeland, queren; (b) Tarawera-Vulkan und Mt. Edgecumbe (im Hintergrund) innerhalb der Taupo-Zone der Nordinsel von Neuseeland (siehe auch Kapitel 8).

nicht identifizierbaren Bogen oder als Teil eines kontinentalen Riftgürtels entstand, läßt sich allerdings nicht näher festlegen. Ab rund 60 Ma verlagerte sich jedoch die ozeanische Spreizung aus der Tasman-See nach Südosten und die 20 bis 30 km mächtigen Krustenstreifen von Neuseeland und angrenzende Schwellen, welche im Paläogen (60 bis 30 Ma) ein großes submarines Plateau bildeten, wurden bald darauf entlang der westvergenten Caledonia-Northland-Zone von obduzierten ophiolithischen Gesteinseinheiten überschoben (Abb. 28.17).

Vor rund 25 Ma entwickelte sich am Ostrand des ozeanischen Plateaus eine neue konvergente Plattengrenze, an der nun westgerichtete Subduktion der pazifischen Platte einsetzte, anscheinend zunächst flach, später steiler. Aus dieser Situation heraus ist auch das moderne geodynamische Szenario Neuseelands zu verstehen. Letzteres wird bestimmt durch den Übergang aus einer westfallenden relativ steilen Subduktionszone unter der Nordinsel in eine intrakontinentale Zone mit dextral-konvergenten Blattverschiebungen und eine ostfallende krustale Überschiebung, welche sich in die ostfallende Puysegur-Subduktionszone südlich von Neuseeland verfolgen läßt.

Östlich der Nordinsel liegt heute der rund 150 km breite und bis 18 km mächtige moderne Hikurangi-Akkretionskeil, der als Verlängerung des inneren Hangs der intraozeanischen Tonga-Kermadec-Rinne betrachtet werden kann; die Subduktionszone fällt mit rund 50° nach Westen ein. In Verlängerung des submarinen Havre-Trogs erfolgt heute progressive Ausbreitung des kontinentalen Taupo-Randbeckens, in dem die Extensionsrate rund 0,7 cm a^{-1} beträgt. Da die Westbewegung der Pazifischen Platte etwa 5 cm a^{-1} ausmacht, beträgt die Konvergenzrate entlang der Hikurangi-Subduktionszone rund 6 cm a^{-1}. Innerhalb der Taupo-Zone wurde die kontinentale Kruste bereits auf rund 15 km ausgedünnt und in absinkenden Grabenstrukturen befinden sich 2 bis 4 km mächtige rhyolitische Tufflaven bzw. Ablagerungen andesitischer Stratovulkane, die vor allem in den letzten 1 bis 2 Ma entstanden sind (Abb. 28.18). Der extrem hohe Wärmefluß (bis 700 mW m^{-2}), verursacht durch magmatische Advektionsprozesse in der oberen Kruste und hydrothermale Konvektion in der oberflächennahen Extensionszone, wird lokal zur geothermischen Energiegewinnung genutzt. Auf der Nordinsel von Neuseeland sind also aktives Randbecken und magmatischer Bogen räumlich identisch (Abb. 28.19), wobei das Abrollen der pazifischen Platte und die Extension der Taupo-Zone den östlichen Krustenbereich erfaßt haben, der im Uhrzeigersinn in Richtung auf die Hikurangi-Rinne rotiert. Dadurch kommt es zum Übergang von Überschiebungen in konvergente bzw. divergente dextrale Blattverschiebungen. In der Taupo-Zone deuten en echelon gestaffelte vulkanische Spalten, wie z.B. am Tarawera-Vulkan (Abb. 28.18), auf diese Art der Forearc-Randbeckenkinematik. Auch gegen Südwesten entwickeln sich aus den Überschiebungen des Hikurangi-Keils konvergente Zweige eines großen dextralen Blattverschiebungssystems, das fast 100 km breit und durch eine bedeutende krustale Seismizität charakterisiert ist. Diese dextralen Blattverschiebungen vereinen sich aber in der Alpine Fault, für die sich im Zeitraum der letzten 10 bis 20 Ma ein Versatz von rund 400 km bestimmen läßt und an der im konvergenten südlichen Bereich der Südinsel auch eine Einengung der Kruste von rund 80 km erfolgt ist. Diese Einengung verursacht anhaltende Hebung der Neuseeland-Alpen mit Raten von maximal 10 mm a^{-1}, wobei lokale Höhen von weit über 3000 m erreicht werden. Südlich von

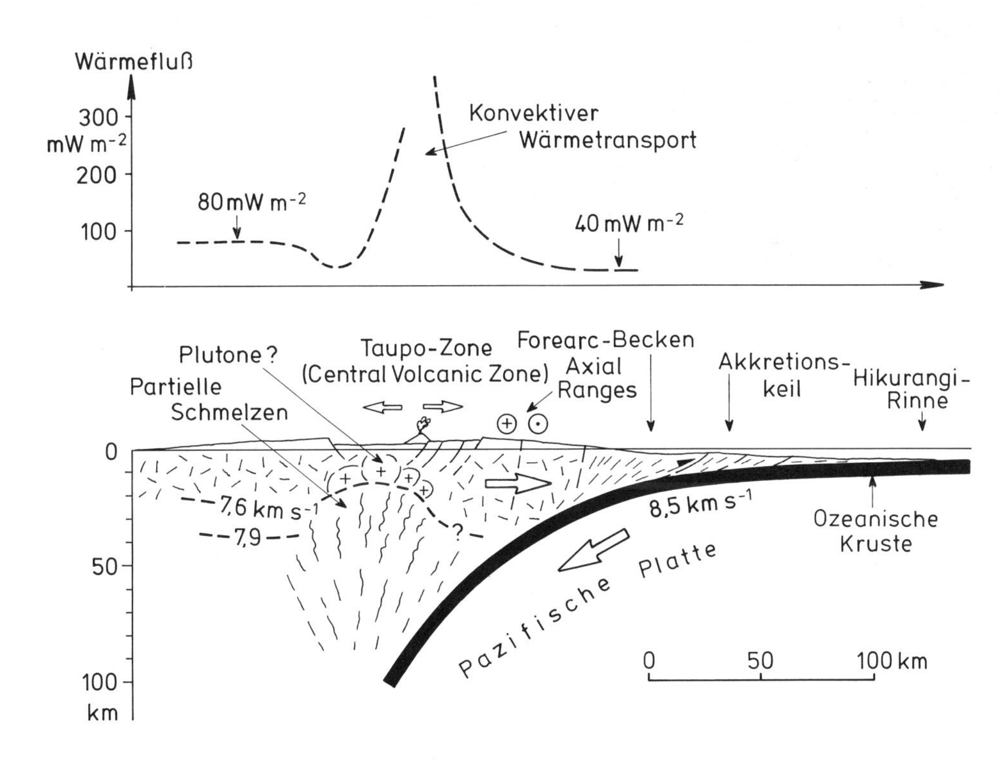

Abb. 28.19 Geophysikalisch-geologischer Querschnitt zwischen Hikurangi-Rinne und Taupo-Zone innerhalb der Nordinsel Neuseelands. Das nicht überhöhte Profil zeigt die stark reduzierten V_P-Wellengeschwindigkeiten im Mantelkeil unter dem sich neu bildenden Randbecken der Taupo-Zone und den subtilen Übergangsbereich Randbecken-Blattverschiebungszone-Akkretionskeil (nach Walcott, 1987).

Fiordland setzt dann die ostfallende Puysegur-Subduktionszone ein, die sich ursprünglich wahrscheinlich aus einer ozeanischen Transformstörung am Rand des Campbell-Plateaus entwickelt hat (Abb. 28.17). Die tektonische Entwicklung von Neuseeland demonstriert somit recht deutlich, wie der intraozeanische Subduktionsprozeß durch Anwesenheit eines ozeanischen Plateaus modifiziert wird und sich somit auch die Subduktionspolarität im Streichen einer konvergenten Plattengrenze ändern kann.

Die **Anden**, das zweite Beispiel, sind Teil des gewaltigsten modernen aktiven Kontinentalrands bzw. Kontinentalrandbogens der Welt (Abb. 28.20). Flache Subduktion der Nazca-Platte bewirkt dabei am Westrand von Südamerika extrem starke Erdbebentätigkeit bzw. intensive thermisch-magmatische Wechselwirkungen im Grenzbereich zwischen der unteren und oberen Platte. Aufgrund der prätertiären Vorgeschichte unterscheidet man drei große Teilsegmente der Anden: die nördlichen, die zentralen und die südlichen Anden.

Die **nördlichen Anden** reichen von der Karibik bis zum Huancabamba-Sporn im südlichen Ecuador (Abb. 28.20). In diesem Segment kam es nach einer spätmesozoischen Obduktion ophiolithischer Krustenfragmente gegen Osten und einer nachfolgenden Akkretion intraozeanischer Bogenfragmente zum Polaritätswechsel der Subduktionszone und im Paläogen begann die ozeanische Nazca-Platte

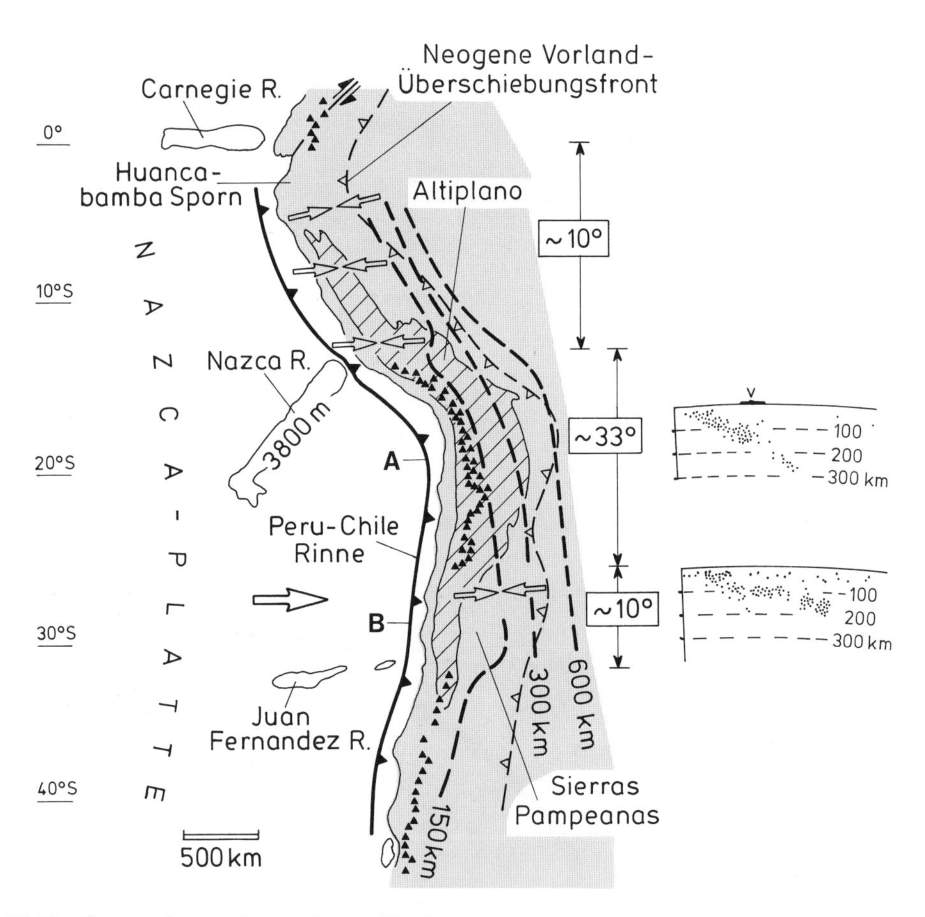

Abb. 28.20 Segmentierung des modernen Kontinentalrandbogens der zentralen Anden und variable Neigung der Wadati-Benioff-Zone, angegeben durch Konturlinien (Tiefe in km). Dreiecke deuten die Lage der vulkanischen Achse an. Deutlich erkennbar sind die amagmatischen Segmente, in denen extrem flache Subduktion überwiegt (nach CROSS & PILGER, 1982). Rechts Profile der Wadati-Benioff-Zone in magmatischen bzw. amagmatischen Teilen des Systems.

unter den neuen Kontinentalrand zu subduzieren. Dieser Prozeß hält bis heute an. In der oberen Platte bewirkt die flache Subduktion und starke Koppelung der Platten ostgerichtete Überschiebungen im kontinentalen Sockel und in den sedimentären Hüllgesteinen, wobei allerdings auch bedeutende dextrale Blattverschiebungen parallel zum Streichen des Gebirges auftreten. In den **zentralen Anden** entstand bereits im mittleren Mesozoikum eine nach Osten einfallende Subduktionszone, über der sich ein 1600 km langer und rund 60 km breiter magmatischer Gürtel entwickelte, der heute als „Küstenbatholith" aufgeschlossen ist. Hinter dem magmatischen Bogen existierte allerdings noch bis ins Paläogen ein komplex strukturiertes Randbecken. Eine zunehmend flachere Subduktion verursachte eine progressive Verlagerung des magmatischen Bogens nach Osten und eine Einengung der bis 10 km mächtigen Sedimentserien in den Randbecken, die von Intrusionen durchsetzt und auf den südamerikanischen Kontinent überschoben wurden. In den tektonisch angehobenen Wurzeln des magmatischen Bogens beobachtet man batholitische Tonalit- und Granodioritintrusiva, deren Abkühlung zwischen rund 130 und 30 Ma erfolgte. In den **südlichen Anden** kam es nach einer paläozoisch-mesozoischen Akkretionsphase mit Anlagerung exotischer Terrane zur Bildung spätmesozoischer Randbecken, die im Paläogen ebenfalls von schräger Konvergenz erfaßt und im Bereich mag-

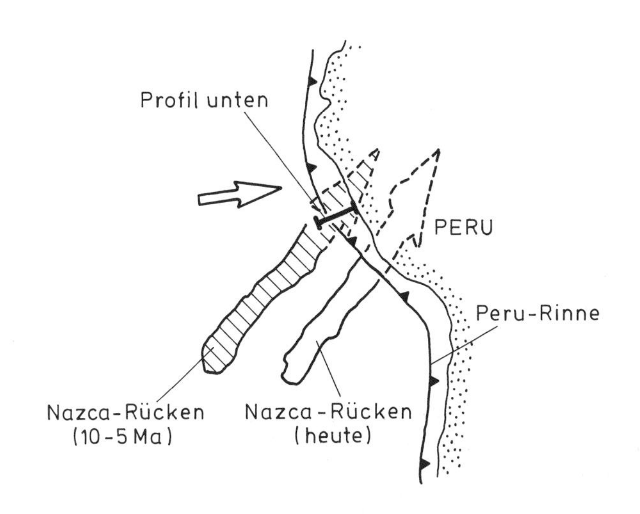

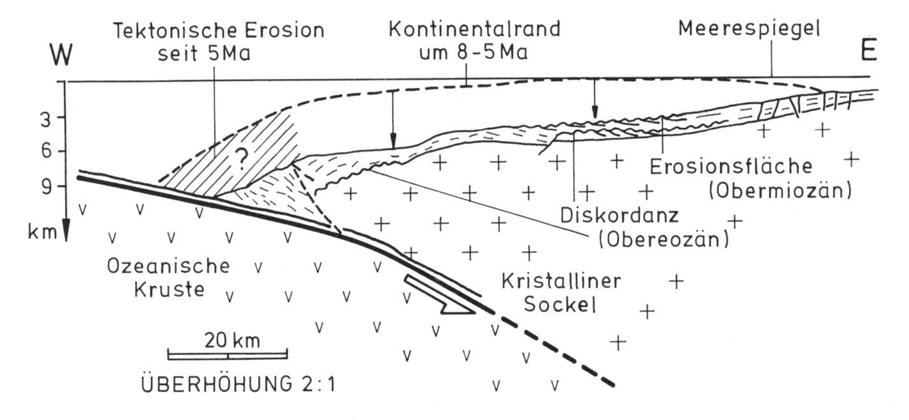

Abb. 28.21 Modell zur jüngsten Entwicklung des aktiven Kontinentalrandes von Peru, an dem die ostgerichtete Subduktion des aseismischen Nazca-Rückens (gestrichelt) zuerst zur Anhebung und tektonischen Erosion des Akkretionskeils führte, aber nach dem Durchzug des Rückens zur Absenkung der Keiloberfläche in das heutige Niveau überleitete (nach von Huene & Lallemand, 1990).

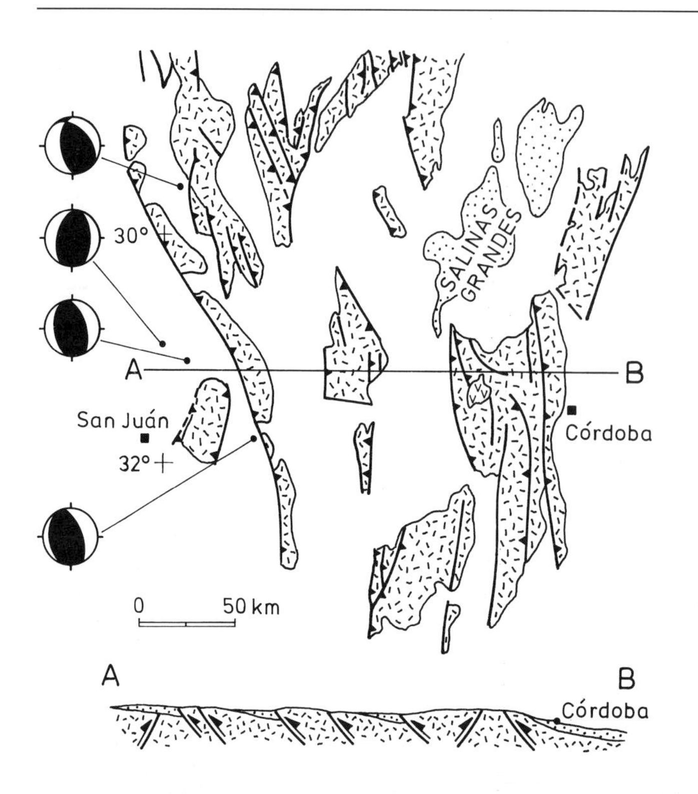

Abb. 28.22 Seismisch aktive Aufschiebungen im kristallinen Sockel des Andenvorlands im Bereich der Sierras Pampeanas, Argentinien (Lage siehe Abb. 28.20). Neotektonik und seismische Herdflächenlösungen deuten auf hohe krustale Horizontalspannungen über der extrem flach einfallenden Wadati-Benioff-Zone (nach STRECKER et al., 1989).

Abb. 28.23 Blick auf das rund 4000 m hohe Altiplano von Peru, welches von jungen Schrägabschiebungen versetzt wird.

matischer Bögen von vulkanisch-plutonischen Gesteinen durchsetzt wurden.

Der neogene bzw. moderne Andenbogen spiegelt in seiner longitudinal stark differenzierten vulkanischen und tektonischen Entwicklung eine Segmentierung wider (Abb. 28.20), die zum großen Teil auch auf die variable Struktur der subduzierenden Nazca-Platte zurückzuführen ist. Dies läßt sich besonders deutlich in den zentralen Anden beobachten. Hier steigt die feste Erdoberfläche von der 7 km tiefen Peru-Chile-Rinne innerhalb einer Horizontaldistanz von 300 bis 400 km bis zu 6 km hohen Gipfeln der Anden an, was ein Relief von rund 13 km erzeugt. Die ozeanische Nazca-Platte ist in der Rinne nur rund 45 Ma alt und ihr Einfallswinkel beträgt maximal 33°. In zwei Bereichen, dem Peru-

Segment und dem Pampeanas-Segment, sind die Einfallswinkel der Subduktionszone im Tiefenbereich zwischen 100 und 150 km sogar nur 15° bis 0° und der Vulkanismus setzt hier aus (Abb. 28.20). Die Variation im Einfallswinkel der flachen Subduktionszone deutet auf größere Querflexuren im Streichen der subduzierenden Platte hin. Im Bereich der extrem flachen Subduktion ist die Nazca-Platte durch aseismische Rücken charakterisiert, die rund 2000 m über den Ozeanboden aufragen und wahrscheinlich von abnormal strukturierter bzw. leichterer Lithosphäre unterlagert werden. Die aseismischen Carnegie-, Nazca- und Juan Fernandez-Rücken sind schräg zur Subduktionszone orientiert, was bedeuten könnte, daß in der Verlängerung der aseismischen Rücken leichtere Lithosphäre bereits subduziert wurde und aufgrund der geringen Eintauchtiefe im Mantelkeil unter dem Bogen keine magmatische Tätigkeit ausgelöst wurde. Im Akkretionskeil vor Peru erkennt man das „Durchwandern" des Nazca-Rückens sowohl an dem Fehlen bzw. der tektonischen Erosion gewaltiger Sedimentmassen im Keil als auch an der nachfolgenden Absenkung des eozänen Forearcstreifens in seine heutige Position (Abb. 28.21).

Die Segmentierung des aktiven Kontinentalrands drückt sich auch in der Art der Relativbewegungen innerhalb der oberen Platte aus. Allgemein erfährt die Kruste unter den Anden eine West-Ost-Kontraktion, wobei Krustenspannungen vor allem in Form seichter Überschiebungsbeben abgebaut werden. Die neogene Überschiebungsfront, die im Osten der Anden innerhalb der Plattformsedimente verläuft, ist deshalb teilweise ein bedeutender Falten-Überschiebungsgürtel mit kumulativer Einengung von mehr als 100 km, teilweise aber eine komplexe Zone mit steilen Aufschiebungen, an welchen auch Blöcke der kristallinen Vorlandkruste erfaßt werden (Abb. 28.22). Das heutige Vorland der Anden entspricht deshalb in seinem tektonischen Stil dem gewaltigen spätmesozoisch-paläogenen Vorlandgürtel der nordamerikanischen Kordillere.

Unter den Anden wird seit etwa 10 bis 12 Ma die Kruste tektonisch verdickt und hat bereits Werte von maximal 70 km erreicht. In der Hochregion des Altiplano wurde die Oberfläche bis auf rund 4 km Höhe isostatisch angehoben und in den höchsten Bereichen am Westrand des Altiplanos von Peru (Abb. 28.23) beobachtet man auch seismogene regionale Abschiebungen, die anscheinend auf gravitativ ausgelöste Bewegungen innerhalb des tektonisch-magmatischen verdickten Krustenbereichs hindeuten. Interessanterweise reflektiert der Chemismus der Vulkanite über den magmatisch aktiven Segmenten der Subduktionszone auch die Zusammensetzung der tektonisch verdickten Kruste, was aufgrund der relativ langen krustalen Aufstiegswege der Magmen aus dem Mantelkeil in die Oberkruste verständlich ist. Die amagmatischen Peru- und Pampeanas-Segmente über den extrem flachen Subduktionszonen deuten auf intensive tektonische Koppelung zwischen unterer und oberer Platte hin, also auf Relativbewegungen, welche den krustalen Relativbewegungen ähneln, die man auch aus den Kollisionszonen zwischen großen kontinentalen Krustenfragmenten kennt.

Literatur

KARIG, 1975; COOMBS et al., 1976; BOYNTON et al., 1979; HAMILTON, 1979; UYEDA & KANAMORI, 1979; NAKAMURA & UYEDA, 1980; ALLIS, 1981; BEN-AVRAHAM et al., 1981; CROSS & PILGER, 1982; GASTIL & PHILLIPS, 1982; PETTINGA, 1982; ERNST, 1983; JORDAN et al., 1983; KARIG, 1983; RUFF & KANAMORI, 1983; SALEEBY, 1983; TAYLOR & KARNER, 1983; WILLIAMS & HATCHER, 1983; KOKELAAR & HOWELLS, 1984; MONGER, 1984; WESTBROOK et al., 1984; BISHOP et al., 1985; HOWELL, 1985; IRVING et al., 1985; SÉBRIER et al., 1985; STERN, 1985; KANAMORI, 1986; MOORE, 1986; SAREWITZ & KARIG, 1986; VON HUENE, 1986; WALCOTT, 1987; BEHRMANN et al., 1988; BYRNE et al., 1988; HALL et al., 1988; HAMILTON, 1988; KASTENS & MASCLE, 1988; ROYDEN & HORVATH, 1988; SMITH, 1988; CADET & UYEDA, 1989; CONEY, 1989; MOORE, 1989; OTSUKI, 1989; RANGIN, 1989; SPEED et al., 1989; STRECKER et al., 1989; VON HUENE & LALLEMAND, 1990; IRVING & WYNNE, 1991; MOUNT & SUPPE, 1992.

29 Kollisionszonen

29.1 Allgemeiner Querschnitt durch Kollisionszonen

Die **Kollision** (collision) größerer Krusteneinheiten bedeutet im allgemeinen, daß ein Endstadium konvergenter Bewegungen zwischen zwei oder mehreren Lithosphärenplatten erreicht worden ist und die höheren felsischen Anteile der Kruste von ihrem mafisch-ultramafischen Lithosphärensubstrat weitgehend abgeschert und zumindest teilweise als krustale Decken übereinander geschoben wurden. Die Krustenbereiche innerhalb von **Kollisionszonen** (collision zones) erfahren deshalb in ihren tieferen

Bereichen eine gewaltige strukturelle, thermische und petrologische Reorganisation. Im Verlauf einer Kollision kommt es zur Modifikation oder Neubildung der Moho-Diskontinuität, zu Aufschmelzungsvorgängen innerhalb felsischer bis intermediärer Krustenanteile und zu intensivem Wärmetransport aus den tieferen in höhere Zonen tektonisch verdickter Kruste. Außerdem kann man annehmen, daß die relativ schweren subkrustalen Lithosphärenanteile bei der Kollision durch **Delamination** (delamination) in das tiefere Mantelsubstrat absinken, während tektonische Stapelung der leichteren Krustenfragmente zur isostatischen Hebung der Erdoberfläche führt. Die Entstehung von Gebirgen durch Kollision wird deshalb traditionell mit dem Ausdruck **Orogenese** (orogenesis) beschrieben und Kollisionszonen werden demnach auch als **Orogene** (orogens) bezeichnet.

Jede Kollision kontinentaler Krustenfragmente miteinander bzw. Kollision intraozeanischer Inselbögen oder Plateaus mit Kontinentalrändern setzt entweder eine vorhergehende Subduktion ozeanischer Lithosphäre voraus oder sie ist die Folge einer extremen Einengung ozeanischer Randbecken. Reste der subduzierten Ozeanlithosphäre bzw. der ozeanischen Randbecken erkennt man in den meisten Kollisionszonen als schmale Streifen ophiolithischer Melange bzw. als Reste allochthoner Tiefseesedimente und klastischer Akkretionskeile (Abb. 29.1). Diese fossilen Kontaktzonen zwischen unterschiedlichen Platten innerhalb neu entstandener Intraplattenbereiche bezeichnet man deshalb als **Geosuturen** (geosutures, Abb. 29.1, 28.15 und Abb. 29.2). Die Randzonen kollidierter Krustenfragmente bzw. die Geometrien von Geosuturen sind vielfach unregelmäßig, was auf eine bereits ursprünglich komplexe Geometrie der Randzonen, aber auch auf Deformation während und nach der Kollision hindeuten kann. Die Entwicklung von Geosuturen ist außerdem **diachron** (diachronous), d.h. entlang von Plattengrenzen erfolgt Kollision an verschiedenen Punkten zu verschiedenen Zeiten.

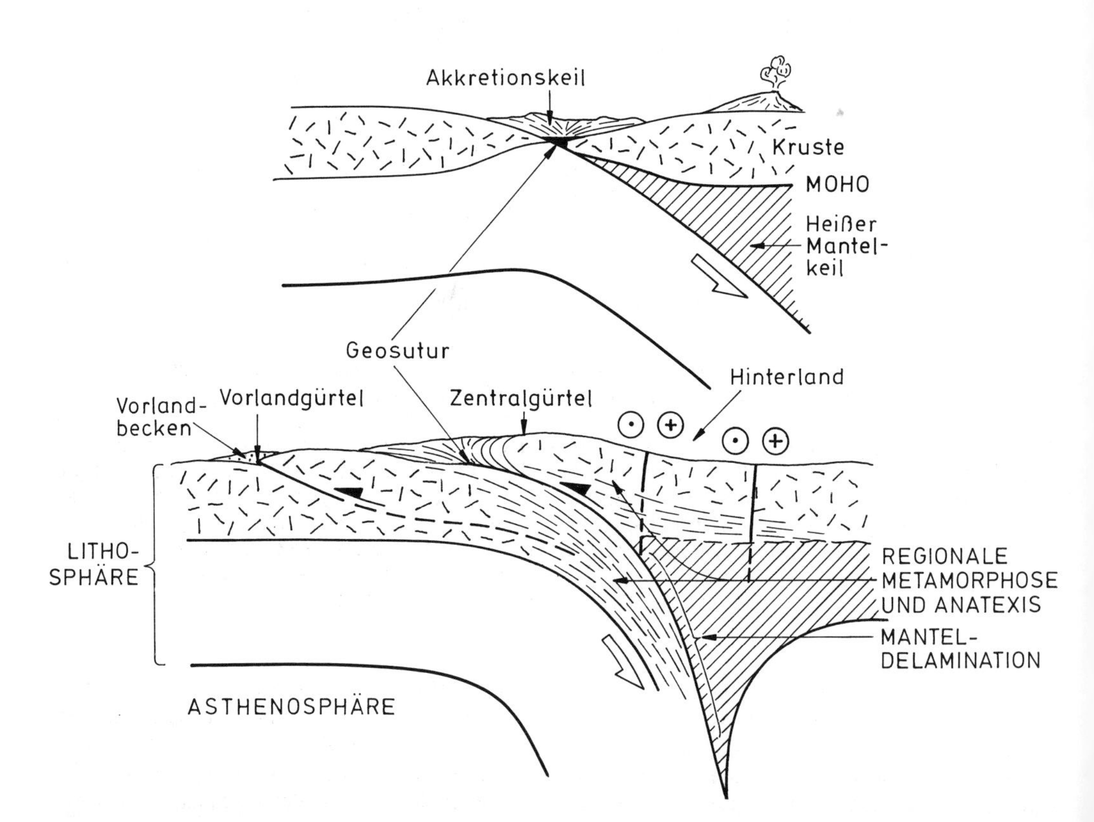

Abb. 29.1 Schematischer Querschnitt durch eine Kollisionszone, die sich aus einem aktiven Kontinentalrandbogen entwickelt hat. Die Delaminationsgeometrie im Bereich des Mantelkeils ist hypothetisch, aber kinematisch wahrscheinlich (nach LAUBSCHER, 1983; MATTAUER, 1986).

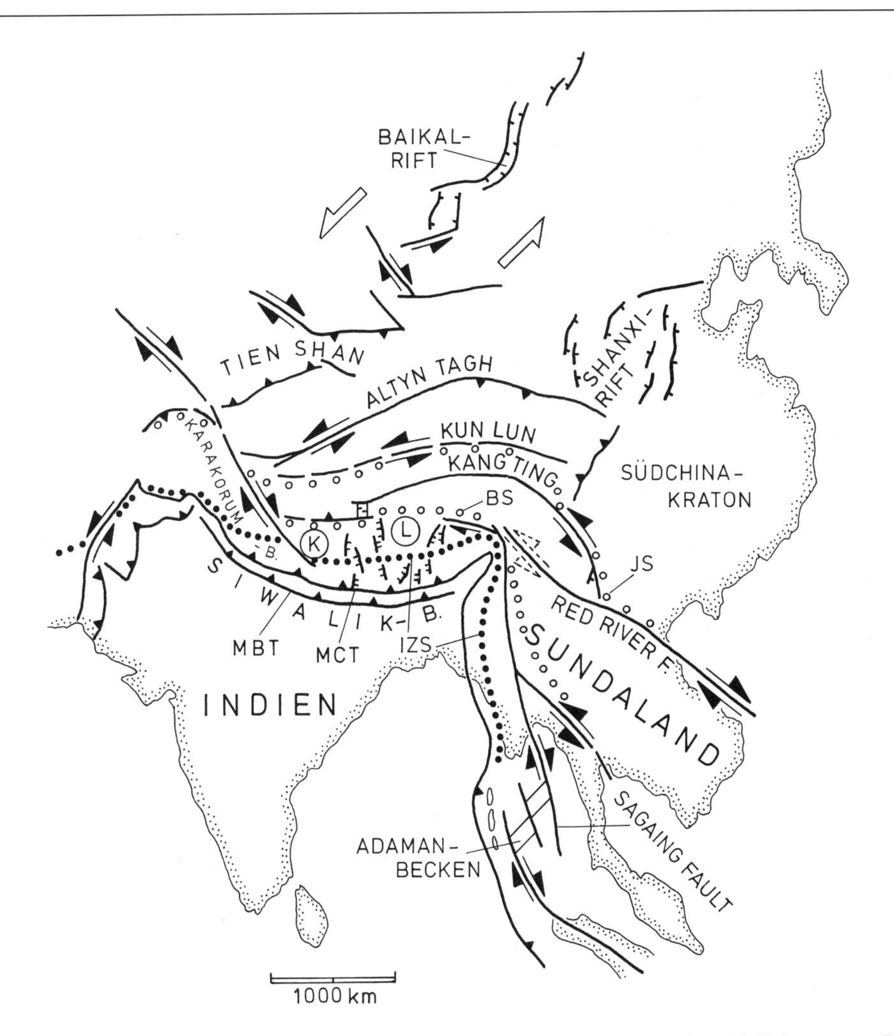

Abb. 29.2 Skizze zur modernen Kinematik im Bereich der Indisch-Eurasischen Kollisionszone. Die offenen Kreise deuten ältere im Mesozoikum geschlossene Geosuturen an (BS = Banggong-Sutur, JS = Jinsha-Sutur), schwarze Kreise markieren die heute stark verkrümmte Spur der eozänen Indus-Zangbo-Sutur (IZS) am Südrand des Lhasa-Terrans (L). Die großen nach Norden einfallenden Hauptüberschiebungen unter dem Himalaya-Hauptkamm (Main Central Thrust = MCT; Main Boundary Thrust = MBT) und das gigantische System von Blattverschiebungen in Tibet werden im Süden von jüngeren N-S orientierten Extensionsstrukturen gequert. Auch die Nukleationszone der Karakorum-Blattverschiebung liegt in einem Bereich komplexer Extensionsstrukturen in der Nähe des Mt. Kailas, der mit (K) markiert ist (nach TAPPONNIER et al., 1986). Dextrale NW-streichende Blattverschiebungen im Tien Schan-Baikal-Bereich sind möglicherweise Ausdruck einer breiten NE-orientierten sinistralen lithosphärischen Scherzone.

Der tiefere Anteil von Kollisionszonen bzw. Geosuturen wird meist metamorph überprägt und häufig auch von Plutonen intrudiert. Erodierte Geosuturen sind deshalb meist nur als intensiv deformierte **kryptische Suturen** (cryptic sutures) zu erkennen. Ähnlich wie die tektonischen Grenzen zwischen Terranen sind letztere vor allem dadurch gekennzeichnet, daß die Gesteinsserien in aneinandergrenzenden Krustenblöcken sowohl in ihrer sedimentären Fazies als auch in ihrer tektonischen Vorgeschichte bedeutende Unterschiede aufweisen.

Nach erfolgter Kollision verlagert sich die Deformation der Kruste aus relativ schmalen Zonen entlang der Geosuturen auf breite, verzweigte und teilweise überlappende intrakontinentale Scherzonen. Dabei gilt ähnlich wie für ozeanische Subduktionszonen die Regel, daß junge Krusteneinheiten bzw. relativ heiße Lithosphärenfragmente auf kältere bzw. ältere Lithosphärenbereiche überschoben werden. Daraus resultiert für viele Kollisionszonen eine bevorzugte tektonische Polarität oder Vergenz der Falten- und Überschiebungsstrukturen, obwohl diese Polarität oft nur im Anfangsstadium der Kollision und auch dann subtiler zum Ausdruck kommt als die Polarität von Subduktionszonen. Dieser Polarität entsprechend beobachtet man z.B. in manchen modernen Kollisionszonen deutlich asymmetrisch gepaarte gravimetrische Anomalien, wobei sich im Vorland die erzwungene Krustenverdickung als negative Bouguer-Schwereanomalie bis zu -100 mGal äußert, während im Bereich überschobener Mantel- bzw. Unterkrustenbereiche im Inneren der Kollisionszone positive Anomalien bis zu +100 mGal auftreten. Gepaarte gravimetrische Anomalien lassen sich sogar noch bei weitgehender Erosion in Paläokollisionszonen erkennen, wie z.B. in präkambrischen Schilden. Auch für bedeutende proterozoische Geosuturen zeigt sich nämlich, daß thermisch jüngere Krustenbereiche (< 2,5 Ga) im allgemeinen ebenfalls auf Vorländer mit thermisch älterer Kruste (> 2,5 Ga) überschoben wurden (Abb. 30.4) und daß kryptische Suturen selbst oft nur Teilzonen wesentlich breiterer mylonitischer Überschiebungsbahnen darstellen. Die gepaarten gravimetrischen Anomalien erlauben deshalb Schlüsse auf die Richtung krustaler Überschiebungen bzw. auf Gradienten im Grad der regionalen Metamorphose, welche sich häufig unmittelbar nach der Kollision einstellt.

Die krustale Einengungskinematik nach der Kollision ist mit komplexen und noch kaum verstandenen Abschervorgängen an der Basis und innerhalb kollidierender Krustenfragmente verknüpft. Sie bewirkt entweder eine **Krustenverdickung** (crustal thickening) an Überschiebungen oder **seitliche Fluchtbewegungen** (lateral escape) von Krusten- bzw. Lithosphärenschollen an großen Blattverschiebungen aus Bereichen mit maximaler Einengung in Bereiche mit geringerer Einengung oder mit Extension, also meist Fluchtbewegungen in Richtung auf gleichzeitig entstehende neugebildete Randbecken (Abb. 29.2). Die meisten Kollisionszonen bestehen aus linearen nichtmetamorphen **Vorlandgürteln** (foreland belts) und metamorphen **Zentralgürteln** (central belts) bzw. einem breiten **Hinterland** (hinterland) aus relativ starrer Lithosphäre. Im fortgeschrittenen Stadium der Kollision ist es deshalb kaum noch möglich, aus der Kinematik tektonischer Relativbewegungen innerhalb der Kollisionszone direkt auf die Kinematik der konvergenten Plattenbewegungen am Rand der Kollisionszone zu schließen. Auch haben die tektonischen Einheiten, die an intrakontinentalen Scherzonen gegeneinander bewegt werden, meist eine wesentlich geringere laterale Ausdehnung als die ursprünglichen Plattengrenzen. Einzelne Blöcke werden auch häufig um lokale vertikale Achsen rotiert.

Moderne **Zentralgürtel** (central belts) sind dadurch charakterisiert, daß sie gegenüber normaler kontinentaler Kruste erhöhten Wärmefluß bzw. höhere Temperaturen in der oberen Kruste zeigen. Dieser Effekt wird wahrscheinlich durch Stapelung kristalliner Decken mit radiogenem Oberkrustenmaterial, durch den Aufstieg krustaler Schmelzen und durch Zirkulation heißer Fluide bewirkt. Die Krustenmächtigkeiten in Zentralgürteln moderner Kollisionszonen, wie z.B. im Himalaya, in Anatolien oder in den Alpen, erreichen Werte von 50 bis 70 km. Es ist anzunehmen, daß dort in Tiefen von 10 bis 15 km duktile Verformung, regionale Metamorphose und lokale Aufschmelzung kristalliner und sedimentärer Gesteinseinheiten einsetzen. Aus Aufschlüssen tief erodierter Zentralgürtel weiß man auch, daß der Strukturstil in den tieferen Krustenniveaus von polyphasen Becken-und-Dom-Strukturen, liegenden Scherfalten und raumgreifender Transpositionsfoliation bestimmt wird. Dabei zeigt sich, daß der kristalline **Sockel** (basement) mit zunehmendem Grad der regionalen Metamorphose relativ geringe Kompetenzunterschiede gegenüber den sedimentären **Hüllgesteinen** (cover rocks) besitzt; nur in den obersten 10 bis 15 km ist für Sockelgesteine sprödes Festigkeitsverhalten zu erwarten und nur hier kommt es auch zur Translation und Rotation diskreter **Schollen** (blocks) entlang von Blattverschiebungen bzw. zur Überschiebung kristalliner **Decken** (thrust sheets, nappes) und **Schuppen** (flakes, lids). In modernen Kollisionszonen äußern sich diese Relativbewegungen in der Oberkruste als breit verteilte Seismizität. Mechanische Entkoppelung der spröden kontinentalen Oberkruste von ihrem duktilen Substrat wird aber vor allem durch Schmelzbildung und Entwicklung abnormaler Fluiddrücke erleichtert. Partielles Aufschmelzen stofflich geeigneter Gesteine im Bereich der Zentralgürtel („Anatexis") produziert häufig granitoide Intrusiva, in denen kaum Schmelzanteile aus dem Mantel enthalten sind und die deshalb geochemisch als S-Typ-Granitoide anzusprechen sind. Im fortgeschrittenen Stadium der Kollision kommt es in Zentralgürteln zur Entwicklung bivergenter Einengungsstrukturen, an denen zentral gelegene metamorphe Gesteine kräftig angehoben und auch auf nichtmetamorphe Vorländer überschoben werden können.

Während in den Vorländern vielfach starke Einengung vorherrscht, kommt es im Zentralgürtel bereits häufig zur Extension, welche zur **tektonischen Denudation** (tectonic denudation) metamorpher Gesteine und zum relativ schnellen Aufstieg domförmiger **metamorpher Kernkomplexe** (metamorphic core complexes) führen kann. Der Übergang zwischen den plattentektonisch gesteuerten konvergenten Relativbewegungen in der Tiefe und den divergenten Bewegungen in der Oberkruste erfolgt wahrscheinlich in duktilen und hochgradig metamorphen mittleren Krustenniveaus. Kristallisationsablauf und Abkühlungsgeschichte der metamorphen Zentralgürtel lassen sich durch detaillierte Isotopendatierungen metamorpher Mineralparagenesen bzw. magmatischer Gesteine quantitativ-zeitlich belegen. Dabei zeigt sich, daß tektonisch-isostatische Aufstiegsraten für die metamorphen Gesteine vieler Zentralgürtel bei rund $1\,\mathrm{mm\,a^{-1}}$ liegen. Lokal, wie z.B. im westlichen Himalaya, im südlichen Neuseeland oder in der eozänen Küstenkordillere Kanadas kennt man aber auch tektonische Hebungsraten zwischen 5 und $10\,\mathrm{mm\,a^{-1}}$. In solchen Zonen intensiver Hebung, welche auch durch extreme topographische Gradienten gekennzeichnet sind, überwiegen entsprechend hohe Raten glazialer oder fluviatiler Erosion und die durchschnittlichen Höhenlagen der Gebirgsoberflächen bleiben deshalb im allgemeinen unter 4000 bis 5000 m. Nur in relativ schmalen Zonen werden Höhen erreicht, die auch darüber liegen, wie z.B. die 7000 bis 8000 m hohe Gipfelregion des Himalaya-Hauptkammes. Für tief erodierte Sockelbereiche präkambrischer Schilde kann man annehmen, daß der durchschnittliche erosive Abtrag nach der Kollision bzw. Krustenneubildung wahrscheinlich die Größenordnung von 4 bis 5 km hatte. Daraus ist ersichtlich, wie das subtile Zusammenspiel von tektonischer und erosiver Denudation eine „durchschnittliche" Mächtigkeit und Höhenlage der späteren kontinentalen Normalkruste erzeugt.

Vorlandgürtel (foreland belts) entwickeln sich sowohl durch Stapelung an antithetischen Überschiebungen in der oberen Platte flacher Subduktionszonen, vor allem aber durch synthetische Überschiebungen im peripheren Bereich von Kollisionszonen. Die Kinematik der obersten Kruste wird dabei durch eine von innen nach außen fortschreitende Entwicklung von Falten bzw. Überschiebungen bestimmt. Die meist keilförmig gestapelten Decken sedimentärer Abfolgen, die ursprünglich an passiven Kontinentalrändern oder in Randbecken abgelagert wurden, besitzen aufgrund stratigraphisch-mechanischer Heterogenitäten und einer starken Schichtanisotropie eine meist einfachere Struktur als die frontalen Akkretionskeile ozeanischer Subduktionszonen. Die Auflast überschobener Decken bewirkt aber im Vorland fast immer eine tektonisch-isostatisch induzierte Subsidenz der Lithosphäre und somit die Entstehung von **Vorlandbecken** (foreland basins, Abb. 29.3). Da sich zwischen gehobenen Zentralgürteln und subsidierenden Vorlandbecken bedeutende topographische Gradienten entwickeln, erfolgt quer zu diesen Gradienten ein voluminöser Transport klastischer Sedimente, der im Vorland selbst transversale und longitudinale Progradation von grobkörnigen über feinkörnige Faziesbereiche auslöst. Korngröße und Subsidenzrate in bestimmten Querschnitten eines

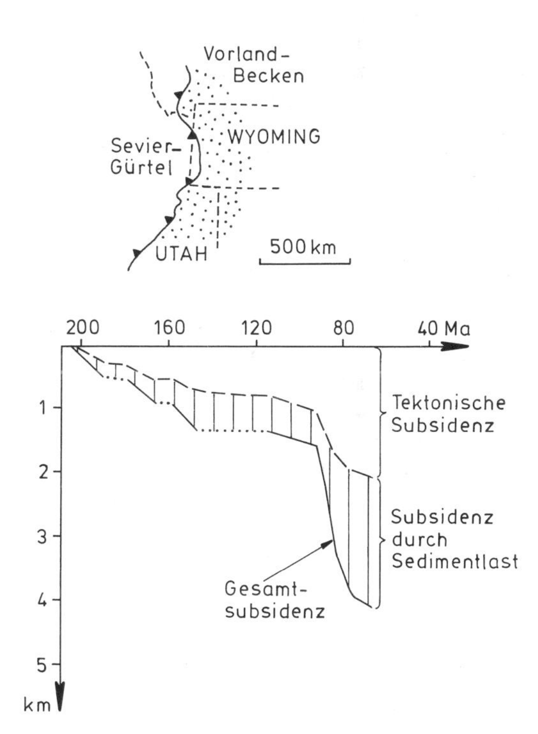

Abb. 29.3 Subsidenzkurve für frühjurassische Plattformsedimente unter den klastischen Ablagerungen eines Vorlandbeckens an einem Punkt der nordamerikanischen Kordillere. Die Kurve zeigt das Vorrücken von Decken im Zeitraum von 90 bis 60 Ma, welches sich als beschleunigte Subsidenz und schließlich als Unterbrechung der Sedimentation und isostatische Hebung äußert (nach HELLER et al., 1986).

Vorlandbeckens nehmen deshalb im Lauf der Zeit zu, wobei das Gewicht der bereits abgelagerten Sedimente den Betrag der tektonisch induzierten Subsidenz auf mehr als das Doppelte erhöht (Abb. 29.3). Die Mächtigkeit syntektonischer klastischer Formationen im Vorland verringert sich keilförmig aus den Zonen maximaler tektonischer Subsidenz nach außen und man bezeichnet die Füllungen orogener Vorlandbecken deshalb auch als **klastische Keile** (clastic wedges). Sie bestehen in den tieferen Teilen meist aus monotonen marinen Turbidit-Abfolgen („Flysch"), in den höheren aus grobkörnigen paralisch-fluviatilen Abfolgen („Molasse"). Die klastischen Keile werden im allgemeinen selbst durch progressive Ausweitung der Überschiebungssysteme von Einengung erfaßt, wodurch es zum erosiven Kannibalismus vor allem der älteren, grobkörnigen Faziesanteile kommt. Regionale Hebung der Vorlandkruste im Umfeld von Kollisionszonen führt schließlich zur weitgehenden Erosion der Vorlandgürtel. Erhaltene Vorlandgürtel sind weltweit bedeutende Ziele der Exploration auf Erdöl, Erdgas und Kohle.

Die Querschnittsformen klastischer Vorlandbecken senkrecht zum Streichen werden vor allem durch die **Biegefestigkeit** (flexural rigidity) der Vorlandlithosphäre bestimmt. Über einer dünnen oder thermisch instabilen Lithosphäre entwickeln sich relativ tiefe, kurze und schmale Vorlandbecken, deren Struktur manchmal sogar durch bedeutende Abschiebungen akzentuiert wird, wie z.B. im Vorland der Alpen. Über mächtigeren bzw. thermisch stabileren Vorlandlithosphären entstehen dagegen meist relativ seichte und breite Vorlandbecken, wie z.B. im westlichen Nordamerika. In besonderen Fällen, wenn die thermisch geschwächte Vorlandlithosphäre extrem hohen Horizontalspannungen ausgesetzt ist, kommt es in ihr zur Entwicklung von isolierten Überschiebungsflächen und zur Inversion von Störungen im kristallinen Sockel, wie z.B. im spätkretazisch-frühtertiären Vorland der Wyoming Rocky Mountains, in den modernen Sierras Pampeanas von Argentinien oder in der kretazisch-tertiären Vorlandskruste nördlich der Alpen.

Instruktive Beispiele moderner Kollisionszonen finden sich vor allem im eurasischen Konvergenzbereich, welcher durch Subduktion der Lithosphäre des Tethys-Ozeans entstand und vom heutigen Mittelmeerraum (Pyrenäen, Alpen, Helleniden, Anatolien) bis ins indonesische Archipel zu verfolgen ist. Als Beispiele sollen die Bereiche Himalaya-Tibet und die Alpen herangezogen werden. In ganz anderer Form erfolgte die paläozoische Konvergenz, welche zur Entstehung der variszischen Kruste Europas führte. Wichtige Einblicke in den Tiefbau von Kollisionszonen erlauben aber vor allem tief erodierte präkambrische Schilde, deren Evolution in einem kurzen nachfolgenden Kapitel erläutert werden soll.

29.2 Himalaya und Tibet

Der Himalaya und das im Norden angrenzende Hochland von Tibet bzw. die Ketten von Pamir-Tien Shan sind Produkte einer Kollision zwischen den südlichsten Anteilen der Eurasischen Terran- und Kontinentkollage mit dem nördlichen Indischen Subkontinent, welcher wiederum als Teil der Indoaustralischen Platte zu betrachten ist. Die eurasische Terran-Kollage enthält bedeutende Geosuturen, die bereits im Paläozoikum bzw. im frühen Mesozoikum durch progressive Akkretion krustaler Fragmente am Südrand der Sibirischen Plattform geschlossen wurden und heute oberflächennah durch Streifen ophiolithischer Melange markiert sind (Abb. 29.2). Erst die jüngsten Akkretions- bzw. Kollisionsereignisse, deren Spuren besonders deutlich in den spätmesozoischen Sedimentabfolgen des Neotethys-Ozeans entlang der Indus-Zangbo-Sutur registriert sind, leiteten schließlich über zur Überschiebung und Hebung des eigentlichen Himalaya-Gebirges.

Die Indus-Zangbo-Sutur entstand vor rund 50 bis 45 Ma, als der Subkontinent von Indien durch nordgerichtete Subduktion der Tethys-Lithosphäre mit dem südlichen Streifen der eurasischen Terran-Kollage, dem Lhasa-Terran, kollidierte. Aufgrund paläomagnetischer und paläontologischer Befunde aus dem Lhasa-Terran kann man aber annehmen, daß die Kollision bereits in äquatorialen Breiten stattfand, also rund 2000 km südlich der heutigen Position der Geosutur. Die tektonische Melange entlang der Indus-Zangbo-Geosutur enthält neben Gabbros, Ultramafiten und Basalten auch Radiolarite, pelagische Kalke und Flachwasserkarbonate des Tethys-Ozeans und der südlich angrenzenden randlichen Plattform. Im Initialstadium der Kollision wurden Ophiolithe und sedimentäre Tiefwasserabfolgen an flachen Überschiebungszonen nach Süden über Karbonate und Mergel des passiven Kontinentalrands von Indien obduziert und sind heute als ophiolithische Klippen bis weit in den hohen Himalaya hinein nachzuweisen. Nördlich der ozeanischen Gesteinsverbände finden sich die Reste des eigentlichen spätmesozoischen klastischen Akkretionskeils (Shigatse-Flysch, Abb.

29.4), der sich zwischen den magmatischen Gesteinen des aktiven Kontinentalrands Südasiens und einer Tiefseerinne gebildet haben mußte. Der tief erodierte magmatische Bogen ist im kalkalkalisch-granodioritischen Ladakh-Gangdese Intrusivkomplex (100 bis 40 Ma) und in entsprechenden intermediären Vulkaniten erhalten, die im Westen als oberste Einheit des Kohistan-Dras-Komplexes das Hangende einer krustalen Überschiebung bilden. Über- und vorgelagerte tertiäre Becken mit kontinentalen Konglomeraten und Sandsteinen (Hemis-Kailas-Klastika) im Bereich des Bogens belegen seine teilweise Einebnung während und kurz nach der Kollision (Abb. 29.4).

Unmittelbar nach der Kollision wurde die Nordbewegung der Indoaustralischen Platte wahrscheinlich vorerst durch eine gleichzeitig ablaufende ostgerichtete Fluchtbewegung asiatischer Lithosphärenfragmente, wie z.B. von Sundaland, ermöglicht. Nach TAPPONNIER-MOLNAR agierte die Lithosphäre bzw. Kruste des indischen Kratons als relativ starrer Stempel, der in eine thermisch jüngere und deshalb plastischere asiatische Krustenkollage gepreßt wurde. Innerhalb der südasiatischen Terran-Kollage entstanden vor allem entlang der großen präexistierenden Geosuturen bedeutende sinistrale Blattverschiebungssysteme (Abb. 29.2). Vor rund 21 Ma breiteten sich dann aber auch südlich der Indus-Zangbo-Sutur, also innerhalb der Indischen Platte, gewaltige Überschiebungen aus, an denen zuerst Teile der mesozoischen Schelfabfolge von ihrem Krusten-Substrat abgeschert, dann aber die gesamte Kruste im Bereich des Himalaya-Hauptkammes entlang des Main Central Thrust (MCT) erfaßt wurde. Der MCT, für den Schubweiten bis 250 km postuliert werden, ist im Hangenden

(a)

(b)

Abb. 29.4 (a) Nordvergente Falten im spätmesozoischen Shigatse-Flysch nördlich des Zangbo, Tibet; (b) Mt. Kailas (6700 m), der heiligste Berg der Welt, besteht aus einer mächtigen Abfolge von paläogenen Konglomeraten, die auf dem tief erodierten granitoiden Sockel des Ladakh-Gangdese-Plutons ruhen.

Abb. 29.5 Gestaffelte Terrassen, welchen wahrscheinlich unterschiedlich alte Talböden entsprechen und die durch Hebung und erosive Tätigkeit heute weit über der Schlucht des Kali Gandaki, Nepal, liegen.

durch eine rund 10 km mächtige Mylonitzone gekennzeichnet. Streckungslineare in der mylonitischen Foliation tauchen relativ flach nach Norden ab und deuten an, daß nach duktiler tiefkrustaler Verformung das mylonitische Hangende über einer Rampe des Liegenden als frontale Überschiebung unter dem modernen Himalaya-Hauptkamm kräftig angehoben wurde. Aufgrund der Verdickung der Kruste an dieser krustalen Überschiebungszone begann auch der isostatisch bedingte Aufstieg des Hangenden Himalaya-Zentralgürtels (Abb. 29.5), in dem bereits vor rund 20 Ma regionalmetamorphe Gesteinsserien und anatektisch gebildete Granite an nordfallenden Abschiebungen nördlich des Hauptkamms tektonisch denudiert wurden (Abb. 29.6). Die Frage, wie weit die nördlichste indische Kruste unter das Plateau von Tibet hineinreicht, ist nach wie vor Gegenstand intensiver Studien und Diskussionen.

Die durchschnittliche regionale Konvergenzrate, welche sich angenähert aus der Breite magnetischer Anomalie-Streifen und aus zwei Hotspot-Spuren im angrenzenden Indischen Ozean ableiten läßt, zeigt, daß sich Indien seit rund 100 Ma als Teil der indoaustralischen Platte mit einer durchschnittlichen Rate von rund 5 cm a^{-1} nach Norden bewegt, wogegen die entgegengerichtete Südbewegung der Eurasischen Platte mit 0,5 cm a^{-1} relativ gering zu sein scheint. Von einer Konvergenzrate um 5,5 cm a^{-1} entfallen heute weniger als die Hälfte auf südgerichtete krustale Überschiebungsbewegungen und etwas mehr als die Hälfte auf seitliche Flucht-

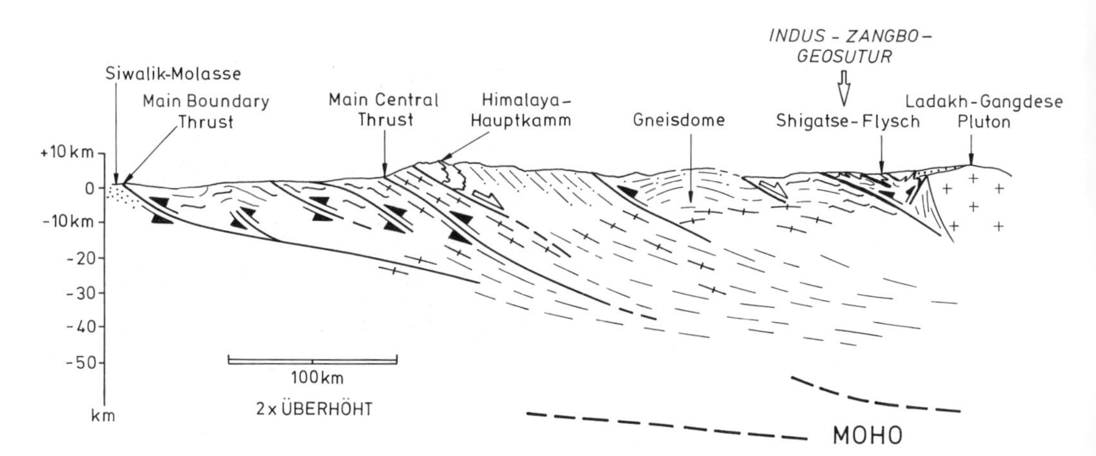

Abb. 29.6 Verallgemeinertes und zweifach überhöhtes N-S Krustenprofil durch die zentrale Himalayakette im Bereich des Annapurna-Massivs. Angedeutet sind krustale Überschiebungen (schwarze Pfeile) und Abschiebungen (offene Pfeile) innerhalb der indischen Platte und Rücküberschiebungen entlang der tektonisch komplexen Indus-Zangbo-Sutur (nach Burg et al., 1987).

bewegungen asiatischer Schollen an größeren Blattverschiebungszonen. Im Norden sind dies vor allem die großen sinistralen Blattverschiebungen entlang der Altyn-Tagh-, Kun-Lun- und Kang-Ting-Zonen, im Süden die dextralen Systeme der Karakorum- und Red-River-Blattverschiebungen. Die ostgerichtete Bewegung des Plateaus von Tibet scheint teilweise am Westrand des Südchina-Kratons blockiert zu werden, weshalb sich dort auch SE-gerichtete Überschiebungen entwickelten. Anhaltende Konvergenz zwischen Indien und Asien äußert sich in einer isostatisch bedingten Hebung von rund 4 bis 5 km einer insgesamt 50 bis 70 km mächtigen Kruste. Diese Hebung ist vor allem seit rund 8 Ma besonders intensiv, wobei wahrscheinlich auch eine thermisch induzierte Verdünnung der Gesamtlithosphäre unter der verdickten Kruste eine Rolle spielt. Während der Hebung entwickelte sich in Südtibet ein System von NNE- bis N-orientierten und gestaffelt angeordneten Halbgräben, welche eine anhaltende Ost-West-Extension der Kruste mit dextralen Scherkomponenten parallel zur Indus-Zangbo-Sutur andeuten (Abb. 29.2 und 29.7). Individuelle Gräben dieses Systems sind 50 bis 100 km lang, 10 bis 20 km breit und enthalten eine rund 2 bis 3 km mächtige Füllung von pliozänen bis quartären Schottern, lakustrinen Sedimenten und felsischen Vulkaniten. Gleichzeitig mit der regionalen Hebung erfolgt entlang dieser Zone auch Aufstieg domartiger Gneiskomplexe, wie z.B. am Gurla Mandata-Massiv südlich des Mt. Kailas (Abb. 29.7b). Relativ hohe Krustentemperaturen im Zentralgürtel werden angedeutet durch heiße Quellen, die zum Teil in Form von Geysiren austreten (Abb. 29.7a).

Die fortschreitende Einengung zwischen Indien und Eurasien hat auch zur Verlagerung der Überschiebungsfront vom MCT nach Süden an den

(a)

(b)

(c)

(d)

Abb. 29.7 (a) Geysire und heiße Quellen, die in einem schmalen N-S orientierten Graben nördlich der Indus-Zangbo-Sutur, Tibet, mit jungen Vulkaniten assoziiert sind. (b) Der jung gehobene Gurla Mandata-Gneisdom südlich des Mt. Kailas im westlichen Himalaya, Tibet, dessen weit über 7000 m aufragende Kuppel durch rezente Abschiebungen (c) begrenzt ist und von tektonisch gekippten Schotterabfolgen (d) ummantelt wird.

Main Boundary Thrust (MBT) geführt. Auflast des krustalen Deckenkomplexes im Vorland hatte dort bedeutende tektonische Subsidenz und Ablagerung eines klastischen Vorlandkeils, der Siwalik-Abfolge, zur Folge.

Wie man sich das Eindringen des relativ „starren" indischen Stempels in die „plastische" Lithosphäre Asiens als Summe dreidimensionaler Detailversätze an Störungen vorzustellen hat, ist erst in Ansätzen bekannt (siehe Kapitel 11). Bei diesem Prozeß kommt es anscheinend nicht nur zur Abscherung höherer Krustenfragmente von ihrem duktilen Substrat, sondern auch zu einem subtilen räumlichen und zeitlichen Wechsel zwischen konvergenten und divergenten Relativbewegungen, deren räumliche Verteilung im einzelnen noch unbekannt ist. So wurde z.B. die dextrale Red River Fault ursprünglich bei der seitlichen Flucht des Sundaland-Komplexes als sinistrale Bewegungszone angelegt und erst vor etwa 20 Ma in eine dextrale Störung „umgepolt" (Abb. 29.2). Ähnlich komplex sind die Erdbebenzone nördlich der Red River-Störung und die Übergänge aus der Zone der konvergenten Blattverschiebungen und Überschiebungen im Bereich des Tien-Schan bzw. Altyn-Tagh in die divergenten Bewegungszonen des Baikal-Rift-Gürtels in Südsibirien bzw. den breiten Shanxi-Rift-Gürtel in China (Abb. 29.2).

29.3 Das Alpenprofil

Die meisten Profile quer zum Streichen der Alpen demonstrieren die kinematischen Auswirkungen einer extremen Plattenkonvergenz, die während der letzten 100 Ma zuerst zur Kollision der afrikanischen mit der eurasischen kontinentalen Kruste führte und dann zu einer Verdickung der europäischen Vorlandkruste überleitete. In der Jura-Kreide-Zeit hatte sich zwischen Afrika und Europa ein Streifen relativ komplexer Extensionsbecken ausgebildet, die teilweise von verdünnter kontinentaler Kruste, teilweise aber auch von ozeanischer Kruste des Tethys-Meeres unterlagert wurden (Abb. 21.8b). Im Bereich der späteren Alpen waren diese Becken insgesamt 500 bis 1000 km breit, wobei die Übergangszonen zwischen den zentralen Streifen mit ozeanischer Kruste und randlichen Schelfbereichen sowohl durch E-streichende sinistrale Transformstörungen als auch N- bis NNE-streichende Abschiebungstreppen gekennzeichnet waren. Verdünnte kontinentale Krustenblöcke mit paläozoischer Strukturprägung erfuhren sowohl unregelmäßige Streckung als auch Rotationen um vertikale bzw. horizontale Achsen. Der mesozoische Nordrand der Afrikanischen Platte hatte also wahrscheinlich die Form eines weit nach Norden vorspringenden und zeitweise abgelösten Sporns aus verdünnter kontinentaler Kruste (Adriatische „Mikroplatte"). Auf dieser Kruste wurden über intrakontinentalen permischen Gräben und Horsten basale fluviatile Sedimentabfolgen, Karbonatplattformen, Riffkomplexe und Beckentone sedimentiert, die sich heute in den Decken des Apennins, in den Falten der westlichen Dinariden, in den Südalpen und in den Nordalpen als frontale **ostalpine Decken** wiederfinden (Abb. 29.8). Die Reste der bereits erwähnten schmalen Streifen ozeanischer Kruste nördlich dieser Schelfzone bilden heute die teilweise hochmetamorphen ophiolithischen Melange-Zonen am Rande und unter den sedimentären bzw. kristallinen Anteilen der Ostalpinen Decken, wie z.B. in der Ostschweiz oder im Inneren des Tauernfensters. Große Teile der ozeanischen und der verdünnten Kontinentalrand-Kruste der nordwestlich angrenzenden europäischen Platte wurden später als Teil der **penninischen Decken** unter den Ostalpinen Decken und in den Westalpen verformt. Die Abfolgen des Schelfs, der Plattform und des Sockels von Europa finden sich heute als gefaltete karbonatisch-tonige Sedimentabfolgen bzw. als kristalline Sockel-Massive in den **helvetischen Decken** der Schweiz und in den französischen Alpen wieder (Abb. 29.8 und 29.9).

Die konvergenten Krustenbewegungen im Bereich der Alpen begannen wahrscheinlich vor rund 120 bis 100 Ma und hielten sich anfänglich im Westen an eine relativ kurze Nord-Süd-streichende Zone, die über einer nach Osten abfallenden Subduktionszone lag und nach Norden hin von schmalen dextralen Blattverschiebungszonen begrenzt wurde. Erst ab der Oberkreide (vor rund 97 bis 70 Ma) kam es dann in Folge einer ESE-gerichteten Einengung des gesamten ostalpinen Krustenbereichs in der oberen Platte zu einer gewaltigen Stapelung kristalliner und sedimentärer Decken. Auf den sedimentären ostalpinen Decken bildeten sich die komplexen klastischen Flachwasser-Becken der „Gosau"-Gruppe, während im tiefer liegenden und NW-vergenten Grenzbereich zwischen ostalpinen, penninischen und helvetischen Beckenbereichen synorogene turbiditische Tiefwasserabfolgen (= „Flysch") abgelagert wurden. Die nach ESE subduzierten ozeanischen Krustenstreifen der Tethys bzw. die beiden angrenzenden verdünnten Kontinentalränder erfuhren unter dem Deckenstapel des Ostalpins eine regionale Hochdruckmetamorphose, wobei die Subduktion kontinentaler Krustengestei-

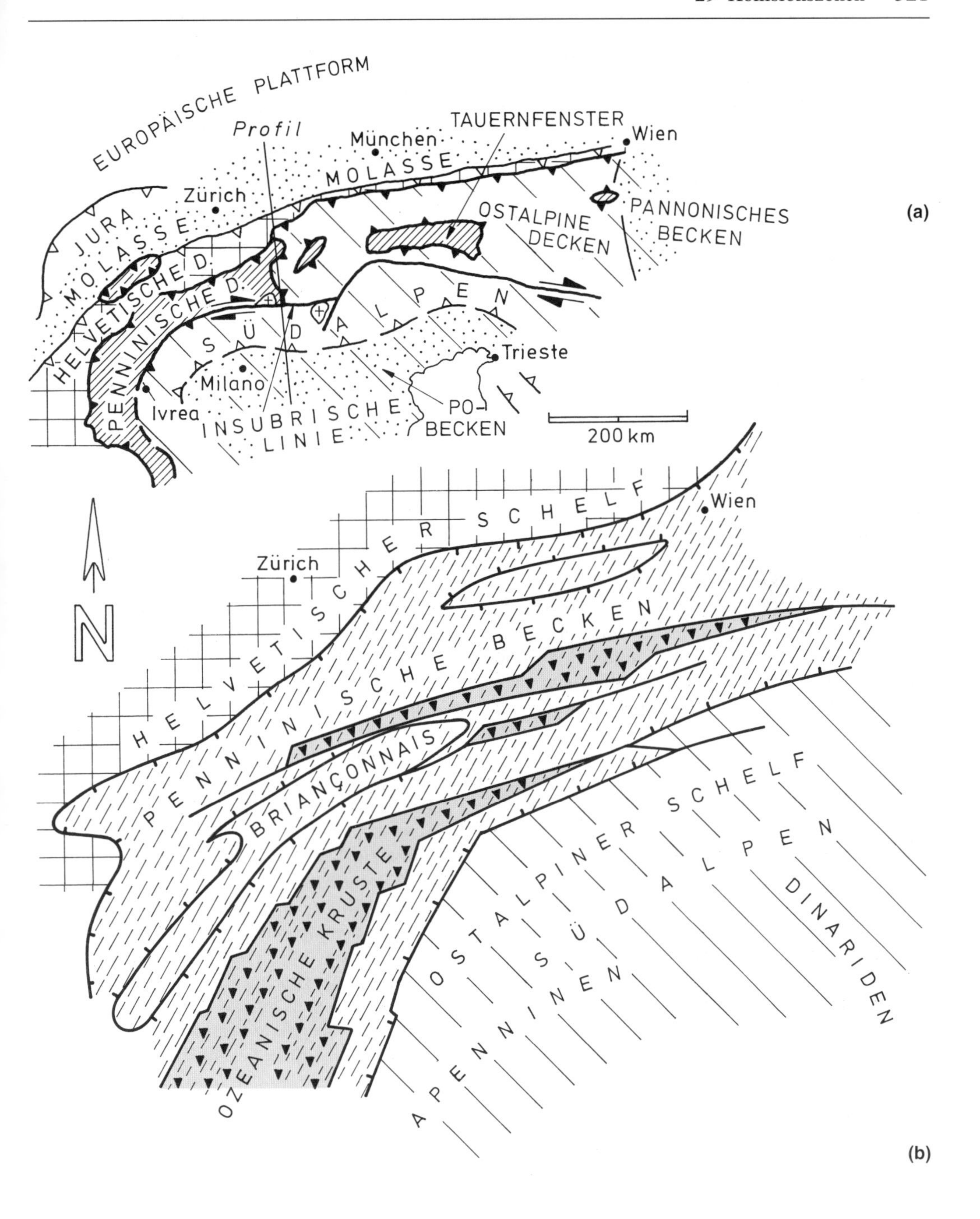

Abb. 29.8 Heutige Situation und palinspastische Rekonstruktion der Alpen (nach LAUBSCHER, 1988; LEMOINE & TRÜMPY, 1987) mit Lage des Profils der Abb. 29.9. (a) Die Skizze zeigt die NW-vergente Stapelung der ostalpinen Decken (weitständige Linien) über den teilweise ozeanischen penninischen Einheiten (enge Linien), die helvetischen Decken (kariert) sowie die frontale Überschiebung des Schweizer Jura nördlich des synorogenen Molasse Beckens; (b) Palinspastische Rekonstruktion der jurassischen Tethys-Becken in Mitteleuropa.

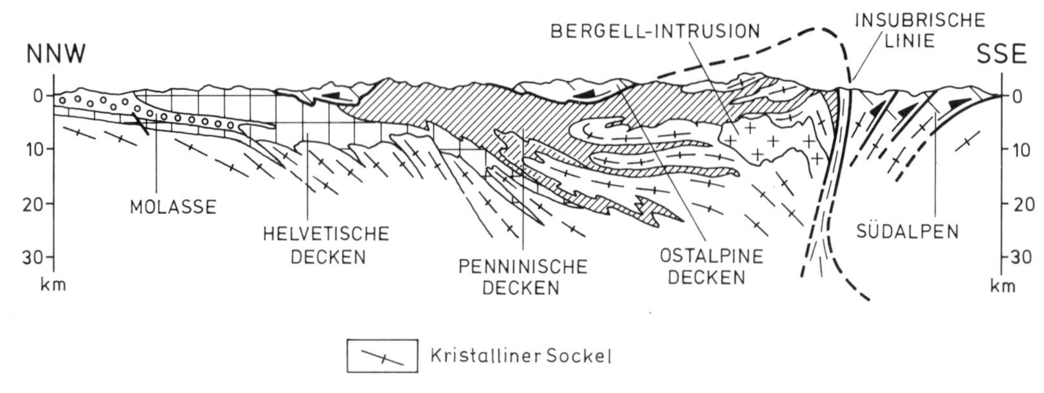

Abb. 29.9 Querschnitt durch die Alpen (Lage siehe Abb. 29.8). Das Profil zeigt deutlich den Übergang aus dem Vorlandbecken (Molasse) in die helvetischen Faltendecken bzw. in die duktil verformte Zentralzone der penninischen Decken, die im Profil von erosiven Deckenresten des ostalpinen Deckenstapels überlagert werden. Die im Abtauchen der Faltenstrukturen extrapolierten metamorphen Falten-, Decken- und Intrusivstrukturen illustrieren die komplexe Beziehung zwischen Krustenverdickung, Metamorphose, Hebung und schrägen Rücküberschiebungen entlang der Insubrischen Linie, welche die Grenze zu den Südalpen darstellt (nach TRÜMPY, 1985).

ne wohl überwiegend flach und amagmatisch erfolgte.

Im Paläogen, also zwischen rund 60 Ma und 30 Ma, kam es im Verlauf der nun allgemein nach Norden gerichteten Bewegung der oberen Platte auch zur progressiven Krustenverdickung innerhalb des penninischen Deckenstapels der unteren Platte, was zu deren Aufheizung, zur regionalen Metamorphose und im weiteren Verlauf auch zur isostatischen Hebung im gesamten alpinen Zentralgürtel führte. Vor rund 40 bis 30 Ma intrudierten entlang der steilen Insubrischen Störungszone auch größere Komplexe granitoider Gesteine (z.B. Bergell und Adamello Massiv).

Ab rund 25 Ma wurden schließlich auch die weiter nördlich liegenden Krustenbereiche des Vorlands von Überschiebungsbewegungen erfaßt und in den sedimentären Schichten des helvetischen Schelfs entwickelten sich große überkippte Falten und **Faltendecken** (nappes), die zwar weitgehend von ihrem Sockelsubstrat abgeschert wurden, deren kristalliner Sockel aber selbst in Form von Massiven (Aiguilles Rouges, Mont Blanc, Aare, Gotthard etc.) gegen Nordwesten auf das kristallin-sedimentäre Vorland überschoben wurde. Erosion des angehobenen Gebirges einerseits und Deckenauflast im Vorland andererseits bewirkten eine Progradation von teilweise konglomeratischen Flachwassersedimenten innerhalb des breiten Molasse-Vorlandbeckens, welches schließlich selbst von Überschiebungsbewegungen erfaßt wurde (Abb. 10.6). Jüngste frontale Überschiebungen erfolgten im Schweizer und im französischen Jura, nordwestlich des Molassebeckens, wo evaporitische Gesteinszonen die Abscherung der relativ geringmächtigen mesozoischen Plattformabfolge nach Nordwesten möglich machten (Abb. 16.17). In den Südalpen entwickelten sich bis heute aktive und nach SSE-gerichtete Überschiebungszonen, die dort auch zum Vorrücken eines mächtigen klastischen Keils in der Poebene führten. Als Folge der bivergenten krustalen Überschiebungen erreichte die Krustenmächtigkeit im alpinen Zentralgürtel maximale Werte um 50 bis 60 km. Erosion und tektonische Denudation an flachen Abschiebungen sorgten dabei für einen relativ schnellen Aufstieg der metamorphen penninischen Kernzonen an die Erdoberfläche (Abb. 29.8). Die Hebungsraten für die Gesteine des Zentralgürtels lassen sich aus PTt-Pfaden ableiten, wobei anfängliche Werte von rund 3 mm a^{-1}, später Raten um rund 1 mm a^{-1} resultieren. Im Zeitraum nach 15 Ma kam es in den östlichen Alpen durch Extension der Kruste zur teilweisen Absenkung des ostalpinen Deckenstapels unter die klastischen Sedimente des pannonischen Randbeckens, während am Südostrand der Alpen die südvergenten Überschiebungsbewegungen an seismogenen Störungen innerhalb der adriatischen Platte weitergehen.

Das allgemein asymmetrische Profil der Alpen (Abb. 29.9) demonstriert in großartiger Weise, wie bei der Schließung eines schmalen Ozeanbeckens entlang einer komplexen Sutur kristalline Decken von der oberen Platte abgeschert wurden, dann auch in der unteren Platte Deckenstapelung einsetzte und schließlich innerhalb der verdickten Zentralzone eine komplexe Überlagerung konvergenter und divergenter Bewegungen zu deren Hebung und Denudation führte. Die Verkürzung der alpinen Vorland- und Zentralkruste verlangt natürlich, daß große Teile des vormaligen Mantelsubstrats und wahrscheinlich auch Späne der unteren Kruste bis in große Tiefen subduziert wurden, wobei eine weitgehende Delamination zwischen Kruste und Mantel anzunehmen ist. Letzteres ist auch aufgrund relativ hoher seismischer Wellengeschwindigkeiten im Mantel direkt unter dem Zentralbereich der Alpen anzunehmen.

29.4 Das variszisch-herzynische Orogen

Große Teile der mitteleuropäischen Kruste erhielten ihre heutige Struktur im Verlauf einer devonisch-karbonischen Plattenkonvergenz (vor rund 400 bis 300 Ma), welche man traditionell als variszische oder herzynische Orogenese bezeichnet. Die großen Aufschlußbereiche der stark gekrümmten lithotektonischen Gürtel, Terrangrenzen und Deformationszonen lassen sich aus der iberischen Halbinsel über die Normandie, das Massif Central und das Rheinische Schiefergebirge bis ins Böhmische Massiv verfolgen (Abb. 29.10). Fortsetzungen des breiten Gürtels finden sich nach Westen hin jenseits des Atlantiks in den Appalachen und im Osten bis in die gewaltige Kollage der Altaiden in Zentralasien. Das herzynische Orogen Europas ist rund 1000 km breit und umfaßt einen polymetamorphen Zentralgürtel, der im Norden und Süden von zwei Vorlandgürteln flankiert wird. Zwischen den Vorlandgürteln und dem Zentralgürtel liegen Zonen, in denen ein zunehmender Grad der Gesteinsmetamorphose, progressives Auftreten von gabbroiden bis granitoiden Intrusivkomplexen und Einschuppung kristalliner Krustenspäne in sedimentäre Deckschichten beobachtet werden kann.

Frühe konvergente Bewegungen erfolgten wahrscheinlich in einem ozeanischen Becken, welches zwischen den südlichen Randzonen einer präkambrisch-frühpaläozoisch konsolidierten Kruste (Gondwana) und einem nördlichen präkambrischen Komplex (Laurasia) bzw. kaledonischen Akkretionszonen lag. Während einer längeren Konvergenzphase im frühen bzw. mittleren Devon, bei der ein Großteil der ozeanischen Lithosphäre wahrscheinlich steil nach Norden subduziert wurde, öffnete sich im Norden und Westen ein größerer Randbeckenbereich, der dem Rhenoherzynikum und Saxothuringikum entspricht. Im Karbon erfolgte Verkürzung des gesamten Krustenstreifens nördlich und südlich der ursprünglichen Subduktionszone (Abb. 29.10). Ursprüngliche Geometrie, Paläogeographie und Krustenstruktur der präkarbonen Becken sind deshalb nur ungenau bekannt, da die spätere Einengung mindestens 50% betrug und die Gesteine der intensiv verformten Zentralzone über große Areale von granitoiden Komplexen intrudiert wurden. Auch die Art der Relativbewegungen zwischen den tektonisch zerscherten Terranen der Zentralzone sind erst in Ansätzen erforscht, da sich vor allem Versatz an großen Seitenverschiebungen aufgrund der Orientierung letzterer parallel zu den paläomagnetischen Breitenkreisen und paläogeographischen Faziesgrenzen nur schwer quantifizieren läßt (Abb. 29.11). Das teilweise von stark verdünnter kontinentaler und lokal auch von ozeanischer Kruste unterlagerte devonische Randbecken enthielt wahrscheinlich einige relativ starre Plateauzonen, wie z.B. den Sockel des präkambrisch-paläozoischen Brioverien-Komplexes in der Normandie oder den Barrandium-Komplex in der Böhmischen Masse. Die Grenzzonen dieser Komplexe wurden später innerhalb der Zentralzone magmatisch-metamorph „verschweißt“ bzw. weiter zerschert. Die konvergenten Bewegungen innerhalb des herzynisch-variszischen Orogens lassen sich zeitlich aber in drei größere Abschnitte gliedern. Der erste Abschnitt umfaßt eine intraozeanische (?) Konvergenz im Devon, der zweite ein Akkretions-Kollisionsereignis im frühen Karbon und der dritte eine Überlagerung divergenter Blattverschiebungs- und Abschiebungsprozesse, die vom mittleren Karbon bis ins Perm andauerten.

Spuren der Deformation für den ersten Abschnitt der Konvergenz sind überwiegend am Südrand der metamorphen Zentralzone anzutreffen. Hier deuten petrologische Daten darauf hin, daß zwischen rund 430 und 340 Ma klastisch-felsische, aber auch basaltische und ultramafische Gesteine eine HP- und HT-Metamorphose (Eklogit- und Granulitfazies) durchliefen. Tektonische Stapelung und regionale Metamorphose der Gesteinseinheiten erfolgte wahrscheinlich entlang einer nach Norden fallenden Subduktionszone, da südvergente Strukturen dieses Alters in der Zentralzone des Massif Central erhalten sind. Nördlich bzw. nordwestlich dieser Subduktionszone entstanden gleichzeitig neugebildete Randbecken in der Ossa-Morena-Zone, im Saxothuringikum und Rhenoherzynikum. Die Krustenextension in den Randbecken hielt bis ins späte

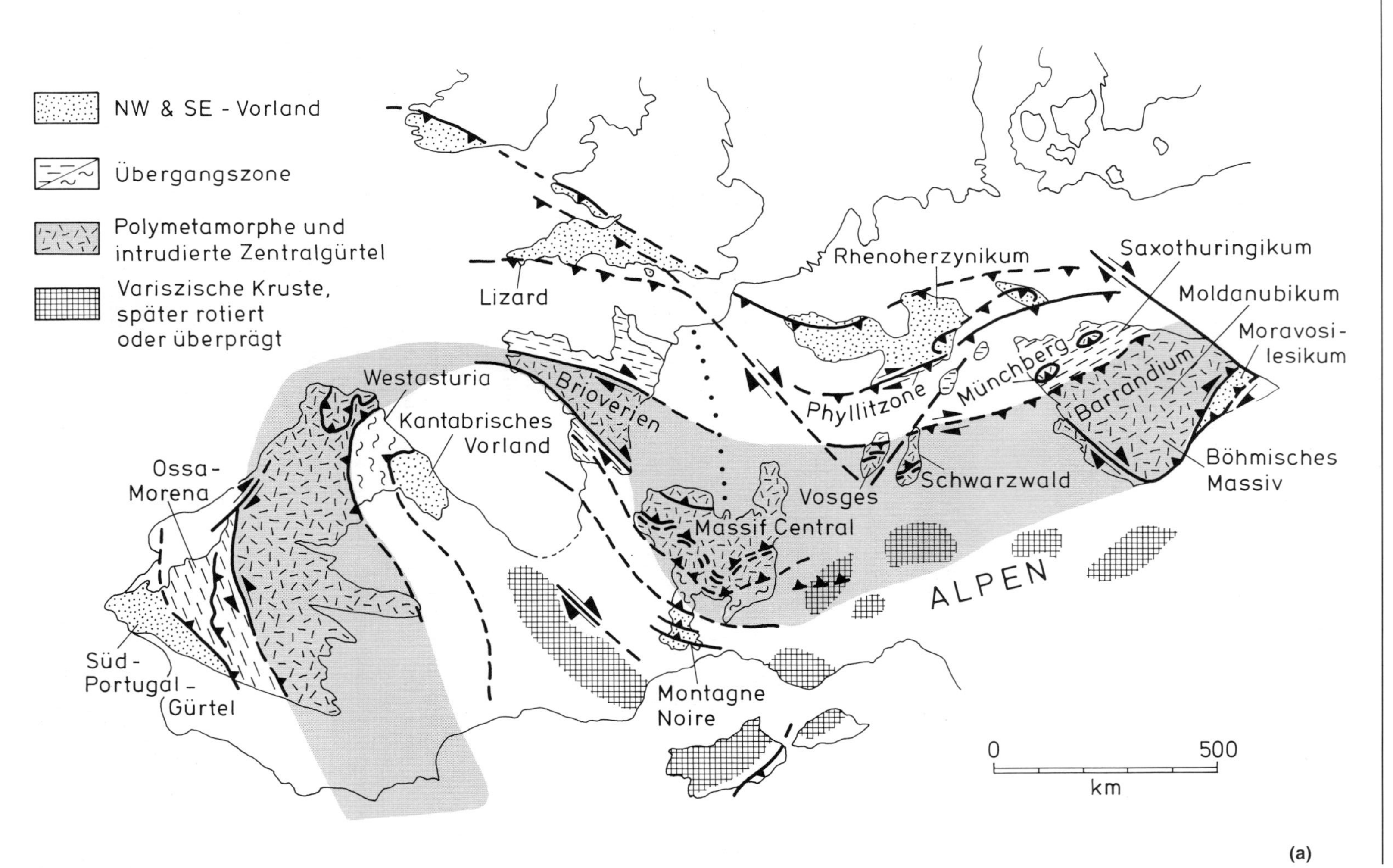
NW & SE - Vorland
Übergangszone
Polymetamorphe und intrudierte Zentralgürtel
Variszische Kruste, später rotiert oder überprägt
Lizard
Westasturia
Kantabrisches Vorland
Briovérien
Ossa-Morena
Süd-Portugal-Gürtel
Rhenoherzynikum
Phyllitzone
Münchberg
Saxothuringikum
Moldanubikum
Moravosi-lesikum
Barrandium
Böhmisches Massiv
Vosges
Schwarzwald
Massif Central
ALPEN
Montagne Noire
0
500
km
(a)

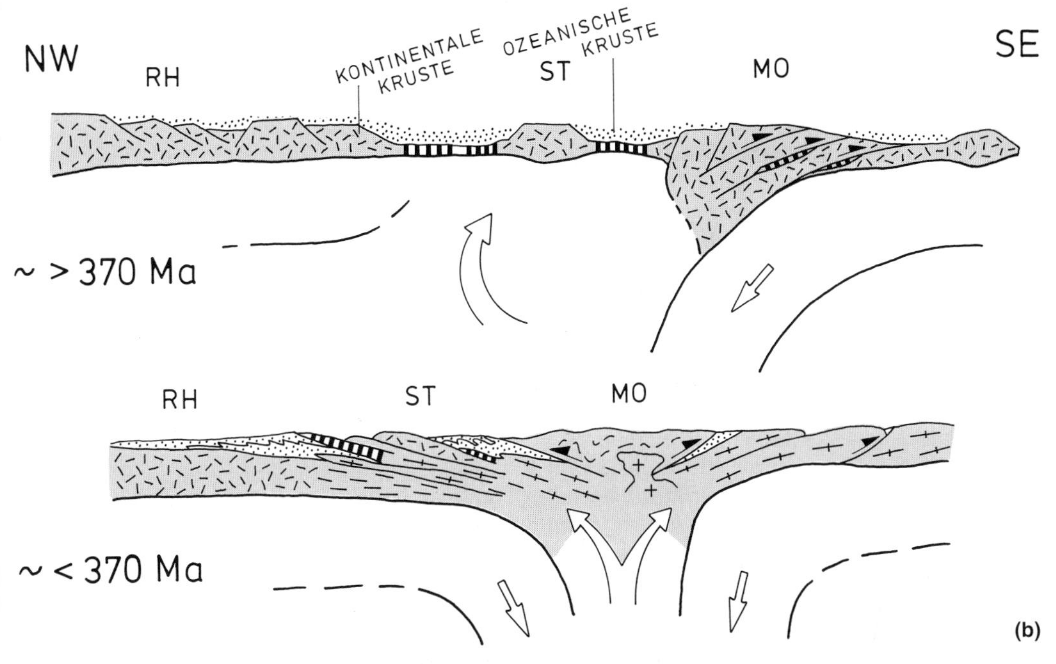

Abb. 29.10 (a) Kartenskizze des variszisch-herzynischen Orogens mit den großen lithotektonischen Einheiten und Grenzen (nach MATTE, 1986) in ihrer Position vor der Rotation der iberischen Halbinsel und des Korsika-Sardinien-Blocks. (b) Schema zur Evolution der variszischen Konvergenzzone in einem Querschnitt durch die rhenoherzynischen (RH) und saxothuringischen (ST) Randbeckenbereiche des Devons und durch die im Karbon entstandene moldanubische Kernzone (MO). Größere Blattverschiebungen und Abschiebungen sind hier nicht berücksichtigt. Kontinentale Kruste ist in rot angedeutet.

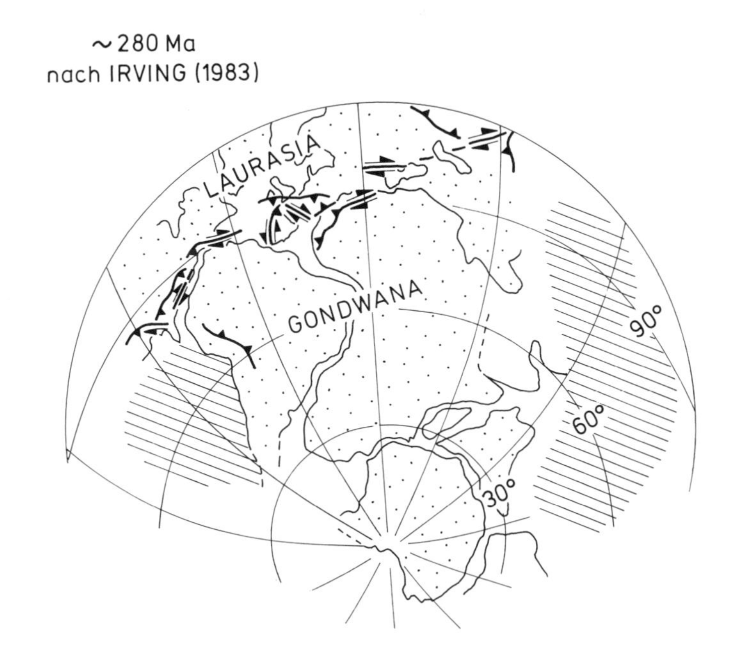

Abb. 29.11 Eine Möglichkeit der paläoäquatorialen Lage der herzynischen Konvergenzzone während der Entstehung des Pangäa-Superkontinents (nach IRVING, 1983).

Devon an (rund 365 Ma) und verursachte eine starke fazielle Differenzierung der abgelagerten sedimentären Einheiten in klastische Tiefwasserabfolgen linearer Tröge, in Karbonatabfolgen hochliegender Schwellen und in lokale basaltische Plateaus. Extension der Randbecken führte nicht nur zur Verdünnung kontinentaler Kruste, sondern auch zur lokalen Neubildung ozeanischer Krustenstreifen mit unbekannter Breite, wie z.B. im Bereich der ultramafisch-mafischen Gesteinszonen des Lizard-Ophioliths von Südengland. In der zentralen Konvergenzzone intrudierten in diesem Zeitraum aber erstaunlich geringe Mengen granitoider Magmen.

Im zweiten Abschnitt der Konvergenz kam es zur tektonischen Stapelung kontinentaler Kruste, ein Prozeß, der im spätesten Devon und Karbon (von rund 365 bis 310 Ma) einsetzte. Beide Seiten der Zentralzone wurden von krustalen Überschiebungen erfaßt, deren Sohlflächen bis weit unter den Zentralgürtel einfielen und progressiv von innen nach außen die mächtigen Sedimentserien der ursprünglichen Randbecken und deren Substrat durchscherten. Im Hangenden entwickelten sich teilweise intensiv geschieferte Faltenzüge (Rheinisches Schiefergebirge, Südportugal-Gürtel, Westasturia-Kantabrisches Vorland, Montagne Noire, Moravosilesikum) und es wurden synorogene klastische Keile mit marinen Flyschablagerungen („Kulm") und kohleführenden paralischen Abfolgen abgelagert. Als Folge der komplexen Überlagerung von bivergenten Überschiebungen und konvergenten Blattverschiebungsbewegungen im Zentralgürtel wurde die Kruste dort wahrscheinlich auf rund 50 km verdickt und weiträumig von einer LP/HT Metamorphose erfaßt. Lokal erhaltene Reste eines kalkalkalischen Vulkanismus wurden zwischen 330 und 300 Ma von großräumiger Aufschmelzung der mittleren Kruste und vom Aufstieg voluminöser granitoider Plutone abgelöst, wobei Verkrümmung der Vorlandsbereiche an konvergenten Blattverschiebungen, wie z.B. im Kantabrischen Vorland, zeitlich mit dem Einsatz der ersten Abschiebungsbewegungen im verdickten Zentralgürtel zusammenfiel (Abb. 29.10).

Im dritten Abschnitt der Krustenentwicklung wurden zwischen 310 und 260 Ma die stark aufgeheizten zentralen Krustenbereiche von einer breitgespannten Basin-and-Range-Extension erfaßt, wobei kontinentale Rotliegend-Becken sowohl klastische Sedimente als auch bimodale Vulkanite aufnahmen. Die kontinentale Kruste wurde dabei auf ihren heutigen Wert von rund 30 bis 35 km verdünnt. Nachfolgende Sedimentation im Bereich der gesamten mesozoischen Plattform Mitteleuropas erfolgte aufgrund einer tektonisch differenzierten Subsidenz, welche auf die allmähliche Abkühlung der variszisch-herzynischen Lithosphäre zurückzuführen ist (Abb. 26.12). Diese Subsidenz betrug 2 bis 4 km, lokal auch mehr.

Literatur

Gansser, 1964; Crittenden et al., 1980; Hsü, 1982; Hatcher et al., 1983; Karner & Watts, 1983; Laubscher, 1983; Hutton & Sanderson, 1984; Jaupart & Provost, 1985; Trümpy, 1985; Allen & Homewood, 1986; Coward & Ries, 1986; Dercourt, 1986; Heller et al., 1986; Mattauer, 1986; Matte, 1986; Ori et al., 1986; Tapponnier et al., 1986; Burg et al., 1987; Funk et al., 1987; Lemoine & Trümpy, 1987; Oxburgh et al., 1987; Clark et al., 1988; Laubscher, 1988; Shackleton et al., 1988; Coward et al., 1989; Eisbacher et al., 1989; Pfiffner et al., 1990; Sengör, 1990.

30 Präkambrische Krustenentwicklung

30.1 Gliederung der präkambrischen Erdgeschichte

Die zeitliche Gliederung jener frühen Stadien der Erdgeschichte, in denen sich die ältesten bis heute erhaltenen kontinentalen Krustenanteile bildeten, basiert vor allem auf der präzisen Datierung magmatischer, metamorpher und tektonischer Ereignisse mit Hilfe der U-Pb Methoden an Gesteinen, welche in den tektonisch stabilen Zentralzonen kontinentaler **Schilde** (shields) aufgeschlossen sind. Zu diesen Schilden gehören der Kanadische Schild in Nordamerika und Grönland, der Baltische Schild in Nordeuropa, die Schilde von Westaustralien, Sibirien-Ostasien, Indien, Südamerika, Afrika und der Antarktis.

Bereits die ältesten Gesteinseinheiten der präkambrischen Schilde zeigen eine für alle Bereiche der kontinentalen Kruste charakteristische Anordnung der Gesteine in sogenannte **tektonische** oder **mobile Gürtel** (tectonic, mobile belts), deren Grenzen sich meist auch als lineare gravimetrische und magnetische Anomalien ausdrücken. Da lineare geophysikalische Anomalien ihren Ursprung meist in Gesteinen der Oberkruste haben, lassen sich mobile Gürtel auch weit unter die flachliegenden

Schichtfolgen jüngerer kontinentaler **Plattformen** (platforms) verfolgen. Dabei zeigt sich, daß die oft subtilen sedimentären Faziesübergänge und lithologischen Grenzen in den paläozoischen Plattformabfolgen auf ebenso subtile Unterschiede in der Mächtigkeit bzw. Internstruktur der darunterliegenden präkambrischen Lithosphäre zurückzuführen sind. Die präkambrischen Schilde besitzen im allgemeinen Krustenmächtigkeiten von 40 bis 50 km, wobei allerdings an den oft kryptischen Geosuturen zwischen einzelnen lithotektonischen Gürteln bedeutende Gradienten sowohl in der Struktur als auch in der Krustenmächtigkeit zu beobachten sind.

Die präkambrische Krustenentwicklung läßt sich in zwei großen Zeitabschnitten erfassen, die man als **Archaikum** (Archean, 4,6 bis 2,5 Ga) und **Proterozoikum** (Proterozoic, 2,5 bis 0,54 Ga) bezeichnet. Zu Beginn des anschließenden **Phanerozoikums** (Phanerozoic, 0,54 bis 0 Ga) existierten wahrscheinlich schon rund 90% der modernen kontinentalen Kruste, am Ende des Archaikums rund 50 bis 80%. Der plattentektonisch-kinematische Stil, welcher zum Zuwachs kontinentaler Kruste führte, scheint sich aber erst im Laufe des Archaikums und Proterozoikums allmählich demjenigen moderner Subduktions- und Kollisionszonen angenähert zu haben. Anscheinend kam es bereits gegen Ende des Archaikums (um 2,7 bis 2,5 Ga) zu einer ersten Konsolidierung jener großen kontinentalen Krustenblöcke, die sich zwischen 3,7 und 3,0 Ga gebildet hatten. Vielfach blieb auch das entsprechende lithosphärische Mantelsubstrat bis heute unter diesen Kernen oder **Kratonen** (cratons) der Kruste erhalten.

Die bereits konsolidierten Gürtel der archaischen Kratone wurden vor rund 2,5 Ga von Rift- und Extensionszonen durchzogen und von mafischen Gangschwärmen gequert. Proterozoische Krustenstreifen wurden später auf die von Sedimentserien bedeckten Randbereiche der älteren Kratone überschoben und große Teile der archaischen Kruste selbst wurden in den Zentralbereichen proterozoischer Konvergenzzonen metamorphosiert und tektonisch überprägt. Im Proterozoikum entwickelten sich vor allem um 2,2 Ga, zwischen 1,9 und 1,7 Ga, zwischen 1,2 und 0,9 Ga und schließlich von 0,7 bis 0,5 Ga breite Akkretions- und Kollisionszonen, in denen sich wiederum ein großer Prozentsatz der kontinentalen Kruste vereinigte. Viele präkambrisch gebildete metamorphe Gürtel zeigen deshalb komplexe Strukturen, die auf polyphase Strukturprägungen zurückzuführen sind.

Die zyklische Abfolge von Konsolidierung und Dispersion kontinentaler Krustenfragmente während des Archaikums und Proterozoikums war möglicherweise auch mit relativ diskreten thermischen Entwicklungsstadien bei der allmählichen Abkühlung des Erdmantels verknüpft und beeinflußte sicherlich auch die Evolution klimatischer, atmosphärischer und hydrologischer Grenzbedingungen, welche die biologische Evolution an der Erdoberfläche steuerten. So sind die ersten großen präkambrischen Vereisungen aus der Zeit nach der spätarchaischen Konsolidierung und dann wieder aus dem späten Proterozoikum bekannt. In diesen Zeiträumen existierten wahrscheinlich Superkontinente von der Art des spätpaläozoischen Pangäa-Superkontinents, dessen Oberfläche ebenfalls durch die Anwesenheit großer Inlandeiskappen charakterisiert war. Auch der Übergang von überwiegend reduzierenden atmosphärischen Bedingungen in eine überwiegend oxidierende Atmosphäre erfolgte anscheinend im frühen Proterozoikum, also zu einer Zeit, als spätarchaisch konsolidierte Krustenkomplexe entlang breitgespannter Extensionszonen und lokaler Riftgürtel erneute Dispersion erfuhren.

30.2 Archaische Geodynamik

Die Geschichte der ältesten präkambrischen Gesteine verliert sich in den relativ kleinen Resten früharchaischer Kratone, deren Alter, bestimmt durch U-Pb Datierungen an Zirkonen, bis an die 4,0 Ga heranreicht. Die geodynamische Entwicklung zwischen der Entstehung der Erde vor rund 4,6 Ga und der Zeit um 4,0 Ga läßt sich nicht direkt dokumentieren, da in diesem Zeitabschnitt, ähnlich wie auf dem Mond, an der Erdoberfläche wahrscheinlich gewaltige Einschläge von Asteroiden stattfanden und im obersten Mantel möglicherweise noch starke stoffliche Differentiation und Extrusion ultramafischer Gesteine erfolgte. Beide Prozesse lösten einen intensiven Materialumsatz zwischen Mantel und Kruste aus, wahrscheinlich vor allem in Form extrem primitiver magmatischer Gürtel. Radiometrische Alter von rund 4,0 Ga sind nur an einzelnen Punkten der Erde nachgewiesen. Die ersten größeren früharchaischen Krusteneinheiten, die als kohärente tektonische Gürtel erhalten sind, haben ein wesentlich geringeres Alter von 3,5 bis 3,9 Ga. Sie sind bereits in Form der für das Archaikum charakteristischen vulkanisch-sedimentären „suprakrustalen" **Grünsteingürtel** (greenstone belts) anzutreffen und als tektonische Septen zwischen hochgradig metamorphen granodioritisch-tonalitischen **Gneisdomen** (gneiss domes) erhalten geblieben. Beide Formen der ältesten Krusteneinheiten der Erde wurden im späteren Verlauf einer gemeinsamen Deformation randlich von Intrusivkomplexen granitisch-granodioritischer Zusammensetzung durchschlagen (Abb. 30.1) und sind entlang **Metasedimentärer Gneisgürtel** (metasedimentary gneiss belts) voneinander getrennt.

Gut erhaltene **Grünsteingürtel** (greenstone belts) sind im kanadischen Schild, in Westaustralien, im südlichen Afrika, in Indien und im Aldan-Schild von Sibirien aufgeschlossen. In Nordamerika und Afrika stellen archaisch gebildete Krustenteile rund ein Viertel des Gesamtkrustenvolumens dar, in den anderen Kontinenten liegt der Anteil zwischen 5 und 10%. Die Gesamtmächtigkeiten der oft tektonisch gestapelten Grünsteinabfolgen erreichen lokal Werte von mehr als 15 km. In ihren basalen Teilen bestehen die Grünsteinabfolgen aus subaquatisch extrudierten ultramafischen und mafischen Lavaserien, in den höheren Anteilen aus Sedimentgesteinen und intermediären Vulkaniten. Die stratigraphisch tiefsten Anteile enthalten häufig ultramafische Laven (**Komatiite**), die mehr als 18% MgO enthalten und typisch für archaische Grünsteingürtel sind, obwohl sie in wesentlich geringeren Volumenanteilen auch in proterozoischen und selten auch in phanerozoischen vulkanischen Abfolgen anzutreffen sind. Da Komatiitlaven wahrscheinlich bei Temperaturen bis um 1650°C extrudierten, ist zu vermuten, daß die divergente Manteldynamik im Archaikum eine relativ mächtige ozeanische Kruste produzierte und im darunter liegenden oberen Mantel auch wesentlich

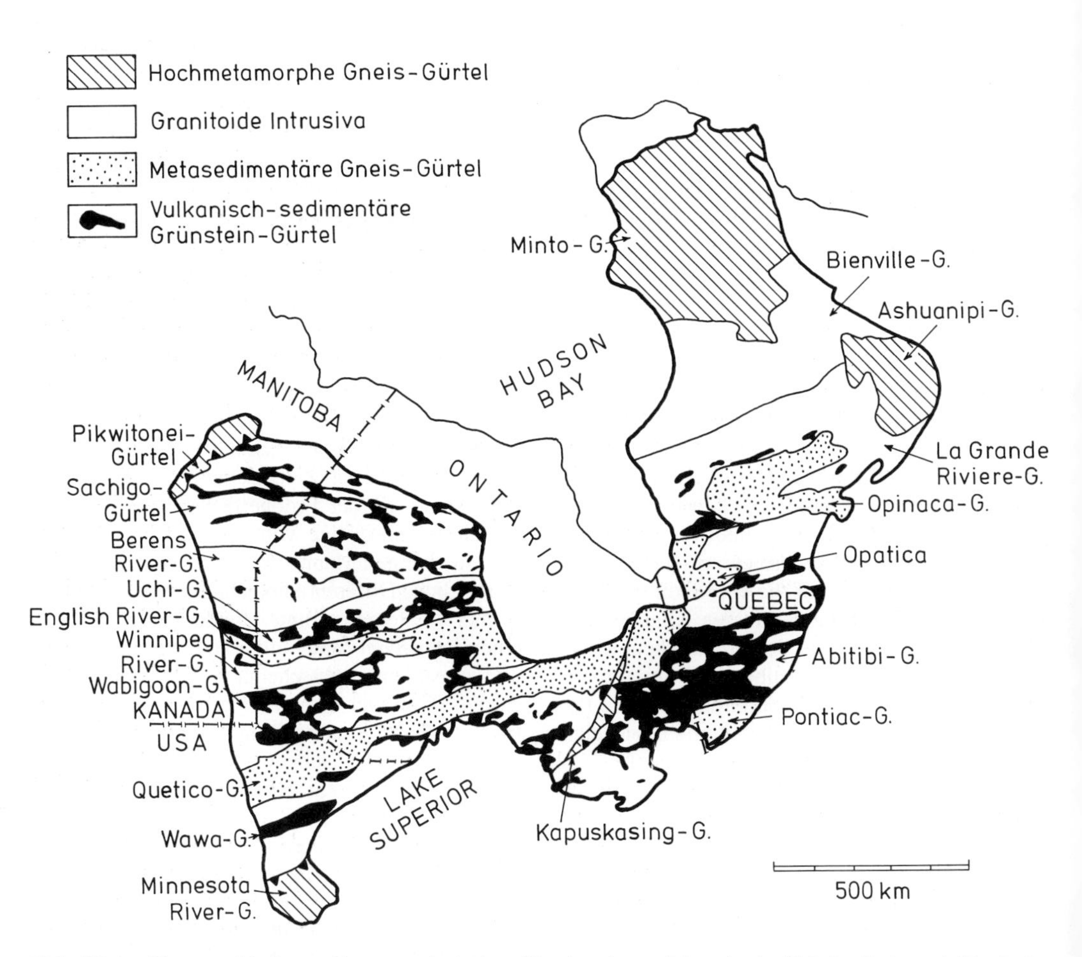

Abb. 30.1 Die verschiedenen Typen archaischer Oberkruste, welche als deutlich kartierbare tektonische Gürtel im Bereich der Superior Provinz des kanadischen Schilds aufgeschlossen sind (nach Card & Cielselski, 1986).

höhere Durchschnittstemperaturen existierten als man für entsprechende Tiefenbereiche unter proterozoischen und phanerozoischen ozeanischen Krustenbereichen annimmt. Außerdem überlagerten wahrscheinlich gewaltige punktförmige Aufstiegs- und Förderzentren mafischer und ultramafischer Magmen die linearen Spreizungszentren divergenter Plattenränder. Dies könnte wiederum Anlaß zu intensivem horizontalem Materialaustausch in großen Magmenkammern gewesen sein. Ob allerdings auch die maximalen Bewegungsraten lithosphärischer „Platten" höher waren als die heutigen, kann man nur vermuten. Sowohl komatiitische als auch tholeiitische Laven flossen im allgemeinen zyklisch auf breiten submarinen Lavaebenen aus und bauten dort große Schildvulkane auf. Auch aufgrund der lokal extrem mächtigen Lavaeinheiten muß man davon ausgehen, daß die subkrustalen Magmenkammern ungewöhnliche Ausmaße besaßen und möglicherweise seitlich mit anderen Kammern in Verbindung standen. Das relativ hohe Gewicht der extrudierten komatiitischen Lavaserien sorgte wahrscheinlich selbst für tiefe Subsidenz und somit auch für den Erhalt der zentralen Grünsteinabfolgen als tektonische Septen. Diese Art der primären Beckenformen, die an moderne ozeanische Randbecken erinnern, bestimmte wahrscheinlich die spätere synforme Interngeometrie vieler tektonisch verformter Grünstein-Septen (Abb. 30.2). Die tiefe Absenkung und partielle Schmelzbildung in mafischen Abfolgen könnte auch für die Entstehung der typisch Na_2O-reichen Tonalitintrusionen verantwortlich sein, in welche später K_2O-reiche Granite intrudierten. Vereinzelt kennt man sogar große ultramafische Fördergänge, an denen anscheinend überhitzte peridotitische Mantelschmelzen direkt aus dem Mantel durch bereits konsolidierte felsische Kruste bis an die Erdoberfläche aufdrangen und dort bis heute unbeschadet erhalten blieben, wie z.B. im 8 km breiten Great Dyke-Komplex von Simbabwe (Abb. 30.2).

In den stratigraphisch höheren Abfolgen der Grünsteingürtel treten neben mafischen Laven auch intermediäre bis rhyolitische Vulkanite auf. Diese entstanden im Bereich ozeanisch-vulkanischer Inselkomplexe, möglicherweise auch in linearen magmatischen Bögen, wurden aber meist kurz nach ihrer Förderung bereits tiefgehend deformiert, gehoben und erodiert. Zusammen mit sedimentären Breccien, Konglomeraten, feinkörnigen vulkanoklastischen Serien und turbiditischen Grauwacken findet man felsische Förderprodukte meist entlang von Bruchzonen am Rande der eigentlichen Grünsteingürtel. Assoziiert mit den Breccien sind häufig bedeutende polymetallische Sulfidlagerstätten, die auf intensive Fluidbewegungen im Bereich der Vulkankomplexe hindeuten. In den Abfolgen der Grünsteingürtel treten aber auch diagenetisch gebildete sideritische bzw. hämatitische Eisenformationen auf, die mit Vulkaniten, mit Linsen quarzitischer Sandsteine und lokal auch mit stromatolithischen Plattformkarbonaten wechsellagern. Diese Plattformabfolgen entwickelten sich wahrscheinlich in nur schmalen Schelfzonen am Rande der ältesten konsolidierten Kratone, in denen eine relative geringe klastische Sedimentationsrate bzw. auch eine gewisse tektonische Stabilität vorherrschte.

Im Detail ist der interne Strukturstil der archaischen Grünsteingürtel durch polyphase Faltung geprägt. Obwohl steil-abtauchende Faltenzüge bzw. Becken- und Dom-Strukturen die regionale Verteilung lithologischer Einheiten bestimmen (Abb. 30.2), ist die Internstruktur aufgrund von Schichtverdoppelungen an Überschiebungen extrem komplex. Die Grenzen zwischen den Grünsteingürteln und den sie umgebenden metasedimentären Gneis- bzw. Orthogneisgürteln sind meist steile Scherzonen, an denen häufig spät-orogene granitoide Plutone intrudierten. Große Gneisdome bzw. konkordante und diskordante Plutone belegen einen relativ hochtemperierten Aufstieg von kristalliner Kruste in Form von Diapiren, bei gleichzeitig erfolgender regionaler Einengung (Abb. 18.13 und 18.14).

Die geodynamische Entwicklung der Grünsteingürtel und ihres Unterbaus aus granulitischen Para- und Orthogneisen wurde also wahrscheinlich sowohl durch breitgespannte Extension präexistierender tonalitischer Kruste in aktiven Randbecken als auch durch Plattenrand-Konvergenz und Akkretion primitiver magmatischer Bögen geprägt. Subduktion der abnormal mächtigen mafisch-ultramafischen Kruste bzw. partielles Aufschmelzen der Kruste akkretionierter magmatischer Bögen begleitete die Einengung der Randbecken, den randlichen Aufstieg ovaler tonalitischer Gneisdiapire sowie die „posttektonische" Intrusion differenzierter granitischer Plutone. Die relativ monoton zusammengesetzten **Metasedimentären Gneisgürtel** (metasedimentary gneiss belts), die meist ebenfalls von longitudinalen Scherzonen begrenzt werden, stellen dabei wahrscheinlich thermisch stark überprägte und tektonisch angehobene Relikte ursprünglicher Akkretionskeile dar. Ausgesprochene HP/LT Paragenesen, wie sie für spätere Subduktionskomplexe typisch sind, sind aber anscheinend in diesen archaischen Paragneis-Gürteln nicht erhalten. Dies ist ein weiterer Hinweis auf generell hohe Lithosphärentemperaturen bzw. steile geothermische Gradienten.

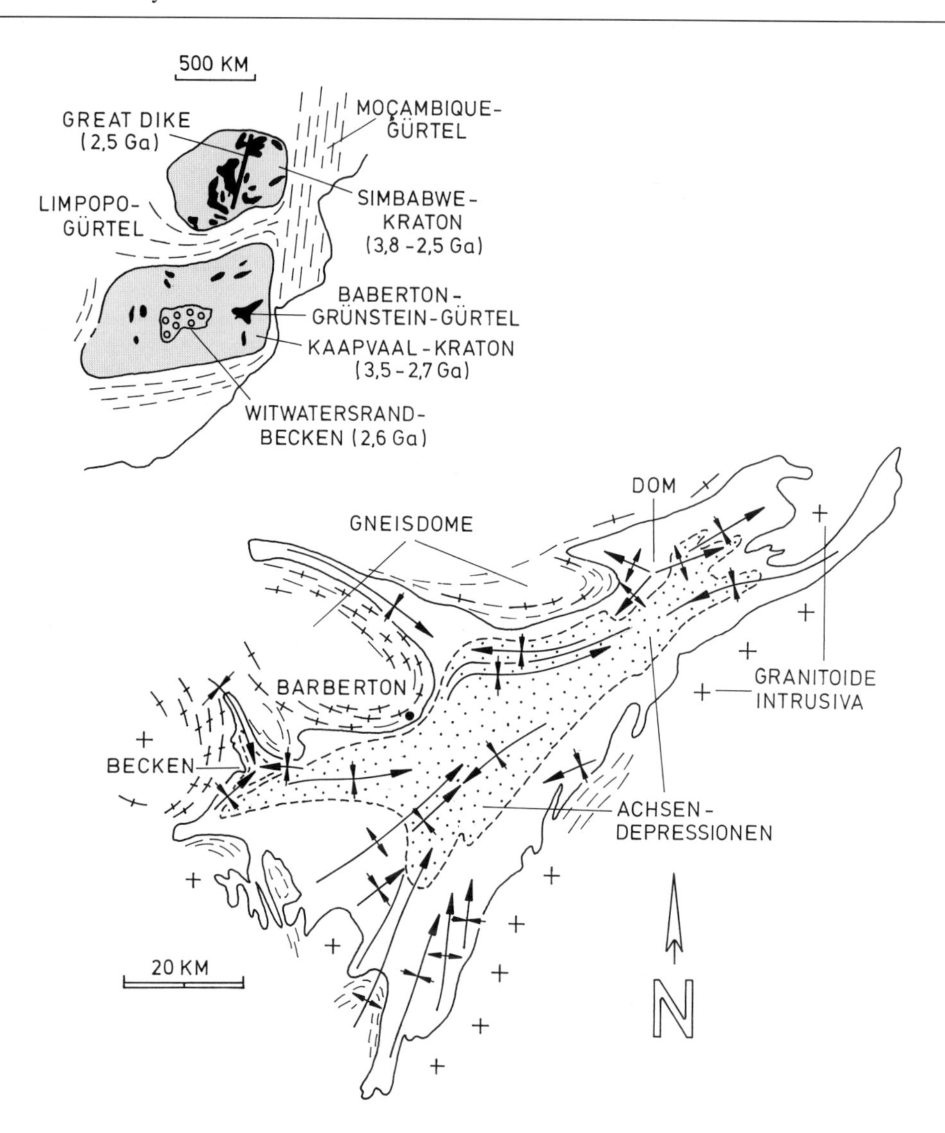

Abb. 30.2 Indexkarte des südwestlichen afrikanischen Kontinents mit Lage der größeren archaischen Kratone und den randlich angelagerten proterozoischen Krustenstreifen (gestrichelt). Unten dargestellt ist eine tektonische Skizze des synklinalen Barberton Grünstein-Gürtels, der aus einer sedimentären Kernzone (Punkte) und aus randlich aufgestiegenen Gneisdomen besteht (nach ANHAEUSSER, 1984).

Wie bereits erwähnt, erreichten die spätarchaischen Konvergenzbewegungen um rund 2,7 bis 2,5 Ga ihren Höhepunkt und es ist gut möglich, daß am Ende des Archaikums bereits mehr als die Hälfte des gesamten heutigen Volumens kontinentaler Krustengesteine entstanden war. Große Teile dieser kontinentalen Kruste wurden später allerdings wieder in Zentralgürteln jüngerer Kollisionszonen verformt, thermisch verjüngt und intrudiert. In vielen Übergangszonen zwischen noch erhaltenen Resten archaischer Kratone und angrenzenden neugebildeten proterozoischen Gürteln finden sich deshalb die Reste spätarchaischer bzw. frühproterozoischer Sedimentserien, die zusammen mit ihrem Krustensubstrat in Richtung auf die älteren Kratone hin überschoben wurden. Auch archaische suprakrustale Abfolgen wurden bei der Neubildung proterozoischer Kruste in stark deformierter Form zu einem Teil der proterozoischen lithotektonischen Gürtel (Abb. 30.3).

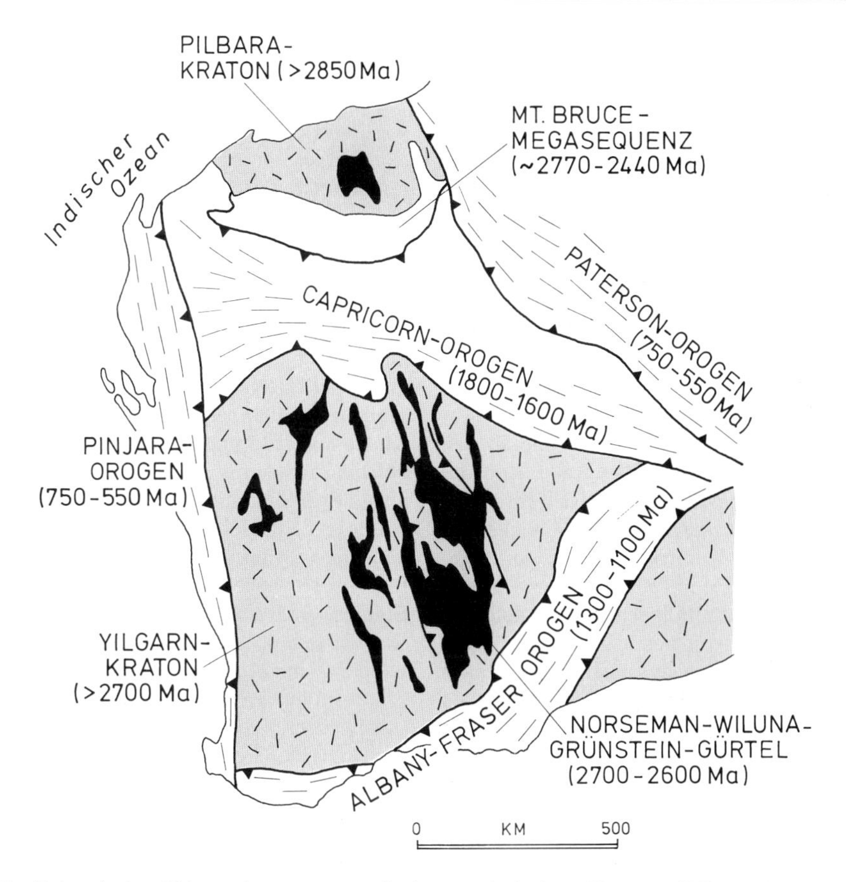

Abb. 30.3 Tektonische Skizze der westaustralischen archaischen Kratone (Pilbara, Yilgarn) mit ihren Grünsteingürteln (schwarz) und den randlich überlappenden sedimentären bzw. überschobenen metamorphen Abfolgen, in denen sich außer basaltisch-klastischen Einheiten auch Karbonate und Eisenformationen befinden (z.B. Mt. Bruce Megasequenz). Krustale Überschiebungen und Faltengürtel am Rand der Kratone sind Produkte proterozoischer Akkretions- bzw. Kollisionsvorgänge (nach Myers & Barley, 1992; Barley et al., 1992).

30.3 Proterozoische Krustenentwicklung

Das Proterozoikum wird allgemein in ein frühes (Paläoproterozoikum, 2,5 bis 1,6 Ga), ein mittleres (Mesoproterozoikum, 1,6 bis 0,9 Ga) und ein spätes Proterozoikum (Neoproterozoikum, 0,9 bis 0,6 Ga) unterteilt. Konsolidierung der felsischen Kruste im späten Archaikum war Voraussetzung und Ausgangspunkt für die Anlage frühproterozoischer kontinentaler Riftgürtel und die Intrusion bzw. den Erhalt entsprechender basaltischer Gangschwärme. Aus intrakontinentalen Extensionsbereichen entwickelten sich teilweise intrakratonische Becken, anscheinend aber auch deutlich asymmetrische Kontinentalränder, an denen klastisches Sedimentmaterial, welches von den konsolidierten Kratonen erodiert wurde, mit weit aushaltenden Karbonatabfolgen wechsellagert. Im Unterschied zu den archaischen Grünsteingürteln, in denen nur vereinzelt Flachwasserabfolgen der ursprünglichen Beckenränder erhalten sind, umfassen die an Beckenrändern abgelagerten post-archaischen Sedimente häufig Quarzsandsteine, Tillite, Karbonate und Eisenformationen. In Rifts, in Aulakogenen, an passiven Kontinentalrändern und in neugebildeten Randbecken extrudierten zwischen 2,5 und 1,9 Ga aber auch bimodale vulkanische Komplexe. Einzelne sedimentäre Einheiten lassen sich heute als korrelierbare lithostratigraphische Leithorizonte weit verfolgen, obwohl in größerer Entfernung von den kontinentalen Randbereichen auch mächtige intraozeanische(?) vulkanoplutonische Gürtel eingeschaltet sind, die auf eine Existenz breiter Inselbögen hindeuten. In diesen Gürteln ist die Korrelation einzelner Schichtgruppen wesentlich schwieriger. Gelegentlich finden sich auch Reste tektonisch überschobener mafisch-ultramafischer „ozeanischer" Krusteneinheiten, die allerdings im Vergleich zu phanerozoischen Ophiolithen meist etwas mächtiger sind.

In den kratonnahen Sedimentserien finden sich einmalig reiche Lagerstätten (z.B. Gold im Witwatersrandbecken von Südafrika oder Uran in den basalen Konglomeraten von Elliot Lake, Kanada) und aus intern differenzierten basaltisch-ultramafischen Lagern gewinnt man Chrom bzw. Nickel. Im Umfeld vulkanischer Komplexe kam es zur Ablagerung sedimentärer Eisenformationen und massiver polymetallischer Sulfidlagerstätten. Photosynthetische Produktion von Sauerstoff durch Algen ermöglichte auch die massive Ausfällung von Eisen in den oxydischen Eisenformationen und in den ältesten Rotschichten. Bereits vor rund 2,0 Ga begann an den Rändern der oft breiten sedimentären Becken regionale Einengung, wobei es schließlich zur Entwicklung langgestreckter Vorlandüberschiebungsgürtel kam. In den metamorphüberprägten proterozoischen Zentralgürteln findet man neben Resten magmatischer Bögen auch stark deformierte und meist gelängte archaische Krustenfragmente, die durch vielfache Aufschmelzungsprozesse teilweise in krustale Migmatite oder granitoide Plutone umgewandelt wurden.

Vor rund 1,8 Ga hatten sich z.B. innerhalb der Laurasischen Kontinentalmasse des kanadisch-baltischen Schildbereichs und in Westaustralien bereits zahlreiche Geosuturen geschlossen. Diese wurden in späteren Stadien der Konvergenz häufig an tiefkrustalen Blattverschiebungszonen versetzt und sind deshalb heute meist nur als kryptische Suturen bzw. in Form gepaarter magnetisch-gravimetrischer Anomalien zu erkennen. Gelegentlich sind die tektonischen Grenzzonen aber auch durch abrupte Sprünge im radiometrischen Alter der Gesteine markiert (Abb. 30.4). Metamorphose-Diskontinuitäten und tektonische Überschiebungen lassen sich im Streichen relativ weit verfolgen und demonstrieren, daß die tief erodierten proterozoischen Kollisonszonen den modernen Kollisionszonen intern recht ähnlich strukturiert waren. Randliche Angliederung neugebildeter Krustenstreifen an einen allmählich wachsenden neoproterozoischen Superkontinent erfolgte anscheinend bis vor rund 1,6 Ga.

Viele der tektonisch verdickten Krustenbereiche wurden bis weit ins Mesoproterozoikum von Intrusionskörpern durchschlagen. Das eindrucksvollste mittelproterozoische magmatische Ereignis erfolgte im Zentrum der gigantischen kanadisch-baltischen Kontinentalmasse, in der **anorogener Magmatismus** (anorogenic magmatism) zwischen 1,5 und 1,4 Ga einen breiten Streifen der südlichen laurasischen Lithosphäre erfaßte. In diesem Gürtel kam es zur Platznahme riesiger Anorthositkörper über der Krusten-Mantelgrenze, zur massiven Aufschmelzung darüber liegender felsischer Krustenanteile und zur Intrusion von Rapakivi-Graniten in höhere Krustenniveaus. Dieses Ereignis hielt sich an eine großräumig gewölbte Hebungszone und wurde an der Erdoberfläche von rhyolitischem Vulkanismus begleitet. Breite intrakratonische Becken (z.B. im westlichen Nordamerika, in Australien und Sibirien) und einzelne langgestreckte Riftstrukturen, die sich ebenfalls im mittleren Proterozoikum bildeten, sind Ausdruck tiefgreifender lithosphärischer Anomalien innerhalb dieses mittelproterozoischen Superkontinents, der um 1,2 bis 0,9 Ga mit der Grenville-Orogenese sein größtes Areal erlangte. In diesem Superkontinent lagen wahrscheinlich das heutige Australien und die Antarktis dem Westrand von Nordamerika gegenüber, Südamerika befand sich zwischen Nordamerika und Eurasien, während in den nördlichen und östlichen Teilen Afrikas und in Südasien Terrane des Superozeans gegen aktive Kontinentalränder konvergierten.

Während im Neoproterozoikum um 770 Ma sich in vielen Teilen des Superkontinents breite und vielfältig verzweigte Extensionszonen, Aulakogene bzw. passive Kontinentalränder ausbreiteten und diese Entwicklung auch zur Neubildung ozeanischer Kruste überleitete (Paläopazifik, Iapetus etc.), kam es in Nordafrika und Südamerika zur Panafrikanischen Konvergenz (0,7 bis 0,5 Ga), welche nicht nur durch Kollisionsbewegungen sondern auch bedeutende Obduktion von Ophiolithdecken charakterisiert ist.

Literatur

Gibb et al., 1983; Anhaeusser, 1984; Kröner & Greiling, 1984; Ayres et al., 1985; Kröner, 1985; Card & Ciesielski, 1986; Nisbet, 1987; Hoffman, 1988; Wilks, 1988; Ashwal, 1989; Condie, 1989; Percival & Williams, 1989; Porada, 1989; Gower et al., 1990; Ridley & Kramers, 1990; Goodwin, 1991; Myers & Barley, 1992.

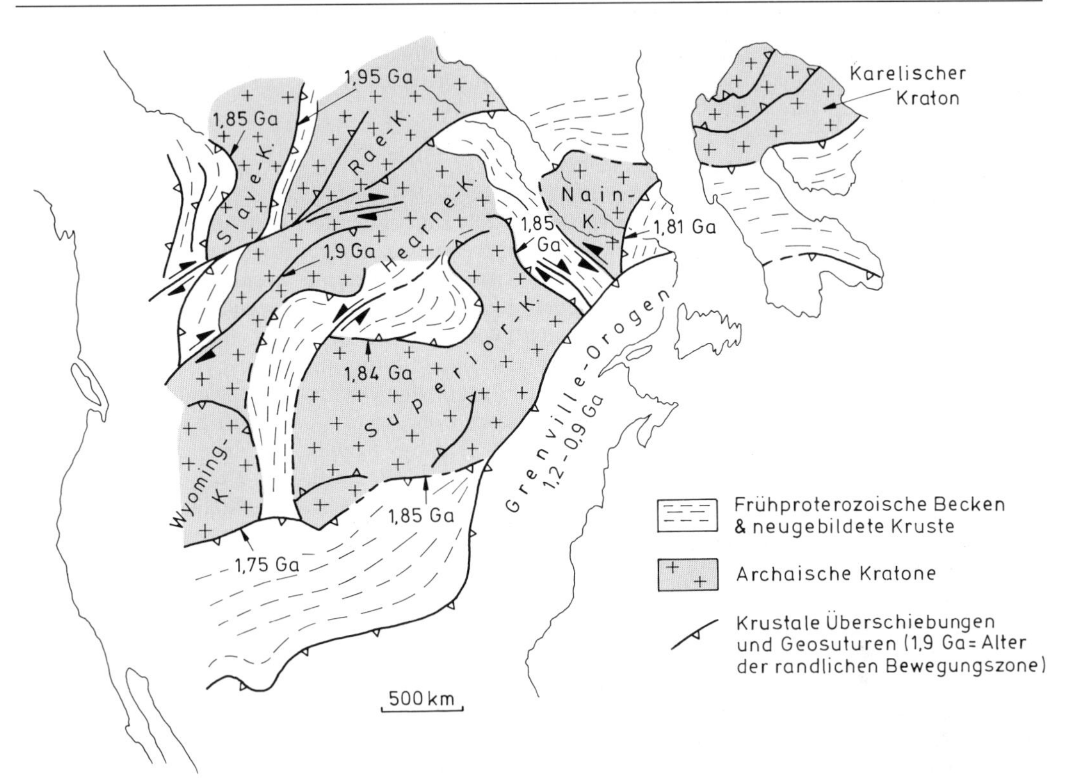

Abb. 30.4 Tektonische Skizze der archaisch gebildeten Kratone (Kreuze) und der randlich angrenzenden proterozoischen Becken bzw. Kollisionszonen (mit Alter in Ga) im kanadisch-westkarelischen Schildbereich (nach HOFFMAN, 1988).

31 Grundwasser und Tektonik

Freie **Fluide** (fluids) stellen einen prozentuell zwar nur geringen, in vieler Hinsicht aber höchst signifikanten Bestandteil der Lithosphäre dar. Die Anwesenheit von frei beweglichem H_2O, CO_2, CH_4, H_2S und flüssigen Hydrokarbonen im **Porenraum** (pore space) beeinflußt nicht nur das Festigkeitsverhalten von sprödem und duktilem Gesteinsmaterial, sondern auch den Transport gelöster Stoffe durch das Gestein und in tieferen Lithosphärenbereichen den Beginn der partiellen Schmelzbildung. Außerdem wird der lokal gemessene Wärmefluß in der obersten Kruste wesentlich von advektiven bzw. konvektiven Fluidbewegungen beeinflußt. **Grundwasser** (groundwater) als wichtigste fluide Phase erreicht tiefere Niveaus der Kruste entweder direkt über den Weg der **Infiltration** (infiltration) von der Erdoberfläche oder indirekt als **Porenwasser** (pore water) in passiv subsidierten oder subduzierten Sedimentpaketen. Unter dem sogenannten **Grundwasserspiegel** (groundwater table) ist der Porenraum im allgemeinen mit Fluiden gesättigt. Mit zunehmender Tiefe gesellen sich zum Grundwasser auch flüssige und gasförmige Fluide, die als Folge chemischer Reaktionen während der Diagenese von Sedimenten, bei der prograden Metamorphose unterschiedlichster Gesteinseinheiten und beim Aufstieg von Magmen freigesetzt werden. Je nach Ursprung der Fluide und nach dem Stadium der chemischen Wechselwirkungen zwischen Grundwasser und durchströmtem Sediment oder Gestein unterscheidet man deshalb meteorisches, marines, diagenetisches, metamorphes und magmatisches Grundwasser.

Die Bewegung von Grundwasser, das praktisch überall im Lockermaterial und in Festgesteinen der oberen Kruste vorhanden ist, erfolgt in primären intergranularen **Poren** (pores) zwischen Einzelkörnern eines Sediments, in sekundär gelösten **Hohlräumen** (cavities) oder in tektonischen **Klüften** (joints), **Mikrorissen** (micro cracks) und

Störungszonen (fault zones). Dabei kommt es sowohl zur Lösung als auch zur Ausfällung von Mineralsubstanz und somit zu den bereits angedeuteten Wechselwirkungen zwischen durchströmenden Fluiden und durchströmten Nebengesteinen. Über geologische Zeiträume hinweg bewirken Reaktionen zwischen stark salinarer bzw. hoch temperierter Sole ($>10^4$–10^5 mg/L an gelösten Substanzen) und der Mineralsubstanz des Nebengesteins auch Konzentration wirtschaftlich wichtiger Metall- und Energierohstoffe (Kupfer, Blei, Zink, Molybdän, Uran etc.). Letztere können entlang abrupter chemisch-physikalischer Gradienten wieder zur Ausfällung kommen und so **metallische Lagerstätten** (ore deposits) bilden. Zusammen mit der Bewegung von Fluiden aus tieferen in flachere Zonen der Erde erfolgt auch der Transport von flüssigen und gasförmigen **Kohlenwasserstoffen** (petroleum). In unmittelbarer Nähe der Erdoberfläche ist Grundwasser bei einem Gehalt von weniger als 2000 mg/L an gelöster Substanz als Trinkwasser selbst ein extrem wichtiger und schützungsbedürftiger Rohstoff.

Richtung und Geschwindigkeit der Grundwasserbewegung in einzelnen Raumelementen unverfestigter Sedimente und fester Gesteine werden vom hydraulischen Gradienten und von der hydraulischen Leitfähigkeit in diesen Raumelementen bestimmt. In einfachster Form werden Grundwasserbewegung, hydraulischer Gradient und hydraulische Leitfähigkeit als Darcy'sches Gesetz formuliert. Demnach gilt

$$q = -K_f \cdot \text{grad } h \quad \text{bzw.} \quad v = \frac{K_f}{Ø_e} \cdot \text{grad } h$$

Die Durchflußrate (q in $m^3 m^{-2} s^{-1}$) bzw. die wirklich erreichte Fließgeschwindigkeit (v in $m s^{-1}$) sind also proportional zur hydraulischen Leitfähigkeit K_f (in $m s^{-1}$) und zum dimensionslosen räumlichen hydraulischen Gradienten eines Höhenwertes h. Der Wert für h ist die Summe von topographischer Höhe (z) und einem aus dem Fluiddruck p_f abgeleiteten Höhenwert $p_f/\rho g$, wobei ρ die Dichte (in kg m^{-3}), g die Schwerebeschleunigung (9,81 $m s^{-2}$) darstellen. Dies bedeutet, daß $h = z + p_f/\rho g$. Der Wert $Ø_e$ beschreibt die effektive Porosität, also jenen Raumanteil, welcher tatsächlich vom Grundwasser durchströmt wird. In einfachen Modellschnitten parallel zu regionalen topographisch-tektonischen Gradienten oder in dreidimensionalen Blockdiagrammen, in denen die Form lithologisch-struktureller Heterogenitäten und Anisotropien berücksichtigt werden, lassen sich stationäre und transiente Fließrichtungen bzw. Fließraten mathematisch modellieren. Graphisch werden Durchflußrate, Fließrichtung bzw. Fließgeschwindigkeit in Form momentaner **Stromlinien** (stream lines) als Pfeile (Vektoren) in den betrachteten Raumelementen dargestellt (Abb. 31.1). Senkrecht zu den

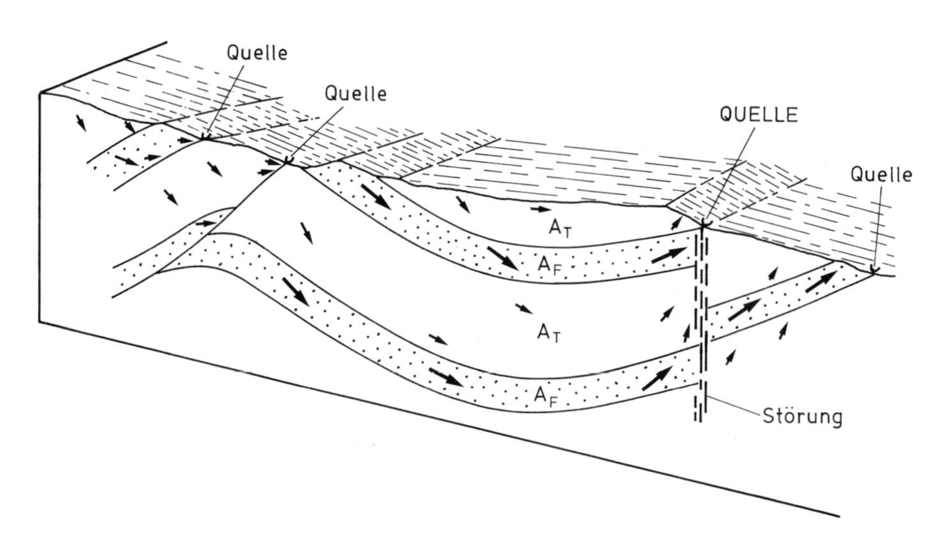

Abb. 31.1 Tektonisches Blockdiagramm mit Stromlinien der Grundwasserbewegung in Aquiferen (A_F), Aquitarden (A_T) und Störungszonen mit der bevorzugten Anordnung von Quellen entlang der Erdoberfläche. Relative Größe der Pfeile deutet auf unterschiedliche Bewegungsraten und Volumina der Grundwasserströme.

Stromlinien liegen die **Äquipotentialflächen** (equipotential surfaces), d.h. jene Flächen, für die das Produkt gh konstant ist und parallel zu denen deshalb keine Fluidbewegung erfolgt.

Der am stärksten durch geologisch-tektonische Bedingungen beeinflußte Parameter in der Kruste ist die hydraulische Leitfähigkeit (K_f). Der Wert von K_f hängt sowohl von den Eigenschaften des durchströmten Gesteins (Permeabilität) als auch von den Eigenschaften des durchströmenden Fluids (Viskosität, Dichte) ab. Es gilt also

$$K_f = \frac{k\,\rho\,g}{\eta},$$

wobei k (in m^2) die Permeabilität des Gesteins ist, ρ die Dichte des Fluids ist, g die Schwerebeschleunigung und η die Viskosität des Fluids sind. Während man in Grundwasseruntersuchungen meist mit dem Wert K_f arbeitet, analysiert man die Bewegung von Vielphasengemischen (z.B. Wasser, Erdöl, Erdgas) mit Bezug auf die Permeabilität des Gesteins. Dabei muß man berücksichtigen, daß die Permeabilität eine häufig heterogene und anisotrope Eigenschaft des Gesteins ist. In natürlichen Materialien variiert K_f für Wasser zwischen 1 und $10^{-16}\,m\,s^{-1}$. Lithologie, Textur, Heterogenität und Anisotropie geologischer Körper, hervorgerufen durch primäre Schichtung oder tektonische Strukturen, bestimmen also, ob ein Sediment- oder Gesteinsbereich als verhältnismäßig wasserleitender **Aquifer** (aquifer), als wasserrückhaltender **Aquitard** (aquitard) oder als wasserstauende **Aquiclude** (aquiclude) zu betrachten ist. Hohe hydraulische Leitfähigkeiten beobachtet man in unverfestigten Schottern, Sanden, geklüfteten Vulkaniten und kavernösen Kalken (1 bis $10^{-6}\,m\,s^{-1}$), niedrigere Werte gelten für gut zementierte Sandsteine, Siltsteine und Tone (10^{-5} bis $10^{-13}\,m\,s^{-1}$). Extrem niedrige Werte kennt man für Evaporite und ungestörte Kristallingesteine (bis $10^{-16}\,m\,s^{-1}$). Da jedoch in fast allen Gesteinen Bruchzonen auftreten und diese im allgemeinen diskrete Bereiche erhöhter hydraulischer Leitfähigkeit darstellen, ist anzunehmen, daß die hydraulische Leitfähigkeit im allgemeinen mit zunehmender Krustentiefe abnimmt.

Aufgrund regionaler topographisch-geologischer Gradienten erfolgen Fluidbewegungen in den höheren Zonen der Erdkruste meist schräg zur Erdoberfläche. Die Stromlinien sind unter stark geneigten Hängen deshalb meist nach unten gerichtet. In größerer Tiefe und unter Tälern sind sie aufgrund der Druckzunahme im Grundwasser dagegen oft schräg nach oben gerichtet. In noch größerer Tiefe können infolge starker Druck-, Temperatur- und Salinitätsgradienten vertikale und laterale Fluidbewegungen auftreten, welche bei ausreichender hydraulischer Leitfähigkeit sogar die Form freier Konvektion annehmen. Letztere bildet isometrische oder flache Zellen, wie z.B. im Umfeld abkühlender Intrusionen oder vulkanischer Komplexe (siehe Abb. 18.5 und Abb. 27.10). Die aufsteigenden Fluidströme solcher Zellen treten als **heiße Quellen** (hot springs) an der Erdoberfläche aus. Warme Quellen können aber auch durch eine topographisch erzwungene Konvektion entlang tiefreichender permeabler Lagen oder Störungssysteme aus topographisch-tektonischen Hochbereichen (z.B. Horste, Decken) gespeist werden (Abb. 31.2). Warme bis heiße Quellen finden sich deshalb in allen tektonisch jungen oder vulkanisch aktiven Krustenbereichen der Erde. Die oft weiträumig wirksamen krustalen Fluidbewegungen führen dabei zu signifikanten Modifikationen der „normalen" geothermischen Gradienten in den obersten Zonen der Erdkruste.

Als Folge topographischer und druckinduzierter hydraulischer Gradienten, welche sich während

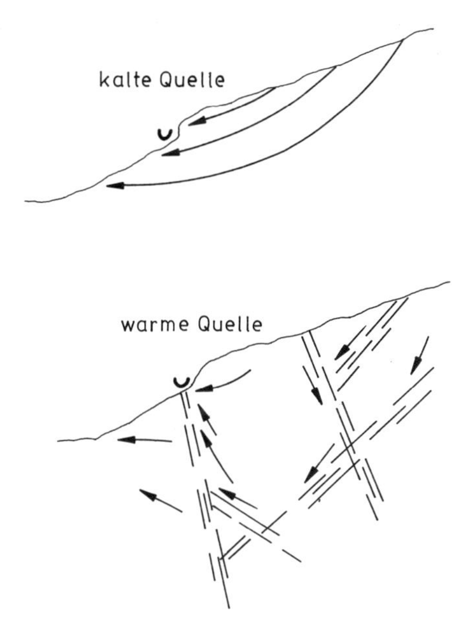

Abb. 31.2 Schematischer Querschnitt durch einen hydrogeologisch homogenen (oben) und heterogenen Gesteinsbereich (unten) mit Grundwasserströmen, die in einem Fall den Austritt von Grundwasser in relativ kalten im anderen in relativ warmen Quellen zur Folge haben.

tektonischer Subsidenz bzw. nach Hebung geologischer Großeinheiten entwickeln, können Fluidströme mit oberflächennahem Ursprung bis in erstaunlich große Tiefen vordringen und anscheinend über Horizontaldistanzen von mehreren hundert Kilometern in Bewegung bleiben. In den relativ angehobenen Krustenteilen erfolgt dabei ein relativ starker Zufluß von kaltem Grundwasser, in progressiv tiefer abgesenkten Zonen ein langsamer Aufstieg warmer oder heißer Fluide, die bis zu $5 \cdot 10^5$ mg/L an gelösten Ionen enthalten können. Ähnlich verläuft die Auspressung aufgeheizter salinarer Lösungen aus subduzierten Tiefseesedimenten. Da die Löslichkeit mineralischer Substanzen im allgemeinen mit der Temperatur zunimmt, kommt es in den tieferen Beckenbereichen zu einem weiträumigen Gleichgewicht in der relativen Zusammensetzung der gelösten Ionenanteile an das durchströmte Nebengestein. Begleitet und verstärkt werden diese Prozesse von lokalem Aufbau abnormaler Porendrücke.

So zeigen z.B. Modellrechnungen für passive Kontinentalränder, daß im topographisch dominierten obersten Grundwasserregime der Küstenebenen und im innersten Schelfbereich meteorische Süßwasserströme je nach der hydraulischen Leitfähigkeit der Sedimente bis in Tiefen von rund 1 bis 2 km, aber mit Fließraten in der Größenordnung von Metern im Jahr eindringen (Abb. 31.3). In dem darunter liegenden Kompaktionsregime, das bis in Tiefen von 3 bis 5 km reicht, kommt es dagegen bereits zu einem schräg nach oben gerichteten Strom salinarer Lösungen, die sich aus dem verkleinernden Porenraum feinkörniger Sedimente mit Raten von Millimetern im Jahr bewegen. In dem noch tiefer gelegenen thermobarischen Regime, in dem abnormale Porendrücke dominieren, entsteht ein vertikal nach oben gerichteter Fluid-Strom mit Raten, welche im Durchschnitt bei weniger als einem Millimeter im Jahr liegen. Salinare Lösungen, Sole und gereifte flüssige bzw. gasförmige Kohlenwasserstoffe bewegen sich also relativ langsam durch Aquitarde und Aquifere in seichter gelegene hydrodynamische „Fallen“, wobei eine progressive Abtrennung des leichteren Erdöls bzw. Erdgases vom Wasser während der Migration durch Auftrieb gefördert wird. Bei geeigneter Zusammensetzung und ausreichendem Volumen an organischen Substanzen in den Ausgangssedimenten (= Erdölmuttergestein) und als Folge komplexer geochemischer Prozesse während der Migration können sich so in porösen Reservoiren der höheren Beckenbereiche bei Abdichtung durch natürliche impermeable **Siegel** (seals) größere Erdöl- und Erdgaslagerstätten bilden. Auch metallische Lagerstätten entstehen auf ähnliche Weise, nur meist bei etwas höheren Temperaturen. Die lokale Entwicklung abnormaler Porendruckgradienten und eine oft tektonisch und stratigraphisch bedingte Geometrie der Aquicluden als geologische Siegel bewirken allerdings eine Vielfalt möglicher Migrations- und Fallenformen (Abb. 31.4).

Für tektonisch abgesunkene Vorlandbecken läßt sich zeigen, daß aufgrund der topographischen Hochlage kristalliner Zentralgürtel bzw. vorgelagerter sedimentärer Überschiebungsgürtel das topographisch dominierte meteorische Grundwasserregime bis in Tiefen um 5 bis 7 km reichen kann. Fluidtemperaturen können entsprechend den regionalen geothermischen Gradienten bis auf 150 bis 200°C ansteigen. Je nach Infiltrationsraten und Infiltrationstiefen bzw. der Gesteinszusammensetzung kann der Lösungsanteil auch hier mehr als 10^5 mg/L erreichen, wobei das topographisch getriebene Tiefenwasser schließlich an flachgeneigten homoklinalen Aquiferen (Karbonaten, Sanden) im Vorland wieder aufsteigt und durch lokalen Zufluß von meteorischem Grundwasser ausgesüßt werden kann. Die Grundwasserbewegung erfolgt hier mit Raten von Zentimetern bis Metern im Jahr und kann sich hunderte von Kilometer schräg nach oben bis weit in tektonisch ungestörte Plattformen erstrecken. Dort besteht wiederum die Möglichkeit, daß sich entlang thermischer und geochemischer Gradienten aus der warmen Sole metallische Lagerstätten (z.B. Pb, Zn) abscheiden. Kohlenwasserstoffe werden häufig durch Auftrieb vom schwereren Wasserstrom abgetrennt, wobei Erdgas die höchsten, Erdöl mittlere und Wasser tiefere Niveaus von Fallen füllen. Trotzdem kommt es im distalen Vorland vieler Kettengebirge zu gewaltigen Ansammlungen von Hydrokarbonlagerstätten (z.B. Ölsande von Alberta). In Vorlandsbereichen sind aufsteigende warme Fluide auch für lokale Wärmeflußanomalien und abnormal hohe Inkohlungsgrade der pflanzlichen Substanzen in den Sedimentabfolgen verantwortlich.

Da in allen tektonisch aktiven Extensions- und Kontraktionszonen der Erde die Fluidbewegungen in der obersten Kruste entlang neugebildeter Risse, tektonischer Dilatationsbereiche und größerer Störungszonen erfolgen, ergeben sich häufig systematische Beziehungen zwischen der regionalen Schichtlagerung, den tektonischen Strukturen, den geothermischen Anomalien und der Orientierung fluidführender bzw. mineralisierter Zonen. Bei hohen Temperaturgradienten und Permeabilitäten entstehen sogar Zellen freier Konvektion (siehe

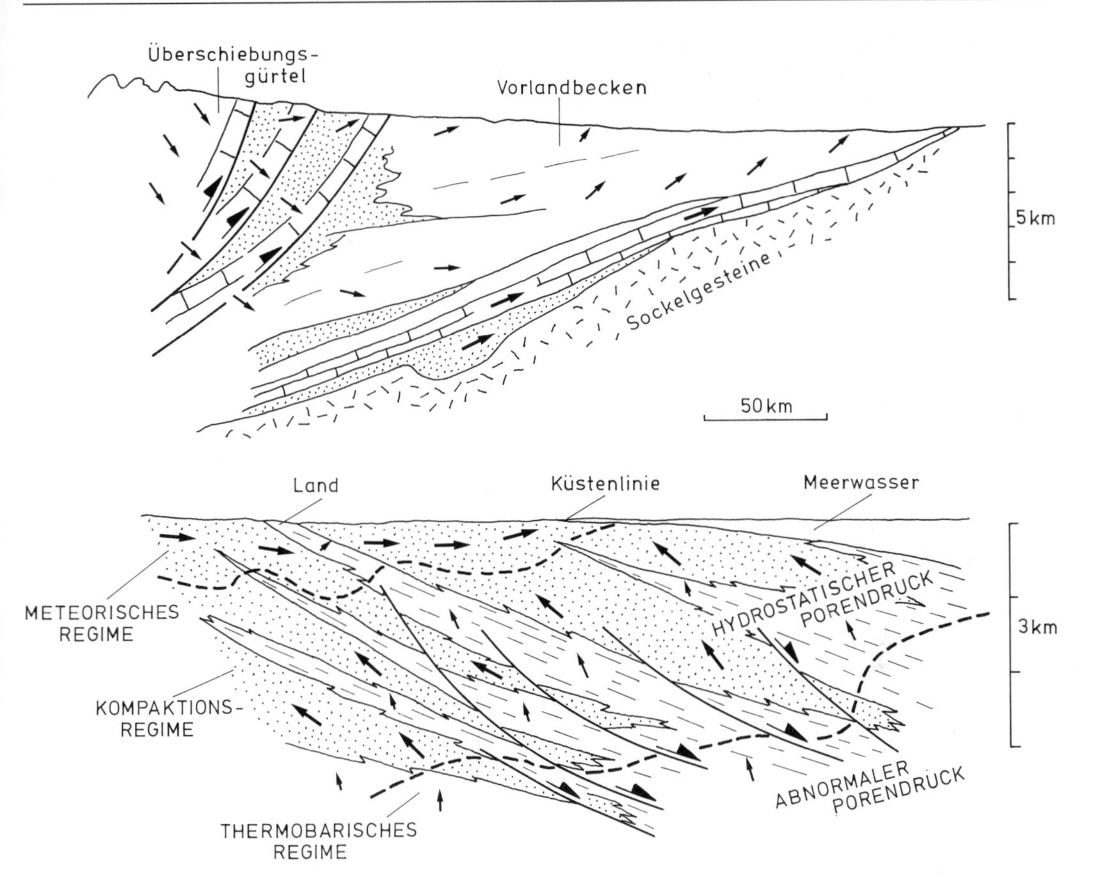

Abb. 31.3 Zwei Beispiele geodynamisch-großregional gesteuerter Fluidbewegungen in den Sedimentabfolgen passiver Kontinentalränder (unten) und Vorlandbecken (oben). Die Fluidströme halten sich vor allem an Sandstein-Karbonat-Aquifere, werden aber auch durch die progressive Entwässerung und räumliche Verteilung relativ impermeabler Tongesteinseinheiten bzw. lokaler permeabler Bruchzonen beeinflußt (nach Bethke, 1989; Domenico & Schwartz, 1990).

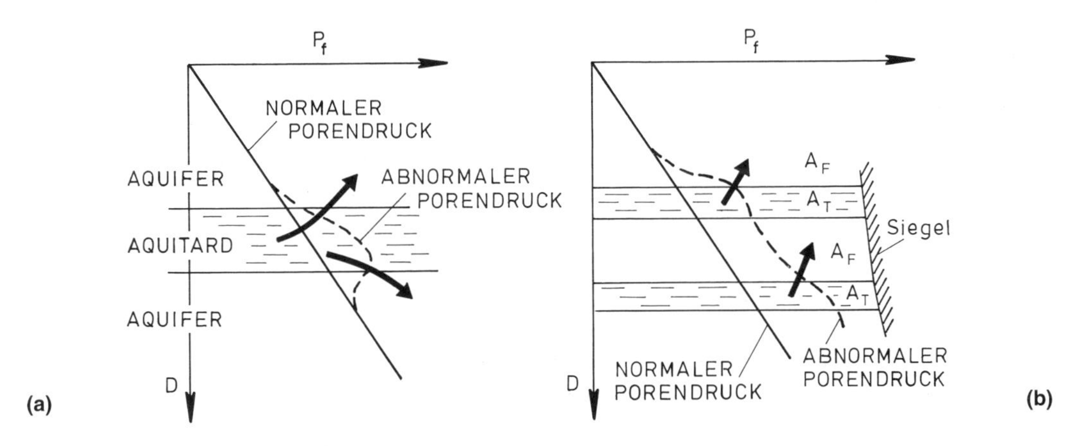

Abb. 31.4 Beispiele für (a) laterale Migration von Fluiden aus einem kompaktierenden Aquitard mit Fluidüberdruck (siehe Kapitel 6) in geschichtete Aquifere und (b) vertikale Migration von Fluiden durch eine strukturell bedingte Versiegelung potentieller lateraler Migrationswege. Dicke und gestrichelte Linien geben die Zunahme von normalem und abnormalem Porendruck mit der Tiefe (D) an.

Kapitel 27). Auch in vielen hochgelegenen Süßwasseraquiferen der festen Kruste erfolgt Zufluß und Abfluß des Grundwassers an tektonisch induzierten Bruchstrukturen bzw. in Hohlräumen, die sich wiederum meist entlang von Brüchen entwickeln. Ein Verständnis des dreidimensionalen tektonisch-geometrischen Modells bzw. des modernen geodynamischen Rahmens sind deshalb wesentlich für die Interpretation und Prognose aller lokalen und regionalen Grundwasserbewegungen in sedimentären oder kristallinen Gesteinen.

Literatur

FREEZE & CHERRY, 1979; BETHKE, 1989; DOMENICO & SCHWARTZ, 1990.

Anhang A

Graphische Darstellung von Flächen und Linearen

Die Quantifizierung tektonischen Versatzes bzw. der tektonischen Verformung in krustalen Gesteinen und die räumliche Extrapolation von oberflächennahen Strukturen in tiefere Bereiche der Erde basiert vor allem darauf, daß man die planaren und linearen Strukturelemente in direkt zugänglichen und auch in tieferen Bereichen der Erdkruste reproduzierbar darstellt. Die graphische Darstellung tektonischer Flächen und linearer Strukturen erfolgt vor allem in geologischen Karten, Profilen und Blockdiagrammen (siehe Kapitel 16). Zur statistischen Vertiefung, zum Zweck der graphischen Bestimmung von Winkelbeziehungen zwischen verschiedenen Flächensystemen und zur kinematisch-dynamischen Analyse von tektonisch-seismischen Gleitvorgängen werden auch sphärische Projektionen herangezogen.

Bei der Darstellung geologischer Flächensysteme unterscheidet man primäre und sekundäre Flächen. **Primäre Flächen** (primary surfaces) sind Flächen, die bereits vor der tektonischen Deformation im Gestein vorhanden waren; sie illustrieren deshalb vor allem als geometrische Vorzeichnungen den Versatz an Störungen und das Ausmaß duktiler Verformung. Zu diesen Flächen gehören z.B. sedimentäre Schichtflächen und magmatische Kontakte. **Tektonische** oder **sekundäre Flächen** (tectonic, secondary surfaces) entwickeln sich dagegen erst als Folge lokaler oder regionaler Deformation (z.B. Schieferung, Transpositionsfoliation oder Bruchflächen); sie überlagern im allgemeinen primäre Flächensysteme. **Lineare Strukturen** (linear structures) können ebenfalls primärer Natur sein, wie z.B. die Fließlineare in hochviskosen Laven oder Strömungsmarken in Sedimentgesteinen. In deformierten Gesteinen sind lineare Strukturen entweder ein direktes Produkt tektonischer Relativbewegungen, wie z.B. Striemungen auf Störungsflächen und Streckungslineare in duktilen Scherzonen oder sie entwickeln sich erst bei der Verkrümmung primärer Flächen, wie z.B. die Faltenscharniere von zueinander parallelen Kleinfalten.

a) Kartendarstellung

Die wichtigsten Darstellungsformen für geologische Flächen und Lineare sind die **geologische Karte** (geological map), das **geologische Profil** (geological cross section) und das **Blockdiagramm** (block diagram). In der Karte und im Profil wird der zweidimensionale Verschnitt geologischer Flächen mit der Erdoberfläche bzw. einer senkrecht dazu orientierten Bezugsfläche dargestellt. Um aus einer geologischen Karte oder aus Profilschnitten 3-D-Diagramme zu erstellen, muß man allerdings meist geometrisch-tektonische Extrapolationsregeln, Bohrlochdaten und geophysikalische Untersuchungen (v.a. Seismik und Gravimetrie) zu Hilfe nehmen. Geologische Karten werden in unterschiedlichen **Maßstäben** (scales) angefertigt, wobei der gewählte Maßstab immer vom Zweck der Untersuchung abhängt: Karten für baugeologische Gutachten projektierter Staudämme, Brücken oder Tunnels erfordern größere Maßstäbe als tektonische Rahmenkarten für großregionale geophysikalische Tiefenerkundungen. Die richtige Wahl des Maßstabs und die gewählte Form der Darstellung für komplexe geologische Verhältnisse sind häufig schon der halbe Weg zur erfolgreichen Lösung einer praktischen oder auch rein wissenschaftlich orientierten Fragestellung. Geologische Arbeit **ohne** gezielte Fragestellungen erweist sich dagegen meist als sinnlos.

Auf geologischen oder geotechnischen Karten wird die Verschnittlinie primärer oder sekundärer Flächen am **Punkt ihrer Messung** (point of measurement), also meistens am Aufschlußpunkt als Verschnittlinie oder **Spur** (trace) eingezeichnet. Zur Darstellung von Schnittlinien in der Karte benützt man entweder punktuell reproduzierbare **Symbole** (symbols) oder kontinuierlich verfolgbare **Spuren** (traces). Die international gebräuchlichen Symbole für planare Strukturen bzw. für deren Spuren sind in Abb. A.1 zusammengefaßt. Die Symbole geben die lokal gemessene Orientierung einer **Fläche** (surface, plane) an, und zwar durch ihr Streichen und Fallen, wobei das **Streichen** (strike) durch den Azimut der einzig möglichen horizontalen Linie auf der Fläche festgelegt ist, das **Fallen** (dip) als Winkel

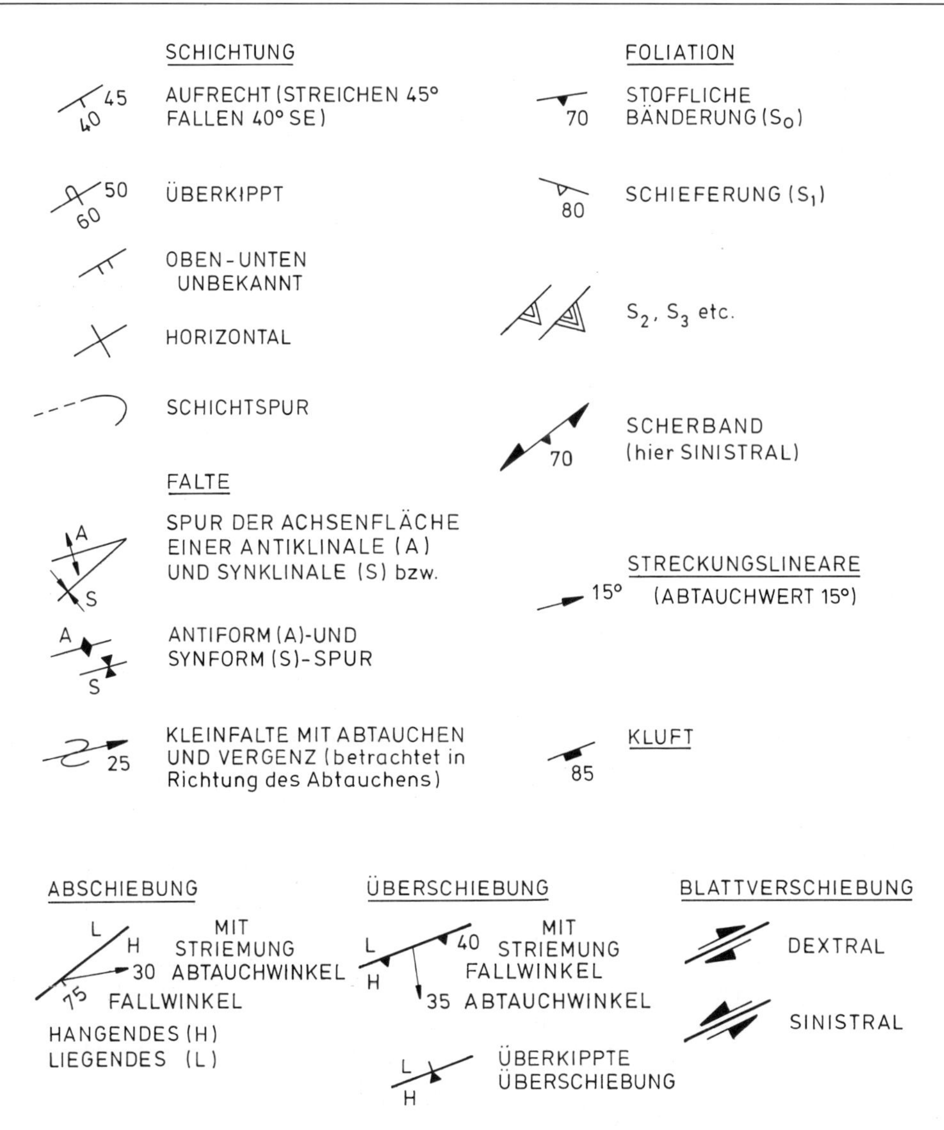

Abb. A.1 Die am häufigsten verwendeten und international gebräuchlichen tektonischen Symbole in geologischen Karten.

zwischen der Horizontalebene und der steilsten Linie auf der Fläche in **Fallrichtung** (dip direction) angegeben wird. Streichrichtung und Fallrichtung sind senkrecht zueinander. Ist eine Fläche z.B. 030/40 SE orientiert, so bedeutet dies, daß die Fläche 30° (= NE) streicht und mit 40° nach SE einfällt. Anders ausgedrückt handelt es sich um eine NE-streichende und SE-fallende (oder nach SE einfallende) Fläche.

Ähnlich wird mit linearen Strukturen verfahren. Die Symbole für lineare Elemente geben Richtung und Abtauchen am Meßpunkt an. Die **Richtung** (trend, bearing) ist der Azimut der einzig möglichen vertikalen Ebene durch das lineare Element, das **Abtauchen** (plunge) ist der Winkel zwischen der Horizontalebene und dem linearen Element in dieser vertikalen Ebene. Ist ein lineares Element 140/35 orientiert, so bedeutet dies, daß die vertikale Ebene, welche durch die Lineare gelegt werden kann, 140° (NW-SE) streicht und die Lineare in Richtung 140° um den Betrag von 35° von der Horizontalebene nach unten abtaucht. Anders ausgedrückt handelt es sich um eine 140/35-abtauchende Lineare oder eine nach SE abtauchende Lineare.

In geologischen Karten werden im allgemeinen an den Symbolen die numerischen Werte für das Fallen von Flächen bzw. die Werte für das Abtauchen von Linearen angegeben. Das Streichen von Flächen und die Richtung von Linearen lassen sich im allgemeinen direkt aus der Orientierung der Symbole zum geographischen Koordinatensystem aus der Karte ablesen.

b) Stereonetz

Bei der Darstellung der räumlichen Orientierung von Flächen und Linearen in **sphärischer Projektion** (spherical projection) stellt man sich deren Position in das Zentrum einer Halbkugel verlagert vor. Zur ebenen Darstellung benützt man die **untere Halbkugel** (lower hemisphere), die als Projektion (= **Stereonetz**, stereonet) dargestellt wird (Abb. A.2a). Die Projektion von Linearen erfolgt durch Verbindung der **Durchstichpunkte** (piercing

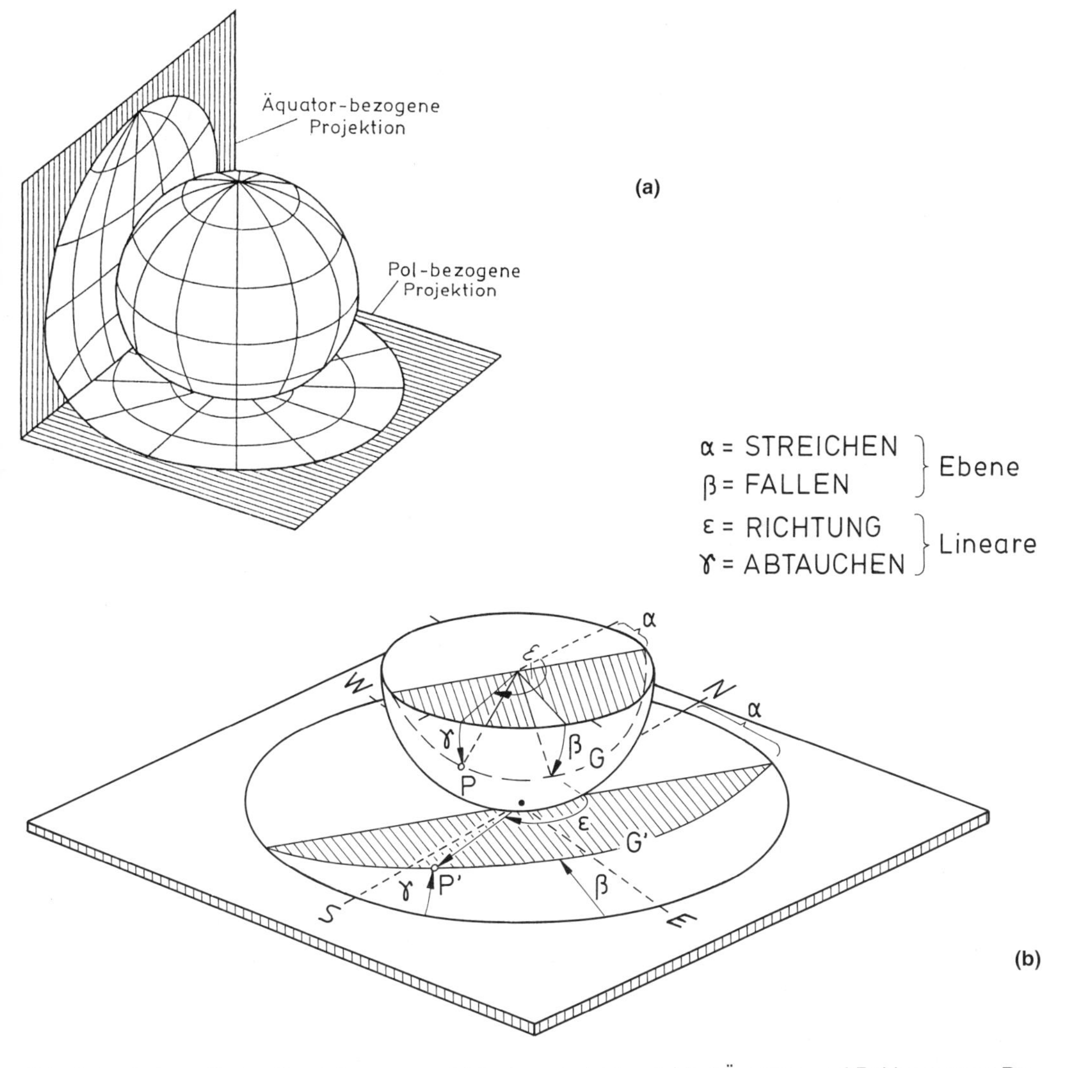

Abb. A.2 Schematische Darstellung der sphärischen Projektion (a) bei Äquator- und Pol-bezogener Projektion und (b) mit Lage von Flächen und Linearen (= Großkreisen und Durchstichpunkten); (Teilabb. (a) verändert nach G. BRAUN (1966) in: Deutsches Handwörterbuch der Tektonik, 2. Lieferung – Hannover 1969).

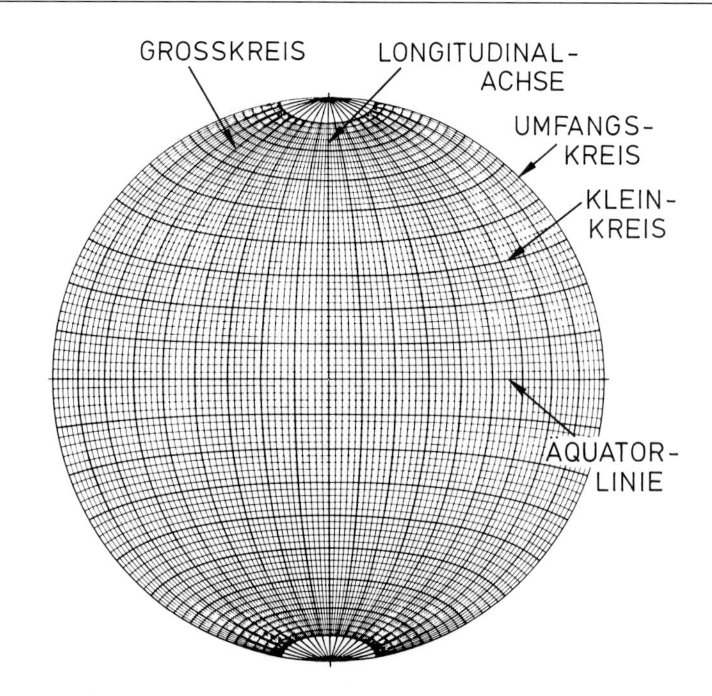

Abb. A.3 Flächentreue Äquator-bezogene Projektion (= Stereonetz) einer Halbkugel (Schmidtsches Netz).

points, PP) mit dem Zentrum und von Ebenen durch den Verschnitt der Ebenen als **Großkreise** (great circles) mit der Halbkugel. Ebenen lassen sich auch als Durchstichpunkte der Ebenen-Normalen, d.h. als **Pole** (poles) der Ebenen, erfassen (Abb. A.2b). Die sphärische Projektion dient also zur Darstellung der statistischen Orientierung und der gegenseitigen Winkelbeziehungen zwischen Flächen und Linearen.

Durch stereographische (= winkeltreue) oder Lambertsche (= flächentreue) Projektion der Halbkugelfläche bestimmt man so spezifische oder statistische Winkelbeziehungen zwischen Flächen oder Linearen als Großkreise (G) bzw. deren Pole (P) und als Durchstichpunkte (PP) in der Projektionsebene. Diese ist im allgemeinen Äquator-bezogen. Das Äquator-bezogene **Stereonetz** (stereonet, Abb. A.3) hat einen begrenzenden **Umfangkreis** (circumference circle), eine Longitudinalachse, an deren Ende meridionale **Großkreise** (great circles) zusammenlaufen, und eine **Äquatorlinie** (equator). **Kleinkreise** (small circles) entsprechen den Breitenkreisen der Halbkugel. Es ist deshalb wichtig, sich bei allen konstruktiven Operationen mit dem Steronetz den dreidimensionalen Blick in die untere Halbkugel zu erhalten.

Das flächentreue Stereonetz (**Schmidtsches Netz**, Abb. A.3) eignet sich v.a. für statistische Erfassung der bevorzugten Orientierung planarer und linearer Elemente innerhalb tektonischer Homogenbereiche, zur mikroskopischen Analyse von Gitter- oder Form-Regelungen von Mineralen, zur konstruktiven Ermittlung statistischer Schnittlinien von verschiedenen Flächensystemen und zur Festlegung von Relativbewegungen an Störungsflächen (siehe Kapitel 7 und 16). Das winkeltreue Stereonetz (**Wulffsches Netz**), das in der Kristallographie verwendet wird, läßt sich zur Bestimmung von Winkeln zwischen Flächen bzw. Linearen heranziehen.

Das **Auftragen** (plotting) der einzelnen durch Messung bestimmten Flächen und Lineare erfolgt auf einer transparenten **Oleate** (overlay), auf welcher die Himmelsrichtungen N, S, E und W markiert sind (Abb. A.4). Das Kreiszentrum der Oleate wird mit einer vertikalen Nadel im Zentrum des Stereonetzes fixiert, so daß sie um diesen Punkt frei rotierbar ist. Durch Drehung der Oleate lassen sich Flächen als Großkreise oder Flächenpole als Durchstichpunkte bzw. Lineare als Durchstichpunkte oder Gleitlineare entsprechend ihrer Orientierung auf der Oleate einzeichnen. Die häufigsten und ein-

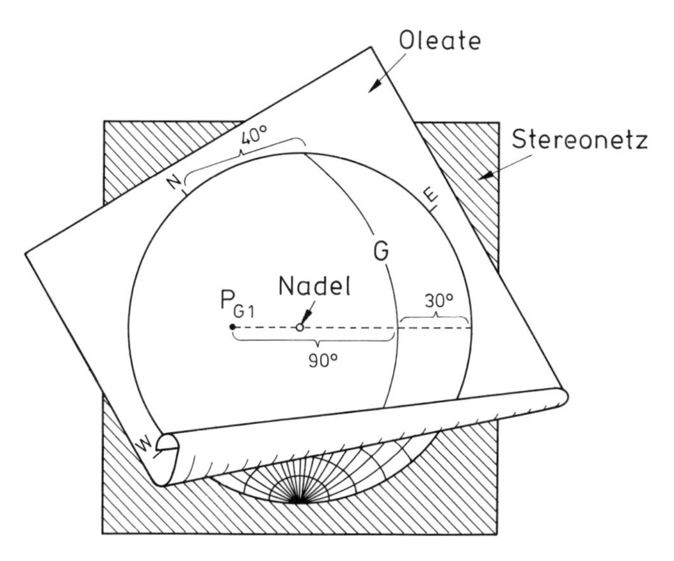

Abb. A.4 Manuelles Verfahren beim Auftragen einer Ebene auf einer Oleate (siehe Text).

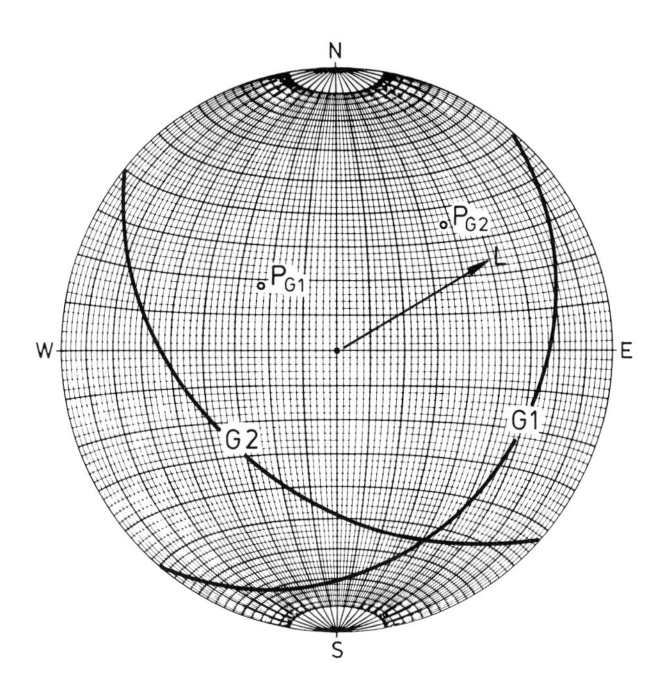

Abb. A.5 Darstellung von zwei Ebenen im Stereonetz als Großkreise (G1, G2) bzw. als Pole (P_{G1}, P_{G2}) und einer Lineare als Pfeil (siehe Text).

fachsten Operationen bei der Konstruktion sollen hier kurz besprochen werden. Sie können manuell durchgeführt werden, erfolgen heute aber auch mit Hilfe von EDV-Programmen.

a) Beim Auftragen einer **Ebene** (G1), deren räumliche Orientierung z.B. 040/30 SE ist, rotiert man die N-Richtung auf der Oleate um den Azimut des Streichens (= 40°) **gegen** den Uhrzeigersinn und zählt im SE den Wert für das Fallen der Fläche (= 30°) vom Umfangkreis an der Äquatorlinie nach innen (= unten) ab. Die so gewonnene Lage des resultierenden Großkreises entspricht der Ebene (G) (Abb. A.4). Um die Ebene (G) als Pol (PG1) darzustellen, zählt man am Äquator um 90° weiter und erhält die Position des Großkreispols P_G. Nach Einzeichnen der Ebene auf der Oleate rotiert man die N-Richtung wieder in die Longitudinalachse des Stereonetzes zurück und die nächste Ebene kann auf die gleiche Weise eingetragen werden. In Abb. A.5 wurde zusätzlich zur Ebene 040/30 die Ebene (G2) 130/50 SW eingezeichnet.

Beim Auftragen einer Lineare (L) 060/35 rotiert man die N-Richtung der Oleate um den Azimut der vertikalen Ebene durch die Lineare (= 60°) **gegen** den Uhrzeigersinn und zählt an der Longitudinalachse 35° nach unten ab, wodurch man den Durchstichpunkt L erhält (Abb. A.5).

b) Die Ermittlung der statistischen Orientierung von Ebenen oder Linearen innerhalb tektonischer Homogenbereiche erfolgt meist im Schmidtschen Netz. Sehr oft ergibt sich bereits aus der qualitativen Betrachtung der **Punktstreuung** (scatter) von Flächenpolen oder Linearen eine gewisse bevorzugte Orientierung (= Regelung). Diese läßt sich durch räumliche statistische **Auszählverfahren** (contouring) quantifizieren (Abb. A.6). Dabei bestimmt man den Grad der statistischen Überbesetzung durch Punkte innerhalb einer gegebenen Flächeneinheit auf der Oleate gegenüber der Besetzung bei **regelloser Verteilung** (random distribution). Diese Methode eignet sich vor allem zur Bestimmung der allgemeinen Achsenrichtung in zylindrischen Falten (π-Achse und π-Kreis in Abb. 16.10), zur Festlegung penetrativer Scherrichtungen in Myloniten und zur statistischen Behandlung von mikroskopisch ermittelten Gitter- und Formregelungen (siehe Abb. 19.21).

c) Andere Möglichkeiten liegen in der statistischen Messung von Lagensegmenten einer Knickfalte, an denen sich nicht nur die Orientierung der Faltenachse, sondern auch durchschnittliche Öffnungswinkel bestimmen lassen (Abb. A.7).

Literatur

Davis, 1984; Suppe, 1985; Wallbrecher, 1986.

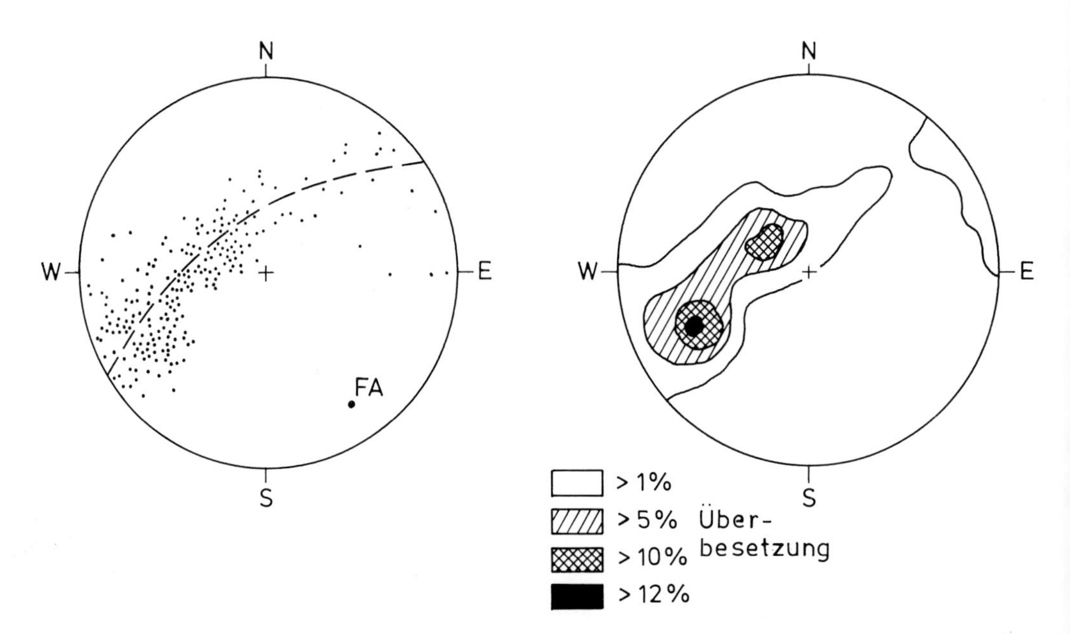

Abb. A.6 Statistisch durchgeführte Schichtflächenmessungen im Bereich einer regionalen Falte. Links Originalwerte, rechts ausgezählte Daten.

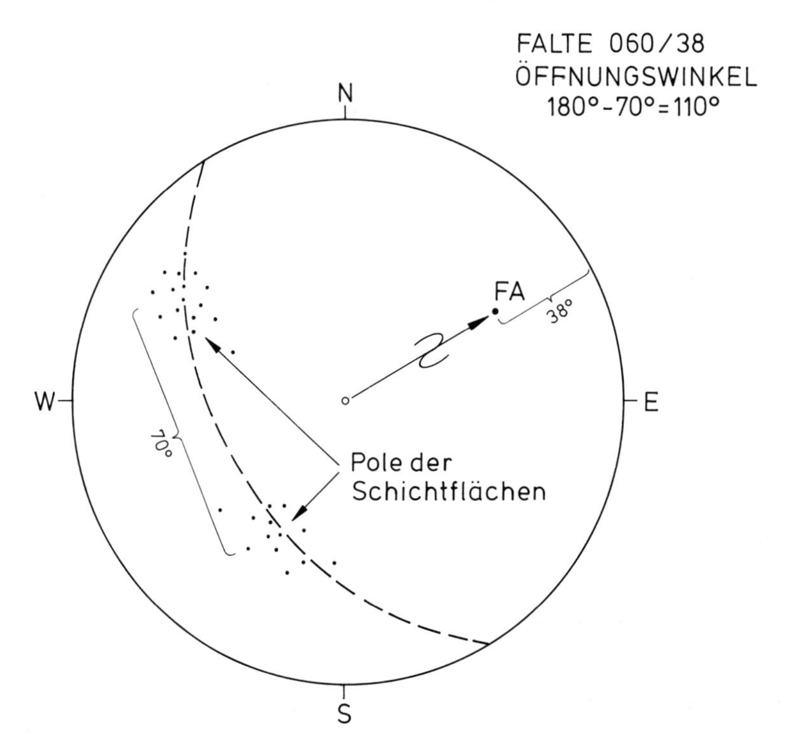

Abb. A.7 Bestimmung der allgemeinen Achsenorientierung bzw. des Öffnungswinkels in einer Knickfalte.

Anhang B

Die im Buch gebrauchten Formelzeichen und Abkürzungen für Maße (SI-Einheiten)

mm, cm, m, km	Millimeter (10^{-3} m), Zentimeter (10^{-2} m), Meter, Kilometer (10^{3} m)
mg, g, kg, Mg	Milligramm (= 10^{-3} g), Gramm, Kilogramm (= 10^{3} g), Megagramm (= 10^{6} g)
L	Liter
°C	Grad Celsius (K – 273,15)
s, a, ka, Ma, Ga	Sekunde, Jahr, 10^{3} Jahre, 10^{6} Jahre, 10^{9} Jahre
ρ	Dichte (Mg · m^{-3} oder 10^{3} kg · m^{-3})
V_P, V_S	P- und S-Wellengeschwindigkeit (km · s^{-1})
Pa, MPa, GPa	Pascal (= N · m^{-2}), Megapascal (10^{3} Pa), Gigapascal (10^{6} Pa)
mW · m^{-2}	Wärmefluß in Milliwatt pro Quadratmeter
η	Viskosität (Pa · s)

Literatur

AGEE, C. B. (1993): Petrology of the mantle transition zone. – Ann. Rev. Earth Sci., **21**, 19-41.

ALLEGRE, C. J. (1987): Isotope geodynamics. – Earth Planet. Sci. Lett., **86**: 175-203.

ALLEN, P. A. & HOMEWOOD, P. (ed.) (1986): Foreland basins. – Int. Ass. Sedim. Spec. Publ., **8**, 453 S.

ALLEN, P. A. & ALLEN, J. R. (1990): Basin analysis, principles and applications. – Blackwell Sci. Publ., Oxford, 451 S.

ALLIS, R. G. (1981): Continental underthrusting beneath the southern Alps of New Zealand. – Geology, **9**: 303-307.

ANDERS, M. H., GEISSMAN, J. W., PIETY, L. A. & SULLIVAN, J. T. (1989): Parabolic distribution of circumeastern Snake River Plain seismicity and latest Quaternary faulting. – Jour. Geophys. Res., **94**: 1589-1621.

ANDERSON, D. L. (1984): The earth as a planet: paradigms and paradoxes. – Science, **223**: 347-355.

ANDERSON, D. L. (1987): Global mapping of the Upper Mantle by surface wave tomography. – In: FUCHS, K. & FROIDEVAUX, C. (ed.): Composition, Structure and Dynamics of the Lithosphere-Asthenosphere System. – Am. Geophys. Union, Geodynam. Ser., **16**: 89-97.

ANDERSON, D. L. & BASS, J. D. (1986): Transition region of the earth's upper mantle. – Nature, **320**: 321-328.

ANDO, M. (1975): Source mechanisms and tectonic significance of historical earthquakes along the Nankai trough, Japan. – Tectonophysics, **27**: 119-140.

ANHAEUSSER, C. R. (1984): Structural elements of Archean granite-greenstone terranes as exemplified by the Barberton Mountain Land, Southern Africa. – siehe KRÖNER & GREILING (1984): 57-78.

ASHWAL, L. D. (ed.) (1989): Growth of the continental crust. – Tectonophysics, **161**: 143-349.

ATKINSON, B. K. (ed.) (1987): Fracture mechanics of rocks. – Academic Press, London, 534 S.

ATWATER, T. & SEVERINGHAUS, J. (1989): Tectonic maps of the NE-Pacific. – In: WINTERER, E. L., HUSSONG, D. M. & DECKER, R. W. (ed.): The Eastern Pacific Ocean and Hawaii. – The Geology of North America, **N**: 15-72.

AXEN, G. J. (1988): The geometry of planar domino-style normal faults above a dipping basal detachment. – Jour. Struct. Geol., **10**: 405-411.

AYRES, L. D., THURSTON, P. C., CARD, K. D. & WEBER, W. (ed.) (1985): Evolution of Archean supracrustal sequences. – Geol. Ass. Canada, Spec. Paper, **28**, 380 S.

BADLEY, M. E., PRICE, J. D., RAMBECH DAHL, C. & AGDESTEIN, R. (1988): The structural evolution of the northern Viking Graben and its bearing upon extensional modes of basin formation. – Jour. Geol. Soc. London, **145**: 455-472.

BALKWILL, H. R. (1987): Labrador Basin: structural and stratigraphic style. – In: BEAUMONT, C. & TANKARD, A. J. (ed.): Sedimentary basins and basin-forming mechanisms. – Can. Soc. Petr. Geol., Mem., **12**: 17-43.

BALLING, N. (1980): The land uplift in Fennoscandia, gravity field anomalies and isostasy. – In: MÖRNER, N. A. (ed.): Earth Rheology, Isostasy and Eustasy. – Wiley, New York, 297-321.

BALLY, A. W. (1984): Tectogenèse et sismique réflexion. – Soc. Géol. France, Bull., **26**: 279-284.

BALLY, A. W., WATTS, A. B., GROW, J. A., MANSPEIZER, W., BERNOULLI, D. & HUNT, J. M. (1981): Geology of passive continental margins. – Am. Ass. Petr. Geol., Educ. Course, Note Series, **19**, 324 S.

BARLEY, M. E., BLAKE, T. S. & GROVES, D. I (1992): The Mount Bruce Megasequence set and eastern Yilgarn Craton: examples of Late Archean to Early Proterozoic divergent and convergent margins and controls on mineralization. – Precambr. Res., **58**: 55-70.

BEAUMONT, D. & TANKARD, A. J. (ed.) (1987): Sedimentary basins and basin-forming mechanisms. – Can. Soc. Petr. Geol., Memoir **12**, 527 S.

BEHRMANN, J. H., BROWN, K., MOORE, J. C., MASCLE, A. & TAYLOR, E. (1988): Evolution of structures and fabrics in the Barbados accretionary prism. Insights from Leg 110 of the Ocean Drilling Program. – Jour. Struct. Geol., **10**: 577-591.

BEN-AVRAHAM, Z., NUR, A. & COX, A. (1981): Continental Accretion: From oceanic plateaus to allochthonous terranes. – Science, **213**: 47-54.

BEN-AVRAHAM, Z. & TENBRINK, U. (1989): The anatomy of a pull-apart basin: seismic reflection observations of the Dead Sea Basin. – Tectonics, **8**: 333-350.

BERNOULLI, D. & WEISSERT, H. (1987): The Upper Hawasina nappes in the central Oman Mountains: stratigraphy, palinspastics and sequence of nappe emplacement. – Geodinam. Acta, **1**: 47-58.

BERTHE, D., CHOUKROUNE, P. & GAPAIS, D. (1979): Orientations préférentielles du quartz et orthogneissification progressive en régime cisaillant: l'exemple du cisaillement sud-armoricain. – Bull. Mineralogie, **102**: 265-272.

BEST, M. G. (1982): Igneous and metamorphic petrology. – W. H. Freeman & Co., 630 S.

BETHKE, C. M. (1989): Modeling subsurface flow in sedimentary basins. – Geol. Rdsch., **78**: 129-154.

BEYDOUN, Z. R. (1991): Arabian Plate Hydrocarbon Geology and Potential – a Plate Tectonic Approach. – Am. Ass. Petr. Geol., Studies in Geology, **33**: 77 S.

BIDDLE, K. T. & CHRISTIE-BLICK, N. (ed.) (1985): Strike-slip deformation, basin formation, and sedimentation. –

Soc. Econom. Paleontol. Mineral., Spec. Publ., **37**, 384 S.

BIOT, M. A. (1961): Theory of folding of stratified viscoelastic media and its implications in tectonics and orogenesis. – Geol. Soc. Am., Bull., **72**: 1595-1620.

BIRCH, F. (1961): The velocity of compressional waves in rocks to 10 kbar. – Jour. Geophys. Res., **66**: 2199-2224.

BIRD, J. M. (ed.) (1980): Plate tectonics. – Am. Geophys. Union Monograph, 1021 S.

BISCHOFF, G. (1985): Die tektonische Evolution der Erde von Pangäa zur Gegenwart – ein plattentektonisches Modell. – Geol. Rdsch., **74**: 237-249.

BISHOP, D. G., BRADSHAW, J. P. & LANDIS, C. A. (1985): Provisional terrane map of the South Island, New Zealand. – In: HOWELL, D. G. (ed.): Tectonostratigraphic terranes of the circum-Pacific region. – Circum-Pacific Council Energ. Miner. Res. Earth Sci., Ser. **1**: 515-522.

BLACK, P. R. & BRAILE, L. W. (1982): P_n velocity and cooling of the continental lithosphere. – Jour. Geophys. Res., **87**: 10557-10568.

BONATTI, E. (ed.) (1988): Zabargad Island and the Red Sea Rift. – Tectonophysics, **150**: 1-251.

BOND, G. C. & KOMINZ, M. (1988): Evolution of thought on passive continental margins from the origin of geosynclinal theory (1860) to the present. – Geol. Soc. Am., Bull., **100**: 1909-1933.

BORRADAILE, G. J. (1987): Analysis of strained sedimentary fabrics: review and tests. – Can. Jour. Earth Sci., **24**: 442-455.

BORRADAILE, G. J., BAYLY, M. B. & POWELL, C. M. (ed.) (1982): Atlas of deformational and metamorphic rock fabrics. – Springer, Heidelberg, 551 S.

BOUCHEZ, J. L., LISTER, G. S. & NICOLAS, A. (1983): Fabric asymmetry and shear sense in movement zones. – Geol. Rdsch., **72**: 401-419.

BOUDIER, F. & NICOLAS, A. (1985): Harzburgite and lherzolite subtypes in ophiolitic and oceanic environments. – Earth Planet. Sci. Lett., **76**: 84-92.

BOUDIER, F. & NICOLAS, A. (1988): The ophiolites of Oman. – Tectonophysics, **151**: 1-401.

BOYER, S. M. & ELLIOTT, D. (1982): Thrust systems. – Am. Ass Petr. Geol., Bull., **66**: 1196-1230.

BOYNTON, C. H., WESTBROOK, G. K., BOTT, M. H. P. & LONG, R. E. (1979): A seismic refraction investigation of crustal structure beneath the Lesser Antilles island arc. – Geophys. Jour. Royal Astron. Soc., **58**: 371-393.

BRACE, W. F. & BYERLEE, J. D. (1966): Stick slip as a mechanism for earthquakes. – Science, **153**: 990-992.

BROUGULEEV, V. V. (1975): Karta reljefa raznovorastnogo fundamenta Vostochno-Evropeiskoi platformy.

BROWN, E. H. & WALKER, N. W. (1993): A magma-loading model for Barrovian metamorphism in the southeast Coast Plutonic Complex, British Columbia and Washington. – Geol. Soc. Am., Bull., **105**: 479-500.

BROWN, K. M. (1990): The nature and hydrogeologic significance of mud diapirs and diatremes for accretionary systems. – Jour. Geophys. Res., **95**: 8969-8982.

BRUCE, C. H. (1984): Smectite dehydration – its relation to structural development and hydrocarbon accumulation in the northern Gulf of Mexico basin. – Am. Ass. Petr. Geol., Bull., **68**: 673-683.

BRUN, J. P., GAPAIS, D. & LETHEOFF, B. (1981): The mantled gneiss domes of Kuopio (Finland): infering diapirs. – Tectonophysics, **74**: 283-304.

BRUN, J. P. & PONS, J. (1981): Strain patterns of pluton emplacement in a crust undergoing non-coaxial deformation, Sierra Morena, Southern Spain. – Jour. Struct. Geol., **3**: 219-229.

BURG, J. P., LEYRELOUP, A., GIRARDEAU, J. & CHEN, G. M. (1987): Structure and metamorphism of a tectonically thickened continental crust: the Yalun Tsangpo suture zone (Tibet). – Phil. Trans. R. Soc. Lond., **A 321**: 67-86.

BUSK, H. G. (1929): Earth flexures. – Cambridge Univ. Press, Cambridge, 106 S.

BUTLER, R. W. H. (1982): The terminology of structures in thrust belts. – Jour. Struct. Geol., **4**: 239-245.

BYERLEE, J. (1978): Friction of rocks. – Pure Appl. Geophys., **116**: 615-626.

BYERLEE, J. (1993): Model for episodic flow of high-pressure water in fault zones before earthquakes. – Geology, **21**: 303-306.

BYRNE, D. E., DAVIS, D. M. & SYKES, L. R. (1988): Loci and maximum size of thrust earthquakes and the mechanics of the shallow region of subduction zones. – Tectonics, **7**: 833-857.

CADET, J. P. & UYEDA, S. (ed.) (1989): Subduction zones: the Kaiko Project. – Tectonophysics, **160**: 1-337.

CAMELI, G. M., DINI, I., LIOTTA, D. (1993): Upper crustal structure of the Lardarello geothermal field as a feature of post-collisional extensional tectonics (Southern Tuscany, Italy). – Tectonophysics, **224**: 413-423.

CARD, K. D. & CIESIELSKI, A. (1986): Subdivisions of the Superior Province of the Canadian Shield. – Geosci. Canada, **13**: 5-13.

CARTER, N. L. & TSENN, M. C. (1987): Flow properties of continental lithosphere. – Tectonophysics, **136**: 27-63.

CASTRO, A. (1987): On granitoid emplacement and related structures. A review. – Geol. Rdsch., **76**: 101-124.

CHANDLER, V. W., MCSWIGGEN, P. L., MOREY, G. B., HINZE, W. J. & ANDERSON, R. R. (1989): Interpretation of seismic reflection, gravity, and magnetic data across Middle Proterozoic Mid-Continent Rift System, NW Wisconsin, eastern Minnesota, and central Idaho. – Am. Ass. Petr. Geol., Bull., **73**: 261-275.

CHEN, W. P. & MOLNAR, P. (1983): Focal depths of intracontinental and intraplate earthquakes and their implications for the thermal and mechanical properties of the lithosphere. – Jour. Geophys. Res., **88**: 4183-4214.

CHRISTENSEN, N. I. & FOUNTAIN, D. M. (1975): Constitution of the lower continental crust based on experimental studies of seismic velocities in granulite. – Geol. Soc. Am., Bull., **86**: 227-236.

CLARK, S. P. Jr., BURCHFIEL, C. & SUPPE, J. (ed.) (1988): Processes in continental lithospheric deformation. – Geol. Soc. Am., Spec. Paper **218**, 212 S.

CLOOS, E. (1968): Experimental analysis of Gulf Coast fracture patterns. – Am. Ass. Petr. Geol., Bull., **52**: 420-444.

CLOOS, H. (1936): Einführung in die Geologie. – Borntraeger, Berlin, 504 S.

COBBOLD, P. R. & QUINQUIS, H. (1980): Development of sheath folds in shear regimes. – Jour. Struct. Geol., **2**: 119-126.

COBBOLD, P. R. (ed.) (1993): New insights into salt tectonics. – Tectonophysics, **228**: 1-448.

COCKERHAM, R. S. & EATON, J. P. (1987): The earthquake and its aftershocks April 24 through September 30, 1984. – Bull. U.S. Geol. Surv., **1639**: 15-28.

COLEMAN, R. G. (1977): Ophiolites. – Springer, Heidelberg, 229 S.

COLEMAN, R. G. & MCGUIRE, A. V. (1988): Magma systems related to the Red Sea opening. – Tectonophysics, **150**: 77-100.

CONDIE, K. C. (1989): Origin of the earth's crust. – Palaeogeogr., Palaeoclimat., Palaeoecology, **75**: 57-81.

CONEY, P. (1989): Structural aspects of suspect terranes and accretionary tectonics in western North America. – Jour. Struct. Geol., **11**: 107-125.

COOMBS, D. S., LANDIS, C. A., NORRIS, R. J., SINTON, J. M., BORNS, D. J. & CRAW, D. (1976): The Dun Mountain ophiolite belt, New Zealand, its tectonic setting, constitution, and origin with special reference to the southern portion. – Am. Jour. Sci., **276**: 561-603.

COOPER, M. A. & WILLIAMS, G. D. (ed.) (1989): Inversion tectonics. – Geol. Soc. London, Spec. Publ., **44**, 375 S.

COURRIOUX, G. (1987): Oblique diapirism: the Criffel granodiorite – granite zoned pluton (southwest Scotland). – Jour. Struct. Geol., **9**: 313-330.

COWAN, D. S. (1985): Structural styles in Mesozoic and Cenozoic mélanges in the western Cordillera of North America. – Geol. Soc. Am., Bull., **96**: 451-462.

COWARD, M. P., DEWEY, J. F. & HANCOCK, P. L. (ed.) (1987): Continental Extensional Tectonics. – Geol. Soc. London, Spec. Publ., **28**, 637 S.

COWARD, M. P., DIETRICH, D. & PARK, R. G. (1989): Alpine tectonics. – Geol. Soc. London, Spec. Publ., **45**, 450 S.

COWARD, M. P. & RIES, A. C. (ed.) (1986): Collision tectonics. – Geol. Soc. London, Spec. Publ., **19**, 415 S.

COX, A. & HART, R. B. (1986): Plate tectonics – how it works. – Blackwell Sci. Publ., Palo Alto, 392 S.

COX, K. G. & MENZIES, M. A. (ed.) (1988): Oceanic and continental lithosphere: similarities and differences. – Jour. Petr. Spec. Vol. 1988, 445 S.

CRANE, K. (1985): The spacing of rift axis highs: dependance upon diapiric processes in the underlying asthenosphere? – Earth Planet. Sci. Lett., **72**: 405-414.

CRITTENDEN, M. D. Jr., CONEY, P. J. & DAVIS, G. H. (ed.) (1980): Cordilleran metamorphic core complexes. – Geol. Soc. Am., Memoir, **153**, 490 S.

CROSS, T. A. & PILGER, R. H. (1982): Controls of subduction geometry, location of magmatic arcs, and tectonics of arc and back-arc regions. – Geol. Soc. Am., Bull, **93**: 545-562.

CROWELL, J. C. (1979): The San Andreas fault system through time. – Jour. Geol. Soc. London, **136**: 293-302.

CROWELL, J. C. & LINK, M. H. (ed.) (1982): Geologic history of Ridge Basin, southern California. – Soc. Econ. Paleont. Mineral., Pacific section Guidebook, 304 S.

DAHLEN, F. A., SUPPE, J. & DAVIS, D. (1984): Mechanics of fold-and-thrust belts and accretionary wedges. – Jour. Geophys. Res., **88**: 1153-1172.

DAHLHEIM, H. A., DAVIS, P. & ACHAUER, U. (1989): Teleseismic investigations of the East African Rift – Kenya. – Jour. African Earth Sci., **8**: 461-470.

DAHLSTROM, C. D. A. (1969): Balanced cross-sections. – Can. Jour. Earth Sci., **6**: 743-754.

DALY, J. S., CLIFF, R. A. & YARDLEY, B. W. D. (ed.) (1989): Evolution of metamorphic belts. – Geol. Soc. London, Spec. Publ., **43**, 566 S.

DAVIS, G. A. (1988): Rapid upward transport of mid-crustal mylonitic gneisses in the footwall of a Miocene detachment fault, Whipple Mountains, southeastern California. – Geol. Rdsch., **77**: 191-209.

DAVIS, G. H. (1984): Structural geology of rock and regions. – Wiley, New York, 492 S.

DAWSON, J. B., CARSWELL, D. A., HALL, J. & WEDEPOHL, K. H. (1986): The nature of the lower continental crust. – Geol. Soc., Spec. Publ., **24**, 394 S.

DECKER, E. R., HEASLER, H. P., BUELOW, K. L., BAKER, K. H. & HALLIN, J. S. (1988): Significance of past and recent heat-flow and radioactivity studies in the Southern Rocky Mountains region. – Geol. Soc. Am., Bull., **100**: 1851-1885.

DECKER, R. W., WRIGHT, T. L., STAUFFER, P. H. (1987): Volcanism in Hawaii. – U.S. Geol. Surv., Prof. Paper, **1350**, 1667 S.

DERCOURT, J. (coordinator) (1986): Geological evolution of the Tethys belt from the Atlantic to the Pamirs since the Lias. – Tectonophysics, **123**: 241-315.

DOHR, G., BACHMANN, G. H. & GROSSE, S. (1989): Das Norddeutsche Becken. – Nieders. Akad. Geowiss., Veröff., **2**: 4-47.

DOMENICO, P. A. & SCHWARTZ, F. W. (1990): Physical and chemical hydrogeology. – Wiley, New York, 824 S.

DONATH, F. A. (1969): Experimental study of kink-band development in Martinsburg slate. – Geol. Surv. Can., Paper **68-52**: 255-288.

DONATH, F. A. & PARKER, R. B. (1964): Folds and folding. – Geol. Soc. Am., Bull., **75**: 45-62.

DULA, W. F. Jr. (1991): Geometric models of listric normal faults and rollover folds. – Am. Ass. Petr. Geol., Bull., **75**: 1609-1625.

DUNNE, W. M. & NORTH, C. P. (1990): Orthogonal fracture systems at the limits of thrusting: an example from southwestern Wales. – Jour. Struct. Geol., **12**: 207-215.

EATON, G. P. (1982): The Basin and Range Province: origin and tectonic significance. – Ann. Rev. Earth Planet. Sci., **10**: 409-440.

EATON, G. P. (1984): The Miocene Great Basin of western North America as an extending back-arc region. – Tectonophysics, **102**: 275-295.

EINARSSON, P. (1991): Earthquakes and present-day tectonism in Iceland. – Tectonophysics, **189**: 261-279.

EINSELE, G. (1986): Interaction between sediments and basalt injections in young Gulf of California-type spreading centers. – Geol. Rdsch., **75**: 197-208.

EISBACHER, G. H. (1970): Deformation mechanics of mylonitic rocks and fractured granites in Cobequid Mountains, Nova Scotia, Canada. – Geol. Soc. Am., Bull., **81**: 2009-2020.

EISBACHER, G. H., LÜSCHEN, E. & WICKERT, F. (1989): Crustal-scale thrusting and extension in the Hercynian Schwarzwald and Vosges, central Europe. – Tectonics, **8**: 1-21.

ENGELDER, J. T. (1974): Cataclasis and the generation of fault gouge. – Geol. Soc. Am., Bull., **85**: 1515-1522.

ENGELDER, T. (1987): Joints and shear fractures in rock. – In: ATKINSON, B. K. (ed.): Fracture mechanics of rock. – Academic Press, London, 27-69.

ENGELDER, T. & GEISER, P. (1980): On the use of regional joint sets as trajectories of paleostress fields during the development of the Appalachian Plateau, New York. – Jour. Geophys. Res., **85**: 6319-6341.

ERNST, W. G. (1983): Phanerozoic continental accretion and the metamorphic evolution of northern and central California. – Tectonophysics, **100**: 287-320.

ERNST, W. G. (1988): Tectonic history of subduction zones inferred from retrograde blueschist P-T paths. – Geology, **16**: 1081-1084.

ERNST, W. G. (1990): Thermobarometric and fluid expulsion history of subduction zones. – Jour. Geophys. Res., **95**: 9047-9053.

ERVINE, W. B. & BELL, J. S. (1987): Subsurface in situ stress magnitudes from oil-well drilling records: an example from the Venture area, offshore eastern Canada. – Can. Jour. Earth Sci., **24**: 1748-1759.

FAILL, R. T. (1973): Kink-band folding, Valley and Ridge Province, Pennsylvania. – Geol. Soc. Am., Bull., **84**: 1289-1314.

FAIRHEAD, J.D. (1988): Mesozoic plate tectonic reconstructions of the central South Atlantic Ocean: the role of the West and Central African rift system. – Tectonophysics, **155**: 181-191.

FAURE, J. L. & CHERMETTE, J.-C. (1989): Deformation of tilted blocks, consequences on block geometry and extension measurements. – Soc. Géol. France, Bull., Ser. 8, **5**: 461-476.

FEDOROWICH, J., STAUFFER, M. & KERRICH, R. (1991): Structural setting and fluid characteristics of the Proterozoic Tartan Lake gold deposit, Trans-Hudson Orogen, Northern Manitoba. – Econ. Geol., **86**: 1434-1467.

FITTON, J. G. (1983): Active versus passive continental rifting: evidence from the West African Rift system. – Tectonophysics, **94**: 473-481.

FLÜGEL, H. W. & FAUPL, P. (ed.) (1987): Geodynamics of the Eastern Alps. – Deuticke, Wien, 418 S.

FOUNTAIN, D. M. (1986): Is there a relationship between seismic velocity and heat production for crustal rocks? – Earth Planet. Sci. Lett., **79**: 145-150.

FOWLER, C. M. R. (1990): The solid earth – an introduction to global geophysics. – Cambridge Univ. Press, Cambridge, 472 S.

FOX, P. J. & GALLO, D. G. (1984): A tectonic model for ridge-transform-ridge plate boundaries: implications for the structure of oceanic lithosphere. – Tectonophysics, **104**: 205-242.

FREEZE, R. A. & CHERRY, J. A. (1979): Groundwater. – Prentice Hall, Inc., 604 S.

FREUND, R. (1974): Kinematics of transform and transcurrent faults. – Tectonophysics, **21**: 93-134.

FREY, M. (ed.) (1987): Low temperature metamorphism. – Blackie, Glasgow, 351 S.

FROIDEVAUX, C. & KIE, T. T. (ed.) (1987): Deep internal processes and continental rifting. – Tectonophysics, **133**: 165-333.

FÜCHTBAUER, H. (1988): Sedimente und Sedimentgesteine. – Schweizerbart, Stuttgart, 1141 S.

FUNK, H., OBERHÄNSLI, R., PFIFFNER, A., SCHMID, S. & WILDI, W. (1987): The evolution of the northern margin of Tethys in eastern Switzerland. – Episodes, **10**: 102- 106.

GALLOWAY, W. E., EWING, T. E., GARRETT, C. M., TYLER, N. & BEBOUT, D. G. (1983): Atlas of major Texas reservoirs. – Bur. Econ. Geol., Univ. Texas, Austin, 139 S.

GANS, P. B., MAHOOD, G. A. & SCHERMER, E. (1989): Synextensional magmatism in the Basin and Range Province; a case study from the eastern Great Basin. – Geol. Soc. Am., Spec. Paper, **233**, 58 S.

GANSSER, A. (1964): Geology of the Himalayas. – Interscience, London, 289 S.

GASS, I. G., LIPPARD, S. J. & SHELTON, A. W. (ed.) (1984): Ophiolites and oceanic lithosphere. – Blackwell, Oxford, 413 S.

GASTIL, G. & PHILLIPS, R. P. (ed.) (1982): Subduction of oceanic plates. – Geol. Soc. Am., Bull., **93**: 463-563.

GATES, A. E., SPEER, J. A. & PRATT, T. L. (1988): The Alleghanian southern Appalachian piedmont: a transpressional model. – Tectonics, **7**: 1307-1324.

GAWTHORPE, R. L. & HURST, J. M. (1993): Transfer zones in extensional basins: their structural style and influence on drainage development and stratigraphy. – Jour. Geol. Soc. London, **150**: 1137-1152.

GERAGHTY, E. P., CARTEN, R. B. & WALKER, B. M. (1988): Tilting of Urad-Henderson and Climax porphyry molybdenum systems, central Colorado, as related to northern Rio Grande rift tectonics. – Geol. Soc. Am., Bull., **100**: 1780-1786.

GIBB, R. A., THOMAS, M. D., LAPOINTE, P. L. & MUKHOPADHYAY, M. (1983): Geophysics of proposed Proterozoic sutures in Canada. – Precambr. Res., **19**: 349-384.

GIBBS, A. D. (1984): Structural evolution of extensional basin margins. – Jour. Geol. Soc. London, **141**: 609-620.

GLEN, W. (1982): The road to Jaramillo. – Univ. Stanford, Calif. Press, 459 S.

GOGUEL, J. (1965): Traité de Tectonique, 2me ed. – Masson, Paris, 457 S.

GOODWIN, A. M. (1991): Precambrian geology. – Academic Press, London, 666 S.

GOUGH, D. I. & BELL, J. S. (1981): Stress orientations from oil-well fractures in Alberta and Texas. – Can. Jour. Earth Sci., **18**: 638-645.

GOWER, C. F., RIVERS, T. & RYAN, A. B. (1990): Mid-Proterozoic Laurentia-Baltica. – Geol. Ass. Can., Spec. Paper, **38**, 581 S.

GRASSO, J. R., GRATIER, J. P., GAMOND, J. F. & PAUMIER, J. C. (1992): Stress transfer and seismic instabilities in the upper crust: example of the western Pyrenees. – Jour. Struct. Geol., **14**: 915-924.

GRETENER, P. E. (1979): Pore pressure: fundamentals, general ramifications, and implications for structural geology. – Am. Ass. Petr. Geol., Cont. Educ. Course Note, Ser. **4**, 131 S.

GRIES, R. (1983): Oil and gas prospecting beneath Precambrian of foreland thrust plates in Rocky Mountains. – Am. Ass. Petr. Geol., Bull., **67**: 1-28.

GRIEVE, R. A. F. & PESONEN, L. J. (1992): The terrestrial impact cratering record. – Tectonophysics, **216**: 1-30.

GROSHONG, R. H. (1988): Low-temperature deformation mechanisms and their interpretation. – Geol. Soc. Am., Bull, **100**: 1329-1360.

GUDMUNDSSON, A. (1990): Emplacement of dikes, sills and crustal magma chambers at divergent plate boundaries. – Tectonophysics, **176**: 257-275.

HALL, J. (1986): The physical properties of layered rocks in deep continental crust. – In: DAWSON, J. B., CARSWELL, D. A., HALL, J. & WEDEPOHL, K. H. (ed.): The nature of the lower continental crust. – Geol. Soc., Spec. Publ., **24**: 51-62.

HALL, R., AUDLEY-CHARLES, M. G., BANNER, F. T., HIDAYAT, S. & TOBING, S. L. (1988): Late Paleogene-Quaternary geology of Halmahera, eastern Indonesia: initiation of a volcanic island arc. – Jour. Geol. Soc. London, **145**: 577-590.

HALLS, H. C. & FAHRIG, W. F. (ed.) (1987): Mafic dyke swarms. – Geol. Ass. Can., Spec. Paper, **34**, 503 S.

HAMILTON, W. B. (1979): Tectonics of the Indonesian region. – US Geol. Surv., Prof. Paper, **1078**, 345 S.

HAMILTON, W. B. (1988): Plate tectonics and island arcs. – Geol. Soc. Am., Bull., **100**: 1503-1527.

HANDY, M. R. (1987): The structure, age and kinematics of the Pogallo Fault Zone, Southern Alps, northwestern Italy. – Eclog. geol. Helv., **80**: 593-632.

HANDY, M. R. (1990): The solid-state flow of polymineralic rocks. – Jour. Geophys. Res., **95**: 8647-8661.

HANOR, J. S. (1987): Origin and migration of subsurface sedimentary brines. – Soc. Econ. Pal. Mineral., Lecture Notes, **21**, 247 S.

HARDING, T. P. (1984): Graben hydrocarbon occurrences and structural style. – Am. Ass. Petr. Geol., Bull., **68**: 333-362.

HARGRAVES, R. B. (ed.) (1980): Physics of magmatic processes. – Princeton Univ. Press, Princeton, 585 S.

HARLEY, S. L. (1989): The origins of granulites: a metamorphic perspective. – Geol. Mag., **126**: 215-247.

HATCHER, R. D., WILLIAMS, H. & ZIETZ, I. (1983): Contributions to the tectonics and geophysics of mountain chains. – Geol. Soc. Am., Memoir, **158**, 223 S.

HEALY, J. H., RUBEY, W. W., GRIGGS, D. T. & RALEIGH, C. B. (1968): The Denver earthquakes. – Science, **161**: 1301-1310.

HEARD, H. C. & RALEIGH, C. B. (1972): Steady-state flow in marble at 500 °C to 800 °C. – Geol. Soc. Am., Bull., **83**: 935-956.

HEARD, M. C., BORG, I. Y., CARTER, N. L. & RALEIGH, C. B. (ed.) (1972): Flow and fracture of rocks.- Am. Geophys. Union, Monograph, **16**, 352 S.

HELLER, P. L., BOWDLER, S. S., CHAMBERS, H. P., COOGAN, J. C., HAGEN, E. S., SHUSTER, M. W., LAWTON, T. F. & WINSLOW, N. S. (1986): Time of initial thrusting in the Sevier orogenic belt, Idaho-Wyoming and Utah. – Geology, **14**: 388-391.

HINZ, K. (1981): A hypothesis on terrestrial catastrophes: wedges of very thick oceanward-dipping layers beneath passive continental margins – their origin and paleoenvironmental significance. – Geol. Jb., Reihe E, **23**: 17-41.

HINZ, K., FRITSCH, J., KEMPTER, H. K., MANAF, M., MEYER, J., MOHAMED, D., VOSBERG, H., WEBER, J. & BENAVIDEZ, J. (1989): Thrust tectonics along the northwestern continental margin of Sabah/Borneo. – Geol. Rdsch., **78**: 705-730.

HOBBS, B. E. & HEARD, H. C. (ed.) (1986): Mineral and rock deformation: Laboratory studies – The Paterson volume. – Am. Geophys. Union, Geophys. Monogr., **36**, 324 S.

HOBBS, B. E., MEANS, W. D. & WILLIAMS, P. F. (1976): An outline of structural geology. – Wiley, New York, 571 S.

HOFFMAN, P. F. (1988): United plates of America, the birth of a craton. – Ann. Rev. Earth Planet. Sci., **16**: 543-603.

HOFMANN, A. W. (1988): Chemical differentiation of the earth: the relationship between mantle, continental crust, and oceanic crust. – Earth Planet. Sci. Lett., **90**: 297-314.

HOSPERS, J. & EDIRIWEERA, K. K. (1991): Depth and configuration of the crystalline basement in the Viking Graben area northern North Sea. – Jour. Geol. Soc. London, **148**: 261-265.

HOUSE, W. M. & GRAY, D. R. (1982): Cataclasites along the Saltville thrust, U.S.A. and their implications for thrust-sheet emplacement. – Jour. Struct. Geol., **4**: 257-269.

HOWELL, D. G. (ed.) (1985): Tectonostratigraphic terranes of the circum-Pacific region. – Circum-Pacific Counc. Energ. Miner. Res. Earth Sci., Ser. **1**, 581 S.

HSÜ, K. J. (ed.) (1982): Mountain building processes. – Academic Press, London, 263 S.

HUBBERT, M. K. & RUBEY, W. W. (1959): Role of fluid pressure in mechanics of overthrust faulting. – Geol. Soc. Am., Bull., **70**: 115-208.

HUGGENBERGER, P. (1985): Faltenmodelle und Verformungsverteilung in Deckenstrukturen am Beispiel der Morcles-Decke (Helvetikum der Westschweiz). – Mitt. Geol. Inst. ETH & Univ. Zürich, Neue Folge, Nr. **253**, 221 S.

HUTCHINSON, D. R., GOLMSHTOK, A. J., ZONENSHAIN, L. P., MOORE, T. C., SCHOLZ, C. A. & KLITGORD, K. D. (1992): Depositional and tectonic framework of the rift basins of Lake Baikal from multichannel seismic data. – Geology, **20**: 589-592.

HUTTON, D. H. W. & SANDERSON, D. J. (ed.) (1984): Variscan tectonics of the North Atlantic region. – Geol. Soc. London, Blackwell, Oxford, 240 S.

ILIFFE, J. E., LERCHE, I. & CAO, S. (1991): Basin analysis prediction of known hydrocarbon occurrences: the North Sea Viking Graben as a test case. – Earth Sci. Rev., **30**: 51-80.

IRVING, E. (1983): Fragmentation and assembly of the continents, mid-Carboniferous to present. – Geophys. Surveys, **5**: 299-333.

IRVING, E., WOODSWORTH, G. J., WYNNE, P. J. & MORRISON, A. (1985): Paleomagnetic evidence for displacement from the south of the Coast Plutonic Complex, British Columbia. – Can. Jour. Earth Sci., **22**: 584-598.

IRVING, E. & WYNNE, P. J. (1991): Paleomagnetic evidence for motions of parts of the Canadian Cordillera. – Tectonophysics, **187**: 259-275.

ISSLER, D. R. (1992): A new approach to shale compaction and stratigraphic restoration, Beaufort-Mackenzie Basin and Mackenzie Corridor, northern Canada. – Am. Ass. Petr. Geol., Bull., **76**: 1170-1189.

JACKSON, J. A., WHITE, N. J., GARFUNKEL, Z. & ANDERSON, H. (1988): Relations between normal-fault geometry, tilting and vertical motions in extensional terrains: an example from the southern Gulf of Suez. – Jour. Struct. Geol., **10**: 705-711.

JAEGER, J. C. (1962): Elasticity, fracture and flow. – Methuen, London, 208 S.

JAEGER, J. C. & COOK, N. G. W. (1979): Fundamentals of rock mechanics. – Chapman and Hall, London, 593 S.

JANSA, L. F. & URREA, V. H. N. (1990): Geology and diagenetic history of overpressured sandstone reservoirs, Venture Gas Field, offshore Nova Scotia, Canada. – Am. Ass. Petr. Geol., Bull., **74**: 1640-1658.

JARITZ, W. (1986): Zur Tektonik der Umgebung der Schachtanlage Konrad (Salzgitter) auf Grund reflexionsseismischer Untersuchungen. – Z. dt. geol. Ges., **137**: 137-155.

JAUPART, C. & PROVOST, A. (1985): Heat focussing, granitic genesis and inverted metamorphic gradients in continental collision zones. – Earth Planet. Sci. Lett., **73**: 385-397.

JI, S. & MAINPRICE, D. (1990): Recrystallisation and fabric development in plagioclase. – Jour. Geol., **98**: 65-79.

JOHNSON, R. B. (1968): Geology of the igneous rocks of the Spanish Peaks region, Colorado. – US Geol. Surv., Prof. Paper, **594-G**, 47 S.

JONES, P. B. (1987): Quantitative geometry of thrust and fold belt structures. – Am. Ass. Petr. Geol., Methods Explor., **6**, 26 S.

JORDAN, T. E., ISACKS, B. L., ALLMENDINGER, R. W., BREWER, J. A., RAMOS, V. A. & ANDO, C. J. (1983): Andean tectonics related to geometry of subducted Nazca plate. – Geol. Soc. Am., Bull., **94**: 341-361.

JORDAN, T. E., ALLMENDINGER, R. W., DAMANTI, J. F. & DRAKE, R. E. (1993): Chronology of motion in a complete thrust belt: the Precordillera, 30-31 °S, Andes Mountains. – Jour. Geol., **101**: 135-156.

KANAMORI, H. (1983): Magnitude scale and quantification of earthquakes. – Tectonophysics, **93**: 185-199.

KANAMORI, H. (1986): Rupture process of subduction-zone earthquakes. – Ann. Rev. Earth Planet. Sci., **14**: 293-322.

KARIG, D. (1975): Basin genesis in the Philippine sea. – Init. Repts. Deep Sea Drill. Proj., **31**: 857-879.

KARIG, D. E. (1983): Accreted terranes in the northern part of the Philippine Archipelago. – Tectonics, **2**: 211-236.

KARNER, G. D. & WATTS, A. B. (1982): On isostacy at Atlantic-type continental margins. – Jour. Geophys. Res., **87**: 2923-2948.

KARNER, G. D. & WATTS, A. B. (1983): Gravity anomalies and flexure of the lithosphere at mountain ranges. – Jour. Geophys. Res., **88**: 10449-10477.

KASTENS, K. & MASCLE, J. (1988): ODP Leg 107 in the Tyrrhenian Sea: insights into passive margin and backarc basin evolution. – Geol. Soc. Am., Bull., **100**: 1140-1156.

KEATING, B. H., FRYER, P., BATIZA, R. & BOEHLERT, G. W. (ed.) (1987): Seamounts, islands and atolls. – Am. Geophys. Union, Geophys. Monogr., **43**, 405 S.

KEEN, C. E. (1979): Thermal history and subsidence of rifted continental margins – evidence from wells on the Nova Scotian and Labrador shelves. – Can. Jour. Earth Sci., **16**: 505-522.

KERN, H. & SCHENK, V. (1988): A model of velocity structure beneath Calabria, southern Italy, based on laboratory data. – Earth Planet. Sci. Lett., **87**: 325-337.

KIRBY, S. H. (1985): Rock mechanics observations pertinent to the rheology of the continental lithosphere and the localization of strain along shear zones. – Tectonophysics, **119**: 1-27.

KLEMME, H. D. & ULMISHEK, G. F. (1991): Effective petroleum source rocks of the world: stratigraphic distribution and controlling depositional factors. – Am. Ass. Petr. Geol., Bull., **75**: 1809-1851.

KOKELAAR, B. P. & HOWELLS, M. F. (ed.) (1984): Marginal basin geology. – Geol. Soc. London, Spec. Publ., **16**, 322 S.

KRÖNER, A. (1985): Evolution of the Archean continental crust. – Ann. Rev. Earth Planet. Sci., **13**: 49-74.

KRÖNER, A. & GREILING, R. (ed.) (1984): Precambrian tectonics illustrated. – Schweizerbart, Stuttgart, 419 S.

KULANDER, B. R., DEAN, S. L. & WARD, B. J. Jr. (1990): Fractured core analysis. – Am. Ass. Petr. Geol., Methods of Explor., **8**, 88 S.

KUMAR, N. (1979): Origin of "paired" aseismic rises: Ceará and Sierra Leone rises in the equatorial, and the Rio Grande Rise and Walvis Ridge in the South Atlantic. – Marine Geol., **30**: 175-191.

LARSON, R. L. & OLSON, P. (1991): Mantle plumes control magnetic reversal frequency. – Earth Planet. Sci. Lett., **107**: 437-447.

LAUBSCHER, H. P. (1961): Die Mobilisierung klastischer Massen. – Eclog. geol. Helv., **54**: 283-334.

LAUBSCHER, H. P. (1965): Ein kinematisches Modell der Jurafaltung. – Eclog. geol. Helv., **58**: 231-318.

LAUBSCHER, H. P. (1983): Detachment, shear, and compression in the central Alps. – Geol. Soc. Am., Memoir, **158**: 191-211.

LAUBSCHER, H. (1988): Material balance in Alpine orogeny. – Geol. Soc. Am., Bull., **100**: 1313-1328.

LEBAS, M. J. & STRECKEISEN, A. L. (1991): The IUGS systematics of igneous rocks. – Jour. Geol. Soc. London, **148**: 825-833.

LEIGHTON, M. W., KOLATA, D. R., OLTZ, D. F. & EIDEL, J. J. (ed.) (1990): Interior cratonic basins. – Am. Ass. Petr. Geol., Mem., **51**, 819 S.

LEMOINE, M. & TRÜMPY, R. (1987): Pre-oceanic rifting in the Alps. – Tectonophysics, **133**: 305-320.

LERCHE, I. & O'BRIEN, J. J. (ed.) (1987): Dynamical geology of salt and related structures. – Academic Press, London, 832 S.

LETOUZEY, J., WERNER, P. & MARTY, A. (1990): Fault reactivation and structural inversion. Backarc and intraplate compressive deformations. Example of the eastern Sunda shelf (Indonesia). – Tectonophysics, **183**: 341-362.

LISTER, G. S. & SNOKE, A. W. (1984): S-C Mylonites. – Jour. Struct. Geol., **6**: 617-638.

LORENZ, J. C., TEUFEL, L. W. & WARPINSKI, N. R. (1991): Regional fractures I: a mechanism for the formation of regional fractures at depth in flat-lying reservoirs. – Am. Ass. Petr. Geol., Bull., **75**: 1714-1737.

LORENZ, V. & NICHOLLS, I. A. (1984): Plate and intraplate processes of Hercynian Europe during the Late Paleozoic. – Tectonophysics, **107**: 25-56.

LOWELL, J. D. (1985): Structural styles in petroleum exploration. – OGCI Publications, Tulsa, 477 S.

LUYENDYK, B. P. (1990): Neogene-age fault slip in the continental transform zone in Southern California. – Ann. Tect., **4**: 24-34.

LUYENDYK, B. P., KAMERLING, M. J., TERRES, R. R. & HORNAFIUS, J. S. (1985): Simple shear of southern California during Neogene time suggested by paleomagnetic declinations. – Jour. Geophys. Res., **90**: 12454-12466.

MACDONALD, K. C. (1983): Crustal processes at spreading centers. – Rev. Geophys. Space Phys., **21**: 1441-1454.

MACDONALD, K. C., FOX, P. J., PERRAM, L. J., EISEN, M. F., HAYMON, R. M., MILLER, S.-P., CARBOTTE, S. M., CORMIER, M. H. & SHOR, A. N. (1988): A new view of the mid-ocean ridge from the behaviour of ridge-axis discontinuities. – Nature, **335**: 217-225.

MACKIN, J. H. (1950): The Down-structure method for viewing geologic maps. – Jour. Geol., **58**: 55-72.

MAINPRICE, D. & NICOLAS, A. (1989): Development of shape and lattice preferred orientation: application to the seismic anisotropy of the lower crust. – Jour. Struct. Geol., **11**: 175-189.

MAKRIS, J., MOHR, P. & RIHM, R. (ed.) (1991): Red Sea: birth and early history of a new oceanic basin. – Tectonophysics, **198**: 129-466.

MALINVERNO, A. (1993): Transition between a valley and a high at the axis of mid-ocean ridges. – Geology, **21**: 639-642.

MANCKTELOW, N. S. (1992): Neogene lateral extension during convergence in the Central Alps: Evidence from interrelated faulting and backfolding around the Simplonpass (Switzerland). – Tectonophysics, **215**: 295-317.

MARTY, J. C. & CAZENAVE, A. (1989): Regional variations in subsidence rate of oceanic plates: a global synthesis. – Earth Planet. Sci. Lett., **94**: 301-315.

MASSARI, F., GRANDESCO, P., STEFANI, C. & JOBSTRAIBIZER, P. G. (1986): A small polyhistory foreland basin evolving in a context of oblique convergence: the Venetian basin. – In: ALLEN, P. A. & HOMEWOOD, P. (ed.): Foreland basins. – Int. Ass. Sedim., Spec. Publ., **8**: 141-168.

MATTAUER, M. (1986): Intracontinental subduction, crust-mantle décollement and crustal-stacking wedge in the Himalayas and other collision belts. – In: COWARD, M. P. & RIES, A. C.(ed.): Collision Tectonics. – Geol. Soc. London, Spec. Publ., **19**: 37-50.

MATTE, P. (1986): Tectonics and plate tectonics model for the Variscan belt of Europe. – Tectonophysics, **126**: 329-374.

MAY, P. R. (1971): Pattern of Triassic-Jurassic diabase dikes around the North Atlantic in the context of predrift position of the continents. – Geol. Soc. Am., Bull., **82**: 1285-1292.

MCCLAY, K. (1987): The mapping of geological structures. – Geol. Soc. London Handbook, Open University Press, 161 S.

MCCLAY, K. R. (ed.) (1992): Thrust tectonics. – Chapman & Hall, London, 447 S.

MCCLAY, K. R. & ELLIS, P. G. (1987): Geometries of extensional fault systems developed in model experiments. – Geology, **15**: 341-344.

MCCLAY, K. R. & PRICE, N. J. (ed.) (1981): Thrust and nappe tectonics. – Geol. Soc. London, Spec. Publ., **9**: 570 S.

MCKENZIE, D. (1989): Some remarks on the movement of small melt fractions in the mantle. – Earth Planet. Sci. Lett., **95**: 53-72.

MEANS, W. D. (1976): Stress and strain. – Springer, New York, 339 S.

MEIER, D. & KRONBERG, P. (1989): Klüftung in Sedimentgesteinen. – Enke, Stuttgart, 116 S.

MEIER, L. & EISBACHER, G. H. (1991): Crustal kinematics and deep structure of the northern Rhine Graben, Germany. – Tectonics, **10**: 621-630.

MEISSNER, R. (1986): The Continental Crust – a geophysical approach. – Academic Press, London, 426 S.

MEISSNER, R. & STREHLAU, J. (1982): Limits of stresses in continental crusts and their relation to the depth-frequency distribution of shallow earthquakes. – Tectonics, **1**: 73-89.

MENGEL, K. & KERN, H. (1992): Evolution of the petrological and seismic Moho-implications for the continental crust-mantle boundary. – Terra nova, **4**: 109-116.

METZ, K. (1967): Lehrbuch der tektonischen Geologie, 2. Auflage. – Enke, Stuttgart, 357 S.

MIALL, A. D. (1984): Principles of Sedimentary Basin Analysis. – Springer, New York, 490 S.

MINSTER, J. B. & JORDAN, T. (1978): Present-day plate motions. – Jour. Geophys. Res., **83**: 5331-5354.

MITRA, G. & WOJTAL, S. (ed.) (1988): Geometries and mechanisms of thrusting, with special reference to the Appalachians. – Geol. Soc. Am., Spec. Pap., **222**, 236 S.

MIYASHIRO, A. (1978): Metamorphism and metamorphic belts. – Allen & Unwin, London, 492 S.

MONGER, J. W. H. (1984): Cordilleran tectonics: a Canadian perspective. – Soc. Géol. France, Bull., **26**: 255-278.

MONTADERT, L., ROBERTS, D. G., DE CHARPAL, O. & GUENNOC, P. (1979): Rifting and subsidence of the northern continental margin of the Bay of Biscay. – Init. Repts. Deep Sea Drill. Proj., **49**: 1025-1059.

MOORE, J. C. (ed.) (1986): Structural fabric in Deep Sea Drilling Project cores from forearcs.- Geol. Soc. Am., Mem., **166**, 160 S.

MOORE, J. C. (1989): Tectonics and hydrogeology of accretionary prisms: role of the décollement zone. – Jour. Struct. Geol., **11**: 95-106.

MOORES, E. M. (1982): Origin and emplacement of ophiolites. – Rev. Geophys. Space Phys., **20**: 735-760.

MOORES, E. M. & VINE, F. J. (1988): Alpine serpentinites, ultramafic magmas, and ocean-basin evolution: The ideas of H. H. HESS. – Geol. Soc. Am., Bull., **100**: 1205-1212.

MOOS, D. & ZOBACK, M. D. (1990): Utilization of observations of well bore failure to constrain the orientation and magnitude of crustal stresses. – Jour. Geophys. Res., **95**: 9305-9325.

MOUNT, V. S. & SUPPE, J. (1992): Present-day stress orientations adjacent to active strike-slip faults: California and Sumatra. – Jour. Geophys. Res., **97**: 11995-12013.

MÜLLER, M., NIEBERDING, F. & WANNINGER, A. (1988): Tectonic style and pressure distribution at the northern margin of the Alps between Lake Constance and the Inn River. – Geol. Rdsch., **77**: 787-796.

MULLEN MORRIS, E. & PASTERIS, J. D. (1987): Mantle metasomatism and alkaline magmatism. – Geol. Soc. Am., Spec. Paper, **215**, 383 S.

MURRIS, R. J. (1980): The Middle East: stratigraphic evolution and oil habitat. – Am. Ass. Petr. Geol., Bull., **64**: 597-618.

MUTTER, J., TALWANI, M. & STOFFA, P. O. (1982): Origin of seaward-dipping reflectors in oceanic crust off the Norwegian margin by "subaerial seafloor spreading". – Geology, **10**: 353-357.

MYERS, J. S. & BARLEY, M. E. (1992): Proterozoic tectonic framework and metal deposits of southwestern Australia. – Precamb. Res., **58**: 345-354.

NAIRN, A. E. M. & STEHLI, F. G. (ed.) (1973 bis 1988): The ocean basins and margins (7 Bände). – Plenum Press, New York.

NAIRN, I. A. & COLE, J. W. (1981): Basalt dikes in the 1886 Tarawera Rift. – New Zeal. Jour. Geol. Geophys., **24**: 585-592.

NAKAMURA, K. (1977): Volcanoes as possible indicators of tectonic stress orientation – principle and proposal. – Jour. Volc. Geotherm. Res., **2**: 1-16.

NAKAMURA, K. & UYEDA. S. (1980): Stress gradient in arc-backarc regions and plate subduction. – Jour. Geophys. Res., **85**: 6419-6428.

NEWTON, R. C., SMITH, J. V. & WINDLEY, B. F. (1980): Carbonic metamorphism, granulites and crustal growth. – Nature, **288**: 45-50.

NICOLAS, A. & POIRIER, J. P. (1976): Crystalline plasticity and solid state flow in metamorphic rocks. – Wiley, New York, 444 S.

NISBET, E. G. (1987): The young earth – an introduction to Archean geology. – Allen & Unwin, Boston, 401 S.

O'CONNOR, J. M. & DUNCAN, R. A. (1990): Evolution of the Walvis Ridge-Rio Grande Rise hot spot system: implications for African and South American motions over plumes. – Jour. Geophys. Res., **95**: 17475-17502.

OLSEN, K. H., BALDRIDGE, W. W. & CALLENDER, J. F. (1987): Rio Grande Rift: an overview. – Tectonophysics, **143**: 119-139.

OLSEN, P., SILVER, P. G. & CARLSON, R. W. (1990): The large-scale structure of convection in the Earth's mantle. – Nature, **344**: 209-215.

ONCKEN, O. (1988): Geometrie und Kinematik der Taunuskammüberschiebung – Beitrag zur Diskussion des Deckenproblems im südlichen Schiefergebirge. – Geol. Rdsch., **77**: 551-617.

ORI, G. G., ROVERI, M. & VANNONI, F. (1986): Plio-Pleistocene sedimentation in the Apenninic-Adriatic foredeep (Central Adriatic Sea, Italy): – In: ALLEN, P. A. & HOMEWOOD, P. (ed.): Foreland basins. – Int. Ass. Sedim., Spec. Publ., **8**: 183-198.

OTSUKI, K. (1989): Empirical relationships among the convergence rate of plates, rollback rate of trench axis and island-arc tectonics: "laws of convergence rate of plates". – Tectonophysics, **159**: 73-94.

OXBURGH, E. R., YARDLEY, B. W. D. & ENGLAND, P. C. (ed.) (1987): Tectonic settings of regional metamorphism. – Phil. Trans. Roy. Soc. London, **A 321**, 276 S.

PALMASON, G. (ed.) (1982): Continental and oceanic rifts. – Am. Geophys. Union, Geodynamics Ser., **8**, 309 S.

PALMASON, G. (1986): Model of crustal formation in Iceland and application to submarine mid-ocean ridges. – In: VOGT, P. R. & TUCHOLKE, B. E. (ed.): The western North Atlantic Region. – Geol. Soc. Am., Geol. of North America, **M**: 87-97.

PARK, R. G. (1983): Foundations of structural geology. – Blackie, London, 135 S.

PARK, R. G. (1988): Geological structures and moving plates. – Blackie, Glasgow, 337 S.

PASSCHIER, C. W., MYERS, J. S. & KRÖNER, A. (1990): Field geology of high-grade gneiss terrains. – Springer, Heidelberg, 150 S.

PATERSON, M. S. (1978): Experimental rock Deformation – the brittle field. – Springer, Heidelberg, 254 S.

PATERSON, M. S. & WEISS, L. E. (1966): Experimental deformation and folding in phyllite. – Geol. Soc. Am., Bull., **77**: 343-374.

PENNOCK, E. S., LILLIE, R. J., ZAMAN, A. S. H. & YOUSAF, M. (1989): Structural interpretation of seismic reflection data from eastern Salt Range and Potwar Plateau, Pakistan. – Am. Ass. Petr. Geol., Bull., **73**: 841-857.

PERCIVAL, J. A. & BERRY, M. J. (1987): The lower crust of the continents. – In: FUCHS, K. & FROIDEVAUX, C. (ed.): Composition, structure and dynamics of the lithosphere-asthenosphere system. – Am. Geophys. Union, Geodynamics Ser., **16**: 33-59.

PERCIVAL, J. A. & MCGRATH, P. H. (1986): Deep crustal structure and tectonic history of the northern Kapuskasing Uplift of Ontario: an integrated petrological-geophysical study. – Tectonics, **5**: 553-572.

PERCIVAL, J. A. & WILLIAMS, H. P. (1989): Late Archean Quetico accretionary complex, Superior province, Canada. – Geology, **17**: 23-25.

PETERSEN, J. A. & CLARKE, J. W. (1991): Geology and hydrocarbon habitat of the West Siberian Basin. – Am. Ass. Petr. Geol., Stud. Geol., **32**, 96 S.

PETTINGA, J. R. (1982): Upper Cenozoic structural history, coastal Southern Hawke's Bay, New Zealand. – New Zeal. Jour. Geol. Geophys., **25**: 149-191.

PFIFFNER, O. A. & RAMSAY, J. G. (1982): Constraints on geological strain rates: arguments from finite-strain states of naturally deformed rocks. – Jour. Geophys. Res., **87**: 311-321.

PFIFFNER, O. A., FREI, W., VALASEK, P., STÄUBLE, M., LEVATO, L., DUBOIS, L., SCHMID, S. M. & SMITHSON, S. B. (1990): Crustal shortening in the Alpine Orogen: results from deep seismic reflection profiling in the eastern Swiss Alps, Line NFP-20-East. – Tectonics, **9**: 1327-1355.

PITCHER, W. S. (1993): The nature and origin of granite. – Blackie Academic & Professional, London, 321 S.

PITCHER, W. S. (1979): The nature, ascent and emplacement of granite magmas. – Jour. geol. Soc. London, **136**: 627-662.

PITCHER, W. S. & BUSSELL, M. A. (1977): Structural control of batholithic emplacement in Peru: a review. – Jour. Geol. Soc. London, **133**: 239-246.

PLUMLEY, W. J. (1980): Abnormally high fluid pressure: survey of some basic principles. – Am. Ass. Petr. Geol., Bull., **64**: 414-430.

POLINSKI, R. K. & EISBACHER, G. H. (1992): Deformation partitioning during polyphase oblique convergence in the Karawanken Mountains, southeastern Alps. – Jour. Struct. Geol., **14**: 1203-1213.

POLLARD, D. D. & AYDIN, A. (1988): Progress in understanding jointing over the past century. – Geol. Soc. Am., Bull., **100**: 1181-1204.

PORADA, H. (1989): Pan-African rifting and orogenesis in southern to equatorial Africa and eastern Brazil. – Precambr. Res., **44**: 103-136.

POUGET, P. (1991): Hercynian tectonometamorphic evolution of the Bosost dome (French-Spanish central Pyrenees). – Jour. Geol. Soc. London, **148**: 299-314.

PRICE, R. A. (1988): The mechanical paradox of large overthrusts. – Geol. Soc. Am., Bull., **100**: 1898-1908.

RAGAN, D. M. (1985): Structural geology – an introduction to geometrical techniques. – Wiley, New York, 393 S.

RALEIGH, C. B., HEALY, J. H. & BREDEHOEFT, J. D. (1976): An experiment in earthquake control at Rangely, Colorado. – Science, **191**: 1230-1237.

RALEIGH, C. B., SIEH, K., SYKES, L. R. & ANDERSON, D. L. (1982): Forecasting southern California earthquakes. – Science, **217**: 1097-1104.

RAMBERG, H. (1963): Fluid dynamics of viscous buckling applicable to folding of layered rocks. – Am. Ass. Petr. Geol., Bull., **47**: 484-505.

RAMBERG, H. (1981): Gravity, deformation and the earth's crust in theory, experiments, and geological application. 2nd ed. – Academic Press, London, 452 S.

RAMBERG, I. B. & NEUMANN, E. R. (1978): Tectonics and geophysics of continental rifts. – Reidel, Dordrecht, 444 S.

RAMSAY, J. G. (1985): Structural Transect of the Swiss Alps. – In: ALLEN, P., HOMEWOOD, P. & WILLIAMS, G. (ed.): Foreland Basins, Excurs. Guidebook: 75-136.

RAMSAY, J. G. (1989): Emplacement kinematics of a granite diapir: the Chindamora batholith, Zimbabwe. – Jour. Struct. Geol., **11**: 191-209.

RAMSAY, J. G., CASEY, M. & KLIGFIELD, R. (1983): Role of shear in development of the Helvetic fold-thrust belt of Switzerland. – Geology, **11**: 439-442.

RAMSAY, J. G. & GRAHAM, R. H. (1970): Strain variation in shear belts. – Can. Jour. Earth Sci., **7**: 786-813.

RAMSAY, J. G. & HUBER, M. I. (1983 und 1987): The techniques of modern structural geology, vol. I & II. – Academic Press, London, 307 & 700 S.

RANGIN, C. (1989): The Sulu Sea, a back-arc basin setting within a Neogene collision zone. – Tectonophysics, **161**: 119-141.

RAYMOND, L. A. (ed.) (1984): Melanges: their nature, origin and significance. – Geol. Soc. Am., Spec. Paper, **198**, 170 S.

RICHARDS, M. A., DUNCAN, R. A. & COURTILLOT, V. E. (1989): Flood basalts and hotspot tracks: Plume heads and tails. – Science, **246**: 103-107.

RIDLEY, J. R. & KRAMERS, J. D. (1990): The evolution and tectonic consequences of a tonalitic magma layer within Archean continents. – Can. Jour. Earth Sci., **27**: 219-228.

RIECKER, R. E. (ed.) (1979): Rio Grande Rift: tectonics and magmatism. – Am. Geophys. Union, Washington, 438 S.

RIEDEL, W. (1929): Zur Mechanik geologischer Brucherscheinungen. – Centralblatt Miner. Geol. Paläont., Abt. B., **1929**: 354-368.

ROBERT, P. (1985): Organic metamorphism and geothermal history. – Elf-Aquitaine – Reidel, Dordrecht, 311 S.

RODEN, M. F. & MURTHY, V. R. (1985): Mantle metasomatism. – Ann. Rev. Earth Planet. Sci., **13**: 269-296.

ROSENDAHL, B. R. (1987): Architecture of continental rifts with special reference to East Africa. – Ann. Rev. Earth Planet. Sci., **15**: 445-503.

ROWAN, M. G. & KLIGFIELD, R. (1989): Cross section restoration and balancing as aid to seismic interpretation in extensional terranes. – Am. Ass. Petr. Geol., Bull., **73**: 955-966.

ROYDEN, L. M. & HORVATH, F. (ed.) (1988): The Pannonian Basin. – Am. Ass. Petr. Geol., Memoir, **45**, 394 S.

ROYER, J.-Y., PEIRCE, J. W. & WEISSEL, J. K. (1991): Tectonic constraints on the hot-spot formation of Ninetyeast Ridge. – Proc. Ocean Drill. Prog., Sci. Res., **121**: 763-776.

RUFF, L. & KANAMORI, H. (1983): Seismic coupling and uncoupling at subduction zones. – Tectonophysics, **99**: 99-117.

RYBACH, L. & MUFFLER, L. J. P. (1981): Geothermal systems: principles and case histories. – Wiley, New York, 359 S.

RYNN, J. M. W. & SCHOLZ, C. H. (1978): Seismotectonics of the Arthur's Pass region, South Island, New Zealand. – Geol. Soc. Am., Bull., **89**: 1373-1388.

SALEEBY, J. (1983): Accretionary tectonics of the North American Cordillera. – Ann. Rev. Earth Planet. Sci., **15**: 45-73.

SALISBURY, M. H. & FOUNTAIN, D. M. (ed.) (1988): Exposed cross-sections of the continental crust. – Kluwer, Dordrecht, 662 S.

SANDER, B. (1948 und 1950): Einführung in die Gefügekunde der geologischen Körper. Bd. I u. II. – Springer, Wien.

SAREWITZ, D. R. & KARIG, D. E. (1986): Processes of allochthonous terrane evolution, Mindoro Island, Philippines. – Tectonics, **5**: 525-552.

SAWKINS, F. J. (1990): Metal deposits in relation to plate tectonics. 2nd ed. – Springer, Heidelberg, 461 S.

SCHAER, J. P. & RODGERS, J. (ed.) (1987): The anatomy of mountain ranges. – Princeton Univ. Press, Princeton, 298 S.

SCHMID, S. M. & CASEY, M. (1986): Complete texture analysis of commonly observed quartz c-axis patterns. – Am. Geophys. Union, Monogr., **36**: 263-286.

SCHMID, S. M., ZINGG, A. & HANDY, M. (1987): The kinematics of movements along the Insubric Line and the emplacement of the Ivrea Zone. – Tectonophysics, **135**: 47-66.

SCHMIDT, J. & PERRY, W. J. (ed.) (1988): Interaction of the Rocky Mountain Foreland and the Cordilleran Thrust Belt. – Geol. Soc. Am., Memoir, **171**, 596 S.

SCHOLZ, C. H. (1988): The brittle-plastic transition and the depth of seismic faulting. – Geol. Rdsch., **77**: 319-328.

SCHOLZ, C. H. (1990): The mechanics of earthquakes and faulting. – Cambridge Univ. Press, Cambridge, 439 S.

SCHRADER, F. (1988): Das regionale Gefüge der Drucklösungsdeformation an Geröllen im westlichen Molassebecken. – Geol. Rdsch., **77**: 347-369.

SCHREYER, W. (1988): Subduction of continental crust to mantle depths: petrological evidence. – Episodes, **11**: 97-104.

SCHUBERT, G. & SANDWELL, D. (1989): Crustal volumes of the continents and of oceanic and continental submarine plateaus. – Earth Planet. Sci. Lett., **92**: 234-246.

SCHWERDTNER, W. M. (1990): Structural tests of diapir hypothesis in Archean crust of Ontario. – Can. Jour. Earth Sci., **27**: 387-402.

SCHWERDTNER, W. M., TORRANCE, J. G. & VAN BERKEL, J. T. (1989): Pattern of apparent total strain in the anhydrite cap of a folded salt wall. – Can. Jour. Earth Sci., **26**: 983-992.

SCLATER, J. G., JAUPART, C. & GALSON, D. (1980): The heat flow through oceanic and continental crust and heat loss of the earth. – Rev. Geophys. Space Phys., **18**: 269-311.

SCLATER, J. G., PARSONS, B. & JAUPART, C. (1981): Oceans and continents – similarities and differences in the mechanisms of heat loss. – Jour. Geophys. Res., **86**: 11535-11552.

SCRUTTON, R. A. (ed.) (1981): Dynamics of passive margins. – Am. Geophys. Union, Geodynam. Ser., **6**, 200 S.

SEARLE, R. C., RUSBY, R. I., ENGELN, J., HEY, R. N., ZUKIN, J., HUNTER, P. M., LEBAS, T. P., HOFFMAN, H.-J. & LIVERMORE, R. (1989): Comprehensive sonar imaging of the Easter microplate. – Nature, **341**: 701-705.

SEBRIER, M., MERCIER, J. L., MEGARD, F., LAUBACHER, G. & CAREY-GAILHARDIS, E. (1985): Quaternary normal and reverse faulting and the state of stress in the central Andes of South Peru. – Tectonics, **4**: 739-780.

SENGÖR, A. M. C. (1990): Plate tectonics and orogenic research after 25 years: a Tethyan perspective. – Earth Sci. Rev., **27**: 1-201.

SENGÖR, A. M. C., GÖRÜR; N. & SAROGLU, F. (1985): Strike-slip faulting and related basin formation in zones of tectonic escape: Turkey as a case study. – Soc. Econ. Palaeontol. Mineral., Spec. Publ., **37**: 227-264.

SERANNE, M., CHAUVET, A., SEGURET, M. & BRUNEL, M. (1989): Tectonics of the Devonian collapse-basins of western Norway. – Soc. Géol. France, Bull., **8**: 489-499.

SHACKLETON, R. M., DEWEY, J. F. & WINDLEY, B. F. (ed.) (1988): Tectonic evolution of the Himalayas and Tibet. – Royal Soc. London, Proceedings, 325 S.

SHARMA, P. V. (1984): The Fennoscandian uplift and glacial isostasy. – Tectonophysics, **105**: 249-262.

SHELTON, J. W. (1984): Listric normal faults: an illustrated summary. – Am. Ass. Petr. Geol., Bull., **68**: 801-815.

SHERIDAN, R. E. & GROW, J. A. (1988): The Atlantic Continental margin: U.S. – Geol. Soc. Am., Geol. of North America, **I-2**, 610 S.

SHIMADA, M. & CHO, A. (1990): Two types of brittle fracture of silicate rocks under confining pressure and their implications in the earth's crust. – Tectonophysics, **175**: 221-235.

SIBSON, R. H. (1986): Brecciation processes in fault zones: inferences from earthquake rupturing. – Pageoph., **124**: 159-175.

SIBSON, R. H. (1989): Earthquake faulting as a structural process. – Jour. Struct. Geol., **11**: 1-14.

SIEGESMUND, S. & VOLLBRECHT, A. (1991): Complete seismic properties obtained from microcrack fabrics and textures in an amphibolite from the Ivrea zone, Western Alps, Italy. – Tectonophysics, **199**: 13-24.

SIEH, K. E. & JAHNS, R. H. (1984): Holocene activity of the San Andreas fault at Wallace Creek, California. – Geol. Soc. Am., Bull., **95**: 883-896.

SILVER, P. G., CARLSON, R. W. & OLSEN, P. (1988): Deep slabs, geochemical heterogeneity, and the large-scale structure of mantle convection: investigation of an enduring paradox. – Ann. Rev. Earth Planet. Sci., **16**: 477-542.

SIMPSON, C. (1986): Fabric development in brittle-to-ductile shear zones. – Pageoph., **124**: 269-288.

SIMPSON, C. & SCHMID, S. M. (1983): An evaluation of criteria to deduce the sense of movement in sheared rocks. – Geol. Soc. Am., Bull., **94**: 1281-1288.

SMITH, P. L. (1988): Paleobiogeography and plate tectonics. – Geoscience Canada, **15**: 261-279.

SMITH, R. B. (1977): Formation of folds, boudinage, and mullion structure. – Geol. Soc. Am., Bull., **88**: 312-320.

SMITH, R. P. (1987): Dyke emplacement at Spanish Peaks, Colorado. – In: HALLS, H. C. & FAHRIG, W. F. (ed.): Mafic dyke swarms. – Geol. Ass. Can., Spec. Paper, 47-54.

SPEED, R., TORRINI, R. & SMITH, P. L. (1989): Tectonic evolution of the Tobago Trough Forearc Basin. – Jour. Geophys. Res., **94**: 2913-2936.

STERN, T. A. (1985): A back-arc basin formed within continental lithosphere. The central volcanic region of New Zealand. – Tectonophysics, **112**: 385-409.

STRECKER, M. R., CERVENY, P., BLOOM, A. L. & MALIZIA, D. (1989): Late Cenozoic tectonism and landscape development of the Andes: northern Sierras Pampeanas (26 °-28 °S), Argentina. – Tectonics, **8**: 517-534.

SUPPE, J. (1983): Geometry and kinematics of fault-bend folding. – Am. Jour. Sci., **283**: 684-721.

SUPPE, J. (1985): Principles of structural geology. – Prentice Hall, Englewood Cliffs, 537 S.

SWANSON, M. T. (1988): Pseudotachylite-bearing strike-slip duplex structures in the Fort Foster Brittle zone, S. Maine. – Jour. Struct. Geol., **10**: 813-828.

SYLVESTER, A. G. (ed.) (1984): Wrench fault tectonics. – Am. Ass. Petr. Geol., Repr. Ser., **28**, 374 S.

SYLVESTER, A. G. (1988): Strike-slip faults. – Geol. Soc. Am., Bull., **100**: 1666-1703.

TALBOT, C. J. & JACKSON, M. P. A. (1987): Internal kinematics of salt diapirs. – Am. Ass. Petr. Geol., Bull., **71**: 1068-1093.

TANKARD, A. J. & WELSINK, H. J. (1987): Extensional tectonics and stratigraphy of Hibernia Oil Field, Grand Banks, Newfoundland. – Am. Ass. Petr. Geol., Bull., **71**: 1210-1232.

TAPPONNIER, P. & MOLNAR, P. (1976): Slip-line fields theory and large-scale continental tectonics. – Nature, **264**: 319-324.

TAPPONNIER, P., PELTZER, G. & ARMIJO (1986): On the mechanics of the collision between India and Asia. – In: COWARD, M. P. & RIES, A. C. (ed.): Collision Tectonics. – Geol. Soc. London, Spec. Publ., **19**: 115-157.

TAYLOR, B. & KARNER, G. D. (1983): On the evolution of marginal basins. – Rev. Geophys. Space Phys., **21**: 1727-1741.

TAYLOR, S. R. & MCLENNAN, S. M. (1985): The continental crust: its composition and evolution. – Blackwell, Oxford, 312 S.

TENBRINK, U. S. & BEN-AVRAHAM, Z. (1989): The anatomy of a pull-apart basin: seismic reflection observations of the Dead Sea Basin. – Tectonics, **8**: 333-350.

TOBISCH, O. T. (1966): Large-scale basin-and-dome pattern resulting from the interference of major folds. – Geol. Soc. Am., Bull., **77**: 393-408.

TRÜMPY, R. (1985): Die Plattentektonik und die Entstehung der Alpen. – Veröff. Naturf. Ges. Zürich, **129**: 5-47.

TURCOTTE, D. L. & SCHUBERT, G. (1982): Geodynamics. – Wiley, New York, 450 S.

TURNER, F. J. (1981): Metamorphic petrology: mineralogical, field, and tectonic aspects. – McGraw-Hill, New York, 524 S.

TWISS, R. J. & MOORES, E. M. (1992): Structural geology. – Freeman, New York, 532 S.

UYEDA, S. & KANAMORI, H. (1979): Back-arc opening and the mode of subduction. – Jour. Geophys. Res., **84**: 1049-1061.

VAN DEN DRIESSCHE, J. & BRUN, J. P. (1991): Tectonic evolution of the Montagne Noire (French Massif Central): a model of extensional gneiss dome. – Geodin. Acta, **5**: 85-100.

VAN SCHMUS, W. R. & HINZE, W. J. (1985): The Midcontinent Rift System. – Ann. Rev. Earth Planet. Sci., **13**: 345-383.

VAUCHEZ, A. (1987): The development of discrete shear-zones in a granite: stress, strain and changes in deformation mechanisms. – Tectonophysics, **133**: 137-156.

VAUCHEZ, A. & NICOLAS, A. (1991): Mountain building: strike-parallel motion and mantle anisotropy. – Tectonophysics, **185**: 183-201.

VIGNERESSE, J. L. (1988): Heat flow, heat production and crustal structure in peri-Atlantic regions. – Earth Planet. Sci. Lett., **87**: 303-312.

VITA-FINZI, C. (1986): Recent earth movements – an introduction to neotectonics. – Academic Press, London, 226 S.

VOGGENREITER, W., HÖTZL, H. & MECHIE, J. (1988): Low-angle detachment origin for the Red Sea Rift system. – Tectonophysics, **150**: 51-75.

VOGT, P. R. & TUCHOLKE, B. E. (ed.) (1986): The Western North Atlantic Region. – Geol. Soc. Am., Geol. of North America, **M**, 696 S.

VON BLANCKENBURG, F., VILLA, I. M., BAUR, H., MORTEANI, G. & STEIGER, R. H. (1989): Time calibration of a PT-path from the Western Tauern Window, Eastern Alps: the problem of closure temperatures. – Contrib. Mineral. Petr., **101**: 1-11.

VON HUENE, R. (1986): To accrete or not accrete, that is the question. – Geol. Rdsch., **75**: 1-15.

VON HUENE, R. & LALLEMAND, S. (1990): Tectonic erosion along the Japan and Peru convergent margins. – Geol. Soc. Am., Bull., **102**: 704-720.

VOOGD, B. DE, SERPA, L. & BROWN, L. (1988): Crustal extension and magmatic processes: COCORP profiles from Death Valley and the Rio Grande Rift. – Geol. Soc. Am., Bull, **100**: 1550-1567.

WALCOTT, R. I. (1987): Geodetic strain and the deformational history of the North Island of New Zealand during the late Cenozoic. – Phil. Trans. R. Soc. London, **A 321**: 163-181.

WALLBRECHER, E. (1986): Tektonische und gefügeanalytische Arbeitsweisen. – Enke, Stuttgart, 244 S.

WATKINS, J. L. & DRAKE, C. L. (ed.) (1983): Studies of Continental Margin Geology. – Am. Ass. Petr. Geol., Memoir, **34**, 801 S.

WATTS, A. B. (1978): An analysis of isostasy in the world's oceans, 1. Hawaiian-Emperor Seamount Chain. – Jour. Geophys. Res., **83**: 5989-6004.

WATTS, A. B. (1988): Gravity anomalies, crustal structure and flexure of the lithosphere at the Baltimore Canyon Trough. – Earth Planet. Sci. Lett., **89**: 221-238.

WEBER, K. (1981): Kinematic and metamorphic aspects of cleavage formation in very low-grade metamorphic slates. – Tectonophysics, **78**: 291-306.

WENK, H. R. (ed.) (1985): Preferred orientation in deformed metals and rocks: an introduction to modern texture analysis. – Academic Press, New York, 610 S.

WERNICKE, B. (1985): Uniform-sense normal simple shear of the continental lithosphere. – Can. Jour. Earth Sci., **88**: 108-125.

WERNICKE, B., AXEN, G. J. & SNOW, J. K. (1988): Basin and Range extensional tectonics at the latitude of Las Vegas, Nevada. – Geol. Soc. Am., Bull., **100**: 1738-1757.

WERNICKE, B. & BURCHFIEL, B. C. (1982): Modes of extensional tectonics. – Jour. Struct. Geol., **4**: 105-115.

WEST, D. B. (1989): Model for salt deformation on deep margin of central Gulf of Mexico Basin. – Am. Ass. Petr. Geol., Bull., **73**: 1472-1482.

WEST, J. & LEWIS, H. (1982): Structure and palinspastic reconstruction of the Absaroka thrust, Anschutz Ranch area, Utah and Wyoming. – In: POWERS, R. B. (ed.): Geologic studies of the Cordilleran thrust belt. – Rocky Mountain Ass. Geologists, Denver, 633-639.

WESTBROOK, G. K., MASCLE, A. & BIJU-DUVAL, B. (1984): Geophysics and the structure of the Lesser Antilles Forearc. – In: BIJU-DUVAL, B. & MOORE, J. C.: Init. Repts. Deep Sea Drill. Proj., **78A**: 23-38.

WHITE, J. C. & WHITE, S. H. (1983): Semi-brittle deformation within the Alpine fault zone, New Zealand. – Jour. Struct. Geol., **5**: 579-589.

WHITE, S. H., BURROWS, S. E., CARRERAS, J., SHAW, N. D. & HUMPHREYS, F. J. (1980): On mylonites in ductile shear zones. – Jour. Struct. Geol., **2**: 175-187.

WICKHAM, S. M. (1987): The segregation and emplacement of granitic magma. – Jour. Geol. Soc. London, **144**: 281-297.

WILKS, M. E. (1988): The Himalayas – a modern analogue for Archean crustal evolution. – Earth Planet. Sci. Lett., **87**: 127-136.

WILLIAMS, G. & VANN, I. (1987): The geometry of listric normal faults and deformation in their hangingwall. – Jour. Struct. Geol., **9**: 789-795.

WILLIAMS, H. & HATCHER, R. D. Jr. (1983): Appalachian suspect terranes. – Geol. Soc. Am., Memoir, **158**: 33-55.

WILLIAMS, P. F. (1983): Large scale transposition by folding in northern Norway. – Geol. Rdsch., **72**: 589-604.

WILLIAMS, P. F. & PRICE, G. P. (1990): Origin of kinkbands and shear-band cleavage in shear zones: an experimental study. – Jour. Struct. Geol., **12**: 145-164.

WINDLEY, B. F. (1984): The evolving continents. 2nd ed. – Wiley, New York, 399 S.

WINTERER, E. L., HUSSONG, D. M. & DECKER, R. W. (1989): The eastern Pacific Ocean and Hawaii. – Geol. Soc. Am., Geol. of North America, **N**, 563 S.

WOODWARD, N. B., BOYER, S. E. & SUPPE, J. (1985): An outline of balanced cross-sections. – Univ. of Tennessee, Dept. Geol. Sci., Studies in Geol., **11**, 170 S.

WORALL, D. M. & SNELSON, S. (1989): Evolution of the northern Gulf of Mexico, with emphasis on Cenozoic growth faulting and the role of salt. – In: BALLY, A. W. & PALMER, A. R. (ed.): The geology of North America – An overview. – Geol. Soc. Am., Geol. of North America, **A**: 97-138.

YEATS, R. S., HUFTILE, G. J. & GRIGSBY, F. B. (1988): Oak Ridge fault, Ventura fold belt, and the Sisar decollement, Ventura basin, California. – Geology, **16**: 1112-1116.

ZEHNDER, C. M., MUTTER, J. C. & BUHL, P. (1990): Deep seismic and geochemical constraints on the nature of rift-induced magmatism during breakup of the North Atlantic. – Tectonophysics, **173**: 545-565.

ZHANG, P., SLEMMONS, D. B. & MAO, F. (1991): Geometric pattern, rupture termination and fault segmentation of the Dixie Valley-Pleasant Valley active normal fault system, Nevada, USA. – Jour. Struct. Geol., **13**: 165-176.

ZIEGLER, P. A. (1982): Triassic rifts and facies patterns in western and central Europe. – Geol. Rdsch., **71**: 747-772.

ZIEGLER, P. A. (ed.) (1987): Compressional intra-plate deformation in the Alpine foreland. – Tectonophysics, **137**: 1-420.

ZIEGLER, P. A. (1988): Evolution of the Arctic-North Atlantic and the western Tethys. – Am. Ass. Petr. Geol., Mem., **43**, 196 S.

ZIEGLER, P. A. (ed.) (1992): Geodynamics of rifting. – Tectonophysics, **208**: 1-341, **213**: 1-269, **215**: 1-221.

ZINGG, A. (1983): The Ivrea and Strona-Ceneri Zones (Southern Alps, Ticino and Northern Italy) – a review. – Schweiz. Mineral. Petrogr. Mitt., **63**: 361-392.

ZOBACK, M. D., ZOBACK, M. L., MOUNT, V. S., SUPPE, J., EATON, J. P., HEALY, J. H., OPPENHEIMER, D., REASENBERG, P., JONES, L., RALEIGH, C. B., WONG, I. G., SCOTTI, O. & WENTWORTH, C. (1987): New evidence on the state of stress of the San Andreas fault system. – Science, **238**: 1105-1111.

ZOBACK, M. L. (1992): First- and second-order patterns of stress in the lithosphere: the world stress map project. – Jour. Geophys. Res., **97**: 11703-11728.

Sachregister

S

T

Subject Index